August-Wilhelm Scheer

Wirtschafts-informatik

Informationssysteme im Industriebetrieb

Dritte, neu bearbeitete Auflage

Mit 411 Abbildungen

Springer-Verlag
Berlin Heidelberg New York
London Paris Tokyo
Hong Kong Barcelona

Prof. Dr. August-Wilhelm Scheer
Institut für Wirtschaftsinformatik
an der Universität des Saarlandes
Im Stadtwald, D-6600 Saarbrücken 11

ISBN 3-540-53381-8 Springer-Verlag Berlin Heidelberg New York Tokyo
ISBN 0-387-53381-8 Springer-Verlag New York Berlin Heidelberg Tokyo

ISBN 3-540-50060-X Springer Verlag Berlin Heidelberg New York Tokyo
ISBN 0-387-50060-X Springer-Verlag New York Berlin Heidelberg Tokyo

Druck: Druckhaus Beltz, Hemsbach/Bergstraße
2142/7130-54321

Aus dem Vorwort zur 1. Auflage

Mit diesem Buch wurde 1983 begonnen. Bei der Überlegung, welche Darstellungsformen angewendet werden sollten und welche Fragestellungen bei der Beschreibung von betriebswirtschaftlichen Informationssystemen besonders wichtig sind, setzte sich der Verfasser mit der grundsätzlichen Frage auseinander, wie betriebswirtschaftliche Abläufe, Planungsprozesse und Entscheidungszusammenhänge von der Informationstechnologie beeinflußt werden. Aus diesen Überlegungen entstand das Buch "EDV-orientierte Betriebswirtschaftslehre", das 1984 im gleichen Verlag erschienen ist und 1990 in der 4. Auflage vorliegt. Das Buch ist 1985 unter dem Titel "Computer: A Challenge for Business Administration" in englischer Sprache erschienen. Eine zweite Auflage ist in Vorbereitung.
Das vorliegende Buch ist die Realisierung der Konzeption einer EDV-orientierten Betriebswirtschaftslehre aus der Sicht des Verfassers, insbesondere ein Lehrbuch zur EDV-orientierten Industriebetriebslehre.

Im Mittelpunkt dieses Buches stehen die Funktionalbereiche eines Industriebetriebes. Obwohl somit funktionsbezogene Informationssysteme konstruiert werden, steht der Integrationsgedanke einer ganzheitlichen Aufgabenbearbeitung im Vordergrund. Dieser wird heute durch das Konzept des Computer Integrated Manufacturing (CIM) besonders ausdrucksvoll betont. Da der Verfasser auf diesem Gebiet seit Anfang der 80er Jahre umfangreiche konzeptionelle und Implementierungserfahrungen gewonnen und in einer Reihe von Aufsätzen dokumentiert hat, drohte der geplante Abschnitt über CIM den dafür vorgesehenen Rahmen zu sprengen. Aus diesem Grunde wurde er zu einem eigenständigen Buch "CIM (Computer Integrated Manufacturing) - Der computergesteuerte Industriebetrieb" erweitert, das im gleichen Verlag 1987 in zwei Auflagen erschienen ist und inzwischen in der 4. Auflage vorliegt. Eine englische Übersetzung mit dem Titel "CIM (Computer Integrated Manufacturing) - Computer Steered Industry" liegt in zwei Auflagen vor.
In dem vorliegenden Buch werden Detailprobleme von CIM in den Abschnitten zur Produktionsplanung und -steuerung, zur Konstruktion (CAD) und computergestützten Fertigung (CAM) behandelt. Einige übergreifende Überlegungen zu CIM werden im Teil C.II angestellt.

Der Verfasser dankt seinen Mitarbeitern für die Unterstützung bei der Abfassung des Buches. Besonders dankt er Herrn cand. rer. oec. Jörg Wilhelmi und Herrn cand. rer. oec. Johannes Herold für das Anfertigen der Abbildungen mit dem System Diagraph, Frau cand. jur. Rita Landry-Schimmelpfennig und Herrn cand. phil. Ralf Martin für das sorgfältige Schreiben des Manuskriptes mit dem System WordStar 2000 sowie Herrn Dipl.-Kfm. Peter Loos für Ratschläge und Hinweise. Die umfangreiche Koordination der technischen Erstellung des Manuskriptes wurde von Herrn Dipl.-Kfm. Joachim Klein vorgenommen.

Saarbrücken, im September 1987 August-Wilhelm Scheer

Vorwort zur 2. Auflage

Gegenüber der ersten Auflage sind vor allem Druckfehler berichtigt worden. Das als Faltblatt beigefügte Unternehmensdatenmodell wurde überarbeitet und grafisch übersichtlicher gestaltet. Inhaltliche Änderungen wurden aufgrund des kurzen Abstandes zwischen der ersten und zweiten Auflage nicht durchgeführt.
Ich danke meinen Mitarbeitern Herrn Dipl.-Kfm. Joachim Klein, Herrn Dipl.-Kfm. Wolfram Jost, Herrn Dipl.-Ing. Thomas Geib und Frau Dipl.-Kfm. Jutta Michely für ihre Unterstützung.

Saarbrücken, im Mai 1988 August-Wilhelm Scheer

Vorwort zur 3. Auflage:

Einordnung des Inhalts in die Architektur eines Informationssystems

Die von dem Verfasser in den letzten Jahren veröffentlichten Bücher zur Wirtschaftsinformatik folgen einem Grundverständnis, wie es in Abb. 01 dargestellt ist.

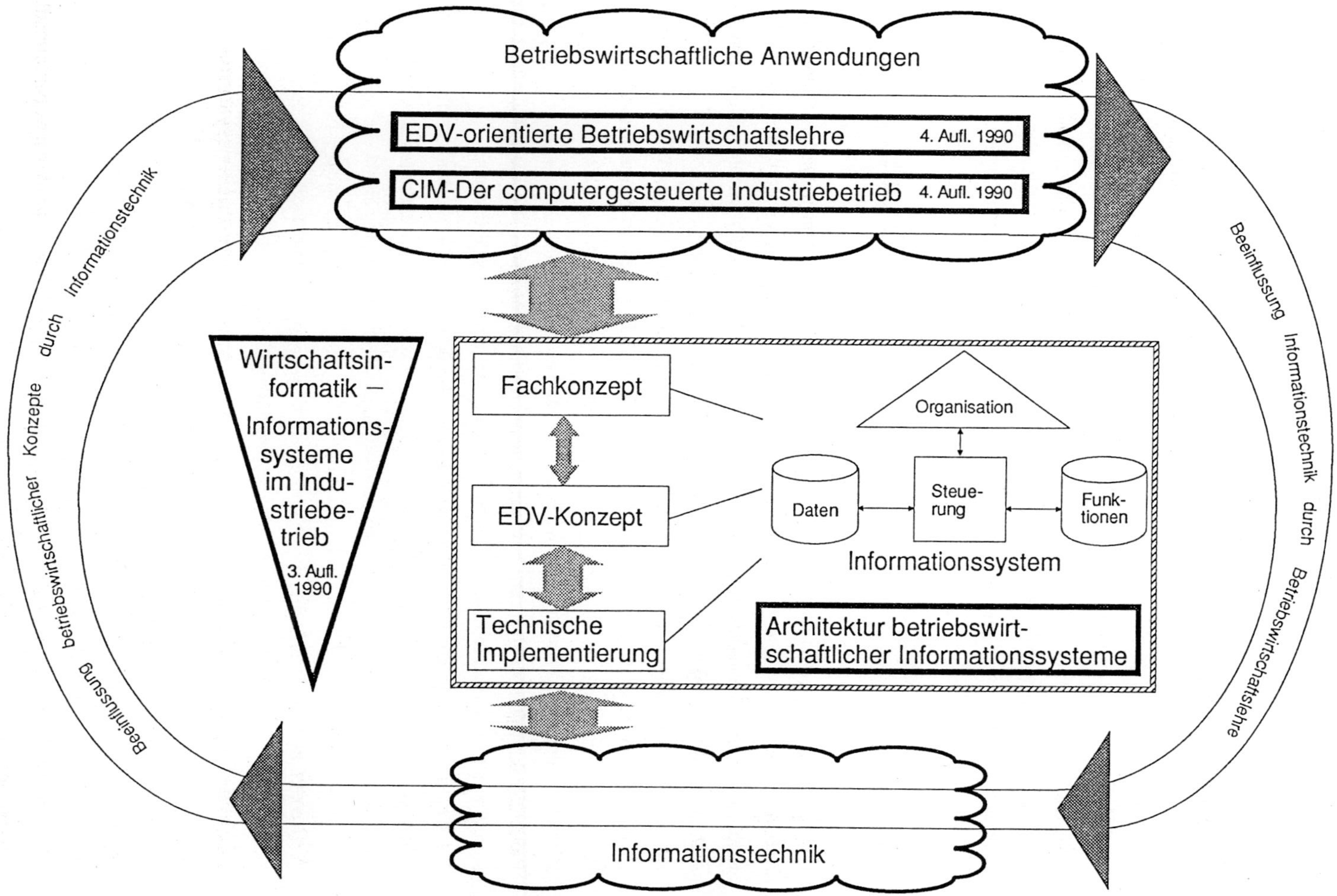

Abb. 01: Einordnung der Bücher des Verfassers in einen Bezugsrahmen

Die Wirtschaftsinformatik vermittelt zwischen den betriebswirtschaftlichen Anwendungen und der Informationstechnik.

Dabei bestehen zweiseitige Beziehungen. Einmal muß die Informationstechnik dahingehend analysiert werden, inwieweit neue technische Verfahren zur Informationsverarbeitung neue EDV-orientierte betriebswirtschaftliche Anwendungskonzepte ermöglichen. Diese Beeinflussungsrichtung ist durch die Pfeilspitzen an der linken Seite der Abb. 01 dargestellt. Die Breite des Bandes, das ovalförmig die betriebswirtschaftlichen Anwendungen mit der Informationstechnik verbindet, soll jeweils die Bedeutung für die Wirtschaftsinformatik ausdrücken. Für die Wirtschaftsinformatik steht somit nicht die Beschreibung der gesamten Welt der Informationstechnik im Vordergrund, sondern es ist nur der Ausschnitt von Interesse, der zu Änderungen betriebswirtschaftlicher Anwendungskonzepte führt. Hierauf hat sich dann aber die Wirtschaftsinformatik im besonderen Maße zu konzentrieren.

Die Pfeilspitzen der rechten Seite des Bandes sollen die Beeinflussung der Informationstechnik durch EDV-orientierte betriebswirtschaftliche Konzepte verdeutlichen. Sie zeigen, daß Forderungen von EDV-orientierten Anwendungskonzepten an die Weiterentwicklung der Informationstechnik zu ihrer wirksameren Unterstützung gestellt werden.

Beide Beziehungsrichtungen sind von dem Verfasser in dem Buch "EDV-orientierte Betriebswirtschaftslehre", das 1990 in der vierten Auflage vorliegt, untersucht worden.

Ein weiteres betriebswirtschaftliches Rahmenkonzept, in dem grundsätzliche Wirkungen der Informationstechnik auf betriebswirtschaftliche Abläufe analysiert werden, ist in dem Buch "CIM (Computer Integrated Manufacturing) - Der computergesteuerte Industriebetrieb", das 1990 ebenfalls in der vierten Auflage vorliegt, behandelt worden.

Beide Werke behandeln somit EDV-orientierte Rahmenkonzepte, die Ausgangspunkt für spezielle EDV-orientierte Problemlösungen in Unternehmungen sein können.

Die Umsetzung derartiger Rahmenkonzepte in Systeme der Informationstechnik erfolgt über Informationssysteme. Informationssysteme sind somit die konkreten Vermittler zwischen betriebswirtschaftlichen Rahmenkonzepten und der Informationstechnik. Da sie sowohl die betriebswirtschaftliche Fachebene als auch die Informationstechnik berühren, sind sie entsprechend komplex. Zur Reduktion ihrer Komplexität werden Informationssysteme deshalb untergliedert.

Bezüglich der fachlichen Sichten auf ein Informationssystem wird zwischen der Organisation, den abgebildeten Funktionen, den Daten und der Steuerung zwischen diesen drei Komponenten unterschieden. Zur näheren Erklärung dieser Architektur vgl. weiter unten Punkt A.I.1.1. Gleichzeitig werden bei der Beschreibung unterschiedliche Grade der Nähe zur Informationstechnik unterschieden.

In Fachkonzepten wird das zumeist noch in relativ unstrukturierter Form vorliegende Wissen über ein EDV-orientiertes Rahmenkonzept in stärker formalisierte Beschreibungen umgesetzt. Dieser Prozeß wird als Modellierung bezeichnet und sein Ergebnis sind dann entsprechend Organisations-, Funktions-, Daten- und Steuerungsmodelle. Der Zusammenhang zwischen der betriebs-

wirtschaftlichen Fachwelt und diesen Modellen ist relativ hoch, wie es die Breite des Pfeiles ausdrückt.
Im nächsten Schritt wird das Fachkonzept mit Anforderungen der EDV-Technik konfrontiert und deshalb stärker formalisiert. Zwischen dem Fach-Konzept und dem EDV-Konzept soll eine möglichst geringe gegenseitige Abhängigkeit bestehen. Dieses bedeutet, daß der mit der Anfertigung des EDV-Konzeptes beauftragten Bearbeitungsgruppe das Fachkonzept übergeben werden kann und anschließend nur geringe Abstimmungsprozesse notwendig sind.
In einer dritten Phase wird das EDV-Konzept auf konkrete technische Hardware- und Softwarearchitekturen festgelegt. Hierbei ergeben sich größere Abhängigkeiten zur Abstimmung von EDV-Konzept und technischer Implementierung, wie es wiederum die Breite des Doppelpfeiles ausdrücken soll. Die technische Implementierung ist eng mit der Informationstechnik verbunden - das Fachkonzept eng mit der betriebswirtschaftlichen Anwendungsrealität.
In dem vorliegenden Buch "Wirtschaftsinformatik - Informationssysteme im Industriebetrieb" wird für einen Industriebetrieb diesen Sichten und Abstufungen des Informationssystems gefolgt. Im Vordergrund steht dabei die Konstruktion von Datenmodellen, da sie für die Entwicklung integrierter Informationssysteme von besonderer Bedeutung sind. Die anderen Sichten (Organisations-, Funktions- und Steuerungssicht) werden weniger intensiv behandelt.
Die betriebswirtschaftliche Relevanz des Stufenkonzepts für Informationssysteme nimmt mit der Nähe zur technischen Implementierung ab. Gleichzeitig nimmt auch die Stabilität der Konzepte ab, da die sich stürmisch entwickelnde Informationstechnik hauptsächlich die technische Implementierung von Informationssystemen beeinflußt. Diesem Gedanken trägt die Gewichtung der behandelten Probleme in dem Buch "Wirtschaftsinformatik - Informationssysteme im Industriebetrieb" Rechnung, wie es auch durch die Flächendarstellung in Abb. 01 ausgedrückt wird.

Die Architektur von Informationssystemen, wie sie hier durch die vier verschiedenen Sichten sowie die dreistufige Gliederung zur Nähe der Informationstechnik ausgedrückt wird, kann selbst Gegenstand einer Beschreibung sein. Hier werden dann die Begriffe, Regeln und Beziehungen, in denen die Sichten dargestellt werden, beschrieben. In dem Buch "Architektur betriebswirtschaftlicher Informationssysteme" wird ein solches Meta-Modell eines betriebswirtschaftlichen Informationssystems entwickelt.
Der gemeinsame Rahmen begründet auch einige Überschneidungen zwischen den Werken. Es wird aber bei Neuauflagen angestrebt, Überschneidungen zu verringern und lediglich Angelpunkte zu setzen, um eine vertiefte Bearbeitung eines Tatbestandes mit Hinweis auf ein anderes Werk zu erleichtern. Aus diesem Grunde sind auch in der vorliegenden dritten Auflage einige Abschnitte ausgedünnt worden. Dieses betrifft konkrete Fragestellungen zum CIM-Konzept, die in dem eigenständigen Buch des Verfassers ausführlicher behandelt sind.

Gegenüber der zweiten Auflage ist die Gliederung an die Architektur des Informationssystems angepaßt worden.

Inhaltliche Änderungen und Erweiterungen sind vor allen Dingen im Teil A vorgenommen worden. Hier sind die Begriffe zur Modellierung von Informationssystemen präzisiert worden. Im Teil C ist die Gesamtbetrachtung des Unternehmensdatenmodells erweitert worden und insbesondere um praktische Erfahrungen, die in der Zwischenzeit mit der Verwendung des Modells als Grundlage für unternehmensindividuelle Datenmodelle gewonnen wurden, ergänzt worden. Hierbei werden auch Tool-Unterstützungen bei der Datenmodellierung stärker einbezogen. Da das in diesem Buch entwickelte Unternehmensdatenmodell selbst als Produkt unter mehreren Software-Entwicklungs-Tools (IEW, MSP EASY) verfügbar ist, konnten praktische Erfahrungen der Tool-Unterstützung eingebracht werden.

Für diese Auflage wurden alle Abbildungen mit dem Grafiksystem GEM und alle Texte mit dem Textverarbeitungssystem WORD 5.0 technisch neu erstellt.

Ich danke Frau Dipl.-Kfm. Jutta Michely und Herrn Dipl.-Wirtsch.-Ing. Carsten Simon für die engagierte Betreuung des Manuskriptes sowie Frau cand. jur. Rita Landry-Schimmelpfennig und Frau Christa Sturm für die sorgfältige Erfassung der Texte.

Saarbrücken, im August 1990 August-Wilhelm-Scheer

Inhaltsübersicht

Teil A: Beschreibung von Informationssystemen

Teil B: Funktionsbezogene Informationssysteme

Teil C: Das unternehmensweite Informationssystem

Inhaltsverzeichnis

Teil A: Beschreibung von Informationssystemen

Wirtschaftsinformatik ist die Wissenschaft von der Entwicklung und Implementierung betriebswirtschaftlicher computergestützter Informationssysteme. Obwohl zu einem Informationssystem neben der Software auch die Hardware gehört, sollen technische Grundlagen der Hardware in diesem Buch nicht behandelt werden. Sie sind Gegenstand einführender Veröffentlichungen zur Elektronischen Datenverarbeitung (vgl. z. B. die ausführlichen Darstellungen bei *Dworatschek, Datenverarbeitung 1989; Hansen, Wirtschaftsinformatik I 1986; Stahlknecht, Wirtschaftsinformatik 1989*). Durch die zunehmende Benutzernähe von EDV-Systemen verlieren die technischen Grundlagen für die Gestaltung und Einführung von Anwendungssystemen immer mehr an Bedeutung. Der Umgang mit Computern wird bereits in der Grundschule gelernt. Um so wichtiger werden aber mit der weiteren Verbreitung von Computern Fragen der adäquaten Umsetzung von Anwendungswissen in EDV-geeignete Strukturen. Diese Fragestellung steht deswegen im Mittelpunkt des Buches.

Eng mit dieser Problemstellung verbunden ist die Auswahl der adäquaten Beschreibungsmethodik. Im Rahmen des Software Engineerings sind zahlreiche Entwurfs- und Entwicklungsverfahren für EDV-Systeme vorgestellt worden (vgl. z. B. *Balzert, Die Entwicklung von Software-Systemen 1982; Österle, Informationssysteme 1981*). Hieraus muß eine Auswahl getroffen werden, um einerseits eine möglichst durchgängige Darstellungsform zu gewährleisten und andererseits das Erlernen der Darstellungsmethoden nicht schwieriger zu gestalten als das Lernen der dargestellten Inhalte.

Aus diesem Grund wird zunächst der Beschreibungsgegenstand dieses Buches festgelegt und anschließend ein auf wenige Beschreibungsmethoden ausgerichtetes Beschreibungsmix zusammengestellt.

A.I Auswahl von Beschreibungsverfahren

A.I.1 Beschreibungsgegenstand

A.I.1.1 Computergestützte betriebswirtschaftliche Informationssysteme

Computergestützte betriebswirtschaftliche Informationssysteme sind das Vehikel, um EDV-orientierte betriebswirtschaftliche Anwendungskonzepte mit der Informationstechnologie zu verbinden. Die betriebswirtschaftlichen Fachkonzepte beinhalten dabei häufig Vorgangsbearbeitungen (vgl. Abb. A.I.01). Für Vorgang kann auch der allgemeinere Begriff Funktion eingesetzt werden. Im folgenden werden die Begriffe zunächst synonym verwendet und später genauer spezifiziert. Eine

Vorgangsbearbeitung wird durch ein Ereignis ausgelöst. In der Abbildung wird die Auftragsbearbeitung durch das Ereignis "Eintreffen eines Kundenauftrages" ausgelöst. Zur Bearbeitung des Vorgangs werden Zustandsbeschreibungen der relevanten Umwelt des Vorgangs benötigt, hier die Zustände über den Kunden und die in dem Auftrag angesprochenen Artikel. Während der Vorgangsbearbeitung können dabei auch die Zustände verändert werden.

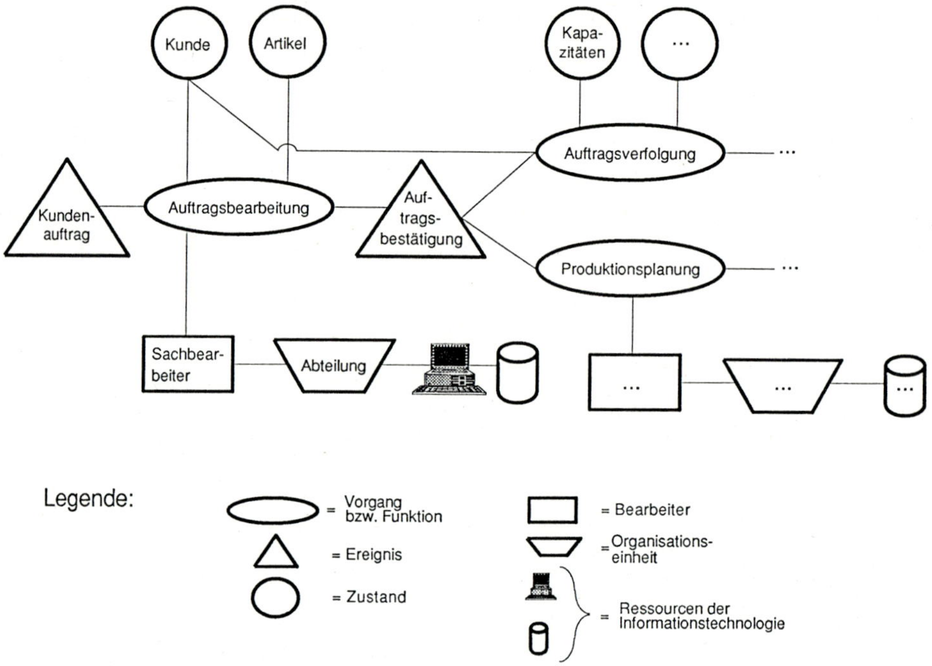

Abb. A.I.01: Allgemeine Vorgangsbearbeitung

Zur Vorgangsbearbeitung ist weiterhin Sachbearbeitertätigkeit erforderlich. Der Sachbearbeiter ist dabei in eine Organisationsstruktur eingebunden, also einer Abteilung zugeordnet. Die Abteilung ist weiterhin mit Ressourcen der Informationstechnik, z. B. Personal Computer, Anschluß an Datenbanken usw., ausgestattet.

Ergebnis der Vorgangsbearbeitung ist ein weiteres Ereignis, hier die Auftragsbestätigung.

Die Auftragsbestätigung als Ergebnis der Auftragsbearbeitung kann weitere Vorgänge wie die Auftragsverfolgung und die Produktionsplanung auslösen. Zur Bearbeitung dieser Vorgänge sind wiederum Zustandsbeschreibungen sowie personelle und sachliche Ressourcen erforderlich. Dabei können sich Überlappungen zu anderen Vorgängen ergeben, also gleiche Zustandsbeschreibungen benötigt werden oder gleiche Ressourcen eingesetzt werden. In dem Beispiel ist dieses durch den Zustand "Kunde" angedeutet.

Die bei einem Informationssystem zu beschreibenden Komponenten einschließlich ihrer Beziehungen untereinander sind somit Vorgänge, Ereignisse, Zustände, Bearbeiter,

Organisationseinheiten und Ressourcen der Informationstechnologie. Sie bilden eine komplexe Einheit.

Um die Komplexität zu reduzieren, wird der Gesamtzusammenhang in einzelne Sichten zerlegt (vgl. Abb. A.I.02).

Ereignisse wie Kundenaufträge, Fertigmeldungen oder Rechnungen sind Informationsobjekte, die durch Daten repräsentiert werden. Zustände des Bezugsumfelds wie Kundenstatus und Artikelstatus sind ebenfalls durch Daten repräsentierte Informationsobjekte.

In der klassischen Datenverarbeitung werden Ereignisse, da sie zu einem Zeitpunkt auftreten, als Bewegungsdaten bezeichnet, während das Bezugsumfeld durch Stammdaten beschrieben wird, die ständig aktuell gehalten werden und somit eine aktuelle Zustandsrepräsentation wiedergeben. Aus diesem Grund werden die Elemente Zustände und Ereignisse durch ihr Repräsentationselement **Daten** (oder auch Informationsobjekte) ausgedrückt. Zustände und Ereignisse bilden die Datensicht.

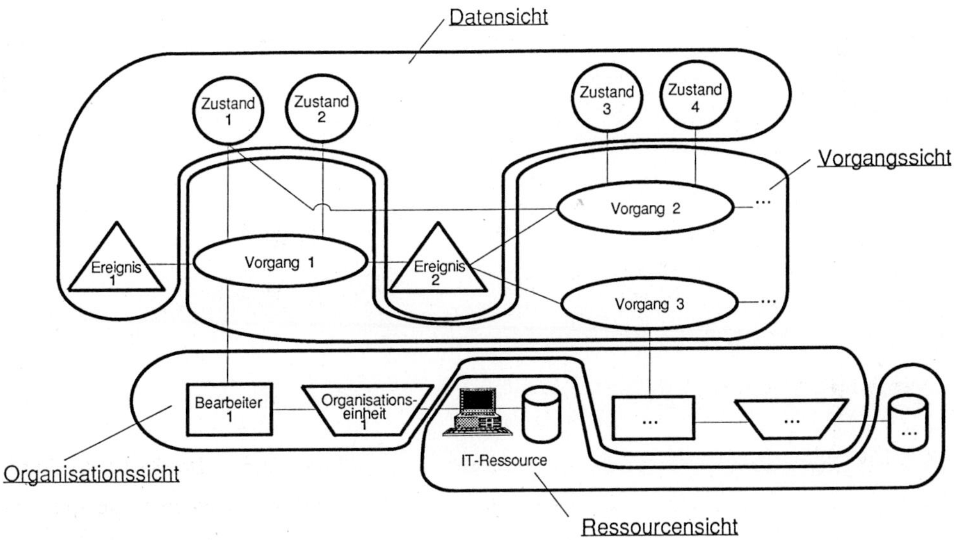

Abb. A.I.02: Sichten einer Vorgangsbearbeitung

Die auszuführenden Vorgänge sowie ihr Zusammenhang bilden eine zweite Sicht, die Vorgangssicht. Sie beinhaltet einmal die Beschreibung des Vorgangs selbst, die Aufzählung der einzelnen Teilvorgänge, die zu dem Gesamtzusammenhang gehören, sowie die zwischen den Vorgängen bestehenden Anordnungsbeziehungen.

Die Komponenten Bearbeiter und Organisationseinheit werden wegen ihres engen Zusammenhangs zu einer Beschreibungssicht zusammengefaßt. Bearbeiter sind Organisationseinheiten zugeordnet, und diese werden nach Kriterien wie "gleiche Funktion" oder "gleiches Arbeitsobjekt" gebildet. Struktur und Beziehungen von Bearbeitern und Organisationseinheiten bilden somit die Organisationssicht.

Die Komponenten der Informationstechnologie bilden einen eigenen Beschreibungsgegenstand, die Ressourcensicht. Diese ist aber für die betriebswirtschaftliche Betrachtungsweise nur insoweit von Bedeutung, als sie Rahmenbedingungen für die Beschreibungsweise der anderen, stärker betriebswirtschaftlich ausgerichteten Komponenten bildet. Aus diesem Grunde werden die jeweiligen Komponentenbeschreibungen in Abhängigkeit ihrer Nähe zu den Ressourcen der Informationstechnologie beschrieben. Die Ressourcensicht wird somit in die Beschreibungssichten der anderen Komponenten aufgenommen und entfällt als eigenständiger Beschreibungsgegenstand.

Der Prozeß der Umsetzung betriebswirtschaftlicher Tatbestände in die Realisierung mit Hilfe der Informationstechnologie wird allgemein durch differenzierte Stufen- oder Phasenmodelle beschrieben. Im folgenden wird lediglich eine dreistufige Abschichtung vorgenommen (vgl. Abb. A.I.03).

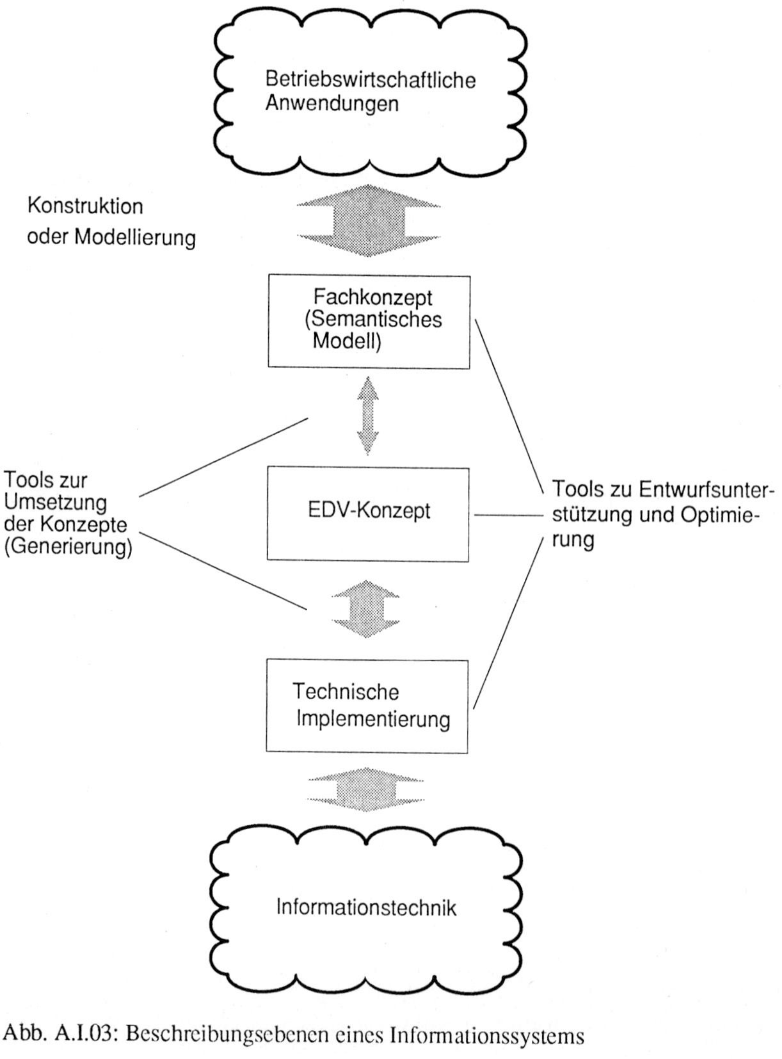

Abb. A.I.03: Beschreibungsebenen eines Informationssystems

Diese Stufen können einmal aus der Sicht der in ihnen erzielten Ergebnisse dargestellt werden oder aus den in den Stufen bzw. zwischen den Stufen eingesetzten Werkzeugen (im weitesten Sinne CASE-Tools). Innerhalb der Stufen dienen diese Tools zur Unterstützung des Entwurfs bzw. zur Optimierung des jeweiligen Konzeptes. Zwischen den Stufen sind es Generierungstools, die das Konzept in die nächste Entwurfsebene transformieren. Hier bestehen dann neue Freiheitsgrade, so daß eine Optimierung z. B. hinsichtlich Performance-Kriterien durchgeführt werden kann. Dabei wird aber der aus der übergeordneten Ebene übernommene Inhalt nicht verändert.

Das Schwergewicht des Werkzeugeinsatzes liegt in der Umsetzung eines vorliegenden Fachentwurfes in ablauffähige Systeme. Aus diesem Grunde wird die mittlere Ebene auch als Tool-Umsetzung bezeichnet. Es ist deshalb zu unterscheiden, ob in der mittleren Ebene mehr das Ergebnis des Entwurfsschrittes betrachtet wird, dieses bildet dann das EDV-Konzept eines Problembereiches, oder die zur Transformation des Fachmodells in das EDV-Konzept angewendeten Tools.

In dem Fachkonzept wird das zu unterstützende betriebswirtschaftliche Anwendungskonzept in einer soweit formalisierten Beschreibungssprache beschrieben, daß es Ausgangspunkt einer konsistenten Umsetzung in die Informationstechnik sein kann. Dieser Vorgang wird im weiteren auch als Konstruktion bezeichnet. Fachkonzepte werden auch als semantische Modelle bezeichnet. Das Fachkonzept ist sehr eng mit betriebswirtschaftlichen Anwendungen verbunden, wie es die Breite des Doppelpfeiles ausdrückt. Da in dem Fachkonzept die inhaltlichen Darstellungen dominieren, wird es auch als logische Ebene bezeichnet.

In dem EDV-Konzept wird die Begriffswelt des Fachkonzeptes in die Kategorien der EDV-Umsetzung übertragen. So werden anstelle von Funktionen die sie ausführenden Module, Programmeinheiten oder Benutzertransaktionen definiert.

Dabei wird auch der Zusammenhang zu den Werkzeugen zur Umsetzung von Fachinhalten in EDV-Strukturen hergestellt. Derartige Werkzeuge können Programmiersprachen oder Datenbanksysteme sein.

Im Rahmen der technischen Implementierung wird das EDV-Konzept auf konkrete hardware- und softwaretechnische Komponenten übertragen. Hier besteht eine besonders enge Verbindung zur Beschreibungswelt der Informationstechnik selbst.

Der dargestellte Weg von der betriebswirtschaftlichen Anwendungsrealität zur informationstechnischen Umsetzung hat zwei neuralgische Punkte. Einmal ist die Erarbeitung eines EDV-orientierten Fachkonzeptes besonders schwierig, da hier eine Schnittstelle zwischen zwei Disziplinen (der Betriebswirtschaftslehre und der Informatik) besteht sowie neue EDV-orientierte Ansätze gefordert werden. Der zweite kritische Punkt betrifft die Umsetzung eines Fachkonzeptes in die konkrete Implementierung. Dieser Weg ist heute noch mit großen Ungenauigkeiten bezüglich der Schätzung des benötigten Zeit- und Ressourcenbedarfes verbunden.

Gegenwärtig werden aber umfassende EDV-Werkzeuge entwickelt, um diesen Umsetzungsprozeß zu unterstützen. Dieses bedeutet, daß angestrebt wird, ein vorliegendes Fachkonzept quasi automatisch in ein EDV-Konzept und nach dessen Optimierung wiederum automatisch in eine technische Implementierung umzusetzen.

Durch die relativ lose Kopplung zwischen Fachkonzept und EDV-Konzept besteht eine vergleichsweise hohe Stabilität der betriebswirtschaftlichen Inhalte gegenüber der technischen Implementierung. Die technische Implementierung ist sehr eng an die Entwicklung der Informationstechnologie gekoppelt und erfährt deshalb durch Einsatz neuer Datenbanksysteme, Netze, Hardwareeinheiten usw. ständige Änderungen.

Die Ebene des Fachkonzeptes ist damit von besonderer Bedeutung, da sie einmal langfristiger Träger des betriebswirtschaftlichen Gedankengutes ist und gleichzeitig einen Ausgangspunkt für die weiteren Generierungsschritte zur Umsetzung in die technische Implementierung darstellt. Aus diesem Grunde steht die Sicht der Entwicklung von Fachkonzepten oder semantischen Modellen im weiteren im Vordergrund.

Die Beschreibung der Komponenten Daten, Funktionen und Organisation folgt somit jeweils den Stufen Fachkonzept, EDV-Konzept und technische Implementierung, wobei das Fachkonzept im Vordergrund steht.

Mit der Zerlegung des Ausgangsproblems in die einzelnen Sichten wird zwar die Komplexität reduziert, allerdings geht dabei auch die Beschreibung des Zusammenhangs zwischen den Sichten verloren. Aus diesem Grunde wird mit der Komponente "Steuerung" eine Verbindung zwischen ihnen wiederhergestellt. Damit ergibt sich insgesamt als Vorschlag für eine Architektur eines Informationssystems die Abb. A.I.04. Ihr wird im folgenden begrifflich gefolgt.

A.I.1.2 Abgrenzung zu anderen Einteilungen

Betriebswirtschaftliche Anwendungssysteme werden häufig in **Administrations-, Dispositions-, Informations- und Planungssysteme** unterschieden (vgl. *Mertens/Griese, Industrielle Datenverarbeitung 1988*). Diese Definition geht von der Art der betriebswirtschaftlichen Aufgabe aus.

Wird ein EDV-System lediglich als "schnelle Rechenmaschine" zur Verarbeitung fast banaler Massenvorgänge wie Adressenschreiben oder Tabellendrucken eingesetzt, so wird dies als administrative Datenverarbeitung bezeichnet.

Werden mit dem EDV-System kurzfristige, gut strukturierte Abläufe innerhalb des Betriebes gesteuert, z. B. die Bestellpolitik oder der Vertrieb, so wird dies als Dispositionssystem bezeichnet.

Als Informationssystem, speziell Management-Informationssystem, wird ein System zur Bereitstellung von Führungsinformationen gekennzeichnet. Planungssysteme werden für langfristige, in der Regel schlecht strukturierte Aufgaben eingesetzt.

Management-Informationssysteme setzen aber Dispositionssysteme voraus, die die Datenbasis erzeugen, auf die dann entsprechende Verdichtungsprozeduren zur Ermittlung von Führungsinformationen zugreifen. Andererseits enthalten auch Dispositionssysteme Verarbeitungsfunktionen (z. B. Bestellschreibung), die in das Gebiet der Administrationssysteme gehören, so daß die Über-

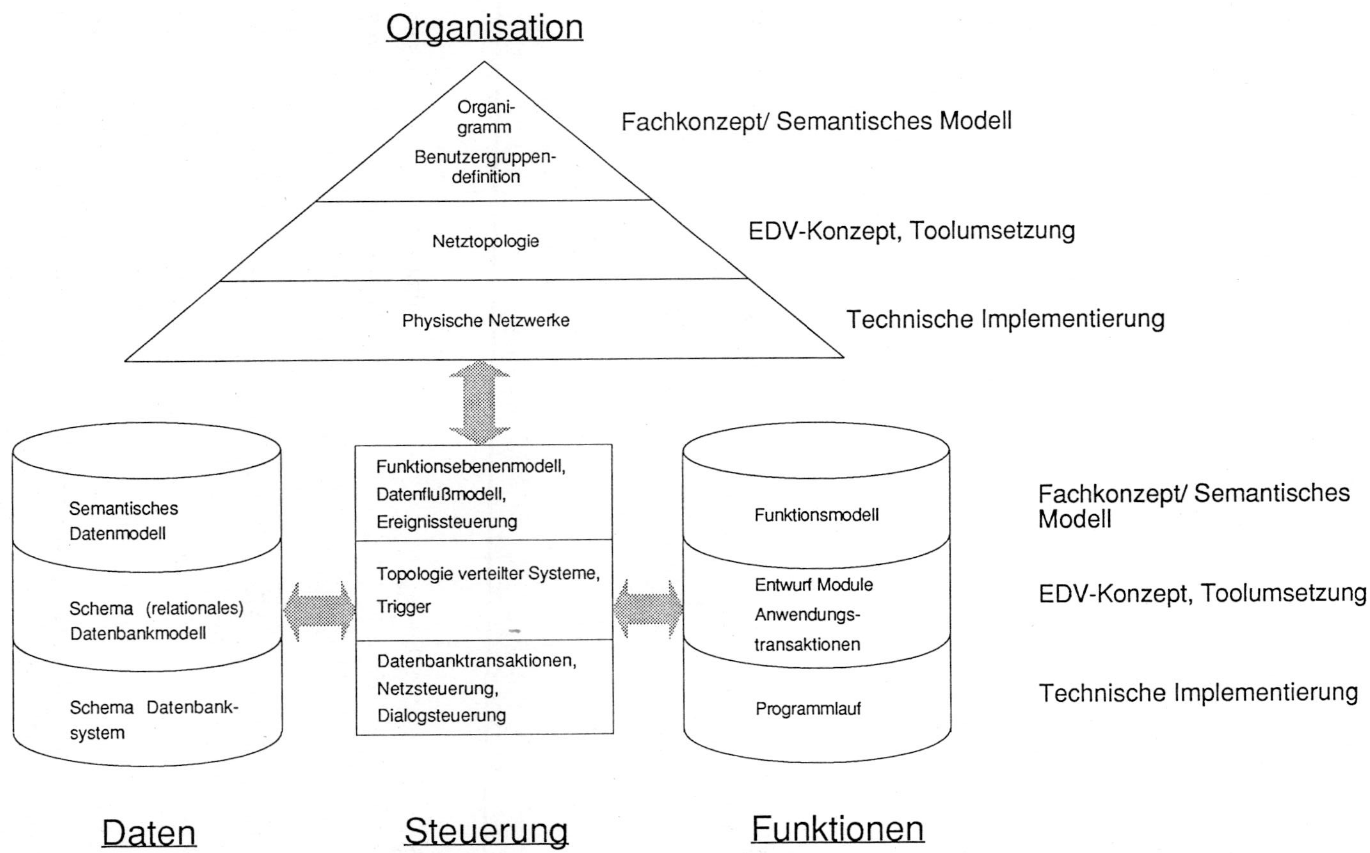

Abb. A.I.04: Architektur eines betriebswirtschaftlichen Informationssystems

gänge zwischen den Systemarten fließend sind. Dieses gilt insbesondere für integrierte datenbankorientierte Systeme, die in dieser Arbeit im Vordergrund stehen.
Der Begriff Informationssystem wird deshalb hier allgemeiner gefaßt. Er dient hier als Oberbegriff für Administrations-, Dispositions-, Management-Informations- und Planungssysteme.
Die Schichtung der Informationssysteme nach ihrem Detaillierungsgrad wird häufig durch eine Pyramide ähnlich der Abb. A.I.05 dargestellt. Sie liegt gedanklich den weiteren Ausführungen dieses Buches zugrunde.

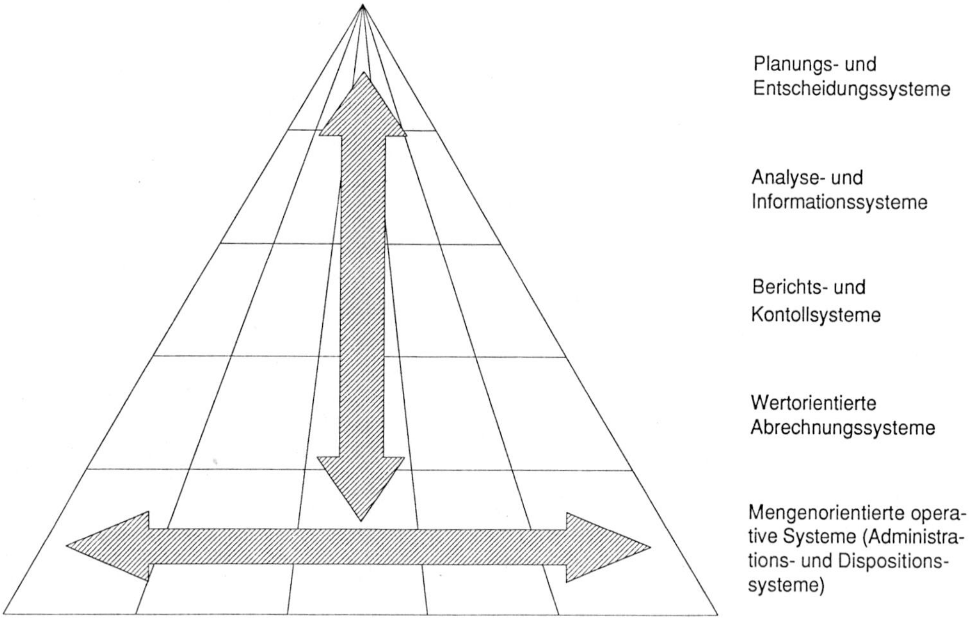

Abb. A.I.05: Integrierte Informationssysteme

Wegen der schwierigen Abgrenzung werden Administrations- und Dispositionssysteme zusammengefaßt. Ihr Kernpunkt ist, daß in ihnen mengenorientierte Prozesse, die eng mit der Leistungserstellung verbunden sind, erfaßt werden. Typische Funktionsbereiche hierfür sind Beschaffung, Produktion, Absatz und Personalverwaltung.
Die mengenorientierten Prozesse werden von wertorientierten Abrechnungssystemen begleitet, um ihre betriebswirtschaftlichen Konsequenzen sichtbar werden zu lassen. Diese wertorientierten Systeme bauen somit auf den mengenorientierten Systemen auf. Beispiele hierfür sind für ein Beschaffungssystem die Kreditorenbuchführung, für das Vertriebssystem im Absatzbereich die Debitorenbuchführung und für die Personalverwaltung die Lohn- und Gehaltsabrechnung.
In der dritten Stufe werden aus den mengen- und wertorientierten Systemen Informationen für Berichts- und Kontrollsysteme übernommen. Derartige Controlling-Systeme können wiederum nach Funktionsbereichen gegliedert sein, sie können aber auch als übergreifende Berichtssysteme gestaltet werden.

In einer weiteren Verdichtungsstufe werden Analyse- und Informationssysteme erstellt, die neben den verdichteten Daten auch Daten externer Quellen einbeziehen. Beispiele hierfür sind Marketing-Informationssysteme, Beschaffungs- und Produktions-Informationssysteme.
Die höchste Verdichtungsstufe bilden dann Planungs- und Entscheidungssysteme, die insbesondere für unstrukturierte und ad-hoc-Entscheidungen Unterstützung geben sollen.
Ähnliche Darstellungen sind z. B. in Kirsch/Klein (vgl. *Kirsch/Klein, Management-Informationssysteme 1977, S. 24*) zu finden. Kirsch/Klein unterscheiden eine dreistufige Hierarchie aus: Transaktionsdatensysteme, Berichts- und Kontrollsysteme, Planungs- und Entscheidungssysteme.
Eine andere häufig gewählte Definition für ein Informationssystem gliedert es in die Elemente **Daten-, Modell-** und **Methodenbank**.
In der **Methodenbank** sind die verschiedenen Computerprogramme gespeichert, die für betriebswirtschaftliche Anwendungsprobleme eingesetzt werden können.
In der **Modellbank** sind konkrete Strukturen für betriebswirtschaftliche Modelle erfaßt.
In der **Datenbank** sind die benötigten Daten einschließlich ihrer logischen Strukturen abgelegt.
Erst das Zusammenwirken der drei Komponenten Daten-, Modell- und Methodenbank ermöglicht die Lösung einer betriebswirtschaftlichen Aufgabe (vgl. Abb. A.I.06, aus: *Scheer, Wirtschaftsinformatik 1978, S. 158*). Soll z. B. eine Absatzprognose für ein bestimmtes Produkt mit Hilfe einer Regressionsanalyse erstellt werden, so muß auf die Datenbank zugegriffen werden, in der die Zeitreihen der exogenen und endogenen Größen gespeichert sind. In der Modellbank sind die einzubeziehenden Einflußgrößen, ihre Verknüpfung mit endogenen Größen usw. erfaßt. Die Methodenbank stellt schließlich das statistische Verfahren der Regressionsrechnung zur Verfügung.
Häufig lassen sich diese drei Komponenten nicht klar trennen. Ist z. B. ein Lösungsverfahren von vornherein auf ein bestimmtes Planungsmodell zugeschnitten, so enthält das entsprechende Computerprogramm sowohl die Methode als auch das Modell. Andererseits können bestimmte Modellparameter zusammen mit den Anwendungsdaten gespeichert sein; hier fallen dann Modell- und Datenbank zusammen.

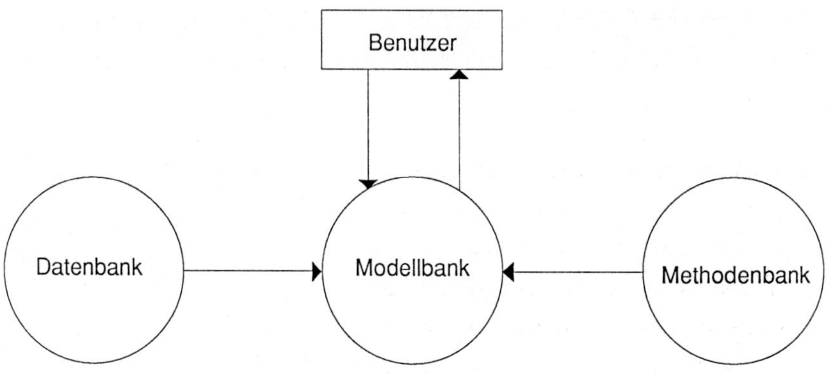

Abb. A.I.06: Komponenten eines Informationssystems

Die eingangs eingeführte Architektur ist weitgehend mit den anderen Beschreibungen von Informationssystemen verträglich. Die Informationspyramide beschreibt eine Aufschichtung der zu bearbeitenden betriebswirtschaftlichen Probleme nach Detaillierung und Fristigkeit. Sie präzisiert somit den Gegenstand des Informationssystems, nicht seine Architektur. Die Aufteilung in Benutzer, Daten-, Modell- und Methodenbank zeigt einige Überschneidungen mit dem hier entwickelten Vorschlag, ist aber weniger präzise und enthält keine Aussagen zur Ablaufsteuerung. Der Begriff Modellbank ist dabei der fachlichen Ebene der Funktionssicht zuzuordnen und der Begriff Methodenbank der Ebene EDV-Konzept/Umsetzung.
Die **Ablaufsteuerung** steuert betriebswirtschaftliche Teilaufgaben und Transaktionen zeitlich, örtlich und logisch. Dadurch werden auch Gestaltungsfragen wie Auswahl zwischen Dialog- und Batch-Verarbeitung sowie die örtliche Verteilung von Daten und Prozessen (Distributed Database, Distributed Data Processing) im Rahmen der Komponentenbeschreibung eines Informationssystems diskutiert. Zu der Ablaufsteuerung gehört auch die Dialogsteuerung, die die Schnittstelle zwischen Benutzer und Informationssystem bildet.
Abb. A.I.05 soll weiterhin zwei Blickrichtungen, die bei der Analyse von Informationssystemen verfolgt werden können, verdeutlichen. Der waagerechte Pfeil auf der Ebene der operativen Systeme bezeichnet die Sicht der Integration funktionaler Informationssysteme zu einem integrierten Gesamtsystem. Hierbei steht die Betrachtung durchgängiger Informationsströme, die insbesondere dem Materialfluß bzw. Leistungserstellungsprozeß folgen, im Vordergrund. Derartig integrierte Informationssysteme sollen so beschaffen sein, daß möglichst wenig Datenredundanzen entstehen. Diese Betrachtungsweise wird deshalb oft mit dem Begriff "integrierte Informationssysteme" verfolgt.
Demgegenüber verstehen Mertens und Griese (vgl. *Mertens/Griese, Industrielle Datenverarbeitung 1988*) unter dem Begriff der integrierten Datenverarbeitung die Abstimmung zwischen den Informationssystemen unterschiedlicher Detaillierung, wie sie durch den senkrechten Pfeil der Abbildung gekennzeichnet wird.
In dieser Arbeit werden beide Betrachtungsweisen angewandt: Einmal wird mit dem Begriff Integration die einheitliche Gestaltung funtionsübergreifender Informationssysteme betont, andererseits wird aber auch die Durchgängigkeit von unten nach oben, also die Weiterverwertung der Datenbasis der mengenorientierten operativen Systeme für Abrechnungssysteme bis zu Planungs- und Entscheidungsunterstützungssystemen, verfolgt.

Entsprechend der Themenstellung des Buches werden die Informationssysteme auf industrielle Betriebe bezogen. Dieses erscheint gerechtfertigt, da die Industrie für viele EDV-Anwendungen Schrittmacherdienste geleistet hat und auch traditionell aufgrund der Vielfalt der zu behandelnden Problemstrukturen im Zentrum betriebswirtschaftlicher Analysen steht.

A.I.1.3 Lebenszyklus von Informationssystemen

Die gesamte Lebensdauer eines betriebswirtschaftlichen Informationssystems wird als Software-Lifecycle bezeichnet. Von den vielfältigen Konzepten der Unterteilung des Lifecycles in Phasen wird folgende Einteilung übernommen (vgl. *Balzert, Die Entwicklung von Software-Systemen 1982, S. 17*):

1.	Planung,	
2.	Definition,	
3.	Entwurf,	} Entwicklung = Build Time
4.	Implementierung,	
5.	Abnahme und Einführung,	
6.	Wartung und Pflege.	= Run Time

Die Phasen 1 - 5 umfassen die Entwicklung des Informationssystems (Build Time), während die Phase 6 die laufende Weiterentwicklung und Unterhaltung des Systems während seiner Nutzung umfaßt (Run Time). Es wird vorgeschlagen, die Build Time- und Run Time-Versionen eines Informationssystems zu trennen, um sie unabhängig voneinander ändern zu können. Heute ist es allgemeine Erkenntnis, daß die Softwarekosten für die Entwicklung lediglich ein Drittel der Gesamtkosten umfassen, während zwei Drittel der Kosten auf den Wartungs- und Pflegeaufwand entfallen (vgl. *Balzert, Die Entwicklung von Software-Systemen 1982, S. 460*). In Abb. A.I.07 ist dieses durch einen steigenden Kostenverlauf in Abhängigkeit der fortschreitenden Zyklusphasen angedeutet. Der hohe Kostenanfall während späterer Phasen resultiert zum großen Teil daraus, daß die ersten Phasen (also die **Planung**, in der das Informationssystem voruntersucht und anhand einer Wirtschaftlichkeitsanalyse seine Entwicklung beschlossen wird, die **Definition**, in der die wesentlichen Anforderungen festgelegt werden, und der **Entwurf**, in dem die Anforderungen spezifiziert

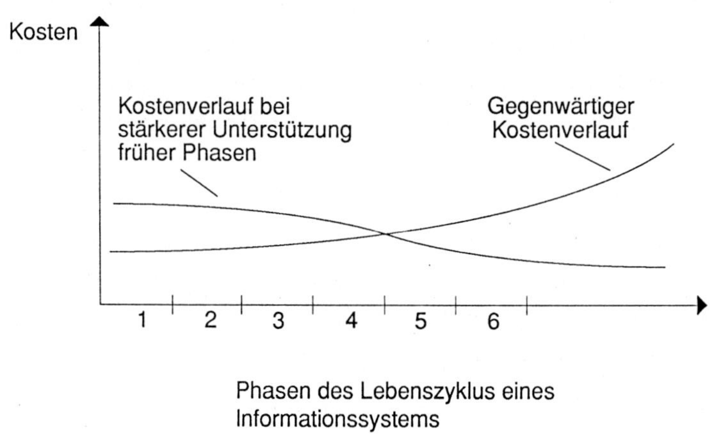

Abb. A.I.07: Kostenverlauf und Lebenszyklus eines Informationssystems

und detailliert werden) methodisch bisher nur wenig unterstützt werden. Die meisten Entwicklungswerkzeuge unterstützen die Implementierung und damit die späterliegenden Zyklusphasen. Planung, Definition und evtl. ein Teil der Entwurfsphase zählen zu der hier verwendeten Einteilung "Fachkonzept", während der Detailentwurf zum EDV-Konzept gehört.
Da bekannt ist, daß die Beseitigung eines Fehlers umso aufwendiger ist, je später er entdeckt wird, konzentriert sich die Entwicklung von Unterstützungswerkzeugen zunehmend auf die frühen Phasen. Dieses wird z. B. durch den Begriff "Requirements Engineering" deutlich gemacht. Die frühen Phasen bilden die Schnittstelle zum Benutzer, von dem die Anforderungen (Requirements) an das Informationssystem erhoben werden. Aus diesem Grunde wird in dieser Arbeit der Beschreibungsgegenstand vor allen Dingen auf die Konstruktion des Fachkonzeptes und damit auf die frühen Phasen des Lebenszyklusses eines Informationssystems konzentriert.
Bei einer konsequenten Unterstützung dieser Vorgehensweise und Einbettung der Entwurfs- und Implementierungsphasen in eine umfassende Software-Produktionsumgebung könnte sich ein Kostenverlauf ergeben, wie er in Abb. A.I.07 als "Kostenverlauf bei stärkerer Unterstützung früher Phasen" gekennzeichnet ist.

Anlaß zur Beschreibung einzelner oder aller Phasen eines Informationssystems sind:

- Entwurf eines neuen Informationssystems,
- Auswahl von Standardsoftware für einen schon festliegenden Anwendungszweck,
- Nachdokumentation eines bereits bestehenden Informationssystems,
- Schulung der Anwender eines vorhandenen Informationssystems.

Für den **Entwurf** eines Informationssystems sind alle Entwicklungsphasen bis hin zur Implementierung und Einführung zu durchlaufen.
Bei der **Auswahl von Standardsoftware** stehen dagegen die ersten Planungsstufen, also insbesondere die Festlegung der Anforderungen im Vordergrund.
Bei der **Anwenderschulung** ist die Vermittlung der betriebswirtschaftlichen Abläufe, die vor allem in den ersten Phasen eingebracht werden, notwendig.
Auch diese Hinweise betonen wiederum die hohe Bedeutung der ersten Phasen des Entwicklungsprozesses.

A.I.2 Auswahlkriterien für Beschreibungsverfahren

Die Auswahl der zu verwendenden Beschreibungsverfahren richtet sich einmal nach den bereits allgemein festgelegten Eigenschaften des Beschreibungsgegenstandes, zum anderen aber auch in detaillierterer Form nach zu verfolgenden Beschreibungszwecken.
Ein Informationssystem wird durch seine statischen Strukturen und durch sein dynamisches Verhalten beschrieben.

Bei den statischen Strukturen werden die Beschreibungsobjekte mit ihren Beziehungen untereinander festgelegt. Entsprechend der Architektur wäre dieses für Daten, Funktionen, Organisation und ihre Verbindungen (Steuerungssicht) durchzuführen. Im Vordergrund stehen aber im weiteren vor allem die Daten- und Funktionssicht, die dann durch Informationsobjekte und Funktionshierarchien beschrieben werden. Dabei ist die Beschreibung der Funktionen und der Datenstrukturen nicht unabhängig voneinander zu sehen. Funktionen werden beschrieben, indem die Transformation von Inputdaten zu Outputdaten dargestellt wird. Umgekehrt ist für die Beschreibung der Datenstrukturen auch ihre funktionale Verwendung erforderlich. Trotzdem sind Beschreibungsverfahren entwickelt worden, die sich entweder mehr auf die Datenstrukturen oder mehr auf die funktionalen Inhalte konzentrieren.

In diesem Buch werden Methoden beider Gruppen verwendet. Im Vordergrund steht aber die Konstruktion des semantischen Datenmodells. Dieses geschieht, indem die Datenstrukturen aus einer - mehr verbal orientierten - Beschreibung der Anwendungen entwickelt werden. Hiermit soll dem Gedanken Rechnung getragen werden, daß in der frühen Entwurfsphase eines Informationssystems eine enge Verbindung zwischen betriebswirtschaftlichem Fachwissen und der Umsetzung in formale Strukturen eines Informationssystems erforderlich ist. Die Betriebswirtschaftslehre verwendet weitgehend zur Beschreibung von Planungs- und Steuerungszusammenhängen verbale Ausdrucksformen, die im Rahmen der quantitativen Betriebswirtschaftslehre durch ein mathematisches Instrumentarium ergänzt werden. Hieran knüpft die Vorgehensweise an.

Das Verhalten eines Informationssystems wird durch Zustandsänderungen beschrieben. Diese werden durch die Anwendung von Funktionen ausgelöst.

Neben dieser noch immer groben Einkreisung des zu verwendenden Instrumentariums gelten als weitere Auswahlkriterien:

- die Einfachheit der Darstellungsmittel,
- die Eignung für die speziell auszudrückenden Fachinhalte,
- die Möglichkeit, für alle Anwendungen ein einheitliches Beschreibungswerkzeug einsetzen zu können,
- der vorhandene oder zu erwartende Bekanntheitsgrad der Instrumente sowie
- die weitgehende Unabhängigkeit von technischen Entwicklungen der Informations- und Kommunikationstechnik.

Die anhand dieser Kriterien ausgewählten Beschreibungswerkzeuge werden im folgenden dargestellt.

A.II Darstellung der Beschreibungsverfahren

A.II.1 Funktionen

A.II.1.1 Der Entwurfsprozeß

Entsprechend der vorgestellten Architektur eines betriebswirtschaftlichen Informationssystems werden Funktionen in drei Ebenen entworfen (vgl. Abb. A.II.01). Im ersten Schritt werden die Funktionen eines Anwendungsgebietes identifiziert und zusammengestellt.

Im zweiten Schritt werden die Funktionen EDV-gerechter aufbereitet, indem sie in Module bzw. Anwendungstransaktionen aufgespalten werden.

Im dritten Schritt werden dann die Programmvorlagen in konkrete ablauffähige Computerprogramme übersetzt.

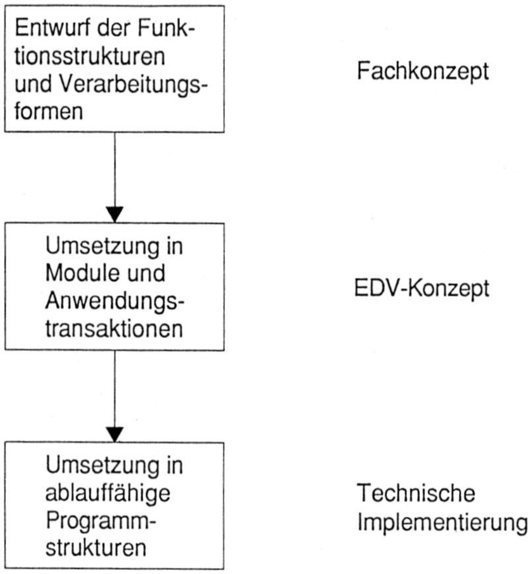

Abb. A.II.01: Entwurf von Funktionen

A.II.1.2 Entwurf der Funktionsstruktur und Verarbeitungsformen

Zur Darstellung von Funktionen wird zunächst das Prinzip der Hierarchisierung zur Reduktion der Komplexität von Anwendungsproblemen eingeführt. Hierzu eignen sich HIPO-Diagramme (HIPO = **H**ierarchy plus **I**nput-**P**rocess-**O**utput). Hierarchiediagramme oder Funktionsbäume werden in vielen Software-Entwicklungsmethoden eingesetzt.

Hierarchiediagramme sind selbsterklärend, wie Abb. A.II.02 (aus: *Scheer, EDV-orientierte Betriebswirtschaftslehre 1990, S.* 132) für das Beispiel einer Auftragsabwicklung zeigt. Sie lassen sich auf unterschiedlichen Hierarchieebenen anfertigen, wie es in der Abbildung für die Teilfunktion Reservierung angegeben ist.

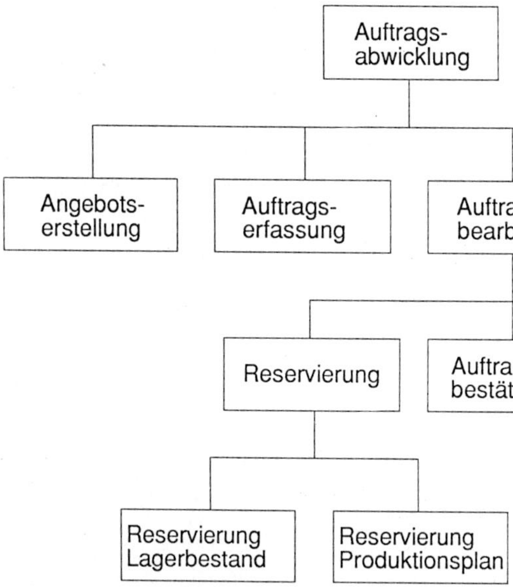

Abb. A.II.02: HIPO-Darstellung: Auftragsabwicklung

Zur Beschreibung der Funktion selbst, d. h. der Transformationsregeln von Eingaben zu Ausgaben, eignen sich Struktogramme nach Nassi/Shneiderman (vgl. *Nassi/Shneiderman, Flowchart Techniques 1973, S. 12 ff.*).

Zur Unterstützung von Funktionen können Planungs- und Entscheidungsmodelle eingesetzt werden. Innerhalb der Betriebswirtschaftslehre haben LP-Modelle eine besondere Bedeutung. Sie werden später im Rahmen der Produktionsplanung behandelt. Als eine EDV-gerechte Darstellung von LP-Modellen hat sich die sogenannte MPS-Notation herausgestellt (vgl. *Scheer, EDV-orientierte Betriebswirtschaftslehre 1990, S. 154 ff.*)
Zur Entscheidungsunterstützung werden zunehmend Expertensysteme diskutiert. Das Fundament eines Expertensystems bildet die sogenannte Wissensbasis. Ausgehend von einem Grundwissen ist das System in der Lage, Wissen von Experten einzubeziehen und sogar selbständig neues Wissen aus Erfahrungswissen abzuleiten und sich anzueignen. Die Elemente eines Expertensystems sind in Abb. A.II.03 angegeben (vgl. aus *Puppe, Expertensysteme 1986, S. 2*).

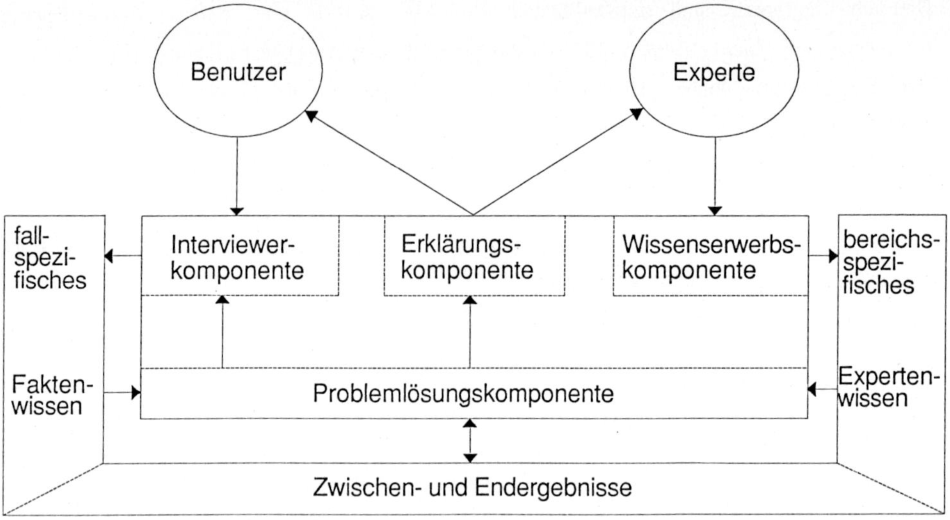

A.II.03: Struktur eines Expertensystems

Es wird zwischen Wissen (der untere Rahmen in Abb. A.II.03) und Problemlösungskomponenten (innerer Teil in Abb. A.II.03) unterschieden. Wissen kann dabei als Daten **und** Wissen über die Bedeutung der Daten verstanden werden.

Die Interviewerkomponente dient als Dialogschnittstelle zum Benutzer; die Erklärungskomponente gibt dem Benutzer auf Anforderung über gefundene Schlußfolgerungen Aufschluß; über die Wissenserwerbskomponente wird vom Experten Wissen in die Wissensbasis eingestellt.

Mit Hilfe der Problemlösungskomponente wird das in der Wissensbasis gespeicherte Expertenwissen auf das vom Anwender gestellte Problem angewendet. Hierzu sind intelligente Schlußmechanismen (Inferenzmechanismen) erforderlich.

Neben der Bedeutung zur Lösung von Entscheidungsproblemen besitzen Expertensysteme auch eine nicht zu unterschätzende Wirkung auf die Entwicklung von Informationssystemen selbst. In Abb. A.II.04 ist dieses darzustellen versucht.

Abb. A.II.04,a: Aufgabenabhängiger Programm- und Datenentwurf

Abb. A.II.04,a zeigt zunächst die bereits angeführte historische Ausgangssituation, daß für eine Aufgabenbearbeitung sowohl ein darauf bezogener Programm- als auch Datenentwurf erforderlich war.

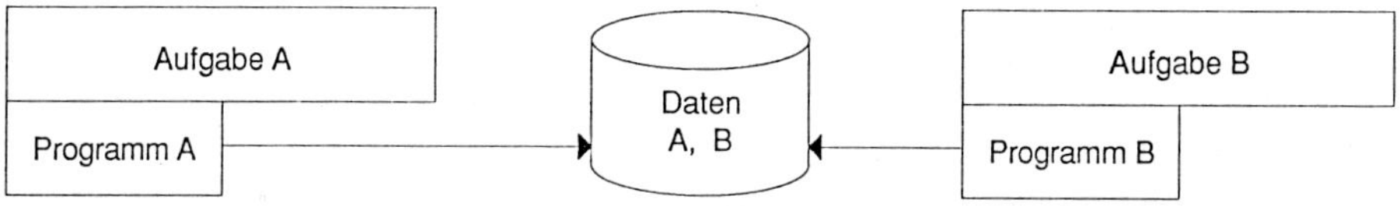

Abb. A.II.04,b: Aufgabenabhängiger Programmentwurf - aufgabenunabhängiger Datenentwurf

Bei der Datenbankphilosophie in Abb. A.II.04,b werden Aufgaben und Daten voneinander getrennt. Der Entwurf der Datenstrukturen wird so allgemein gehalten, daß sie für mehrere Aufgaben und damit für mehrere daraus abgeleitete Programme zugriffsbereit sind. Die Programme bleiben aber weiterhin auf einzelne Aufgaben bezogen.

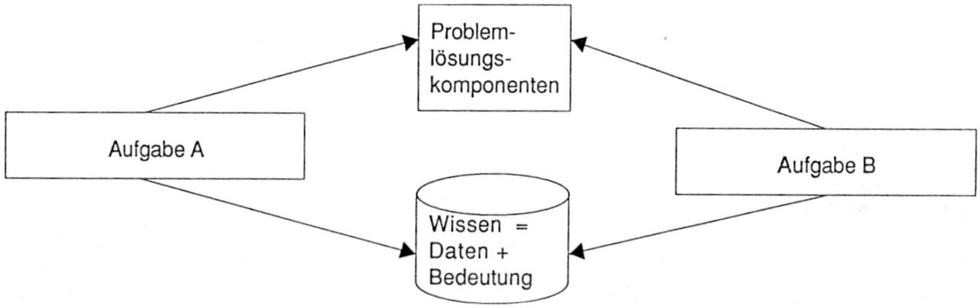

Abb. A.II.04,c: Aufgabenunabhängiger "Programm-" und Datenentwurf

Im Fall c der Abb. A.II.04 ist nun dargestellt, wie durch Einsatz von Expertensystemen dieser Trennungsprozeß konsequent weitergeführt wird. Von der Aufgabe werden nicht nur die Daten in erweiterter Form als Wissensbasis getrennt geführt, sondern auch die Problemlösungskomponenten werden unabhängig von der konkreten Aufgabe entworfen. Dieses bedeutet, daß bestimmte Problemlösungskomponenten wie Schlußmechanismen, Erklärungsmechanismen usw. unabhängig von einem bestimmten betriebswirtschaftlichen Problem entworfen werden können. Umgekehrt können verschiedene Aufgaben sich dieser Mechanismen sowie der Wissensbasis bedienen.
Dieser Trennungsprozeß begründet ebenfalls die große Betonung, die hier der Datenstrukturierung beigemessen wird. Auch bei einer Weiterentwicklung der Software-Erstellung zu Expertensystemen bildet die Datenbankstruktur eine wichtige Komponente. So wird auch versucht, Expertensysteme über die Einbeziehung eigener Wissensbasen hinaus mit den Datenbeständen operativer Anwendungssysteme zu verbinden.

Zur Beschreibung einer Funktion und der zeitlichen Folge der Funktionsausführung wurden früher häufig Programmablaufpläne eingesetzt. Diese besitzen aber den Nachteil, daß sie für komplizierte Strukturen mit vielen Verzweigungen unübersichtlich werden und neuere Grundsätze der Strukturierten Programmierung nicht unterstützen. Insbesondere sind Wiederholungen von Programmteilen schwer erkennbar.

Die Strukturierte Programmierung verwendet lediglich die drei Kontrollstrukturen Reihung, Verzweigung und Wiederholung. Dadurch werden Sprünge, die zu unübersichtlichen und damit fehlerträchtigen Programmen führen, vermieden. Die Strukturierte Programmierung zerlegt gleichzeitig die Funktionen in Module (Strukturblöcke). Ein Modul ist eine Funktionseinheit mit definiertem Ein- und Ausgang.

In Abb. A.II.05 (aus: *Scheer, EDV-orientierte Betriebswirtschaftslehre 1990, S.* 133) sind die Symbole der Kontrollstrukturen dargestellt und in Abb. A.II.06 (aus: *Scheer, EDV-orientierte Betriebswirtschaftslehre 1990, S.* 134) ein Ausschnitt der Auftragsabwicklung mit diesen Darstellungsmitteln beschrieben.

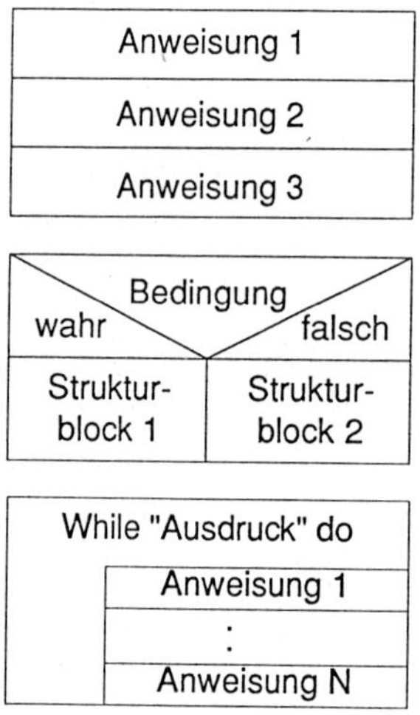

Reihung:

Mehrere Anweisungen werden innerhalb des Strukturblocks nacheinander ausgeführt.

Verzweigung:

Ist die Bedingung wahr, so wird Strukturblock 1 ausgeführt, sonst Strukturblock 2.

Wiederholung (Schleife):

Die Anweisungen in dem Strukturblock werden so lange wiederholt wie der "Ausdruck" wahr ist.

Abb. A.II.05: Kontrollstrukturen der Strukturierten Programmierung

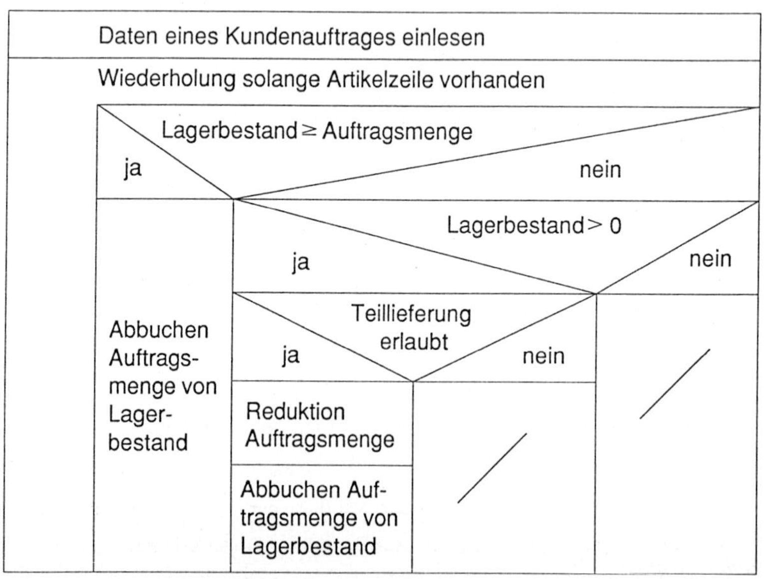

Abb. A.II.06: Struktogramm: Auftragsbearbeitung

Struktogramme eignen sich sowohl zur Beschreibung globaler Zusammenhänge als auch detaillierter Abläufe bis zu Programmvorgaben. Dadurch sind sie auch zur differenzierten Darstellung betriebswirtschaftlicher Entscheidungsregeln gut geeignet. Zu diesem Zweck werden sie auch in diesem Buch eingesetzt.

Bei der Gestaltung der Funktionen ist auch über ihre Verarbeitungsformen zu entscheiden. Als grundsätzliche Vorgehensweisen können Stapel- (oder Batch-)Verarbeitung und fallbezogene (Dialog-)Verarbeitung unterschieden werden. Bei Stapel- oder Batch-Verarbeitung werden die zu bearbeitenden Vorfälle gesammelt und zu einem festgelegten Abrechnungszeitpunkt in einem geschlossenen Posten ohne Eingriff des Benutzers von einem EDV-Programm verarbeitet. Bei einer fallbezogenen Bearbeitung wird jeder einzelne Vorgang durch Interaktion zwischen Mensch und Computer verarbeitet.

Batch-orientierte Planungsläufe werden zu vorher festgelegten Zeitpunkten (z. B. am Ende einer Woche oder am Ende eines Monats) für den anstehenden Planungszeitraum durchgeführt (vgl. im oberen Teil der Abb. A.II.07, aus: *Scheer, EDV-orientierte Betriebswirtschaftslehre 1990, S.* 59, die Planungszeitpunkte T1, T2 und T3).

Dabei können sich die Planungszeiträume bei rollierender Planung überlappen, so der Zeitraum (T2, T3) zu den Planungszeitpunkten T1 und T2. Bei Verfolgung des sogenannten Neuaufwurf-Prinzips werden bei einem Planungslauf auch die im vorherigen Planungslauf für den überlappten Planungszeitraum bereits eingeplanten Größen wieder freigegeben und ohne Bindung neu bestimmt.

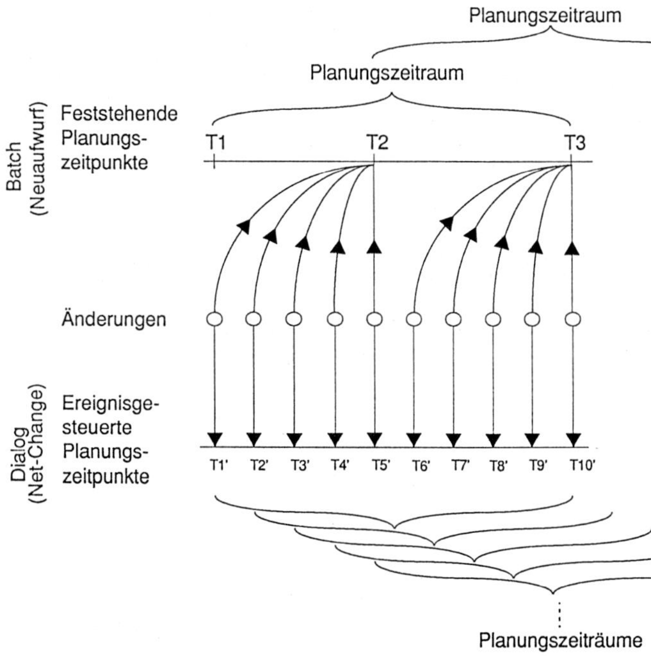

Abb. A.II.07: Neuaufwurf- und Net-Change-Prinzip

Ein wesentlicher Nachteil des Batch-orientierten Planungsprinzips ist, daß die nach Durchführung der Planung auftretenden Datenänderungen (z. B. neue Absatzprognosen, Ausfall von Produktionsanlagen, Stornierung eines wichtigen Kundenauftrages usw.) die Planung nicht verändern, sondern, sofern sie sich auch auf spätere Perioden auswirken, gesammelt werden, um beim nächsten Planungszeitpunkt bearbeitet zu werden. So wird die Datenänderung im Zeitintervall (T1, T2) erst zum Zeitpunkt T2 einbezogen (vgl. Abb. A.II.07).
Bei einer fallbezogenen Verarbeitung ergibt sich ein Bearbeitungslauf dagegen nicht aus einem vorgegebenen Planungszeitpunkt, sondern aus einem Ereignis, das eine Planänderung erfordert. Ein solches Ereignis kann eine wesentliche Datenänderung, z. B. die Annahme eines Eilauftrages, Ausfall einer Produktionsanlage usw. sein. Sobald eine derartige Datenänderung erkannt wird, wird sie in den Planungsprozeß eingespielt und in allen betroffenen Planungsbereichen bearbeitet.
Treten zu einem Zeitpunkt sowohl positive als auch negative Änderungen von Daten auf, so braucht nur die Differenz (Net-Change) bei der Aktualisierung der Planung berücksichtigt zu werden. In Abb. A.II.07 ist dieses Vorgehen durch die sich aus Datenänderungen ergebenden Planungszeitpunkte T1', T2', ..., T10' angedeutet.
Die zeitliche Steuerung zwischen Batch- und fallbezogener Bearbeitung bestimmt die zu bildenden Verarbeitungseinheiten.
Dazu ist der Begriff der Benutzertransaktion von besonderer Bedeutung (vgl. *Wedekind, Datenbanksysteme I 1981, S. 131*). Er umfaßt alle Handlungsteilschritte und damit gegebenenfalls auch mehrere Datenbanktransaktionen, die nach Ansicht eines Benutzers zu einer vollständigen Fallbehandlung erforderlich sind.
Auf einem höheren Beschreibungsgrad kann die Mensch-Computer-Interaktion anschaulich durch Interaktionsdiagramme, die ihrerseits wieder auf unterschiedlichen Verdichtungsebenen aufgestellt werden können, dargestellt werden (vgl. *Budde/Schnupp/Schwald, Software-Produktion 1983; Scheer, EDV-orientierte Betriebswirtschaftslehre 1990, S.* 84 f.).

A.II.1.3 EDV-Konzept: Modul- und Transaktionsentwurf

Im Rahmen des Modul- und Transaktionsentwurfes werden die Funktionen feiner detailliert. Dabei werden bei der Modulbildung sowohl die innerhalb des Moduls als auch zwischen den einzelnen Modulen bestehenden Abhängigkeiten, z. B. durch Datenaustausch, dargestellt (vgl. z. B. *Balzert, Die Entwicklung von Software-Systemen 1982*).
Zur Beschreibung von Benutzertransaktionen werden Interaktionsdiagramme eingesetzt (vgl. z. B. *Scheer, EDV-orientierte Betriebswirtschaftslehre 1990, S. 83* ff.).
Entsprechend der Konzentration auf die Fachebene werden diese Fragen im folgenden nur gestreift. Der Entwurf von Benutzertransaktionen erfordert einen hohen Detaillierungsgrad der Darstellung. Da in diesem Buch die vielfältigen Aufgaben der Datenverarbeitung in einem Industriebetrieb in annähernd gleicher Detaillierungstiefe dargestellt werden, ist die Beschreibung einzelner

Transaktionen ungeeignet. Es werden deshalb nur exemplarisch an einigen Stellen Transaktionen aufgezählt, um dem Leser einen Eindruck der möglichen Gliederung von Aufgaben sowie des dabei erforderlichen Detaillierungsgrades zu vermitteln.

Da der Darstellung der Steuerung gegenüber dem Entwurf der Datenstrukturen aus dem gleichen Grunde nicht das gleiche Gewicht beigemessen wird, sollen lediglich die Kriterien, die für eine mehr Batch-bezogene Verarbeitungsform und eine fallbezogene zeitliche Steuerung gelten, herausgearbeitet und für die einzelnen Teilfunktionen bewertet werden. Wenn festgestellt wird, daß eine Teilfunktion für eine fallbezogene (dialog-orientierte) Bearbeitung geeignet ist, muß sie in entsprechende Benutzertransaktionen aufgespalten werden.

Da die "natürliche" Bearbeitungsform eines Vorganges eine vom Menschen (Benutzer) geführte Bearbeitungsform ist, werden die Gründe für eine Dialogverarbeitung besonders herausgestellt. Für eine Batch-Verarbeitung sprechen dagegen häufig weniger inhaltliche Gründe als vielmehr Fragen der Performance.

Als Kriterien für eine fallbezogene Verarbeitung gelten:

- Aktualität,
- Plausibilitätskontrolle,
- iterative Abwandlung einer Ausgangslösung,
- interaktiver Entscheidungsprozeß.

Werden Daten sofort nach ihrem Bekanntwerden über ein Datensichtgerät in die Datenbank eingegeben, stehen sie allen nachfolgenden Anwendungen unmittelbar zur Verfügung. Eine solche hohe Datenaktualität ist aber nicht für alle Anwendungen erforderlich. Werden Daten lediglich zu vorher festgelegten Auswertungszeitpunkten benötigt, so brauchen sie auch nur zu diesen Zeitpunkten "aktuell" zu sein. Werden dagegen Daten unvorhersehbar oder laufend benötigt, so müssen sie ständig aktuell geführt werden. Dieser zweite Fall ist insbesondere für Stammdaten (Daten, die über einen längeren Zeitraum aktuell geführt werden) wie Artikel-, Kunden-, Lieferanten- und Mitarbeiterdaten gegeben, auf die viele Anwendungen zugreifen.

Die Verwaltung von Stammdaten ist wegen dieser Forderung nach hoher Aktualität deshalb eine typische Dialoganwendung.

Aber auch für die Art der Durchführung von Planungsfunktionen ist der Begriff der Aktualität anwendbar. Sollen erkannte Datenänderungen sofort in allen davon betroffenen Planungsbereichen weiterverarbeitet werden, so ist das Net-Change-Prinzip eine geeignete Vorgehensweise. Auch hier bietet sich somit eine fallbezogene Dialogverarbeitung an. Steht dagegen die Ausnutzung möglichst vieler Freiheitsgrade und sorgfältige Optimierung im Vordergrund, so sind zeitraumbezogene Batch-Verarbeitungsfunktionen geeigneter einzusetzen.

Wird mit der Eingabe eines Datums sofort eine logische Überprüfung der Richtigkeit durch Vergleich mit Stammdaten usw. durchgeführt, so daß vom Sachbearbeiter im Fehlerfall sofort eine Berichtigung durchgeführt werden kann, empfiehlt sich ebenfalls eine fallbezogene Verarbeitungsform. Der Vorteil dieser Verarbeitung liegt darin, daß der Sachbearbeiter noch enger mit dem Vorgang vertraut ist und deshalb Fehler leichter korrigieren kann als bei einer späteren Nachbearbeitung, wie sie für stapelorientierte Verarbeitungsformen mit der Ausgabe umständlicher Fehlerlisten typisch war.

Bei der iterativen Abwandlung einer Ausgangslösung im Dialog können Bearbeitungsschritte im Vergleich zu einer völligen Neubearbeitung eingespart werden. Als Beispiel kann die Anlage eines komplexen Kundenauftrages gelten, indem auf einen früheren Auftrag des Kunden zugegriffen wird, die Spezifikationen weitgehend übernommen und lediglich um geänderte Positionen ergänzt werden. Ein weiteres Beispiel hierfür ist auch die iterative Abwandlung einer geometrischen Darstellung eines kundenbezogenen Variantenauftrages aus einer bereits vorliegenden Zeichnung eines ähnlichen Teiles.

Eine besonders intensive Dialogform mit vielen Dialogschritten zwischen Mensch und EDV-System ist der interaktive Entscheidungsprozeß. Der Benutzer definiert Alternativen, die das EDV-System bewertet. Aufgrund der Ergebnisse kann der Benutzer neue Alternativen entwickeln und von dem System wiederum hinsichtlich ihrer Konsequenzen untersuchen lassen. Der Prozeß endet, wenn der Benutzer eine befriedigende Lösung erzielt hat. Obwohl der Übergang zwischen der iterativen Abwandlung einer Ausgangslösung und dem so geschilderten interaktiven Entscheidungsprozeß fließend ist, werden die Kriterien gesondert aufgeführt.

Eine interaktive Problemlösung ist insbesondere für schlecht strukturierte Entscheidungsprobleme sinnvoll. Beispiele aus der Entscheidungstheorie sind Probleme mit mehrfacher Zielsetzung oder Probleme, die nur durch Einsatz unbegrenzter Rechenkapazität exakt lösbar sind und somit auf heuristische Ansätze, die im Mensch-EDV-Dialog einsetzbar sind, zurückgreifen (vgl. *Dinkelbach, Entscheidungsmodelle 1982*).

Die interaktive Problemlösung, der auch eine hohe Benutzerorientiertheit gegenüber den mehr auf algorithmischen Optimierungsverfahren ausgerichteten Ansätzen zugrundeliegt, ist im Bereich des Decision Support Systems (DSS) in den letzten Jahren intensiv diskutiert worden.

A.II.1.4 Programmablauf

Die technische Implementierung von Funktionen wird nicht behandelt, da sie den betriebswirtschaftlichen Gehalt kaum beeinflußt.

A.II.1.5 Festlegung der verwendeten Darstellungsmittel

Die Funktionen werden weitgehend im Zusammenhang mit der Ableitung der Datenstrukturen diskutiert. Dazu werden Funktionsbäume zur hierarchischen Aufgliederung von komplexen Funktionen eingesetzt sowie Strukturdiagramme zur Beschreibung von detaillierteren Funktionsabläufen, insbesondere von Algorithmen. Jeweils am Ende eines geschilderten

Sachkomplexes werden dann die Anwendungen hinsichtlich ihrer Eignung für Batch- oder Dialogverarbeitung untersucht. Diese Untersuchung ist Ausgangspunkt der Bildung von Modulen bzw. Anwendungstransaktionen im Rahmen des EDV-Konzeptes.

A.II.2 Daten

In den ersten Jahren der elektronischen Datenverarbeitung standen bei der Entwicklung von Anwendungssystemen die Programme im Vordergrund. Die Daten wurden individuell für die einzelnen Programme auf Datenträgern in der Form bereitgestellt, wie sie das jeweilige Programm brauchte. Da viele Anwendungen die gleichen Daten benötigen, entstand eine Vielzahl von sich inhaltlich überschneidenden Dateien.

Diese Datenredundanz verursacht nicht nur höhere Speicherkosten, sondern vor allen Dingen einen höheren Aufwand bei der Dokumentation der Datenstrukturen, der Aktualisierung der Daten und ihrer Sicherung für den Fall eines Fehlers im EDV-System. Hinzu kommt, daß die Speicherungs- und Zugriffstechniken der klassischen Dateiverwaltungssysteme (direkte Adressierung, sequentielle Speicherung, indexsequentielle Speicherung) komplexe Datenstrukturen ohnehin nicht redundanzfrei speichern können.

Diese Schwierigkeiten haben dazu geführt, Daten nicht mehr als Zusatz von Programmen, sondern als eigenes Organisationselement und damit unabhängig von einzelnen Anwendungen zu behandeln. Dazu wurden Datenbanksysteme entwickelt. Datenbanksystemen fällt als betriebssystemnahen Softwaresystemen die Aufgabe zu, die Daten so zu verwalten, daß die einzelnen Anwender ohne Kenntnis der physischen Speicherungsform auf diese Daten zugreifen können. Den Anwendungen stellt das Datenbankverwaltungssystem lediglich Befehle zum Speichern, Einfügen, Verändern, Lesen und Löschen von Daten zur Verfügung. Die Optimierung der physischen Speicherungsstrukturen hinsichtlich ihrer Zugriffsfreundlichkeit und Speicherplatzverwaltung ist Aufgabe des Datenbankadministrators, der diese Aufgabe zentral für alle Daten der Unternehmung wahrnimmt. Bei der programmunabhängigen Datenorganisation greifen verschiedene Anwendungen auf die gleiche Datenbank zu. Damit ein Benutzer (dieses kann ein Mensch mit einer ad-hoc-Abfrage von einem Terminal oder auch ein Anwendungsprogramm sein) mit den Daten der Datenbank arbeiten kann, muß er wissen, welche Daten mit ihren Verknüpfungen in der Datenbank enthalten sind.

Bevor Daten in einer Datenbank gespeichert werden können, muß deshalb der logische Aufbau der Datenbank, also die aufzunehmenden Datenstrukturen, bestimmt werden.

A.II.2.1 Der Entwurfsprozeß

Die Datenstrukturen werden aus der Ebene des Benutzerproblems abgeleitet und in einem Prozeß der fortlaufenden Formalisierung in die Beschreibungs- oder Definitionssprache eines Datenbanksystems überführt (vgl. Abb. A.II.08). Nach Aufstellung der Datenstruktur wird diese in ein Datenmodell eingebracht, das als Schnittstelle für die Implementierung in eine konkrete Datenbank dient (vgl. *Wedekind, Datenbanksysteme I 1981, S. 49*).

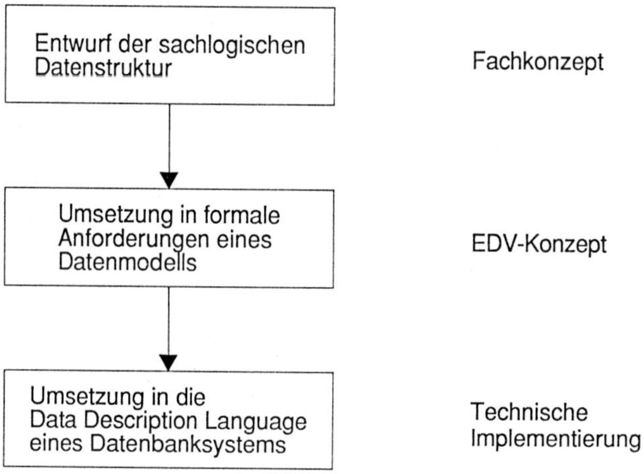

Abb. A.II.08: Entwurf von Datenstrukturen

Dazu werden auf der Ebene des Entwurfs sachlogischer Datenstrukturen die Begriffe der Problemebene in die Begriffe zur Beschreibung von Datenstrukturen überführt. Hierzu müssen entsprechende Entwurfshilfen bereitstehen. Diese müssen noch eng an die Denkweise der Fachabteilungen anschließen, da das Fachwissen möglichst ohne unnötige Sprachprobleme in die Datenstrukturen eingebracht werden soll. Die Darstellung dieser Datenstrukturen wird deshalb auch als semantisches Datenmodell bezeichnet. In dieser Ebene kommt damit bei der Entwicklung betriebswirtschaftlicher Datenstrukturen die enge Verzahnung zwischen betriebswirtschaftlichem Fachwissen und der erforderlichen Formalisierung einer informationstechnischen Weiterverarbeitung von Daten zum Tragen.

Im nächsten Schritt werden die entwickelten Datenstrukturen in die formale Beschreibungssprache eines Datenmodells überführt. Ein Datenmodell stellt ein Instrumentarium zur Beschreibung der Datenstrukturen bereit, das sich bereits an den Möglichkeiten der auf dem Datenmodell basierenden Datenbanksysteme orientiert.

Im dritten Schritt wird die in der Beschreibungssprache eines Datenmodells dargelegte Datenstruktur in die Beschreibungssprache eines konkreten Datenbanksystems umgeformt.

Entsprechend der Zielgruppe dieses Buches steht der Entwurf der sachlogischen Datenstrukturen im Vordergrund. Trotzdem wird in diesem Abschnitt auch exemplarisch der gesamte Entwurfsprozeß durchlaufen.

A.II.2.2 Fachkonzept: Entwurf der sachlogischen Datenstrukturen

Bei der Abbildung der realen Gegebenheiten in Datenstrukturen werden zwei Richtungen verfolgt (vgl. Abb. A.II.09).

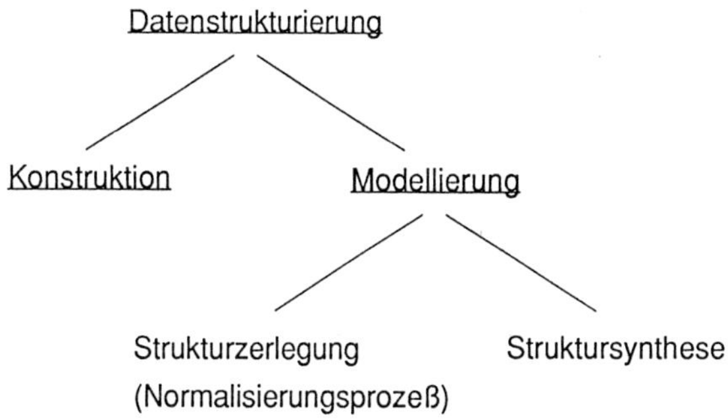

Abb. A.II.09: Konzepte der Datenstrukturierung

Die **Konstruktion** von Datenstrukturen verwendet Prinzipien, wie sie auch von der Konstruktionslehre in der Technik, z. B. im Maschinenbau, eingesetzt werden. Von eingeführten Begriffen ausgehend, werden durch Anwendung von Konstruktionsoperatoren neue Begriffe erzeugt. Dabei wird der gesamte Konstruktionsprozeß weitgehend auf der Fachwissen-bezogenen Ebene durchgeführt. Dieses bedeutet, daß bei der Konstruktion von Datenstrukturen für betriebswirtschaftliche Anwendungen während des gesamten Konstruktionsprozesses der betriebswirtschaftliche Sachverstand gefordert wird. Die ständige Reflektierung betriebswirtschaftlicher Tatbestände unter dem Gesichtspunkt ihrer Datenstrukturen führt entweder zu einer Rekonstruktion bekannter Tatbestände aus neuer Sicht oder auch zur Gewinnung neuer betriebswirtschaftlicher Zusammenhänge.

Im Gegensatz zur Konstruktion, bei der die fachlichen Tatbestände während des gesamten Prozesses einbezogen sind, liegt bei der **Modellierung** von Datenstrukturen der Sachverhalt bereits vor.

Je nach der Ausgangssituation kann die Datenmodellierung in einem Zerlegungs- oder in einem Synthesevorgang ablaufen. Die Strukturzerlegung wird durch das formale Instrumentarium der Normalformenlehre nach Codd (vgl. *Codd, Relational Model 1970, S. 381*) besonders gut präsentiert. Obwohl dieses Verfahren eng mit dem relationalen Datenbankmodell verbunden ist, kann es doch als ein grundsätzliches Verfahren der Datenstrukturierung angesehen werden. Die Strukturzerlegung folgt dabei einem Top-down-Vorgehen, d. h. in der Ausgangssituation werden die betriebswirtschaftlichen Zusammenhänge in einer ungeordneten Form zur Verfügung gestellt, die anschließend in einfachere Strukturen zerlegt werden.

Bei der Struktursynthese liegen die betriebswirtschaftlichen Zusammenhänge in detaillierter Form vor (sogenannte elementare Funktionalrelationen), die in einem Bottom-up-Vorgang zu gröberen Einheiten verdichtet werden.

Da in dieser Arbeit die **Entwicklung** des Fachkonzeptes im Vordergrund steht, wird im weiteren der konstruktiven Vorgehensweise zur Ermittlung der Datenstrukturen gefolgt.

A.II.2.2.1 Konstruktion von Datenstrukturen

Zur Konstruktion von Datenstrukturen sind Operatoren entwickelt worden, die eine formale Hilfestellung während des Konstruktionsprozesses geben. Obwohl der Fachentwurf grundsätzlich ein intellektueller Prozeß ist, sollen sie verhindern, daß Datenstrukturen "willkürlich" entstehen. Ihre Anwendung sichert ein systematisches Vorgehen und gibt dem Betrachter einer vorliegenden Datenstruktur Hinweise auf deren Entstehung. Die Konstruktionsoperatoren werden im folgenden vorgestellt.

Anschließend wird das Entity-Relationship-Modell (ERM) als weit verbreitete Entwurfssprache eingeführt, das in erweiterter Form als zentrales Darstellungsmittel dieser Arbeit dient. Hierbei wird auch erörtert, inwieweit die Konstruktionsoperatoren von dem ERM-Ansatz aufgenommen werden.

A.II.2.2.1.1 Konstruktionsoperatoren

Auf die Arbeiten von Smith/Smith (vgl. *Smith/Smith, Databases Abstractions 1977a und Smith/Smith, Databases Abstractions 1977b*) zurückgehend, sind Konstruktionsregeln zur Unterstützung der Datenstrukturierung entwickelt worden. Diese Regeln wurden von weiteren Autoren ergänzt und fortentwickelt (vgl. z. B. *Brodie, Database Abstraction 1981; Codd, Extending a Database Relation Model 1979; Hammer/McLeod, Database Description 1981; Ortner, Semantische Modellierung 1985; Wedekind, Datenbanksysteme I 1981*). Obwohl aufgrund der noch nicht ausgereiften begrifflichen Festlegung inhaltliche Überschneidungen zwischen den unterschiedlichen Ansätzen bestehen, haben sich doch vier grundsätzliche Konstruktionsoperatoren durchgesetzt: **Klassifizierung, Generalisierung, Aggregation** und **Gruppierung**.

Auf die insbesondere in der deutschsprachigen Literatur parallel dazu verwendeten Begriffe wird bei ihrer Beschreibung hingewiesen.

Klassifizierung

Bei der Klassifizierung werden gleichartige Elemente erkannt und einem Begriff zugeordnet. Ein Element ist in diesem Sinne einem anderen gleich, wenn es durch die gleichen Eigenschaften (Attribute) beschrieben wird. Kann eine Person z. B. durch Kundennummer, Adresse, Umsatzwert usw. sinnvoll beschrieben werden, so gehört sie zur Klasse der Kunden. Diese Operation dient zur Erkennung von Objekten (Entities), die zu einem Objekttyp (Entitytyp) gehören.

Generalisierung/Spezialisierung

Bei der Generalisierung werden ähnliche Objekttypen zu einem übergreifenden Objekttyp zusammengefaßt (vgl. Abb. A.II.10). Der Objekttyp KUNDE und der Objekttyp LIEFERANT werden zu dem Gattungsbegriff GESCHÄFTSPARTNER generalisiert. Eigenschaften, die den Ausgangsobjekten gemeinsam sind, werden dabei auf den generalisierten Objekttyp übertragen, so daß sie nur noch durch davon abweichende Attribute beschrieben werden müssen. Die Bildung des neuen Begriffs GESCHÄFTSPARTNER wird durch das Dreieck grafisch ausgedrückt. Die gewählten Symbole lehnen sich an die Arbeiten von Wedekind (vgl. *Wedekind, Datenbanksysteme I 1981, S. 124 ff.*) und Ortner (vgl. *Ortner, Semantische Modellierung 1985*) an (Zu alternativen Darstellungen vgl. z. B. *Mayr/Dittrich/Lockemann, Datenbankentwurf 1987, S. 508*).

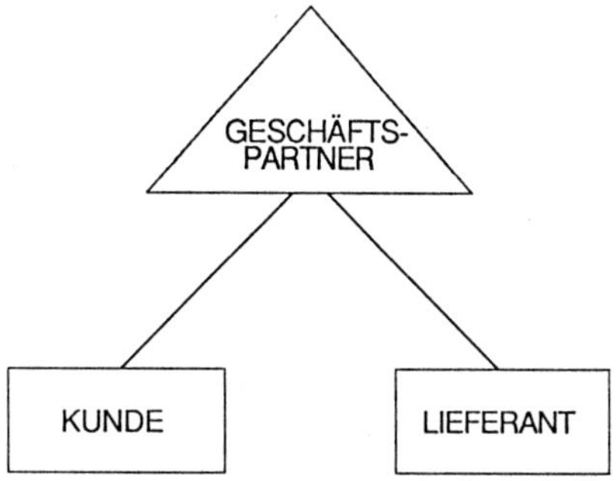

Abb. A.II.10: Zusammenfassung von Teilmengen zu Obermengen

Der Vorgang der Generalisierung kann auch in der umgekehrten Form, der Spezialisierung, auftreten, indem ein Gattungsbegriff in Teilbegriffe zerlegt wird (GESCHÄFTSPARTNER wird in KUNDE und LIEFERANT aufgespalten). Aus diesem Grunde werden die Verbindungslinien zwischen den Oberbegriffen und den Teilbegriffen nicht gerichtet gezeichnet. Bei der Spezialisierung werden Eigenschaften des generalisierten Objekttyps auf die spezialisierten Objekttypen vererbt. Diese können daneben auch eigene Attribute besitzen und auch "ererbte" abändern. Während die Spezialisierung durch die Zerlegung komplexer Begriffe eine Top-down-Vorgehensweise der Datenstrukturierung unterstützt, wird die Generalisierung bei einer Bottom-up-Vorgehensweise eingesetzt, da hier für vorliegende Detailbegriffe übergeordnete Objekte gebildet werden.

Es kann unterschieden werden, ob die Bildung der Teilmengen überschneidungsfrei, also in disjunkten Mengen, geschehen muß oder ob Überschneidungen zugelassen sind. Beispielsweise kann ein bestimmter Kunde auch gleichzeitig Lieferant sein. Wird Überschneidungsfreiheit gefordert, so kann dieses dadurch erfüllt werden, indem eine dritte Gruppe "KUNDE und LIEFERANT" eingeführt wird (vgl. zu diesem Vorschlag auch *Sinzig, Rechnungswesen 1989*).

In der später verwendeten Formulierung werden Überschneidungen bei den Teilmengen zugelassen, da die explizite Berücksichtigung der "sowohl-als-auch-Klassen" die Darstellung unnötig aufblähen würde. Strengere Anforderungen an Formen der Generalisierung sind in Sinz (vgl. *Sinz, Entity-Relationship-Modell 1990, S. 24*) und der dort zitierten Literatur formuliert.

Weitere Beispiele für die Generalisierung sind der Oberbegriff AUFTRAG mit den Unterbegriffen KUNDENAUFTRAG, BESTELLAUFTRAG und FERTIGUNGSAUFTRAG.

Es können auch parallele Kriterien für die Generalisierung gelten. Beispielsweise können die Geschäftspartner auch in ausländische und inländische Partner untergliedert werden (vgl. Abb. A.II.11).

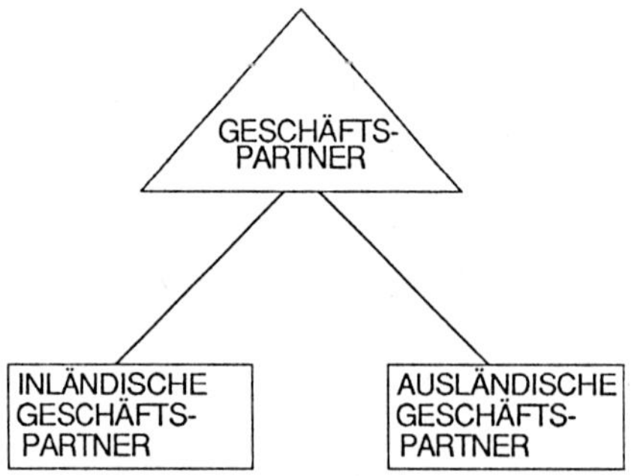

Abb. A.II.11: Generalisierung/Spezialisierung

Aggregation

Die Aggregation beschreibt die Bildung neuer Begriffe durch die Zusammenfassung vorhandener unterschiedlicher Objekttypen. Der neue Begriff kann Träger neuer Eigenschaften sein.

In Abb. A.II.12 wird aus den vorliegenden Objekttypen KUNDE, ARTIKEL und ZEIT ein neuer Begriff KUNDENAUFTRAG konstruiert. Der neue Begriff KUNDENAUFTRAG faßt jeweils Teilinformationen der ursprünglichen Begriffe KUNDE, ARTIKEL und ZEIT zusammen. Dabei wird vorausgesetzt, daß sich ein Kundenauftrag lediglich auf einen Artikel bezieht. Durch Nennung

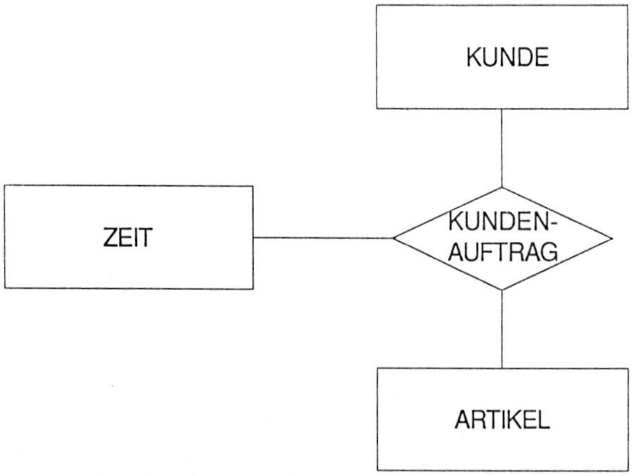

Abb. A.II.12: Aggregation

einer bestimmten Ausprägung der drei Begriffe (Kundenname, Artikelname und Auftragsdatum) ist ein spezieller Auftrag identifiziert. Die Bildung des neuen Begriffes wird grafisch durch das Symbol der Raute gekennzeichnet. Diese Form der Aggregation wird später auch als Beziehungsbildung beschrieben.
Auf eine weitere Form der Aggregation wird bei der Uminterpretation von Beziehungs- zu Entitytypen eingegangen.

Gruppierung
Bei der Gruppierung werden aus den Elementen einer Entitymenge Gruppen gebildet. In Abb. A.II.13 werden z. B. Arbeitsplätze innerhalb einer Unternehmung zu Abteilungen gruppiert. Dieser neue Begriff wird durch eigene Attribute wie Name des Abteilungsleiters oder Anzahl der Mitarbeiter der Abteilung beschrieben. Die Ausprägung der Abteilung umfaßt somit immer eine Teilmenge der Arbeitsplätze. Andere Beispiele für diese Operation sind die Zusammenfassung von Betriebsmitteln zu Betriebsmittelgruppen oder die Zusammenfassung von Auftragszeilen bzw. Auftragspositionen zu Aufträgen.

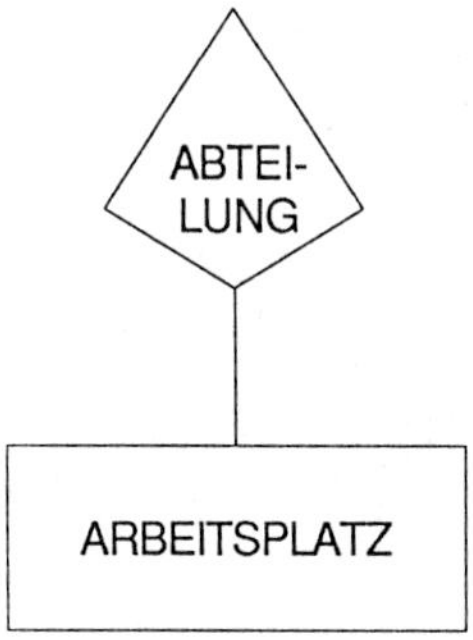

Abb. A.II.13: Gruppierung

Obwohl für die Konstruktionsoperatoren bereits grafische Darstellungselemente eingeführt worden sind, werden diese im folgenden nicht als Beschreibungssprache verwendet, sondern vielmehr wird auf das weitverbreitete Entity-Relationship-Modell zurückgegriffen. Es wird aber gezeigt, daß das Entity-Relationship-Modell um diese Konstruktionshilfen und darüber hinausgehende semantische Ergänzungen erweitert werden kann.

A.II.2.2.1.2 Das Entity-Relationship-Modell (ERM) als Konstruktionshilfe

Das Entity-Relationship-Modell (ERM) geht auf Chen (vgl. *Chen, Entity-Relationship Model 1976*) zurück. Es wird als das gegenwärtig geeignetste Beschreibungsverfahren für Datenstrukturen angesehen, da es aufgrund seiner grafischen Darstellungsweise (ERM- oder Chen-Diagramme) und seiner klaren Definition besonders benutzerfreundlich ist (vgl. *Jajodia/Ng/Springsteel, Entity-Relationship Diagrams 1983, S. 617*). Obwohl Chen seinen Vorschlag als ein eigenes **Datenmodell** angesehen hat, das er neben andere Ansätze (relational, Netzwerk, hierarchisch) stellte, gilt es heute als generelle Entwurfssprache für Datenstrukturen.

A.II.2.2.1.2.1 Das Grundmodell

Das ERM unterscheidet zwischen Entities, Attributen und Beziehungen.

Entities sind reale oder abstrakte Dinge, die für eine Unternehmung von Interesse sind, so z. B. Kunden, Artikel, Aufträge. Werden Entities als Mengen betrachtet, so werden sie als Entitytypen bezeichnet, deren einzelne Ausprägungen die Entities sind. Im folgenden werden Entitytypen immer durch Großschreibung gekennzeichnet. Entitytypen werden im ERM-Diagramm durch Kästchen dargestellt.

Attribute sind Eigenschaften von Entities, z. B. Kundennummer, Name und Anschrift des Entitytyps KUNDE. Die Unterscheidung zwischen Entity und Attribut hängt vom Anwendungszweck ab. So können z. B. Anschriften in einem anderen Zusammenhang auch als Entities aufgefaßt werden und nicht als Attribute zu KUNDE. Die Zuordnung zwischen KUNDE und ANSCHRIFT würde dann von einer Beziehung hergestellt.

Eine **Beziehung** ist eine logische Verknüpfung zwischen zwei oder mehreren Entitytypen. Während Entities bereits für sich existieren können, bestehen Beziehungen nur in Verbindung mit den betreffenden Entitytypen. Eine Beziehung zwischen KUNDE und ADRESSE könnte WOHNEN heißen. Auch Beziehungstypen werden im folgenden groß geschrieben. Beziehungen werden im ERM-Diagramm durch Rauten dargestellt und mit den entsprechenden Entitytypen verbunden (vgl. Abb. A.II.14).

Abb. A.II.14: Darstellung einer Beziehung im Entity-Relationship-Modell (ERM- oder Chen-Diagramm)

Als Anhaltspunkt zur Unterscheidung zwischen Entitytyp und Beziehungstyp gilt, daß Entitytypen in der Regel durch Substantive, Beziehungen durch Verben bezeichnet werden (vgl. *Howe, Data Base Design 1983, S. 95*). Bei der Bezeichnung kann eine gewisse Leserichtung vorausgesetzt werden, so ist in Abb. A.II.14 nur die Richtung "Kunden wohnen unter Adressen" und nicht "Adressen wohnen unter Kunden" sinnvoll. KUNDE ist somit ein Subjekt-Entitytyp und ADRESSE ein Prädikant-Entitytyp. Häufig ist aber die Leserichtung nicht so eindeutig bestimmt.

Dann kann diese Schwierigkeit aber durch geschickte Wahl übergeordneter Begriffe umgangen werden, im vorliegenden Fall z. B. durch "gehören zu".

Sowohl Entitytypen als auch Beziehungstypen können Attribute zugeordnet werden (vgl. Abb. A.II.15).

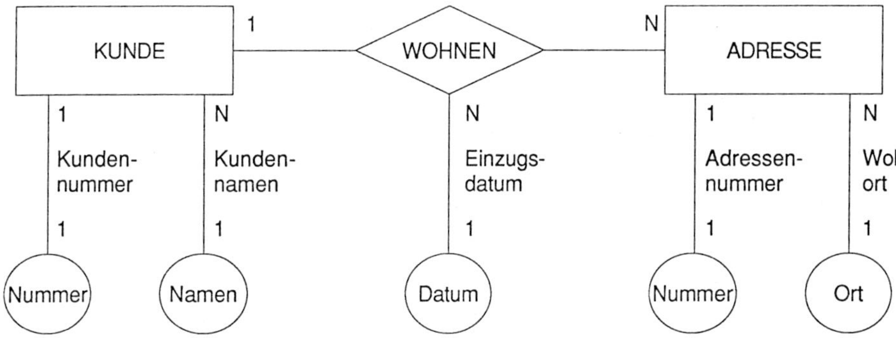

Abb. A.II.15: Zuordnung von Attributen im Entity-Relationship-Modell

Attribute werden im ERM-Diagramm durch Kreise dargestellt. Die Wertebereiche von Attributen werden als Domänen bezeichnet. Die Zuordnungen zwischen Elementen des Wertebereichs und Elementen der Entity- und Beziehungstypen sind wiederum selbst Beziehungen und werden durch Kanten dargestellt, die mit Namen gekennzeichnet sind.

Im Rahmen des Entity-Relationship-Modells können 1:N-, M:N-, M:1- sowie 1:1-Beziehungen zwischen zwei oder mehreren Entitytypen dargestellt werden (vgl. Abb. A.II.16). Bei einer 1:1-Beziehung wird jedem Element der ersten Menge genau ein Element der zweiten Menge zugeordnet und umgekehrt. Bei einer 1:N-Beziehung werden jedem Element der ersten Menge N Elemente der zweiten Menge zugeordnet, jedem Element der zweiten Menge aber genau ein Element der ersten Menge. Die N:1-Beziehung drückt den gleichen Sachverhalt in umgekehrter Reihenfolge aus. Bei einer N:M-Beziehung werden einem Element der ersten Menge mehrere Elemente der zweiten Menge zugeordnet und umgekehrt.

Die Komplexität des Beziehungstyps wird an die Kanten des Entity-Relationship-Diagramms eingetragen (vgl. Abb. A.II.15). Zwischen einem Entitytyp und mindestens einer Domäne (Wertebereich eines Attributs) muß eine 1:1-Beziehung bestehen. Die Werte dieser Domäne können die Entity-Ausprägungen identifizieren; im Beispiel sind es die Kundennummer und die Adressennummer.

Beziehungen werden durch die Verschmelzung der Schlüsselwerte der betreffenden Entitytypen identifiziert - hier also die WOHNEN-Beziehung durch Angabe von Kundennummer und Adressennummer.

Da parallele Kanten zwischen einem Entity- und einem Beziehungstyp zulässig sind (vgl. die spätere Darstellung von Stücklisten), müssen für die Kanten zur Unterscheidung Rollennamen vergeben werden.

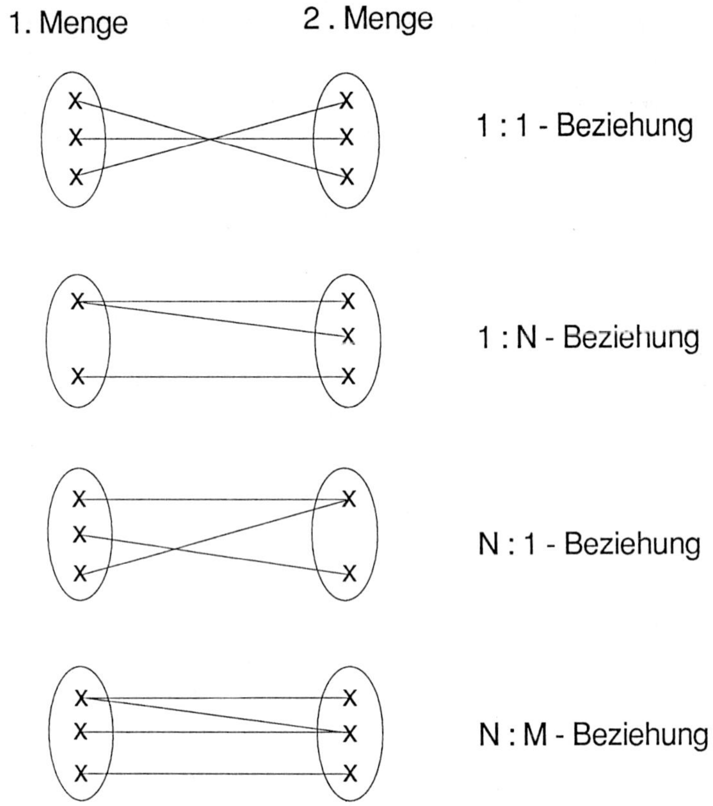

Abb. A.II.16: Beziehungstypen zwischen Mengen

A.II.2.2.1.2.2 Erweiterungen

Das 1976 von Chen veröffentlichte Entity-Relationship-Modell ist auf mehreren Tagungen sowie in zahlreichen Veröffentlichungen weiterentwickelt worden (vgl. z. B. die Sammelbände von Chen (*Chen, Entity-Relationship Approach 1981*) sowie Davis/Jajodia/Ng/Yeh (*Davis/Jajodia/Ng/Yeh, Entity-Relationship Approach 1983*)).

Von den Konstruktionsoperatoren Generalisierung, Aggregation und Gruppierung wird von dem Grundmodell lediglich die Aggregation durch die Bildung von Beziehungstypen ausdrücklich unterstützt. Durch relativ einfache Erweiterungen können aber auch die beiden anderen Operatoren in das Entity-Relationship-Modell einbezogen werden. Dieses wird im Rahmen genereller semantischer Erweiterungen, die der ERM-Ansatz in der Zwischenzeit erfahren hat, diskutiert.

Von den semantischen Erweiterungen werden nur solche angeführt, die für die weitere Arbeit von Bedeutung sind. Je mehr Semantik in den ERM-Ansatz übernommen wird, um so schwieriger wird die Übertragung des Fachkonzeptes in die Ebene der Datenmodelle.

A.II.2.2.1.2.2.1 Übernahme von Konstruktionsoperatoren

Die Operation **Klassifizierung** dient auch im ERM zur Erfassung gleichartiger Tatbestände und unterstützt die Bildung von Entity- und Beziehungstypen.

Die **Generalisierung** wird in neueren Arbeiten von Chen als zusätzliches Darstellungselement verwendet (vgl. z. B. *Dogac/Chen, Entity-Relationship Model 1983, S. 360*). Sie bildet dabei eine Art Beziehungstyp, der im Gegensatz zur normalen Beziehung, die als Raute ausgedrückt wird, durch ein Dreieck dargestellt wird.

Diese Notation besitzt gegenüber der Darstellungsweise bei der Einführung der Konstruktionsoperatoren den Vorteil, daß alle Entitytypen selbst mit dem gleichen Symbol (Kästchen) dargestellt werden.

Abb. A.II.17,a zeigt die Darstellung für das oben eingeführte Beispiel der Geschäftspartner-Aufteilung. Die Generalisierungsbeziehung wird durch die Typ-Unterscheidung der Geschäftspartner ausgedrückt. Anstelle einer inhaltlichen Bezeichnung wird auch der formale Eintrag "is-a" verwendet.

Aus grafischen Gründen können den einzelnen spezialisierten Entitytypen auch eigene "is-a"-Beziehungen zugeordnet werden (vgl. Fall b der Abb. A.II.17). Die Fälle a und b sind äquivalent.

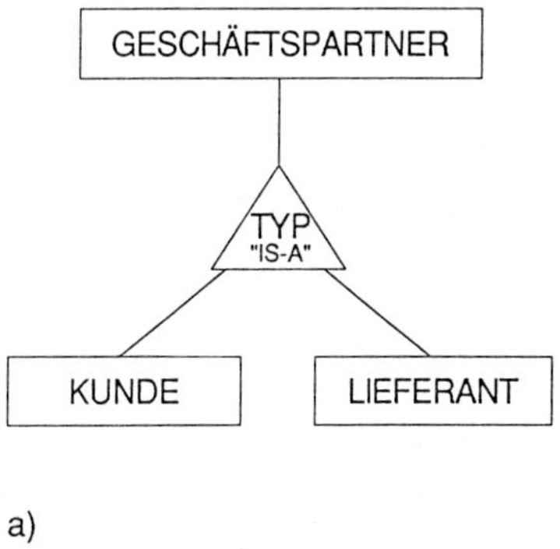

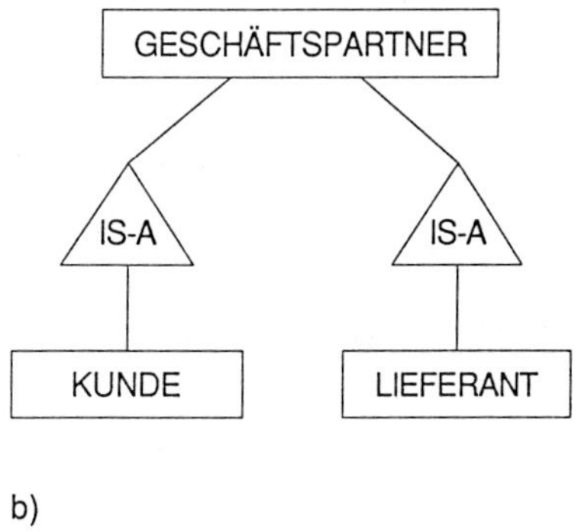

Abb. A.II.17,a-b: Generalisierung im Entity-Relationship-Modell

Es wird bei den späteren Darstellungen nicht immer eingehalten, daß die Teilmengen vollständig aus einem Oberbegriff gebildet werden. Mögliche Anforderungen an Disjunktheit und Vollständigkeit werden somit ausdrücklich **nicht** aufgestellt.

Die Generalisierung/Spezialisierung macht auch Redundanzen deutlich, indem ein in der Praxis verselbständigter Begriff als Spezialisierung eines übergeordneten Begriffes erkannt wird und umgekehrt; so kann z. B. der Begriff Kostenträger aus Sicht der Kostenrechnung als Generalisierung der in den operativen Systemen verwendeten Begriffe Artikel, Kunden, Gebiet usw. interpretiert werden.

Die **Aggregation** als Zusammenfassung unterschiedlicher Begriffe zu einem neuen Begriff wird im ERM einmal durch die Bildung von Beziehungstypen ausgedrückt. Ein Beziehungstyp faßt in diesem Sinn die mit ihm verbundenen Entitytypen zusammen.

Er kann aber auch auf Beziehungen angewendet werden, indem diese auf einer nächsten Ebene als Entitytypen betrachtet werden und damit selbst wieder Ausgang für Beziehungen sein können (vgl. *Mayr/Dittrich/Lockemann, Datenbankentwurf 1987, S. 510; Knolmayer/Myrach, Anforderungen an Tools 1990, S. 93; Sinz, Entity-Relationship-Modell 1990, S. 24*).

Das Beispiel in Abb. A.II.18 ist folgendermaßen zu interpretieren:

Aus den Entitytypen KUNDE und ZEIT wird der Beziehungstyp AUFTRAGSKOPF durch die erste Form der Aggregation gebildet. Die Schlüsselattribute **Kundennummer** (KNR) und **Datum** bilden den komplexen Schlüssel des Auftragskopfes. Da ein Auftrag mehrere Positionen, die sich jeweils auf unterschiedliche bestellte Artikel beziehen, umfassen kann, besteht zwischen dem AUFTRAGSKOPF und dem Entitytyp ARTIKEL eine Beziehung: die AUFTRAGSPOSITION. Da Beziehungen lediglich zwischen Entitytypen bestehen können, muß der originäre Beziehungstyp AUFTRAGSKOPF zunächst in einen Entitytypen uminterpretiert werden; der AUFTRAGSKOPF-Beziehungstyp wird nun als Entitytyp betrachtet.

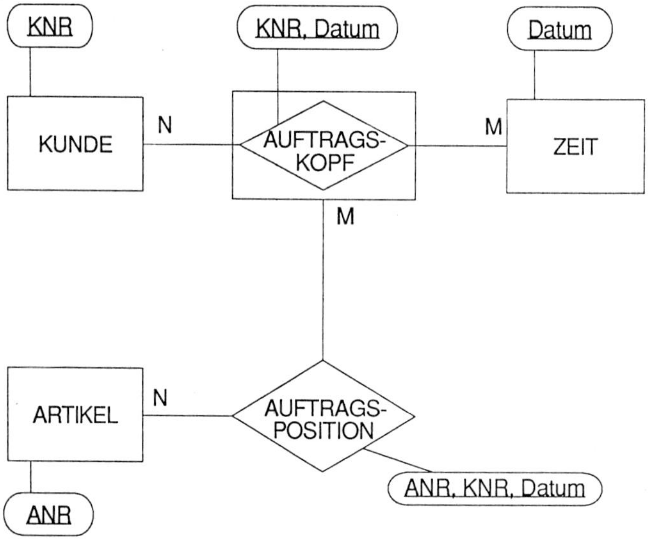

Abb. A.II.18: Uminterpretierung eines Beziehungstyps

In Abb. A.II.18 wird dieses dargestellt, indem die Raute umrandet wird. Für die Bildung weiterer Beziehungen zu anderen Entitytypen wird dieser uminterpretierte Beziehungstyp wie ein normaler Entitytyp behandelt. Grafisch ist die Vorgehensweise dadurch klargestellt, daß die Entwicklung des Beziehungstyps aus den beteiligten Entitytypen durch Heranführen der Linien zu den Rautenspitzen ausgedrückt wird. Die von dem uminterpretierten Entitytyp ausgehenden Linien berühren dagegen die Linien der Raute nicht, sondern werden an die Kanten des Rechtecks geführt. Abweichend von dieser Darstellung wird in der Literatur dieser Fall auch durch Umrahmung aller mit der Beziehung zusammenhängender Entitytypen dargestellt (vgl. Abb. A.II.19).

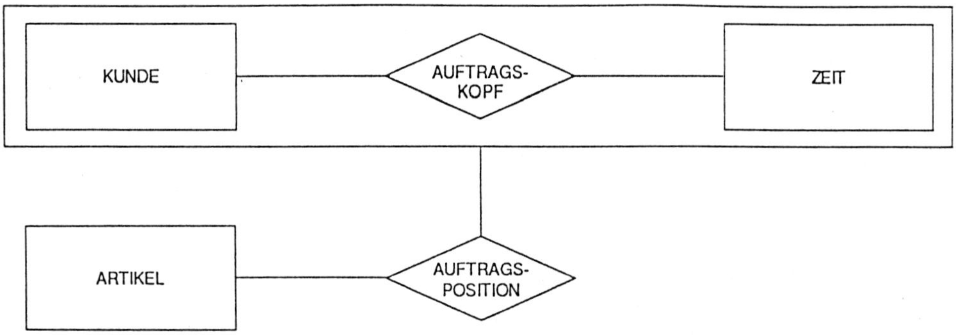

Abb. A.II.19: Andere Darstellung des Sachverhalts aus Abb. A.II.18

Hier würden mit dem Auftragskopf auch die Kunden- und Zeitangaben einbezogen. Dieses erscheint aber für den hier dargestellten Tatbestand unnötig. Vielmehr ist diese zweite Art der Darstellung geeignet, mit Hilfe der Aggregation die Bildung komplexer Informationsobjekte, die aus verschiedenen Entity- und Beziehungstypen bestehen, zu erklären. Diese komplexen Informationsobjekte werden dann bei der weiteren Datenstrukturierung wie ein Entitytyp behandelt. Diese Darstellungsform bildet somit die Brücke zu sogenannten objektorientierten Datenmodellen, die insbesondere aus der Kritik am relationalen Datenmodell entwickelt wurden (vgl. *Härder, Grenzen und Erweiterungsmöglichkeiten relationaler Datenbanksysteme 1989*).

Die Operation **Gruppierung** kann innerhalb des Entity-Relationship-Modells durch 1:N-Beziehungstypen dargestellt werden (vgl. dazu Abb. A.II.20 für das Beispiel ARBEITSPLATZ und ABTEILUNG).

Abb. A.II.20: Gruppierung: 1:N-Beziehung zwischen Abteilung und Arbeitsplatz

A.II.2.2.1.2.2.2 Ereignis- und Zustandsdarstellungen

Bei der Ableitung der Datensicht aus der Gesamtbetrachtung eines Informationssystems wurde festgelegt, daß die Datensicht die Beschreibung von Ereignissen und Zuständen umfaßt.
Ereignisse werden in den folgenden ERM-Darstellungen durch eine direkte oder indirekte Verbindung mit dem Entitytyp ZEIT dargestellt. Es handelt sich also jeweils um Beziehungen zwischen dem Bezugsrahmen der Miniwelt, wie er durch die Zustandsbeschreibung ausgedrückt wird, und der ZEIT, deren Schlüsselattribut "Datum" eine eindeutige Identifizierung ermöglicht. Das Datum muß dazu in der notwendigen Zeitdimension (Tag, Stunde, Minute, ...) gemessen werden.
Durch die Übernahme des Schlüsselattributs "Datum" bei der Anwendung der Konstruktionsoperatoren bleiben alle mit Ereignissen zusammenhängenden Datenstrukturen in dem Datenmodell sichtbar.
In der klassischen Datenverarbeitung werden ereignisbezogene Daten als Bewegungsdaten bezeichnet. Diese sind somit unmittelbar aus der Datenstruktur ersichtlich, so in Abb. A.II.18 das Ereignis AUFTRAG mit den verbundenen Auftragspositionen. Zustände der Bezugswelt werden dann entsprechend durch Entity- und Beziehungstypen dargestellt, zu deren Konstruktion kein Zeitbezug hergestellt werden muß, also eine Datumsangabe zur Identifizierung nicht erforderlich ist. In der klassischen Datenverarbeitung werden diese Daten als Stammdaten bezeichnet. Der Begriff "Zeit" besitzt bei den weiteren Ausführungen eine wichtige Bedeutung.
Im Zusammenhang mit Datenstrukturen kann der Zeitbegriff auch für die im Zeitablauf eintretenden Datenänderungen herangezogen werden. So besitzt jedes Entity, jede Beziehung und jedes Attribut eine Geschichte ihres Auftretens, ihrer Änderungen und ihres Löschens. Die Darstellung dieser Geschichte wird als Versionenverwaltung bezeichnet (vgl. *Wilkes, Versionsunterstützung in Datenbanken 1989*). Diese Sichten sind insbesondere bei Konstruktionsdaten wichtig, können aber auch bei betriebswirtschaftlichen Anwendungen, z. B. bei Personaldaten, eine Rolle spielen. Auf diesen Aspekt der Bedeutung des Zeitbegriffes wird im weiteren nur am Rande eingegangen.

A.II.2.2.1.2.2.3 Komplexität von Beziehungen

Beziehungstypen können nach der Anzahl der durch sie verbundenen Entitytypen unterschieden werden. Entsprechend wird z. B. von 1-, 2- oder n-stelligen Beziehungen (unary, binary oder n-ary relationships) gesprochen, die den Grad der Beziehung bezeichnen.
Der Komplexitätsgrad einer Beziehung gibt dagegen an, wieviele andere Entities einem bestimmten Entity eines Typs durch die Beziehung zugeordnet werden können. Dieses wurde im ERM durch Angabe von 1:1, 1:N, N:1 und N:M zum Ausdruck gebracht.

Bei der Darstellung von 3- und mehrstelligen Beziehungen ergeben sich aber Interpretations- und Darstellungsprobleme. Da auch zusätzliche semantische Inhalte in die Beziehungskomplexität eingebracht werden können, ist eine andere Betrachtungsweise vorzuziehen. Es wird durch den Komplexitätsgrad nicht mehr die Anzahl der beteiligten Entities angegeben, sondern jeweils für ein Entity die Anzahl der beteiligten Beziehungen. Es wird also jeweils die Sicht eines Entitytyps auf einen Beziehungstyp beschrieben.

Bezüglich der Darstellungsweise bedeutet dieses, daß der Komplexitätsgrad nicht mehr dem Beziehungstyp nachgestellt, sondern vorangestellt wird.

Jede Beziehung wird somit durch zwei (min, max)-Komplexitätsgrade für (A, AB) und (B, AB) ausgedrückt. Als Wertebereiche gelten $0 \leq \min \leq 1$ und $1 \leq \max \leq *$ (* bedeutet beliebig viele). Mit der Untergrenze min = 0 kann nun auch angegeben werden, daß ein Entity an einer Beziehung beteiligt sein kann, aber nicht muß.

Werden als Minimal- und Maximalwerte jeweils nur 0 oder 1 bzw. 1 oder * zugelassen, ist für die vier Fälle einer {min, max}-Notation auch folgende abgekürzte Schreibweise gebräuchlich (vgl. *Schlageter/Stucky, Datenbanksysteme 1983, S. 51*):

(1, 1) entspricht 1,

(0, 1) entspricht c,

(1, *) entspricht m,

(0, *) entspricht mc.

(c = <u>c</u>hoice, m = <u>m</u>ultiple)

Im folgenden wird jeweils nur unterschieden, ob ein Entity an einer oder mehreren Beziehungen beteiligt ist - es werden also lediglich "1" oder "n" für "viele" zur Kennzeichnung verwendet. Damit werden Möglichkeiten zur präziseren Angabe von Integritätsbedingungen nicht genutzt. Diese ergeben sich auch häufig erst aus einem konkreten Anwendungsfall, so daß sie aus der hier gewählten allgemein gehaltenen Darstellung kaum ableitbar wären.

Es wird aber darauf hingewiesen, daß häufig die "1" für {min = 0, max = 1} und "n" für {min = 0, max = n} stehen.

Zur Verdeutlichung ist in Abb. A.II.21 die 1:N-Beziehung zwischen ABTEILUNG und ARBEITSPLATZ in der alten und neuen Notation dargestellt. In der alten Schreibweise ist sie so zu interpretieren, daß einer Abteilung mehrere Arbeitsplätze zugeordnet sind. In der neuen Schreibweise bedeutet es, daß eine Ausprägung von ABTEILUNG mehrfach (n-mal) bei Ausprägungen des Beziehungstyps "GEHÖRT ZU" beteiligt sein kann, während eine Ausprägung des Typs ARBEITSPLATZ jeweils nur genau einmal an einer Beziehung beteiligt ist.

Zur Unterscheidung wird nunmehr der Komplexitätsgrad mit kleinen Buchstaben bezeichnet.

Die Darstellungsänderung wirkt sich bei ausschließlichen N:M-Beziehungen zwischen den beteiligten Entitytypen nicht aus, sondern nur dann, wenn auch 1:n-Beziehungen vorhanden sind.

Eine semantische Erweiterung ist die Angabe von Ober- und Untergrenzen der Anzahl von Beziehungsausprägungen (vgl. z. B. *Schlageter/Stucky, Datenbanksysteme 1983, S. 50, oder*

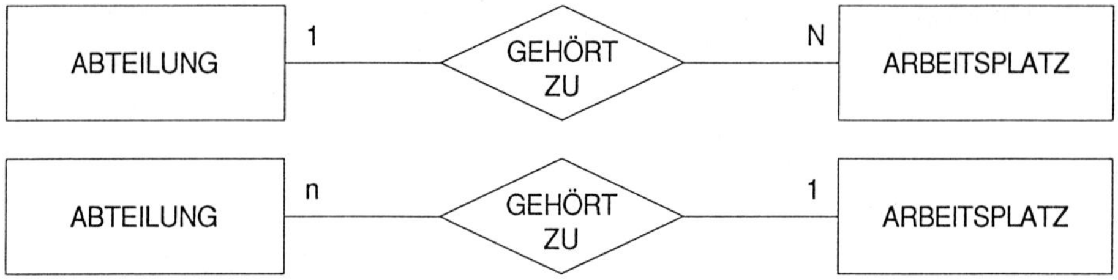

Beziehung: " GEHÖRT ZU "

Abteilung	Arbeitsplatz
AB1	AP1
AB2	AP2
AB1	AP4
AB2	AP6
AB1	AP7

Abb. A.II.21: Komplexitätsgrade für Beziehungen als Verhältnis zwischen Entities und als Verhältnis Entity zu Beziehung

Webre, An Extended Entity-Relationship Model 1983, S. 193; *Sinz, Das Entity-Relationship-Modell 1990, S. 22 f.*). In Abb. A.II.22 gibt das Buchstabenpaar (a, b) an, daß jedes Entity des Entitytyps A an **mindestens** a_1 und **höchstens** b_1 Beziehungsausprägungen vom Typ AB teilnimmt.

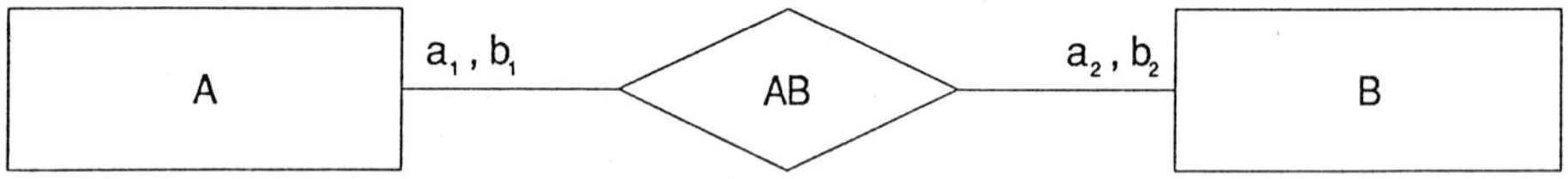

Abb. A.II.22: Darstellung der Angabe von Ober- und Untergrenzen für die Anzahl von Beziehungsausprägungen

A.II.2.2.1.2.2.4 Identifizierungs- und Existenzabhängigkeit

Beziehungstypen existieren nicht aus sich heraus, sondern definitionsgemäß aus der Existenz der mit ihnen verbundenen Entitytypen. Dieses gilt auch für uminterpretierte Beziehungstypen. Diese unterscheiden sich formal von den originären Entitytypen dadurch, daß sie nicht durch ein einfaches Schlüsselattribut, sondern durch einen zusammengesetzten Schlüssel identifiziert werden. Uminterpretierte Beziehungstypen sind somit identifikations- und existenzabhängig von anderen Entitytypen. Sie werden deshalb als schwache Entitytypen bezeichnet.
Daneben gibt es auch Entitytypen, die zwar nur ein einzelnes Schlüsselattribut besitzen und trotzdem von der Existenz anderer Entities abhängen. Dieser Tatbestand kommt aufgrund der hier gewählten Vorgehensweise nur selten vor und wird dann durch einen gerichteten Doppelpfeil ausgedrückt. Er kennzeichnet gleichzeitig eine 1:N-Beziehung (vgl. Abb. A.II.23).

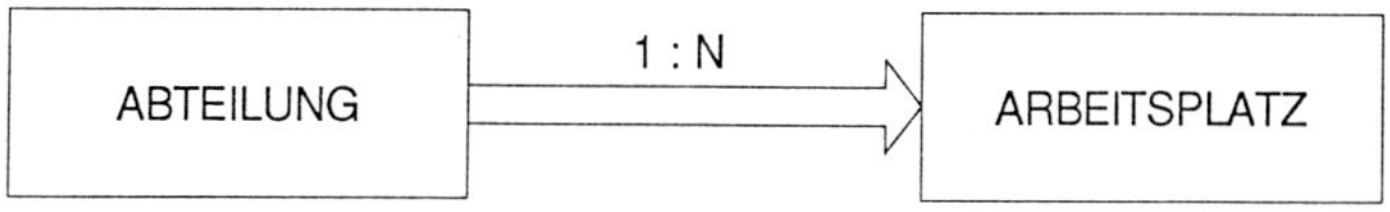

Abb. A.II.23: Existentielle Abhängigkeit zwischen Abteilung und Arbeitsplatz

Derartige existentielle Abhängigkeiten werden z. B. durch die Operation Gruppierung begründet. Die Abhängigkeiten bestehen in der Regel in beide Richtungen. So ist z. B. eine Abteilung nur sinnvoll, wenn ihr mindestens ein Arbeitsplatz angehört, und umgekehrt ist ein Arbeitsplatz nur sinnvoll, wenn er einer Abteilung zugeordnet ist.
Existenzielle Abhängigkeiten können auch durch Angabe der Komplexitätsgrade ausgedrückt werden, so bei einer (min, max)-Notation das Beispiel zwischen ABTEILUNG und ARBEITSPLATZ durch (1, *) und (1, 1).
Im weiteren werden Doppelpfeile für existentielle Abhängigkeiten zwischen identifizierbaren Entitytypen verwendet. Gleichzeitig werden sie auch teilweise zwischen originären und schwachen Entitytypen eingesetzt, dann kennzeichnen sie jeweils eine beidseitige existenzielle Abhängigkeit.

A.II.2.2.1.2.2.5 Referentielle Integrität

Die Definition von existentiellen und identifikatorischen Abhängigkeiten ist eng mit Bedingungen zur referentiellen Integrität verbunden. Sie beziehen sich vor allem auf Löschvorgänge (vgl. *Wiborny, Datenmodell "Betriebswirtschafticbes Vorschlagswesen" 1990, S. 89*).
So können z. B. mit der Löschung eines Entities alle existenziell oder identifizierbar abhängigen Entities und Beziehungen gelöscht werden (Delete Cascade). Bei Angabe von "Set NULL" bei einer Beziehung wird bei der Löschung eines Entities sein Schlüsselwert bei der beteiligten Beziehung auf NULL (= undefiniert) gesetzt. Dieses bedeutet, daß die Beziehungsausprägungen mit ihren Attributwerten erhalten bleiben, aber keinen Bezug zu dem gelöschten Entity besitzen.
Mit "Delete Restricted" wird ausgedrückt, daß die Löschung eines Kopfentities verboten ist, solange noch mindestens eine Ausprägung eines Gliedobjekts besteht.
Obwohl derartige Bedingungen der referentiellen Integrität Bestandteil des Fachentwurfs sind, weil sie sich aus dem speziellen Anwendungszusammenhang ergeben, werden sie aufgrund ihres speziellen Bezugs nicht weiter verfolgt.

A.II.2.2.1.2.2.6 Alternative Darstellungsformen

Gegenüber der hier gewählten - auf Chen zurückgehenden - grafischen Darstellung sind auch andere Formen, insbesondere bei computergestützten Werkzeugen, für ERM-Darstellungen gebräuchlich.

Häufig werden Beziehungstypen nicht explizit dargestellt, sondern durch Kanten zwischen Entitytypen. Beziehungstypen, die Attribute besitzen, werden dann als (schwache) Entitytypen eingeführt.

Viele dieser Darstellungen orientieren sich an den von Bachman für Netzwerk-Datenmodelle entwickelten Elementen. Nach Knolmayer/Myrach (vgl. *Knolmayer/Myrach, Anforderungen an Tools 1990, S. 93*) sind diese Darstellungen aber der hier gewählten Form unterlegen.

Die Tabelle aus Knolmayer/Myrach (vgl. Abb. A.II.24) gibt einen guten Überblick über alternative grafische Darstellungsmöglichkeiten der Komplexitätsgrade von Beziehungen.

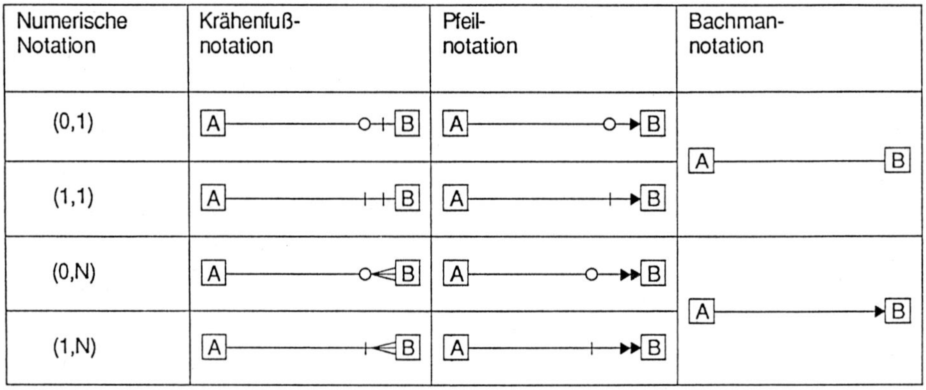

Abb. A.II.24: Alternative Darstellungsmöglichen von Kardinalitätsangaben

Eine interessante Darstellungsform wurde von Sinz (vgl. *Sinz, SER-Modell 1988*) mit der SERM (Strukturiertes Entity-Relationship-Modell) entwickelt. In ihm werden die originären und abhängigen Objekttypen durch gerichtete Graphen sichtbar gemacht. Gleichzeitig ist auch die Entwicklungsrichtung der Datenstruktur sichtbar.

Der Ansatz deckt sich damit weitgehend mit der hier verfolgten Vorgehensweise, bei der die Konstruktionsdynamik durch die Uminterpretation von Beziehungs- zu Entitytypen sichtbar wird, während Sinz dazu neue Symbole einführt. Beide Ansätze lassen sich aber einfach ineinander überführen.

A.II.2.2.1.2.3 Festlegung der verwendeten Konstruktionshilfen

Die aus den Konstruktionsoperatoren sowie den wichtigsten Strukturelementen des Entity-Relationship-Modells weiterverwendeten Begriffe und Darstellungsformen sind in Abb. A.II.25 zusammengestellt. Es wird insbesondere noch einmal auf die Umformulierung zwischen der Chen-Darstellung der Beziehungstypen und der hier weiterverwendeten Form durch die Voranstellung der Anzahl auftretender Ausprägungen **vor** den Beziehungstyp hingewiesen.

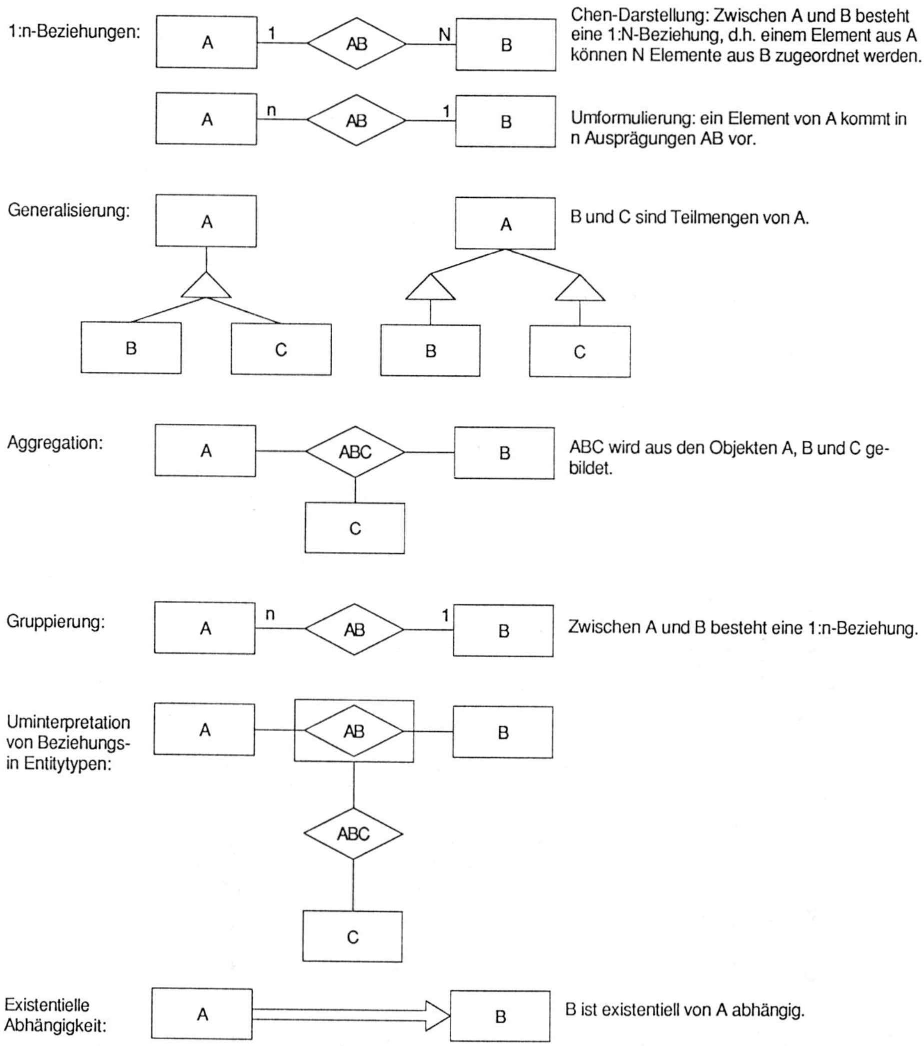

Abb. A.II.25: Verwendete Begriffe und Darstellungsformen des Entity-Relationship-Modells

In den meisten Veröffentlichungen werden lediglich bereits vorgegebene Entity-Relationship-Modelle interpretiert. In dieser Arbeit hingegen wird die Entstehung eines ERM dargestellt. Dieser Entstehungsprozeß soll auch später aus dem fertigen ERM nachvollziehbar sein, weil er zu seinem Verständnis beiträgt. Deshalb ist die Einführung eines Begriffs als Beziehungstyp und seine anschließende Verwendung als Ausgang neuer Beziehungen besonders wichtig, da dieses die Entwicklungsdynamik wiedergibt. Dieses führt zur Bildung komplexer Schlüssel.

Grundsätzlich ist es möglich, einen komplexen Schlüssel durch Vergabe eines einfachen Schlüssels (z. B. einer fortlaufenden Nummer) abzukürzen.

Im weiteren werden aber die vollständigen komplexen Schlüssel mitgeführt, da gerade sie die konstruktive Herkunft der Begriffe deutlich machen.

A.II.2.2.2 Modellierung von Datenstrukturen

Bei Modellierungsansätzen liegt der in Datenstrukturen zu überführende betriebswirtschaftliche Sachverhalt bereits vor. In einem Top-down-Vorgehen wird dieser unter Verringerung der Datenredundanz umgeformt. Je nach der Ausgangssituation kann dieses in einem Zerlegungs- oder einem Synthesevorgang geschehen.

Die **Strukturzerlegung** durch die Normalformenlehre geht auf Codd (vgl. *Codd, Relational Model 1970, S. 381*) zurück und ist mit dem von ihm entwickelten Relationenmodell verbunden. Relationen können anschaulich in Form von Tabellen dargestellt werden. Gleichzeitig sind sie aber auch mathematisch definiert. Der Prozeß ist aber von grundsätzlicher Bedeutung und das Ergebnis läßt sich auch in andere Beschreibungssprachen umsetzen. Der Normalisierungsprozeß zerlegt eine gegebene Datenstruktur ohne Informationsverlust in mehrere einfachere und redundanzärmere Strukturen.

Bei einer Datenstruktur-orientierten Betrachtung betriebswirtschaftlicher Prozesse müssen zur Anwendung des Normalisierungskonzeptes die unnormalisierten Ausgangsrelationen vorgegeben werden. Hierzu können beispielsweise die bekannten betriebswirtschaftlichen Datenstrukturen wie Kontenplan, Betriebsabrechnungsbogen, Formulare zur Auftragsbearbeitung und Bestellpolitik, Organigramme, Formulare zur Organisation innerbetrieblicher Abläufe sowie auch feste Schemata für Modellformulierungen, wie z. B. der Aufbau der Matrix eines LP-Modells, dienen. Die Durchführung des Normalisierungsprozesses legt dann Redundanzen offen, und die Ergebnisse des Normalisierungsprozesses können gegebenenfalls neue Einsichten in die Datenzusammenhänge erzeugen. Trotzdem bleibt als Kritikpunkt bestehen, daß der betriebswirtschaftliche Input lediglich bei der Vorgabe der Ausgangsrelation(en) geschieht und dann ein formales Verfahren einsetzt, dessen Ergebnis oder Zwischenergebnis nicht mehr unmittelbar betriebswirtschaftlich interpretierbar sein muß.

Eine Kombination zwischen dem Konstruktionsprozeß mit Hilfe des ERM-Ansatzes und dem Normalisierungsverfahren ist aber möglich und sinnvoll.

So kann eine Datenstruktur zunächst in grober Form als ERM-Grafik entworfen werden, wobei die Entity- und Beziehungstypen im Vordergrund stehen und ihre Attribute nur pauschal betrachtet werden. Bei der anschließenden Ausformulierung der Attribute können dann unnormalisierte Strukturen auftreten. Diese werden mit Hilfe der Normalisierungsschritte beseitigt, hierbei entstehen neue Entity- und Beziehungstypen.

Im folgenden stehen bei der Konstruktion von Datenstrukturen die Entity- und Beziehungstypen im Vordergrund. Bei der Darstellung der Attribute wird dagegen keine Vollständigkeit angestrebt - sie haben häufig nur erläuternde Funktionen. Sofern Attribute aufgeführt werden, wird nicht immer auf die Einhaltung der dritten Normalform geachtet. Bei einer ausführlicheren Darstellung können deshalb auch weitere Zerlegungen sinnvoll sein.

Die **Struktursynthese** ist ebenfalls eng mit dem Relationenmodell verbunden. Auch hier ist der betriebswirtschaftliche Input nur zu Beginn erforderlich. Die zu betrachtenden Entitytypen werden vorgegeben. Gleichzeitig müssen alle funktionalen Abhängigkeiten innerhalb der Entitytypen zwischen beschreibenden und identifizierenden Attributen sowie zwischen den Schlüsselattributen verschiedener Entitytypen bekannt sein.
Diese sogenannten "Elementaren Funktionalrelationen" gehören ebenfalls zu vorzugebenden Bausteinen. Da alle in der Realität sinnvoll erscheinenden Elementaren Funktionalrelationen ermittelt werden müssen, ergibt sich für konkrete Problemstellungen ein kaum zu übersehender Aufwand.
In den anschließenden Schritten werden dann redundante Elementare Funktionalrelationen beseitigt und hieraus Relationen in der Dritten Normalform gebildet. Hierfür sind konkrete Algorithmen entwickelt worden (vgl. *Schlageter/Stucky, Datenbanksysteme 1983, S. 210; Vetter/Maddison, Database Design 1981, S. 138 ff.; Wedekind, Datenbanksysteme I 1981, S. 214 ff.*).
Da hier eine übersichtliche und einfache Darstellungsform für eine Datenstruktur-orientierte Betrachtung angestrebt wird, wird die Vorgehensweise der Struktursynthese nicht weiter verfolgt.

A.II.2.3 Umsetzung der Datenstrukturen in Datenmodelle

Der Entwurf der logischen Datenstrukturen ist der erste Schritt zum Aufbau einer Datenbank. Im nächsten Schritt muß die Datenstruktur in ein Datenmodell umformuliert werden. Anschließend wird dann das Datenmodell in das Schema eines konkreten Datenbanksystems umgeformt.
Ein Datenmodell ist eine Beschreibungsform von vorliegenden Datenstrukturen. Auf diesen Datenmodellen bauen konkrete Datenbanksysteme auf. Neben dem lediglich noch von historischem Interesse zu nennenden hierarchischen Datenmodell sind das relationale Datenmodell und das Netzwerkmodell Grundlage von Datenbanksystemen.
In Abb. A.II.26 ist die Datenstruktur für KUNDE, ARTIKEL und die zwischen diesen bestehende m:n-Beziehung KAUFEN als ERM dargestellt und in Abb. A.II.27 eine 1:n-Beziehung zwischen AUFTRAG und seinen POSITION(en). Dabei wird der Entitytyp POSITION mit einer identifizierenden Positionsnummer versehen. An diesen Beispielen wird die Umsetzung in die beiden Datenmodelle demonstriert.

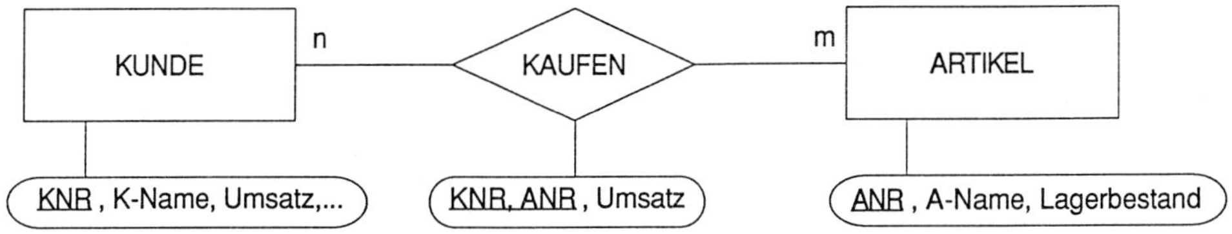

Abb. A.II.26: Datenstruktur für KUNDE und ARTIKEL im Entity-Relationship-Modell

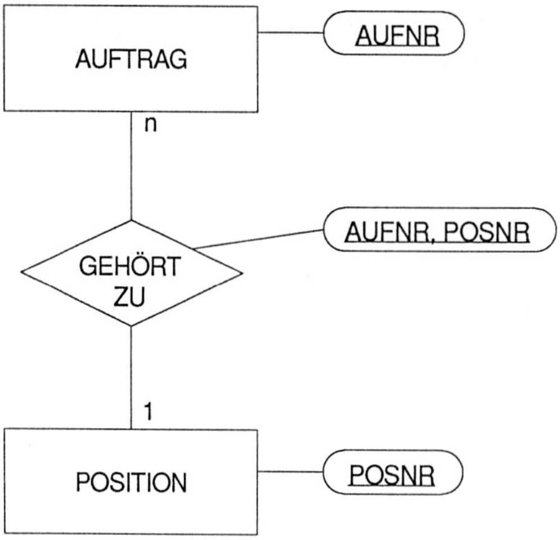

Abb. A.II.27: Datenstruktur zwischen AUFTRAG und POSITION

A.II.2.3.1 Relationenmodell

Die Grundgedanken des Relationenmodells werden kurz beschrieben (zur exakt-mathematischen Formulierung vgl. *Codd, Relational Model 1970, S. 377 ff.; Schlageter/Stucky, Datenbanksysteme 1983, S. 80 ff.; Vetter/Maddison, Database Design 1981, S. 173 ff.; Wedekind, Datenbanksysteme I 1981, S. 180 ff.*).

Eine Relation beschreibt einen Entitytyp durch seine Attribute. Werden die Attributnamen mit A_i bezeichnet und deren Wertebereiche mit $W(A_i)$, so ist die Relation R eine Teilmenge des Cartesischen Produktes der Wertebereiche:

$$R(A_1, A_2, ..., A_n) \subseteq W(A_1) \text{ x } W(A_2) \text{ x ... x } W(A_n)$$

Sind z. B. die Attribute Name und Ort mit ihren Wertebereichen (Meier, Schmidt) und (Hamburg, München) gegeben, so ergibt sich das Cartesische Produkt wie in Abb. A.II.28.

Name: {Meier, Schmidt}
Ort: {Hamburg, München}

Name	Ort
Meier	Hamburg
(Meier	München)
(Schmidt	Hamburg)
Schmidt	München

Abb. A.II.28: Cartesisches Produkt über die Attribute Name und Ort

Da die Ausprägungen (Meier, München) und (Schmidt, Hamburg) nicht existieren sollen, verbleiben lediglich die erste und vierte Zeile aus Abb. A.II.28 als Elemente der Relation in Abb. A.II.29.

Relation:

Name	Ort
Meier Schmidt	Hamburg München

Abb. A.II.29: Relation zu Abb. A.II.28

Jede Zeile einer Relation bildet ein n-stelliges Tupel, das durch ein Attribut bzw. eine Attributkombination eindeutig identifiziert wird. Dieses Attribut bzw. diese Attributgruppe bilden den Schlüssel und werden unterstrichen.

In anderer Schreibweise (auf der Typ-Ebene) wird eine Relation durch ihren Relationennamen sowie die Aufzählung ihrer Attribute und Unterstreichen des Primärschlüssel-Attributs dargestellt. Sind die eingeführten Personen Kunden, so lautet die Darstellung:

R. KUNDE (Name, Ort).

Nach der Einführung des Relationenmodells wird nun die Umsetzung der ERM-Struktur in das Relationenmodell für die n:m-Beziehung zwischen KUNDE und ARTIKEL sowie für die 1:n-Beziehung zwischen AUFTRAG und POSITION jeweils auf der Typ- und der Ausprägungsebene dargestellt (vgl. Abb. A.II.30,a-b und A.II.31,a-b).

ENTITYTYP-EBENE

R. KUNDE (KNR, K. Name, Umsatz,...)
R. ARTIKEL (ANR, A. Name, Lagerbestand,...)
R. KAUFEN (KNR, ANR, Umsatz,...)

Abb. A.II.30,a: Datenstruktur für KUNDE und ARTIKEL im Relationenmodell

ENTITY-EBENE

R. KUNDE

KNR	K. Name	Umsatz
1	K1	100
2	K2	200

R. ARTIKEL

ANR	A. Name	Lager-bestand
100	A1	5
101	A2	10

R. KAUFEN

KNR	ANR	Umsatz
1	100	1000
1	101	1050
2	100	2000
2	101	2050

Abb. A.II.30,b: Beispiel für Kunden-Artikel-Datenbank im Relationenmodell auf Entity-Ebene

ENTITYTYP-EBENE

R. AUFTRAG (AUFNR, Termin, ...)

R. POSITION (AUFNR, POSNR, ANR, Menge, ...)

Abb. A.II.31,a: Datenstruktur für AUFTRAG und POSITION im Relationenmodell

ENTITY-EBENE

R. AUFTRAG

AUFNR	Termin
1	15.03.
2	16.04.

R. POSITION

AUFNR	POSNR	ANR	Menge
1	1	A5	10
1	2	A7	25
2	1	A18	40
2	2	A5	34
2	3	A8	15

Abb. A.II.31,b: Beispiel für Auftrag-Position-Datenbank auf Entity-Ebene

Jeder Entitytyp des ERM bildet im Relationenmodell eine Relation. Da das Relationenmodell die Unterscheidung zwischen Entity und Beziehung nicht kennt, werden auch Beziehungen als Relationen dargestellt. Dabei erfordern n:m-Beziehungen eine eigene Relation, während bei 1:n-Beziehungen keine neue Relation erforderlich ist, sondern durch Aufnahme des Schlüsselattributs des "übergeordneten" Entitytyps in die Relation des "untergeordneten" Entitytyps die Beziehung ausgedrückt wird. Er wird dann als Fremdschlüssel bezeichnet.

Wird von einer erweiterten ERM-Darstellung ausgegangen, in der Integritätsbedingungen über die Anzahl minimaler und maximaler Ausprägungen von Beziehungen oder Existenzbedingungen über Beziehungen und Entitytypen enthalten sind, so können diese in dem Relationenmodell zunächst nicht dargestellt werden.

Die Erweiterung des Relationenmodells um sogenannte "Trigger" kann aber auch solche Bedingungen ausdrücken.
Besteht z. B. eine existentielle Abhängigkeit zwischen AUFTRAG und POSITION, so daß bei der Löschung eines Auftrages auch alle Positionen dieses Auftrags gelöscht werden, so kann dieses durch folgenden Trigger geschehen:

```
DEFINE TRIGGER T
    on Deletion of AUFTRAG
    (Delete POSITION
    where AUFNR= "x")
```

Hierbei bezeichnet "x" die zu löschende Auftragsnummer, die von dem Datenbanksystem während eines konkreten Löschvorgangs besetzt wird.
Zur Behandlung weiterer, auch komplizierterer Integritätsbedingungen vgl. Dogac/Chen (*Dogac/Chen, Entity-Relationship Model 1983, S. 358 ff.*).

A.II.2.3.2 Netzwerkmodell

Das Netzwerkmodell ist vor allem durch die Arbeiten der CODASYL-Gruppe (Conference on Data System Languages) entstanden. Die CODASYL-Gruppe ist eine Vereinigung von EDV-Herstellern und Anwendern, die bereits 1969 Vorschläge für Datenstrukturen in Netzwerkform veröffentlicht hat. Das Netzwerkmodell ist Grundlage vieler derzeit eingesetzter Datenbanksysteme. Zentraler Begriff ist der Set, der eine 1:n-Beziehung zwischen zwei Entitytypen beschreibt.
Auf der Typ-Ebene werden Entities durch Kästchen dargestellt und die 1:n-Beziehung durch einen Pfeil, wie es in Abb. A.II.32,a für die Beziehung zwischen AUFTRAG und POSITION angegeben ist.

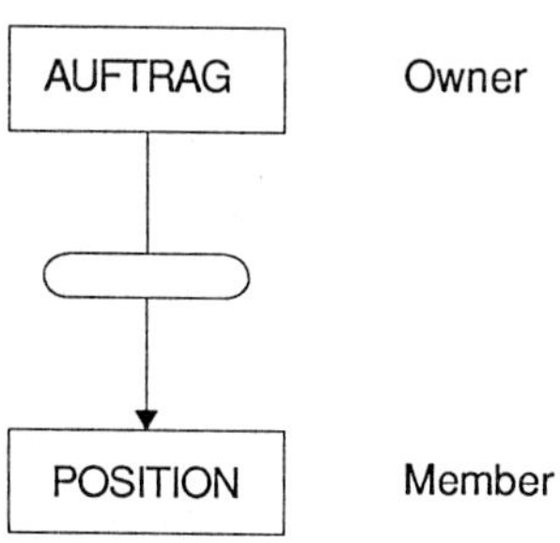

Abb. A.II.32,a: Datenstruktur für Aufträge und Positionen im Netzwerkmodell

Jedem Auftrag sind keine, eine oder mehrere Auftragspositionen zugeordnet. Der Set-Kopf wird als Owner bezeichnet und der Set-Rumpf als Member.

Die Ausprägungen der zwei Sets sind in Abb. A.II.32,b angegeben. Ein Owner-Element oder -Satz verweist auf den ersten Member-Satz und von dort wird auf den nächsten Member-Satz der 1:n-Beziehung verwiesen. Der letzte Member-Satz oder auch jeder einzelne kann wieder auf den Owner-Satz verweisen, so daß auch eine Verbindung von dem untergeordneten Satztyp zum übergeordneten besteht.

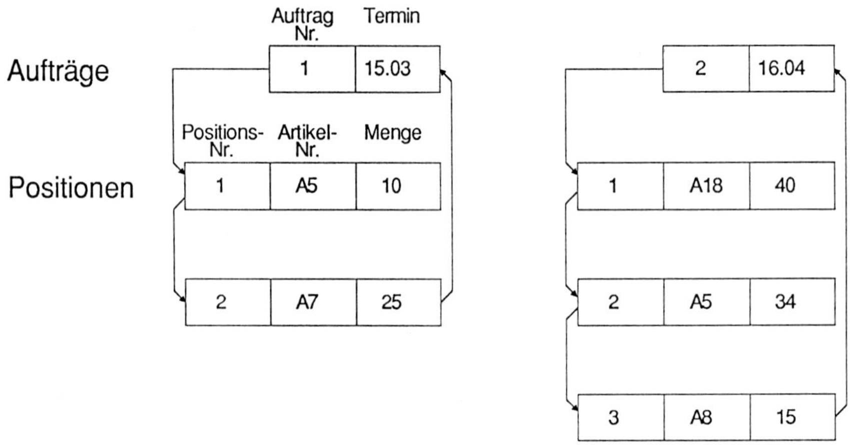

Abb. A.II.32,b: Set-Ausprägungen der Auftragsdatenbank

Bei der Netzwerk-Darstellung werden m:n-Beziehungen in zwei 1:n-Beziehungen aufgelöst, wobei ein neuer Entitytyp zur Verbindung der Ausgangs-Entitytypen entsteht.

Bei der m:n-Beziehung zwischen KUNDE und ARTIKEL führt z. B. jeweils eine 1:n-Beziehung von KUNDE und ARTIKEL zu dem neuen Entitytyp KUND-ART, der im Relationenmodell der Relation R. KAUFEN entspricht (vgl. Abb. A.II.33,a).

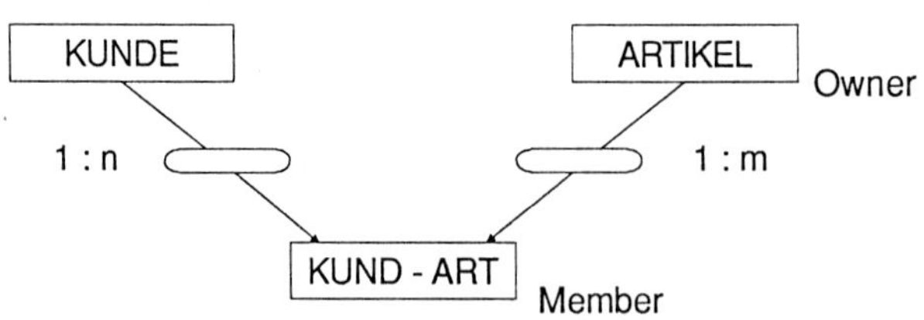

Abb. A.II.33,a: Die m:n-Beziehung im Netzwerkmodell auf Entitytyp-Ebene

Die Ausprägungsebene des Beispiels ist in Abb. A.II.33,b dargestellt.

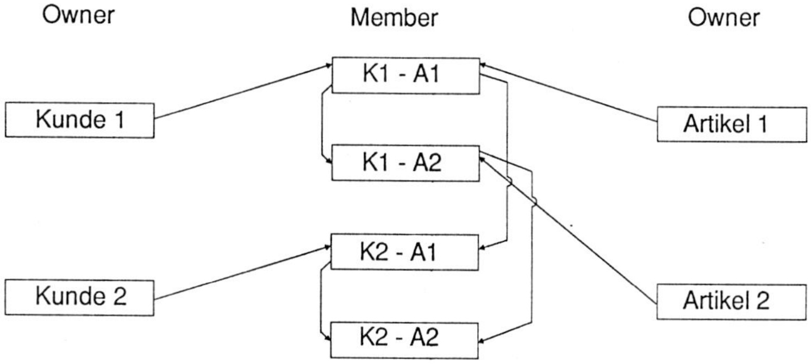

Abb. A.II.33,b: Die m:n-Beziehung im Netzwerkmodell auf Entity-Ebene

Die Übertragung der ERM-Datenstrukturen in ein Netzwerkmodell ist ebenfalls ohne Schwierigkeiten möglich.

Die Speicherung der Beziehungen, also der Pfeilverbindungen, wird physisch durch sogenannte Adreßverkettung, Auslagerung der Adreßverweise in Kett-Tabellen oder durch physische Nachbarschaft realisiert.

A.II.2.4 Umsetzung in Datenbanksysteme

Nach Aufstellung des Datenmodells kann im dritten Schritt des Entwurfsprozesses das Schema in der Datenbankbeschreibungssprache (Data Description Language) eines konkreten Datenbanksystems formuliert werden.

In Abb. A.II.34 sind neuere oder häufig eingesetzte Datenbanksysteme mit einigen Charakteristika aufgeführt.

Die Transformierung eines Datenmodells in konkrete Datenbanksysteme soll anhand der **relationalen Datenbank** DB2 von IBM sowie anhand der **Netzwerkdatenbank** UDS von Siemens gezeigt werden. Als Beispiel dient das Datenmodell "Artikel-Kunde" aus Abschnitt A.II.2.3.

Produkt	Hersteller	TYP	Hostrechner	Mikrocomputer Workstation
ADABAS	Software AG	Relational-orientiert	X	
CLIPPER	Nantucket Coorp.	Relational-orientiert		X
DB 2	IBM	Relational	X	
dbase IV	Ashton Tate	Relational		X
DMS	Unisys	Netzwerk	X	
IDMS/SQL	Cullinet	Relational	X	
IMAGE/3000	Hewlett Packard	Netzwerk	X	
IMS/VS-DB	IBM	Netzwerk-orientiert	X	
INFORMIX	INFORMIX Coorp.	Relational	X	X
INGRES	Relational Technology	Relational		X
ORACLE	ORACLE	Relational	X	X
PISA	infodas	Relational	X	X
PROGRESS	PROGRESS	Relational		X
SESAM	Siemens	Relational	X	
SOKRATES	gft	Relational		X
StarBase	COGNOS	Relational		X
TOTAL	NCR	Netzwerk	X	
UDS	Siemens	Netzwerk	X	
VAX Rdb/VMS	Digital Equipment	Relational	X	X

Abb. A.II.34: Übersicht über einige Datenbanksysteme

A.II.2.4.1 Relationales Datenbanksystem

Die Datenbankbeschreibung der Artikel-Kunde-Beziehung für die relationale Datenbank DB2 wird in Abb. A.II.35 gezeigt. Relationen und Beziehungen werden in DB2 durch sogenannte Tables dargestellt. Entsprechend der Darstellung im Relationenmodell (s. Abb. A.II.30,a) ergeben sich die drei Tables ARTIKEL, KUNDE und KAUFEN. Bei der Definition der Tables müssen die benötigten Attribute angegeben werden. Dabei wird festgelegt, welcher Variablenklasse die Attribute zugehörig sind (z. B. Buchstaben, Zahlen, Jahresdatum). Die Angabe "not null" bedeutet, daß die entsprechenden Attribute auf Entityebene tatsächlich definiert werden müssen und nicht weggelassen werden können.

```
CREATE TABLE ARTIKEL (ANR NUMBER (10) NOT NULL,
                      A.NAME CHAR(20),
                        ...              )
CREATE TABLE KUNDE (KNR NUMBER (10) NOT NULL,
                    K.NAME CHAR(20),
                      ...                )
CREATE TABLE KAUFEN (ANR NUMBER (10) NOT NULL,
                     KNR NUMBER (10) NOT NULL,
                     UMSATZ NUMBER (5),
```

Abb. A.II.35: Schemadefinition mittels der Data Description Language des Datenbanksystems DB2

Über die Attribute ANR und KNR in dem Table KAUFEN wird die Beziehung zwischen den Tables ARTIKEL und KUNDE hergestellt.
Die Tables entsprechen der dritten Normalform. Wiederholungsgruppen können in einem Table nicht definiert werden.

A.II.2.4.2 Netzwerk-Datenbanksystem

Die Schemaerstellung in der Netzwerk-Datenbank UDS wird in Abb. A.II.36 gezeigt. Bei UDS wird das Schema in einer Data Description Language (Schema-DDL) angegeben, deren Sprachelemente sich stark an die Programmiersprache COBOL anlehnen. Mit Hilfe des Schemas, das durch einen Schema-Namen identifiziert wird, wird eine Datenbank definiert. Alle in der Datenbank enthaltenen Entitytypen und deren Beziehungen müssen in dem Schema deklariert werden. Die Angabe von Area-Namen dient zum Aufbau logischer Untereinheiten zum Zwecke des Datenschutzes, der Datensicherung und des Bearbeitens konkurrierender Zugriffe. Die einzelnen Areas werden auf unterschiedlichen Systemdateien abgespeichert. Die Entitytypen werden durch sogenannte Records dargestellt. Der Aufbau und die Definition der Records mit den Attributen ähnelt der File Section in einem COBOL-Programm. Bei der Definition der Records werden nur die benutzerabhängigen Felder definiert. Gleichzeitig können Zugriffspfade (LOCATION MODE), Primärschlüsseleigenschaften (DUPLICATES ARE NOT ALLOWED) und Suchbegriffe (SEARCH KEY) vereinbart werden. In dem Beispiel werden die Records ARTIKEL, KUNDE und KAUFEN angelegt. Die Beziehungen zwischen den Records werden durch sogenannte Sets hergestellt. Für die Beziehung ARTIKEL zu KAUFEN wird der Set ART-KAUF-KETTE, für die Beziehung KUNDE zu KAUFEN der Set KUND-KAUF-KETTE definiert, wobei der jeweilige Owner und Member der Set-Beziehung angegeben werden muß. Gleichzeitig können Angaben über die Eigenschaften der Kette (MANDATORY AUTOMATIC) angeben werden. Mit Hilfe der Set-Angaben generiert das Datenbank-Managementsystem den Systemteil der Records, auf den der Anwender keinen direkten Zugriff hat (zur Definition vgl. *Siemens (Hrsg.), UDS Entwerfen und Definieren*).

```
SCHEMA NAME IS                              ABSATZDB.
*
   AREA NAME IS                               VERKAUF.
*
*
*     ENTITYTYP              ARTIKEL
*  ..........................................................
   RECORD NAME IS                             ARTIKEL
        LOCATION MODE IS CALC USING ANR
             DUPLICATES ARE NOT ALLOWED
        WITHIN VERKAUF
        SEARCH KEY IS ANAME USING CALC
              DUPLICATES ARE ALLOWED.
*
   01     ANR                                      PIC          S9(10).
   01     A.NAME                                   PIC          X(20).
                              ..............
*
*
*     ENTITYTYP              KUNDE
*  ..........................................................
   RECORD NAME IS                             KUNDE
        LOCATION MODE IS CALC USING KNR
             DUPLICATES ARE NOT ALLOWED
        WITHIN VERKAUF
        SEARCH KEY IS ANAME USING CALC
              DUPLICATES ARE ALLOWED.
*
   01     KNR                                      PIC          S9(10).
   01     K.NAME                                   PIC          X(20).
                              ..............
*
*
*     ENTITYTYP              KAUFEN
*  ..........................................................
   RECORD NAME IS                             KAUFEN
        WITHIN VERKAUF.
   01     UMSATZ              ..............       PIC          S9(5).
*
*
*     BEZIEHUNG   ARTIKEL..........→ KAUFEN
*  ..........................................................
   SET  NAME IS                               ART - KAUF - KETTE
        ORDER IS NEXT
        OWNER IS                                   ARTIKEL.
   MEMBER IS KAUFEN MANDATORY AUTOMATIC
        SET OCCURRENCE SELECTION IS THRU CURRENT OF SET.
*
*     BEZIEHUNG     KUNDE..........→ KAUFEN
*  ..........................................................
   SET  NAME IS                               KUND - KAUF - KETTE
        ORDER IS NEXT
        OWNER IS                                   KUNDE.
   MEMBER IS KAUFEN MANDATORY AUTOMATIC
        SET OCCURRENCE SELECTION IS THRU CURRENT OF SET.
```

Abb. A.II.36: Schemadefinition in der Netzwerk-Datenbank UDS

A.II.3 Organisation

Die Organisationssicht wird nicht durchgängig behandelt. Innerhalb der Beschreibung betriebswirtschaftlicher Zusammenhänge werden Organigramme zur Erläuterung von Organisationsstrukturen eingesetzt. Weiterhin wird bei der Ablaufsteuerung auf der Ebene des EDV-Konzeptes die Zuordnung von Funktionen und Daten auf Knoten einer Netztopologie diskutiert und Kriterien zur Verteilung von Aufgaben auf unterschiedliche Knoten erörtert. Hierbei steht die Verteilung zwischen Host-Systemen und arbeitsplatzbezogenen Systemen im Vordergrund.

A.II.4 Ablaufsteuerung

Die Ablaufsteuerung vermittelt zwischen den Entwurfssichten: Funktionen, Daten und Organisation.

A.II.4.1 Der Entwurfsprozeß

Der Prozeß der Ablaufsteuerung ist ebenfalls in drei Schritte gegliedert (vgl. Abb. A.II.37). Das Schergewicht der Darstellung wird wiederum auf die erste Ebene, also die Verbindung der Fachkonzepte, gelegt.

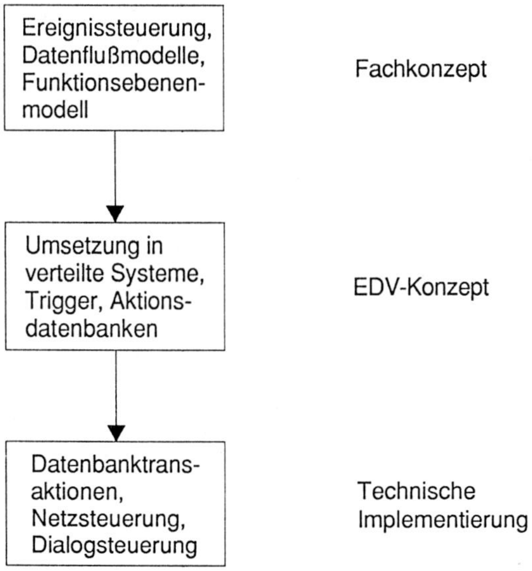

Abb. A.II.37: Entwurf der Steuerung

A.II.4.2 Verbindung der Fachkonzepte

Bei der Verbindung von Funktions- und Datenmodell wird festgelegt, welche Funktionen bestimmte Datenstrukturen erzeugen bzw. welche Datenstrukturen von welchen Funktionen benötigt bzw. von ihnen angestoßen werden. Dieser Zusammenhang kann durch Datenflußmodelle (z. B. nach DeMarco, vgl. *Scheer, EDV-orientierte Betriebswirtschaftslehre 1990, S. 128 f.*) dargestellt werden.
Die Zuordnung von Funktionen zu bestimmten Organisationseinheiten eines Unternehmens kann durch Funktionsebenenmodelle abgebildet werden (vgl. *Scheer, CIM 1990, S. 126 ff.*). Derartige Darstellungen werden im Rahmen der Architektur von Produktionsplanungs- und -steuerungssystemen verwendet.

A.II.4.2.1 Funktionsebenenmodell: Dezentralisierung

Die Verteilung von Funktionen betrifft organisatorisch die Frage nach dem Dezentralisierungsgrad von Anwendungen.
Besonders aktuell ist dieses Problem bei der Frage, ob eine Funktion zentral oder dezentral am Arbeitsplatz ausgeübt werden soll. Diese grundsätzliche Fragestellung ist bereits beim Fachentwurf anhand von betriebswirtschaftlichen Kriterien festzulegen und ist damit als Ausgangspunkt für die Entwicklung des EDV-Konzepts zur verteilten Datenverarbeitung.

Grundsätzlich können Arbeitsplatzrechner in folgenden Einsatzformen benutzt werden:
- isolierte, dedizierte Workstations,
- Ergänzung zu übergreifenden Mainframe-EDV-Systemen,
- integraler Bestandteil übergreifender EDV-Systeme,
- Kommunikationsrechner,
- Entwicklungsrechner für Groß-EDV-Systeme,
- kleiner Universalrechner für kleinere Organisationseinheiten.

Im weiteren werden hauptsächlich die Einsatzformen "Ergänzung zu übergreifenden EDV-Systemen" und "integraler Bestandteil übergreifender EDV-Systeme" betrachtet, da bei ihnen das Verteilungsproblem besonders vordringlich auftritt.
Als Ergänzung zu übergreifenden EDV-Systemen wird der Mikrocomputer zwar mit einem übergreifenden EDV-System, das weitgehend auf einem Mainframe-System implementiert ist, verknüpft. Er ist aber nicht in den logischen Ablauf der übergreifenden Anwendungssoftware eingebunden, sondern stellt zusätzlich Auswertungsmöglichkeiten (z. B. Grafik- oder Spreadsheet-Systeme) anhand gesondert für diese Aufgaben eingerichteter Dateien zur Verfügung. Die Einsatzmöglichkeiten des Mikros in dieser Funktion hängen von der Ausgereiftheit und dem Funktionsumfang des Mainframe-Systems ab.

Als integraler Bestandteil übergreifender EDV-Systeme werden bei der Systemgestaltung die Fähigkeiten des Mikrocomputers von vornherein in das übergreifende EDV-Anwendungssystem einbezogen. Dabei kann er im Prinzip auch die gleichen Aufgaben wahrnehmen wie als "Ergänzung zu übergreifenden EDV-Systemen". Der Unterschied besteht aber darin, daß er nicht an ein fertiges System als Zusatz gekoppelt wird, sondern von vornherein mit seinen Eigenschaften in die Entwicklung eines Gesamtsystems integriert worden ist. Strenggenommen stellt nur dieser letzte Fall ein Problem der Verteilung von Datenverarbeitungsfunktionen dar, da nur hier frei über die Funktionsverteilung entschieden wird.

Die Verteilung der Aufgaben auf Knoten eines Rechnernetzes muß so vorgenommen werden, daß der Gesamtgewinn des Informationssystems (Differenz aus Nutzen und Kosten) maximiert wird. Für einen gegebenen Nutzen ist dieses identisch mit der Minimierung der Kosten des Informationssystems. Da aber die Kosten- und Nutzeneffekte häufig nur schwierig zu ermitteln sind, werden Indikatoren oder Kriterien für die Verteilung von Funktionen zwischen Mainframe und Mikrocomputer erarbeitet.

Um Funktionen verteilen zu können, muß ein Verteilungskriterium, nach dem ein Ausschnitt aus dem Aufgabenvorrat gebildet werden kann, bereitgestellt werden. Beispielsweise können für die Trennung eines Aufgabenvorrates auf verschiedene Arbeitsplätze und damit z. B. auch Mikrocomputer-Systeme Teilenummernkreise oder Kundenkreise gewählt werden.

Eine grobe Abschichtung der Verteilungsfähigkeit von Aufgaben auf ein Mikrocomputer-System kann bereits anhand des Datenbedarfes gegeben werden. Besteht lediglich eine lose Kopplung zwischen einem dezentralen Datenbestand und dem zentralen Datenpool, so ist eine Verteilung leichter durchzuführen als bei einer engen Kopplung. Auch bei einer hohen Dialogintensität ist die Auslagerung von Funktionen in die Nähe des Sachbearbeiters sinnvoll. Die beiden Kriterien "Lokalisierbarkeit der Daten" und "Hohe Dialogintensität" können somit eine erste Abschätzung einer Verlagerung auf Vorverarbeitungssysteme begründen. Eine differenziertere Bewertung ist in Abb. A.II.38 bezüglich Hardware-Eigenschaften, Systemsoftware-Eigenschaften, Anwendungssoftware, Benutzernähe und organisatorische Auswirkungen für die beiden genannten Einsatzformen von Mikrocomputern angegeben.

Die **Hardware** von Mikrocomputern zeichnet sich gegenüber der Groß-EDV durch ein günstigeres Preis-/Leistungsverhältnis infolge der Standardisierung der Mikroprozessoren aus. Weiterhin sind günstigere Möglichkeiten zum Einsatz von Grafiksystemen gegeben. Durch eine Auslagerung von Verarbeitungsfunktionen auf Mikrocomputer wird das Host-System entlastet. Gleichzeitig wird auch gegenüber einem zentralen Terminalnetz der Datentransport und damit das Netzsystem entlastet. Eine weitere Eigenschaft der Hardware ist die Architektur der Mikrocomputer als offene Systeme, so daß sie leicht mit unterschiedlichen Hardwaresystemen verknüpft werden können und somit Durchschaltefunktionen übernehmen können.

Bezüglich der **Systemsoftware** herrscht auf dem Markt der Mikrocomputer eine höhere Standardisierung durch Einsatz der Betriebssysteme UNIX und MS-DOS. Die Window-Technik erlaubt die quasi gleichzeitige Kommunikation mit mehreren Prozessen und durch die Verknüpfung von Windows auch ihre Integration.

	HARDWARE	SYSTEM-SOFTWARE	ANWENDUNGS-SOFTWARE	BENUTZER	ORGANISATION
	-Preis/Leistung -Graphik -Entlastung Host -Entlastung Netz	-Betriebssystem -Window-Technik -Datenbanksystem -Kommunikation (Netz usw.)	-Spread-Sheet -Integrierte Office-Software -Branchensoft-ware	-Verfügbarkeit -Antwortzeit -Benutzerführung -Dokumentation -Motivation	-Dezentralisierung -Entwicklungs-kapazitäten der Fachabteilung
Ergänzung zu übergreifenden EDV-Systemen	• Grafik, Integration von Hardware	● Window-Technik	● Spread-Sheet, integrierte Office-Software	● Dokumentation, Motivation	• Entwicklungs-kapazität
Integraler Bestandteil übergreifender EDV-Systeme	● Entlastung Host/Netz, Integration von Hardware	• Window-Technik, Netz	• Spread-Sheet, integrierte Office-Software	● Verfügbarkeit, Antwortzeit, Motivation	• Dezentralisierung

● Hoch

• Mittel

Abb. A.II.38: Bewertung des Mikrocomputers als Bestandteil dezentraler Informationssysteme

Auf Mikrocomputern sind moderne Datenbanksysteme, insbesondere relationaler Philosophie, verfügbar. Über die offene Systemarchitektur mit Betriebssystemunterstützung ist der Mikrocomputer ein wirksames Kommunikationsinstrument, das sich mit vielen öffentlichen und privaten Netzen verbinden läßt (z. B. Btx).

Die **Anwendungssoftware** für Mikrocomputer ist einmal durch eine höhere Originalität, z. B. durch die Spreadsheet-Systeme, zum anderen durch einen wachsenden Markt und damit entsprechender Differenzierung gekennzeichnet. So wird für vielfältige branchenbezogene Problemlösungen Anwendungssoftware angeboten. Ebenso ist integrierte Office-Software für Mikrocomputer verfügbar. Wenn auch noch nicht alle Anforderungen bezüglich der Professionalität der Anwendungssoftware (Wartung, Dokumentation) erfüllt werden, ist auf Teilgebieten ein Vorteil gegenüber der Anwendungssoftware auf der Großrechnerebene zu verzeichnen.

Für den **Benutzer** wirkt sich der Einsatz von Mikrocomputern in einer höheren Verfügbarkeit, zum Teil geringerer Antwortzeit bei alleiniger Benutzung sowie benutzerfreundlicheren Schnittstellen durch Maustechnik, Lichtgriffel bis hin zur Touch-Screen-Technologie aus. Über diese Möglichkeiten ist auch die Motivation zur Nutzung der EDV höher einzuschätzen als bei zentralorientierten Systemen. Es kommt hinzu, daß Mikrocomputer als "eigene" Systeme betrachtet werden und damit die Zugangsschwelle gegenüber der Groß-EDV geringer ist.

Als **organisatorische Auswirkungen** sind Möglichkeiten zur Dezentralisierung und damit stärkerer Bereichsautonomie zu nennen. Die Ressourcen des Mikrocomputers können selbständig verwaltet werden und stellen damit ein in den Handlungsspielraum des Managers eingebrachtes Werkzeug dar.

Für die traditionellen EDV-Entwicklungsbereiche ist das Eindringen von Mikrocomputern in die Fachabteilungen eine Erhöhung ihrer Entwicklungskapazitäten, allerdings ist dieses nur unter Vorbehalt für übergreifende integrierte Systeme zu sehen.

Die in Abb. A.II.38 angegebene Gewichtung ist lediglich ein grober Anhaltspunkt. Das herausgearbeitete Gewichtungsschema wird in der weiteren Arbeit beibehalten und zur Untersuchung von detaillierteren Anwendungsfunktionen bezüglich ihrer Vorteilhaftigkeit zur Verlagerung auf vorverarbeitende Mikrocomputer-Systeme herangezogen. Als übergreifendes Kriterium für die Verlagerung wurde die Maximierung des Gewinnes bzw. bei konstantem Nutzen die Minimierung der EDV-Kosten betrachtet. Eine grobe Vorstellung der Zusammenhänge zwischen den Datenübertragungskosten, der verbleibenden zentralen Verarbeitung und der lokalen Verarbeitung in Abhängigkeit des Verteilungsgrades gibt Abb. A.II.39 (nach: *Grossenbacher, Verteilung der EDV 1985, S. 138*).

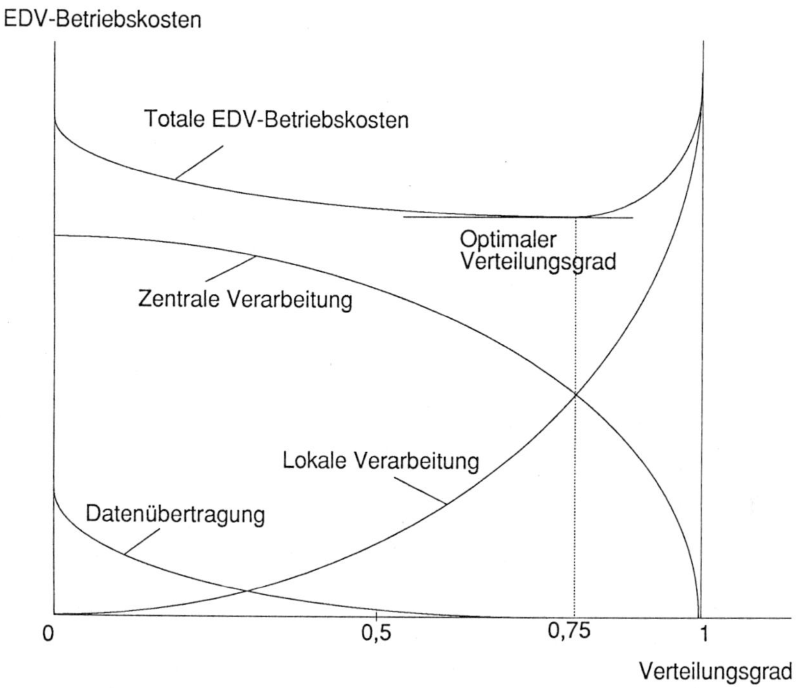

Abb. A.II.39: Abhängigkeit der EDV-Betriebskosten vom Verteilungsgrad

Der Verteilungsgrad kann überschlägig als Verhältnis der lokal verteilten Programme und Daten zu den totalen Programm- und Datenvolumen definiert werden (zu einer exakteren Definition vgl. *Grossenbacher, Verteilung der EDV 1985, S. 137*). Die Abbildung besagt, daß mit zunehmendem Verteilungsgrad die Kosten der Datenübertragung und zentralen Verarbeitung sinken, während die Kosten der lokalen Verarbeitung ansteigen. Als optimaler Verteilungsgrad wird dann das Minimum der totalen EDV-Betriebskosten angesehen.

A.II.4.2.2 Ereignissteuerung

Bei der Entwicklung des allgemeinen Vorgangsmodells wurde herausgestellt, daß Funktionen durch Ereignisse angestoßen werden und als Ergebnis Ereignisse erzeugen, die wiederum Funktionen auslösen.

Ereignisse wie Aufträge werden als zeitbezogene Entitytypen im Datenmodell abgelegt. In der Ablaufsteuerung wird dieser Zusammenhang zwischen Daten und Funktionen durch Angabe der Ereignisse, die eine Funktion auslösen oder von ihr erzeugt werden, wiederhergestellt.

Damit wird auch die Logik des Datenflusses innerhalb der Vorgangsbearbeitung angedeutet. In Abb. A.II.40 ist dieses für das Beispiel aus Abb. A.II.41 dargestellt. Die groben Funktionen Auftragsannahme und Materialdisposition werden jeweils durch ein Kästchen abgebildet. Die von der Auftragsannahme erzeugten Ereignisse der angenommenen Kundenaufträge werden durch ihre Kundenauftragsnummern repräsentiert. Mit der Bezeichnung Kundenauftragsnummer wird ausgedrückt, daß nicht die Aufträge selbst übergeben werden, sondern lediglich Hinweise auf die Aufträge, z. B. in Form von Auftragsnummern. Fehlerhafte oder unvollständige Kundenaufträge werden zur manuellen Nachbearbeitung an die Auftragsannahme zurückgegeben. Die Auftragsnummern vollständiger Aufträge werden der nächsten Verarbeitungsfunktion, der Materialdisposition, weitergegeben und lösen diese aus. Analog verhält es sich bei der Verarbeitung innerhalb der Materialdisposition.

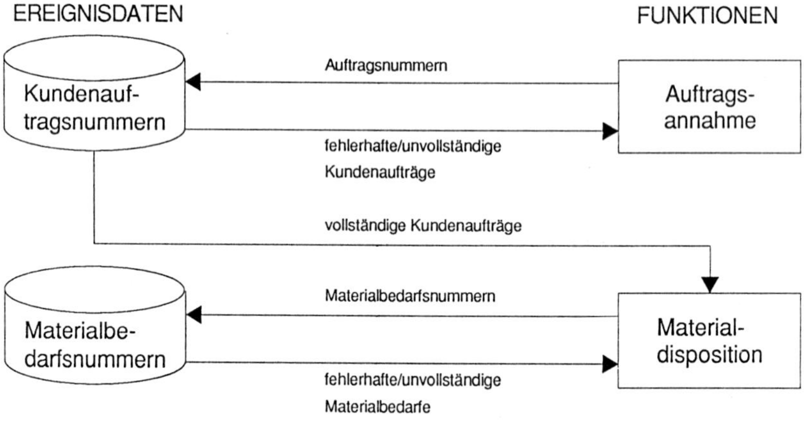

Abb. A.II.40: Verdichtete Darstellung der Nachrichtensteuerung im Rahmen der Auftragsbearbeitung

Dieser Zusammenhang zwischen Ereignissen und Funktionen wird im EDV-Konzept zur Gestaltung der Trigger- und Aktionsdatenbanken detaillierter ausgearbeitet.

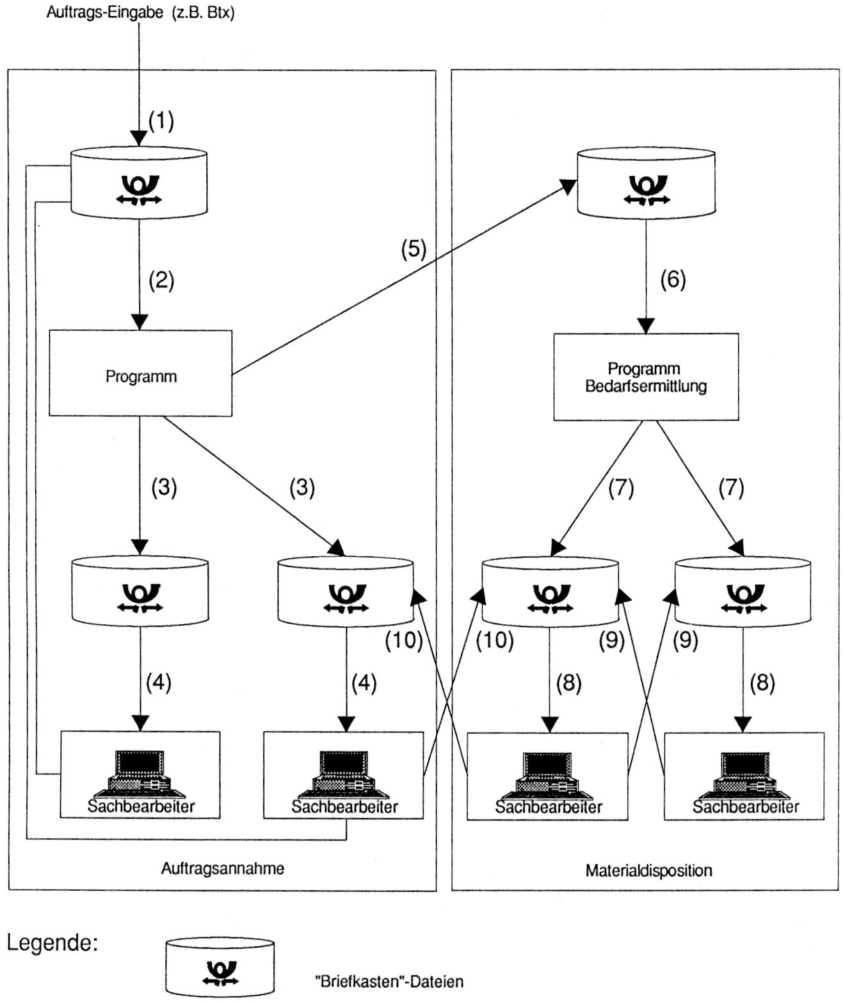

Abb. A.II.41: Ablauf einer aktions- und triggergesteuerten Bearbeitung

A.II.4.3 Verbindung der EDV-Konzepte

A.II.4.3.1 Verteilung von Funktionen und Daten auf Netzknoten

Die Steuerung der EDV-Konzepte betrifft die Verteilung von Daten und Funktionsmodulen auf unterschiedliche Knoten innerhalb einer Netztopologie.

Das organisatorische Problem der Aufgabenverteilung besteht darin, Teilfunktionen einer ganzheitlichen Aufgabenbearbeitung so auf einzelne Arbeitsplätze zu verteilen, daß der inhaltliche Zusammenhang der Aufgabe bewahrt bleibt und gleichzeitig Randbedingungen der qualitativen und quantitativen Kapazität und der Arbeitsleistung eingehalten werden.

Die mehr technischen Probleme der verteilten Datenverarbeitung werden seit mehreren Jahren diskutiert. Ein verteiltes (häufig auch als dezentralisiert bezeichnetes) Datenverarbeitungssystem ist eine Sammlung von autonomen Computern, die miteinander kommunizieren, um eine gemeinsame Aufgabe zu lösen (vgl. *Gray, Decentralized Computersystems 1986, S. 684*). Differenzierte Begriffe unterscheiden zwischen

- Distributed Data Entry,
- Distributed Processing, Central Data Storage,
- Distributed Processing, Local Data Storage,
- Small Stand Alone Systems,
- Workstation Systems

(vgl. *Grossenbacher, Verteilung der EDV 1985, S. 9*). Ein häufiger Grund zur Bildung von verteilten Systemen ist, daß Informationssysteme historisch wachsen und zunächst getrennt angeschaffte Anlagen aufgrund eines erkannten Anwendungs- oder Datenzusammenhangs miteinander vernetzt werden.

Voraussetzung für die Lösung des organisatorischen Problems der optimalen Verteilung von EDV-Funktionen ist, daß die EDV-Systeme miteinander kommunizieren können.

Zur Vernetzung auch heterogener Rechner (z. B. unterschiedlicher Hersteller) sind Standardisierungsbemühungen internationaler Organisationen (z. B. ISO, IEEE, CCITT usw.) anzuerkennen. Obwohl je nach organisatorischer Komplexität differenzierte Netzstrukturen bestehen können, stellt der in Abb. A.II.42 gezeigte Fall eine für die weitere Arbeit typische Konfiguration dar.

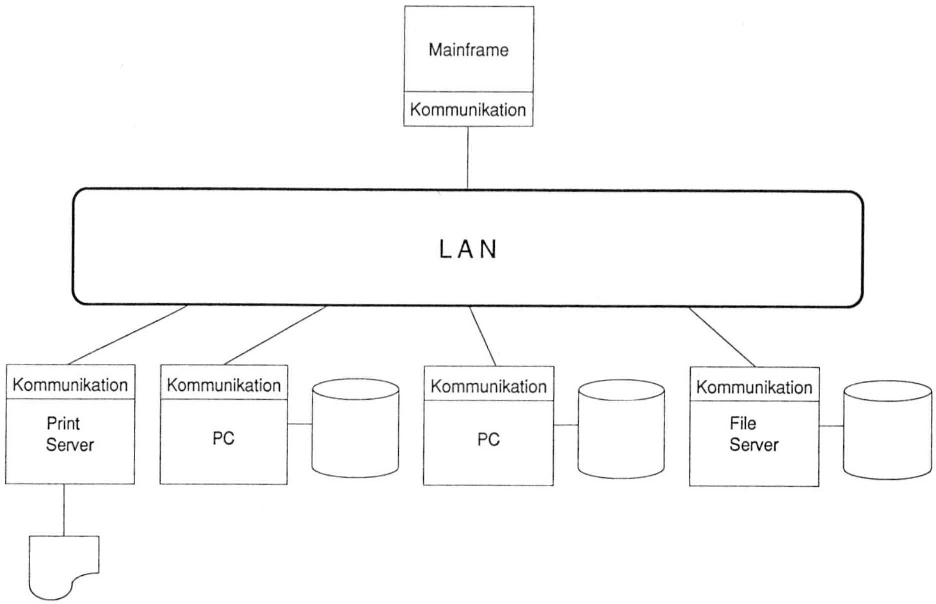

Abb. A.II.42: Eine typische Konfiguration eines dezentralen Informationssystems

Ein Großrechner ist über eine Kommunikationsschnittstelle mit einem Local Area Network (LAN) verbunden, an das Personal Computer (Workstations) und für spezielle Dienste ausgerichtete Rechnereinheiten (sogenannte Server) gekoppelt sind. Die Personal Computer können über das LAN miteinander kommunizieren. Weiterhin können sie die Dienste der Fileserver und Druckserver in Anspruch nehmen sowie Daten mit dem Großrechner austauschen.
Da gerade der Einsatz von Workstations im Rahmen der Verteilung von EDV-Funktionen besonders diskutiert wird, soll dieser Aspekt im weiteren im Vordergrund stehen.
Für die Kommunikation zwischen PC-Workstation und Großrechner werden vielfältige Unterstützungen angeboten. Sie reichen von der einfachen Unterstützung der Terminalemulation und des Filetransfers zu integrierten Datenbanksystemen, bei denen sowohl auf dem Großrechner als auch auf der Workstation das gleiche Datenbanksystem eingesetzt wird und durch einfache Befehle Daten der unterschiedlichen Datenbanken ausgetauscht werden können.
So kann z. B. mit dem relationalen Datenbanksystem ORACLE eine Datenextraktion auf dem Großrechner durchgeführt werden und anschließend als Relation in die Datenbank des Mikrocomputers mit folgenden einfachen Befehlen überführt werden:

- INSERT INTO (Name des Mikrocomputer-Datenbank-Files),
- SELECT (Attribute),
- FROM (Name des Mainframe-Datenbank-Files),
- WHERE (Ausschlußkriterien).

Die Entwicklung derartiger Unterstützungen bis hin zur physischen Aufteilung logisch zusammengehörender Datenbanken, wie sie als Forderung für echte verteilte Datenbanksysteme bestehen, wird in den nächsten Jahren wachsen. Als kommerziell angebotenes Datenbanksystem bietet hier das ebenfalls relational ausgelegte Datenbanksystem INGRES bereits diese Möglichkeiten.
Bei der Verteilung von Daten ist das Prinzip der losen Kopplung zu beachten. Dieses bedeutet, daß möglichst disjunkte Datenbankteile auf unterschiedliche Komponenten des Rechnernetzes verteilt werden, um den Datentransfer zwischen den Komponenten möglichst gering zu halten. In Abb. A.II.43,a-b ist dieses Prinzip angedeutet.
Fall a der Abbildung beschreibt das Prinzip der losen Kopplung: Es bestehen zwar innerhalb der Datenstrukturen der einzelnen Knoten enge Verbindungen, aber nur geringe Verknüpfungen zwischen den zugeordneten Datenbanken. Im Fall b ist dagegen die Verbindung zwischen den lokalen Datenbanken wesentlich höher.
Bei der Verteilung von Aufgaben zwischen Großrechner und Workstation werden häufig Vorverarbeitungsfunktionen auf die Workstations verlagert, die aber in eine übergeordnete Aufgabenbearbeitung, über die weiterhin der Großrechner die Kontrolle behält, eingebettet sind. Dieses führt dann zu sogenannten Kaskadenschaltungen oder kaskadierenden Regelkreisen (vgl. Abb. A.II.44, nach: *Grossenbacher, Verteilung der EDV 1985, S. 42*).

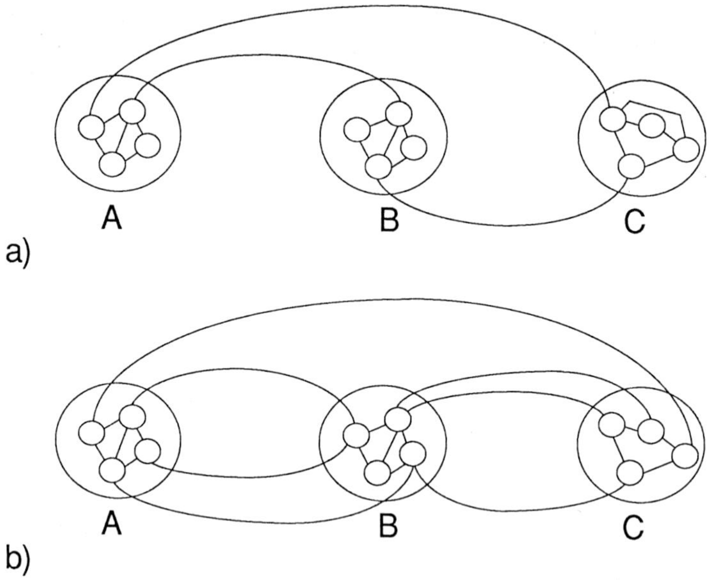

Abb. A.II.43,a-b: Prinzip der losen Kopplung

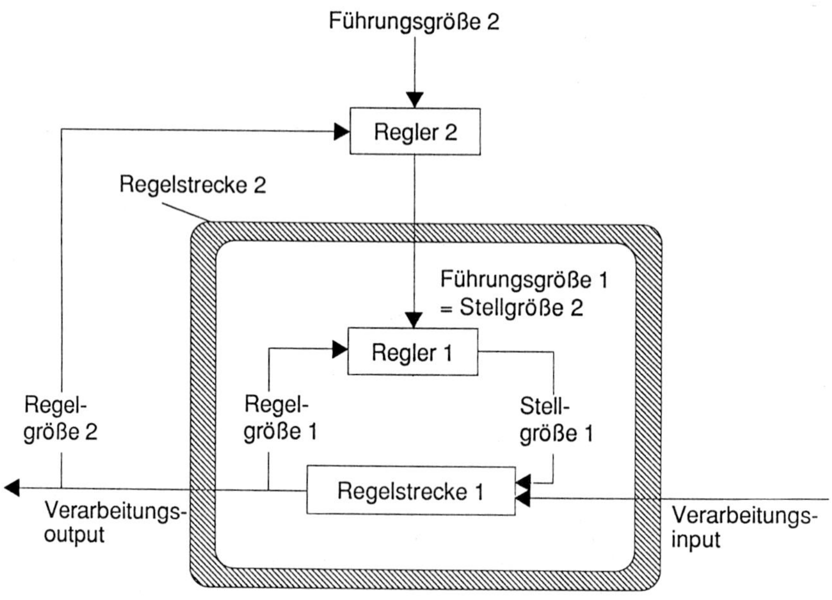

Abb. A.II.44: Das Modell des hierarchischen Regelkreises (Kaskadenschaltung)

Der Regelkreis, der auf der Workstation abläuft, bildet gleichzeitig die Regelstrecke innerhalb des Regelkreises des übergeordneten Großrechners. Dieses bedeutet, daß der Verarbeitungsoutput des inneren Regelkreises als Regelgröße in den Regler des übergeordneten Regelkreises eingeht und dort nach einem Regelungsvorgang die Führungsgröße des inneren Regelkreises verändern kann. Dieses Prinzip ist nicht nur zwischen zwei Regelstufen denkbar, sondern kann sich bei komplexeren hierarchischen Organisationsstrukturen, wie sie z. B. im Rahmen des Computer Integrated Manufacturing (CIM) typisch sind, über mehrere Stufen hinweg vollziehen.

A.II.4.3.2 Trigger- und Aktionsnachrichten als Mittel zur zeitlichen Steuerung

Die im Rahmen des Fachkonzeptes festgelegte Ereignissteuerung wird nun in dem EDV-Konzept detailliert.

Zur Steuerung einer Vorgangskette ist es erforderlich, daß die Teilvorgänge zeitgerecht angestoßen und den richtigen Arbeitsplätzen zugeordnet werden. Teilfunktionen können dabei von Computer-Programmen ausgeführt werden oder aber auch in Form von manuellen Bearbeitungen bzw. im Rahmen einer interaktiven Problemlösung durch Programme und Sachbearbeiter. Der Informationsfluß zwischen den Bearbeitungsprogrammen und den Sachbearbeitern wird durch Aktions- und Triggerdatenbanken ermöglicht (vgl. *Berthold, Aktionsdatenbanken 1983; Mertens/Griese, Industrielle Datenverarbeitung 1988; Mertens/Hoffmann, Aktionsorientierte Datenverarbeitung 1983*).

Aktionsnachrichten übermitteln Ereignisse in Form von Informationen, die an einen bestimmten Benutzer (Sachbearbeiter) gerichtet sind.

Triggernachrichten übermitteln Ereignisse, die von einem Anwendungsprogramm an ein anderes Anwendungsprogramm gerichtet sind, ohne daß ein Sachbearbeiter eingeschaltet wird.

Mit Hilfe von Trigger- und Aktionsnachrichten wird somit eine ereignisbezogene Vorgangsbearbeitung unterstützt. Auch können Ausnahmesituationen, die von einem Anwendungsprogramm nicht oder nur unzureichend behandelt werden können, einem Sachbearbeiter zu einem manuellen Eingriff zur Verfügung gestellt werden (vgl. Abb. A.II.45).

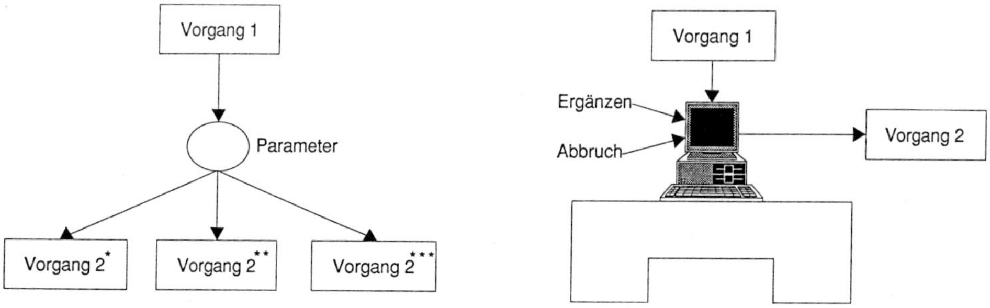

a) Programmgesteuerte Bearbeitung

b) Aktionsorientierte Bearbeitung

Abb. A.II.45,a-b: Methoden zur Steuerung einer Vorgangskette

In Abb. A.II.45,a ist zunächst eine rein programmgesteuerte Abwicklung dargestellt, indem die **Vorgangsverzweigungen** über Parameterangaben gesteuert werden. Dieses setzt voraus, daß die einzelnen Abwicklungsalternativen genau definiert sind und durch die Parameterliste des Vorgangs eindeutig gesteuert werden können.

Bei der Bearbeitungsform der Abb. A.II.45,b wird dagegen der Vorgang einem Sachbearbeiter am Terminal zur Verfügung gestellt. Er kann diesen Vorgang um weitere Angaben ergänzen, ihn wegen nicht zu behebender Informationsdefizite abbrechen oder nach Vervollständigung der Daten der nächsten Vorgangsbearbeitung (dieses kann wiederum ein Programm sein) zur Verfügung stellen.

Entsprechend den beteiligten Bearbeitungsgruppen, Programme und Sachbearbeiter, sind vier unterschiedliche Nachrichtenwege möglich (vgl. Abb. A.II.46,a-d).

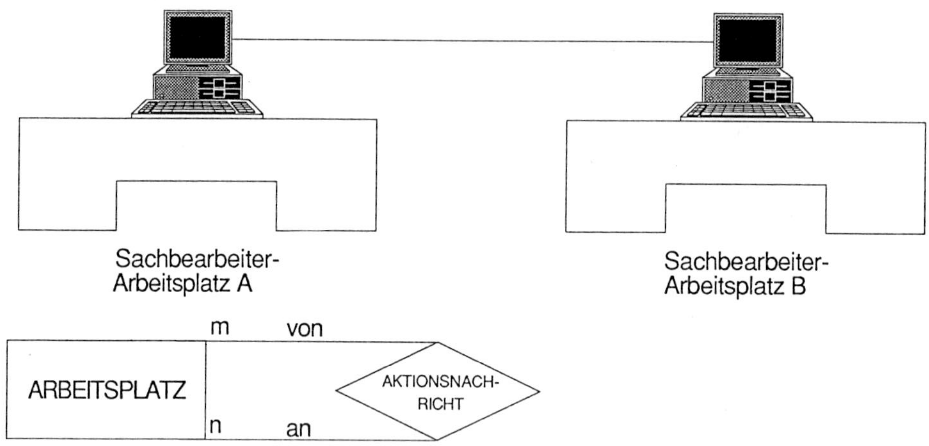

a)

Abb. A.II.46,a: Nachrichtenaustausch zwischen Sachbearbeiter-Arbeitsplätzen

Abb. A.II.46,a zeigt den Nachrichtenaustausch zwischen Sachbearbeiter-Arbeitsplätzen. Diese Form wird auch als Electronic Mail bezeichnet (vgl. Teil "B.VII Büroautomation"). Sie tritt z. B. auf, wenn ein Sachbearbeiter im Rahmen einer Auftragsbearbeitung eine Information der Materialwirtschaft benötigt. Er kann diese Nachricht an einen Sachbearbeiter der Materialwirtschaft senden, der daraufhin manuelle oder elektronische Recherchen anstellt und das Ergebnis wiederum an den ersten Sachbearbeiter-Arbeitsplatz zurückmeldet. Zur Aufnahme dieser Nachrichten werden entsprechende elektronische Briefkästen in Form besonderer Aktionsdatenbanken eingerichtet.

Die zugehörige Datenstruktur ist ebenfalls in Abb. A.II.46,a dargestellt. Die Aktionsnachrichten bilden eine n:m-Beziehung innerhalb des Entitytyps ARBEITSPLATZ. Von einem Arbeitsplatz aus können mehrere Aktionsnachrichten an andere Arbeitsplätze versendet werden. Dabei kann es sich auch im Rahmen einer Verteilfunktion um die gleiche Nachricht handeln, die verschiedenen Empfängern zugeteilt wird. Umgekehrt kann ein Arbeitsplatz auch mehrere Aktionsnachrichten verschiedener anderer Arbeitsplätze oder auch vom gleichen anderen Arbeitsplatz erhalten.

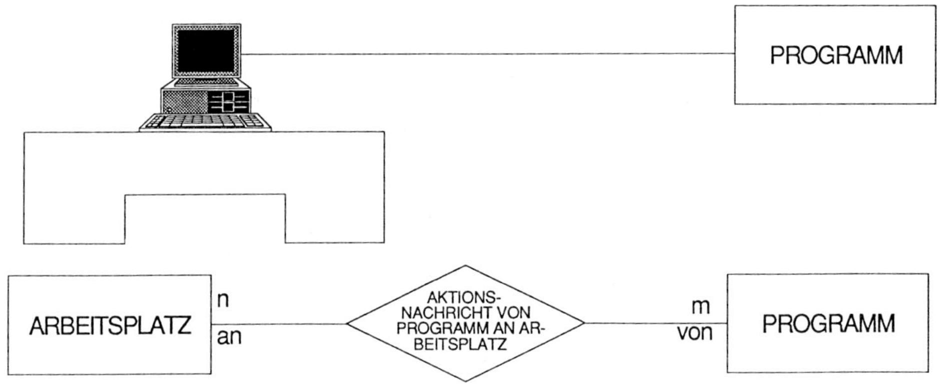

b)

Abb. A.II.46,b: Verteilung von Nachrichten an Sachbearbeiter durch Programme

In Abb. A.II.46,b wird die Verteilung von Nachrichten (an Arbeitsplätze) durch Programme dargestellt. Ein Programm stößt z. B. auf eine Ausnahmesituation und verlangt eine manuelle ergänzende Bearbeitung durch einen Sachbearbeiter. Als Datenstruktur ergibt sich für die Aktionsnachrichten eine n:m-Beziehung zwischen den Entitytypen ARBEITSPLATZ und PROGRAMM.

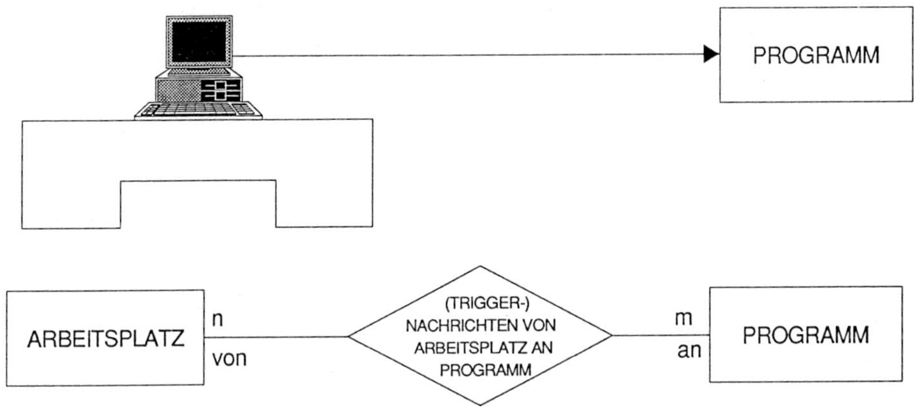

c)

Abb. A.II.46,c: Verteilung von Nachrichten an Programme durch Sachbearbeiter

Abb. A.II.46,c behandelt den umgekehrten Fall, daß Nachrichten von einem Sachbearbeiter an ein Programm gesendet werden. Dieses bedeutet, daß Vorgänge von einem Sachbearbeiter in eine Briefkastendatei überstellt werden, von der aus nach einem bestimmten Verarbeitungsmodus ein Programm die zu bearbeitenden Vorgänge abruft. Als Datenstruktur ergibt sich eine zweite n:m-Beziehung zwischen ARBEITSPLATZ und PROGRAMM.

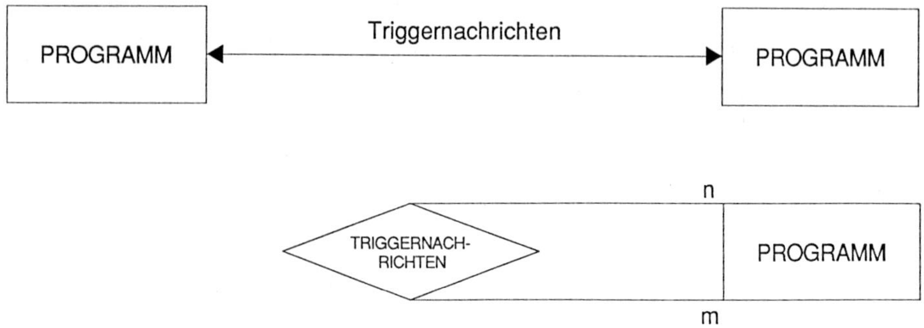

d)

Abb. A.II.46,d: Nachrichtenaustausch zwischen Programmen

Da mit Hilfe dieser Nachrichten Programme gestartet oder aktiviert werden, ist die begriffliche Unterscheidung zwischen Aktionsnachrichten und Triggernachrichten nicht mehr eindeutig vorzunehmen. Aus diesem Grunde ist das Wort "Trigger" in der Bezeichnung des Beziehungstyps eingeklammert worden.

Strenggenommen gilt die Triggerbezeichnung nur für den Fall des Nachrichtenaustausches zwischen Programmen, wie in Abb. A.II.46,d dargestellt ist. Die Triggernachrichten bilden eine n:m-Beziehung innerhalb des Entitytyps PROGRAMM.

Die für die vier Nachrichtenrichtungen getrennt gezeichneten Beziehungstypen können zu einem generellen Beziehungstyp NACHRICHTEN/TRIGGER zusammengefaßt werden. Durch Angabe von Absender und Empfänger ist dabei eindeutig bestimmt, um welche Nachrichten/Trigger-Form es sich handelt. Aktions- und Triggernachrichten haben jeweils einen bestimmten Satzaufbau. Bei Aktionsnachrichten ist der Adressaten- und Empfängerteil fest formatiert, während der Nachrichtenteil frei formatiert sein kann, um z. B. Textinformationen aufzunehmen. Triggernachrichten sind dagegen stärker strukturiert. Da hier Programme andere Programmfunktionen aufrufen, müssen sie diese mit den dafür vorgesehenen Daten bedienen. Aus diesem Grunde ist jeder Triggernachrichtentyp mit einem festen Format entsprechend den Anforderungen des empfangenden Programms versehen.

Da die Aktions- und Triggernachrichten lediglich Hinweise zur Auslösung von Funktionen enthalten, ist die Datenstruktur, wie sie in Abb. A.II.46,a-d abgeleitet wurde, gegenüber den Datenstrukturen, die konkrete Anwendungen beschreiben, relativ einfach.

Einen Eindruck von dem Ablauf einer aktions- und triggergesteuerten Bearbeitung gibt Abb. A.II.41. Beteiligte Informationspartner sind Sachbearbeiter-Arbeitsplätze (ausgedrückt durch Terminalsymbole) und Programme (dargestellt durch Kästchen). Jedem Sachbearbeiter und jedem Programm ist eine Briefkastendatenbank zugeordnet.

Die den Sachbearbeiter-Arbeitsplätzen und den Programmen zugeordneten Briefkastendatenbanken können Bestandteil einer einheitlichen Nachrichten- und Triggerdatenbank sein. Sie werden hier

lediglich aus zeichnerischen Gründen getrennt. Der Nachrichtenfluß wird durch Pfeile ausgedrückt. Der Vorgangsablauf kann in folgender Form beschrieben werden: Über eine Auftragseingabe, z. B. mit Hilfe eines Bildschirmtexterfassungssystems, werden Aufträge in die Auftrags-"Briefkasten"-Datenbank eingestellt (1). Das Auftragsbearbeitungsprogramm liest nach einem bestimmten festgelegten Verarbeitungsmodus Aufträge ein (2). Stößt das Programm bei der Verarbeitung, z. B. der Vervollständigung von Angaben durch Zugriff auf Stammdaten der Kunden, auf fehlende Informationen, können diese Aufträge ausgesteuert und in die Briefkastendateien der Auftragssachbearbeiter überstellt werden. Hierbei kann automatisch eine Trennung der für bestimmte Kundengruppen oder Teilegruppen zuständigen Sachbearbeiter vorgenommen werden (3). Der Sachbearbeiter kann die zu bearbeitenden Aufträge seinem Briefkasten entnehmen, Bearbeitungen durchführen und dem Programm wieder zur Verfügung stellen (4). Fertig bearbeitete Aufträge werden von dem Programm an den nächsten Bearbeitungsschritt, der Bedarfsermittlung von für die Aufträge benötigten Komponenten, überstellt (5). Dabei kann über diese Triggernachrichten das Programm der Bedarfsermittlung automatisch gestartet werden (6). Auch hier können wieder Ausnahmefälle an Sachbearbeiter in der Materialdisposition weitergegeben werden (7). Bei der Bearbeitung dieser Fälle (8) können Fragen auftreten, die auch an benachbarte Arbeitsplätze gerichtet sein können (9). Auch können Sachbearbeiter der Auftragsannahme Anfragen an die Materialdisposition stellen und umgekehrt (10).
In dem Beispiel sind somit alle in Abb. A.II.46,a-d dargestellten Nachrichtenformen angesprochen.
Zur Steuerung der Aktions- und Triggernachrichten ist ein spezielles betriebssystemnahes Softwaresystem erforderlich. Dieses stellt einmal Hilfsmittel zur Speicherung der Nachrichten zur Verfügung und zum anderen übernimmt es die zeitlichen und örtlichen Steuerungsfunktionen. Die in Abb. A.II.41 dargestellten Nachrichten verlaufen somit strenggenommen nicht direkt zwischen den Partnern, sondern über das Nachrichtenvermittlungssystem. In Abb. A.II.47 (aus: *IBM (Hrsg.), CORMES - Allgemeiner Überblick 1984, S. 31*) ist deshalb für ein sich selbst erklärendes Beispiel aus der Materialwirtschaft der Ablauf über das Nachrichtenvermittlungssystem CORMES dargestellt (vgl. *IBM (Hrsg.), CORMES - Benutzerhandbuch 1984, S. 115*).
Das Nachrichtenvermittlungssystem kann dabei komplizierte Steuerungsfunktionen ausüben. Neben dem Aufsplitten von Nachrichten an unterschiedliche Empfänger kann auch die Auslösung von Weiterverarbeitungen anhand verschiedener Kriterien ausgerichtet sein. Beispielsweise kann erst eine bestimmte Mindestanzahl gleichartiger Fälle gesammelt werden, bevor eine Programmbearbeitung aufgerufen wird. Ebenso kann der Ablauf anhand zeitlicher Kriterien, Wartezeit oder bestimmter vorgegebener Ausführungszeiten ausgelöst werden. Die Struktur ist in Abb. A.II.48 (aus: *Scheer, EDV-orientierte Betriebswirtschaftslehre 1990, S. 63*) dargestellt.

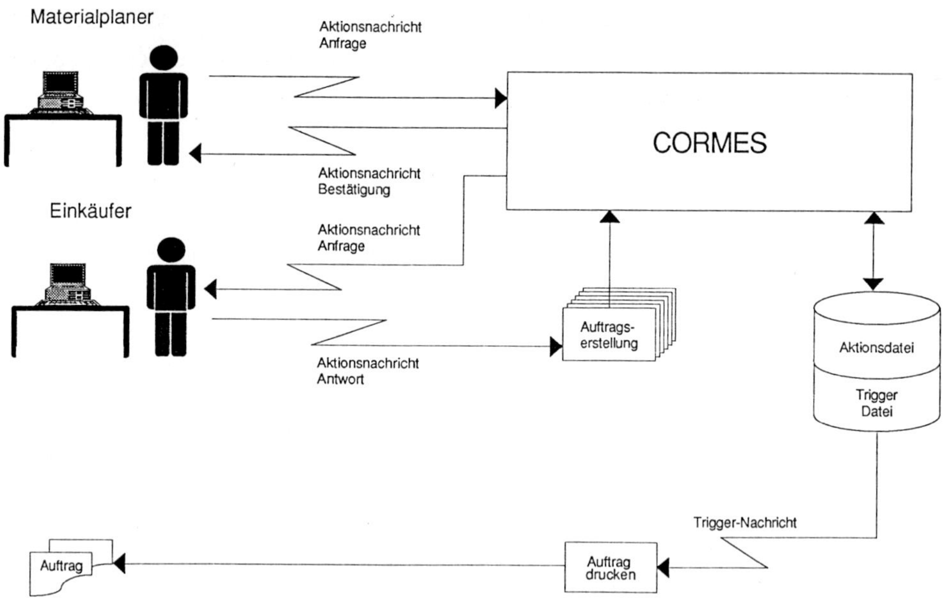

Abb. A.II.47: Funktionen des Nachrichtenvermittlungssystems CORMES im Rahmen der Materialwirtschaft

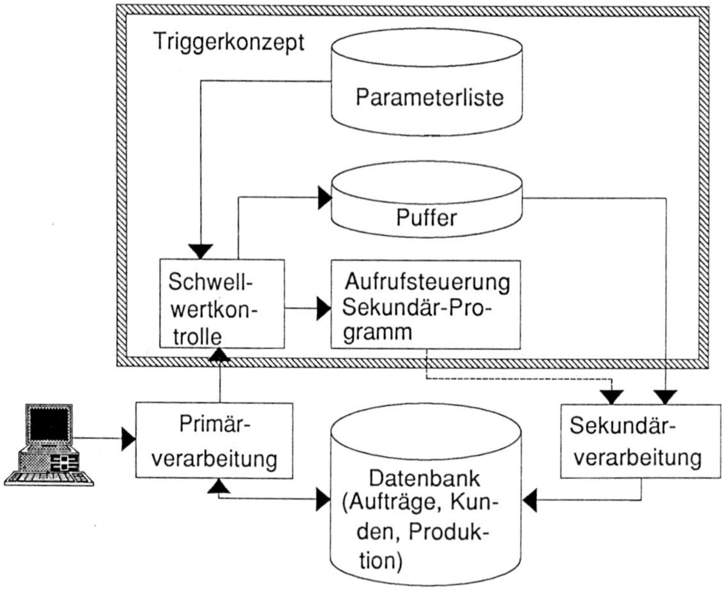

Abb. A.II.48: Triggerkonzept zur Auftragsbearbeitung

Durch die differenzierte Triggersteuerung werden die Grenzen zwischen Batch- und Dialogverarbeitung überwunden. Batch- und Realtimeverarbeitungen sind ohnehin lediglich die Pole eines Zeitkontinuums. Mit Hilfe der Triggersteuerung werden zwischen diesen Extremen vielfältige Verarbeitungsformen realisiert.

Mit Hilfe von Triggern können somit auch Programme verbunden werden, die an sich isoliert voneinander entwickelt worden sind. Dieser Effekt wird häufig ausgenutzt, um isoliert entwickelte Programmodule zu integrieren.
Die einzelnen zugelassenen Triggernachrichten werden in einer Triggertabelle zusammengefaßt. In ihr ist auch definiert, welche Sequenzen von aufeinanderfolgenden Programmfunktionen zulässig sind. Durch das weitgehend automatische Anstoßen fallbezogener Programmfunktionen wird die Logik der Vorgangsbearbeitung definiert. Dieses bedeutet, daß in der Triggertabelle auch die Ablauflogik niedergelegt ist. Gerade bei komplizierten Abläufen, die mehrfach Schleifen innerhalb und zwischen manueller und elektronischer Verarbeitung erfordern, wovon bereits das einfache Beispiel aus Abb. A.II.41 einen Eindruck vermittelte, ist die Frage der logischen Konsistenz von Abläufen besonders wichtig.
Dieses kann durch eine strenge Statusverfolgung unterstützt werden, indem einem Vorgang eine Statusleiste (Fahne) mitgegeben wird, wobei nach jeder Bearbeitung eines Teilvorgangs der Status entsprechend dem Arbeitsfortschritt verändert wird. Damit ist sichergestellt, daß kein Verarbeitungsvorgang übersprungen wird oder Vorgänge innerhalb des Systems verlorengehen.

A.II.4.4 Verbindung der Implementierungsebenen

Auf der Implementierungsebene werden Programmfunktionen mit Datenbank- und Netzwerkfunktionen verbunden. Die Verbindung von Programmfunktionen mit der Datenbank wird durch die Datenbanktransaktion hergestellt.
Eine Datenbanktransaktion überführt eine Datenbank von einem konsistenten Zustand in einen neuen konsistenten Zustand. Unter "konsistent" wird hierbei die Richtigkeit des Datenbestandes verstanden. Eine Datenbanktransaktion bildet somit eine atomare Einheit. Sie kann entweder vollständig oder gar nicht ausgeführt werden. Da sie in der Regel aber aus mehreren Verarbeitungsschritten und auch Datenbankzugriffen besteht, bedeutet dieses, daß bei Erkennen einer Inkonsistenz während der Bearbeitung alle bereits durchgeführten Änderungen wieder rückgängig gemacht werden müssen. Aus diesem Grunde ist auch das Transaktionskonzept die Basis der von einem Datenbanksystem zu überwachenden Integritätsbedingungen sowie Grundlage der Fehlerbehandlung in Datenbanksystemen (vgl. z. B. *Reuter, Fehlerbehandlung 1982*).
Formal wird eine derartige Datenbanktransaktion mit Hilfe der Befehle einer Data Manipulation Language durch die Öffne- und Schließanweisungen dargestellt. In Abb. A.II.49 wird dieses an einem einfachen Beispiel der Auftragsbearbeitung deutlich gemacht. Für die Bearbeitung werden

die gespeicherten Kunden- und Auftrags-Entitytypen benötigt. Dieses wird durch den Datenbankbefehl "Öffnen" ausgedrückt, wobei hiermit gleichzeitig eine Sperre für andere Benutzer, insbesondere bei Veränderungen der Datenbank, hervorgerufen werden kann.

Start Datenbanktransaktion Auftragsbearbeitung

DB: Öffne Datenbank KUNDE, AUFTRAG

DB: lese (AUFTRAG (KNR, Datum))

DB: lese KUNDE (KNR)
Auftragsbestand (Kunde) = Auftragsbestand (Kunde) + Auftragswert (Auftrag)
Priorität (Auftrag) = Priorität (Kunde)

DB: schreibe (Auftrag)

DB: schreibe (Kunde)

DB: schließe Datenbank KUNDE, AUFTRAG

Ende Datenbanktransaktion

Abb. A.II.49: Vorgehensweise bei der Durchführung einer Datenbanktransaktion

Ein Auftrag wird durch Angabe von Kundennummer (KNR) und Datum identifiziert. Auftrags- und Kundensatz werden vom Datenbanksystem gelesen. Der Auftragsbestand wird im Kundensatz um den neu eingegebenen Auftragswert erhöht. Gleichzeitig wird in den eingelesenen Auftragssatz ein Prioritätswert aus dem Kundensatz übernommen. Anschließend wird der vollständige Auftragssatz in die Datenbank eingefügt. Nach erfolgreicher Beendigung dieser Operationen wird die Datenbank geschlossen und steht - entsprechend der Vorgehensweise des Datenbank-Managementsystems - wieder für andere Benutzer zur Verfügung.
Eine typische Datenbanktransaktion, bei der der Inkonsistenz-Begriff besonders leicht verdeutlicht werden kann, ist ein Buchungsvorgang der Finanzbuchführung. Die Datenbanktransaktion muß hierbei jeweils alle mit einem Buchungsvorgang verbundenen Soll- und Haben-Buchungen umfassen. Ist lediglich ein Teil der Buchungen durchgeführt, so befindet sich die Datenbank in einem inkonsistenten Zustand. Erst nach vollständigem Abschluß aller Buchungen ist die Integritätsbedingung, daß die Summe aller Haben-Posten gleich der Summe aller Soll-Posten ist, wiederhergestellt.
Innerhalb einer Datenbanktransaktion können viele Datenbankzugriffe durchgeführt werden. Die Anzahl wird dabei auch vom Integrationsgrad des Informationssystems bestimmt. Bei einem hohen Integrationsgrad werden Daten nur einmal erfaßt, um sofort in allen Verarbeitungsfunktionen, die diese Daten benötigen, weiterverarbeitet zu werden. So kann z. B. die Änderung eines Kundenauftrages nicht nur den Kundenauftragsbestand berühren, sondern auch daraus abgeleitete Produktions- und Beschaffungsaufträge. Mit der Eingabe der Kundenauftragsänderung sind somit Änderungen vieler betroffener Datenbanken verbunden.

A.II.4.5 Festlegung der verwendeten Darstellungsmittel

Die Ablaufsteuerung wird vornehmlich auf der Ebene der Verbindung der Fachkonzepte für Daten, Funktionen und Organisation behandelt. Für jedes der im weiteren untersuchten Anwendungsgebiete werden die Teilfunktionen hinsichtlich ihrer Eignung zur Auslagerung auf Arbeitsplatzcomputer bewertet. Dieses geschieht anhand einer Bewertungsskala.
Der Zusammenhang zwischen Daten- und Funktionsmodell wird über die Ereignissteuerung hergestellt. Hierzu werden den Funktionen Ereignisse grafisch gegenübergestellt.

Teil B: Funktionsbezogene Informationssysteme

Computergestützte Informationssysteme in Industrieunternehmungen haben in vielen Fällen Schrittmacherdienste auch für andere Branchen geleistet. In der gesamten Betriebswirtschaftslehre sind viele Verfahren, z. B. im Bereich der Kostenrechnung, zunächst für die Industrie entwickelt worden, um dann auf andere Bereiche übertragen zu werden. Aus diesem Grund sind viele Ausführungen auch für andere Branchen gültig.

Die Konfrontation der betriebswirtschaftlichen Theorie mit der Elektronischen Datenverarbeitung ist für beide Bereiche befruchtend. Die Umsetzung betriebswirtschaftlicher Erkenntnisse in reale computergestützte Informationssysteme ist ein Prüfstein für ihre Operationalität. Dieses gilt insbesondere bezüglich der Problemstrukturierbarkeit, der Beschaffbarkeit der benötigten Daten und der erforderlichen Rechenzeit für realistische Problemgrößen.

Für die Betriebswirtschaftslehre ist in diesem Zusammenhang von besonderem Interesse, daß von Software-Anbietern, um den Anforderungen der Operationalität zu genügen, für betriebswirtschaftliche Probleme Lösungen angeboten werden, die von denen der betriebswirtschaftlichen Theorie erheblich abweichen.

Von den Möglichkeiten der Datenverarbeitung gehen auch Anregungen für die Weiterentwicklung der betriebswirtschaftlichen Theorie aus. Die Betriebswirtschaftslehre beginnt erst allmählich, den Einfluß von Anwendungssoftware auf die Gestaltung betriebswirtschaftlicher Abläufe in Unternehmungen zu erkennen und daraus Konsequenzen für ihre Ausrichtung zu ziehen. Aber nur eine EDV-orientierte Betriebswirtschaftslehre, die sich in Forschungsobjekt und -methoden stärker an den Merkmalen der computergestützten Informationsverarbeitung ausrichtet, kann auf die Dauer die notwendige Kraft zur Gestaltung der Realität besitzen. Gleichzeitig sollte auch die Betriebswirtschaftslehre Anforderungen an die EDV stellen, insbesondere für die Qualität der Lösungsverfahren oder die Typisierungskriterien bei der Entwicklung von Standardsoftware.

In diesem Teil werden deshalb "EDV-Lösungen" für Probleme entwickelt, wie sie sich zum Teil bereits in dem Angebot fortschrittlicher Standardsoftware und Eigenentwicklungen von Anwendern manifestiert haben. Sie sind ein Leitfaden zum Aufbau moderner Informationssysteme. Gleichzeitig werden den Ansätzen Lösungen der Betriebswirtschaftslehre gegenübergestellt, um daraus Vorschläge und Forderungen zur Weiterentwicklung der Systeme abzuleiten. Diese Vorschläge und Forderungen können sich dabei sowohl an die Betriebswirtschaftslehre als auch an die Entwickler von EDV-Systemen richten.

Die grundsätzlichen Darstellungen dieses Teils sind weitgehend unabhängig von konkreten EDV-Systemen. Allerdings wird in Beispielen häufig auf konkrete Lösungen der Standardsoftware oder bekannter Eigenentwicklungen eingegangen.

Ziel ist es, aus den funktionsbezogenen Teilsystemen ein **integriertes** System der betriebswirtschaftlichen Informationsverarbeitung zu entwickeln.

Die Auswahl der Funktionen (vgl. Abb. B.01)

- Produktion,
- Technik,
- Beschaffung,
- Absatz,
- Personalwesen,
- Rechnungswesen,
- Verwaltung (Büroautomation)

folgt den Funktionsschwerpunkten, für die in der Praxis häufig Informationssysteme entwickelt werden. In ihr spiegelt sich auch eine häufig zu findende aufbauorganisatorische Gliederung von Unternehmungen wider.

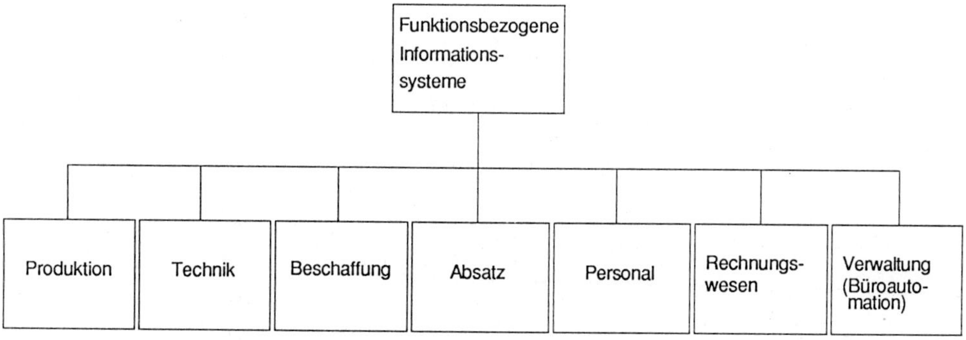

Abb. B.01: Funktionsbezogene Informationssysteme

Wenn diese Bereiche für ihre eigene Aufbau- und Ablauforganisation verantwortlich sind, besteht eine Tendenz zur Errichtung funktionsbezogener Informationssysteme. Diese berücksichtigen entsprechend gering die Beziehungen zu anderen Funktionen.

Aus diesem Grunde ist in der Geschichte der Datenverarbeitung der Integrationsgedanke zunächst nur **innerhalb** von Funktionen verwirklicht worden. Dieses gilt beispielsweise für die Materialwirtschaft, indem der Datenfluß von Bestellung über Wareneingang, Rechnungsprüfung bis zur Finanzbuchführung in einer einheitlichen Datenbasis mit weitgehend redundanzfreier Verwaltung abgewickelt wird.

Viele Abläufe in einem Industriebetrieb durchlaufen aber mehrere Funktionsbereiche. Aus diesem Grunde setzt sich immer mehr die Erkenntnis durch, daß Informationssysteme funktionsübergreifend gestaltet werden müssen. Hier bietet das Konzept CIM (Computer Integrated Manufacturing) eine geschlossene Anwendungsphilosophie. Sie betonte zunächst nur die

Datenbeziehungen zwischen Konstruktion, Fertigung und Produktionsplanung und -steuerung, umfaßt aber in neuerer Definition auch die Aufgaben in Vertrieb, Rechnungswesen und Verwaltung in einem computergesteuerten Industriebetrieb (vgl. *Scheer, CIM 1990*). Durch das Erkennen der Rationalisierungsmöglichkeiten einer zwischenbetrieblichen Datenintegration wird auch der Austausch von Auftrags- und Geometriedaten zwischen Industriebetrieben einbezogen.
Die Darstellungsweise nach Unternehmensfunktionen erfolgt deshalb nur aus didaktischen Gründen. Leitmotiv ist vielmehr die Entwicklung von Datenstrukturen für durchgängige Unternehmensprozesse. Dieses wird auch später mit der Zusammenfassung der Datenstrukturen zu einem Unternehmensdatenmodell deutlich.
Insgesamt wird somit die Datenstrukturierung für eine CIM-orientierte Unternehmung entwickelt.

B.I Produktion

Den Produktionsprozeß in einem Industriebetrieb begleiten zwei computerunterstützte Informationssysteme (vgl. Abb. B.I.01, aus: *Scheer, CIM 1990, S.* 2); das primär betriebswirtschaftlich-planerisch orientierte Produktionsplanungs- und -steuerungssystem sowie das mehr technisch ausgerichtete System zur Unterstützung von Konstruktion, Entwicklung und Arbeitsplanung sowie der Einsatz computerunterstützter Fertigungsverfahren, z. B. NC-Maschinen, Transportsysteme, Hochregalsteuerung, Roboter usw. (auf die in Abb. B.I.01 aufgeführten CAx-Abkürzungen wird später noch ausführlich eingegangen).
Innerhalb des Produktionsplanungs- und -steuerungssystems werden die wesentlichen dispositiven Funktionen eines Industriebetriebes von der Auftragsabwicklung über Materialwirtschaft, Zeitwirtschaft, Fertigungssteuerung, Betriebsdatenerfassung und Versand abgewickelt. Es liefert gleichzeitig wesentliche Daten für angrenzende betriebswirtschaftliche Bereiche, beispielsweise für das Rechnungswesen und die Lohnabrechnung.
Damit umfaßt oder berührt es alle in Abb. B.01 aufgeführten Funktionen. Deshalb werden in der folgenden Gliederung unter der Funktion Produktion die **eng** mit der Planung und Steuerung der Produktion zusammenhängenden Fragen sowie die **Schnittstellen** zu den anderen Funktionen behandelt. Die detaillierten Abläufe **innerhalb** der benachbarten Funktionen werden dann in gesonderten Gliederungspunkten beschrieben.
Die technisch ausgerichteten Systeme sollen vor allem daraufhin untersucht werden, wie sie die betriebswirtschaftlichen Systeme beeinflussen. Dabei wird davon ausgegangen, daß diese Beeinflussung in wesentlich stärkerem Maße sein wird, als es bis jetzt in den isolierten betriebswirtschaftlichen oder technischen EDV-Systemen gesehen wird. Das Konzept CIM = Computer Integrated Manufacturing ermöglicht die Integration sowohl der planerischen als auch der technischen Informationssysteme über eine gemeinsame Datenbasis sowie durch stärkere Verschränkung der Abläufe und führt zu neuen ablauf- und aufbauorganisatorischen Konsequenzen in Industriebetrieben.

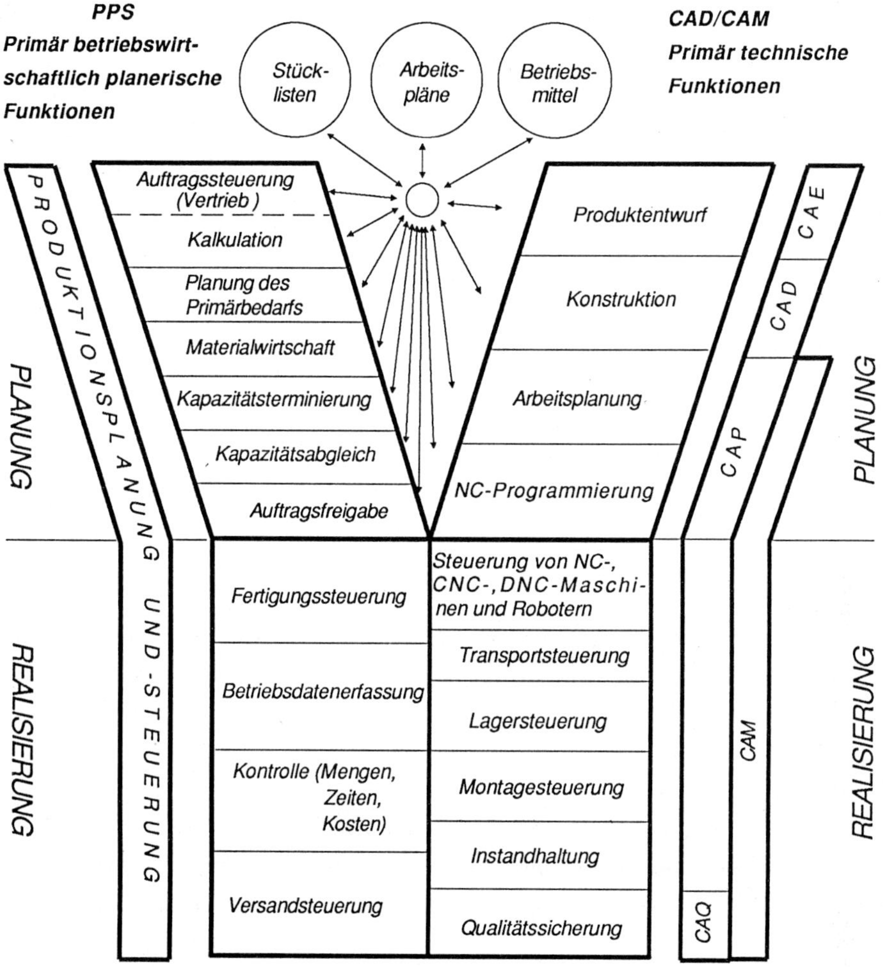

Abb. B.I.01: Informationssysteme im Produktionsbereich

B.I.1 Stufenkonzept der Produktionsplanung und -steuerung

Die Produktionsplanung und -steuerung ist ein traditionelles Einsatzgebiet der EDV in Industriebetrieben. Gründe dafür sind das hohe Mengenvolumen der zu verarbeitenden Informationen über Stücklisten, Arbeitspläne und Aufträge sowie die hohe Planungskomplexität im Rahmen der Material- und Zeitwirtschaft.

Zur Verwaltung der Stücklisten, die die Zusammensetzung von Endprodukten aus Bauteilen und Materialien beschreiben, wurden bereits frühzeitig Datenverwaltungssysteme (z. B. Bill of Materials Processor = BOMP) eingesetzt, die erste Entwicklungsschritte auf dem Weg zu universellen Datenbanksystemen waren. In größeren Industriebetrieben ist die Verwaltung von

100.000 Teilesätzen, mehreren 100.000 Struktursätzen und mehreren 100.000 Arbeitsgangsätzen keine Seltenheit.

Die Planungskonzeption der EDV-gestützten PPS-Systeme folgt innerhalb der angebotenen Standardsoftwaresysteme einem weitgehend einheitlichen Planungsablauf, wie er im linken Teil der Abb. B.I.01 und in Abb. B.I.02 (aus: *Scheer, EDV-orientierte Betriebswirtschaftslehre 1990, S. 204*) sowie im Funktionsbaum der Abb. B.I.03 dargestellt ist.

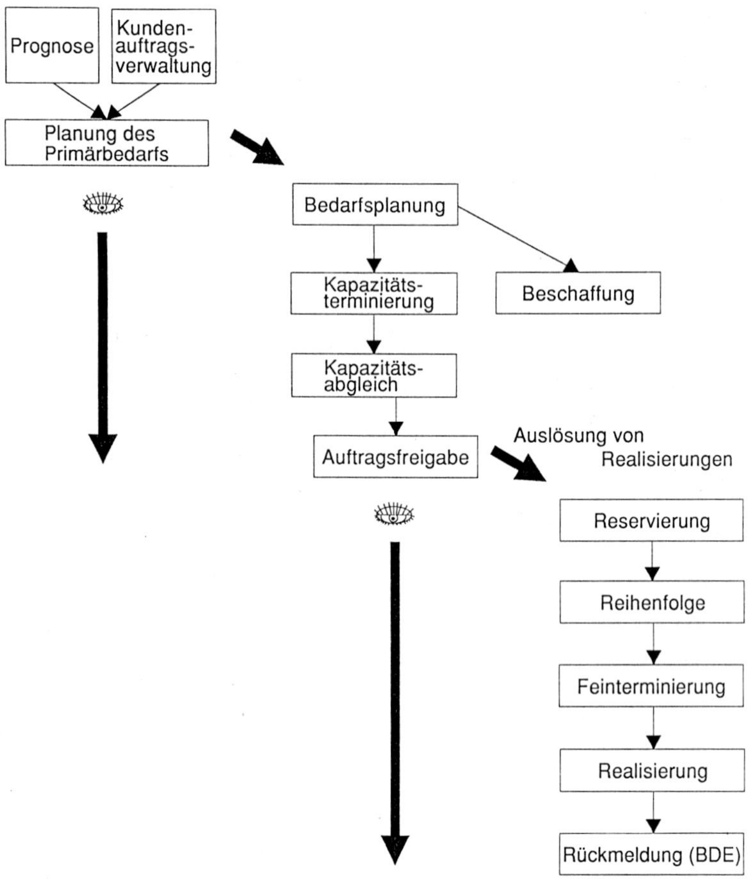

Abb. B.I.02: Vorausschauendes Stufenkonzept zur Auftragsbearbeitung

Im Rahmen der **Primärbedarfsplanung** wird der Bedarf an Endprodukten für einen anstehenden Planungszeitraum bestimmt. Dieser ergibt sich aufgrund von Absatzprognosen bzw. bereits angenommenen Kundenaufträgen. Da hier eine enge Beziehung zum Vertriebsbereich besteht, wird dieser Planungsschritt im Punkt "B.IV Absatz" behandelt. Im folgenden Teil wird nur die Verwaltung der Primärbedarfe erörtert. Der festgelegte Primärbedarf initiiert eine Reihe von Planungsschritten innerhalb des PPS-Systems.

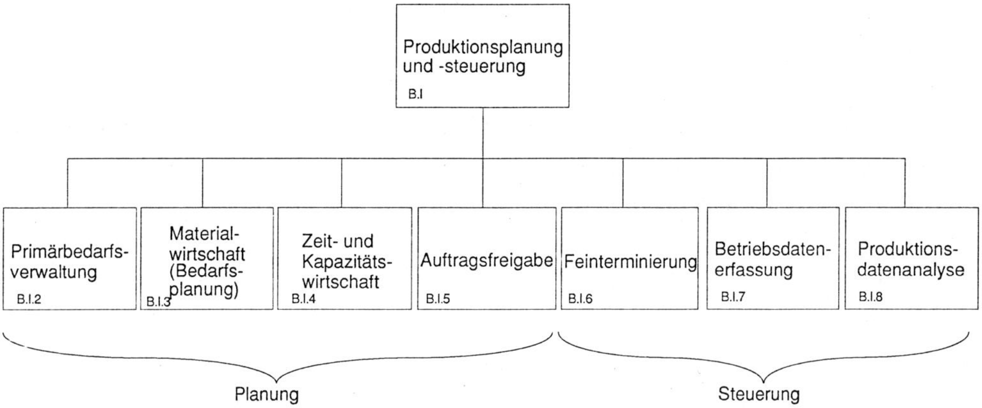

Abb. B.I.03: Funktionsbaum der Produktionsplanung und -steuerung

Aufgabe der **Bedarfsplanung** ist es, aus dem Primärbedarf den Bedarf untergeordneter Baugruppen und Einzelteile (Materialien) nach Menge und Bedarfsperiode zu ermitteln. Ergebnis sind einerseits Fertigungsaufträge für eigengefertigte Teile und andererseits Bedarfe für fremdbezogene Teile und Materialien. Die Fertigungsaufträge werden unter Berücksichtigung der Losbildung zusammengestellt. Die Bedarfe der fremdbezogenen Komponenten werden im Rahmen der Funktion "Beschaffung" zu Einkaufsaufträgen zusammengestellt.

Im Rahmen der **Zeit- und Kapazitätsplanung** werden die Fertigungsaufträge den zur Bearbeitung benötigten Kapazitäten (Betriebsmittelgruppen) zugeordnet und durch eine Kapazitätsterminierung der Kapazitätsbedarf nach Betriebsmittelgruppen und -perioden ermittelt.

Im Rahmen des **Kapazitätsabgleichs** werden unter Einsatz von Ausweichaggregaten, Überstunden, Sonderschichten oder durch zeitliche Verschiebung von Aufträgen etwaige Engpässe oder Kapazitätsspitzen ausgeglichen.

Die **Auftragsfreigabe** überprüft anstehende Fertigungsaufträge dahingehend, ob die benötigten Materialien, Vorprodukte, Werkzeuge und Kapazitäten zur Verfügung stehen. Anschließend werden Aufträge zur Bearbeitung freigegeben. Die Auftragsfreigabe bildet den Übergang von der Planungsphase zur Realisierung der Produktion und löst eine Folge von Realisierungsfunktionen aus.

Im Rahmen der **Fertigungssteuerung** werden die Aufträge bzw. Arbeitsgänge auf den zugeordneten Betriebsmitteln terminiert. Damit wird auch die Reihenfolge der Aufträge (Arbeitsgängen) vor den Betriebsmitteln bestimmt.

Informationen über realisierte Termine, Mengen bzw. eingetretene Zustände werden im Rahmen der **Betriebsdatenerfassung** erhoben und der Fertigungssteuerung als Ausgangsbasis weiterer Steuerungsfunktionen zurückgemeldet. Im einzelnen werden Ist-Daten über Aufträge, Personal, Betriebsmittel, Materialien und Werkzeuge über besondere Terminals oder direkt von an den Maschinen befindlichen Erfassungssystemen erhoben.

Die in den Planungs- und Steuerungsstufen erzeugten Datenbanken werden einem Analysesystem zur Verfügung gestellt. Dieses **Produktionsdaten-Analysesystem** führt Soll-Ist-Vergleiche durch und ermöglicht eine zeitnahe Steuerung der Fertigung.
Im Gegensatz zu vielen betriebswirtschaftlichen simultanen Planungsansätzen im Produktionsbereich folgt das geschilderte PPS-System einem Stufenplanungskonzept. Dieses bedeutet, daß die Ergebnisse eines Planungsvorgangs jeweils Ausgangspunkt der Planungsüberlegungen der nächsten Stufe sind. Rückwärts gerichtete Beziehungen, die im Bereich Material- und Zeitwirtschaft leicht aufzuzeigen sind, können von dem Planungssystem nur schwer verarbeitet werden. Dieses gilt insbesondere dann, wenn die einzelnen Planungsschritte in Batchprozessen ablaufen, d. h. große Datenmengen zu einem festgelegten Zeitpunkt ohne Eingriff des Benutzers verarbeitet werden.
Im Rahmen eines dialogorientierten Fertigungssteuerungssystems besteht dagegen die Möglichkeit, durch die Einplanung von fallbezogenen Vorgängen im Dialog mehrere Planungszyklen durchzuführen und dabei beim Auftreten von Unzulässigkeiten oder unerwünschten Planungsergebnissen, Planungsschritte mit geänderten Daten zu wiederholen. Durch die dadurch erzeugten kleineren Regelungskreise, gegenüber großen Regelungskreisen bei Batchverarbeitung, ergibt sich eine höhere Flexibilität des Gesamtkonzepts. Trotzdem bleibt festzuhalten, daß die Unvollkommenheit des Stufenplanungskonzepts zu Schwierigkeiten bei der Abstimmung der einzelnen Planungsstufen führt.
Die im Rahmen der Betriebswirtschaftslehre entwickelten Simultanansätze bauen vor allen Dingen auf dem methodischen Instrumentarium der linearen und ganzzahligen Optimierung auf. Die in Industriebetrieben, insbesondere der Fertigungsindustrie anzutreffenden großen Mengenvolumen lassen allerdings den Einsatz dieser Techniken auf dem Detaillierungsgrad der Arbeitsgänge nicht zu (vgl. *Scheer, Produktionsplanung 1976*). Aus diesem Grunde muß die im Rahmen der Literatur zur Standardsoftware entwickelte Sukzessivkonzeption als origineller und wirksamer Beitrag der EDV zur Entwicklung von anwendungsgeeigneten betriebswirtschaftlichen Lösungen gesehen werden. Hierbei wird bereits die Integration auf der Datenebene betont, während im Rahmen sogenannter integrierter Planungssysteme der Betriebswirtschaftslehre unter Integration die Integration von betriebswirtschaftlichen Entscheidungsbereichen verstanden wird und die Datenbasis kaum behandelt wird. Beide Ansätze scheinen sich damit zu ergänzen: Die EDV-orientierte Produktionsplanung und -steuerung betont die Datenintegration, besitzt dagegen Mängel in der Abstimmung der Entscheidungsproblematik, während integrierte Planungssysteme der Betriebswirtschaftslehre die Integration der Entscheidungsbereiche behandeln, dagegen Fragen der Datenhaltung nicht einbeziehen. Im Abschnitt über simultane Produktions- und Absatzplanung im Gliederungspunkt "B.IV Absatz" wird deshalb ein Konzept zur Vereinigung beider Planungskonzepte vorgestellt.

B.I.2 Primärbedarfsverwaltung

Der Primärbedarf besteht aus Bedarfszahlen für Enderzeugnisse und selbständig verkaufbare Zwischenprodukte und Ersatzteile, die aus Prognosen oder Kundenaufträgen resultieren (vgl. Abb. B.I.04).

Primärbedarf	
Enderzeugnisse (Prognose/Kunden-aufträge)	Ersatzteile (Prognose/Kunden-aufträge)

Abb. B.I.04: Zusammensetzung des Primärbedarfs

Wie in Abb. B.I.02 dargestellt wurde, bestimmt der Primärbedarf die umfangreichen Funktionen der Bedarfs-, Zeit- und Kapazitätsplanung. Er besitzt enge Beziehungen zum Absatzbereich. Aus diesem Grunde wird die Ermittlung des Primärbedarfs ausführlich in dem Gliederungspunkt "B.IV Absatz" behandelt.

Da die Datenstruktur des Primärbedarfs große Ähnlichkeiten mit den Datenstrukturen der Bedarfs- und Auftragsdaten besitzt, wird ihre Entwicklung in dem Gliederungspunkt zur Bedarfsplanung (B.I.3), insbesondere unter Punkt "B.I.3.2.2.1.1 Primärbedarf" behandelt.

Der Gliederungspunkt "Primärbedarfsverwaltung" hat hier nur eine Art "Platzhalterfunktion", um der herausgestellten Bedeutung des Primärbedarfs Rechnung zu tragen.

B.I.3 Materialwirtschaft (Bedarfsplanung)

Der Begriff Materialwirtschaft umfaßt die Ermittlung des Bedarfs an selbstgefertigten und fremdbezogenen Teilen zur Erfüllung des Primärbedarfs, die Verwaltung der Läger und die Beschaffung von Fremdteilen. Da die Beschaffungsfunktionen in einem gesonderten Abschnitt behandelt werden, bezieht sich die Materialwirtschaft hier primär auf die dispositiven Funktionen der Bedarfsplanung.

Im Rahmen der Bedarfsplanung wird der Bedarf an selbstgefertigten und fremdbezogenen Teilen ermittelt und zu Aufträgen (Losgrößen) zusammengestellt.

Ausgang sind die von der Absatzplanung vorgegebenen Primärbedarfe der Enderzeugnisse und selbständig absetzbaren Teile. Diese werden über Stücklisten in Bedarfe für Baugruppen und fremdbezogene Teile (einschließlich Materialien) aufgelöst. Zur Bedarfsauflösung werden somit die Stammdaten der Stücklisten benötigt. Die Verwaltung der Stücklisten ist eine grundlegende Funktion für die gesamte Produktionsplanung und -steuerung und darüber hinaus auch für weitere betriebswirtschaftliche Funktionen; so verwendet z. B. die Kostenrechnung Stücklisten für die Kalkulation.

Innerhalb des Funktionsbaums der Bedarfsplanung der Abb. B.I.05 wird deshalb zunächst die Stücklistenverwaltung behandelt. Neben der logischen Datenstruktur und ihrer Umsetzung in Datenmodelle werden auch konkrete Datenbankanwendungen zur Stücklistenverwaltung vorgestellt.

Anschließend wird die Bedarfsauflösung mit der sogenannten Brutto-Netto-Rechnung behandelt. Da in EDV-Systemen zur Bedarfsplanung Losgrößenverfahren eingesetzt werden, die von der Betriebswirtschaftslehre erst allmählich aufgenommen werden, werden sie kurz diskutiert.

Die Informationsverfolgung der Herkunft von Bedarfen ist insbesondere bei kundenauftragsbezogener Fertigung von erheblicher Bedeutung und wird deshalb hinsichtlich der Datenstrukturierung im Abschnitt "Bedarfsverfolgung" dargestellt.

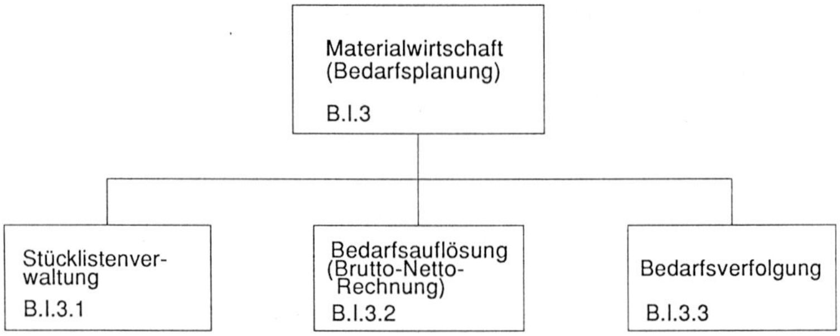

Abb. B.I.05: Funktionsbaum der Materialwirtschaft

B.I.3.1 Stücklistenverwaltung

B.I.3.1.1 Datenstruktur

Zunächst wird mit Hilfe des ERM-Ansatzes die Datenstruktur der Stücklisten konstruiert. Anschließend wird die Struktur in Schemata des Relationenmodells und des Netzwerkmodells umgeformt. Diese sind dann Ausgangspunkt für die Übertragung in die Schemabeschreibung konkreter Datenbanksysteme. Damit wird der Prozeß der Datendefinition durchgängig bis zur Implementierungsstufe des Phasenschemas exemplarisch durchgeführt. Bei der Behandlung weiterer Datenstrukturen stehen dann lediglich die beiden ersten Schritte im Vordergrund.

B.I.3.1.1.1 Entwurf

Es werden zunächst Entity- und Beziehungstypen aus der Beschreibung der Erzeugnisstruktur konstruiert und anschließend ein Katalog typischer Attributtypen aufgestellt.

Der Begriff Teil umfaßt Enderzeugnisse, Baugruppen und Einzelteile (Materialien). Ender-

zeugnisse sind Teile, die in der Unternehmung nicht mehr weiterverarbeitet werden. Baugruppen werden in der Unternehmung aus anderen Teilen (Komponenten) zusammengesetzt und gehen selbst noch in weitere Teile (Baugruppen oder Enderzeugnisse) ein. Einzelteile (Materialien) sind Teile, die nicht in der Unternehmung hergestellt, sondern fremdbezogen werden; zu ihnen zählen hier auch die Rohstoffe. Durch die Zusammenfassung von Rohstoffen und fremdbezogenen Einzelteilen wird die weitere Darstellung vereinfacht. Sie entspricht auch dem modernen Vorgehen der Praxis (vgl. *Grupp, Stücklisten- und Arbeitsplanorganisation 1985, S. 125*). Allerdings ist die Begriffsbildung insofern etwas schwierig, weil auch komplizierte fremdbezogene Aggregate als "Einzelteile" bezeichnet werden, während sonst häufig Einzelteile solche Teile sind, die lediglich aus einem Material hergestellt werden.
Die Zusammensetzung der Enderzeugnisse aus Baugruppen und Einzelteilen kann anschaulich durch Graphen dargestellt werden. Abb. B.I.06 (aus: *Scheer, Wirtschaftsinformatik 1978, S. 165*) zeigt, wie das Enderzeugnis P1 aus den Einzelteilen E1 und E2 sowie der Baugruppe B1 zusammengesetzt ist. Die Baugruppe B1 besteht ihrerseits aus den Einzelteilen E1 und E3.

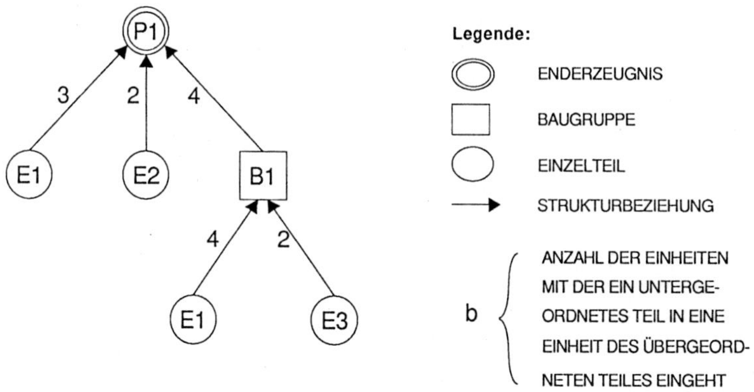

Abb. B.I.06: Symbole zur grafischen Darstellung der Erzeugnisstruktur

Mit der Herstellung einer Baugruppe sind Montage- und/oder Produktionsvorgänge verbunden. Dabei hängt es häufig von der Problemstellung ab, ob ein bestimmter Fertigungszustand als eigenständiges Teil (Baugruppe) definiert wird oder lediglich ein Zwischenergebnis innerhalb eines Montage- oder Herstellungsvorgangs eines übergeordneten Teiles ist.
So könnte der in Abb. B.I.06 dargestellte Zusammenhang auch zu den Graphen der Abb. B.I.07,a und B.I.07,b (aus: *Scheer, Wirtschaftsinformatik 1978, S. 166*) führen.
In der ersten Abbildung wird angenommen, daß die Einzelteile E1 und E2 zunächst zu einer selbständigen Baugruppe B2 zusammengesetzt werden und danach mit der Baugruppe B1 zum Erzeugnis P1 montiert werden. Im zweiten Fall gehen dagegen die Teile E1, E2 und E3 direkt in das Enderzeugnis ein; die Struktur zeigt lediglich, aus welchen Einzelteilen das Enderzeugnis insgesamt zusammengesetzt ist.

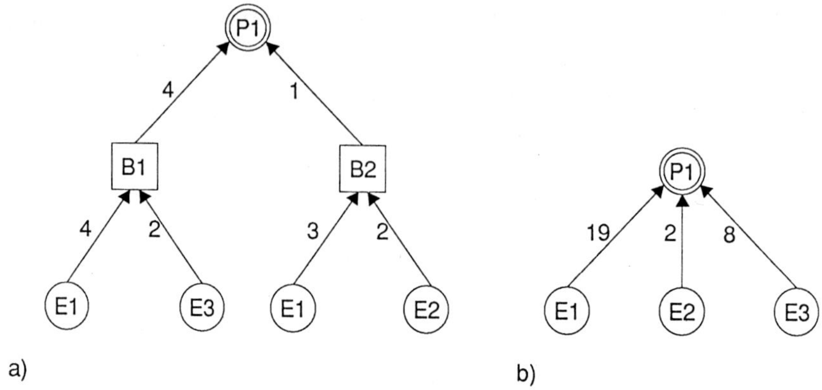

Abb. B.I.07,a - b: Zusammensetzung eines Enderzeugnisses

Grundsätzlich ist es dem Planer freigestellt, ob er einen "Zwischenschritt" als eigene Baugruppe definiert oder nicht. Eine Baugruppe muß aber dann definiert werden, wenn sie von betrieblichen Aufgabenbereichen als Einheit identifiziert werden soll. Dafür kann es mehrere Gründe geben, wie Abb. B.I.08 verdeutlicht (vgl. *VDI (Hrsg)., Produktionsplanung 1974, S. 29*).

Aufgabenbereich, der dieses Kriterium aufstellt / Kriterium zur Gruppenbildung	Konstruktion	Fertigungs-vorbereitung	Kostenrechnung (Kalkulation)	Lagerorga-nisation	Ersatzteilorga-nisation
Gruppe geht als Vormontagegruppe in unterschiedliche übergeordnete Teile ein	X	X	X	X	X
Gruppe wird selbständig gelagert		X	X	X	
Gruppe wird als Ersatzteil oder selbständige Verkaufsgruppe angeboten		X	X	X	X
Gruppe umfaßt eine geschlossene Funktion	X	X	(X)		

Abb. B.I.08: Kriterien zur Bildung von Baugruppen

Die Zeilen zeigen die unterschiedlichen Kriterien, die zu einer Bildung von Baugruppen führen, die Spalten zeigen die einzelnen Aufgabenbereiche, die diese Kriterien anwenden. Das Montieren von Komponenten zu einer kompletten Gruppe, die dann in mehrere unterschiedliche übergeordnete Teile eingeht, ist das in der Praxis am häufigsten auftretende Kriterium zur Definition von Baugruppen. Dieses Kriterium wird in allen Aufgabenbereichen verwendet. So wird in der Konstruktion festgelegt, in welchen Enderzeugnissen diese Gruppen eingesetzt werden, die Fertigungsvorbereitung kann die übergeordneten Teile terminlich auf die Fertigung der Gruppen

disponieren, der Kalkulation dienen sie als Kostenträger. Außerdem werden sie häufig zwischengelagert und als Ersatzteile verkauft.
Die anderen Kriterien zur Gruppenbildung werden nicht jeweils gleichzeitig von allen Aufgabenbereichen verlangt. Dieses gilt insbesondere für das Kriterium der geschlossenen Funktion einer Teilegruppe, das hauptsächlich von der Konstruktion benutzt wird. Beispielsweise kann die gesamte Elektroausstattung eines Autos von der Konstruktion als eine Einheit gesehen werden, obwohl sie sich auf völlig verschiedene Teilsysteme wie Zündung und Beleuchtung bezieht und auch nicht als geschlossene Gruppe gelagert wird.
Die unterschiedlichen Gesichtspunkte der Aufgabenbereiche können zu einer unterschiedlichen Bildung von Baugruppen führen. In diesem Fall kann entweder versucht werden, durch Kompromisse eine einheitliche Erzeugnisgliederung durchzusetzen, oder es müssen für ein Erzeugnis mehrere Gliederungen, z. B. nach Verkaufs-, Konstruktions- und Fertigungsgruppen, parallel geführt werden (vgl. dazu Punkt "B.I.3.1.2.2 Kombinierte Stücklisten").
Abb. B.I.09 zeigt eine mögliche Gliederung nach Verkaufsgruppen des in Abb. B.I.06 nach Fertigungsgesichtspunkten gegliederten Erzeugnisses P1. Das Teil E1 wird selbständig als Ersatzteil verkauft; vier Einheiten der Baugruppe B1 bilden zusammen mit zwei Einheiten E2, die für den Einbau der Gruppe benötigt werden, die Ersatzteilgruppe V2.

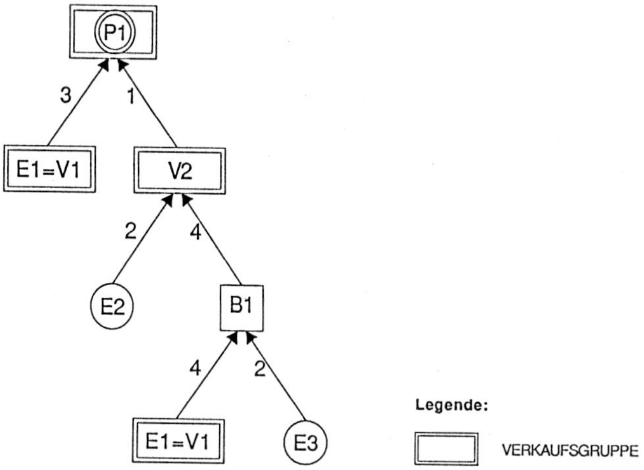

Abb. B.I.09: Zusammensetzung eines Endproduktes gegliedert nach Verkaufsgruppen

Bei der weiteren Betrachtung wird zunächst von einer Gliederung der Erzeugnisse nach Fertigungsgesichtspunkten ausgegangen.
In dem Erzeugnisbaum der Abb. B.I.06 sind Redundanzen enthalten. So ist das Teil E1 zweimal aufgeführt. Auch können zwischen den Bäumen unterschiedlicher Erzeugnisse Redundanzen auftreten, wie dieses bezüglich der Baugruppe B1 in den Abbildungen B.I.10,a und B.I.10,b dargestellt ist (wobei Abb. B.I.10,a der Abb. B.I.06 entspricht).

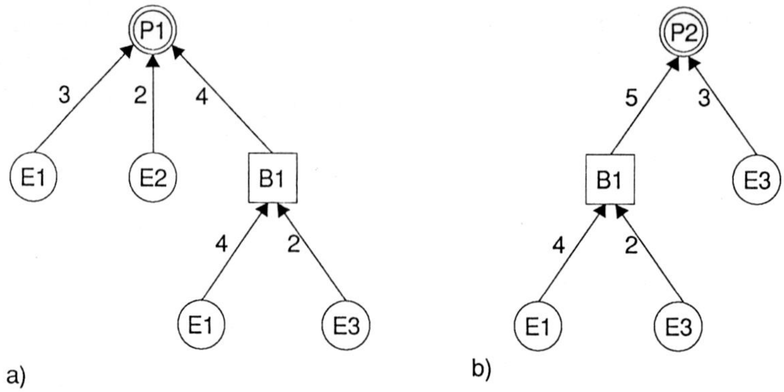

Abb. B.I.10,a - b: Erzeugnisbäume für zwei Enderzeugnisse

Würden die Teilestrukturen entsprechend ihrem Aufbau sequentiell gespeichert, dann müßten 6 + 5 = 11 Teileinformationen und 5 + 4 = 9 Strukturinformationen erfaßt werden. Dabei würden die Einzelteile E1 und E3 jeweils dreimal und die Baugruppe B1 zweimal gespeichert. Die Strukturinformationen der Zusammensetzung von B1 wären ebenfalls zweimal erfaßt. Diese redundante Speicherung führt (unabhängig von einem speziellen EDV-technischen Speicherungsverfahren) zu einem hohen Speicher- und Änderungsaufwand.
Diese Redundanz wird vermieden, wenn die Datenstruktur nicht als getrennte Bäume, sondern als Gozintograph gespeichert wird, in dem jedes Teil und jede Strukturbeziehung genau einmal erfaßt wird (vgl. *Vazsonyi, Planungsrechnung 1962*). Abb. B.I.11 zeigt den Gozintographen für die Enderzeugnisse P1 und P2. Der Gozintograph ist zyklusfrei. Dieses ist für Erzeugnisse der Fertigungsindustrie typisch. Auf die Möglichkeit, Zyklen zu speichern, wird weiter unten eingegangen.

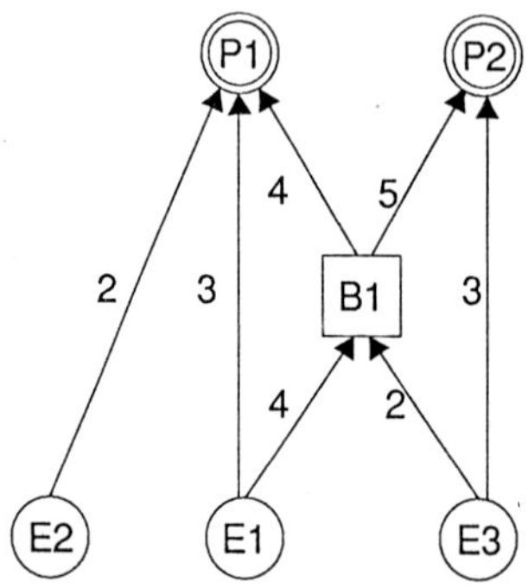

Abb. B.I.11: Gozintograph für zwei Enderzeugnisse

In Abb. B.I.12 sind die Teile des Gozintographen in ihren "Rollen" als Oberteile und Unterteile mit ihren Zuordnungen aufgeführt. Eine Baugruppe ist dabei sowohl Oberteil als auch Unterteil. Da Einzelteile die Rollen "Oberteil" bzw. Enderzeugnisse die Rolle "Unterteil" nicht annehmen, führen zu ihnen keine entsprechenden Zuordnungen. Elementen der "Oberteil"-Menge und Elementen der "Unterteil"-Menge können jeweils mehrere Elemente der anderen Mengen zugeordnet werden. Deshalb liegt eine n:m-Beziehung des Entitytyps TEIL in sich selbst vor.

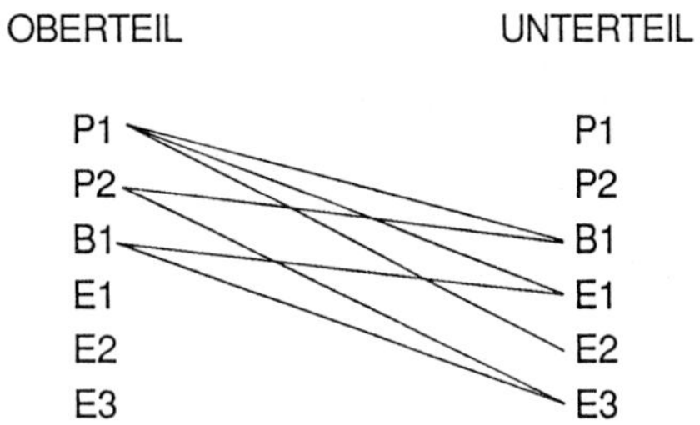

Abb. B.I.12: Beziehungen zwischen Unterteil und Oberteil

In der ERM-Schreibweise führt dieses zu Abb. B.I.13 mit dem Entitytyp TEIL und dem Beziehungstyp STRUKTUR. Jedes Teil des Gozintographen ist ein Element des Entitytyps TEIL und jeder Pfeil ein Element des Beziehungstyps STRUKTUR. Die linke Kante und das linke Buchstabenpaar a1,b1 beziehen sich auf die Richtung "untergeordnet": Es können 0 oder beliebig viele Entities vom Typ TEIL an einer Strukturbeziehung teilnehmen, d. h. als untergeordnete Teile erscheinen. Die Zahl 0 beinhaltet dabei eine wichtige Integritätsbedingung, da sie anzeigt, daß der in Abb. B.I.12 für P1 und P2 bzw. E1, E2 und E3 bestehende Fall, daß keine Beziehungen hinführen oder ausgehen, zulässig ist. Ebenso gilt für die rechte Kante, daß 0 oder beliebig viele Teile als übergeordnete Teile in einer Beziehung auftreten können.

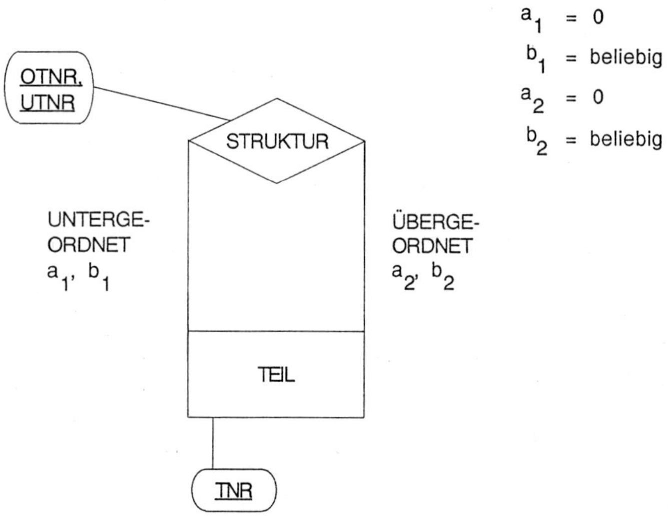

Abb. B.I.13: ERM der Erzeugnisstruktur

Bei den weiteren Datenstrukturen wird die Angabe minimaler Ausprägungen aus Übersichtsgründen fortgelassen.

Identifizierendes Attribut für Teile ist die Teilenummer TNR; identifizierendes Attribut einer Beziehung ist die Kombination von Oberteilenummer OTNR und Unterteilenummer UTNR. Auf weitere Attribute wird später eingegangen.

Bei der Definition der Teile wurde zwischen Enderzeugnissen, Baugruppen und fremdbezogenen Teilen unterschieden. Da diese Teilearten unterschiedliche Planungsprozesse und damit unterschiedliche Datenstrukturen auslösen, wird diese Unterscheidung in dem ERM sichtbar gemacht. Dazu werden die Subtypen EINZELTEIL (FREMDTEIL, MATERIAL), EIGENTEIL und ARTIKEL (VERKAUFSTEIL) als Spezialisierung eingeführt. Artikel bzw. Verkaufsteile umfassen alle verkaufsfähigen Teile, also Enderzeugnisse, Ersatzteile und Handelsware. Fremdteile sind fremdbezogene Materialien und Baugruppen. Eigenteile sind Teile, an denen mindestens ein Fertigungs- oder Montagevorgang auszuführen ist.

Diese Einteilung ist nicht überschneidungsfrei. So können Artikel auch Eigenteile sein oder bei Handelsware sogar Fremdteile. In Abb. B.I.14,a und B.I.14,b ist die Datenstruktur um diese Subtypen erweitert. Die beiden Abbildungsformen werden als äquivalent angesehen und je nach grafischer Gestaltungsmöglichkeit verwendet. Eine Subtyp-Beziehung drückt aus, daß die Subtypen jeweils auch Element des übergeordneten Teiletyps sind.

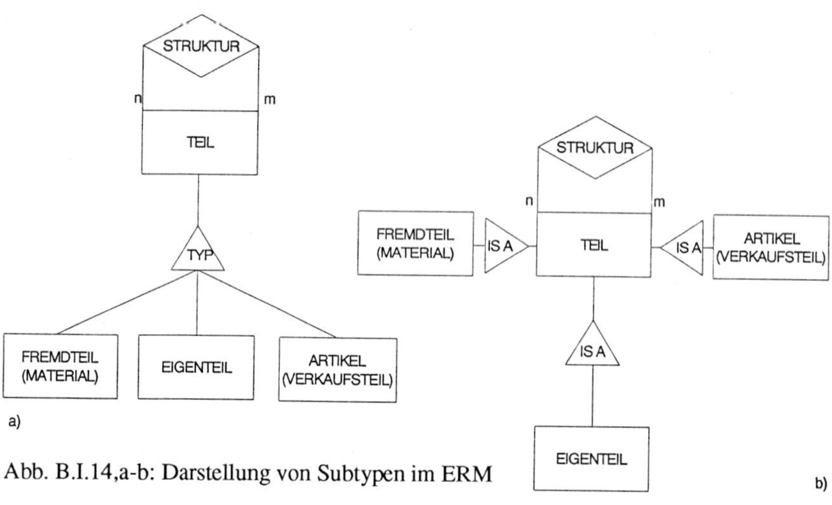

Abb. B.I.14,a-b: Darstellung von Subtypen im ERM

Die beiden Sichtweisen auf die Datenstruktur der Stückliste - einmal die Sichtweise der Zusammensetzung eines übergeordneten Teils aus seinen Komponenten und zum anderen die Verwendung eines Teils in übergeordneten Baugruppen - hat zu entsprechenden Auswertungsformen der Datenstruktur geführt. Die Zusammensetzung von Teilen wird dabei als Stückliste bezeichnet und die Verwendung als Verwendungsnachweis. Je nachdem, ob lediglich die direkt eingehenden Teile betrachtet werden, die gesamte hierarchische Struktur eines Erzeugnisses oder aber lediglich die Gesamtzusammenhänge ohne weitere Strukturierung betrachtet werden, können für die beiden Sichten Baukasten-, Struktur- und Übersichtsdarstellungen definiert werden (vgl. dazu Abb. B.I.15, aus: *Scheer, Wirtschaftsinformatik 1978, S. 176*).

	Baukasten	Struktur	Übersicht
Stücklisten	... für Teil P1 Teilebezeichnung / Menge E2 2 B1 4 E1 3 Beschreibung: Die direkt untergeordneten Teile (Komponenten) werden mit der Anzahl, mit der sie in das betrachtete Teil eingehen, aufgeführt. Verwendung: Bedarfsauflösung, Arbeitsvorbereitung, Baugruppenkalkulation	... für Teil P1 Teilebezeichnung / Menge E2 2 E1 3 B1 4 .E1 4 .E3 2 Beschreibung: Die Baukastenstücklisten aller Teile der Struktur des betrachteten Teiles werden aufgeführt. Verwendung: Fertigungsplanung, Erstellen von Ersatzteilkatalogen	... für Teil P1 Teilebezeichnung / Menge E2 2 E1 19 B1 4 E3 8 Beschreibung: Jedes Teil wird mit der Gesamtmenge, mit der es in das betrachtete Teil eingeht, aufgeführt. Verwendung: Konstruktionsänderungen, Erzeugniskalkulation
Verwendungsnachweise	... für Teil E1 Teilebezeichnung / Menge P1 3 B1 4 Beschreibung: Die direkt übergeordneten Teile werden mit der Menge, mit der das betrachtete Teil in diese eingeht, aufgeführt. Verwendung: Arbeitsvorbereitung bei Verzögerung eines Fertigungsauftrags, Konstruktionsänderungen	... für Teil E1 Teilebezeichnung / Menge P1 3 B1 4 .P1 4 .P2 5 Beschreibung: Die Baukastenverwendungsnachweise werden über die ganze Fertigungsstruktur, die von dem betrachteten Teil ausgeht, aufgeführt. Verwendung: Konstruktionsänderungen	... für Teil E1 Teilebezeichnung / Menge P1 19 B1 4 P2 20 Beschreibung: Es werden alle Teile, in die das Teil direkt oder indirekt eingeht, mit der Gesamtmenge aufgeführt. Verwendung: Feststellen, wo und wie stark sich eine Kosten- oder Konstruktionsänderung auswirkt

Abb. B.I.15: Auswertungsarten der Erzeugnisstruktur

Den Entitytypen und dem Beziehungstyp STRUKTUR werden Attributtypen zugeordnet. Obwohl je nach Branche, Betriebstyp und Stand der Datenverarbeitung diese Eigenschaften unterschiedlich sein können, hat sich doch ein relativ fester Katalog herausgebildet (vgl. *Grupp, Elektronische Stücklistenorganisation 1976, S. 89 ff.; IBM (Hrsg.), COPICS - Produktdatenverwaltung 1976; Mertens/Griese, Industrielle Datenverarbeitung II 1984, S. 68 ff.; VDI (Hrsg.), Produktionsplanung 1974, S. 46 ff.*).

Einige Attributtypen beziehen sich generell auf den Entitytyp TEIL, während andere den Subtypen FREMDTEIL, EIGENTEIL und VERKAUFSTEIL zugeordnet werden. Treten Attributgruppen in Abhängigkeit eines Kriteriums mehrfach bei einem Teil auf, so werden sie als **Wiederholungsgruppen** bezeichnet.

In Abb. B.I.16 werden typische Datengruppen daraufhin untersucht, für welche Teiletypen sie vorkommen und hinsichtlich welchen Kriteriums sie als Wiederholungsgruppen auftreten.

Datengruppe	Treten auf bei Teiletyp	Wiederholungsgruppe bezüglich Kriterium
Identifikationsdaten	alle	-
Klassifikationsdaten	alle	-
Statusdaten	alle	-
Technisch-physikalische Daten	alle	-
Arbeitspläne	Enderzeugnisse & Baugruppen (=Eigenteile)	Fertigungsverfahren
Lagerbestandsdaten	alle	Lagerort
Bedarfsdaten	alle	Periode
Dispositionsdaten für:		
Beschaffung:	Fremdteile	Lieferant und Bestellung
Produktion:	Enderzeugnisse & Baugruppen (Eigenteile)	Herstellmengen und Aufträge
Absatz:	Enderzeugnisse, Ersatzteile (=Verkaufsteile)	Kunde
Kostendaten	alle	-

Abb. B.I.16: Datengruppen und deren Verwendung

Die Wiederholungsgruppen können im weiteren Prozeß der Datenstrukturierung, z. B. durch Anwendung des Normalisierungsverfahrens, zu eigenen Datenstrukturen (neuen Entity- und Beziehungstypen) führen. Hier wird deshalb zunächst nur ein pauschaler Überblick über die mit den eingeführten Teile-Entitytypen zusammenhängenden Attributtypen gegeben.

Die Dispositionsdaten der Beschaffung beziehen sich vor allem auf Bestellungen, die der Produktion auf Fertigungsaufträge und die des Absatzbereichs auf Kundenaufträge. Sie werden bei der Behandlung der entsprechenden Funktionsbereiche im einzelnen erörtert. Ein Teil der Daten,

z. B. die Kennung als A-, B-, C-Teil, wird von Programmen erzeugt, andere Daten werden manuell von unterschiedlichen Stellen wie Konstruktion, Fertigungsvorbereitung und Kostenrechnung erhoben.

Typische Daten zur Beschreibung von Teilen werden im folgenden aufgeführt; sie werden zum Teil erst in späteren Abschnitten verwendet und dort näher erläutert.

1) Allgemeine, auf den Entitytyp TEIL bezogene Attribute:

Identifikationsdaten:	dienen zur eindeutigen Identifizierung des Teiles in verschiedenen Dateien oder Katalogen.
Teilenummer:	Schlüssel des Teile-Entitytyps.
Zeichnungsnummer:	Schlüssel der technischen Zeichnung.
Nummer im Verkaufskatalog:	...
Bezeichnung des Teils:	...
Klassifikationsdaten:	dienen dazu, die Teile hinsichtlich einiger festgelegter Eigenschaften zu ordnen. Teile derselben Klassifizierung gelten hinsichtlich dieser Eigenschaften als gleich. Häufig werden in die Teilenummer klassifizierende Angaben wie Einordnung des Teiles nach technischen Kriterien aufgenommen. In diesem Fall setzt sich die Teilenummer aus der Identifizierungs- und Klassifizierungsnummer zusammen; diese wird dann als Sachnummer bezeichnet.
Teiletyp:	Kennung für Enderzeugnis, Ersatzteil, Baugruppe, Einzelteil.
Wert:	Kennung entsprechend Ergebnis einer ABC-Analyse.
Dispositionsstufe:	Nr. der Dispositionsstufe, auf der das Teil innerhalb des Gozintographen auftritt.
Bedarfsart:	Kennung, die angibt, ob der Bedarf des Teiles nur aus dem Bedarf übergeordneter Teile abgeleitet wird (Sekundärbedarf) oder ob auch ein Primärbedarf auftritt.
Dispositionsart:	Kennung, die angibt, ob der Bedarf anhand bestimmter Prognoseverfahren verbrauchsgesteuert ermittelt werden soll. Die gegebenenfalls dafür benötigten Parameter wie Glättungsfaktoren und die letzten Prognosewerte müssen dann ebenfalls gespeichert werden.
Statusdaten:	Angaben über den Status, den das Teil z. Zt. im Betriebsprozeß einnimmt.
Produktionsstand:	Kennung, die den derzeitigen Stand des Teiles innerhalb seines Lebenszyklus beschreibt, wie: Konstruktionsphase, Versuchsphase, Nullserie, Produktion, Auslaufphase.
Gebrauchsstand:	Kennung, die aussagt, ob das Teil in der Fertigung noch aktiv eingesetzt wird, weiter als Ersatzteil geführt wird oder ausgelaufen ist.

Änderungsdatum:	Datum der letzten technischen Änderung.
Technisch-physikalische Größen:	Maßeinheit, Gewicht, Abmessung, Raumbedarf, Werkstoffart, Farbe und Typangabe.
Lagerbestandsdaten:	Gesamter Lagerbestand, Lagerraumbedarf.
Dispositionsdaten:	Die Daten werden für Planungs- bzw. Dispositionszwecke benötigt.
Dispositionsart:	Kennung, ob ein Teil verbrauchsgesteuert, bedarfsgesteuert ohne Bedarfsnachweis, bedarfsgesteuert mit einstufigem Bedarfsnachweis oder bedarfsgesteuert mit mehrstufigem Bedarfsnachweis disponiert wird.
Kostendaten:	Summarische teilebezogene Kostengrößen, die für Optimierungsrechnungen innerhalb des Dispositionssystems benötigt werden.
Änderungsdatum:	Datum der letzten Kostenänderung.
Auflagekosten:	Rüstkosten bei Eigenfertigungsteilen bzw. Beschaffungskosten bei fremdbezogenen Teilen.
Lagerkostensatz:	Gobaler Wert, der für die Berechnung von Losgrößen verwendet wird. Er kann in den Lagersätzen je nach Lagerort weiter differenziert werden.
Ergebnisse der Kostenrechnung:	Kostensätze für Material- und Fertigungskosten des Teils.

2) Auf spezielle Teiletypen bezogene Attribute:

<u>Typ: FREMDTEIL</u>

Bestellpolitik:	Kennung für Berechnung der Bestellmenge: Andler-Formel, Feste Bestellmenge, Stückperiodenausgleich, Bedarf einer bestimmten Anzahl von Perioden.
Grenzwerte:	Ober- und Untergrenze der Bestellmenge.
Lieferzeit:	Durchschnittliche Zeit zwischen Absendung der Bestellung und Wareneingang.
Sicherheitsfaktor:	Prozentsatz, um Bedarfsschwankungen während der Lieferzeit zu berücksichtigen.

<u>Typ: EIGENTEIL</u>

Losgröße:	Minimale, optimale, maximale Losgröße.
Durchlaufzeit:	Durchschnittliche Summe der Fertigungs-, Rüst- und Übergangszeiten eines Auftrages des Teiles.
Arbeitsplan:	Fertigungsvorschriften, Arbeitsgangdaten mit Betriebsmittelzuordnung.

Typ: VERKAUFSTEIL (ARTIKEL)

Verkaufspreis:	Bruttobetrag.
Rabattklassifikation:	Kennung für teilebezogene Rabattstaffelung, die zusammen mit der Kundenrabattkennung den tatsächlichen Rabattsatz bestimmt.
Minimale Verpackungsmenge:	Untergrenze für die Zusammenstellung eines Versandauftrages.

3) Attribute der Strukturbeziehung:

Auch für den Beziehungstyp STRUKTUR besteht eine Vielzahl von Attributtypen. Die folgende Aufstellung ist zwar nicht vollständig, enthält aber die wesentlichen Eigenschaften. Auch hier können - je nach der weiteren Datenstrukturierung - Attributtypen zu eigenen Entity- oder Beziehungstypen werden.

Typ: STRUKTUR

Menge:	Anzahl der Einheiten, mit der die Komponente in eine Einheit des übergeordneten Teils eingeht (Produktionskoeffizient). Die Dimensionen, in denen die Einheiten gemessen werden, sind jeweils in den Teilestammsätzen festgelegt.
Ausschußsatz:	Ausschußsatz der Komponente bei der Herstellung des übergeordneten Teiles.
Vorlaufzeit:	Anzahl der Zeiteinheiten zwischen dem Fertigungsbeginn eines Auftrages des übergeordneten Teiles und dem Zeitpunkt, zu dem die Komponente benötigt wird. Falls die Komponente bei der Freigabe des übergeordneten Auftrages vorhanden sein muß, ist die Vorlaufzeit gleich 0.
Arbeitsgangzuordnung:	Nummer des Arbeitsganges innerhalb des Arbeitsplans für das übergeordnete Teil, bei dem die Komponente eingesetzt wird.
Gültigkeitstermin:	Datum, ab wann die Struktur gültig sein soll.
Auslauftermin:	Datum, zu dem die Struktur ungültig wird.
Stücklistenart:	Kennzeichnung, in welchen Erzeugnisgliederungen (Stücklisten) die Struktur vorkommt (Fertigungs-, Konstruktions-, Verkaufs-, Ersatzteilstückliste).
Varianteninformationen:	Kennzeichnung, in welchen Erzeugnisvarianten die Struktur vorkommt.

B.I.3.1.1.2 Datenmodelle

Der ERM-Ansatz wird als Entwurfssprache für semantische Datenstrukturen verwendet. Im zweiten Schritt wird die Datenstruktur in ein Datenmodell umgeformt, um dann im dritten Schritt in das Schema eines konkreten Datenbanksystems transformiert zu werden.

In diesem Abschnitt wird deshalb die Stücklistenstruktur in das Relationen- und Netzwerkmodell umgeformt.

Gegenüber dem ERM-Ansatz besitzt das **Relationenmodell** keine grafische Beschreibungssprache. Es unterscheidet weiter nicht zwischen Entity- und Beziehungstypen. Deshalb werden bei n:m-Beziehungen pro Entitytyp und Beziehungstyp jeweils eine Relation aufgestellt. Bei 1:1- und 1:n-Beziehungen entfällt eine gesonderte Relation.

Für die ERM-Struktur der Abb. B.I.13 ergeben sich mithin die Relationen R. TEIL und R. STRUKTUR auf der Ebene der Typbeschreibung.

R. TEIL (TNR, Bezeichnung, ...)
R. STRUKTUR (OTNR, UTNR, Menge, ...)

Diese Relationen bilden die Stücklistenstruktur ab. Dieses wird in Abb. B.I.17 am Beispiel des Gozintographen der Abb. B.I.11 auf der Entity-Ebene verdeutlicht, wobei als Teilenummern die dort eingeführten Abkürzungen eingesetzt werden.

R.TEIL	TNR	Bezeichnung	...
	P1	Enderzeugnis 1	
	P2	Enderzeugnis 2	
	B1	Baugruppe 1	
	E1	Einzelteil 1	
	E2	Einzelteil 2	
	E3	Einzelteil 3	

R.STRUKTUR	OTNR	UTNR	Menge	...
	P1	E2	2	
	P1	E1	3	
	P1	B1	4	
	P2	B1	5	
	P2	E3	3	
	B1	E1	4	
	B1	E3	2	

Abb. B.I.17: Relationenmodell: Erzeugnisstruktur

Die unterstrichenen Schlüsselattribute stimmen mit denen des ERM-Ansatzes überein.
Für die eingeführten Subtypen des ERM-Ansatzes können gesonderte TEIL-Relationen mit eigenen Attributen aufgestellt werden. Die Aufnahme des gesamten Attributkatalogs einschließlich der Wiederholungsgruppen würde zu einer unnormalisierten Relation führen. Mit der Anwendung der Normalisierungsschritte würde diese in einfachere Relationen zerlegt, wobei für die Subtypen eigene Relationen entstehen. Da die Attribute hier aber nicht vollzählig übernommen werden sollen, sondern lediglich einzelne Attribute beispielhaft herausgegriffen werden, werden die Normalisierungsschritte nicht durchgeführt.
Grundsätzlich wird aber bei den explizit aufgeführten Attributen darauf geachtet, daß sich die Datenstrukturen in der 3. Normalform befinden.
Bei dem **Netzwerkmodell** werden Entitytypen grafisch durch Kästchen dargestellt. Dabei können aber nur 1:n-Beziehungen durch einen Set (Owner-Member-Set) dargestellt werden. Für n:m-Beziehungen muß ein weiterer Entitytyp eingeführt werden, der die n:m-Beziehung in zwei 1:n-Beziehungen auflöst. Dieser Entitytyp entspricht damit dem Beziehungstyp des ERM-Ansatzes.
Da die Stücklistenstruktur eine n:m-Abbildung des Entitytyps TEIL in sich selbst ist, werden demnach zwei Kästchen für TEIL und STRUKTUR sowie zwei Kanten benötigt. Das Datenstrukturdiagramm ist in Abb. B.I.18 dargestellt.

Abb. B.I.18: Netzwerkmodell: Erzeugnisstruktur

Die beiden Sets bilden die beiden Blickrichtungen der Teilbeziehungen ab: Der Stücklisten(SL)-Set repräsentiert die direkt in ein Teil eingehenden Pfeile des Gozintographen und der Teileverwendung(TV)-Set die direkt von einem Teil ausgehenden Pfeile.
Für die physische Realisierung von Setbeziehungen bestehen unterschiedliche Möglichkeiten (Verkettung, Kettabellen, physische Nachbarschaft). Da zur Abbildung von Stücklisten die Verkettungstechnik aufgrund der Stücklistenprozessoren als Vorläufer von allgemeinen Datenbanksystemen eine wichtige Tradition besitzt, soll sie zur Verdeutlichung auf Entity-Ebene verwendet werden. Die verwendeten Adreßverweise sind als logische Adressen zu verstehen, die durch verschiedene physische Implementierungsformen zu realisieren sind, so daß die Ebene des Datenmodells nicht verlassen wird.
Auf der Entity-Ebene wird jedes Teil und jeder Pfeil des Gozintographen durch einen Satz des Typs TEIL bzw. STRUKTUR repräsentiert.
Die Sätze enthalten Felder für die vom Datenbanksystem intern verwalteten Adreßverweise (Pointer) und anwendungsbezogenen Attribute. Die Felder mit Adreßverweisen werden im folgenden als Systemteil und die Attribute als Anwendungsteil des Satzes bezeichnet.
Der Systemteil des Teilesatzes enthält zwei Felder für die Adressen der jeweils ersten Gliedsätze

der Stücklisten- und Teileverwendungsketten (SLK, TVK) (vgl. Abb. B.I.19, nach: *Scheer, Wirtschaftsinformatik 1978, S. 173*). Falls von einem Teil keine Kette ausgeht, steht in dem Feld ein ENDE-Zeichen. Da lediglich die Adreßverweise der direkten Strukturbeziehungen erfaßt werden, bilden die Ketten die sogenannten **Baukastenstücklisten** bzw. **Baukastenteileverwendungsnachweise** ab.

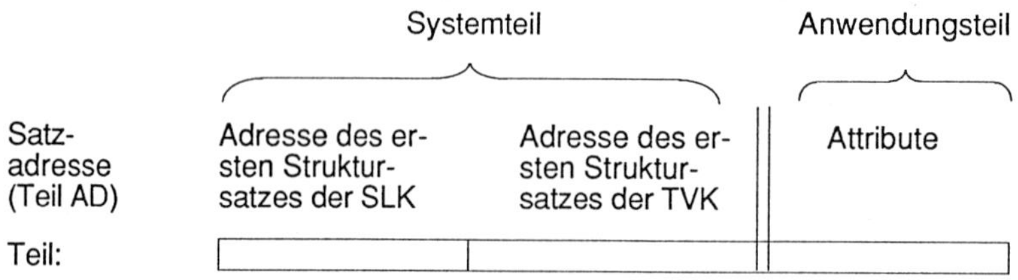

Abb. B.I.19: Der Teilesatz im Netzwerkmodell

Stücklistenketten gehen von den Enderzeugnissen und Baugruppen aus und verbinden jeweils alle Sätze der Strukturbeziehungen des Gozintographen, die direkt zu dem Teil hinführen. Für die Baugruppe B1 der Abb. B.I.11 sind dieses die Pfeile E1-B1 und E3-B1.
Teileverwendungsketten gehen von Einzelteilen und Baugruppen aus und verbinden jeweils alle Sätze der Strukturbeziehungen des Gozintographen, die direkt von dem Teil ausgehen. Für die Baugruppe B1 sind dieses die Pfeile B1-P1 und B1-P2.
Der Systemteil des Erzeugnisstruktursatzes besteht einmal aus Feldern für die Folgeadressen der beiden Sets und zum anderen aus den Adressen der Teilesätze des jeweils über- und untergeordneten Teiles der Strukturbeziehung (vgl. Abb. B.I.20), also den Adressen der jeweiligen Ownersätze. Damit wird unterstellt, daß von jedem Membersatz auf den Owner verwiesen wird. Dieses ist wiederum nur eine Möglichkeit zur Realisierung des Rückgriffs von Membern auf den Owner, die hier aus Gründen der Übersichtlichkeit gewählt wird. Andere Möglichkeiten sind z. B. Ringstrukturen, bei denen jeweils nur der letzte Gliedsatz einer Kette auf den Owner verweist.
Bei der Stücklistenauflösung ist das übergeordnete Teil Ausgang der Betrachtung und damit bekannt. Der zugehörige Teilesatz verweist auf den ersten Struktursatz der Stücklistenkette. Ihm und den weiteren Struktursätzen wird dann jeweils die Adresse des untergeordneten Teiles entnommen, so daß über einen direkten Zugriff dessen zugehöriger Teilesatz verfügbar ist. Bei dem Teileverwendungsnachweis ist das untergeordnete Teil bekannt. Es verweist auf den ersten Struktursatz der Teileverwendungskette. Diesem und den weiteren Struktursätzen wird jeweils die Adresse des übergeordneten Teils entnommen.
Strenggenommen bildet ein SL-Set jeweils die 1:n-Beziehung einer Baukastenstückliste ab. In Abb. B.I.21 sind die Baukastenstücklisten für den Gozintographen aus Abb. B.I.11 dargestellt.
Die Adreßverweise des Beispiels sind vollständig in Abb. B.I.22 eingetragen.

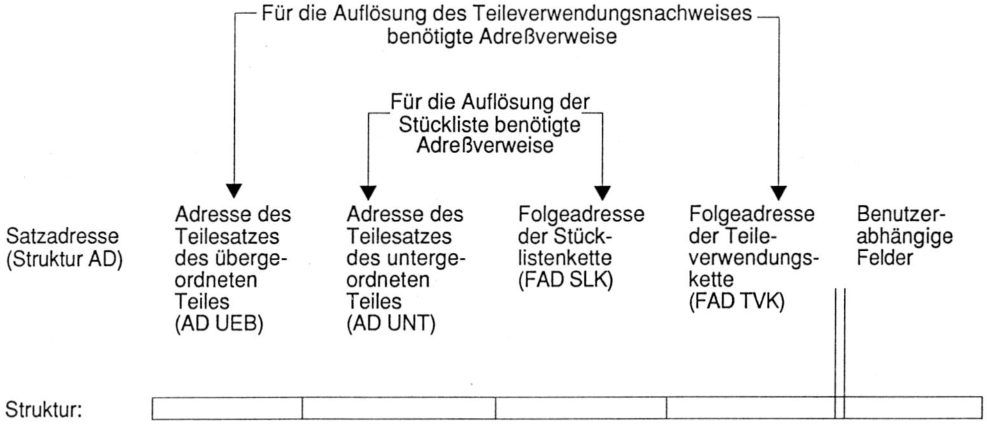

Abb. B.I.20: Der Erzeugnisstruktursatz im Netzwerkmodell

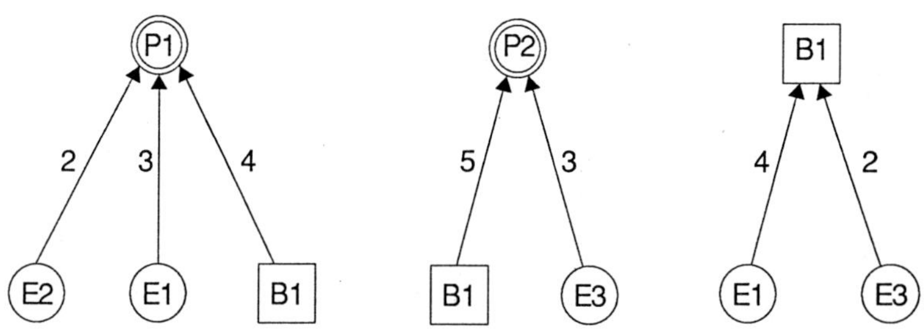

Abb. B.I.21: Baukastenstücklisten der Abb. B.I.11

Obwohl nur die Baukastenstücklisten direkt gespeichert sind, können auch die anderen Stücklisten, z. B. Strukturstückliste, ermittelt werden, da die Baukastenstücklisten miteinander verknüpft sind und jede Komponente wiederum Ausgang einer neuen Baukastenstückliste sein kann. In dem Beispiel ist die Baugruppe B1 einmal Komponente der Baukastenstückliste für P1 und P2, andererseits aber auch Ausgang einer eigenen. Indem zunächst die Baukastenstückliste eines Enderzeugnisses soweit aufgelöst wird, bis ein Teil erreicht wird, das wiederum Ausgang einer Baukastenstückliste ist und diese nun weiter aufgelöst wird usw., kann die Strukturstückliste ermittelt werden. Es wird dann, nachdem die jeweils niedrigste Stufe abgearbeitet worden ist, an der unterbrochenen Stelle der nächst höheren Stufe wieder fortgesetzt.

In Abb. B.I.23,a (nach: *Scheer, Wirtschaftsinformatik 1978, S. 175*) ist dieses für die Strukturstückliste P1 dargestellt. Die durchgezogenen Pfeile geben die Adreßverweise der Baukastenstücklisten-Sets an. Die gestrichelt gezeichneten Pfeile sind Adreßverweise auf die Owner-Sätze des TV-Sets, um von einer Strukturbeziehung die Adresse des untergeordneten Teils zu erreichen. Jede Strukturbeziehung (Pfeil) ist Mitglied eines SL- **und** TV-Sets, wobei die

Adresse des übergeordneten Teils Owner des SL-Sets ist und die Adresse des untergeordneten Teils Owner des TV-Sets.

Die gleichen Zusammenhänge wie für die Stücklistenbeziehungen gelten auch für die Teileverwendung. In Abb. B.I.23,b ist deshalb analog die Auflösung des Strukturteileverwendungsnachweises für E1 dargestellt.

Teilesätze

Satzadresse	Adresse des ersten Struktursatzes der Stücklistenkette	Adresse des ersten Struktursatzes der Teileverwendungsliste	Teilebezeichnung
1	10	ENDE	P1
2	ENDE	10	E2
3	ENDE	11	E1
4	13	12	B1
5	15	ENDE	P2
6	ENDE	14	E3

Struktursätze

Satzadresse	Adresse des Satzes des übergeordneten Teils	Adresse des Satzes des untergeordneten Teils	Folgeadresse der Stücklistenkette	Folgeadresse der Teileverwendungskette	Prod.-koeffizient	Entspricht Pfeil aus Abb. B.I.12
10	1	2	11	ENDE	2	E2-P1
11	1	3	12	13	3	E1-P1
12	1	4	ENDE	15	4	B1-P1
13	4	3	14	ENDE	4	E1-B1
14	4	6	ENDE	16	2	E3-B1
15	5	4	16	ENDE	5	B1-P2
16	5	6	ENDE	ENDE	3	E3-P2

——► Adreßverweise der Baukastenstücklistenkette für P1

- - - -► Adreßverweise der Baukastenstücklistenkette für B1

·······► Adreßverweise der Baukastenstücklistenkette für P2

Abb. B.I.22: Adreßverweise zu Abb. B.I.11

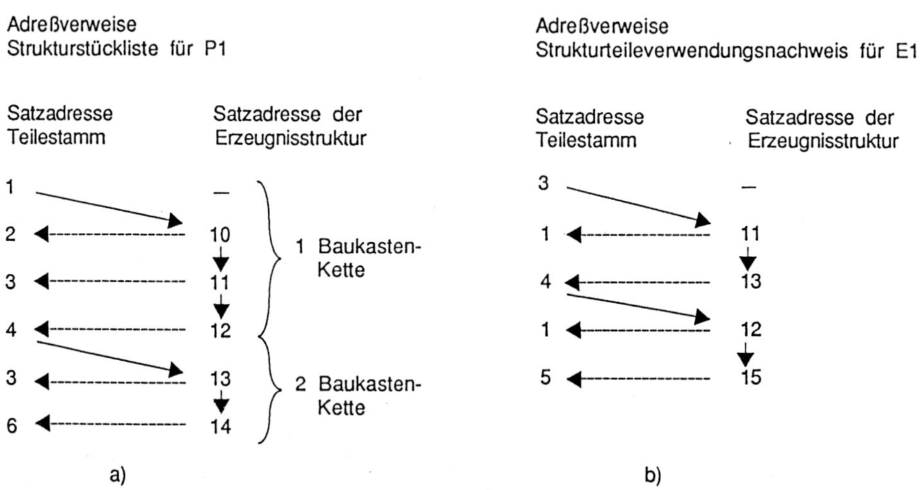

Abb. B.I.23,a-b: Adreßverweise für Strukturstückliste und Strukturteileverwendungsnachweis

B.I.3.1.1.3 Umsetzung in Datenbanksysteme

Die im Abschnitt B.I.3.1.1.2 eingeführten Datenmodelle sollen nun im dritten Schritt in die konkreten Datenbanksysteme DB2 (IBM) und UDS (Siemens) transformiert werden.
Bei den Beispielen der Transformation wird im ersten Schritt das Datenmodell in das Schema des konkreten Datenbanksystems überführt, um anschließend durch eine exemplarische Stücklistenauflösung ergänzt zu werden.

B.I.3.1.1.3.1 Schemadarstellung

Nach der Überführung des **Relationenmodells** aus Abb. B.I.17 in das Datenbanksystem DB2 ergeben sich die beiden Tables TEIL und STRUKTUR (vgl. auch Abschnitt A.II.1.2.4.1).
Die Schemadefinition ist in Abb. B.I.24 dargestellt.

```
CREATE TABLE TEIL (TNR CHAR(10) NOT NULL,
                   BEZEICH CHAR(20),
                      . . .          )

CREATE TABLE STRUKTUR (OTNR CHAR(10) NOT NULL,
                       UTNR CHAR(10) NOT NULL,
                       MENGE NUMBER(3) NOT NULL,
                            . . .                )
```

Abb. B.I.24: Schemadefinition in DB2

Die Angabe der Attribute OTNR und UTNR in dem Table STRUKTUR ist unbedingt erforderlich, da nur mit deren Hilfe die logische Verbindung zwischen den Entities des Tables TEIL hergestellt werden kann. Die aufgeführte Datenstruktur kann um Attribute entsprechend der Auflistung in Abschnitt B.I.3.1.1.1 ergänzt werden.
Bei der **Netzwerkdatenbank** UDS ergibt sich das in Abb. B.I.25 dargestellte Schema (vgl. auch Abschnitt A.II.1.2.4.2).
In dem Record STRUKTUR ist die Definition der Attribute OTNR und UTNR möglich, aber nicht unbedingt erforderlich, da die Verbindung zu den Entities des Records TEIL mit Hilfe der Adreßverkettung des Systemteiles hergestellt wird (zur Definition vgl. *Siemens (Hrsg.), UDS Entwerfen und Definieren 1982*).

```
SCHEMA NAME IS            PRODUKTION.
*
AREA NAME IS              TEILESTRUKTUR.
*
*
*
*
*   ENTITYTYP    TEIL
*   ..................
RECORD NAME IS            TEIL
        LOCATION MODE IS CALC USING TNR
            DUPLICATES ARE NOT ALLOWED
        WITHIN TEILESTRUKTUR
        SEARCH KEY IS BEZEICH USING CALC
            DUPLICATES ARE ALLOWED.
*
01    TNR                 PIC    X(10).
01    BEZEICH             PIC    X(20).
                ...
*
*
*   ENTITYTYP    STRUKTUR
*   .......................
RECORD NAME IS            STRUKTUR
        WITHIN TEILESTRUKTUR.
*
01    MENGE               PIC    S9(3).
                ...
*
*
*
*   BEZIEHUNG STÜCKLISTE (OTEIL ---> UTEIL)
*   .......................................
SET NAME IS               SL-KETTE
        ORDER IS NEXT
        OWNER IS TEIL.
MEMBER IS STRUKTUR MANDATORY AUTOMATIC
        SET OCCURRENCE SELECTION IS THRU CURRENT OF SET.
*
*
*   BEZIEHUNG TEILEVERWENDUNG (UTEIL ---> OTEIL)
*   ............................................
SET NAME IS               TV-KETTE
        ORDER IS NEXT
        OWNER IS TEIL.
MEMBER IS STRUKTUR MANDATORY AUTOMATIC
        SET OCCURRENCE SELECTION IS THRU CURRENT OF SET.
```

Abb. B.I.25: Schemadefinition in UDS

B.I.3.1.1.3.2 Stücklistenauflösung

Mit der Definition der Schemata im letzten Abschnitt wurde für jedes Datenmodell eine Datenbank entworfen und damit die Entitytypen und deren Beziehungen festgelegt. Anschließend muß eine Datenbank mit konkreten Entities gefüllt werden (z. B. Teil P1, B1 oder E1; Struktur E1-B1 usw.). Dieses Einfügen von Datensätzen soll hier nicht weiter betrachtet werden, sondern anhand einer Stücklistenauflösung eine exemplarische Anwendung durchgeführt werden.
Das Datenbanksystem DB2 stellt wie die meisten **relationalen Datenbankmanagementsysteme** dem Benutzer eine komfortable, leicht erlernbare Datenbankabfragesprache, auch Query genannt, zur Verfügung. Die Anfragesprache des Systems DB2 heißt SQL (Structured Query Language). In der Sprache SQL, die sich mittlerweile als Standard-Query für relationale DBMS (Data Base Management System) durchgesetzt hat, können bereits mit Hilfe einer Grundstruktur von drei Schlüsselwörtern komplizierte Anfragen gestellt werden:

SELECT	Anzuzeigende Attributfelder
FROM	Relationen bzw. Tables, in denen die Attribute enthalten sind
WHERE	Bedingungsteil, der die Selektionskriterien angibt

Als Beispiel für eine Stücklistenauflösung dient hier die Baukastenstückliste des Teils P1 des Gozintographen aus Abb. B.I.11 Die Abfrage wird mit Hilfe eines Join durchgeführt, indem die Tables TEIL **und** STRUKTUR als zu durchsuchende Relationen angegeben werden (vgl. Abb. B.I.26). Dabei wird jedes Entity aus dem Table TEIL mit jedem Entity aus dem Table STRUKTUR verknüpft, d. h., bei sechs TEIL-Entities und sieben STRUKTUR-Entities (vgl. Abb. B.I.17) entstehen 42 mögliche Kombinationen. Von den Kombinationen werden diejenigen selektiert, bei denen die Oberteilenummer OTNR (aus dem Table STRUKTUR) gleich P1 ist und die Unterteilenummer UTNR der Teilenummer TNR (aus dem Table TEIL) entspricht. Nach der Selektion werden die Datensätze mit den Attributen TNR, BEZEICH und MENGE ausgegeben.

```
SELECT TNR, BEZEICH, MENGE
FROM   TEIL, STRUKTUR
WHERE OTNR = 'P1' AND UTNR = TNR
```

Abb. B.I.26: Definition einer Baukastenstückliste mit SQL

Das Ergebnis der Abfrage aus Abb. B.I.26 ist in Abb. B.I.27 dargestellt.

TNR	BEZEICH	MENGE
E2	EINZELTEIL 2	2
E1	EINZELTEIL 1	3
B1	BAUGRUPPE 1	4

Abb. B.I.27: Ergebnis der SQL-Abfrage

Die Stücklistenauflösung für das Beispiel der **Netzwerkdatenbank** UDS soll anhand eines Programmablaufplanes dargestellt werden. Für derartige Datenbankanwendungen stellt UDS eine Data Manipulation Language in Form einer COBOL-DML zur Verfügung. Die COBOL-DML ist eine funktionelle Erweiterung von COBOL, das als sogenannte 'Host Language' eingesetzt wird.

Die wichstigsten Datenmanipulationsbefehle der COBOL-DML sind:

READY:	Eröffnet eine Transaktion oder Verarbeitungskette
FINISH:	Schließt eine Datenbanktransaktion
FIND:	Sucht einen Satz und trägt den Database-Key in die Currency-Tabelle ein
GET:	Übergibt dem Anwendungsprogramm den aktuellen Satz der Currency-Tabelle
FETCH:	Kombination der Befehle FIND und GET
MODIFY:	Ändert einen bestehenden Datensatz in der Datenbank
STORE:	Überträgt einen Satz aus dem Anwendungsprogramm in die DB
ERASE:	Löscht einen Datensatz und seine Set-Beziehungen aus der DB
CONNECT:	Stellt eine Set-Beziehung in der DB her
DISCONNECT:	Löscht eine Set-Beziehung
KEEP:	Schützt einen Datensatz vor dem Zugriff durch andere Programme
FREE:	Hebt den KEEP-Zustand auf

Während des Programmlaufes werden vom Datenbankmanagementsystem in einer Currency-Tabelle die Database-Key-Werte (Schlüsselwert des Datensatzes in der Datenbank) für alle aktuellen Sätze festgehalten. Dabei werden folgende Currency-Einträge unterschieden:

- Current Record of Record (CRR): aktueller Satz pro Satzart
- Current Record of Set (CRS): aktueller Satz pro Set-Type
- Current Record of Area (CRA): aktueller Satz pro Area
- Current Record of Rununit (CRU): aktueller Satz pro Transaktion.

Mit Hilfe der Currency-Tabelle kann das Programm die Adreßverkettung der Setbeziehungen verfolgen.

Die Auflösung der Strukturstückliste ist in Abb. B.I.28 dargestellt; die dazu benötigten Datenbankbefehle sind nachfolgend erklärt:

1. FETCH TEIL USING TNR

   Sucht und übergibt einen Teilerecord mit dem gegebenen Primärschlüssel

2. FETCH NEXT STRUKTUR WITHIN SL-KETTE

   Sucht und übergibt den nächsten Strukturrecord innerhalb der aktuellen SL-Kette

3. FETCH OWNER WITHIN TV-KETTE

   Sucht und übergibt den Teilerecord innerhalb der aktuellen TV-Kette

4. FIND STRUKTUR DATABASE-KEY IS DB-KEY

   Sucht einen Strukturrecord mit Hilfe des DATABASE-KEY

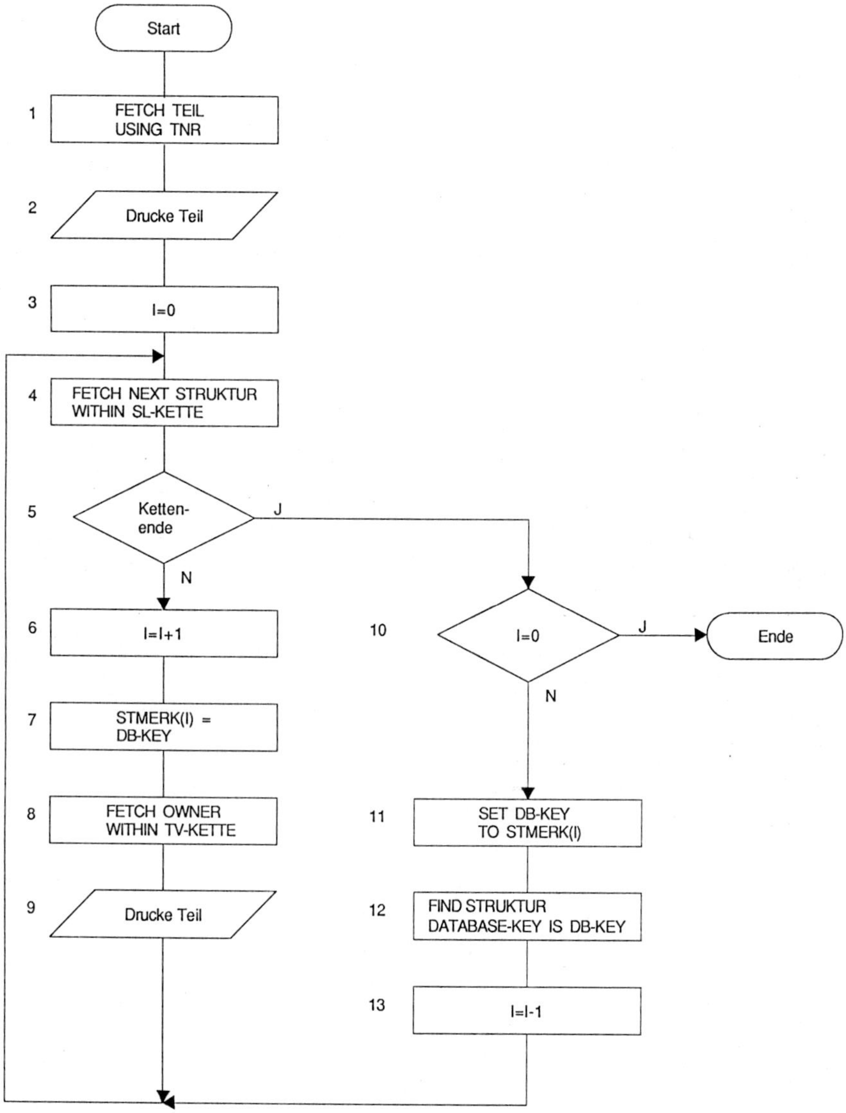

Abb. B.I.28: Programmablaufplan zur Stücklistenauflösung in der Netzwerkdatenbank UDS

Schritt im PAP aus Abb. B.I.28	1	4	6, 7, 8	4	11, 12, 13	4	6, 7, 8	4	11, 12, 13	4	6, 7, 8	4	6, 7, 8	4	11, 12 13	4	6, 7, 8	4	11, 12, 13	4	11, 12, 13	4
gefundener Satztyp	TEIL	STRUKTUR	TEIL	-	STRUKTUR	STRUKTUR	TEIL	-	STRUKTUR	STRUKTUR	TEIL	STRUKTUR	TEIL	-	STRUKTUR	STRUKTUR	TEIL	-	STRUKTUR	-	STRUKTUR	-
Satzinhalt	P1	E2-P1	E2	-	E2-P1	E1-P1	E1	-	E1-P1	B1-P1	B1	E1-B1	E1	-	E1-B1	E3-B1	E3	-	E3-B1	-	B1-P1	-
I	0	0	1	1	0	0	1	1	0	0	1	1	2	2	1	1	2	-	1	-	0	-
STMERK (I)	0	0	10	10	0	0	11	11	0	0	12	12	13	13	12	12	14	-	12	-	0	-
CRR TEIL	1	1	2	2	2	2	3	3	3	3	4	4	3	3	3	3	6	-	6	-	6	-
CRR STRUKTUR	0	10	10	10	10	11	11	11	11	12	12	13	13	13	13	14	14	-	14	-	12	-
CRS SL-KETTE	1	10	2	2	10	11	3	3	11	12	4	13	3	3	13	14	6	-	14	-	12	-
CRS TV-KETTE	1	10	2	2	10	11	3	3	11	12	4	13	3	3	13	14	6	-	14	-	12	-

Abb. B.I.29: Besetzung der Currency-Tabelle (Beispiel)

Abb B.I.29 zeigt die Besetzung der wichtigsten Currency-Einträge bei der Strukturstücklistenauflösung für das Teil P1 aus dem in Abb B.I.22 gezeigten Beispiel.
Die einzelnen Schritte des Programmablaufplans aus Abb. B.I.28 werden kommentiert:

1. Der TEIL-Satz, für den die Stückliste erstellt werden soll, wird über einen indexsequentiellen Zugriff geholt (hier P1).
2. Druckbefehl.
3. I ist eine Variable, in der die Stücklistentiefe vom betrachteten Teil ausgehend vermerkt wird. Sie wird mit Null initialisiert.
4. Der STRUKTUR-Satz, der auf das nächst untergeordnete Teil zeigt, wird mit Hilfe der CRS-Eintragung der SL-KETTE geholt.
5. Falls das Kettenende erreicht ist, wird dies dem Programm als Zugriffsfehler angezeigt.
6. Wenn ein STRUKTUR-Satz gefunden wird, wird I um 1 erhöht.
7. STMERK ist ein eindimensionales Feld. In ihm wird der DATABASE-KEY-Wert des zuletzt geholten STRUKTUR-Satzes jeder Stücklistentiefe (I) des Gozintographen gespeichert. Damit ist es möglich, eine Strukturstückliste zu erzeugen, d. h. ein Teil über alle Produktionsstufen zu verfolgen.
8. Der untergeordnete TEIL-Satz wird mit Hilfe des CRS-Werkes der TV-KETTE geholt.
9. Druckbefehl.
10. Wenn in Schritt 5 das Ende einer SL-KETTE erkannt wurde, d. h., kein weiterer STRUKTUR-Satz in der Kette vorhanden ist, wird abgefragt, ob I gleich 0 ist. In diesem Fall ist der gesamte Gozintograph abgearbeitet.
11. Der DATABASE-KEY-Wert wird auf den letzten gültigen STRUKTUR-Satz gesetzt, der im Schritt 7 in dem Feld STMERK(I) gespeichert wurde.
12. Der letzte gültige STRUKTUR-Satz wird mit Hilfe der FIND-Anweisung über den DATABASE-KEY-Wert lokalisiert und dadurch die CRS-Eintragungen der SL-KETTE und der TV-KETTE in der Currency-Tabelle aktualisiert.
13. Die Variable I wird um 1 vermindert.

B.I.3.1.2 Erweiterung der Stücklistenstruktur

Die bisher entwickelte Datenstruktur einer Stückliste bezieht sich auf den Grundtyp einer Erzeugniszusammensetzung, mit dem im Prinzip auch alle in der Praxis vorkommenden Fälle beschrieben werden können.
Allerdings können hohe Redundanzen in der Datenhaltung auftreten, wenn eng verwandte Erzeugnisstrukturen als selbständige Stücklisten abgebildet werden. Dieses gilt für Erzeugnisvarianten, für das getrennte Führen der Zusammensetzung eines Erzeugnisses nach Gesichtspunkten der Konstruktion (Konstruktionsstückliste) oder Fertigung (Fertigungsstückliste) und für die kundenorientierte Fertigung, bei der jeder Kundenauftrag eine eigene Stückliste bilden kann, obwohl er nur geringfügig von anderen Kundenaufträgen abweicht.

Diese Fälle führen bei einer selbständigen Stücklistenverwaltung ähnlicher Erzeugnisse zu einem unübersehbaren Datenvolumen. Deshalb sind besondere Formen zur Verwaltung ähnlicher Stücklisten entwickelt worden. Für die Gestaltung eines PPS-Systems kann der Komfort dieser Möglichkeiten der Grunddatenverwaltung entscheidend sein.
Auch die Behandlung von Zyklen in der Produktstruktur ist für viele Branchen, z. B. die Chemische Industrie, ein wichtiges Problem.

B.I.3.1.2.1 Erzeugnisvarianten

Aus Marketinggesichtspunkten kann es sinnvoll sein, ein Enderzeugnis in unterschiedlichen Ausführungsarten herzustellen. Beispielsweise kann eine Werkzeugmaschine mit Motoren unterschiedlicher Stärke angeboten werden oder ein Konsumartikel in unterschiedlichen Farben. Ausführungsarten von Endprodukten oder Baugruppen, die sich nur in wenigen Positionen voneinander unterscheiden, bilden jeweils Variantengruppen. Die Verwaltung von Varianten ist für die Disposition von erheblicher Bedeutung, da in der Praxis die Anzahl möglicher Varianten eines Erzeugnisses oft mehrere Hundert, Tausend bis Millionen Ausführungen beträgt.
So können z. B. durch die Kombination aller Ausstattungsmöglichkeiten eines Personenkraftwagentyps mehrere Hunderttausend Modellvarianten gebildet werden.

Zur Verwaltung der Stücklisten von Varianten bestehen folgende grundsätzliche Vorgehensweisen:

(1) Jede Ausführungsart wird als selbständiges Teile-Entity geführt.

(2) Lediglich für die Variantengruppen werden Teile-Entities definiert. Jede einzelne Variante ist aber implizit definiert und kann durch Angabe eines zusätzlichen Attributwertes zu der Teilenummer der Variantengruppe aktiviert werden.

(3) Erzeugnisvarianten werden nicht mehr als Teile-Entities definiert. Nur Teile "unterhalb" der Erzeugnisvarianten innerhalb der Produktstruktur werden als Entities erfaßt. Eine bestimmte Erzeugnisvariante wird erst dann, wenn sie benötigt wird, aus diesen Komponenten zusammengestellt, d. h. das Teile-Entity und die Strukturbeziehungen zu den Komponenten gebildet.

Welches Verfahren anzuwenden ist, richtet sich insbesondere nach der Anzahl der zu berücksichtigenden Varianten. In der Aufzählung sind die Verfahren nach ihrer Eignung für steigende Variantenzahl geordnet. Mit den Verfahren sind wesentliche Konsequenzen für die Dispositionsmöglichkeiten verbunden. Die sich ergebenden unterschiedlichen Datenstrukturen werden in den Abb. B.I.30,a bis B.I.30,g an den Gozintographen von drei Varianten demonstriert. Produktionskoeffizienten sind nicht angegeben. Es werden lediglich die Baukastenstücklisten der Enderzeugnisvarianten betrachtet. Die Verfahren sind aber auch auf untergeordnete Baugruppen anwendbar.

Im Verfahren (1) wird jede Variante als selbständiges Erzeugnis behandelt und kann deshalb auch eigenständig disponiert werden (vgl. Abb. B.I.30,a, aus: *Scheer, Wirtschaftsinformatik 1978, S. 182*). So können z. B. Bedarfsprognosen erstellt und entsprechende Modellparameter als Attribute des Entities erfaßt werden.

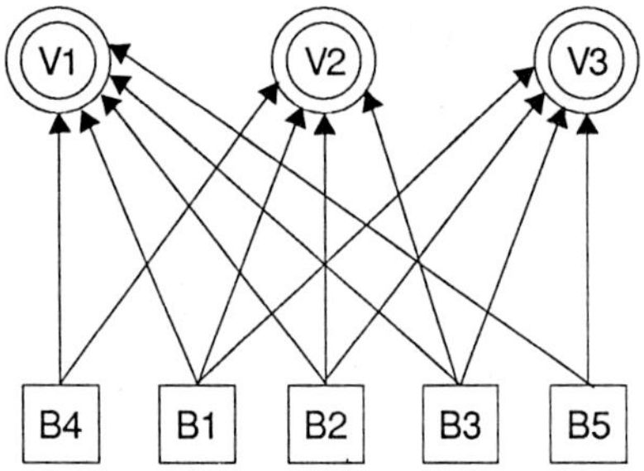

Abb. B.I.30,a: Redundante Speicherung von Erzeugnisvarianten

Dies führt in Abb. B.I.30,a zu insgesamt 8 Teile-Entities und 13 Erzeugnisbeziehungen. Da in alle drei Varianten die Baugruppen B1, B2 und B3 eingehen, sind die Strukturbeziehungen zwischen ihnen und den Varianten (bis auf den Bezug zum übergeordneten Teil) gleich.
Um diese Redundanz zu verringern, wird die sogenannte **Gleichteilestückliste** eingeführt. Diejenigen Teile, die in alle Varianten eingehen, werden zu einer neuen fiktiven Gleichteilebaugruppe gebündelt, die als neue Komponente innerhalb der Stücklisten die Gleichteile ersetzt (vgl. Abb. B.I.30,b). Für die Definition der Gleichteilebaugruppe GL werden zwar ein neues Teile-Entity und drei Strukturbeziehungen gebildet, dafür fallen aber bei jeder Variante zwei Strukturen weg. Insgesamt werden 9 Teile-Entities und 10 Strukturbeziehungen erzeugt. Diese Datenorganisation ist nur dann sinnvoll, wenn die Gleichteile über eine längere Zeit konstant bleiben, da sonst bei ihrer Änderung alle Stücklisten betroffen werden.

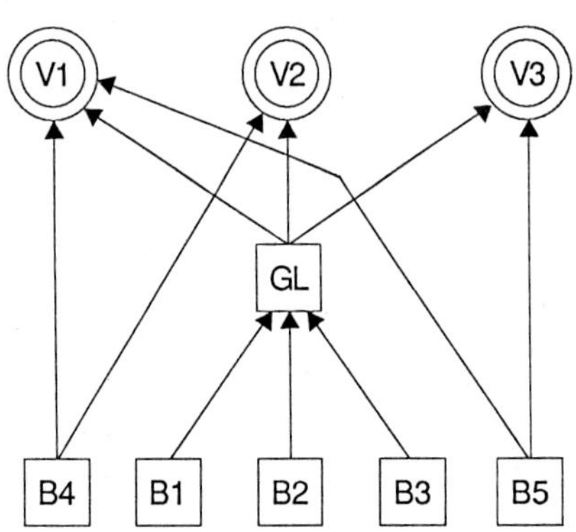

Abb. B.I.30,b: Gleichteilestückliste

Etwas variabler sind die **Plus-Minus-Stücklisten** (vgl. Abb. B.I.30,c). Eine Variante wird als Grunderzeugnis definiert (hier V2). Die Unterschiede zu den anderen Varianten werden durch Plusteile bzw. Minusteile ausgedrückt. In den Struktursätzen gibt jeweils das Vorzeichen des Produktionskoeffizienten an, ob das Teil zu dem Grunderzeugnis hinzukommt oder dort "zuviel" berechnet wurde und demnach abgezogen werden muß. Falls viele Varianten auftreten, ist diese Speicherungsform sehr unübersichtlich, wenn sie auch in dem betrachteten Beispiel den benötigten Datenumfang auf 8 Teile-Entities und 9 Strukturbeziehungen reduziert.

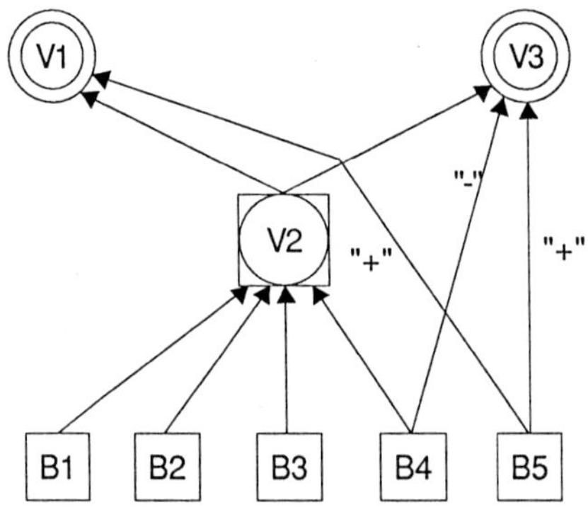

Abb. B.I.30,c: Plus-Minus-Stückliste

Im Verfahren (2) wird für die gesamte Variantenfamilie lediglich ein Teile-Entity gebildet und mit allen Baugruppen, die insgesamt in die Variantenfamilie eingehen, verbunden (**Mehrfachstückliste**).

Die Baugruppen werden den einzelnen Varianten über Variantenattribute in den Strukturbeziehungen zugeordnet. Anstelle **eines** Mengenfeldes wird für jede Variante ein Mengenfeld angelegt. Um die Stückliste einer Variante zu erstellen, muß zunächst die Teilenummer der Variantenfamilie gegeben sein und weiter der Schlüssel der Variante. Bei der Abarbeitung der Stücklistenstruktur wird dann in jeder Erzeugnisstruktur geprüft, ob die Komponente zu der Variante gehört und mit wieviel Mengeneinheiten sie in die Variante eingeht. Der Nachteil dieses Verfahrens liegt in dem erhöhten Speicherbedarf der Mengenfelder. In Abb. B.I.30,d wird die Verwendung einer Baugruppe für eine Variante durch ein "x" in den Mengenfeldern angegeben, da in dem Beispiel die Produktionskoeffizienten nicht angegeben sind.

Mit dieser Speicherungsform können besonders günstig sogenannte **Mengenvarianten** dargestellt werden. Diese liegen dann vor, wenn sich die Varianten nicht durch unterschiedliche **Baugruppenarten** (**Strukturvarianten**), sondern lediglich durch unterschiedliche Produktionskoeffizienten unterscheiden. Die Bedarfsdisposition ist bei dieser Speicherungsform etwas schwierig, da die Variantenfamilie, für die allein Teiledaten geführt werden, lediglich ein fiktives Teil ist (vgl. Abb. B.I.30,e). Für Planungszwecke kann es deshalb sinnvoll sein, für die einzelnen Varianten einen weiteren Entitytyp VTEIL zu definieren. Diesem werden wesentliche Variantenattribute zugeordnet. Strukturbeziehungen gehen aber von ihm nicht aus. Es besteht lediglich eine (hierarchische) 1:n-Beziehung zwischen den Entitytypen TEIL und VTEIL (vgl. Abb. B.I.30,f).

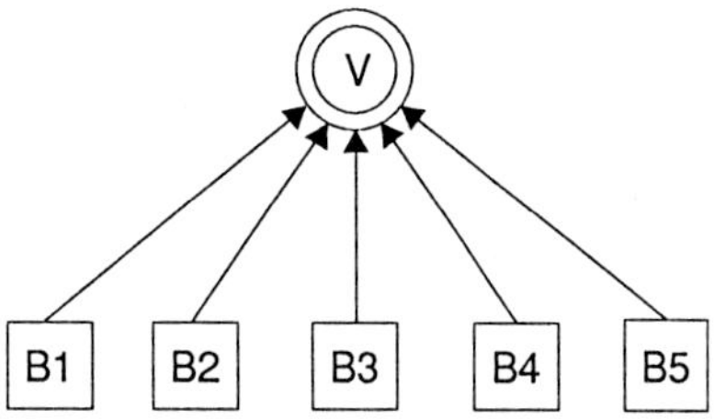

Strukturbeziehung	Mengenfelder V1	V2	V3	weitere benutzerabhängige Attribute
B1 - V	X	X	X	
B2 - V	X	X	X	
B3 - V	X	X	X	
B4 - V	X	X		
B5 - V	X		X	

Abb. B.I.30,d: Mehrfachstückliste

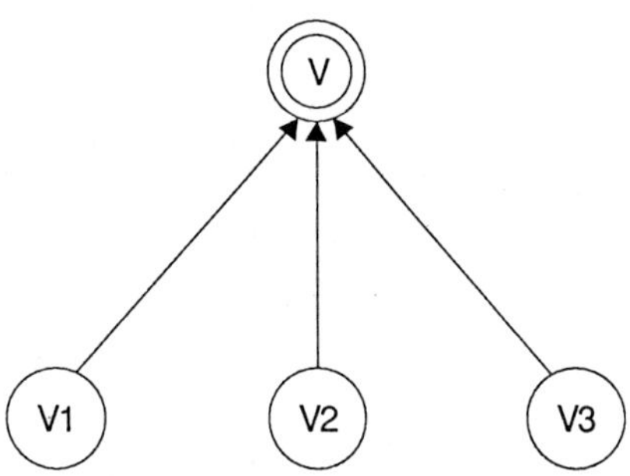

Abb. B.I.30,e: Mengenvarianten

Eine andere Dispositionsform besteht darin, den Gesamtbedarf auf die Variantenfamilie zu beziehen und in den Strukturentities ein weiteres Attribut vorzusehen, in dem jeweils der Anteil gespeichert wird, mit dem die Komponente in eine Einheit der Familie eingeht. Dieser Koeffizient muß dann statistisch verfolgt werden, weil er von Nachfrageverschiebungen zwischen den Varianten beeinflußt wird.

Verfahren (3) wird angewendet, wenn pro Erzeugnistyp eine nahezu unübersehbar große Anzahl von Varianten besteht, wie dieses z. B. für den Automobilbau gilt, oder bei Einzelfertigung, wenn die Varianten sich weitgehend aus Standardteilen zusammensetzen. Beiden Fällen ist gemeinsam, daß eine bestimmte Erzeugnisvariante erst durch einen Kundenauftrag definiert wird. Diese

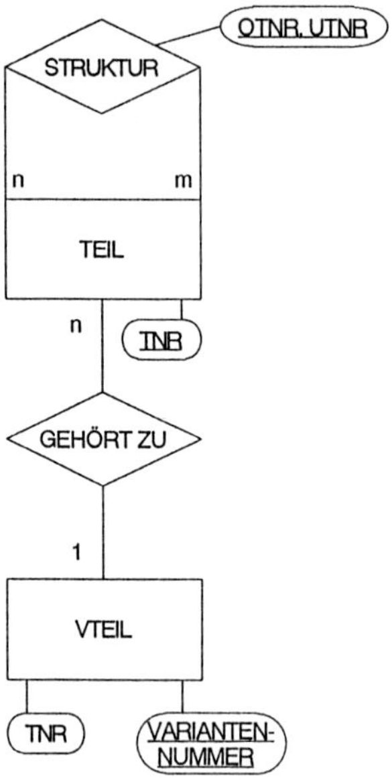

Abb. B.I.30,f: ERM zur Bildung von Mengenvarianten

Variante bildet dann ein temporäres Teile-Entity mit einer temporären Baukastenstückliste. Diese werden im allgemeinen nach Auftragsabwicklung aus dem aktiven Stücklistenbestand gelöscht und für spätere Auskunftsfunktionen bei Neubestellungen des gleichen Kunden, Ersatzteillieferungen oder wegen gesetzlicher Vorschriften archiviert. Als Stamm-Entities werden lediglich die Baugruppen (mit ihren Stücklisten) isoliert voneinander geführt (vgl. Abb. B.I.30,g).

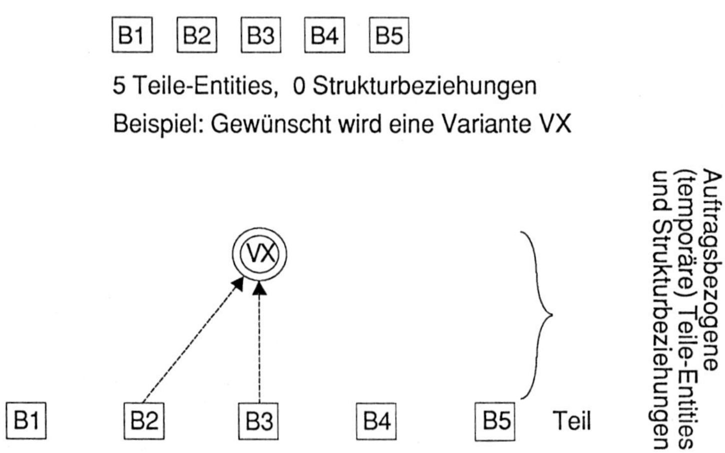

Abb. B.I.30,g: Temporäre Variantenstückliste

In einem Kundenauftrag muß dann Art und Menge der in die Variante einzubeziehenden Baugruppen angegeben werden. Entsprechend werden dann Strukturbeziehungen gebildet. Um festzustellen, welche Teile in dem Erzeugnis auf jeden Fall vorhanden sein müssen (sog. Muß-Varianten) und welche Teile sich gegenseitig ausschließen, kann z. B. die Entscheidungstabellentechnik angewendet werden. Bei besonders komplizierten Fällen ist auch der Einsatz von Expertensystemen sinnvoll (vgl. *Schönsleben, Flexible Produktionsplanung und -steuerung 1985, S. 37 ff.*).
Derartige Plausibilitätskontrollen bei der Zusammenstellung einer Stückliste sind vor allem bei Dialoglösungen notwendig. Hier stellt ein Sachbearbeiter anhand der vorliegenden Kundenwünsche oder sogar im Beisein des Kunden durch fortlaufendes Erfragen der Wünsche das Erzeugnis zusammen. Ein systematischer Ansatz dazu wurde in *Wedekind/Müller, Stücklistenorganisation 1981*, entwickelt.

B.I.3.1.2.2 Kombinierte Stücklisten

Für die Zerlegung eines Erzeugnisses in Komponenten gibt es mehrere Gliederungskriterien (vgl. oben Abb. B.I.08).
Die Konstruktion zerlegt das Erzeugnis nach Funktionsgruppen, um diese dann konstruktiv zu bearbeiten. Typische Funktionsgruppen einer Maschinen sind z. B. Elektronik, Antrieb, Gehäuse usw.
Die Fertigung benötigt dagegen eine Stückliste, deren Gliederung der Reihenfolge von Fertigungs- und Montageschritten folgt. Beide Gliederungsarten führen in der Regel zu unterschiedlichen Stücklisten. Konstruktiv zusammenhängende Funktionsgruppen werden häufig nicht zusammen montiert und sind damit keine Baugruppe der Fertigungsstückliste, wie es das Beispiel der Abb. B.I.31 (vgl. auch *Kittel, PPS im Klein- und Mittelbetrieb 1982, S. 49*) zeigt. Die Glasscheibe des Fahrzeuggehäuses gehört zwar konstruktiv zur Fertigungsgruppe "Tür", wird aber aus Sicherheitsgründen erst als letzter Montageschritt (nach Einbau des Türrahmens) eingesetzt.

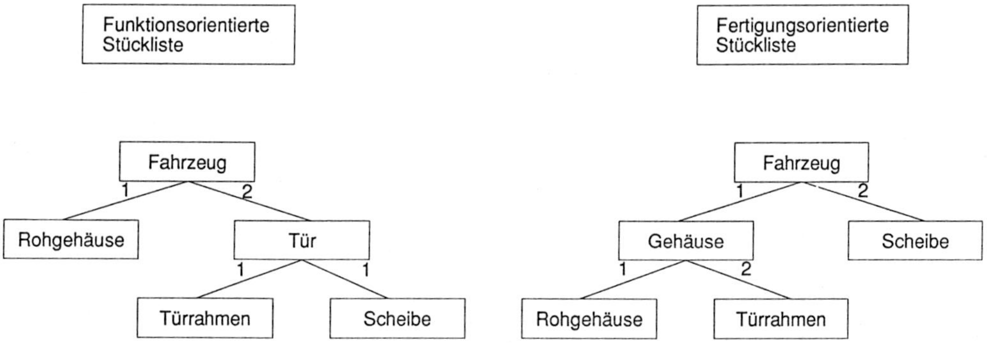

Abb. B.I.31: Funktionsorientierte und fertigungsorientierte Stückliste

Wird in einer Unternehmung nur eine Konstruktionsstückliste geführt, so entstehen Fehler bei der Terminplanung der Komponenten, da der tatsächliche von dem abgebildeten Fertigungsfluß abweicht. Aus diesem Grund ist für die Produktionsplanung und -steuerung die **Fertigungsstückliste** unabdingbar.
Neben den Gliederungsgesichtspunkten Konstruktion und Fertigung kann ein Erzeugnis auch nach Verkaufskriterien untergliedert werden, d. h. Teile, die zusammen verkauft werden, bilden Verkaufsgruppen. Dieses können Verbundpackungen von Enderzeugnissen, aber auch Ersatzteilbündel sein, die lediglich aus Sicht des Verkaufs eine Einheit bilden, aber weder zusammen konstruiert noch zusammen gefertigt werden.

Sollen mehrere Erzeugnisgliederungen parallel geführt werden, so bieten sich zwei Möglichkeiten:

(1) Die Stücklisten werden in getrennten Datenbanken verwaltet. Dieses führt aber bei dem hohen Mengenvolumen der Grunddaten zu hohen Speicher- und Pflegekosten.

(2) Da die Stücklisten trotz der unterschiedlichen Gliederungsansätze in vielen Teilen übereinstimmen, werden sie ähnlich wie Varianten behandelt. Dazu eignet sich besonders eine Mischform aus Gleichteile- und Mehrfachstücklisten. Dieses Vorgehen wird weiter verdeutlicht.

Für alle Einheiten, die aus Sicht von Konstruktion, Fertigung oder Verkauf benötigt werden, wird ein Teile-Entity definiert. Die Verknüpfung aus der jeweiligen Sicht wird in Attributen der Strukturbeziehungen festgehalten, also für die Schreibweise des Relationenmodells nach:

R. STRUKTUR (<u>OTNR</u>, <u>UTNR</u>, Menge in Konstruktionsstückliste, Menge in Fertigungsstückliste, Menge in Verkaufsstückliste, ...)

Ist das entsprechende Mengenfeld gleich 0, so erscheint die Komponente nicht. Dabei kann ein Teile-Entity bzw. eine Strukturbeziehung in einer oder mehreren Stücklisten enthalten sein.

Der Gozintograph der kombinierten Stückliste des Erzeugnisses P1 nach Fertigungs- und Verkaufsgruppenkriterien, wie er bereits oben in Abb. B.I.06 und Abb. B.I.09 behandelt wurde, ist in Abb. B.I.32 (aus: *Scheer, Wirtschaftsinformatik 1978, S. 186*) angegeben. An den Kanten ist jeweils eingetragen, in welchen Mengenfeldern (F und V) der Struktursätze von 0 verschiedene Koeffizienten gespeichert werden. Entsprechend ist auch die Konstruktionsgliederung darstellbar. Analog dieser Vorgehensweise können auch Klassifizierungssysteme abgebildet werden (vgl. z. B. unten zur Materialklassifizierung).

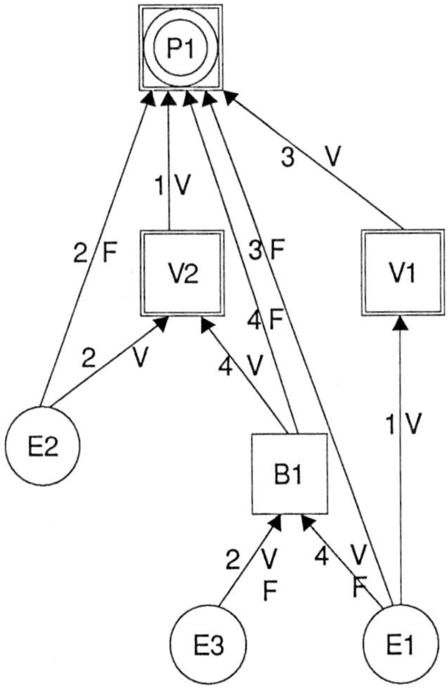

Abb. B.I.32: Kombinierte Stückliste

B.I.3.1.2.3 Zyklen

Während die Gozintographen der Erzeugnisse der Fertigungsindustrie im allgemeinen zyklusfrei sind, gilt dies für Rezepturen der Chemischen Industrie nicht. Hier können End- oder Zwischenprodukte selbst wieder in vorgelagerten Fertigungsstufen als Ausgangsstoffe, Katalysatoren oder zum Beimischen eingesetzt werden (vgl. *Kloock, Input-Output-Analyse 1969*). Derartige zyklische Graphen auf der Entityebene führen aber zu den gleichen Datenstrukturen wie die bereits behandelten. In Abb. B.I.33 ist ein zyklischer Gozintograph dargestellt. Eine Einheit von B setzt sich aus 0,8 Einheiten des untergeordneten Teiles (Rohstoff) E sowie 0,2 Einheiten des Endproduktes P zusammen. Gleichzeitig geht eine Einheit von B in eine Einheit von P ein. In der Abbildung wird deutlich, daß die Teile P und B in ihrem Verhältnis zueinander sowohl Oberteil als auch Unterteil sind. Trotzdem ist die Datenstruktur prinzipiell nicht von der einer üblichen Stückliste zu unterscheiden und führt deshalb auf der Typebene zu den bereits behandelten Datenstrukturen der Stückliste. Dieses wird auch auf der Entityebene deutlich, die sowohl für das Relationenmodell als auch für das Netzwerkmodell in Abb. B.I.34 dargestellt sind.
Bei Netzwerkmodellen wird häufig die Forderung erhoben, daß die Schemadarstellung zyklenfrei sein soll. Diese Forderung ist auch durch die Darstellung zyklischer Gozintographen nicht verletzt, da die Grundstruktur des Typ-Schemas, wie bereits festgestellt wurde, nicht verändert wird. Es treten lediglich Zyklen auf der Entityebene auf. Diese können allerdings auch zu Schwierigkeiten

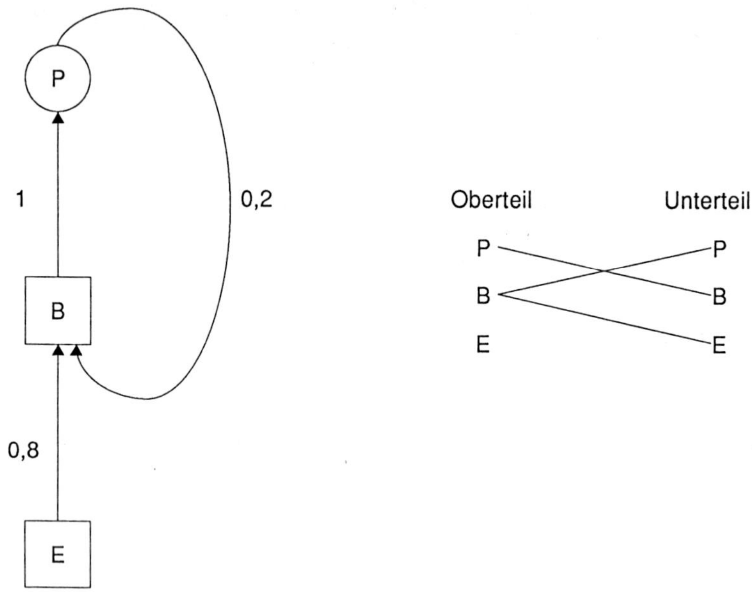

a) zyklischer Gozintograph
b) Rollenfunktionen

Abb. B.I.33: Darstellung einer zyklischen Erzeugnisstruktur

R.Teil (<u>TNR</u> Bezeichnung)

TNR	Bezeichnung
P	Enderzeugnis
B	Zwischenprodukt
E	Rohstoff

R.Struktur (<u>OTNR</u> <u>UTNR</u> Menge)

OTNR	UTNR	Menge
P	B	1
B	P	0,2
B	E	0,8

a) Relationenmodell

TEIL

AD	SLK	TVK	Bezeichnung
1	4	6	P
2	5	4	B
3	ENDE	5	E

STRUKTUR

AD	AD UEB	AD UNT	FAD SLK	FAD TVK	Prod. Koef.	Strukt. Bez.
4	1	2	ENDE	ENDE	1	B-P
5	2	3	6	ENDE	0,8	E-B
6	2	1	ENDE	ENDE	0,2	P-B

b) Netzwerkmodell

Abb. B.I.34: Die zyklische Erzeugnisstruktur im Relationen- und Netzwerkmodell

führen, so daß von Stücklistenprozessoren bzw. Verarbeitungsprogrammen zur Stücklistenpflege zyklische Gozintographen häufig nicht verarbeitet werden können. Die Schwierigkeiten betreffen vor allen Dingen die Auswertung in Form von Stücklistendarstellungen. Bei der Auflösung von Strukturstücklisten werden die Zyklen ständig durchlaufen, wenn nicht, z. B. durch die Vergabe von Kennungen, sichergestellt wird, daß jedes Teil nur einmal bearbeitet wird. Bei Übersichtsstücklisten kann der Gesamtbedarfskoeffizient nur durch Auflösung eines interdependenten linearen Gleichungssystems ermittelt werden (vgl. z. B. *Kloock, Input-Output-Analyse 1969; Vazsonyi, Planungsrechnung 1962*).
Im Rahmen von Pflegeprogrammen zur Stücklistenverwaltung wird deshalb häufig durch spezielle Programmfunktionen abgefragt, ob zyklische Strukturen gespeichert werden sollen.

B.I.3.2 Bedarfsauflösung

Die Bedarfsauflösung löst den Bedarf an Endprodukten, der als Primärbedarf aus der Kundenauftragsbearbeitung oder aus Vertriebsprognosen resultiert, in die Bedarfe an Baugruppen und Einzelteilen auf und stellt sie zu Aufträgen zusammen.

B.I.3.2.1 Dispositionsarten - Dispositionsstufe - Fertigungsstufe

Zur Festlegung der Bedarfe bestehen grundsätzlich zwei Verfahren: die **verbrauchsgesteuerte** und **bedarfsgesteuerte** Disposition, von der im folgenden die bedarfsgesteuerte Disposition intensiver behandelt wird (Abb. B.I.35). Bei der verbrauchsgesteuerten Disposition wird der Bedarf eines Teiles anhand einfacher Extrapolationen, z. B. mit Hilfe des Verfahrens der exponentiellen Glättung, aus den Verbrauchswerten der Vergangenheit abgeleitet (zu den dazu eingesetzten Prognoseverfahren vergleiche die Ausführungen zum Abschnitt "B.IV Absatz").

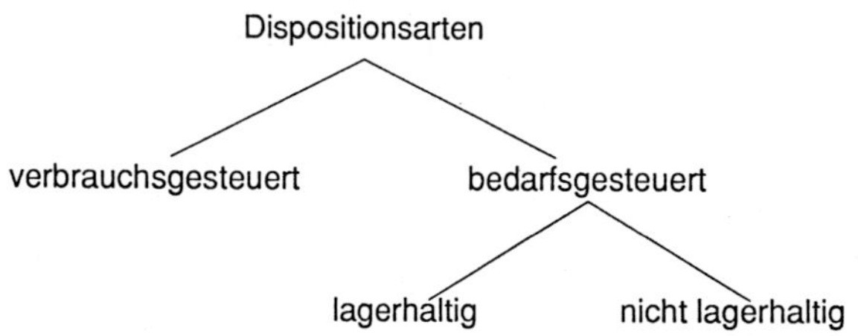

Abb. B.I.35: Dispositionsarten

Bei der bedarfsgesteuerten Disposition wird dagegen der Bedarf eines Teiles aus den Bedarfszahlen übergeordneter Teile abgeleitet.
Die Unterscheidung, welche Teile verbrauchsgesteuert und welche Teile bedarfsgesteuert

disponiert werden, wird nach dem Wert der Teile und nach der Regelmäßigkeit ihres Bedarfsverlaufes getroffen. Hilfestellung kann dabei die sogenannte ABC-Analyse geben. Sie ist einfach und benötigt pro Teil lediglich den Verbrauchswert der letzten Periode (z. B. Jahr). Alle Teile werden nach diesem Wert absteigend sortiert. Die kumulierten Mengen und wertmäßigen Anteile können einander anschaulich in einer Lorenz-Konzentrationskurve gegenübergestellt werden (vgl. Abb. B.I.36).

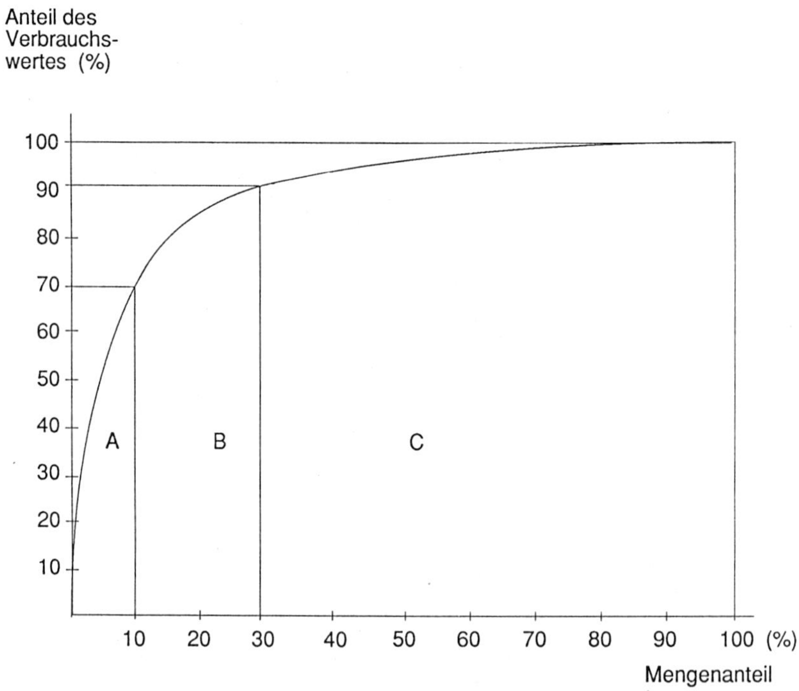

Abb. B.I.36: Lorenz-Kurve zur Teileklassifizierung

In der Praxis hat sich herausgestellt, daß häufig bereits rund 10 % der Teile 70 % des Jahresverbrauchswertes ausmachen. Weitere 20 % der Teile zusätzlich 20 % des Jahresverbrauchswertes und die restlichen 70 % der Teile lediglich 10 % des Jahresverbrauchswertes bestimmen. Entsprechend dieser Gruppierung werden die Teile als A-, B- und C-Teile bezeichnet. ABC-Analysen müssen in bestimmten Zeitabständen wiederholt werden, um die Eingruppierung zu überprüfen.

A- und B-Teile werden vor allem bedarfsgesteuert disponiert, da bei ihnen eine ungenaue Planung zu hohen Lager- oder Fehlmengenkosten führt. Besonders wertvolle A-Teile, die lediglich in geringer Zahl pro Periode benötigt werden, können auch ganz dem maschinellen Dispositionssystem entzogen werden und manuell bzw. pro vorliegendem Kundenauftrag disponiert werden. C-Teile werden dagegen verbrauchsgesteuert geplant. Hiermit soll dem Gedanken Rechnung getragen werden, daß eine bedarfsgesteuerte Disposition zwar genauer, aber auch rechenaufwendiger durchzuführen ist. Es besteht allerdings die Tendenz, aus Gründen der Vereinheitlichung der Organisation einheitliche Dispositionsverfahren und hierbei verstärkt die bedarfsgesteuerte Disposition einzusetzen. Hinzu kommt, daß Voraussetzung für eine verbrauchsgesteuerte Disposition ist (vgl. *Grochla, Materialwirtschaft 1986, S. 29 ff.*), daß der Verbrauch im Zeitablauf eine bestimmte Regelmäßigkeit zeigt, die die Anwendung einfacher Prognoseverfahren ermöglicht (vgl. Abb. B.I.37). Lediglich Bedarfe mit einem stabilen Datenmuster und niedrigem Verbrauchswert sind damit für die verbrauchsgesteuerte Disposition geeignet.

Datenmuster / Klassifizierung	Horizontal	Saison u. Trend	Unregelmäßig
A	B	B	B
B	B	B	B
C	V	V	V

Legende:

V = verbrauchsgesteuerte Disposition
B = bedarfsgesteuerte Disposition

Abb. B.I.37: Kriterien zur Bestimmung der Dispositionsart

Während die **Terminierung** der Bedarfe bei einer bedarfsgesteuerten Disposition, wie noch gezeigt wird, anhand einer retrograden Rechnung durchgeführt wird und damit einem Holprinzip folgt, wird der **physische Materialfluß** der bedarfsgesteuerten Disposition nach dem Bringprinzip gesteuert. Dieses bedeutet, daß fertiggestellte Lose, von der Bearbeitungsstelle veranlaßt, zu den nächsten Bearbeitungsorten transportiert werden müssen. Falls ein Los für mehrere nachfolgende Aufträge bestimmt ist, kann dieses eine Aufsplitterung in unterschiedliche Transportwege bedeuten. Hierzu müssen entsprechende Informationen angelegt sein. Das Bringprinzip wird dann schwierig, wenn häufig Terminverzögerungen auftreten oder eine unvollkommene Verfügbarkeitsprüfung vor der Freigabe übergeordnete Fertigungsauftäge durchgeführt wird. In diesem Fall müssen Komponentenaufträge innerhalb der Fertigung aufwendig gesucht werden.

Innerhalb der bedarfsgesteuerten Disposition kann zwischen lagerhaltigen und nichtlagerhaltigen Teilen unterschieden werden (verbrauchsgesteuerte Teile werden dagegen immer als lagerhaltig geführt). Der Begriff "lagerhaltig" bedeutet, daß fertiggestellte Teile prinzipiell in ein Lager eingelagert werden, bevor sie weiterverarbeitet werden. Durch die Ein- und Auslagerungsfunktionen wird ihr jeweiliger Bestand und Lagerort kontrolliert. Die Lagerführung ist insbesondere dann erforderlich, wenn Lose gebildet werden, d. h. Bedarfe, die sich auf längere Zeitspannen beziehen, aus Gründen der Reduzierung von Rüstkosten vorproduziert werden. Sollen

Teile dagegen sofort weiterverarbeitet werden, so ist hierzu eine enge Auftragssteuerung des Materialflusses erforderlich und eine Losbildung im allgemeinen nicht sinnvoll.
Um zu verhindern, daß während der Bedarfsauflösung ein Teil mehrfach bearbeitet wird, weil sein Bedarf aus mehreren übergeordneten Teilen abgeleitet wird, werden die Teile in der Reihenfolge ihrer Dispositionsstufen abgearbeitet. Die Begriffe Dispositions- und Fertigungsstufe sind dabei zu unterscheiden (vgl. dazu Abb. B.I.38, aus: *Scheer, Wirtschaftsinformatik 1978, S. 189*). Fertigungsstufen beziehen sich auf einzelne Enderzeugnisstrukturen, während sich die Dispositionsstufen auf Gozintographen, die über alle zusammenhängenden Teilebeziehungen gebildet werden, beziehen.

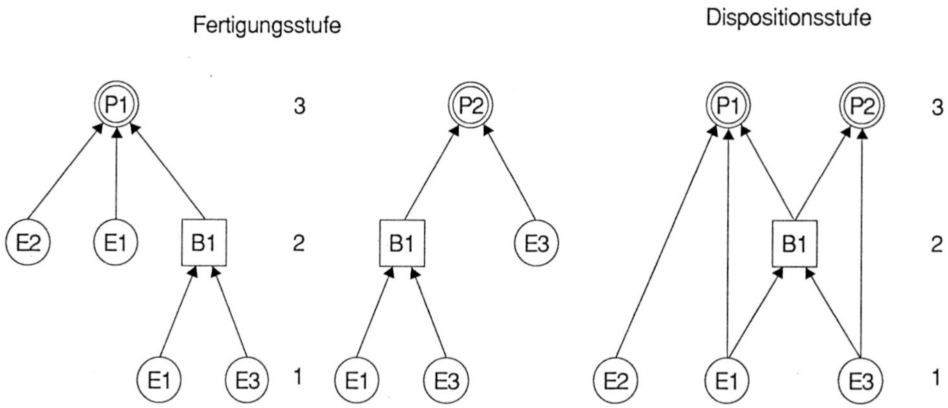

Abb. B.I.38: Erläuterung von Fertigungs- und Dispositionsstufe

Die höchste Fertigungsstufe innerhalb eines Produktbaumes ist die Zusammensetzung des Endproduktes selbst. Sie ist definiert als die um 1 erhöhte Anzahl der Kanten des längsten Weges innerhalb des Produktbaumes, der von den Einzelteilen zu dem Endprodukt führt (vgl. dazu Abb. B.I.38). Ein Teil (hier E1 und E3) kann auf mehreren Fertigungsstufen auftreten. Die Fertigungsstufe eines Nichtenderzeugnisses wird errechnet, indem von der Fertigungsstufe des Enderzeugnisses die Anzahl der Kanten des Weges, der zwischen dem betrachteten Teil und dem Enderzeugnis liegt, abgezogen wird.

Die Dispositionsstufe eines Teiles ist definiert als die um 1 erhöhte Anzahl der Kanten des längsten Weges innerhalb des gesamten Gozintographen, der von den Einzelteilen zu dem Knoten des betrachteten Teiles führt. Auch die Dispositionsstufen sind in Abb. B.I.38 angegeben. Hier kann jedem Teil eindeutig eine Dispositionsstufe zugewiesen werden.

Eine andere gebräuchliche Definition bezeichnet als Dispositionsstufe die numerisch kleinste Fertigungsstufe, auf der ein Teil innerhalb des gesamten Gozintographen auftritt.
Die erste Definition besitzt aber den Vorteil, daß dort alle Einzelteile der gleichen

Dispositionsstufe, der Dispositionsstufe 1, zugeordnet sind, während sie bei der zweiten Definition unterschiedlichen Dispositionsstufen angehören können (so wäre z. B. das Teil E2, obwohl es ein Einzelteil ist, der Dispositionsstufe 2 zugeordnet).

B.I.3.2.2 Datenstruktur

B.I.3.2.2.1 Entwurf

B.I.3.2.2.1.1 Primärbedarf

Ausgang der Bedarfsauflösung ist der Primärbedarf. Dessen Datenstruktur soll deshalb zunächst entworfen werden und dann in die Datenstrukturen der Materialwirtschaft integriert werden.
Ein Primärbedarf resultiert aus angenommenen Kundenaufträgen oder geplanten bzw. prognostizierten Zahlen des "originären" Bedarfs (Endprodukte, verkaufbare Ersatzteile, verbrauchsgesteuerte Teile). Die Bedarfszahlen können entweder einem festen Periodenraster zugeordnet werden (vgl. Abb. B.I.39,a), oder jede Bedarfszahl wird mit dem entsprechenden Datum der Fälligkeit des Bedarfes versehen (vgl. Abb. B.I.39,b).

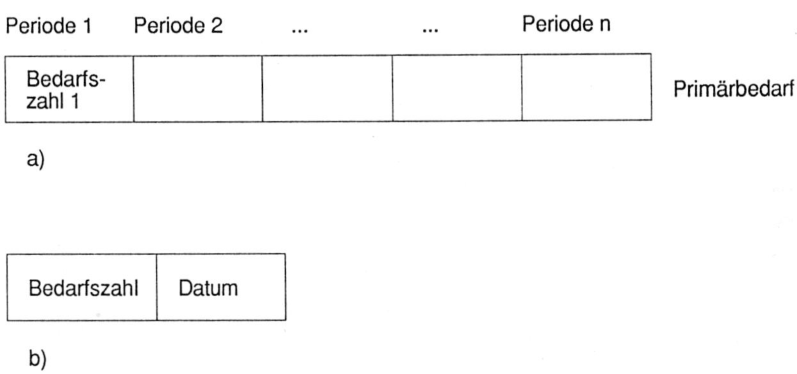

Abb. B.I.39,a-b: Darstellungsformen des Primärbedarfs

Beide Darstellungsformen der Abb. B.I.39 führen zu der gleichen Datenstruktur. Der Primärbedarf ist eine n:m-Beziehung zwischen den Entitytypen ZEIT und Primärbedarfsteil, hier kurz als ARTIKEL bezeichnet (vgl. Abb. B.I.40).
Der Entitytyp ZEIT wird durch ein Datum, das auch eine Periodenkennzeichnung sein kann, identifiziert, der Entitytyp ARTIKEL durch Angabe der Teilenummer (TNR). Entsprechend wird PRIMÄRBEDARF durch Angabe von Teilenummer und Datum identifiziert.
Stimmen Primärbedarfe mit Kundenaufträgen überein, so kann die Identität zwischen Primärbedarf und entsprechenden Kundenaufträgen über eine "is-a"-Beziehung zu der KUNDENAUFTRAGS-

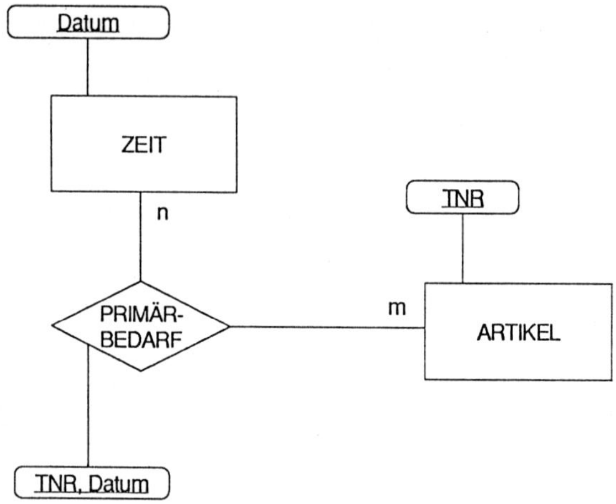

Abb. B.I.40: ERM zur Ermittlung des Primärbedarfs

POSITION hergestellt werden. In Abb. B.I.41 wird dazu der Beziehungstyp PRIMÄRBEDARF in einen Entitytyp PRIMÄRBEDARF uminterpretiert und über eine "is-a"-Beziehung mit der als Entitytyp dargestellten KUNDENAUFTRAGSPOSITION verbunden.

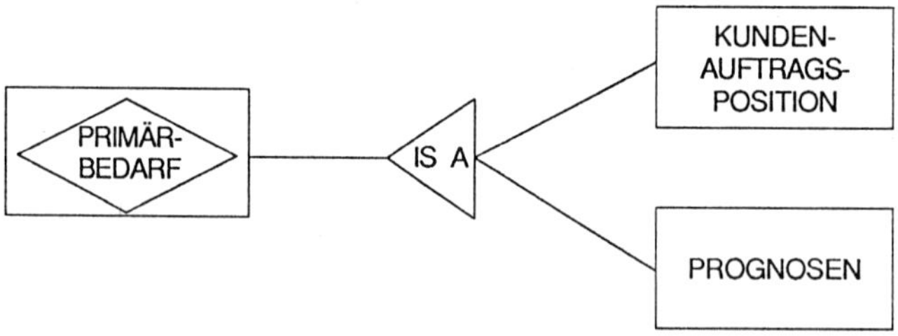

Abb. B.I.41: Subtypen des Primärbedarfs

Die Darstellung ist so zu interpretieren, daß eine Kundenauftragsposition auch als Bedarf für Endprodukte gesehen werden kann. Die anderen Bedarfsherkünfte sind in der Abbildung durch die zweite "is-a"-Beziehung PROGNOSEN angedeutet.

Die Datenstruktur des Primärbedarfs wird im folgenden in die Datenstruktur der generellen Bedarfsauflösung integriert.

B.I.3.2.2.1.2 Sekundärbedarfe, Lager, Aufträge

Innerhalb der Bedarfsauflösung werden Bedarfe unter Abzug von Lagerbeständen zu Aufträgen zusammengestellt (Brutto-Netto-Rechnung). Ein Lagerbestand bezieht sich auf den Gegenstand der

Lagerung, also das Teil, und auf die genaue Ortsbezeichnung der Lagerung, also den Lagerort. Bedarfe und Aufträge sind Bewegungsdaten und beziehen sich auf Teile und Zeit.

Als unabhängige Entitytypen sind deshalb in Abb. B.I.42 TEIL, LAGERORT und ZEIT definiert, während LAGERBESTAND, BEDARF und AUFTRAG jeweils Beziehungstypen sind. Der Begriff "Auftrag" ist hier allgemein gefaßt und umfaßt sowohl Fertigungs- als auch Beschaffungsaufträge. Ebenso umfaßt der Begriff "Bedarf" nunmehr sowohl den Primärbedarf als auch den abgeleiteten Bedarf. Da der Entitytyp TEIL mit der Stücklistenstruktur bereits bekannt ist, sind die Umrandungen gestrichelt gezeichnet.

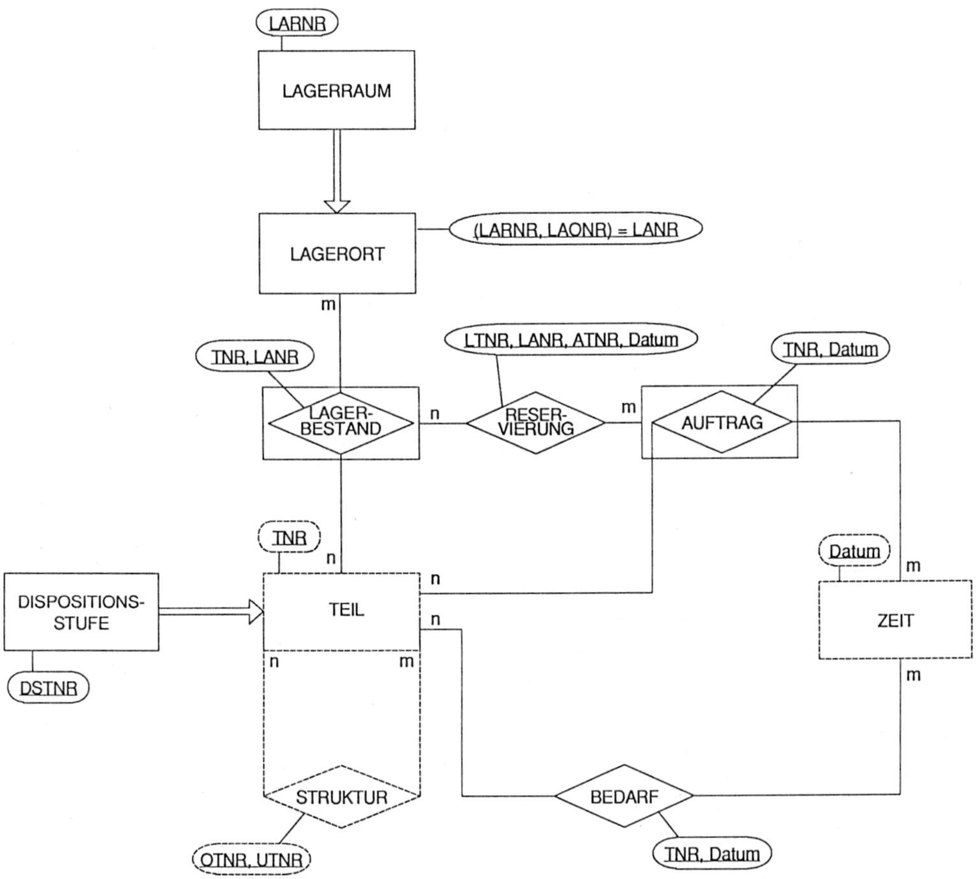

Abb. B.I.42: ERM zur Bedarfsplanung

Die Beziehungstypen sind vom Grad n:m:

- Ein Teil kann an mehreren Lagerorten gelagert sein; andererseits können sich an einem Lagerort mehrere unterschiedliche Teile befinden.
- Für ein Teil können jeweils mehrere Aufträge und Bedarfe bestehen; zu einem in dem Entitytyp ZEIT definierten Zeitentity (Datum, Periode) können mehrere Aufträge und Bedarfe vorliegen.

Der Entitytyp LAGERORT kann in eine Hierarchie eingebettet sein. Wird der Lagerort beispielsweise als Fach innerhalb eines Hochregallagers interpretiert, so kann die Folge: Lagerraum, Lagerhalle bis hin zu mehreren Lagerlokationen eine Hierarchie innerhalb des Lagerbereiches bilden. Dieses ist in Abb. B.I.42 angegeben, indem eine hierarchische n:1-Beziehung von dem Entitytyp LAGERRAUM zu dem Entitytyp LAGERORT gebildet wurde. Aus Gründen der Übersichtlichkeit wird der komplexe Schlüssel LARNR, LAONR (Lagerraumnummer und Lagerortnummer) auch zu einem Schlüssel Lagernummer LANR zusammengefaßt. Auch die Dispositionsstufennummer DSTNR wird nicht in den identifizierenden Schlüssel für TEIL übernommen.

Wie bereits beim Primärbedarf erwähnt, könnten zur Erfassung der zeitlichen Dimension bei Aufträgen und Bedarfen zwei Verfahren gewählt werden. Beim ersten Verfahren wird jeder einzelne Bedarf bzw. Auftrag mit seinem exakten Bedarfs- bzw. Fertigstellungszeitpunkt erfaßt, wie dieses in Abb. B.I.43,a angedeutet ist. Der Vorteil liegt in einer taggenauen zeitlichen Zuordnung.

Bedarf/Auftrag

Teile-Nr.	Datum	Menge
111	1.1.87	500
113	8.1.87	350
114	8.1.87	400
111	15.1.87	600
111	17.1.87	300

Abb. B.I.43,a: Taggenaue Erfassung Bedarf/Auftrag

Beim zweiten Ansatz werden feste Periodeneinheiten definiert. Bedarfe und Aufträge, deren Termine in eine Periode fallen, werden zusammengefaßt (vgl. Abb. B.I.43,b für Teilenummer 111 in Periode 3). Durch das vorgegebene Zeitraster wird die Zeitzuordnung ungenauer und es bestehen Probleme der Informationsverfolgung bei der Bildung von Losen (vgl. dazu die Ausführung zur Bedarfsverfolgung). Wegen der bei Dialogverarbeitung erforderlichen höheren Datenaktualität besteht deshalb eine Tendenz zur Anwendung der taggenauen Disposition.

Bedarf/Auftrag

Teile-Nr.	Periode 1 (1.1.-7.1.)	Periode 2 (8.1.-14.1.)	Periode 3 (15.1.-21.1.)
111	500		900
113		350	
114		400	

Abb. B.I.43,b: Periodengenaue Erfassung Bedarf/Auftrag

Beide Verfahren führen aber formal zu der gleichen Datenstruktur, da sie sich nur durch die **Ausprägungen** des Entitytyps ZEIT unterscheiden.

Bevor ein Auftrag zur Fertigung "freigegeben" wird, muß überprüft werden, ob die benötigten Komponenten, Kapazitäten, Werkzeuge und Betriebsmittel zur Verfügung stehen. Wenn dieses der Fall ist, werden die Komponenten, d. h. Baugruppen oder Einzelteile, die für den Auftrag benötigt werden, reserviert und stehen damit für andere Verwendungen nicht mehr zur Verfügung. Dieses bedeutet, daß Lagerbestände der Komponenten in der Höhe, wie sie für den Auftrag benötigt werden, fest zugeordnet sind. Reservierungen besitzen im Rahmen der Brutto-Netto-Rechnung eine wesentliche Bedeutung.

Die RESERVIERUNG ist in Abb. B.I.42 als Beziehung zwischen LAGERBESTAND und AUFTRAG eingezeichnet, die dazu aus Sicht dieses weiteren Konstruktionsvorganges als Entitytypen aufgefaßt werden. RESERVIERUNG bildet eine n:m-Beziehung, da der Lagerbestand einer Komponente mehreren übergeordneten Aufträgen zugeordnet werden kann und umgekehrt für den Auftrag eines Teiles mehrere Reservierungen unterschiedlicher Komponenten ausgeführt werden können.

B.I.3.2.2.2 Datenmodell

Die Datenstruktur der Abb. B.I.44 wird in das Relationenmodell transformiert. Die Schlüsselattribute der originären Entitytypen bestehen aus einfachen Begriffen. Bei der Relation LAGERORT wird aufgrund des ersten Normalisierungsschrittes der Schüssel Lagerraumnummer der übergeordneten Relation übernommen. R. AUFTRAG und R. BEDARF werden jeweils durch Teilenummer und Datum identifiziert. Sofern mehrere Aufträge oder Bedarfe des gleichen Teiles zum gleichen Datum bestehen, muß das Datum entsprechend fein definiert werden. Die Relation ZEIT enthält die definierten Datumseinteilungen. Bei der Relation RESERVIERUNG werden die Schlüssel der Relationen LAGERBESTAND und AUFTRAG kombiniert. Da für einen Auftrag jeweils untergeordnete Komponenten reserviert werden, werden zur Unterscheidung die Teilenummern mit dem Vorsatz L = Lagerbestand (unteres Teil) bzw. A = Auftrag (oberes Teil) versehen.

Die anwendungsabhängigen Attribute sind jeweils nur angedeutet worden. Da die Relationen TEIL, STRUKTUR und ZEIT bereits eingeführt sind, werden sie "über dem Strich" aufgeführt. Bei der TEIL-Relation wird die Dispositionsstufe nicht als Teil des Schlüssels eingeführt, da dieses die weitere Darstellung unnötig aufblähen würde.

R. ZEIT (Datum)
R. TEIL (TNR, Dispositionsstufe, Bezeichnung, ...)
R. STRUKTUR (OTNR, UTNR, Produktionskoeffizient, ...)

R. LAGERRAUM (LagerraumNr (LARNR), Flächenkapazität, ...)
R. LAGERORT (LagerraumNr (LARNR), LagerortNr (LAONR), Flächenkapazität)

LANR

R. LAGERBESTAND (TNR, LANR, Lagermenge, Sicherheitsbestand, ...)
R. AUFTRAG (TNR, Datum, Menge, Status, ...)
R. BEDARF (TNR, Datum, Menge, ...)
R. RESERVIERUNG (LTNR, LANR, ATNR, Datum, Menge, ...)
R. DISPOSITIONSSTUFE (DispositionsstufenNr, (DSTNR), Anzahl, Teile, ...)

Abb. B.I.44: Relationenmodell: Bedarfsplanung

B.I.3.2.3 Brutto-Netto-Rechnung

Zur Darstellung der Brutto-Netto-Rechnung wird ein Rechenschema gebildet (vgl. Abb. B.I.45). An der linken Seite der Abbildung ist jeweils die Quelle der Informationen, soweit sie sich nicht innerhalb des Kalkulationsschemas selbst errechnen, angegeben. Ausgang der Rechnung sind die vorgegebenen Primärbedarfe, verbrauchsgesteuerten Bedarfe sowie Prozentzahlen der Zusatzbedarfe für Ausschuß oder Ersatzteilverbrauch.

Die Teilenummern, für die in der anstehenden Berechnungsperiode der Bedarf bekannt ist (z. B. weil er in der vorgelagerten Primärbedarfsplanung erzeugt worden ist), werden in einer Aktionsdatei nach Dispositionsstufen sortiert vorgegeben. Diese Aktionsdatei ist somit eine Schnittstelle zwischen der Primärbedarfsplanung und der Bedarfsauflösung (Brutto-Netto-Rechnung). Diese Primärbedarfs-Aktionsdatei bildet einen Briefkasten zwischen den Programmsystemen "Primärbedarfsermittlung" und "Brutto-Netto-Rechnung", der als n:m-Beziehungstyp zwischen den Programm-Entitytypen in Abb. B.I.46 gezeichnet ist.

In der Trigger-/Aktionsdatei sind bei Ubernahme in die Brutto-Netto-Rechnung lediglich solche Teilenummern aufgeführt, für die ein originärer Bedarf (gegebenenfalls aus unterschiedlichen Quellen) besteht. Im Laufe der Rechnung werden Bedarfe untergeordneter Teile ermittelt, die wiederum Ausgangspunkt weiterer Bedarfsauflösungen sind, so daß die Brutto-Netto-Rechnung sich im weiteren Ablauf selbst steuert. Diese Teilenummern mit Sekundärbedarfen bilden damit einen Briefkasten innerhalb des Programms "Brutto-Netto-Rechnung" (vgl. Abb. B.I.46). Für die Teilenummern, die in den Triggerdateien erfaßt sind, sind in den zugehörigen Bedarfsentities die Bedarfszahlen erfaßt.

Für jedes Teil, für das bei Übernahme oder während der Bedarfsauflösung ein Bedarf erkannt wird, werden aus den Bruttobedarfen Nettobedarfe ermittelt und zu Losen zusammengestellt. Dabei werden die Teile in der Reihenfolge ihrer Dispositionsstufen abgearbeitet, wobei mit der höchsten Dispositionsstufe begonnen wird.

Herkunft der Daten	Nr.	Periode	P1 Anfangsbestand (A) Summe (S)	P1 1	P1 2	P1 3	P1 4	P1 5	P1 6	P2 Anfangsbestand (A) Summe (S)	P2 1	P2 2	P2 3	P2 4	P2 5	P2 6	B Anfangsbestand (A) Summe (S)	B 1	B 2	B 3	B 4	B 5	B 6
		Produkt	Dispositionsstufe 3: P1							Dispositionsstufe 3: P2							Dispositionsstufe 2: B						
Primärbedarf	1	Primärbedarf	2655 S	100	200	1000	400	955	0	1620 S	50	70	300	500	400	300	0 S	0	0	0	0	0	0
Auftrag	2	+Sekundärbedarf	0 S	0	0	0	0	0	0	0 S	0	0	0	0	0	0	9966 S	0	5006	2640	2320	0	0
Primärbedarf	3	+verbrauchsgesteuerter Bedarf	400 S	50	50	100	100	50	50	300 S	50	50	50	50	50	50	600 S	100	100	100	100	100	100
Teil	4	+Zusatzbedarf(10%)	350 S	15	25	110	50	100	5	192 S	10	12	35	55	45	35	1056 S	10	510	274	242	10	10
	5	Summe der Zeilen 1-4 = Bruttobedarf	3360 S	165	275	1210	550	1105	55	2112 S	110	132	385	605	495	385	11622 S	110	5616	3014	2662	110	110
Lagerbestand	6	Lagerbestand	320 A	320	295	20	20	20	20	200 A	200	240	108	73	30	30	1610 A	1610	450	100	100	100	100
Teil	7	-Sicherheitsbestand	20 A	20	20	20	20	20	20	30 A	30	30	30	30	30	30	100 A	100	100	100	100	100	100
Auftrag	8	+freigeg. Aufträge bzw. offene Bestellungen	240 S	140	0	100	0	0	0	500 S	150	0	350	0	0	0	0 S	0	0	0	0	0	0
	9	Summe der Zeilen 6 bis 8 = verfügbarer Bestand	815 S	440	275	100	0	0	0	1001 S	320	210	428	43	0	0	1860 S	1510	350	0	0	0	0
Reservierung	10	Reservierungen für freigegebene Aufträge übergeordneter Teile	0 S	0	0	0	0	0	0	0 S	0	0	0	0	0	0	1250 S	1050	200	0	0	0	0
	11	Max 0, Zeilen 5+10 abzügl. Zeile 9 = Nettobedarf	2820 S	0	0	1110	550	1105	55	1442 S	0	0	0	562	495	385	11362 S	0	5466	3014	2662	110	110
	12	Losbildung (geplante Aufträge)	2820 S	0	0	1660	0	1160	0	1442 S	0	0	0	562	880	0	11362 S	0	8480	0	2882	0	0
Teil Erzeugnisstruktur		Vorlaufverschiebung			1Per.		1Per.						2Per.	2Per.				1Per.		1Per.			
		Produktionskoeffizient				2		2					3	3				2 bzw. 1		2 bzw. 1			
	13	Berechn. Sek.-Bedarf untergeordneter Teile																					
Teil Erzeugnisstruktur		B	5640 S	0	3320	0	2320	0	--	4326 S	0	1686	2640	0	0	0	0	--	--	--	--	--	--
		E1	0	--	--	--	--	--	--	0	--	--	--	--	--	--	22724 S	16960	0	5764	0	0	0
		E2	0	--	--	--	--	--	--	0	--	--	--	--	--	--	11362 S	8480	0	2882	0	0	0

Abb. B.I.45: Brutto-Netto-Rechnung

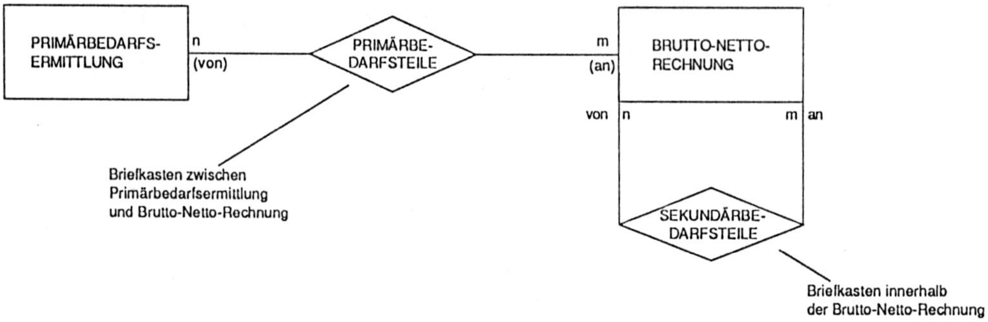

Abb. B.I.46: ERM zur Brutto-Netto-Rechnung

Durch dieses Vorgehen ist sichergestellt, daß

- nur Teile bearbeitet werden, für die ein Bedarf vorliegt,
- jedes Teil nur einmal bearbeitet wird (weil es nur einer Dispositionsstufe angehören kann),
- alle übergeordneten Teile eines bearbeiteten Teiles bearbeitet worden sind und damit alle Sekundärbedarfe übertragen sind (da übergeordnete Teile höheren Dispositionsstufen angehören).

Der Algorithmus der Brutto-Netto-Rechnung wird an dem Beispiel der Tabelle B.I.45 erläutert. Abb. B.I.47 zeigt die zugrundeliegende Teilestruktur. Für die Teile P1, P2 und B wird die Bedarfsauflösung vollständig durchgeführt, während für E1 und E2 lediglich die Sekundärbedarfe ermittelt werden. Da die Teile in der Reihenfolge der Höhe der Dispositionsstufe aufgelöst werden, sind die Teile in der Reihenfolge P1, P2 und B zu bearbeiten.

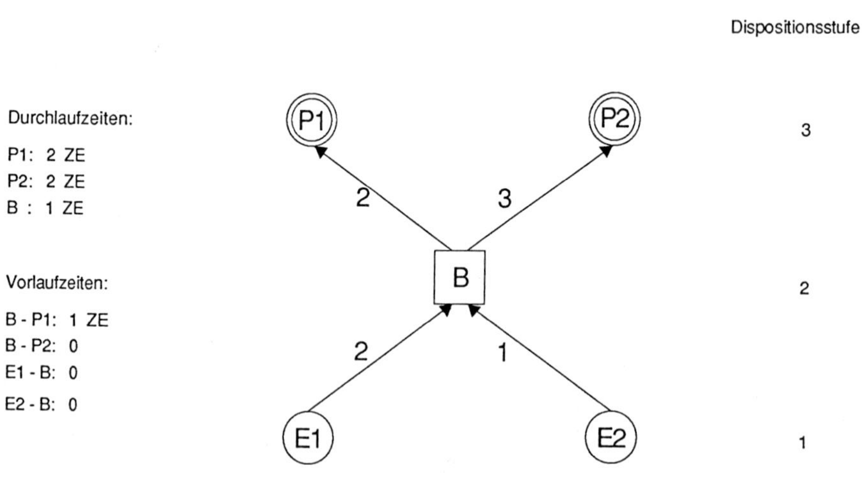

Abb. B.I.47: Teilestruktur zu Abb. B.I.45

Dieses bedeutet, daß zunächst die Tabelle der Abb. B.I.45 für P1, dann für P2 und anschließend für B ausgefüllt wird. In der ersten Spalte sind die Namen der Entitytypen angegeben, denen bereits vorliegende Daten entnommen werden. Alle anderen Daten werden im Rahmen der Rechnung selbst erzeugt. Für jedes Teil sind zur Kontrolle in einer Vorspalte Anfangsbestände und Summenfelder eingetragen.

Es wird eine Planung über sechs Perioden durchgeführt. Damit wird eine feste Periodenrasterung vorausgesetzt. Der Ablauf würde sich nicht ändern, wenn jedem einzelnen Bedarf ein individueller Bedarfszeitpunkt zugeordnet wäre. In diesem Fall wäre das Beispiel so zu interpretieren, als seien für jedes Teil sechs Bedarfe mit unterschiedlichen Bezugsperioden definiert.

Zeile 1: Die Teilenummern, für die ein originärer Bedarf besteht, werden nach Dispositionsstufen sortiert in die Trigger-/Aktionsdatei "Primärbedarf" übergeben. Primärbedarfe sind hier lediglich für die Teile P1 und P2 definiert.

Zeile 2: Der Sekundärbedarf wird aus dem Bedarf übergeordneter Teile abgeleitet (Zeile 13) und in die Triggerdatei "Sekundärbedarf" eingestellt. Sie tritt deshalb hier nur für B auf (E1 und E2 werden nicht weiter betrachtet). Die Brutto-Netto-Rechnung kann für B erst beginnen, wenn sie für P1 und P2 abgeschlossen ist.

Zeile 3: Teile mit niedrigem Verbrauchswert (C-Teile) werden im allgemeinen verbrauchsgesteuert disponiert. Falls für gewisse Marktsegmente (z. B. Ersatzteile) der Bedarf verbrauchsgesteuert disponiert wird, können bedarfs- und verbrauchsgesteuerte Disposition auch nebeneinander auftreten, wie hier angenommen wurde.

Zeile 4: Für Ausschuß und Schwund kann ein prozentualer Zuschlag angesetzt werden. Der Prozentsatz ist den Teile-Entities zugeordnet.

Zeile 5: Der Bruttobedarf pro Periode ergibt sich aus den Bedarfszahlen der Zeilen 1 bis 4.

Zeile 6: Der Lagerbestand ist definiert als die an den Lägern von einem Teil zum Periodenanfang physisch vorhandenen Mengeneinheiten. Am Lager zwar noch vorhandene, aber bestimmten Fertigungs- oder Kundenaufträgen fest zugeteilte (reservierte) Mengen zählen also noch zum Lagerbestand und werden später (Zeile 10) berücksichtigt. Der Lagerbestand wird aus den Lagersätzen des Teiles addiert oder einem Summenfeld des Teilesatzes entnommen und zunächst der ersten einbezogenen Bedarfsperiode zugerechnet.

Falls dieser Lagerbestand den Bedarf der Periode übersteigt, wird der verbleibende Bestand auf die nächsten Perioden übertragen.

Zeile 7: Der Sicherheitsbestand soll unvorhergesehene Bedarfsschwankungen ausgleichen und darf deshalb nicht für den normalen Bedarf eingesetzt werden.

Zeile 8: Vor dem Planungszeitpunkt freigegebene Fertigungsaufträge bzw. offene Bestellungen werden zu ihrem erwarteten Fertigstellungs- bzw. Liefertermin erfaßt und gehen damit in den verfügbaren Bestand (Zeile 9) dieser Perioden ein. Für P1 und P2 werden jeweils in der ersten und dritten Periode 140 und 100 bzw. 150 und 350

Mengeneinheiten als Lagerzugang aus freigegebenen Aufträgen erwartet. Da die Aufträge für die dritte Bedarfsperiode noch nicht begonnen wurden (ihre Durchlaufzeit beträgt jeweils 2 Perioden), sind die benötigten Mengeneinheiten der Komponente B noch nicht physisch den Aufträgen zugeteilt.

Zeile 9: Der verfügbare Bestand (errechnet aus den Posten der Zeilen 6 und 8 abzüglich dem der Zeile 7) kann fortlaufend zur Deckung des Bruttobedarfs der Zeile 5 eingesetzt werden.

Zeile 10: Vor dem Planungszeitpunkt in die Produktion freigegebene Aufträge werden in Zeile 8 mit ihrem erwarteten Fertigstellungstermin als Lagerzugang erfaßt. Mit der Freigabe werden für die benötigten Komponenten Materialentnahmeanweisungen angelegt. Werden die Komponenten nicht sofort physisch dem Lager entnommen, müssen sie gekennzeichnet (reserviert, vorgemerkt) werden, damit sie nicht mehr anderen Aufträgen zugeteilt werden. Da Reservierungen nur für untergeordnete Teile möglich sind, treten sie im Beispiel nur bei B auf. Der freigegebene Auftrag für P1 in Höhe von 100 Mengeneinheiten führt entsprechend dem Produktionskoeffizienten von 2 zu einem Bedarf von 200 ME für B. Dieser wird aufgrund der Vorlaufzeit von einer Zeiteinheit zwischen B und P1 eine Zeiteinheit nach Produktionsbeginn des Auftrags P1 benötigt, so daß am Anfang der zweiten Periode 200 Mengeneinheiten von B reserviert sein müssen. Der freigegebene Auftrag für P2 verlangt dagegen bereits in der ersten Periode eine Reservierung von 350 x 3 = 1050 Mengeneinheiten von B.

Die Reservierungen beziehen sich in dem Beispiel und in der Datenstruktur der Abb. B.I.42 nur auf Lagerbestände. Es ist vorstellbar, daß auch freigegebene Aufträge für andere freigegebene übergeordnete Aufträge reserviert werden.

Für die in Periode 1 eintreffenden Aufträge wird angenommen, daß die Komponenten bereits physisch dem Lager entnommen worden sind.

Zeile 11: Der Nettobedarf ergibt sich, indem vom Bruttobedarf zuzüglich den Reservierungen der verfügbare Bestand abgezogen wird. Ein negativer Nettobedarf steht als Lagerbestand der nächsten Periode zur Verfügung.

Zeile 12: Die Nettobedarfsmengen aufeinanderfolgender Perioden können zu Fertigungslosen bzw. Bestellmengen zusammengefaßt werden. Dies wird für jedes Teil isoliert vorgenommen, d. h. ohne Beachtung der Interdependenzen zu Teilen, die die gleichen Produktionsanlagen benutzen (Sequenzproblem). Auf die angewendeten Verfahren und ihre Problematik wird weiter unten eingegangen. Im Beispiel sind die Lose willkürlich gebildet worden.

Pro Los wird ein Auftragsentity des Typs AUFTRAG angelegt. Typische Attribute des Auftrages sind neben den identifizierenden Attributen Teilenummer und Datum die Auftragsmenge und der Auftragsstatus (geplant, fest geplant, freigegeben, offen, bearbeitet).

Zeile 13: Bei der Berechnung des Sekundärbedarfes der untergeordneten Teile (B in bezug auf P1 und P2 sowie E1 und E2 in bezug auf B) müssen die Vorlaufzeiten der übergeordneten Aufträge beachtet werden. Zur Berechnung dieser Vorlaufverschiebung wird von der Bedarfsperiode des übergeordneten Teils die in dessen Teilesatz gespeicherte Durchlaufzeit abgezogen. Falls eine Komponente nicht zum Beginn des ersten Arbeitsgangs, sondern erst nach Fertigstellung einiger Arbeitsgänge bereitstehen muß, kann dies durch die in dem Erzeugnisstruktursatz zwischen der Komponente und dem übergeordneten Teil gespeicherte Vorlaufzeit berücksichtigt werden. Da die Durchlauf- und Vorlaufzeiten jeweils in ganzen Periodeneinheiten angegeben werden, können sich durch die fortlaufenden Rundungen erhebliche Ungenauigkeiten ergeben. Sie können aber teilweise bei den nachfolgenden Planungsschritten der Kapazitäts- und Ablaufplanung wieder korrigiert werden. Im Beispiel gelten die in Abb. B.I.48 dargestellten Zusammenhänge, wobei alle Bezugspunkte jeweils die Anfangszeiten der Perioden sind.

Der Sekundärbedarf von 5006 ME in der zweiten Periode für B errechnet sich also aus dem Los für P1 von 1660 ME in der dritten Periode (Vorlaufverschiebung um eine Periode) und dem Los für P2 von 562 ME in der vierten Periode (Vorlaufverschiebung um zwei Perioden).

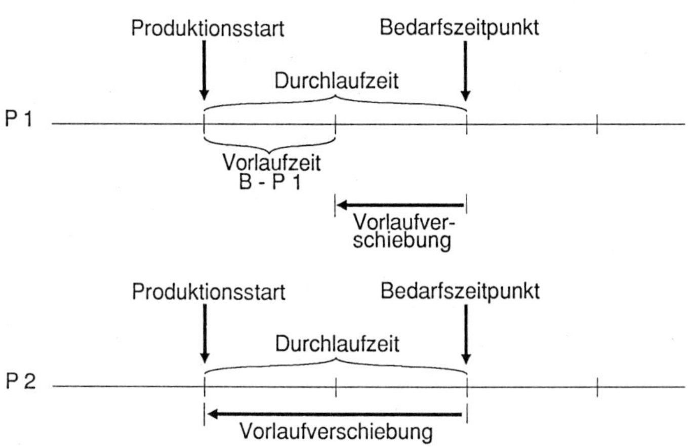

Allgemein errechnet sich die Vorlaufverschiebung einer Komponente nach:

Vorlaufverschiebung der Komponente = Durchlaufzeit des übergeordneten Teiles
- Vorlaufzeit der Komponente in Bezug auf das übergeordneteTeil

Abb. B.I.48: Bestimmung der Vorlaufverschiebung einer Komponente

Die unter Berücksichtigung von Vorlaufverschiebung und Produktionskoeffizienten errechneten Sekundärbedarfsmengen werden in die entsprechenden Felder der Bedarfssätze eingetragen, und gleichzeitig werden die angesprochenen Komponenten in die Aktionsdatei "Primärbedarf" eingefügt. In ihr werden somit sowohl Primär- als auch - fortlaufend - Sekundärbedarfsteilenummern erfaßt.

Der Ablauf der Brutto-Netto-Rechnung ist unter Bezugnahme auf das eingeführte Berechnungsschema im Struktogramm der Abb. B.I.49 dargestellt. Die Angabe der Zeilennummern bezieht sich auf das Rechenschema der Abb. B.I.45.

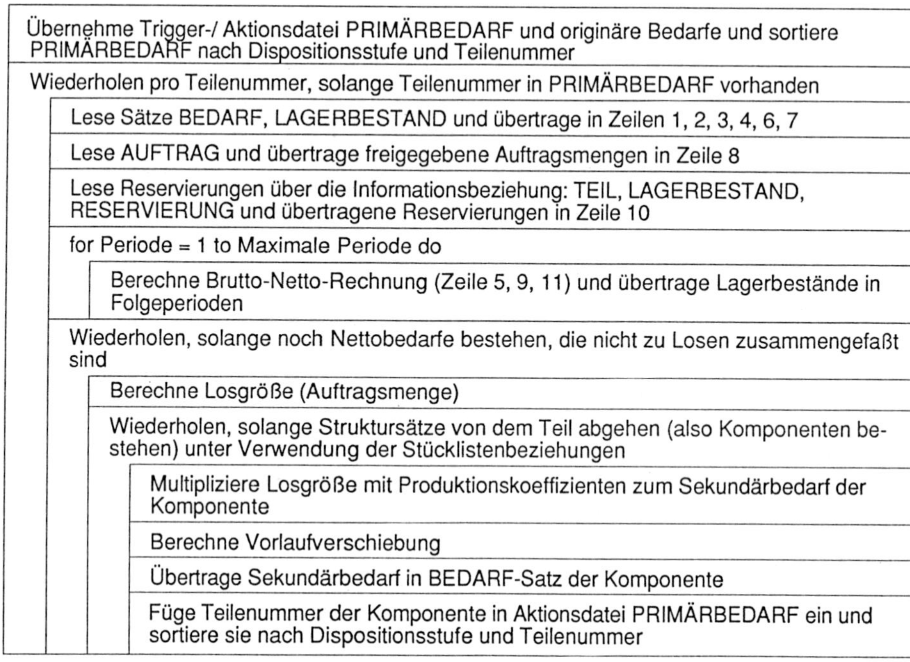

Abb. B.I.49: Struktogramm zur Brutto-Netto-Rechnung

Die Ergebnisse der Bedarfsrechnung werden in den BEDARF- und AUFTRAG-Entitytypen erfaßt. Die Attributfelder von BEDARF werden entsprechend aufgefächert nach den Zeilen und Perioden des Berechnungsschemas der Abb. B.I.45.

Primärbedarf
Sekundärbedarf
verbrauchsgesteuerter Bedarf
.
.
.
.
Auftrag (Los)

} Periode 1

Primärbedarf
Sekundärbedarf
verbrauchsgesteuerter Bedarf
.
.
.
.
Auftrag (Los)

} Periode 2

.
.
.
.

Da bei der Bedarfsauflösung von den Bedarfsterminen der Primärbedarfe ausgegangen wird, sind alle abgeleiteten Aufträge unter Berücksichtigung der Durchlaufzeiten der übergeordneten Aufträge auf die spätest zulässigen Anfangstermine zur Erreichung des zeitgerechten Primärbedarfes ausgerichtet. Diese Rückwärtsterminierung entspricht somit einem Pull-Konzept, da die Komponenten terminlich von den jeweils übergeordneten Bedarfen bis hin zum Primärbedarf "gezogen" werden.

Bei der Auflösung kann es vorkommen, daß Komponenten in die "Vergangenheit" terminiert werden, da bei der Festlegung der Primärbedarfsmengen die genauen Durchlaufzeiten noch nicht bekannt sind, da diese u.a. von vorhandenen Lagerbeständen abhängen.

Die in die Vergangenheit ragenden unzulässigen Starttermine können dadurch korrigiert werden, daß die Durchlaufzeiten der Komponenten verkürzt werden.

Dazu können den Teileentities sogenannte Übergangszeitreduzierungsfaktoren zugeordnet werden, die angeben, um wieviele Zeiteinheiten bzw. um wieviel Prozent die Durchlaufzeit verkürzt werden kann. Wie im Rahmen der Zeitwirtschaft noch ausgeführt wird, können Übergangszeiten den größten Anteil der Durchlaufzeit von Fertigungsaufträgen ausmachen. Sie können durch eine konsequente Materialflußsteuerung beeinflußt und zum Teil drastisch reduziert werden.

Nach Kürzung der Durchlaufzeiten kritischer Aufträge kann, mit dem frühest möglichen Startpunkt in der Gegenwart beginnend, eine Vorwärtsterminierung der betroffenen Auftragsnetze durchgeführt werden. Dadurch werden realistische Termine bis hin zu den entsprechenden Primärbedarfen errechnet. Falls auch nach der Reduzierung der Durchlaufzeiten die ursprünglichen Primärbedarfstermine nicht eingehalten werden, liegen nach der Vorwärtsterminierung jedoch realistische Termine vor, die dann mit den entsprechenden Disponenten, die den Primärbedarf geplant bzw. die Kundenaufträge abgeschlossen haben, abgesprochen werden müssen. Gegebenenfalls müssen Rückwärts- und Vorwärtsterminierung mehrfach durchlaufen werden.

B.I.3.2.4 Losgrößenbestimmung

Zur Bedarfsplanung werden zur Losgrößenberechnung vor allem die Verfahren:

- Konstante Losgröße,
- Andler-Formel,
- Gleitende Wirtschaftliche Losgröße,
- Stückperiodenausgleich

eingesetzt. Die Kennung des für ein Teil anzusetzenden Verfahrens wird als Attribut des Teileentities geführt.

Eine vorgegebene konstante Losgröße y wird im allgemeinen nicht an Kostenüberlegungen orientiert, sondern richtet sich habituell an Kategorien wie "einfacher Monatsbedarf", "zweifacher Monatsbedarf" usw. aus. Eine solche Regel muß nicht unbedingt Ausdruck eines wenig kostenbewußten Handelns sein, sondern kann auch aus der Erkenntnis resultieren, daß die engen Prämissen der anderen Verfahren eine befriedigende kostenoptimale Lösung ohnehin nicht zulassen und deshalb ein vor allem organisatorisch leicht zu handhabendes Verfahren gewählt wird.

Die auf rechnerische Kostenminimierung ausgerichteten Verfahren benötigen als Daten:

B_h = Nettobedarf der Teilperiode h
A = Bestell- bzw. auflagefixe Kosten
l = Lagerkostensatz [GE/(ME x Teilperiode)]

Die Nettobedarfe sind Attribute aus BEDARF, bestell- und auflagefixe Kosten sowie der Lagerkostensatz sind Attribute zum Entitytyp TEIL.

Die Verfahren werden zunächst vorgestellt und anschließend ihre methodischen Prämissen aufgezeigt.

In die Andler-Formel (Abb. B.I.50) gehen nicht die einzelnen Periodenbedarfe B_h ein, sondern ein konstanter (durchschnittlicher) Periodenbedarf B. Die folgenden Verfahren gehen dagegen explizit von den vorliegenden Periodenbedarfen aus.

$$Y_{OPT} = \sqrt{\frac{2 * A * B}{I}}$$

Abb. B.I.50: Andler-Formel

Bei der Gleitenden Wirtschaftlichen Losgröße wird nach Abb. B.I.51 diejenige Teilperiode j* gesucht, bei der die Stückkosten, berechnet aus dem Los der Bedarfsperioden i bis j*, am geringsten sind.

$$j^* = j \;\Big|\; k_{ij} = \underset{j'}{\text{Min}} \left\{ k_{ij'} \right\}$$

Abb. B.I.51: Gleitende Wirtschaftliche Losgröße - Bestimmung der Teilperiode j*

Dabei sind $k_{ij'}$ die Stückkosten eines Loses, das in Periode i aufgelegt wird und die Bedarfe bis einschließlich Periode j' enthält; i gibt jeweils die neue Ausgangsperiode nach Ermittlung eines Loses an und ist damit Datum. Die Stückkosten errechnen sich nach Abb. B.I.52.

$$k_{ij'} = \frac{A + I * \sum_{h=i}^{j'} B_h * (h - i)}{\sum_{h=i}^{j'} B_h}$$

Abb. B.I.52: Gleitende Wirtschaftliche Losgröße - Bestimmung der Stückkosten kij'

Falls die Bedingung aus Abb. B.I.51 für mehrere j erfüllt ist, muß festgelegt werden, welches j dann als j* gewählt werden soll; dies kann z. B. das dafür minimale j sein.

Beim Stückperiodenausgleich in Abb. B.I.53 werden die in ein Los einzubeziehenden Periodenbedarfe gesucht, bei denen die Auflagekosten gleich den Lagerkosten des Loses sind. Diese Bedingung wird aus der klassischen Andler-Formel abgeleitet, bei der sie im Optimum erfüllt ist.

Es wird also die Teilperiode j* gesucht nach Abb. B.I.54.

Beide Seiten der Ungleichung haben in der zweiten Formulierung die Dimension (ME x ZE). Daraus resultiert der Name des Verfahrens.

Der Stückperiodenausgleich kann weiter verfeinert werden, indem Alternativvergleiche für Extremlösungen durchgeführt werden (vgl. *Scheer, Produktionsplanung 1976, S. 197*).

Die Anwendung der Andler-Formel (Abb. B.I.50) setzt einen konstanten (stationären) Periodenbedarf B voraus. Bei unregelmäßigem Bedarfsverlauf kann für B zwar ein Durchschnittswert aus Periodenbedarfen der Vergangenheit oder aus Prognosewerten formal berechnet werden, die Formel führt dann in der Regel aber nicht mehr zu einer kostenminimalen Lösung.

Beispiel: A = 60 GE, I = 0,20 GE/(ME * Teilperiode)

Teilperiode = h		1	2	3	4	5
Periodenbedarf = B_h		85	220	176	143	440
1. Los:	Auflagekosten	60	0	0		
	Lagerkosten	0	44	70,4		
	kumulierte Kosten	60	104	174,4		
	Stückkosten	0,706>	0,341<	0,363		
	Losgröße ($B_1 + B_2$)	305				
2. Los:	Auflagekosten			60	0	0
	Lagerkosten			0	28,60	176,0
	kumulierte Kosten			60	88,60	264,5
	Stückkosten			0,340>	0,277<	0,349
	Losgröße ($B_3 + B_4$)			319		
3. Los:	Losgröße (B_5)					440

Abb. B.I.53: Beispiel zur Gleitenden Wirtschaftlichen Losgröße

$$j^* = \text{Min} \left\{ j \;\middle|\; A < I \sum_{h=i}^{j} B_h * (h-i) \right\} \quad \text{bzw.} \quad j^* = \text{Min} \left\{ j \;\middle|\; \frac{A}{I} < \sum_{h=i}^{j} B_h * (h-i) \right\}$$

i = Periode der Losauflage = Ausgangsperiode

j = letzte Bedarfsperiode des Loses

Abb. B.I.54: Stückperiodenausgleich

Beispiel: Stückperioden $\frac{A}{I} = \frac{60}{0,2} = 300$

Teilperiode = h		1	2	3	4	5
Periodenbedarf = B_h		85	220	176	143	440
1. Los:	Stückperioden	0	220	572		
	Losgröße ($B_1 + B_2 + B_3$)	481				
2. Los:	Stückperioden				0	440
	Losgröße ($B_4 + B_5$)				583	

Abb. B.I.55: Beispiel zum Stückperiodenausgleich

Die anderen Verfahren gehen zwar von vornherein von variierenden Bedarfswerten aus, dafür entspricht aber die Zielgröße nicht der Minimierung der Kosten pro Planungszeitraum. Vielmehr werden die Kosten pro Zeiteinheit für unterschiedlich lange Sequenzen des Planungszeitraumes minimiert. Selbst wenn beim Stückperiodenausgleich die Lösung durch die anschließenden Verfeinerungen noch verbessert wird, braucht sie doch nicht mit der tatsächlichen optimalen Lösung übereinzustimmen.

Die optimale Losgröße kann mit Hilfe der Dynamischen Optimierung exakt bestimmt werden (vgl. *Wagner/Whitin, Economic Lot Size Model 1958*). Dazu werden die gleichen Daten benötigt wie bisher, allerdings ist der Rechenaufwand höher.
Die Rekursionsformel (Abb. B.I.56) liefert auch die optimale Lösung des Beispiels. Sie stimmt hier zufällig mit der der Gleitenden Wirtschaftlichen Losgröße überein. Simulationsstudien von DeMatteis (vgl. *DeMatteis, Lot-sizing Technique 1968*) haben ergeben, daß der Stückperiodenausgleich (einschließlich der genannten Verfeinerungen) im allgemeinen zu besseren Ergebnissen führt als die Gleitende Wirtschaftliche Losgröße (vgl. auch *Ohse, Lagerhaltungsmodelle 1969*).

$$F(j) = \mathrm{Min}\left[\ \underset{1<i<j}{\mathrm{Min}} \underbrace{\left[A + \sum_{h=i+1}^{j} B_h * (h-i) * I + F(i-1)\right]}; \quad \underbrace{A + F(j-1)}\ \right]$$

Gesamtkosten bei Fertigung (Bestellung) des Bedarfs B_j in Periode i

Gesamtkosten bei Fertigung (Bestellung) des Bedarfs B_j in Periode j (Also Neuauflage eines Loses)

Abb. B.I.56: Rekursionsformel zur Dynamischen Optimierung

Allerdings muß generell bemerkt werden, daß der Stückkostenverlauf in der Nähe der optimalen Losgröße oft sehr flach ist und deshalb auch die anderen Verfahren, insbesondere unter Beachtung ihrer rechentechnisch leichten Handhabung, befriedigende Lösungen liefern können.
Wesentlich bedeutender sind deshalb auch die Auswirkungen der Tatsache, daß die Losgrößenplanung für jedes Teil isoliert vorgenommen wird.
Die Einbeziehung eines Periodenbedarfs in das Los einer vorhergehenden Periode beeinflußt nicht nur das betreffende Teil, sondern auch alle untergeordneten Teile, weil deren Bereitstellung nun nicht mehr aus der ursprünglichen Bedarfsperiode abgeleitet wird, sondern aus der des Loses. Die fortlaufende Losbildung führt deshalb tendenziell zu einer starken Kapazitätsbelastung der Gegenwart. Derartige Verflechtungen bei der Losbildung werden aber bei bisherigen PPS-Systemen nicht berücksichtigt.
Auch die in der betriebswirtschaftlichen Literatur entwickelten Losgrößenmodelle zur mehrstufigen Fertigung können noch wenig befriedigen, weil sie keine leistungsfähige allgemeingültige Lösung beinhalten (vgl. *Crowston/Wagner/Williams, Lot Size Determination 1973; Scheer, Produktionsplanung 1976, S. 92 ff.; Schneeweiss, Lagerhaltungssysteme 1981*).

Diese Ansätze bestätigen die Notwendigkeit einer simultanen Planung der durch Erzeugnisstrukturen verbundenen Teile. Dies ist aber grundsätzlich bei der (dispositions-)stufenweisen Bedarfsauflösung unmöglich.
Ein weiterer Kritikpunkt resultiert daraus, daß die Lose pro Teil gebildet werden. Die Rüstkosten sind also die insgesamt für alle Arbeitsgänge des Arbeitsplans eines Teils anfallenden Rüstkosten, und der Lagerkostensatz bezieht sich auf die Lagerung des fertiggestellten Teiles. Die eigentliche Bezugsgröße der Umrüstungskosten ist aber das Aggregat: Innerhalb des Arbeitsplans eines Teiles können Arbeitsgänge auf unterschiedlichen Aggregaten auszuführen sein; ferner bilden sich zwischen den Arbeitsgängen ebenfalls Lager. Damit kann eine weitere arbeitsgangbezogene Losgrößenbetrachtung innerhalb des auf das Teil bezogenen Loses angestellt werden.

Dieser Fall wird zwar von in der Literatur behandelten Modellen der Losgrößenplanung bei mehrstufiger Fertigung seit längerer Zeit behandelt, die Ansätze liefern aber keinen allgemeingültig verwertbaren Algorithmus (vgl. *Müller, Simultane Lagerdisposition und Fertigungsablaufplanung 1972; Müller-Merbach, Optimale Losgrößen 1965*).
Eine arbeitsgangbezogene Betrachtung ist auch sinnvoll, wenn selbständig disponierte Teile gefertigt werden, für die annähernd der gleiche Arbeitsplan besteht bzw. zumindest einige Arbeitsgänge gleich sind. Dieser Fall ist für die bereits oben beschriebene Varianten- und Teilefamilienfertigung typisch. Hier können insgesamt Rüstkosten gespart werden, wenn gleiche Arbeitsgänge unterschiedlicher Teile unmittelbar nacheinander gefertigt werden. Diese Möglichkeiten können bei der teilebezogenen Losgrößenbildung allein deswegen schon nicht genutzt werden, weil die gleichen Arbeitsgänge zu Teilen unterschiedlicher Dispositionsstufen gehören können. Bei der Betrachtung eines Teiles ist der Bedarf an Teilen mit ähnlichen Arbeitsgängen somit nicht (oder nicht vollständig) bekannt.
Eine arbeitsgangbezogene Planung muß deshalb im Rahmen der kurzfristigen Fertigungssteuerung durchgeführt werden (vgl. dazu unten den Abschnitt "B.I.6 Feinterminierung").
Die Interdependenzen zur Bedarfsplanung können dann aber wegen des Stufenplanungskonzepts nicht mehr einbezogen werden.
Ein weiteres Problem, das ebenfalls aus der Mehrstufigkeit des Problems herrührt, betrifft die Berechnung des anzusetzenden Lagerkostensatzes l (vgl. *Scheer, Produktionsplanung 1976, S. 108 ff.*).

B.I.3.2.5 Lagerverwaltung

Voraussetzung für eine exakte Brutto-Netto-Rechnung innerhalb der Bedarfsplanung ist die Führung aktueller Lagerbestände für Endprodukte, Zwischenprodukte (Baugruppen) und Fremdteile einschließlich Materialien. Da Lagerfunktionen somit sowohl im Bereich des Absatzes (Fertiglager), der Produktion (Zwischenlager) und der Beschaffung (Wareneingangslager) auftreten (vgl. Abb. B.I.57), werden zunächst die grundsätzlichen Aufgaben dargestellt. Auf die Besonderheiten des jeweiligen betriebswirtschaftlichen Zusammenhanges wird in den Abschnitten zu Absatz, Betriebsdatenerfassung und Beschaffung noch weiter eingegangen.

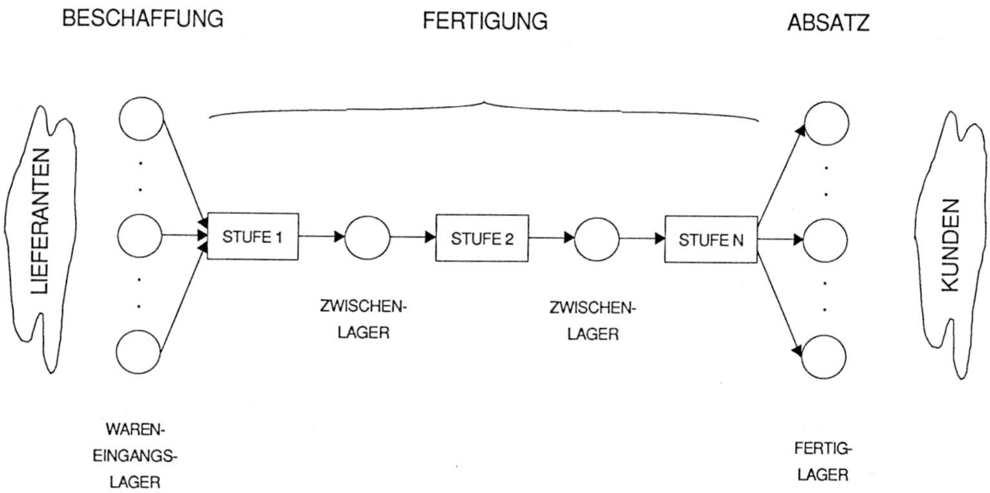

Abb. B.I.57: Lagerbildung im Unternehmen

Pro lagerführendes Teil wird ein dispositives "Konto" gebildet, in dem die geplanten Zu- und Abgänge neben den effektiven Beständen geführt werden. In Abb. B.I.58 ist ein solches Konto beispielhaft dargestellt.

Dispositives Konto für Teilenummer xx zum 15.4. ...

Bestand/ Zugänge			Reservierungen/ Abgänge		
Bestand	15.4.	700	Reservierungen	15.4.	300
geplanter Zugang	19.4.	300	geplanter Abgang	18.4.	200
geplanter Zugang	15.5.	760	geplanter Abgang	23.4.	150

Abb. B.I.58: Dispositives Konto zur Lagerverwaltung

Auf der Aktivseite stehen neben dem physischen Bestand, der durch die Zu- und Abgangserfassung der Lagerbuchführung fortgeschrieben wird, die mit ihren erwarteten Ankunftszeiten versehenen Bestellungen für Fremdteile bzw. die mit den Fertigstellungsterminen versehenen Zugänge aus Fertigungsaufträgen. Auf der Passivseite sind Reservierungen sowie geplante Entnahmen für

eingeplante Fertigungsauftäge eingetragen. Bei einer solchen dispositiven Kontenführung ist somit eine aktuelle Übersicht über Bedarfe und Bestände jederzeit möglich, die bei der Einplanung von neuen Fertigungsaufträgen oder Kundenaufträgen genutzt werden kann.
Zur Realisierung dieses Kontos braucht keine neue Datenstruktur eingeführt zu werden, da sie in der Datenstruktur der Abb. B.I.42 bereits enthalten ist. Von einem Teil ausgehend sind Lagerbestand, Aufträge und Reservierungen direkt erreichbar, so daß die Bildung des Kontos eine einfache Auswertungsfunktion auf Basis dieser Datenstruktur ist.

B.I.3.2.5.1 Erfassungsfunktionen

Zur exakten Bestandsführung ist die Erfassung der Zu- und Abgänge eines Lagers erforderlich. Die Lagerzugänge werden Begleitinformationen der Lieferung (Lieferschein, Markierungen, gespeicherte Daten) entnommen oder durch manuelle oder automatische Zähleinrichtungen (beispielsweise über Barcodes) an einem sogenannten I-Punkt vor dem Lagerbereich erfaßt. Entsprechend wird ein Lagerausgang durch Erstellung eines Ausfaßbeleges registriert. Es muß organisatorisch sichergestellt sein, daß keine unkontrollierten Warenbewegungen erfolgen können. Da ein Teil an mehreren unterschiedlichen Lagerorten geführt werden kann, müssen auch Umbuchungsvorgänge erfaßt werden.
Werden die Lagerentnahmen nicht aktuell erfaßt, so können zu einem bestimmten Stichtag die Lagerentnahmen auch "retrograd" aus der Anzahl fertiggestellter Fertigungsaufträge ermittelt werden. Dazu wird bei einem Lagerzugang eines fertiggestellten Teiles (Baugruppe oder Endprodukt) über die Stücklisten der Sollverbrauch an Einzelteilen und Materialien ermittelt und als Sollabgang dem Lagerbestand abgebucht. Eine solche Vorgehensweise ist trotz der sich ergebenden Ungenauigkeiten dann sinnvoll, wenn die Erfassung der effektiven Verbräuche aus organisatorischen oder Kostengründen nicht durchführbar ist.
Werden vor einer physischen Ein- oder Auslagerung Qualititätsprüfungen durchgeführt, so kann zwischen einem bereits akzeptierten Lagerbestand innerhalb des Lagers und einem Lagerbestand innerhalb des Prüfungsbereichs unterschieden werden. Dieses ist bei Verfügbarkeitsprüfungen und Reservierungen zu beachten und wird durch Statuskennungen in den eingeführten Datenstrukturen erfaßt.
Mit der Übernahme eines Fertigungsauftrages auf ein Zwischen- oder Endproduktlager wird der Fertigungsauftrag als abgeschlossen gemeldet und dementsprechend sein Status korrigiert.
Neben der Erfassung der mengenmäßigen Bewegungen und Bestandsfortschreibungen können auch Werte erfaßt und fortgeschrieben werden. Dieses gilt zum Beispiel für durchschnittliche Einkaufspreise bezüglich des Beschaffungslagers oder auch für Lagerwerte von Zwischen- und Endprodukten.
Lagerbewegungen sind wichtige Informationen für nachgelagerte Funktionen des Rechnungswesens. So werden bei einem Wareneingang die Bestandskonten der Lagerbuchführung

erhöht, Preisdifferenzen bei Standardpreis-gesteuertem Material erkannt und das Wareneingang-/Rechnungseingang-Verrechnungskonto berührt.

Auch bei sonstigen Materialbewegungen wird jeweils auf den entsprechenden Konten der Lagerbuchführung mitgebucht.

Gleichzeitig werden auch Daten für die Kostenrechnung erhoben, indem zum Beispiel bei einem Materialausgang die anfordernde Kostenstelle und/oder der betreffende Kostenträger erfaßt werden.

Da beim Wareneingang die gelieferten Mengen gezählt und nach Qualitäten bewertet werden, fallen wichtige Informationen an, die im Rahmen der Rechnungsprüfung, die organisatorisch häufig der Finanzbuchführung unterstellt ist, benötigt werden.

Der Lagerbereich ist aber nicht nur Datenlieferant für nachfolgende Funktionen, sondern wird ebenfalls bereits durch die Nutzung vorher erfaßter Daten unterstützt. Beispielsweise ist die Online-Anzeige der Bestellpositionen für die Erfassung des Wareneinganges eine wichtige Unterstützung. Da in der Regel die bestellten Materialien auch geliefert werden, brauchen die angezeigten Daten bei der Wareneingangsprüfung lediglich quittiert zu werden, um dann automatisch als Lagerzugang weitergebucht zu werden.

Neben der Erfassung von Zu- und Abgängen werden auch die im Rahmen der Bedarfsrechnung angelegten Reservierungen im Lagerbereich verwaltet. Hier können Umbuchungen zwischen reserviertem und freiem Bestand erfolgen bzw. auch Reservierungen außerhalb eines formellen Dispositionslaufs angelegt werden.

Die angedeuteten Funktionen werden wegen ihrer Aktualitätsanforderungen im Dialog durchgeführt, so daß entsprechende Transaktionen für Buchungen, Umbuchungen, Löschen usw. gebildet werden.

B.I.3.2.5.2 Auswertungen

Bei einer Online-Lagerbestandsführung können auch Abfragen im Dialog durchgeführt werden. Hierzu eignen sich insbesondere das Anzeigen der aktuellen Lagerbestände, das Anzeigen von offenen Bestellungen sowie das Anzeigen von Stammdaten über Lieferanten, Teile usw.

Daneben sind auch periodenbezogene Auswertungen sinnvoll, die aufgrund ihres erhöhten Rechenbedarfs häufig Batchfunktionen sind:

- Materialbestandslisten (z. B. geordnet nach Materialklassen, Bestandskonten, Lagerwert, ...),
- Journal aller Lagerbewegungen einer Periode (z. B. Monat),
- Liste der Lagerhüter, d. h. Materialien mit einem letzten Bestell- bzw. Eingangsdatum vor einem bestimmten Termin,
- Teileklassifizierung nach der ABC-Analyse,
- Berechnung der Reichweite des Bestandes aufgrund eines Durchschnittsverbrauchs pro Zeiteinheit,
- Liste der Materialunterdeckungen, d. h. Teile mit einem negativen verfügbaren Bestand.

B.I.3.2.5.3 Inventur

Auch die Inventur, d. h. die Erfassung der physischen Lagerbestände zu einem bestimmten Stichtag, ist eine wichtige Funktion eines EDV-gestützten Lagersystems. Sie gliedert sich in die Unterstützung der Auswahl der zu erfassenden Teile und in die Unterstützung der Inventurbearbeitung.

Der Sachbearbeiter kann durch Angabe bestimmter Schlüssel die zu zählenden Teile festlegen. Kriterien können dabei die Artikelnummer, Lagerort, eine Kennung entsprechend der ABC-Analyse, die Bestandshöhe oder Beschaffungsart sowie Kombinationen zwischen ihnen sein. Bei einer Online-Funktion können die anhand der eingegebenen Auswahlkriterien erfaßten Teile angezeigt werden. Es ist sinnvoll, nur solche Teile physisch zu zählen, die einen geringen Lagerbestand besitzen.

Durch die fortwährende Uberprüfung der Lagerbestände wird somit zu einer permanenten Inventur übergegangen.

Nach der Auswahl der zu zählenden Teile wird eine Liste mit dem Sollbestand sowie einem freien Feld für die Eintragung des Istbestandes ausgegeben. Nach Erfassung der Istbestände werden vom EDV-System Soll-Ist-Abweichungen berechnet und für Auskunftsfunktionen zur Verfügung gestellt. Gleichzeitig werden Buchungsfunktionen zum Ausgleich der Inventurdifferenzen angestoßen.

B.I.3.3 Bedarfsverfolgung

In der Bedarfsauflösung, wie sie bisher dargestellt worden ist, werden bei der Übertragung von Bedarfen an Komponenten sowie bei der Bildung von Losen Aggregationen vorgenommen, die Informationsbeziehungen zwischen Bedarfen und Aufträgen zerstören.

Bei einer Bedarfsplanung mit festem Periodenraster werden Bedarfe unterschiedlicher Herkunft, die in die gleiche Periode terminiert sind, addiert. Damit ist die Herkunft eines solchen aggregierten Bedarfes oder Auftrages nicht mehr zu erkennen. Auch bei einer Bedarfsplanung mit taggenauer Terminierung gehen die Informationsbeziehungen verloren, sobald Lose gebildet werden. Im Rahmen der Primärbedarfsplanung wird der Bezug zwischen Kundenaufträgen und den periodenbezogenen Bedarfen pro Teil unterbrochen.

Bei der Übertragung des Sekundärbedarfes geht die Informationsbeziehung zwischen Sekundärbedarf und verursachendem Auftrag übergeordneter Teile verloren. Der Sekundärbedarf einer Periode kann dabei aus mehreren übergeordneten Aufträgen resultieren.

Bei der Losbildung werden Nettobedarfe unterschiedlicher Perioden addiert. Damit sind die echten Bedarfstermine der Teilmengen des Loses nicht mehr sichtbar.

Der Informationsfluß zwischen Bedarfen und Aufträgen ist zur Steuerung des Materialflusses unerläßlich. Aus diesem Grunde werden bei der Bedarfsauflösung Verfahren eingesetzt, um die genannten Informationsbeziehungen aufrechtzuerhalten. Diese sind je nach der Feinheit, in der die Bedarfsverursachung erfaßt wird, unterschiedlich daten- oder algorithmenaufwendig.

Im einzelnen gelten folgende Gründe für eine Bedarfsverfolgung:

1. Aufgrund der in vielen Industriezweigen bestehenden Tendenz zur kundenindividuellen Fertigung ist es erforderlich, für Kundenaufträge die zugehörigen Fertigungsaufträge von Komponenten verfügbar zu haben, um über deren Produktionsstand Auskunft geben zu können.
2. Nach der Fertigstellung eines Auftrages (Loses) muß bekannt sein, in welche nachfolgenden direkt übergeordneten Aufträge das Los eingeht. Fehlt diese Information, so kann das für die Materialsteuerung häufig eingesetzte "Pushprinzip" nicht durchgeführt werden und der Materialfluß nur über eine "Pullfunktion" unter Einrichtung eines Zwischenlagers, das alle Zu- und Abgänge erfaßt, gesteuert werden.
3. Bei der Verzögerung eines Loses muß festgestellt werden, auf welche übergeordneten Aufträge sie sich auswirkt. Dabei wird auch festgestellt, welche Mengen des Loses zeitkritisch sind und welche Teilmengen bei der Losbildung lediglich aus Kostengründen vorgezogen wurden, in Wirklichkeit aber noch Pufferzeiten besitzen.
4. Bei der Kapazitätsplanung und Fertigungssteuerung werden häufig Prioritätsziffern errechnet, mit deren Hilfe Aufträge den Kapazitäten zugeordnet werden. Bei der Berechnung der Prioritätsziffern werden auch Angaben über die Kundenaufträge, in die die Fertigungsaufträge eingehen, verwendet. Derartigen Größen wie Kapitalbindung des Kundenauftrages, Bedeutung des Kunden usw. können nur ermittelt werden, wenn der Bezug des Fertigungsauftrages zum Kundenauftrag und damit zum Kunden hergestellt werden kann.

Bei den Verfahren zur Bedarfsverfolgung wird zwischen einer einstufigen und einer mehrstufigen bzw. kundenauftragsbezogenen Vorgehensweise unterschieden.
Bei einer einstufigen Bedarfsverfolgung wird lediglich die Verbindung zwischen zwei direkt aufeinanderfolgenden Teilestufen innerhalb des Gozintographen betrachtet, während bei der mehrstufigen Bedarfsverfolgung der Bezug eines Fertigungsauftrages zu dem verursachenden Kundenauftrag bzw. Primärbedarf über **alle** Teilestufen aufrechterhalten bleibt. Prinzipiell kann mit Hilfe beider Verfahren der gesamte Materialfluß von jedem Fertigungsauftrag bis hin zum ursächlich verantwortlichen Kundenauftrag bzw. Primärbedarf gesteuert werden. Die mehrstufige Bedarfsverfolgung ist dabei datenaufwendig, während bei der einstufigen Bedarfsverfolgung erhebliche Suchvorgänge erforderlich sind, um die Beziehung eines Fertigungsauftrages zu den verursachenden Kundenaufträgen bzw. Primärbedarfen zu ermitteln.

B.I.3.3.1 Einstufige Bedarfsverfolgung

B.I.3.3.1.1 Datenstruktur

B.I.3.3.1.1.1 Entwurf

Beim Entwurf der Datenstruktur sind zwei Fälle zu unterscheiden:

- das Festhalten des Bedarfsverursachers beim Übertragen einer Auftragsmenge als Sekundärbedarf der untergeordneten Komponenten (Bedarfsableitung),
- die Verfolgung der Beziehung zwischen dem Bruttobedarf und den daraus abgeleiteten Materialzuordnungen und Aufträgen innerhalb der Brutto-Netto-Rechnung (Bedarfsdeckung).

Bedarfsableitung

In Abb. B.I.59 ist ein einfaches Beispiel zur Demonstration der Bedarfsableitung angegeben. Aus dem Auftrag des Endproduktes P1 in Höhe von 100 Mengeneinheiten werden aufgrund der Stücklistenbeziehung zwei Bedarfszahlen mit 200 Mengeneinheiten für B1 und 100 Mengeneinheiten für B2 abgeleitet (vgl. groß gestrichelte Linien). Dieses zeigt noch einmal den Tatbestand, daß aus einem Auftrag mehrere Bedarfe entstehen können (vgl. dazu auch z. B. den Sekundärbedarf für das Teil B in Höhe von 5.006 in der Tabelle aus Abb. B.I.45, der sich aus den Aufträgen für P1 und P2 in Höhe von 3.320 bzw. 1.686 zusammensetzt).
Analog ergibt sich der Bedarfswert von 150 für B2 aus dem Bedarf für P2 in Periode 1 (vgl. ebenfalls gestrichelte Linie).

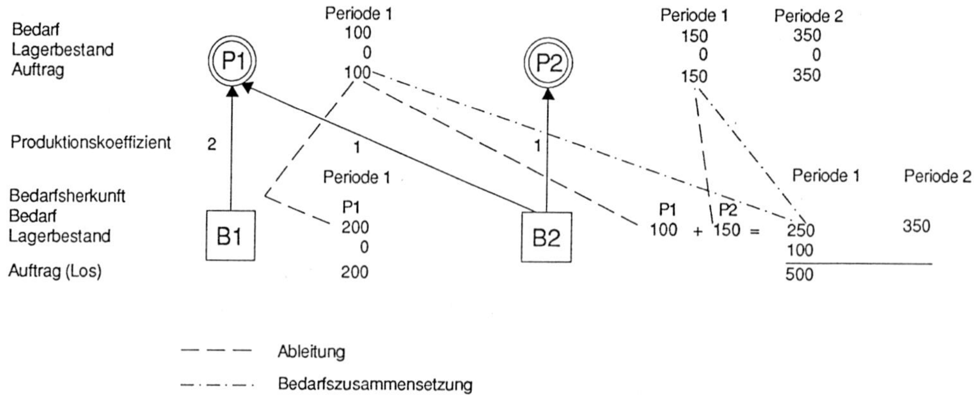

Abb. B.I.59: Beispiel zur Bedarfsableitung

Der Bedarf in Höhe von 250 Mengeneinheiten in Periode 1 für B2 in Abb. B.I.59 setzt sich somit aus Aufträgen für P1 und P2 (100 bzw. 150 Mengeneinheiten) zusammen. Damit kann ein Bedarf aus mehreren übergeordneten Aufträgen resultieren (vgl. eng gestrichelte Linien).
Die BEDARFSABLEITUNG bildet mithin eine n:m-Beziehung zwischen den Entitytypen AUFTRAG und BEDARF. In Abb. B.I.42, in der die Datenstruktur zur Bedarfsplanung entworfen wurde, wurden AUFTRAG und BEDARF jeweils als Beziehungstypen konstruiert. Sie werden jetzt als Entitytypen uminterpretiert (vgl. Abb. B.I.60).

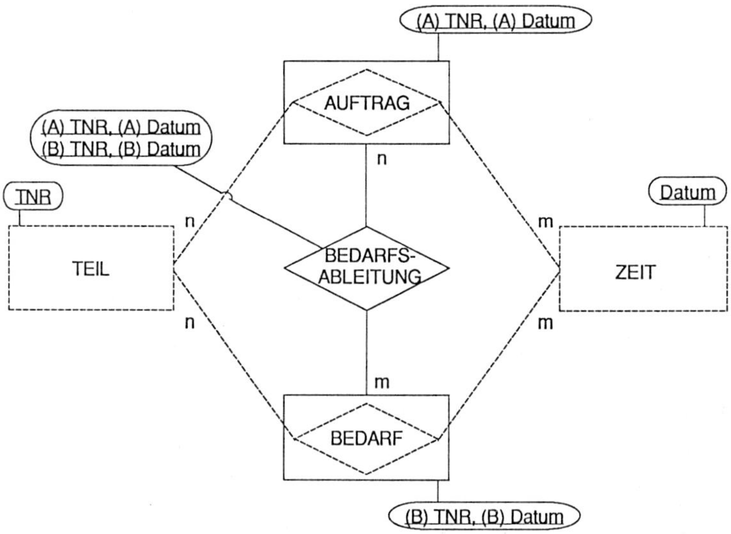

Abb. B.I.60: ERM zur Bedarfsableitung

Bedarfsdeckung

Innerhalb der Brutto-Netto-Rechnung wird festgelegt, wie ein Bruttobedarf durch Zuordnung von Lagerbeständen (physisch vorhandene bzw. durch freigegebene Aufträge erwartete) und Aufträgen gedeckt wird. Durch die Bildung von Losen kann dabei ein Auftrag mehrere Bedarfe decken, wie dies in Abb. B.I.59 der Auftrag für B2 in Höhe von 500 Mengeneinheiten (nach Abzug des Lagerbestandes von 100) für die Bedarfe in Periode 1 und Periode 2 tut. Es ist auch vorstellbar, daß z. B. der Nettobedarf von 500 Mengeneinheiten durch ein Los von 300 Mengeneinheiten in Periode 2 und 200 Mengeneinheiten in Periode 1 gedeckt wird, um z. B. Transportkapazitäten besser ausnutzen zu können. In diesem Fall besteht zwischen den Entitytypen AUFTRAG und BEDARF eine n:m-Beziehung bezüglich der BEDARFSDECKUNG (vgl. Abb. B.I.61).
Bei der Zuordnung von Lagerbeständen ist es möglich, daß ein Lagerbestand mehreren Bedarfen (aus unterschiedlichen Perioden) zugeordnet wird und umgekehrt ein Bedarf aus mehreren Lagerbeständen (zwar des gleichen Teiles, aber aus unterschiedlichen Lagerorten) gedeckt wird. Damit besteht auch eine n:m-Beziehung der LAGERDECKUNG zwischen LAGERBESTAND und BEDARF.

Die gesamte Datenstruktur ist zusammenfassend in Abb. B.I.61 dargestellt, wobei die Beziehungen zu den Entitytypen TEIL und ZEIT aus Gründen der Übersichtlichkeit weggelassen wurden.

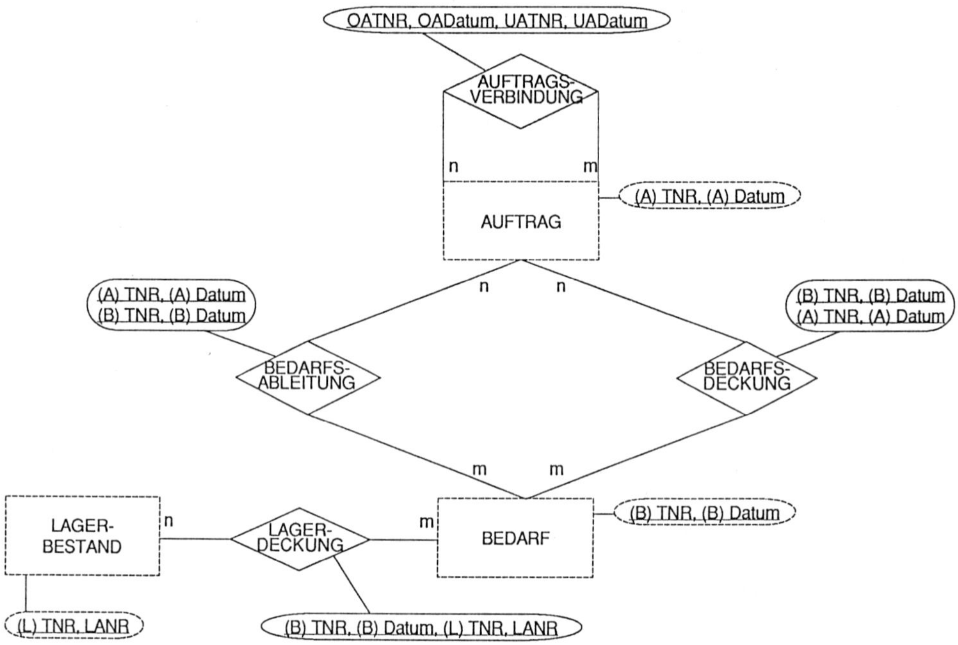

Abb. B.I.61: ERM zur Bedarfsverfolgung

Durch diese Datenstruktur ist es möglich, die Materialflußbeziehungen zwischen Aufträgen abzuleiten. Beispielsweise kann über BEDARFSDECKUNG zunächst festgestellt werden, daß der Auftrag für B2 über 500 Mengeneinheiten zur Deckung der Bruttobedarfe in Periode 1 und Periode 2 eingesetzt wird. Über BEDARFSABLEITUNG kann weiter festgestellt werden, daß die Teilmenge von 250 Mengeneinheiten aus einem Auftrag für P1 von 100 Mengeneinheiten und einem Auftrag für P2 von 150 Mengeneinheiten resultiert (die Zuordnung des Lagerbestandes in Höhe von 100 Mengeneinheiten wird nicht weiter beachtet).

Obwohl die Informationsbeziehung zwischen den **Aufträgen** unterschiedlicher Hierarchiestufen nicht explizit in der Datenstruktur angegeben ist, so ist sie doch implizit über die Beziehungen BEDARFSABLEITUNG und BEDARFSDECKUNG verfügbar.

Eine andere Möglichkeit der Auftragsverfolgung besteht darin, die Beziehungen zwischen dem Materialfluß der Aufträge direkt abzubilden. Die Beziehung zwischen Aufträgen ist dabei ebenfalls vom Typ n:m. Ein Auftrag kann mehrere untergeordnete Aufträge auslösen und andererseits kann ein Auftrag in mehrere Aufträge übergeordneter Teile eingehen. Bei dieser Vorgehensweise werden praktisch die Stufen der Brutto-Netto-Rechnung übersprungen und lediglich die Informationsbeziehungen zwischen Aufträgen dargestellt. In Abb. B.I.62 ist für das eingeführte Beispiel die Auftragsverbindung eingezeichnet.

In der zusammenfassenden Darstellung der Abb. B.I.61 ist die n:m-Beziehung AUFTRAGSVERBINDUNG zwischen den Aufträgen punktiert-gestrichelt eingezeichnet, um anzudeuten, daß diese lediglich dann erforderlich ist, wenn die Beziehung BEDARFSDECKUNG nicht angelegt ist.

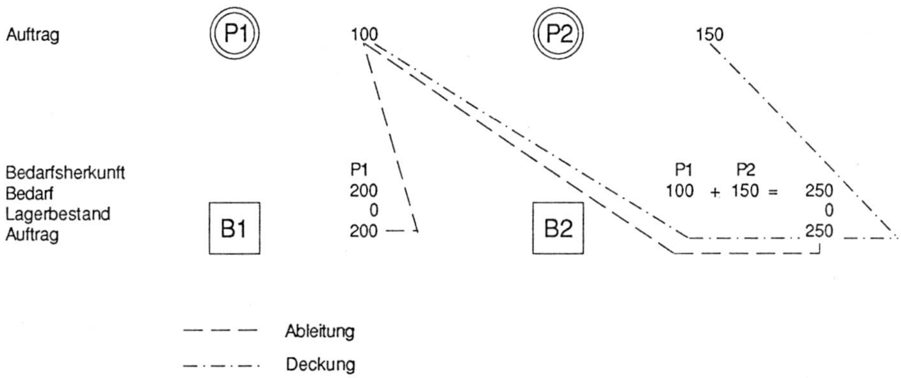

Abb. B.I.62: Informationsbeziehungen zwischen Aufträgen

B.I.3.3.1.1.2 Datenmodell

Die in Abb. B.I.61 entwickelte Datenstruktur wird in die Beschreibungssprache des Relationenmodells übertragen.

Da die drei Entitytypen LAGERBESTAND, BEDARF und AUFTRAG bereits eingeführt wurden, werden die zugehörenden Relationen des Relationenmodell-Schemas in Abb. B.I.63 oberhalb der gestrichelten Linie aufgeführt.

R. LAGERBESTAND (LTNR LANR, Lagermenge, ...)
R. BEDARF (TNR, Datum, Menge, ...)
R. AUFTRAG (TNR, Datum, Menge, ...)

R. BEDARFSABLEITUNG (ATNR, ADatum, BTNR, BDatum, Menge)

übergeordneter Auftrag (ATNR, ADatum) — untergeordneter Auftrag (BTNR, BDatum)

R. BEDARFSDECKUNG (BTNR, BDatum, (ATNR), ADatum, Menge, ...)
R. LAGERDECKUNG (BTNR, BDatum ,(LTNR,) LANR , Menge, ...)
R. AUFTRAGSVERBINDUNG (OATNR, OADatum, UATNR, UADatum, Menge, ...)

übergeordneter Auftrag (OATNR, OADatum) — untergeordneter Auftrag (UATNR, UADatum)

Abb. B.I.63: Relationenmodell: Einstufige Bedarfsverfolgung

Im Rahmen der Bedarfsauflösung ergibt sich bei der Ermittlung des Bedarfs der Komponenten (Sekundärbedarf) als erstes die Relation R. BEDARFSABLEITUNG. Ihr Schlüssel setzt sich aus den Schlüsseln des übergeordneten Auftrages (Bedarfsverursacher) und des Bedarfs zusammen. Die Schlüssel bestehen jeweils aus Teilenummer und Datum. Zu ihrer Unterscheidung wird ihnen ein A für Auftrag bzw. ein B für Bedarf vorangestellt. Die übertragene Bedarfsmenge wird in der Relation R. BEDARFSDECKUNG festgehalten und gleichzeitig in der Relation R. BEDARF **kumuliert**.
Innerhalb der Deckungsrechnung entstehen die Relationen R. BEDARFS- und R. LAGER-DECKUNG. Auch ihre Schüssel ergeben sich aus der Zusammensetzung der Schlüssel zweier Relationen. Da sich die Deckungsrechnung aber jeweils auf das gleiche Teil bezieht, sind die Teilenummern innerhalb der Schlüssel identisch und deshalb bei ihrem zweiten Auftreten eingeklammert. Auch hier ist durch Voranstellen des ersten Buchstabens des Relationennamens wiederum die Herkunft der Schlüsselattribute zu erkennen.
Die Relation R. BEDARFSDECKUNG ordnet einem Bedarf die Auftragsmengen zu, die ihn erfüllen sollen. Die Relation R. LAGERDECKUNG ordnet einem Bedarf die entsprechenden Lagermengen zu.
Wenn der Materialfluß zwischen den einzelnen Aufträgen direkt festgehalten werden soll, wird die Relation R. AUFTRAGSVERBINDUNG eingeführt. Hier werden einem übergeordneten Auftrag die Teilmengen zugeordnet, die aus ihm für untergeordnete Aufträge abgeleitet wurden. Umgekehrt ist hieraus auch zu ersehen, mit welchen Teilmengen ein untergeordneter Auftrag in übergeordnete Aufträge eingeht, so daß die Frage, wie ein Auftrag (Los) nach seiner Fertigstellung weiterverarbeitet werden soll, direkt beantwortet werden kann. Die Schlüssel sind zur Unterscheidung mit einem O (obere) bzw. U (untere) versehen.

B.I.3.3.1.2 Beispiel

Da die informationellen Zusammenhänge der Bedarfsverfolgung recht kompliziert sind, wird das entwickelte Prinzip an einem einfachen Beispiel zusammenfassend dargestellt. Dabei werden folgenden Annahmen gemacht:

- Verbrauchsgesteuerter Bedarf und Zusatzbedarf sind gleich Null.
- Lagerbestände, freigegebene Aufträge und Reservierungen bestehen nicht. Damit ist der Bruttobedarf gleich dem Nettobedarf.
- Der (Netto-)Bedarf von zwei Perioden wird jeweils zu einem Los zusammengefaßt.
- Die Durchlaufzeiten betragen bei allen Teilen eine Zeiteinheit.
- Als Teilenummer (TNR) werden die Teilebezeichnungen eingesetzt.
- Zur Darstellung wird die Tabellenform des Relationenmodells gewählt. Wegen der leichten formalen Umsetzbarkeit der Datenstrukturen bedeutet dies aber keine Einschränkung der Allgemeingültigkeit.

Ausgang ist die Teilestruktur der Abb. B.I.64 Für das Endprodukt P liegen zwei Kundenaufträge in Höhe von 100 bzw. 200 Mengeneinheiten vor, die in der 3. Periode fällig werden. Da sie sich auf den gleichen Bedarfszeitpunkt beziehen, werden sie zusammengefaßt und bilden als Primärbedarf den Ausgang der Bedarfsrechnung (im Rahmen des nächsten Abschnittes, der mehrstufigen Bedarfsauflösung, werden auch die Beziehungen zu den Kundenaufträgen weiter verfolgt).
In der ersten Spalte der Abb. B.I.65 ist die Reihenfolge der einzelnen Schritte angegeben.

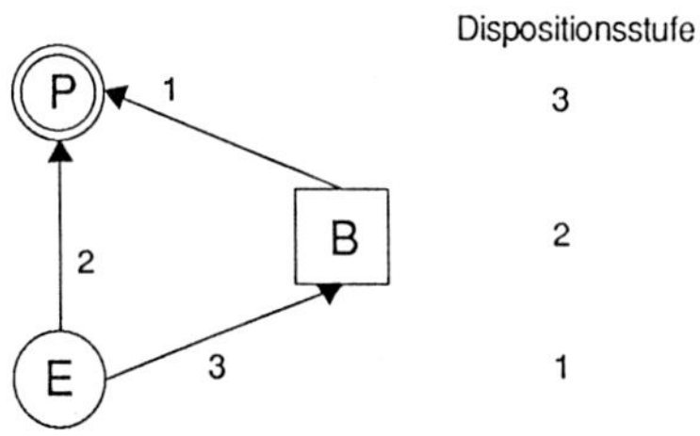

R. KUNDEN-AUFTRAG	Kunden-nummer KNR	TNR	Datum	Menge
	1	P	3	100
	2	P	3	200
	=> Primär-bedarf	P	3	300

Abb. B.I.64: Beispiel zur einstufigen Bedarfsverfolgung

Aus dem vorgegebenen Primärbedarf des Endproduktes P (1. Schritt) wird im 2. Bearbeitungsschritt ein Fertigungsauftrag gebildet. Da der Bruttobedarf aufgrund der Annahmen gleich dem Nettobedarf ist, stimmen Bedarfs- und Auftragsmenge überein.
In Schritt 3 wird festgehalten, daß der Fertigungsauftrag zur Deckung des Bedarfs für P herangezogen wird, und deshalb wird eine Relation R. BEDARFSDECKUNG angelegt. Da sich die Bedarfsdeckung jeweils auf das gleiche Teil bezieht, ist die Angabe der Auftragsteilenummer redundant und deshalb eingeklammert.
In Schritt 4 wird der Sekundärbedarf für das untergeordnete Teil B ermittelt, in der R. BEDARFSABLEITUNG erfaßt und in Schritt 5 in den Bedarfssatz für B kumuliert. Aufgrund der Durchlaufzeit des Produktes P ist der Bedarfszeitpunkt der Komponente um eine Zeiteinheit nach vorne verschoben und damit die Periode 2.
In Schritt 6 und 7 wird der gleiche Vorgang für die zweite untergeordnete Komponente E durchgeführt.
Damit ist die Dispositionsstufe 3 abgearbeitet, und es wird zur nächsten Dispositionsstufe 2 übergegangen. Für die Baugruppe B sind alle Bedarfe übertragen worden. Da keine Lagerbestände zu beachten sind, bildet der Bedarf von 300 Mengeneinheiten in der 2. Periode einen Auftrag, der als

Bearbeitungs-schritt	R. BEDARF	TNR	Datum	Menge	Bemerkungen
1		P	3	300	Primärbedarf
5		B	2	300	Übertragung von P
7		E	2	600	Übertragung von P
11		E	1	900	Übertragung von B

Bearbeitungs-schritt	R. AUFTRAG	TNR	Datum	Menge	Bemerkungen
2		P	3	300	
8		B	2	300	
12		E	1	1500	

Bearbeitungs-schritt	R. BEDARFS-DECKUNG	BTNR	BDatum	(ATNR)	ADatum	Menge	Bemerkungen
3		P	3	(P)	3	300	
9		B	2	(B)	2	300	
13		E	2	(E)	1	600	
14		E	1	(E)	1	900	

Bearbeitungs-schritt	R. BEDARFS-ABLEITUNG	ATNR	ADatum	BTNR	BDatum	Menge	Bemerkungen
4		P	3	B	2	300	Übertragung von P
6		P	3	E	2	600	Übertragung von P
10		B	2	E	1	900	Übertragung von B

Abb. B.I.65: Einstufige Bedarfsverfolgung zur Abb. B.I.64

Schritt 8 angelegt wird. Gleichzeitig ergibt sich in Schritt 9 die Bedarfsdeckung. Unter Beachtung des Produktionskoeffizienten zwischen E und B in Höhe von 3 errechnet sich aus dem Auftrag für B ein Bedarf an E in Höhe von (300 mal 3) 900 Mengeneinheiten in Schritt 10, der aufgrund der Vorlaufverschiebung von einer Periode der Periode 1 zugeordnet wird. Nach der Bedarfsableitung wird der Bedarf in die Bedarfsrelation übertragen (Schritt 11).

Für das Teil E bestehen zwei Bedarfe in den Perioden 1 und 2. Diese werden aufgrund der Losbildungsvorschrift zu einem Auftrag in der 1. Periode zusammengefaßt (Schritt 12). Nun wird auch die Bedarfsdeckungsrelation aussagefähiger, weil sie in Schritt 13 und 14 die Aufteilung der Auftragsmenge von 1500 auf die zwei unterschiedlichen Bedarfe vornimmt.

Zusammenfassend können mit der einstufigen Bedarfsverfolgung folgende Fragen beantwortet werden:

1. Welche Aufträge resultieren aus einem Bedarf bzw. welche Bedarfe werden von einem Auftrag gedeckt? (über Beziehung BEDARFSDECKUNG)
2. Welche Bedarfe sind aus einem übergeordneten Auftrag abgeleitet bzw. in welche übergeordneten Aufträge geht ein bestimmter Bedarf einer Komponente ein? (über Beziehung BEDARFSABLEITUNG)
3. In welche übergeordneten Aufträge geht ein Auftrag einer Komponente ein bzw. welche untergeordneten Aufträge sind aus dem Auftrag eines übergeordneten Teiles abgeleitet? (indirekt über Beziehungen BEDARFSDECKUNG und BEDARFSABLEITUNG)

Die Beantwortung der dritten Frage, die für den Fertigungsfluß zwischen Aufträgen von besonderer Bedeutung ist, wird für die Verfolgung des Auftrages für Teil E in Höhe von 1500 Mengeneinheiten in Abb. B.I.66 als Netzplan dargestellt.

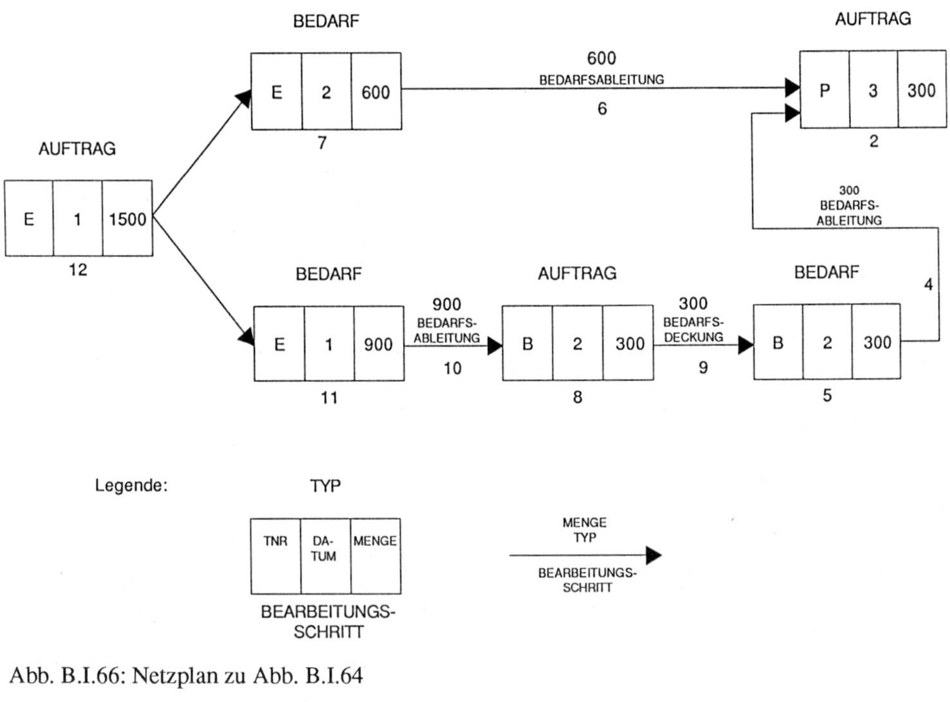

Abb. B.I.66: Netzplan zu Abb. B.I.64

Damit wird noch einmal ersichtlich, daß eine direkte Informationsbeziehung zwischen den Aufträgen, wie sie in der Datenstruktur über die Auftragsverbindung behandelt wurde, nicht unbedingt erforderlich ist.

Bei der einstufigen Bedarfsverfolgung ist eine hohe Anzahl von **Datenbankzugriffen** erforderlich. Diese wird vermieden, wenn (allerdings auf Kosten einer aufwendigeren Datenhaltung) zur mehrstufigen Bedarfsverfolgung übergegangen wird.

B.I.3.3.2 Mehrstufige Bedarfsverfolgung

B.I.3.3.2.1 Datenstruktur

B.I.3.3.2.1.1 Entwurf

Soll bei jedem Fertigungs- oder Beschaffungsauftrag sofort seine Beziehung zu den Kundenaufträgen erfaßt werden, bestehen dazu zwei Möglichkeiten:

1. Alle Aufträge werden extrem kundenbezogen disponiert, d. h., jedes Fertigungsauftragsentity bezieht sich auf einen bestimmten Kundenauftrag. Damit ist das Zusammenfassen von Bedarfen unterschiedlicher Bedarfsverursacher sowie das Zusammenfassen von Periodenbedarfen zu einem Los ausgeschlossen.
2. In den Bedarfsverfolgungsbeziehungen wird jeweils der Zusammenhang zu den Kundenaufträgen mitgeführt. Dazu müssen sowohl die Bedarfsableitungs- als auch die Bedarfsdeckungsbeziehungen gegenüber der einstufigen Bedarfsverfolgung feiner aufgefächert werden. Die Anzahl der Bedarfs- und Auftragsentities bleibt dagegen gleich, so daß auch die Möglichkeiten zur Bedarfszusammenfassung und Losbildungen erhalten bleiben.

Im folgenden wird die zweite Vorgehensweise behandelt. Damit der Bezug zum Kundenauftrag hergestellt werden kann, wird der Entitytyp KUNDENAUFTRAGSPOSITION eingeführt. Er besitzt die Schlüsselattribute Kundennummer, Datum, Teilenummer sowie als weitere Attribute Menge, Preis usw. Bei der Einführung des Primärbedarfs wurde herausgestellt, daß dieser aus Kundenaufträgen und Prognosewerten resultiert und der Entitytyp KUNDENAUFTRAGSPOSITION deshalb eine Spezialisierung des Entitytyps BEDARF ist (allerdings ist der Schlüssel um die Kundennummer erweitert). Dieser Zusammenhang besitzt z. B. den Vorteil, daß auch für KUNDENAUFTRAGSPOSITION mit der bestehenden Datenstruktur eine Brutto-Netto-Rechnung durchgeführt werden kann, ohne daß für die Lagerzuordnungen usw. eigene Beziehungstypen definiert werden müssen.

Der Entitytyp KUNDENAUFTRAGSPOSITION ist dem Entitytyp KUNDENAUFTRAG, der eine "Kopf"-Funktion besitzt, hierarchische in einer 1:n-Beziehung untergeordnet. Ein Kundenauftrag wird durch Angabe von Kundennummer und Datum identifiziert.

Auf die genaue Konstruktion des Datenzusammenhangs wird im Abschnitt "B.IV Absatz" eingegangen.

Bei Bildung von Losen auf der Ebene von Enderzeugnissen wird über die Bedarfszuordnungsbeziehung festgehalten, auf welche Kundenauftragspositionen (Primärbedarfe) sich der Fertigungsauftrag bezieht. Bei der weiteren Bedarfsauflösung von Baugruppen bis hin zu Einzelteilen wird erfaßt, welche Teilmengen eines Bruttobedarfs aus welchen übergeordneten Fertigungsaufträgen und weiter aus welchen Kundenauftragspositionen abgeleitet wurden.

Zwischen (Fertigungs-)AUFTRAG, KUNDENAUFTRAGSPOSITION und BEDARF besteht bezüglich der Bedarfsableitung eine n:m:p-Beziehung. Diese ist so zu interpretieren, daß von jedem

Entitytyp mehrere Ausprägungen bei Festhalten eines Entities der jeweils beiden anderen Typen möglich sind. In Abb. B.I.67 sind die drei unterschiedlichen Fälle eingetragen. Die Entitytypen sind mit A, B und K abgekürzt.

Fälle	(Fertigungs-) Auftrag (A)	(Sekundär-) Bedarf (B)	Kunden-auftrags-position (K)	Entity-struktur
Fall 1	fest	fest	unterschied-liche Kunden-aufträge	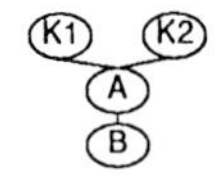
Fall 2	fest	unterschied-liche Kompo-nenten	fest	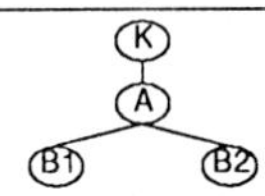
Fall 3	mehrere über-geordnete Aufträge	fest	fest	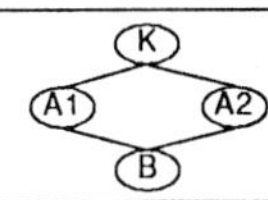

Abb. B.I.67: Fälle der mehrstufigen Bedarfsableitung

Fall 1 beschreibt, daß der aus einem Fertigungsauftrag abgeleitete Bedarf einer Komponente sich auf unterschiedliche Kundenaufträge beziehen kann.

Fall 2 beschreibt, daß aus einem Fertigungsauftrag mehrere Bedarfe (unterschiedlicher Komponenten) abgeleitet werden können, die sich auf die gleiche Kundenauftragsposition beziehen.

Fall 3 beschreibt, daß der Bedarf einer Komponente, der sich auf eine bestimmte Kundenauftragsposition bezieht, aus mehreren übergeordneten Fertigungsaufträgen abgeleitet sein kann.

Ähnliche Beziehungen bestehen auch bezüglich der Bedarfsdeckung, so daß auch hier eine n:m:p Beziehung zwischen AUFTRAG, KUNDENAUFTRAGSPOSITION und BEDARF eingetragen ist.

In Abb. B.I.68 ist die Datenstruktur mit Hilfe des ERM-Modells dargestellt.

Um die Anzahl der Beziehungen einzuschränken, werden in der Praxis mehrere Vorgehensweisen angewandt:

1. Es wird lediglich für Teile höherer Dispositionsstufen eine mehrstufige Bedarfsverfolgung durchgeführt; Teile niederer Dispositionsstufe werden einstufig verfolgt.
2. Es werden nur für einen Ausschnitt des Planungszeitraums mehrstufige Bedarfsverfolgungen durchgeführt, aus Primärbedarfen bzw. Kundenaufträgen mit späteren Bedarfsterminen werden lediglich einstufige Bedarfsbeziehungen abgeleitet.
3. Die Bedarfsableitungs- bzw. Bedarfsdeckungsbeziehungen werden lediglich mit der Teilmenge, die sich auf den frühesten Primärbedarf bzw. Kundenauftrag bezieht, mehrstufig angelegt; die restliche Teilmenge wird dagegen nur einstufig weitergeführt (vgl. dazu Abb. B.I.69). Bei B1 ist festgehalten, daß von der Bedarfsmenge von 500 Mengeneinheiten 300 Mengeneinheiten über die Baugruppe B3 in die Kundenauftragsposition (KAPOS) 1 in

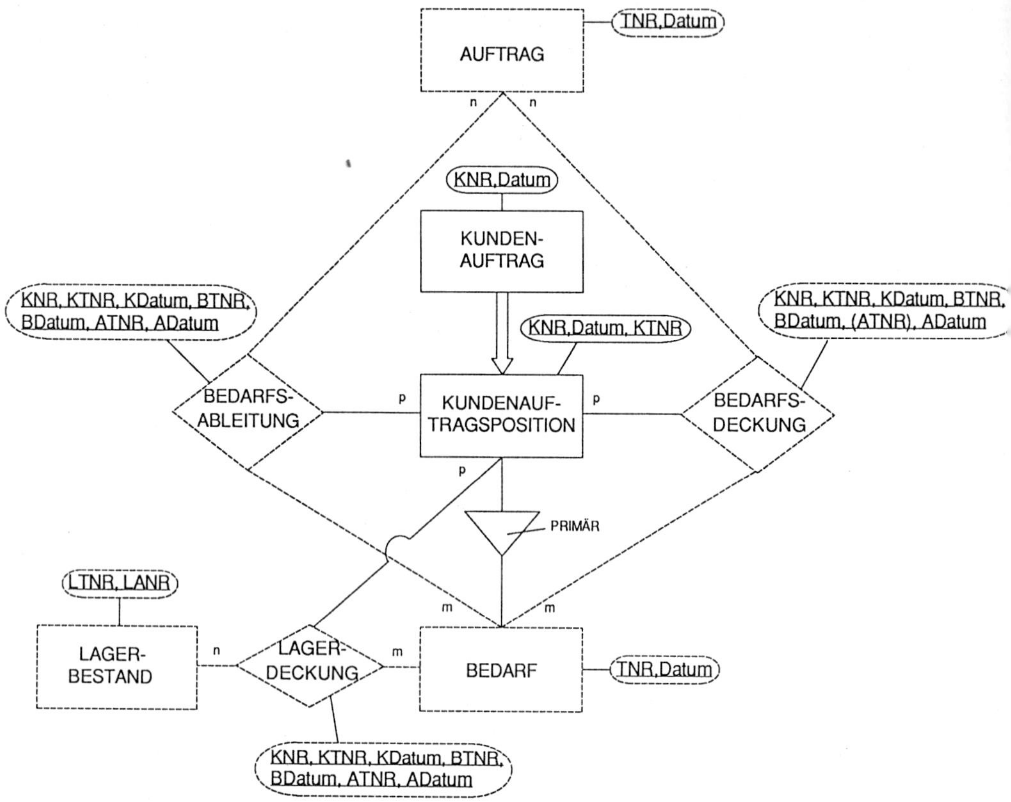

Abb. B.I.68: ERM zur mehrstufigen Bedarfsverfolgung

Periode T6 eingehen. Bei den restlichen 200 Mengeneinheiten ist nur festgehalten, daß sie in die übergeordnete Baugruppe B3 eingehen.

Bei dem Bedarf von B2 ist festgehalten, daß 400 Mengeneinheiten über die Baugruppe B4 in die Kundenauftragsposition 2 mit Termin T5 eingehen und die restlichen 300 Mengeneinheiten ohne Kundenspezifizierung sind. Bei der Übertragung der Bedarfe (die in diesem Fall gleich Auftragsmengen sind) an die untergeordnete Komponente E wird der Bezug zur Kundenauftragsposition mit dem niedrigsten Termin (hier Kundenauftragsposition 2 mit Termin T5) festgehalten. Dieses sind 400 Mengeneinheiten, die über die Baugruppe B2 in die Kundenauftragsposition 2 eingehen. Die Restmenge, die über B2 weiterverarbeitet wird, ist mit 300 Mengeneinheiten erfaßt und die Menge, die über B3 weiterverarbeitet wird, ist lediglich als Gesamtposition ohne weitere Kundenspezifizierung angegeben.

In einem konkreten Anwendungsfall muß sorgfältig überlegt werden, welche der drei Vorgehensweisen allein oder in welcher Kombination eingesetzt werden soll. Hier muß ein Kompromiß gefunden werden zwischen dem Informationsbedarf, der insbesondere bei einer kundenauftragsbe-

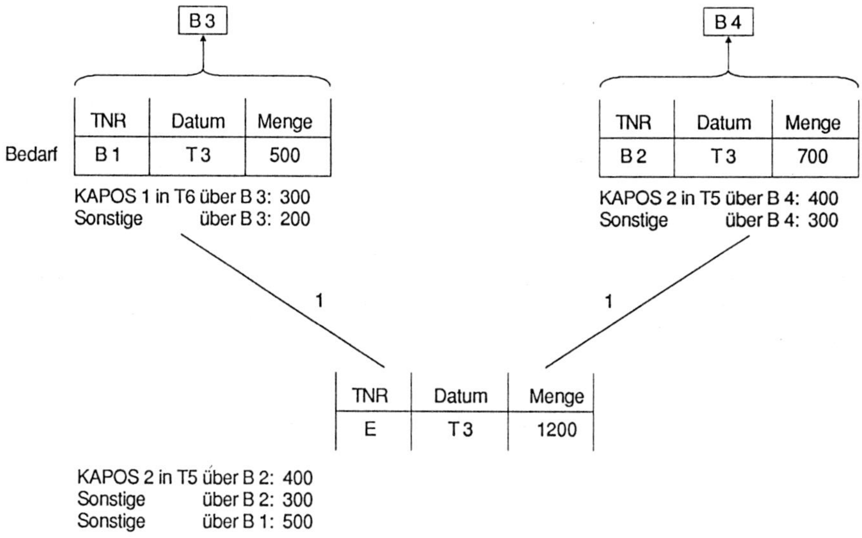

Abb. B.I.69: Vorgehensweise bei der mehrstufigen Bedarfsverfolgung

zogenen Fertigung bezüglich der Bedarfsverfolgung in die Produktion hinein besteht und dem Aufwand der Informationsverarbeitung.

Bei einer direkten Angabe der Auftragsverbindungsbeziehungen kann ebenfalls der Bezug zur KUNDENAUFTRAGSPOSITION hergestellt werden, wie dieses in Abb. B.I.70 angegeben ist.

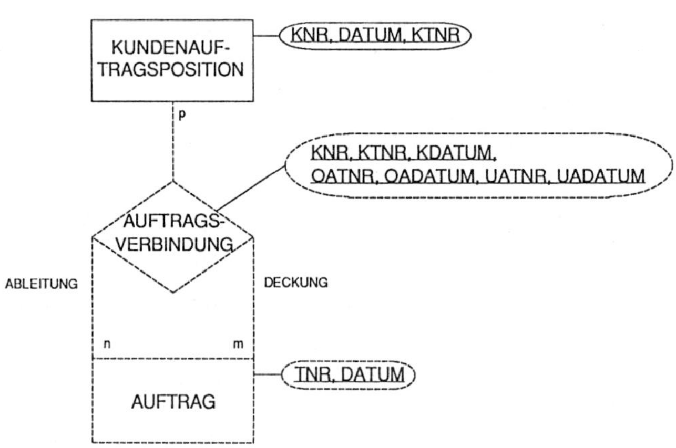

Abb. B.I.70: ERM zur Auftragsverbindung

B.I.3.3.2.1.2 Datenmodell

Die Datenstruktur für den mehrstufigen Bedarfsnachweis wird wiederum in die Schreibweise des Relationenmodells (Abb. B.I.71) übertragen. Beim Relationenmodell wird deutlich, daß bei den Relationen R. LAGERDECKUNG und R. BEDARFSABLEITUNG der Kundenauftragsbezug durch Aufnahme des Schlüssels der R. KUNDENAUFTRAGSPOSITION hergestellt wird. Die unverändert übernommenen Relationen R. LAGERBESTAND, R. BEDARF und R. AUFTRAG sind wieder über der gestrichelten Linie aufgeführt.

R. LAGERBESTAND (LTNR, LANR , Lagermenge, ...)
R. BEDARF (TNR , Datum , Menge, ...)
R. AUFTRAG (TNR , Datum , Menge, ...)

KNR
R. KUNDENAUFTRAG (Kundennummer, Datum, ...)
R. KUNDENAUFTRAGSPOSITION (KNR , Datum, KTNR , Menge, Preis , ...)
R. BEDARFSDECKUNG (KNR, KTNR, KDatum, BTNR , BDatum,(ATNR), ADatum, Menge)
AUFTRAGSPOSTION BEDARF AUFTRAG

R. LAGERDECKUNG (KNR, KTNR , KDatum, BTNR , BDatum ,(LTNR), LANR , Menge)
R. BEDARFSDECKUNG (KNR, KTNR , KDatum, BTNR , BDatum, ATNR , ADatum, Menge)
R. AUFTRAGSVERBINDUNG (KNR, KTNR , KDatum, OATNR, OADatum , UATNR, UADatum ,Menge)

Abb. B.I.71: Relationenmodell: Mehrstufige Bedarfsverfolgung

B.I.3.3.2.2 Beispiel

Die mehrstufige Bedarfsverfolgung wird in Abb. B.I.72 an dem bereits für die einstufige Bedarfsverfolgung eingeführten Beispiel erläutert. Der Primärbedarf P, der bei der einstufigen Bedarfsverfolgung lediglich summarisch betrachtet wurde, wird nun in Schritt 1 und 2 in Kundenauftragspositionen zerlegt. In Schritt 3 und 4 werden entsprechende Bedarfsableitungsbeziehungen angelegt. Um eine bessere Vergleichbarkeit mit der einstufigen Bedarfsverfolgung herzustellen, werden die Kundenauftragspositionen in diesen Schritten analog den Aufträgen behandelt, obwohl sie als Primärbedarfe eingeführt wurden. Da in diesen Beziehungen lediglich die Informationen zwischen R. KUNDENAUFTRAGSPOSITION und R. BEDARF hergestellt werden und kein übergeordneter Fertigungsauftrag existiert, sind die entsprechenden Schlüsselattribute, die sich auf die Auftragsrelation beziehen, nicht ausgefüllt. In Schritt 5 ergibt sich dann der zusammengefaßte Primärbedarf, der bei der einstufigen Bedarfsverfolgung Ausgangspunkt der gesamten Rechnung war.
Bei der weiteren Auflösung wird jeweils abwechselnd auf die Relationen R. BEDARFSDECKUNG bzw. R. BEDARFSABLEITUNG zugegriffen, um die detaillierten Übertragungen der Beziehungen zur Kundenauftragsposition zu erhalten. Der weitere Ablauf, wie er in Abb. B.I.72 dargestellt ist, erklärt sich weitgehend selbst.

Bearbeitungsschritt	R. KUNDENAUFTRAGSPOSITION	KNR	INR	KDatum	Menge
1		K1	P	3	100
2		K2	P	3	200

Bearbeitungsschritt	R. BEDARF	INR	Datum	Menge
5		P	3	300
11		B	2	300
14		E	2	600
20		E	1	900

Bearbeitungsschritt	R. AUFTRAG	INR	Datum	Menge
3		P	3	300
15		B	2	300
21		E	1	1500

Bearbeitungsschritt	R. BEDARFSDECKUNG	KNR	KTNR	KDatum	BTNR	BDatum	(ATNR)	ADatum	Menge
7		K1	P	3	P	3	P	3	100
8		K2	P	3	P	3	P	3	200
16		K1	P	3	B	2	B	2	100
17		K2	P	3	B	2	B	2	200
22		K1	P	3	E	2	E	1	200
23		K2	P	3	E	2	E	1	400
24		K1	P	3	E	1	E	1	300
25		K2	P	3	E	1	E	1	600

Bearbeitungsschritt	R. BEDARFSABLEITUNG	KNR	KTNR	KDatum	ATNR	ADatum	BTNR	BDatum	Menge
3		K1	P	3	-	-	P	3	100
4		K2	P	3	-	-	P	3	200
9		K1	P	3	P	3	B	2	100
10		K2	P	3	P	3	B	2	200
12		K1	P	3	P	3	E	2	200
13		K2	P	3	P	3	E	2	400
18		K1	P	3	B	2	E	1	300
19		K2	P	3	B	2	E	1	600

Abb. B.I.72: Beispiel zur mehrstufigen Bedarfsverfolgung

Die Relationen R. BEDARF und R. AUFTRAG sind gegenüber der einstufigen Bedarfsverfolgung unverändert geblieben; lediglich die Relationen R. BEDARFSDECKUNG und R. BEDARFSABLEITUNG haben sich aufgefächert.

B.I.3.4 Funktionssicht

B.I.3.4.1 Fachebene: Verarbeitungsform der Bedarfsplanung

Bei der zeitlichen Ablaufsteuerung ist die Bearbeitungsfrequenz der Funktionen festzulegen und damit verbunden der Grad der Interaktion.
Bei der Bearbeitungsfrequenz wird zwischen der zeitraumbezogenen und fallbezogenen Bearbeitung unterschieden. Diese sind eng mit den Planungsprinzipien Neuaufwurf und Net-Change verbunden.
Gleichzeitig besteht eine große Nähe zu den Begriffen Batch- und Dialogverarbeitung. Beim Neuaufwurf werden zum Planungszeitpunkt alle noch nicht durch bindende Entscheidungen festgelegten zeitlichen und quantitativen Zuordnungen wieder freigegeben und aus den vorgegebenen Primärbedarfen alle Aufträge neu berechnet. Dieses bedeutet z. B., daß Lagerzuordnungen für lediglich geplante Aufträge wieder freigegeben werden und alle Lose von nicht in die Fertigung freigegebenen Aufträgen neu berechnet werden.
Bei Anwendung des Net-Change-Prinzips werden dagegen nur seit der letzten Bedarfsplanung aufgetretene Änderungen in Form von neuen Kundenaufträgen, neuen Lagerbestandsmeldungen, neuen Stücklistenzusammensetzungen usw. in die Berechnung aufgenommen. In strenger Form steuert sich dabei das Net-Change-Prinzip selbst, indem die Planungszeitpunkte nicht vorgegeben werden, sondern auftretende Änderungen selbständig die Umdisposition über Trigger- und Aktionsdatenbanken auslösen (fallbezogene Bearbeitung).
In Abb. B.I.73 werden für die Aufgaben der Bedarfsplanung unterschiedliche Dialogursachen untersucht. Falls Batch- und Dialogverarbeitung sinnvoll sind, werden die Kreuze eingeklammert.
Bei der **Primärbedarfsverwaltung** werden Daten aus der vorgelagerten Primärbedarfsplanung in einem Batchlauf übernommen bzw. sind bereits über die Aktionsdatenbank verfügbar. Änderungen des Primärbedarfs, die im Rahmen der Materialwirtschaft auftreten, werden aus Gründen der Aktualität sofort in die Aktionsdatenbank eingestellt.
Bei der **verbrauchsgesteuerten Disposition** werden vom Sachbearbeiter die in einem Batchprozeß erzeugten Prognosedaten im Dialog überprüft. Dabei kann sich ein interaktiver Entscheidungsprozeß ergeben, wenn der Sachbearbeiter mehrfach Datenkonstellationen simuliert.
Bedarfsänderungen müssen auch bei verbrauchsgesteuerter Disposition sofort in die Aktionsdatei eingestellt werden, um sie gegebenenfalls in ihren Konsequenzen weiterverfolgen zu können.
Bei der **Grunddatenverwaltung** der **Stücklisten** bestehen bei Anlegen/Ändern/Löschen Gründe zur Dialogverarbeitung, um die Aktualität zu sichern, Plausibilitäten zu prüfen und Möglichkeiten zur interaktiven Abwandlung der Daten zu nutzen. Eine interaktive Abwandlung kann z. B. die Erstellung einer Stückliste aus einer vorhandenen, ähnlichen Stückliste sein.

Aufgabe	Teilfunktion	Dialogursache				Batch
		Aktualität	Plausibilität	Iterative Abwandlung	Interaktiver Entscheidungs-prozeß	
Primärbedarfs-verwaltung	Übernahme					X
	Ändern	X				
Verbrauchsgesteuerte Disposition	Erzeugen				(X)	(X)
	Ändern	X			X	
Grunddatenver-waltung Stücklisten	Anlegen	X	X	X		
	Ändern/ Löschen	X	X	X		
	Auswertung Stücklisten	(X)				(X)
	Auswertung ABC-Analyse					X
Lagerhaltung	Zu-/ Abgänge	X	X			
	Inventur	X	X			X
Bedarfsauflösung	Brutto-Netto-Rechnung - Neuaufwurf					X
	- Net Change			(X)		X
	Losbildung - Neuaufwurf					X
	- Net Change				X	
	Bedarfsverfolgung - Neuaufwurf					X
	- Net Change			X		(X)
	Vorwärtsterminierung mit Durchlaufzeitverkürzung - Neuaufwurf			(X)		(X)
	- Net Change			X		

Abb. B.I.73: Dialogursachen von Funktionen der Bedarfsplanung

Das Erstellen einzelner Stücklisten als Auswertungsfunktion kann aus Gründen der Aktualität im Dialog abgerufen werden, aufgrund des erheblichen Rechenaufwandes werden aber Stücklistenkataloge als Batchfunktion erstellt. Die ABC-Analyse ist mit der Abarbeitung des gesamten Datenmaterials verbunden, so daß es eine typische Batchfunktion ist.

Zu- und Abgänge im Rahmen der **Lagerhaltungsfunktion** werden aus Gründen der Aktualität und zur direkten Korrektur von Fehlern im Dialog durchgeführt, ebenso die Verbuchung von Inventurdaten; die Erstellung von Inventurlisten ist dagegen eine Batchfunktion.

Bei den Teilfunktionen der **Bedarfsauflösung** ist zwischen Planungsfunktionen, die nach dem Neuaufwurf- und Funktionen, die nach dem Net-Change-Prinzip durchgeführt werden, zu unterscheiden. Net-Change-Funktionen sind dann dialoggeeignet, wenn mit ihnen iterative Abwandlungen bis hin zum Ablauf eines interaktiven Entscheidungsprozesses verbunden sind. Werden dagegen über die Steuerung von Triggerdatenbanken automatisch ablaufende Funktionen angestoßen, so können dies auch Batchprozesse sein.

Eine typische Dialogfunktion, die den Anforderungen der iterativen Abwandlung entspricht, ist die Einplanung einzelner Bedarfsänderungen oder Kundenaufträge einschließlich ihrer Brutto-Netto-Rechnung. Auch die Zusammenstellung einzelner Lose im Rahmen eines Net-Change-Planungsvorganges ist eine Dialogfunktion, indem Planänderungen in vorhandene Lose eingespielt werden.

Bei einer betont fallbezogenen Bearbeitung kann die gesamte Brutto-Netto-Rechnung im Dialog durchgeführt werden. Ebenso können auch Lose im Dialog gebildet werden, indem dispositionsstufenweise die Ergebnisse der Bedarfsauflösung den Disponenten zur Verfügung gestellt werden, Lose im Dialog gebildet und die Ergebnisse wiederum Ausgang der Sekundärbedarfsermittlung für untergeordnete Teile sind. Diese können über einen angestoßenen Batchprozeß aufgelöst werden und die Ergebnisse den Disponenten der nächsten Dispostionsstufe wiederum zur Losbearbeitung über Aktionsdatenbanken überstellt werden.
Die Bedarfsverfolgung im Rahmen eines Neuaufwurfprinzips ist eine Batchfunktion; bei der Abarbeitung von Planänderungen im Net-Change können auch hier Dialogfunktionen entstehen, indem z. B. Zuordnungen manuell bestimmt werden. Ist der Algorithmus zur Bedarfsverfolgung aber festgelegt, so wird lediglich im Rahmen des Net-Change-Prinzips ein Batchprozeß angestoßen.
Im Rahmen der Vorwärtsterminierung können sowohl bei Neuaufwurf als auch bei Net-Change-Planungen Dialogfunktionen entstehen, indem die betroffenen Auftragsnetze im Dialog abgewandelt werden (Durchlaufzeitverkürzung, mehrmaliges Vorwärts- und Rückwärtsterminieren).

B.I.3.4.2 EDV-Konzept: Anwendungstransaktionen

Nachdem dialoggeeignete Vorgänge ermittelt sind, werden die zugehörenden Benutzertransaktionen und innerhalb dieser die Datenbanktransaktionen entworfen. Eine Benutzertransaktion kann viele Datenbankzugriffe umfassen. Auch kann eine Benutzertransaktion mehrere Benutzerfunktionen enthalten, die über Funktionscodes ausgewählt werden können.
Einen Eindruck von dem erforderlichen Detaillierungsgrad des Transaktionsentwurfs wird in Abb. B.I.74 durch einen Ausschnitt der Online-Stücklistenverwaltung des Standard-PPS-Systems COPICS (IBM) vermittelt (vgl. *IBM (Hrsg.), COPICS - Produktdatenverwaltung 1983*).
Abb. B.I.74 (aus: *COPICS - Produktdatenverwaltung 1983, S. 1*) gibt einen Überblick über Module der Grunddatenverwaltung für Produktdaten, die sich senkrecht in Vorgänge aufspalten.
Jedem Vorgang sind Transaktionen (gekennzeichnet durch Abkürzungen) zugeordnet, wobei eine Transaktion (über die Funktionscodesteuerung) mehrere Vorgänge bearbeiten kann. Umgekehrt können für einen Vorgang mehrere Transaktionen erforderlich sein.

COPICS Stücklistenverwaltung Online II
Übersicht der Vorgänge, untergliedert nach Modulen

MODUL 1 Stück- listen abfra- gen	MODUL 2 Anzeigen u. Verwalt. v. Teile- daten	MODUL 3 Stück- listenver- waltg (o. Be- zug a. tech. Daten)	MODUL 4 Stück- listenver- waltg(m. Be- zug a. tech. Änderg)	MODUL 5 Anzeigen u. Verwalten techn. Ände- rungen	MODUL 6 Anzeigen u. Lösch. d. Nachr. aus der asynchr. Verarbeitg.
1.1 Anzeige Baukasten- stückliste BMLE BMPE	2.1 Anlegen eines neuen Teils BMIT	3.1 Anlegen Stücklisten (o. techn. Änderg) BMMT	4.1 Erstellen ei- ner Stückl. i. V. m. techn. Änderg. BMMT	5.1 Verwalten der Daten v. techn. Änderg. BMEC	6.1 Anzeige d. Nachr. d. asynchr. Verarbeitg. MESS
1.2 Anzeige Struktur- stückliste BMIE	2.2 Anzeige Teilestamm- daten BMIT	3.2 Hinzufügen v. Kompon. zu best. Stückl. BMMT	4.2 Eingabe ei. neuen Stckl. - Änderng.- standes BMMT	5.2 Anzeigen aller techn. Änderg. zu einem Teil BMBE	6.2 Löschen d. Nachr. d. asynchr. Verarbeitg. MDEL
1.3 Anzeige Mengen Übers. stückl. BMSE	2.3 Löschen Teilestamm- satz BMIT	3.3 Anzeigen bestimmter Stück- listenpos. BMPS	4.3 Kopieren einer Stück- liste BMBM	5.3 Anzeigen d. Daten aller techn. Änderg. BMEC	
1.4 Anzeige Baukasten- teilever- wendg. BMLI	2.4 Verwalten Teilestamm- daten BMIT	3.4 Verwalten einer best. Stück- listenpos. BMPS	4.4 Veränd. ei. best. techn. Änderg. standes BMMT	5.4 Löschen einer techn. Änderung BMEC	
1.5 Anzeige Struktur- Teileverwen- dgs.-nachw. BMII	2.5 Festlegen von Teilezu- ständigk. BMIT BMRE	3.5 Löschen einer Stücklisten- position BMPS	4.5a Ersetzen ei. Kompon. d. ei. u. bei allen Verw. BMBM		
1.6 Anz. Meng.- übersicht Teileverw.- nachweis BMSI	2.6 Anzeigen u. Verwalten v. Teiletexten BMTX	3.6 Löschen aller Ver- wendungen eines Teils BMBM	4.5b Löschen od. Verw. eines voran- geg. Substi- tutes		
		3.7 Löschen einer Stückliste BMBM			

Abb. B.I.74: COPICS - Module zur Stücklistenverwaltung

Abb. B.I.75 (aus: *COPICS - Produktdatenverwaltung 1983, S. 2 f.*) zeigt das Menü der Transaktionen, das selbst durch Aufruf einer Transaktion (BMHE) erstellt wird.
Unter der Überschrift FN sind die einzelnen Funktionscodes angegeben. Für die Aufgabe "Anzeige und Verwalten von Teiledaten" (MODUL 2 der Abb. B.I.74) sind in Abb. B.I.76 (aus: *COPICS - Produktdatenverwaltung 1983, S. 6*) die Transaktionen mit ihren Funktionscodes angegeben. Die eingeklammerten Ziffern geben dabei eine Referenz zu den Vorgängen der Abb. B.I.74 an.
Die gesamte Bedarfsplanung kann somit über 100 Transaktionen/Funktionscodes umfassen, so daß sich hier eine detaillierte Diskussion von selbst ausschließt.

Transaktionscode	Funktionscode (blank)
BMHE	Anzeige der Funktionsübersicht

Funktionsübersicht Online (BMHE)

BMHE
FN: TEILE- UND STUECKLISTENVERWALTUNG
SACH-NR.: DATUM
AE-NR.: KOMP- NR: PRAE: SUFF:

ANZEIGE/VERWALTUNG	- - TRANS - -	- - - - - - - - FN: - - - - - - - - - -	- - - - - - EINGABE - - - - - - - - - - - - - - -
TEILE-STAMMDATEN	BMIT	INQU, REPL, INSERT, DLET	FN, SACH-NR
TEILE-ZUSTÄNDIGKEITEN	BMRE, BMBR	INQU, REPL ,INSERT, DLET	FN, SACH-NR
PLANUNGSDATEN	BMID	INQU, REPL	FN, SACH-NR
EINKAUFS-DATEN	BMPD	INQU, REPL	FN, SACH-NR
TEILETEXT	BMTX	INQU, REPL, ISRT, DLET	FN, SACH-NR
STÜCKL.-POSITIONEN	BMPS	INQU, REPL, ISRT, DLET	FN, SACH-NR, KOMP-NR,PRAE,SUFF
MASSEN-ÄNDERUNGEN	BMBM	DAPS, DAWU, COPY, SUBS	FN, SACH-NR, (KOMP-NR)
TECHN. ÄNDERUNGEN	BMEC, BMBE	INQU, REPL, DLET DALL, DOLD, DNEW	FN, SACH-NR, AE-NR
MEHRFACH-POSITIONEN	BMMT	LOAD, NREL, ISRT	FN, SACH-NR, (AE-NR)
BAUKASTEN-STÜLI	BMLE, BMPE	(BLANK), OPT, ALL	(FN), SACH-NR, (DATUM,AE-NR)
BAUKASTEN-TEILEVERW.	BMLI	(BLANK), ALL	(FN), SACH-NR ,(DATUM)
STRUKTUR-STÜLI	BMIE	(BLANK), OPT, ALL	(FN), SACH-NR, (DATUM)
STRUKTUR-TEILEVERW.	BMII	(BLANK), ALL	(FN), SACH-NR, (DATUM)
MENGENÜBERS-STÜLI	BMSE	(BLANK), SCRP	(FN), SACH-NR, (DATUM,MENGE)
MENGENÜBERS-TV	BMSI	(BLANK),SCRP	(FN), SACH-NR, (DATUM)
NACHRICHTEN	MESS, MDEL		

- - - - -TRANSAKTIONS-CODE UND DATEN EINGEBEN - - - - - - -

B.I.75: ONLINE Funktionsübersicht

Modul 2: ANZEIGE UND VERWALTEN VON TEILEDATEN

TRANSAK-TIONS-CODE	FUNKTIONSCODE					
	INQU	ISRT	REPL	DLET	BWSE	(leer)
BMIT	(2.2) Anzeige Teile-daten	(2.1) Hinzu-fügen eines Teils	(2.4) Verwal-ten Tei-lestamm-daten	(2.3) Löschen eines Teils		
BMRE (2.5)	Anzeige Zustän-digkei-ten	Hinzu-fügen einer Teile-zustän-digkeit	Verwal-ten Zu-stän-digkeit	Löschen einer Zustän-digkeit	Anzeige aller Zustän-digkei-ten	
BMBR (2.5)						Anzeige aller Zu-ständig-keiten
BMTX (2.6)	Anzeige Text	Hinzu-fügen eines Textes	Verwal-ten Text	Löschen eines Textes	Anzeige aller Text-codes	

Abb. B.I.76: COPICS - Transaktions- und Funktionscodes zur Verwaltung von Teiledaten

B.I.3.5 Ablaufsteuerung der Bedarfsplanung

B.I.3.5.1 Funktionsebenenmodell: Dezentralisierung

Die Verteilung der Funktionen auf unterschiedliche Ebenen wird exemplarisch für die zweistufige HOST-Workstation (PC)-Hierarchie analysiert. Die angestellten Überlegungen können aber auch auf andere Netz-Topologien übertragen werden.

Die Bewertung der Auslagerung von Teilfunktionen auf Workstations ist in Abb. B.I.77. dargestellt. Dabei wird ein Organisationsprinzip verfolgt, das von einer stärkeren Funktionsintegration bei gleichzeitig verstärkter Mengenteilung ausgeht.

Aufgabe	Teilfunktion	Dezentralisierungskriterium	E = Ergänzung I = Integraler Bestandteil	PC-Eignung: Datenbedarf	PC-Eignung: lokale Dialogintensität	PC-Eignung: PC-Eignung	Nutzung von PC-Eigenschaften: Hardware	Systemsoftware	Anwendungssoftware	Benutzersicht	Organisation	Priorität des PC-Einsatzes
Primärbedarfsverwaltung	Übernahme Ändern		I	Z	g	g	-	-	-	-	-	-
Verbrauchsgesteuerte Disposition	Erzeugen Ändern	Teile	I	Z/D	H	H	H	-	g	H	H	H
Grunddatenverwaltung	Anlegen	Teile	I	Z/D	m	m	m	-	-	m	m	m
	Ändern/ Löschen	"	I	Z	m	m	m	-	-	m	m	m
Stücklisten	Auswertung Stücklisten		I	Z/D	g	g	-	-	-	-	-	-
	Auswertung ABC-Analyse		I	Z	m	m	m	-	-	m	m	m
Lagerhaltung	Zu-/ Abgänge	Teile	I	D/Z	g	-	m	-	-	m	m	m
	Inventur	-	-	Z	-	-	-	-	-	-	-	-
Bedarfsauflösung	Brutto-Netto-Rechnung - Neuaufwurf	-	I	Z	-	-	-	-	-	-	-	-
	- Net Change	Teile	I	Z/D	m	m	m	-	-	m	m	m
	Losbildung - Neuaufwurf	Teile	I	Z/D	m	m	m	-	-	m	m	m
	- Net Change	"	I	Z/D	H	m-H	m	-	-	m	m	m
	Bedarfsverfolgung - Neuaufwurf	-	I	Z	g	-	-	-	-	-	-	-
	- Net Change	Teile	I	Z/D	g-m	m	-	-	-	m	m	m
	Vorwärtsterminierung mit Durchlaufzeitverkürzung - Neuaufwurf	-	I	Z	g	-	-	-	-	-	-	-
	- Net Change	Teile	I	Z/D	m	m	m	-	-	m	m	m

Z/D := Zentral/ Dezentral; H := Hoch; g := gering; m := mittel

Abb. B.I.77: Bewertung der Auslagerung von Funktionen der Materialwirtschaft auf Workstations

Aufgrund der relativ geringen Dialogintensität und des primär zentral ausgerichteten Datenbestandes treten nur mittlere Eignungen für den Einsatz von Workstations (PC's) auf. Die Auslagerung setzt immer voraus, daß Teildatenbestände der zentralen Datenbanken ausgelagert werden können, dort bearbeitet und anschließend wieder in die Datenbanken zurückgespielt werden. Dieses ist z. B. sinnvoll, wenn aufgrund der hohen Dialogintensität die Kosten des Datentransfers die eingesparten Rechenzeiten überwiegen.

Als weitere Kriterien kommen hinzu, daß aus Benutzersicht und Organisation durch Vereinfachung höhere Motivation sowie durch kürzere Antwortzeiten auch eine stärkere Dialogintensität und damit Verbesserung der Lösung erreicht werden können.

B.I.3.5.2 Ereignissteuerung

In Abb. B.I.78 sind für die Verarbeitungsfunktionen der Bedarfsplanung die entsprechenden Trigger-/Aktionsdatenbanken eingetragen, die Verarbeitungsfunktionen anstoßen bzw. aus Verarbeitungsfunktionen gefüllt werden.

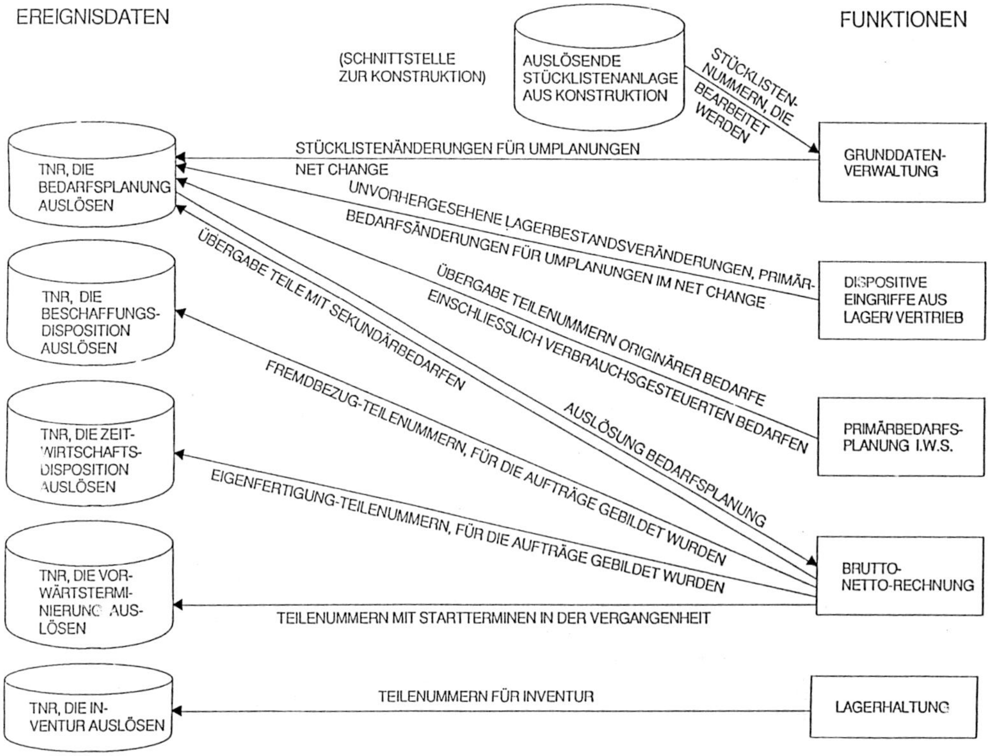

Abb. B.I.78: Trigger- und Aktionsdaten zur zeitlichen Steuerung der Materialwirtschaft

Im Rahmen der Grunddatenverwaltung werden Stücklistenänderungen erfaßt, die bei sofortiger Gültigkeit Umplanungen erfordern. Hierbei wird durch Parameter des Nachrichtensteuerungssystems festgelegt, ob eine sofortige Neuplanung erfolgt oder zu einem fest vorgegebenen Zeitpunkt oder nachdem eine bestimmte Anzahl von Änderungen aufgelaufen ist.
Änderungen des Primärbedarfes oder des Lagerbestandes aufgrund der Erfassung von Inventurdifferenzen können ebenfalls Umplanungen erforderlich machen.
Während die Änderungen aus Grunddatenverwaltung und Disposition mehr fallbezogen sind und deshalb auch Neuplanungen nach dem Net-Change-Prinzip auslösen, führt die planvolle Vorgabe des Primärbedarfs in der Regel zu einer batchbezogenen Neuaufwurfplanung.
Im Rahmen der Bedarfsauflösung werden Sekundärbedarfe ermittelt, die im weiteren aufgelöst werden müssen. Die entsprechenden Teilenummern werden ebenfalls in die Aktionsdatenbank "Auslösende Bedarfsplanung" eingestellt.

Ergebnis der Brutto-Netto-Rechnung sind Fertigungsaufträge und Beschaffungsvorschläge. Die entsprechenden Teilenummern werden in Aktionsdatenbanken eingestellt und von den anschließenden Modulen der Beschaffung bzw. der Zeitwirtschaft weiterverarbeitet. Diese Aktionsdatenbanken bilden somit Schnittstellen zwischen der Bedarfsplanung und den Funktionsbereichen Beschaffung und Zeitwirtschaft.
Werden im Rahmen der Bedarfsauflösung Termine ermittelt, die in die Vergangenheit ragen, so muß für die entsprechenden Auftragsnetze eine Neuplanung durch Reduktion von Übergangszeiten (Durchlaufzeiten) und eine Vorwärtsterminierung ausgelöst werden. Auch diese Vorgänge werden in eine eigene Aktionsdatenbank eingestellt.
Bei einer Lagerhaltungsunterstützung können Teile, für die ein negativer Lagerbestand ermittelt wird oder ein geringer Lagerbestand festgestellt wird, in einer Aktionsdatei zur Auslösung von Inventuren bereitgestellt werden.

Die Verteilung von Arbeitsvorräten auf verschiedene Arbeitsplätze wird über Aktionsdatenbanken gesteuert. In Abb. B.I.79 ist dieses für die verbrauchsgesteuerte Disposition dargestellt. Verschiedene Disponenten sind für bestimmte Ausschnitte des Teileprogramms zuständig.

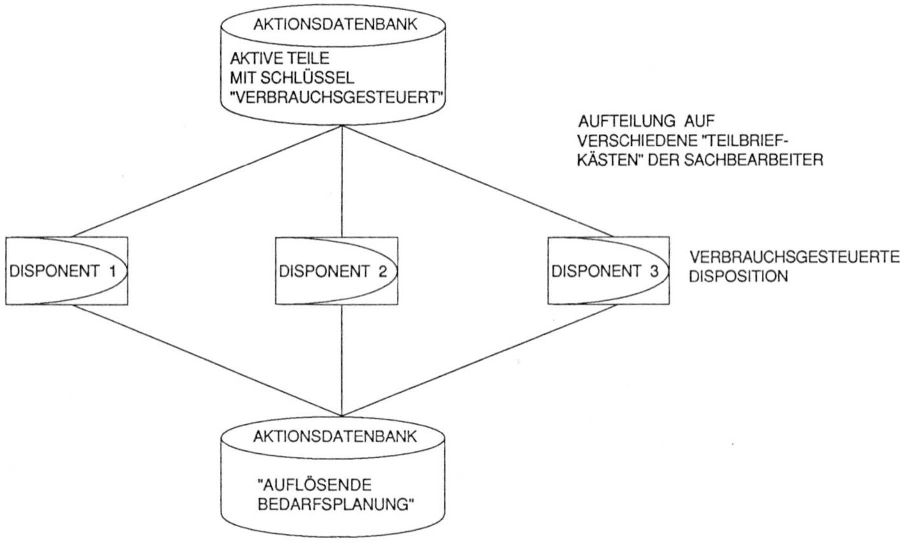

Abb. B.I.79: Verteilung der Arbeitsvorräte durch Aktionsdatenbanken

Von dem Briefkasten mit den aktiven verbrauchsgesteuerten Teilenummern werden die Disponenten auf anstehende Bedarfsermittlungen hingewiesen. Sie arbeiten im Dialog die entsprechenden Teilenummern durch Zugriff auf Vergangenheitsdaten und Ergebnisse statistischer Berechnungen ab und stellen die Ergebnisse in den Briefkasten "Auslösende Bedarfsplanung" ein.
Entsprechende Aufteilungen, die sich vor allen Dingen nach dem Kriterium des Teilespektrums richten, werden für die Grunddatenverwaltung, Lagerhaltung und Bedarfsauflösung vorgenommen. Sie bildet somit eine einheitliche Vorgangskette, die durch Aktionsdatenbanken sowie die entworfene statische Datenstruktur begleitet wird.

B.I.4 Zeit- und Kapazitätswirtschaft

Im Rahmen der Bedarfsauflösung werden alle Aufträge bezüglich der vorgegebenen Bedarfsperioden der Primärbedarfe terminiert. Kapazitätsüberlegungen werden dabei nicht angestellt. Die Vorlaufverschiebung eines Auftrages wird anhand der dem übergeordneten Auftrag bzw. Teil zugeordneten Durchlaufzeit und der auf die Strukturbeziehung bezogenen Vorlaufzeit errechnet (Bedarfsperiode übergeordnetes Teil minus Durchlaufzeit plus Vorlaufzeit). Die Terminierung verwendet damit grobe Durchschnittswerte für die angesetzten Zeitdauern.
Im Rahmen der mittelfristigen Zeit- und Kapazitätswirtschaft (im folgenden auch mit "Zeitwirtschaft" abgekürzt) werden deshalb

- die Terminplanung verfeinert, indem für die einzelnen durchzuführenden Arbeitsgänge eines Auftrages Start- und Endzeitpunkte unter Beachtung von Anpassungsformen festgelegt werden,
- aufgrund der verfeinerten Terminierung für einzelne Kapazitätsarten Belastungsübersichten erstellt,
- bei Engpaßsituationen oder Belastungsschwankungen ein Kapazitätsabgleich durchgeführt.

Der Begriff "mittelfristige Kapazitätsplanung" besagt, daß die Kapazitäten selbst unverändert bleiben. Damit wird von der langfristigen Kapazitätsplanung (Investitionsplanung), bei der die Kapazitäten variabel sind, abgegrenzt.
Für die Zeit- und Kapazitätswirtschaft müssen die bei der Bedarfsplanung angelegten Auftragssätze um Angaben über die auszuführenden technologischen Operationen erweitert werden. Ferner müssen Angaben über die zur Verfügung stehenden Kapazitäten vorliegen.
In Abb. B.I.80 ist der Funktionsbaum der Zeitwirtschaft angegeben. Sie besteht aus einer Grunddatenverwaltung, die Anlage und Pflege der Stamm-Datenstrukturen beinhaltet und Auswertungsmöglichkeiten bereitstellt, und aus den Planungsmodulen zur Durchlaufterminierung ohne Beachtung von Kapazitätsgrenzen sowie aus Modulen zum Kapazitätsabgleich, denen eine Datenverwaltung der Bewegungsdaten vorangestellt ist.

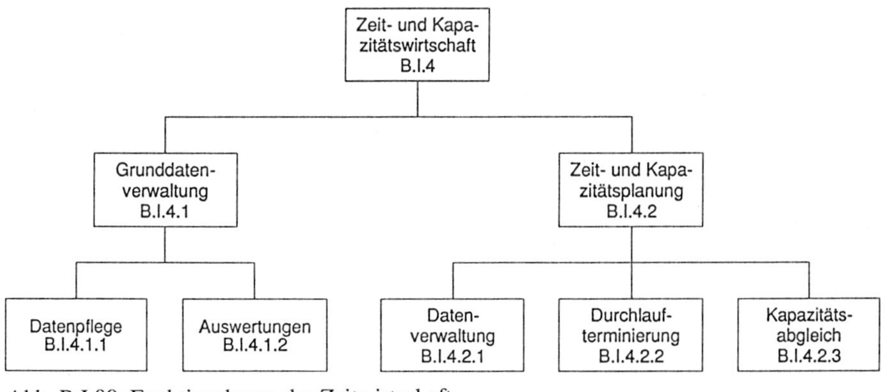

Abb. B.I.80: Funktionsbaum der Zeitwirtschaft

Aufgrund der relativ hohen Planungskomplexität wird der Kapazitätsabgleich nur in wenigen Softwaresystemen angeboten und wird deshalb hier auch nur in grober Form behandelt.
Da für die Zeitwirtschaft eine hohe Flexibilität der Daten erforderlich ist, wird die Konstruktion der Grunddaten intensiv behandelt.

B.I.4.1 Grunddaten

B.I.4.1.1 Datenstruktur

B.I.4.1.1.1 Entwurf

Die Datenstrukturen der Grunddaten zur Zeit- und Kapazitätsplanung sind in Abb. B.I.81 dargestellt. Obwohl die Datenstruktur auf den ersten Blick mehr technisch orientiert scheint, ist sie von hoher betriebswirtschaftlicher Bedeutung. So liefert sie nicht nur wesentliche Daten für die Produktionsplanung, sondern stellt auch wesentliche Daten für die Plankalkulation bereit.
Die Stücklistenstruktur (Entitytyp TEIL und Beziehungstyp STRUKTUR) ist bereits eingeführt und deshalb gestrichelt gezeichnet.
Zunächst werden die neu eingeführten Entitytypen betrachtet.
Der Entitytyp TECHNISCHES VERFAHREN beschreibt die grundsätzlich einzusetzenden Fertigungsverfahren wie Bohren, Drehen, Fräsen, Ablängen, Schweißen, Schmieden usw. Jedes Verfahren ist durch eine identifizierende Verfahrensnummer VNR gekennzeichnet und wird durch eine Reihe von technischen Attributen beschrieben. Diese Verfahrensbeschreibungen sind aber zunächst unabhängig davon, auf welcher Betriebsmittelgruppe oder für welches Teil sie eingesetzt werden.
Um ein Teil herzustellen, wird von der Arbeitsvorbereitung eine Folge auszuführender technischer Verfahrensschritte zusammengestellt. Hierbei kann auch eine technologisch bedingte Reihenfolge festgelegt sein. Eine solche Zusammenstellung von Arbeitsfolgen wird als Arbeitsplan bezeichnet und durch eine Arbeitsplannummer APLNR identifiziert.
Die einzelnen Betriebsmittel werden in dem Entitytyp BETRIEBSMITTEL erfaßt. Planerisch gleichartige Betriebsmittel werden gruppiert und zu dem Entitytyp BETRIEBSMITTELGRUPPE mit dem identifizierenden Attribut BMGNR verdichtet. Zwischen BETRIEBSMITTELGRUPPE und BETRIEBSMITTEL besteht eine 1:n-Beziehung. Der Entitytyp BETRIEBSMITTEL besitzt den zusammengesetzten Schlüssel BMGNR, BMNR. Ist die Gruppierung sehr streng, kann sie als eine hierarchische Beziehung formuliert werden.
Die Werkzeuge werden in dem Entitytyp WERKZEUG erfaßt, wobei jedes Werkzeug durch eine Werkzeugnummer WNR identifiziert wird. Es besteht auch die Möglichkeit, Werkzeuge als Betriebsmittel aufzufassen oder Verbrauchswerkzeuge als fremdbezogene Teile innerhalb der Stücklistenstruktur zu verwalten.

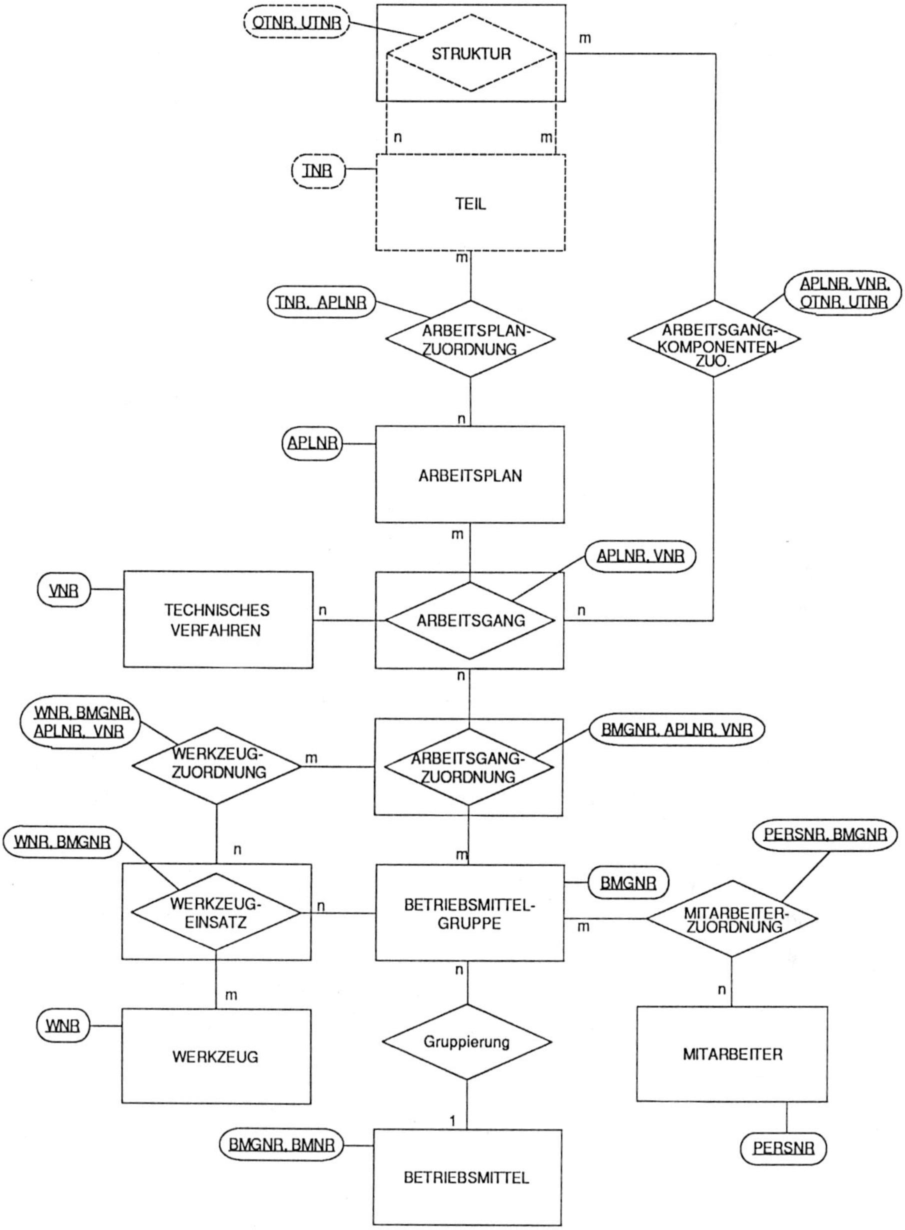

Abb. B.I.81: ERM zur Zeit- und Kapazitätswirtschaft

Zur Berücksichtigung von Personalkapazitäten wird der Entitytyp MITARBEITER mit dem Schlüssel PERSNR eingeführt.

Bei den Beziehungstypen werden zunächst die relativ einfachen Beziehungen erläutert. Der WERKZEUGEINSATZ bildet eine n:m-Beziehung zwischen WERKZEUG und BE-

TRIEBSMITTELGRUPPE, da ein Werkzeug an verschiedenen Betriebsmittelgruppen eingesetzt werden kann und einer Betriebsmittelgruppe unterschiedliche Werkzeuge zugeordnet werden können.

Die Zuordnung von Mitarbeitern zu Betriebsmittelgruppen bildet die n:m-Beziehung MITARBEITERZUORDNUNG.

Arbeitspläne beziehen sich auf die Fertigung eines Teils aus seinen Komponenten. Dabei kann ein Teil nach mehreren Arbeitsplänen gefertigt werden, indem z. B. aufgrund eines Mengenkriteriums das gleiche Teil auf hochtechnisierten Produktionsanlagen mit hohen Rüstkosten oder auf weniger automatisierten Fertigungseinrichtungen mit niedrigen Rüstkosten produziert wird. Auch können sich die Arbeitspläne nach unterschiedlichen Betriebsstandorten unterscheiden.

Andererseits ist es vorstellbar, daß fertigungstechnisch ähnliche Teile, die innerhalb der Stücklistenstruktur aber unterschiedliche Sachnummern besitzen, nach dem gleichen Arbeitsplan gefertigt werden können. Dieses gilt z. B., wenn sich die Teile nur durch Einsatz (unwesentlich) verschiedener Materialien (z. B. unterschiedliche Farben) unterscheiden. Damit besteht eine n:m-Beziehung zwischen den Entitytypen TEIL und ARBEITSPLAN. Eine andere Möglichkeit zur Behandlung des Falles, daß mehrere Teile nach dem gleichen Arbeitsplan erstellt werden, besteht darin, innerhalb der Stücklisten ein Pseudoteil anzulegen, dem der Arbeitsplan zugeordnet wird und die mit dem gleichen Arbeitsplan herzustellenden Teile entsprechend einer Variantenverwaltung diesem Pseudoteil als untergeordnete Teile zuzuordnen.

Der komplizierteste Beziehungstyp ist die Verbindung zwischen ARBEITSPLAN, BETRIEBSMITTELGRUPPE, TECHNISCHES VERFAHREN und der STRUKTURBEZIEHUNG innerhalb der Stückliste.

Zunächst wird die Beziehung zwischen ARBEITSPLAN und TECHNISCHES VERFAHREN betrachtet. Ein Arbeitsplan enthält die Zusammenstellung von technischen Verfahrensschritten, die für die Herstellung eines Teils erforderlich sind. Da ein Arbeitsplan mehrere technische Vorgänge umfaßt, ein technischer Vorgang aber in mehreren Arbeitsplänen erscheinen kann, besteht eine n:m-Beziehung zwischen ARBEITSPLAN und TECHNISCHES VERFAHREN. Diese wird als ARBEITSGANG bezeichnet und als erster Konstruktionsschritt festgehalten. Schlüsselattribute sind APLNR und VNR.

In einem zweiten Konstruktionsschritt wird die Beziehung zwischen ARBEITSGANG und STRUKTUR an einem Beispiel demonstriert.

Abb. B.I.82 zeigt zunächst die Teilestruktur. In die Baugruppe B gehen drei Einzelteile E1, E2 und E3 ein. Die Einzelteile E1 und E2 werden nach dem Arbeitsplan A1 während des ersten Arbeitsganges eingesetzt, während das Einzelteil E3 erst beim zweiten Arbeitsgang benötigt wird. Durch diese arbeitsgangbezogene Zuordnung der Komponenten wird die im Rahmen der Bedarfsplanung nur sehr grob angesetzte Vorlaufzeit nun direkt auf die Arbeitsgänge bezogen und damit eine genauere Zeitrechnung möglich.

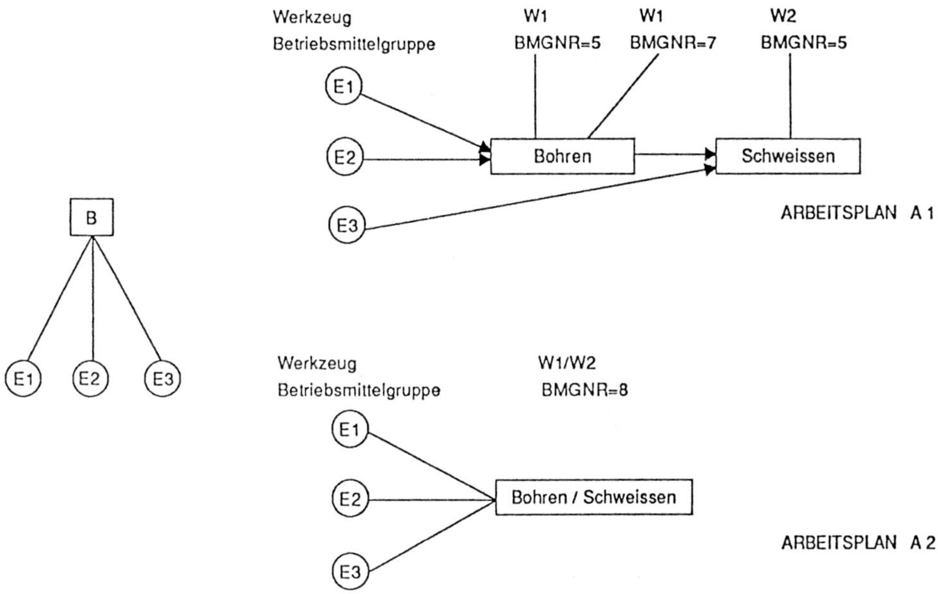

Abb. B.I.82: Beispiel zur Arbeitsgang-Komponenten-Zuordnung

Zur Fertigung des Teiles besteht ein zweiter Arbeitsplan A2, bei dem in einem Ablauf sowohl der Bohr- als auch der Schweißvorgang durchgeführt werden und die drei Einzelteile jeweils zu Beginn bereitgestellt werden müssen.

Damit können Komponenten, die zur Herstellung eines Teiles erforderlich sind, in unterschiedlichen Arbeitsgängen (verschiedener Arbeitspläne) benötigt werden und umgekehrt an einem Arbeitsgang mehrere Komponenten. Der Beziehungstyp ARBEITSGANGKOMPONENTENZUORDNUNG ist somit eine n:m-Beziehung zwischen den uminterpretierten Entitytypen (STÜCKLISTEN-)STRUKTUR und ARBEITSGANG.

Da es möglich ist, einen Arbeitsgang auf mehreren Betriebsmittelgruppen (vgl. Beispiel Abb. B.I.82) und auf einer Betriebsmittelgruppe mehrere Arbeitsgänge zu fertigen, besteht zwischen ARBEITSGANG und BETRIEBSMITTELGRUPPE eine n:m-Beziehung der ARBEITSGANGZUORDNUNG.

Die Beziehung WERKZEUGEINSATZ ordnet Werkzeuge solchen Betriebsmittelgruppen zu, an denen sie einsetzbar sind. Die für die Ausführung eines bestimmten Arbeitsganges an einer Betriebsmittelgruppe benötigten Werkzeuge bilden eine Beziehung zwischen den zu Entitytypen uminterpretierten Beziehungen WERKZEUGEINSATZ und ARBEITSGANGZUORDNUNG. Da ein Werkzeug, das einer bestimmten Betriebsmittelgruppe zugeordnet ist, für mehrere Arbeitsgänge einsetzbar ist und umgekehrt für einen Arbeitsgang an einer Betriebsmittelgruppe mehrere Werkzeuge benötigt werden können, bildet die Werkzeugzuordnung eine n:m-Beziehung.

Die aus der Datenstruktur des Beispiels ableitbare Fertigungsvorschrift, in der Arbeitsgänge, Komponenten, Werkzeuge und Betriebsmittelgruppen in ihrem Bearbeitungszusammenhang aufgeführt sind, ist in Abb. B.I.83 dargestellt.

Die wesentlichen Träger von Informationen sind der Arbeitsplan durch die logische Zusammenfassung zusammengehörender Arbeitsgänge, die Arbeitsgangzuordnung, da dieser Beziehung Attribute zugeordnet sind, die sich auf Arbeitsgang und zugehörende Betriebsmittelgruppe beziehen, während der Arbeitsgang lediglich eine "Kopffunktion" besitzt. Der Betriebsmittelgruppe werden ebenfalls wesentliche Attribute wie Kostensatz pro Zeiteinheit, Kapazität usw. zugeordnet. Im folgenden werden für einige Datenstrukturen typische Attribute aufgeführt.

Baugruppe B; Arbeitsplan A1

AGA 1 (Bohren)
  Teil E1
  Teil E2
  Maschinengruppe 5 oder
  Maschinengruppe 7
  Werkzeug W1
AGA 2 (Schweißen)
  Teil E3
  Maschinengruppe 5
  Werkzeug W2

Abb. B.I.83: Fertigungsvorschrift zu Abb. B.I.82

ENTITYTYP:	ARBEITSPLAN
Identifikationsdaten:	
Arbeitsplannummer:	APLNR
Beschreibung:	Für längere Textbeschreibungen wird häufig ein gesonderter Satztyp angelegt.
Klassifizierungsdaten:	
Art des Arbeitsplans:	Kennung zur Bezeichnung von Reparaturarbeitsplan, Ersatzteilarbeitsplan, Normalarbeitsplan.
Statusdaten:	Datum der letzten Änderung.
Planungsdaten:	
Benötigte Ausgangsmaterialien:	Sie werden häufig im Arbeitsplan, bei der hier vorgeschlagenen Vorgehensweise allerdings in der Stückliste erfaßt.
Beschreibung:	Bei längeren Textteilen kann hierfür ein eigener Satztyp angelegt werden.

ENTITYTYP:	ARBEITSGANGZUORDNUNG

Identifikationsdaten:

Arbeitsplannummer:	APLNR
Verfahrensnummer:	VNR
Betriebsmittel-gruppennummer:	BMGNR

Planungsdaten:

Rüstzeit:

Die zur Einrichtung des Arbeitsplatzes auf den Arbeitsgang benötigte (Kalender-) Zeit. Falls diese sehr stark davon abhängt, welcher Arbeitsgang vorher auf dem Arbeitsplatz bearbeitet wurde, können in gesonderten Tabellen auch reihenfolgeabhängige Rüstzeiten erfaßt werden.

Arbeits-Rüstzeit:

Anzahl der Mannstunden des Rüstvorgangs.

Maschinenzeitvorgabe:

Für die Ausführung eines Arbeitsganges benötigte Zeit der Maschine (ohne anteilige Rüstzeit).

Arbeitszeitvorgabe:

Für die Ausführung des Arbeitsganges benötigte Maschinen- und Arbeitszeiten.

Übergangszeit zum nächsten Arbeitsgang:

Benötigte Zeit zwischen der Beendigung des betrachteten Arbeitsgangs und dem Beginn der Bearbeitung des nächsten Arbeitsgangs an einem Auftrag. Die Übergangszeit setzt sich aus folgenden typischen Elementen zusammen:

- Nachbereitungszeit (Kontrolle) des Auftrags,
- Transport zum nächsten Arbeitsplatz,
- Wartezeit in der Auftragswarteschlange vor dem nächsten Arbeitsplatz,
- Vorbereitungszeit, evtl. überlappt mit der Umrüstzeit vor dem nächsten Arbeitsgang.

Werden für bestimmte Fragestellungen, z. B. den Fall der offenen Fertigung, die Elemente getrennt benötigt, müssen gesonderte Attribute angelegt werden. Die Transportzeiten hängen von den Standorten der aufeinanderfolgenden Arbeitsplätze ab. Zu ihrer Ermittlung kann eine Entfernungsmatrix angelegt werden, in der auch unterschiedliche Beförderungsmittel berücksichtigt werden können.

Übergangsreduzierungsfaktor:

Er gibt an, bis zu welchem Prozentsatz die Übergangszeit reduziert werden kann, wenn eine besondere Beschleunigung des Auftrags gewünscht wird.

Überlappungsschlüssel:

Er gibt an, ob und gegebenenfalls nach welcher Regel der Arbeitsgang in offener Fertigung durchgeführt werden kann. Dieses kann z. B. nach der Stückzahl entschieden werden.

Mindestvorlaufzeit: Zeitspanne, die ein Arbeitsgang auch bei Überlappung mindestens dauern soll, bis ein Transport zum folgenden Arbeitsgang erfolgt (vgl. Abb. B.I.84, aus: *Scheer, Wirtschaftsinformatik 1978, S. 218*). (Der gleiche Sachverhalt kann auch durch eine Mindestvorlaufmenge ausgedrückt werden).
Sie richtet sich nach der Kapazität der Transportbehälter sowie der Produktionsgeschwindigkeit des folgenden Arbeitsgangs. Falls die Produktionsgeschwindigkeit des zweiten Arbeitsgangs höher ist, muß eine Vorlaufzeit für den ersten Arbeitsgang bestehen, damit keine Wartezeiten beim zweiten Arbeitsgang auftreten.

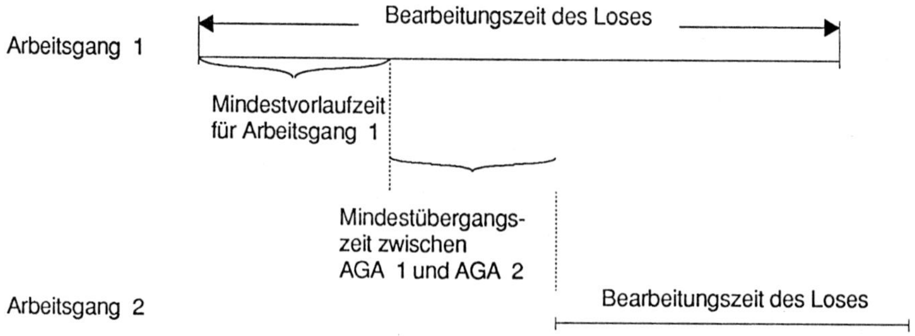

Abb. B.I.84: Verdeutlichung der Mindestvorlaufzeit

Splittingschlüssel: Er gibt an (vgl. Abb. B.I.85, aus: *Scheer, Wirtschaftsinformatik 1978, S. 219*), ob und gegebenenfalls nach welcher Regel ein Fertigungsauftrag auf mehrere Betriebsmittel der gleichen Gruppe aufgeteilt werden kann. Da bei einem Splitting an jedem Betriebsmittel Rüstzeiten (Rüstkosten) anfallen, ist Splitting nur bei größeren Losen sinnvoll.

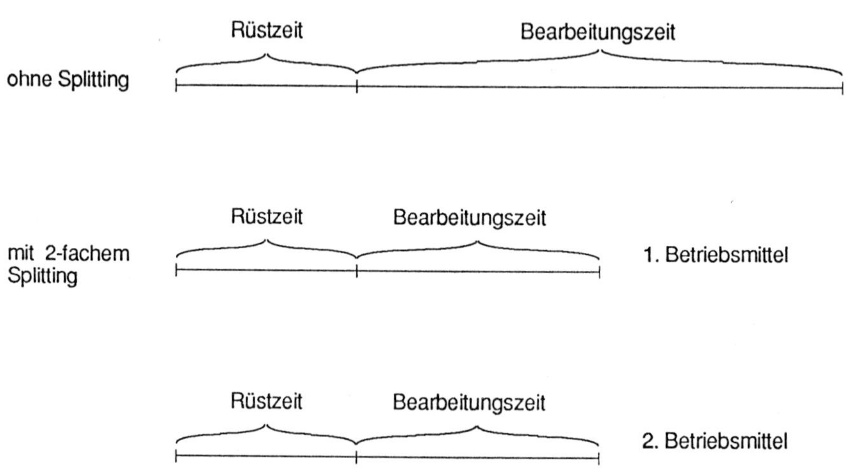

Abb. B.I.85: Splitting

Splittingfaktor: Falls sich das Splitting nach der Losgröße richtet, ergibt sich die Anzahl der parallelen Teillose durch den (gerundeten) Quotienten aus Auftragsgröße und Splittingfaktor. Obergrenze der Anzahl der Teillose ist die Anzahl der Betriebsmittel der Gruppe.

ENTITYTYP:	ARBEITSPLANZUORDNUNG
Stückzahlbereich:	Bestehen für ein Teil mehrere Arbeitspläne, z. B. unterschieden nach Mechanisierungsgrad des anzuwendenden Fertigungsverfahrens, so wird ein bestimmtes Fertigungsverfahren (Werkstatt- oder Fließfertigung) nach der herzustellenden Menge zugeordnet, wobei im allgemeinen der Mechanisierungsgrad mit der Auftragsgröße zunimmmt.

ENTITYTYP:	BETRIEBSMITTELGRUPPE
Beschreibung:	...
Arbeitsplatztyp:	Kennung der Art der Maschinengruppe.
Standort:	...
Vorarbeiter:	Personalnummer des für die Gruppe verantwortlichen Vorarbeiters.
Planungsdaten:	
Anzahl der Arbeitstage pro Woche:	...
Anzahl der Schichten pro Arbeitstag:	...
Anzahl der maximalen Schichten pro Arbeitstag:	...
Anzahl der Stunden je Schicht:	Falls die Anzahl von der Schicht abhängt, muß pro Schicht ein entsprechendes Feld vorgesehen werden.
Anzahl maximaler Überstunden:	...
Nutzungsgrad:	Er gibt den Prozentsatz der Verfügbarkeit der Betriebsmittelgruppe unter Berücksichtigung von Ausfallzeiten usw. an.
Leistungs-Zeitgrad:	Verhältnis der Vorgabezeiten zu den tatsächlich benötigten Zeiten. Der Zeitgrad dient zur Umrechnung der in den Arbeitsgangsätzen enthaltenen Vorgabezeiten in Planwerte.
Wartezeit vor der Betriebsmittelgruppe:	Dieser Durchschnittssatz dient als Komponente bei der Berechnung der Übergangszeiten.
Rüstzeit:	Durchschnittliche Rüstzeit an der Maschine. Sie wird benötigt, wenn im Arbeitsgangsatz die entsprechende Angabe fehlt.
Kapazitätsabgleich:	Kennung, die angibt, ob bei der Betriebsmittelgruppe ein Abgleich durchgeführt werden soll oder nicht.
Maschinenstundensatz:	Er dient zur Stückkalkulation und Verfahrensauswahl.

ENTITYTYP:	BETRIEBSMITTEL

Hier werden solche Daten erfaßt, die auf das individuelle Aggregat einer Betriebsmittelgruppe bezogen sind.

Anschaffungsdatum:	
Planungsdaten:	
Periodenkapazität des Betriebsmittels in Stunden:	...
Datum des nächsten vorbeugenden Instandhaltungstermins:	...
Dauer einer vorbeugenden Instandhaltung:	...
Nr. eines gerade bearbeiteten Instandhaltungsauftrages:	...
Abschreibungsdatum:	Einstandswert, Abschreibungsverfahren usw. werden für die Kostenrechnung benötigt (vgl. unten Kapitel 6).

ENTITYTYP:	WERKZEUG
Beschaffungsdatum:	
Kapazität in Baustunden:	

B.I.4.1.1.2 Datenmodell

Die Datenstruktur der Grunddaten der Kapazitäts- und Zeitwirtschaft wird in die Notation des Relationenmodells überführt. Insgesamt ergibt sich die gleiche Anzahl von Relationen, wie sie als Summe von Entitytypen und Beziehungstypen des Entity-Relationship-Modells entwickelt worden sind.

R. TEIL (TNR, Bezeichnung, ...)
R. STRUKTUR (OTNR, UTNR, Koeffizient, ...)

....

R. ARBEITSPLAN (APLNR, Bezeichnung, ...)
R. TECHNISCHES VERFAHREN (VNR, Bezeichnung, ...)
R. BETRIEBSMITTELGRUPPE (BMGNR, Kostenstelle, ...)
R. BETRIEBSMITTEL (BMGNR, BMNR, Kapazität, ...)
R. WERKZEUG (WNR, Lebensdauer, ...)
R. MITARBEITER (PERSNR, ...)
R. WERKZEUGEINSATZ (BMGNR, WNR, ...)
R. WERKZEUGZUORDNUNG (BMGNR, WNR, APLNR, VNR, Einspannzeit, ...)
R. ARBEITSGANG (APLNR, VNR, Bezeichnung, ...)
R. ARBEITSGANGZUORDNUNG (APLNR, VNR, BMGNR, Vorgabezeit, ...)
R. ARBEITSGANGKOMPONENTENZUORDNUNG (APLNR, VNR, OTNR, UTNR, ...)
R. ARBEITSPLANZUORDNUNG (TNR, APLNR, ...)
R. MITARBEITERZUORDNUNG (PERSNR, BMGNR, ...)

Abb. B.I.86 Relationenmodell: Zeit- und Kapazitätswirtschaft

B.I.4.1.1.3 Beispiel

Die informativen Verflechtungen werden an dem in der Abb. B.I.82/83 eingeführten Beispiel weiter verdeutlicht (vgl. Abb. B.I.87). Die technologische Schlüssigkeit der Angaben steht dabei nicht im Vordergrund.
Zur Darstellung des Beispiels wird die tabellarische Form des Relationenmodells verwendet.
Der Arbeitsgang Bohren nach dem Arbeitsplan A1 kann auf der Betriebsmittelgruppe 5 oder der Betriebsmittelgruppe 7 durchgeführt werden; der Arbeitsgang 2 des Arbeitsplans A1 (Schweißen) auf der Betriebsmittelgruppe 5.
Der kombinierte Arbeitsgang Bohren/Schweißen des Arbeitsplans A2 wird von der Betriebsmittelgruppe 8 (z. B. ein Bearbeitungszentrum) durchgeführt. Da ein Arbeitsgang auf mehreren Betriebsmittelgruppen ausgeführt werden kann (Bohren des Arbeitsplans A1) und umgekehrt auf einer Betriebsmittelgruppe mehrere Arbeitsgänge (Betriebsmittelgruppe 5: Bohren und Schweißen innerhalb des Arbeitsplans A1) wird die n:m-Beziehung zwischen Betriebsmittelgruppe und Arbeitsplan deutlich.
Die Zuordnung der Komponenten zu ihren Einbau-Arbeitsgängen wird in der Relation R. ARBEITSGANG-KOMPONENTENZUORDNUNG erfaßt. Von den beiden Werkzeugen wird im Arbeitsplan A1 das Werkzeug W1 sowohl auf der Betriebsmittelgruppe 5 als auch auf der Betriebsmittelgruppe 7 eingesetzt, während das Werkzeug W2 nur auf der Betriebsmittelguppe 5 eingesetzt wird.
Bezüglich der Arbeitsgangzuordnung des Arbeitsplanes A2 gilt, daß für den Arbeitsgang Bohren/Schweißen beide Werkzeuge benötigt werden.

R.TEIL

TNR	Bezeichnung
B	....
E1	....
E2	....
E3	....

R. BETRIEBS-MITTELGRUPPE

BMGNR	Kostenstelle
BMG 5	....
BMG 7	....
BMG 8	....

R. STRUKTUR

OTNR	UTNR	Menge
B	E1	....
B	E2	....
B	E3	....

R. BETRIEBSMITTEL

BMGNR	BMNR	Kapazität
5	1	....
5	2	....
7	1	....
8	1	....

R. TECHN. VERFAHREN

VNR	Bezeichnung
V1	Bohren
V2	Schweißen
V3	Bohren/Schweißen

R. WERKZEUG

WNR	Bezeichnung
W1	....
W2	....

R. ARBEITSPLAN

APLNR	Bezeichnung
A1	....
A2	....

R.ARBEITSPLAN-ZUORDNUNG

TNR	APLNR	Stückzahl-grenze
B	A1	....
B	A2	....

R. WERKZEUG-EINSATZ

BMGNR	WNR	Auslauf-termin
BMG 5	W1	....
BMG 5	W2	....
BMG 7	W1	....
BMG 8	W2	....
BMG 8	W1	....

R. ARBEITSGANG-KOMPONENTEN-ZUORDNUNG

APLNR	VNR	OTNR	UTNR
A1	V1	B	E1
A1	V1	B	E2
A1	V2	B	E3
A2	V3	B	E1
A2	V3	B	E2
A2	V3	B	E3

R. WERKZEUG-ZUORDNUNG

BMGNR	WNR	APLNR	VNR
5	W1	A1	V1
7	W1	A1	V1
8	W1	A2	V3
8	W2	A2	V3
5	W2	A1	V2

R. ARBEITSGANG-ZUORDNUNG

APLNR	VNR	BMGNR	Vorgabe-zeit
A1	V1	5	....
A1	V1	7	....
A1	V2	5	....
A2	V3	8	....

R. ARBEITSGANG

APLNR	VNR	Bezeichnung
A1	V1	Bohren
A1	V2	Schweißen
A2	V3	Bohren/ Schweißen

Abb. B.I.87: Darstellung der informationellen Verflechtungen der Abb. B.I.82 (Beispiel)

B.I.4.1.2 Auswertungen

Aus der entwickelten Datenstruktur kann eine Vielzahl von Auswertungen erzeugt werden, wobei diese Auswertungen wie bei den Stücklisten aus der "Auflösungssicht" und aus der "Verwendungssicht" erstellt werden können.

Aus der Auflösungssicht ist die wichtigste Auswertung der Fertigungsplan für ein bestimmtes Teil, wie er in Abb. B.I.88 (aus: *Scheer, CIM 1990, S. 20*) dargestellt ist. Die zur Ermittlung der Daten benötigten Quellen sind in der Abbildung angegeben und zeigen, daß fast alle eingeführten Datenbeziehungen ausgenutzt werden.

Eine typische Frage aus der Verwendungssicht ist: Welche Arbeitsgänge oder auch welche Teile können auf einer bestimmten Betriebsmittelgruppe gefertigt werden? Diese Fragen sind z. B. interessant, wenn eine Betriebsmittelgruppe ausgefallen ist, um die resultierenden Konsequenzen zu erfassen.

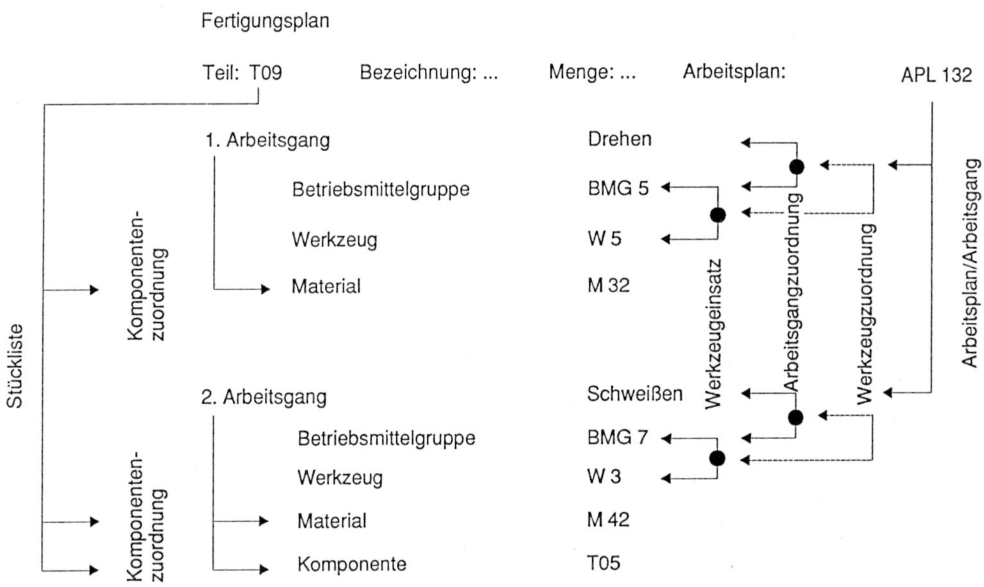

Abb. B.I.88: Inhalt eines Fertigungsplans

Die Frage kann über die Verfolgung der Datenstrukturen BETRIEBSMITTELGRUPPE-ARBEITSGANGZUORDNUNG-ARBEITSGANG sowie Weiterverfolgung zu ARBEITSPLAN-TEIL beantwortet werden.

Um z. B. die Auswirkungen einer verspäteten Lieferung von Werkzeugen zu analysieren, kann die Frage gestellt werden: "An welchen Betriebsmittelgruppen oder weitergehend für welche Arbeitsgänge wird ein bestimmter Werkzeugtyp eingesetzt?"

Für die eingeführte Datenstruktur des Beispiels ist die Auswertung der Frage, welche Arbeitsgänge auf der Betriebsmittelgruppe 5 gefertigt werden können, in Abb. B.I.89 dargestellt.

Verwendungsnachweis für Betriebsmittelgruppe 5

Arbeitsgang:	Arbeitsplan	Technisches Verfahren	
	A1	Bohren	(V1)
	A1	Schweißen	(V2)

Abb. B.I.89: Verwendungsnachweis Betriebsmittelgruppe

B.I.4.1.3 EDV-gestützte Arbeitsplanung

Arbeitspläne sowie die damit zusammenhängenden Arbeitsgang- und Zuordnungsinformationen werden zunehmend EDV-unterstützt erstellt. Hierzu werden einmal Daten bestehender Arbeitspläne herangezogen, um sie als Ausgang für Änderungen zu nutzen. Weiterhin können Tabellen zur Zeitermittlung, Werkzeugkataloge usw. elektronisch gespeichert sein. Auf die EDV-gestützte Arbeitsplanung wird im Teil Technik unter "B.II.2.1 Computergestützte Arbeitsplanung" detaillierter eingegangen.
Der Ablauf einer interaktiven Arbeitsplanerstellung ist in Abb. B.I.90 als Interaktionsdiagramm eingetragen. Der Ablauf erklärt sich weitgehend von selbst.

B.I.4.2 Mittelfristige Kapazitätsplanung

Dem bei der Bedarfsplanung angelegten Entitytyp AUFTRAG wurden als wesentliche Attribute die identifizierenden Merkmale Teilenummer TNR und Datum sowie die dispositiven Größen Auftragsmenge, Durchlaufzeit und Auftragsstatus zugeordnet.
Um Kapazitätsrechnungen durchführen zu können, muß der Auftrag entsprechend seinen Fertigungsvorschriften mit den zugehörenden Betriebsmittelgruppen verbunden werden. Dieses geschieht über die eingeführten technischen Zusammenhänge: ARBEITSPLAN, ARBEITSGANG, BETRIEBSMITTELGRUPPE.
Zunächst wird die dazu erforderliche auftragsbezogene Datenstruktur entwickelt. Anschließend wird eine arbeitsgangbezogene Terminrechnung ohne Beachtung von Kapazitätsgrenzen durchgeführt und daraus Kapazitätsbelastungen abgeleitet.
Danach wird ein Kapazitätsabgleichalgorithmus skizziert.
Da zwischen Bedarfsplanung und Zeitwirtschaft ein enger Zusammenhang besteht, werden Ansätze zur simultanen Material- und Zeitbedarfsrechnung vorgestellt.

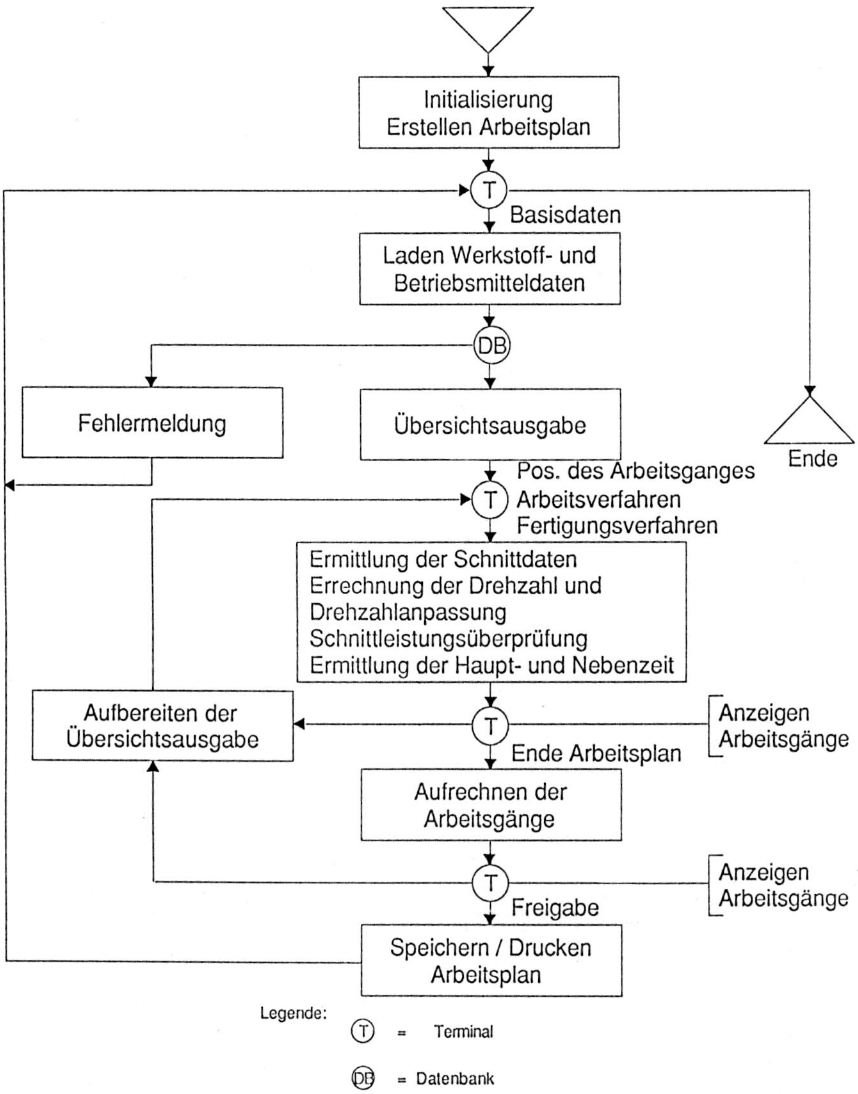

Abb. B.I.90: Interaktionsdiagramm zur computergestützten Arbeisplanerstellung

B.I.4.2.1 Datenstruktur

B.I.4.2.1.1 Entwurf

Zur Verbindung der Fertigungsaufträge mit den Fertigungsdaten bestehen zwei grundsätzliche Möglichkeiten:

1. Der Auftragsentitytyp wird lediglich mit den Fertigungsstammdaten durch Beziehungen verknüpft. In diesen Beziehungen werden dann zusätzliche Attribute erfaßt, die nicht in den Stammdaten enthalten sind, da sie sich auf Auftrag **und** Fertigungsstammdaten beziehen.

2. Auftragsbezogene Daten und Stammdaten werden zwar wiederum miteinander verbunden, zusätzlich werden aber alle für den Auftrag zutreffenden Stammdaten in die auftragsbezogene Struktur (redundant) übernommen.

Im folgenden wird schwerpunktmäßig der ersten Vorgehensweise gefolgt. Durch die Verbindungen zwischen Stamm- und auftragsbezogenen Datenstrukturen sind die auftragsbezogenen Daten eines auch im Stammdatenbereich vorhandenen Entitytyps verfügbar. Es werden aber Attribute der auftragsbezogenen Datenstrukturen dann redundant geführt, um sie auftragsbezogen abändern zu können, ohne den Stammdatenbereich zu beeinflussen.

Die Verbindung zwischen der Stammdatenstruktur und der auftragsbezogenen Datenstruktur eröffnet vielfältige Auswertungsmöglichkeiten. Beispielsweise kann die Frage beantwortet werden, ob für bestimmte Stammarbeitsgänge konkrete Aufträge bestehen, in denen diese Arbeitsgänge angesprochen werden usw.

In Abb. B.I.91 ist die Datenstruktur dargestellt. Auf der linken Seite wird die in Abb. B.I.81 entworfene Stammdatenstruktur, soweit sie hier von Bedeutung ist, übernommen. Auf der rechten Seite werden die auftragsbezogenen Datenstrukturen entwickelt.

Ausgangspunkt ist der AUFTRAG, wie er innerhalb der Bedarfsplanung angelegt wurde. Ein Auftrag wird durch Teilenummer TNR und Datum identifiziert. AUFTRAG wird nun als Entitytyp betrachtet und als Spezialisierung FERTIGUNGSAUFTRAG übernommen.

Die Arbeitsplanzuordnung innerhalb der Stammdatenstruktur gibt an, anhand welcher Arbeitspläne ein bestimmtes Teil gefertigt werden kann. Bei mehreren möglichen Arbeitsplänen wird die Auswahl im allgemeinen nach der Auftragsmenge getroffen. Da die Auftragsmenge innerhalb der auftragsbezogenen Datenstruktur als Ergebnis der Materialplanung für jeden Auftrag festliegt, wird in die auftragsbezogene Datenstruktur die für einen Auftrag entsprechende Arbeitsplanzuordnung übernommen und ein auftragsbezogener Arbeitsplan konstruiert. Schlüsselattribute sind Teilenummer, Datum und Arbeitsplannummer. Benutzerbezogene Attribute sind einmal übernommene, aber abzuändernde Eigenschaften und zum anderen Attribute für realisierte Werte aus Rückmeldungen. Der auftragsbezogene Arbeitsplan ist eine Beziehung zwischen FERTIGUNGSAUFTRAG und ARBEITSPLAN des Stammdatenbereichs.

Da für eine bestimmte Arbeitsplanzuordnung der Stammdatenstruktur mehrere Zuordnungen in dem auftragsbezogenen Bereich bestehen können (z. B. weil mehrere Aufträge für ein bestimmtes Teil vorliegen), ist die Beziehung aus Sicht der Stammdaten vom Typ 1:n. Mit dieser Beziehung kann die Frage beantwortet werden: Welche Aufträge werden mit einem bestimmten Arbeitsplan gefertigt?

Der AUFTRAGSARBEITSPLAN wird mit den zugehörenden Arbeitsgängen des Stammdatenbereichs über die Beziehung AUFTRAGSARBEITSGANG verbunden. Aus Sicht dieser Beziehung wird der AUFTRAGSARBEITSPLAN als Entitytyp interpretiert. Dem Beziehungstyp AUFTRAGSARBEITSGANG können benutzerbezogene Daten für den zeitlichen auftragsbezogenen Ablauf des Arbeitsganges angefügt werden. Werden auch Daten des Stammdatenbereiches

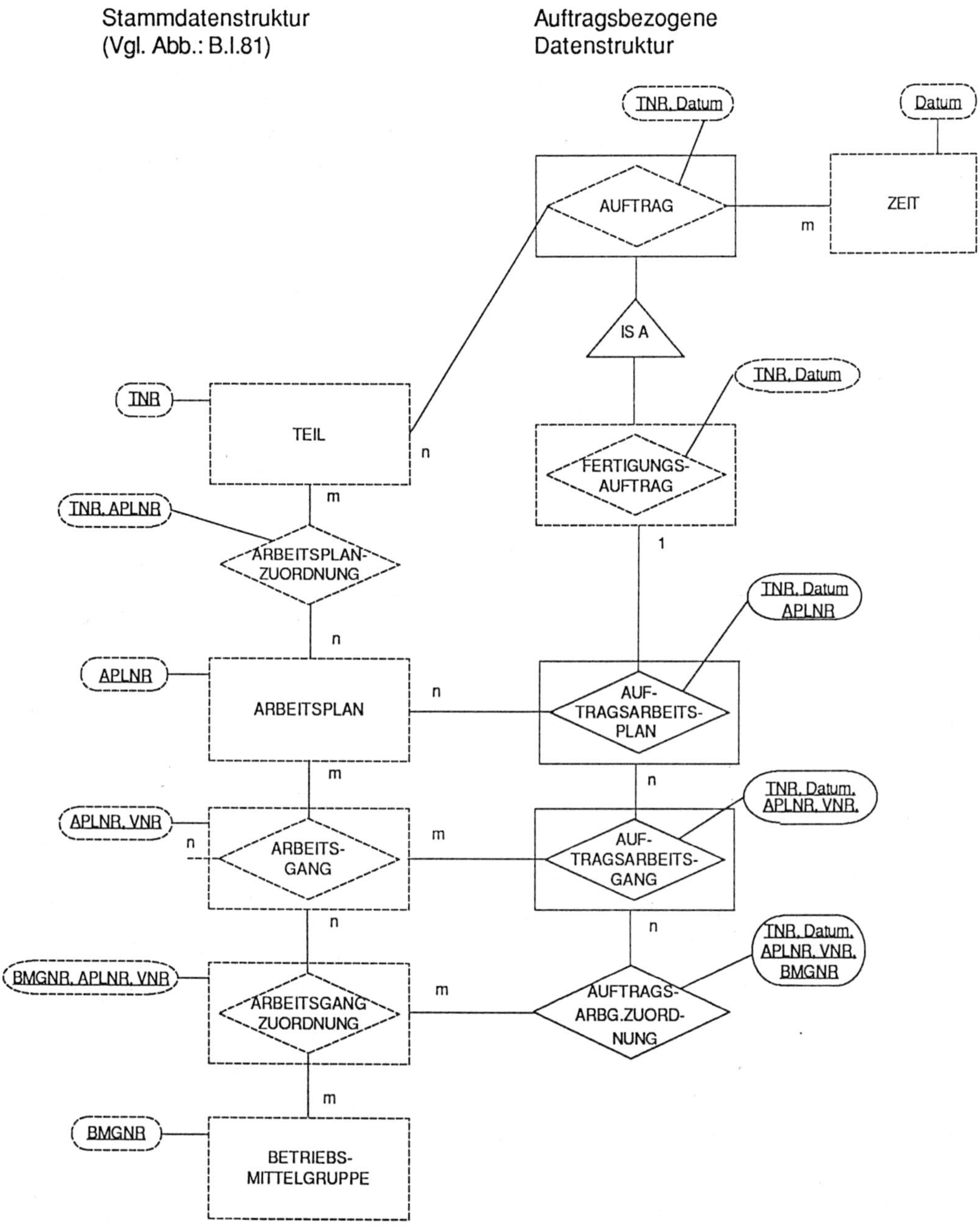

Abb. B.I.91: ERM zur mittelfristigen Kapazitätsplanung

benötigt, so stehen diese über die eingeführte Verbindung direkt zur Verfügung. Die Beziehung selbst ist vom Typ n:m, da ein Auftragsarbeitsplan aus mehreren Arbeitsgängen besteht, ein Arbeitsgang des Stammdatenbereiches andererseits in mehreren Auftragsarbeitsplänen erscheinen kann.

Um die Auftragsarbeitsgänge im Rahmen von Kapazitätsüberlegungen den Betriebsmittelgruppen zuordnen zu können, wird eine Beziehung zwischen dem AUFTRAGSARBEITSGANG und der ARBEITSGANGZUORDNUNG des Stammdatenbereichs hergestellt. Dazu ist der AUFTRAGS-ARBEITSGANG wiederum zunächst als Entitytyp zu interpretieren. Die Beziehung AUFTRAGSARBEITSGANGZUORDNUNG ist vom Typ n:m, da eine Arbeitsgangzuordnung des Stammdatenbereichs in mehreren auftragsbezogenen Arbeitsgängen vorkommen kann, andererseits ein auftragsbezogener Arbeitsgang auf mehreren unterschiedlichen Betriebsmittelgruppen (Ausweichaggregate) ausgeführt werden kann.
Auch hier können gegenüber dem Stammdatenbereich auftragsbezogene Daten, insbesondere für die Zeitplanung und Rückmeldung, eingeführt werden.
Einige auftragsabhängige Attribute der eingeführten Entity- und Beziehungstypen werden angedeutet:

AUFTRAG:	TNR, Datum, (Menge, Status, Durchlaufzeit), Durchlaufzeit neu, Priorität, Frühester Start (FA), Frühestes Ende (FE), Spätestes Ende (SE), Spätester Start (SA), Geplanter Start (GA), Geplantes Ende (GE), Freie Pufferzeit (FP), Gesamte Pufferzeit (GP), Tatsächlicher Start (TA), Tatsächliches Ende (TE), ...
AUFTRAG-ARBEITSPLAN:	TNR, Datum, APLNR, Textinformation, Ergänzungstexte
AUFTRAG-ARBEITSGANG:	TNR, Datum; APLNR, VNR, FA, SE, SA, GA, GP, FP, PA, PE, TA, TE, ...
AUFTRAG-ARBEITSGANG-ZUORDNUNG:	TNR, Datum, APLNR, VNR, BMGNR (Rüstzeit, Übergangszeit) Übergangszeitreduzierung, Überlappung, Splitting, Maschinenzeitvorgabe, Arbeitszeitvorgabe, Mindestvorlauf, Priorität, ...

( ) Daten wurden bereits in der Materialplanung angelegt

___ Daten wurden aus Stammdatenstruktur übernommen

Da der Entitytyp AUFTRAG bereits eingeführt ist, bestehen die eingeklammerten Attribute bereits. Die Durchlaufzeit eines Auftrages kann aber gegenüber der globalen Angabe in der Bedarfsplanung unter Verwendung der Arbeitsgangdaten genauer errechnet werden. Die Durchlaufzeit eines Auftrages ist dabei gleich der Summe der Belegungs- und Übergangszeiten aller betroffenen Arbeitsgänge. In Abb. B.I.92 (aus: *Scheer, Wirtschaftsinformatik 1978, S. 225*) sind die Komponenten dieser Zeiten mit ihren wesentlichen Abhängigkeiten angegeben.

Zeitkomponente \ Abhängigkeit		Losgröße	Arbeitsgang	Arbeits-gangfolge	Betriebs-mittelgruppe
Betriebsmittel-belegung	Rüstzeit		x	x	x
	Bearbeitungszeit	x			x
Übergangszeit	Nachbearbeitungszeit	(x)	x		x
	Wartezeit bis Transport		x		
	Transport	(x)		x	
	Wartezeit in Auftragswarteschlange				x
	Vorbereitungszeit	(x)	x		x

Die eingeklammerten Kreuze in der Abbildung B.I.92 sollen lediglich eine geringere Abhängigkeit andeuten.

Die Betriebsmittelbelegungszeit BZ errechnet sich nach

$$BZ = \text{Rüstzeit} + \frac{\text{Losgröße} * \text{Stückzeit}}{\text{Splittingfaktor}}$$

Abb. B.I.92: Die Abhängigkeiten der Zeitkomponenten eines Auftrages

Als weitere neue Attribute kommen die Priorität, die bei der Zeitplanung benötigt wird, sowie Attribute für Ergebnisse der Zeitplanung hinzu. Dieses sind: frühestmöglicher Anfangs- bzw. Endtermin (FA, FE), spätestzulässiger Anfangs- bzw. Endtermin (SA, SE), gesamte bzw. freie Pufferzeit (GP, FP), geplanter Anfangs- bzw. Endtermin (PA, PE) und tatsächlich realisierte Anfangs- und Endtermine (TA, TE).
Bei dem auftragsbezogenen Arbeitsplan werden Textänderungen gegenüber dem Stammdatenbereich eingeführt bzw. Teile des Stammdatentextes übernommen. Bei dem Auftrags-Arbeitsgang wird das Attribut der zugewiesenen konkreten Betriebsmittelzuordnung eingeführt sowie Attribute für eine arbeitsgangbezogene Zeitrechnung. Die Auftrags-Arbeitsgang-Zuordnung enthält eine Reihe von Attributen, die von der Auftragsmenge abhängig sind.
Eine Verbindung der auftragsbezogenen Arbeitsganginformationen und den benötigten Werkzeugen wird nicht explizit aufgenommen, da diese Beziehungen analog der Zuordnung der Betriebsmittelgruppen über den Stammdatenbereich verfügbar sind. Darüber hinaus wird diese Datenstruktur zunächst noch nicht verwendet.

B.I.4.2.1.2 Datenmodell

Die entwickelte Datenstruktur wird in die Notation des Relationenmodells überführt.
Beim Relationenmodell werden in Abb. B.I.93 lediglich die neu eingeführten auftragsbezogenen Relationen angegeben. Ihre Beziehungen zu den Relationen des Stammdatenbereichs wird jeweils durch die Aufnahme der entsprechenden Schlüsselattribute deutlich.

R. AUFTRAG (TNR , Datum , Menge, ...)
R. FERTIGUNGSAUFTRAG (TNR, Datum, ...)

R. AUFTRAGS-ARBEITSPLAN(TNR , Datum , APLNR , ...)
R. AUFTRAGS-ARBEITSGANG(TNR , Datum , APLNR , VNR , ...)
R. AUFTRAGS-ARBEITSGANG-ZUORDNUNG(TNR , Datum , APLNR , VNR , BMGNR , ...)

Abb. B.I.93: Relationenmodell: Mittelfristige Kapazitätsplanung

B.I.4.2.2 Terminierung ohne Beachtung von Kapazitätsgrenzen

Bei der Terminierung der Aufträge innerhalb der Bedarfsplanung wurden für die Durchlaufzeiten der Aufträge die auf die entsprechenden Teile bezogenen globalen Werte angesetzt. Nunmehr stehen detailliertere auftragsbezogene Zeiten zur Verfügung. Mit diesen werden zunächst die Aufträge ohne Beachtung möglicher Kapazitätsengpässe terminiert. Durch die Beziehungen zu den Kapazitäten können anschließend Belastungsübersichten erstellt werden.

B.I.4.2.2.1 Durchlaufterminierung

Die Übergangszeiten zwischen den Arbeitsgängen eines Auftrages sind häufig wesentlich größer als die Summe der Betriebsmittelbelegungszeiten (vgl. Abb. B.I.94, aus: *Scheer, Wirtschaftsinformatik 1978, S. 226*). Da die Übergangszeiten von der Losgröße nahezu unabhängig sind, kann ein dem TEIL-Entity global, d. h. ohne Erfassung der Auftragsmenge, zugeordneter Wert der Durchlaufzeiten der mittelfristigen Bedarfsplanung hinreichend genaue Werte liefern.

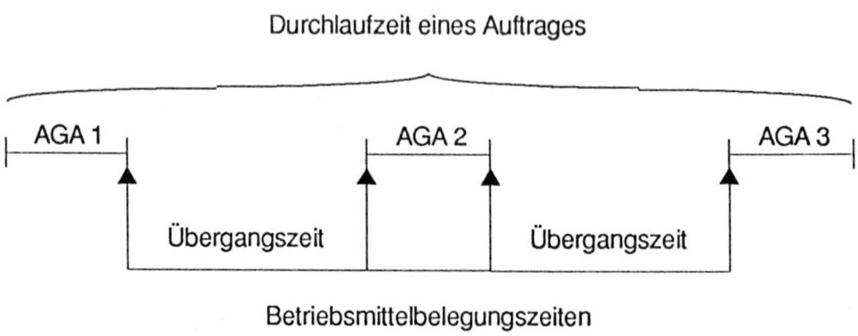

Abb. B.I.94: Komponenten der Durchlaufzeit eines Auftrages

Für eine genauere Zeitberechnung stehen nun aber auch die mengenabhängigen Belegungszeiten zur Verfügung. Die Abhängigkeit der Durchlaufzeiten von den zugeordneten Betriebsmittelgruppen bereitet aber Schwierigkeiten, weil die Betriebsmittelgruppen bei parallelen Ausweich-

Arbeitsgängen noch nicht fest zugeordnet sind und somit zunächst von einer wahrscheinlichen Zuordnung ausgegangen werden muß.
Die unter Beachtung von Splitting, Überlappung und Auftragsmenge neu berechnete Durchlaufzeit eines Auftrages wird als Attributwert den Aufträgen zugeordnet.
Mit Hilfe einer Art Netzplanzeitrechnung werden für alle Aufträge frühestmögliche und spätestzulässige Anfangs- und Endtermine berechnet und daraus die Pufferzeiten abgeleitet. Dazu werden als Daten die Vorgänge, Anordnungsbeziehungen und Vorgangsdauern benötigt.
Ein Vorgang ist definiert als zeitverbrauchendes Geschehen mit definierbarem Anfangs- und Endzustand. Vorgänge sind hier die Aufträge, also die Kunden-, Fertigungs- und Bestellaufträge. Für alle Vorgänge müssen durch Anordnungsbeziehungen entweder die direkten Nachfolger oder die direkten Vorgänger bekannt sein. Die direkten Nachfolger eines Auftrages sind diejenigen Aufträge, in die der betrachtete Auftrag direkt eingeht, d. h. aus denen er abgeleitet wurde.
Diese Informationen sind in Bedarfsverfolgungs-Beziehungen des betrachteten Auftrags erfaßt. Dabei ist für den Materialfluß der Aufträge lediglich die einstufige Bedarfsverfolgung erforderlich. Die direkten Nachfolger und Vorgänger eines Auftrags ergeben sich bei der Anlage von direkten Auftragsverbindungen unmittelbar aus dieser Beziehung.
Bei Verwendung der BEDARFSABLEITUNG- bzw. BEDARFSDECKUNG-Beziehungen ist ihre Ermittlung dagegen zweistufig. Zur Feststellung der direkten Auftragsnachfolger werden über die BEDARFSDECKUNG die von dem Auftrag zu deckenden Bedarfe übergeordneter Teile ermittelt und anschließend über die Bedarfsableitung festgestellt, aus welchen übergeordneten Aufträgen diese - und damit auch indirekt der betrachtete Auftrag - abgeleitet wurde.
Damit sind die für die Netzplantechnik benötigten Größen verfügbar und es können Hin- und Rückrechnungen durchgeführt werden sowie die Pufferzeiten anhand der bekannten Formeln (vgl. Abb. B.I.95) errechnet werden, wobei D(i) die Vorgangsdauer bezeichnet.
Da bei der Bedarfsplanung diese Daten grundsätzlich ebenfalls vorhanden sind, können die Rechnungen auch bereits dort durchgeführt werden, nur nicht mit den differenzierteren Vorgangsdauern D(i).
Die gesamten Aufträge können in mehrere disjunkte Netze zerfallen, wobei ein Netz solche Vorgänge umfaßt, die durch Anordnungsbeziehungen (direkt oder indirekt) miteinander verbunden sind.
Die Endvorgänge eines Netzes sind die Primärbedarfe (Kundenauftragspositionen oder geplante Bedarfe). Die Anfangsvorgänge sind in der Regel Beschaffungsaufträge. Bei einer extrem kundenorientierten Disposition, bei der grundsätzlich keine Lose gebildet werden, bilden jeweils die aus einem Kundenauftrag abgeleiteten Aufträge ein Netz. Werden dagegen Lose gebildet, also Bedarfe für unterschiedliche übergeordnete Aufträge zu einem Auftrag zusammengefaßt, kann sich ein Netz auf mehrere Kundenauftragspositionen beziehen.
In Abb. B.I.96 (aus: *Scheer, Wirtschaftsinformatik 1978, S. 228*) ist das Netz für das in Abb. B.I.65 behandelte Beispiel des Bedarfsnachweises dargestellt. Ergänzend sind auch die Beziehungen zu den zwei Kundenaufträgen aufgenommen. Diese besitzen jeweils eine Durchlaufzeit von 0 ZE.

Hinrechnung:

Früheste Anfangszeit: $FA(i) = \max_{h \in V(i)} \{ FE(h) \}$

V(i) = Menge der direkten Vorgänger des Vorgangs i.
Für Vorgänge, die keinen Vorgänger besitzen, wird als FA(i) die erste Periode des Planungszeitraumes angesetzt.

Frühester Endtermin: $FE(i) = FA(i) + D(i)$

Rückrechnung:

Spätester Endtermin: $SE(i) = \min_{j \in N(i)} \{ SA(j) \}$

N(i) = Menge der direkten Nachfolger des Vorgangs i.
Für Vorgänge, die keinen Nachfolger besitzen, wird als SE(i) die vorgegebene Bedarfsperiode des betreffenden Kundenauftrags oder Primärbedarfs angesetzt.

Späteste Anfangszeit: $SA(i) = SE(i) - D(i)$

Gesamte Pufferzeit: $GP(i) = SE(i) - FE(i)$

Freie Pufferzeit: $FP(i) = \min_{j \in N(i)} \{ FA(j) - FE(i) \}$

Abb. B.I.95: Formeln zur Netzplantechnik

Alle Aufträge sind durch Anordnungsbeziehungen verbunden, so daß lediglich **ein** Netz besteht. Würden dagegen keine Lose gebildet, so wären zwei Netze entstanden. Jeder Auftrag kann nur genau einem Netz angehören. Werden für Planungsüberlegungen die Netze als Einheit benötigt, können zur Netzidentifizierung eigene Entitytypen gebildet werden. Durch eine hierarchische n:1-Beziehung wird jeder Auftrag einem Netz zugeordnet (vgl. Abb. B.I.97).
Zur Identifizierung der Netze wird mit dem Auftrag eines Teiles der höchsten Dispositionsstufe begonnen und fortlaufend die direkten Vorgänger und Nachfolger festgestellt und (durch Eintragung der Netznummer) markiert. Sobald ein Netz abgearbeitet ist, werden die Dispositionsstufenketten solange durchlaufen, bis ein noch unmarkierter Auftrag gefunden ist. Dieser ist dann Ausgang der erneuten Netzauflösung. Anschließend werden dann pro Netz die genannten Zeitgrößen errechnet. Dabei werden auch die zeitkritischen Aufträge, d. h. Aufträge mit einer Pufferzeit kleiner als einem vorgegebenen Wert, erkannt.
Bei einer auftragsbezogenen Zeitrechnung werden Pufferzeiten, die sich auf Teilmengen innerhalb eines Auftragsloses beziehen, nicht sichtbar. So werden z. B. die 600 Einheiten von E, die direkt in P eingehen, erst zum Zeitpunkt 2 benötigt und sind damit weniger "kritisch" als die 900 Mengeneinheiten, die zum Zeitpunkt 1 in B eingehen. In dem Beispiel ergeben sich aber keine Pufferzeiten > 0.

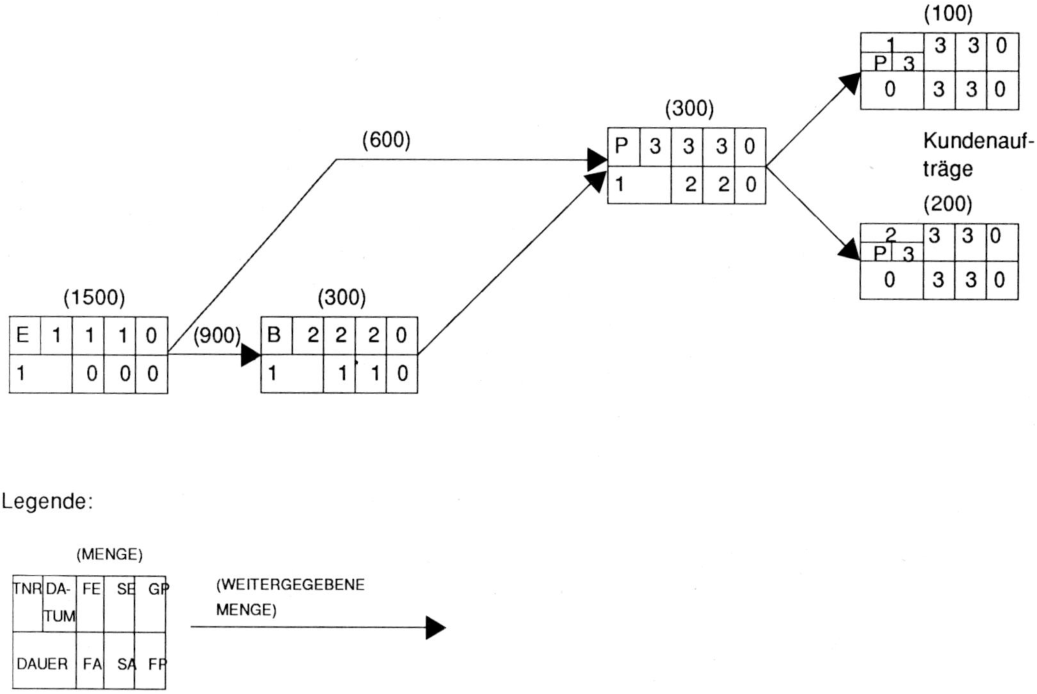

Abb. B.I.96: Netzplan zu Abb.B.I.65

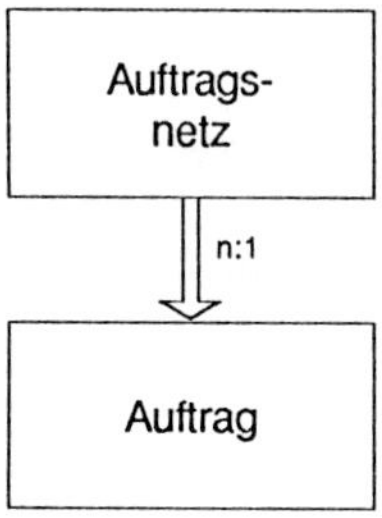

Abb. B.I.97: Auftragsnetzbeziehung

Die bei der Rückrechnung ermittelten spätest zulässigen Anfangs- und Endtermine der Aufträge können von den im Rahmen der Bedarfsauflösung errechneten Terminen abweichen, wenn die Durchlaufzeit neu berechnet, in feineren Zeiteinheiten gerechnet oder Splittung einbezogen wurde. Falls die Zeitrechnung ergibt, daß der vorgegebene Ablieferungstermin eines Kundenauftrages nicht eingehalten wird, kann die Durchlaufzeit der Vorgänge (Aufträge) reduziert werden, indem die Übergangszeiten zwischen Arbeitsgängen anhand der gespeicherten Reduzierungsfaktoren verringert werden. Die Zeitrechnung muß dann entsprechend korrigiert werden.

Ergebnis der Zeitrechnung ist, daß für alle Aufträge zeitlich zulässige frühestmögliche und spätestzulässige Anfangs- und Endtermine bestimmt sind.

Aus den auftragsbezogenen Größen können die arbeitsgangbezogenen Termine abgeleitet werden. Der Endtermin des Auftrags ist gleich dem Endtermin seines letzten Arbeitsgangs. Entsprechend ist der Anfangstermin des Auftrags der Beginn seines ersten Arbeitsgangs. Unter Beachtung der Übergangszeiten können für die Arbeitsgänge somit die Termine der Bearbeitung ermittelt werden. Da sich die errechneten Pufferzeiten auf Aufträge beziehen, werden sie nicht übernommen, es sei denn, daß sie auf die Arbeitsgänge verteilt werden.
Als Ergebnis der Zeitplanung bleibt festzuhalten, daß in allen Aufträgen und zugehörenden Arbeitsgängen die Attribute FA bis FP bzw. FA bis SE durch zulässige Termine besetzt sind.
Da bei alternativ möglichen Betriebsmittelzuordnungen der Arbeitsgänge noch keine festen Zeiten bekannt sind, müssen für die Zeitplanung Verabredungen getroffen werden. Beispielsweise können die benötigten Zeitgrößen, insbesondere Übergangs- und Belegungszeiten, den jeweils ersten Arbeitsgangzuordnungs-Entities entnommen werden, oder es wird die jeweils günstigste Betriebsmittelzuordnung verwendet. Wenn die Betriebsmittelzuordnungen ohnehin nach diesem Kriterium sortiert sind, stimmen beide Vorgehensweisen überein.

B.I.4.2.2.2 Kapazitätsübersichten

Nach Übernahme der Ergebnisse der Kapazitätsterminierung in die Entitytypen AUFTRAG und AUFTRAGSARBEITSGANG können als wesentliche Auswertungsfunktionen Kapazitätsübersichten erstellt werden. Über den Verbindungstyp AUFTRAGSARBEITSGANGZUORDNUNG können für einen Arbeitsgang mehrere Alternativen (Ausweich- arbeitsplätze) bestehen, von denen im Rahmen der nicht engpaßbezogenen Kapazitätsplanung die jeweils günstigste Zuordnung eingesetzt wird.
Über die AUFTRAGSARBEITSGANGZUORDNUNG steht dann über die Stammdatenstruktur der ARBEITSGANGZUORDNUNG die Betriebsmittelgruppe fest, an der der Auftragsarbeitsgang durchgeführt wird. Damit können für ein vorgegebenes Zeitraster an einer Betriebsmittelgruppe alle Arbeitsgänge und damit auch Aufträge erfaßt werden, die nach ihrem frühesten Anfangszeitpunkt unter Beachtung der Belegungszeit die Betriebsmittelgruppe belasten. Obwohl, wie gezeigt wurde, diese Auswertungsfunktion mit der bereits eingeführten Datenstruktur grundsätzlich erfüllt werden kann, kann mit Hilfe eines neu eingeführten Beziehungstyps BELASTUNG eine Zuordnung zwischen ZEIT, BETRIEBSMITTELGRUPPE und AUFTRAGSARBEITSGANGZUORDNUNG hergestellt werden (vgl. dazu Abb. B.I.98). Diese Beziehung enthält lediglich die identifizierenden Attribute PBMGNR, PDatum sowie die aus der Auftragsarbeitsgangzuordnung resultierende Attributgruppe TNR, Datum, APLNR und VNR. Mit der Bezeichnung P vor den

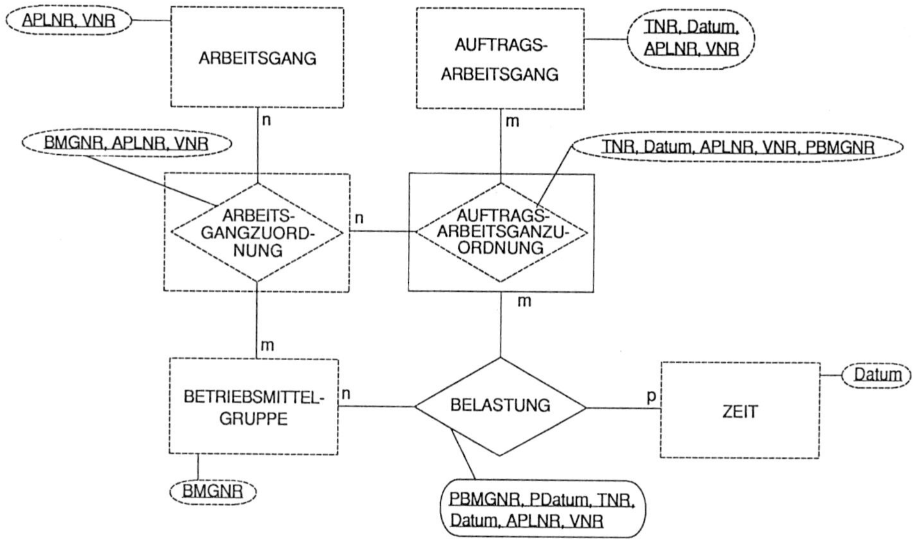

Abb. B.I.98: ERM zur Ermittlung von Kapazitätsübersichten

Schlüsselattributen wird angemerkt, daß die Ausprägung des Entitytyps Planwerte sind und nicht konkrete Daten wie bei den Aufträgen.

In Abb. B.I.99 ist als Beispiel die Belastungsübersicht einer Betriebsmittelgruppe angegeben. Werden nur wenige Aufträge pro Periode eingelastet, können die einzelnen Arbeitsgänge, die die Belastung verursachen, direkt in der grafischen Darstellung angegeben werden. Falls dieses nicht sinnvoll ist, können die Arbeitsgänge nach Perioden geordnet aufgelistet werden. Auch dieses ist in Abb. B.I.99 angedeutet.

Entsprechend den Ergebnissen der Zeitrechnung können die Arbeitsgänge nach ihren frühesten Startzeitpunkten oder nach ihren spätesten eingelastet werden. Dieses ist in der Belastungsübersicht durch die durchgezogenen bzw. gestrichelten Linien der Gesamtauslastung gekennzeichnet.

Gleichzeitig werden in der Zeichnung auch die Sollkapazitäten angegeben, so daß Kapazitätsüberschreitungen, d. h. Engpaßsituationen, sofort sichtbar werden.

In der Tabelle werden nicht nur Angaben über die an der betrachteten Betriebsmittelgruppe eingelasteten Arbeitsgänge eingetragen, sondern auch der Materialfluß durch Angabe des vorhergehenden Arbeitsganges (Kennzeichnung, Endtermin und Dauer) sowie des nachfolgenden Arbeitsganges.

Damit stehen dem Disponenten Informationen (im Dialog) zur Verfügung, die er bei der nachfolgenden Kapazitätsplanung unter Beachtung von Engpaßsituationen berücksichtigen kann.

Die Erstellung von Belastungsübersichten kann mit unterschiedlichen Zeitrastern durchgeführt werden. Da die Ergebnisse der Bedarfsplanung im allgemeinen einen mittelfristigen Planungszeitraum (bis zu mehreren Monaten oder einem Jahr) umfassen, kann auch die Kapazitätsplanung auf diesen Zeitraum ausgerichtet werden. In diesem Fall würde die Periodeneinteilung aus Monaten bestehen.

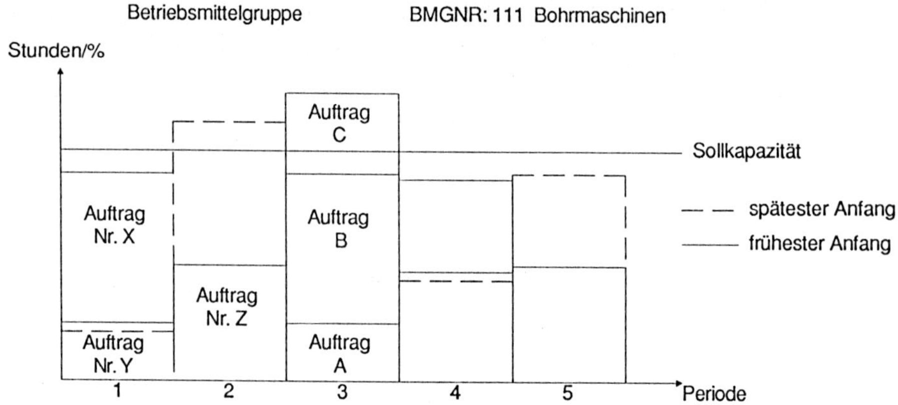

Eingelastete Auftrags-Arbeitsgänge auf BMG Nr. 111

TNR, Datum, APLNR, VNR, Dauer	vorhergehender Arbeitsgang			nachfolgender Arbeitsgang		
	Kenn-zeichnung	End-termin	Dauer	Kenn-zeichnung	Start-termin	Dauer

Abb. B.I.99: Belastungsübersicht einer Betriebsmittelgruppe (Beispiel)

Es kann aber auch für Kapazitätsüberlegungen lediglich ein Ausschnitt des Planungszeitraums gebildet werden und damit die Kapazitätsplanung in einem Wochen- oder Tagesraster durchgeführt werden.

Mit Hilfe des Beziehungstyps BELASTUNG können auch Simulationen gerechnet werden, indem Aufträge von einer Betriebsmittelgruppe zu einer anderen verlagert oder in unterschiedliche Perioden versetzt werden, ohne die Stammdatenstruktur oder die auftragsbezogenen Daten direkt zu verändern. Es werden lediglich die Zuordnungen der Beziehung BELASTUNG verändert. Da auch die Betriebsmittelzuordnung geändert werden kann, wird dem Schlüssel BMGNR ein P vorangestellt.

B.I.4.2.3 Terminierung unter Beachtung von Kapazitätsgrenzen

Zeigen die Belastungsübersichten, daß an bestimmten Betriebsmittelgruppen die verfügbare Kapazität nicht ausreicht, besteht ein Kapazitätszuteilungsproblem.

Bestehen große Kapazitätsbedarfsschwankungen innerhalb des Planungszeitraumes an einer Betriebsmittelgruppe, so besteht ein Kapazitätsnivellierungsproblem.

Engpässe und Bedarfsspitzen können durch folgende Maßnahmen abgebaut werden:

1. Veränderung der Kapazitätsbereitstellung durch Einführung von Überstunden und Zusatzschichten. Informationen über diese Möglichkeiten können als Attributwerte den Betriebsmittelgruppen zugeordnet werden.
2. Verlagerung von Arbeitsgängen:
   a) auf andere Betriebsmittelgruppen, die in der Lage sind, die Arbeitsgänge auszuführen (Ausweich-Betriebsmittelgruppen). Dazu sind in der Datenstruktur die Arbeitsgangzuordnungsinformationen angelegt, die für einen Arbeitsgang seine möglichen Betriebsmittelgruppen verwalten.
   b) in andere Teilperioden, in denen die Betriebsmittelgruppe noch nicht ausgelastet ist.

Während in den Fällen 1 und 2a die zeitliche Struktur der Auftragsnetze nicht verändert wird (es wird davon ausgegangen, daß die Einführung von Überstunden oder Zusatzschichten innerhalb des Periodenrasters aufgefangen wird), gilt dieses für den Fall 2b, der zeitlichen Verlagerung von Arbeitsgängen, nicht. Bei einer zeitlichen Verlagerung ist die Wirkung auf die Arbeitsgangfolge und darüber hinaus auf den gesamten Netzzusammenhang zu beachten. Beispielsweise bewirkt die Verlagerung des Arbeitsganges AGA 2 in Abb. B.I.100, daß der nachfolgende Arbeitsgang AGA 3 später begonnen wird und damit auch die auf diesen Arbeitsgang folgenden Aufträge übergeordneter Produkte B1 und B2 später beginnen müssen.

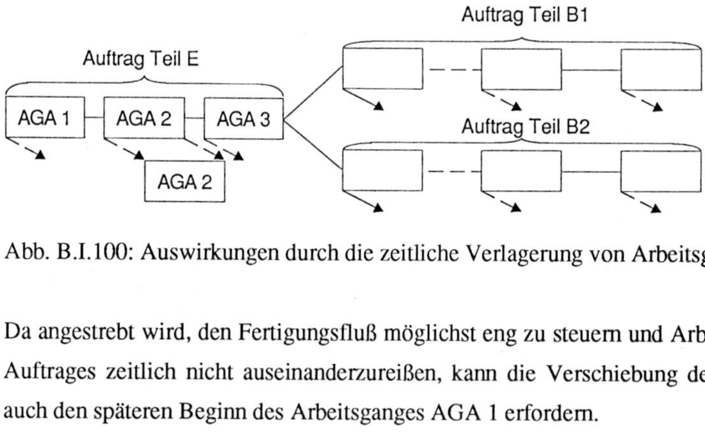

Abb. B.I.100: Auswirkungen durch die zeitliche Verlagerung von Arbeitsgängen

Da angestrebt wird, den Fertigungsfluß möglichst eng zu steuern und Arbeitsgänge innerhalb eines Auftrages zeitlich nicht auseinanderzureißen, kann die Verschiebung des Arbeitsganges AGA 2 auch den späteren Beginn des Arbeitsganges AGA 1 erfordern.

Durch die Verlagerung der anderen Arbeitsgänge muß beachtet werden, welche Kapazitätswirkungen in den neuen Perioden entstehen, d. h., ob mit der Vermeidung einer Kapazitätsspitze eines Arbeitsganges nicht bei den anderen Arbeitsgängen neue Engpässe bzw. Kapazitätsspitzen entstehen.

Diese Zusammenhänge erfordern, daß alle Arbeitsgänge simultan unter Beachtung der Kapazitätsgrenzen eingeplant werden. Für die in der Realität auftretende Größenordnung von vielen tausend Arbeitsgängen sind allerdings exakte Verfahren (z. B. der ganzzahligen linearen Optimierung) kaum anwendbar. Deshalb sind in Literatur und Anwendung heuristische Verfahren entwickelt worden, die allerdings ebenfalls erhebliche Rechenzeiten benötigen (vgl. *Brankamp, Terminplanungssystem 1973; IBM (Hrsg.), CLASS; Kinzer, Kapazitätsabgleich 1971; VDI (Hrsg.), Produktionsplanung II 1974, S. 125 ff.*).

Die Problemstellung entspricht auch weitgehend der Kapazitätsplanung innerhalb der Netzplantechnik. Auch dort werden für anwendungsnahe Größenordnungen heuristische Verfahren eingesetzt (vgl. *Gewald/Kasper/Schelle, Netzplantechnik 1972*).

Da die heuristischen Verfahren in der Anwendung häufig unbefriedigende Ergebnisse gezeigt haben, wird zunehmend versucht, durch eine stärkere interaktive Verarbeitung das Problem zu lösen. Hierzu werden dem Kapazitätsdisponenten die Belastungsübersichten mit den zugehörenden Arbeitsgängen, wie dieses bereits in Abb. B.I.99 angedeutet wurde, angezeigt. Die Grafiken können dabei durch Einsatz von Farbe verbessert werden. Durch jederzeitigen Zugriff auf die arbeitsgangbezogenen Planungsdaten können der Fertigungsfluß sowie die Kapazitätsbelastungen anderer Betriebsmittelgruppen dem Disponenten verfügbar gemacht werden.

Unter Nutzung des Beziehungstyps BELASTUNG können Alternativrechnungen simuliert werden, ohne die eigentliche Datenstruktur zu verändern. Erst nach Ablauf dieser Planungsphase wird die endgültige Zuordnung der auftragsbezogenen Arbeitsgänge zu Betriebsmittelgruppen durchgeführt. Diese Betriebsmittelgruppe wird dann in den Entities des Typs AUFTRAGSARBEITSGANG festgehalten. Gleichzeitig können die nicht benötigten Auftragsarbeitsgangzuordnungen gelöscht werden. Da aber nicht sichergestellt ist, daß die bei dem Planungsvorgang getroffene Zuordnung auch tatsächlich ausgeführt wird, da ständig unvorhersehbare Ereignisse (z. B. Maschinenausfälle) eine Umplanung erforderlich machen können, können die Informationsbeziehungen auch für spätere Umdispositionen bestehen bleiben.

Trotz der neuen Möglichkeiten der interaktiven Planung durch die Dialogverarbeitung bleibt das grundsätzliche Problem bestehen, eine Planungssituation zu lösen, die aus einer hohen Mengenvielfalt und starken interdependenten Verflechtungen besteht. So sind auch Disponenten überfordert, diese Zuordnungen unter Kostengesichtspunkten optimal zu lösen. Aus diesem Grunde erscheint es sinnvoll, den Einsatz von Algorithmen mit den Fähigkeiten des Menschen, größere Zusammenhänge synthetisch überblicken zu können, zu kombinieren. Dieses bedeutet konkret, dem Disponenten am Bildschirm Vorschläge über Kapazitätszuteilungen zu machen, die er dann simulativ ändern kann. Bei jedem Simulationsversuch kann er entscheiden, ob er eine algorithmische Hilfe einsetzen möchte oder nicht. Dabei kann er Teilprobleme bilden, d. h. lediglich bestimmte Netzausschnitte definieren, für die er eine Kapazitätsausgleichsplanung durchführt. Durch diese Untergliederung, die das Gesamtproblem in nur schwach zusammenhängende Teilprobleme zerlegt, kann die Planungskomplexität reduziert werden.

Da durch die Einbettung von Algorithmen in den Dialog ihre Bedeutung wieder wachsen kann, soll die grundsätzliche Vorgehensweise eines Kapazitätsausgleichsalgorithmus, wie er auch heute noch in Standardsoftwaresystemen verwendet wird, angedeutet werden.

In Abb. B.I.101,a-c ist dazu das aus *Kurbel, Software Engineering 1983, S. 252 ff.*, übernommene Struktogramm des von Brankamp (vgl. *Brankamp, Terminplanungssystem 1973, S. 112 f.*) vorgeschlagenen Verfahrens dargestellt. Die Abb. B.I.101,a zeigt den Rahmen des Algorithmus, in den zwei Teilalgorithmen eingebettet sind. Der Teilalgorithmus der Abb. B.I.101,b dient zur Bestimmung der Richtung, in die Aufträge verlagert werden sollen (Gegenwart oder Zukunft) und der Teilalgorithmus der Abb. B.I.101,c prüft ab, ob die insgesamt zur Verfügung stehende Kapazität des Planungszeitraums für den gesamten Kapazitätsbedarf ausreicht; ist dieses nicht der Fall, so ist das Problem nicht lösbar (zur weiteren Beschreibung des Verfahrens vgl. *Kurbel, Software Engineering 1983, und Brankamp, Terminplanungssystem 1973*).

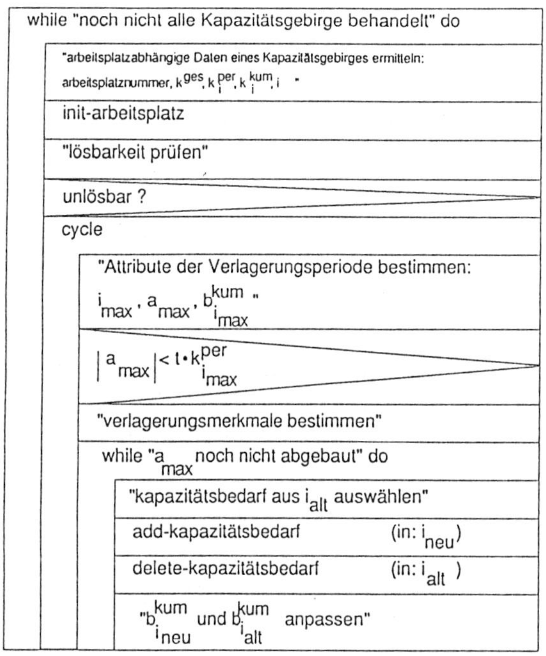

a)

Abbkürzungen:

i	Periodenindex
i_{max}	Periode mit maximaler Abweichung
i_{alt}	Periode, aus der verlagert wird
i_{neu}	Periode, in die verlagert wird
p	Periodenzahl
k^{ges}	Gesamtkapazität eines Arbeitsplatzes
k_i^{per}	Periodenkapazität: array (1:p)
k_i^{kum}	bis Periode i kumulierte Kapazität: array (1:p)
b^{ges}	gesamter Kapazitätsbedarf für einen Arbeitsplatz
b_i^{kum}	bis Periode i kumulierter Kapazitätsbedarf: array (1:p)
a_{max}	maximale Kapazitäts-abweichung
t	Toleranzfaktor
zeitbedarf	Zeitbedarf zur Bearbeitung eines bestimmten Fertigungs-auftrags an dem Arbeitsplatz

Boolsche Variablen: säulen-ende, unlösbar

Lösbarkeit prüfen

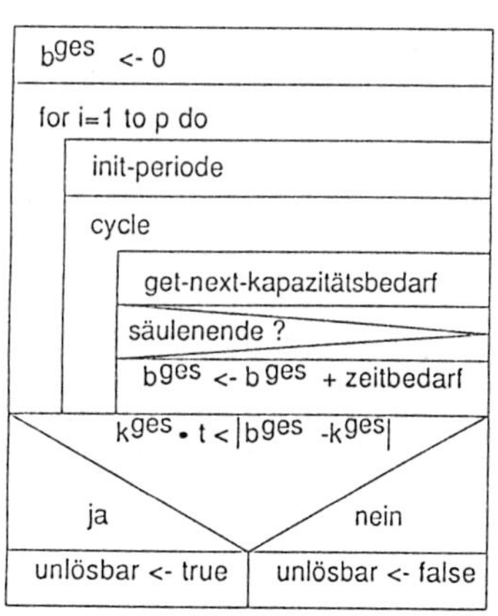

c)

Verlagerungsmerkmale bestimmen

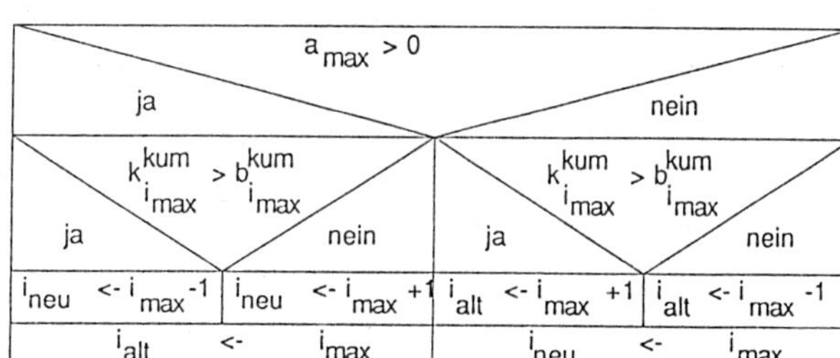

b)

Abb. B.I.101,a-c: Algorithmus von Brankamp

Neben der Verbindung der interaktiven Problemlösung mit algorithmischer Unterstützung kann auch der Einsatz von **Expertensystemen** die Kapazitätszuteilungsproblematik neu lösen helfen. Hierbei ist es möglich, die Vielzahl der in der Realität angewendeten heuristischen Zuteilungsregeln zu erfassen und damit das heuristische Wissen von Experten wie Arbeitsvorbereitern, Meistern usw. zu nutzen.

Viele der Kapazitätsausgleichsverfahren verwenden Auftragsprioritäten (vgl. *Scheer, Wirtschaftsinformatik 1978, S. 241 f.*).

Typische Komponenten, die in die Berechnung derartiger Prioritätszahlen eingehen können, sind im folgenden stichworthaltig aufgeführt (vgl. *IBM (Hrsg.), CLASS*):

- spätester Endtermin des Auftrags,
- sogenannte externe Priorität; sie wird vorgegeben und vor allem aus der Wichtigkeit des (der) Kunden und der Auftragsgröße abgeleitet. Diese Informationen sind im Kundenauftragssatz enthalten und über die Auftragsverbindungssätze zu erreichen. Falls der Auftrag in mehrere Kundenaufträge eingeht, muß die Prioritätsziffer aus dem wichtigsten Kundenauftrag abgeleitet werden.
- falls bei der Zeitplanung bereits Übergangszeiten reduziert wurden, erhöht sich die Prioritätsziffer,
- Pufferzeit des Auftrages,
- Anzahl der direkt übergeordneten Aufträge (in je mehr übergeordnete Aufträge ein Auftrag eingeht, um so höher ist seine Prioritätsziffer),
- Wert des Auftrags.

Die einzelnen Komponenten müssen bewertet und können gewichtet und dann zu einer Prioritätsziffer des Auftrags addiert werden (Abb. B.I.102). Zur Einbeziehung der kundenauftragsbezogenen Komponenten muß der Zusammenhang zwischen Fertigungs- und Kundenauftrag in der Datenstruktur abgelegt sein.

$$\text{Prioritätsziffer eines Auftrags} = \sum_i G_i \bullet P_i$$

P_i = Prioritätsziffer der Komponente i für den Auftrag

G_i = Gewichtungsziffer für die Komponente i

Abb. B.I.102: Bestimmung von Prioritätsziffern

B.I.4.2.4 Integration von Material- und Zeitwirtschaft

Entsprechend der PPS-Philosophie der Stufenplanung wurden Materialwirtschaft und Zeitwirtschaft als aufeinanderfolgende Planungsstufen behandelt. Dieses bedeutet, daß die in der Materialwirtschaft erstellten Aufträge zunächst ohne ihre Kapazitätswirkung ermittelt werden und anschließend Ausgang der Kapazitätswirtschaft sind.
Aufgrund der dargelegten Kapazitätsprobleme können die im Rahmen der Materialwirtschaft erstellten Aufträge zeitlich umdisponiert werden. Dieses beeinflußt aber auch die Materialwirtschaft, da sich Bedarfszeitpunkte geändert haben und somit z. B. auch die Ausgangsdaten der Beschaffung verändert sind.
Aus diesem Grund liegt es nahe, beide Planungsstufen enger miteinander zu verbinden, d. h., Kapazitäts- und Bedarfsplanung simultan durchzuführen.
Zur simultanen bzw. quasisimultanen Planung von Material- und Kapazitätswirtschaft werden zwei neuere Wege beschritten. Der erste Ansatz ist das System OPT von Creative Output, welches das Problem durch einen "neuartigen" Algorithmus zu lösen versucht, während beim zweiten Ansatz die fallweise kapazitative und materialwirtschaftliche Einplanung von Aufträgen im Dialog genutzt wird. Während beim ersten Ansatz ein planungszeitraumorientierter Algorithmus eingesetzt wird, der neben Zulässigkeitskriterien auch expliziten Optimierungskriterien folgt, steht beim zweiten Ansatz die Zulässigkeit im Vordergrund, d. h., Optimierungskriterien werden nicht formal vorgegeben.
Das System OPT (vgl. *Goldratt/Cox, The Goal 1984; Fox, OPT 1983*) stellt wohl mehr eine Planungsphilosophie dar als ein konkretes Softwareprodukt.
Die Grundkonzeption besagt, daß bei der Einplanung von Arbeitsgängen dem Engpaßprinzip gefolgt wird. Dieses bedeutet, daß solche Arbeitsgänge, die auf Engpaßaggregaten gefertigt werden, vordringlich eingeplant werden. Gleichzeitig werden bei Engpaßaggregaten höhere Lose gebildet und damit weniger Umrüstzeiten erzeugt als bei Nicht-Engpaßaggregaten. Der grobe Ablauf des Verfahrens ist in Abb. B.I.103 dargestellt.
Aus vorgelagerten EDV-Systemen werden die Stammdaten der Stücklisten, Arbeitspläne, Betriebsmittel sowie die Lagerbestände und Primärbedarfe übernommen. In dem Modul BUILD NET wird hieraus das Auftragsnetz des Unternehmens erzeugt (vgl. Abb. B.I.104). Dabei wird auch eine Bedarfsauflösung durchgeführt.
In dem Modul SPLIT wird das Netz in solche Arbeitsgänge, die Engpaßaggregate benötigen und in nicht-Engpaß-bezogene Arbeitsgänge geteilt. Dazu werden die Arbeitsgänge vorläufig den Kapazitäten zugeteilt, um die Engpässe zu identifizieren. Dieses ist der wesentlichste Gedanke des Verfahrens und in ihm liegt gleichzeitig auch seine Schwierigkeit. Da die Engpässe auch von den nachfolgenden Terminierungen und Losbildungen abhängen, können sie in dem Vorlauf nicht eindeutig identifiziert werden. Aus diesem Grunde kann ein mehrfaches Wiederholen des gesamten Planungslaufes erforderlich werden.

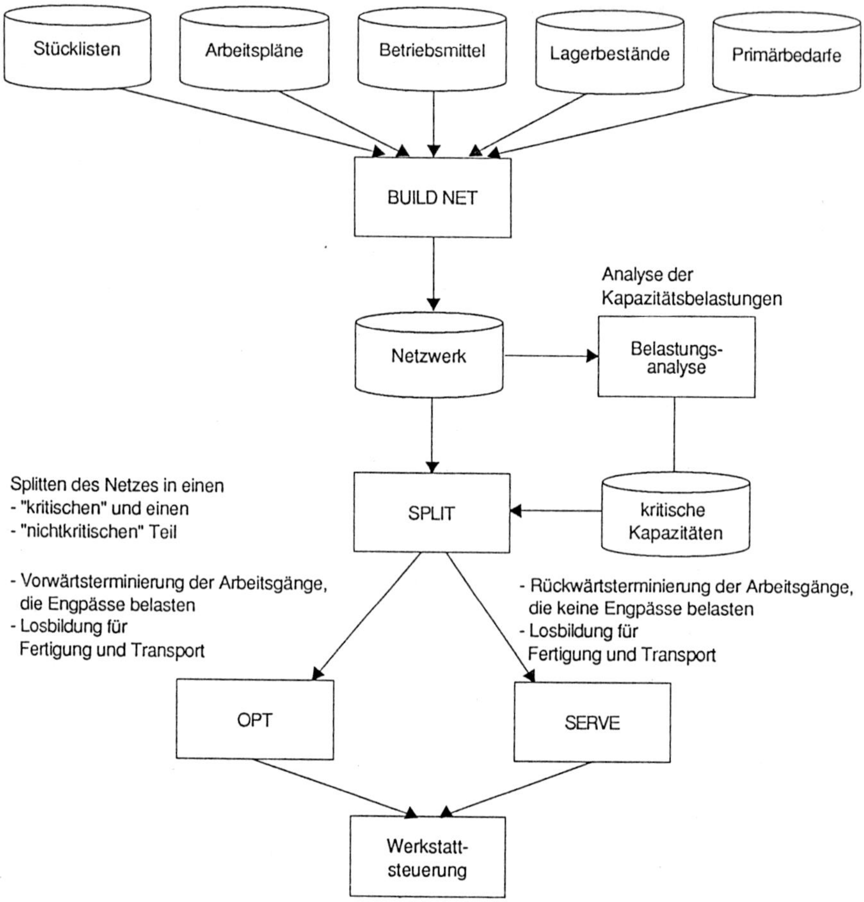

Abb. B.I.103: Das OPT-SERVE-System

In dem Modul OPT wird das auf "engpaßverdächtige" Arbeitsgänge reduzierte "kritische" Netz terminiert. Die Kapazitätsgrenzen der Aggregate werden beachtet, indem solche Arbeitsgänge, die aus kapazitativen Gründen nicht mehr eingeplant werden können, in die Zukunft verlagert werden (Vorwärtsterminierung).

Ergebnis dieses Schrittes ist somit eine kapazitätsmäßig zulässige Terminierung des kritischen Netzes. Gleichzeitig werden in diesem Modul Losgrößen gebildet, die sich sowohl auf die Fertigung als auch auf den Transport von einem Arbeitsplatz zu einem nächsten beziehen. Durch die Bevorzugung kleinerer Lose sowohl für den Transport als auch für die Fertigung wird eine Überlappung der Fertigung und damit eine beschleunigte Durchlaufzeit erreicht. Gleichzeitig werden die Lose auf Basis von Arbeitsgängen und nicht auf Basis von Aufträgen gebildet, um dem Gedanken zu folgen, daß Umrüstzeiten und Kosten von Arbeitsgängen an jeder Betriebsmittelgruppe anfallen und nicht von einem Auftrag über alle Arbeitsgänge hinweg verursacht werden.

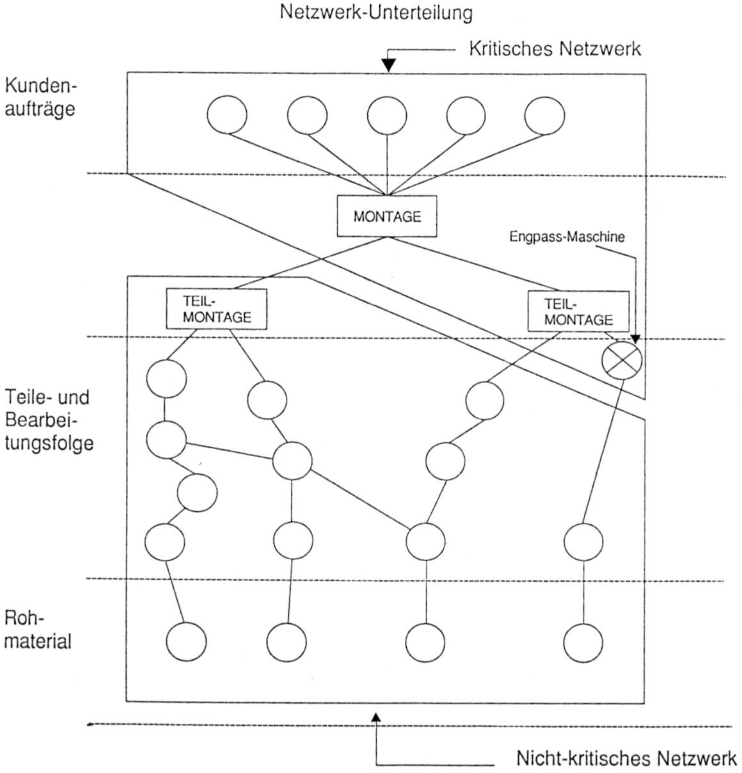

Abb. B.I.104: Auftragsnetz erzeugt durch das Modul BUILD NET

Vor den Engpaßaggregaten werden Pufferläger aufgebaut, um eine möglichst hohe Auslastung der Engpaßaggregate sicherzustellen.

In dem Programmteil SERVE werden die nichtkritischen Arbeitsgänge terminiert. Dieses wird im Gegensatz zu der Vorwärtsterminierung des kritischen Teils mit Hilfe einer Rückwärtsterminierung durchgeführt. Dadurch werden die nichtkritischen Arbeitsgänge zeitlich nahe zu den kritischen eingeplant, um einen engen Zusammenhalt der Vorgangsfolgen herzustellen.

Obwohl bereits erste Anwenderberichte zu dem System vorliegen (vgl. *Smith, Einsatz der OPT-Software 1985*), sind einige Verfahrensschritte, die sich insbesondere auf den Optimierungsalgorithmus, also die Einplanung der kritischen Vorgänge, beziehen, nicht veröffentlicht worden. Es ist zu vermuten, daß die zeitschnelle Einplanung des großen Datenvolumens unter Beachtung der Netzzusammenhänge auf eine besonders geschickte Speicherungsstruktur der Arbeitsgänge zurückzuführen ist.

Da die Identifizierung der Engpässe betriebsspezifisch ist, wird vorgeschlagen, für den Anwender ein individuelles Simulationsmodell seines betrieblichen Ablaufs aufzustellen. Aus diesem Grunde nimmt das System OPT eine Zwischenstellung zwischen Standardsoftware und individueller Programmerstellung ein.

Da das System als stand alone-System für den Bereich Material- und Zeitwirtschaft eingesetzt wird, muß es mit den Daten aus vorgelagerten Systemen versorgt werden und auch die Ergebnisse, also die terminierten Arbeitsgänge, müssen den nachfolgenden Funktionen der Auftragsfreigabe und Fertigungssteuerung in adäquater Form zur Verfügung gestellt werden. Hier liegt ein Mangel des Systems, da nur durch Bridge-Programme die entsprechenden Daten in die jeweils andere Systemumgebung eingebracht werden können. Dieses steht damit einer datenintegrierten Lösung mit den Vorteilen einer hohen Auskunftsbereitschaft und der flexiblen fallbezogenen Einplanung von Ereignissen im Net-Change-Prinzip entgegen. Trotzdem ist die hohe Aufmerksamkeit, die das System OPT in nur kurzer Zeit erlangt hat, ein guter Indikator für die grundsätzliche Bedeutung, die einer simultanen Material- und Zeitwirtschaft auch in der Praxis zukommt.

Bei dem zweiten Ansatz, einer dialogisierten Abstimmung zwischen Materialwirtschaft und Zeitwirtschaft, wird dem Gedanken gefolgt, daß bei der Einplanung eines Kundenauftrages bzw. eines Fertigungsauftrages sowohl die Material- als auch die Kapazitätssituation betrachtet werden muß. Ein Auftrag wird solange zeitlich verschoben, bis er kapazitätsmäßig zulässig ist und die benötigten Materialien verfügbar sind. Diesem Gedanken wird z. B. von den Systemen PIUSS (vgl. *PSI (Hrsg.), PIUSS-Bedienerhandbuch 1987) und PROFIT (vgl. Kazmaier, Berücksichtigung der Belastungssituation eines neuen PPS-Systems 1984*) gefolgt. Dieses bedeutet konkret, daß im Rahmen des nach Dispositionsstufen ablaufenden Auflösungsverfahrens des Kunden- bzw. Fertigungsauftrages jeder Arbeitsgang kapazitätsmäßig eingelastet und die Materialverfügbarkeit geprüft wird. Der Auftrag der Dispositionsstufe wird nur dann akzeptiert und Basis der Ermittlung des Sekundärbedarfes untergeordneter Komponenten, wenn seine kapazitätsmäßige Abwicklung sichergestellt ist und die benötigten Materialien vorhanden sind bzw. durch Beschaffungsaufträge termingerecht gedeckt werden. Falls dieses nicht der Fall ist, wird der Auftrag verschoben.

Dieses Vorgehen besitzt den Vorteil, daß jeweils nur eine fallbezogene Umplanung mit relativ wenig betroffenen nachgelagerten Aufträgen erfolgt. Andererseits besitzt dieses Vorgehen den Nachteil, daß im Rahmen der Materialwirtschaft bereits die Daten der Zeitwirtschaft, d. h., insbesondere Arbeitspläne und Betriebsmitteldaten zur Verfügung stehen müssen (vgl. *Wiendahl, Verfahren der Fertigungssteuerung 1984; Ders., Belastungsorientierte Fertigungssteuerung 1987*).

Um die Integration zu unterstützen, können auch die Datenstrukturen zwischen Material- und Zeitwirtschaft enger miteinander verknüpft werden (vgl. *Kazmaier, Berücksichtigung der Belastungssituation eines neuen PPS-Systems 1984*). Es ergibt sich dann eine Art objektorientierte Datensicht. Dieses wird an dem eingeführten Beispiel der Abb. B.I.82 in Abb. B.I.105 demonstriert. Die Baugruppe B besteht aus den Einzelteilen E1, E2 und E3. Zur Erstellung der Baugruppe B müssen entsprechend dem Arbeitsplan 1 zwei Arbeitsgänge durchgeführt werden. Die Einzelteile E1 und E2 werden beim Arbeitsgang 1 (Bohren) benötigt, der auf der Betriebsmittelgruppe 5 oder der Betriebsmittelgruppe 7 mit dem Werkzeug 1 durchgeführt werden kann. Der Arbeitsgang 2 (Schweißen) wird auf der Betriebsmittelgruppe 5 unter Benutzung des Werkzeuges W2 durchgeführt; hier wird auch das Einzelteil E3 als weitere Komponente eingesetzt.

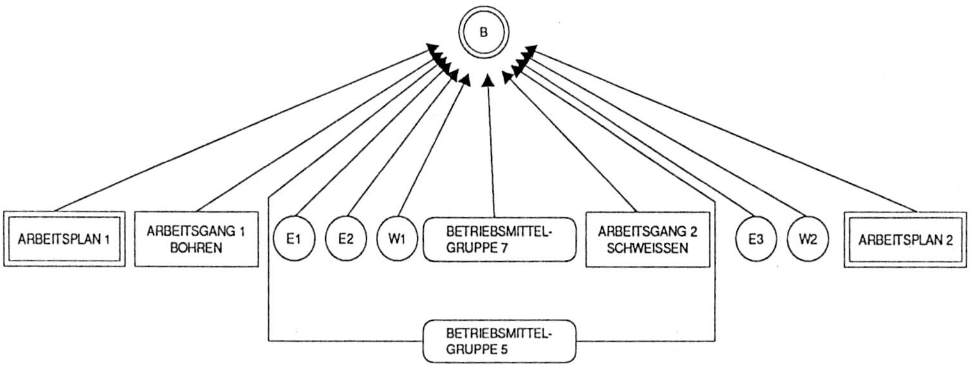

Abb. B.I.105: Objektorientierte Darstellung der Datenstrukturen aus der Zeitwirtschaft

In der Abbildung wird dieser Zusammenhang deutlich, indem sowohl Teile als auch Arbeitspläne, Arbeitsgänge, Werkzeuge und Betriebsmittelgruppen als Elemente einer "Stückliste" der Baugruppe B dargestellt sind. Auf der Beschreibungsebene des ERM-Diagramms bedeutet dieses, daß sie **einen** Entitytyp bilden, der hier als OBJEKTE bezeichnet wird (vgl. Abb. B.I.106). Innerhalb dieses Entitytyps sind Strukturbeziehungen gegeben, wie sie bereits durch die Stücklistenstruktur (allerdings nur innerhalb des Entitytyps TEIL) bekannt sind. Durch Festlegung der Reihenfolge der Pfeile, z. B. durch eine Positionsnummer, kann der oben geschilderte fertigungstechnische Zusammenhang zwischen den einzelnen Objekten und der Baugruppe B hergestellt und gleichzeitig Pfeile, die den gleichen Ausgangs- und Zielknoten besitzen, voneinander unterschieden werden. Dieses wird in dem Beispiel bei den Beziehungen zu den Betriebsmittelgruppen genutzt.

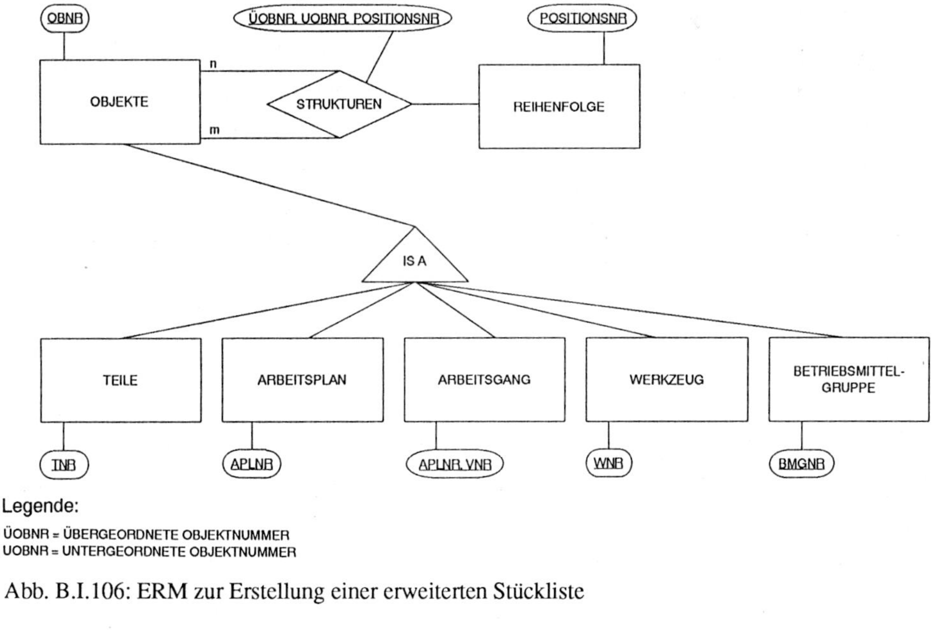

Abb. B.I.106: ERM zur Erstellung einer erweiterten Stückliste

Die früher abgeleitete Datenstruktur (vgl. oben Abb. B.I.81), in der explizit zwischen den unterschiedlichen Entitytypen TEIL, ARBEITSPLAN, ARBEITSGANG usw. unterschieden wird, reduziert sich somit formal auf die Struktur einer Stückliste. Sollen auch die Arbeitsgänge mit dem zugehörigen Arbeitsplan bzw. auch die Betriebsmittelgruppen mit den auf ihnen produzierbaren Arbeitsgängen verbunden werden, so sind entsprechende Strukturen durch Definition neuer identifizierender Merkmale anzugeben, ohne daß die grundsätzliche einfache Struktur der n:m-Beziehung innerhalb des Objekttyps erweitert werden muß.
Zur besseren Unterscheidung sind die Teilobjekttypen als "Spezialisierungen" herausgehoben.
Die unterschiedlichen Darstellungsformen sind für die Betrachtung der logischen Zusammenhänge identisch. So konnte auch oben ein Fertigungsplan unter Beachtung aller fertigungstechnischen Zusammenhänge erzeugt werden. Die engere Verschränkung der Datenstrukturen kann aber bei der physischen Implementierung von Vorteil sein, wenn alle Daten des Arbeitsplans physisch nahe und damit zugriffsfreundlich gespeichert sind. Auf diese Fragen soll aber hier nicht weiter eingegangen werden.
Bei dem dialoggestützten Planungsverfahren wird nur eine quasi-simultane Planung durchgeführt. Zwar werden bei jedem einzelnen Fertigungsauftrag die Materialwirtschaft und Zeitwirtschaft berücksichtigt, nicht aber eine generelle übergeordnete Zielsetzung explizit beachtet, die für einen Planungsbestand gilt.
Je stärker aber die gesamte Planungsphilosophie dem Net-Change-Prinzip folgt und damit von einer zeitraumbezogenen Planung zu einer mehr fallbezogenen Planung übergeht und somit auch nur geringere Datenmengen bearbeitet werden, ist die zeitlich nahe Betrachtung von Materialwirtschaft und Kapazitätswirtschaft sinnvoll.
Aus diesem Grunde eignet sich dieses Planungsverfahren vor allen Dingen für kundenauftragsbezogene Fertigungsstrukturen mit geringer Fertigungstiefe.
Die von einem Disponenten vorgenommene kapazitative und materialwirtschaftliche Einplanung von Aufträgen erfordert auch eine entsprechende organisatorische Unterstützung. Die organistorische Trennung der Disponenten nach Kapazitäts- und Materialwirtschaft kann nicht aufrechterhalten werden, sondern beide Aufgaben fallen an einem Arbeitsplatz an. Dieses führt zu neuen aufbauorganisatorischen und ablauforganisatorischen Strukturen und damit zu neuen Arbeitsplatzprofilen mit erweiterten Anforderungen an die Disponenten.

B.I.4.3 Verarbeitungsform der Zeit- und Kapazitätswirtschaft

Wie bei der Bedarfsplanung ist auch bei der Zeitwirtschaft zwischen einer periodenbezogenen und einer fallbezogenen Verarbeitung sowie zwischen batchorientiertem Neuaufwurf und dialogorientiertem Net-Change-Prinzip zu unterscheiden. Aufgrund der großen Datenmenge, die gegenüber der Bedarfsplanung durch die Anreicherung der Aufträge mit je 5 - 10 Arbeitsgängen erhöht ist, erscheint auf den ersten Blick die Batch-Verarbeitung in Periodenabständen die sinnvollste zeitliche

Verarbeitungsform. Dieses ist auch dann richtig, wenn umfangreiche Algorithmen, z. B. zum Kapazitätsabgleich, eingesetzt werden sollen. Sie setzen allerdings voraus, daß die Planungssituation durch Alternativenmenge sowie durch Datensituation und Nebenbedingungen hinreichend beschrieben ist.

Eine hohe Anzahl von Alternativen besteht dann, wenn für einen umfassenden Planungszeitraum eine Neuplanung durchgeführt wird. Bei einer fallbezogenen Einplanung sollen dagegen möglichst wenige Änderungen in die bestehende Situation eingebracht werden. Dieses bedeutet, daß eine ständige Einplanung von Einzelfällen vom Gesamtoptimum relativ weit abweichen kann. Aus diesem Grunde wird auch hier wieder vorgeschlagen, beide Prinzipien miteinander zu kombinieren und in bestimmten Abständen unter Einsatz von Optimierungstechniken eine Neuplanung durchzuführen, die möglichst viele Alternativen einbezieht und während des zeitlichen Ablaufs zwischen zwei Planungszeitpunkten Änderungen im Net-Change ohne größere Beeinträchtigung der Planungssituation durchzuführen.

In Abb. B.I.107 werden die Teilfunktionen der Zeitwirtschaft auf ihre Dialogeignung hin bewertet.

Aufgabe	Teilfunktion	Dialogursache				Batch
		Aktualität	Plausibilität	Iterative Abwandlung	Interaktiver Entscheidungsprozeß	
Grunddatenverwaltung	Anlegen	x	x	x		
	Ändern/Löschen	x	x	x		
	Auswertungen	x				
Terminierung ohne Kapazitätsgrenzen	Terminierung					
	- Neuaufwurf					x
	- Net Change	(x)				x
	Belastungsübersicht					
	- Neuaufwurf	x				
	- Net Change	x				
	Auswertungen	x				
Terminierung mit Kapazitätsgrenzen	Kapazitätsabgleich					
	- Neuaufwurf				(x)	(x)
	- Net Change				x	
	Auswertungen	x				

Abb. B.I.107: Dialogursachen von Funktionen der Zeit- und Kapazitätswirtschaft

Ähnlich wie bei der Bedarfsplanung ist die Grunddatenverwaltung vor allen Dingen aus Gründen der Aktualität und Plausibilität dialoggeeignet. Wenn unterschiedliche Alternativen, z. B. Einsatz unterschiedlicher Fertigungsverfahren, bestehen, kann auch die iterative Abwandlung von Bedeutung sein.

Im Rahmen der Terminierung ohne Kapazitätsgrenzen sind sowohl bei Neuaufwurf als auch bei Einsatz des Net-Change-Prinzips Batch-Prozesse dann sinnvoll, wenn festgelegte Algorithmen (Hin- und Rückrechnung der Netzplantechnik) zum Einsatz kommen. Die Erzeugung von Be-

lastungsübersichten kann aus aktuellen Auswertungserfordernissen im Dialog durchgeführt werden.
Der Kapazitätsabgleich eignet sich in besonderer Weise für den Einsatz interaktiver Entscheidungsverfahren, da sowohl bei Neuaufwurf als auch im Net-Change-Prinzip kaum wirksame Algorithmen zur Verfügung stehen. Werden aber mathematisch aufwendige Optimierungsverfahren eingesetzt, so ergeben sich auch Batchanwendungen nach dem Neuaufwurfprinzip.

B.I.4.4 Ablaufsteuerung der Zeit- und Kapazitätswirtschaft

B.I.4.4.1 Funktionsebenenmodell: Dezentralisierung

Innerhalb der Rechnerhierarchie (vgl. Abb. B.I.108) ist der Einsatz von Workstations insbesondere im Bereich der Auswertungsfunktionen (z. B. der grafischen Darstellungen von Belastungsübersichten) sowie im Rahmen des interaktiven Entscheidungsprozesses beim Kapazitätsabgleich sinnvoll. Die Daten werden zwar weitgehend aus zentralen Funktionen und Dateien bereitgestellt, jedoch können sie für Ausschnitte auf Workstations ausgelagert werden und stehen dort für Anwendungen mit hoher Dialogintensität (Simulation) zur Verfügung. Auswertungen, die insbesondere den Einsatz grafischer Hilfsmittel verlangen, die auf Workstations in besserer Qualität angeboten werden als auf Großrechnern, können dabei auch als Zusatzfunktionen zu den in Standard-Softwaresystemen enthaltenen integrierten Ansätzen angesehen werden.
Wesentliche Dezentralisierungskriterien sind Teile bzw. Auftragskreise, zum anderen aber auch organisatorisch-technische Einheiten, die hier durch den Begriff "Betriebsmittelgruppe" gekennzeichnet sind.
Hierunter sind Betriebsbereiche wie Werkstätten, aber auch neue fertigungstechnische Organisationsformen wie Bearbeitungszentren, Flexible Fertigungssysteme usw. zu verstehen.

Aufgabe	Teilfunktion	Dezentralisierungs-kriterium	E = Ergänzung I = Integriert	PC-Eignung			Nutzung von PC-Eigenschaften					
				Daten-bedarf	lokale Dialog-intensität	PC-Eignung	Hardware	System-software	Anwen-dungs-software	Be-nutzer-sicht	Organi-sation	Priorität d. PC-Einsatzes
Grunddaten-verwaltung	Anlegen	Teile	I	Z/D	m	m	m	-	-	-	-	m
	Ändern/Löschen	"	I	Z	m	m	m	-	-	-	-	m
	Auswertungen			Z/D	g	g	m	-	-	-	-	-
Terminierung ohne Kapazitäts-grenzen	Terminierung											
	- Neuaufwurf	BMG/(Aufträge)	I	Z	g	g	m	-	-	-	-	-
	- Net Change	Aufträge/(BMG)	I	Z/D	m	m	m	-	-	-	-	-
	Belastungsübersicht											
	- Neuaufwurf	BMG	I/E	Z/D	g	g	m	H	-	H	H	H
	- Net Change	BMG	I/E	Z/D	m	m	m	H	-	H	H	H
	Auswertungen	Aufträge/BMG	E	Z/D	H	H	m	H		H	H	H
Terminierung mit Kapazitäts-grenzen	Kapazitätsabgleich											
	- Neuaufwurf	BMG	I/E	Z/D	m	m	H	H	-	H	H	H
	- Net Change	BMG/Aufträge	I/E	Z/D	H	H	H	H	-	H	H	H
	Auswertungen	BMG	I/E	Z/D	H	H	H	H	-	H	H	H

Abb. B.I.108: Bewertung der Auslagerung von Funktionen der Kapazitäts- und Zeitwirtschaft auf Workstations

B.I.4.4.2 Ereignissteuerung

In Abb. B.I.109 sind die Trigger- und Aktionsdatenbanken zur zeitlichen Steuerung angeführt. Aus der Materialwirtschaft werden die aufgrund konstruktiver Änderungen oder Neukonstruktionen erstellten Stücklisten übergeben, um für die neu definierten Teile Arbeitspläne zu entwickeln (vgl. hierzu auch Punkt B.II.2.1).

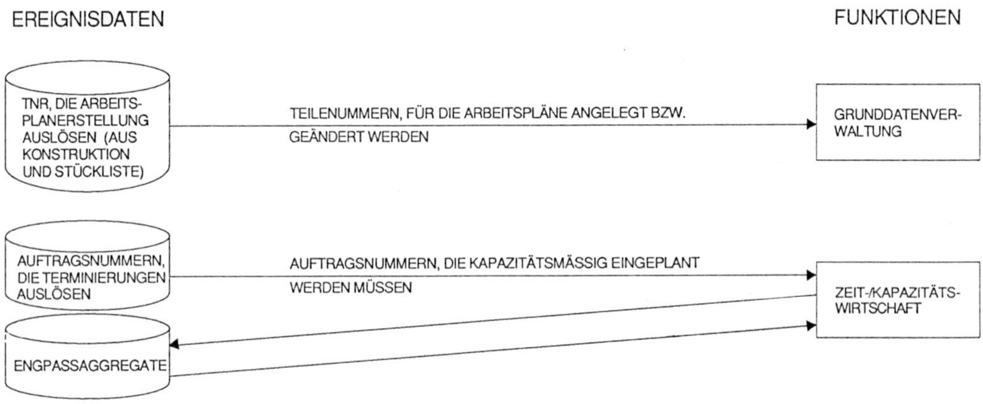

Abb. B.I.109: Trigger- und Aktionsdaten zur zeitlichen Steuerung der Kapazitäts- und Zeitwirtschaft

Gleichzeitig werden aus der Bedarfsplanung die Auftragsnummern der Fertigungsaufträge überstellt, die innerhalb der Zeitwirtschaft terminiert und kapazitätsmäßig eingeplant werden sollen.
Innerhalb der Zeitwirtschaft werden solche Betriebsmittelgruppen, für die eine Engpaßplanung (Kapazitätsabgleich) durchgeführt werden soll, in einem Engpaßaggregatebriefkasten erfaßt. Diese Engpaßaggregate können genauer analysiert werden (z. B. durch Ausgabe von Belastungsübersichten), um anschließend die unterschiedlichen einzusetzenden Instrumente des Kapazitätsabgleichs (Einführung von Überstunden, Mehrschichtbetrieb bis hin zur zeitlichen Umdisposition) durchführen zu können.
Zur örtlichen Steuerung ist die Aufteilung der Arbeitspakete auf unterschiedliche Arbeitsplätze festzulegen. Dieses wird mit Aktionsdatenbanken durchgeführt. Einzelnen Disponenten werden nach Auftragsnummernkreisen oder nach Betriebsmittelgruppen Ausschnitte der gesamten zu bearbeitenden Auftragsdatenbank zugeteilt (vgl. Abb. B.I.110).

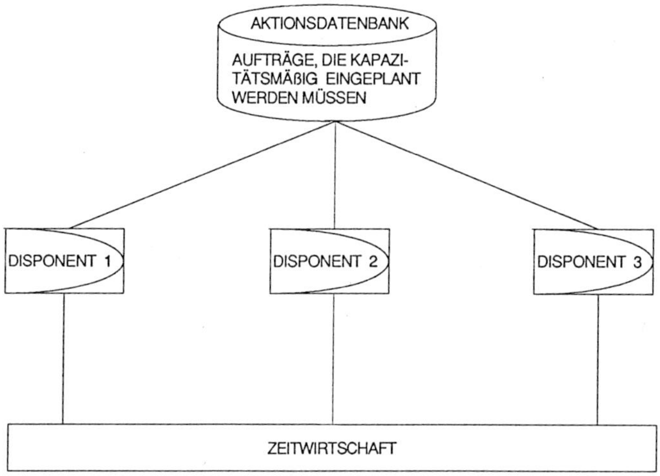

Abb.B.I.110: Aufteilung er Arbeitspakete auf Disponenten

B.I.5 Auftragsfreigabe als Bindeglied zwischen Planung und Steuerung

Die Planungsstufen Materialwirtschaft und Zeitwirtschaft sind auf mittelfristige Zeiträume mit relativ groben Periodeneinteilungen ausgerichtet. Ihre Ergebnisse sind Aufträge, Lagerbestandszuordnungen und Betriebsmittelgruppenzuordnungen, die zwar mit aufwendigen Methoden ermittelt werden, aber keine unmittelbar für das Betriebsgeschehen bindende Wirkung besitzen. Gerade weil sich die Planung auf einen längeren Zeitraum bezieht, enthält sie Quellen späterer Änderungen: Kundenaufträge werden storniert, Bedarfsprognosen revidiert, Kapazitätsdaten ändern sich usw.

Mit der Auftragsfreigabe werden dagegen bindende Aktionen ausgelöst, und damit wird die Planungsphase verlassen und die Realisierungsphase eingeleitet. Dieser Realisierungsphase stellt die Auftragsfreigabe die benötigten Daten zur Steuerung der Aufträge zur Verfügung. Da die Steuerungsebene nach Werkstätten, Betriebsteilen oder fertigungstechnischen Organisationsformen (z. B. Fertigungsinseln, Bearbeitungszentren) differenziert werden kann, teilt sie die Aufträge bzw. Arbeitsgänge nach diesen Einheiten auf (vgl. Abb. B.I.111).

Falls diese Einheiten eigenständige Steuerungssysteme besitzen, kann dort vor der eigentlichen Auslösung von Realisierungsfunktionen erneut eine Art Auftragsfreigabe mit Verfügbarkeitsprüfung durchgeführt werden.

Die Häufigkeit und die lokale Zuordnung der Funktion "Auftragsfreigabe" hängt somit von der organisatorischen Steuerungshierarchie der Fertigung ab.

Generell ist es Aufgabe der Auftragsfreigabe, die für eine bestimmte Periode auszuführenden Fertigungsaufträge zu bestimmen, sie der nächsten PPS-Stufe, der Feindisposition, zu überstellen und dabei sicherzustellen, daß alle benötigten Ressourcen zur Verfügung stehen. Gleichzeitig werden die für die Fertigung benötigten Informationen (Fertigungspläne) bereitgestellt.

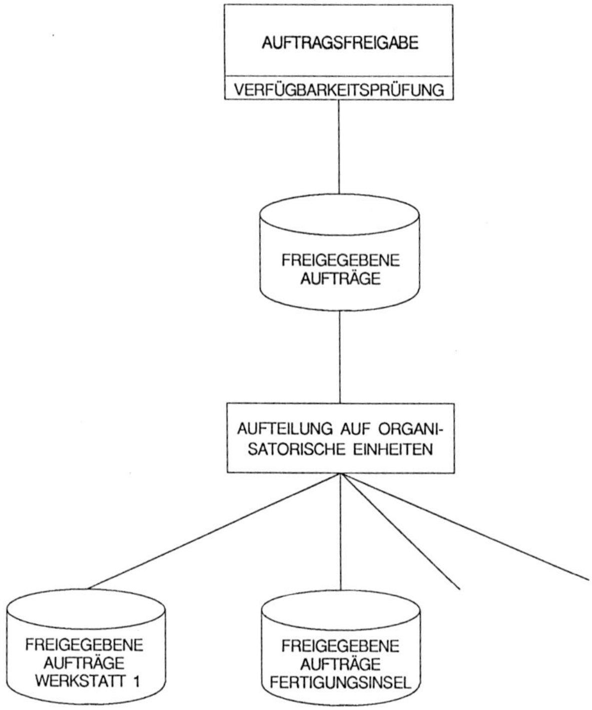

Abb. B.I.111: Zweistufige Hierarchie freigegebener Aufträge

Obwohl bei der Bedarfs- und Zeitwirtschaft der mengenmäßige und zeitliche Fluß der Produktion bereits geplant wurde, wird vor der Auftragsfreigabe überprüft, ob tatsächlich die benötigten Ressourcen (Komponenten, Material, Werkzeuge, Betriebsmittel, NC-Programme und Arbeitskräfte) bereitstehen. Diese Prüfung ist Ausdruck des Vorsichtsprinzips innerhalb der gesamten Planungsphilosophie: Obwohl theoretisch alle Ressourcen aufgrund der Planungen bereitstehen müssen, wird vor Auslösung einer bindenden Aktion überprüft, ob die Ressourcen auch tatsächlich vorhanden sind. Damit trägt die Auftragsfreigabe der Realisierungsnähe Rechnung, da kurzfristige Ereignisse, wie z. B. Betriebsmittelausfälle, die Planergebnisse stören können.

Ein Auftrag kann vom Disponenten aber auch freigegeben werden, wenn die Verfügbarkeitsprüfung negativ verlaufen ist. Beispielsweise kann der Disponent bei fehlenden Komponenten einen Eilauftrag auslösen oder bei fehlender Kapazität zusätzliche Überstunden einrichten: Maßnahmen, die der EDV-gestützten Verfügbarkeitsprüfung noch unbekannt sind. Diese dispositve Freigabe ist zu vermerken, damit bei der späteren Fertigungssteuerung die Maßnahmen überwacht werden können.

Bei der Durchführung der Auftragsfreigabe werden für eine bestimmte Periode (z. B. eine Woche) alle Aufträge, deren geplanter Anfangszeitpunkt in diese Periode fällt, auf ihre Freigabemöglichkeit untersucht. Um die Ressourcen dabei den wichtigsten Aufträgen zuzuordnen, werden die Aufträge nach ihrer Dringlichkeit, ausgedrückt durch Auftragsprioritäten, sortiert.

Bezüglich des Freigabealgorithmus ist zwischen einer statischen und einer dynamischen Auftragsfreigabe zu unterscheiden. Bei der statischen Auftragsfreigabe wird die Verfügbarkeitsprüfung auf den Zeitpunkt der Auftragsfreigabe ausgerichtet, d. h., ein Auftrag wird nur dann freigegeben, wenn zum Zeitpunkt der Freigabe die benötigten Komponenten physisch verfügbar sind.
Bei der dynamischen Auftragsfreigabe wird dagegen der Produktionsablauf simuliert, so daß auch solche Aufträge freigegeben werden, deren Komponenten zum Zeitpunkt der Verfügbarkeitsprüfung physisch nicht verfügbar sind, aber bis zu dem geplanten Anfangszeitpunkt aufgrund der Fertigungssimulation fertiggestellt werden. Hierzu werden Elemente der Fertigungssteuerung, deren Aufgabe die Festlegung der Produktionsreihenfolge und die Feinterminierung ist, als Simulationsalgorithmus in die Verfügbarkeitsprüfung übernommen.

B.I.5.1 Datenstruktur

B.I.5.1.1 Entwurf

Der Entwurf der Datenstruktur richtet sich zwar an der statischen Auftragsfreigabe aus, ist aber auch Basis der dynamischen Auftragsfreigabe.
Ein Fertigungsauftrag wird freigegeben, wenn zum Zeitpunkt der Freigabeprüfung die benötigten Komponenten und Werkzeuge physisch am Lager verfügbar sind und die benötigten Betriebsmittelgruppen (einschließlich Arbeitskräfte) noch freie Kapazität besitzen.
In Abb. B.I.111 wird eine zweistufige Hierarchie freigegebener Aufträge dargestellt. Eine "zentrale" Auftragsfreigabe definiert einen globalen Bestand freigegebener Aufträge, der dann auf organisatorische Subeinheiten aufgeteilt wird.
Dieser - für moderne Fertigungsorganisationsformen zunehmend typische Fall - wird auch in der Datenstruktur abgebildet, wobei auch tiefer gestaffelte Hierarchien auftreten können.
In Abb. B.I.112 wird zunächst auf der linken Seite die bereits in der Zeitwirtschaft eingeführte Datenstruktur der Auftragszusammenhänge übernommen (vgl. hierzu Abb. B.I.91, die auch für die Interpretation der Zusammenhänge hilfreich ist). Die Freigabeprüfung wird auf den gesamten Fertigungsauftragsbestand angewandt.
Die freigegebenen Aufträge sind eine Spezialisierung der Fertigungsaufträge und werden deshalb durch eine "is-a"-Beziehung als FREIGEGEBENER FERTIGUNGSAUFTRAG aus dem bereits eingeführten Entitytyp FERTIGUNGSAUFTRAG herausgetrennt.
Für die organisatorisch selbständigen Fertigungseinheiten wird der Entitytyp ORGANISATORISCHE SUBEINHEIT gebildet, der durch das Schlüsselattribut WSNR identifiziert wird.
Falls die organisatorischen Einheiten mit dem Begriff "Betriebsmittelgruppe" übereinstimmen, kann ein besonderer Entitytyp entfallen bzw. der Zusammenhang zum Entitytyp BETRIEBSMITTELGRUPPE durch eine "is-a"-Beziehung ausgedrückt werden.

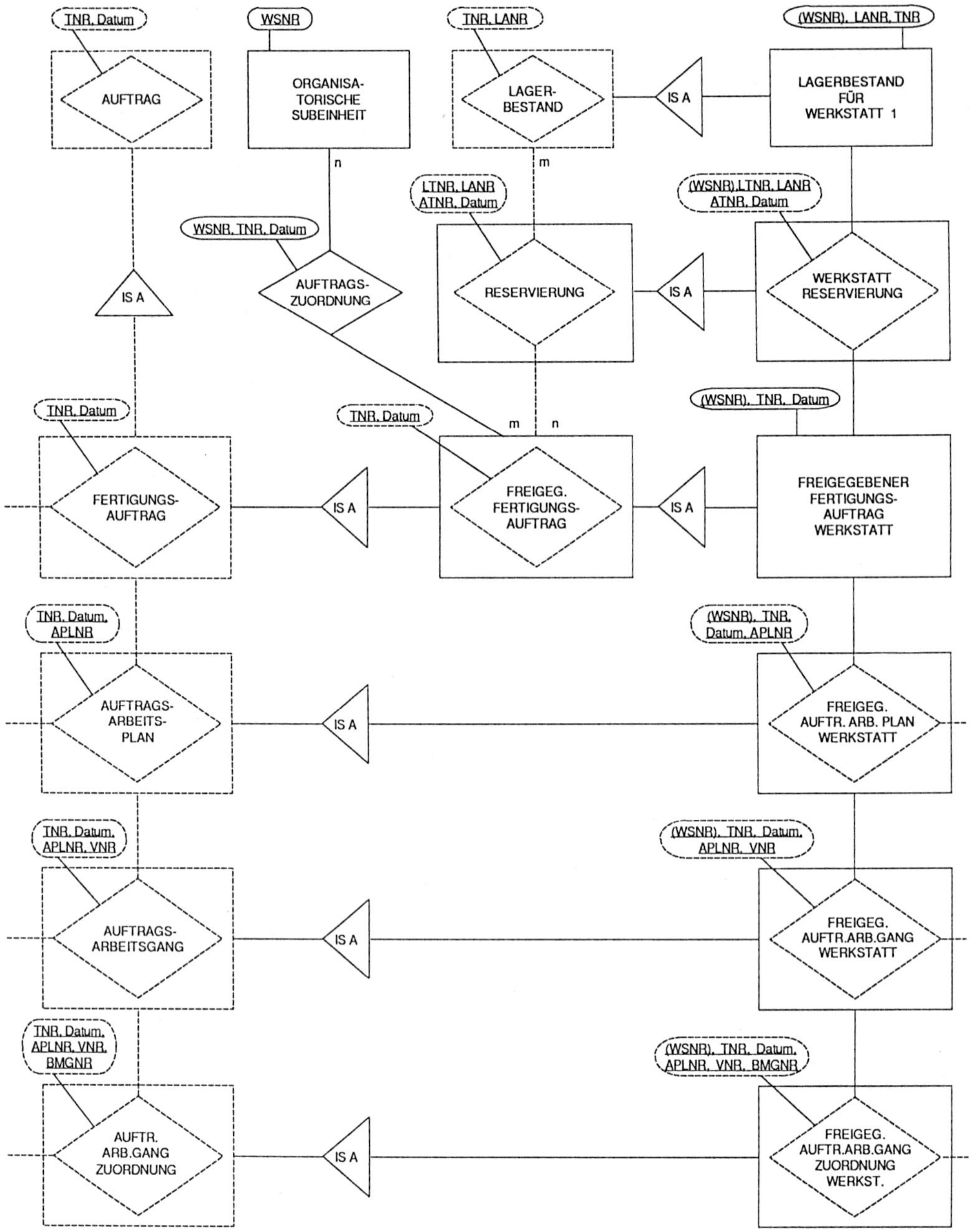

Abb. B.I.112: ERM zur Auftragsfreigabe

Zwischen ORGANISATORISCHE SUBEINHEIT und FREIGEGEBENER FERTIGUNGSAUFTRAG besteht eine n:m-Beziehung der AUFTRAGSZUORDNUNG: Ein Auftrag kann mehrere Einheiten durchlaufen und eine Einheit bearbeitet mehrere Aufträge.

Falls Aufträge jeweils so definiert sind, daß sie in der organisatorischen Einheit vollständig abgewickelt werden (z. B. bei Fertigungsinseln), reduziert sich die Beziehung zum Typ n:1.

Im Rahmen der Bedarfsplanung wurden bei der Brutto-Netto-Rechnung bereits Reservierungen behandelt, indem die für freigegebene Aufträge reservierten Komponenten und Materialien bei der Brutto-Netto-Rechnung nicht als verfügbarer Lagerbestand behandelt wurden. Diese dort als vorhanden vorausgesetzten Reservierungen werden nun unter Nutzung der Stücklistendaten im Rahmen der Auftragsfreigabe angelegt. Die RESERVIERUNG ist eine n:m-Beziehung zwischen LAGERBESTAND und FREIGEGEBENER FERTIGUNGSAUFTRAG. Da in der Materialwirtschaft nicht zwischen freigegebenen und nicht freigegebenen Fertigungsaufträgen unterschieden wurde, wurde dort die Beziehung zum generellen Entitytyp (FERTIGUNGS-)AUFTRAG geführt.

Jedes Reservierungsentity ordnet einem freigegebenen Auftrag die benötigte Menge einer Komponente zu. Bei einer statischen Betrachtung werden nur die zum Reservierungszeitpunkt tatsächlich verfügbaren Mengen zugeordnet.

In ähnlicher Weise können auch die anderen Ressourcen reserviert werden, allerdings ohne solch detaillierte direkte Bindungen zu erzeugen. Bezüglich der Werkzeug-, Betriebsmittel- und Mitarbeiterkapazität wird dabei so verfahren, daß die Periodenkapazitäten fortlaufend um die von den Aufträgen (bzw. genauer von den Arbeitsgängen) benötigten Belegungszeiten reduziert werden. Dabei werden ablaufplanerische zeitliche Effekte nicht behandelt, sondern lediglich das zum Zeitpunkt der Auftragsfreigabe verfügbare Kapazitätspaket fortlaufend vermindert, ohne die detaillierte Zuordnung festzuhalten. Da für jeden Fertigungsauftrag über die ARBEITSGANGZUORDNUNG Verknüpfungen zu den Betriebsmittelgruppen, Arbeitskräften und Werkzeugen bestehen, können die Belastungen aus der vorhandenen Datenstruktur bereits erkannt werden.

Pro Entity jeder Ressource wird somit lediglich der für den betrachteten Zeitraum zur Verfügung stehende Kapazitätsbetrag (gemessen in Betriebsmittelstunden, Mitarbeiterstunden und Werkzeugeinsatzstunden) errechnet und von diesem Konto über die Nutzung der bestehenden AUFTRAGS-ARBEITSGANGZUORDNUNG-Beziehungen fortlaufend abgebucht. Der neu errechnete verfügbare Betrag dient dann zur neuen Verfügbarkeitsprüfung.

Mit der Auftragsfreigabe werden somit nur für die Komponentenreservierungen neue Datenstrukturen erzeugt.

Bisher wurde von der Datenstruktur in Abb. B.I.112 lediglich die neu eingeführte "is-a"-Beziehung zwischen FERTIGUNGSAUFTRAG und FREIGEGEBENER FERTIGUNGSAUFTRAG behandelt. Die für die Verfügbarkeitsprüfung benötigten Beziehungen werden deshalb über die Beziehungen des Entitytyps FERTIGUNGSAUFTRAG erreicht.

Werden die freigegebenen Aufträge auf unterschiedliche organisatorische Einheiten verteilt, kann es sinnvoll sein, die dort benötigten Daten (redundant) separat zu führen. Dieses wird durch Angabe der "is-a"-Beziehung zu FREIGEGEBENER FERTIGUNGSAUFTRAG WERKSTATT ausgedrückt. Dabei steht WERKSTATT für mehrere Unterscheidungskriterien, d. h., diese Datenstrukturen werden entsprechend der Anzahl unterschiedlicher organisatorischer Einheiten aufgefächert.

Für diese separierten Aufträge werden auch die benötigten Arbeitsplan- und Arbeitsgangstrukturen als Teilmengen über "is-a"-Beziehungen übernommen.
Falls die Lagerbestände ebenfalls auf der Ebene der organisatorischen Einheiten geführt werden, können sie ebenfalls mit den Reservierungen verteilt werden (hierbei wird die separierte Reservierung als Teilmenge der generellen Reservierung betrachtet).
Diese Separierung ermöglicht es, daß Feinsteuerungsmaßnahmen dezentral mit eigenen Steuerungssystemen selbständig durchgeführt werden. Durch die Darstellung der "is-a"-Beziehungen wird gleichzeitig der Zusammenhang zu den generellen Datenstrukturen hergestellt. Dieses ist deshalb wichtig, weil die dezentralen Einheiten aus den allgemeinen Datenstrukturen mit Aufträgen versorgt werden und umgekehrt (Rückmelde-)Daten aus den dezentralen Einheiten von den übergeordneten Datenstrukturen aufgenommen werden müssen.
In dem ERM-Diagramm ist der Schlüssel der organisatorischen Einheit WSNR jeweils mit angegeben. Da er nicht unbedingt zur Identifizierung benötigt wird, ist er eingeklammert.

B.I.5.1.2 Datenmodell

Die entwickelte Datenstruktur wird in die Notation des Relationenmodells überführt (vgl. Abb. B.I.113). Dabei werden nur die neu entwickelten Datenstrukturen aufgeführt.

R. LAGERBESTAND (Lagerraum (LARNR), Lagerort (LAONR), TNR, ...)
R. RESERVIERUNG (LARNR, LAONR, TNR, Datum, Menge, ...)

- -

R. ORGANISATORISCHE SUBEINHEIT ((WSNR), ...)
R. AUFTRAGSZUORDNUNG ((WSNR), TNR, Datum, ...)
R. FREIGEGEBENER FERTIGUNGSAUFTRAG (TNR, Datum, ...)
R. FREIGEGEBENER FERTIGUNGSAUFTRAG WERKSTATT ((WSNR), TNR, Datum, ...)
R. WERKSTATTRESERVIERUNG ((WSNR), LARNR, LAONR, TNR, Datum, ...)
R. FREIGEGEBENER AUFTRAGS-ARBEITSPLAN WERKSTATT ((WSNR), TNR, Datum, APLNR, ...)
R. FREIGEGEBENER AUFTRAGS-ARBEITSGANG WERKSTATT ((WSNR), TNR, Datum, APLNR, VNR, ...)
R. FREIGEGEBENE AUFTRAGS-ARBEITSGANGZUORDNUNG WERKSTATT ((WSNR), TNR, Datum, APLNR, VNR, BMGNR, ...)

Abb. B.I.113: Relationenmodell: Auftragsfreigabe

B.I.5.2 Statische Auftragsfreigabe

Der beim Entwurf der Datenstrukturen bereits skizzierte Ablauf des Freigabeverfahrens ist als Nassi-Shneiderman-Diagramm in Abb. B.I.114 dargestellt. Aus ihm geht hervor, daß ein Auftrag

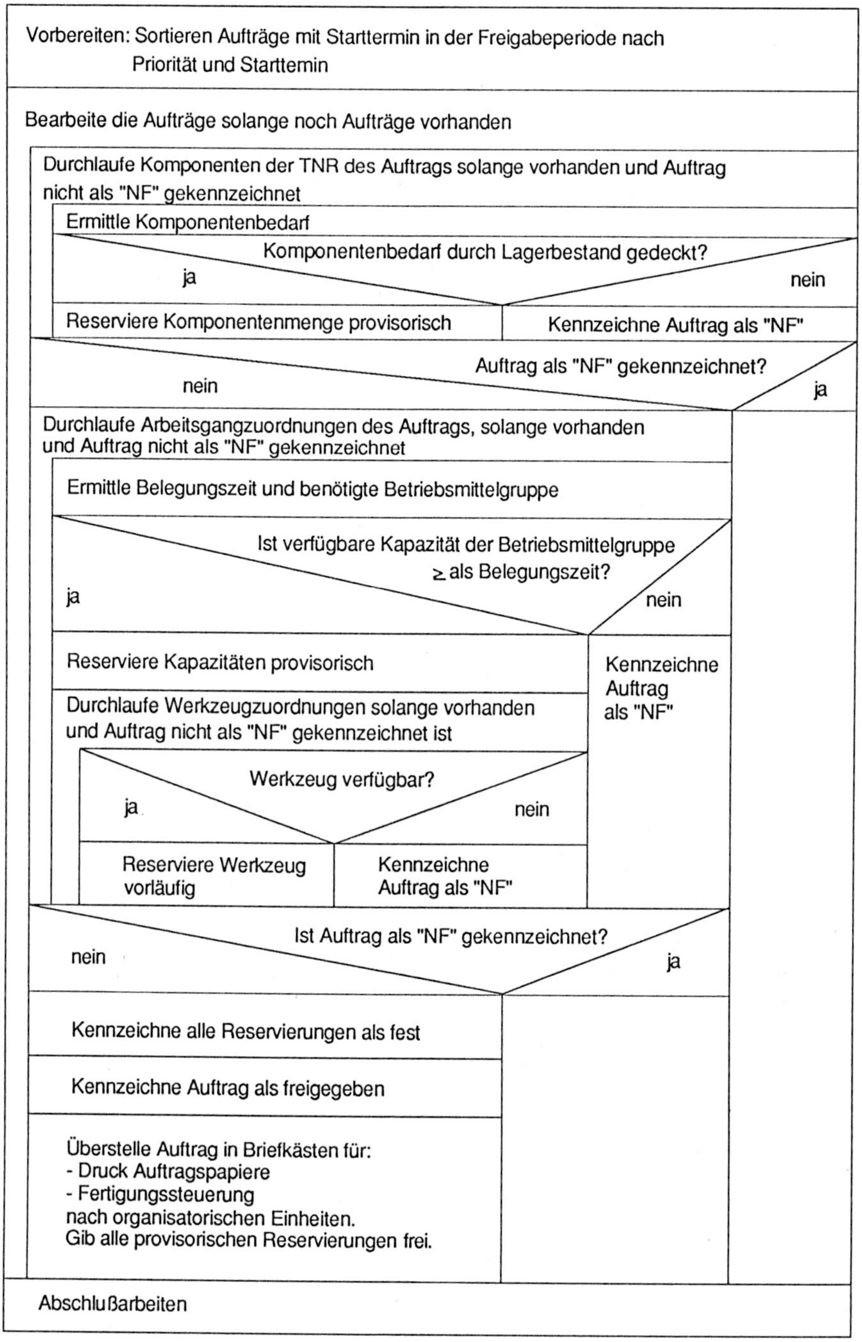

Anmerkung: "NF" heißt "Nicht freigebbar"

Abb. B.I.114: Struktogramm zur Auftragsfreigabe

nur dann freigegeben wird, wenn alle Ressourcen ausreichend zur Verfügung stehen. Nach der Verfügbarkeitsprüfung werden die freigegebenen Aufträge in Aktionsdateien eingestellt, um von der Fertigungssteuerung behandelt zu werden. Gleichzeitig werden die benötigten Komponenten dem Lager entnommen und die Werkzeuge an den entsprechenden Betriebsmitteln bereitgestellt.
Je nach Organisationsform können diese Instruktionen auf elektronischem Wege an andere EDV-Systeme oder auf Papierausdrucken weitergegeben werden.
Bei den Arbeitskräften wird unterstellt, daß ihre Kapazität bereits durch die Betriebsmittelgruppenkapazität erfaßt ist. Falls die Mitarbeiterkapazität dadurch nicht hinreichend genau berücksichtigt wird, muß eine gesonderte Verfügbarkeitsprüfung analog den anderen Ressourcen vorgenommen werden. Dazu wird die in der Zeitwirtschaft angelegte Beziehung zwischen BETRIEBSMITTELGRUPPE und MITARBEITER genutzt.
Die zu prüfenden Aufträge werden nach ihrem Starttermin, der in den Freigabezeitraum fallen muß, ausgewählt. Damit wird implizit die Zielsetzung verfolgt, die im Rahmen von Material- und Zeitwirtschaft retrograd geplanten Termine zu realisieren. Die Auftragsfreigabe unterstützt somit die in den Planungsbereichen verfolgten Zielsetzungen. Dieses sind für die Materialwirtschaft die Termineinhaltung (durch die retrograde Zeitrechnung) sowie die Minimierung von Rüst- und Lagerkosten durch Losbildung und für die Kapazitätsplanung eine gleichmäßige Auslastung der Betriebsmittelgruppen. Für die Fertigungssteuerung werden speziellere Zielsetzungen wie

- Minimierung der Durchlaufzeit von Aufträgen,
- Maximierung der Kapazitätsauslastung von Betriebsmitteln,
- Termineinhaltung,
- Minimierung der Kapitalbindung

verfolgt. Dabei ist bekannt (vgl. *Gutenberg, Die Produktion 1983, S. 216*: "Dilemma der Ablaufplanung"), daß zwischen diesen Zielen Konflikte bestehen können.
Da die Auftragsfreigabe die Nahtstelle zwischen den planungsorientierten Funktionen und der Fertigungssteuerung ist, sollte sie nicht nur die Ziele der Material- und Zeitwirtschaft unterstützen, sondern sich auch zur Fertigungssteuerung hin orientieren.
Dieses wird vom Verfahren der belastungsorientierten Auftragsfreigabe verfolgt, das in den letzten Jahren diskutiert worden ist und inzwischen auch in Standardsoftware zur Produktionsplanung und -steuerung implementiert wurde (vgl. *IFA (Hrsg.), Fertigungssteuerung 1984; Kettner/Bechte, Belastungsorientierte Auftragsfreigabe 1981; Wiendahl, Betriebsorganisation 1983; Ders., Belastungsorientierte Fertigungssteuerung 1987*). Ausgangspunkt des Verfahrens ist die Erkenntnis, daß die Höhe des Werkstattbestandes ein guter Indikator für den Fertigungsfluß und damit die Durchlaufzeit der Aufträge ist. Ein hoher Werkstattbestand bedeutet Wartezeiten vor Betriebsmittelgruppen und damit Durchlaufzeiten mit hoher Streuung, die eine exakte Zeitplanung erschweren.
Bei der belastungsorientierten Auftragsfreigabe werden deshalb nur soviel Aufträge (gemessen in Fertigungsstunden) in die Produktion freigegeben, wie von dieser unter Beachtung einer gewissen Dispositionsschranke zum Ausgleich von Störungen und Fehlschätzungen verarbeitet werden kann.
In Abb. B.I.115 (aus: *Wiendahl, Verfahren der Fertigungssteuerung 1984, S. 12*) ist das Prinzip in

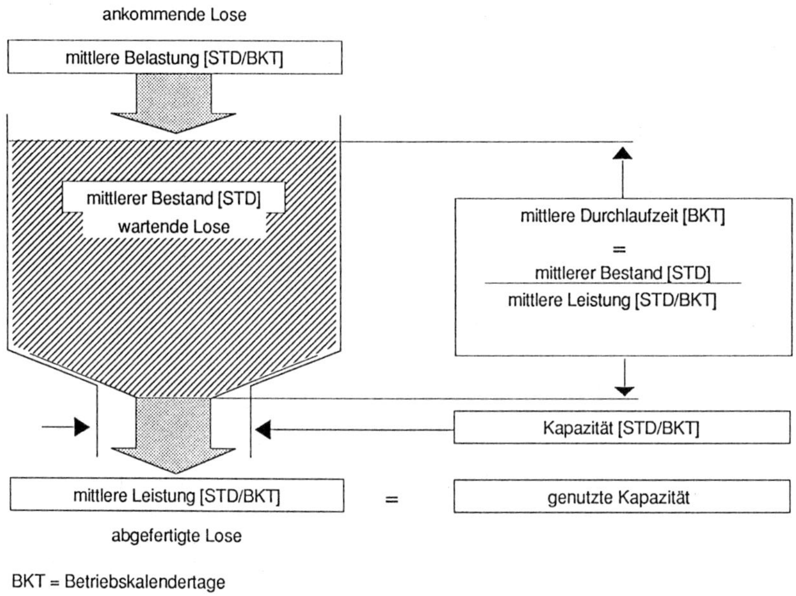

Abb. B.I.115: Trichtermodell nach Wiendahl

Form des bekannten Trichtermodells dargestellt. Der Trichterinhalt gibt den Auftragsbestand in der Fertigung an. Durch die fortlaufende Erfassung der Leistung wird der Regelkreis zwischen ankommenden Aufträgen aus der Auftragsfreigabe, Auftragsbestand und Fertigstellung geschlossen.
Die Division von durchschnittlichem Bestand durch durchschnittliche Leistung (gemessen in pro Tag geleisteten Fertigungsstunden) ergibt die durchschnittliche Durchlaufzeit von Aufträgen (Losen). Diese wird in der Abbildung durch die Füllhöhe des Trichters ausgedrückt.
Die Relation zwischen dem Zulauf in den Trichter aus der Auftragsfreigabe und dem Ablauf durch gefertigte Stunden wird nun so eingestellt, daß eine gewünschte mittlere Durchlaufzeit eingehalten wird. Anders ausgedrückt bedeutet dies, daß solange Aufträge freigegeben werden, wie ein kritischer Auftragsbestand nicht überschritten ist.
Damit wird die Auftragsfreigabe als echtes Steuerungsinstrument genutzt. Auf den speziellen Algorithmus zur Errechnung der Steuergrößen soll hier nicht weiter eingegangen werden (vgl. dazu z. B. *Wiendahl, Belastungsorientierte Fertigungssteuerung 1987*).
Eine Zielsetzung der belastungsorientierten Auftragsfreigabe ist die Verringerung der Kapitalbindungskosten durch Reduktion der Lagerbestände in der Fertigung. Dieses ist auf den ersten Blick auch offensichtlich. Es muß allerdings beachtet werden, daß eine Kapitalfreisetzung erst dann betriebswirtschaftlich wirksam wird, wenn tatsächliche Änderungen der Zahlungsströme bewirkt werden. Sollte die belastungsorientierte Auftragsfreigabe lediglich eine Substitution zwischen Lagerbeständen außerhalb des Fertigungsbereichs und innerhalb des Fertigungsbereichs bewirken, ist ein Kapitalfreisetzungseffekt nicht gegeben. Erst mit der Weitergabe der Effekte an die Materialwirtschaft und damit auch an den Einkaufsbereich tritt eine echte Kapitalfreisetzung ein.

In Abb. B.I.116 (aus: *Bechte, Belastungsorientierte Auftragsfreigabe 1980*) sind der Belastungsverlauf und der Leistungsverlauf an einer Betriebsmittelgruppe, wie sie durch den Freigabealgorithmus fortwährend kontrolliert werden, dargestellt. Aus der Abbildung ist auch der Zusammenhang zwischen Durchlaufzeit und Bestand zu entnehmen.

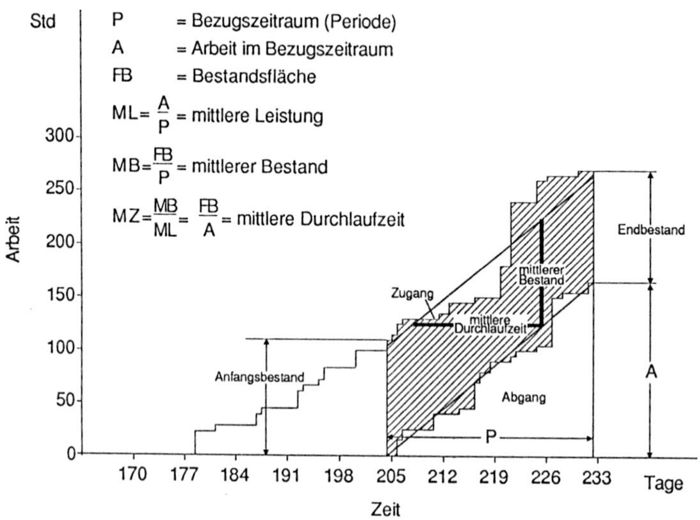

Abb. B.I.116: Belastungsverlauf und Leistungsverlauf an einer Betriebsmittelgruppe

Während in vielen Veröffentlichungen die belastungsorientierte Auftragsfreigabe als eigenständiges Prinzip der Fertigungssteuerung betrachtet wird, wird sie hier in den Prozeß der Auftragsfreigabe eingebettet. Grund dafür ist, daß die belastungsorientierte Auftragsfreigabe keine weiteren Aussagen über die Art der Fertigungssteuerung selbst macht, d. h., z. B. keine Reihenfolgen festlegt, keine Arbeitsfolgeoptimierungen macht usw. Wenn zum Teil auch an dem Algorithmus Kritik von betriebswirtschaftlicher Seite geübt wird (vgl. *Adam, Fertigungssteuerung 1987*), so trägt die belastungsorientierte Auftragsfreigabe insbesondere dem grundlegenden Gedanken Rechnung, daß die Auftragsfreigabe eine wesentliche Steuerungsfunktion innerhalb des PPS-Systems besitzt.

B.I.5.3 Dynamische Auftragsfreigabe

Bei der dynamischen Auftragsfreigabe ist die Freigabelogik ähnlich wie bei der statischen, nur wird jetzt der Fertigungsablauf simuliert. Damit werden z. B. freigegebene Aufträge zu ihrem geplanten Fertigstellungszeitpunkt als Lagerzugang erfaßt und stehen sofort übergeordneten Aufträgen bei deren Verfügbarkeitsprüfung zur Verfügung. Gleichzeitig wird die Belegung der Betriebsmittelgruppen detailliert auf Betriebsmittelebene vorgenommen. Das gleiche gilt auch für die Inan-

spruchnahme der Arbeitskräfte und die Belegung der Werkzeuge, die ebenfalls zeitgenau durchgeführt werden.
Damit wird ein komplettes Fertigungssteuerungsverfahren in den Simulationsprozeß eingebettet, und die dazu notwendigen Datenstrukturen müssen bereitstehen. Das Simulationsverfahren kann dabei entweder das für die konkrete Fertigungssteuerung eingesetzte System benutzen oder aber - was beim Vorliegen unterschiedlicher dezentraler Steuerungsverfahren sinnvoll ist - mit einem vereinfachten Verfahren, das nur die wesentlichen Steuerungskomponenten enthält, arbeiten. In jedem Fall müssen aber die detaillierten Datenstrukturen der Fertigungssteuerung zur Verfügung stehen. Da diese erst im nächsten Abschnitt entwickelt werden, soll hier nur ein Hinweis auf deren Übernahme in den Prozeß einer dynamischen Auftragsfreigabe gegeben werden.
Bei der Simulation des Auftragsfortschritts kann auch die belastungsorientierte Auftragsfreigabe eingesetzt werden, da fortlaufend Informationen über Bestände und Durchlaufzeiten aus dem Simulationsprozeß zur Verfügung stehen.

B.I.5.4 Verarbeitungsform der Auftragsfreigabe

Die Auftragsfreigabe kann in periodischen Abständen (z. B. wöchentlich oder täglich) durchgeführt werden, indem die Aufträge, deren Starttermine in die Freigabeperiode fallen, überprüft werden. Darüber hinaus können aber auch fallbezogen Aufträge freigegeben werden, die z. B. als Eilaufträge sofort in die Produktion überführt werden. Gleichzeitig können auch bereits freigegebene Aufträge gestoppt werden, wenn die auslösenden Kundenaufträge gesperrt sind.
Bei periodenorientierter Auftragsfreigabe mit festem Freigabealgorithmus ergibt sich eine typische Batch-Funktion (vgl. Abb. B.I.117). Lediglich bei Sonderfällen, wie sie als Eilaufträge oder zurückgenommene Kundenaufträge im Net-Change durchgeführt werden, ergibt sich eine interaktive

Aufgabe	Teilfunktion	Dialogursache				Batch
		Aktualität	Plausibilität	Iterative Abwandlung	Interaktiver Entscheidungsprozeß	
Auftragsfreigabe	Verfügbarkeitsprüfung					
	- Neuaufwurf					X
	- Net Change				X	
	Freigabe (Reservierung)					
	- Neuaufwurf					X
	- Net Change		X			
	Aufteilung auf dezentrale Einheiten					
	- Neuaufwurf					X
	- Net Change				X	

Abb. B.I.117: Dialogursachen von Funktionen der Auftragsfreigabe

Aufgabe	Teilfunktion	Dezentralisierungs-kriterium	E = Ergänzung I = Integriert	PC-Eignung			Nutzung von PC-Eigenschaften					
				Daten-bedarf	lokale Dialog-intensität	PC-Eignung	Hardware	System-software	Anwen-dungs-software	Be-nutzer-sicht	Organi-sation	Priorität d. PC-Einsatzes
Auftragsfreigabe	Verfügbarkeitsprüfung											
	- Neuaufwurf	-	I	Z	m	-	-	-	-	-	-	-
	- Net Change	Teile/Werkstatt	I	Z	H	m	-	-	-	m	-	g
	Freigabe (Reservierung)											
	- Neuaufwurf	-	I	Z	m	-	-	-	-	-	-	-
	- Net Change	Teile/Werkstatt	I	Z	H	m	-	-	-	m	-	g
	Aufteilung auf dezentrale Einheiten											
	- Neuaufwurf	-	I	Z	m	-	-	-	-	-	-	-
	- Net Change	Teile	I	Z	H	m	-	-	-	m	-	g

Abb. B.I.118: Bewertung und Auslagerung von Funktionen der Auftragsfreigabe auf Workstations

Verarbeitung. Hierbei können auch interaktive Entscheidungsprozesse entstehen, in denen bei Engpaßsituationen mehrfach Zyklen, z. B. bei der Zuordnung fehlender Komponenten, durchgeführt werden.

B.I.5.5 Ablaufsteuerung der Auftragsfreigabe

B.I.5.5.1 Funktionsebenenmodell: Dezentralisierung

Der Einsatz von dezentralen Computern ist dann sinnvoll, wenn abgegrenzte Dispositionsbereiche gebildet werden können. Allerdings bildet die Auftragsfreigabe wegen ihrer Mittlerposition zwischen Planung und Realisierung eine Koordinationsschiene, die den Überblick über alle Aufträge besitzen muß und demnach tendenziell eine HOST-Funktion ist. In Abb. B.I.118 wird deshalb auch eine mehr zentralisierte Funktion ausgedrückt.
Diesem steht aber nicht entgegen, wie es bereits oben ausgedrückt wurde, daß in nachfolgenden dezentralen Einheiten wiederum Freigabefunktionen implementiert werden. In diesem Fall bezieht sich die Auftragsfreigabe dort auf die für diese dezentrale Einheit zuständigen Aufträge bzw. Arbeitsgänge.

B.I.5.5.2 Ereignissteuerung

Die Schüsselfunktion der Auftragsfreigabe wird in der Darstellung der Aktionsdatenbanken in Abb. B.I.119 deutlich, indem als Ergebnis der Verfügbarkeitsprüfung die freigegebenen Aufträge der Fertigungssteuerung und damit der Realisierung überstellt werden.

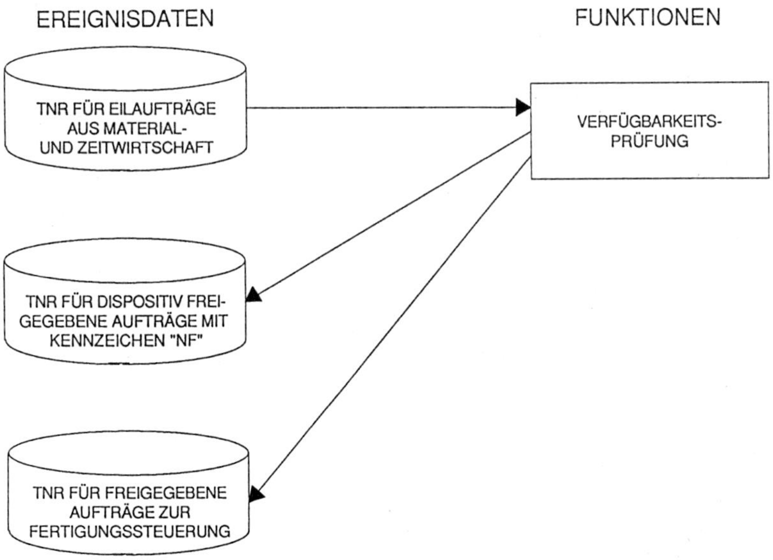

Abb. B.I.119: Trigger- und Aktionsdaten zur zeitlichen Steuerung der Auftragsfreigabe

B.I.6 Feinterminierung

Mit der Freigabe der Fertigungsaufträge wird die Realisierungsphase und damit der Problemkreis der Fertigungssteuerung eingeleitet. In Abb. B.I.120 (nach: *Zäpfel, Produktionswirtschaft 1982, S. 240 ff.*) ist die Fertigungssteuerung als Regelkreis dargestellt. Aus ihr ist der Zusammenhang zwischen Feinterminierung und Betriebsdatenerfassung ersichtlich. Ausgangspunkt sind Führungsgrößen, die als Sollwerte in Form von Auftragsmengen und Auftragsterminen Ergebnisse der Material- und Zeitwirtschaft sind und mit der Auftragsfreigabe der Fertigungssteuerung vorgegeben werden. Diese Ausgangswerte werden von der Feinterminierung unter ständigem Abgleich mit aus der Betriebsdatenerfassung rückgemeldeten Informationen in Stellgrößen umgeformt. Hierbei wird eine kurzfristigere Betrachtung vorgenommen, indem die Terminierung von Betriebsmittelgruppen auf einzelne Betriebsmittel heruntergebrochen wird und in der Regel auch eine feinere Periodeneinteilung (bis auf Minuten) eingeführt wird. Während der Produktion, die innerhalb des Regelkreises die Regelstrecke bildet, werden Produktionsfaktoren in die gewünschten Arbeitsergebnisse umgeformt. Die Stellgrößen besitzen dabei die begleitenden und auslösenden Informationen. Gleichzeitig werden während der Regelstrecke Störgrößen in Form von Maschinenausfällen, Materialflußstockungen usw. wirksam. Aus diesem Grunde machen die Ergebnisse der Betriebsdatenerfassung eine ständige Überprüfung und Neueinstellung des Reglers erforderlich.

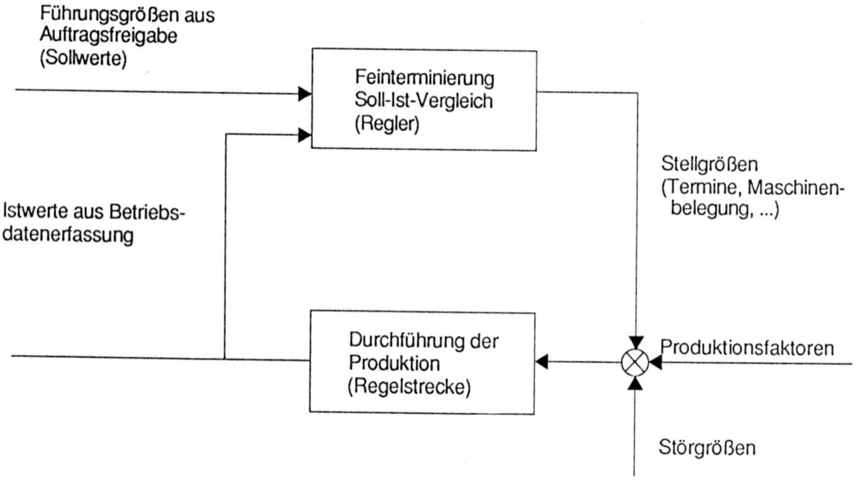

Abb. B.I.120: Regelkreis Fertigungssteuerung

Wegen der bekannten Komplexität der Ablaufplanungsprobleme (vgl. *Seelbach, Ablaufplanung 1975; Adam, Produktionsplanung bei Sortenfertigung 1971; Ders., Produktionspolitik 1988*), die bei realitätsnahen Problemgrößen zu außerordentlich hohen Rechenzeiten führt, werden in der Praxis vor allem heuristische Verfahren eingesetzt. Diese fußen in der Regel auf arbeitsgangbezogenen Prioritätsregeln.

Ergebnis der Feinterminierung ist, daß für jede Maschine ein Maschinenbelegungsplan aufgestellt ist, in dem die auszuführenden Arbeitsgänge zeitlich festgelegt sind. Damit besteht gleichzeitig für jeden Arbeitsgang eine entsprechende Betriebsmittelzuordnung.
Entsprechend werden für andere Ressourcen (Vorrichtungen, Werkzeuge, NC-Programm und Mitarbeiter) detaillierte Einsatzpläne aufgestellt.

B.I.6.1 Datenstruktur

B.I.6.1.1 Entwurf

Während in den Planungsstufen bis einschließlich der Auftragsfreigabe die Planungseinheit der Fertigungsauftrag war, sind bei der Feinplanung aufgrund vielfältiger Zielsetzungen und Nebenbedingungen mehrere Bezugseinheiten möglich.

Bei Verfolgung der Zielsetzung: **Minimierung der Rüstkosten**

steht das **Betriebsmittel** als Planungsobjekt im Vordergrund. Ihm werden die in Frage kommenden Arbeitsgänge so zugeordnet, daß die Umrüstzeiten möglichst klein sind. Dieses bedeutet z. B., daß bezüglich der Rüstanforderungen ähnliche Arbeitsgänge unterschiedlicher Aufträge zu neuen "Losen" gerafft werden. Dazu können Arbeitsgänge von später fälligen Aufträgen vorgezogen werden, so daß sich die Durchlaufzeiten erhöhen. Es wurde bereits ausgeführt, daß die Losbildung bei der Materialwirtschaft problematisch ist, da Umrüstkosten nicht pro Fertigungsauftrag, sondern pro Arbeitsgang anfallen. Insofern ist die erneute Losbildung auf der Ebene der Fertigungssteuerung ein konsequenter Schritt. Die Zusammenfassung ähnlicher Arbeitsgänge ist auch eine der Zielsetzungen der sogenannten Gruppentechnologie.

Bei Verfolgung der Zielsetzung: **Minimale Durchlaufzeiten der Aufträge**

können Arbeitsgänge gesplittet werden, um parallel auf unterschiedlichen Betriebsmitteln gefertigt zu werden. Hier steht der **Arbeitsgang** als Planungseinheit im Vordergrund.

Bei Verfolgung der Zielsetzung: **Maximale Materialausnutzung**

können durch Verschnittoptimierungen Teile aus unterschiedlichen Aufträgen zu einem Verschnittvorgang zusammengestellt werden. Beispiel: Für einen Fräsvorgang werden Teile unterschiedlicher Größe aus unterschiedlichen Aufträgen auf einer vorgegebenen Blechplatte zusammengestellt. Planungseinheit ist hier der **Werkstoff**, also in dem Beispiel die Blechplatte. Es sei angemerkt, daß für solche Verschachtelungsprobleme der Zugriff auf Geometriedaten (vgl. dazu die Ausführungen zu CAD) bestehen muß.

Bei Verfolgung der Zielsetzung: **Maximale Kapazitätsauslastung von Betriebsmitteln**

steht wieder das **Betriebsmittel** als Planungsobjekt im Vordergrund. Sie ist typisch für die Werkstattfertigung. Um die Kapazitäten auszulasten, können auch terminlich noch nicht fällige Aufträge (Arbeitsgänge) zugeordnet werden, so daß hohe Durchlaufzeiten auftreten. Die Verfolgung dieser Zielsetzung wird optisch durch hohe Lagerbestände vor Betriebsmitteleinheiten sichtbar.

Neben der Verfolgung unterschiedlicher Zielsetzungen können auch arbeitsphysiologische Wirkungen zur Bildung neuer Arbeitsgangsequenzen eine Rolle spielen: Beispielsweise kann es Ergebnis einer Betriebsvereinbarung sein, daß nach einem besonders schwierigen Arbeitsgang ein Arbeitsgang mit leichteren Anforderungen folgen muß.

Weitere Einflußgrößen sind die Kombination von Rüstvorgängen mit Instandhaltungsmaßnahmen.

Alle diese Gründe führen dazu, daß die Planungseinheiten "Aufträge" mit den mit ihnen verbundenen Arbeitsgängen zu neuen Einheiten, im folgenden Arbeitsgangsequenzen oder **Sequenz** genannt, zusammengestellt werden. Dabei können diese Sequenzen durch

Raffung (Zusammenfassen von Arbeitsgängen),
Splitting (Teilen von Mengen eines Arbeitsgangs)

sowie deren Kombination entstehen.

Einige Möglichkeiten werden an einem einfachen Beispiel verdeutlicht (Abb. B.I.121).

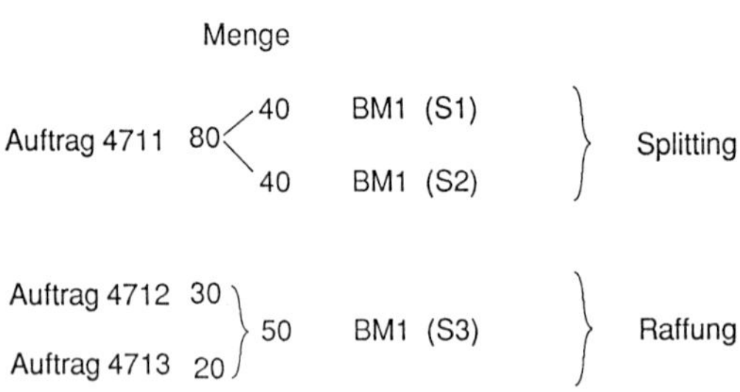

Abb. B.I.121: Raffung und Splittung (Beispiel)

Es liegen drei Aufträge mit jeweils einem Arbeitsgang "Fräsen" vor. Um den Auftrag 4711 zu beschleunigen, wird er in zwei Teilaufträge oder Sequenzen S1 und S2 mit je 40 Einheiten gesplittet und an unterschiedlichen Betriebsmitteln BM1 und BM2 gefertigt. Die Arbeitsgänge der Aufträge 4712 und 4713 können mit dem gleichen Werkzeug (Fräser) ausgeführt werden, so daß durch Raffung eine neue Sequenz S3 mit der Menge 50 entsteht.

Je mehr Einflußfaktoren auf der Steuerungsebene zur Umstrukturierung der Arbeitsgänge zu neuen Planungseinheiten (Sequenzen) an Gewicht gewinnen, um so geringer ist die Bedeutung der Auftragsbildung während der Material- und Zeitwirtschaft für die Fertigungssteuerung.

Je bedeutender die Optimierungsmöglichkeiten auf der Steuerungsebene sind, desto größer muß auch der freigegebene Auftragsbestand sein, um möglichst viele Alternativen einbeziehen zu können.

Gleichzeitig wachsen die Schwierigkeiten, die Planungs- und Steuerungsebene aufeinander abzustimmen.
Beispielsweise werden im Rahmen der Vor- und Plankalkulation Kostenträger definiert, die sich an der Auftragsbildung der Material- und Zeitwirtschaft orientieren. Werden auf der Steuerungsebene aufgrund einer Verschnittoptimierung die Mengen neu zusammengestellt, so fällt der Materialverschnitt für diese neue Einheit an, und es ist schwierig, ihn im Rahmen einer mitlaufenden Nachkalkulation sinnvoll auf die ursprünglichen Aufträge zu verrechnen.
Ebenso werden für die Berechnung von Leistungslöhnen Vorgabezeiten aus Arbeitsplaninformationen gebildet, die zu Einzelaufträgen mit Einzelrüstzeitanteilen führen. Bei der Bildung von arbeitsgangbezogenen Sequenzen ergeben sich aber Sammelrüstzeiten für die Sequenz, die wiederum nur schwer mit den Vorgabewerten vergleichbar gemacht werden können.
Ein weiteres Problem bereitet ohnehin die Einführung flexibler Arbeitszeiten, so daß die Personalzuordnung zu Betriebsmitteln und Arbeitsgängen nicht fest vorgeplant werden kann.
Die Komplexität wird durch das Beispiel der Abb. B.I.122, das sich lediglich auf ein Betriebsmittel bezieht, weiter verdeutlicht. Ihm werden die wesentlichen Anforderungen für die Konstruktion der Datenstruktur entnommen.

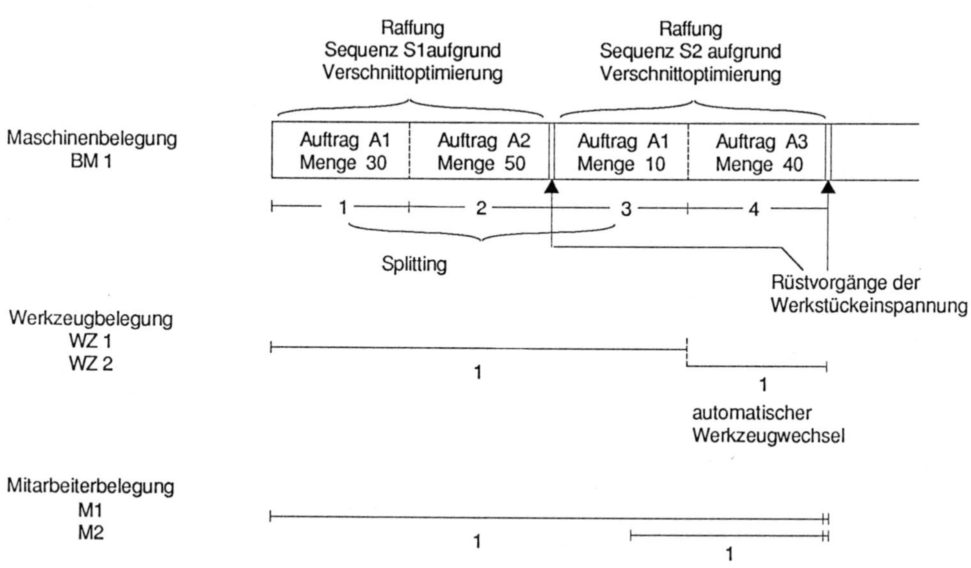

Abb. B.I.122: Beispiel zur Feinterminierung (vereinfacht)

Die gestrichelt gezeichnete Trennung zwischen den gerafften Arbeitsgängen ist dabei nur theoretisch zu sehen, da die Sequenz als eine Einheit gefertigt wird.
Den angedeuteten komplexen Zusammenhängen muß die Datenstruktur Rechnung tragen.
Bei der Auftragsfreigabe wurde bereits eine dezentrale Steuerungsstruktur beschrieben, die im folgenden weiter ausgeführt wird.

In der Abb. B.I.123 werden deshalb die auf die Organisationseinheit bezogenen Auftrags- und Arbeitsgangstrukturen übernommen.

Weiterhin müssen der organisatorischen Einheit auch die auf ihre Ressourcen BETRIEBSMITTEL, MITARBEITER und WERKZEUG bezogenen Datenstrukturen zur Verfügung stehen, die eben-

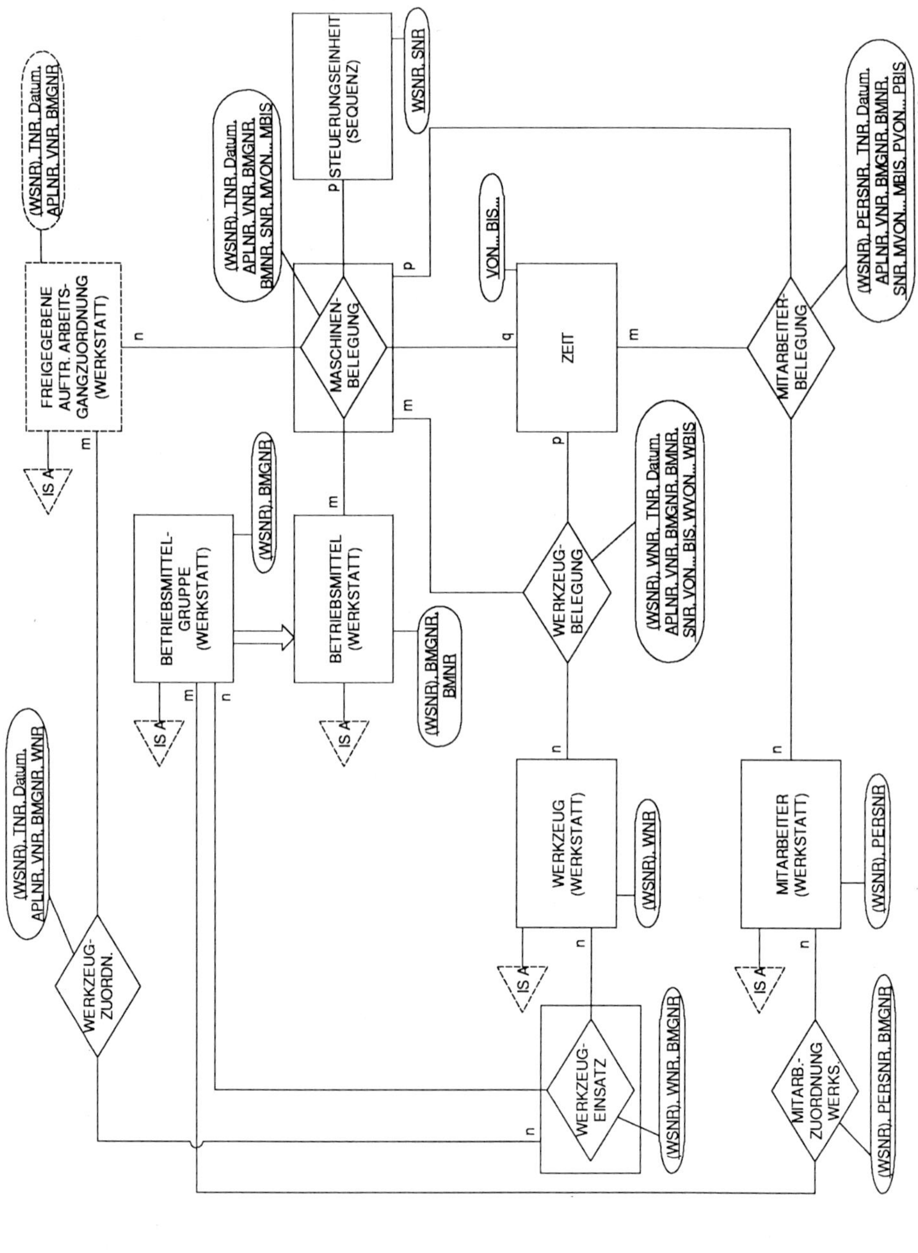

Abb. B.I.123: ERM zur Feinterminierung

falls in Form von "is-a"-Beziehungen als Teilmengen aus der Stammdatenverwaltung übernommen werden.

Als neue Planungs- bzw. Steuerungseinheit wird der Entitytyp SEQUENZ eingeführt. Er wird durch den Schlüssel der organisatorischen Einheit WSNR und die Sequenznummer SNR identifiziert. Er umfaßt je nach Fertigungstruktur

- eine Materialeinheit (z. B. Blechplatte, Papierrolle, Glasscheibe), aus der mehrere unterschiedliche Aufträge (teilweise oder komplett) gefertigt werden. Die Zusammenstellung kann mit Hilfe eines Optimierungsalgorithmus erfolgen. Die Zusammenfassung von verschiedenen Teilen zu einer neuen Planungseinheit zeigt Abb. B.I.124 als Ergebnis einer Zuschnittsoptimierung für einen Fräsvorgang in der Teilefertigung in der Flugzeugindustrie. Die Sequenz kann auch über mehrere Arbeitsgänge (und damit mehrere Betriebsmittel) zusammen gefertigt werden.
- eine Folge ähnlicher Arbeitsgänge, die ohne Rüstunterbrechung gefertigt werden können.

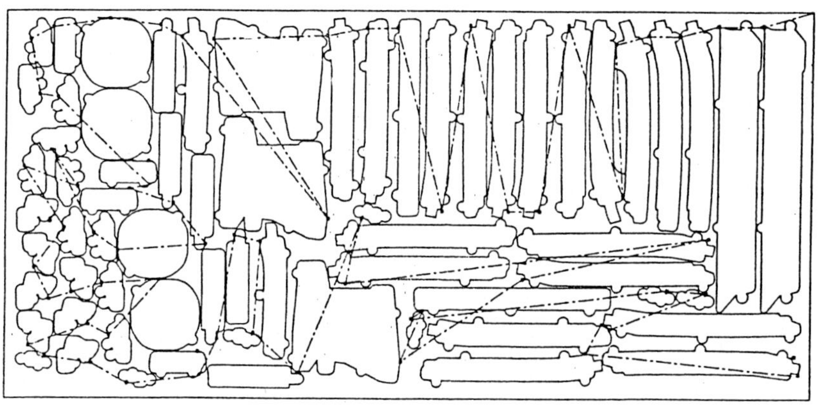

Abb. B.I.124: Beispiel für eine Sequenz im Rahmen einer Zuschnittsoptimierung
Quelle: *MBB*

Die Sequenzen können aus vorliegenden Arbeitsgängen gebildet werden oder bei starker Wiederholfertigung als Standard-Sequenzen gespeichert sein.

Eine Sequenz kann je einen Arbeitsgang mehrerer Aufträge oder auch mehrere Arbeitsgänge mehrerer Aufträge umfassen. Andererseits kann ein Arbeitsgang aufgrund von Mengenteilung (Splitting) in mehreren Sequenzen auftreten. Damit besteht zwischen den Entitytypen FREIGEGEBENE AUFTRAGSARBEITSGANGZUORDNUNG und SEQUENZ eine n:m-Beziehung.

Ziel der Feinterminierung ist ein zeitlicher Ablaufplan auf der Ebene der einzelnen Betriebsmittel. Deshalb wird der Entitytyp ZEIT mit den Schlüsselattributen "Anfangszeit, Endezeit" ebenfalls einbezogen.

Die konkrete Belegung eines Betriebsmittels mit einer Sequenz ist somit die Beziehung zwischen den Entitytypen BETRIEBSMITTEL, FREIGEGEBENE AUFTRAGSARBEITSGANGZUORD-

NUNG, SEQUENZ und ZEIT (vgl. Abb. B.I.125). Zur Verdeutlichung der dezentralen Schichtung wird den Schlüsselattributen jeweils die Nummer der organisatorischen Einheit WSNR vorangestellt. Sie muß aber keine identifizierende Bedeutung besitzen.

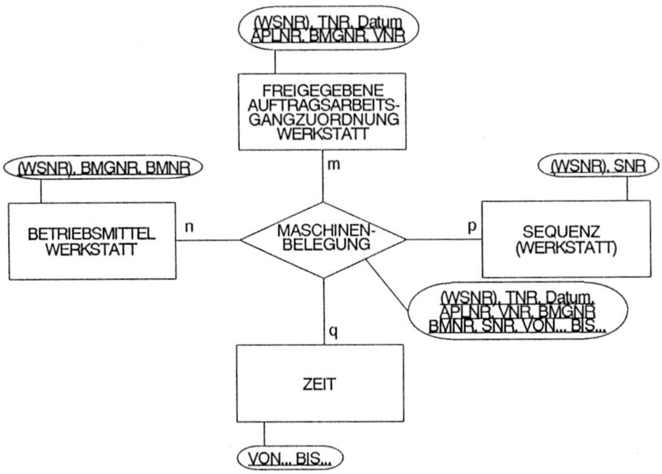

Abb. B.I.125: ERM zur Maschinenbelegung

Zu jedem Element der Entitytypen können mehrere Elemente der Maschinenbelegung existieren. Dieses ist in der Tabelle (Abb. B.I.126) verdeutlicht, die sich auf das bereits eingeführte Beispiel der Abb. B.I.121 bezieht.

Neben der Maschinenbelegung werden auch die anderen Ressourcen MITARBEITER und WERKZEUG von der Feinterminierung eingeplant (vgl. Abb. B.I.127). Auch hier wird eine differenzierte Betrachtung vorgenommen, wie sie bereits in Abb. B.I.123 vorgestellt wurde. Die Beziehung MASCHINENBELEGUNG wird für die Beziehungen der Werkzeug- und Mitarbeiterbelegungen als Entitytyp interpretiert. So wird jederzeit sichtbar, für welche konkreten Maschinenbelegungen Werkzeuge eingesetzt werden. Dieses ist z. B. erforderlich, wenn ein belastungsbezogener Werkzeugwechselplan aufgestellt werden soll.

Ein Werkzeug kann für mehrere Maschinenbelegungen eingesetzt werden, umgekehrt kann eine Maschinenbelegung mehrere Werkzeugwechsel erfordern. Um deshalb die geplanten Einsatzzeiten mit Start und Ende festzuhalten, wird die Beziehung WERKZEUGBELEGUNG auch mit dem Entitytyp ZEIT verbunden.

Entsprechend gestaltet sich auch die Beziehung der MITARBEITERBELEGUNG.

Auch hier wird eine n:m-Beziehung zwischen MITARBEITER und der MASCHINENBELEGUNG hergestellt, da ein Mitarbeiter an mehreren Maschinenbelegungen beschäftigt sein kann und umgekehrt an einer Maschinenbelegung mehrere Mitarbeiter beschäftigt sein können.

Auch hier wird durch die Verbindung mit dem Entitytyp ZEIT eine genaue Verfolgung der Einsatzzeiten möglich. Dadurch stehen z. B. Daten für eine differenzierte leistungsbezogene Entlohnung zur Verfügung.

	Arbeitsgangzuordnung							Betriebs-mittel	Sequenz	Zeit		Maschinen-belegung	
	WSNR	TNR	Datum	APLNR	BMGNR	VNR	Gesamt-menge	BMNR	SNR	von	bis	Menge	Bemerkungen
Betriebsmittel BM1	1	4711	01.10.	536	BMG 4	Fräsen	80	BM1	S1	08.10	08.40	40	← Splitting
	1	4712	01.11.	763	BMG 4	Fräsen	30	BM1	S3	08.50	09.45	30	} Raffen
	1	4713	15.11.	542	BMG 4	Fräsen	20	BM1	S3	08.50	09.45	20	} Raffen
													Splitting
Betriebsmittel BM2	1	4711	01.10.	536	BMG 4	Fräsen	80	BM2	S2	08.10	08.40	40	← Splitting

Abb. B.I.126: Beispiel zur Maschinenbelegung auf Entity-Ebene

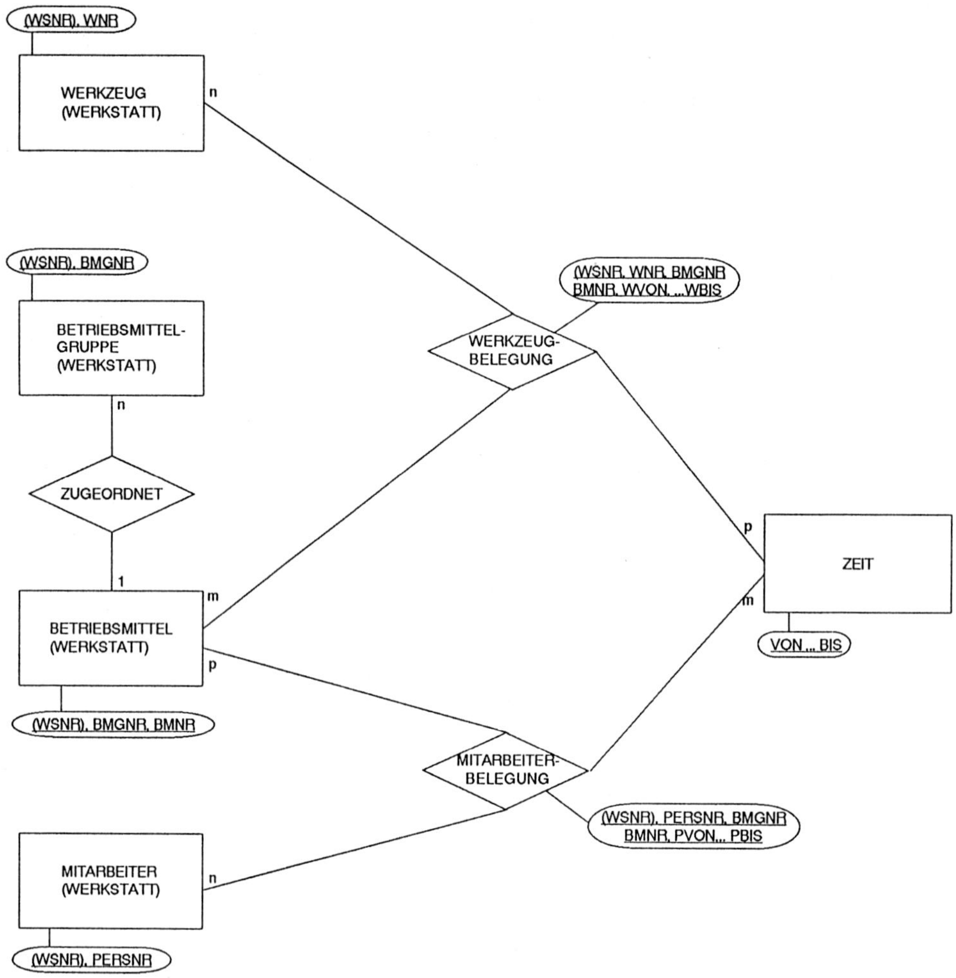

Abb. B.I.127: ERM zur Werkzeug- und Mitarbeiterbelegung

Werden allerdings derartig feine Beziehungen bei den Werkzeugen und Mitarbeitern nicht benötigt, so kann durch Fortlassen der Beziehung zur Maschinenbelegung die Struktur wesentlich vereinfacht werden.

In diesem Fall braucht dann lediglich eine Beziehung zu BETRIEBSMITTEL hergestellt zu werden (vgl. Abb. B.I.127).

Auch bei dieser vereinfachten Form kann eine Verknüpfung zur Maschinenbelegung hergestellt werden, da über die Start- und Endezeiten eine Zuordnung zu den Maschinenbelegungen implizit möglich ist, indem z. B. am Terminal eine grafische Ausgabe entsprechend Abb. B.I.122 erzeugt wird, aus der die Zuordnungen zwischen Maschinen-, Werkzeug- und Mitarbeiterbelegungen hervorgehen.

Allerdings können keine Vorgabewerte (oder im Rahmen der Betriebsdatenerfassung auch keine Istwerte) in Abhängigkeit der Maschinenbelegung erfaßt werden. Der Unterschied zwischen der detaillierten und der vereinfachten Datenstruktur wird aus dem Vergleich der Abb. B.I.122 (vereinfacht) mit Abb. B.I.128 (detailliert) deutlich. In beiden sind die Ausprägungen der Entitytypen durch senkrechte Striche sowie durch fortlaufende Numerierung angegeben.

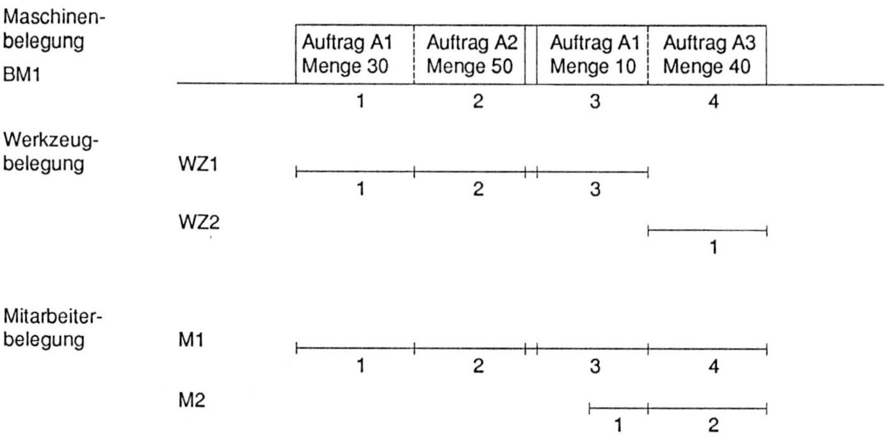

Abb. B.I.128: Beispiel zur Feinterminierung (detailliert)

B.I.6.1.2 Datenmodell

Die erarbeitete Datenstruktur wird wieder in die Notation des Relationenmodells übertragen. Es werden auch die als Stammdaten bei der Zeitwirtschaft und als auftragsbezogene Daten bei der Auftragsfreigabe eingeführten Datenstrukturen aufgeführt, so daß eine vollständige Datenstruktur einer dezentralen Betriebseinheit (hier jeweils mit Werkstatt bezeichnet) entsteht.

B.I.6.2 Algorithmus zur Feinterminierung

Ein grober Ablauf der Feinterminierung, der die Problemstruktur sichtbar macht, ist in Abb. B.I.130 dargestellt. Dabei werden die Ergebnisse der Kapazitätsterminierung und Auftragsfreigabe übernommen und **keine** neuen Sequenzbildungen durch Raffung oder Splitting vorgenommen. Zielsetzung ist lediglich, die Warteschlangen aus freigegebenen Aufträgen bzw. Arbeitsgängen vor den Betriebsmittelgruppen auf Betriebsmittel aufzuteilen und unter Beachtung der Zulässigkeit nach Prioritätsziffern einzuplanen.
Die im Rahmen der Auftragsfreigabe eingeführte Periodenteilung bildet die äußerste Schleife des Algorithmus. Mit T = 1 (der 1. Periode) beginnend bis zur letzten Periode des Planungszeitraumes werden jeweils alle Betriebsmittelgruppen durchlaufen. Durch diese Schleife wird deutlich, daß

als "is-a"-Beziehungen übernommen:

R. BETRIEBSMITTELGRUPPE WERKSTATT (WSNR, BMGNR, ...)
R. BETRIEBSMITTEL WERKSTATT (WSNR, BMGNR, BMNR, ...)
R. MITARBEITER WERKSTATT (WSNR, PERSNR, ...)
R. WERKZEUG WERKSTATT (WSNR, WNR, ...)
R. MITARBEITERZUORDNUNG WERKSTATT (WSNR, PERSNR, BMGNR, ...)
R. WERKZEUGZUORDNUNG WERKSTATT (WSNR, WNR, BMGNR, TNR, ...)
R. WERKZEUGEINSATZ WERKSTATT (WSNR, WNR, BMGNR, Datum, APLNR, VNR, ...)

R. STEUERUNGSEINHEIT WERKSTATT (SEQUENZ) (WSNR, SNR, Beschreibung, ...)
R. ZEIT WERKSTATT (WSNR, VON..., BIS...)
R. MASCHINENBELEGUNG WERKSTATT (WSNR, TNR, Datum, APLNR, BMGNR, VNR, BMNR, SNR, M VON... M BIS..., Menge, ...)

R. MITARBEITERBELEGUNG WERKSTATT (WSNR, PERSNR, TNR, Datum, APLNR, BMGNR, VNR, BMNR, SNR, M VON... M BIS..., P VON... P BIS..., ...)

***M VON... M BIS...:** aus Maschinenbelegung*
***P VON... P BIS...:** Einsatzzeit, bezogen auf Mitarbeiter (hierdurch können auch Unterbrechungen am gleichen Arbeitsgang erfaßt werden)*

R. WERKZEUGBELEGUNG WERKSTATT (WSNR, WNR, TNR, Datum, APLNR, BMGNR, VNR, BMNR, SNR, M von... M bis ..., W von... W bis..., ...)

***M von... M bis ...:** aus Maschinenbelegung*
***W von... W bis...:** aus Werkzeugeinsatz*

Abb. B.I.129: Relationenmodell: Feinterminierung

Planungsobjekt die Betriebsmittel sind, also eine möglichst gute Kapazitätsauslastung angestrebt wird.

Pro Betriebsmittelgruppe werden zunächst alle ihr zugeordneten Arbeitsgänge der Warteschlange (die alle sie betreffenden Arbeitsgänge aus freigegebenen Aufträgen enthält) durchlaufen, deren Sollstarttermine in der betrachteten Periode T liegen. Hierdurch wird sichergestellt, daß die vorgegebenen Solltermine weiterhin beachtet werden. Ein so ermittelter Arbeitsgang wird danach überprüft, ob sein vorhergehender Arbeitsgang abgeschlossen ist und die benötigten Werkzeuge bereitgestellt sind. Als Kriterium gilt dabei nicht die effektive Beendigung des vorhergehenden Arbeitsganges, sondern der geplante Fertigstellungszeitpunkt aufgrund der während des Algorithmus entstehenden Maschinenbelegung.

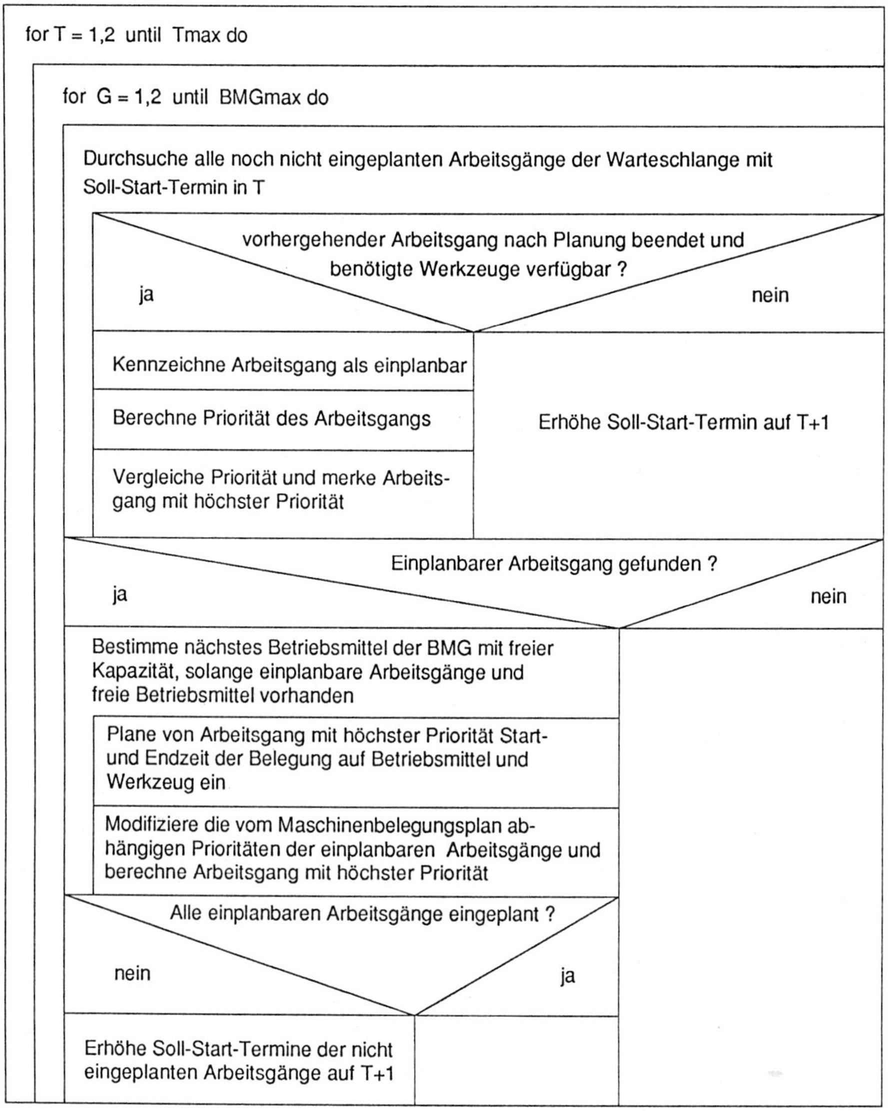

Abb. B.I.130: Struktogramm zur Feinterminierung

Dadurch steuert sich das Verfahren bezüglich des Arbeitsfortschritts selbst. Dieser Punkt wurde bereits bei der dynamischen Verfügbarkeitsprüfung angesprochen und findet hier seine algorithmische Darstellung.

Damit wird erneut eine Verfügbarkeitsprüfung durchgeführt, die auch auf Komponenten und Betriebsmittel sowie bei numerisch gesteuerten Maschinen auf das Vorhandensein der NC-Programme ausgedehnt werden kann.

Zur Vereinfachung wird angenommen, daß die Mitarbeiterkapazität bereits in der Maschinenkapazität enthalten ist.
Ist die Kapazität verfügbar, wird der Arbeitsgang als einplanbar gekennzeichnet. Als nächstes wird die Priorität des Arbeitsganges berechnet. Sie ist das Kernstück des heuristischen Planungsalgorithmus.

Typische Faktoren, die in die Berechnung der Prioritätsziffer eingehen, sind

- die aus dem Auftrag übernommene Auftragspriorität,
- die Bearbeitungszeit des Arbeitsgangs; hierdurch können die Effekte der Kürzesten-Operationszeit-Regel berücksichtigt werden,
- eingetretener Verzug oder Pufferzeit gegenüber den bei der Kapazitätsplanung festgelegten Terminen,
- Ausmaß der bereits durchgeführten Reduzierung der Übergangszeit des Arbeitsgangs,
- erwarteter Fertigungsfluß; z. B. ob der direkt folgende Arbeitsgang an einer kapazitätsmäßig überlasteten oder freien Betriebsmittelgruppe durchgeführt wird und
- Rüstzeiten.

Hängen die Rüstzeiten von der Arbeitsgangfolge ab, kann versucht werden, eine günstige Folge zusammenzustellen. Dabei müssen die einander ähnlichen Arbeitsgänge über entsprechende Verschlüsselungen, Kataloge usw. gekennzeichnet sein. Die Rüstzeiten müssen in eine fixe Zeit und in eine von der Arbeitsgangfolge abhängige variable Zeit gespalten und als Attribut im Arbeitsgang angelegt werden.
Durch Bewertung und Gewichtung werden diese Faktoren zu einer Prioritätsziffer zusammengefaßt.
Einige Faktoren (Fertigungsfluß, Rüstzeiten) sind zu Beginn des Steuerungsalgorithmus noch nicht für alle Arbeitsgänge bekannt, sondern ergeben sich erst aus dem ermittelten Maschinenbelegungsplan. Deshalb müssen die Prioritäten während des Ablaufs jeweils den entsprechenden Situationen angepaßt werden.
Nach Durchlauf aller Arbeitsgänge der Warteschlange wird gefragt, ob ein einplanbarer Arbeitsgang gefunden ist. Ist dieses der Fall, werden alle Betriebsmittel der Betriebsmittelgruppe so lange durchlaufen, wie freie Kapazität zur Verfügung steht und einplanbare Arbeitsgänge vorhanden sind.
Dabei wird jeweils der Arbeitsgang mit der höchsten Priorität eingeplant und die Betriebsmittel und Werkzeuge zeitlich belegt. Anschließend werden die Prioritätszahlen, soweit sie vom Maschinenbelegungsplan abhängen, für die einplanbaren, aber bisher noch nicht berücksichtigten Arbeitsgänge modifiziert und der Arbeitsgang mit der höchsten Prioritätsziffer ermittelt. Dieser wird dann im nächsten Schritt, soweit noch Betriebsmittel frei sind, eingeplant usw.
Falls nach Ablauf dieser Prozedur ein Arbeitsgang nicht eingeplant werden konnte, wird sein Soll-

starttermin um eine Periodeneinheit erhöht, damit er beim Durchlauf der nächsten Teilperiode erneut berücksichtigt werden kann.

Ergebnis der Feinterminierung sind dann pro Betriebsmittel, Werkzeuge oder Mitarbeiter darstellbare Belegungspläne (Gantt-Diagramme). Diese Ergebnisse sind detailgenaue Vorgaben für die Realisierung. Insofern ist der Abschluß der Feinterminierung auch ein günstiger Zeitpunkt zur Bereitstellung der Arbeitspapiere. Falls dieses bereits bei der Auftragsfreigabe durchgeführt wird, können den Arbeitsgängen noch keine genauen Termine vorgegeben werden. Bei einer Online-Verwaltung der Arbeitspapiere werden die "Arbeitspapiere" ohnehin lediglich elektronisch erstellt, so daß bei ihrer Vervollständigung durch die Feinterminierung die Ergebnisse aktualisiert werden können.

B.I.6.3 Verarbeitungsform der Feinterminierung

Als wesentliche Teilfunktionen der Feinterminierung wurden herausgearbeitet:

1. Raffen und Splitten von Arbeitsgängen zu neuen Steuerungseinheiten (Sequenzen),
2. Anlage neuer Arbeitsgänge aufgrund von eingetretenen Ereignissen (z. B. Nacharbeiten bei fehlerhafter Fertigung),
3. Ermittlung der zeitlichen Belegung von
   - Betriebsmitteln,
   - Werkzeugen,
   - Mitarbeitern.

Da diese drei Funktionen eng miteinander verflochten sind, werden sie bei der Diskussion als einheitliche Aufgabe der Feinterminierung betrachtet.

Der hohe Feinheitsgrad des Terminrasters sowie die große Anfälligkeit gegenüber Störungen machen es erforderlich, die Feinterminierung möglichst zeitnah durchzuführen. Nur bei einer Online-Verarbeitung im Net-Change kann aktuell auf eintretende Störereignisse aus Produktion und Auftragssteuerung reagiert werden. Allerdings ist es auch hier sinnvoll, in bestimmten Periodenabständen im Neuaufwurf einen gesamten Planungsbestand durchzuarbeiten. Dieses gilt insbesondere für Optimierungsläufe zur Verschnitt- oder Reihenfolgeoptimierung. Hier ist ein größerer Zeitraum mit einer größeren Anzahl von Freiheitsgraden zu erfassen.

Auch können in Zeitabständen die eingesetzten Steuerungsregeln, insbesondere die verwendeten Prioritätsregeln, überprüft werden. In der betriebswirtschaftlichen Literatur (Operations Research) ist eine Vielzahl von Prioritätsregelverfahren zur Feinterminierung entwickelt und hinsichtlich ihrer Eigenschaften durch Simulationsstudien analysiert worden. Eine aktuelle Aufstellung dazu geben z. B. *Hoitsch, Produktionswirtschaft 1985, S. 273*, und die dort aufgeführten Literaturquellen.

Entsprechend der geforderten Aktualität der Feinterminierung und der hohen Komplexität der Planungssituation haben aufwendige Optimierungsalgorithmen bisher nur wenig Erfolg gezeigt. Branch-and-Bound-Algorithmen sind z. B. für praktische Größenordnungen häufig nicht einsetzbar. Die auf Prioritätsregeln basierenden heuristischen Verfahren erfordern ebenfalls hohe Rechenzeiten. Aus diesem Grunde wird - analog zu dem Verfahren des Kapazitätsabgleichs - eine Kombination aus menschlicher Dispositionsfähigkeit und schneller Informationsbereitstellung durch EDV-Systeme vorgeschlagen (vgl. Abb. B.I.131). Dieses bedeutet, daß dem Disponenten (Meister, Arbeitsverteiler, Arbeitsvorbereiter) am Bildschirm aktuelle Prozeßzustände und Ressourcenbelegungen (z. B. in Form von farbig gestalteten Gantt-Diagrammen) zur Verfügung gestellt werden.

Aufgabe	Teilfunktion	Dialogursache				Batch
		Aktualität	Plausibilität	Iterative Abwandlung	Interaktiver Entscheidungsprozeß	
Feinterminierung	Sequenzbildung					
	- Neuaufwurf				(X)	(X)
	- Net Change				X	
	Anlage neuer Arbeitsgänge	X	X			
	Belegung					
	- Neuaufwurf				(X)	(X)
	- Net Change				X	

Abb. B.I.131: Dialogursachen von Funktionen der Feinterminierung

Bei erforderlichen Änderungen kann er entsprechend dem Net-Change-Prinzip verschiedene Einplanungsalternativen simulieren und vom System hinsichtlich verschiedener Zielkriterien bewerten lassen. Entsprechend den unterschiedlichen Zielsetzungen: Minimierung der Durchlaufzeiten von Aufträgen, Maximierung der Auslastung von Betriebsmitteln, Minimierung der gesamten Durchlaufzeit eines Auftragsbündels, Minimierung der Kapitalbindung, Minimierung von Umrüstkosten usw. kann dann die ihm am günstigsten erscheinende Alternative ausgewählt werden.
Aufgrund der hohen Komplexität ist es aber einem Disponenten kaum möglich, die Situation voll zu beherrschen. Aus diesem Grunde wird vorgeschlagen, in den Simulationsablauf soweit wie möglich algorithmische Entscheidungsunterstützungen einzubeziehen. Auch ist hier ein gutes Einsatzgebiet für Expertensysteme vorstellbar, da in der Praxis heuristische Regeln existieren, die aufgrund vielfältiger betrieblicher Erfahrungen für die generelle Nutzung ausgewertet werden können.

B.I.6.4 Ablaufsteuerung

B.I.6.4.1 Funktionsebenenmodell: Dezentralisierung

Bei der örtlichen Zuordnung der Feinterminierung ergibt sich eine ähnliche Problematik wie bei der Kapazitätsplanung. In zentral orientierten EDV-Systemen wurde die Feinterminierung in Form von Batch-Läufen für alle Betriebsmittelgruppen durchgeführt. Wegen der Anfälligkeit der Ergebnisse ist aber eine zeitlich nähere Disposition im Net-Change-Verfahren erforderlich. Dieses bedeutet gleichzeitig, daß die insgesamt einzusteuernden Vorgänge aufgeteilt werden müssen. Nur so kann die komplexe Problematik von den Disponenten, die jeweils für einen Teilbereich zuständig sind, bewältigt werden. Als Gliederungskriterien wurden bereits fertigungstechnische Einheiten genannt, die in einer Leitstandorganisation geführt werden.

Für derartige Teilausschnitte können die Arbeitsvorräte auch auf Mikrocomputer (Workstations) verlagert werden, um dort vom Disponenten mit erhöhtem Benutzerkomfort, insbesondere durch Einsatz von Grafiksoftware, bearbeitet zu werden (vgl. dazu Abb. B.I.132, aus: *Scheer, Verteilte PPS-Systeme 1987, S. 134*).

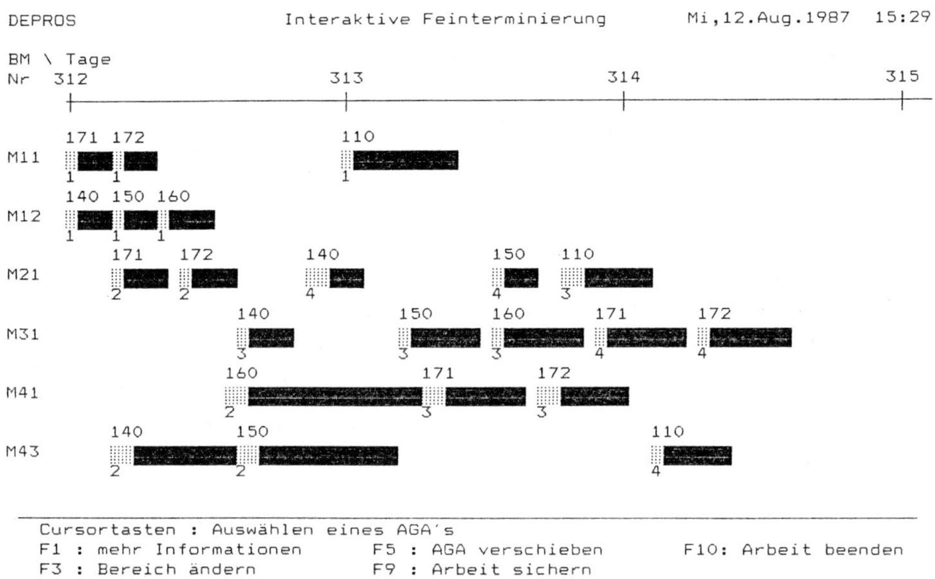

Abb. B.I.132: Beispiel zur grafischen Unterstützung der interaktiven Feinterminierung

Je nach dem Dezentralisierungsgrad der Organisation können unterschiedliche betriebliche Instanzen die Feinterminierung ausführen.

1. Zentrale betriebliche Fertigungssteuerung:

   Hier wird die Feinterminierung von einer zentralen Instanz für alle betrieblichen Bereiche durchgeführt. Ein äußeres Kennzeichen dieser Form kann die Nutzung des zentralen Betriebsrechners sein.

2. Bereichsweise Fertigungssteuerung:

   Die von der zentralen Produktionsplanung freigegebenen Aufträge werden an Bereiche (Werkstätten, Fertigungsinseln, ...) zur Fertigungssteuerung übergeben.

   Hierbei sind weitere Unterscheidungen denkbar:

   2a: Bereichsweise Leitstandorganisation

   Die gesamte Feinterminierung wird von einem Leitstand, der zentral für den Bereich zuständig ist, bis hin zur Maschinenbelegung durchgeführt. Die auszuführenden Arbeitsgänge werden an die Arbeitsplätze (Betriebsmittel) überstellt.

2b: Abgestufte Leitstandorganisation

Die Feinterminierung auf Maschinengruppenebene wird vom Leitstand durchgeführt, die Aufteilung der Arbeitsgänge auf einzelne Betriebsmittel wird von weiteren Disponenten (Meister, Vorarbeiter) an der Maschinengruppe durchgeführt.

Diese organisatorischen Unterschiede haben keinen Einfluß auf die grundsätzlich abgeleiteten Datenstrukturen, sondern lediglich auf die Verteilung auf unterschiedliche Komponenten des Rechnernetzes.

Beide Organisationsformen sind ebenfalls weitgehend unabhängig von der EDV-Ausstattung. In beiden Fällen ist vorstellbar, daß eine Terminalisierung der Fertigung bis an das einzelne Betriebsmittel besteht oder aber nur eine Anbindung des Leitstands besteht, so daß der weitere Informationsfluß über andere Datenträger (Papier) abgewickelt wird.

Eine mögliche Hardwarekonfiguration für den Fall 2b ist in Abb. B.I.133 angegeben.

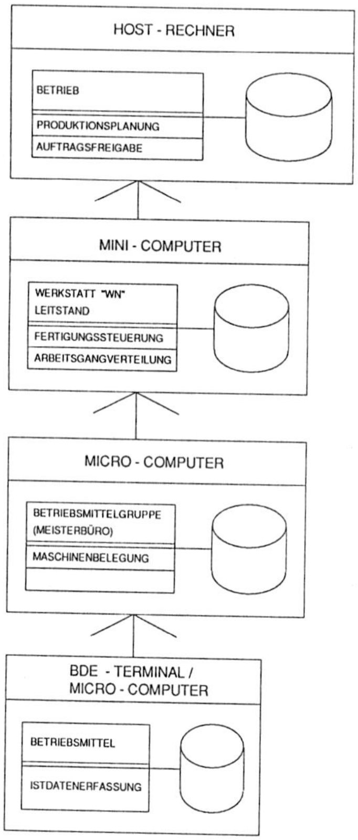

Abb. B.I.133: Beispiel zu Funktionsebenen im Fertigungsbereich

Bei einer hohen Terminaldurchdringung bis an das einzelne Betriebsmittel stellt sich das Problem der Vernetzung der Systeme.
Gegenüber einer üblichen sternförmigen Terminalvernetzung ist der Einsatz eines LAN zu empfehlen, insbesondere wenn häufig Änderungen der Anschlüsse aufgrund von organisatorischen Umstrukturierungen auftreten.
Zum Einsatz von LAN's im Fertigungsbereich vgl. unten im Teil B.II.2.5.3.1 zu MAP.
In Abb. B.I.134 werden die Funktionen der Feinterminierung hinsichtlich ihrer Verlagerung auf Workstations bewertet. Hierbei ergibt sich die Schwierigkeit, daß für dezentrale Einheiten der Mikrocomputer quasi die Funktion eines "Host"-Rechners besitzt. In der Abbildung wird aber der Einsatz von Mikrocomputern als Gegensatz zu einer mehr zentral orientierten Lösung, bei der die Aufgaben auf einer höheren Ebene der Rechnerhierarchie (z. B. Betriebsrechner) durchgeführt wird, betrachtet. Es zeigt sich, daß aufgrund der hohen Dialogintensität der Sequenzbildung, der aktuellen Neuauflage von Arbeitsgängen sowie der interaktiven Belegung von Betriebsmitteln, Personal und Werkzeugen eine hohe Eignung des Einsatzes von Mikrocomputern besteht. Voraussetzung dafür ist allerdings, daß als Gliederungskriterium die Zuordnung von Aufträgen auf bestimmte dezentrale Einheiten (hier als Werkstatt bezeichnet) vorgenommen werden kann. Eine weitere Voraussetzung besteht darin, daß die Aufträge in übergeordneten Aufgaben angelegt und gepflegt werden, um auf die dezentralen Einheiten verlagert werden zu können. Dieses ist durch die Kombination Z/D in der Abbildung angedeutet.

B.I.6.4.2 Ereignissteuerung

Bezüglich der Ereignissteuerung gilt für die Feinterminierung, daß zunächst von der Auftragsfreigabe die freigegebenen Aufträge in Aktionsdatenbanken überstellt werden. Die Feinterminierung verfeinert die Planung und stellt der Realisierung fortlaufend die zu startenden Arbeitsgänge zur Verfügung. Je nach dem Dezentralisierungsgrad der Fertigungssteuerung können z. B. von einem Leitstand die terminierten Arbeitsgänge elektronisch über ein LAN (Local Area Network) in die Briefkästen (Aktionsdatenbanken) der einzelnen Betriebsmittel in der Fertigung verteilt werden (vgl. Abb. B.I.135).

Aufgabe	Teilfunktion	Dezentralisierungs-kriterium	E = Ergänzung I = Integriert	PC-Eignung			Nutzung von PC-Eigenschaften					
				Daten-bedarf	lokale Dialog-intensität	PC-Eignung	Hardware	System-software	Anwen-dungs-software	Be-nutzer-sicht	Organi-sation	Priorität d. PC-Einsatzes
Feinterminierung	Sequenzbildung											
	- Neuaufwurf	Werkstatt		Z/D	m	H	H	H	-	H	H	H
	- Netchange	"		Z/D	H	H	H	H	-	H	H	H
	Anlage neuer Arbeits-gänge	"		Z/D	H	H	H	H	-	H	H	H
	Belegung											
	- Neuaufwurf	"		Z/D	m	H	H	H	-	H	H	H
	- Net Change	"		Z/D	H	H	H	H	-	H	H	H

Abb. B.I.134: Bewertung der Auslagerung von Funktionen der Feinterminierung auf Workstations

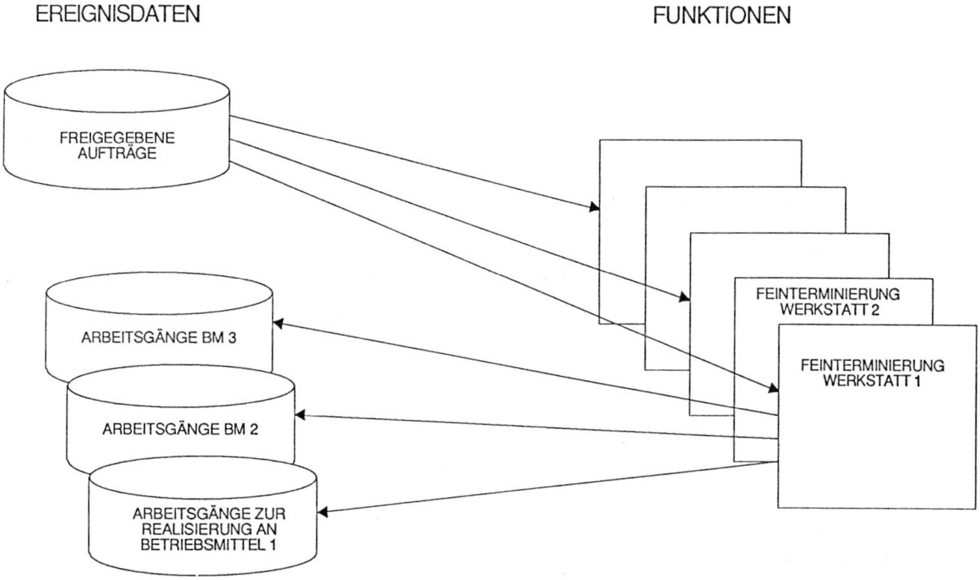

Abb. B.I.135: Trigger- und Aktionsdaten zur zeitlichen Steuerung der Feinterminierung

B.I.7 Betriebsdatenerfassung

B.I.7.1 Datenstruktur

Die Fertigungssteuerung bildet einen Regelungskreis, in dem die Feinterminierung die Reglerfunktion besitzt. Um aber aufgrund von Soll-Ist-Vergleichen die Stellgrößen neu justieren zu können, ist eine aktuelle Rückmeldung aus dem Fertigungsprozeß erforderlich. Dieses Rückmeldesystem wird als Betriebsdatenerfassungssystem (BDE-System) bezeichnet. Dabei ist nicht nur die Feinterminierung Abnehmer aktueller Betriebsdaten. Weitere Interessenten sind:

- die Bruttolohnberechnung, um Anwesenheits- und Leistungsdaten über Mitarbeiter zu erhalten,
- die Nachkalkulation, um aktuelle Daten über Materialverbräuche, Maschinenbelegungen, Arbeitseinsatz usw. für eine mitlaufende Kalkulation zu nutzen,
- die Qualitätssicherung, um aktuelle Qualitätsdaten auszuwerten,
- die Instandhaltungsplanung, die bei Erreichen bestimmter Betriebsmittelbelastungen vorbeugende Maßnahmen vorsieht.

Die Betriebsdatenerfassung ist deshalb Voraussetzung für eine aktuelle Steuerung des betrieblichen Ablaufs.

Im Rahmen der Betriebsdatenerfassung können folgende Datengruppen rückgemeldet werden:

- **Auftragsbezogene Daten** (Start und Ende einer Maschinenbelegung, eines Arbeitsganges oder Auftrages, produzierte Menge, erreichte Qualitätsstufen),
- **Mitarbeiterbezogene Daten** (Anwesenheit (Kommen, Gehen), Leistung (hergestellte Mengen und Qualitäten, Materialverbrauch)),
- **Betriebsmittelbezogene Daten** (Laufzeiten, durchgeführte Wartungsmaßnahmen, Störungen des Betriebsmittels nach Dauer und Ursachen, Wartezeiten nach Ursachen wie Störung des Materialflusses oder fehlende Arbeitskräfte),
- **Materialdaten** (Entnahmedaten, Zugang, Reservierungen),
- **Werkzeug- und Vorrichtungsdaten** (Einsatzort und -zeit, aktuelle Entnahme und Zugang, Bruch nach Ursachen).

Bei einigen Datengruppen, z. B. den Materialbewegungen oder mitarbeiterbezogenen Daten, ergeben sich Überschneidungen zu anderen Anwendungsbereichen (Lagerwirtschaft bzw. Bruttolohnerfassung), so daß hier eine funktionale Abstimmung erforderlich ist.

B.I.7.1.1 Entwurf

Die aufgeführten fünf Datengruppen können mit der für die Feinterminierung eingeführten Datenstruktur erfaßt werden. Es brauchen bei den Entitytypen lediglich entsprechende Attribute für die Ist-Daten gebildet zu werden. Die Beziehung MASCHINENBELEGUNG kann in differenzierter Form die auftragsbezogenen Daten pro Maschinenbelegung aufnehmen.
Grundsätzlich sollten allen Ist-Daten auch entsprechende Solldaten der Feinterminierung gegenüberstehen. Es können aber bei der Fertigung Änderungen auftreten, die keine neuen Sollvorgaben erzeugen. Beispielsweise können aufgrund fehlerhafter Bearbeitung Nacharbeiten erforderlich sein, für die kein gesonderter Arbeitsgang angelegt wurde. In diesem Fall muß mit der Rückmeldung ein entsprechendes Entity erst erzeugt werden.
Mit der Fertigstellung von Arbeitsfolgen sind Zubuchungen für Zwischenlager bzw. bei Fertigstellung der letzten Arbeitsfolge Zubuchung des Lagerbestandes des gefertigten Teiles verbunden.
Über die Maschinenbelegungen sind durch die Verbindung zu den Betriebsmitteln auch differenziert die Einsatzzeiten der Betriebsmittel erfaßt.
Für die Aufzeichnung von Maschinenstörungen nach Datum, Dauer und Ursache wird ein eigener Entitytyp STÖRUNGSART definiert, dessen Ausprägungen die unterschiedlichen Störungsarten wie "Stromausfall", "Materialstockung", "Werkzeugbruch" usw. sind.
Da an einem Betriebsmittel mehrere Störungen auftreten können, ein Störungstyp aber auch an mehreren Betriebsmitteln, besteht zwischen ihnen eine n:m-Beziehung, die als Betriebsmittelstörung bzw. allgemein als Störung bezeichnet wird (vgl. Abb. B.I.136). Da an einem Betriebsmittel die gleiche Störung zu unterschiedlichen Zeiten auftreten kann, wird eine Beziehung zum Entitytyp ZEIT hergestellt, so daß Start und Ende der Störung weitere identifizierende Attri-

bute sind. Durch diese Datenstruktur werden flexible Auswertungen unterstützt. Beispielsweise ist über die Verbindung zum Entitytyp ZEIT auch der bei einer Störung gerade bearbeitete Arbeitsgang (über die Maschinenbelegung) bekannt.

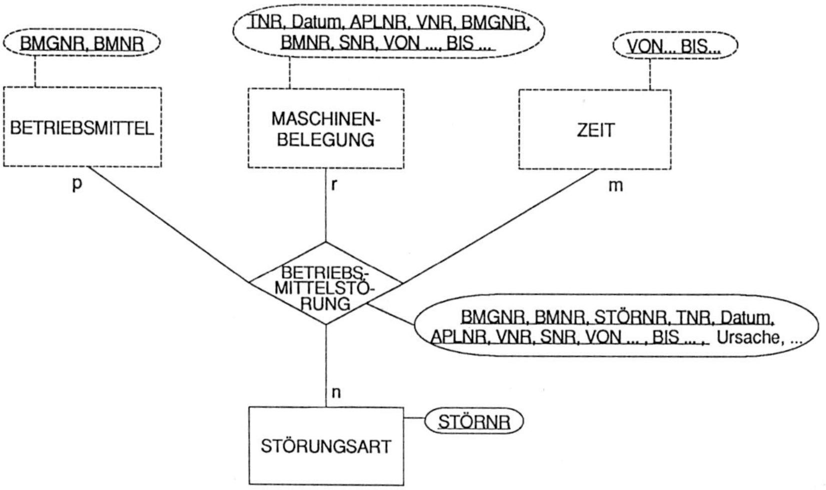

Abb. B.I.136: ERM zur Betriebsdatenerfassung

In ähnlicher Form können auch Störungen an Werkzeugen erfaßt werden, auf deren Darstellung hier aber verzichtet wird.

Die Ist-Daten der Mitarbeiterbelegung einschließlich der Leistungsdaten werden in dem bereits eingeführten Entitytyp MITARBEITERBELEGUNG erfaßt. Er besitzt damit den Charakter eines Lohnscheins. Durch die Verbindung zur MASCHINENBELEGUNG sind auftragsbezogene Leistungsdaten auf der Ebene der Maschinenbelegungen bereits bekannt und brauchen nicht nochmals erfaßt zu werden. Zur Erfassung der Anwesenheitszeiten vgl. B.V.2.1.1.

Die Zu- und Abgänge von Materialien und Komponenten können in dem Verbindungstyp RESERVIERUNG verbucht werden, indem feste Zuordnungen durch Entnahmeschlüssel gekennzeichnet werden. Durch diese Kennung übernimmt die Reservierung die Bedeutung eines Materialentnahmescheins.

Die werkzeugbezogenen Ist-Daten werden im Entitytyp WERKZEUGBELEGUNG erfaßt.

B.I.7.1.2 Datenmodell

Die geringe Erweiterung der Datenstruktur wird wiederum in das Relationenmodell umgeformt (vgl. Abb. B.I.137).

R. BETRIEBSMITTELSTÖRUNG (BMGNR, BMNR, STÖRNR, TNR, Datum, APLNR, VNR, SNR, VON ... BIS ..., Störungsursache, ...)

Abb. B.I.137: Relationenmodell: Betriebsdatenerfassung

B.I.7.2 Verarbeitungsform der Betriebsdatenerfassung

Bei der zeitlichen Steuerung ist die Frage nach der Notwendigkeit einer ereignisorientierten oder einer periodischen Rückmeldung zu beantworten. Dabei stellt sich diese Frage auf jeder organisatorischen bzw. EDV-technischen Ebene der Rechnerhierarchie in Abb. B.I.133 neu.
Es ist naheliegend, die zu erfassenden Daten sofort bei ihrem Anfall, also ereignisgesteuert, zu erheben. Dabei kann zwischen einer Online- und einer Offline-Erfassung unterschieden werden. Bei einer Online-Erfassung werden die Daten direkt in das zur Steuerung dienende EDV-System (z. B. über ein spezielles BDE-Terminal) eingegeben, während bei der Offline-Erfassung die Daten auf einem Datenträger zwischengespeichert werden, um in periodischen Zeitabständen vom zur Steuerung eingesetzten EDV-System verarbeitet zu werden. Als Datenträger der Zwischenspeicherung können dabei Papierformulare (in Form von Lohnscheinen, Fertigungspapieren, Materialentnahmescheinen, Maschinenberichten, ...) dienen oder auch elektronische Datensammelsysteme (mobile Datenerfassungssysteme mit Magnetspeicher, Mikrocomputer usw.).
Grundsätzlich wird die zeitliche Steuerung von dem Aktualitätsbedarf der die Daten empfangenden Stelle bestimmt. Für die Instanz der Feinterminierung, die bis zur Werkstattebene in Abb. B.I.133 reicht, sollte deshalb eine Online-Verarbeitung bestehen. Nur so kann auf plötzlich eintretende Ereignisse wie Maschinenausfälle oder Qualitätseinbrüche sofort reagiert werden. Für die Rückmeldung von Daten auf die Ebene des Betriebs kann dagegen eine periodische (z. B. schichtweise oder tägliche) Weitergabe der Daten über fertiggestellte Aufträge oder Arbeitsleistungen ausreichend sein. Hierbei können die Daten auch bereits verdichtet sein. Eine solche periodische Weitergabe besitzt auch den Vorteil, daß bei einer Überbrückung von zwei unterschiedlichen EDV-Systemen, wie sie für die Ebenen Werkstatt und Betrieb typisch sind (Werkstattrechner sind häufig prozeßorientiert - Betriebsrechner dagegen mehr kommerziell orientierte Rechner), mit einem batchorientierten Filetransfer eine unproblematischere Vernetzungsform erforderlich ist als bei einem Online-Durchgriff.
Die Bewertung der Dialogursachen ist in Abb. B.I.138 angegeben.
Neben der bereits diskutierten Aktualität ist die Plausibilitätsprüfung ein entscheidendes Argument für eine interaktive Datenerfassung. Zur Plausibilitätsprüfung stehen die Solldaten der Feinterminierung sowie die Stammdaten über Betriebsmittel, Werkzeuge und Mitarbeiter zur Verfügung.
Gleichzeitig wird angestrebt, die Daten soweit es geht automatisch, d. h. ohne manuelle Eingabe des Menschen, zu erfassen. Hierbei gibt es unterschiedliche Abstufungen.

Aufgabe	Teilfunktion	Dialogursache				Batch
		Aktualität	Plausibilität	Iterative Abwandlung	Interaktiver Entscheidungsprozeß	
Betriebsdatenerfassung	Auftragsdaten	X	X			
	Mitarbeiter		X			
	Betriebsmitteldaten	X				
	Material	X				
	Werkzeug	X				
Betriebsdatenverdichtung						X

Abb. B.I.138: Dialogursachen von Funktionen der Betriebsdatenerfassung

Bei einer manuellen Aufschreibung und Weitergabe der Papierformulare an z. B. an den Leitstand angeschlossene Erfassungsarbeitsplätze ergeben sich sowohl bei der Erstaufschreibung als auch bei der EDV-Erfassung Fehlermöglichkeiten.

Indem aber bei der Erstellung der Formulare Schlüsselwerte wie Auftragsnummer, Arbeitsplannummer, Arbeitsgangnummer, Werkzeugnummer, Betriebsmittelnummer, Mitarbeiternummer usw. in maschinenlesbarer Form erstellt werden (z. B. durch Verwendung von Barcodes oder OCR-Schrift, vgl. Abb. B.I.139, aus: *Wendt, Kennzeichen und Richtwerte 1956, S. 13*), brauchen nur die hinzukommenden Ist-Daten (Mengen, Zeiten, ...) manuell erfaßt zu werden. Bei der Erfassung im Leitstand werden dann die Barcodes und OCR-Daten über entsprechende Leseeinrichtungen automatisch erfaßt und die Ist-Daten über eine Tastatur eingetragen. Hierbei können Plausibilitätsprü-

Abb. B.I.139: Belege zur halbautomatischen Betriebsdatenerfassung

fungen durchgeführt werden. Die Fehlerbehebung ist allerdings erschwert, da der Datentypist die Daten nicht erhoben hat und ihre inhaltliche Bedeutung nicht beurteilen kann. Bei einer Erfassung direkt an der Maschine, wobei ebenfalls eine Mischung aus maschinenlesbarer und manueller Tastatureingabe möglich ist, können Fehler dagegen direkt korrigiert werden.

Neben OCR-Schrift und Barcodes können auch maschinenlesbare Ausweise über Magnetstreifen zur halbautomatischen Eingabe (z. B. Werksausweise zur Zeiterfassung) eingesetzt werden.

Bei einer Terminalerfassung, bei der die Solldaten zur Verfügung stehen, brauchen Schlüsselbegriffe nicht mehr erfaßt zu werden. Vielmehr kann der betreffende Arbeitsgang über eine Menüsteuerung ausgewählt werden. Dadurch entfallen weitere Fehlerquellen und Arbeitsschritte.

Eine Online-Erfassung am Ort der Datenentstehung erfordert eine hohe Durchdringung mit BDE-Systemen. Für Produktionsumgebungen mit Staub, Erschütterungen, Hitze und Feuchtigkeit sind deshalb gesonderte Geräte für Terminals und Mikrocomputer entwickelt worden.

Viele auftragsbezogene Daten und Maschinendaten können vollautomatisch direkt von den Betriebsmitteln über Geber in das EDV-System übertragen werden. Hier findet dann eine Interaktion zwischen Betriebsmittel und EDV-System statt. Typische Daten dafür sind Stillstandszeiten, Umdrehungszahlen, Feuchtigkeitswerte der Produkte, Hübe von Preßwerken, Gewichtswerte über Waagen oder Daten aus Zähleinrichtungen. Je intelligenter die elektronischen Steuerungen an Produktionsanlagen werden (vgl. dazu unten das Kapitel zu CAM), um so mehr entstehen Möglichkeiten einer automatischen Datenerfassung.

B.I.7.3 Ablaufsteuerung

Zur Diskussion der Steuerung der Betriebsdatenerfassung wird die organisatorische Gliederung zugrunde gelegt, wie sie auch schon für die Funktionsaufteilung der Fertigungssteuerung in Abb. B.I.133 verwendet wurde. Dabei fallen die Ist-Daten auf der untersten Ebene des einzelnen Betriebsmittels an und werden über die verschiedenen organisatorischen und EDV-technischen Ebenen nach oben weitergegeben.

B.I.8 Produktionsdaten-Analysesystem

Durch Vergleich von Soll- und Ist-Daten werden Stellgrößen auf aktuelle Fertigungszustände eingestellt.

Darüber hinaus bilden die Vorgabe- und Istwerte in der Datenstruktur der Abb. B.I.123 eine detaillierte Datenbank für ein Produktionsdaten-Analysesystem.

Aus ihr können u. a. folgende Berichte erstellt werden (vgl. auch *Hackstein, PPS 1989*):

Fertigungsaufträge:	Auftragsübersichten Auftragsfortschrittskontrollisten Auftragsrückstandslisten
Mitarbeiter:	Personalanwesenheits-/-abwesenheitslisten Fehlzeitanalysen Zeitgradauswertungen
Betriebsmittel:	Maschinenbelegungsübersichten Störungsanalysen Qualitätskontrolle Instandhaltungsanalysen Laufzeitübersichten
Werkzeuge/Vorrichtungen:	Werkzeugbelegungsübersichten Bruchanalysen
Material:	Lagerbestandsübersichten Lagerbewegungsübersichten

Generelle Berichte, die nicht direkt auf diese Datengruppen bezogen sind, aber aus ihnen abgeleitet werden können, sind periodenorientierte Produktionsstatistiken zur Verfolgung von Mengen- und Qualitätsdaten.

Eine besondere Bedeutung besitzt aucheine aktuelle mitlaufende Kalkulation bei Fertigungsaufträgen, indem fortlaufend die auftragsbezogenen Ist-Maschinenbelegungsdaten ausgewertet und auf Kostenträger kumuliert werden. Dabei können für mehrere Kostenarten Soll-Ist-Vergleiche geführt werden.

Besonders wichtig ist auch eine Analyse des zeitlichen Ablaufs der Fertigungsaufträge. Im allgemeinen steht bei den Vergleichen die Mengenbetrachtung stärker im Vordergrund als die Terminbetrachtung. Für einen reibungslosen Fertigungsablauf kann aber die Einhaltung von Terminen wichtiger sein als die Einhaltung von Fertigungsmengen.

In Abb. B.I.140 ist für ein Betriebsmittel das Ankunfts- und Abfertigungsverhalten der gefertigten Arbeitsgänge (Aufträge) eingetragen (vgl. *Lorenz, Warteschlangenmodell 1984*).

Als Ankunft eines Arbeitsganges wird der Freigabezeitpunkt angesetzt. Diese Ankünfte sind durch die stark ausgezogene linke Treppenkurve gekennzeichnet. Die abgeschlossenen Arbeitsgänge sind durch die rechte Treppenkurve gekennzeichnet. Werden die Arbeitsgänge nach dem FIFO-Prinzip (FIFO = First-In First-Out) abgearbeitet, so müssen sich die einzelnen Aufträge in die Kurven einpassen. Überholen aber andere Aufträge einen Auftrag, so verzögert sich seine Bearbeitung, d. h., er verschiebt sich grafisch nach oben.

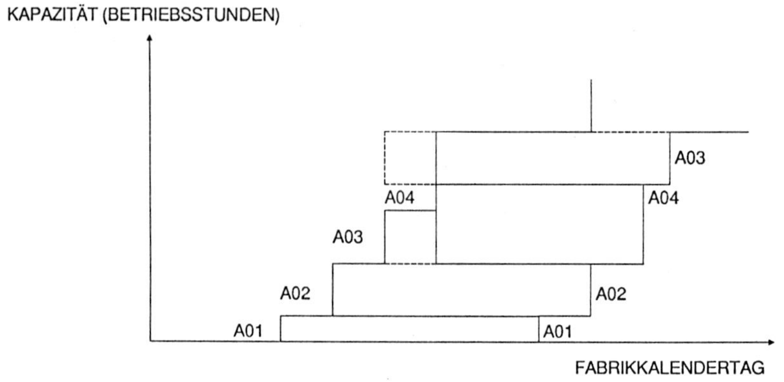

Abb. B.I.140: Ankunfts- und Abfertigungsverhalten der gefertigten Arbeitsgänge

In der Abbildung wird dieses deutlich, indem jeweils die Auftragsnummern an die Ankunfts- und Abfertigungskurve gezeichnet sind.

Der Auftrag A03 kommt vor dem Auftrag A04 an, wird aber nach ihm gefertigt. Dadurch wird er entsprechend seiner Abfertigung nach oben verschoben eingetragen. Typische Kennzahlen, die anhand dieser Datenanalyse gebildet werden können, sind:

- minimale, mittlere und maximale Durchlaufzeit,
- minimale, mittlere und maximale Bearbeitungszeit,
- minimale, mittlere und maximale Wartezeit.

Eine derartige Analyse der Auftragssteuerung wird bereits in Standard-Softwaresystemen angeboten (PROFIS-Diagnosesystem der Fa. Dataring). Dabei wird die Analyse auf einem Mikrocomputer durchgeführt, der mit der Datenbank des Rechners der Fertigungssteuerung verbunden ist.

Generell öffnet die Beschäftigung mit Produktionsdaten-Analysesystemen noch vielfältige Möglichkeiten. Die gegenwärtigen PPS-Systeme sind stärker auf die Erstellung operativer Daten ausgerichtet als auf ihre Analyse. Dabei würden gerade die detaillierten und umfassenden Datenbanken von PPS-Systemen Quellen für sinnvolle Soll-Ist-Vergleiche sein, um grundsätzliche Fehlerquellen (unrichtige Arbeitspläne, unabgestimmte Eingriffe in die Fertigung, Störungen des Materialflusses, unabgestimmte Umplanungen von Aufträgen usw.) aufzudecken und damit beseitigen zu helfen.

Auch hier ist der Einsatz von Expertensystemen in einem intelligenten Analysesystem sinnvoll.

Erst durch die Implementierung eines derartigen PPS-Analysesystems ist der dargestellte Regelkreis der Fertigungssteuerung geschlossen.

B.I.9 Integrierte PPS-Systeme

Obwohl die entwickelte Philosophie zur Produktionsplanung und -steuerung einem Stufenkonzept folgt, handelt es sich doch insgesamt um ein integriertes System. Dieses bedeutet, daß es in der Lage ist, ganzheitliche Logistikabläufe von der Auftragsannahme bis zum Versand durchgängig zu unterstützen. Diese Integration erfordert, daß alle Funktionen auf den gleichen Datenbestand zugreifen können, so daß Informationsübertragungszeiten weitgehend entfallen (Datenintegration) und weiterhin, daß die einzelnen Funktionen ineinandergreifen. Zur Unterstützung der Datenintegration werden deshalb von allen PPS-Systemen Datenbanksysteme eingesetzt. Wenn diese aufgrund ihrer historischen Entwicklung auch noch nicht in allen Fällen die hier geforderte Datenbasis bereitstellen, so unterstützen sie doch den hier entwickelten Grundgedanken.
Auch das Ineinandergreifen von Funktionen in der Form, daß z. B. bei einem Net-Change-Vorgang in der Kundenauftragsbearbeitung alle nachfolgenden Auftragsbearbeitungsfunktionen in der Materialwirtschaft, Kapazitätswirtschaft bis hinunter in die Fertigungssteuerung durchgeführt werden, ist ansatzweise bereits vorhanden. So setzen moderne PPS-Systeme Trigger- und Aktionsdatenbanken zur Steuerung von zusammenhängenden Funktionsabläufen ein.
Im folgenden werden die für die einzelnen Stufen des PPS-Systems entwickelten Datenstrukturen zu einem Gesamtschema zusammengestellt. Hierbei werden noch einmal die Datenschnittstellen zwischen den Funktionsbereichen deutlich.
Bei der Ableitung der Datenstrukturen aus den Funktionen eines PPS-Systems wurde auf spezielle Anforderungen unterschiedlicher Industriezweige zwar exemplarisch hingewiesen (z. B. im Fall der Variantenbehandlung oder des Bedarfsnachweises), nicht aber in durchgängig-systematischer Form. Deshalb werden wichtige Einflußfaktoren für die Gestaltung von PPS-Systemen zusammengestellt.
Der hohe Entwicklungsaufwand für umfassende PPS-Systeme, hier sind Aufwandszahlen zwischen 50 bis 200 Mannjahren keine Seltenheit, machen den Einsatz von Standardsoftware häufig zur einzigen Möglichkeit einer Systemrealisierung. Aus diesem Grunde wird eine Übersicht über moderne PPS-Standardsysteme mit ihrem Funktionsumfang gegeben.
Die Gewichtung der ausgefüllten Funktionen von PPS-Systemen durch Standardsoftware macht bereits von der Angebotsseite her die Möglichkeit zur Implementierung integrierter Systeme deutlich. Dieses wird mit Erfahrungen des Verfassers zu einer Abschätzung des Implementierungsstandes ergänzt.
Den Abschluß machen einige Ausführungen zu neueren Entwicklungen für PPS-Systeme.

B.I.9.1 Die integrierte PPS-Datenstruktur

Die Entity-Relationship-Diagramme der PPS-Stufen:
- Materialwirtschaft (Bedarfsplanung),
- Zeitwirtschaft/Kapazitätswirtschaft,
- Auftragsfreigabe,
- Feinterminierung,
- Betriebsdatenerfassung

sind in Abb. B.I.141 zu einem integrierten Datenschema zusammengefaßt. Im Mittelpunkt steht der TEIL-Entitytyp, von dem aus die Grunddaten der Stücklisten und der Arbeitspläne ausgehen, aber auch die auftragsbezogenen Informationen.
Die einzelnen Datenstrukturen der Planungsstufen sind grafisch sichtbar gemacht, wobei die über die einzelnen stufenbezogenen Datenstrukturen hinweggehenden Beziehungen den Grad der Datenkopplung andeuten.
Gegenüber der in den Funktionalbereichen abgeleiteten Datenstruktur wird nicht zwischen freigegebenen und rein dispositiv geführten Aufträgen unterschieden. Die Statusinformation überden Auftrag (freigegeben bzw. dispositiv) wird als Attribut im AUFTRAG-Entitytyp geführt. Weiterhin werden auch die für die Fertigungssteuerung benötigten Datenstrukturen nicht auf unterschiedliche organisatorische Einheiten separiert.
Aus Gründen der Übersichtlichkeit sind keine Schlüsselattribute angegeben. Diese sind in Abb. B.I.142 aufgeführt. Diese Darstellung kann auch als Ausgang für die Aufstellung des entsprechenden Relationenmodells dienen. Wegen des leichten Vorgehens wird deshalb auf die Umsetzung in das Relationenmodell verzichtet.

B.I.9.2 Einflußfaktoren für PPS-Systeme

Die bisher behandelte Konzeption zur Produktionsplanung und -steuerung kann in Abhängigkeit der unterschiedlichen Fertigungsstrukturen von Industriebetrieben differenziert werden.
So dominieren in einigen Industriezweigen besondere Probleme, die in anderen kaum von Bedeutung sind. Beispielsweise bestehen in der Glasindustrie und papierverarbeitenden Industrie Zuschnittsprobleme für Materialien, während diese Fragestellung in der Maschinenbauindustrie von untergeordneter Bedeutung ist. In der Möbelindustrie bestehen für die Verwaltung von hohen Variantenzahlen der Enderzeugnisse besondere Anforderungen, die für Serienfertiger anderer Industriezweige unbekannt sind.
Deshalb muß bei der Entwicklung eines PPS-Systems festgelegt werden, welche Funktionen von speziellen Fertigungsstrukturen unabhängig sind und welche je nach Anwendertyp speziell gestaltet werden müssen.

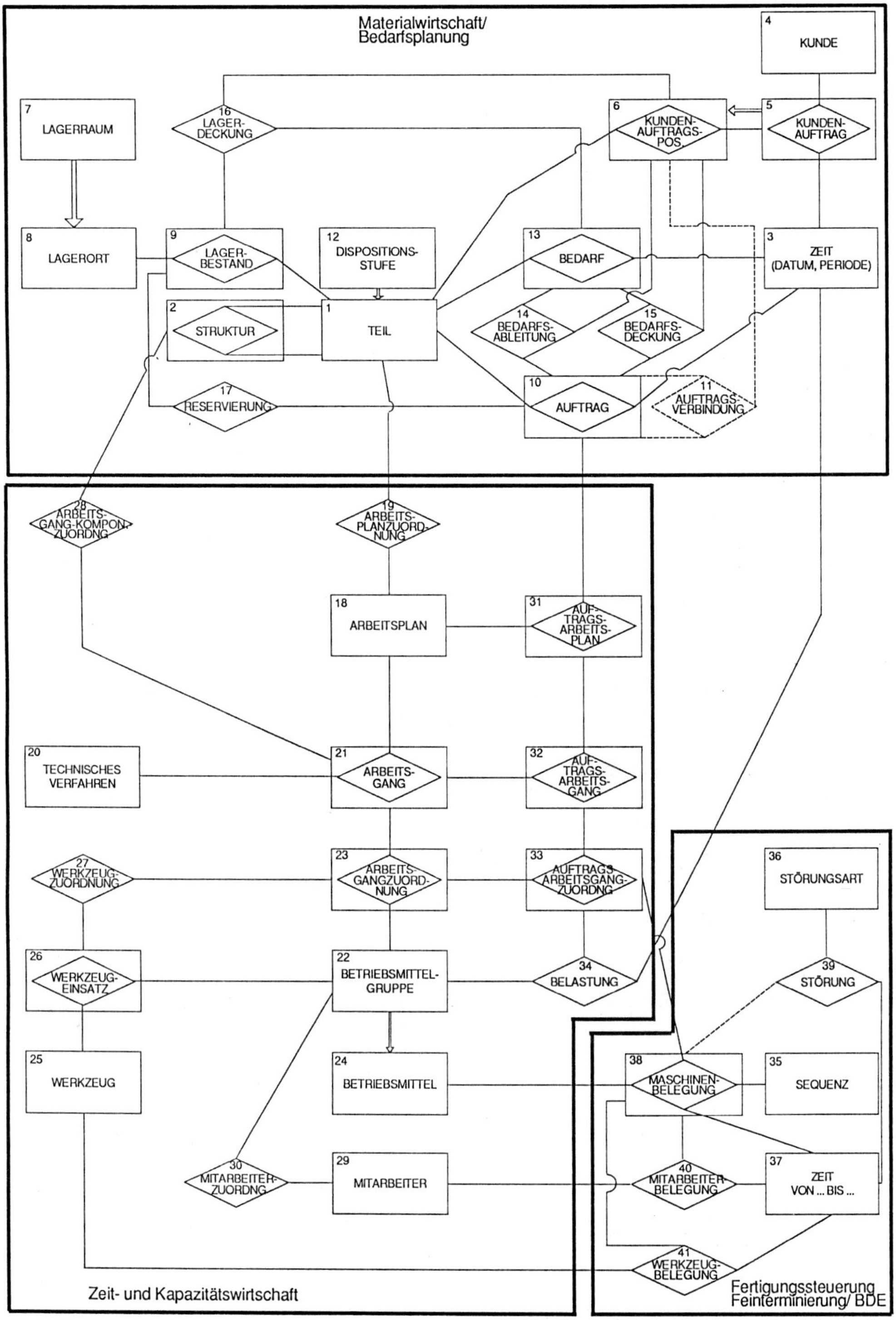

Abb. B.I.141: ERM zur integrierten PPS-Datenstruktur

Nr.	Name	Objekttyp	Schlüsselattribute
1	TEIL	E	TNR
2	STRUKTUR	B/E	OTNR, UTNR
3	ZEIT	E	Datum (Periode)
4	KUNDE	E	KNR
5	KUNDENAUFTRAG	B/E	KNR, Datum
6	KUNDENAUFTRAGSPOSITION	B/E	KNR, Datum, TNR
7	LAGERRAUM	E	LARNR
8	LAGERORT	E	LARNR, LAONR
9	LAGERBESTAND	B/E	LARNR, LAONR, (L)TNR
10	AUFTRAG	B/E	TNR, Datum
11	AUFTRAGSVERBINDUNG	B	OATNR, OADATUM, UATNR, UADATUM, KNR, Datum, TNR
12	DISPOSITIONSSTUFE	E	DSTNR
13	BEDARF	B/E	(B)TNR, (B)Datum
14	BEDARFSABLEITUNG	B	(A)TNR, (A)Datum, (B)TNR, (B)Datum, KNR, Datum, TNR
15	BEDARFSDECKUNG	B	(B)TNR, (B)Datum, ((A)TNR), (A)Datum, KNR, Datum TNR
16	LAGERDECKUNG	B	LARNR, LAONR, (L)TNR, KNR, Datum, TNR, (B)TNR, (B)Datum
17	RESERVIERUNG	B	TNR, Datum, LARNR, LAONR, (L)TNR
18	ARBEITSPLAN	E	APLNR
19	ARBEITSPLANZUORDNUNG	B	APLNR, TNR
20	TECHNISCHES VERFAHREN	E	VNR
21	ARBEITSGANG	B/E	APLNR, VNR
22	BETRIEBSMITTELGRUPPE	E	BMGNR
23	ARBEITSGANGZUORDNUNG	B/E	APLNR, VNR, BMGNR
24	BETRIEBSMITTEL	E	BMGNR, BMNR
25	WERKZEUG	E	WNR
26	WERKZEUGEINSATZ	B/E	WNR, BMGNR
27	WERKZEUGZUORDNUNG	B	WNR, BMGNR, APLNR, VNR
28	ARBEITSGANGKOMPONENTENZUORDNUNG	B	APLNR, VNR, OTNR, UTNR
29	MITARBEITER	E	PERSNR
30	MITARBEITERZUORDNUNG	B	PERSNR, BMGNR
31	AUFTRAGSARBEITSPLAN	B/E	TNR, Datum, APLNR
32	AUFTRAGSARBEITSGANG	B/E	TNR, Datum, APLNR; VNR
33	AUFTRAGSARBEITSGANG-ZUORDNUNG	B/E	TNR, Datum, APLNR, VNR, BMGNR
34	BELASTUNG	B	TNR, Datum, APLNR, VNR, (BP)BMGNR, (P)Datum,
35	SEQUENZ	E	SNR
36	STÖRUNGSART	E	STÖRNR
37	ZEIT	E	VON...BIS...
38	MASCHINENBELEGUNG	B/E	BMGNR, APLNR, VNR, TNR, Datum, BMNR, SNR, VON ... BIS...
39	STÖRUNG	B	STÖRNR, (S)VON... (S)BIS..., BMGNR, APLNR, VNR, TNR, Datum, BMNR, SNR
40	MITARBEITERBELEGUNG	B	PERSNR, (P)VON... (P)BIS..., BMGNR, APLNR, VNR, TNR, Datum, BMNR, SNR
41	WERKZEUGBELEGUNG	B	WNR, (W)VON... (W)BIS..., BMGNR, APLNR, VNR, TNR, Datum, BMNR, SNR

E = Entitytyp
B = Beziehungstyp
B/E= Uminterpretation

Abb. B.I.142: Schlüsselattribute zu Abb. B.I.141

Diesen Besonderheiten kann durch die Ausrichtung der PPS-Anwendungssoftware auf Industriezweige, Produktionstypen und Organisationsformen der Fertigung Rechnung getragen werden. So wird auch bereits Spezialsoftware für die oben genannten Probleme (Zuschnittsoptimierung, Variantenverwaltung) angeboten. Diese Tendenz zur Auffächerung von Problemlösungen wird durch den wachsenden Markt für Mikrocomputer verstärkt, und damit nimmt auch die Anzahl der Softwareentwickler (Softwarehäuser) zu (vgl. *Kernler, PPS im PC-Verbund 1985*).

Eine zu starke Spezialisierung einzelner Systeme bringt aber die Gefahr mit sich, daß Insellösungen entstehen, die nur schwer mit anderen Programmen verbunden werden können und damit die hier betonte ganzheitliche Problemlösung erschweren. Auch erscheint es nicht sinnvoll, lediglich wegen besonderer Anforderungen in **einem** Problemfeld für einzelne Industriezweige Gesamtlösungen zu entwickeln, die in vielen Bereichen nur unwesentliche Unterschiede zu anderen Industriezweigen zeitigen würden. Aus diesem Grunde wird im folgenden eine Systematik für Einflußfaktoren auf PPS-Systeme entwickelt, die besonders typische Unterschiede der Anforderungen zeigt.

Von den vielen in der Literatur genannten Kriterien zur Beschreibung der Problemstruktur wird deswegen auch nur eine globale Einteilung übernommen. Typische Merkmale von Industriebetrieben, wie sie in der Literatur diskutiert werden, sind z. B. (vgl. *Kittel, PPS im Klein- und Mittelbetrieb 1982, S. 97*):

- Anzahl der Produkte,
- Struktur der Produkte,
- Standardisierungsgrad der Produkte,
- Art der Auftragsauflösung,
- Art der Disposition,
- Anteil Fremdbezug,
- Fertigungsart,
- Fertigungsablaufart,
- Fertigungstiefe.

Eine andere Einteilung (vgl. *Hoitsch, Produktionswirtschaft 1985, S. 13; Große-Oetringhaus, Fertigungstypologie 1974; Riebel, Industrielle Erzeugungsverfahren 1963; Schäfer, Der Industriebetrieb 1969*) unterscheidet nach den Gliederungstypen:

- Produkt- und Produktions-Programmtypen (Output-Typen),
- Produktions-Faktortypen (Input-Typen),
- Produktions-Prozeß-Typen (Throughput-Typen).

Durch Kombination dieser Kriterien werden 32 Ausprägungen von Produktionstypen definiert. Dieses zeigt noch einmal die große Vielfalt der Problemstrukturen. Deshalb werden hier die Unterschiede zunächst auf drei wesentliche Grundtypen reduziert (vgl. auch *Hoitsch, Produktionswirtschaft 1985*), die sich nach dem Wiederholungsgrad der Fertigung in einer Planperiode richten. Anschließend werden typische Szenarien für die Problemstrukturierung von PPS-Systemen vorgestellt, die jeweils eine Kombination unterschiedlicher Gliederungskriterien enthalten.

B.I.9.2.1 Wiederholungsgrad der Fertigung

Nach dem Kriterium der Anzahl gleichartiger Fertigungsabläufe kann unterschieden werden:

1. Einzelproduktion
   Bei Einzel- und Auftragsfertigung werden Produkt-Grundtypen kundenorientiert abgewandelt. Sie erfordert eine hohe Flexibilität der Produktion und wendet deshalb vor allem die Werkstattfertigung an.
2. Serienproduktion
   Erzeugnisse werden (weitgehend) auf Vorrat (Lager) gefertigt, wobei die Produktion nach dem Reihenproduktionsprinzip, also der Anordnung von Produktionsgruppen nach dem Fertigungsprozeß, organisiert ist. Zwischen der Einzelproduktion und der Serienproduktion ist die Kleinserienproduktion anzusiedeln, die häufig in Werkstattfertigungsformen realisiert ist.
3. Massenproduktion
   Hier wird auf Vorrat in Form der Fließbandorganisation gefertigt.

Im Rahmen der **Einzelfertigung** ergeben sich für PPS-Systeme besondere Probleme in den Bereichen:

- Grunddatenverwaltung,
- Angebotsphase,
- Grobplanungsphase,
- Feinplanung und Durchführung.

In der Angebotsphase müssen anhand von Kundenanfragen und Ausschreibungen möglichst schnell Informationen über die benötigte Lieferzeit sowie die zu erwartenden Kosten bereitgestellt werden. Da lediglich unvollkommene Informationen vorhanden sind, muß der Zugriff auf frühere Fertigungen ähnlicher Aufträge möglich sein. Dieses erfordert entsprechende Suchalgorithmen zur Identifizierung ähnlicher Aufträge oder ähnlicher Teile. Gleichzeitig muß über eine komfortable Kopiermöglichkeit der Datenbestand für eine kundenindividuelle Anpassung bereitgestellt werden können, ohne daß die Stammdatenverwaltung oder die Verwaltung aktiver Aufträge und Teile dadurch aufgebläht wird.
Innerhalb der Grobplanung gilt es, für einen angenommenen Kundenauftrag, der noch nicht bis in alle Einzelheiten spezifiziert ist, frühzeitig weitere Informationen über Fertigungszeiten und Fertigungskosten zu erhalten. Bei einer kurzen Lieferzeit kann das Problem bestehen, bereits Fremdaufträge oder für kritische Eigenteile Fertigungsaufträge zu erteilen, ohne daß die vollständige Stücklistenstruktur definiert ist.
Es entsteht ein Prozeß der fortlaufenden Verfeinerung eines angenommenen Kundenauftrages. Die Einplanung unvollständiger oder sich im Zeitablauf vervollständigender Daten in die Material- und Zeitwirtschaft erfordert eine hohe Flexibilität des EDV-Systems. Dieses gilt insbesondere für die Funktionen einer versuchsweisen oder simulativen Einplanung.

Zur Zeitplanung können Netzplantechniken eingesetzt werden, wobei sich der Netzplan mit fortschreitender Detaillierung des Kundenauftrages verfeinert. Der Übergang von der Grobplanungsphase in die Struktur eines PPS-Systems bildet dabei ein besonderes Problem, auf das im Abschnitt B.IV.1.2.1.2 noch eingegangen wird.

Nach Festlegung des Primärbedarfs und der Definition der Stückliste muß jederzeit im Rahmen der Feinplanung und -steuerung sichergestellt sein, daß der Bezug eines Fertigungsauftrages zum Auftragsverursacher, also dem Kundenauftrag, hergestellt ist. Diese Kenntnis ist beispielsweise dann erforderlich, wenn der Kunde Änderungen an seinem Auftrag vornimmt, Auskünfte über die zeitliche und mengenmäßige Entwicklung wünscht sowie im Rahmen der Nachkalkulation kundenspezifische Informationen erhalten bleiben müssen. Dieses bedeutet, daß die oben dargestellte Bedarfsverfolgung, die ein besonders daten- und auswertungsaufwendiger Teil eines PPS-Systems ist, hier unabdingbar ist. Diese Forderung hat beispielsweise dazu geführt, daß viele im anglo-amerikanischen Raum entwickelten PPS-Systeme für die deutsche Maschinenbauindustrie, die sehr stark kundenwunschorientiert ausgerichtet ist, nur schwer einzusetzen sind.

Bei der **Serienfertigung** bildet die Ermittlung der optimalen Seriengröße (Losgröße) ein typisches Problem. Aufgrund der zunehmenden Flexibilität automatisierter Fertigungssysteme tritt allerdings dieses Problem in den Hintergrund. Dagegen ist der Einsatz neuerer Organisationsformen wie Fertigungsinseln, flexible Fertigungssysteme, Bearbeitungszentren usw. ein wichtiges Einsatzgebiet. Insgesamt sind Serienfertiger die typischen Anwender des dargelegten Systems zur Produktionsplanung und -steuerung.

Bei der **Massenfertigung** wird ein Produkt in hoher Mengenzahl kontinuierlich produziert. Zum Ausgleich von Bedarfsschwankungen werden im allgemeinen Lager für Fertigfabrikate gebildet. Aufgrund des hohen Mengenvolumens besitzt die Logistik für Beschaffung und Absatz eine besondere Bedeutung. Aus diesem Grunde sind hier Systeme zur Lagersteuerung von bezogenen Fremdteilen sowie der Fertigprodukte zum Ausgleich von Bedarfsschwankungen der Absatzmärkte besonders verbreitet.

Insbesondere diese Fertigungsform sucht mit den Konzepten KANBAN und Fortschrittszahlen gegenüber den PPS-Systemen für Serienfertiger nach neuen Wegen, die im Punkt "Neuere Entwicklungen für PPS-Systeme" angedeutet werden.

B.I.9.2.2 Typische PPS-Szenarien

Die Problemschichtung nach dem Wiederholungsgrad der Fertigung zeigt bereits wichtige Unterschiede in den Anforderungsschwerpunkten an PPS-Systeme. Sie reicht aber für die vollständige Beschreibung nicht aus. In Abb. B.I.143 (aus: *Scheer, Neue PPS-Architekturen 1986, S. 7*) werden deshalb einige typische Problem-Szenarien für PPS-Systeme vorgestellt, in die auch weitere Beschreibungsfaktoren wie Fertigungsteile, Anzahl fremdbezogener Teile usw. eingehen.

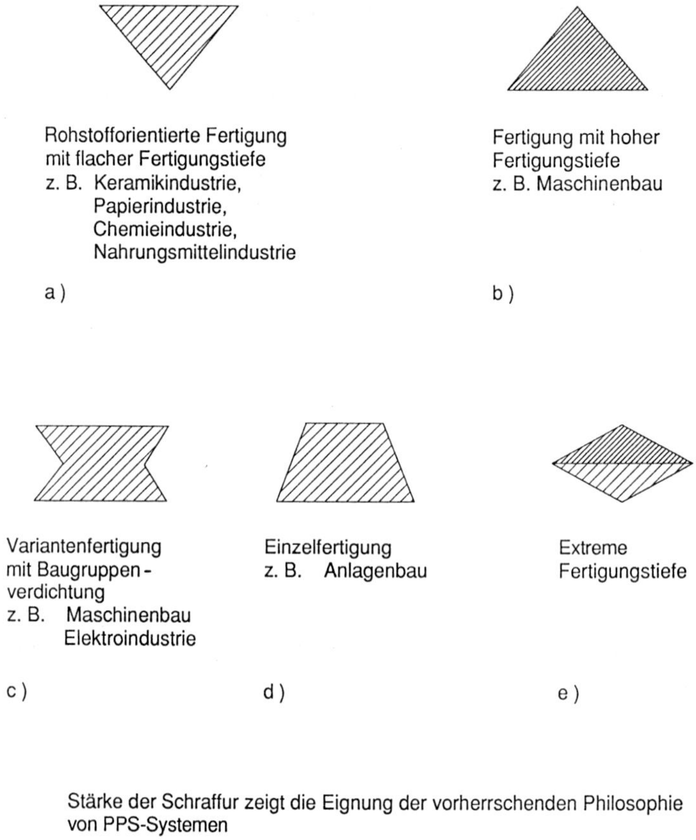

Abb. B.I.143,a - e: Ausgangsszenarien für PPS-Systeme

Gleichzeitig werden auch Hinweise auf die Eignung für unterschiedliche Industriezweige gegeben. Durch die Enge der Schraffur wird angedeutet, wie die gegenwärtige PPS-Philosophie, wie sie auch bisher in den Funktionsbereichen dargestellt wurde, die einzelnen Szenarien unterstützt.

In Abb. B.I.143,a und B.I.143,b sind zwei extreme **Ausgangsszenarien** dargestellt. Abb. B.I.143,a zeigt eine **rohstoffbezogene Fertigungsstruktur**, bei der aus wenigen Rohstoffen eine Vielzahl von Endprodukten erstellt wird. Diese Form gilt z. B. für die Keramikindustrie, Papierindustrie, Chemische Industrie und für viele Nahrungs- und Genußmittelunternehmungen, wobei sich die Endprodukte zum Teil nur durch unterschiedliche Packungsarten und -größen unterscheiden können. Bei solchen Produktionsstrukturen stehen die Verfolgung des Materialflusses sowie die Austaktung von Fließstraßen und damit die Reihenfolgeoptimierung der Produktion unter Beachtung von Umrüstkosten im Vordergrund. Die Fertigungstiefe ist im allgemeinen nicht stark ausgeprägt bzw. die einzelnen Arbeitsgänge sind in einem geschlossenen Fließprozeß (im Extrem in einer einzigen Produktionsanlage) integriert.

Abb. B.I.143,b zeigt dagegen die typische Fertigungsstruktur, wie sie in der Fertigungsindustrie, z. B. im Maschinenbau, vorherrscht. Aus einer Vielzahl von Materialien und fremdbezogenen Teilen werden komplizierte Produkte durch eine Vielzahl von Fertigungs- und Montagevorgängen zusammengefügt. Hier ist die Verwaltung der Produktzusammensetzung und der Fertigungsvorschriften in Form von Stücklisten und Arbeitsplänen ein vordringliches Problem und daraus abgeleitet auch die Ermittlung der Fertigungsaufträge durch Bedarfsauflösungsverfahren. Aus den Grundtypen der Abb. B.I.143,a und B.I.143,b lassen sich weitere Formen zusammensetzen, wie sie durch Abb. B.I.143,c bis B.I.143,e angedeutet werden.

Für viele deutsche Industrieunternehmungen ist eine starke Kundenorientierung typisch, die eine hohe Variantenvielfalt der Erzeugnisse, häufig auch ganz spezifische Einzelfertigungsanforderungen, bedingt. In Abb. B.I.143,c ist ein solcher Fall dargestellt, bei dem zunächst bis zur Baugruppenebene eine Verdichtung der Teile durch Montagevorgänge erfolgt, dann aber die Endprodukte durch die Variantenproblematik aufgefächert werden.

In Abb. B.I.143,d wird der Einzelfertigungscharakter betont, wobei die Baugruppenebene nicht ausgeprägt ist; in Abb. B.I.143,e ist eine extreme Fertigungstiefe angedeutet, indem zunächst aus Rohstoffen vielfältige Zwischenprodukte erzeugt werden, die anschließend durch Montagevorgänge zu komplexen Einheiten zusammengefügt werden.

Die oben dargelegte Philosophie von PPS-Systemen unterstützt vor allen Dingen die Fertigungsform B.I.143,b, während die anderen Strukturen nur unvollkommen abgedeckt werden können.

B.I.9.3 Neuere Entwicklungen für PPS-Systeme

Einige der aufgezeigten Mängel bestehender PPS-Systeme wurden bereits frühzeitig erkannt. So sind seit einigen Jahren PPS-Systeme für kundenorientierte Auftragsfertigung verfügbar, die insbesondere den Prozeß der Auftragsspezifikation unterstützen, indem z. B. aus Stammstücklisten auftragsbezogene Stücklisten abgeleitet werden und bereits Fertigungs- und Beschaffungsaufträge definiert werden können, ohne daß eine vollständige Stücklistenspezifikation vorliegt. Diese Systeme halten sich in ihrem Aufbau aber eng an die bestehende Planungsarchitektur und werden deshalb nicht weiter betrachtet. Daneben sind aber auch echte Erweiterungen erkennbar.

B.I.9.3.1 KANBAN/JIT

Das aus Japan übernommene KANBAN-Prinzip hat in den letzten Jahren zu einer teilweise euphorischen Haltung geführt, indem eine vermeintliche starke Vereinfachung der Fertigungsorganisation gegenüber den komplizierten EDV-Systemen als realisierbar erschien (vgl. *Wildemann, Werkstattsteuerung 1984*). Das KANBAN-Prinzip sieht eine "Mindestbestand"-orientierte Fertigungsdisposition vor, indem eine vorgeschaltete Produktionsstufe immer dann neue Fertigungsaufträge generiert, wenn sie sieht, daß ihr zugeordneter Lagerbestand an Fertigprodukten einen Mindestbe-

stand unterschritten hat. Hierbei wird eine vereinfachte Organisation eingeführt, indem jeweils vorher festgelegte Produktionsmengen, die sich an Transportbehältern (KANBAN-Behälter) ausrichten können, gefertigt werden. Jedem KANBAN-Behälter ist dabei eine Auftragskarte (KANBAN heißt auf deutsch Zettel) zugeordnet, auf der die Auftragsmenge und weitere Angaben vermerkt sind. Durch das Übergeben dieser Karte (ähnlich dem Vorgehen, wie es bei Pendelkarten schon lange bekannt ist) wird der Planungsprozeß realisiert. Das KANBAN-Prinzip wird im allgemeinen nach dem Holprinzip organisiert, d. h., die Auftragsvorgaben an die letzte Produktionsstufe bestimmen den weiteren Sog der Produktionsmengen in die Fertigung hinein.
Im Gegensatz zu dem MRP-Prinzip (Material Requirement Planning) ist KANBAN ein Mindestbestandssystem, während die bedarfsgesteuerte Disposition eines MRP strenggenommen ein Null-Bestandssystem ist, da hier nur dann Aufträge gefertigt werden, wenn ein definierter Bedarf vorliegt und nicht bereits, wenn ein Mindestbestand erreicht ist. Trotzdem ist KANBAN als Synonym für Bestandssenkung diskutiert worden, weil eine Beschleunigung der Fertigungsflüsse erwartet wurde. Darüber hinaus hat die Diskussion um KANBAN zu einer verstärkten Beschäftigung mit Fragen der Umrüstung geführt und in Einzelfällen erhebliche organisatorische Verbesserungen bei Umrüstvorgängen bewirkt. Neben der innerbetrieblichen Anwendung von KANBAN-Prinzipien ist dieses Verfahren auch im zwischenbetrieblichen Lieferverkehr anwendbar. Hier hat in Japan vor allen Dingen das Beispiel zwischen Automobilherstellern und Zulieferfirmen mit einer stundengenau ausgetakteten Zulieferungsorganisation beeindruckt.
Inzwischen haben einige Realisierungen aber gezeigt, daß KANBAN als **umfassendes** Steuerungssystem für die deutsche Industrie aus verschiedenen Gründen nicht eingesetzt werden kann. Es setzt einmal eine sehr enge Verflechtung zwischen Herstellern und Zulieferern bei zwischenbetrieblichen Anwendungen voraus, wie sie in Deutschland nicht gegeben ist, und setzt innerbetrieblich eine hohe Mengenstabilität der Fertigung und eine hohe Qualitätszuverlässigkeit voraus.
Trotzdem ist das Steuerungsprinzip für Teilbereiche der Fertigung auch in Deutschland erfolgreich einsetzbar. Hierbei besteht auch kein Gegensatz zu einer EDV-gestützten Fertigungsplanung und -steuerung und auch nicht zu dem Planungsgedanken von MRP, wie er oben geschildert wurde.
Das KANBAN-Prinzip war ein Vorläufer der "Just-in-Time"-Philosophie. Mit JIT (Just-in-Time) wird eine weitgehend bestandslose Fertigung bezeichnet, die innerbetrieblich eine konsequente logistische Abwicklung beschreibt und ebenfalls die enge Verflechtung mit Zulieferern und Kunden vorsieht. Diese Philosophie setzt demnach entsprechend integrierte Datenbasen voraus, so daß die hier entwickelten Konzepte auch den JIT-Gedanken unterstützen.

B.I.9.3.2 Fortschrittszahlenkonzept

Für die montageorientierte Serien- und Massenfertigung, wie sie für die Automobilindustrie typisch ist, hat sich mit dem Fortschrittszahlenkonzept eine neue Planungssystematik entwickelt. Als Fortschrittszahl wird ein kumulierter Wert, der sich auf unterschiedliche Kenngrößen beziehen kann, bezeichnet. Wird die Fortschrittszahl auf Plangrößen bezogen, so ist sie eine Soll-Fortschrittszahl. Entsprechend werden realisierte Werte als Ist-Fortschrittszahl bezeichnet. In Abb. B.I.144 (aus: *Scheer, CIM 1990, S. 36*) ist eine typische Fortschrittszahl als Ist- und Sollwert dargestellt. Der Sollwert stellt die kumulierte geplante Produktionsmenge für ein Teil dar, entsprechend die Ist-Fortschrittszahl die tatsächlich hergestellte Menge. Aus der Abbildung wird auch ein weiteres Charakteristikum des Fortschrittszahlenkonzeptes deutlich: Die kumulierten Werte beziehen sich jeweils auf einen Zeitpunkt.

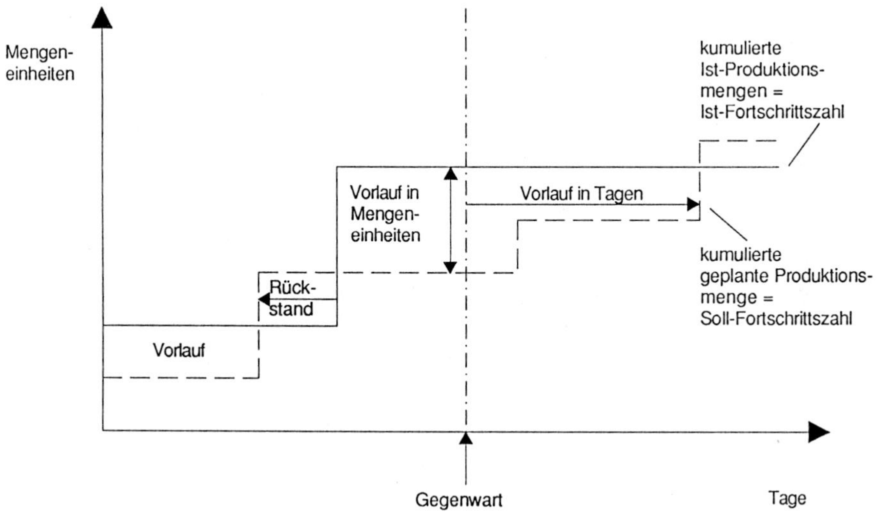

Abb. B.I.144: Fortschrittszahlendiagramm

Aus der Gegenüberstellung von Soll- und Ist-Fortschrittszahl können weitere Erkenntnisse abgeleitet werden. Liegt die durchgezogene Linie oberhalb der gestrichelt gezeichneten, so ist die Fertigung in einer Vorlaufsituation. Der Vorlauf kann einmal in Mengeneinheiten durch den senkrechten Abstand ausgedrückt werden oder in Zeiteinheiten durch den waagerechten Abstand. Bezogen auf den Zeitpunkt der Gegenwart ist dieses in Abb. B.I.144 durch Pfeilangaben ausgedrückt.
Ein durch Fortschrittszahlen gesteuertes Logistikkonzept bedient sich vielfältiger Bezugsgrößen, für die Fortschrittszahlen errechnet werden. Dieses sind z. B.:

<u>Soll</u>	<u>Ist</u>
Abruf-Fortschrittszahl	Versand-Fortschrittszahl
Produktionsplan-Fortschrittszahl	Montage-Fortschrittszahl

Lagerbestandszahlen ergeben sich durch die Differenz der Fortschrittszahlen aus Lagerzugang und Lagerabgang.

Dem Konzept haftet eine enge Kundennähe an, daher ist Ausgangspunkt die kumulierte Zahl der Kundenaufträge, wobei für die zeitliche Zuordnung die vereinbarten Liefertermine angesetzt werden. Dieser **Auftrags-Fortschrittszahl**, die ein Sollwert ist, kann mit der **Versand-Fortschrittszahl** ein entsprechender Ist-Wert gegenübergestellt werden.

Das Fortschrittszahlenkonzept ist in der Automobilindustrie verbreitet. Hier werden den geplanten Auftragszahlen noch die effektiv abgerufenen als weitere Fortschrittszahl gegenübergestellt. Das System kann die gesamte Logistikkette bis zu einer arbeitsganggenauen Verfolgung der Fertigung umfassen. Die Differenzen aus Soll und Ist mit ihrer Interpretation als Vorlauf bzw. Rückstand (jeweils ausgedrückt in Mengeneinheiten oder Zeiteinheiten) ermöglichen eine übersichtliche Steuerung des Unternehmens. Insbesondere können Änderungen in ihren Konsequenzen leicht sichtbar gemacht werden. Das Fortschrittszahlenkonzept stellt eine wirkungsvolle Ergänzung der gegenwärtigen Konzeption zur Produktionsplanung und -steuerung dar. Zur Ermittlung der Soll-Fortschrittszahlen,

z. B. für den Bedarf an Komponenten, bedient es sich der bekannten Methoden einer deterministischen Bedarfsauflösung.

Das Konzept kommt einem Bedarf an Auswertungs- und Informationsunterstützungen im Bereich der Produktionsplanung und -steuerung entgegen. Es gewinnt auch bei dem überbetrieblichen Datenaustausch an Bedeutung. So werden in der Automobilindustrie zwischen Herstellern und Zulieferern bereits Fortschrittszahlen für Lieferungen, Aufträge und Abrufe ausgetauscht (vgl. die Ausführungen bei *Scheer, CIM 1990, Abschnitt C.III.e.; Meyer, Informationssysteme 1987*).

B.I.9.3.3 MRP II

Das von Oliver Wight entwickelte Konzept MRP II (im Gegensatz zu MRP = Material Requirement Planning bedeutet MRP II Management Resources Planning) bettet die Planungs- und Steuerungsproblematik in den Gesamtzusammenhang einer Logistikkette ein. Hierbei wird auch dem Gedanken der hierarchischen Planung, beginnend mit der strategischen Planung über die Erstellung von Masterplänen bis hin zum Produktionsplan, Rechnung getragen (vgl. Abb. B.I.145, aus: *Gesellschaft für Fertigungssteuerung und Materialwirtschaft e.V., MRPS 1987*).

Diese Konzeption folgt damit Tatbeständen wie sie auch in Deutschland seit längerer Zeit vertreten werden und wird von dem hier entwickelten Konzept abgedeckt (z. B. *Scheer, Computergestützte Produktionsplanung und -steuerung 1983*).

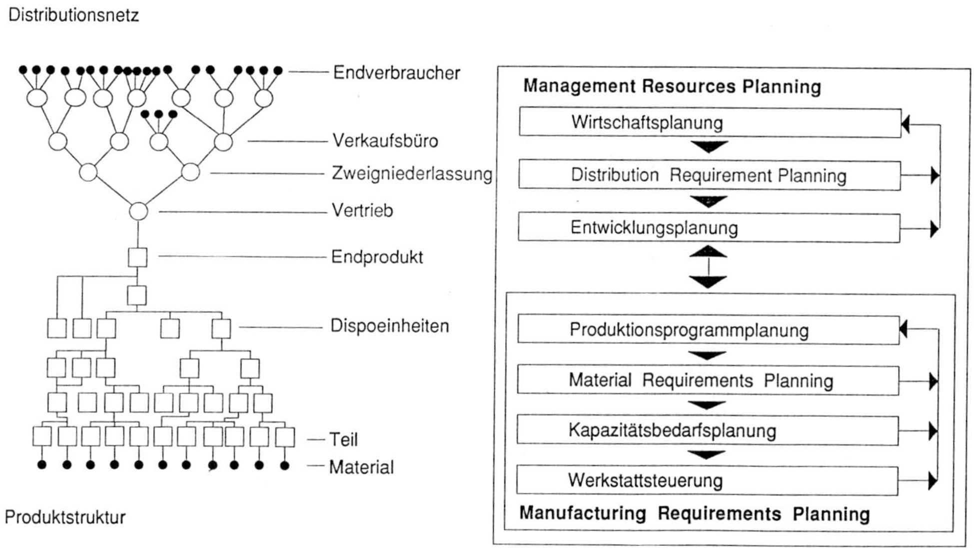

Abb. B.I.145: MRP II-Konzept

B.I.9.3.4 Neue Gewichtung zwischen Planung und Steuerung

Aufgrund der auch durch die Informationstechnologie verstärkten Entwicklung von dezentralen Steuerungseinheiten müssen sich PPS-Systeme zunehmend mit Fragen der Leitstandorganisation, der Steuerung von flexiblen Fertigungssystemen usw. beschäftigen. Dieses führt zu selbständigen kleinen Regelkreisen, die aber mit übergeordneten Versorgungssystemen verbunden werden müssen.

Durch die stärkere Betonung dezentraler Einheiten und damit auch der Steuerungsproblematik wird sich die Gewichtung der einzelnen PPS-Funktionen umkehren. In Abb. B.I.146 (aus: *Scheer, Neue PPS-Architekturen 1986, S. 19*) ist deshalb diese Gewichtung der gegenwärtigen Gewichtung der Stufenplanungskonzeption (vgl. Abb. B.I.147) gegenübergestellt. Die geringe Unterstützung der Grobplanung hat zu mangelhaften Ergebnissen der Material- und Zeitwirtschaft geführt und dort eine ständige Planungsanpassung notwendig gemacht. Deshalb sollte die Grobplanung durch Einsatz von Prognose-, Simulations- und Optimierungstechniken stärker unterstützt werden. Eine verstärkte Grobplanung übernimmt dann Funktionen, die zur Zeit auf den mittelfristig ausgelegten Stufen der Material- und Zeitwirtschaft angeordnet sind. Zusätzlich werden diese Planungsstufen durch die Verlagerung von Funktionen in die Steuerungsebene weiter reduziert. Das Schwergewicht der PPS-Systeme wandert somit von den mittelfristigen Planungsfunktionen auf eine mehr langfristig orientierte Grobebene und eine kurzfristig orientierte Steuerungsebene.

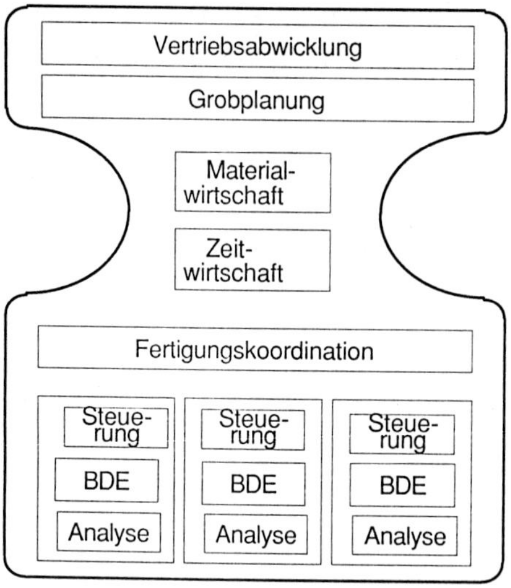

Abb. B.I.146: Zukünftige Gewichtung der Planungsstufen eines PPS-Systems

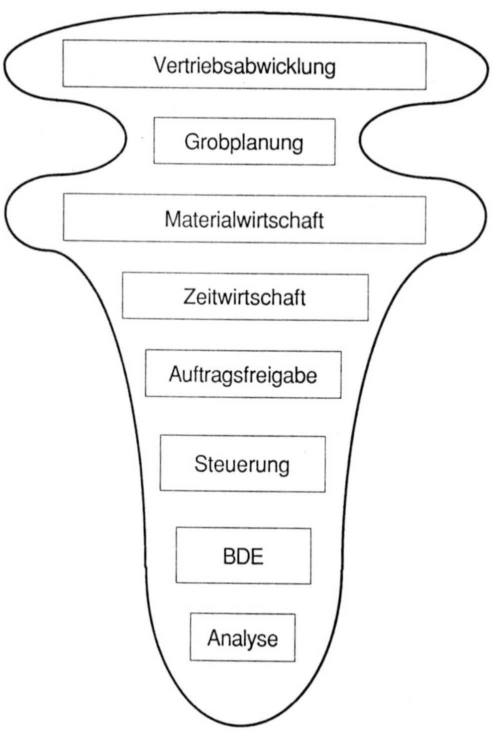

Abb. B.I.147: Gegenwärtige Gewichtung der Planungsstufen eines PPS-Systems

Ein wesentlicher Grund für eine stärkere Verselbständigung der Steuerungsebene liegt auch darin, daß die den Planungsfunktionen zugrundeliegenden Einheiten für die Steuerungsebene nicht mehr maßgebend sind. Für die Planungsfunktionen ist der auf ein Teil bezogene Auftrag die Planungseinheit. Für Teile werden z. B. auch Lose definiert. Abgesehen von der Tatsache, daß durch die Just-in-Time-Philosophie die Losbildung ohnehin an Bedeutung verlieren wird, ist zu beachten, daß Lose durch Abwägen von Umrüstkosten und Lagerkosten gebildet werden. Umrüstkosten sind aber nicht auf die Auftragseinheit "Teil" bezogen, sondern auf die Arbeitsgangebene, da erst hier eine Zuordnung zu Betriebsmittelgruppen vorgenommen wird.

Für die Steuerung sind nicht nur Umrüstkosten für die Bündelung von Arbeitsgängen maßgebend, sondern auch andere Kriterien. Beispielsweise kann zur besseren Materialausnutzung eine Zuschnittsoptimierung durch die Kombination von Arbeitsgängen mehrerer unterschiedlicher Aufträge sinnvoll sein. Dies bedeutet, daß die im Rahmen der Materialwirtschaft gebildeten Aufträge (Lose) im Rahmen der Feinplanung (Steuerung) durch neue Kriterien wie Materialausnutzung zu neuen Planungseinheiten zusammengestellt werden können. Neben der Materialausnutzung und den bereits bei der Materialwirtschaft grob einbezogenen Umrüstkosten können auch technische Bedingungen, wie die Zusammenstellung von unterschiedlichen Raummaßen bei einer Ofenbeschickung oder die Zusammenstellung von Teilen nach ähnlichen Druckanforderungen bei einer Pressenbelegung oder die ausgewogene Zusammenstellung der Komplexität von Arbeitsgängen bei starker manueller Bearbeitung, maßgeblich sein. Weitere Zusammenstellungskriterien können die Ausnutzung von Transporteinheiten, eine günstige Lagerentnahme usw. sein. Alle diese Kriterien führen dazu, die Steuerung als eigenständige Entscheidungs- und Optimierungsebene stärker zu gewichten.

Diesem wird deshalb auch in den Ausführungen zur computergestützten Fertigung (CAM) Rechnung getragen.

B.I.9.4 Standardsoftware für integrierte PPS-Systeme

Die Konzeption zur Produktionsplanung und -steuerung wurde vor allem durch Standardsoftware verbreitet. Diese hat auch weitgehend die bekannt gewordenen größeren eigenentwickelten PPS-Systeme beeinflußt.

In Abb. B.I.148 sind einige neuere PPS-Standardsoftwaresysteme mit ihrem funktionalen Umfang aufgeführt. Die dreistufige Bewertung der Funktionen:

nicht vorhanden	(-)
Grundfunktionen vorhanden	(x)
Funktionen voll ausgefüllt	(xx)

vermittelt einen groben Eindruck des Leistungsumfangs, ist aber kein ausreichendes Kriterium für die Auswahl eines Systems. Hier muß ein wesentlich ausführlicherer Katalog der funktionalen und EDV-technischen Anforderungen erstellt werden.

Funktion \ Name	COPICS	RM-PPS	PROFIS	ILAS	COMET TOP FEROS	IS	FIS	PIUSS-O	MTU-CIMOS
Grunddaten	XX	XX	XX	XX	XX	XX	-	XX	XX
Auftragsbearbeitung	XX	XX	-	X	-	XX	-	X	XX
Primärbedarfsplanung	X	XX	-	X	-	X	-	X	X
Materialwirtschaft	XX	XX	XX	XX	XX	XX	-	X	XX
Beschaffung	XX	XX	-	X	-	XX	-	X	XX
Kapazitätswirtschaft	XX	XX	XX	X	XX	XX	-	X	X
Abgleich	X	X	XX	X	X	X	-	X	X
Freigabe	XX	XX	XX	X	X	X	-	X	XX
Feinterminierung	X	X	XX	-	-	-	XX	-	X
BDE	X	X	-	-	-	-	XX	-	X
Belastungsorientierte Auftragsfreigabe	XX	X	X	-	-	-	-	X	-
KANBAN	-	X	-	-	-	-	-	-	-
JIT	-	-	-	-	-	-	-	-	-
MRP II	-	X	-	X	-	-	-	-	-
Fortschrittszahlen	XX	X	-	-	-	-	-	-	-

Abb. B.I.148: Funktionaler Umfang neuerer PPS-Standard-Softwaresysteme

Die Bewertung in Abb. B.I.148 gibt bereits einen Eindruck von den Implementierungsmöglichkeiten integrierter Systeme wider. Der Implementierungsstand, wie er mehrfach empirisch in der Bundesrepublik Deutschland erhoben wurde (vgl. z. B. *Kittel, PPS-Systeme 1982*), folgt diesem Trend. Er wurde in Abb. B.I.147 dargestellt. In die Bewertung gehen auch Erfahrungen des Verfassers aus vielen Untersuchungen in Industrieunternehmungen ein.

Die als neuere Entwicklungen bezeichneten Ansätze:

- Belastungsorientierte Auftragsfreigabe,
- JIT,
- MRP II,
- KANBAN und
- Fortschrittszahlen

sind in Abb. B.I.148 "unter dem Strich" aufgeführt.

Durch die Breite der jeweiligen Planungsstufe wird jeweils der Implementierungsstand der Funktion ausgedrückt. Je breiter eine Stufe ausgezeichnet ist, um so stärker ist sie in Eigenentwicklungen oder in Standardsoftware ausgearbeitet und im praktischen Betrieb eingesetzt.

Abb. B.I.147 verdeutlicht somit, daß die PPS-Systeme zwar eine ausgeprägte **Auftragsbearbeitung** enthalten, die **Grobplanung**, mit der das Produktionsprogramm unter Beachtung von Kapazitäts- und Materialbeschaffungsgrenzen festgelegt wird, dagegen nur gering unterstützt wird.

Die Qualität einer Grobplanung, insbesondere die zeitliche Gültigkeit des Produktionsprogramms als Primärbedarf, bestimmt aber entscheidend die Planungsqualität der nachfolgenden Planungsstufen.

Die **Bedarfsplanung**, bei der ein im Rahmen der Grobplanung ermittelter Primärbedarf durch Auflösung der Stücklisten in Aufträge für Baugruppen und Materialien aufgefächert wird, ist dagegen in PPS-Systemen eine breit ausgelegte Funktion.

Die **Zeitwirtschaft** ermittelt für die im Rahmen der Materialwirtschaft erstellten Fertigungsaufträge Kapazitätsbelastungen und ist bei anspruchsvoller Betrachtung nur wenig ausgearbeitet. Die im Rahmen der Betriebswirtschaftslehre behandelten Fragen der simultanen Produktions- und Kapazitätsplanung werden kaum behandelt. Nur wenige Systeme enthalten Verfahren zum Kapazitätsabgleich.

Die **Auftragsfreigabe** bildet einen Schnittpunkt zwischen der Planungs- und der Steuerungsebene. Hier herrschen relativ einfache, z. B. an den Wunschterminen der Aufträge orientierte Freigabealgorithmen vor.

Die **Fertigungssteuerung** legt für die freigegebenen Aufträge die Reihenfolge der Arbeitsgänge auf den Betriebsmitteln fest. Hierbei müßten Optimierungen bezüglich Materialausnutzung, Rüstkosten und Ressourcenbelegungen durchgeführt werden. Derartige Fragestellungen sind ebenfalls bisher nur wenig ausgeprägt. Entsprechend sind auch **Betriebsdatenerfassungssysteme** in durchgängiger Form, bei denen in einem einheitlichen Konzept Rückmeldungen über Aufträge (Termine, Mengen, Qualitäten), Personal (Anwesenheit, Leistungsdaten), Betriebsmittel (Belegungszeiten, Stillstände nach Ursachen) aufgezeichnet und einem Steuerungssystem zur Verfügung gestellt werden, in nur wenigen PPS-Systemen ausgeprägt.

Damit bleibt festzuhalten, daß die Durchgängigkeit von Planung und Steuerung, wie sie als Ziel der PPS-Systeme erkennbar ist, sowohl von dem Angebot an Standardsoftware als auch von eigenentwickelten Systemen bisher kaum realisiert worden ist.

Wenn man in diesem Buch die Anzahl der den einzelnen Funktionen gewidmeten Seiten betrachtet, so ergibt sich auf den ersten Blick eine ähnliche "Gewichtung" wie in Abb. B.I.147. Dieses ist aber nicht der Fall, da gerade Fragen der Grobplanung und der zeitnahen Steuerung intensiv nachgegangen wird. Der Effekt ist vielmehr darauf zurückzuführen, daß durch die Betonung der Datenintegration mit den fortschreitenden Planungsstufen immer weniger **neue** Datenstrukturen eingeführt werden müssen sowie Probleme der Grobplanung im Kapitel "Absatz" (vgl. B.IV.2) und weitere Probleme der Fertigungssteuerung in dem Teil CAM (vgl. B.II.2) behandelt werden.

B.II Technik

In der Anfangszeit der Elektronischen Datenverarbeitung standen in Industriebetrieben die mehr kaufmännisch orientierten Anwendungen mit den Massenvorgängen aus Buchführung, Fakturierung und Lohnabrechnung im Vordergrund. Anwendungen aus der Technik wurden dagegen vernachlässigt. Dies wurde dadurch begünstigt, daß die für die Datenverarbeitung zuständigen Abteilungen in der Regel kaufmännischen Funktionen zugeordnet waren, so daß sie für technische Anwendungen, wie sie im rechten Teil des Y-Bildes der Abb. B.I.01 angegeben sind, nicht immer die hinreichende Kompetenz besaßen.

Durch das wachsende Wissen der technischen Fachabteilungen über den Einsatz der EDV haben sich im Bereich der Technik eigenständige EDV-Zentren zur Steuerung von Produktionsanlagen, aber auch für Aufgaben mit administrativen Funktionen, herausgebildet.

Viele der auf den ersten Blick ausschließlich technisch erscheinenden Anwendungen besitzen enge Beziehungen zu betriebswirtschaftlichen Abläufen. Dieses wurde bereits bei der Betriebsdatenerfassung deutlich, wenn dort z. B. Daten direkt aus Produktionsanlagen über elektronische Sensoren oder aus Maschinensteuerungen erfaßt werden.

Die Beziehungen zwischen technischer und betriebswirtschaftlicher Datenverarbeitung sind einmal datenbezogen, d. h., Daten des einen Bereichs werden auch in dem anderen Bereich verwendet, zum anderen sind aber auch enge Entscheidungsinterdependenzen gegeben. So beeinflussen Entscheidungen im Bereich der Konstruktion später folgende Entscheidungen im Bereich der Materialwirtschaft, Zeitwirtschaft und Fertigungssteuerung oder auch umgekehrt.

Aufgrund der Erwartungen vieler DV-Experten wird der Zuwachs technischer EDV-Anwendungen in den nächsten Jahren wesentlich höher sein als im kaufmännischen Bereich. Dieses ist nicht nur eine Folge des Nachholbedarfes, sondern darüber hinaus die Entwicklung neuer Datenverarbeitungsmöglichkeiten, insbesondere auf dem Gebiet der grafischen Datenverarbeitung sowie der Prozeßsteuerung. Dabei wird auch der Einfluß auf betriebswirtschaftliche EDV-Systeme bzw. der Daten- und Funktionszusammenhang zwischen beiden Systemen im Rahmen des Computer Integrated Manufacturing (CIM) deutlicher werden.

Diesen Interdependenzen gilt es Rechnung zu tragen, wenn integrierte EDV-Systeme in Industriebetrieben eingesetzt werden. Bei der zunächst verfolgten funktionsorientierten Problembehandlung stehen die Anwendungen der Technik im Vordergrund. Die CIM-Problematik wird in Teil C näher behandelt.

Der Detaillierungsgrad wird so gewählt, daß er eine Basis für die spätere Diskussion der Auswirkungen technischer Datenverarbeitung auf betriebswirtschaftliche Planungsfunktionen bildet. Zur Verfolgung vertiefter Darstellungen wird auf die mehr technisch orientierte Literatur verwiesen.

Die im folgenden behandelten technischen Anwendungssysteme sind in Abb. B.II.01 als Funktionsbaum dargestellt.

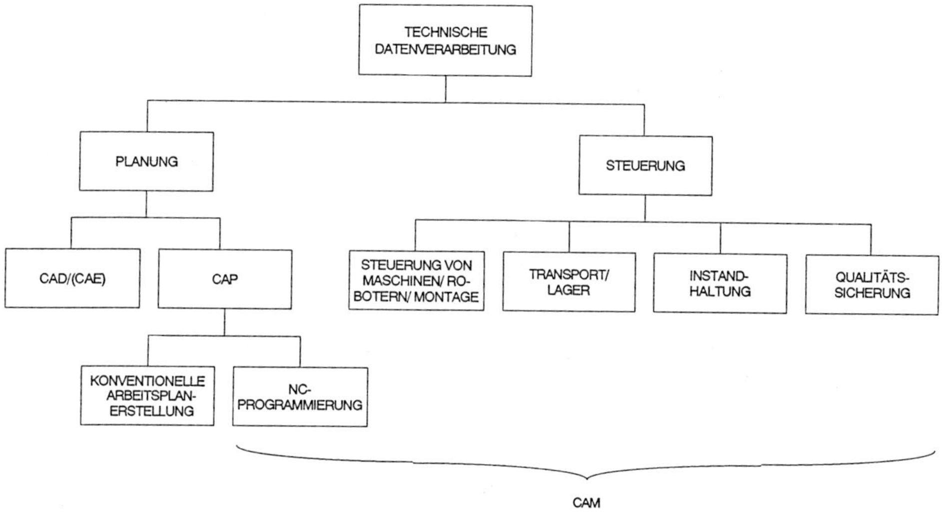

Abb. B.II.01: Funktionsbaum der technischen Datenverarbeitung

Das Computer Aided Design/Computer Aided Engineering (CAD/CAE) umfaßt den Einsatz der EDV bei Konstruktion und Produktentwurf.

Aufgabe des Computer Aided Planning (CAP) ist die computerunterstützte Arbeitsplanerstellung für konventionelle Bearbeitung und NC-gesteuerte Fertigungsanlagen.

Der Bereich CAD/CAE und CAP ist aufgrund seiner vorausschauenden Funktion als Planung anzusehen. Die numerische Steuerung von Maschinenanlagen, die Steuerung von Transport- und Lagersystemen sowie die Durchführung von Montagesteuerungs- und Instandhaltungsmaßnahmen und die Qualitätssicherung gehören dagegen der Realisierungsphase an.

In Abb. B.II.02, die ein Ausschnitt des Y-Bildes von Abb. B.I.01 ist, sind deshalb analog dem Vorgehen bei der Produktionssplanung und -steuerung die einzelnen Funktionen nach Planung und Steuerung unterschieden. Die genannten CAx-Begriffe sind in Literatur und Anwendung noch nicht eindeutig festgelegt. Dieses gilt insbesondere für den Begriff Computer Aided Manufacturing (CAM), der bei einigen Autoren auch Funktionen der Produktionssteuerung umfaßt. Er wird hier aber enger gefaßt und auf die technischen Funktionen der Arbeitsplanerstellung, Steuerung der Produktionsanlagen sowie Instandhaltung und Qualitätssicherung (CAQ) bezogen.

Auch eine gleichberechtigte Einteilung in die Begriffe CAD/CAE, CAP, CAM und CAQ ist sinnvoll. In diesem Fall bezieht sich CAM nur auf die Funktionen der Steuerung von Anlagen.

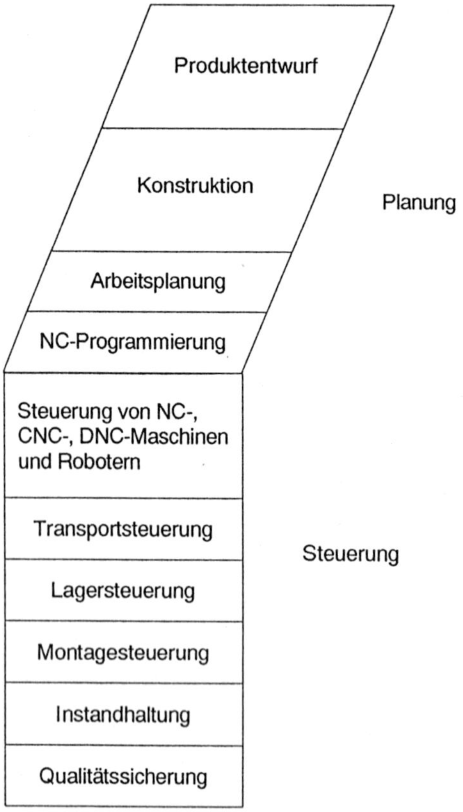

Abb. B.II.02: Funktionen eines technisch-orientierten Informationssystems

B.II.1 CAD (Computergestützte Konstruktion)

B.II.1.1 Aufgaben der Konstruktion

Aufgabe der Konstruktion ist der Entwurf von Produkten. Hierbei ist entsprechend der VDI-Richtlinie 2210 zwischen Neukonstruktion, Anpassungskonstruktion, Variantenkonstruktion und Konstruktion mit festem Prinzip zu unterscheiden.

Der Konstruktionsprozeß gliedert sich in die Phasen:

1. Konzipierung (Analyse der Anforderungen, Erarbeitung von Lösungsvarianten, Bewertung der Lösungen),
2. Gestaltung (Konkretisierung des Lösungskonzepts, maßstäblicher Entwurf, Aufstellung von Modellen, Bewertung der Lösungen),
3. Detaillierung (Darstellung der Einzelteile, Bewertung der Lösungen).

Die drei Stufen sind aufgrund der jeweiligen Bewertungsergebnisse miteinander vermascht und können zyklisch wiederholt werden. Die dritte Stufe leitet auch mit der Vorbereitung der Fertigungsunterlagen in die Arbeitsplanung über.

Die wesentlichen Tätigkeiten im Rahmen der Konstruktion sind:

- Informieren aus Karteien und vorhandenen Datenbeständen,
- Anfertigung von Berechnungen über zu garantierende Belastungen und einzuhaltende Toleranzen,
- Anfertigen von Zeichnungen,
- Durchführen von technischen und wirtschaftlichen Bewertungen der Entwürfe.

Die typische Arbeitsweise des Konstrukteurs ist dabei funktionsorientiert, d. h., von einer Aufgabenstellung ausgehend werden Funktionselemente ausgewählt und zusammengesetzt, um eine Lösung zu erarbeiten. In der Konzeptphase, in der ein Funktionsplan und eine Prinzipskizze erstellt werden, werden rund 70 % der Unterlagen in grafischer Form erstellt (vgl. *Spur/Krause, CAD-Technik, 1984, S. 257*). Während der Entwurfsphase sind es 95 % und in der Ausarbeitungsphase 65 %. Damit wird die Bedeutung einer computerunterstützten Grafikerstellung bereits sichtbar. Computer Aided Design umfaßt darüber hinaus aber auch Funktionen wie automatisches Bemaßen und automatisches Berechnen, die über den Begriff der computerunterstützten Zeichnungserstellung hinausgehen. Mit der Erkenntnis, daß mit fortschreitender Automatisierung die Konstruktions- und Entwicklungsphase sowohl für die Fertigung als auch für betriebswirtschaftliche Abläufe und die Kosten eines Produkts immer mehr bestimmend werden, erweitert sich der Aufgabenbereich. Auch dieses wird in dem Konzept des Computer Integrated Manufacturing (CIM) aufgenommen.
Im folgenden wird aber CAD zunächst als eine Datenverarbeitungsfunktion aufgefaßt, die eng an den grafisch orientierten Funktionen in der Konstruktion ausgerichtet ist. Dabei ist die Intensität der Computerunterstützung in den Phasen Gestaltung und Detaillierung am höchsten, während sie bei der Konzipierung eines neuen Produkts noch gering ist. Umfangreiche Berechnungen (Finite-Elemente-Methode, Belastungssimulationen usw.) werden auch dem Begriff Computer Aided Engineering zugeordnet.

B.II.1.2 Geometrische Modelle

Zur rechnerinternen Darstellung eines geometrischen Objektes werden drei Modelle unterschieden:

- Kantendarstellung,
- Flächendarstellung,
- Volumendarstellung

(vgl. *Hübel, Datenbankorientierter 3-D-Bauteilmodellierer 1985*).

Bei einem **kantenorientierten Modell** (Abb. B.II.03, aus: *Hübel, Datenbankorientierter 3-D-Bauteilmodellierer 1985, S. 2/6*) werden Objekte durch Konturen und Punkte dargestellt. Diese Darstellung ist hauptsächlich für zweidimensionale Geometrien geeignet. Zwar können mit Hilfe des Kantenmodells auch räumliche Darstellungen erzeugt werden, jedoch sind diese im allgemeinen nicht eindeutig. Auch können Schnittansichten oder Schattierungen nicht automatisch erzeugt werden.

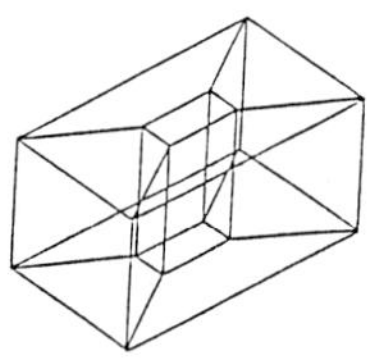

Abb. B.II.03: Kantenorientiertes Modell

Bei einem **flächenorientierten Modell** (vgl. Abb. B.II.04, aus: *Hübel, Datenbankorientierter 3-D-Bauteilmodellierer 1985, S. 2/7*) wird die "Haut" eines Körpers geometrisch durch Flächen abgebildet. Dabei werden die Flächen durch Konturen begrenzt, die jeweils Ergebnis zweier benachbarter, sich berührender oder durchdringender Flächen sind. Punkte entstehen durch den Schnitt dreier Flächen oder sind charakteristische Orte bei der Festlegung von Konturelementen.

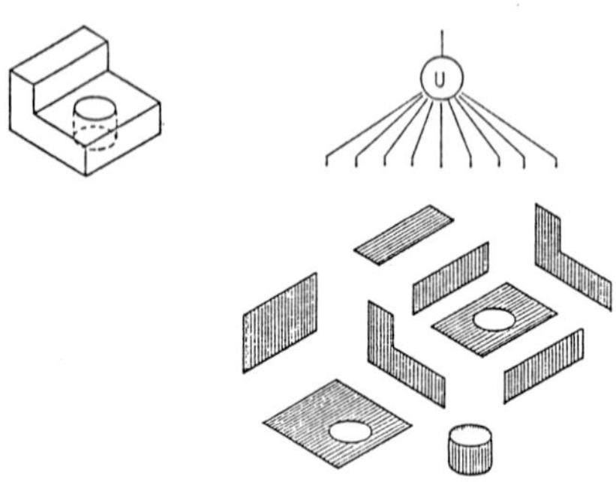

Abb. B.II.04: Flächenorientiertes Modell

Bei einem **volumenorientierten Modell** (vgl. Abb. B.II.05, aus: *Hübel, Datenbankorientierter 3-D-Bauteilmodellierer 1985, S. 2/8*) werden die ein Objekt umhüllenden Flächen zu einem Volumen zusammengefaßt. Bei jedem Punkt kann bezüglich der Lage zu dem Objekt entschieden werden, ob er sich innerhalb oder außerhalb des Objektes befindet. Bei 3-D-CAD-Systemen werden für jeden definierten Punkt die x-y-z-Koordinaten gespeichert. Von diesem so definierten rechnerinternen räumlichen Modell können durch Projektionen verschiedene Ansichten erzeugt werden. Da sie alle aus dem gleichen Modell abgeleitet werden, sind die Ansichten - im Gegensatz zu den getrennt erstellten Ansichten eines 2-D-Modells - logisch miteinander verbunden und damit ihre Integrität gesichert. Ein volumenorientiertes Modell wird durch mengentheoretische Verknüpfung verschiedener volumenorientierter Basiskörper zusammengesetzt. In dem Beispiel der Abb. B.II.05 werden die Verknüpfungsoperationen "Vereinigung" und "Differenz" verwendet.

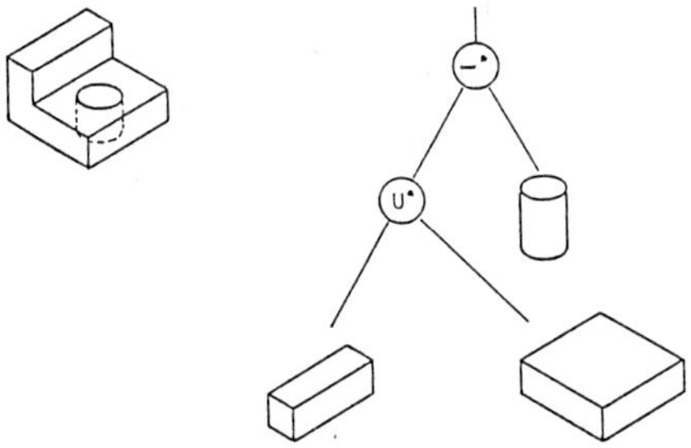

Abb. B.II.05: Volumenorientiertes Modell

Da sich komplexe Körper jeweils aus konsistenten Basiskörpern zusammensetzen, ist auch der Ergebniskörper konsistent.
Aufgrund der beschränkten Möglichkeiten des flächenorientierten Modells besteht eine Tendenz zum Einsatz volumenorientierter Darstellungen, die allerdings einen höheren EDV-Aufwand erfordern. Volumenmodelle sind auch Ausgangspunkt für Berechnungen und Simulationsuntersuchungen. Falls aber lediglich zweidimensionale Darstellungen erforderlich sind (z. B. bei Darstellung von Leitungssystemen), so ist auch das Draht- oder Flächenmodell sinnvoll.
Neben 2-D- und 3-D-Systemen gibt es auch sogenannte 2 1/2-D-Systeme. Hier wird eine 2-D-Ansicht beschrieben und gespeichert, aus der mit Hilfe einer mathematischen Operation (Rotation und Translation) ein dreidimensionales Modell erzeugt wird.
Im folgenden werden die geometrischen Modellstrukturen in Datenstrukturen umgesetzt.

B.II.1.3 Datenstruktur

B.II.1.3.1 Entwurf

Beim Kantenmodell wird ein Körper durch Kanten definiert, deren geometrische Position durch Punkte bestimmt ist. Ein Körper kann dabei aus mehreren (n) Kanten bestehen; eine Kante wird durch mehrere Punkte (im allgemeinen zwei) begrenzt; ein Punkt kann mehrere Kanten begrenzen. Damit ergibt sich die in Abb. B.II.06 dargestellte Datenstruktur (vgl. auch *Eberlein, CAD-Datenbanksysteme 1984, S. 60*).

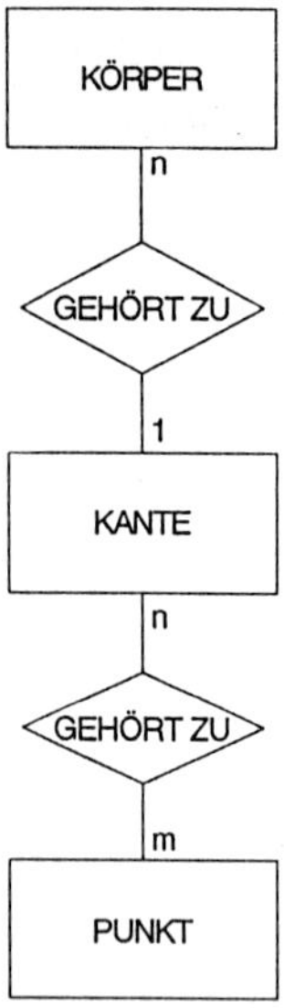

Abb. B.II.06: ERM zum Kantenmodell

Beim Flächenmodell (vgl. Abb. B.II.07) wird die Strukturhierarchie verlängert. Ein Körper wird zunächst durch Angabe seiner Flächen bestimmt, wobei ein Körper aus mehreren Flächen bestehen

Abb. B.II.07: ERM zum Flächenmodell

kann, eine Fläche aber jeweils zu einem bestimmten Körper gehört. Eine Fläche kann von mehreren Kanten begrenzt sein, und eine Kante kann durch Schnitt oder Aneinanderstoßen mehrerer Flächen entstehen. Damit besteht eine n:m-Beziehung zwischen Flächen und Kanten. Die Beziehung zwischen Kante und Punkt ist wie bei dem Kantenmodell vom Typ n:m.
Beim Volumenmodell (vgl. Abb. B.II.08), das als durch logische Operationen verbundene Basiskörper definiert ist, ergibt sich zunächst eine Art Stücklistenstruktur zur Beschreibung der Zusammensetzung aus Basiselementen. Diese werden mit einer Boolschen Operation verknüpft. Insgesamt ist die Beziehung vom Typ n:m:p. Standardbasiselemente sind dabei Zylinder, Würfel usw., die zu komplexeren Einheiten zusammengesetzt werden.

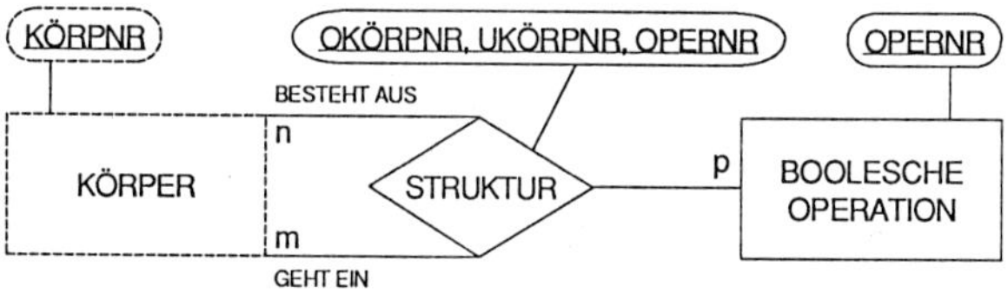

Abb. B.II.08: ERM zum Volumenmodell

B.II.1.3.2 Datenmodell

Die entwickelten Datenstrukturen des Flächen- und des Volumenmodells werden als Relationenmodell dargestellt.

FLÄCHENMODELL

R. KÖRPER (KÖRPNR)
R. FLÄCHE (FlächenNr, Bezeichnung, ...)
R. KANTE (KantenNr, Typ, Beschreibung, ...)
R. PUNKT (PunktNr, Typ, X-Y-Koordinaten, ...)
R. KÖRPER-FLÄCHE (KÖRPNR, FlächenNr)
R. KANTE-FLÄCHE (FlächenNr, KantenNr, ...)
R. KANTE-PUNKT (KantenNr, PunktNr, ...)

VOLUMENMODELL

R. BOOLESCHE OPERATION (OPERNR, ...)
R. KÖRPER (KÖRPNR, ...)
R. STRUKTUR (OKÖRPNR, UKÖRPNR, OPERNR, Parameter, ...)

Abb. B.II.09: Relationenmodell: Flächenmodell und Volumenmodell

Beim Relationenmodell ergeben sich beim Flächenmodell die auf die jeweiligen Geometrieobjekte bezogenen Relationen R. KÖRPER, R. FLÄCHE, R. KANTE und R. PUNKT. Diese sind jeweils durch einfache Schlüsselattribute zu identifizieren. Die drei Relationen R. KÖRPER-FLÄCHE, R. KANTE-FLÄCHE und R. KANTE-PUNKT stellen jeweils die Beziehungen zwischen den Geometrieobjekten her.
Beim Volumenmodell sind zwei einfache Relationen für die Art der Boolschen Operationen und die Körper definiert, die durch die Strukturbeziehungen verbunden werden.

B.II.1.3.3 Beispiel

Die Zusammenhänge werden an einem einfachen Beispiel, dem Ausschnitt eines Flächenmodells, in dem lediglich eine Fläche durch Kanten und Punkte beschrieben wird, als Relationenmodell demonstriert. Das Beispiel ist selbsterklärend (vgl. Abb. B.II.10).

B.II.1.4 Beziehungen zur Stücklistenverwaltung

Bei einer Konstruktion kann der Konstrukteur auf eine Bibliothek mit geometrischen Standardelementen (Kreis, Gerade, Kegel, Quader, ...) zugreifen und durch Aktivierung einer Funktion des Grafiktabletts auf den Bildschirm projizieren.
Daneben wird eine Bibliothek für Standardteile, darunter auch Normteile, gepflegt, die ebenfalls in eine Zeichnung durch Kopieren übernommen werden. Besonders wichtig ist aber auch die Nutzung selbst angelegter Zeichnungen, z. B. bei kundenauftragsbezogener Fertigung.
Bei jeder Konstruktion sollte sich der Konstrukteur vergewissern, ob ein gleiches oder ähnliches Teil nicht bereits früher konstruiert wurde und somit dessen Zeichnung, Stücklistenbeschreibung usw. übernommen werden kann. Die Vermeidung von Mehrfacharbeiten ist die wesentliche Quelle der Wirtschaftlichkeit von CAD-Systemen. So ist deshalb ihr Einsatz bei Änderungskonstruktionen auch höher als bei Neukonstruktionen (vgl. *Anselstetter, Nutzeffekte der Datenverarbeitung 1986, S. 83*). Die Suche nach ähnlichen Teilen ist deshalb für die Beurteilung der Qualität der Computerunterstützung von Konstruktionsvorgängen sehr wesentlich. Dieses setzt voraus, daß vom Arbeitsplatz des Konstrukteurs aus auch die Stücklistendaten mit EDV-Unterstützung der Ähnlichkeitssuche erreichbar sind. Zur Ähnlichkeitssuche kann einmal ein Klassifizierungssystem über das Teilespektrum gelegt werden (bekannt dafür ist z. B. der Aachener-Opitz-Schlüssel, vgl. *Opitz, Klassifizierungssystem 1966*). Ähnlichkeiten innerhalb der Teile können durch Anwendung statistischer Verfahren wie Clusteranalyse usw. ermittelt werden. Falls in großem Umfang Textinformationen zur Beschreibung von Teilen benötigt werden, können auch Text-Retrieval-Systeme eingesetzt werden.

Beispiel: Darstellung einer Fläche durch Kanten und Punkte (Ausschnitt aus Flächenmodell)

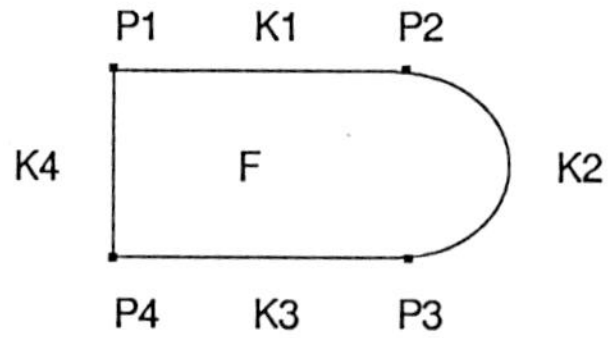

R. FLÄCHE	Flächen-nummer	Bezeichnung
	F	Brett
R.PUNKT	Punkt-nummer	Typ
	P1 P2 P3 P4	Eckpunkt Eckpunkt Eckpunkt Eckpunkt
R.KANTE-PUNKT	Kanten-nummer	Punkt-nummer
	K1 K1 K2 K2 K3 K3 K4 K4	P1 P2 P2 P3 P3 P4 P1 P4
R.KANTE	Kanten-nummer	Typ
	K1 K2 K3 K4	Gerade Bogen Gerade Gerade
R.KANTE-FLÄCHE	Flächen-nummer	Kanten-nummer
	F F F F	K1 K2 K3 K4

Abb. B.II.10: Darstellung einer Fläche durch Kanten und Punkte im Flächenmodell

Wird anhand eines statistischen Verfahrens von jedem Teil ausgehend seine Ähnlichkeit zu anderen festgestellt, so bildet dieses eine n:m-Beziehung innerhalb des Teile-Entitytyps, wie sie auch durch die Stücklistenstruktur gegeben ist.
Bei Anwendung eines Klassifizierungssystems kann eine Beziehung zwischen den Teilen und bestimmten Merkmalen hergestellt werden. Da ein Merkmal in mehreren Teilen vorkommt und auch ein Teil mehrere Merkmale besitzen kann, bildet dieses System eine m:n-Beziehung, wie sie in Abb. B.II.11 dargestellt ist (vgl. zur Materialklassifikation auch die Ausführungen im Rahmen der Beschaffung B.III.1.1.1).

Abb. B.II.11: ERM zur Teileklassifizierung

Durch logische Verknüpfungen unterschiedlicher Merkmale kann ein Suchprozeß gestartet werden. Die zweite Verbindung zwischen CAD und Stücklistenverwaltung wird durch die enge Verbindung von Zeichnungs- und Stücklistendaten hergestellt. Während des Konstruktionsvorgangs entwickelt der Konstrukteur die Zusammensetzung eines Teils aus Komponenten und Materialien. Damit legt er faktisch die Baukastenstückliste für das zu entwickelnde Teil fest. Besonders deutlich wird diese Struktur bei Zusammenbau-, Montage- oder Explosionszeichnungen.
In Abb. B.II.12,a (Quelle: IBM) und B.II.12,b ist für den einfachen Fall einer Kugellagerung die Zusammensetzung aus mehreren Komponenten, wie sie in einer Baukastenstückliste erfaßt wird, dargestellt.

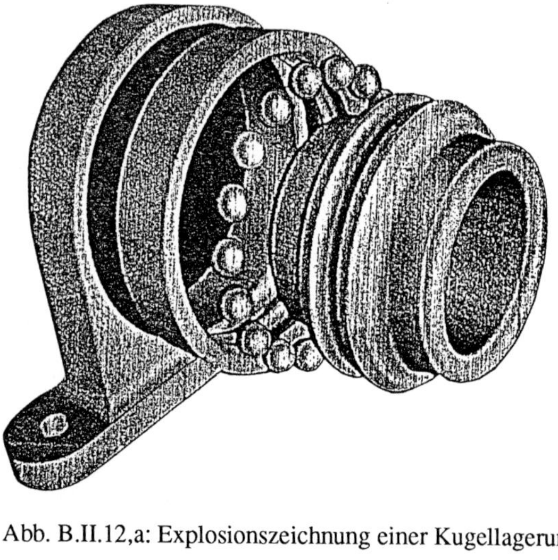

Abb. B.II.12,a: Explosionszeichnung einer Kugellagerung

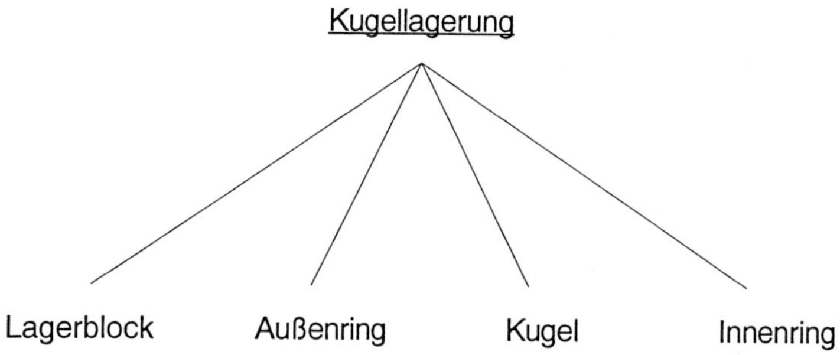

Abb. B.II.12,b: Stücklistenstruktur einer Kugellagerung

Damit ist eine enge Verbindung zwischen der bisher für die Produktionsplanung angelegten Stücklistendatenstruktur und den geometrisch orientierten Daten der Produktdarstellung gegeben. In Abb. B.II.13 ist dieser Zusammenhang dargestellt. Ein Teil kann dabei in mehreren Zeichnungen enthalten sein, und umgekehrt können in einer Zeichnung mehrere Teile dargestellt werden. Bei enger Betrachtung gilt dieser Zusammenhang nur für eigenerstellte Teile, also eine Untermenge des Entitytyps TEIL. Allerdings können auch für fremdbezogene Teile Zeichnungen verwaltet werden, um beispielsweise bei Änderungen, auftretenden Fehlern usw. nähere Informationen zu besitzen.

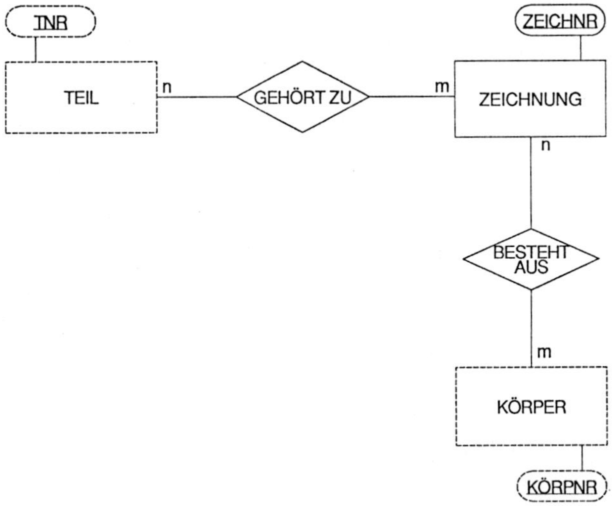

Abb. B.II.13: ERM zur Verbindung der Stücklistendaten mit den Geometriedaten

Es ist eine besondere Eigenart der Geometriedaten, daß eine Zeichnung in mehreren Entstehungs- oder Ansichtsversionen existiert, wodurch sich die Entityausprägungen stark vervielfachen.

In einer Zeichnung können mehrere Körper dargestellt werden. Bei einer redundanzfreien Verwaltung geometrischer Daten, in denen Körper als Einheiten gespeichert sind, kann eine Zeichnung aus mehreren Körpern zusammengesetzt werden, andererseits ein Körper auch in mehrere Zeichnungen eingehen. Die n:m-Beziehung zwischen Zeichnung und Körper kann damit weitgehend mit der n:m-Beziehung der Stücklistenstruktur übereinstimmen. In diesem Fall würde die Zeichnung ein (komplexes) Teil repräsentieren und die Körper die jeweils untergeordneten Komponenten.

Aufgrund dieser Zusammenhänge zwischen Zeichnung und Körper kann die Datenstruktur der Stücklisten aus der Zeichnung generiert werden. Allerdings werden dabei lediglich die Strukturinformationen, d. h. die Zusammensetzung eines übergeordneten Teils aus den Komponenten (Körpern) mit den Produktionskoeffizienten, erfaßt. Weitere planungsbezogene Daten wie Kosten, Durchlaufzeiten usw. müssen weiterhin von der für die Stücklistenverwaltung zuständigen Organisationseinheit (im allgemeinen die Arbeitsvorbereitung) hinzugefügt werden.

Eine weitgehend einheitliche Verwaltung der Grunddaten der Stücklisten stößt aber heute noch auf Schwierigkeiten. Es sind nicht nur die Datenstrukturen auf der logischen Ebene zu integrieren, sondern auch die Hardwaresysteme zu verbinden, Hemmnisse unterschiedlicher Betriebssysteme und Datenbanksysteme zu überwinden. Die Begründung einer einheitlichen Datenverwaltung besteht weniger in der Vermeidung von Datenredundanzen zur Verringerung von Speicherkosten, als vielmehr in der Forderung nach einer einheitlichen Datenorganisation zur Sicherung der Datenintegrität. Dieses bedeutet z. B., daß die Verantwortlichkeiten für Pflegedienste mit automatischer Kontrolle und Sicherung der Plausibilitätsprüfungen geregelt ist. Weiter ist eine (logisch) einheitliche Datenverwaltung zwischen CAD und PPS Voraussetzung für eine organisatorisch engere Verkettung der betriebswirtschaftlichen und technischen Abläufe, wie sie das CIM-Konzept fordert. Hieraus folgt auch die Konzeption, für beide Bereiche ein einheitliches Datenbanksystem einzusetzen, zumal der Einsatz von Datenbanksystemen im PPS-Bereich bereits als Standard anzusehen ist.

Es hat sich allerdings gezeigt, daß der Einsatz der klassischen Datenbanksysteme für sogenannte Nicht-Standard-Anwendungen (vgl. *Hübel, Datenbankorientierter 3-D-Bauteilmodellierer 1985, S. 1*) zu erheblichen Performance-Problemen führt. Aus diesem Grunde wird im CAD-Bereich häufig noch mit konventioneller Dateiorganisation gearbeitet. Bezüglich des Datenbankeinsatzes zeichnen sich die CAD-Anwendungen durch folgende Besonderheiten aus:

- Die Datenstrukturen sind sehr komplex, wobei nur wenige gleichartige Datenobjekte auftreten. Bei klassischen PPS-Anwendungen sind die Datenstrukturen einfacher, wobei eine Vielzahl gleichartiger Datenobjekte zu verwalten ist.
- Bei der Erstellung von Zeichnungen entstehen Entwurfsvarianten, die in ihrem historischen Entstehungsprozeß verwaltet werden müssen. Bei klassischen PPS-Anwendungen ist dagegen die Änderungshistorie von Datenbeständen in ihrer zeitlichen Verfolgung unwichtiger.
- Die Transaktionen innerhalb eines Entwurfsprozesses können von außerordentlich langer zeitlicher Dauer sein (z. B. kann sich der Entwurf einer Zeichnung über mehrere Tage hinweg vollziehen). Bei PPS-Systemen ist dagegen eine Transaktion, die jeweils eine Datenbank von einem konsistenten Zustand in einen anderen konsistenten Zustand überführt, lediglich im Sekundenbereich zu sehen.

- Bei der Erstellung von Geometriedaten sind vielfältige komplizierte Konsistenzbedingungen, die sich aus Konstruktionsvorschriften und aus der Einhaltung von Verfahrensablaufplänen ableiten, zu beachten. Im Gegensatz dazu sind die Konsistenzbedingungen in PPS-Systemen wesentlich einfacher.

Diese aufgeführten Bedingungen verbieten es, unkritisch die Übernahme von Standarddatenbanksystemen für den Geometriebereich zu fordern. Dieses gilt auch bereits für den Entwurf der Datenstrukturen und den Einsatz von Datenmodellen. Es hat sich zwar gezeigt, daß das ERM grundsätzlich zum Entwurf geometrischer Strukturen geeignet ist, allerdings wurden die oben genannten Besonderheiten nicht einbezogen. Ähnliches gilt für die Eignung der Datenmodelle.
Zur stärkeren Einbeziehung der CAD-Besonderheiten bieten sich zwei Möglichkeiten an. Einmal können die Standard-Datenmodelle um Zusätze zur Verwaltung von CAD-Daten erweitert werden, oder es können auf den CAD-Anwendungsfall bezogene neue Datenmodelle entwickelt werden. Der erste Fall besitzt den Vorteil, daß eine leichtere Durchgängigkeit zu den klassischen Datenbankanwendungen im PPS-Bereich ermöglicht wird. Allerdings sind weiterhin einige Nachteile (z. B. bei der Performance) in Kauf zu nehmen. Bei der dedizierten Entwicklung von neuen Datenmodellen und darauf aufbauend neuen Datenbanksystemen können die spezifischen Probleme adäquater berücksichtigt werden. Dies führt dann allerdings auch zum Einsatz dedizierter Datenbanksysteme, die nur schwierig mit vorhandenen Anwendungen verknüpft werden können.
Eine Lösung dieses Problems kann auch darin bestehen (vgl. *Fischer, Datenbank-Management in CAD/CAM Systemen, o. J., Abb. 3; Dittrich u. a., Datenbankunterstützung für den ingenieurwissenschaftlichen Entwurf 1985*), einen gemeinsamen Datenbankkern zu definieren, der für die unterschiedlichen Anwendungen durch Softwareaufsätze erweitert wird. Dies bedeutet konkret, daß z. B. in einem relationalen Datenbanksystem zur Verwaltung von CAD-Daten spezielle Funktionen für die erweiterte Datenintegritätssicherung sowie für die besondere Behandlung von Transaktionen in CAD-Anwendungen vorgesehen werden.

B.II.1.5 CAD-Standard-Schnittstellen

Da die rechnerinterne Abbildung von Geometrieelementen in verschiedenen CAD-Systemen unterschiedlich ist (selbst bei gleichem geometrischem Modell), ist der direkte Austausch von Daten zwischen verschiedenen CAD-Systemen problematisch, da zwischen den Elementen der verschiedenen Datenmodelle keine 1:1-Beziehung bestehen muß, sondern 1:n- oder sogar n:m-Beziehungen möglich sind. Aus diesem Grunde werden Standardschnittstellen entwickelt, in die die Daten eines CAD-Modells zunächst transformiert werden, um dann von diesem "Standardformat" in ein anderes System umgewandelt zu werden (vgl. *Sorgatz/Hochfeld, Austausch produktdefinierender Daten 1985*). Bekannte Schnittstellen sind das IGES-Format (IGES = Initial Graphics Exchange Standard), das bereits 1981 als ANSI-Norm herausgegeben wurde, das französische System SET oder die vom Verband der deutschen Automobilindustrie

(VDA) entwickelte Freiformflächenschnittstelle VDA-FS und der angestrebte internationale Standard STEP (vgl. *Grabowski/Glatz, Schnittstellen 1986*).
Die Umwandlung von Zeichnungen eines CAD-Systems A in das Standardformat wird von einem sogenannten Preprozessor, der zu dem sendenden System gehört, vollzogen und die Transformation aus dem Standardformat in das Zeichnungsformat des empfangenden CAD-Systems von einem sogenannten Postprozessor (vgl. dazu Abb. B.II.14).

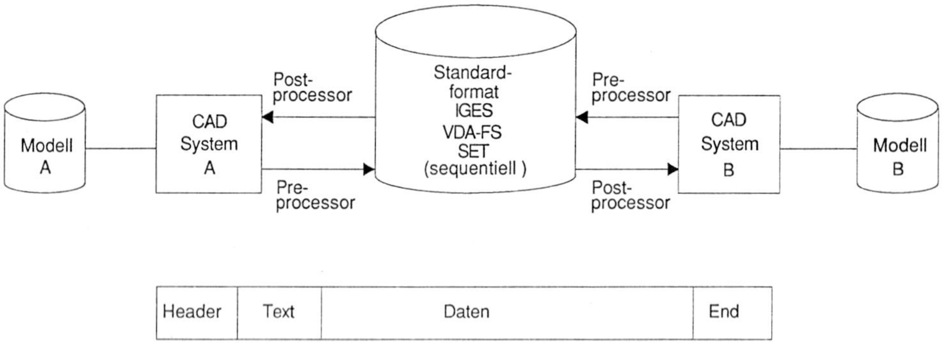

Abb. B.II.14: CAD-Schnittstellen

Damit also zwei CAD-Systeme miteinander kommunizieren können, müssen jeweils entsprechende Pre- und Post-Prozessoren für die beiden Richtungen zum Standardformat bereitgestellt werden. Die Schnittstelle selbst ist relativ einfach gehalten und besteht zum Beispiel bei dem System IGES aus Sätzen von jeweils 80 Zeichen im ASCII-Format. Jeder Satz besitzt dabei den Aufbau: Start, Global Directory Entry, Parameter Data, Terminate. IGES ist zunächst für zweidimensionale Datenmodelle entwickelt und später auf dreidimensionale Drahtmodelle ausgedehnt worden. Ein Austausch von Volumenmodellen ist nicht möglich.
Die grundsätzliche Problematik kann anschaulich an der Abb. B.II.15 dargestellt werden. Sie zeigt die Beziehungen des Datenmodells der VDA-FS-Schnittstelle zu dem CAD-System STRIM 100 (vgl. *Rausch/de Marne, VDA-Flächenschnittstelle 1985*). Zwischen den Elementen der Datenmodelle bestehen vielfältige logische Beziehungen. Beispielsweise wird das Element "master dimension" innerhalb des VDA-FS-Modells durch einen isolierten Punkt und eine isolierte Linie innerhalb des STRIM 100-Modells dargestellt. In Abb. B.II.16 ist diese Problematik an einem einfachen Beispiel verdeutlicht. Der in einem System als Element definierte Pfeil ist in dem zweiten CAD-System nicht existent, so daß der Pfeil in seine Komponenten aufgelöst werden muß. Die Nichtübereinstimmung der Datenmodelle ist eine Ursache dafür, daß bei der Transformation über eine Standardschnittstelle ein erheblicher Informationsverlust eintreten kann. Aus diesem Grunde müssen die übertragenen Daten zum Teil manuell am Terminal nachbereitet werden.
Die vom Verband der deutschen Automobilindustrie entwickelte VDA-Freiformflächenschnittstelle dient vor allen Dingen zum Austausch von Oberflächendaten, die z. B. für die Erstellung von

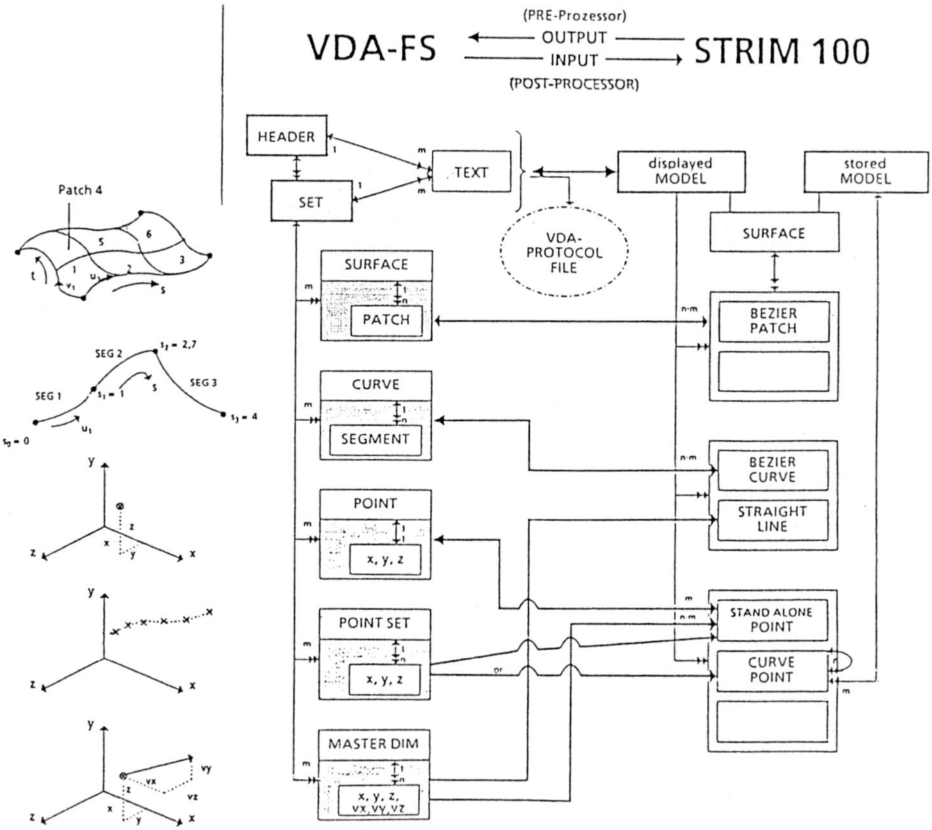

Abb. B.II.15: Datenaustausch zwischen VDA-FS und STRIM 100

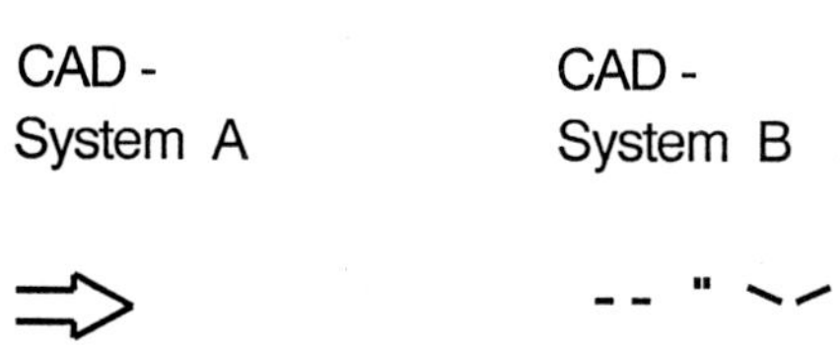

Abb. B.II.16: Darstellungsformen in CAD-Systemen

Werkzeugen für Karosserieteile geeignet sind (vgl. *Encarnãçao, CAD-Handbuch 1984, S. 53*). Obwohl die Schnittstellen noch erhebliche Mängel aufweisen, zeigen sie doch einen Weg, Daten innerhalb eines Betriebes zwischen unterschiedlichen CAD-Systemen bzw. auch im überbetrieblichen Kommunikationsprozeß (z. B. zwischen Herstellern und Zulieferern innerhalb der Automobilindustrie) auszutauschen (vgl. *Schwindt, CAD-Datenaustausch 1986*).

B.II.1.6 Verarbeitungsform von CAD

Der computerunterstützte Konstruktionsprozeß ist von vornherein auf eine hohe interaktive Verarbeitung ausgelegt. Im Vordergrund steht bei allen Design-Schritten die Abwandlung von Lösungen bis hin zu einem interaktiven Entscheidungsprozeß (vgl. Abb. B.II.17). Hierbei werden nicht nur ökonomische Fragen einbezogen, sondern auch technische Alternativen bewertet, um zu einer "optimalen" Lösung zu gelangen. Hohe Rechenzeiten zur Durchführung mathematischer Operationen oder zum Aufbau komplizierter dreidimensionaler Bilder können Batchverarbeitungsvorgänge erfordern. Diese werden dann im Dialog gestartet und laufen als Hintergrundprozesse des CAD-Rechners ab.

Aufgabe	Teilfunktion	Dialogursache				Batch
		Aktualität	Plausibilität	Iterative Abwandlung	Interaktiver Entscheidungsprozeß	
CAD	(Detail-) Konstruktion		x	x	(x)	
	Simulation			(x)	(x)	
	Berechnungen			(x)		x

Abb. B.II.17: Dialogursachen von Funktionen des CAD

Zur Benutzerschnittstelle zwischen Konstrukteur und EDV-System werden besonders geeignete Instrumente wie Grafiktablett, Lichtgriffel oder Maustechnik eingesetzt. In Abb. B.II.18 ist der

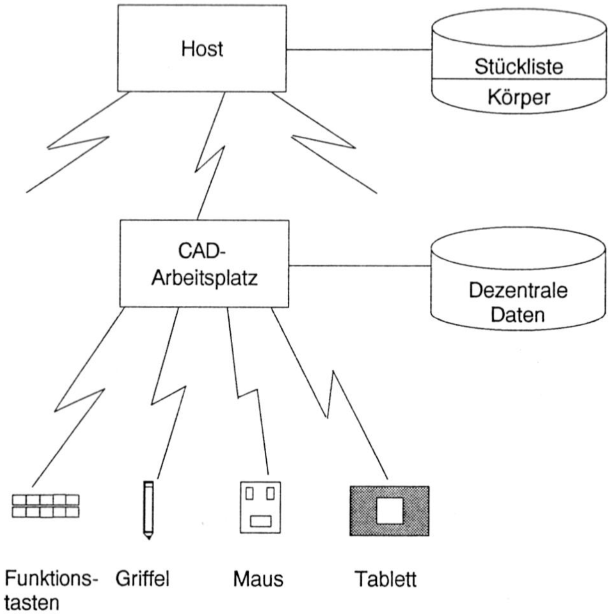

Abb. B.II.18: Aufbau eines CAD-Arbeitsplatzes

Einsatz eines Grafiktabletts, dessen Funktionen über einen Lichtgriffel aktiviert werden können, dargestellt.
Auf dem Grafiktablett sind Standardkomponenten (Konturen usw.) angegeben, die in eine aktuelle Zeichnung kopiert werden können.
Zur Darstellung der Zeichnungen muß ein hoch auflösender Bildschirm mit bis zu mehreren Millionen Bildpunkten zur Verfügung stehen. Zur Verbesserung der Antwortzeiten werden systemtechnische Funktionen der Bildschirmsteuerung und zunehmend auch Anwendungsfunktionen in den Arbeitsplatzrechner (Workstation) des CAD-Systems verlagert.

B.II.1.7 Ablaufsteuerung von CAD

B.II.1.7.1 Funktionsebenenmodell: Dezentralisierung

Bezüglich des Einsatzes von Arbeitsplatzrechnern (Workstations) ist das Gebiet CAD besonders geeignet (vgl. Abb. B.II.19). Hier haben sich allein aus hardware-technischen Gründen des Einsatzes von Grafikbildschirmen frühzeitig eigene Arbeitsplatzrechner durchgesetzt, wobei diese als stand-alone-Systeme oder in Verbindung mit Großrechnern eingesetzt werden. In die Arbeitsplatzrechner werden mehr und mehr Verarbeitungsfunktionen übernommen. Dieses betrifft einmal Funktionen der Bildaufbereitung, zum anderen aber auch die Unterstützung des Konstruktionsvorganges selbst. Tendenziell wird lediglich auf einem Großrechner die Verwaltung der Geometrie- und Stücklisteninformationen angesiedelt sein, während - bis auf außergewöhnlich umfangreiche Rechenfunktionen - nahezu alle CAD-Funktionen in Arbeitsplatzrechner hineinwandern. Die wesentlichen Gründe für die Verlagerung von Verarbeitungsfunktionen in Workstations ist die Nutzung der dort angebotenen hochauflösenden Grafik-Terminals, die Entlastung des Großrechners, die höhere Benutzernähe und die Unterstützung dezentraler organisatorischer Maßnahmen. Bezüglich der Hardwareeigenschaften ist vor allen Dingen der Anschluß unterschiedlicher Plotter und Eingabemedien (Lichtgriffel, Maus und Grafikmenü usw.) hervorzuheben (vgl. Abb. B.II.18).
Der Arbeitsplatzrechner (Engineering Workstation) ist in der Regel ein leistungsfähiger Mikrocomputer.
Auf Mikrocomputern (PC's) werden auch selbständige Systeme angeboten (z. B. AUTO-CAD), deren Funktionsumfang zunehmend an die von Großsystemen heranragt und ebenfalls über Standardschnittstellen (Filetransfer, Terminalemulation) mit Host-Rechnern verbunden werden können. Es zeichnet sich ab, daß die gleiche Systemoberfläche eines CAD-Systems - allerdings mit abnehmendem Funktionsumfang - vom Großrechner über Minirechner bis zum PC zur Verfügung stehen wird.

Aufgabe	Teilfunktion	Dezentralisierungs-kriterium	E = Ergänzung I = Integriert	PC-Eignung			Nutzung von PC-Eigenschaften					
				Daten-bedarf	lokale Dialog-intensität	PC-Eignung	Hardware	System-software	Anwen-dungs-software	Benutzer-sicht	Organi-sation	Priorität des PC-Einsatzes
CAD	(Detail-) Konstruktion	Teile/Funktionen	I	Z/D	H	H	H	m	-	H	H	H
	Simulation	Teile/Funktionen	I	Z/D	H	H	H	m	-	H	H	H
	Berechnungen	Teile/Funktionen	I	Z/D	H	H	H	m	-	H	H	H

Abb. B.II.19: Bewertung der Auslagerung von Funktionen des CAD auf Workstations

B.II.1.7.2 Ereignissteuerung

In Abb. B.II.20 sind die Ereignisdaten eingetragen, die mit der Konstruktion verbunden sind. Die Konstruktion bekommt Aufträge für Neu- oder Änderungskonstruktionen in Form von Anforderungen aus Betrieb, Vertrieb und Arbeitsvorbereitung in einer Ereignisdatenbank überstellt. Neben den Teilenummern, die Grundlage des Anstoßes und der Überwachung der auszuführenden Tätigkeiten sind, werden nähere Beschreibungen in Form von Papierunterlagen oder Gesprächen weitergegeben.

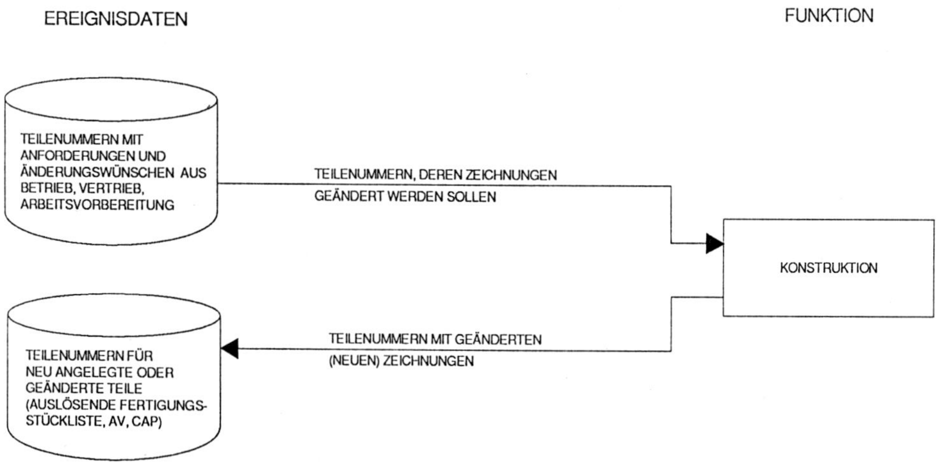

Abb. B.II.20: Ereignissteuerung der Konstruktion

Der Konstruktion werden von der Stücklistenverwaltung noch freie Nummernbereiche für die Teilenumerierung zur Verfügung gestellt, um eine Mehrfachvergabe von Teilenummern zu verhindern.

Nach Durchführung der Konstruktion werden die Nummern neuer oder geänderter Teile in einer Ereignisdatenbank der Arbeitsvorbereitung, Normung und Arbeitsplanung zur Vervollständigung und Weiterbearbeitung der Stücklisten überstellt.

Auf eine detaillierte Darstellung der Ereignisdatenbanken, wie sie z. B. innerhalb der Konstruktionsprozesse zur Steuerung von Berechnungen usw. gebildet werden können, wird hier verzichtet.

B.II.2 Computer Aided Manufacturing (CAM)

Der Begriff CAM (Computer Aided Manufacturing) wird nicht einheitlich verwendet. Teilweise wird er lediglich auf die Steuerung von computergestützten Transport-, Lager- und Produktionsmaschinen bezogen, andererseits wird er auch weit gefaßt und mit Funktionen der Fertigungssteuerung belegt, die hier dem Begriff Produktionsplanung und -steuerung untergeordnet wurden. Die im folgenden verwendete Begriffsdefinition folgt mehr der ersten Variante. Der Begriff der computergestützten Arbeitsplanung (CAP), insbesondere die Erstellung von NC-Programmen, besitzt dabei sowohl eine enge Verbindung zum Computer Aided Design (CAD) als auch zu den der Steuerung nahestehenden Anwendungen des CAM. Er kann aber auch als selbständiger Begriff gelten.
Die Datenstrukturen werden zunächst nach den Teilfunktionen des CAM entwickelt. Anschließend werden sie zu einer Gesamtstruktur integriert. Anhand dieser integrierten Betrachtung wird auch die Ablaufsteuerung behandelt.

B.II.2.1 Computergestützte Arbeitsplanung

Der Arbeitsplan beschreibt die Umwandlung eines Werkstückes vom Rohzustand in seinen Fertigzustand. Ausgangspunkt können dabei ein einzelnes Material oder bei montageorientierten Tätigkeiten bereits selbstgefertigte Baugruppen und Einzelteile sein. Der Arbeitsplan enthält die Vorgangsfolge zur Fertigung eines Teiles, ordnet den Vorgängen Betriebsmittel zu und gibt Vorgabezeiten und Lohngruppen an.
Ausgangsbasis für die Erstellung des Arbeitsplanes sind geometrische und technologische Angaben. Die geometrischen Angaben werden den in der Konstruktion erstellten Zeichnungen entnommen. Gleichzeitig können diese auch technologische Daten enthalten, z. B. über Materialeigenschaften, Toleranzen, Oberflächeneigenschaften des Werkstücks usw. Teilweise ist die Erstellung der technologischen Information aber auch Gegenstand der Arbeitsplanung selbst. Darüber hinaus bilden die Stücklisten eine wichtige Arbeitsunterlage.
Bei der computergestützten Arbeitsplanung ist zu unterscheiden, ob der Arbeitsplan für eine konventionelle Fertigung erstellt wird oder für computergesteuerte Produktionsanlagen (NC-Maschinen). Im zweiten Fall wird der Arbeitsplan durch NC-Programme ersetzt bzw. ergänzt.

B.II.2.1.1 Arbeitsplanung für konventionelle Bearbeitung

B.II.2.1.1.1 Entwurf der Datenstruktur

Bei konventioneller Fertigung wird ein Arbeitsplan erstellt, wie er bereits in der Zeitwirtschaft in Abb. B.I.90 vorgestellt wurde. Neben den Daten der Konstruktion, also Zeichnung und Konstruktionsstückliste, wird auf vielfältige andere Datenquellen des Fertigungsbereichs zugegriffen (vgl. Abb. B.II.21, aus: *Wievelhove, Arbeitsplanerstellung für Varianten 1976*).

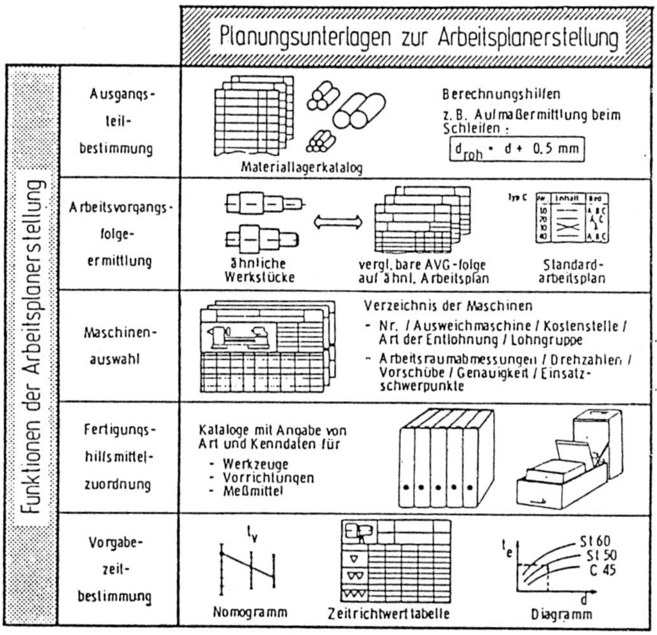

Abb. B.II.21: Planungsunterlagen zur Arbeitsplanerstellung

Über die Suche ähnlicher Teile in der Teiledatenbank kann durch Zugriff auf deren Arbeitspläne ein Arbeitsplan erzeugt werden, der die grundsätzlichen Vorgangsfolgen enthält und nur noch modifiziert werden muß. Auch können Standardarbeitspläne geführt werden, die für Teilefamilien typisch sind und Ausgangspunkt der Erstellung eines konkreten Arbeitsplans sind. Damit bilden die Stücklistenverwaltung und die Arbeitsplanverwaltung selbst wesentliche Informationsfunktionen für die Erstellung neuer Arbeitspläne.

Aber auch die anderen Grunddaten eines PPS-Systems (vgl. Abb. B.I.141) werden genutzt. Bei der Auswahl der einzusetzenden Werkstoffe kann auf einen Werkstoffkatalog zurückgegriffen werden, in dem Eigenschaften wie Festigkeit, Oberflächenart, Gießbarkeit, Schweißbarkeit, Streckgrenzen usw. erfaßt sind.

Hierzu können Werkstoffe als gesonderte Entitytypen geführt werden. Zur Vereinfachung wird hier aber angenommen, daß die Werkstoffe in dem Entitytyp TEIL bzw. dem Subtyp FREMDTEIL enthalten sind.
Zur Festlegung der einzusetzenden Maschine wird auf die Betriebsmittelgruppendaten zugegriffen. Ebenso werden Eigenschaften der Werkzeuge den Werkzeugdaten entnommen. Zur Ermittlung der Vorgabezeiten werden Nomogramme, Zeitrichtwerttabellen und Diagramme eingesetzt. Diese Informationen können ebenfalls elektronisch gespeichert werden, typisch hierfür sind aber auch Speicherungsformen wie Mikrofilm oder auch Papierunterlagen.
Alle angeführten Unterlagen wie Arbeitspläne, Teile, Betriebsmittelgruppen und Werkzeuge sind als Entitytypen bereits in den behandelten Datenstrukturen definiert worden und brauchen deshalb nicht neu eingeführt zu werden.
Lediglich die für die Ermittlung von Vorgabezeiten benötigten Unterlagen sind neu aufzunehmen. Hierzu ist eine genauere Spezifikation des eingesetzten Verfahrens zur Arbeitsplanung erforderlich (z. B. REFA oder System der vorbestimmten Zeiten nach MTM).
Die Erstellung eines Arbeitsplans zeigt das Nassi-Shneiderman-Diagramm in Abb. B.II.22.

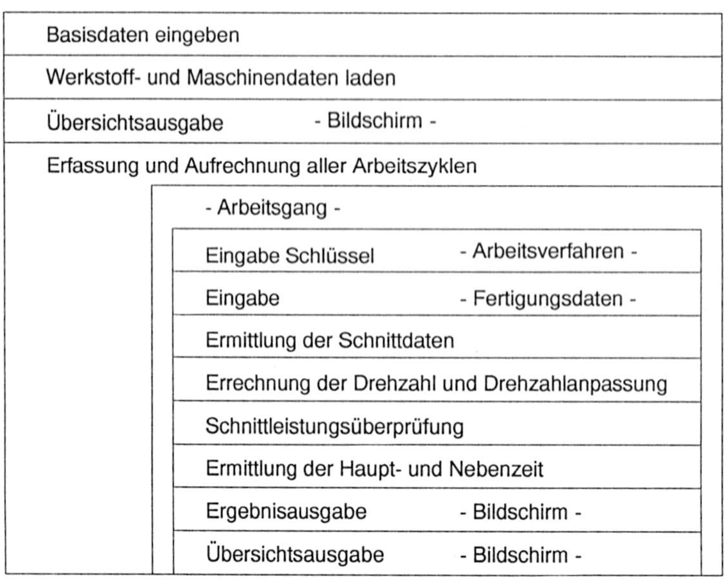

Abb. B.II.22: Struktogramm zur Erstellung eines Arbeitsplanes

Da diese Fagen nicht weiter verfolgt werden sollen, wird die Erweiterung der Datenstruktur nur angedeutet. Dazu wird mit dem Beziehungstyp VORGABEZEITELEMENTE eine n:m-Beziehung zwischen BETRIEBSMITTELGRUPPE und TECHNISCHES VERFAHREN hergestellt (Abb. B.II.23). Je nach Differenzierungsgrad muß diese noch um Beziehungen zu WERKZEUG und MATERIAL (FREMDTEIL) erweitert werden.

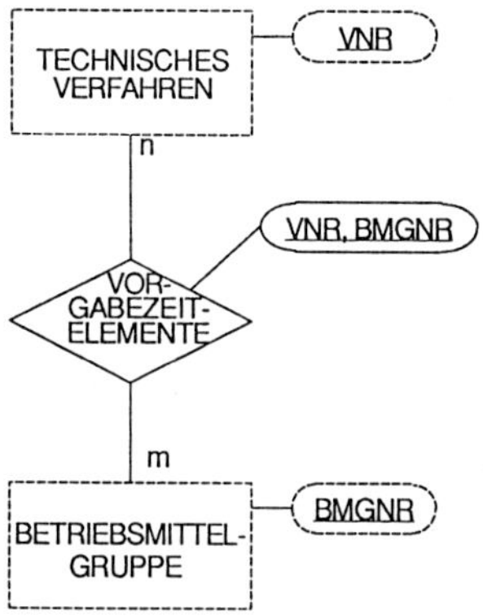

Abb. B.II.23: ERM zur Arbeitsplanung für konventionelle Bearbeitung

B.II.2.1.1.2 Datenmodell

Die Erweiterung der Datenstruktur ist in Abb. B.II.24 als Relationenmodell dargestellt.

R. TECHNISCHES VERFAHREN (VNR, ...)
R. BETRIEBSMITTELGRUPPE (BMGNR, ...)

R. VORGABEZEITELEMENTE (VNR, BMGNR, Hauptzeit, Nebenzeit, ...)

Abb. B.II.24: Relationenmodell: Arbeitsplanung (Erweiterung)

B.II.2.1.2 Arbeitsplanung für NC-Maschinen

Unter computergesteuerten Produktionsanlagen werden Werkzeugmaschinen und Handhabungsgeräte verstanden, bei denen Computer Wege- und Schaltinformationen übertragen und in Form von Anweisungen entsprechende Bewegungs- und Schaltfunktionen auslösen. Die Wegsteuerung bedeutet, daß die Werkzeugwegberechnung entlang einer vorgegebenen Werkstückkontur oder Fläche (Geometriedaten) vom Rechner übernommen wird. Als Beispiele hierfür sind neben den klassischen NC- (Numerical Control) Maschinen die um Mikro-Computer erweiterten CNC- (Computerized NC), DNC- (Direct NC) und Robotersysteme zu nennen. Auf ihre Definition wird weiter unten eingegangen.
Während bei einer konventionellen Produktionsanlage die Steuerung der Maschinen von Menschen anhand der Informationen aus den Fertigungsunterlagen (Arbeitspläne und Zeichnungen) ausgelöst werden, werden bei computergesteuerten Produktionsanlagen diese Funktionen von Programmen initiiert. Damit übernehmen die Programme die Funktion der Informationsträger "Arbeitsplan" und "Zeichnung" sowie die des Maschinenführers, der diese Informationen in konkrete Steuerungs-

```
PARTNO/D-Welle
MACHIN/PP1
MACHIN/ZEISIG
MACHDT/30. 120 0.1. 3.5. 3000. 0.8. 200

CONTUR/BLANCO
BEGIN 0.0 YLARGE. PLAN. 0
RTG/DIA. 100
RTG/PLAN. 330
RTG/DIA. 0
TERMCO

SURFIN/FIN
CONTUR/PARTCO
L 1 = LINE/50. 25. 90. 30
FASE = LINE/ (POINT/310. 22) .ATANGL. 45
MO. M1. BEGIN/20.0.YLARGE.PLAN.20.BEVEL.3.ROUGH
RTG/DIA.40.ROUND.2
LFT/PLAN.50
RGT/L1
FWD/DIA.60.ROUND.4
LFT/PLAN.130
RTG/DIA.70.ROUND.2
LFT/PLAN.160
RTG(LINE/160.40.210.45)
M2.FWD/DIA.90
RTG/PLAN.230.ROUND.2
LFT/DIA.80
RGT/PLAN.250.ROUND.4
LFT/(LINE/250.35.280.30)
RTG/PLAN.280.ROUND.2
LFT/DIA.50
RGT/FASE.ROUGH
M3.RGT/PLAN.310.ROUGH
M4.RGT/DIA.0
TERMCO

PART/MATERL.203
CSRAT/60
CLOIST/2
OVSIZE/FIN.1
PLANE = TURN/SO.CROSS.TOOL.100.1.SETANG.180.ROUGH
SCHRU = CONT/SO.TOOL.200.2.SETANG.110.ROUGH.LONG
SCHL1 = CONT/SO.TOOL.200.2.SETANG.110.FIN.OSETNO.7

CHUCK/11.50.200.30.104.55
CLAMP/50
COOLNT/ON
WORK/PLANE
CUTLOC/BEHIND
CUT/M3.TO.M4
WORK/SCHRU.SCHL1
FDSTOP/PLANE.207
CUT M3.RE.M2
FDSTOP/NOMORE
CHUCK/222.50.200.30.94.70
CLAMP/245.INVERS
WORK/PLANE
CUTLOC/BEHIND
CUT/M1.RE.MO
WORK/SCHRU.SCHL1
CUT/M1.TO.M2
WORK/NOMORE
FIN
```

Abb. B.II.25: Aufbau eines NC-Programms

maßnahmen umsetzt. Ein NC-Programm kann somit auch als ein detaillierter Arbeitsplan angesehen werden, der über die Informationsfunktion hinaus auch Anweisungsfunktionen erfüllt.

B.II.2.1.2.1 Entwurf der Datenstruktur

Die für eine NC-Programmierung erforderliche Datenbasis ist ähnlich der einer manuellen Arbeitsplanung. Ausgangsinformationen sind Geometriedaten der Konturen, die für die Wege eines Werkzeugs benötigt werden, Technologiedaten wie Einspannungs- oder Schnittwerte, Werkzeugdaten, Betriebsmitteldaten und Werkstoffdaten. In Abb. B.II.25 (aus: *Scheer, Konstruktionsbegleitende Kalkulation in CIM 1985, S. 14*) ist der Aufbau eines NC-Programmes dargestellt.

Das NC-Programm besteht aus Anweisungen gemäß den geometrischen und technologischen Beschreibungen des Ausgangsteils, Fertigungsteils und Werkzeugs. Nach allgemeinen Angaben wird deshalb zunächst das Rohteil (geometrisch) beschrieben, dann folgt die Fertigteilbeschreibung. Geometriedaten werden der Datenstruktur des CAD-Systems entnommen. In der technologischen Beschreibung werden u. a. Schnittgeschwindigkeiten und Materialeigenschaften beschrieben. Der letzte Teil enthält die eigentlichen Steueranweisungen.

Viele der Beschreibungsdaten sind bereits in der entwickelten Datenstruktur erfaßt. Dieses gilt insbesondere für die geometrischen Daten, die bereits im CAD-System enthalten sind. Die automatische Übernahme dieser Daten ist eine der Hauptforderungen des CIM-Gedankens und wird mit der Abkürzung CAD/CAM-Kette bezeichnet. In Abb. B.II.26 ist der Fräserweg, bezogen auf den Mittelpunkt des Fräsers für die Umrißkontur eines Blechteiles angegeben. Das Beispiel bezieht sich

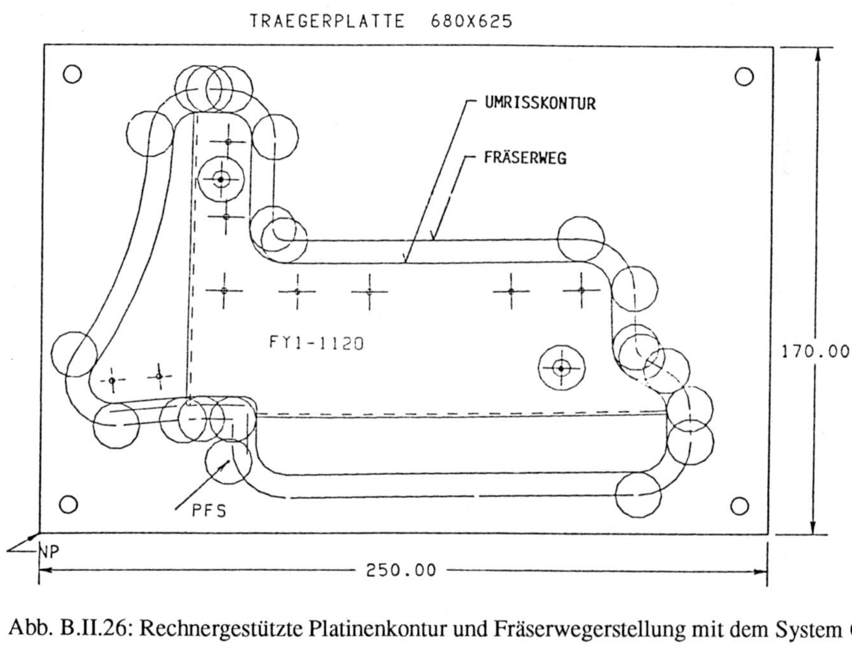

Abb. B.II.26: Rechnergestützte Platinenkontur und Fräserwegerstellung mit dem System CADAM

auf den gleichen Fertigungsvorgang wie Abb. B.I.124. Die Kreise bezeichnen die Positionierung des Fräsers an "kritischen" Punkten und verdeutlichen, ob der Fräser das Teil an ungewollten Stellen berührt.

Der logische Ablauf einer solchen CAD/CAM-integrierten NC-Programmerstellung ist in Abb. B.II.27 dargestellt.

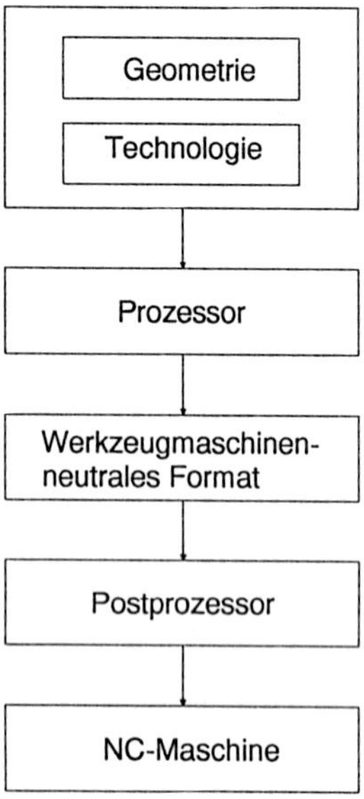

Abb. B.II.27: Logischer Ablauf einer CAD/CAM-integrierten NC-Programmerstellung

Den erforderlichen Datenfluß zwischen CAD und CAM bestimmen der Datenbedarf der Fertigung bezüglich der Geometrie, das Fertigungsverfahren sowie der Informationsgehalt des CAD-Systems (vgl. *Diedenhoven, Informationsgehalt von CAD-Daten 1985*). Hierbei sind nicht alle Geometrieinformationen für die Fertigung von Bedeutung (z. B. Schraffuren).

In Abb. B.II.28 (aus: *Diedenhoven, Informationsgehalt von CAD-Daten 1985, S. 59*) sind in Abhängigkeit der Steuerungsmöglichkeiten eines Fräsers, ausgedrückt durch die Anzahl anzusteuernder Achsen, die zu erzielenden Fertigungsergebnisse eines Werkstücks angegeben. Es zeigen sich mehr oder weniger große Abweichungen von der Sollform. Bei einer 5-Achsen-Steuerung, bei der jede beliebige Lage des Werkzeugs angesteuert werden kann, sind Abweichungen nur noch durch die endliche Ausdehnung des Werkzeugs bedingt. Je komplexer die Steuerungsmöglichkeiten sind, umso größer sind die Anforderungen an die Vollständigkeit der Geometriebeschreibung durch das CAD-System.

Da jede Fertigung im Prinzip volumenorientiert ist, sind für die vollständige Übernahme der Geometriedaten 3-D-CAD-Systeme erforderlich. Auch bei einer Fertigung von ebenen Blechteilen, bei der eine zweidimensionale Zeichnungsansicht auf den ersten Blick ausreicht, muß die dritte Dimension - die Dicke des Werkstücks - bekannt sein. Aus diesem Grund müssen bei Vorhandensein eines 2-D-Systems häufig fehlende Geometrieangaben für die NC-Steuerung (interaktiv) ergänzt werden.

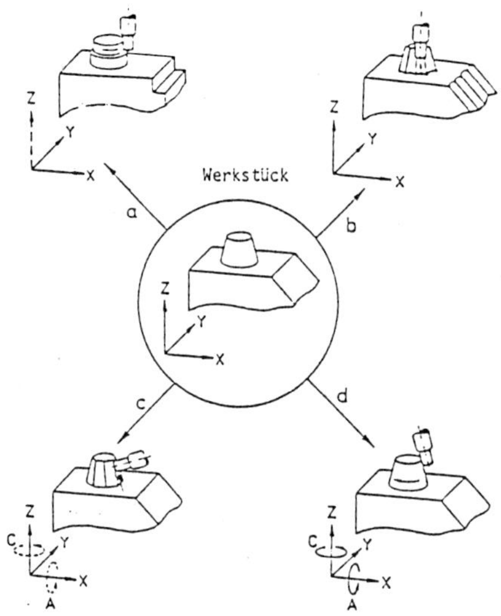

Abb. B.II.28: Mit verschiedenen Steuerungsarten zu erzielende Fräsergebnisse

Bei den 3-D-Systemen sind Kantenmodell, Flächenmodell und Volumenmodell in der Reihenfolge dieser Aufzählung zur Datennutzung geeignet. Insbesondere können Kollisionsuntersuchungen, bei denen unerwünschte Berührungen zwischen Werkzeug und Werkstück ausgeschlossen werden sollen, nur bei Volumenmodellen befriedigend durchgeführt werden.

Allerdings ist beim Volumenmodell der hohe Datenbedarf zu berücksichtigen, so daß für einfachere Teilaufgaben der Fertigung (z. B. Ermittlung von Werkzeugwegen in nur einer Bearbeitungsebene) auch ein 2-D-System eingesetzt werden kann.

Obwohl die direkte Übernahme von Geometriedaten in die NC-Programmierung zur Vermeidung von Datenredundanzen auf der Hand liegt, ist sie noch keinesfalls bei allen Systemen selbstverständlich. Grund hierfür ist, daß die Anbieter von CAD-Programmen nicht von vornherein auch Programme zur computerunterstützten Fertigung anbieten und umgekehrt. Es sind aber starke Bestrebungen zur Bildung von Normen und Standards zu erkennen, die eine direkte Datenweitergabe erleichtern.

In diesem Zusammenhang sind auch die Standard-CAD-Schnittstellen von Bedeutung (z. B. IGES), die als "Zwischenformat" zum Aufsetzen eines einheitlichen Preprozessors dienen können.

Die vom CAD übernommenen Geometriedaten werden um Technologiedaten ergänzt, die entweder einem bereits vorhandenen Arbeitsplan entnommen oder aber interaktiv eingegeben werden. Aus diesen Informationen wird ein maschinenunabhängiger Programmcode (z. B. in der NC-Sprache EXAPT oder APT) erstellt. Sobald das in Frage kommende Betriebsmittel feststeht, wird das Programm an die spezifischen Eigenschaften des Betriebsmittels sowie der eingesetzten Werkzeuge und Werkstoffe angepaßt. Dadurch entsteht ein betriebsmittelbezogenes Programm. Die Anpassung des maschinenunabhängigen NC-Programms an die Formate der Steuerung eines bestimmten Betriebsmittels kann dabei automatisch durch Einsatz sogenannter Postprozessoren durchgeführt werden. In der Regel müssen aber zusätzliche Eingriffe von dem NC-Programmierer durchgeführt werden.

Die Klammer zwischen CAD und CAM unterstützt auch eine automatische Arbeitsplangenerierung, indem aus Geometrie- und Technologiedaten die Vorgabezeiten durch Nutzung von gespeicherten Nomogrammen usw. ermittelt werden. Durch den Einsatz von Simulationsprogrammen können Wege von Werkzeugen bereits nach der Festlegung der Geometrie eines Teiles im Computer (für den Benutzer am Terminal grafisch sichtbar) "abgefahren" werden, und dabei ebenfalls automatisch Zeitwerte ermittelt werden.

Wie bei der Arbeitsplanung für konventionelle Fertigung wird im wesentlichen die bereits eingeführte Datenstruktur ausgenutzt, wobei allerdings neue Attribute hinzugefügt werden müssen. Lediglich die Verwaltung der NC-Programme selbst ist eine echte Erweiterung der Datenstruktur.

Aufgrund des geschilderten Ablaufes bildet ein NC-Programm eine Beziehung zwischen einem grafischen Objekt (z. B. einer Zeichnung oder einem Körper) und einer Arbeitsgangzuordnung. Durch die Verbindungen zu den angrenzenden Entity- und Beziehungstypen sind auch alle weiteren Zuordnungen zu Arbeitsplänen, Teilen, Werkzeugen, Materialien usw. erfaßt. Da sich das NC-Programm auf die Stamm-Arbeitsgangzuordnung bezieht, wird es selbst auch zu den Stammdaten gezählt.

Da ein Arbeitsgang in der Regel von einem Programm vollständig beschrieben wird, bildet NC-PROGRAMM eine n:1-Beziehung zwischen ZEICHNUNG und ARBEITSGANGZUORDNUNG (vgl. Abb. B.II.29).

Für eine Zeichnung können mehrere NC-Programme bestehen, die entweder alternative Fertigungsverfahren beschreiben oder sich auf mehrere Arbeitsgänge beziehen. Werden mehrere Arbeitsfolgen durch **ein** NC-Programm erfaßt (z. B. bei Bearbeitungszentren), so werden die arbeitsgangbezogenen Programme (ergänzt um Wechselinformationen) gebündelt. Dieses erfordert aber keine Änderung der Datenstruktur.

Mit Hilfe dieser Datenstruktur können z. B. alle NC-Programme einer Betriebsmittelgruppe identifiziert werden, alle NC-Programme, die sich auf eine Zeichnung beziehen sowie das für einen bestimmten Arbeitsgang benötigte NC-Programm.

Der Einsatz eines NC-Programms für eine auftragsbezogene Maschinenbelegung wird durch den Beziehungstyp NC-PROGRAMMEINSATZ abgebildet.

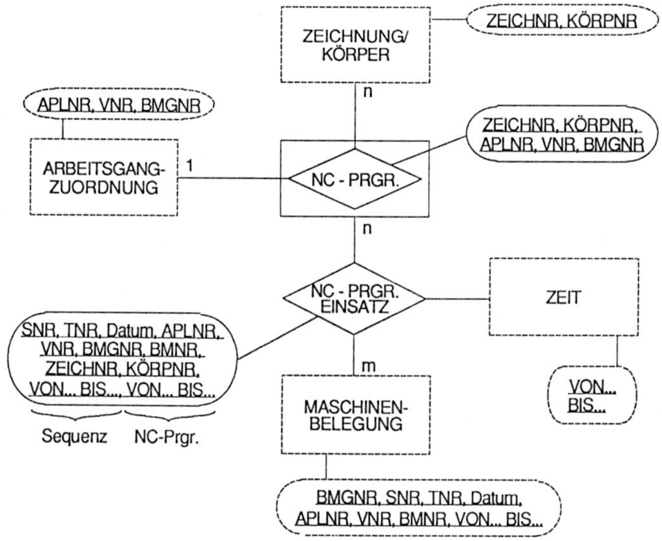

Abb. B.II.29: ERM zur NC-Programmierung

B.II.2.1.2.2 Datenmodell

Die Ergänzung der Datenstruktur wird als Relationenmodell in den Abb. B.II.30 dargestellt.

R. ZEICHNUNG/KÖRPER (ZEICHNR, KÖRPNR, ...)

R. ARBEITSGANGZUORDNUNG (APLNR, VNR, BMGNR)

R. ZEIT (VON ... BIS ...)

R. MASCHINENBELEGUNG (BMGNR, SNR, TNR, Datum, APLNR, VNR, BMGNR, VON ... BIS ..., ...)

R. NC-PROGRAMM (BMGNR, ZEICHNR, APLNR, VNR, ...)

R. NC-PROGRAMM-EINSATZ (BMGNR, KÖRPNR, TNR, APLNR, VNR, Datum, BMNR, SNR, VON ... BIS ..., VON ... BIS ..., ...)

Sequenz *NC-Programm*

Abb. B.II.30: Relationenmodell: NC-Programmierung

B.II.2.2 Computergesteuerte Systeme in der Fertigung

B.II.2.2.1 Werkzeugmaschinen (NC, CNC, DNC)

Ausgangspunkt der computergestützten Fertigung waren NC-Maschinen (vgl. Abb. B.II.31,a). Hier wird das Programm über einen Lochstreifen in die Fertigungsmaschine (z. B. Drehmaschine, Fräsmaschine, Bohrmaschine) eingegeben. Die Steuerung selbst ist fest verdrahtet. Dieses bedeutet, daß Änderungen der Steuerung selbst nur schwer möglich sind. Auch kann eine Änderung des NC-Programms nur durch Neueingabe des geänderten Lochstreifens durchgeführt werden.
Um hier eine flexiblere Handhabung zu ermöglichen, wurden CNC-Maschinen entwickelt (CNC = Computerized Numerical Control) (vgl. Abb. B.II.31,b). Bei CNC-Maschinen wird an der Werkzeugmaschine ein Kleinrechner, im allgemeinen ein Mikroprozessor, eingesetzt, der die Aufgaben der numerischen Steuerung übernimmt. Die Programme können direkt an der Maschine eingegeben und geändert werden. Sie können aber auch wie bei einer NC-Maschine über Lochstreifen eingegeben werden, stehen dann aber zur Bearbeitung im Speicher zur Verfügung.

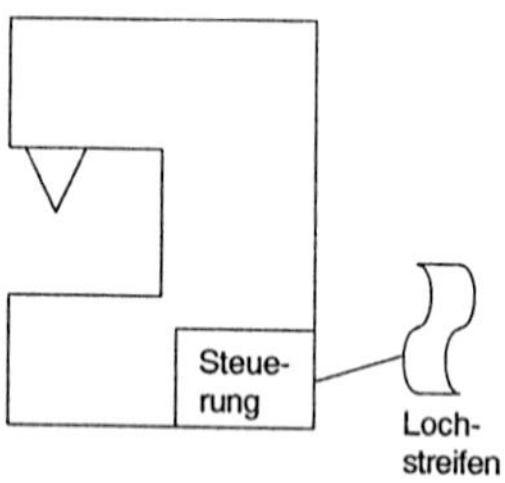

a) NC-Maschine

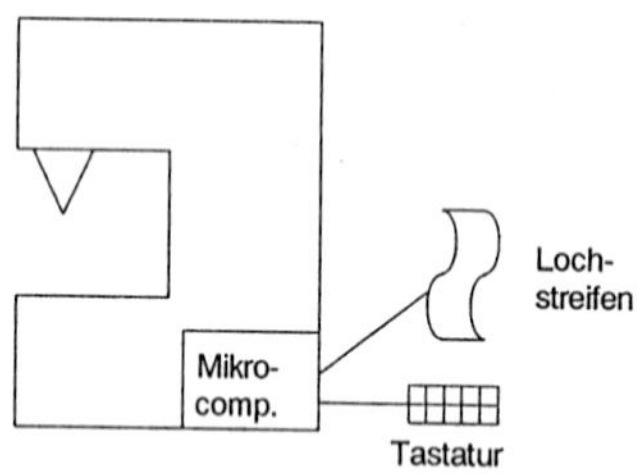

b) CNC

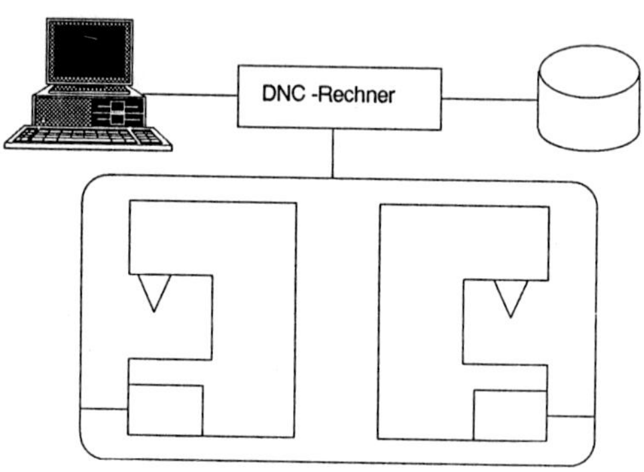

a) DNC-System

Abb. B.II.31,a - c: Steuerung von NC-Maschinen

Bei einem DNC- (Direct Numerical Control) System sind mehrere NC- bzw. CNC-Maschinen mit einem Rechner verbunden (vgl. Abb. B.II.31,c), der die Steuerinformationen, also die NC-Programme, verwaltet (NC-Programmbibliothek) und zeitgerecht an die einzelnen Maschinen verteilt. Auch wird die Programmierung der NC-Programme an diesem (zentralen) Rechner durchgeführt. Ein DNC-System bildet somit eine der organisatorischen Einheiten, wie sie oben im Rahmen der Fertigungssteuerung mit der (hier nicht passenden) Bezeichnung "Werkstatt" charakterisiert wurde. Entsprechend kann die Datenstruktur NC-PROGRAMM über eine Spezialisierungs-Beziehung auf diese organisatorische Einheit bezogen werden. Dieses ist in Abb. B.II.32 dargestellt. Die Datenstruktur wird im Teil "Computergestützte Organisationsformen zur Flexibilisierung der Fertigung" vertieft.

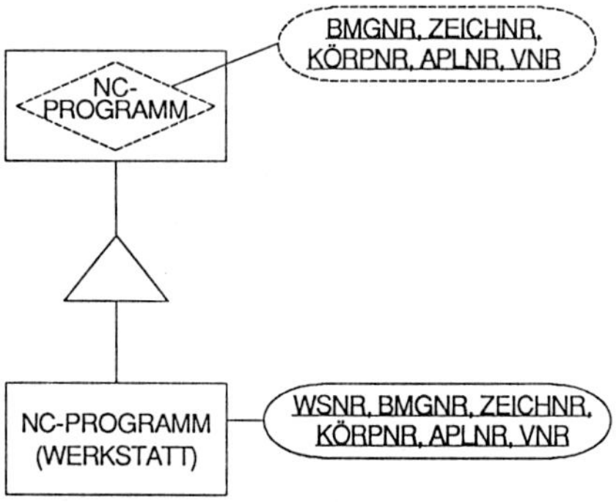

Abb. B.II.32: Spezialisierung der Datenstruktur NC-Programm

Über die Steuerung von Produktionsanlagen hinaus kann ein DNC-Rechner auch für Auswertungs- und Erfassungsfunktionen (z. B. der Maschinenstatistik) eingesetzt werden. Damit besteht eine enge Verbindung zur Betriebsdatenerfassung, die als Funktion eines PPS-Systems definiert wurde. Sie zeigt noch einmal den engen Zusammenhang zwischen technischen und dispositiven Funktionen durch Einsatz computergestützter Systeme.

B.II.2.2.2 Roboter

Bei der automatischen Steuerung von Handhabungsgeräten und Robotern ergeben sich ähnliche Probleme wie bei der Werkzeugmaschinensteuerung (vgl. *Reitzle, Industrieroboter 1984*). Eine Besonderheit bildet aber die Programmierung, da neben Programmiersprachen auch eine sogenannte Play-Back- und Teach-In-Programmierung möglich ist.

Beim **Play-Back-Verfahren** wird ein Roboter durch manuelles Führen seines Werkzeugträgers oder Greifers bewegt. Die durchgeführte Bewegung wird gespeichert und in ein Programm zur Steuerung des Roboters umgesetzt, das anschließend beliebig häufig abgerufen werden kann.

Bei einer **Teach-In-Programmierung** wird eine Bewegung durch eine Folge von Schalter- und Tastenbetätigungen ausgeführt, die dann ebenfalls gespeichert wird und zum Abruf bereitsteht. Gegenüber einer üblichen NC-Programmierung bildet vor allem die Integration von Sensormeldungen und Anforderung von Sensordaten eine Besonderheit (vgl. *Spur/Krause, CAD-Technik 1984, S. 580 ff.*). Roboter verfügen über Sensorfähigkeiten, um Eigenschaften von Werkstücken zu erfassen und darauf zu reagieren. Dadurch können bei Robotern Logikfunktionen bis hin zum Einsatz von Techniken der künstlichen Intelligenz (Expertensysteme) implementiert werden.
Bezüglich der Programmierung von Robotern gelten die gleichen Aussagen über eine Verbindung von geometrischen Informationen und technologischen Informationen, wie sie bereits oben generell ausgeführt werden. So können z. B. auch Roboterprogramme automatisch aus Geometrieinformationen über das zu erstellende Werkstück und Positionsdaten der zu montierenden Teile erzeugt werden (vgl. *Gröner/Roth, Konzeption eines CIM-Managers 1986*).

B.II.2.2.3 Lagersysteme

B.II.2.2.3.1 Entwurf der Datenstruktur

Automatisierte Fertigungsprozesse erfordern auch eine Automatisierung der Bereitstellung von Werkzeugen, Werkstücken und Materialien. Dazu werden zunehmend automatisierte Lagersysteme eingesetzt. Ihre Aufgabe besteht darin, einzelne Lagerbehälter oder Fächer zu verwalten sowie die Ein- und Auslagerungen (Lagerspiele) zu steuern. Hierbei werden auch Optimierungen durchgeführt, indem z. B. mit möglichst wenig Bewegungen des Korbes, der die Versorgung übernimmt, mehrere Ein- und Auslagerungen durchgeführt werden.
Bezüglich der Datenstruktur für ein Lagersystem kann auf die bereits eingeführte Datenstruktur der LAGERRAUM-, LAGERORT- und LAGERBESTAND-Typen verwiesen werden. Der Entitytyp LAGERORT ist nun aber im engeren Sinne zu sehen (z. B. als konkretes Fach oder konkrete Palette), da einzelne Lagerplätze identifiziert werden müssen.
Diese Aufgaben können in ein dediziertes System verlagert werden. Aus einem (übergeordneten) Fertigungssteuerungssystem werden dann lediglich Eckdaten in Form von benötigten Lagermengen und Bereitstellungsterminen an das dedizierte System weitergegeben. Von diesem werden die Aufträge verwaltet und nach Optimierungskriterien in Steuerungsanweisungen geformt. Aus dem dedizierten Subsystem werden verdichtete Daten über Lagerbestände von Teilen usw. an das übergeordnete PPS-System zurückgegeben. Der Einsatz dedizierter Systeme ist deswegen sinnvoll, da die Steuerungen zeitaktuell durchgeführt werden müssen (realtime) oder für den Anschluß der Lagersteuerungen spezielle Rechner (Prozeßrechner) erforderlich sind.
In Abb. B.II.33 wird die generelle Datenstruktur für ein Lagersystem entworfen, die auch für dedizierte Lagersysteme gilt.

Mit der Freigabe eines Auftrags wurden bereits Reservierungen für die benötigten Komponenten gebildet, die als Attribute neben der auszufassenden Komponentennummer und Menge auch die Bereitstellzeit beinhalten. Der Entitytyp FREIGEGEBENER FERTIGUNGSAUFTRAG und der Beziehungstyp RESERVIERUNG bilden somit die Datenschnittstelle zwischen Auftragsfreigabe und dem Lagersystem.

Hierbei ist es für die Darstellung unerheblich, ob sich die Daten auf eine allgemeine Struktur oder auf eine organisatorische Einheit beziehen. Im zweiten Fall müßte sie lediglich um den Zusatz der dezentralen Einheit ergänzt werden, um die Ausgliederung der Datenstruktur zu kennzeichnen.

Aus der Materialwirtschaft werden die Entitytypen LAGERORT und TEIL mit dem Beziehungstyp LAGERBESTAND übernommen. LAGERORT wird durch den komplexen Schlüssel Lagerraumnummer (LARNR) und Lagerortnummer (LAONR) identifiziert.

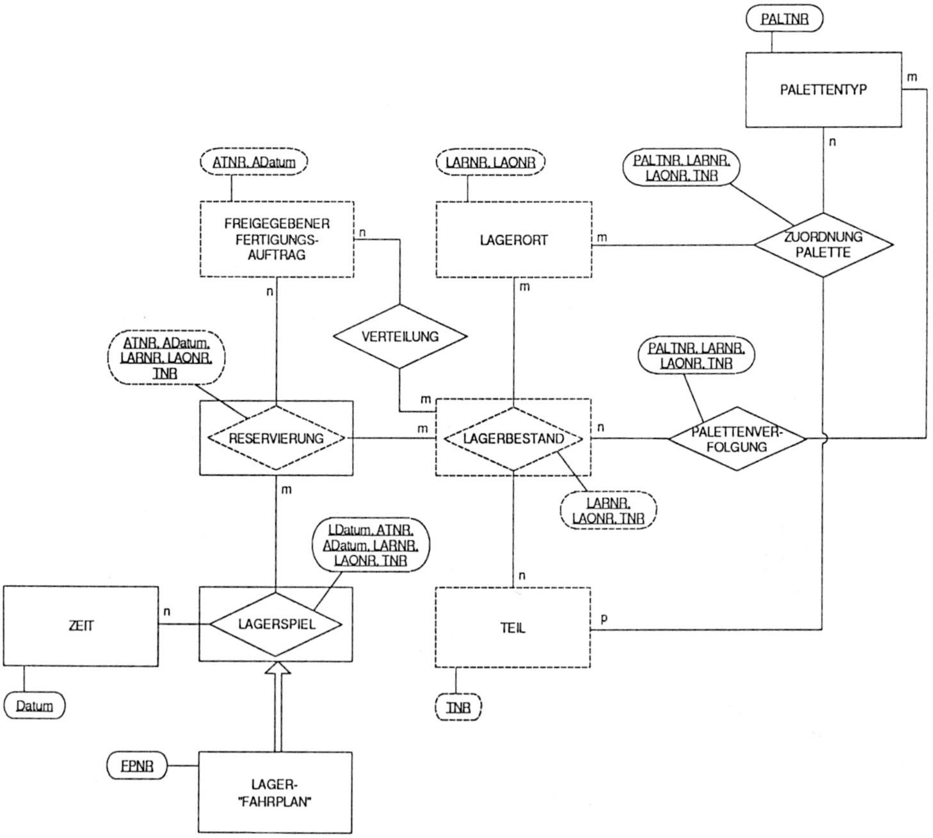

Abb. B.II.33: ERM zu automatisierten Lagersystemen

Für das dedizierte Lagersystem dient die Reservierung als Eingangsinformation, die in konkrete Lagerspiele (Ausfaßaufträge) umgeformt wird.

LAGERSPIEL wird als n:m-Beziehungstyp zwischen RESERVIERUNG und dem Entitytyp ZEIT definiert. Dazu wird RESERVIERUNG als Entitytyp interpretiert und besitzt die Funktion eines Lagerentnahmescheins. Lagerspiele einer Periode (z. B. Schicht) werden hierarchisch zu einem LAGERFAHRPLAN gruppiert. Dabei wird auch die Reihenfolge der Bewegungen festgelegt und als Attribut im Lagerspiel-Entity geführt.
Zur Unterscheidung wird bei Attributen, die in einem komplexen Schlüssel mehrfach auftreten, der Herkunfts-Entitytyp mit dem ersten Buchstaben seiner Bezeichnung gekennzeichnet.
Neben den Schlüsselattributen enthält ein Lagerspiel die Teilmenge, die dem Fach entnommen werden soll. Für die Verwaltung verschiedener Palettentypen wird der Entitytyp PALETTENTYP mit PALTNR als Schlüssel eingeführt. Die Zuordnung eines bestimmten Palettentyps zu bestimmten Lagerorten, in denen er gelagert werden kann, und Teilen, die auf ihm gelagert werden können, wird durch den Beziehungstyp ZUORDNUNG PALETTE dargestellt. Es wird der allgemeine Fall behandelt, daß an einem Lagerort mehrere Palettentypen, ein Palettentyp an mehreren Lagerorten (und für mehrere Teile) und ein Teil auf mehreren Palettentypen gelagert wird.
Eine fortlaufende Palettenverfolgung wird durch die Zuordnungsbeziehung PALETTEN-VERFOLGUNG zwischen LAGERBESTAND und PALETTENTYP unterstützt. Hierdurch ist jederzeit feststellbar, welche (Teil-)Lagermengen auf bestimmten Palettentypen gelagert sind. Falls jede **einzelne** Palette identifiziert werden soll, muß ein spezieller Entitytyp PALETTE mit einer entsprechenden Detaillierung der Zuordnungen eingeführt werden.
Mit dem Verbindungstyp VERTEILUNG werden die fertiggestellten Mengen eines Auftrages auf verschiedene Lagerbestände (Lagerorte) verteilt. Dieser Vorgang löst wie die Reservierungszuordnung Lagerspiele zur Einlagerung der Auftrags-Teilmengen aus.

B.II.2.2.3.2 Datenmodell

Die zusätzlich eingeführte Datenstruktur des Lagersystems ist in Abb. B.II.34 als Relationenmodell angegeben.

B.II.2.2.4 Transportsysteme

B.II.2.2.4.1 Entwurf der Datenstruktur

Die Automatisierung von Transportsystemen ist durch sogenannte "Fahrerlose Transportsysteme (FTS)" gekennzeichnet. Die Fahrzeuge werden z. B. auf Induktionsschleifen, die die Transportwege festlegen, geführt. Zur Steuerung werden Positionsdaten der Fahrzeuge, Herkunfts- und Zielorte sowie Mengendaten als Ladung benötigt.

R. ZEIT (Datum)

R. FREIGEGEBENER FERTIGUNGSAUFTRAG (ATNR, ADatum, Menge, ...)

R. RESERVIERUNG (ATNR, ADatum, LANR, TNR, Menge)

R. LAGERORT (LANR, ...)

R. TEIL (TNR, ...)

R. LAGERBESTAND (LANR, TNR, Menge, ...)

R. PALETTENTYP (PALTNR, Bezeichnung, ...)

R. PALETTENZUORDNUNG (PALTNR, LANR, TNR)

R. PALETTENVERFOLGUNG (PALTNR, LANR, TNR, Menge, ...)

R. VERTEILUNG (ATNR, ADatum, LANR, Menge, ...)

R. LAGERSPIEL (FPNR, ATNR, LDatum, ADatum, LANR, TNR, ReihenfolgeNr, Menge)

R. LAGERFAHRPLAN (FPNR, ...)

Abb. B.II.34: Relationenmodell: Lagersystem

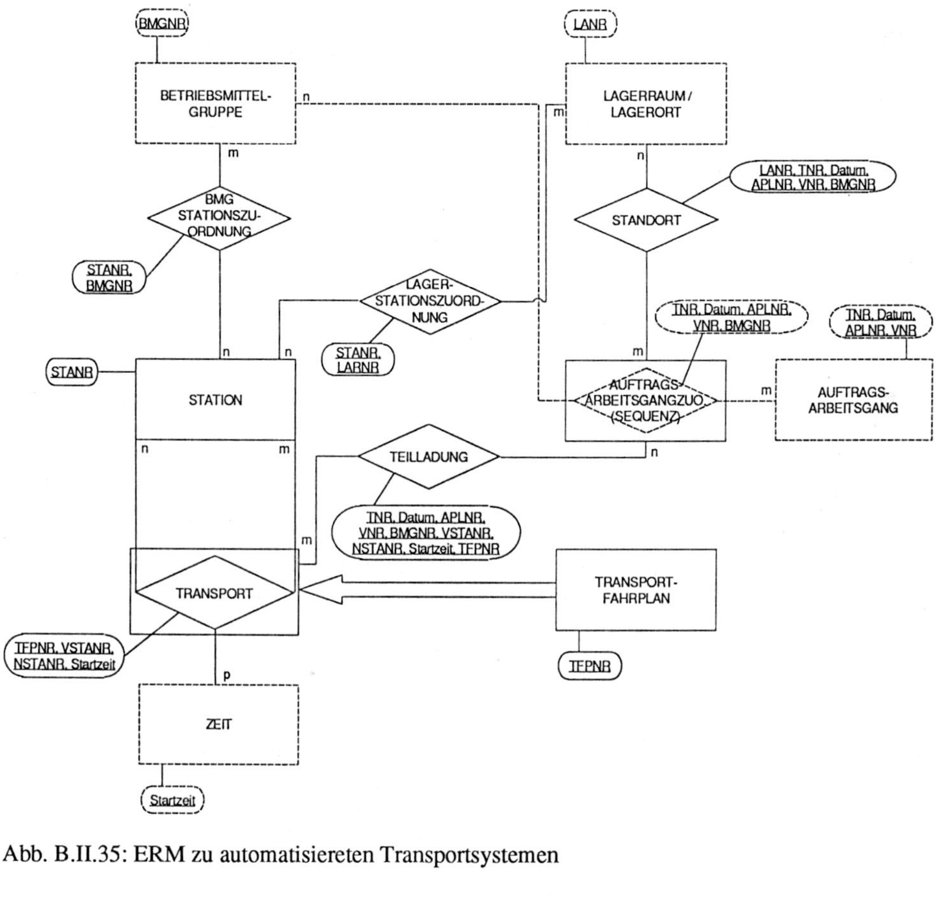

Abb. B.II.35: ERM zu automatisiereten Transportsystemen

Für die Stationen (Bahnhöfe) wird der Entitytyp STATION mit dem Schlüsselattribut Stationsnummer (STANR) eingeführt (vgl Abb. B.II.35). Die Zuordnung der BETRIEBSMITTEL-GRUPPE zu STATION bildet die n:m-Beziehung BMG-STATIONSZUORDNUNG. Je nach dem Automatisierungsgrad (z. B. automatisches Ent- und Beladen) kann diese Beziehung auch feiner (auf Betriebsmittelebene) definiert werden. Durch Angabe der Betriebsmittelgruppe aus einer nächsten ARBEITSGANGZUORDNUNG kann der anzusteuernde Ziel-Bahnhof (Station) für die benötigten Werkstücke, Komponenten und Werkzeuge identifiziert werden. Auch den Lagerräumen werden über die n:m-Beziehung LAGERSTATIONSZUORDNUNG jeweils Stationen zugeteilt.

Werden die Werkstücke nach jedem Arbeitsgang in ein (Puffer-) Lagersystem eingelagert, so ist der Lagerplatz durch die STANDORT-Beziehung zwischen AUFTRAGSARBEITSGANGZUORDNUNG bzw. SEQUENZ und LAGERRAUM ebenfalls bekannt. Da sich bei Transportvorgängen Teilmengen des Arbeitsgangs eines Auftrags zeitweise an unterschiedlichen Lagern befinden können, besteht für STANDORT eine n:m-Beziehung.

Über die STANDORT-Beziehung können Zu- und Abbuchungen der Lagerbestände ausgelöst werden.

Ein TRANSPORT wird als n:m:p-Beziehung zwischen der Abfahrt- und Zielstation sowie einer Zeitidentifikation definiert. Diese Beziehung wird ähnlich der Stücklistenstruktur innerhalb des gleichen Entitytyps STATION gebildet. Zusätzlich wird TRANSPORT mit dem Entitytyp ZEIT verknüpft. Entsprechend wird TRANSPORT durch den Schlüssel V(on)STANR und N(ach)STANR sowie Startzeit als Datum identifiziert.

Kann ein Transport mehrere Arbeitsgänge umfassen, ein Arbeitsgang andererseits in mehreren Lagerungen transportiert werden, so besteht zwischen dem als Entitytyp uminterpretierten TRANSPORT und der AUFTRAGS-ARBEITSGANGZUORDNUNG (bzw. bei noch feinerer Formulierung der SEQUENZ) die n:m-Beziehung der TEILLADUNG. Wichtigstes Attribut ist die transportierte Teilmenge.

Mehrere Transporte werden zu einem TRANSPORTFAHRPLAN hierarchisch verbunden.

Werden Transporte sofort nach der Fertigstellung eines Arbeitsgangs ausgelöst, so kann das Transportsystem als automatischer Informationsgeber für ein BDE-System genutzt werden, indem die Transportauslösung als Fertigstellung-Status eines Arbeitsganges verwendet wird.

Die Kombination von automatisierten Lager- und Transportsystemen eröffnet auch neue Möglichkeiten der Fertigungssteuerung. Da bekannt ist, daß der wesentliche Anteil der Durchlaufzeiten von Aufträgen durch Transport- und Liegezeiten verursacht wird, kann durch eine Straffung der innerbetrieblichen Logistik die Durchlaufzeit wesentlich verringert werden.

Wenn ständig bekannt ist, an welchem Ort sich ein Auftrag (Arbeitsgang) befindet, und ein automatisiertes Lager- und Transportsystem dafür sorgt, daß ein bestimmter Auftrag sofort identifiziert, gesucht, aus- oder eingelagert und transportiert werden kann, sind flexible und auf kurzfristige Ereignisse reagierende Steuerungsverfahren einsetzbar.

B.II.2.2.4.2 Datenmodell

Die Datenstruktur der Abb. B.II.35 wird wieder in das Relationenmodell übersetzt.

R. BETRIEBSMITTELGRUPPE (BMGNR, ...)
R. LAGERORT (LANR, ...)
R. AUFTRAGSARBEITSGANGZUORDNUNG (TNR, Datum, APLNR, VNR, BMGNR, ...)
R. AUFTRAGSARBEITSGANG (TNR, Datum, APLNR, VNR, ...)
R. ZEIT (Startzeit, ...)

R. TRANSPORT (TFPNR, VSTANR, NSTANR, Startzeit, ...)
R. TRANSPORTFAHRPLAN (TFPNR, ...)
R. STATION (STANR, ...)
R. BMG-STATIONSZUORDNUNG (STANR, BMGNR, ...)
R. LAGERSTATIONSZUORDNUNG (STANR, LANR, ...)
R. TEILLADUNG (TNR, Datum, APLNR, VNR, BMGNR, TFPNR, VSTANR, NSTANR, Startzeit, Menge, ...)
R. STANDORT (LANR, TNR, Datum, APLNR, VNR, BMGNR, ...)

Abb. B.II.36: Relationenmodell: Transportsystem

B.II.2.2.5 Computergestützte Organisationsformen zur Flexibilisierung der Fertigung

Durch die Kombination verschiedener computergestützter Systeme in der Fertigung haben sich neue Organisationsformen gebildet. Diese bezeugen, daß der Einsatz von EDV-Systemen tief in das Gefüge von Organisationen eindringt und andererseits auch der Nutzen der EDV erst bei kreativer Aufnahme ihrer Möglichkeiten zur Umsetzung in neue Organisationsstrukturen zum Tragen kommt. Allen Systemen ist gemeinsam, daß in ihnen die Tendenz zur stärkeren Integration von Funktionen angestrebt wird.
Die einzelnen Organisationsformen bilden Entwicklungsstufen zur zunehmenden Integration von automatisierten Fertigungseinrichtungen, zum Teil sind sie aber auch parallele Entwicklungen, die sich gegenseitig ergänzen. Im folgenden werden einige typische Organisationsformen vorgestellt (vgl. *Hedrich u. a., Flexibilität in der Fertigungstechnik 1983*).

Bearbeitungszentren

Ein Bearbeitungszentrum ist eine Maschine, die über eine NC-Steuerung und einen automatischen Werkzeugwechsel verfügt, die die Ausführung mehrerer Arbeitsoperationen in einer Aufspannung (also einem ununterbrochenen Ablauf) zulassen. Als klassisches Bearbeitungszentrum gilt dabei die Bearbeitungsfolge Bohren und Fräsen (vgl. *Hedrich u. a., Flexibilität in der Fertigungstechnik*

1983, S. 33). Bearbeitungszentren werden bei Klein- und Mittelserienfertigung eingesetzt und sind bei Werkstücken mit einem sehr hohen Komplexitätsgrad bereits bei kleinen Stückzahlen wirtschaftlich. Durch die Zusammenfassung mehrerer Arbeitsgänge kann die Durchlaufzeit gegenüber einer arbeitsteiligen Organisation erheblich gesenkt werden.
Während ein Bearbeitungszentrum eine automatisierte Einzelmaschine ist, die mit anderen logistischen Funktionen unverkettet ist, werden bei den folgenden Organisationsformen mehrere Systeme zu komplexeren Systemen verbunden.

Flexible Fertigungszellen

Eine flexible Fertigungszelle besteht aus automatisierten Maschinen, einem Pufferlagersystem, dem Werkstücke entnommen und in das Werkstücke eingelagert werden sowie einer automatischen Spann- und Beladestation. Zusätzliche computerunterstützte Funktionen können die Werkzeugbruchkontrolle, Werkzeugverschleißmessung, variable Platzkodierung für Werkzeuge und eine automatische Standzeitüberwachung der Werkzeuge sein.
Damit ist eine flexible Fertigungszelle eine aus mehreren numerisch gesteuerten Werkzeugmaschinen zusammengestellte Einheit, die ähnliche Werkstücke über einen längeren Zeitraum automatisch bearbeitet. Wenn Werkstückver- und -entsorgung ebenfalls automatisiert sind, so können flexible Fertigungszellen autonom arbeiten.

Flexible Fertigungssysteme

Eine Weiterentwicklung der flexiblen Fertigungszelle ist das flexible Fertigungssystem. Es besteht aus dem Bearbeitungssystem, dem Materialflußsystem und dem Informationsflußsystem, die jeweils untereinander verbunden sind. Die gesamte Steuerung wird von einem Computer durchgeführt, der den Werkstück- und Werkzeugtransport sowie die Versorgung der Produktionsanlagen mit den entsprechenden Steuerungsprogrammen (NC-Programme) übernimmt. In Abb. B.II.37 (aus: *Gunn, Konstruktion und Fertigung 1982, S. 95*) ist ein anschauliches Beispiel angegeben.
Die Flexibilität des Systems besteht darin, daß verschiedene Fertigungsaufgaben ohne größere Umrüstverluste ausgeführt werden können, da die Umrüstvorgänge in den Fertigungsablauf weitgehend integriert sind. Auch können die Arbeitsabläufe flexibel gestaltet werden, da der Transport nicht an eine einmalige Reihenfolge des Maschinendurchlaufs gebunden ist. Durch die Versorgung der Bearbeitungsstationen mit NC-Programmen durch Steuerungsrechner des flexiblen Fertigungssystems ist dieses gleichzeitig als DNC-System ausgelegt. Die einzelnen Bearbeitungsstationen selbst sind in der Regel CNC-Systeme, können aber auch umfassendere Bearbeitungszentren sein.

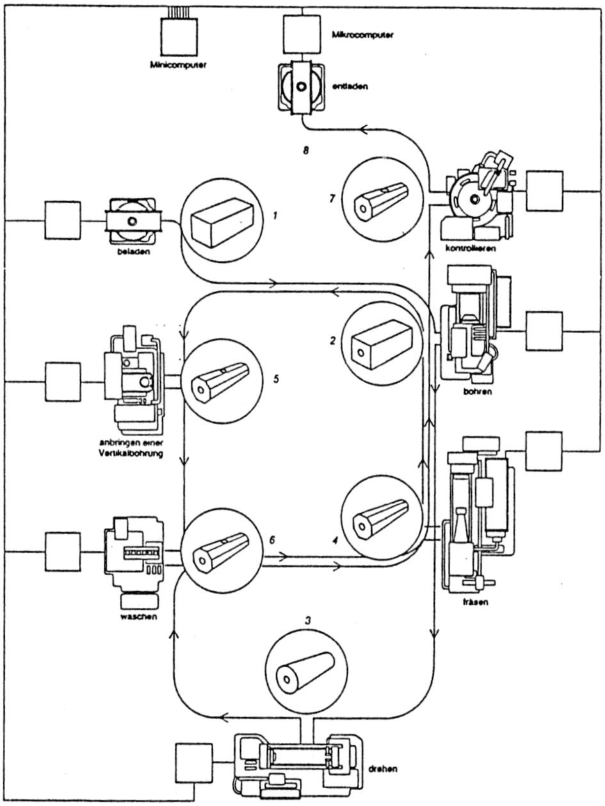

Abb. B.II.37: Komponenten eines flexiblen Fertigungssystems

Fertigungs- und Montageinseln

Diese Organisationsform ist weniger an dem Computereinsatz ausgerichtet, sondern besitzt als Kriterium, daß in einer Fertigungs- oder Montageinsel aus gegebenen Ausgangsmaterialien Baugruppen oder Endprodukte nahezu vollständig gefertigt oder montiert werden. Die dazu notwendigen Betriebsmittel sind nach dem Produktionsfluß zusammengestellt. Obwohl Fertigungs- und Montageinseln auch für manuelle Bearbeitungsformen eingerichtet werden können (Motivation dafür ist die Verringerung der Durchlaufzeiten bei gleichzeitig höherer Motivation der Mitarbeiter), besteht eine enge Verbindung zu den vorhergenannten computergestützten Organisationsformen. So kann beispielsweise eine Fertigungsinsel in der Form eines flexiblen Fertigungssystems organisiert werden, indem von einem Steuerungsrechner für ein ausgesuchtes Teilespektrum Planungs- oder konkrete Maschinensteuerungsfunktionen einschließlich Transport und Lagerhaltung durchgeführt werden.

Wichtigstes Kriterium für eine Fertigungsinsel ist, daß alle zur Fertigung in der Insel benötigten Ressourcen dort angeordnet sind und ihr auch möglichst weitgehende Planungs-und Steuerungsfunktionen zugeordnet werden (vgl. hierzu die im folgenden Abschnitt abgeleitete Datenstruktur). Steuerungseinheit ist der Auftrag.

Die Auswahl der für eine Inselfertigung oder -montage geeigneten Teile kann anhand von statistischen Ähnlichkeitsuntersuchungen (Clusteranalyse) durchgeführt werden.
Obwohl es zum Grundprinzip der Insel gehört, möglichst autonom zu arbeiten, können zwischen verschiedenen Inseln, in denen jeweils unterschiedliche Teilespektren gefertigt werden, Beziehungen auftreten. Dieses gilt dann, wenn nach der Umorganisation der augenfällig geeigneten Teile auch solche Teile in Inseln gefertigt werden sollen, die nicht ganz den Idealanforderungen genügen. Es können dann Teile für einzelne Arbeitsgänge die Insel verlassen und hinterher wieder eingeschleust werden. In diesem Fall muß das Steuerungssystem in der Lage sein, diese Auftragsbewegungen zu verfolgen. Damit werden erhebliche Anforderungen an die Flexibilität des Steuerungssystems der Insel gestellt. Derartige Funktionen sind in komfortablen PPS-Systemen enthalten, so daß wiederum enge Verbindungen zwischen den technisch motivierten Organisationsformen und den Funktionen zur Produktionsplanung und -steuerung auftreten.

Flexible Transferstraße

Die mehr für kleinere Produktionsmengen entwickelten Organisationsformen haben auch die Fertigungstechnik von Massenproduktionsvorgängen, wie sie im allgemeinen von Transferstraßen ausgeführt werden, beeinflußt. Bei einer flexiblen Transferstraße wird angestrebt, daß eine schnelle Umrüstbarkeit des Systems und damit Anpassung an wechselnde Fertigungsaufträge gegeben ist. Gleichzeitig sind aber generelle Kennzeichen einer Transferstraße (gerichteter Materialfluß und taktgebundene Werkstückweitergabe bei einem optimierten Layout der Bearbeitungsstationen) beibehalten. Die Flexibilität der Transferstraße bezieht sich auf alle ihre Komponenten, also die Transportsteuerung, den Materialfluß und die einzelnen Bearbeitungsstationen.
Die genannten computergestützten Fertigungssysteme werden häufig zunächst als Versuchssysteme und damit als Insellösungen konzipiert. Es zeigt sich aber, daß sie immer stärker zu größeren Einheiten zusammenwachsen und damit auch eine grundsätzliche Entscheidung der Unternehmung darüber fordern, für welches Teilespektrum welche Organisationsformen eingesetzt und wie die Fertigungssysteme untereinander verbunden werden sollen. Dieses erfordert eine sorgfältige Layout-Planung. Damit ist die Entwicklung angedeutet, daß die durch zunehmenden Computereinsatz möglichen Fertigungsformen die Betriebe über eine Layout-Planung aller Komponenten (Standorte der Produktionsanlagen, Materialfluß und Informationsfluß) in ihrer Struktur bestimmen (vgl. *Bullinger/Warnecke/Lentes, Factory of the Future 1985, S. IL*).

B.II.2.3 Qualitätswesen

B.II.2.3.1 Entwurf der Datenstruktur

Fragen der Qualitätssicherung und -prüfung begleiten den Materialfluß von der Eingangsprüfung über die Qualitätsprüfung des Fertigungsprozesses selbst bis zur Endkontrolle der fertiggestellten Erzeugnisse. Sie gewinnen immer mehr an Bedeutung, da das späte Entdecken eines Fehlers zu hohen Folgekosten führt.

Die Unterstützung durch Computereinsatz erfolgt dabei auf zwei Ebenen. Einmal werden Prüfungen zunehmend durch automatisierte Einrichtungen (Analyseinstrumente, Sensoren, Zähler usw.) durchgeführt, zum anderen kann die **Planung** des Prüfvorganges analog der computergestützten Fertigungsplanung durchgeführt werden.

Zur Planung der Qualitätsprüfung sind von Statistik und Operations Research zahlreiche Testverfahren entwickelt worden (vgl. *Adam, Produktionspolitik 1988; Scheer/Seibt, Statistische Qualitätskontrolle 1973, S. 98 ff.*). Generell ist dazu zu bemerken, daß eine Tendenz zur Integration der Qualitätsprüfung in den Fertigungsprozeß selbst besteht und damit zu einer Vollkontrolle. Dieses gilt beispielsweise dann, wenn die Qualitätskontrolle aus einer Mengen- oder Gewichtskontrolle besteht.

Die computergestützte Planung der Qualitätskontrolle bezieht sich auf die Unterstützung des administrativen Ablaufs. Die Datenstruktur wird in Abb. B.II.38 entwickelt. Sie ähnelt der Datenstruktur zur Beschreibung der Fertigung eines Teiles und bezieht sich auf alle Prüfanlässe (Eingangs-, Fertigungs- und Endkontrolle). Der für ein Teil vorgesehene Prüfplan ist eine Art Arbeitsplan. Da für ein Teil mehrere unterschiedliche Prüfpläne bestehen können, andererseits ein Prüfplan für verschiedene Teile eingesetzt werden kann, besteht eine n:m-Beziehung zwischen den Entitytypen PRÜFPLAN und TEIL. Die Zuordnung eines bestimmten Prüfverfahrens (z. B. Zäh-

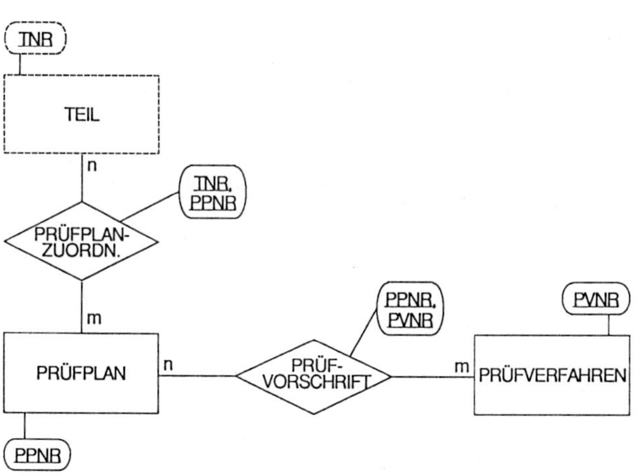

Abb. B.II.38: ERM zu Qualitätswesen

len, Wiegen, Messen, Fühlen) zu einem PRÜFPLAN bildet eine n:m-Beziehung, wobei der Beziehungstyp PRÜFVORSCHRIFT einen speziellen Arbeitsgang des Prüfplans charakterisiert. Von diesem "Arbeitsgang" aus kann analog der Struktur allgemeiner Fertigungsdaten eine Beziehung zu den Prüforten, im allgemeinen Maschinengruppen, hergestellt werden. Diese Differenzierung wird aber nicht weiter verfolgt.
Wegen der Ähnlichkeit der Datenstruktur können die Prüfpläne direkt als Teil der Arbeitsplandaten geführt werden, so daß eine gesonderte Datenstruktur entfallen könnte.

B.II.2.3.2 Datenmodell

Die Datenstruktur wird wiederum für das Relationenmodell umgeformt.

R. TEIL (TNR, ...)

R. PRÜFPLAN (PPNR, ...)
R. PRÜFPLANZUORDNUNG (TNR, PPNR, ...)
R. PRÜFVERFAHREN (PVNR, ...)
R. PRÜFVORSCHRIFT (PVNR, PPNR, ...)

Abb. B.II.39 Relationenmodell: Qualitätswesen

B.II.2.4 Instandhaltung

B.II.2.4.1 Entwurf der Datenstruktur

Aufgrund der fortschreitenden Automatisierung ist in Industriebetrieben ein hoher Anteil der in der Fertigung tätigen Mitarbeiter für Instandhaltungsmaßnahmen eingesetzt. Hierbei kann zwischen der vorbeugenden und der ausfallbedingten Instandhaltung unterschieden werden. Bei der vorbeugenden Instandhaltung wird aufgrund eines Instandhaltungsplans eine Maschine oder ein Maschinenteil ersetzt bzw. inspiziert. Zur Optimierung der Instandhaltungsintervalle, der Größe der Instandhaltungsgruppe und Kombination von Instandhaltungsvorgängen sind im Rahmen des Operations Research Modelle zur vorbeugenden Instandhaltungspolitik (vgl. *Bussmann/Mertens, Instandhaltungsplanung 1968; Kistner, Betriebsstörungen 1978; Männel, Anlagenerhaltung 1968; Ordelheide, Instandhaltungsplanung 1973; Scheer, Instandhaltungspolitik 1974*) entwickelt worden.
Bezüglich der EDV-Unterstützung von Instandhaltungsmaßnahmen kann die Planung der Maßnahmen analog zur Planung von Fertigungsaufträgen unterstützt werden. Für häufig auftretende In-

standhaltungsmaßnahmen werden dann die üblichen Verfahren der Arbeitsvorbereitung eingesetzt und z. B. Arbeitspläne angelegt.

Auch die Disposition und Lagerverwaltung der Ersatzteile wird durch EDV unterstützt. Häufig werden Ersatzteile bei der Beschaffung einer Anlage mitbestellt. Die Zuordnung der Ersatzteile zu den betreffenden Maschinen bildet eine Art Stücklistenstruktur, wie sie in Abb. B.II.40 dargestellt ist. Hierbei wird allerdings im Gegensatz zu der Verwaltung der Fertigungsstückliste nicht die gesamte Maschine beschrieben, sondern lediglich die für die Maschine bereitgehaltenen Ersatzteile. Zunächst wird mit dem Entitytyp MASCHINENTEIL (Ersatzteil) eine n:m-Beziehung zu dem bereits eingeführten Entitytyp BETRIEBSMITTEL hergestellt, der die direkten Beziehungen zwischen Ersatzteilen und Betriebsmitteln beschreibt. Die Zusammensetzung der Ersatzteile aus weiteren Komponenten wird dann innerhalb des Entitytyps MASCHINENTEIL abgebildet.

Da bestimmte Ersatzteile für unterschiedliche übergeordnete Komponenten oder Maschinen eingesetzt werden können, besteht eine n:m-Beziehung innerhalb des Entitytyps MASCHINENTEIL.

Analog der Stücklistenverwaltung können durch die Verfolgung dieser Datenstruktur Verwendungsnachweise für bestimmte Ersatzteile erstellt werden, um z. B. nicht mehr benötigte Ersatzteile zu erkennen.

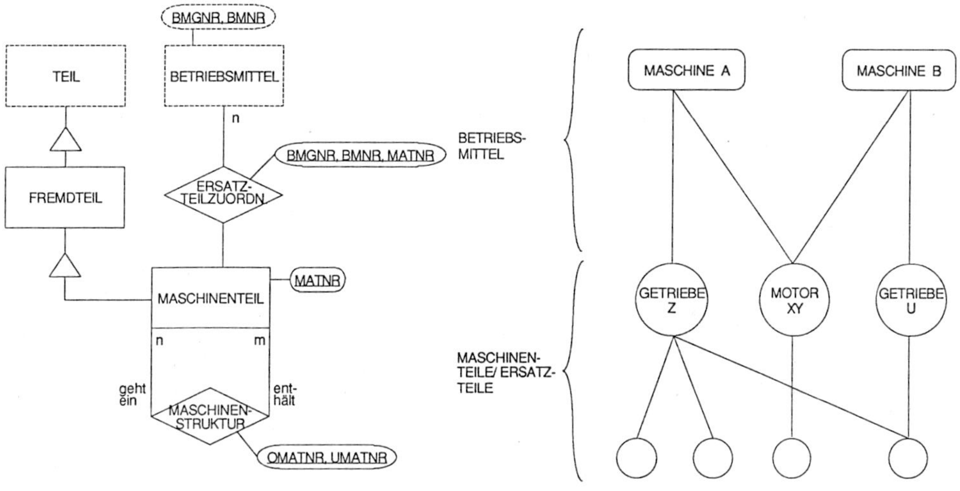

Abb. B.II.40: ERM zur Ersatzteilorganisation

Auch hinsichtlich der Lagerung der Ersatzteile kann die Datenstruktur erweitert werden. Die Problematik ist aber analog der für sonstige Fremdteile. Der Entitytyp MASCHINENTEIL ist deshalb als Spezialisierung des Begriffs FREMDTEIL und dieser wiederum als Teilmenge des Entitytyps TEIL zu interpretieren, so daß die dort bestehende Datenstruktur genutzt werden kann.

Der Einbau eines Ersatzteils in eine Maschine bildet einen Auftrag. Dieser INSTANDHALTUNGSAUFTRAG ist eine n:m-Beziehung zwischen dem Maschinenteil, das ersetzt wird und dem Termin des Auftrages. Auch hier wird wieder der gleichen Datenstruktur gefolgt, wie sie bei der Anlage von Fertigungsaufträgen entwickelt wurde (vgl. Abb. B.II.41).

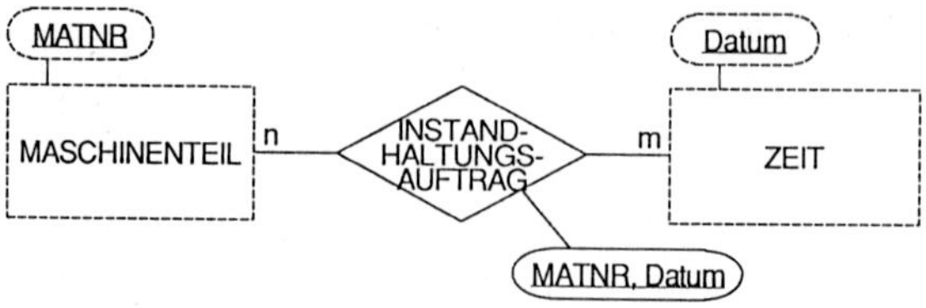

Abb. B.II.41: ERM zu Instandhaltungauftrag

B.II.2.4.2 Datenmodell

Die Übertragung der Datenstruktur in Relationenmodell zeigt Abb. B.II.42.

R. ZEIT (Datum, ...)
R. BETRIEBSMITTEL (BMGNR, BMNR, ...)

R. ERSATZTEILZUORDNUNG (BMGNR, BMNR, MATNR, ...)
R. MASCHINENTEIL (MATNR, ...)
R. MASCHINENSTRUKTUR (OMATNR, UMATNR, Anzahl)
R. INSTANDHALTUNGSAUFTRAG (MATNR, Datum, ...)

Abb. B.II.42: Relationenmodell: Instandhaltung

B.II.2.5 Integrierte CAM-Systeme

Die Teilfunktionen von CAM (nach der hier gewählten Definition) wurden bisher isoliert betrachtet. Die Datenstrukturen für

- Arbeitsplanung/NC-Programmierung,
- Lager,
- Transport,
- Qualitätssicherung,
- Instandhaltung

werden nun zu einer integrierten CAM-Datenstruktur zusammengefaßt. Dabei wird auch der Zusammenhang zur Fertigungssteuerung hergestellt. Anschließend werden Fragen der Ablaufsteuerung behandelt.

Als Leitfaden für die Ausführungen dient eine sich weitgehend selbst steuernde organisatorische CAM-Einheit ("Fabrik in der Fabrik"), wie sie durch die Begriffe automatisierte Fertigungsinsel oder Flexibles Fertigungssystem charakterisiert werden.

B.II.2.5.1 Datenstruktur

B.II.2.5.1.1 Entwurf

In der Datenstruktur werden Aufgaben aus Produktionssteuerung, NC-Datenverwaltung, Transport, Lagerung, Qualitätssicherung und Instandhaltung integriert. Die in der organisatorischen Einheit verwalteten Datenstrukturen sind häufig Ausschnitte aus einer übergeordneten Datenstruktur. Insofern könnten die bereits eingeführten Entitytypen jeweils als Spezialisierungen gekennzeichnet werden. Dieses wird aber aus Gründen der Übersichtlichkeit fortgelassen.
Aus didaktischen Gründen sind die Datenstrukturen in Abb. B.II.43 entsprechend ihrer Einführungsreihenfolge numeriert.
Gegenüber den bereits in den entsprechenden Kapiteln der CAM-Teilbereiche eingeführten Datenstrukturen werden die Beziehungen zwischen den Teilbereichen sichtbar.
Um die Übersicht nicht zu stören, sind die bereits eingeführten Strukturen nicht gestrichelt gezeichnet. Auch die Schlüsselattribute sind aus Gründen der Übersichtlichkeit nicht angegeben.
Von einem übergeordneten Auftragsversorgungssystem werden die freigegebenen grob terminierten ARBEITSGANGZUORDNUNGEN übernommen (1). Hieraus können aufgrund von Optimierungen unter Einbeziehung von Umrüstkosten oder Materialverschnitt neue arbeitsgangbezogene Lose (SEQUENZ) gebildet werden (2).
Die BETRIEBSMITTEL der organisatorischen Einheit werden als Stammdaten verwaltet (3). Die Verbindung dieser drei Entitytypen mit der ZEIT (4) generiert den Beziehungstyp MASCHINENBELEGUNG (5).
Die in der organisatorischen Einheit beschäftigten MITARBEITER (6) sind über die Beziehung MITARBEITERZUORDNUNG (7) mit BETRIEBSMITTEL verbunden. Die zeitliche Einplanung der Mitarbeiter auf speziellen Maschinen erfolgt über die Verbindung der Entitytypen MITARBEITER und ZEIT mit dem zum Entitytyp uminterpretierten Beziehungstyp MASCHINENBELEGUNG (5). Der MITARBEITERBELEGUNG (8) kann dabei entsprechend den Ausführungen zur Fertigungssteuerung mehrere Maschinenbelegungen überdecken, andererseits können während einer Maschinenbelegung auch mehrere Mitarbeitereinsätze zugeordnet werden.
Die in der organisatorischen Einheit verwalteten NC-Programme bilden eine eigenständige Bibliothek (9). Dieser wurde als Beziehungstyp (11) zwischen KÖRPER (ZEICHNUNG) (10) und ARBEITSGANGZUORDNUNG (1) konstruiert, dann aber als Entitytyp uminterpretiert. Mit dem Entitytyp KÖRPER wird ausgedrückt, daß in der organisatorischen Einheit auch Zeichnungen für die in ihr gefertigten Teile verwaltet werden können.
Die in der Insel gefertigten und verwalteten Teile/Materialien bilden den Entitytyp TEIL (11). Er wird über die Beziehung GEHÖRT ZU (12) mit den Zeichnungen (KÖRPER) verbunden.

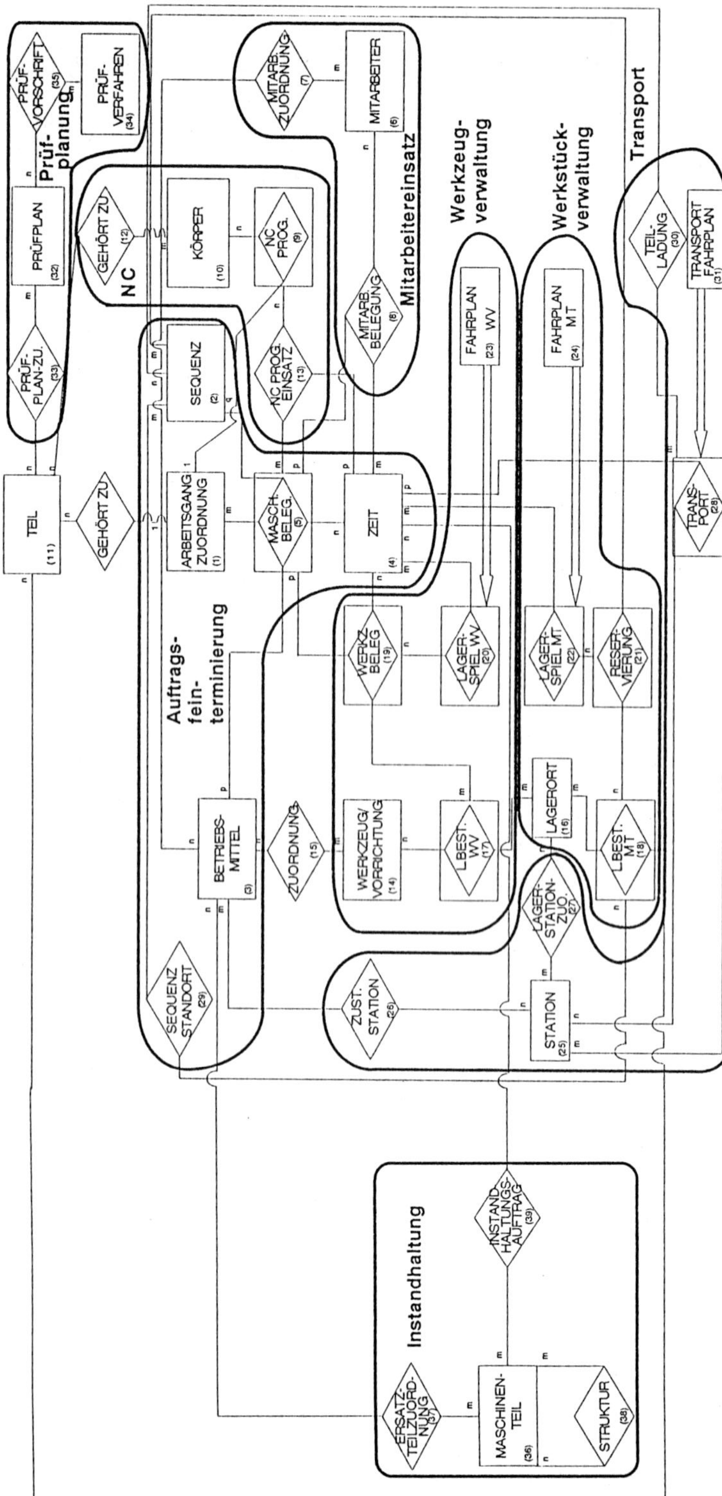

Abb. B.II.43: ERM zu integrierten CAM-Systemen

Der Einsatz der NC-Programme (13) bildet die Beziehung NC-PROGRAMM-EINSATZ zur MASCHINENBELEGUNG und zur ZEIT, wobei ein NC-Programm auch mehrere Maschinenbelegungen überdecken kann.

Die in der organisatorischen Einheit verwalteten Werkzeuge und Vorrichtungen bilden einen eigenständigen Entitytyp WERKZEUG/VORRICHTUNG (14). Die an einem Betriebsmittel einzusetzenden Werkzeuge und Vorrichtungen werden über die ZUORDNUNG (15) definiert.

Bei hochautomatisierten Systemen können spezielle Lagersysteme für Werkzeuge und Vorrichtungen eingerichtet sein. Der Entitytyp LAGERORT (16) gilt sowohl für die Lagerung von Teilen (insbesondere auch Zwischenlagerbestände von angearbeiteten Arbeitsgängen), Materialien als auch für Werkzeuge und Vorrichtungen. Selbstverständlich kann auch eine differenziertere Lagerhierarchie eingeführt werden. Der Lagerbestand an Werkzeugen oder Vorrichtungen in einem Lagerort (z. B. auf einer Palette oder in einem speziellen Fach) wird durch die Beziehung LAGERBESTAND WV (17) definiert.

Der Lagerbestand an Materialien und Teilen bildet die Beziehung LAGERBESTAND MT (18) zwischen dem Entitytyp TEIL (11) und LAGERORT (16). Die WERKZEUGBELEGUNG (19) wird (analog der MASCHINENBELEGUNG, dem MITARBEITEREINSATZ und dem NC-PROGRAMMEINSATZ) als Beziehungstyp zwischen den als Entitytypen uminterpretierten LAGERBESTAND WV, MASCHINENBELEGUNG und ZEIT angesehen. Die Verbindung zu dem Entitytyp ZEIT soll wiederum ermöglichen, daß die WERKZEUGBELEGUNG (19) auch über mehrere Maschinenbelegungen hinaus gültig sein kann.

Die Ein- und Auslagerungsvorgänge (Lagerspiele) werden für Werkzeuge/Vorrichtungen und Materialien/Teile getrennt entwickelt (20, 22). Das Lagerspiel für Werkzeuge/Vorrichtungen, also eine Auslagerung oder Einlagerung, ist eine n:m-Beziehung zwischen der ZEIT und der als Entitytyp interpretierten WERKZEUGBELEGUNG und bildet somit den Beziehungstyp LAGERSPIEL WV (20). Als Zeitausprägung wird hierbei der Start des Auslagerungs- oder Einlagerungsvorgangs angesetzt.

Entsprechend diesem Vorgang ist auch das LAGERSPIEL MT für Materialien/Teile definiert. Dazu werden die für eine Sequenz erforderlichen Materialien und Vorprodukte zunächst in dem Beziehungstyp RESERVIERUNG erfaßt, der eine n:m-Beziehung zwischen LAGERBESTAND und SEQUENZ bildet. Die Ausfassung der reservierten Komponenten wird über LAGERSPIEL MT (22) als Beziehung zwischen dem uminterpretierten Entitytyp RESERVIERUNG und der ZEIT gebildet. Die Lagerspiele werden zu Fahrplänen zusammengestellt (23, 24).

Für das Transportsystem wird zunächst der Entitytyp STATION (25) eingeführt. Er wird über Zuordnungsbeziehungen mit BETRIEBSMITTEL (26) und LAGERORT (27) verbunden. Ein spezieller Transportvorgang ist eine Beziehung zwischen zwei Stationen. Hierbei können jeweils die "Von"- und "Nach"-Transporte einer Station unterschieden werden. Daraus ergibt sich die n:m-Beziehung TRANSPORT (28).

Da eine Sequenz nach ihrer Fertigstellung in ein Lagersystem eingelagert werden kann, wird der STANDORT SEQUENZ durch eine n:m-Beziehung zwischen LAGERBESTAND und SEQUENZ

ausgedrückt (29). Durch die n:m-Beziehung ist es möglich, Teilmengen einer Sequenz einzulagern und für die Weiterverarbeitung zu identifizieren.
Auch können Sequenzen in Teilladungen transportiert werden. Die Teilladung einer Sequenz, die als geschlossener Posten transportiert wird, ist als Beziehungstyp TEILLADUNG zwischen TRANSPORT und SEQUENZ definiert (30).
Die Transporte einer bestimmten Periode werden in dem FAHRPLAN (31) hierarchisch zusammengefaßt.
Die in der organisatorischen Einheit verwalteten Prüfpläne sind in dem Entitytyp PRÜFPLAN (32) erfaßt und mit den Teilen verbunden (33). Die angewendeten Prüfverfahren bilden den Entitytyp PRÜFVERFAHREN (34), der in Kombination mit dem Prüfplan den Entitytyp PRÜFVORSCHRIFT (35) ergibt.
Die Datenstruktur zur Instandhaltung knüpft an den Betriebsmitteln an. Ihnen werden die Ersatzteile (MASCHINENTEIL) zugeordnet (36, 37). Die "Stücklistenstruktur" komplexer Ersatzteile wird durch die Beziehung MASCHINENSTRUKTUR (38) abgebildet. Der INSTANDHALTUNGSAUFTRAG bildet eine n:m-Beziehung zwischen MASCHINENTEIL und ZEIT (39).
Die konstruierte Datenstruktur umfaßt eine Vielzahl der in der Realität auftretenden Datenbeziehungen. Durch die zentrale Einbindung des Entitytyps ZEIT wird ihre hervorstechende Bedeutung für die kurzfristige Steuerung betont. Gleichzeitig wird hierdurch auch die enge Anbindung an Realtime-Prozesse mit ihren hardware- und softwaremäßigen Konsequenzen deutlich gemacht. Einige Entities und Beziehungen besitzen nur eine kurzlebige Bedeutung und können kurz nach ihrer Bearbeitung wieder gelöscht werden. Dieses gilt insbesondere für die Transport- und Lagervorgänge.
Bei der Konstruktion wurden die Grade der Beziehungen nicht jedesmal diskutiert. Aus den früheren Darstellungen sind die in der Abbildung eingetragenen Grade (1:n, n:m, ...) aber leicht zu interpretieren. Um eine möglichst allgemeine und weitgehende Interpretation zuzulassen, werden hauptsächlich n:m-Beziehungen angeführt. Diese können bei konkreten Anwendungen durchaus zu 1:n-Beziehungen vereinfacht werden. Auch wird nochmals darauf hingewiesen, daß einige Entitytypen Spezialisierungen allgemeinerer Entitytypen sind (z. B. INSTANDHALTUNGSAUFTRAG als Teilmenge eines Entitytyps AUFTRAG).

B.II.2.5.1.2 Datenmodell

Die entwickelte Datenstruktur wird in Abb. B.II.44 als Relationenmodell dargestellt.
Beim Relationenmodell werden die Schlüssel solcher Entity- und Beziehungstypen, die aus vorgelagerten Planungsbereichen übernommen wurden, vereinfacht. Beispielsweise wird der eigentlich komplexe Schlüssel der Arbeitsgangzuordnung zu der Arbeitsgangnummer AGANR reduziert. Ähnliches gilt für die Entitytypen BETRIEBSMITTEL und LAGERORT.

R. ARBEITSGANGZUORDNUNG (AGANR, Menge, Qualitätsanf., ...)
R. SEQUENZ (SNR, ...)
R. BETRIEBSMITTEL (BMGNR, BMNR, Bezeichnung, Kapazität, ...)
R. ZEIT (VON ... BIS..., ...)
R. MASCHINENBELEGUNG (TNR, Datum, AGANR, BMNR, SNR, VON ... BIS ..., ...)
R. MITARBEITER (PERSNR, ...)
R. MITARBEITERZUORDNUNG (PERSNR, BMGNR, BMNR, ...)
R. MITARBEITERBELEGUNG (PERSNR, VON ... BIS ..., TNR, Datum, AGANR, BMNR, SNR, VON ... BIS ..., ...)*
R. NC-PROGRAMM (KÖRPNR, AGANR, ...)
R. KÖRPER (KÖRPNR, ...)
R. TEIL (TNR, ...)
R. ZUORDNUNG KT (KÖRPNR, TNR, ...)
R. NC-PROGRAMM-EINSATZ (NCNR, VON ... BIS ..., TNR, Datum, AGANR, BMNR, SNR, VON ... BIS ..., ...)*

R. WERKZEUG/VORRICHTUNG (WNR, ...)
R. WERKZEUGZUORDNUNG (WNR, BMNR, ...)
R. LAGERORT (LANR, ...)
R. LAGERBESTAND WV (LANR, WNR, Menge)
R. LAGERBESTAND MT(LANR, TNR, Menge, ...)
R. WERKZEUGBELEGUNG (LANR, WNR, VON ... BIS ..., TNR, Datum, AGANR, BMNR, SNR, VON ... BIS ..., ...)*
R. LAGERSPIEL WV (LANR, WNR, VON ... BIS ..., TNR, Datum, AGANR, BMNR, SNR, VON ... BIS...*, VON ... BIS ..., ...)*
R. RESERVIERUNG (SNR, LANR, TNR, Menge)
R. LAGERSPIEL MT (VON ... BIS ..., SNR, LANR, TNR, ...)
R. FAHRPLAN WV (MVFPNR, , ...)
R. FAHRPLAN MT (MTFPNR, ...)
R. STATION (STANR, ...)
R. STATIONSZUORDNUNG BM (STANR, BMNR, ...)

R. STATIONSZUORDNUNG LAGER (STANR, LANR, ...)
R. TRANSPORT (VON ... BIS ..., VSTANR, NSTANR, ...)
R. STANDORT SEQUENZ (SNR, LANR, TNR, Menge)
R. TEILLADUNG (SNR, VON ... BIS ..., VSTANR, NSTANR, Menge)
R. FAHRPLAN (FPNR, ...)
R. PRÜFPLAN (PPNR, ...)
R. PRÜFPLANZUORDNUNG (TNR, PPNR, ...)
R. PRÜFVERFAHREN (PVNR, ...)
R. PRÜFVORSCHRIFT (PVNR, PPNR, ...)
R. MASCHINENTEIL (MATNR)
R. ERSATZTEILZUORDNUNG (BMGNR, BMNR, MATNR, ...)
R. MASCHINEN-STRUKTUR (OMATNR, UMATNR, Anzahl, ...)
R. INSTANDHALTUNGSAUFTRAG (MATNR, Datum, ...)

* *übernommene Schlüsselattribute, deren Bezeichnung formal in der Relation mehrfach auftritt, aber eine unterschiedliche Bedeutung besitzen.*

Abb. B.II.44: Relationenmodell: Integrierte CAM-Systeme

B.II.2.5.2 Verarbeitungsform von CAM

Wegen der herausgestellten Zeitnähe der CAM-Funktionen, die häufig sogar eine Realtime-Verarbeitung erfordern, erübrigt sich die Bewertung der Dialogkriterien. Neben der Forderung nach Aktualtität wird bei der Arbeitsplanerstellung und NC-Programmierung auch eine interaktive Problemlösung durchgeführt.

B.II.2.5.3 Ablaufsteuerung von CAM

B.II.2.5.3.1 Funktionsebenenmodell: Dezentralisierung

Die Aufteilung von Funktionen auf die einzelne organisatorischen Ebenen ist im Fertigungsbereich besonders ausgeprägt. Dieses wurde bereits bei der Diskussion unterschiedlicher Organisationsformen computergestützter Fertigungssysteme deutlich. Eine typische Rechnerhierarchie ist die zwischen Betriebsrechner, Bereichsrechner, DNC-Rechner sowie den darunter angeordneten CNC-Rechnern und Steuerungen. Parallel zum DNC-Rechner können Prozeßleitsysteme zur Steuerung von Lagersystemen und Transportsystemen angeordnet sein. Organisatorisch können unterschiedliche Rechnersysteme in Leitständen gebündelt werden.

Generell zeigt sich in der Fertigung ein Trend zur verstärkten Dezentralisierung des EDV-Einsatzes. Dieses bedeutet, daß zunehmend Mikrocomputer direkt an einzelnen maschinellen Anlagen für vielfältige Zwecke der Steuerung, Kontrolle und Datenerfassung eingesetzt werden. Durch die

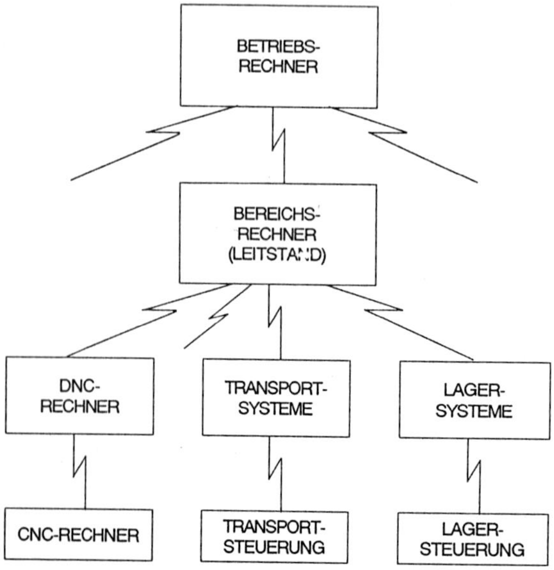

Abb. B.II.45: Beispiel einer Rechnerhierarchie im Fertigungsbereich

direkte Anbindung von unterschiedlichen Steuerungen, die zum Teil Bestandteil von Maschinen sind und von den Lieferanten der Maschinen eingebaut werden, ergibt sich das Problem, heterogene Hardware miteinander zu verbinden. Aus diesem Grunde ist der Einsatz von Local Area Networks (LAN) im Bereich der Fertigung besonders dringend.

Netzwerke richten sich dabei an Protokollstandards aus. Wenn diese von unterschiedlichen Herstellern unterstützt werden, so können auch heterogene Hardwareeinheiten miteinander kommunizieren. Das speziell für Anwendungen in der Fertigung entwickelte MAP (Manufacturing Automation Protocol) ist ein wichtiger Beitrag zur Standardisierung der Datenübertragung in der Fertigung (vgl. z. B. *Suppan-Borowka, Anforderungen an MAP 1986, S. 170 ff.; Suppan-Borowka/Simon, MAP in der automatisierten Fertigung 1986; Schäfer, Technische Grundlagen der lokalen Netze 1986, S. 14 ff.*).

Die Integration der Materialflußsteuerung durch computergesteuerte Lager- und Transportsysteme mit automatisierten Fertigungseinrichtungen (NC, CNC, DNC, Robotics) und dispositiven Steuerungsfunktionen eines Leitstandrechners macht es erforderlich, daß unterschiedliche computergesteuerte Systeme miteinander kommunizieren müssen. Die gegenwärtige Situation ist dagegen durch Inkompatibilitäten gekennzeichnet. Die jeweiligen Steuerungen und Rechnersysteme besitzen eigene Codes zur Zeichendarstellung, eigene Formate für Satzaufbauten und Dateien, eigene Schutzmechanismen und eigene Definitionen der Steuerung von peripheren Geräten. Teilweise sind die Systeme in umfangreiche Betriebssystemumgebungen eingebettet, die ebenfalls herstellerspezifisch sind. Wenn Hersteller eigene Netzkonzepte anbieten (z. B. IBM mit SNA, Digital Equipment mit DECNET, Siemens mit SINET und TRANSDATA, Allen Bradley mit DATA HIGHWAY oder Gould mit MOTBUS), so sind in der Regel nur Geräte des Netzherstellers anschließbar.

Da die Hersteller trotz vorliegender Standardisierungskonzepte internationaler Organisationen (z. B. ISO und IEEE) nur wenig Anstrengung erkennen ließen, Standardisierungen auf diesem Gebiet konkret anzugehen, hat General Motors (GM) Ende der siebziger Jahre die Initiative ergriffen, um zumindest auf dem Gebiet der Fabrikautomatisierung einen Standard zur Vernetzung zu entwickeln. Dazu wurde von GM die sogenannte "Manufacturing Automation Task Force"-Gruppe gegründet, die zwischen 1980 und 1983 das Konzept eines offenen Kommunikationssystems MAP entworfen hat. Anschließend gelang es GM durch seine Marktmacht, eine Reihe wichtiger Hersteller von Produkten der Kommunikationstechnik an dem Projekt zu beteiligen. Inzwischen ist das MAP-Konzept soweit definiert, daß mehrere Testinstallationen entwickelt werden konnten. Da sich MAP als Industriestandard abzeichnet, ist zu erwarten, daß alle führenden Hersteller von Informationstechnik-Komponenten innerhalb der Fertigung (also Hersteller von Steuerungen und OEM-Partner, die Steuerungen in ihre Produktionsanlagen einbauen) sich mit diesem Standard auseinandersetzen müssen. Grundlage ist das ISO/OSI-Referenzmodell für offene Systeme (vgl. Abb. B.II.46).

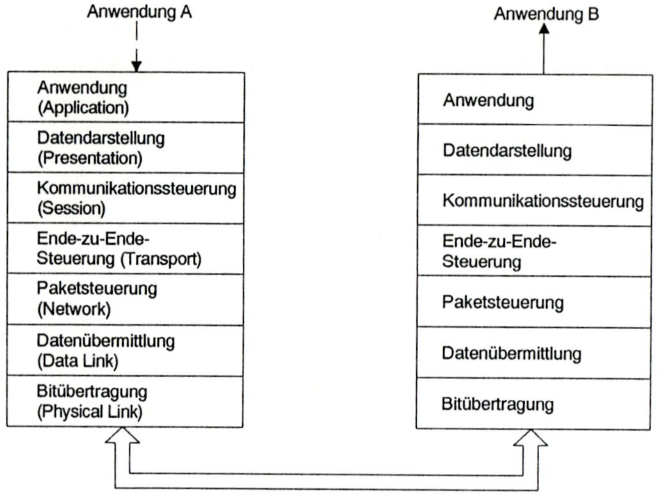

Abb. B.II.46: Das ISO/OSI-Referenzmodell

Damit eine Anwendung A mit einer Anwendung B kommunizieren kann, nimmt sie Standarddienste des Kommunikationssystems auf der obersten Ebene **(Ebene 7)** in Anspruch (vgl. Abb. B.II.46). Die Daten werden dann fortlaufend den darunterliegenden Schichten übergeben und mit weiteren Steuerungsinformationen ergänzt, um von der ersten Schicht ausgehend über ein physisches Übertragungsmedium an den anderen Partner übertragen zu werden. Von hier aus wandern die Daten von unten nach oben durch die Schichten, wobei jede Schicht die entsprechenden Steuerdaten der parallelen Schicht (Sender, Empfänger) entnimmt und interpretiert. Zum Schluß werden nur die für die Anwendung wichtigen Daten der Zielanwendung B übergeben.

Als Anwendungen können grundsätzlich alle betriebwirtschaftlichen und technischen Anwendungen wie Buchführung, Kostenrechnung, Produktionsplanung, CAD, Bürokommunikation, Statistik usw. in Betracht kommen. Im ersten Schritt konzentriert sich MAP allerdings auf den Austausch von NC- und Roboter-Steuerungsprogrammen. Auf diese Anwendung sind auch wesentliche Entscheidungen, die bei der Auswahl von mehreren möglichen Standardisierungsoptionen zu treffen sind, ausgerichtet. In der Abb. B.II.47 sind die einzelnen Aufgaben, wie sie das ISO-Referenzmodell beschreibt, den jeweiligen Spezifikationen von MAP gegenübergestellt. Da MAP bereits in unterschiedlichen Versionen existiert, wird neben der Version 2.0 die seit 1988 definierte Version 3.0 angegeben. Die Version 3.0 gilt als zukunftsträchtig, für die zunehmend konkrete MAP-Produkte entwickelt werden (vgl. *Suppan-Borowka, Das große Warten auf die neue Norm 1987, S. 10*).

Als MAP-Standard für die Ebene 1 gilt der sogenannte Tokenbus mit einem Breitbandmedium nach Standard IEEE 802.4. Das Breitbandsystem besitzt eine Übertragungsrate von 10 MBit/sek. Es unterstützt die Überbrückung großer Entfernungen, die parallele Übertragung mehrerer Informationsströme und besitzt eine hinreichend hohe Übertragungskapazität. Es kann grundsätzlich jedes Medium verwendet werden, wenn die in ISO DIS 8802/4 beschriebene Schnittstelle für die Übergabe der Symbole der Ebene 2a (Medium Access Control, MAC) eingehalten wird.

ISO - Layer	Aufgabe	MAP-Spezifikation 2.0	MAP-Spezifikation 3.0
Layer 7 : Application	Dienstschnittstelle für den Anwender	MMFS/EIA 1393 A IS -CASE-Subset ISO-FTAM-Subset MAP-Messaging MAP-Directory-Dienste MAP-Netzwerk-Management	MMS/RS - 511 Filetransfer (FTAM) Network Management (NM) Directory Services Virtuelles Terminal CASE
Layer 6 : Presentation	Anpassung/Umwandlung von Formaten, Kodierung usw.	NULL	ISO-Presentation - Service - Protocol
Layer 5 : Session	Synchronisation und Verwaltung von Verbindungen	ISO-Session-Kern	ISO-Connection oriented Session - Service - Protocol
Layer 4 : Transport	Zuverlässige Ende-zu-Ende-Verbindungen	ISO-Transport-Klasse 4	ISO-Transport - Service - Protocol
Layer 3 : Network	Protokollanpassung zwischen verschiedenen Netzen, Routing	NULL z. Zeit (Absicht: CLNS inaktiv und subset)	ISO-Internet Connectionless
Layer 2 : Data Link	Fehlerentdeckung, Transfer zwischen topologisch benachbarten Knoen, Medienzugang	IEEE 802.2 LLC Typ 1 IEEE 802.4 Token-Bus	LLC Typ 1 802.4 Token-Bus
Layer 1 : Physical	Kodierung und bit - serielle Übertragung von Paketen	IEEE 802.4 Token Bus-Breitband	Breitband, Carrier - band, Fiber Optik ISO-Token-Bus 802

Abb. B.II.47: Kommunikation in der automatisierten Fertigung

Im Zentrum von MAP steht die Definition von Diensten auf der **Ebene 7**, die von den darüberliegenden Anwendungen direkt angesprochen werden. Hierbei handelt es sich einmal um die Definition des Dateitransfers sowie die Definition virtueller Terminals, die Voraussetzung für den Anschluß unterschiedlicher Geräte sind. Die notwendigen Funktionen sind in bestimmten Regelungen wie dem Manufacturing Message Format Standard (MMFS) oder dem "Abstract Syntax Notation Number One" (ASN.1) von ISO festgelegt (vgl. *Gora, MAP 1986, S. 40 ff.*). Einen Eindruck der im einzelnen definierten Instruktionen gibt Abb. B.II.48 (nach: *Gora, MAP 1986, S. 41*) für eine numerisch gesteuerte Produktionsanlage.

Grundlage der Definition der Ebene 7 ist das ISO-Protokoll CASE (Common Application Service Element). Es wird durch eine Reihe von Diensten für den Austausch von NC-Daten ergänzt. Hier bietet die Version 3.0 mit dem Application Layer Interface (ALI) einen besonders benutzerfreundlichen Zugang zu den Netzdiensten.

In MAP wird auch ein generelles Steuerungssystem für das Netzwerk definiert. Bestandteil dieses Dienstes sind die Überwachung und Gestaltung der Netzkonfiguration sowie die Kontrolle und Behebung von Fehlersituationen. Da Fehler auf allen Ebenen auftreten können, sind von MAP innerhalb des Management-Konzeptes die Schichten 3 - 7 abgedeckt. Für die Schichten 1 und 2 sind bereits innerhalb der von ISO übernommenen Definitionen geeignete Sicherungsdienste vorhanden.

Funktion	Beschreibung
CYCLE START	Aktivierung oder Beendigung des aktuellen Maschinenzyklus
PART	Identifikation einzelner Werkstücke
AXIS OFFSET	Achsenmanipulation (z.B. bei der Robotersteuerung)
UNITS	Definition, welche Einheiten (inch/meter) verwendet werden
EXCHANGE	Manipulation von Werkstück-Paletten
LIFT	Anheben eines bestimmten Gerätes

Abb. B.II.48: MAP-Instruktionen

Mit MAP 3.0 wurde die Einsatzmöglichkeit für Echtzeit-Anwendungen durch zwei Strategien zu verbessern gesucht. Zum einen wurde die in Version 2.1 nicht genutzte Möglichkeit der Prioritätssteuerung beim Zugriff auf das Übertragungsmedium eingebunden (4 Prioritäten: Zugriffsklassen 6, 4, 2 und 0). Der zweite Weg war die Realisierung eines direkten Zugangs von Schicht 7 zu Schicht 2 (EPA = Enhanced Performance Architecture und Mini-MAP). Mini-MAP-Knoten können nun mit Mini-MAP oder EPA-Knoten desselben Segmentes kommunizieren, während EPA-Knoten auch mit anderen Netzsegmenten Verbindungen aufbauen können.

Obwohl durch MAP ein spektakulärer Schritt in Richtung einer Standardisierung zumindestens auf dem Gebiet fertigungsnaher LAN's erreicht wird, sind damit noch nicht alle Anforderungen an eine offene Netzarchitektur in einem Industriebetrieb erfüllt. Einmal sind in vielen Unternehmungen bereits Teilnetze zur Verbindung von Automatisierungsinseln eingeführt, die auch mittelfristig bestehen bleiben und deshalb mit einem generellen Netz verbunden werden müssen. Darüber hinaus gibt es andere Anwendungen, die von MAP (noch) nicht abgedeckt werden. Dazu gehören z. B. Büro-Anwendungen aus den Bereichen Konstruktion und Arbeitsvorbereitung. Auch können strenge Realtime-Anforderungen eine eigene (vereinfachte und damit schnellere) Kommunikationsverbindung erforderlich machen. Dieses bedeutet, daß MAP mit anderen Netzdiensten oder Netzkonzeptionen verbunden werden muß.

Damit wird MAP zu einem Hintergrundnetz oder Rückgratnetz (Backbone Netz) für weitere dedizierte Teilnetze. Muster einer gesamten Netzarchitektur kann dabei das Bild Abb. B.II.49 (nach: *Suppan-Borowka/Simon, MAP in der automatisierten Fertigung 1986, S. 125*) sein. Im einzelnen werden dazu Gateways, Router, Bridges und Breitbandkomponenten eingesetzt (vgl. *Simon, Kommunikation in der automatisierten Fertigung 1986*).

Gateways verbinden Netze mit unterschiedlichen Protokollstrukturen auf den höheren Ebenen.

Eine besondere Bedeutung besitzen **Router** innerhalb des Netzkonzeptes, da sie eine relativ effiziente Verbindung herstellen. Router verbinden Teilnetze mit gegebenenfalls unterschiedlichen Schichten 1 und 2, die dann über ein einheitliches Netzwerkprotokoll der Ebene 3 miteinander ver-

bunden werden. Hierdurch ist auch eine Verbindung mit öffentlichen Netzen, z. B. Datex-P, möglich.
Über **Bridges** werden unterschiedliche Teilnetze, die eine einheitliche Adressenstruktur besitzen, miteinander verbunden. Breitbandkomponenten wie Verzweigungen, Equalizer und Verstärker ermöglichen auf der physikalischen Ebene eine Strukturierung und Erweiterung der Netze.

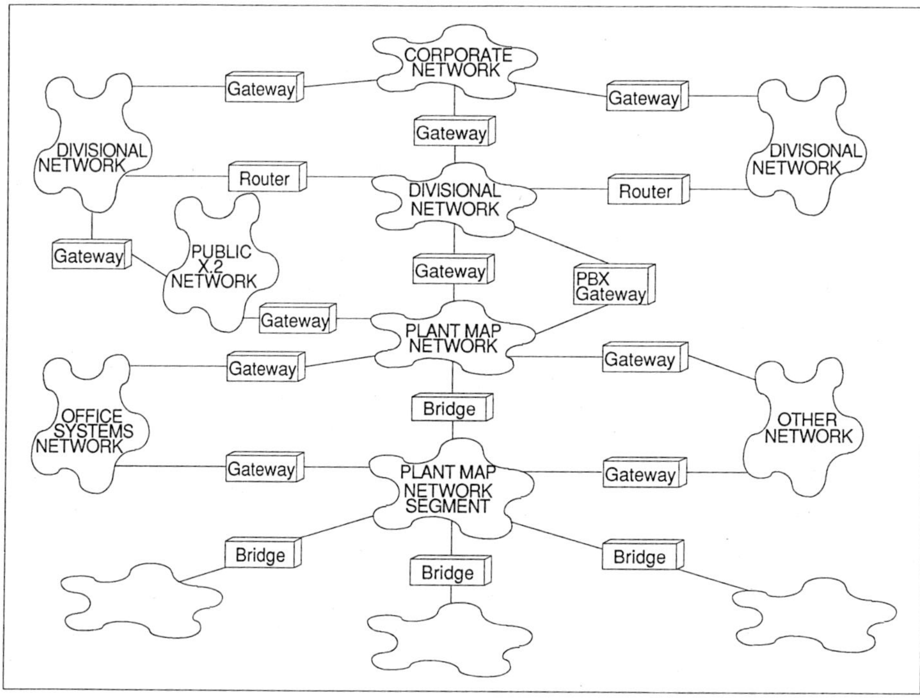

Abb. B.II.49: MAP als Backbone Netz

B.II.2.5.3.2 Ereignissteuerung

Einige Ereignisdaten, die Arbeitsplanungs- und Steuerungsfunktionen in der Fertigung auslösen, sind in Abb. B.II.50 dargestellt. Die Arbeitsplanung wird von der Konstruktion angestoßen, die neue oder geänderte Zeichnungen durch Angabe der Teile- oder Zeichnungsnummern an die Arbeitsplanung übergibt. Dieses gilt sowohl für konventionelle Arbeitsplanung als auch für NC-Programmierung. Ergebnisse der Arbeitsplanung sind freigegebene Arbeitspläne.
Aus der Fertigungssteuerung werden für Lager- und Transportsysteme Bedarfsmengen, -zeiten und -orte zur Verfügung gestellt. Dieses wird in Abb. B.II.50 durch "Arbeitsgangzuordnungen" ausgedrückt. Diese werden von dem (dedizierten) Lagersteuerungssystem in Lagerspiele verfeinert (Lagersteuerung I) und zu einem Fahrplan zusammengestellt. Die Ausführungsanweisungen werden dann als "Telegramme" an die Anlagensteuerungen (Lagersteuerung II) gesendet. Analog zur dargestellten Lagersteuerung wird auch der Transport gesteuert.

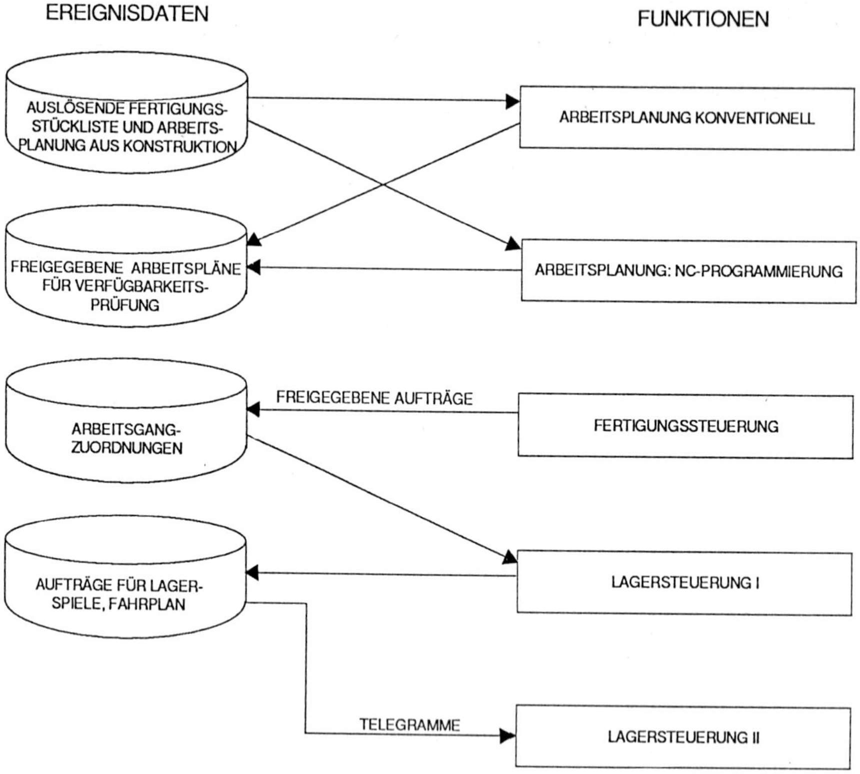

Abb. B.II.50: Ereignissteuerung von CAM

Die Aufteilung unterschiedlicher Funktionen auf Arbeitsplätze wird ebenfalls über Ereignisdatenbanken gesteuert. Im Bereich der Arbeitsplanung kann beispielsweise ein Arbeitsplatz für ein bestimmtes Teilespektrum zuständig sein. Dieses besitzt den Vorteil, daß hier eine Spezialisierung, insbesondere bei den Funktionen der Zeitschätzung und Betriebsmittelzuordnung sowie der Planung der einzelnen Arbeitsgangfolgen zum Tragen kommt.
Die konventionelle Arbeitsplanung wird von der Arbeitsvorbereitung durchgeführt. Diese ist häufig für Betriebe zentral organisiert, z. T. auch auf Unternehmensebene für mehrere Betriebe zuständig. Um die engen Beziehungen zwischen Konstruktion und Fertigung stärker zu berücksichtigen, wird zunehmend versucht, Arbeitsvorbereiter und Konstrukteure organisatorisch enger zu verbinden. Dieses kann bereits als ein Versuch gelten, die Tätigkeiten von Konstruktion und Arbeitsvorbereitung zu reintegrieren. Diese Tendenz verstärkt sich bei der Arbeitsplanung für computergesteuerte Produktionsanlagen.
Für die Erstellung des NC-Programms sind Daten der Fertigungsausführung erforderlich. Dieses gilt insbesondere für das Hinzufügen von Technologiedaten, die sich auf die am Arbeitsplatz einzusetzenden Werkzeuge und Betriebsmittel beziehen. Aus diesem Grunde wird neben einer zentralen Programmerstellung (z. B. in der Abteilung Arbeitsvorbereitung) auch eine sogenannte Werkstattprogrammierung, also die Programmerstellung "vor Ort", als organisatorische Alternative verfolgt.

B.III Beschaffung

Die Beschaffungsfunktion wird für Industriebetriebe zunehmend wichtiger. Aufgrund einer Tendenz zu geringerer Fertigungstiefe wächst der Anteil fremdbezogener Teile und Materialien innerhalb des gesamten Teilespektrums. Dieses führt dazu, daß bei vielen Industrieunternehmungen der Materialeinsatz bereits den größten Anteil der Aufwendungen ausmacht. Dieses bedeutet gleichzeitig, daß Rationalisierungsmöglichkeiten in diesem Bereich schon bei relativ kleinen prozentualen Erfolgen erhebliche Wirkungen auf die Erfolgssituation ausmachen. In Abb. B.III.01 ist dargestellt, wie eine Senkung des Materialaufwands um 2 % bei einer in vielen Fertigungsunternehmen bereits vorzufindenden Aufwandsstruktur zu einer Gewinnsteigerung um 10 % führt.

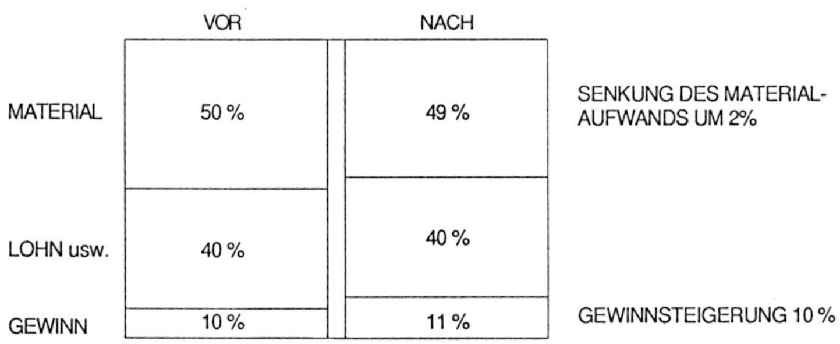

Abb. B.III.01: Aufwandstruktur vor und nach Reduktion der Materialaufwendungen

Der hohe Einsatz von fremdbezogenen Teilen und Materialien führt zu einem hohen Lagerwert und damit zu entsprechenden Zinsaufwendungen.
Hohe Lagerbestände haben gleichzeitig dazu gedient, Probleme im Bereich der Disposition, der Lagerbestandsführung und der Bedarfsermittlung durch Absatzprognosen zu verdecken (vgl. Abb. B.III.02,a).

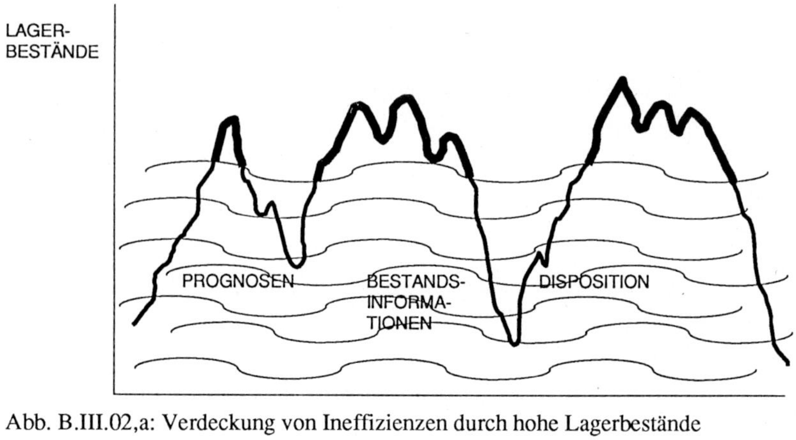

Abb. B.III.02,a: Verdeckung von Ineffizienzen durch hohe Lagerbestände

In Zusammenhang mit hohen Zinssätzen Ende der 70er und Anfang der 80er Jahre wurden hohe Lagerbestände kritisiert. Das in vielen Unternehmungen beobachtete drastische Herunterfahren der Lagerbestände auch im Bereich der Einkaufläger hat die Probleme in den Dispositionsfunktionen offengelegt (vgl. Abb. B.III.02,b).

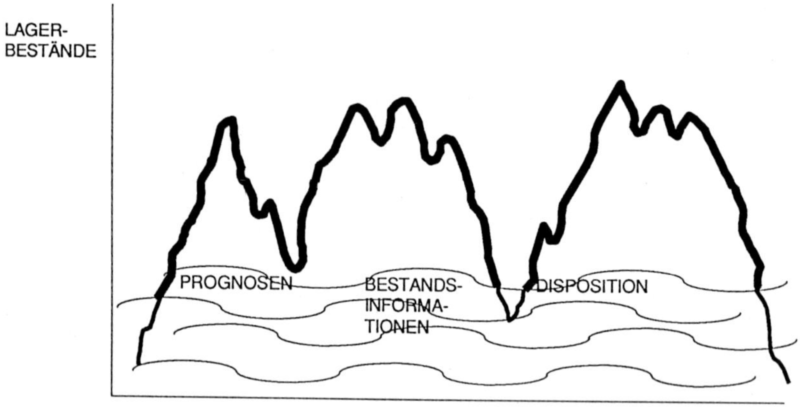

Abb. B.III.02,b: Aufdecken von Problemen der Dispositionsfunktionen durch Reduzierung der Lagerbestände

Eine Forderung ist deshalb, die Beschaffungsfunktion wesentlich stärker mit der Produktion zu verbinden und sie quasi lagerlos zu versorgen. Hierbei soll aber gleichzeitig die hohe Flexibilität des Fertigungsbereichs, wie sie zunehmend von den Markterfordernissen bestimmt wird, aufrechterhalten werden. Durch Begriffe wie "Kanban" und "just in time-production" werden Logistikketten diskutiert, die nicht nur eine zeitlich straffe Organisation innerhalb des eigenen Betriebes fordern, sondern darüber hinaus auch zu betriebsübergreifenden Kooperationen drängen. Hier sind in der Zusammenarbeit zwischen Automobilherstellern und -zulieferern bereits erste Realisierungsansätze zu erkennen (vgl. *Scheer, CIM 1990, S. 98 ff.; Mertens, Zwischenbetriebliche Integration 1985*).

Eine weitere Problematisierung des Beschaffungsbereichs resultiert aus der zunehmenden Automatisierung der Fertigung, wie sie in dem Teil CAM beschrieben wurde. Vollautomatisierte Fertigungssysteme erfordern die strenge Einhaltung von Qualitätsstandards des Materials. Es gibt praktische Beispiele, bei denen kleine Qualitätsmängel von wertmäßig untergeordnetem Material (z. B. Schrauben) ganze Fertigungsanlagen zum Stillstand gebracht und damit hohe Ausfallkosten verursacht haben. Aus diesem Grunde gewinnt mit der zeitlichen Straffung der Beschaffungsvorgänge die Qualitätssicherung eine hohe Bedeutung.

Ähnlich bedeutsam ist die Betrachtung der integrierten Logistikkette auch für den Handel, für den dieses in dem Konzept integrierter Warenwirtschaftssysteme realisiert wird, in denen artikelgenau die Funktionen Disposition, Wareneinkauf, Wareneingang, Umlagerungen und Verkauf verfolgt werden (vgl. *Zentes, Warenwirtschaftssysteme 1985*). Die dabei gewonnenen Erkenntnisse lassen sich zum Teil auch auf den Beschaffungsbereich von Industriebetrieben übertragen.

Für die Gestaltung des Informationssystems der Unternehmung ist der Beschaffungsbereich auch durch die vielfältigen organisatorischen Verflechtungen mit anderen Bereichen interessant.
Neben der Verflechtung zum Produktionsbereich durch die Bedarfsdisposition besteht eine enge Verbindung zum Lagerbereich, der die vom Beschaffungsbereich ausgelösten Bestellungen bei ihrem Eingang auf mengenmäßige und qualitative Richtigkeit überprüfen muß und zur Finanzbuchführung, die aufgrund der Bestell- und Wareneingangsdaten die Rechnungsprüfung vornimmt. Eine redundanzfreie Bearbeitung der Vorgangskette: Disposition, Beschaffung, Mahnwesen, Wareneingang, Rechnungsprüfung und Kreditorenbuchführung erfordert integrierte Datenstrukturen. Die Konstruktion dieser Datenstrukturen steht deshalb wieder im Vordergrund der Ausführungen. Die Datenstrukturierung folgt nach einer Darstellung der Grunddaten den Funktionen Bestellung, Wareneingang und Rechnungsprüfung.
Innerhalb der Betriebswirtschaftslehre stehen die entscheidungsbezogenen Fragestellungen der Bestimmung von Bestellmenge und Lieferant sowie die Einhaltung eines optimalen Sicherheitsbestandes im Vordergrund der Beschaffungsfunktion. Aufgrund vorgegebener deterministischer oder stochastischer Datensituationen werden unter Beachtung von Bestellmengen-, Fehlmengen- und Lagerkosten Optimierungsmodelle entwickelt. Diese Ansätze nehmen wiederum innerhalb der EDV-technischen Realisierung von Einkaufssystemen nur einen verschwindend geringen Platz ein. Vielmehr dominieren hier die Fragen der datenmäßigen Verknüpfung und organisatorischen Regelung integrierter Abläufe unter Beachtung des bereits zitierten hohen Mengenvolumens. Als betriebswirtschaftliche Standardwerke zur Materialwirtschaft können gelten: *Grochla, Materialwirtschaft 1986; Hartmann, Materialwirtschaft - Organisation, Planung, Durchführung, Kontrolle 1988; Oeldorf/Olfert, Materialwirtschaft 1987; Schneeweiss, Lagerhaltungssysteme 1981.*

B.III.1 Grunddaten

Grunddaten sind die Stammdaten für Lieferanten, die im Rahmen der Kreditorenbuchführung gleichzeitig auch als Kreditorenstammdaten verwendet werden, und die Daten der fremdbezogenen Teile. Im folgenden wird für alle fremdbezogenen Teile einheitlich der Begriff Material (Fremdteil) verwendet. Er umfaßt neben Rohstoffen, Hilfsstoffen usw. auch komplizierte Einbauteile. Die Datenstrukturen werden häufig aufgrund von Angeboten der Lieferanten gefüllt. Aus diesem Grunde werden auch die Angebote im Rahmen der Grunddatenverwaltung behandelt.

B.III.1.1 Entwurf der Datenstruktur

Die einzelnen Grunddaten werden nacheinander eingeführt und in Abb. B.III.03 dargestellt.

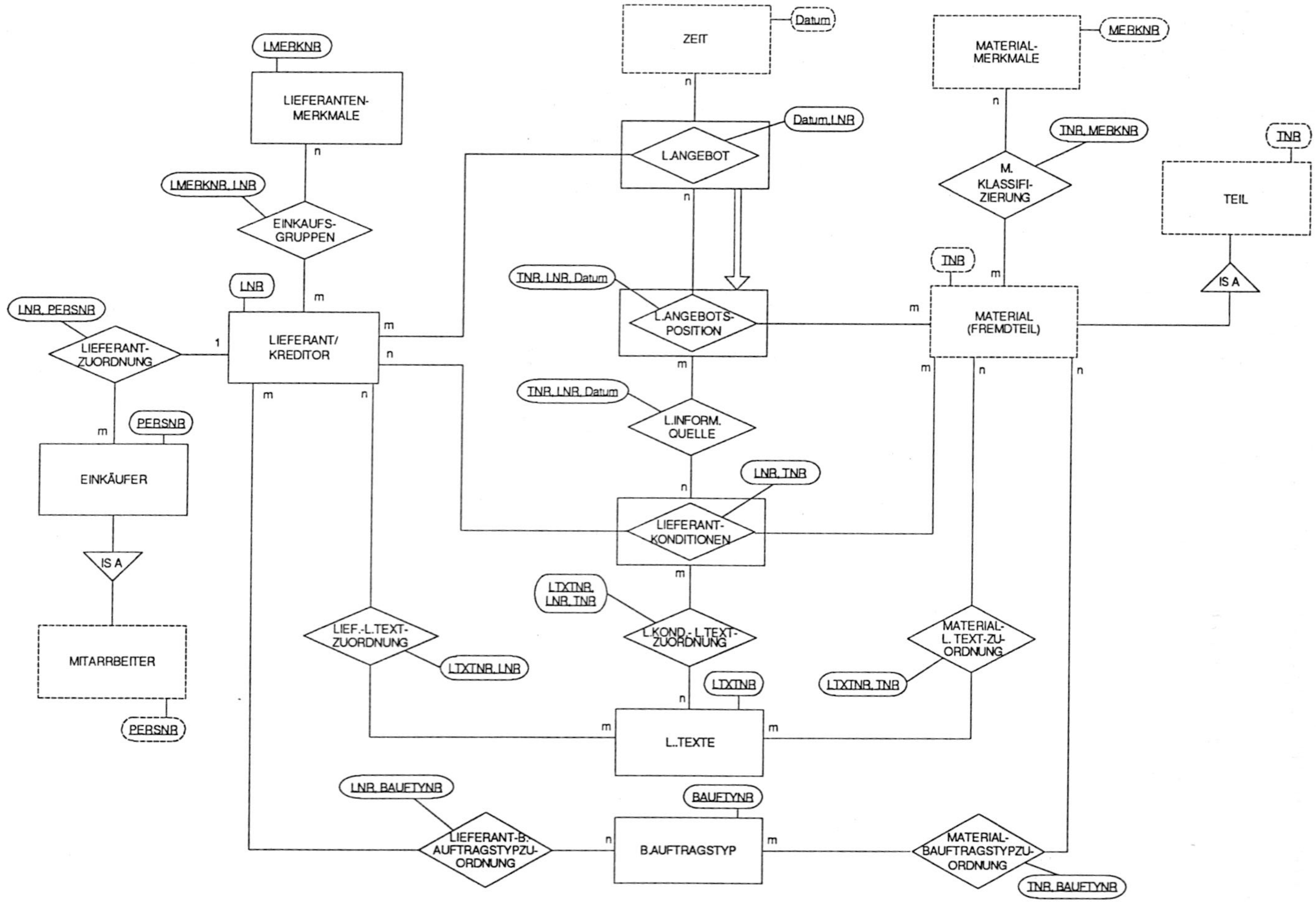

Abb. B.III.03: ERM zur Beschaffung

B.III.1.1.1 Material und Lieferanten

Innerhalb des Produktionsplanungs und -steuerungssystems wurden bereits fremdbezogene Teile innerhalb der Stücklistenverwaltung einbezogen und als Einzelteile oder Fremdteile bezeichnet. Im Beschaffungsbereich herrscht dagegen der Begriff "Material" vor, so daß er im folgenden verwendet wird. Der Entitytyp MATERIAL ist eine Spezialisierung des Entitytyps TEIL.
Typische Attribute des Entitytyps MATERIAL sind bei der Einführung des TEIL-Entitytyps bereits behandelt worden, so daß hier lediglich einige Attribute aufgezählt werden:

- Einkaufscode, Mengeneinheit, Gewicht, Teilenummer des Lieferanten, Bezeichnung, Breite/Durchmesser;
  dispositionsbezogene Daten wie Rundungsmenge, Meldebestandsmenge, Sicherheitsbestand, Mindestbestellmenge, Höchstbestellmenge, Disponent, Dispositionsverfahren, Schlüssel für Losgrößenberechnung, Schlüssel für Auswahl eines Prognosemodells, losfixe Kosten und Lagerkostensatz.

Um die große Anzahl verschiedener Materialien von der Konstruktion oder auch bei Eingang von unaufgeforderten Lieferantenangeboten bewältigen zu können, ist eine Klassifizierung des Materials, z. B. in der Form eines hierarchischen Schlüssels (vgl. Abb. B.III.04) sinnvoll.

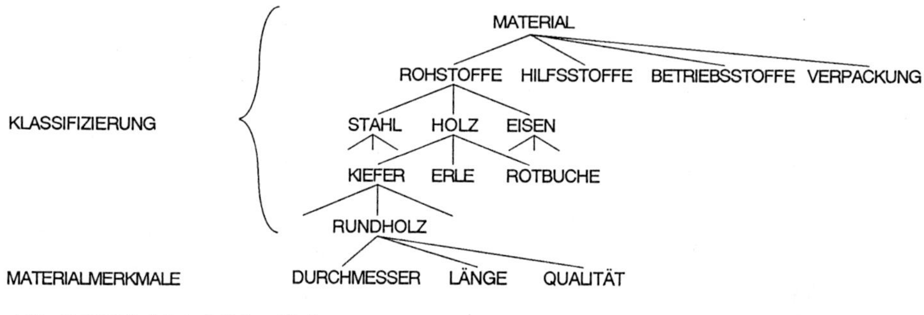

Abb. B.III.04: Materialklassifizierung

Die Materialklassifizierung bildet eine neue Stücklistenlogik neben der bereits eingeführten Konstruktions-, Fertigungs- und Vertriebsstückliste.
Aus diesem Grunde kann auch die Klassifizierung in der bereits bekannten Datenstruktur des TEIL-Entitytyps und der STRUKTUR-Beziehung erfaßt werden. Es wird lediglich eine neue Sicht erzeugt. Hierzu werden dann für die einzelnen Klassifizierungsausprägungen TEIL-Entities gebildet und die Zuordnungspfeile werden in STRUKTUR-Beziehungen abgelegt.
Ein konkretes Material kann neben seiner Einordnung in eine Klasse zusätzlich durch Merkmale beschrieben werden. Wird dann z. B. ein Kieferrundholz mit einem bestimmten Durchmesser, einer bestimmten Länge und Qualität gesucht, so kann relativ leicht über Zugriff der entsprechenden

Materialklasse und dann durch Suchen der einzelnen Merkmalsausprägungen ein entsprechendes Material gefunden werden.

In der Abb. B.III.03 wird die Klassifizierung durch den Entitytyp MATERIALMERKMALE dargestellt, von dem eine n:m-Zuordnung zu dem MATERIAL-Entitytyp ausgeht. Diese Datenstruktur wurde auch im Teil CAD angelegt. Für CAD ist die Verwendung von Klassifizierungssystemen ein wesentlicher Rationalisierungsfaktor, der zu einer höheren Wiederverwen-dung von Teilen führen soll.

Die n:m-Beziehung soll andeuten, daß ein Material unter verschiedenen Merkmalen gefunden werden kann, umgekehrt ein Merkmal in der Regel auch in mehreren Materialien auftritt (zu Klassifizierungsbeispielen vgl. *Grochla, Materialwirtschaft 1986, S. 36; SAP, System RM/Einkauf 1990, S. 18 ff.*).

Neben dem Material bilden die Lieferanten (im Zusammenhang mit der Finanzbuchhaltung auch als Kreditoren bezeichnet) die zweite Gruppe der Stammdaten. Typische Attribute des Entitytyps LIEFERANT sind neben der Lieferantennummer LNR der Lieferantenname mit Adresse, Ländercode, kumulierter Auftragswert, Angaben über Zuverlässigkeiten bei Termin- und Qualitätseinhaltung und allgemeine Rabattklassenregelungen.

Es empfiehlt sich, nicht nur solche Lieferanten in der Datenbasis zu führen, zu denen bereits konkrete Geschäftsbeziehungen bestehen, sondern auch potentiell in Frage kommende Lieferanten. Auch bei den Lieferanten ist eine Klassifizierung möglich. Beispielsweise können Einkaufsgruppen aus bestimmten Lieferanten gebildet werden, für die Sonderauswertungen wie

- Anzahl der Anfragen in einer Periode,
- Bestellobligo nach verschiedenen Perioden

gebildet werden. Die Klassifizierungsmöglichkeit ist über einen Entitytyp LIEFERANTENMERKMALE mit einer n:m-Beziehung EINKAUFSGRUPPEN zu dem LIEFERANT-Entitytyp gekennzeichnet.

Auch können Lieferantengruppen für bestimmte Einkauf-Sachbearbeiter gebildet werden, die von diesen betreut werden. Dazu wird eine 1:n-Zuordnung zwischen LIEFERANT und EINKÄUFER gebildet, wobei dieser Entitytyp eine Spezialisierung des Entitytyps MITARBEITER ist.

Für unterschiedliche Bestellauftragstypen (Barverkäufe, Abrufverträge) wird der Entitytyp B.AUFTRAGSTYP eingeführt und mit den MATERIAL- und LIEFERANT-Entitytypen verbunden.

B.III.1.1.2 Angebote/Konditionen

Vor Durchführung einer Bestellung werden in der Regel Angebote von einem oder mehreren Lieferanten eingeholt. Häufig werden auch Angebote unaufgefordert von Lieferanten eingereicht. Wird mit einem Angebot ein Lieferant zum ersten Mal aktiviert, so ist dieses Anlaß für die Aufnahme eines entsprechenden Entities. Auch können Materialinformationen einem Angebot entnommen werden.

Damit ist das Angebot eine wichtige Informationsquelle für die Grunddatenverwaltung und bildet als L.ANGEBOT eine n:m-Beziehung zwischen LIEFERANT und ZEIT. Wichtiges Attribut des Angebots ist die Angebotsnummer des Lieferanten. Eine Angebotsposition bezieht sich jeweils auf ein Angebot und ein Material. In der Angebotsposition werden solche Attribute erfaßt, die jeweils auf die Kombination Lieferant, Material und Datum bezogen sind. Dieses sind Preisinformationen, Rabattkonditionen, Lieferzeiten, Bestellmengen, Teilenummer des Lieferanten usw.

Die Beziehung zwischen dem Angebot als Kopfinformation und den einzelnen Angebotspositionen ist hierarchisch, da ein Angebot ohne Angebotspositionen ebenso sinnlos ist wie eine Angebotsposition ohne Hinweis auf die zugrundeliegende Unterlage einschließlich dem Gültigkeitsdatum. Aus diesem Grunde werden die beiden Beziehungstypen L.ANGEBOT und L.ANGEBOTSPOSITION, nachdem sie zu Entitytypen uminterpretiert worden sind, hierarchisch miteinander verbunden.

Die einzelnen Angebote mit ihren Positionen ermöglichen es, zeitliche Entwicklungen von Lieferantenangaben zu verfolgen. Dieses ist beispielsweise für Einkaufsverhandlungen wichtig. Aus der Datenstruktur können deshalb nicht nur für ein Material alle Angebote eines Lieferanten, sondern auch die aktuellen Angebote mehrerer Lieferanten ermittelt werden. Umgekehrt können auch für einen Lieferanten Auswertungen über die Preisgestaltung unterschiedlicher von ihm angebotener Materialien erstellt werden.

Fest definierte Informationen, die durch Angebote aktualisiert werden, werden als Quasi-Stammdaten zwischen MATERIAL und LIEFERANT konstruiert. Dieses wird mit dem n:m-Beziehungstyp LIEFERANT-KONDITIONEN in Abb. B.III.03 eingeführt. In diesen Beziehungstyp werden einmal die jeweils aktuellen Daten aus dem akzeptierten Angebot übernommen sowie weitere Informationen, die sich auf die Lieferanten/Material-Verbindung beziehen wie:

- akzeptierte Preisstaffeln, Transportkosten, Kapazität des Lieferanten, Lieferzeit mit errechneter Standardabweichung, Qualitätsdaten aus Wareneingangsprüfungen mit unterschiedlichen statistischen Maßzahlen, Name des Sachbearbeiters des Lieferanten, gesamte Auftragsmenge des Vorjahres (pro Lieferant und Teil), Auftragsmenge der gegenwärtigen Periode usw.

Zu den Konditionen gehören auch Prüfpläne, die bei der Wareneingangsprüfung angewendet werden. Infolge der enger werdenden Lieferanten-Kundenverflechtung verlagern sich Prüfvorgänge zunehmend in die Abnahmeprüfung der Lieferanten. Auch hierüber werden dann entsprechende Konditionenvereinbarungen getroffen. Ebenfalls können bestimmte Lieferpläne und Rahmenpläne vereinbart werden. Auf diese Fragen wird später noch zurückgekommen.

Für die Verfolgung der Herkunft dieser Informationen, also aus welchen Angebotspositionen die Konditionen gefüllt werden, wird die n:m-Beziehung L.INFORMATIONSQUELLE zwischen den uminterpretierten Entitytypen LIEFERANT-KONDITIONEN und L.ANGEBOTSPOSITION eingeführt.

B.III.1.1.3 Texte

Für die Bestellschreibung werden standardisierte Textbausteine gebildet. Diese beziehen sich einmal auf Lieferanten, um z. B. die Adresse und die allgemeinen Lieferbedingungen des Lieferanten zu beschreiben. Textbausteine können aber auch für Materialien bestehen, z. B. in Form von Teilebeschreibungen, technischen Spezifikationen usw. Auf die Verbindung von LIEFERANT und MATERIAL, wie sie durch den Beziehungstyp LIEFERANT-KONDITIONEN gekennzeichnet ist, beziehen sich Textbausteine wie Lieferbedingungen, Prüfvorschriften für den Lieferanten usw.

Da die Texte nur zum Teil von den konkreten Ausprägungen der drei Entitytypen abhängen, werden sie zu einem eigenen Entitytyp L.TEXTE zusammengestellt, um dann über Verbindungen den einzelnen Entities zugeordnet zu werden. Dabei können die zunächst anonym formulierten Textbausteine aus den jeweiligen Entity-Attributen parametrisch versorgt werden. Beispielsweise kann ein Textbaustein lauten:

"Unsere Skontovereinbarung beträgt .... % bei Zahlung innerhalb von ... Wochen".

Der konkrete Skontoprozentsatz und die Wochenangabe kann dann der Konditionenvereinbarung entnommen werden. Es braucht somit lediglich vom Entitytyp LIEFERANT-KONDITIONEN ein Hinweis auf den Textbaustein über eine Beziehung erfolgen, um mit einem konkreten Prozentsatz ausgefüllt, in die Bestellschreibung übernommen zu werden.

In Abb. B.III.03 ist zunächst der Entitytyp L.TEXTE eingeführt. Jeder Baustein ist durch eine Textbaustein-Nr. (LTXTNR) identifiziert. Von L.TEXTE führen zu den drei Entitytypen LIEFERANT, MATERIAL und LIEFERANTKONDITIONEN jeweils n:m-Beziehungen für die in Betracht kommenden Zuordnungen.

B.III.1.2 Datenmodell

Die entwickelte Datenstruktur ist in der Abb. B.III.05 als Relationenmodell dargestellt.

R. EINKÄUFER (MITARBEITER)(PERSNR, ...)
R. MATERIALMERKMALE (MERKNR, Ausprägung, ...)
R. M.KLASSIFIZIERUNG (MERKNR, TNR, Ausprägung, ...)
R. ZEIT (Datum)
R. MATERIAL (TNR, Bezeichnung, ...)

R. LIEFERANT (LNR, Name, ...)
R. LIEFERANTZUORDNUNG (LNR, PERSNR, ...)
R. LIEFERANTENMERKMALE (LMERKNR, ...)
R. L.ANGEBOT (LNR, Datum, ...)
R. L.ANGEBOTSPOSITION (LNR, Datum, TNR, Preis, ...)
R. EINKAUFSGRUPPEN (LNR, LMERKNR, Bezeichnung, Einkaufsgruppe, ..)
R. LIEFERANT-KONDITIONEN (LNR, TNR, Preis, Lieferbedingungen, ...)
R. L.TEXTE (LTXTNR, Text)
R. L.KONDITIONEN-L.TEXTZUORDNUNG (LTXTNR, LNR, TNR)
R. LIEFERANT-L.TEXTZUORDNUNG (LTXTNR, LNR)
R. MATERIAL-L.TEXTZUORDNUNG (LTXTNR, TNR)
R. B.AUFTRAGSTYP (BAUFTYNR, ...)
R. LIEFERANT-B.AUFTRAGSTYPZUORDNUNG (BAUFTYNR, LNR, ...)
R. MATERIAL-B.AUFTRAGSTYPZUORDNUNG (BAUFTYNR, LNR, ...)

Abb. B.III.05: Relationenmodell: Beschaffung

B.III.2 Bestellung

Im Rahmen der Bedarfsplanung des PPS-Systems wurden für fremdbezogene Teile Bruttobedarfe als Sekundärbedarfe aus den Fertigungs-Auftragssätzen übergeordneter Teile abgeleitet. Aus dem Bruttobedarf wurden dann innerhalb der Brutto-/Nettorechnung Bestell-Nettobedarfe ermittelt und unter Anwendung der Losgrößenverfahren Bestellvorschläge abgeleitet, wobei als "losfixe" Kosten die Bestellkosten angesetzt wurden. Ein Bestellvorschlag ist damit ein Entity des Entitytyps AUFTRAG.

Grundsätzlich ist es aber nicht notwendig, für fremdbezogene Teile bereits im Rahmen der Bedarfsplanung Bestellaufträge zu ermitteln, da sie anders als Teile höherer Dispositionsstufen nicht weiter aufgelöst werden. Man könnte also nach der Ermittlung des Bruttobedarfes aufhören und die Bestellvorschläge im Rahmen der Beschaffungsproblematik gesondert ermitteln. Um aber auch im Bereich der Produktionsplanung eine erste Übersicht über die für den gesamten Planungszeitraum aus dem Produktionsprogramm resultierenden Fremdbezüge zu erhalten, ist es sinnvoll, auch für Fremdteile die Nettobedarfsermittlung vollständig durchzuführen. Gleichzeitig können die Bestelltermine bei einer (quasi-) simultanen Material- und Zeitwirtschaft berücksichtigt werden, um zeitkritische Bestellungen zu identifizieren.

Ebenso wie die im Rahmen der Materialwirtschaft gebildeteten Aufträge innerhalb der Zeitwirtschaft neu zusammengestellt werden können, werden auch die Bestellvorschläge im Rahmen der Bestellrechnung neu optimiert. Dazu werden z. B. Bestellungen bei gleichen Lieferanten zu Sammelbestellungen gebündelt oder neue Auftragsmengen aufgrund von Preisstaffelrechnungen gebildet.

B.III.2.1 Entwurf der Datenstruktur

Obwohl die Datenstruktur zu der in der Bedarfsplanung entwickelten große Ähnlichkeiten zeigt, wird sie aus didaktischen Gründen weitgehend neu entwickelt. Dabei werden auch neue, in der Beschaffung üblichere Begriffe verwendet. Die Schnittstellen zu bereits eingeführten Datenstrukturen werden durch grafische Mittel (Strichelung) und durch Spezialisierungs-Beziehungen sichtbar gemacht (vgl. Abb. B.III.06).

B.III.2.1.1 Anforderungen/Bedarfe

In Abb. B.III.06 wird zunächst die Schnittstelle zur Bedarfsplanung deutlich, indem der übernommene Nettobedarf als "is-a"-Beziehung BEDARFSGESTEUERTE ANFORDERUNGEN eingeführt wird. Zu den bedarfsgesteuerten Anforderungen kommen verbrauchsgesteuerte Anforderungen hinzu, die entweder statistische Bedarfsermittlungen anhand von Prognoseverfahren oder autonome Anforderungen der Fachabteilungen sind. Die VERBRAUCHSGESTEUERTE(N) ANFORDERUNGEN bilden einen n:m-Beziehungstyp zwischen den Entitytypen ZEIT und MATERIAL, der ein Ausschnitt des TEIL-Entitytyps der Materialwirtschaft ist. Auch VERBRAUCHSGESTEUERTE ANFORDERUNGEN hätten als Spezialisierung von BEDARF übernommen werden können. Es wird aber davon ausgegangen, daß diese Bedarfe nicht aus der Bedarfsplanung der Materialwirtschaft stammen, sondern autonom gebildet werden. Zur Ermittlung der verbrauchsgesteuerten Anforderungen können die gleichen statistischen Verfahren wie bei der Ermittlung der verbrauchsgesteuerten Eigenteile eingesetzt werden, also z. B. Verfahren der exponentiellen Glättung, Box-Jenkins-Verfahren usw., und wie sie auch später bei der Bedarfsprognose für Endprodukte noch ausgeführt werden. Ohne auf die Eigenschaften der Verfahren einzugehen, sind aufgrund der großen Anzahl der zu betrachtenden Materialarten sowie ihrer zum Teil geringen Wertigkeit relativ einfache, d. h. formal ausgerichtete und damit automatisch einsetzbare Prognoseverfahren geeignet (vgl. *z. B. Mertens, Prognoserechnung 1981; Scheer, Absatzprognosen 1983*).
Da die VERBRAUCHSGESTEUERTE(N) ANFORDERUNGEN zunächst Bruttowerte darstellen, werden sie über die LAGERDECKUNG-Beziehung mit dem LAGERBESTAND verbunden, so daß die Nettoanforderungen unmittelbar errechnet werden können. Dazu werden die

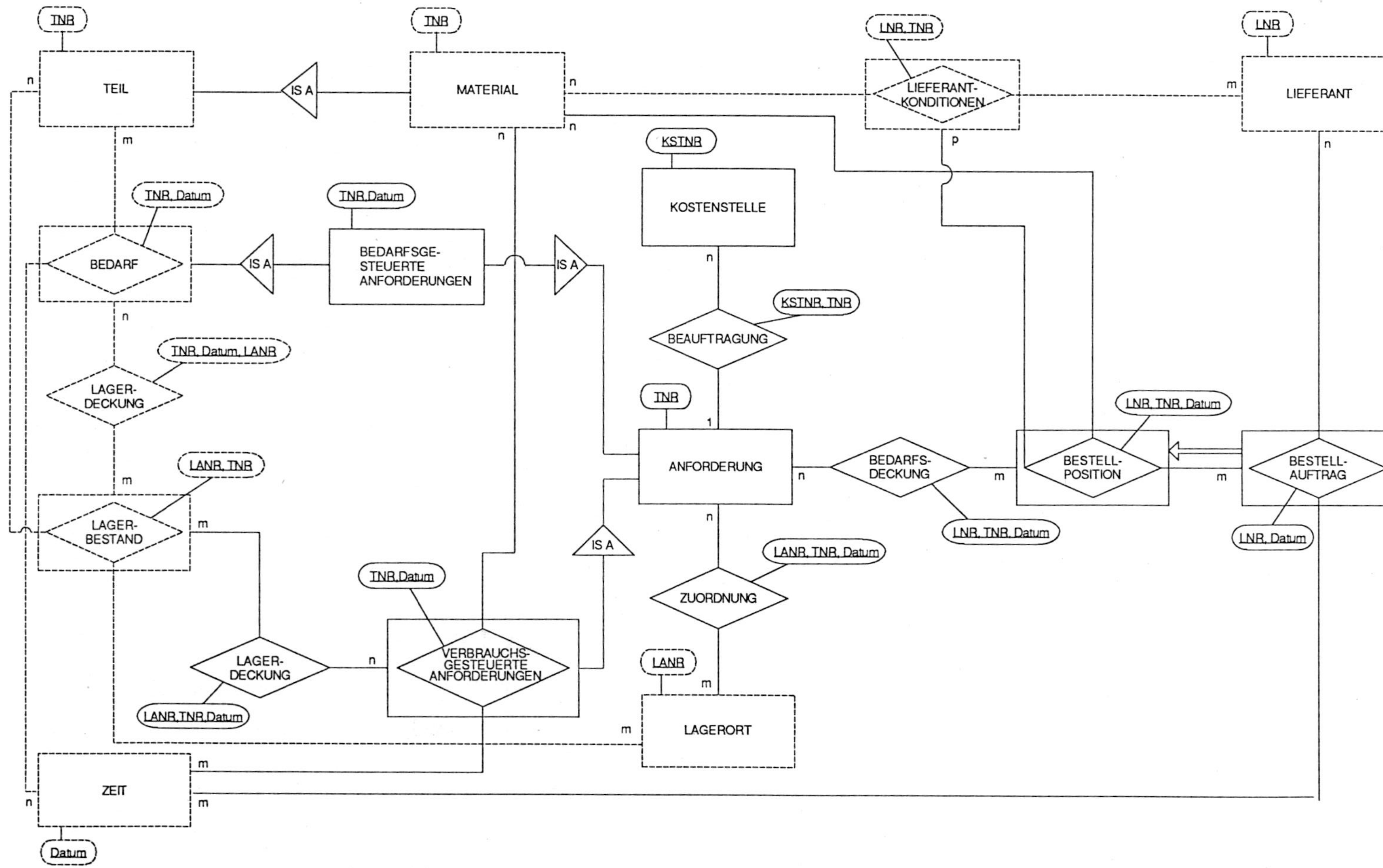

Abb. B.III.06: ERM zur Bestellung

Anforderungen in einen Entitytyp umdefiniert, um die LAGERDECKUNG als n:m-Beziehung konstruieren zu können. Die bedarfsgesteuerten und verbrauchsgesteuerten Anforderungen werden zum Entitytyp ANFORDERUNG generalisiert.
Werden darüber hinaus Anforderungen von Kostenstellen für Materialien gestellt, die direkt als Verbrauch verbucht werden, so wird die auslösende Kostenstelle festgehalten. Die BEAUFTRAGUNG-Beziehung zwischen KOSTENSTELLE und ANFORDERUNG ist in der Regel vom Typ 1:n, d. h., von einer Kostenstelle können mehrere Anforderungen ausgelöst werden; eine Anforderung bezieht sich aber jeweils auf eine Kostenstelle.

Eine Anforderung, unabhängig davon, aus welchen Bedarfsquellen sie resultiert, ist Ausgangspunkt der weiteren Bestellabwicklung. Ein Entity wird über Teilenummer und Datum identifiziert.
Mit der Definition einer Anforderung kann auch schon der spätere Ort der Einlagerung feststehen, sei es, daß über eine bedarfsgesteuerte Ableitung der auslösende Auftrag diesen Lagerort definiert oder aber bei einer verbrauchsgesteuerten Anforderung bzw. einer autonomen Anforderung durch eine Fachabteilung der Lagerort definiert ist. Diese Zuordnung wird später für die Einlagerung der gelieferten Materialien verwendet und ist Grundlage der Buchung zur Bestandserhöhung. Falls eine Anforderung auf mehrere Lagerorte verteilt werden soll, besteht eine n:m-Zuordnung, wie sie in dem Datenstruktur-Diagramm eingetragen ist. Es ist allerdings auch eine 1:n-Zuordnung denkbar, falls eine Aufteilung auf mehrere Lagerorte nicht sinnvoll erscheint.
Der Vollständigkeit wegen wird noch erwähnt, daß über die Bedarfsverfolgung der bedarfsgesteuerten Anforderungen auch der Kostenträger in Form von Fertigungs- oder Kundenaufträgen bekannt ist.

B.III.2.1.2 Lieferantenauswahl und Bestellmengenbestimmung

Die konkrete Festlegung der Bestellmenge berücksichtigt einmal Optimierungsgesichtspunkte, wie sie in den Losgrößenansätzen (Andlerformel, Gleitende Wirtschaftliche Losgröße, Stückperiodenausgleich oder Wagner-Whitin-Algorithmus) bereits oben im Rahmen der Bedarfsermittlung für eigengefertigte Teile behandelt wurden, zum anderen aber auch Restriktionen, die aus der Lieferkapazität des Lieferanten, bestimmter Transportmittelbegrenzungen usw. resultieren können. Für derartige Fragestellungen besteht in der betriebswirtschaftlichen Literatur eine Vielzahl von Optimierungsansätzen (vgl. *Schneeweiss, Lagerhaltungssysteme 1981*).
Ein für den Beschaffungsbereich besonderes Problem besteht in bestellmengenabhängigen Rabattsätzen. In der Realität sind außerordentlich vielfältige Rabattsysteme üblich. Sie beziehen sich nicht nur auf eine Mengenstaffelung für ein einzelnes von einem Lieferanten bezogenes Material, sondern darüber hinaus auf den gesamten Umsatz mit einem Lieferanten während einer Periode, auf bestimmte Artikelgruppen usw. Teilweise sind vertraglich ausgehandelte

Rabattregelungen so kompliziert, daß sie von der Rechnungsprüfung kaum nachvollzogen werden können und somit zum Teil wirkungslos sind. In der in der Abb. B.III.03 konstruierten Datenstruktur läßt der Entitytyp LIEFERANT-KONDITIONEN vielfältige Rabattregelungen zu.

Aus ANFORDERUNG werden zunächst über die Teilenummer das Material und über den LIEFERANT-KONDITIONEN-Verbindungstyp in Frage kommende Lieferanten zusammengestellt. Bei der Auswahl eines Lieferanten können im Dialog unterschiedliche Alternativen geprüft werden, wobei über den Zugriff auf die Angebotspositionen nicht nur die aktuell gültigen Werte einbezogen, sondern auch Trendaussagen aus der Angebotshistorie abgeleitet werden können. Ergebnis dieses Entscheidungsprozesses, der sich an Preis, Lieferzeit, Kennzahlen über Qualitäts- und Termineinhaltung, Rabattstaffelungen und den für einzelne Lieferanten gültigen Mengenquoten ausrichtet, sind Bestellpositionen (Bestellauftragspositionen), die dann zu Bestellaufträgen zusammengefaßt werden.

Die BESTELLPOSITION ist eine Beziehung zwischen MATERIAL, LIEFERANT-KONDITIONEN und BESTELLAUFTRAG. Der BESTELLAUFTRAG ist eine n:m-Beziehung zwischen LIEFERANT und ZEIT. Zur hierarchischen Verbindung werden beide Beziehungstypen zu Entitytypen uminterpretiert. Von der BESTELLPOSITION wird eine Beziehung zu LIEFERANT-KONDITIONEN hergestellt, weil diese für die Ermittlung der Bestellmenge maßgeblich sind.

Eine Bestellanforderung kann von mehreren Bestellpositionen (unterschiedlicher, zeitlich aufeinanderfolgender Aufträge) gedeckt werden und umgekehrt kann eine Bestellposition (bei Losbündelung) mehrere Anforderungen abdecken. Dieser Tatbestand wird durch den Beziehungstyp BEDARFSDECKUNG ausgedrückt.

Über die BEDARFSVERURSACHUNG-Beziehung der Materialwirtschaft kann von BESTELLPOSITION aus der (bedarfsgesteuerte) Auftragsverursacher ermittelt werden. Dieses ist z. B. zur Verfolgung der Wirkung von Lieferverzögerungen erforderlich.

In Statusattributen der AUFTRAG- und BESTELLPOSITION-Entitytypen wird durch Kennungen angegeben, ob ein Auftrag noch offen ist, eine Teillieferung bereits vorliegt oder der Auftrag abgeschlossen ist.

Die eingeführte Datenstruktur soll durch einige Fragestellungen in ihrer Mächtigkeit demonstriert werden. Von einem LIEFERANT-Entity aus sind alle für diesen bestehenden Bestellaufträge zugänglich. Darüber hinaus sind auch alle Bestellpositionen der Aufträge erreichbar und damit alle von dem Lieferanten gegenwärtig bezogenen Materialien.

Von einem LIEFERANT-KONDITIONEN-Entity aus sind alle gegenwärtig zu einer bestimmten Konditionsbedingung abgeschlossenen Bestellpositionen und darüber hinaus Bestellaufträge erreichbar.

Von einem ANFORDERUNG-Entity sind die zu ihrer Deckung angelegten Bestellpositionen verfügbar.

Von einem BESTELLPOSITION-Entity aus sind die sie auslösenden Anforderungen und über die Bedarfsverbindungsbeziehungen auch alle verursachenden Aufträge höherer Dispositionsstufen bis hin zum Kundenauftrag erreichbar.

Von einem Datum ausgehend, sind alle zu diesem Datum bestehenden Aufträge und Auftragspositionen erreichbar.

Unter Verwendung der Anschlüsse zu den Datenstrukturen der Abb. B.III.03 können weitere Fragestellungen, die z. B. von einer Materialklasse oder einer Lieferantenklasse ausgehen können, gebildet werden.

B.III.2.1.3 Bestellschreibung

Durch Verbindung der BESTELLAUFTRAG- und BESTELLPOSITION-Entitytypen mit den Textbausteinen kann quasi automatisch eine Bestellschreibung ausgelöst werden. Dazu braucht die

SAP

Bestellung Nr. 100/45000006 STAHLEINKAUF 06227/34-0

SAP GmbH, Max-Planck-Straße 8, Postfach 1461, 6909 Walldorf

SAP GmbH Systeme
Anwendungen
Produkte
in der
Datenverarbeitung

Firma
Eisenhandel GmbH
Industriestr. 100

6900 Heidelberg

```
Lieferkonditionen :                                21.01.88
Ab Ihrem Werk
Einschliesslich Verpackung
Versicherung durch Sie zu unseren Lasten

Zahlungsbedingungen :
Innerhalb   14 Tagen   3,0 % Skonto
Innerhalb   20 Tagen   2,0 % Skonto
Innerhalb   30 Tagen netto

Bitte Auftragsbestaetigung zusenden.

Pos Material   Lief-Dat        Menge Einh.   Preis je Einheit G-Preis DM
001 00010000   01.03.88    6.400,000 METER      150,00/   10     96.000,00
 Ihre Teile-Nr : 111-13/0815-1
 Flacheisen 8000 X 200 x 10                   20,00 Met-Zuschl Pro
 - Feuerverzinkt -                           1 KG    0,05000      6.400,00
 Werkstoff:  ST52                       10,00 % NE Firmen-Rab    10.240,00
 Verpackt in Buendel a 10 Stueck              ********           92.160,00

Lieferschein in dreifacher Ausfertigung

Pruefung nach Pruefblatt 4711

Anlieferung Werk D6909     Walldorf
                                    Gesamt o. MWST  DM          92.160,00
                                    ====================================
BESTELL-ANHANG
========================

TERMINE
------------------------
Anlieferung:
    Mo 14.00 - 16.00
  Di-Fr  8.00 - 12.00

VERSANDVORSCHRIFT
------------------------
Transport wie abgesprochen durch Firma Universal.
```

Abb. B.III.07: Beispiel zur Bestellschreibung

Datenstruktur nicht weiter ergänzt zu werden, da vom BESTELLAUFTRAG aus über die LIEF-TEXTZUORDNUNG die auf den Lieferanten bezogenen Textbausteine verfügbar sind und von BESTELLPOSITION über die MATERIAL-TEXTZUORDNUNG die auf das Material bezogenen Textbausteine erreicht werden. Gleichzeitig sind über LIEFERANT-KONDITIONEN die KOND-TEXTZUORDNUNG-Beziehungen verfügbar. In Abb. B.III.07 (aus: *SAP, System RM, 1990, S. 181*) ist ein Bestellbeispiel dargestellt.

Es ist gegenwärtig noch üblich, daß derartige Textverarbeitungsfunktionen auf Großrechnern durchgeführt werden. Sie werden aber zunehmend auf Mikrocomputer-Textsysteme ausgelagert. Auf diesen Punkt wird weiter im Rahmen der örtlichen Steuerung der Beschaffung sowie in dem Teil Verwaltung (Büroautomation) eingegangen.

B.III.2.1.4 Bestellüberwachung

In regelmäßigen Zeitabständen werden offene Bestellaufträge überprüft, ob ihr geplanter Liefertermin überschritten ist. Da sich die Liefertermine auf einzelne Posten beziehen, müssen genaugenommen die Bestellpositionen überprüft werden. Sind Liefertermine überschritten, d. h., ist vom Wareneingang noch nicht der Eingang der Bestellung bestätigt, werden Mahnungen erstellt. Die Mahnungen selbst können wiederum durch Zugriff auf Textkonserven automatisch generiert werden. Die Mahnung ist eine Beziehung zwischen der Bestellposition und dem Mahndatum. Sie wird aber in der Datenstruktur nicht ausdrücklich eingeführt, da sie nur virtuell zum Drucken benötigt wird. Im Statusfeld der Bestellposition wird lediglich die fortlaufende Nummer der Mahnung mit dem Mahnungsdatum eingetragen.

B.III.2.2 Datenmodell

Die eingeführte Datenstruktur der Abb. B.III.06 wird in die Notation des Relationenmodells überführt (vgl. Abb. B.III.08).

R. TEIL (TNR, ...)
R. BEDARF (TNR, Datum, ...)
R. ZEIT (Datum, ...)
R. LAGERBESTAND (LANR, TNR, ...)
R. LAGERDECKUNG (TNR, Datum, LANR, (TNR), ...)
R. LAGERORT (LANR, ...)

R. MATERIAL (TNR, ...)
R. LIEFERANT-KONDITIONEN (TNR, LNR, ...)
R. LIEFERANT (LNR, ...)

R. BEDARFSGESTEUERTE ANFORDERUNGEN (TNR, Datum, ...)
R. VERBRAUCHSGESTEUERTE ANFORDERUNGEN (TNR, Datum)
R. LAGERDECKUNG (LANR, Datum, LNR, (TNR), ...)
R. ANFORDERUNG (TNR, Datum, ...)

R. BEDARFSDECKUNG (TNR, Datum, LNR, (TNR), (Datum), ...)
R. BESTELLPOSITION (LNR, TNR, Datum, ...)
R. BESTELLAUFTRAG (LNR, Datum, ...)

R. KOSTENSTELLE (KSTNR, ...)
R. ZUORDNUNG (KSTNR, TNR, Datum, ...)
R. ZUORDNUNG (LANR, TNR, Datum, ...)

Abb. B.III.08: Relationenmodell: Bestellung

B.III.3 Wareneingang

B.III.3.1 Entwurf der Datenstruktur

Der Wareneingang als organisatorische Stelle hat die Aufgabe, die vom Lieferanten angelieferte Ware in Empfang zu nehmen, zu erfassen, Prüfungen hinsichtlich Menge und Qualität vorzunehmen oder bei einer besonderen Stelle (Qualitätskontrolle) zu veranlassen und die Waren entweder bis zum Vorliegen des Kontrollergebnisses in einem Pufferbereich zu verwahren oder an den Lagerbereich bzw. direkt an die anfordernde Kostenstelle weiterzuleiten.

Entsprechend diesen unterschiedlichen Ablaufmöglichkeiten kann die Ware die unterschiedlichen Stati:

- Ware eingetroffen,
- Ware an Qualitätskontrolle weitergegeben,
- Ware freigegeben für Transport,
- Ware auf Transport,
- Ware eingelagert

annehmen. Diese Stati werden jeweils auf dem "Wareneingangsschein" vermerkt.

Die vom Lieferanten versandte Ware wird in der Regel von einem Lieferschein begleitet, der Grundlage zur Datenerfassung bzw. -überprüfung durch den Wareneingang ist.
Die Datenerfassung wäre redundant, würden alle Angaben des Lieferscheins in das Informationssystem eingegeben, da viele Daten bereits bei der Bestellung in die Datenbasis eingestellt wurden. Bei einer integrierten Betrachtung ist es Grundprinzip, diese Daten nur zu verändern oder zu ergänzen. Wenn also innerhalb der Datenstruktur ein Wareneingangsschein angelegt wird, so bedeutet dieses nicht, daß die entsprechenden Daten neu erhoben werden, sondern aus den vorhandenen Datenstrukturen bei Bedarf am Bildschirm angezeigt werden. In Abb. B.III.09 (nach: *SAP, System RM, 1990, S. 190 f.*) ist ein Beispiel für einen Wareneingangsschein dargestellt.

```
W A R E N E I N G A N G S S C H E I N  Nr. 50000004/1       TG-Datum 21.01.88
-------------------------------------

Firma     : 01 SAP GmbH
Werk/LGO  : 01  /01
--------------------------------------------------------------------------------

Best-Nr.  : 45000006/01               L A G E R M A T E R I A L

Lieferant:      2000                  Mat-Nr.  :                10000
           Eisenhandel GmbH                       Flacheisen 8000 x 200 x 10, verzinkt
                                                  Bitte Auftragsbestaetigung zusenden.
LS-Nr.    :                           Einkaeuf.: 100 STAHLEINKAUF
                                      Telefon  : 06227/34-0
--------------------------------------------------------------------------------
Lief-Term: 01.03.88                   Best-Mng.:      6.400,000   M
Abw.-Tage:        40                  Gel.-Mng.:      6.416,000   M
--------------------------------------------------------------------------------




--------------------------------------------------------------------------------
Aussteller MMAIER                     U N T E R S C H R I F T
```

Abb. B.III.09: Beispiel für einen Wareneingangsschein

Wie der Abbildung zu entnehmen ist, werden Daten direkt aus der Bestellung übernommen oder dem Sachbearbeiter am Terminal vorgeschlagen. Ein Wareneingangsschein kann mehrere angelieferte Materialien umfassen, so daß in der Datenstruktur der Abb. B.III.10 eine hierarchische Verknüpfung zwischen WARENEINGANG(SSCHEIN) und WARENEINGANGSPOSITION durchgeführt wird. Analog zur Bestellung enthält der WARENEINGANG(SSCHEIN) die Kopfinformationen und ist eine Verbindung zwischen LIEFERANT und ZEIT. Die WARENEINGANGSPOSITION ist entsprechend eine Beziehung zwischen WARENEINGANG(SSCHEIN) und MATERIAL. Eine Bestellposition kann bei Teillieferungen mehrere Wareneingangspositionen umfassen, umgekehrt aber bei einer Sammellieferung des Lieferanten, aufgrund von mehreren Bestellvorgängen, eine Wareneingangsposition mehrere Bestellpositionen. Dieses führt zur n:m-Beziehung TEIL-/SAMMELLIEFERUNG zwischen BESTELLPOSITION und WARENEINGANGSPOSITION.

Der Wareneingangsschein definiert eine gesamte Ladung, die von dem Lieferanten bezogen wurde, und kann somit zur Identifizierung von Materialien dienen, die gleichzeitig angeliefert wurden. Dieses kann bei lieferungsbedingten Qualitätsfragen von Interesse sein.

Pro Wareneingangsposition können Stichproben oder auch Vollkontrollen entsprechend einem mit dem Lieferanten vereinbarten Prüfplan gezogen und analysiert werden. Solange das Ergebnis nicht bekannt ist, ist die Ware im Wareneingangsbereich für die Weiterverarbeitung gesperrt. Der PRÜFPLAN ist eine Spezialisierung des bereits eingeführten LIEFERANT-KONDITIONEN-Entitytyps. Zwischen PRÜFPLAN und WARENEINGANGSPOSITION besteht eine n:m-Beziehung, wenn von einer Wareneingangsposition unterschiedliche Proben entnommen werden, für die Prüfergebnisse erzielt werden. Entsprechend dem Prüfergebnis kann die Ware zurückgesandt oder aber dem Lagerbereich bzw. der anfordernden Fachabteilung überstellt werden.

Über die bereits bei der Bedarfs-Anforderungsermittlung eingeführten Informationsbeziehungen zu Kostenstellen und Lagerorten sind über die Beziehung Wareneingangsposition zu Bestellposition die auslösende Kostenstelle und der zugeordnete Lagerort bekannt. Zwischen LAGERBESTAND und WARENEINGANGSPOSITION besteht eine n:m-Beziehung VERTEILUNG, da die empfangene Menge auf mehrere Lagerorte verteilt werden kann. Diese Beziehung löst die Bestandserhöhungsbuchung aus.

Falls mit einem Lieferanten Lieferpläne (Abrufe) vereinbart sind, so sind diese in dem Entitytyp LIEFERANT-KONDITIONEN enthalten. Er wird als Spezialisierung herausgetrennt. LIEFERPLAN umfaßt zunächst die Rahmenvereinbarung mit dem Lieferanten sowie für die einzelnen terminierten Materiallieferungen jeweils eine Lieferplanposition. Die Lieferplanzeilen sind wieder durch eine hierarchische Beziehung mit dem LIEFERPLAN verbunden. Vom Lieferplan werden nach Eingang der Waren entsprechende Abbuchungen vorgenommen.

Mit dem Wareneingang wird mit der Beziehung TEILLIEFERUNG einer Lieferplanzeile die gelieferte Menge zugeordnet, so daß die noch ausstehenden Lieferungen jederzeit sichtbar sind. Bei Teillieferungen besteht eine n:m-Beziehung zwischen LIEFERPLANZEILE und der WARENEINGANGSPOSITION. Für die Bestellung ist die Beziehung zur Lieferplanzeile implizit

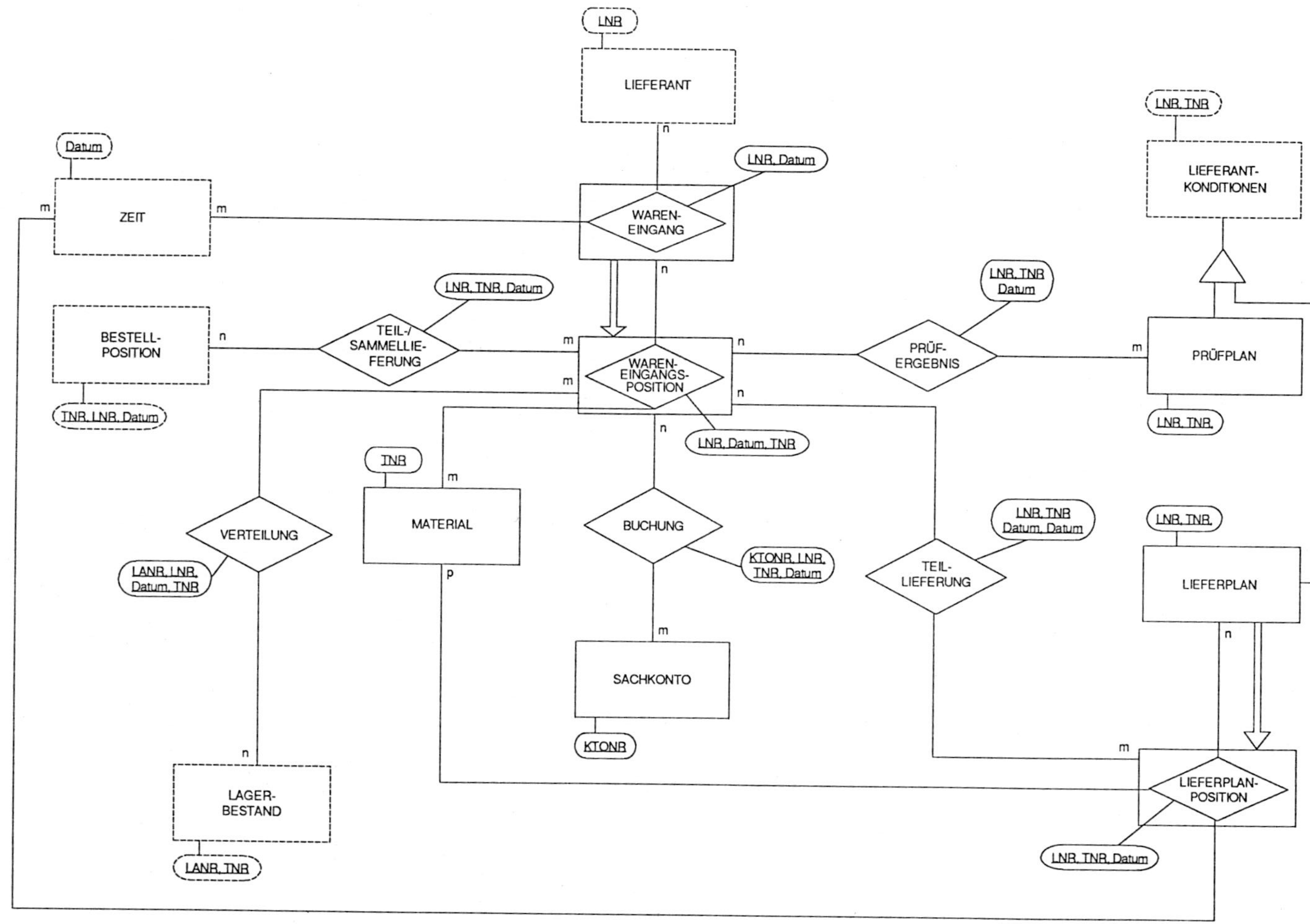

Abb. B.III.10: ERM zu Wareneingang

durch die dort eingeführte Verbindung zu den Konditionen ausgedrückt worden. Wenn feste Liefervereinbarungen bestehen, kann auch auf Bestellungen verzichtet werden.
Mit der Erfassung der Wareneingangsmeldungen wird nicht nur die mengenmäßige Lagerbestandserhöhung gebucht, sondern es werden auch wertmäßige Buchungen im Bereich der Finanzbuchführung und Kostenrechnung ausgelöst.
Die angelieferte Ware wird auf den Bestandskonten verbucht. In Abb. B.III.11 sind die einzelnen Buchungen für den Fall dargestellt, daß für ein Material ein Standardpreis in Höhe von 2,00 DM pro Mengeneinheit besteht, 200 Mengeneinheiten zu einem Preis von 2,20 DM bestellt worden sind, die auch zu einem Eingang von 200 Mengeneinheiten führen. Auf dem Bestandskonto werden die 200 Mengeneinheiten zu dem Standardpreis als Zugang gebucht. Die Differenz zwischen Bestellpreis und Standardpreis wird auf dem Preisdifferenzenkonto erfaßt. Gleichzeitig wird auf dem Verrechnungskonto WE/RE (Wareneingang, Rechnungseingang) der Betrag von 400 DM auf der Habenseite erfaßt. Mit dem späteren Rechnungseingang, bei dem der effektiv vom Lieferanten in Rechnung gestellte Preis erkannt wird, werden das Preisdifferenzen- und das Verrechnungskonto wiederum berührt.

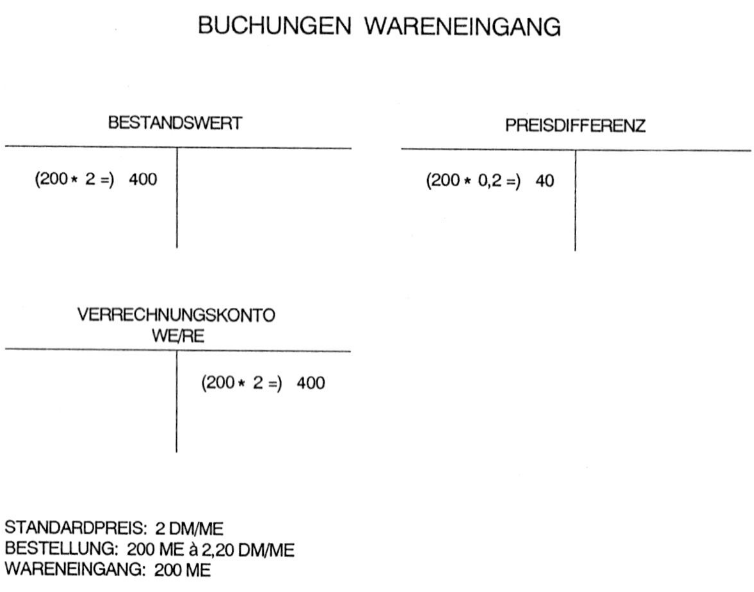

Abb. B.III.11: Beispiel für Buchungen beim Wareneingang

In der Datenstruktur der Abb. B.III.10 wird der Tatbestand, daß eine Wareneingangsposition mehrere Buchungen auf unterschiedlichen Sachkonten auslöst, andererseits ein Sachkonto naturgemäß von mehreren Wareneingangspositionen berührt werden kann, durch die n:m-Beziehung der BUCHUNG berücksichtigt.

Über die den Bedarf auflösende Kostenstelle kann auch eine Buchung von Verbrauchsmaterial auf die entsprechende Kostenstelle bzw. bei kostenträgerbezogenen Bestellungen direkt auf den Kostenträger durchgeführt werden. Mit diesen automatisch ablaufenden Buchungen wird wieder eine enge Integration der Daten erreicht.

Beim Wareneingang kann auch eine Bewertung des Materials durchgeführt werden, wobei die unterschiedlichen Formen wie "gleitender Durchschnittspreis" oder "Standardpreis" zum Tragen kommen. Gleichzeitig können hier auch Preisdifferenzen bei standardpreisgesteuertem Material verbucht werden.

B.III.3.2 Datenmodell

Die eingeführte Datenstruktur der Abb. B.III.10 wird wiederum in die Notation des Relationen- und des Netzwerkmodells überführt.

R. MATERIAL (TNR, ...)
R. LIEFERANT (LNR, ...)
R. ZEIT (Datum, ...)
R. BESTELLPOSITION (TNR, LNR, Datum, ...)
R. LAGERBESTAND (LANR, TNR, ...)
R. LIEFERANT-KONDITIONEN (LNR, TNR, ...)

R. WARENEINGANG (LNR, Datum, ...)
R. WARENEINGANGSPOSITION (LNR, Datum, TNR, ...)
R. PRÜFPLAN (LNR, TNR, ...)
R. PRÜFERGEBNIS (LNR, TNR, Datum, ...)
R. LIEFERPLAN (LNR, TNR, ...)
R. LIEFERPLANPOSITION (LNR, TNR, Datum, ...)
R. TEIL-/SAMMELLIEFERUNG (LNR, TNR, Datum, Datum, ...)

Bestell-position *Wareneingangs-position*

R. TEILLIEFERUNG (LNR, TNR, Datum, Datum, ...)

Lieferplanzeile *Wareneingangs-position*

R. MENGENVERTEILUNG (LANR, LNR, Datum, TNR, ...)
R. SACHKONTO (KTONR, ...)
R. BUCHUNG (KTONR, LNR, TNR, Datum, Kennzeichen, Betrag)

Abb. B.III.12: Relationenmodell: Wareneingang

B.III.4 Rechnungsprüfung

Neben der Bestellauslösung und dem Wareneingang ist der Rechnungseingang das dritte Ereignis, das zu neuen Datenstrukturen führt. Auch hier ergeben sich wieder enge Überschneidungen zu den vorhergehenden Datenstrukturen. Es werden deshalb soweit wie möglich die Attributausprägungen der bereits eingeführten Daten übernommen, so daß einige der dargestellten Entitytypen bzw. Attributausprägungen lediglich Platzhalterfunktionen besitzen und bei konkreten Auswertungen, z.B. Bildschirmanzeigen, automatisch auf die früher eingeführten Datenstrukturen zurückgegriffen wird. Aus didaktischen Gründen wird die Datenstruktur aber vollständig entwickelt.

B.III.4.1 Entwurf der Datenstruktur

Eine L.RECHNUNG ist eine n:m-Beziehung zwischen LIEFERANT und ZEIT (vgl. Abb. B.III.13). Als wesentliches Attribut kann man ihr die Rechnungsnummer des Originalbelegs

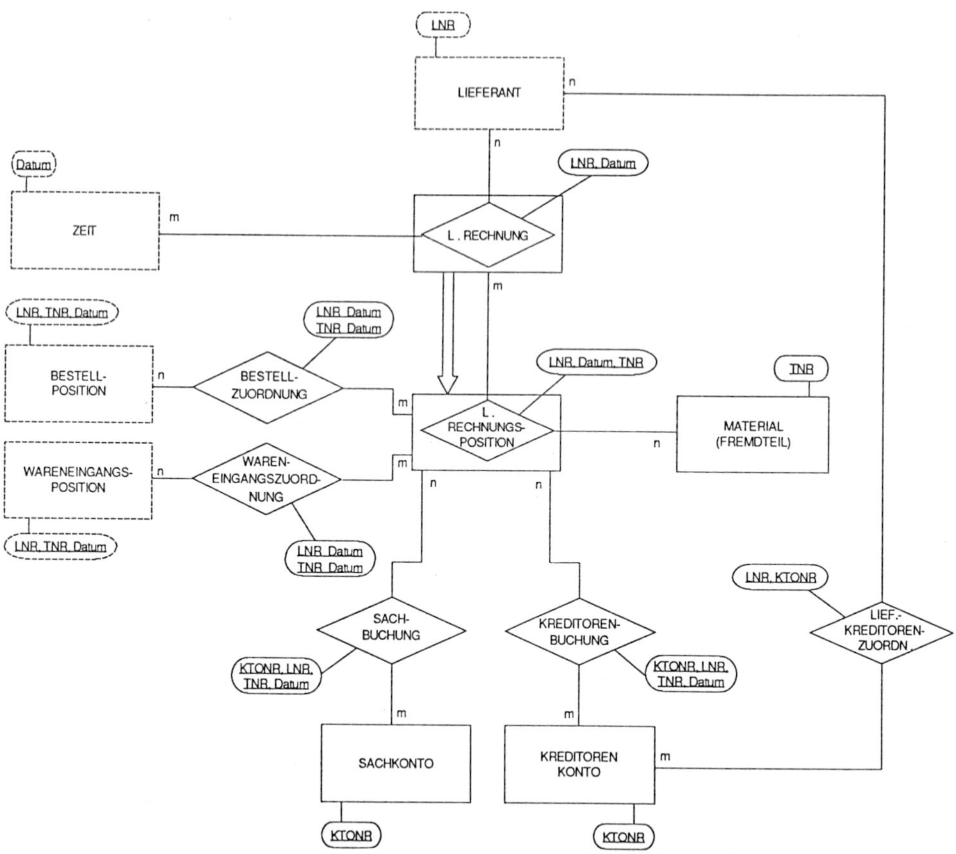

Abb. B.III.13: ERM zur Rechnungsprüfung

zuordnen. Eine Rechnung besteht aus mehreren Rechnungspositionen, die sich jeweils auf ein Teil (Material) beziehen. Sie werden zudem hierarchisch mit dem Rechnungskopf verknüpft. Auf eine Rechnungsposition beziehen sich gelieferte Menge, Preis sowie ausmultiplizierter Betrag, Skontoangaben und Konditionen.

Liegt für die Rechnung eine Bestellung vor, so sind viele der auf der Rechnung befindlichen Daten mit den Bestelldaten identisch. Aus diesem Grunde brauchen sie nicht neu erfaßt zu werden. Es wird deshalb lediglich eine logische Verknüpfung BESTELLZUORDNUNG zwischen L.RECHNUNGSPOSITION und der entsprechenden BESTELLPOSITION durchgeführt. Sofern die bestellte Menge auch bereits geliefert worden ist, wurde im Rahmen der Wareneingangsprüfung ein Wareneingangs-positionsentity angelegt (auch hierbei wurden nur Abweichungen von den Bestelldaten erfaßt; ansonsten wird auf die bestehende Bestelldatenstruktur über die angelegte Verknüpfung zurückgegriffen). Da eine Rechnung bereits vor Lieferung der Ware eintreffen kann, wird die RECHNUNGSPOSITION formal in der Datenstruktur sowohl mit BESTELLPOSITION als auch mit WARENEINGANGSPOSITION verbunden. Andererseits kann auch ein Wareneingang ohne zugrundeliegende formale Bestellung durchgeführt werden.

Über diese Verbindungen sind somit sowohl die Bestelldaten als auch die Wareneingangsdaten für eine Rechnungsposition bekannt. Der Rechnungsprüfer kann feststellen, ob die gelieferten Mengen mit den in Rechnung gestellten Mengen übereinstimmen und ob der Bestellpreis mit dem Rechnungspreis vereinbar ist. Durch den Zugriff zu Daten der Qualitätsprüfung des Wareneingangs kann weiterhin die Qualitätseinhaltung der in Rechnung gestellten Waren kontrolliert werden. Diese Prüfungen können weitgehend automatisch von Programmen durchgeführt werden. Nur bei Sonderfällen (z.B. Rechnungen, die keiner Bestellung zugeordnet werden können) müssen manuelle Bearbeitungen erfolgen und Daten eingegeben werden.

Nach erfolgreicher Rechnungsprüfung werden die Rechnungsbeträge zur Zahlung freigegeben. Rechnungspositionen, die Mängel enthalten, müssen den Fachabteilungen zur Weiterverarbeitung übergeben werden und werden für die Zahlung gesperrt. Gleichzeitig werden automatisch Buchungen im Bereich der Kreditorenbuchführung ausgelöst, wobei im Prinzip die eingeführten Entitytypen L.RECHNUNG und L.RECHNUNGSPOSITION nur eine logische Bedeutung haben, da alle Attribute in den Buchungssätzen erfaßt werden. Die ausgelösten Buchungen sind in Abb. B.III.14 dargestellt und schließen an das beim Wareneingang eingeführte Beispiel an. So wird das Verrechnungskonto Wareneingang/Rechnungseingang ausgeglichen (dieses Verrechnungskonto zeigt an, ob Rechnungen ohne Wareneingang gestellt worden sind bzw. Wareneingänge ohne Rechnung offen geblieben sind). Gleichzeitig werden die Konten Vorsteuer, Kreditorenbelastung und das Preisdifferenzenkonto berührt.

Dieser Zusammenhang wird wieder durch n:m-Beziehungen der Buchungen zwischen L.RECHNUNGSPOSITION und SACHKONTO sowie KREDITORENKONTO dargestellt.

Das Kreditorenkonto ist dabei über eine n:m-Beziehung mit dem Entitytyp LIEFERANT verbunden. Dieses bedeutet, daß für einen Lieferanten mehrere Konten geführt werden bzw. für mehrere Lieferanten (z.B. verschiedene Betriebe eines Konzerns) ein einzelnes Konto.

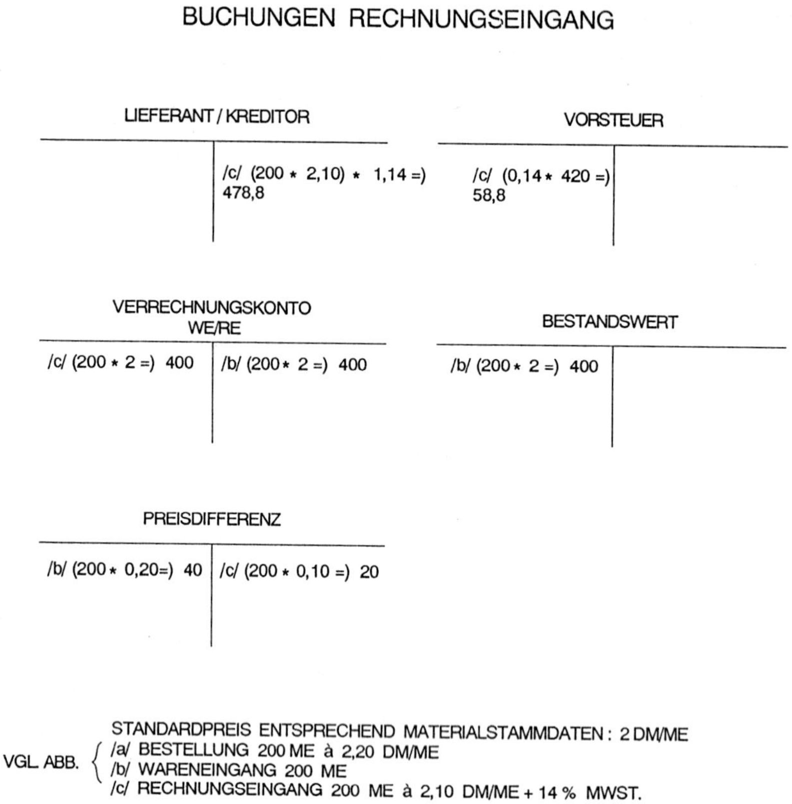

Abb. B.III.14: Beispiel für Buchungen der Rechnungsprüfung

B.III.4.2 Datenmodell

Die entwickelte Datenstruktur der Rechnungsprüfung ist in Abb. B.III.15 als Relationenmodell dargestellt.

B.III.5 Verarbeitungsform der Beschaffung

Das hohe Datenvolumen im Beschaffungsbereich hat bei vielen EDV-Systemen zu zeitraumbezogenen Lösungen, die als Batchverarbeitungsläufe realisiert sind, geführt. Aufgrund der bei Unstimmigkeiten (z.B. Abweichungen zwischen gelieferter und bestellter Menge) erforderlichen manuellen Dateneingabe sind aber bei Batchläufen einer automatisierten Abwicklung Grenzen gesetzt. Weiterhin erfordern eilbedürftige Bestellungen sowie die sofortige Reaktion auf Störungen (Entdecken von Qualitätsmängeln bei zeitkritischen Materialien usw.) eine zeitnahe fallbezogene Bearbeitung.

R. LIEFERANT (LNR, ...)

R. ZEIT (Datum, ...)

R. BESTELLPOSITION (TNR, LNR, Datum, ...)

R. WARENEINGANGSPOSITION (LNR, Datum, TNR, ...)

R. MATERIAL (TNR, ...)

R. L.RECHNUNG (LNR, Datum, Belegnummer, ...)

R. L.RECHNUNGSPOSITION (LNR, Datum, TNR, ...)

R. SACHBUCHUNG (KTONR, LNR, Datum, TNR, S/H, Betrag, ...)

R. KREDITORENBUCHUNG (KTONR, LNR, Datum, TNR, S/H, Betrag, Zahlungssperre, ...)

R. SACHKONTO (KTONR, S-Betrag, H-Betrag, ...)

R. KREDITORENKONTO (KTONR, S-Betrag, H-Betrag, ...)

R. BESTELLZUORDNUNG (LNR, Datum, TNR, Datum, ...)

aus L.Rechnungsposition (LNR, Datum, TNR) — *aus Bestellposition* (Datum)

R. WARENEINGANGSZUORDNUNG (LNR, Datum, TNR, Datum, ...)

aus L.Rechnungsposition (LNR, Datum, TNR) — *aus Wareneingangsposition* (Datum)

R. LIEFERANT-KREDITORENZUORDNUNG (LNR, KTONR, ...)

Abb. B.III.15: Relationenmodell: Rechnungsprüfung

Die Bewertung der bei den einzelnen Teilfunktionen der Beschaffung sinnvollen Dialoganwendung sind in Abb. B.III.16 dargestellt. Wesentliches Dialogkriterium sind Aktualität und Plausibilitätsprüfung.

Lediglich bei der Lieferantenauswahl und der Bestellmengenermittlung können interaktive Entscheidungsprozesse vorliegen. Diese können allerdings aufgrund der vielfältigen qualitativen Einflußfaktoren recht kompliziert sein, so daß neben den bereits genannten Modellansätzen des Operations Research auch Expertensysteme zur Verarbeitung von heuristischen und auf Erfahrungswissen basierenden Regeln eingesetzt werden können (vgl. *Krallmann, Expertensysteme für CIM 1986*).

Iterative Abwandlungen sind bei der Bestellschreibung (indem Standardtexte bei Ausnahmesituationen variiert werden können), bei Mahnungen im Rahmen der Bestellüberwachung sowie bei Anforderungsermittlungen aufgrund von Prognosevorschlägen und bei der Auswertung von Lieferantenangeboten möglich. Plausibilitätskontrollen begleiten die Erfassungs-, Prüfungs- und Buchungsvorgänge, bei denen jeweils auf Stammdaten zugegriffen wird. Argumente der Aktualität beziehen sich vor allen Dingen auf Dateneingabefunktionen.

Aufgabe	Teilfunktion	Dialogursache				
		Aktualität	Plausibilität	Iterative Abwandlung	Interaktiver Entscheidungsprozeß	Batch
Grunddaten-verwaltung	Anlegen	X	X			
	Ändern/Löschen	X	X			
	Auswertung	X				
Angebots-bearbeitung	Einholen	X				
	Auswertung	X	X	X		
Bestellung	Anforderungsermittlung	X	X	X		(X)*
	Lieferantenauswahl				X	
	Bestellmengenermittlung				X	
	Bestellschreibung			X		(X)*
	Bestellüberwachung	X	X	X		
Wareneingang	Erfassung	X	X			
	Prüfung		X			(X)*
	Buchung	X	X			(X)*
Rechnungs-prüfung	Erfassung	X	X			
	Prüfung	X	X			(X)*
	Buchung	X	X			(X)*

* bis auf Ausnahmeregelungen weitgehend automatisierte Funktion

Abb. B.III.16: Dialogursachen von Funktionen der Beschaffung

Wie gezeigt wurde, sind die Beschaffungsfunktionen Disposition, Bestellwesen, Wareneingang und Rechnungsprüfung datenmäßig eng miteinander verbunden, so daß im Extrem die von der Disposition für ein Teil erkannten Bedarfe mit den Angaben auf der Rechnung des Lieferanten übereinstimmen und somit während der gesamten Vorgangskette nicht verändert zu werden brauchen.

B.III.6 Ablaufsteuerung der Beschaffung

B.III.6.1 Funktionsebenenmodell: Dezentralisierung

Bei der Aufgabenverteilung ist zunächst die mögliche Dezentralisierung im Rahmen der Beschaffung zu untersuchen. Obwohl die Grunddaten LIEFERANT und MATERIAL im allgemeinen betriebs-, unternehmens- oder konzernweit organisiert werden, können Teilfunktionen mit den dazu benötigten Datenvolumen auch separiert werden. Hierfür liefert auch der Einsatz von Mikrocomputern wichtige Gründe. Beispielsweise kann bei einem Dreischichtenbetrieb der Zugriff auf Materialien zur Instandhaltung auf einem PC realisiert werden, wenn dadurch die Verfügbarkeit gegenüber dem Host-System erhöht wird (z. B. bei Instandhaltungsmaterialanforderungen während einer Nachtschicht). Hierzu kann ein Ausschnitt der gesamten Materialdatei (für eine Werkstatt oder Fertigungsstraße) auf einem Mikrocomputer übertragen werden, wobei auch

eine verkürzte Informationsdarstellung, die lediglich Auskünfte über Art des Materials, Lagerort und Lagerbestand enthalten, sinnvoll ist.
Als Dezentralisierungskriterium für die einzelnen Funktionen der Beschaffung bietet sich einmal die Aufteilung nach Lieferantenkreisen und zum anderen nach Materialkreisen (Teilekreisen) an. Die Stammdaten für Materialien können beispielsweise nach Materialgruppen einzelnen Workstations zugeordnet werden, während die Lieferantendaten mehr nach Lieferantentypen dezentralisiert werden. Datengruppen, die sich auf beide Ordnungskriterien beziehen, so z.B. die Konditionen, müssen nach der Kombination separiert werden. In Abb. B.III.17 sind die jeweiligen Untergliederungskriterien angegeben und anschließend die Kriterien für den Einsatz von Workstations in den Teilfunktionen bewertet worden. Es zeigt sich, daß trotz vorliegender Separierung aufgrund der relativ geringen Dialogintensität eine Dezentralisierung nur bedingt geeignet ist. Lediglich bei der Lieferantenauswahl und der Bestellmengenermittlung sind interaktive Entscheidungsprozesse mit hoher Dialogintensität möglich, die auch (z.B. bei Einsatz von Decision Support Systems einschließlich Expertensystemen) besondere Vorteile beim Einsatz von Mikrocomputern erwarten lassen.
Auch die Bestellschreibung kann durch die Qualität der Textverarbeitungssysteme, insbesondere dann, wenn sie in eine Office Automation Umgebung eingebunden sind, auf Workstations ausgelagert werden. Hierbei können auch Kommunikationsfunktionen zu den Postdiensten (Telex, Teletex, Btx) leichter genutzt werden.
Insgesamt zeitigt aber der mehr zentral ausgerichtete Datenbestand auch mehr zentral ausgerichtete EDV-Lösungen. Dabei sind nahezu alle aufgeführten Funktionen integraler Bestandteil von EDV-Systemen, lediglich Auswertungs-funktionen und Optimierungsprozeduren sind als Zusatzfunktionen bezeichnet.

B.III.6.2 Ereignissteuerung

In Abb. B.III.18 ist deshalb der logische Ablauf der Beschaffungsfunktionen durch die Ereignissteuerung dargestellt. Die Ereignisdatenbanken enthalten jeweils die Bearbeitungsfälle, die von der nachfolgenden Funktion übernommen werden. Hierbei können Ausnahmefälle an eine Dialogverarbeitung weitergegeben werden, während unproblematische Vorfälle von einem Batchlauf verarbeitet werden.

Aufgabe	Teilfunktion	Dezentralisierungs-kriterium	E = Ergänzung I = Integriert	PC-Eignung			Nutzung von PC-Eigenschaften					
				Daten-bedarf	lokale Dialog-intensität	PC-Eignung	Hardware	System-software	Anwen-dungs-software	Benutzer-sicht	Organi-sation	Priorität des PC-Einsatzes
Grunddaten-verwaltung	Anlegen	Teile/Lieferanten	I	Z/D	m	m	m	-	-	-	m	m
	Ändern/Löschen	"	I	Z	m	m	m	-	-	-	m	m
	Auswertungen		I/E	Z/D	m	m	m	-	-	m	m	m
Angebotsbe-arbeitung	Einholen	Teile/Lieferanten	I	Z/D	m	m	-	-	-	-	m	-
	Auswerten	"	I	D	m	m	-	-	-	-	m	-
Bestellung	Anforderungsermittl.	Teile	I	Z	m	g	g	-	-	-	-	g
	Lieferantenauswahl	Lieferanten	I/E	Z/D	H	m	m	-	-	m	-	m-H
	Best.mengenermittl.	Teile	I/E	Z/D	H	H	m	-	-	m	m	m-H
	Bestellschreibung	Lieferanten	I	Z/D	g	m	H	-	-	m	m	m-H
	Bestellüberwachung	Teile/Lieferanten	I	Z/D	g	g	g	-	-	-	m	g-m
Warenein-gang	Erfassung	Lieferanten	I	Z/D	g	g	-	-	-	-	-	-
	Prüfung	"	I	Z/D	m	m	m	-	-	m	m	m
	Buchung	"	I	Z/D	g	g	-	-	-	-	-	-
Rechnungs-prüfung	Erfassung	Lieferanten	I	Z/D	g	g	-	-	-	-	-	-
	Prüfung	"	I	Z/D	m	m	g	-	-	-	-	g
	Buchung	"	I	Z/D	g	g	-	-	-	-	-	-

Abb. B.III.17: Bewertung der Auslagerung von Funktionen der Beschaffung auf Workstations

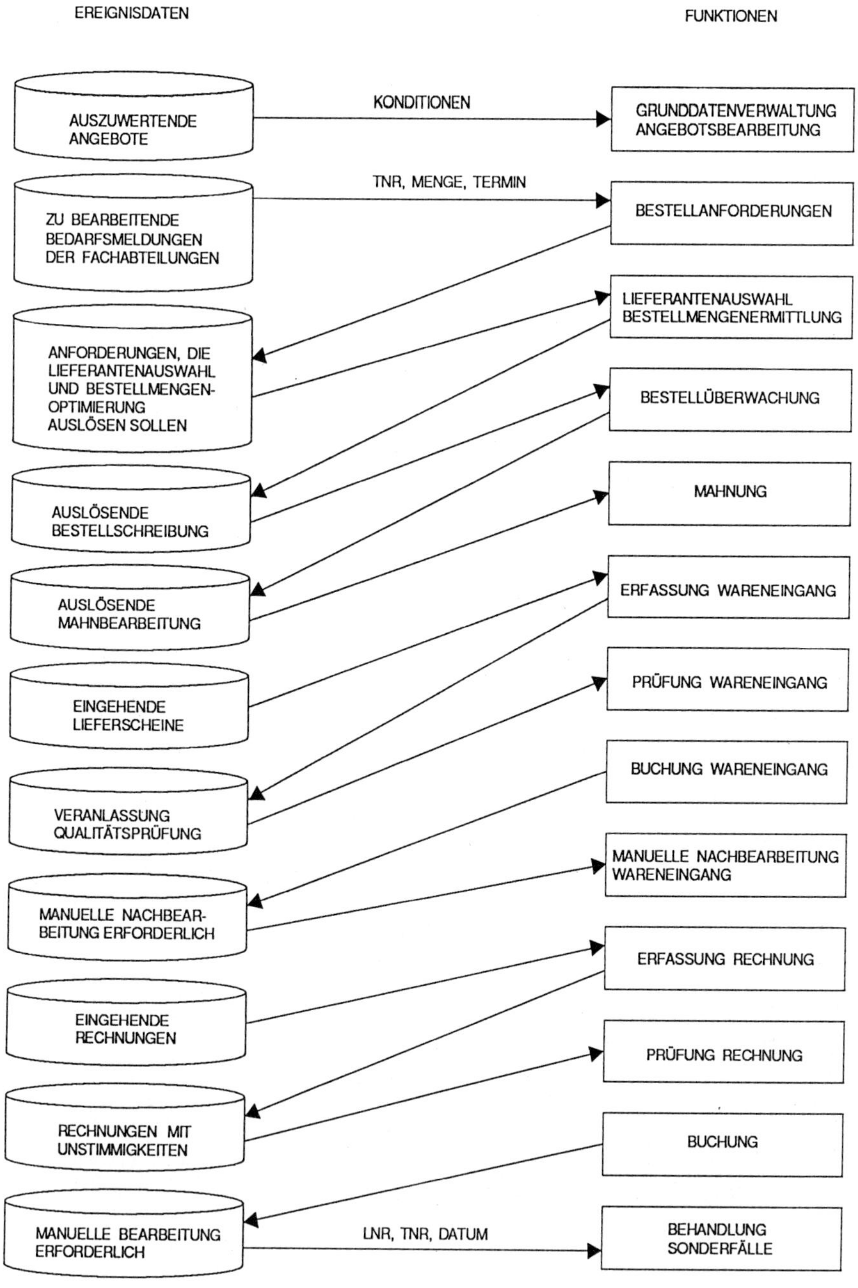

Abb. B.III.18: Ereignissteuerung der Beschaffung

B.IV Absatz

Für den Absatzbereich werden drei Informationssysteme entwickelt:

1. Informationssystem für die Auftragsbearbeitung,
2. Informationssystem zur Planung des Absatz- und Produktionsprogramms,
3. Marketing-Informationssystem für unstrukturierte und ad-hoc-Entscheidungen.

Das Informationssystem für die Auftragsbearbeitung begleitet die logistische Kette von der Auftragsannahme über Auftragssteuerung, Versand bis zur Fakturierung und Weiterleitung der Daten an die Finanzbuchführung. Die Auftragssteuerung ist deshalb eng mit dem Produktionsplanungs- und -steuerungssystem verzahnt.
Im Gegensatz zur operativ ausgerichteten Auftragsbearbeitung ist die Planung des Absatz- und Produktionsprogramms eine mehr mittelfristig-strategische Aufgabe. Auch hier bestehen enge Verbindungen zum Bereich der Produktionsplanung und -steuerung, und das System wird häufig auch als "Master Production Scheduling" oder Primärbedarfsplanung bezeichnet.
Für die zahlreichen unstrukturierten Entscheidungen im Absatzbereich, z. B. bei der Festlegung von Werbebudgets, Planung von Marketingaktionen wie Sonderpreise usw. wird die Struktur eines Marketinginformationssystems entwickelt, das über geeignete Entscheidungsunterstützungssysteme dem Benutzer flexible Auswertungsmöglichkeiten bietet.
Andere Informationssysteme des Absatzes, die hier nicht ausführlich behandelt werden, aber zum Teil eng mit den entwickelten Datenstrukturen verbunden sind, betreffen die Außendienststeuerung, die Provisionsabrechnung und das Kundendienstwesen.

B.IV.1 Auftragsbearbeitung

Zwischen den Datenstrukturen des Beschaffungsbereichs zur Abwicklung von Bestellungen und den Datenstrukturen im Absatzbereich zur Abwicklung von Aufträgen besteht eine spiegelbildliche Parallelität. Dieses wird bei der grafischen Darstellung deutlich gemacht. Zur Unterscheidung werden gleichartige Bezeichnungen durch Voranstellung von K (Kunde) gegenüber L (Lieferant) gekennzeichnet. So entsprechen beispielsweise Datenstrukturen zwischen verkaufsfähigen Artikeln, Kunden und Kundenaufträgen den Datenstrukturen zwischen Material, Lieferanten und Beschaffungsaufträgen.
Bei einer überbetrieblichen Betrachtung zeigt sich, daß die bei einem Hersteller geführten Daten über Lieferkonditionen identisch sind mit den bei seinen Kunden erfaßten Daten über Beschaffungskonditionen, soweit sie sich auf die gleiche Bezugsgröße (Kombination aus Artikel und Kunde bzw. Lieferant) beziehen. Ebenso sind Beschaffungsaufträge bei einem Hersteller Kundenaufträge bei dem entsprechenden Lieferanten.

Die bei einer überbetrieblichen Betrachtung sichtbar werdenden Redundanzen führen dazu, daß zukünftig Logistikketten über die Informationssysteme der Kunden und Lieferanten hinweg geführt werden, um diese Redundanzen zu vermeiden.

Je nach Auftragsart können einzelne Schritte der Auftragskette aus Auftragsannahme, Versand und Fakturierung ein unterschiedliches Gewicht bekommen, zum Teil sogar entfallen. Die Ablaufstruktur einiger Auftragstypen ist in Abb. B.IV.01 angegeben.

AUFTRAGSTYPEN	AUFTRAGS-ANNAHME	VERSAND	FAKTURIERUNG
TERMINAUFTRAG	X	X	X
BARVERKAUF	X		
NIEDERLASSUNGS-AUFTRAG	X	X	
KONSIGNATIONSLAGER-AUFFÜLLUNG	X	X	
KONSIGNATIONSLAGER-ENTNAHME	X		
SOFORTAUFTRAG	X		
STRECKENAUFTRAG	X		X
ABRUFE MIT FESTEM LIEFERPLAN		X	X

Abb. B.IV.01: Ablaufstruktur ausgewählter Auftragstypen

Bei einem Terminauftrag fallen Auftragsannahme, Versand und Fakturierung zeitlich auseinander und bilden eigene abgrenzbare Teilfunktionen. Bei einem Barverkauf wird mit der Auftragsannahme auch gleich die Rechnung fakturiert, und der Versand wird durch die direkte Übergabe an den Kunden ersetzt. Die drei Teilfunktionen fallen somit zusammen.

Bei einem Niederlassungsauftrag wird der Auftrag der Niederlassung an das Werk erfaßt, die Versandpapiere werden erstellt, eine Fakturierung entfällt aber. Bei der Auffüllung eines Konsignationslagers bei einem Kunden wird wie bei einem Niederlassungsauftrag nur der Auftrag erfaßt und der Versand abgewickelt.

Bei einer Entnahme von einem Konsignationslager wird der Auftrag des Kunden erfaßt; da ein Versand nicht erforderlich ist, entspricht die Abwicklung dem des Barverkaufs, d. h., die drei Teilfunktionen fallen zusammen. Bei einem Streckenauftrag, d. h. einem Auftrag, bei dem die Lieferung nicht ab dem eigenen Werk erfolgt, sondern der Auftrag an einen fremden Lieferanten weitergereicht wird, wird lediglich der Auftrag angenommen und fakturiert, der Versand aber von dem dritten Unternehmen durchgeführt.

Bei Abrufaufträgen mit festem Lieferplan kann die Auftragsannahme entfallen, da sie durch die vertragliche Regelung vom Unternehmen selbst ausgelöst wird. Es werden dann nur noch der Versand und die Fakturierung durchgeführt.

Neben diesen aufgeführten Auftragsarten sind auch weitere Vorgänge wie Musteraufträge, Leihgutabholungen, Retourenabholungen usw. vorstellbar - das System RV kann z. B. 17 unterschiedliche Auftragsarten verarbeiten (vgl. *SAP, System RV 1986*).

B.IV.1.1 Grunddaten

Die Grunddaten umfassen Stammdaten der verkaufsfähigen Teile (Artikel), Kunden, Kundentexte, Vertreter sowie Klassifizierungen. Da eine enge Verbindung zwischen den Angebotsdaten als Quelle der Aktualisierung von Stammdaten besteht, werden diese Bewegungsdaten ebenfalls zu den Grunddaten gezählt.

B.IV.1.1.1 Entwurf der Datenstruktur

Die Datenstruktur der Grunddaten, wie sie in Abb. B.IV.02 entwickelt wird, ist weitgehend spiegelbildlich zu der Datenstruktur des Beschaffungsbereiches, wie sie in Abb. B.III.03 konstruiert wurde.

B.IV.1.1.1.1 Artikel- und Kundendaten

Der ARTIKEL-Entitytyp beschreibt die verkaufsfähigen Teile, also Endprodukte, selbständig absetzbare Baugruppen und Ersatzteile. Er beschreibt eine Teilmenge des Entitytyps TEIL und wird deshalb als eine "is-a"-Beziehung dargestellt. Wesentliche Attribute des ARTIKEL-Entitytyps wurden deshalb auch bereits bei der Einführung des TEIL-Entitytyps vorgestellt. Neben der übernommenen Teilenummer TNR sind u. a. folgende Attribute wesentlich:

- Artikelbezeichnung, Preisinformationen, Kosteninformationen, Lagerbestand, Datum der Einführung des Teiles.

Die Kunden werden durch den Entitytyp KUNDE dargestellt. Der KUNDE-Entitytyp wird im Rahmen der Debitorenbuchführung auch als DEBITOR-Entitytyp verwendet (analog zum Beschaffungsbereich, in dem der LIEFERANT-Entitytyp auch für die Kreditorenbuchführung gilt). Wesentliche Attribute neben der identifizierenden Kundennummer KNR sind:

- Name, Adresse, betreuende Niederlassung, Sachbearbeiter des Kunden, gesamte Auftragssumme des Vorjahres, Auftragssumme des laufenden Jahres, Auftragssoll des laufenden Jahres, offene Forderungen, Kreditlimit sowie generelle kundenbezogene Vereinbarungen.

Für feste Zuordnungen zwischen K.AUFTRAGSTYP und KUNDE oder ARTIKEL werden entsprechende Beziehungen angelegt. Da jeweils ein Auftragstyp mehreren Kunden bzw. Artikeln zugeordnet werden kann und umgekehrt ein Kunde bzw. Artikel in mehreren Auftragsformen erscheinen kann, sind die Auftragszuordnungsbeziehungen zwischen KUNDE bzw. ARTIKEL und K.AUFTRAGSTYP vom Typ n:m.

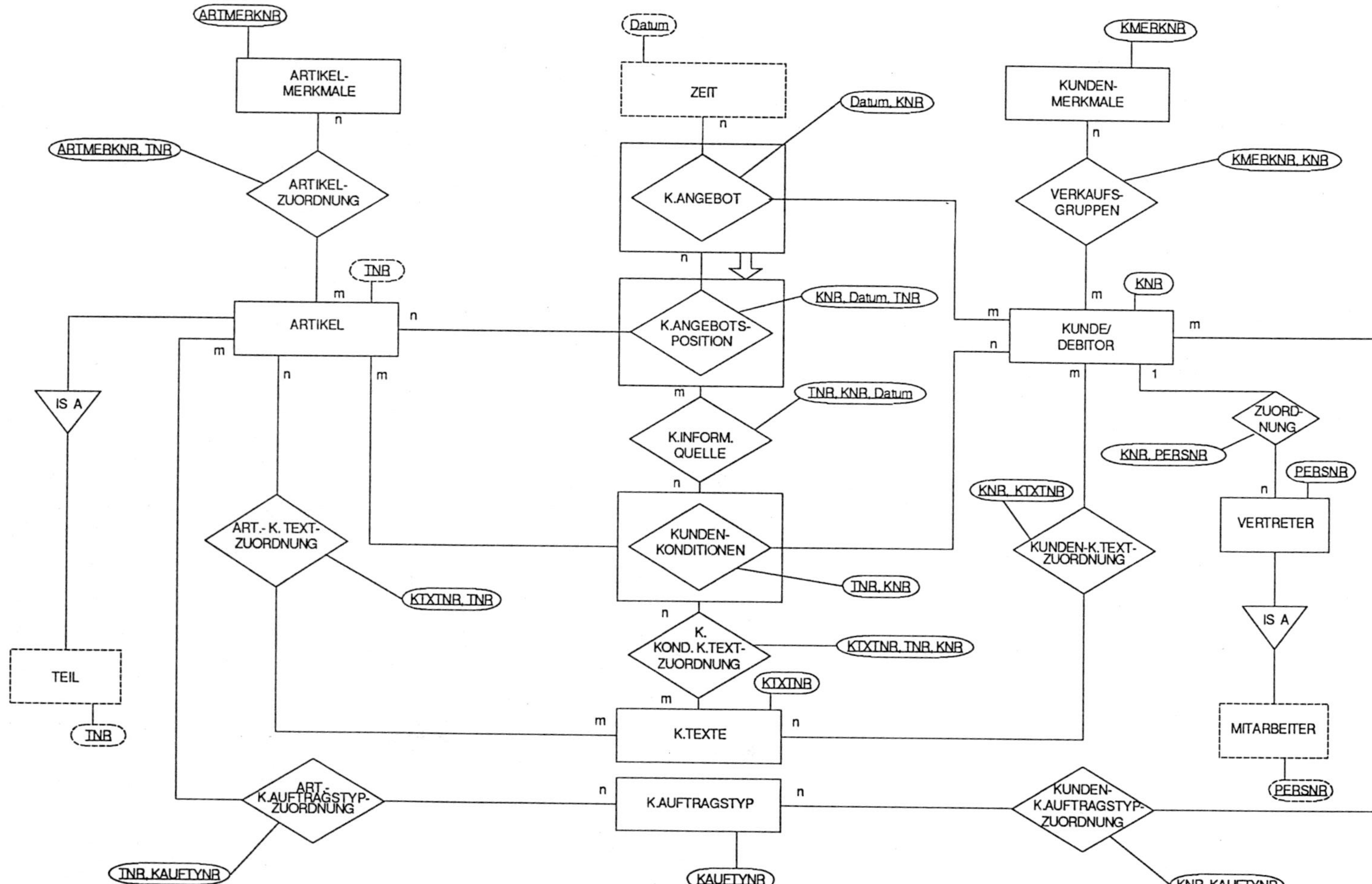

B.IV.02: ERM zu Absatz

Die Zuordnung von Kunden zu bestimmten Vertretern wird über eine 1:n-Beziehung zwischen KUNDE und VERTRETER realisiert. Dabei ist der Entitytyp VERTRETER eine Teilmenge des Entitytyps MITARBEITER, wie er im Abschnitt Personalwesen weiter behandelt wird.
Analog dem Beschaffungsbereich für Materialien und Lieferanten werden für Artikel und Kunden Klassifikationen eingeführt. Diese Klassifikationen dienen nicht nur für die Angebotserstellung, Auftragsbearbeitung oder organisatorische Zuordnung von Arbeitsgebieten, sondern sind darüber hinaus Bestandteile eines Marketinginformationssystems. Die Datenstruktur wird deshalb in Punkt "B.IV.3 Marketinginformationssysteme" weiter ergänzt.

B.IV.1.1.1.2 Angebote/Konditionen

Die auf die Kombination KUNDE und ARTIKEL bezogenen Attribute werden in dem Beziehungstyp KUNDEN-KONDITIONEN erfaßt. Dieses sind:

- aus aktuellen Angeboten übernommene Preisstaffelungen, Qualitätszusagen, vereinbarte Lieferzeiten und Rahmenverträge für Lieferabrufe, an einen Kunden von einem bestimmten Artikel gelieferte Menge, Anzahl der Reklamationen eines Kunden bezüglich eines bestimmten Produktes, die vom Kunden verwendete Artikelnummer usw.

Wie im Beschaffungsbereich werden die auf die Kombination ARTIKEL/KUNDE bezogenen Attributwerte zum großen Teil bei der Erstellung und Diskussion von Angeboten erarbeitet.
Angebote können einmal auf Anforderung der Kunden ergehen oder aber auch unaufgefordert erstellt werden. KUNDENANGEBOT ist ein Beziehungstyp zwischen dem Angebotsdatum und dem Adressaten, also dem Kunden. Die konkreten, auf einen Artikel und ein Kundenangebot bezogenen Attributwerte:

- Preisstaffeln, Lieferzeitzusagen, Qualitätszusage und Prüfvorschriften

werden in der Beziehung K.ANGEBOTSPOSITION erfaßt. Die Angebotspositionen sind hierarchisch mit dem zugehörigen KUNDENANGEBOT verbunden.
Der KUNDEN-KONDITIONEN-Beziehungstyp erfaßt als Stammdaten die ständig aktualisierten Konditionen sowie kumulierte Statistikwerte. Über den Beziehungstyp K.INFORMATIONSQUELLE werden einem KUNDEN-KONDITIONEN-Entity die Angebotspositionen zugeordnet, aus denen sich die Konditionsattributwerte ergeben haben. Dazu werden während des Konstruktionsprozesses die Beziehungstypen KUNDENANGEBOT, K.ANGEBOTSPOSITION und KUNDEN-KONDITIONEN zu Entitytypen umdefiniert.

B.IV.1.1.1.3 Texte

Bei der Angebots- und Auftragsbearbeitung werden umfangreiche Textverarbeitungsfunktionen benötigt. Die Textbausteine werden durch den Entitytyp K.TEXTE repräsentiert. Die Zuordnung der artikel-, kunden- und konditionsbezogenen Textbausteine werden durch entsprechende Beziehungstypen dargestellt.
Zur Unterscheidung von Texten im Beschaffungsbereich wird der Entitytyp als K.TEXTE bezeichnet. Es ist allerdings auch vorstellbar, daß eine einheitliche Textdatenbasis für Beschaffung und Absatzfunktionen eingerichtet wird.

B.IV.1.1.2 Datenmodell

Die konstruierte Datenstruktur wird in der Abb. B.IV.03 in das Relationenmodell überführt.

R. VERTRETER/MITARBEITER (PERSNR, ...)
R. ZEIT (Datum, ...)
R. TEIL (TNR, ...)
R. ARTIKEL (TNR, ...)

R. KUNDE/DEBITOR (KNR, Name, Adresse, ...)
R. KUNDENMERKMALE (KMERKNR, Bezeichnung, ...)
R. VERKAUFSGRUPPEN (KMERKNR, KNR, ...)
R. KUNDENANGEBOT (Datum, KNR, ...)
R. K.ANGEBOTSPOSITION (TNR, KNR, Datum, Menge, ...)
R. ARTIKELMERKMALE (ARTMERKNR, Bezeichnung, ...)
R. ARTIKELZUORDNUNG (ARTMERKNR, TNR, ...)
R. KUNDENKONDITIONEN (TNR, KNR, Preisstaffel, Qualitätsdaten, ...)
R. K.INFORMATIONSQUELLE (TNR, KNR, Datum, ...)
R. K.TEXT (KTXTNR, Text, ...)
R. ARTIKEL-K.TEXTZUORDNUNG (TNR, KTXTNR, ...)
R. KUNDEN-K.TEXTZUORDNUNG (KNR, KTXTNR, ...)
R. K.KONDITIONEN -K.TEXTZUORDNUNG (TNR, KNR, KTXTNR, ...)
R. K.AUFTRAGSTYP (KAUFTYNR, ...)
R. KUNDEN-K.AUFTRAGSTYPZUORDNUNG (KNR, KAUFTYNR, ...)
R. ARTIKEL-K.AUFTRAGSTYPZUORDNUNG (TNR, KAUFTYNR, ...)
R. VERTRETER (PERSNR, ...)
R. VERTRETERZUORDNUNG (PERSNR, KNR, ...)

Abb. B.IV.03: Relationenmodell: Absatz

Auch hierbei wird die spiegelbildliche Äquivalenz zu den entsprechenden Datenstrukturen des Beschaffungsbereichs sichtbar.

B.IV.1.2 Auftragsannahme und -steuerung

B.IV.1.2.1 Entwurf der Datenstruktur

Bei Auftragsannahme und -steuerung wird zwischen sogenannten Standardartikeln, für die bereits Artikelstammsatz, Stückliste und Arbeitsplan existieren, und solchen Aufträgen, bei denen die Definition des Produktes erst während der Auftragsbearbeitung entsteht, unterschieden. Diese Unterscheidung ist weitgehend gleichzusetzen mit der Unterscheidung zwischen Standard- und Einzelfertigung.

Die einzelnen Teilschritte der Auftragsannahme und -steuerung sind:

- Artikelidentifizierung,
- Auftragsanlage mit Konditionenzuordnung,
- Reservierung,
- Auftragsverfolgung.

Sie besitzen bei Standard- und Einzelfertigung unterschiedliche Bedeutung.

B.IV.1.2.1.1. Standardartikel

Häufig wird von einem Kunden eine Bestellung nicht mit der exakten (Lieferanten-) Artikelnummer versehen, sondern die bestellten Artikel werden anhand technischer Spezifikationen oder - bei telefonischer Bestellung - verbal beschrieben. Durch "Blättern" in den TEIL-Entities muß dann der Verkäufer die Artikelnummer ermitteln, die zur Anlage der AUFTRAG- oder - bei Aufforderung für die Abgabe eines Angebotes - der ANGEBOT-Entities dient.

Vor der Annahme eines Auftrages wird anhand des Kreditlimits des Kunden, das Attribut des KUNDE-Entitytyps ist, die Bonität überprüft.

Der KUNDENAUFTRAG bildet einen Beziehungstyp zwischen ZEIT und KUNDE (vgl. Abb. B.IV.04) und wird entsprechend über Kundennummer und Datum identifiziert. KUNDENAUFTRAGSPOSITION ist eine Beziehung zwischen KUNDENAUFTRAG und ARTIKEL und wird über das Tripel Kundennummer/Datum/Teilenummer identifiziert. Die zu einem Auftrag gehörenden Auftragspositionen werden ihm hierarchisch untergeordnet.

Nehmen Kunden auf vorangegangene Aufträge in Form von Nachbestellungen Bezug, so ist es sinnvoll, abgeschlossene Kundenaufträge über einen längeren Zeitraum hinweg verfügbar zu halten. Darüber hinaus können mit ihnen auch statistische Zeitvergleiche durchgeführt werden.

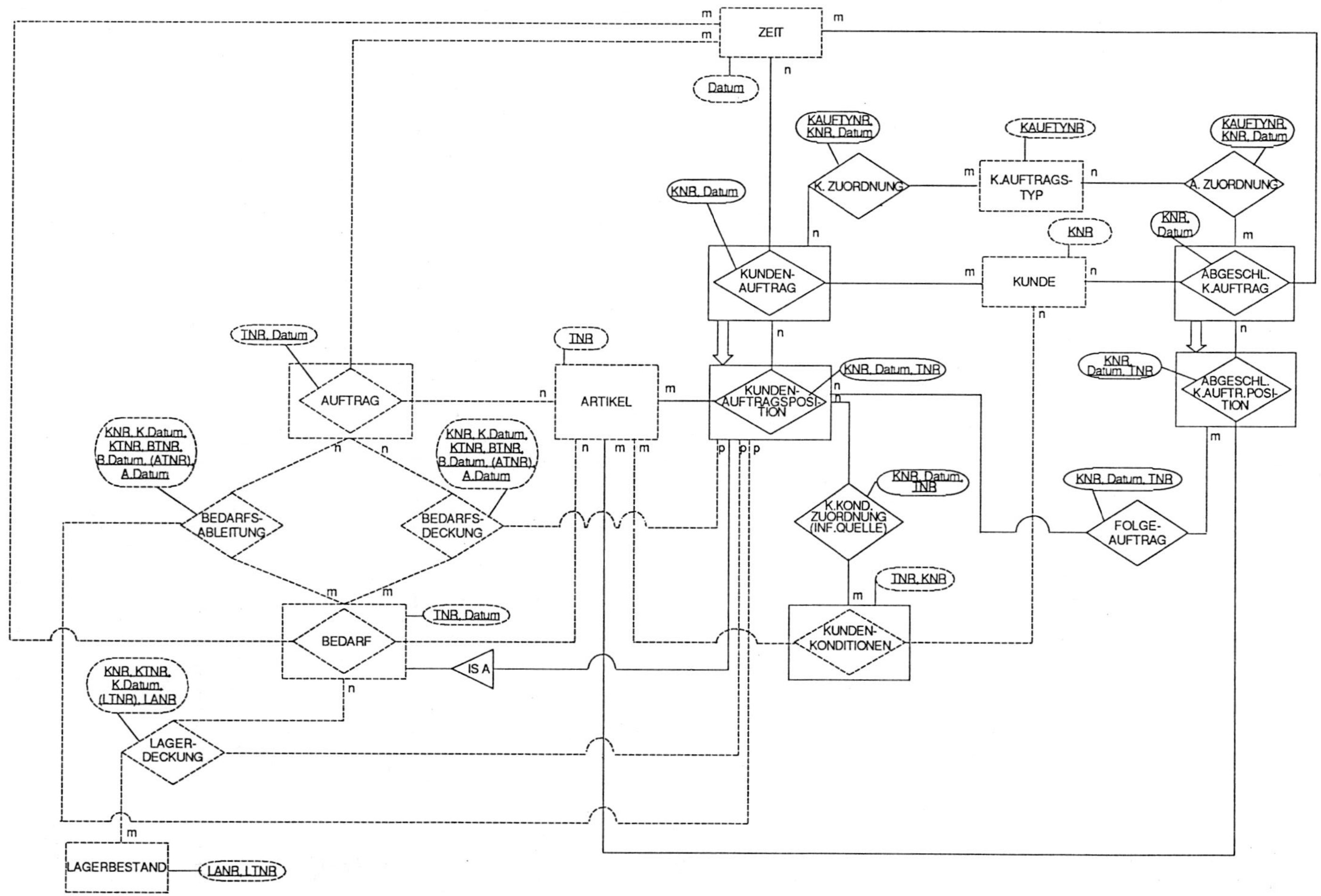

Abb. B.IV.04: ERM zur Auftragsannahme und -steuerung bei Standardfertigung

Für die Kundenaufträge der Vergangenheit werden eigene Beziehungstypen konstruiert, die parallel zu den bereits eingeführten Auftragsstrukturen verlaufen. Die Trennung zwischen aktiven und vergangenen Kundenaufträgen ist sinnvoll, da die Attribute der bereits abgeschlossenen Aufträge unterschiedlich sind.

Mit der Anlage einer Kundenauftragsposition werden auch auftragsbezogene Konditionen festgelegt, also:

- Preise, Rabatte, Qualitätszusagen einschließlich der Prüfpläne sowie bei Abrufaufträgen die Zuordnung zu einem festen Lieferplan.

Sofern auf bestehende Konditionsvereinbarungen zurückgegriffen wird, werden sie über eine Zuordnungs-Beziehung angebunden. Durch die betriebsübergreifende Kommunikation können Aufträge auch direkt von Kunden in Briefkästen des Lieferanten überspielt werden.

Sowohl abgeschlossene Kundenaufträge als auch der Entitytyp für aktive Kundenaufträge werden mit dem bereits eingeführten Entitytyp K.AUFTRAGSTYP verbunden. Damit kann die Zuordnung eines Auftrages zu einem Streckenauftrag, normalem Lieferauftrag, Auftrag einer Filiale, Auftrag eines Konsignationslagers usw. festgehalten werden.

Mit der Konditionszuordnung eines Auftrages wird auch die Priorität des Auftrages für die Produktionsplanung und -steuerung festgelegt. Diese als Attribut erfaßte Kennung ist bereits eine erste Schnittstelle zu diesem Bereich. Weitere Schnittstellen ergeben sich durch Reservierungsfunktionen und die Auftragsverfolgung.

Wünscht ein Kunde eine umgehende Lieferung, wird geprüft, ob entsprechende Lagermengen verfügbar sind. Bestehen freie Lagerbestände, so werden die für den Kundenauftrag benötigten Mengen reserviert. Zur Darstellung dieser Zusammenhänge wird auf die Datenstruktur der mehrstufigen Bedarfsverfolgung (vgl. Abb. B.I.68) zurückgegriffen und die dort eingeführten Entity- und Beziehungstypen LAGERBESTAND, LAGERDECKUNG, AUFTRAG, BEDARF, BEDARFSABLEITUNG und BEDARFSDECKUNG übernommen.

Zunächst wird geprüft, ob für den Artikel freie (d. h. anonym geplante) Bedarfe zu dem gewünschten Termin bestehen. Ist dieses der Fall, so werden diese nun der Kundenauftragsposition zugeordnet. Dieses geschieht durch Anlage entsprechender (kundenauftragsbezogener) Bedarfsableitungsbeziehungen. Hiermit wird fortlaufend ein zunächst weitgehend anonym geplanter Primärbedarf durch konkrete Kundenaufträge identifiziert (vgl. Abb. B.IV.05). Falls auch Lagerzuordnungen zu dem anonymen Bedarf bestehen, werden sie ebenfalls durch Verbindung mit KUNDENAUFTRAGSPOSITION reserviert.

Reichen die zuordenbaren Lagermengen nicht aus, werden die für die freien Bedarfe bestehenden Fertigungsaufträge über die BEDARFSDECKUNG-Beziehungen zugeordnet.

Reichen für den Kundenauftrag die bereits bestehenden anonymen Bedarfe nicht aus, so wird ein neuer Primärbedarf (in Form eines Net-Change-Vorgangs) angelegt. Hierbei muß dann die Verfügbarkeit von Kapazität und Materialien geprüft werden (vgl. dazu "Planung des Absatz- und Produktionsprogramms"). Auch zu diesem neuen (Primär-)Bedarf werden die Beziehungen zur Kundenauftragsposition hergestellt.

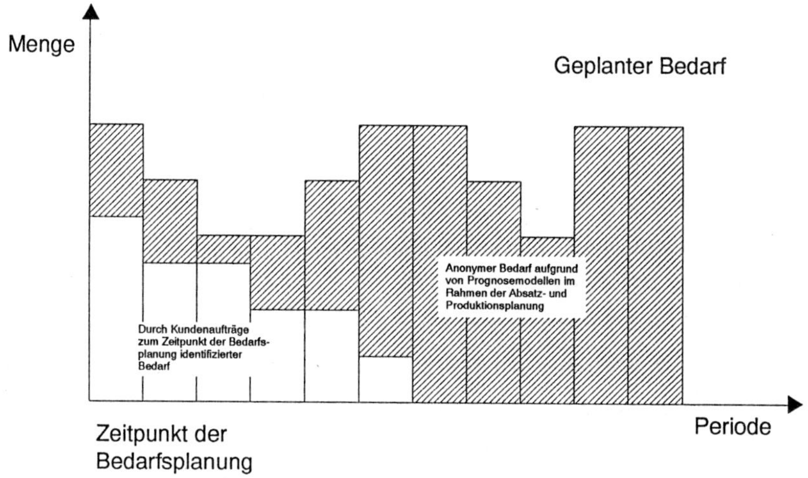

Abb. B.IV.05: Identifizierung des Primärbedarfs durch Kundenaufträge

Durch die auf die Kundenauftragsposition ausgerichteten Bedarfsableitungs- und Bedarfsdeckungsbeziehung sind jederzeit Anfragen des Kunden hinsichtlich des Fertigungsstandes seines Kundenauftrages über alle Fertigungsstufen hinweg nachvollziehbar. Umgekehrt können etwaige Verzögerungen im Bereich der Fertigung über diese Beziehungen in ihren Auswirkungen auf konkrete Kundenaufträge verfolgt werden.

B.IV.1.2.1.2. Einzelfertigung/Projektmanagement

Die Besonderheit bei einem Einzelfertigungsauftrag besteht darin, daß die Stücklistenstruktur für den Artikel erst während der Auftragsbearbeitung entwickelt wird. Da ein Einzelfertigungsauftrag (z. B. im Anlagenbau oder im Sondermaschinenbau) in der Regel eine außerordentlich umfangreiche technische Spezifikation enthält, kann die Hierarchie zwischen KUNDENAUFTRAG und KUNDENAUFTRAGSPOSITION, die sich auf einzelne selbständige Artikel erstreckt, hier entfallen. Mit dem Entitytyp EINZELKUNDENAUFTRAG wird somit ein einzelnes komplexes Aggregat beschrieben. Die zu dem Auftrag gehörenden Texte und umfangreichen Konditionen werden in den bereits eingeführten Entity- und Beziehungstypen KUNDENKONDITIONEN, K.TEXTE und K.KONDITIONEN-K.TEXT-ZUORDNUNG erfaßt und mit EINZELKUNDENAUFTRAG verbunden. Die Verbindung zu der für Standardartikel eingeführten Datenstruktur ist durch die Spezialisierung zur Kundenauftragsposition hergestellt.
Die Stücklistenstruktur wurde im Rahmen der Bedarfsplanung zur Ableitung des Sekundärbedarfs aus vorgegebenen Primärbedarfen verwendet und ist somit eine für die Planung wichtige Grundlage. Die gleiche Datenstruktur soll auch für die im Rahmen der Einzelfertigung zu entwickelnde Stückliste dienen. Der EINZELKUNDENAUFTRAG ist als Beziehung zwischen ARTIKEL, ZEIT

und KUNDE eingeführt. Der entsprechende Artikel wird aber erst mit dem Einzelkundenauftrag selbst definiert, d. h., für einen Kundenauftrag wird ein ganz bestimmtes ARTIKEL-Entity angelegt. Der Artikel ist dann Bestandteil des generellen TEIL-Entitytyps, wie durch die "is-a"-Beziehung in Abb. B.IV.06 dargestellt.

Am Anfang der Kundenauftragsspezifizierung kann die Stücklistenstruktur nahezu leer sein, d. h., lediglich aus dem eingeführten Entity des kundenspezifischen Artikels bestehen. Während des Konstruktionsvorgangs werden nun zunehmend eigenentwickelte Komponenten oder Standardkomponenten mit diesem Auftrag verbunden, so daß nach und nach eine komplette Stückliste entsteht. Diese wird, da sie Grundlage der Planungen ist, Bestandteil der bereits bisher eingeführten Stücklisten. Zur fortlaufenden Erarbeitung der Stückliste kann auf vorhandenes Informationsmaterial zurückgegriffen werden. Dieses sind vor allem Zeichnungen aus dem technischen Bereich, also auch aus dem CAD. Weiter können frühere Aufträge, deren Stücklisten noch dokumentiert sind, zur Spezifizierung herangezogen werden. Dieses wird - ähnlich wie auch bei den abgeschlossenen Aufträgen der Standardartikel - über die Datenstruktur ABGESCHLOSSENER EINZELKUNDENAUFTRAG hergestellt. Sie werden hier mit eigenen Stücklistenstrukturen eingeführt, die zur Abgrenzung von den Planungsstücklisten mit einem vorangestellten großen "A." gekennzeichnet sind.

Die Ähnlichkeitsbeziehungen zwischen dem aktuellen Einzelkundenauftrag und dem abgeschlossenen Einzelkundenauftrag ist vom Typ n:m, da für einen Einzelkundenauftrag mehrere abgeschlossene Aufträge Informationen liefern können, umgekehrt ein abgeschlossener Einzelkundenauftrag mit mehreren aktuellen Einzelkundenaufträgen Ähnlichkeiten zeigt.

Der Entwurf der Stückliste geschieht in einer Art "Top-down-Vorgehen", d. h., es werden zunächst in sehr grober Form die wichtigsten Baugruppen definiert und dann im weiteren Konstruktionsprozeß fortlaufend verfeinert.

Um bereits frühzeitig zeitliche und kapazitätsmäßige Übersichten zu erhalten, kann aus den Stücklisteninformationen ein Netzplan erzeugt werden. Im Rahmen der Kapazitätswirtschaft wurde bereits auf Ähnlichkeiten der Datenstrukturen zwischen Stückliste und Netzplan hingewiesen.

Eine weitere Informationsquelle können Standardstücklisten sein, die für Artikelgruppen so definiert sind, daß sie bestimmte Grundausführungen bereits abdecken. Diese Datenstruktur ist ebenfalls in Abb. B.IV.06 dargestellt und wird zur Unterscheidung mit vorangestelltem "ST." gekennzeichnet. Von einem Einzelkundenauftrag kann eine Zuordnungsbeziehung die Verbindung zu den Standardstrukturen herstellen, die dann über Kopierfunktionen in die Planungsstücklisten, also die für den aktuellen Einzelkundenauftrag gültige Produktzusammensetzung, übernommen wird. Analog vollzieht sich dieser Informationsbeschaffungsvorgang auch für die Übertragung der Angaben aus den abgeschlossenen Einzelkundenaufträgen.

Die Zuordnung zwischen den Standardteilen und dem aktuellen Artikel des Kundenauftrages ist vom Typ n:m. Einem Kundenauftrag können mehrere Standardbaugruppen zugeordnet werden, andererseits kann eine Standardbaugruppe auch in mehrere Einzelkundenaufträge eingehen.

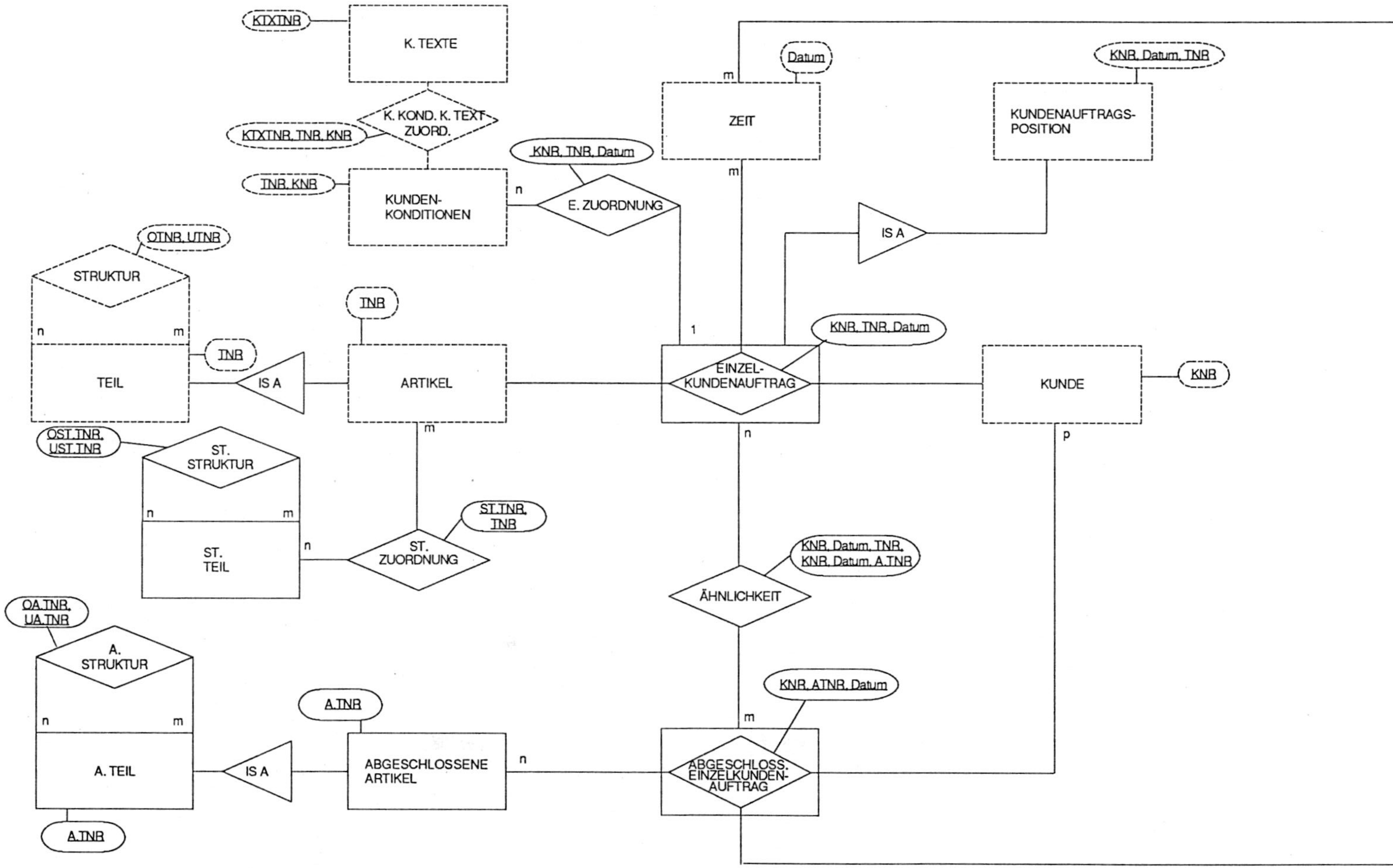

Abb. B.IV.06: ERM zur Auftragsannahme und -steuerung bei Einzelfertigung

Die Überschneidung zwischen der Bildung des Kundenauftrages und der Fertigungsplanung und -steuerung ist vielschichtig. Beispielsweise können zeitkritische Komponenten und Materialien bereits vorproduziert und beschafft werden, ohne daß ihre übergeordneten Baugruppen vollständig definiert sind. Durch fortlaufende Aktualisierung der Stückliste über Net-Change-Funktionen und dadurch ausgelöste Bedarfs- und Auftragsänderungen wird die Konsistenz der Planung erhalten.

Bezogen auf den jeweiligen Zustand der Stückliste ergeben sich die gleichen Funktionen der Material- und Zeitwirtschaft wie bei Standardartikeln, so daß die Datenstruktur nach Übergabe der Stückliste nicht verändert zu werden braucht. Über die kundenauftragsbezogene Bedarfsverfolgung wird der Zusammenhang von Fertigungsaufträgen zum Kundenauftrag gewährleistet.

Eine besondere Form der Einzelfertigung ist das "Projektengineering", bei dem ein Generalunternehmer die Verantwortung für ein komplexes Projekt übernimmt, ohne dabei selbst in der Ausführung tätig zu sein.

Der Projektauftrag ist eine n:m-Beziehung zwischen den Entitytypen ZEIT und KUNDE. Ein Projektauftrag definiert ein Projekt, das aus Vorgängen besteht. In Abb. B.IV.07 sind die Datenstruktur (a) und ein Netzplan (b) für ein Projekt dargestellt.

Die Vorgänge des Projektes werden durch Anordnungsbeziehungen logisch in Vorgänger- und Nachfolgerbeziehungen eingebunden. Diese Beziehungen können in der gleichen Form dargestellt werden wie die Teilezusammensetzung einer Stückliste. Jedem Vorgang (Teilprojekt) können mehrere Kontraktoren, die den Vorgang ausführen, zugeordnet werden, andererseits einem Kontraktor

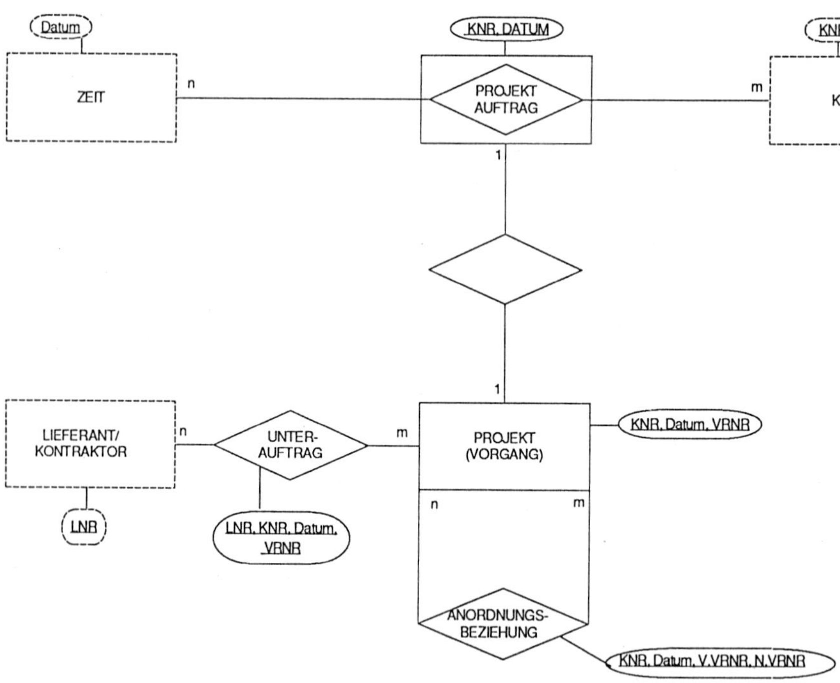

Abb. B.IV.07,a: ERM zu Projektmanagement

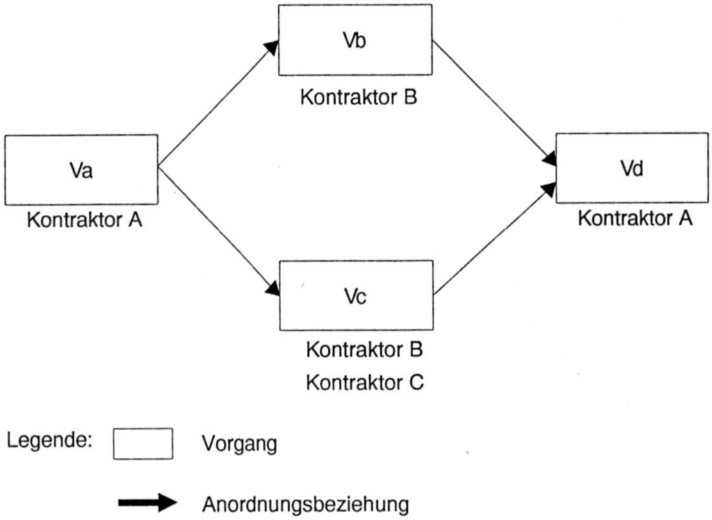

Abb. B.IV.07,b: Netzplan zu Projektmanagement

auch mehrere Teilprojekte. Auf die Steuerung von Projekten mit Hilfe der Netzplantechnik, die sowohl Zeit- als auch Kapazitätsrechnungen enthält, soll nicht weiter eingegangen werden (vgl. z. B. *Scheer, Projektsteuerung 1978; Gewald/Kasper/Schelle, Netzplantechnik 1972*). Während aber die Fertigung von Standardartikeln in Serienfertigung und die Einzelfertigung noch mit annähernd gleicher Produktionsplanungs- und -steuerungssoftware bearbeitet werden kann, ist dieses für die Besonderheiten des Projektengineerings nicht möglich.

R. KUNDE (KNR, ...)

R. ZEIT (Datum, ...)

R. KUNDENKONDITIONEN (KNR, TNR, Preisstaffel, ...)

R. KUNDENAUFTRAGSTYP (KAUFTYNR, ...)

R. ARTIKEL (TNR, ...)

R. KUNDENAUFTRAG (KNR, Datum, ...)

R. KUNDENAUFTRAGSPOSITION (KNR, Datum, TNR, ...)

R. K.KONDITIONENZUORDNUNG (KNR, TNR, Datum, KNR, TNR, ...)

aus Kunden-auftragsposition   *aus Kunden-konditionen*

R. K.ZUORDNUNG (KNR, Datum, KAUFTYNR, ...)

R. A.ZUORDNUNG (KNR, Datum, KAUFTYNR, ...)

R. FOLGEAUFTRAG (KNR, Datum, TNR, ...)

R. ABGESCHLOSSENER KUNDENAUFTRAG (KNR, Datum, ...)

R. ABGESCHLOSSENE KUNDENAUFTRAGSPOSITION (KNR, Datum, TNR, ...)

Abb. B.IV.08,a: Relationenmodell: Auftragsannahme und -steuerung

R. ZEIT (Datum, ...)
R. LIEFERANT/KONTRAKTOR (LNR, ...)
R. KUNDE (KNR, ...)

R. PROJEKTAUFTRAG (Datum, KNR, ...)
R. PROJEKT(VORGANG) (Datum, KNR, VRNR, ...)
R. ANORDNUNGSBEZIEHUNG (Datum, KNR, V.VRNR, N.VRNR, ...)

Vorgänger Nachfolger

R. UNTERAUFTRAG (LNR, Datum, KNR, VRNR, ...)

Abb. B.IV.08,b: Relationenmodell: Projektmanagement

B.IV.1.2.2 Datenmodell

Die eingeführten Datenstrukturen für die Auftragsannahme und -steuerung von Standardartikeln sowie Einzelfertigung und Projektmanagement werden wiederum in die Notation des Relationenmodells überführt (vgl. Abb. B.IV.08,a-b).

B.IV.1.3 Versand

Bei der Datenstruktur des Versandes ergeben sich Analogien zu der Datenstruktur des Wareneingangs.
Vor dem Versand eines Auftrages müssen häufig mit dem Kunden vereinbarte Qualitätskontrollen durchgeführt werden. Die vereinbarten Prüfungen sind Teil der Konditionen, die bei der Auftragsannahme erfaßt wurden. Es wird hier unterstellt, daß die Endkontrolle Teil des Produktionsplans für den Artikel ist bzw. im Rahmen der Qualitätskontrolle des Produktionsplanungs- und -steuerungssystems behandelt wurde. Es kann aber auch eine gesonderte Qualitätskontrolle im Rahmen des Absatzbereiches durchgeführt werden. In diesem Fall müßten entsprechende Entitytypen für den Prüfplan angelegt werden. Dieses geschieht analog der Datenstruktur, wie sie im Beschaffungsbereich für die Wareneingangskontrolle entwickelt wurde.

B.IV.1.3.1 Entwurf der Datenstruktur

Werden bestimmte Transporte regelmäßig vorgenommen, so können spezielle Verfahren zur Optimierung von Touren eingesetzt werden. Eine Tour besteht aus mehreren Teilstrecken wie in Abb. B.IV.09 dargestellt.

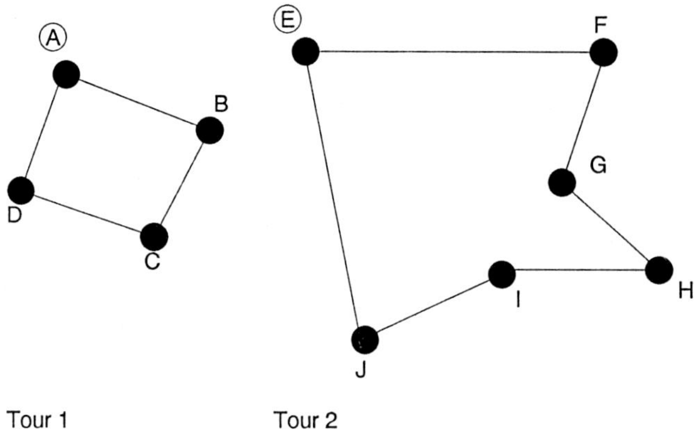

Abb. B.IV.09: Beispiele für Transporttouren

Eine Teilstrecke verbindet jeweils zwei Orte. Die optimierten Touren werden in dem Entitytyp TOUR zusammengefaßt und durch eine Tourennummer TOURNR identifiziert. Die einzelnen Teilstrecken, die jeweils durch Angabe von Abfahrt- und Zielort identifiziert werden können, sind mit der Tour hierarchisch verbunden.

Die zum Transport eingesetzten Einheiten wie Zug, Lastzug mit mehreren Anhängern usw. werden in dem Entitytyp TRANPORTEINHEIT erfaßt und durch die Transporteinheitnummer (TRANR) identifiziert. Eine Transporteinheit kann aus mehreren Transportmitteln bestehen, so daß sich eine weitere hierarchische Gliederung ergibt. Ein Transportmittel ist z. B. ein Waggon oder ein Container.

Die einzelnen Packungsarten bilden nicht weiter unterteilbare Behälter, Paletten usw. Zwischen PACKUNGSART und TRANSPORTMITTEL besteht eine n:m-Beziehung PA-ZUORDNUNG. Sie legt fest, daß bestimmte Packungseinheiten nur mit bestimmten Transportmitteln befördert werden können und umgekehrt bestimmte Transportmittel nur bestimmte Packungseinheiten aufnehmen können.

Dem Entitytyp TOUR werden die grundsätzlich in Frage kommenden Transporteinheiten durch die TRANSPORTZUORDNUNG zugeordnet. Diese ist vom Typ n:m, da eine Tour von mehreren unterschiedlichen Transporteinheiten gefahren werden kann, eine Transporteinheit andererseits auch für mehrere Touren eingesetzt werden kann.

Die bisher dargestellte Datenstruktur hat den Charakter von Stammdaten. Sie werden nun mit den aus der Auftragsbearbeitung resultierenden konkreten Sendungen in Verbindung gebracht.

Die zum Versand anstehenden Aufträge werden über sogenannte Versandanzeigelisten, die sich aufgrund der zugesagten Liefertermine erstellen lassen, ausgelöst. Ein LIEFERSCHEIN ist eine Beziehung zwischen KUNDE und ZEIT. Sie ist vom Typ n:m, da ein Kunde mehrere Lieferscheine im Zeitablauf erhalten kann, zu einem Datum andererseits auch mehrere Lieferscheine ausgestellt werden können. Pro Artikel wird eine Lieferscheinposition angelegt. Ein Lieferschein kann mehrere Positionen enthalten, wenn mehrere Artikel gleichzeitig ausgeliefert werden. Die LIEFERSCHEINPOSITION wird hierarchisch mit dem LIEFERSCHEIN verbunden.

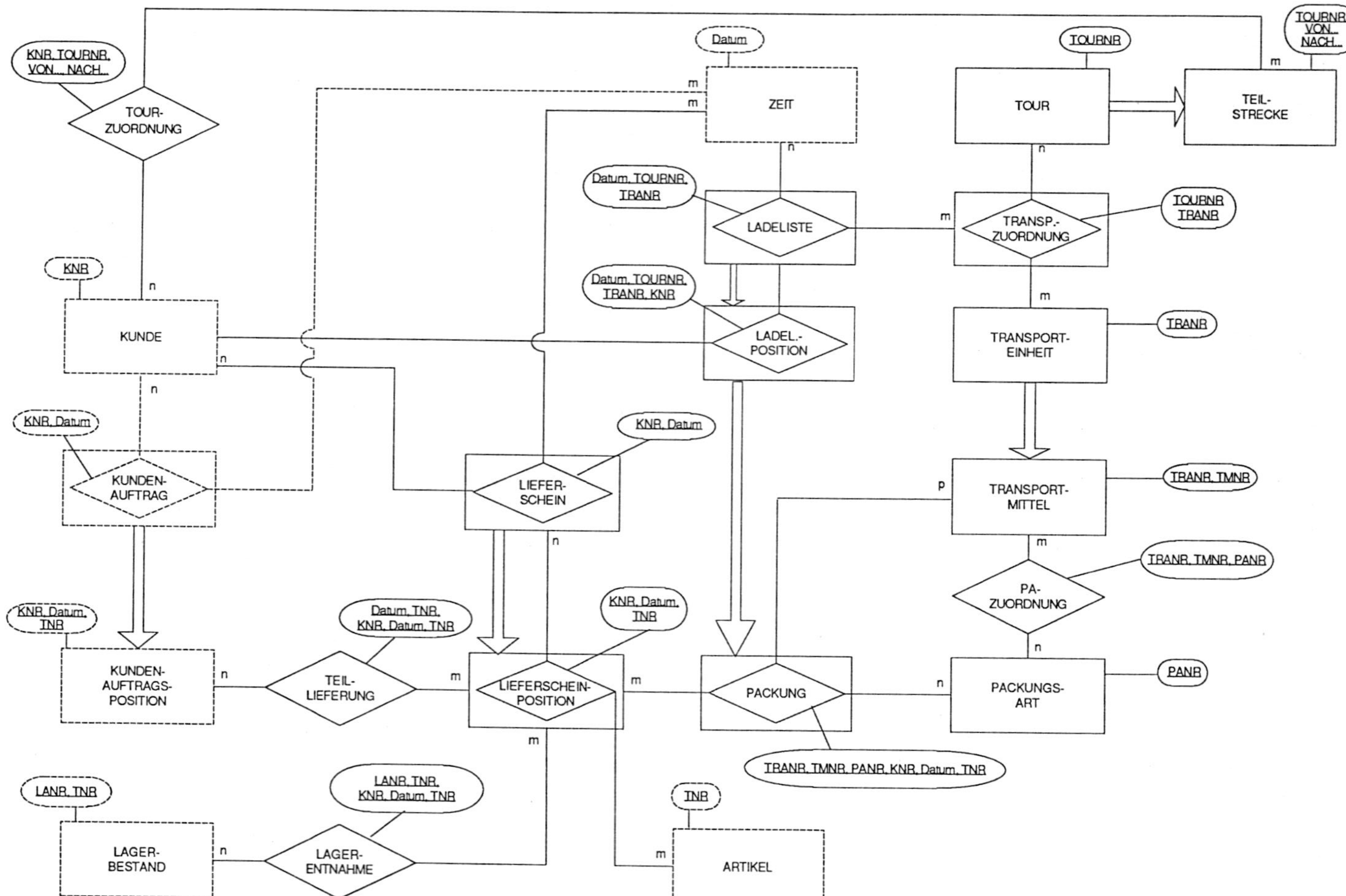

Abb. B.IV.10: ERM zu Versand

Die TEILLIEFERUNG ist eine Beziehung zwischen KUNDENAUFTRAGSPOSITION und LIEFERSCHEINPOSITION und ist vom Typ n:m, da eine Kundenauftragsposition in mehreren Lieferpositionen erfüllt werden kann, eine Lieferscheinposition sich aber auch bei Sammellieferungen aus mehreren Auftragspositionen ergeben kann.

Eine konkrete Ladung ist eine Beziehung zwischen der TRANSPORTZUORDNUNG und der ZEIT.

Die Ladung wird gebräuchlicherweise durch eine Ladeliste repräsentiert und umfaßt die einzelnen auf die konkrete Transporteinheit bezogenen Lieferscheine. Die LADELISTEPOSITION bezieht sich jeweils auf einen Kunden und ist hierarchisch mit der LADELISTE verbunden.

Die Zuordnung der einzelnen Lieferscheinpositionen zu Verpackungseinheiten wie Behälter, Paletten usw. wird über die n:m-Beziehung PACKUNG hergestellt. Eine Lieferscheinposition kann in mehrere Packungseinheiten eingehen, eine Packungseinheit kann auch mehrere Lieferscheinpositionen umfassen. Die Beziehung PACKUNG stellt somit die elementare Zuordnung dar. Durch die Beziehungen zwischen PACKUNGSART, TRANSPORTMITTEL, TRANSPORTEINHEIT und TRANSPORTZUORDNUNG ist damit die Transportverfolgung jeder Lieferscheinposition möglich.

Mit jeder Lieferscheinposition, die vom Lager entfernt wird, muß der Lagerbestand reduziert werden. Dieses wird durch die Beziehung LAGERENTNAHME zwischen LAGERBESTAND und LIEFERSCHEINPOSITION hergestellt. Wird eine Lieferscheinposition aus mehreren Lagerorten erfüllt, können mehrere Lagerentnahmen stattfinden. Ein Lagerbestand kann auch durch mehrere Lagerentnahmen reduziert werden, so daß eine n:m-Beziehung besteht. Allerdings ist diese explizit aufgeführte Beziehung mit der BEDARFSDECKUNG-Beziehung zur KUNDENAUFTRAGSPOSITION identisch.

Die konstruierte Datenstruktur besteht weitgehend aus Zuordnungsbeziehungen. Wird eine Kundenbestellung entsprechend den erfaßten Auftragspositionen ausgeliefert, so sind die Lieferscheindaten weitgehend mit den Auftragsdaten identisch. Bei einer konkreten EDV-Realisierung werden deshalb die Attributwerte nur einmal erfaßt und bei entsprechenden Verzweigungen aufgeteilt oder gebündelt, um eine integrierte Logistikkette zu erfüllen.

B.IV.1.3.2 Datenmodell

Die entwickelte Datenstruktur wird wieder in das Relationenmodell überführt.

R. ZEIT (Datum)
R. KUNDENAUFTRAGSPOSITION (KNR, Datum, TNR)
R. KUNDE (KNR, ...)

R. TOUR (TOURNR, Anzahl Teilstrecken, Beschreibung, Länge, Dauer, ...)
R. TEILSTRECKE (TOURNR, VON ... NACH ..., Länge, ...)
5. TOURZUORDNUNG (KNR, TOURNR, VON ... NACH ...)
R. TRANSPORTEINHEIT (TRANR, Art, ...)
R. TRANSPORTMITTEL (TRANR, TMNR, Anschaffungsjahr, Kapazität, ...)
R. TRANSPORTZUORDNUNG (TOURNR, TRANR)
R. PACKUNGSART (PANR, Höhe, Tiefe, Gewicht, Kapazität, ...)
R. PA-ZUORDNUNG (PANR, TRANR, TMNR)
R. LADELISTE ((Liefer-)Datum, TOURNR, TRANR, ...)
R. LADELISTEPOSITION ((Liefer-)Datum, TOURNR, TRANR, KNR, ...)
R. LIEFERSCHEIN (KNR, (Liefer-)Datum, ...)
R. LIEFERSCHEINPOSITION (KNR, (Liefer-)Datum, TNR, Menge, ...)
R. TEILLIEFERUNG (K.Datum, K.TNR, KNR, (Liefer-)Datum, LTNR, Menge, ...)
R. PACKUNG (TRANR, TMNR, PANR, KNR, (Liefer-)Datum, TNR, Menge, ...)

Abb. B.IV.11: Relationenmodell: Versand

B.IV.1.4 Fakturierung

Wie im Rahmen der Beschaffung schließt die Vorgangskette der Auftragsbearbeitung mit der weitgehend automatischen Weiterleitung der Daten an die Finanzbuchführung ab.

B.IV.1.4.1 Entwurf der Datenstruktur

Die Rechnung wird in der Regel anhand des Lieferscheines erstellt. So ist abgesichert, daß der Kunde nur solche Waren berechnet bekommt, die auch tatsächlich vom Versand bearbeitet wurden. In Sonderfällen können allerdings auch Rechnungen vor Erstellung des Lieferscheines erforderlich sein, wenn sie zusammen mit dem Lieferschein die Ware begleiten müssen (z. B. bei Exportlieferungen). In diesem Fall ist dann die Datenbasis der Auftrag.
Im folgenden wird von dem Normalfall ausgegangen, daß der Lieferschein Basis der Rechnungserstellung ist. Die K.RECHNUNG ist eine n:m-Beziehung zwischen KUNDE und ZEIT. Die einzelnen Rechnungspositionen ergeben sich aus der K.RECHNUNG und dem ARTIKEL. Dabei sollte zwischen der LIEFERSCHEINPOSITION und RECHNUNGSPOSITION eine n:m-Beziehung

gelten. Allerdings ist auch eine 1:1-Beziehung denkbar. Bezüglich der Zuordnung zu KUNDEN-AUFTRAGSPOSITION ist ebenfalls eine n:m-Beziehung vorstellbar. Falls eine Sammellieferung eines Teiles erfolgt, die sich aus mehreren unterschiedlichen Aufträgen ergeben hat, oder eine Teillieferung erfolgt, so daß eine Auftragsposition zu mehreren Rechnungspositionen führt, ist der Tatbestand einer n:m-Beziehung gegeben.

Bei der Rechnungserstellung können komplizierte Vorgänge durch Währungsumrechnungen, Zollbestimmungen usw. auftreten.

Die Rechnung ist Basis der Debitorenbuchführung. Pro Kunde können ein oder mehrere Debitorenkonten angelegt werden und umgekehrt, so daß sich eine n:m-Zuordnung ergibt. Da der Warenausgang sowohl auf dem Warenausgangskonto und damit in der Sachbuchhaltung als auch auf dem Debitorenkonto erfaßt wird, ergeben sich Buchungen in beiden Bereichen.

Auf die weiterführenden Vorgänge des Zahlungsausgleichs wird im Rahmen der Finanzbuchführung eingegangen.

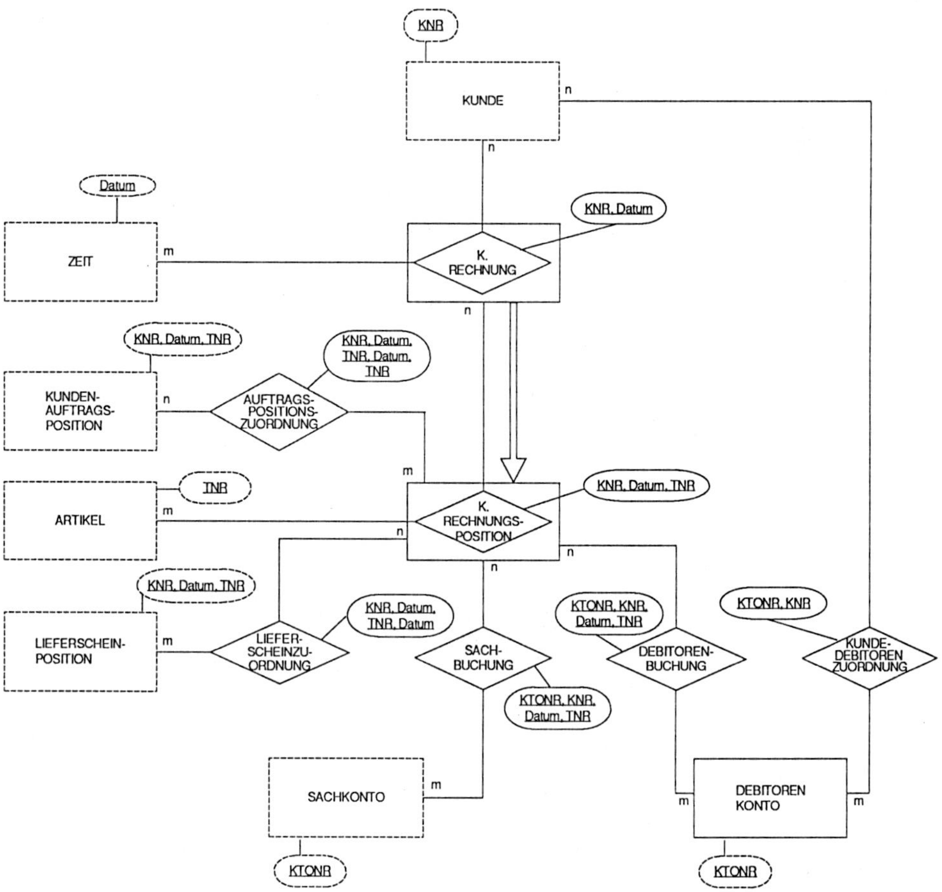

Abb. B.IV.12: ERM zur Fakturierung

B.IV.1.4.2 Datenmodell

Die entwickelte Datenstruktur wird in Abb. B.IV.13 in das Relationenmodell überführt.

R. ARTIKEL (TNR, ...)
R. KUNDE (KNR, ...)
R. ZEIT (Datum, ...)
R. KUNDENAUFTRAGSPOSITION (KNR, Datum, TNR, ...)
R. LIEFERSCHEINPOSITION (KNR, Datum, TNR, ...)
R. SACHKONTO (KTONR, ...)

R. K.RECHNUNG (KNR, Datum, ...)
R. K.RECHNUNGSPOSITION (KNR, Datum, TNR, ...)
R. AUFTRAGSPOSITIONSZUORDNUNG (KNR, Datum, TNR, Datum, TNR, ...)
Rechnungs-position *Kundenauftrags-position*
R. LIEFERSCHEINZUORDNUNG (KNR, Datum, TNR, Datum, ...)
Kundenrechnungsposition *Lieferscheinposition*

R. DEBITORENKONTO (KTONR, ...)
R. KUNDE-DEBITORENZUORDNUNG (KTONR, KNR, ...)
R. DEBITORENBUCHUNG (KNR, KTONR, Datum, TNR, Betrag, ...)
R. SACHBUCHUNG (KNR, Datum, TNR, KTONR, ...)

Abb. B.IV.13: Relationenmodell: Fakturierung

B.IV.1.5 Verarbeitungsform der Auftragsbearbeitung

Die Auftragsabwicklung ist betont ereignisbezogen. Sie enthält Entscheidungsprozesse im Rahmen der Auftragsannahme und der Versandoptimierung (vgl. Abb. B.IV.14). Im Rahmen der Auftragsannahme können aus Aufträgen der Vergangenheit Informationen in aktuelle Aufträge übernommen werden bzw. ähnliche Aufträge zur Datenübernahme identifiziert werden. Dazu können interaktive Suchvorgänge eingesetzt werden.

Bei der Reservierung werden einem eilbedürftigen Kundenauftrag Lagerbestände zugeordnet. Entsprechend den Prioritäten der Kundenaufträge können hierbei auch Umdispositionen durchgeführt werden. Je nach Ausmaß kann also die Dialogunterstützung von der Plausibilitätskontrolle bis zur iterativen Abwandlung einer Ausgangslösung oder sogar bis zu einem interaktiven Entscheidungsprozeß bei unterschiedlichen Zuordnungsmöglichkeiten von Lagerbeständen reichen.

Aufgabe	Teilfunktion	Dialogursache				Batch
		Aktualität	Plausibilität	Iterative Abwandlung	Interaktiver Entscheidungsprozeß	
Auftragsannahme	Artikelidentifikation			x		
	Reservierung		x			
	Einplanung (Net Change)				x	
Auftragssteuerung	Terminverfolgung	x				
	Anfragen	x				
Versand	Versandanzeige	x				x
	Tourenoptimierung				x	x
	Verpackungsoptimierung				x	x
	Lieferscheinerstellung	x				x
Fakturierung	Rechnungserstellung		x			x
	Debitorenbuchhaltung		x			x

Abb. B.IV.14: Dialogursachen von Funktionen der Auftragsbearbeitung

Eilbedürftige Aufträge werden in das bestehende Produktionsprogramm eingesteuert. Dazu werden nicht nur neue Zuordnungen von Lagerbeständen getroffen, sondern auch Fertigungsaufträge mengenmäßig und/oder zeitlich verändert. Je nach dem Ergebnis einer simulativen Einplanung kann die Entscheidung über Annahme oder Ablehnung des Auftrages beeinflußt werden.

Im Rahmen der Auftragssteuerung wird fortlaufend die Einhaltung des Termins eines Auftrages im Dialog überprüft. Hierbei kann aktuell Auskunft bei Anfragen des Kunden erteilt werden.

Innerhalb des Versandes werden Versandanzeigen erstellt. Diese richten sich nach der Fälligkeit des Auftrages aus. Da hier der gesamte Datenbestand analysiert werden muß, liegt eine Batch-Funktion vor. Bei eilbedürftigen Aufträgen können auch einzelne Aufträge fallbezogen bearbeitet werden.

Bei einer Zusammenstellung von Touren können umfangreiche mathematische Verfahren eingesetzt werden. Eine solche Optimierung ist eine typische Batchfunktion. Falls innerhalb des Optimierungslaufes menschliche Eingriffe notwendig sind, führt dieses zu einem interaktiven Entscheidungsprozeß.

Eine ähnliche Fragestellung ergibt sich auch bei der Verpackungsoptimierung, d. h. der optimalen Zusammenstellung von Liefermengen zu bestimmten Packungseinheiten (vgl. *Isermann, Generierung von Stapelplänen 1984*).

Die Lieferscheinerstellung ist grundsätzlich eine batchorientierte Funktion, da sie nach der Ausfassung der Waren durchgeführt werden kann. Wird allerdings eine fallbezogene Bearbeitung innerhalb des gesamten Versandwesens angestrebt, so kann mit jeder Ausfassung der Waren eine Aktion zur Erstellung des Lieferscheines ausgelöst werden. In diesem Fall wäre die Aktualität die wesentliche Dialogursache.

Rechnungserstellung und Debitorenbuchführung sind bei Ausnahmesituationen aufgrund von einzurichtenden Plausiblitätskontrollen dialogorientiert. Die wesentlichen Vorgänge werden aber aufgrund der engen Datenverflechtung mit vorangehenden Funktionen automatisch in einer batchorientierten Lösung abgewickelt.

B.IV.1.6 Ablaufsteuerung der Auftragsbearbeitung

B.IV.1.6.1 Funktionsebenenmodell: Dezentralisierung

Der Einsatz von dezentralen Systemen ist innerhalb der Auftragsabwicklung, da sie die gesamte Logistikkette umfaßt und damit auch den Produktionsbereich, besonders vielfältig. Da der Produktionsbereich aber ausgeklammert wird, ergibt sich lediglich die Frage der Aufteilung auf Host-Funktionen und Workstations innerhalb der engeren Auftragsbearbeitungsfunktionen. Diese wird in Abb. B.IV.15 bewertet.
Es zeigt sich, daß bei erforderlichen Zugriffen auf Kunden- und Artikeldaten zentral ausgerichtete Lösungen vorherrschen. Dieses gilt beispielsweise für Artikelidentifizierung, Reservierung, Terminverfolgungs- und Anfragenbeantwortung innerhalb der Auftragssteuerung sowie für die Datenverarbeitungsfunktionen innerhalb der Fakturierung und Lieferscheinerstellung.
Dialogintensive Funktionen wie die Einplanung von Kundenaufträgen können dagegen durchaus auf Workstations ausgelagert werden, wenn zunächst der benötigte Datenbestand aus zentralen Datenbasen über Auswahlkriterien (z. B. kunden- oder artikelbezogen) separiert wird. Sofern Zulässigkeitsfragen bezüglich kapazitativer Möglichkeiten im Rahmen der Einplanung simulativ untersucht werden, kann eine Verbindung zu der Produktions-Grobplanung hergestellt werden.
Bezüglich der Verarbeitungsunterstützung kann auf Grafikauswertungen, "what-if"-Analysen im Rahmen von Spreadsheet-Programmen usw. zurückgegriffen werden. Bei der Touren- und Verpackungsoptimierung kann nach Versandaufträgen oder Ladelisten dezentralisiert werden. Hier ist ein Einsatzgebiet von Workstations auch innerhalb organisatorisch dezentraler Einheiten (Versandabteilungen) gegeben. Dieses wird sowohl durch interaktive Software- als auch durch Optimierungsprogramme, die auf PC's angeboten werden, unterstützt.
Lieferscheine können dezentral am Verpackungsort über Workstations erstellt werden.

Die Bewertung ist abhängig von der Organisationsstruktur der Unternehmung und geht hier von einer mehr zentral organisierten Datenverarbeitungsumgebung aus, in die nunmehr Workstations integriert werden.
In Abhängigkeit von den technischen Möglichkeiten und dem Kosten-Nutzen-Verhältnis lassen sich auch stärker dezentralisierte Verarbeitungsformen denken.
In Abb. B.IV.16 sind drei unterschiedliche Entwicklungen eines Auftragsbearbeitungssystems von einer zentral ausgerichteten Batch-Lösung bis hin zum Einsatz von Workstations und Kommunikationsinstrumenten wie Bildschirmtext dargestellt.

Aufgabe	Teilfunktion	Dezentralisierungs-kriterium	E = Ergänzung I = Integriert	PC-Eignung			Nutzung von PC-Eigenschaften					
				Daten-bedarf	lokale Dialog-intensität	PC-Eignung	Hardware	System-software	Anwen-dungs-software	Benutzer-sicht	Organi-sation	Priorität des PC-Einsatzes
Auftrags-annahme	Artikelidentifikation	-	I	Z	H	g	-	-	-	-	-	-
	Reservierung	-	I	Z	g	g	-	-	-	-	-	-
	Einplanung (Net Change)	Kunden/Artikel/ Kapazitäten	E	Z/D	H	m	g	g	H	g	m	m
Auftrags-steuerung	Terminverfolgung	-	I	Z	m	g	-	-	-	-	-	-
	Anfragen	-	I	Z	m	g	-	-	-	-	-	-
Versand	Versandanzeige	-	I	Z	g	g	-	-	-	-	-	-
	Tourenoptimierung	Versandaufträge	E	Z/D	H	H	H	-	H	H	H	H
	Verpackungs-optimierung	Ladelisten	E	Z/D	H	H	H	-	H	H	H	H
	Lieferscheinerstellung	Touren	I	Z/D	g	m	-	m	-	-	-	m
Fakturierung	Rechnungserstellung	-	I	Z	g	g	-	-	-	-	-	-
	Debitorenbuchhaltung	-	I	Z	g	g	-	-	-	-	-	-

Abb. B.IV.15: Bewertung der Auslagerung von Funktionen der Auftragsbearbeitung auf Workstations

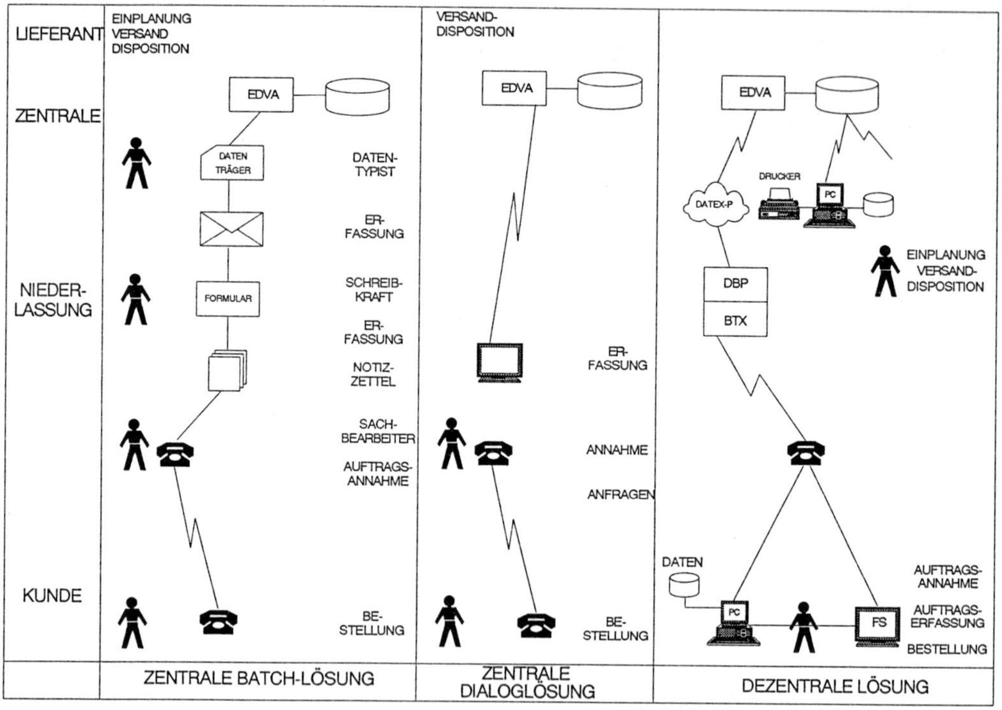

Abb. B.IV.16: Unterschiedliche Lösungen eines Auftragsbearbeitungssystems

Die Vorgangsketten werden zunehmend gestrafft, und es wird ein durchgehender Datenfluß realisiert, der bei den letzten beiden Alternativen auch die Betriebsgrenzen des Lieferanten überschreitet.

Bei der **zentralen Batch-Lösung** wird die Bestellung per Telefon an den Kundensachbearbeiter in der Niederlassung aufgegeben. Dieser nimmt die Bestellung an und erfaßt die Daten auf einem Notizzettel, den er an eine Schreibkraft weiterreicht. Diese überträgt die Daten des Notizzettels auf ein Auftragserfassungsformular und ergänzt es um notwendige formale Angaben. Das Auftragserfassungsformular wird an die Zentrale der Unternehmung geschickt und dort im Rahmen von Datenerfassungsfunktionen auf Datenträger übertragen. Die Einplanung der Aufträge einschließlich Verfügbarkeitsprüfung wird vom zentralen EDV-System vorgenommen. Dieses wickelt auch die Versanddisposition zentral ab.

Die Daten, die der Kunde bei der Bestellung aufgibt (wobei innerhalb der Kundenorganisation ebenfalls mehrere Wege von der Disposition bis zur eigentlichen Bestellung durchlaufen werden können, vgl. dazu die Ausführungen im Kapitel "Beschaffung"), durchlaufen also mindestens drei weitere Erfassungsfunktionen.

Bei der **zentralen Dialoglösung** wird davon ausgegangen, daß in der Filiale der Kundensachbearbeiter die Auftragsdaten direkt am Terminal während des Telefongesprächs mit dem Kunden erfaßt und in die zentrale EDV eingibt. Damit können neben den reinen Erfassungs- auch Plausibilitätsfunktionen durchgeführt werden.

Von der zentralen EDV wird die weitere Auftragsbearbeitung wie bei der zentralen Batch-Lösung durchgeführt und der Versand disponiert.
Während der Auftragssteuerung können Anfragen des Kunden vom Terminal in der Niederlassung aus direkt beantwortet werden. Es findet also eine Verlagerung von Funktionen aus der Zentrale in die Niederlassung statt, wobei gleichzeitig der gesamte Informationsfluß gestrafft wird, indem Erfassungsredundanzen gegenüber dem ersten Fall reduziert werden.
Bei der **dezentralen Lösung** werden Mikrocomputer und Bildschirmtext eingesetzt. Der Kunde kann einmal über das normale Bildschirmtextsystem (also Eingabe über ein Fernsehgerät und anschließende Kommunikationsverbindung des Bildschirmtextsystems bis zur Bildschirmtextzentrale und von dort über die Datex-P-Netzverbindung in den externen Rechner der Zentrale) verbunden werden. Der Kunde kann damit die Aufträge direkt in ein "Erfassungsformular", wie es vom Unternehmen vorgesehen ist, eingeben. Die Erfassungsfunktion wird damit von der Filiale auf den Kunden übertragen. Die Erfassungsfunktion kann weiter ergänzt werden, indem der Kunde die Daten nicht manuell über das Fernsehgerät eingibt, sondern durch den Anschluß eines PC's eine Eingabeunterstützung erhält. Beispielsweise können im Wege des "Down-loadings" Daten über Artikel (Preise, Lieferzeiten, Lagerbestände usw.) oder frühere Aufträge des Kunden von dem Unternehmen in die Datenbasis des PC's überspielt werden. Somit kann der Kunde bei Nachbestellungen auf frühere Daten zugreifen und braucht diese nicht noch einmal manuell einzugeben. Gleichzeitig kann er Vorprüfungen über Verfügbarkeit und Lieferzeiten selbst durchführen. Damit werden weiterhin Redundanzen im Ablauf beseitigt.
Die in der Zentrale ankommenden Auftragsdaten können dann nach den Dezentralisierungskriterien der Filialen oder weiterer Sachgebiete auf die Workstations der Sachbearbeiter in der Niederlassung (Filiale) separiert werden. Dort können weitere Einplanungen dezentral vorgenommen werden, wenn ebenfalls im Wege des "Down-loadings" Angaben über Kapazitätsauslastungen und Produktionspläne von der Zentrale in die Filiale übermittelt worden sind. Auch kann die Versandoptimierung dezentral von der Niederlassung aus durchgeführt werden, indem wiederum Initialisierungsdaten und benötigte Datenausschnitte aus der zentralen EDV in die Datenbasis der Filiale überspielt werden.
Obwohl lediglich ein Beispiel diskutiert wurde, gibt es wesentliche Trends der Verlagerung von Funktionen bei gleichzeitiger Straffung der Informationsflüsse innerhalb der Auftragsabwicklung wieder.

B.IV.1.6.2 Ereignissteuerung

Die einzelnen Ereignisse, die jeweils eine fallbezogene Bearbeitung auslösen, sind in Abb. B.IV.17 dargestellt.

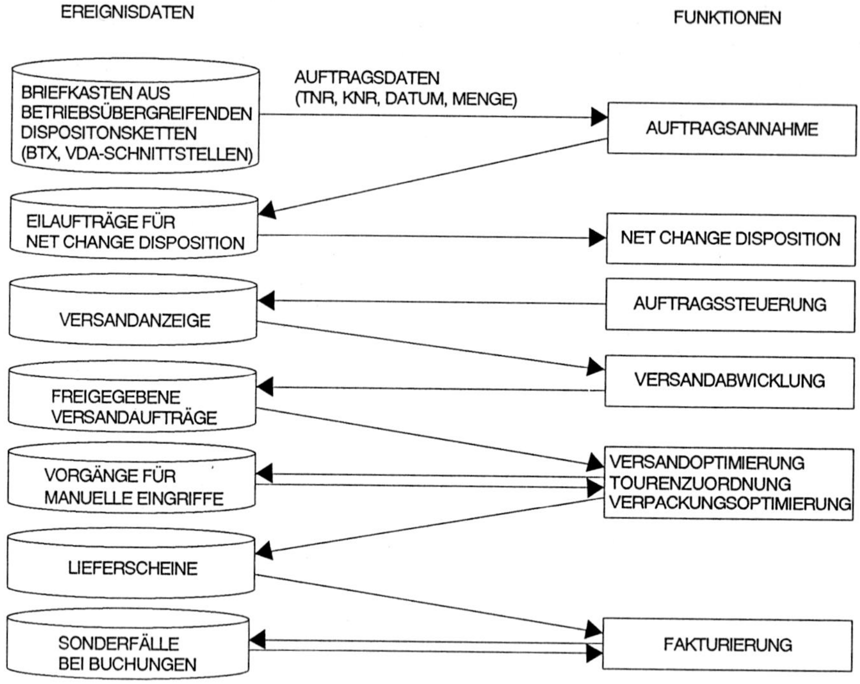

Abb. B.IV.17: Ereignissteuerung der Auftragsbearbeitung

Bei einer betriebsübergreifenden Logistikkette können die Auftragseingänge bereits in elektronischer Form überspielt werden, indem beispielsweise die Standard-Briefkastenfunktion des Btx-Systems genutzt wird.

Bei einer fallorientierten Disposition werden alle eingehenden Aufträge auf die Briefkästen der Sachbearbeiter in der Produktions- und Einkaufsdisposition weitergegeben.

Der Versand wird durch die von der Auftragssteuerung fällig werdenden Versandtermine angestoßen, die über eine Ereignisdatei der Versandanzeigeliste erkannt werden. Die vom Versand nach einer Verfügbarkeitsprüfung bezüglich der Waren und der Transportmittel freigegebenen Versandaufträge werden der Versandoptimierung zur Routenzuordnung, Transportmittelzuordnung und Verpackungsoptimierung übergeben. Sofern dabei Sonderfälle auftreten, die eine manuelle Bearbeitung erforderlich machen, können diese wiederum in Briefkästen der Versanddisponenten eingestellt werden.

Innerhalb der Fakturierung, die aus den Lieferscheinen angestoßen wird und weitgehend automatisch abläuft, können Sonderfälle in Briefkästen für die Sachbearbeiter der Finanzbuchführung überstellt werden.

B.IV.2 Planung des Absatz- und Produktionsprogramms

Ausgangspunkt der Planungsfunktionen der Material- und Zeitwirtschaft innerhalb des Produktionsplanungs- und -steuerungssystems war der Primärbedarf. Dieser Primärbedarf ist Resultat der Absatz- und Produktionsprogrammplanung und bestimmt damit wesentlich die Planungsqualität des EDV-gestützten PPS-Systems. Aus dem Absatzprogramm wird nach Abzug der Lagerbestände für Endprodukte sowie nach Festlegung der Zukaufspolitik das Produktionsprogramm. Die Produktionsprogramme der untergeordneten Baugruppen folgen dann im Rahmen der Bedarfsauflösung aus dem vorgegebenen Programm der Enderzeugnisse.
Im Rahmen der Bedarfsplanung wurde bisher lediglich die **Verwaltung** des Primärbedarfs behandelt. Zielsetzung der Festlegung des Primärbedarfs ist es nun, das Absatz- und Produktionsprogramm unter Beachtung von Kapazitäts-, Material- und Finanzmittelbegrenzungen gewinnoptimal zu bestimmen. Für die Lösung dieses Problems werden innerhalb der Sukzessivplanungsansätze sogenannte Grobplanungsfunktionen angeboten, bei denen durch die Simulation unterschiedlicher Produktionsprogramme eine befriedigende Lösung zu erreichen versucht wird. Von der Betriebswirtschaftslehre sind zahlreiche Modellansätze, insbesondere auf Basis der Linearen Optimierung entwickelt worden (vgl. z. B. *Kilger, Optimale Produktions- und Absatzplanung 1973; Jacob, Produktionsplanung 1986*).
Obwohl sich derartige Modellansätze bisher in der Praxis nur zögernd durchgesetzt haben (vgl. *Steinecke/Seifert/Ohse, Lineare Planungsmodelle 1973*), wird gezeigt, wie sich derartige Optimierungsansätze mit den Konzeptionen EDV-gestützter Produktionsplanungs- und -steuerungssysteme verbinden lassen.
Die Planung des Produktions- und Absatzprogramms vollzieht sich auf einer gröberen Ebene als die dispositiven Funktionen der Material- und Zeitwirtschaft. Dieses folgt bereits aus dem größeren Planungszeitraum. Gleichzeitig müssen für die Optimierung zahlreiche Modellansätze berechnet werden, die eine Reduktion des Datenvolumens erfordern. Für die Festlegung des Produktionsprogrammes ist auch nicht der gesamte Problemzusammenhang von Interesse, da lediglich kritische Variablen und Ressourcen einbezogen werden müssen.
Die Bedeutung der Produktions- und Absatzplanung für die Qualität eines PPS-Systems wird auch von dem MRP II-Ansatz betont (vgl. oben Abb. B.I.145).
Im folgenden wird zunächst die Datenstruktur konstruiert, wie sie für eine aggregierte Planung bereitgestellt werden muß. Im Anschluß daran wird ein Konzept zur Produktionsplanung der Enderzeugnisse im Rahmen eines Sukzessivplanungsmodells unter Einbeziehung von Simulation und Optimierungsrechnungen entwickelt.

B.IV.2.1 Grunddaten

B.IV.2.1.1 Entwurf der Datenstruktur

Grundlage des Absatzplans sind angenommene Kundenaufträge, aus Kundenanfragen ableitbare erwartete Kundenaufträge sowie prognostizierte Absatzzahlen.
Prognosewerte werden in der Regel nicht auf dem Detaillierungsgrad einzelner Erzeugnisse, sondern aggregierter Erzeugnis**gruppen** ermittelt. Da die Grobplanung generell ein aggregierter Planungsansatz ist, wird die Stücklistenstruktur um den Einsatz der Planerzeugnisgruppen erweitert (vgl. Abb. B.IV.18,a).
Eine Einheit einer Planerzeugnisgruppe umfaßt ein Bündel von Enderzeugnissen. Der Anteil, mit dem ein Endprodukt in die Planerzeugnisgruppe eingeht, kann größer oder kleiner als 1 sein. Es ist darauf zu achten, daß sinnvolle Dimensionen für die Erzeugnisgruppen gewählt werden. Sie können sich auf Mengeneinheiten, aber auch auf Gewicht- oder Volumeneinheiten beziehen.
Wesentliche Engpaß-Ressourcen, die bei der Grobplanung berücksichtigt werden, sind Maschinen- und Personalkapazitäten, einzusetzende Materialien und finanzielle Mittel. Die Personalkapazitäten werden nicht gesondert behandelt, sondern innerhalb der Betriebsmittelkapazitäten berücksichtigt. Sie können aber auch leicht analog den Betriebsmittelkapazitäten eigenständig geplant werden. Bezüglich der Kapazitäten und Materialien werden ebenfalls aggregierte Einheiten gewählt. So werden Betriebsmittelgruppen zu gröberen Planbetriebsmittelgruppen zusammengefaßt und Materialien zu Materialgruppen. Die Materialgruppen werden ebenfalls durch eine erweiterte Stücklistenstruktur definiert (vgl. Abb. B.IV.18,b).
Sowohl Planerzeugnisgruppen als auch Planmaterialgruppen werden als Spezialisierungen innerhalb des TEIL-Entitytyps geführt.
Auch die Betriebsmittelgruppen werden zu Planbetriebsmittelgruppen verdichtet (vgl. Abb. B.IV.18,c).

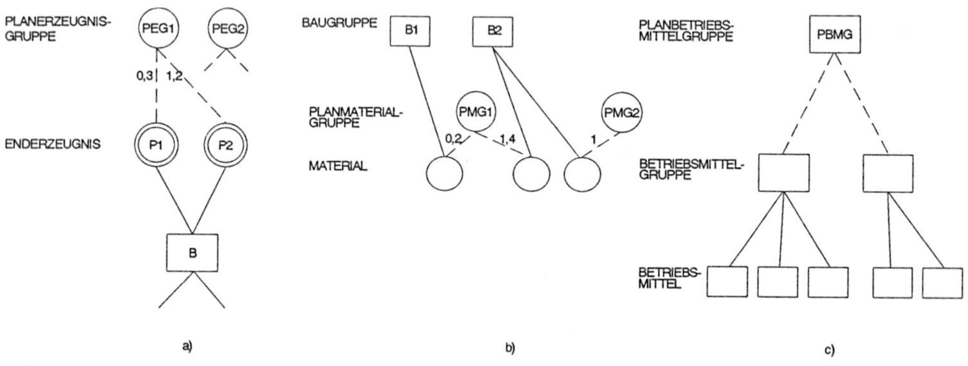

Abb. B.IV.18,a: Erweiterung der Stücklistenstruktur um Planerzeugnisgruppen

Abb. B.IV.18,b: Erweiterung der Stücklistenstruktur um Planmaterialgruppen

Abb. B.IV.18,c: Verdichtung der Betriebsmittelgruppen

Zum Unterschied werden die für die Grobplanung benötigten neuen Beziehungen gestrichelt gezeichnet.

Die verdichteten Planungseinheiten werden somit ohne Veränderung der grundsätzlichen Datenstruktur eingeführt. Anders ist es allerdings für die Bereitstellung der auf diese verdichteten Größen bezogenen Datengruppen Kapazitätsbedarf und Materialbedarf. Diese können zwar auch für den Zeitpunkt der Planung aus den bereits eingeführten detaillierten Datenstrukturen algorithmisch berechnet werden, so daß eine eigene Datenstruktur nicht erforderlich ist, dieses bedingt aber einen erheblichen Rechenaufwand. Eine ad hoc-Simulation erfordert aber, daß die benötigten Daten bereitstehen. Aus diesem Grunde wird für die verdichteten Daten eine eigene Datenstruktur entworfen. Sie dient den Planungsrechnungen im Rahmen eines Simulationsansatzes und eines Optimierungsmodells.

Abb. B.IV.19 zeigt die eingeführten verdichteten Planerzeugnis-, -material- und -betriebsmittelgruppen als Spezialisierungsbeziehungen zu den entsprechenden detaillierten Entitytypen.

Zur leichteren Unterscheidung werden neue Schlüsselbezeichnungen eingeführt.

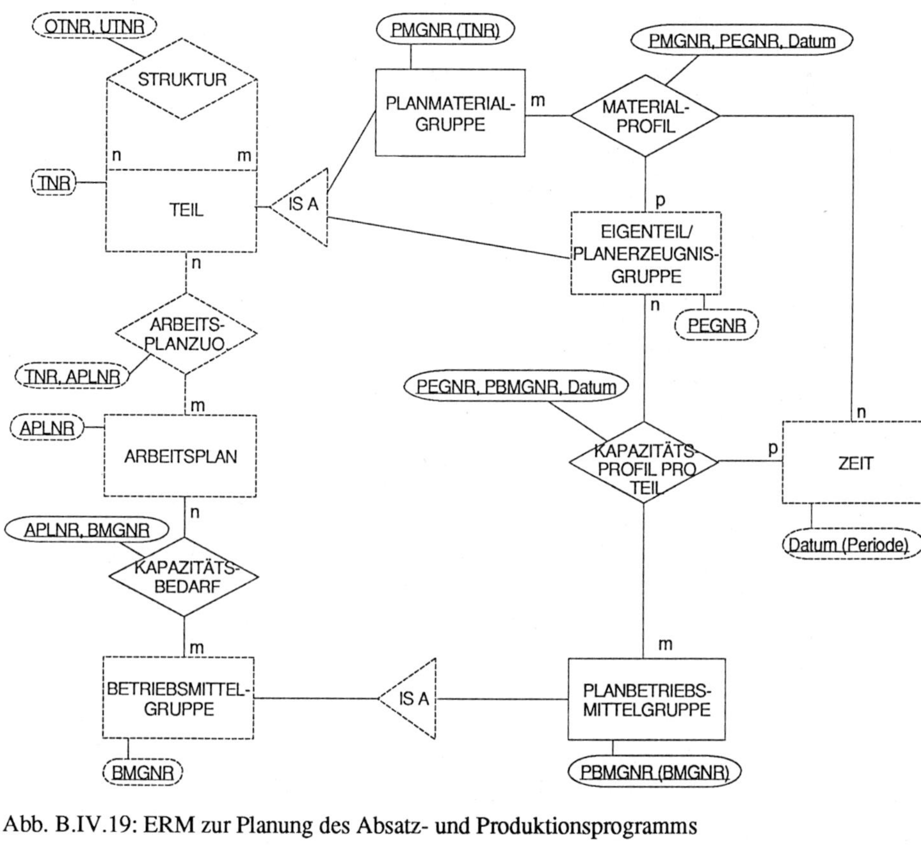

Abb. B.IV.19: ERM zur Planung des Absatz- und Produktionsprogramms

Die weitere Datenstruktur wird anhand des Beispiels der Abb. B.IV.20 entwickelt.

STÜCKLISTE | ARBEITSPLAN-ZUORDNUNG

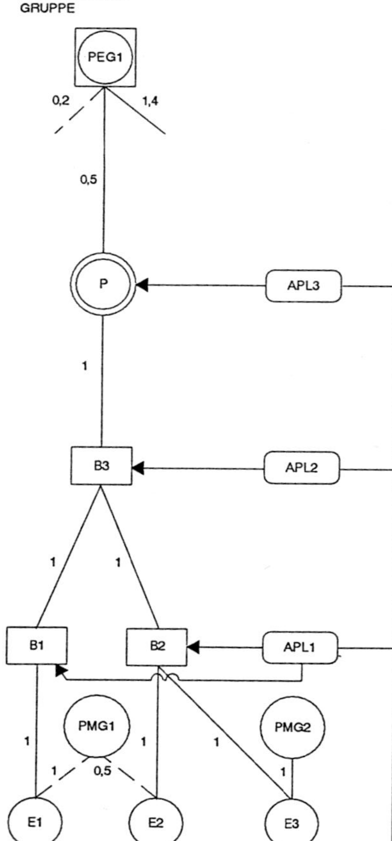

KAPAZITÄTSBEDARF PRO ARBEITSPLAN

APL3 — PBMG1 PBMG2

AGA \ BMG	10	15
1	40	
2		30

APL2 — PBMG2

AGA \ BMG	15	18
1	5	
2		10

APL1 — PBMG1

AGA \ BMG	10	11
1	20	
2		30

KAPAZITÄTSPROFIL PRO TEIL

PEG1 [1]

PBMG \ ZEIT	0	-1	-2	-3	-4	-5
1	(60)	20			30	20
2	15	(40)	5	2,5		

1) EINGEKLAMMERTE WERTE RESULTIEREN AUS KAPAZITÄTSBEDARFEN VON ARTIKELN, DIE NICHT WEITER DARGESTELLT WERDEN

P

PBMG \ ZEIT	0	-1	-2	-3	-4	-5
1		40			60	40
2	30		10	5		

B3

PBMG \ ZEIT	0	-1	-2	-3
1			60	40
2	10	5		

B1

PBMG \ ZEIT	0	-1
1	30	20

B2

PBMG \ ZEIT	0	-1
1	30	20

ZUORDNUNG PLANBETRIEBSMITTELGRUPPEN

PBMG1: BMG10, BMG11
PBMG2: BMG15, BMG18

MATERIALPROFIL PRO TEIL

PEG1 [2]

PMG \ ZEIT	0	-1	-2	-3	-4	-5
1					(3)	0,75
2		(4)				0,5

2) EINGEKLAMMERTE WERTE RESULTIEREN AUS MATERIALBEDARFEN VON ARTIKELN, DIE NICHT WEITER DARGESTELLT WERDEN

P

PMG \ ZEIT	0	-1	-2	-3	-4	-5
1						1,5
2						1

B3

PMG \ ZEIT	0	-1	-2	-3
1				1,5
2				1

B1

PMG \ ZEIT	0	-1
1		1

B2

PMG \ ZEIT	0	-1
1		0,5
2		1

PMG = PLANMATERIALGRUPPE
PEG = PLANERZEUGNISGRUPPE
PBMG = PLANBETRIEBSMITTELGRUPPE

Abb. B.IV.20: Beispiel zur Planung des Absatz- und Produktionsprogramms

In dem Beispiel ist lediglich eine Planerzeugnisgruppe dargestellt. Weiter wird nur ein Enderzeugnis (Artikel) über zwei Baugruppenstufen verfolgt. Die Materialien werden zu zwei Planmaterialgruppen PMG1 und PMG2 zusammengefaßt.

Ausgangspunkt der Kapazitätsdaten sind die in dem PPS-System erfaßten Arbeitspläne, Arbeitsgänge und Betriebsmittelgruppendaten. Pro Arbeitsplan wird eine Matrix des Kapazitätsbedarfs aus diesen Grunddaten erstellt. Aufgrund der n:m-Beziehung zwischen ARBEITSPLAN und TEIL kann ein Arbeitsplan für mehrere selbsterstellte Teile gelten (APL1 für die Baugruppen B1 und B2).

Der KAPAZITÄTSBEDARF (vgl. Abb. B.IV.19) ist eine Beziehung zwischen ARBEITSPLAN und BETRIEBSMITTELGRUPPE, da für einen Arbeitsplan mehrere Kapazitätsbedarfe (an unterschiedlichen Betriebsmittelgruppen aufgrund mehrerer Arbeitsgänge des Arbeitsplans) bestehen, andererseits pro Betriebsmittelgruppe auch mehrere Kapazitätsbedarfe, die aus unterschiedlichen Arbeitsplänen resultieren. Zwischen Betriebsmittelgruppen und den Arbeitsgängen wird eine n:1-Beziehung gebildet. Damit ist nur die Betriebsmittelgruppe zur Identifizierung eines Kapazitätsbedarfs innerhalb eines Arbeitsplans erforderlich. Die Arbeitsgangnummer AGANR ist deshalb als beschreibendes Attribut aufgeführt. Falls pro Arbeitsgang unterschiedliche Betriebsmittelgruppenzuordnungen technisch möglich sind (Ausweicharbeitsgänge), muß eine für die Planung sinnvolle Zuordnung vorab getroffen werden.

Pro Arbeitsgang (bzw. Betriebsmittelgruppe) wird der Kapazitätsbedarf eines Arbeitsplanes in der Beziehung erfaßt. Darüber hinaus können auch weitere Größen wie Vorlauf und Übergangszeiten erfaßt werden. Diese Kapazitätsdaten werden für alle aktiven Arbeitspläne aus den Grunddaten übertragen.

Über die ARBEITSPLANZUORDNUNG sind damit indirekt auch die Kapazitätsbedarfe aller selbsterstellten Teile erfaßt.

Im nächsten Schritt werden (Gesamt-)Kapazitätsprofile pro Teil gebildet und die Kapazitäten auf die aggregierten Planbetriebsmittelgruppen bezogen. Ein Gesamt-Kapazitätsprofil enthält die Kapazitätsbedarfe (ausgedrückt in Stunden) eines Teiles für die für eine Einheit benötigten Kapazitätseinheiten in Abhängigkeit des zeitlichen Fertigungsflusses über alle Vorprodukte und Fertigungsstufen. Das Gesamt-Kapazitätsprofil ist eine n:m:p-Beziehung zwischen der ZEIT, dem EIGENTEIL, auf das sich die Kapazitätsbetrachtung bezieht, und der PLANBETRIEBSMITTELGRUPPE. Der Entitytyp EIGENTEIL wird als Spezialisierung von TEIL betrachtet. Er enthält auch die Planerzeugnisgruppen. Schlüsselattribut für alle Teile-Gruppen ist die Teilenummer TNR, die allerdings zur besseren Unterscheidung für die Teilmengen auch mit den anderen Abkürzungen (PEGNR, PMGNR) ausgedrückt werden kann.

In dem Beispiel wird unterstellt, daß ein Arbeitsgang jeweils in einer Zeitperiode abgeschlossen wird. Andererseits wird unterstellt, daß in einer Periode nur ein Arbeitsgang eines Arbeitsplans ausgeführt werden kann. Damit entspricht die Durchlaufzeit des Teiles der Anzahl der Arbeitsgänge.

Als zeitlicher Bezugspunkt für den Abschluß des Arbeitsplans wird die Periode 0 angesetzt. Da sich nun die Kapazitätsprofile auf Teile beziehen, ergeben sich für B1 und B2 getrennte Datenstrukturen. Bei der Bildung des Kapazitätsprofils für B3 werden einmal die Kapazitätsbedarfe der untergeordneten Baugruppen B1 und B2 unter Beachtung der zeitlichen Ausrichtung auf den Beginn des Arbeitsplans 2 übertragen, zum anderen aber auch der Kapazitätsbedarf für die Baugruppe B3 selbst. Da im Arbeitsplan 2 die Betriebsmittelgruppen 15 und 18 angesprochen werden, die zu der Planbetriebsmittelgruppe 2 zusammengefaßt werden, bei den untergeordneten Baugruppen dagegen nur Planbetriebsmittelgruppe 1 angesprochen wurde, werden bei dem Kapazitätsprofil für B3 nunmehr 2 Planbetriebsmittelgruppen wirksam.
Analog wird der Kapazitätsbedarf auf das Erzeugnis P übertragen.
Bei der Übertragung der Profile auf die Planerzeugnisgruppe werden die Kapazitätsbelastungen mit dem Gewichtungsfaktor multipliziert, den das Erzeugnis an der Einheit der Planerzeugnisgruppe annimmt. In dem Beispiel sind die aus anderen Enderzeugnissen resultierenden Kapazitätsbedarfe, die nicht explizit aufgeführt wurden, eingeklammert.

Das Kapazitätsprofil einer Einheit der Planerzeugnisgruppe gibt somit an, wieviele Kapazitätseinheiten pro Planbetriebsmittelgruppe in den auf den Fertigstellungszeitpunkt = 0 bezogenen Zeitperioden anfallen.

Diese Daten müssen einmal erstellt werden und stehen dann für Planungsrechnungen zur Verfügung.
Ändern sich Grunddaten, z. B. aus dem Bereich der Stücklisten oder des Arbeitsplanbereiches, so müssen von der Änderung ausgehend, alle übergeordneten kumulierten Kapazitätsprofile geändert werden, während die aufgrund der Stücklistenstruktur untergeordneten Datensituationen unverändert bleiben.
Ähnlich wie die Ermittlung der Kapazitätsprofile werden auch die Materialprofile errechnet. Die Datenstruktur von MATERIALPROFIL ist eine Beziehung zwischen der ZEIT, dem zugeordneten EIGENTEIL (einschließlich der PLAN-ERZEUGNISGRUPPE) und der PLANMATERIAL-GRUPPE und wird entsprechend durch den Schlüssel PMGNR, PEGNR, Datum identifiziert.
Die Ausgangsdaten der Materialprofile können direkt der Stücklistenstruktur entnommen werden.
In dem Beispiel wird unterstellt, daß das Material jeweils im ersten Arbeitsgang eingesetzt wird. Dieses bedeutet, daß für die Baugruppen B1 und B2 in der Periode -1 der Materialbedarf anfällt.
Die Verdichtung der Materialien zu Planmaterialgruppen wird wieder unter Beachtung der Anteilskoeffizienten vorgenommen. Ein Koeffizient innerhalb der Matrix gibt demnach an, wieviele Einheiten der Planmaterialgruppe in einer bestimmten Periode für die Fertigung eines Teiles benötigt werden.
Da in dem Beispiel Material nur für die Baugruppen B1 und B2 direkt eingesetzt wird, werden im weiteren Verlauf diese Mengen auf die jeweils übergeordneten Baugruppen übertragen, indem der zeitliche Fluß und die durch die Struktur der Stückliste gekennzeichneten Mengenbeziehungen be-

achtet werden. Die Übertragung der Materialbedarfe auf die Planerzeugnisgruppe wird unter Beachtung deren Gewichtungsfaktoren durchgeführt. Die aus anderen Enderzeugnissen resultierenden Materialbedarfe sind in dem Beispiel wieder eingeklammert.
In ähnlicher Form können Profile für weitere Ressourcen (z. B. finanzielle Mittel, Personalqualifikationen usw.) ermittelt werden.
Die Datenstruktur der Abbildung steht dann für die Planungsüberlegungen zur Verfügung. Durch Multiplikation der auf die Planerzeugnisgruppe bezogenen Ressourcenprofile mit den geplanten Produktionsmengen können z. B. sofort Ressourcenübersichten erzeugt werden.

B.IV.2.1.2 Datenmodell

Die entwickelte Struktur der Grunddaten wird wieder in die Notation des Relationenmodells übertragen.

R. TEIL (TNR, ...)
R. STRUKTUR (OTNR, UTNR, ...)
R. ARBEITSPLANZUORDNUNG (TNR, APLNR, ...)
R. ARBEITSPLAN (APLNR, ...)
R. BETRIEBSMITTELGRUPPE (BMGNR, ...)
R. ZEIT (Datum, (Periode), ...)
R. EIGENTEIL/PLANERZEUGNISGRUPPE (PEGNR, (TNR), ...)

R. KAPAZITÄTSBEDARF (APLNR, BMGNR, ...)
R. PLANMATERIALGRUPPE (PMGNR, (TNR), ...)
R. MATERIALPROFIL (PMGNR, PEGNR, Datum, ...)
R. PLANBETRIEBSMITTELGRUPPE (PBMGNR, (BMGNR), ...)
R. KAPAZITÄTSPROFIL PRO TEIL (PEGNR, PBMGNR, Datum, ...)

Abb. B.IV.21: Relationenmodell: Planung des Absatz- und Produktionsprogramms

B.IV.2.2 Verbindung von Grob- und Feinplanung bei Sukzessivplanungssystemen

B.IV.2.2.1 Datenstruktur

B.IV.2.2.1.1 Entwurf

Pro Planerzeugnisgruppe können mehrere Planungsabläufe bestehen, die im Zeitablauf angelegt werden oder unterschiedliche Simulationsalternativen darstellen.

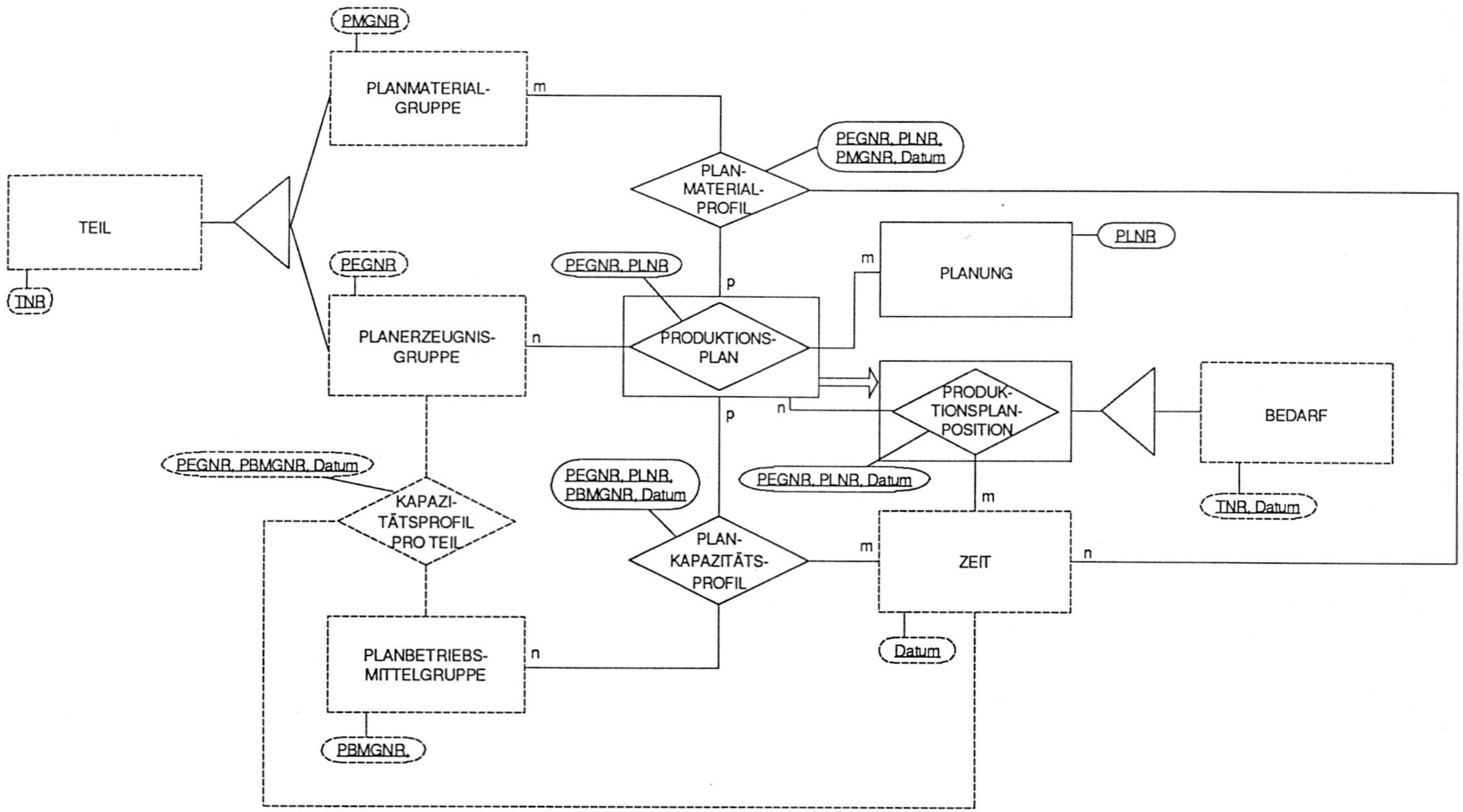

Abb. B.IV.22: ERM zur Verbindung von Grob- und Feinplanung bei Sukzessivplanungssystemen

Der Entitytyp PLANERZEUGNISGRUPPE ist dabei wie die PLANMATERIALGRUPPE als Spezialisierung mit dem TEIL-Entitytyp verbunden. Die einzelnen Planungsmengen pro Planerzeugnisgruppe werden in dem Entitytyp PRODUKTIONSPLANPOSITION erfaßt, indem jeweils für eine bestimmte Produktionsplannummer (PPLNR, PEGNR, PLNR) und Periode (Datum) die Planungsmenge der Planerzeugnisgruppe PEGNR angegeben ist. Die PRODUKTIONSPLANPOSITION ist eine n:m-Beziehung zwischen PRODUKTIONSPLAN und dem ZEIT-Entitytyp. PRODUKTIONSPLANPOSITION ist hierarchisch mit PRODUKTIONSPLAN verbunden und ist gleichzeitig (als Primärbedarf) eine Spezialisierung des BEDARF-Entitytyps, wie ebenfalls durch die "is-a"-Beziehung angegeben ist. Durch die Verbindung zu dem BEDARF-Entitytyp können auch die Bedarfsverbindungen genutzt werden, um die Herkunft von Bedarfen aus bestimmten Planungsläufen festzuhalten.

Abb. B.IV.23 zeigt einen Produktionsplan mit zwei Positionen, die einen Planbedarf in den Perioden 7 und 6 von 10 bzw. 5 Mengeneinheiten enthalten.

PRODUKTIONSPLAN NR. 4 FÜR PEG 1 } PRODUKTIONSPLAN

BEDARFSPERIODE 7 10 ME }
BEDARFSPERIODE 6 5 ME } PRODUKTIONSPLANPOSITION

PLANKAPAZITÄTSPROFIL FÜR PRODUKTIONSPLAN 4
PRO ERZEUGNISGRUPPE EG 1

PERIODE	1	2	3	4	5	6	7
PBMGNR = 1	100	350	300	0	100	500	600
PBMGNR = 2			12,5	50	250	475	150

PLANMATERIALPROFIL FÜR PRODUKTIONSPLAN 4
PRO ERZEUGNISGRUPPE EG 1

PERIODE	1	2	3	4	5	6	7
PMGNR = 1	3,75	22,5	30	0	0	0	0
PMGNR = 2	2,5	5	0	0	20	40	0

Abb. B.IV.23: Beispiel für einen Produktionsplan

Das Plankapazitätsprofil ergibt sich, indem die Bedarfsmengen mit den Kapazitätsprofilen der Erzeugnisgruppe multipliziert und aufaddiert werden. Hierzu wird der Zusammenhang zum Beziehungstyp KAPAZITÄTSPROFIL PRO TEIL (Planerzeugnisgruppe) genutzt. Das PLANKAPAZI-

TÄTSPROFIL ist eine Beziehung zwischen PRODUKTIONSPLAN, PLANBETRIEBSMITTELGRUPPE und ZEIT. Bei dem Beispiel der Abb. B.IV.23 ist zu berücksichtigen, daß die Bedarfe den Fertigstellungsperioden zugeordnet sind, so daß die Kapazitätsanforderungen von da ab rückwärts gerechnet werden müssen.

Analog ergibt sich der Beziehungstyp PLANMATERIALPROFIL, der eine Beziehung zwischen PLANMATERIALGRUPPE, PRODUKTIONSPLAN und ZEIT ist.

Damit können von einem Datum ausgehend die unterschiedlichen Planansätze mit ihren Wirkungen auf Kapazitäts- und Materialbedarfe erkannt werden. Weiterhin können pro Planmaterial gruppe Bedarfsprofile erstellt werden, indem über unterschiedliche Planerzeugnisgruppen kumuliert wird.

Neben der analytischen Bestimmung der Kapazitätsprofile pro Erzeugnisgruppe aus den Kapazitätsbedarfen der Arbeitspläne über die gesamte Stücklistenstruktur hinweg können auch pauschale Schätzungen angesetzt werden. Dieses ist beispielsweise bei Einzelfertigern der Fall, wenn für einen erwarteten Kundenauftrag die erwarteten Belastungen in der Grobplanung pauschal geschätzt werden.

B.IV.2.2.1.2 Datenmodell

Die Datenstruktur wird in Abb. B.IV.24 wiederum in die Notation des Relationenmodells überführt.

R. TEIL (<u>TNR</u>, ...)
R. PLANMATERIALGRUPPE (<u>PMGNR</u> (<u>TNR</u>), ...)
R. PLANBETRIEBSMITTELGRUPPE (<u>PBMGNR</u> (<u>BMGNR</u>), ...)
R. KAPAZITÄTSPROFIL PRO TEIL (<u>PEGNR</u>, <u>PBMGNR</u>, <u>Datum</u>, ...)
R. ZEIT (<u>Datum</u>, ...)
R. BEDARF (<u>TNR</u>, <u>Datum</u>, ...)

R. PLANERZEUGNISGRUPPE (<u>PEGNR</u> (<u>TNR</u>), ...)
R. PRODUKTIONSPLAN (<u>PLNR</u>, <u>PEGNR</u> (=<u>PPLNR</u>), ...)
R. PLANMATERIALPROFIL (<u>PLNR</u>, <u>PEGNR</u>, <u>PMGNR</u>, <u>Datum</u>, ...)
R. PLANKAPAZITÄTSPROFIL (<u>PLNR</u>, <u>PEGNR</u>, <u>PBMGNR</u>, <u>Datum</u>, ...)
R. PRODUKTIONSPLANPOSITION (<u>PLNR</u>, <u>PEGNR</u>, <u>Datum</u>, ...)
R. PLANUNG (<u>PLNR</u>, ...)

Abb. B.IV.24: Relationenmodell: Verbindung von Grob- und Feinplanung bei Sukzessivplanungssystemen

B.IV.2.2.2 Abstimmung von Grob- und Feinplanung

Ergebnis der Grobplanung ist ein nach den einbezogenen Ressourcen abgestimmter Produktionsplan, der als Primärbedarf in das Produktionsplanungs- und -steuerungssystem eingeht. Dort werden aus ihm Bedarfe der untergeordneten Baugruppen und Materialien abgeleitet.

Im Rahmen der Rückmeldungen des Betriebsdatenerfassungssystems werden Bedarfs- und Auftragsstati ständig aktualisiert. Diese Aktualisierungen können auch in die Plankapazitäts- und Planmaterialprofile übernommen werden. Dazu wird jede (mengenmäßige) Rückmeldung eines fertiggestellten Produktionsauftrages über die zugeordnete Kapazitätsbedarfsmatrix des Arbeitsplans als Kapazitäts-Rückmeldung umgerechnet und von dem Plankapazitätsprofil der entsprechenden Planbetriebsmittelgruppe und der entsprechenden Perioden abgezogen.

Liegen den Werten des Produktionsplans Kundenaufträge (fest oder erwartet) zugrunde, so kann unter Nutzung der mehrstufigen Bedarfsverfolgung eine Rückmeldung auch einem konkreten kundenauftragsbezogenen Bedarf des Produktionsplans zugeordnet werden. Diese Informationsbeziehung ist dann wichtig, wenn das Plankapazitätsprofil pro Erzeugnisgruppe auf Schätzwerten beruht, die z. B. für einen erwarteten Kundenauftrag gebildet wurden, nun aber Rückmeldungen des konkreten Kundenauftrages eintreffen. In diesem Fall muß sichergestellt werden, daß mit der Fertigstellung eines konkreten Auftrages auch die gesamten geplanten Ressourcen aus der Grobplanung abgebucht werden. Ist beispielsweise zunächst für einen Auftrag ein Kapazitätsbedarf von 300 Einheiten einer bestimmten Kapazitätsart geschätzt worden, konkret aber 200 Einheiten ausgereicht haben, so müssen trotz Rückmeldung von lediglich 200 Einheiten die in der Grobplanung angesetzten 300 Mengeneinheiten ausgebucht werden.

Aus diesem Grunde können für angesetzte Prognosewerte "Quasi"-Kundenaufträge mit besonderem Status definiert werden, um über die kundenauftragsbezogene Bedarfsauflösung die Durchgängigkeit zwischen Grobplanung und konkreter Feinplanung sicherzustellen.

Die in dem Beispiel entwickelten Kapazitätsübersichten sind tabellarisch aufgeführt. Hierzu eignet sich aber auch der Einsatz von Grafiken, wie sie bereits im Rahmen der Zeitwirtschaft für Kapazitätsprofile dargestellt wurden. Gleichzeitig können durch unterschiedliche Farbdarstellungen die unterschiedlichen Herkunftsarten (Kapazitätsbedarf aus fest angenommenen Aufträgen, erwartete Aufträgen sowie anonym geschätzte Bedarfe) dargestellt werden (vgl. *IBM, COPICS/MPSP 1985; Polzer, CAS 1986*).

B.IV.2.2.3 Implementierung von Simultanplanungsmodellen

Bei der Planung des Primärbedarfs sind komplizierte Zulässigkeitsbedingungen sowie Kosten- und Erlöswirkungen zu beachten.

Bei kapazitäts- und/oder kostenmäßiger Verflechtung der Erzeugnisse, wie sie z. B. bereits bei Alternativfertigung vorliegt, kann deshalb das optimale Produktionsprogramm nur in einem Simultanansatz bestimmt werden.

Für diese Problemstellung sind in der Betriebswirtschaftslehre Modellansätze auf Basis der Linearen Optimierung entwickelt worden. Es wird deshalb gezeigt, wie sie in das entwickelte Sukzessivplanungssystem eingefügt werden können und in welcher Form sie mit der entwickelten Datenbank verknüpft werden können.

Innerhalb der Kapazitätsplanung werden die Arbeitsgänge der Fertigungsaufträge den Kapazitäten zugeordnet. Um die Interdependenzen zwischen Absatz- und Produktionsplanung exakt erfassen zu können, müßte demnach innerhalb eines Optimierungsmodells die Produktionsvariable auf Basis der Arbeitsgänge definiert werden in der Form:

$x_{t\bar{z}ysi}$ mit den Indizes:

t = Periode,
$\bar{z}$ = Eigenfertigungsteil,
y = Arbeitsplan,
s = Arbeitsgang,
i = Aggregattyp.

Das hier angedeutete Modell ist ausführlich dargestellt in: *Scheer, Produktionsplanung 1976, S. 29 ff.*

$x_{t\bar{z}ysi}$ gibt an, wieviel Mengeneinheiten des Teiles $\bar{z}$ in der Periode t anhand des Arbeitsplans y vom Arbeitsgang s am Aggretattyp i hergestellt werden.

Diese Formulierung ermöglicht es, daß von dem Modell pro Teil der Arbeitsplan und pro Arbeitsgang die Aggregatzuordnung bestimmt werden.

Für den Beschaffungsbereich wird die Variable $r_{tz'}$ definiert, wobei z' die fremdbezogenen Teile bezeichnet. Sie gibt an, wieviele Mengeneinheiten vom Fremdteil z' in Periode t bestellt werden müssen.
Für den Absatzbereich wird die Variable v_{tz^+} definiert, wobei z^+ die Enderzeugnisse bezeichnet. Sie gibt an, wieviel Mengeneinheiten vom Enderzeugnis z^+ in Periode t abgesetzt werden sollen.
Als Nebenbedingungstypen werden definiert:
Absatzmindestbedingungen für bereits fest angenommene Kundenaufträge und **Absatzhöchstbedingungen** für die anhand der Prognose ermittelten Absatzgrenzen. Sie geben jeweils an, wieviel Mengeneinheiten eines Endproduktes mindestens in einer Periode abgesetzt werden müssen bzw. höchstens abgesetzt werden können.
Kapazitätsbedingungen stellen sicher, daß nicht mehr als die pro Aggregatgruppe zur Verfügung stehenden Fertigungsstunden verplant werden.
Durch **Lager- und Arbeitsgangkontinuitätsbedingungen** wird sichergestellt, daß der Fertigungsfluß zwischen den Perioden unter Beachtung der Durchlaufzeiten und zwischen den Ferti-

gungsstufen eingehalten wird. Dafür müssen pro Teil, Arbeitsgang und Periode Lagerbestandsvariablen eingeführt werden.
Die von einem derartig detaillierten Modell benötigten Daten wie Preise, Kosten, Anfangsbestände und Produktionskoeffizienten sind in den oben eingeführten Datenstrukturen definiert worden und können somit direkt einer Datenbank entnommen werden.
Gleichzeitig kann auch von einem speziellen Programm (Matrixgenerator) die Modellstruktur des anstehenden Planungsproblems direkt aus der Datenbasis generiert werden, indem lediglich bestimmte Parameter wie Periodeneinteilung, Kapazitäts- und Absatzgrenzen vorgegeben werden. Es werden nur für solche Teile bzw. Arbeitsgänge Produktionsvariablen angelegt, für die ein Bedarf besteht, d. h. die in Enderzeugnisse eingehen, für die Absatzbedingungen vorgegeben sind.
Die TEIL-ARBEITSPLAN-VERBINDUNG zeigt, welche alternativen Arbeitspläne für ein Teil und die BETRIEBSMITTELGRUPPENZUORDNUNG, welche alternativen Aggregatzuordnungen für einen Arbeitsgang definiert werden müssen.

Bei einer überschlägigen Berechnung der Modellgröße für praxisnahe Fragestellungen zeigt sich aber, daß sie die bisher rechenbare Größenordnung weit übersteigt. Bei rund 40.000 aktiven Teilesätzen, davon 100 Endprodukten, 10.000 Eigenfertigungsteilen und 30.000 Fremdteilen; 2 Arbeitsplänen pro Fertigungsteil und 5 Arbeitsgängen pro Arbeitsplan, die auf jeweils zwei Betriebsmittelgruppen ausgeführt werden können, ergeben sich pro Teilperiode rund 200.000 Produktionsvariablen und rund 150.000 Beschaffungs-, Lagerbestands- und Absatzvariablen sowie 120.000 Nebenbedingungen. Bei 26 Teilperioden pro Planungszeitraum erhöhen sich diese Werte entsprechend multiplikativ.

Aus diesem Grund wird in praktisch eingesetzten Produktionsplanungsmodellen die Produktionsvariable nicht auf Basis der zu fertigenden Arbeitsgänge gewählt, sondern auf Basis der zu fertigenden höheren Baugruppen, Erzeugnisse oder sogar Erzeugnisgruppen, so daß der Gedanke einer echten Grobplanung aufgegriffen wird.
Nur in Industriezweigen mit einer sehr geringen Zahl von Enderzeugnissen und wenigen Produktionsstufen werden die Produktionsvariablen von LP-Planungsmodellen auf Arbeitsgänge bezogen. Zu diesen Industriezweigen gehört z. B. die Mineralölindustrie.

Die verdichtete Produktionsvariable lautet dann x_{tG} mit t als Periodenindex und G als Index für Baugruppe, Enderzeugnis oder Erzeugnisgruppe. Gegenüber der Variablen $x_{t\bar{z}ysi}$ wird die Verdichtung bereits optisch deutlich. Die Anzahl der Variablen wird hierdurch radikal reduziert.
Da gleichzeitig die Mengenkontinuitätsbedingungen zwischen den Arbeitsgängen, die den größten Teil der Nebenbedingungen stellen, entfallen, wird das Modell auch bezüglich der Anzahl der Nebenbedingungen stark verkleinert.
Auch werden häufig die Kapazitätsnebenbedingungen nicht auf Betriebsmittelgruppen (zu denen **kosten- und funktionsgleiche** Betriebsmittel zusammengefaßt sind) bezogen, sondern auf Werk-

stätten, in denen Betriebsmittel mit lediglich **grundsätzlich** gleicher Funktion zusammengefaßt sind. Während NC-gesteuerte Bohrmaschinen und herkömmliche Bohrmaschinen unterschiedlichen Aggregatgruppen angehören, zählen sie zur gleichen Plan-Betriebsmittelgruppe der Bohrmaschinen. Hierdurch wird die Anzahl der Kapazitätsnebenbedingungen verringert.

Aus der Modellverdichtung ergeben sich zwei Probleme: Einmal verändern sich die Aussagen des Modells und zum anderen müssen auch die Daten auf den höheren Verdichtungsgrad ausgerichtet werden.

Bevor diese Probleme näher erörtert werden, wird ein verdichtetes Absatz- und Produktionsplanungsmodell in Abb. B.IV.25 vorgestellt (vgl. *Scheer, Produktionsplanung 1976, S. 56 ff.*). Der Modellansatz erklärt sich für den geübten Leser von alleine - der ungeübte Leser kann den weiteren Erklärungen auch ohne detaillierte Modellanalyse folgen.
Da lediglich die Anzahl der zu produzierenden Mengeneinheiten einer Bau- oder Endererzeugnisgruppe als Produktionsvariable definiert ist, kann gegenüber einer arbeitsgangbezogenen Formulierung das Modell weder den Arbeitplan noch die Aggregatgruppe bestimmen, nach dem bzw. auf der die Plangruppen gefertigt werden sollen.
Es müssen demnach bei der Modellformulierung ein Standardarbeitsplan und eine Standard-Betriebsmittel-Zuordnung vorgegeben werden. Dies gilt nicht nur für die als Variablen definierten Bau- und Erzeugnisgruppen, sondern auch für alle untergeordneten Teile, für die selbst keine Variablen definiert worden sind. Hier gehen die angesetzten Arbeitspläne und Aggregate in die Berechnung der auf die Gruppe bezogenen variablen Kosten und der Kapazitätsprofile ein.
Während ein Arbeitsgang jeweils nur auf **einer** Aggregatgruppe ausgeführt wird und damit die zugehörende Variable auch nur in **einer** Kapazitätsnebenbedingung einen Koeffizienten > 0 besitzt, besitzt die Variable x_{Gt} in der Regel in mehreren Kapazitätsnebenbedingungen Koeffizienten > 0.
Die LP-Matrix von Produktionsplanungsmodellen, bei denen die Variablen auf Basis von Erzeugnissen und Erzeugnisgruppen definiert sind, besitzen deshalb auch eine höhere Besetzungsdichte gegenüber Modellen mit arbeitsgangbezogenen Variablen.
Aus der Datenstruktur können nicht nur die benötigten Daten des Simultanmodells erzeugt werden, sondern auch das Modell selbst, d. h. die Definition der Variablen (Spalten der LP-Matrix) und Nebenbedingungen (Zeilen der LP-Matrix) und die Zuordnung der Koeffizienten zu Spalten und Zeilen der LP-Matrix.
Ein solches Modellgenerierungsprogramm besitzt in Kombination mit dem Datengenerierungsprogramm den Vorteil, daß mehrere Planungsläufe, die sich z. B. hinsichtlich Verdichtungsgrad, Art der Kapazitätskumulierung, Art der Berücksichtigung von Anfangsbeständen unterscheiden, in kurzer Zeit berechnet werden können (vgl. *Scheer, Wirtschaftsinformatik 1978, S. 267 ff.*).
In Abb. B.IV.26 ist das entwickelte Planungsprinzip zusammengefaßt. Es zeigt, wie Optimierungs- und Sukzessivplanungsverfahren miteinander kombiniert werden können.

Simultanmodell zur Absatz- und Produktionsplanung

Indizes:

t	Periode
G	Teilegruppe, $G \in S = S^{+} \cup \overline{S}$
G^{+}	Endproduktgruppe $G^{+} \in S^{+}$
$\overline{G}$	Baugruppe $\overline{G} \in \overline{S}$
I	Aggregatgruppe bzw. Werkstatt

Variablen:

x_{tG}	**Produktionsvariable:**	Einheiten der Teilegruppe G, die in Periode t fertiggestellt werden
L_{tG}	**Lagerbestandsvariable:**	Lagerbestand der Teilegruppe G am Ende der Periode t
v_{tG}	**Absatzvariable:**	abgesetzte Einheiten der Teilegruppe G in Periode t

Daten:

L^{+}_{0G}	Lageranfangsbestand der Teilegruppe G
l_G	Lagerkostensatz der Teilegruppe G
k_G	Variable Stückkosten der Teilegruppe G
p_{tG^+}	Verkaufspreis der Teilegruppe G^{+}
$A^{+}_{tG^+}$	Absatzuntergrenze für Teilegruppe G^{+} in Periode t
A_{tG^+}	Absatzobergrenze für Teilegruppe G^{+} in Periode t
$f_{G,t-t',I}$	Kapazitätsbedarf einer Einheit der Teilegruppe G, die in Periode t fertiggestellt wird, an der Kapazitätsart I unter Beachtung von Durchlaufzeiten in Periode t'. Die Koeffizienten $f_{G,t-t',I}$ hängen nur von der Differenz t-t' ab, nicht von den Werten selbst, wobei die Differenz die Anzahl der Vorlaufperioden angibt (eine Teilegruppe, die in t fertiggestellt werden soll, kann in mehreren Perioden $t' \leq t$ Kapazität in der Werkstatt I belegen).
T_{tI}	Verfügbare Kapazität der Kapazitätsart I in Periode t
T_{0I}	$= \sum_{z} L^{+}_{0z} \cdot f_{zI}$; in Anfangslagerbeständen "gebundene" Kapazität der Kapazitätsart I; mit f_{zI} als gesamtem Kapazitätsbedarf der Kapazitätsart I für das Teil z.
L^{+}_{0z}	Lageranfangsbestand des Teiles z
$b_{\overline{G}G'',t'-t}$	in t benötigte Menge der Baugruppe $\overline{G}$ für eine Einheit der übergeordneten Teilegruppe G'' mit dem Fertigstellungszeitpunkt t' (mit $t' \geq t$). Zur Berechnung von $b_{\overline{G}G'',t'-t}$ ist lediglich die Differenz t'-t wichtig. Durch diese Formulierung wird berücksichtigt, daß die Baugruppe $\overline{G}$ aufgrund der Durchlaufzeiten (Vorlaufzeiten) in unterschiedlichen Teilperioden in eine bestimmte Teilegruppe G'' eingehen kann.

Hilfsgröße für Modellformulierung

$$\alpha = \begin{cases} 1, \text{ wenn } t = 1 \\ 0, \text{ sonst} \end{cases}$$

Globalvariablen:

$P_{t'I} = \sum_{G} \sum_{t=t'}^{T} f_{G,t-t',I} \cdot x_{tG}$ — Kapazitätsbedarf für die Kapazitätsart I in Periode t'. Dieser resultiert aus den unter Beachtung der Durchlaufzeiten errechneten Kapazitätsbedarfen aller Produktgruppen, die ab t' bis zum Ende des Planungszeitraumes fertiggestellt werden.

$1 \leq t' \leq T$

$P_{0I} = \sum_{G} \sum_{t'=-\infty}^{t'=0} \sum_{t=1}^{T} f_{G,t-t',I} \cdot x_{tG}$ — Kapazitätsbedarf, der aufgrund der Durchlaufzeiten vor Periode 1 (und damit vor Beginn des Planungszeitraumes) anfällt.

$EB_T = \sum_{G} L_{TG} \cdot k_G$ — Bewertete Lagerbestände am Ende des Planungszeitraumes.

DAS MODELL

Zielfunktion:

$$\sum_{t'=1}^{t} \left[\sum_{G^+} (P_{tG^+} \cdot v_{tG^+}) - \sum_{G} (k_G \cdot x_{tG} + l_G \cdot L_{tG}) \right] + EB_T \rightarrow \text{Max.}$$

Nebenbedingungen:

Absatzbedingungen

- *Absatzhöchstgrenze*

  $v_{tG^+} \leq A_{tG^+}$ für alle t und G^+

- *Absatzmindestgrenze*

  $v_{tG^+} \geq A^+_{tG^+}$ für alle t und G^+

Kapazitätsnebenbedingungen

$$\sum_{t'=0}^{t} P_{t'I} \leq \sum_{t'=0}^{t} T_{t'I}$$ für alle I und t=0, 1, 2, ..., T

Lagerkontinuitätsbedingungen

- *Enderzeugnisgruppen*

  $L_{tG^+} - (1 - \alpha) \cdot L_{t-1G^+} - x_{tG^+} + v_{tG^+} = \alpha \cdot L^+_{0G^+}$ für alle t und G^+

- *Baugruppen*

  $L_{t\bar{G}} - (1 - \alpha) \cdot L_{t-1,\bar{G}} - x_{t\bar{G}} + \sum_{G''} \sum_{t'=t} b_{\bar{G}G''}{}^{t'-t} \cdot x_{t'G''} = \alpha \cdot L^+_{0\bar{G}}$

  für alle t und $\bar{G}$; mit G" = der Baugruppe $\bar{G}$ direkt übergeordnete Teilegruppe

Abb. B.IV.25: Verdichtetes Absatz- und Produktionsplanungsmodell

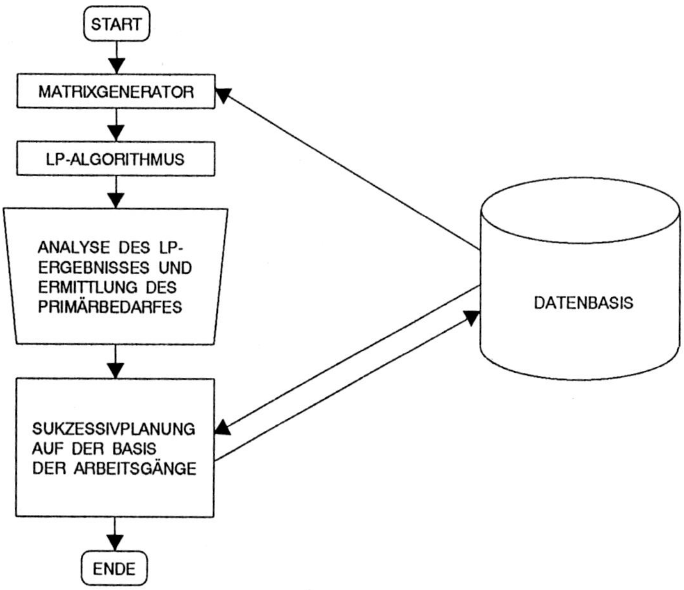

Abb. B.IV.26: Kombination von Optimierungs- und Sukzessivplanungsverfahren

Die programmgesteuerte Generierung der Daten und der Modellstruktur aus einer Datenbank erleichtert die Wartung derartiger Modelle erheblich. Da Daten und Modell zu jedem Lauf aus der Datenbank neu erzeugt werden, erübrigt sich eine aufwendige Modellpflege. Sie ist durch die Wartung der Datenbank weitgehend gewährleistet. Da die Datenbank bereits für die dispositiven Aufgaben aktualisiert wird, halten sich die für Modellrechnungen **zusätzlich** entstehenden Kosten in Grenzen. Hinzu kommt, daß die vom Datengenerator bereitgestellten Daten auch für andere betriebliche Aufgaben (Sonderrechnungen der Kostenrechnung) genutzt werden können (vgl. *Freihalter/Ullrich, Integrierte Verkaufs-, Produktions- und Investitionsplanung 1974*).

Ein Nachteil der vorgeschlagenen Konzeption liegt darin, daß sie bisher noch nicht in PPS-Standardprogrammen angeboten werden. Allerdings werden problemunabhängige LP-Matrixgeneratoren angeboten (vgl. *Scheer, EDV-orientierte Betriebswirtschaftslehre 1990, S. 154 ff.*).

Die entwickelte strenge Strukturierung des Problems und der Daten zeigt aber, daß auch die Erstellung von Standardprogrammen zur LP-Modellierung der Grobplanung möglich ist, denen dann nur noch Vorschriften über die Art der Verdichtung usw. extern vorgegeben werden müssen. Derartige Programme werden die Anwendung von Optimierungsmodellen zur simultanen Absatz- und Programmplanung stark fördern.

B.IV.2.2.4 Verarbeitungsform der Absatz- und Produktionsprogrammplanung

Auslöser von Grobplanungsfunktionen können einmal wesentliche Datenänderungen sein, die eine sofortige Planänderung, möglichst im Net-Change erfordern. Diese Datenänderungen können aus dem Bereich der Produktionssteuerung (z. B. Ausfall wichtiger Produktionsanlagen), Vertrieb (z. B. Aufnahme oder Stornierung eines großen Kundenauftrages) oder dem Beschaffungsbereich (Ausfall eines wesentlichen Lieferanten) resultieren. Andererseits können auch in regelmäßigen Abständen Planungsabläufe durchgeführt werden.

Bei der Untersuchung von Dialogeinsatzmöglichkeiten in Abb. B.IV.27 wird deshalb zwischen der Planung im Neuaufwurf und einer Net-Change-Planung unterschieden.

Aufgabe	Teilfunktion	Dialogursache				Batch
		Aktualität	Plausibilität	Iterative Abwandlung	Interaktiver Entscheidungs-prozeß	
Datenauf-bereitung	Datenübernahme aus operativen Systemen					
	- Neuaufwurf					x
	- Net Change	x	x			
	Datenverdichtung					
	- Neuaufwurf			(x)		(x)
	- Net Change			x		
	Prognose					
	- Neuaufwurf	x				(x)
	- Net Change				x	
Modellerstellung	Simulation			x		
	Optimierung			x		
Modellrechnung	Simulation				(x)	x
	Optimierung				(x)	x
Ergebnis-aufbereitung					x	
Datenweiter-gabe	Weitergabe an PPS					
	- Neuaufwurf					x
	- Net Change	x				
Planungsupdate		x				(x)

Abb. B.IV.27: Dialogursachen von Funktionen der Absatz- und Produktionsprogrammplanung

Bei der Neuaufwurfplanung wird ein regelmäßiger Planungszyklus (z. B. monatlich oder vierteljährlich) unterstellt. Eine Net-Change-Planung ergibt sich dagegen fallbezogen aufgrund eingetretener größerer Datenänderungen.

Im Rahmen der Datenaufbereitung werden aus operativen Systemen größere Datenmengen der Produktionsprogrammplanung zur Verfügung gestellt. Beim Neuaufwurf ist dieses eine typische Batchfunktion.

Bei einer zeitaktuellen Net-Change-Planung kann dagegen diese Funktion im Dialog durchgeführt werden, da lediglich die von der Datenänderung betroffenen Datengruppen geändert werden müssen.

Im Rahmen der Datenverdichtung werden aus den in Frage kommenden Daten der operativen Systeme kumulierte Kapazitätsprofile, Materialbedarfsprofile oder Steuerungspreise errechnet. Da hier z. T. unterschiedliche Verdichtungsformen möglich sind, kann im Rahmen einer iterativen Abwandlung aus bereits vorliegenden Matrizen eine neue Datensituation erzeugt werden. Falls Prognosewerte übernommen werden sollen, kann dieses ebenfalls im Rahmen einer iterativen Abwandlung geschehen. Trotzdem ist bei einer algorithmischen Datenverdichtung aufgrund des hohen Rechen- und Datenvolumens auch eine Batchfunktion sinnvoll.

Für die Erstellung von Absatzprognosen kann bei einem Neuaufwurf eine Batch-Lösung sinnvoll sein, falls einfache statistische Prognoseverfahren ausreichen. Beim Einsatz von komplizierten Modellrechnungen (Regressionsanalyse usw.), die auch Interpretationen und darauf aufbauende Neurechnungen möglich machen, ist ein interaktiver Entscheidungsprozeß zur Findung des besten Prognosemodells sinnvoll. Aufgrund des hohen Aufwandes ist dieses aber nur für Ausnahmeprobleme, die im Net-Change berechnet werden, zu vertreten.

Im Rahmen der Modellerstellung werden die Gleichungen für das System aufgebaut. Hierbei wird zwischen Simulationsansätzen ("what-if"-, "what-to-do-to-achieve"-Simulation) und Optimierungen, z. B. auf der Basis von Linear Programming Ansätzen, unterschieden. Für beide Ansätze sind Dialoganwendungen sinnvoll, da aus vorliegenden Modellrechnungen Strukturen übernommen werden können und im Rahmen einer iterativen Abwandlung an die neue Planungssituation angepaßt werden können.

Die Modellrechnung ist aufgrund des hohen Rechenaufwandes in der Regel eine typische Batchfunktion. Wird die Modellrechnung aber als iterativer Prozeß verstanden, indem Ergebnisse Anlaß zu Neuplanungen geben, ist diese umfassende Problemlösung ein interaktiver Entscheidungsprozeß.

Die Ergebnisaufbereitung eines Planungslaufes bildet ebenfalls einen eingebundenen interaktiven Entscheidungsprozeß, wenn aufgrund der Analyse neue Planungsalternativen entstehen, die zu einer Entscheidung für einen neuen Planungslauf führen. Im Rahmen der Ergebnisaufbereitung können neben Anfragefunktionen an die Ergebnisdatenbasis auch grafische Auswertungsmittel sowie Zoom-Techniken sinnvoll eingesetzt werden.

Die Ergebnisse der Produktionsplanung sind der Primärbedarf für das PPS-System und werden in einem Batch-Lauf an die nachfolgenden Planungsstufen weitergegeben. Rückmeldungen aus den operativen Vollzugssystemen werden im Rahmen von BDE-Funktionen usw. an die Grobplanung weitergegeben. Um diese aktuell zu halten, ist ein Online-Rückmeldesystem sinnvoll.

B.IV.2.2.5 Ablaufsteuerung der Absatz- und Produktionsprogrammplanung

B.IV.2.2.5.1 Funktionsebenenmodell: Dezentralisierung

Auch im Rahmen der Grobplanung ist die Verbindung von Workstations und Hostrechnersystemen sinnvoll.

Aufgrund der übergreifenden Fragestellung ist allerdings eine Dezentralisierung der Aufgaben kaum vorstellbar. Beispiele für Dezentralisierungsmöglichkeiten sind unter Umständen im Rahmen der Datenaufbereitung zu sehen, wenn die einzelnen Fachbereiche für die Ermittlung von Daten (Produktionsbereich, Absatzbereich, Vertriebsbereich) verantwortlich sind und diese dem Grobplanungsbereich überstellen.
Eine dem Gedanken der Interdependenzen des gesamten Planungsproblems Rechnung tragende Konzeption fordert aber, von der Planungsstelle auf die operativen Systeme zuzugreifen und dann die notwendigen Aufgaben der Datenaufbereitungen selbst vorzunehmen. Hierdurch wird die Einhaltung der erforderlichen Integritätsbedingungen besser gewährleistet.
In Abb. B.IV.28 werden die Funktionen der Grobplanung als Ergänzungen zu bisherigen PPS-Systemen bezeichnet.
Da die Datenübernahme im wesentlichen auf zentrale Datenbestände der operativen angrenzenden Systeme ausgerichtet ist, besteht nur eine geringe Dialogintensität. Damit ist kein sinnvoller Einsatz von Workstations gegeben. Im Rahmen der Datenverdichtung können ebenfalls bei einem Neuaufwurf aufgrund der Datenmenge kaum sinnvolle Einsatzmöglichkeiten für Workstations erkannt werden. Bei einer Net-Change-Umplanung, die evtl. unterschiedliche Verdichtungsoperatoren erfordert, kann der Ausschnitt des interessierenden Datenvolumens auf eine Workstation übertragen werden, um dort unter Einsatz von unterschiedlichen Verdichtungsformen weiterverarbeitet zu werden. Hierbei ist dann die Benutzernähe das ausschlaggebende Eignungskriterium.

Im Rahmen von Prognoseerstellungen, insbesondere Absatzprognosen, kann ebenfalls aus den zentral gespeicherten Daten ein Ausschnitt der Zeitreihen auf den PC verlagert werden. Dort kann komfortable Software aus dem Bereich eines Marketing-Informations-systems zur Aufbereitung der Zeitreihenwerte eingesetzt werden, so daß eine mittlere Eignung für Workstations erkannt wird.

Die Modellerstellung ist als weitgehend interaktiver Prozeß eine gute Anwendungsmöglichkeit von Workstations. Hier können unterschiedliche Modellalternativen erstellt werden, bzw. eine Ausgangslösung des Modells auf eine Workstation geladen werden, um dann iterativ abgewandelt zu werden.
Die Modellrechnung selbst kann dann eine sinnvolle PC-Lösung sein, wenn Rechenaufwand und Verfügbarkeit von Anwendungssoftware dieses ermöglichen. Bei sehr großen Simulations- und Optimierungsmodellen ist zur Zeit noch der Host-Einsatz erforderlich. Es zeigt sich aber, daß zu-

Aufgabe	Teilfunktion	Dezentralisierungs-kriterium	E = Ergänzung I = Integriert	PC-Eignung			Nutzung von PC-Eigenschaften					
				Daten-bedarf	lokale Dialog-intensität	PC-Eignung	Hardware	System-software	Anwen-dungs-software	Benutzer-sicht	Organi-sation	Priorität des PC-Einsatzes
Datenauf-bereitung	Datenübernahme aus operativen Systemen											
	- Neuaufwurf	-	E	Z	g	g	-	-	-	-	-	-
	- Net Change	-	E	Z	m	g	-	-	-	-	-	-
	Datenverdichtung											
	- Neuaufwurf	-	E	Z	g	g	-	-	-	-	-	-
	- Net Change	-	E	Z	m	m	m	-	-	m	m	m
	Prognose											
	- Neuaufwurf	-	E	Z/D	m	m	m	-	m	m	m	m
	- Net Change	-	E	Z/D	H	m	m	-	m	m	m	m
Modellerstellung	Simulation	-	E	Z/D	H	m-H	m	-	m	H	m	H
	Optimierung	-	E	Z/D	H	m-H	m	-	m	H	m	H
Modellrechnung	Simulation	-	E	Z/D	m	m	H	-	m	H	m	H
	Optimierung	-	E	Z	m	m	H	-	m	H	m	H
Ergebnis-aufbereitung		-	E	Z/D	H	m-H	m	-	H	H	m	H
Datenweiter-gabe	Weitergabe an PPS											
	- Neuaufwurf	-	E	Z	g	g	-	-	-	-	-	-
	- Net Change	-	E	Z	g	g	-	-	-	-	-	-
Planungsupdate		-	E	Z	g	g	-	-	-	-	-	-

Abb. B.IV.28: Bewertung der Auslagerung von Funktionen der Absatz- und Produktionsprogrammplanung auf Workstations

nehmend Planungssprachen Methoden enthalten, die auch auf Workstations derartige Rechnungen erlauben. Für die Einbettung der Modellrechnungen in einen übergeordneten interaktiven Entscheidungsprozeß ist dann eine sinnvolle Workstation-Lösung anzustreben.

Wesentlich einfacher ist der Einsatz von Workstations zur Ergebnisaufbereitung. Hier können überschaubare Datenbestände (auch bei einer zentralen Modellrechnung) auf eine Workstation geladen werden, um dann nach unterschiedlichen Fragestellungen ausgewertet zu werden. Innerhalb der Modellrechnung können bereits Filterfunktionen eingebaut sein, die besondere Analysen des Ergebnisses anregen, beispielsweise können die im Modell erkannten Engpässe der dialoggesteuerten Ergebnisaufbereitung übergeben werden.

Die Funktion Datenweitergabe bildet die Schnittstelle zu dem operativen System der Produktionsplanung und -steuerung und ist damit eine typische Host-Funktion. Auch die Rückmeldungen aus dem Bereich der operativen Systeme werden, selbst wenn sie im Dialog erfolgen, zunächst an die zentralen Datenbanken gerichtet und werden von dort im Rahmen der Net-Change-Datenaufbereitung dem Planungsprozeß zur Verfügung gestellt.

B.IV.2.2.5.2 Ereignissteuerung

Die Ereignissteuerung des Ablaufs ist in Abb. B.IV.29 angegeben.

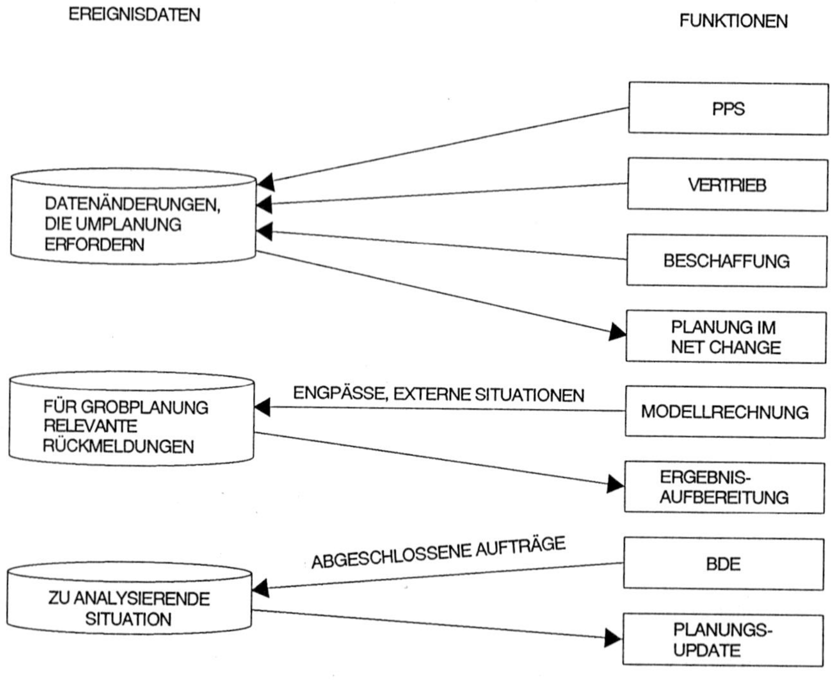

Abb. B.IV.29: Ereignissteuerung der Absatz- und Produktionsprogrammplanung

B.IV.3 Marketinginformationssystem (MAIS) für unstrukturierte und ad-hoc-Entscheidungen

Die operativen Anwendungen der Auftragsbearbeitung sowie die Planung des Absatz- und Produktionsprogramms sind strukturiert. Dieses bedeutet u. a., daß die zu lösenden Fragestellungen häufig in gleicher oder ähnlicher Form auftreten, so daß die Datenstruktur und die prozedurale Vorgehensweise auf sie abgestellt werden können.
Viele absatzpolitische Entscheidungen sind dagegen schlecht strukturiert, so daß eine standardisierte Problemlösung nicht möglich ist. Vielmehr muß dem Entscheidungsträger ein Instrumentarium zur Verfügung gestellt werden, das ihn bei unstrukturierten und ad-hoc zu fällenden Entscheidungen unterstützt. Typische Fragestellungen für ein Marketing-Informationssystem sind: Festlegung von kurzfristigen Preis- und Werbeaktionen, Analyse von Marktsegmenten, Untersuchung von unterschiedlichen Absatzwegen usw.
Der Benutzer soll dabei über eine einheitliche Oberfläche mit den Komponenten Datenbank, Methodenbank und Modellbank verbunden werden (vgl. Abb. B.IV.30, nach: *Scheer, Interaktive Methodenbanken 1984, S. 105 ff.*).

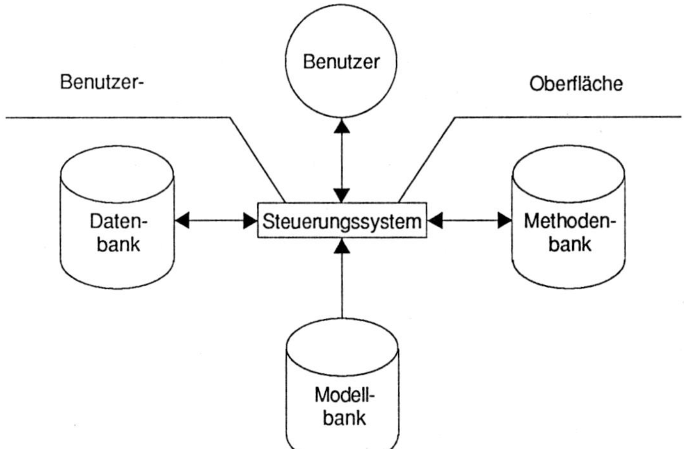

Abb. B.IV.30: Komponenten eines Informationssystems

Die Begriffe Methoden- und Modellbank werden nicht einheitlich benutzt. Unter einer Methode wird ein "Verfahren zur Lösung von Problemen einer Klasse und unter Modell eine Abbildung eines realen Systems verstanden" (vgl. *Alpar, Interaktive Methodenauswahl 1980, S. 40 ff.*). Nach dieser Definition sind in einer Methodenbank z. B. statistische und mathematische Lösungsverfahren enthalten, während in einer Modellbank die Strukturen realer Probleme gespeichert sind. Dieses bedeutet z. B., daß die Gleichung eines Prognosemodells (d. h. die Art der einbezogenen Zeitreihen, ihre Verknüpfung und die einzelnen Gleichungsansätze) ein Modell bilden, die Regressionsanalyse als statistisches Verfahren aber in der Methodenbank enthalten ist. Teil der Metho-

denbank können auch einfache Auswertungsunterstützungen wie Reportgeneratoren, grafische Ausgabemöglichkeiten usw. sein.
Die Grenzen zwischen Modell- und Methodenbank sind fließend, so daß sie im Anschluß an die Konstruktion der Datenstruktur unter einem Gliederungspunkt behandelt werden.

Typisch für ein Entscheidungsunterstützungssystem ist, daß es im Mensch-Maschine-Dialog betrieben wird. Dieses ist erforderlich, weil weder das Informationsverarbeitungssystem "Mensch" noch das Informationsverarbeitungssystem "Computer" in der Lage ist, schlecht strukturierte Entscheidungsprobleme in effizienter Weise alleine zu lösen. Das für die Bereiche Anwendung, Methoden und Computereinsatz erforderliche Fachwissen ist in Relation zueinander in Abb. B.IV.31 dargestellt. Im Vordergrund steht das Fachwissen über das Anwendungsgebiet, ihm folgt das Wissen über die einzusetzenden Methoden. Erst an dritter Stelle steht das EDV-Wissen (vgl. *Mertens/Bodendorf, Methodenbanken 1979, S. 540*).

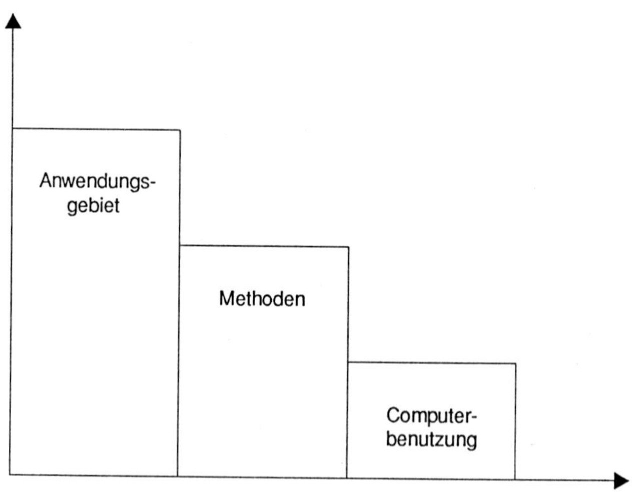

Abb. B.IV.31: Benötigtes Fachwissen für Entscheidungsunterstützungssysteme

B.IV.3.1 Datenstruktur

Die Daten eines Marketing-Informationssystems sind einmal interne Daten, die aus den operativen Systemen der Auftragsabwicklung zur Verfügung gestellt werden, und externe Daten, die von Marktforschungsinstituten angeboten werden.

B.IV.3.1.1 Entwurf

Bei der Einführung der Klassifizierung von Artikeln und Kunden wurde bereits auf die Nutzung der Auftragsdaten für Marketingauswertungen hingewiesen. Die dort eingeführte Klassifizierung kann sehr fein ausgelegt werden, um den Anforderungen einer differenzierten Absatzsegmentrechnung, bei der der Unternehmenserfolg auf einzelne Kunden und Produktsegmente aufgegliedert wird, Rechnung zu tragen (vgl. *Köhler, Strategische Marketingplanung 1981*).
Bei einer feineren Aufgliederung ändert sich die logische Datenstruktur aber nicht. Lediglich die Merkmalsausprägungen innerhalb der Merkmals-Entitytypen werden differenzierter.
Auch die Beziehung KUNDE zu VERTRETER wurde bereits bei den Grunddaten erörtert.
Viele Marketingauswertungen untergliedern nach Gebieten, die sich an geografischen oder für Marketingauswertungen künstlich geschaffenen Grenzen orientieren (z. B. die Nielsen-Gebiete). Bestehen eindeutige Zuordnungen zwischen KUNDE und GEBIET oder VERTRETER und GEBIET (z. B. bei fest definierten Verkaufsbezirken), so können diese Zusammenhänge durch 1:n-Beziehungen dargestellt werden. In der Datenstruktur der Abb. B.IV.32 werden dagegen n:m:p-Beziehungen der KUNDENBETREUUNG zwischen KUNDE, GEBIET und VERTRETER angegeben, d. h. auch Überschneidungen sind zugelassen.

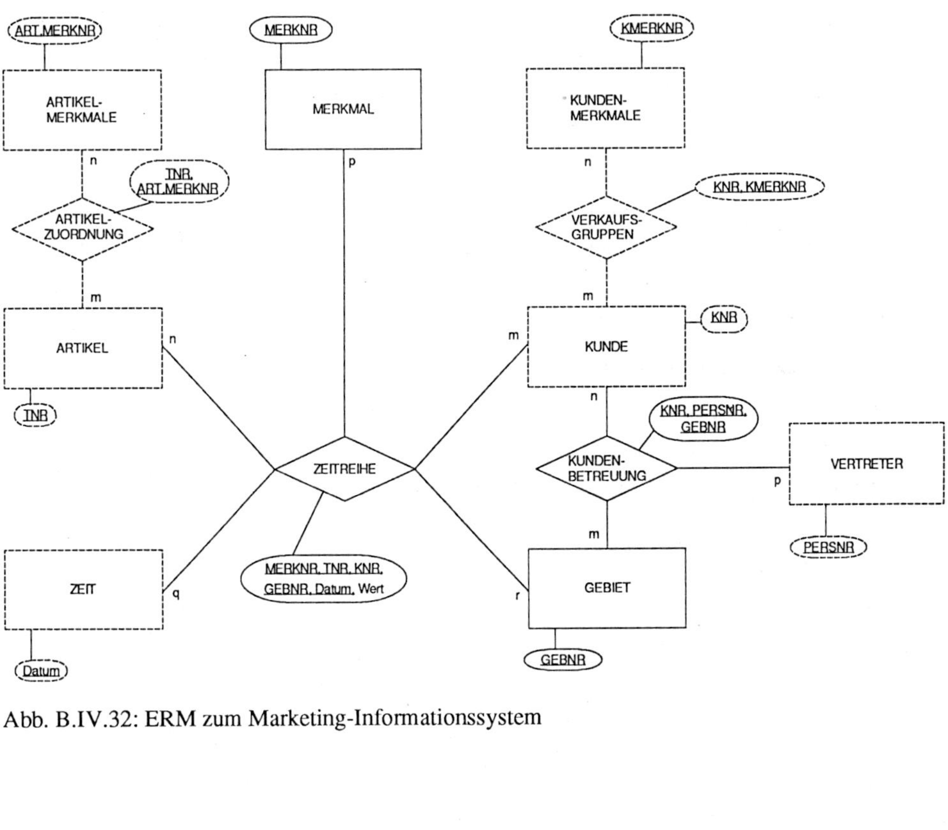

Abb. B.IV.32: ERM zum Marketing-Informationssystem

Mit dieser Datenstruktur können bereits differenzierte Segmentierungsauswertungen durchgeführt werden.

Bei vielen Marketingauswertungen werden Zeitreihen analysiert. Dieses bedeutet, daß Einzeldaten aus Werbeaktionen, Preisen, Absatzmengen, Auftragseingängen auf eine Periodeneinteilung verdichtet werden müssen. Bei Zeitpunktgrößen wie z. B. Preisen müssen entsprechende Durchschnittswerte gebildet oder ein Bezugspunkt innerhalb der Periode definiert werden. Die Periodeneinheit sollte dabei möglichst fein gewählt werden, um detaillierte Auswertungen zu ermöglichen (aus Gründen der Einheitlichkeit wird der Schlüssel des Entitytyps ZEIT weiterhin als Datum bezeichnet). Andererseits muß die Einteilung so gewählt werden, daß viele der einbezogenen Merkmale in der gleichen Dimension vorliegen. Beispielsweise ergibt sich ein Problem, wenn ein Merkmal in lediglich Zwei-Monats-Werten angegeben wird, ein anderes Merkmal in Drei-Monats-Werten.

Die einzelnen interessierenden Merkmale wie Werbungsausgaben, Preise usw. werden in dem Entitytyp MERKMAL erfaßt. Gegebenenfalls kann er nach einzelnen Merkmalsgruppen in Spezialisierungs-Beziehungen untergliedert werden. Die ZEITREIHE ergibt sich dann als Beziehung zwischen MERKMAL, ARTIKEL, KUNDE, GEBIET und ZEIT. Die Kombination der Schlüsselbegriffe identifiziert eine Merkmalsausprägung. Sie stellt somit die Elementareinheit dar, die bei Auswertungen nach unterschiedlichen Kriterien verdichtet werden kann.

Die Datenstruktur läßt auch zu, daß einzelne Schlüsselattribute leer sind. Beispielsweise können Werbeaufwendungen lediglich auf der Ebene ARTIKEL und ZEIT (Datum) definiert sein. In diesem Fall würde für die Zeitreihe eine Kunden- und Artikelklassifizierung entfallen. Auch kann es sinnvoll sein, von vornherein auf die Untergliederung nach einzelnen Ausprägungen wie Kunden zu verzichten und die Zeitreihen auf der Ebene von Kundenklassen zu definieren. Neben den Daten aus dem eigenen Unternehmen können auch Daten, die von externen Datenanbietern bezogen werden, in der Marketing-Datenbank gespeichert werden. Von besonderer Bedeutung sind in der Konsumgüterindustrie die Quellen:

- Handelspaneldaten (Institute: Nielsen, GfK usw.),
- Verbraucherpaneldaten (G+I, GfK, GfM) und
- Werbedaten (Schmidt und Pohlmann, IVE, Bauer-Verlag usw.).

Beim Einzelhandelspanel wird eine Stichprobe aus repräsentativen Geschäften gebildet, die in regelmäßigen Abständen von Mitarbeitern des Marktforschungsinstituts besucht werden. Dabei werden pro Artikel Verkäufe nach Wert und Menge, Einkäufe, Lagerbestände und Distribution erfaßt. Damit werden sowohl die Einkäufe des Geschäftes von den Produzenten als auch der Absatz an die Endverbraucher erhoben.

Bei einem Verbraucherpanel führen Verbraucher Einkaufstagebücher.

Während früher die externen Anbieter Daten in regelmäßigen Abständen als Tabellenwerke und damit in verdichteter Form zur Verfügung stellten, können zunehmend die Daten auf der Rohebene im direkten Datenzugriff bezogen werden. Teilweise übernehmen die Institute auch selbst die Speicher- und Verwaltungsfunktionen, so daß über einen Online-Zugriff die Daten bei Bedarf bezogen werden können. Diese Organisationsformen haben aber keinen Einfluß auf die Logik der Datenstruktur, wie sie später sowohl für ein Einzelhandelspanel als auch für ein Verbraucherpanel entwickelt werden.

Gegenüber den verdichteten Tabellenwerken besitzt die Speicherung der Rohdaten den Vorteil, daß auftauchende Spezialfragen innerhalb der Marketingabteilung sofort beantwortet werden können und die Auswahlkriterien je nach Situation, z. B. um eine zeitlich begrenzte Marketingaktion zu beobachten, zusammengestellt werden können.

Durch den Einsatz von sogenannten Scannern (automatischen Erfassungssystemen am Point of Sale in Form von Lichtgriffeln usw.) kann für Handelspanel der Erhebungsvorgang präzisiert und beschleunigt werden (vgl. *Simon/Kucher/Sebastian, Scanner-Daten 1982*). Durch den direkten Anschluß der Einzelhandelsgeschäfte an die Marktforschungsinstitute wird die Erhebung ohne manuelle Zwischenaufschreibungen auf elektronischem Wege weitergeleitet.

Die einzelnen Einkaufsstätten (Einzelhandelgeschäfte) werden nach unterschiedlichen Organisationsformen (z. B. Coop, Rewe, Spar usw.) klassifiziert und in Abb. B.IV.33 durch den Entitytyp ORGANISATIONSFORM repräsentiert. Gleichzeitig wird für unterschiedliche Be-

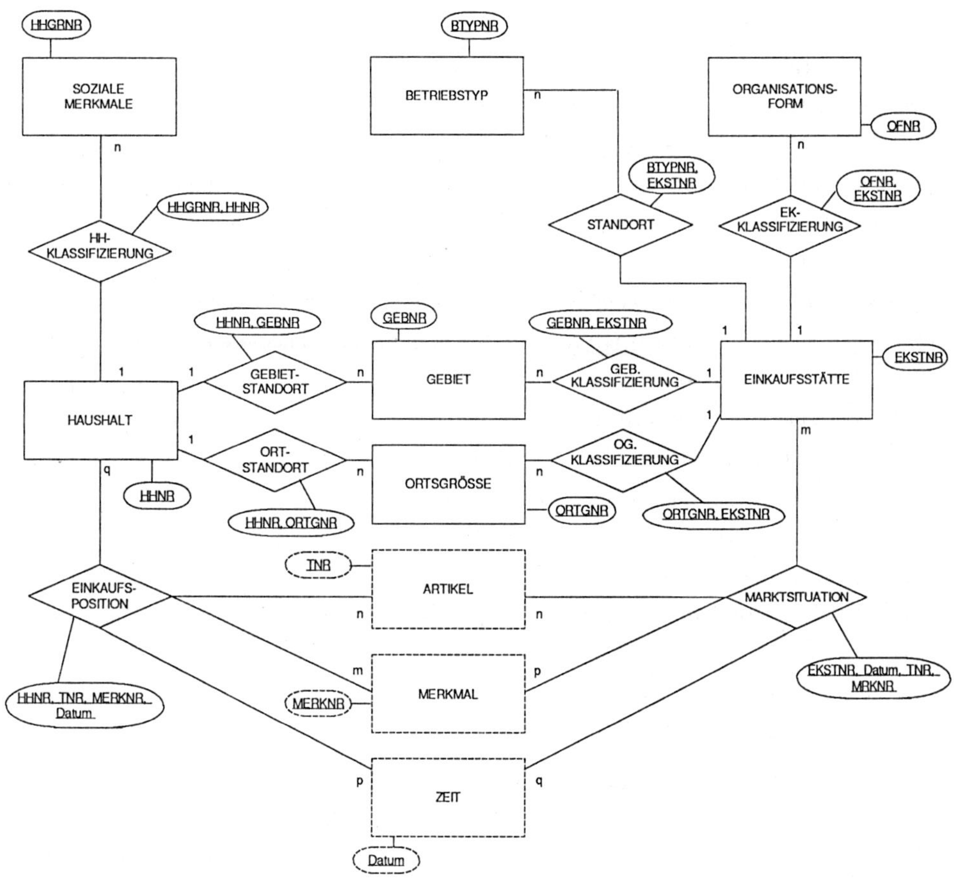

Abb. B.IV.33: ERM zum Marketing-Informationssystem

triebstypen (SB-Warenhäuser, Verbrauchermärkte, Discounter usw.) der Entitytyp BETRIEBSTYP gebildet. Neben der Gebietszugehörigkeit (GEBIET) ist auch die Ortsgröße, in der sich die Einkaufsstätte befindet, ein wesentliches Beschreibungsmerkmal.

Ein Rohdatum des Handelspanels ist dann eine Kombination aus MERKMAL (z. B. Lagerbestand, Einkaufmenge usw.), EINKAUFSSTÄTTE, ARTIKEL und der Bezugsperiode (ZEIT).

Die externen Daten können sowohl Informationen über eigene Artikel als auch über Konkurrenzprodukte enthalten, so daß auch Marktanteilsauswertungen möglich sind. Der ARTIKEL-Entitytyp ist über eine "is-a"-Beziehung mit dem TEIL-Entitytyp verbunden, so daß auch logische Beziehungen zu den internen Daten bestehen. Das gleiche gilt, wenn die Segmentierungskriterien GEBIET und ZEIT auch mit den internen Daten verknüpft werden.

Bei einem Haushaltspanel wird für eine repräsentative Stichprobe von Haushalten ein Haushaltsbuch geführt, in dem jeder Einkauf nach Ort, Zeit, Artikel, Menge und Preis notiert wird. Diese Angaben werden von den Marktforschungsinstituten in regelmäßigen Abständen an die Abonnenten geliefert oder stehen auch im Online-Zugriff zur Verfügung (z. B. bei dem System INMARKT der Firma G+I, Nürnberg).

In Abb. B.IV.33 ist auch die Datenstruktur des Haushaltspanels aufgenommen.

Ein Haushalt wird zunächst aufgrund bestimmter sozialer Merkmale wie Haushaltsgröße, Einkommen, soziale Schicht zu Haushaltsgruppen klassifiziert. Weiter können die auch bei der Einkaufsstättenbeschreibung eingeführten Merkmale wie GEBIET und ORTSGRÖSSE über Standortbeziehungen mit HAUSHALT verbunden werden. Von dem Haushalt werden einzelne Einkaufspositionen geführt, die sich aus den Haushaltsbüchern ergeben. Jede einzelne Position der EINKAUFSPOSITION wird im wesentlichen durch den gekauften Artikel, das Einkaufsdatum sowie die erhobenen Merkmale des Artikels (Preis, Menge usw.) beschrieben.

Über die Verbindungen zu den gleichen Segmentierungen wie GEBIET, ORTSGRÖSSE, ARTIKEL und ZEIT sowie gleiche Merkmalsdefinitionen können in der hier dargestellten Datenstruktur Querauswertungen zwischen den einzelnen Datengruppen durchgeführt werden. Beispielsweise ist bekannt, daß Preisinformationen aus Haushaltspaneldaten genauer sind als Preisdaten aus Handelspanel. Andererseits sind Marktanteilsinformationen aus Handelspanel genauer zu ermitteln. Bei Marketingauswertungen, in denen Preis- und Marktanteilsentwicklungen gegenübergestellt werden, können diese somit aus unterschiedlichen Datenquellen über eine einheitliche Benutzerschnittstelle erreicht werden.

Neben den hier ausführlicher dargestellten Haushalts- und Handelspanelinformationen können weitere Daten z. B. über Werbeausgaben oder Werbekontakte nach den Medien Fernsehen, Funk, Publikumszeitschriften und Tageszeitungen sowie Einstellungs- und Erinnerungswerte in eine Marketingdatenbank eingestellt werden.

Die hier entwickelte Datenstruktur gilt für Unternehmen der Konsumgüterindustrie. Für Unternehmen der Investitionsgüterindustrie sind vor allen Dingen Informationen über die Absatzmärkte, insbesondere ihre demografische und politische Struktur interessant (vgl. *Heinzelbecker, Marketing-Informationssysteme 1985; Brombacher/Scheer, Marketinginformationssysteme 1985*).

B.IV.3.1.2 Datenmodell

Die entwickelte Datenstruktur des Marketinginformationssystems wird in Abb. B.IV.34 in die Notation des Relationenmodells überführt.

R. ZEIT (Datum, ...)
R. KUNDENMERKMALE (KMERKNR, ...)
R. VERKAUFSGRUPPEN (KMERKNR, KNR, ...)
R. KUNDE (KNR, ...)
R. VERTRETER (PERSNR, ...)
R. ARTIKEL (TNR, ...)
R. ARTIKELMERKMALE (ARTMERKNR, ...)
R. ARTIKELZUORDNUNG (TNR, ARTMERKNR, ...)

R. MERKMAL (MERKNR, ...)
R. ORTSGRÖSSE (ORTGNR, ...)
R. GEBIET (GEBNR, ...)
R. BETRIEBSTYP (BTYPNR, ...)
R. SOZIALE MERKMALE (HHGRNR, ...)
R. ORGANISATIONSFORM (OFNR, ...)
R. EINKAUFSSTÄTTE (EKSTNR, ...)
R. EK-KLASSIFIZIERUNG (EKSTNR, OFNR, ...)
R. STANDORT (EKSTNR, BTYPNR, ...)
R. GEB.KLASSIFIZIERUNG (EKSTNR, GEBNR, ...)
R. OGKLASSIFIZIERUNG (EKSTNR, ORTGNR, ...)
R. MARKTSITUATION (EKSTNR, TNR, MERKNR, Datum, ...)
R. HAUSHALT (HHNR, ...)
R. HH-KLASSIFIZIERUNG (HHRNR, HHGRNR, ...)
R. GEBIET-STANDORT (HHNR, GEBNR, ...)
R. ORT-STANDORT (HHNR, ORTGNR, ...)
R. EINKAUFSPOSITION (HHNR, TNR, MERKNR, Datum, ...)
R. ZEITREIHE (MERKNR, TNR, KNR, GEBNR, Datum, ...)
R. KUNDENBETREUUNG (KNR, PERSNR, GEBNR, ...)

Abb. B.IV.34: Relationenmodell: Marketing-Informationssystem

B.IV.3.2 Entscheidungsunterstützungssysteme

Ein Entscheidungsunterstützungssystem (Decision Support System: DSS) unterstützt als interaktives Mensch-Maschine-System Marketingmanager bei der Lösung schlecht strukturierter Absatzentscheidungen (vgl. *Brombacher, Marketing-Management-Entscheidungsunterstützungssystem 1987, S. 33*). Es ist im allgemeinen auf spezielle Entscheidungsprobleme, z. B. Aufstellung eines Werbebudgets, Festlegung von Erzeugnispreisen oder Optimierung von Sonderaktionen ausgerichtet und eng an die Informationsbedürfnisse des Entscheidungsträgers geknüpft. Damit sind DSS weitgehend benutzerindividuelle Lösungen. Zur Erstellung dieser Lösungen werden in Modell- und Methodenbanken geeignete Instrumente angeboten.

Kriterien zur Charakterisierung von DSS-Systemen sind:

1. hohe Interaktion,
2. flexible Modellierbarkeit durch den Endbenutzer,
3. kurze Anfahrtszeit des DSS, damit es in den Überlegungsprozeß des Menschen eingebettet werden kann,
4. das Modell muß weitgehend vom Benutzer selbst entwickelt werden können, um sicherzustellen, daß es von ihm akzeptiert wird und die Ergebnisse richtig interpretiert werden,
5. Vorrang vor einer mathematisch exakten Optimierung hat eine schnelle Informationsbereitstellung.

Zur Modellformulierung und zur Methodenunterstützung werden spezielle DSS-Programmumgebungen (z. B. IFPS, FCS, EXPRESS) angeboten. Sie stellen auch Datenverwaltungssysteme zur Verfügung, in denen die eingeführte Datenstruktur gespeichert und durch leichte Anfragemittel ausgewertet werden kann.

Der Reichtum des Methodenangebots kann anhand folgender Kriterien beurteilt werden:

- Güte der Dokumentation,
- Unterstützung der Datensicherung und Datenschutz,
- Auswahlhilfen,
- Interpretationshilfen.

In der Methodendokumentation sollte neben einer gründlichen inhaltlichen Erklärung auch die EDV-technische Handhabung und eine beispielhafte Anwendung vom Terminal aus abrufbar sein. Falls durch eine geschickte Kombination von Methoden die Anonymität von personenbezogenen Datenbeständen umgangen werden kann, muß dieses von einem guten Datenschutzmechanismus ausgeschlossen werden. Um Hilfestellungen beim Einsatz komplizierter mathematischer Methoden zu geben, müssen automatische Hilfestellungen sicherstellen, daß die statistischen Prämissen der Methoden sowie ihre inhaltliche Ausrichtung für bestimmte Problemstrukturen gesichert sind. Besonders komfortabel ist die Möglichkeit, wenn über ein Textretrievalsystem dem Benutzer aus einer verbal formulierten Problemstellung ein Vorschlag zur Methodenauswahl gemacht wird (vgl. *Alpar, Interaktive Methodenauswahl 1980, S. 40 ff.*).

Anhand einer problembezogenen Menüsteuerung kann ein Benutzer im Dialog geführt werden. Allerdings ist zu beachten, daß für einen Anwendungsexperten keine weitschweifige Benutzerführung erforderlich ist.

Ebenso wichtig wie die Unterstützung des Auswahlprozesses von Methoden ist auch die Unterstützung bei der Interpretation von Ergebnissen. Hier muß der Benutzer vor unzulässigen Interpretationen geschützt werden, beispielsweise bei dem Verwenden von Scheinkorrelationen.

Die Architektur eines Decision Support Systems ist in Abb. B.IV.35 dargestellt.

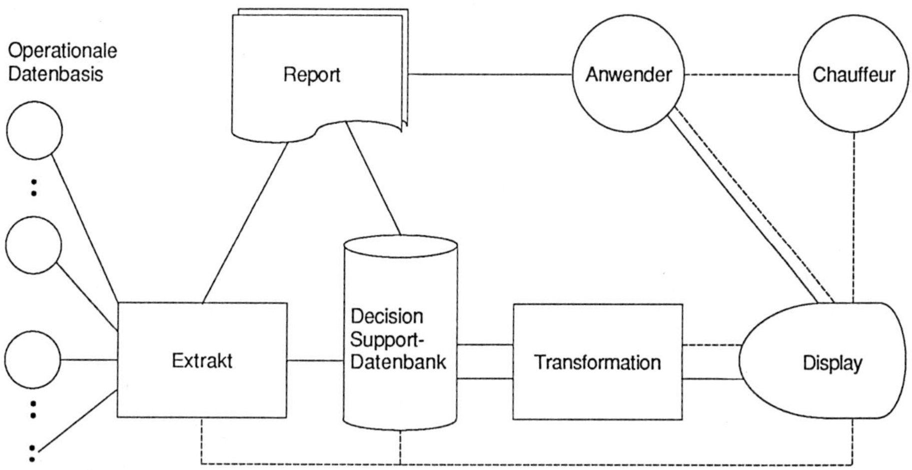

Abb. B.IV.35: Architektur eines Decision Support Systems

Aus den Datenbasen operativer Anwendungen werden über einen Extraktvorgang Datenstrukturen für das DSS in eine eigene Datenbank überstellt. Aus diesen Datenbanken können Auswertungen direkt vom Benutzer erzeugt werden. Für weitergehende Analysen, insbesondere unter Einsatz von Methoden, werden die Daten transformiert und die Ergebnisse entweder über Bildschirm ausgegeben oder in die Datenbank zurückgeschrieben, um wieder von Reportgeneratoren ausgewertet zu werden. Es wird zwischen einem sogenannten Chauffeur-System, bei dem der Benutzer über einen Experten, der sich in der Handhabung des Systems auskennt, Informationen verschafft, sowie der direkten Benutzung durch den Anwender selbst unterschieden.

Aufgrund des Definitionsmerkmals für DSS, daß der Benutzer eine möglichst enge Beziehung zu dem Anwendungsmodell besitzt, wird tendenziell die direkte Benutzung durch die Anwender gefördert (vgl. *Keen/ Morton, Decision Support Systems 1978; Spragne/Carlson, Effective Decision Support Systems 1982; Thome, Datenverarbeitung im Marketing 1981; Röske/Gansera, Strategisches Marketing 1981; Heinzelbecker, Marketing-Informationssysteme 1981*).

Mit der Einbeziehung von Interpretationen in Ergebnisse von Methodenbanken sowie Hilfestellungen bei der Auswahl von Verfahren sind bereits Problemstrukturen aufgezeigt worden, die sich für den Einsatz von Expertensystemen eignen. Da Expertensysteme für unstrukturierte Entscheidungssituationen geeignet sind, ist gerade im Gebiet des Marketings ein lohnendes Anwendungsfeld zu sehen (vgl. *Alpar, Expert Systems 1986*).

Durch das System XSEL (vgl. *McDermott, XSEL 1982, S. 325 ff.*) wird die marketinggerechte Konfiguration von Computern unterstützt. Hier ergibt sich also eine enge Beziehung zur Auftragsannahmeproblematik.

Mit Hilfe des Systems PROMOTOR (vgl. *Horwitt, Exploning Expert Systems 1985*) werden kurzfristige Aktionen aufgrund von Nielsen- und internen Daten analysiert. Hierbei wird das DSS-System EXPRESS einbezogen, so daß die Verknüpfung von Expertensystemen und Entscheidungsunterstützungssystemen auch an konkreten Prototypen sichtbar wird.

Weiter sind die langfristige Marketingplanung und die computerunterstützte Schulung von Verkaufssachbearbeitern Einsatzgebiete von Expertensystemen. Auch die Analyse von Marktanteilsänderungen anhand von Einzelhandelspaneln ist ein Anwendungsgebiet (vgl. *Alpar, Expert Systems 1986*). Eine einfache Regel lautet z. B.:

- wenn ein Marktanteil für ein Produkt nicht stabil war und
  er bewegte sich in derselben Richtung wie die Verkaufsunterstützung und
  der Preis war stabil,
- dann wurde der Marktanteil durch die Verkaufsunterstützung beeinflußt.

Oder aus einem Beispiel der Werbebudgetierung (Aufteilung eines Etats auf Zeitschriften):

- wenn das Produkt ein Kleidungsstück ist und
  das Produkt einen hohen Preis besitzt und
  das Produkt ein Freizeitartikel ist,
- dann wähle Tennis-(0,8) und Golf-(0,7) Magazine.

In dem Unternehmensplanspiel COMPLETE (vgl. *Stender, Expertensysteme im Marketing 1986*) werden Expertensysteme zur Entscheidungsunterstützung eingesetzt, indem der Output des Simulationsmodells analysiert wird. Typische Regeln hierfür sind z. B.:

- wenn der Marktanteil für jedes Produkt 10 Punkte oder mehr gegenüber dem nächsten Wettbewerber für wenigstens zwei Quartale beträgt und
  das Einkommen pro Anteil für beide Quartale steigt,
- dann expandiere nach Region III

oder

- wenn der Durchschnittspreis für ein Produkt zwei Perioden hintereinander stetig fällt,
- dann reduziere den Preisaufschlag um die Hälfte.

Diese Beispiele sollen nur die grundsätzliche Anwendbarkeit von Expertensystemen demonstrieren. Es ist aber zu erwarten, daß die Verknüpfung von Datenbanksystemen, Methodenbanken,

Decision Support Systemen und Expertensystemen zu einem Marketing-Informationssystem wachsen wird.

B.IV.3.3 Verarbeitungsform des Marketing-Informationssystems

Die Anwendungen des Marketing-Informationssystems beziehen sich auf ad-hoc-Entscheidungen und strategische Maßnahmen. Aus diesem Grunde gehen Anregungen häufig von der Unternehmensleitung aus. Daneben gibt es regelmäßige Auswertungen, z. B. monatliche Umsatzauswertungen, monatliche Auswertungen von regelmäßig bezogenen statistischen Daten externer Marktforschungsinstitute usw. In Abb. B.IV.36 ist der Einsatz von Dialogsystemen für die Analyse von regelmäßigem Informationsmaterial, auch unter Nutzung von Expertensystemen, angegeben.

		Dialogursache				
Aufgabe	Teilfunktion	Aktualität	Plausibilität	Iterative Abwandlung	Interaktiver Entscheidungs-prozeß	Batch
Datenauf-bereitung	intern extern	x	x (x)			(x)
Anfragen	intern extern	x x	x x			 (x)
Datenanalyse			x		x	
Modellerstellung				x		
Modellrechnung					(x)	(x)
Ergebnisauf-bereitung					x	
Datenweitergabe		x				

Abb. B.IV.36: Dialogursachen von Funktionen des Marketing-Informationssystems

Bei Modellaufstellung und Ergebnisaufbereitung ist ein interaktiver Entscheidungsprozeß sinnvoll. Viele Anwendungen im Bereich der Datenaufbereitung und Anfragen werden unter Einbeziehung von Plausiblitätskontrollen im Dialog durchgeführt. Lediglich bei größeren Datenaufbereitungsfunktionen, Anfragen an externe Datenbanken, bei denen eine Dialoglösung technisch nicht gegeben ist, sowie sehr rechenaufwendigen Modellrechnungen sind in eingeschränkter Form Batch-Lösungen vorgesehen.

B.IV.3.4 Ablaufsteuerung eines Marketing-Informationssystems

B.IV.3.4.1 Funktionsebenenmodell: Dezentralisierung

Der Einsatz von Workstations ist aufgrund der hohen Dialogintensität besonders sinnvoll (siehe Abb. B.IV.37). Allerdings sind bei der Datenaufbereitung aus internen und externen Quellen zentrale Datenverwaltungsdienste vorzusehen. Mikrocomputer können aufgrund ihrer offenen Hardwarearchitektur mit externen Netzdiensten verbunden werden, um so Daten aus externen Quellen verfügbar zu machen. Eine dezentrale Speicherung großer Datenmengen scheidet aber zur Zeit noch aus. Aus diesem Grunde sind deshalb auch Anfragen an große Datenbestände eine auf den Host-Rechner ausgerichtete Funktion.

Hohe Dialogintensität ergibt sich dagegen bei den Analyse- und Modellrechnungen. Hier wird jeweils ein Ausschnitt der interessierenden Daten auf die Workstation geladen und dort dezentral weiterverarbeitet. Bei einigen Auswertungen, z. B. der Modellerstellung, ist sogar eine nahezu vollständige dezentrale Datenhaltung vorstellbar.

Die Ergebnisdaten werden an Fachabteilungen oder EDV-Systeme weitergegeben. Hier werden Netzdienste oder der Weg über den Host-Rechner zum Kommunikationsverbund genutzt.

Die vielfältigen Informationsquellen, die von einer Workstation im Marketing erreichbar sind, sind in Abb. B.IV.38 angegeben.

Neben der dezentralen Verwaltung von Daten, Modellen und Methoden ist der Zugriff auf den Host-Rechner erforderlich, um auf zentrale Daten, möglichst in benutzerfreundlicher Speicherform eines relationalen Datenbanksystems, zugreifen zu können.

Weiterhin besteht ein direkter Anschluß an externe Marktforschungsinstitute z. B. über DATEX-P. Über den Anschluß von Bildschirmtext können externe Daten- und Modellbanken genutzt werden. Gleichzeitig können aber auch Kunden und Verbraucher angesprochen werden, um beispielsweise im Rahmen von computerunterstützten Marktforschungsauswertungen Befragungen direkt abwickeln zu können.

Der Anschluß an öffentliche und private Netzdienste sichert auch den Zugriff auf internationale Datenbanken über demografische oder volkswirtschaftliche Informationen.

B.IV.3.4.2 Ereignissteuerung

In Abb. B.IV.39 ist angegeben, daß Fachabteilungen des Vertriebs, der Planung usw. Anfragen an den Bediener des Marketing-Informationssystems (z. B. über eine Postkorblösung) stellen. Diese Ereignisse werden dann im Rahmen der Auswertungen beantwortet und die Ergebnisse an die Fachabteilungen, z. B. wiederum über den Postkorbdienst, überstellt.

Aufgabe	Teilfunktion	Dezentralisierungs-kriterium	E = Ergänzung I = Integriert	PC-Eignung			Nutzung von PC-Eigenschaften					
				Daten-bedarf	lokale Dialog-intensität	PC-Eignung	Hardware	System-software	Anwen-dungs-software	Benutzer-sicht	Organi-sation	Priorität des PC-Einsatzes
Daten-aufbereitung	intern	Produktgruppen/ Marktsegmente	E	Z	m	g	-	-	-	-	-	-
	extern	"	E	Z	m	H	H	-	-	-	-	H
Anfragen	intern	Produktgruppen/ Marktsegmente	E	Z	H	g	-	-	-	-	-	-
	extern	"	E	Z	H	g	-	-	-	-	-	-
Datenanalyse		Produktgruppen/ Marktsegmente	E	Z/D	H	H	m	m	H	H	m	m-H
Modellerstellung		Produktgruppen/ Marktsegmente	E	Z/D	H	H	m	m	H	H	m	H
Modellrechnung		Produktgruppen/ Marktsegmente	E	Z/D	m	m	H	m	m-H	H	m	H
Ergebnisauf-bereitung		Produktgruppen/ Marktsegmente	E	Z/D	H	H	m	m	H	H	m	H
Datenweiter-gabe		Produktgruppen/ Marktsegmente	E	Z	g	g	-	-	-	-	-	-

Abb. B.IV.37: Bewertung der Auslagerung von Funktionen eines Marketing-Informations-systems

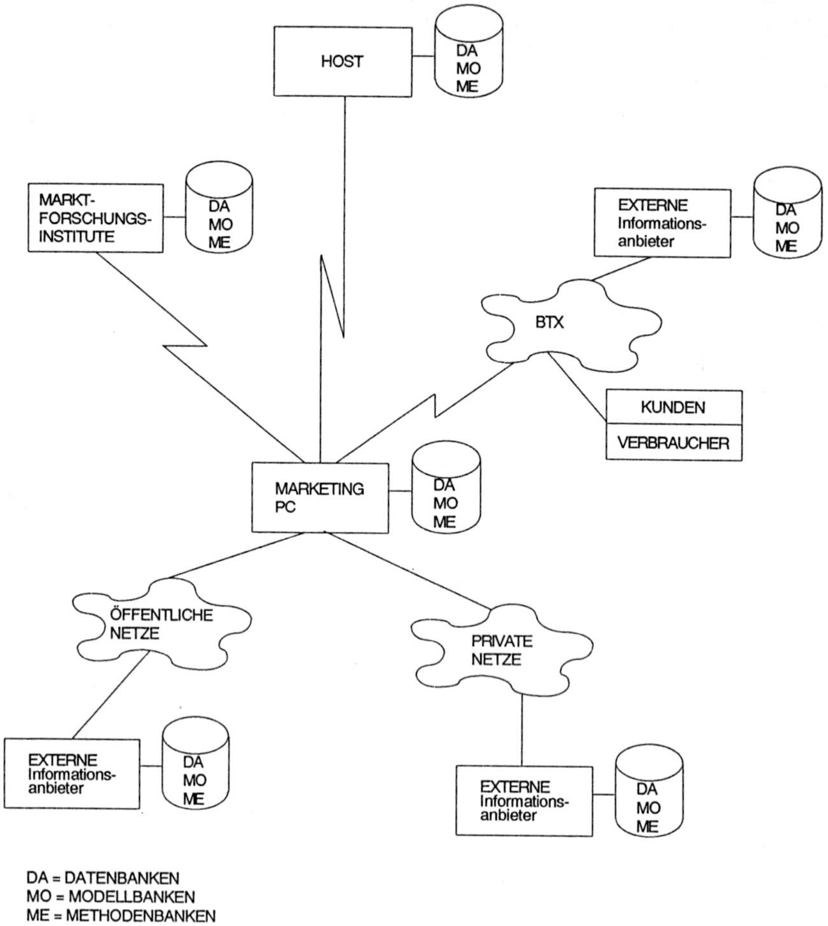

Abb. B.IV.38: Informationsquellen im Marketing

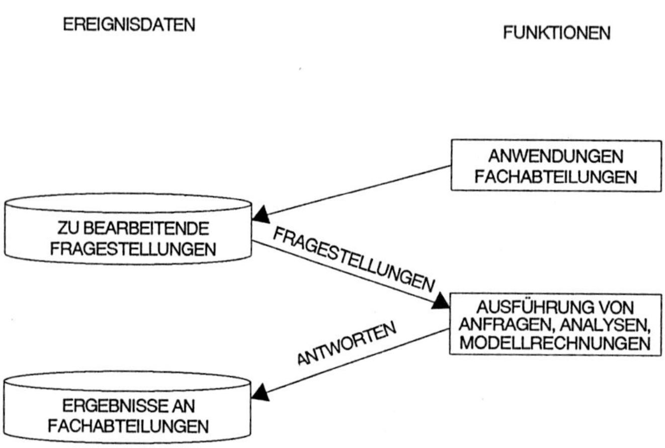

Abb. B.IV.39: Ereignissteuerung eines Marketing-Informationssystems

B.V Personalwirtschaft

Aufgabe der Personalwirtschaft ist es, die menschlichen Leistungspotentiale eines Industriebetriebes zu erhalten und zu entwickeln (vgl. *Kupsch/Marr, Personalwirtschaft 1985, S. 672*). Menschliche Leistungspotentiale werden in allen güterwirtschaftlichen Funktionalbereichen eines Industriebetriebes genutzt.

Bei einer formalen Gliederung der Personalwirtschaft können unterschieden werden (vgl. *Hentschel, Personaldatenbank 1976, S. 3 ff.*):

- administrative Aufgaben,
- dispositive Aufgaben,
- informative/statistische Aufgaben,
- finanzwirtschaftliche Aufgaben,
- gesetzliche Aufgaben.

Eine Aufzählung inhaltlicher Kernaufgaben sind (vgl. *Heinrich/Pils, Betriebsinformatik im Personalbereich 1979, S. 39*):

- Ermittlung des Personalbedarfs,
- Beschaffung des Personals,
- Einsetzen des Personals,
- Erhalten des Personals,
- Entwickeln des Personals,
- Freistellen des Personals.

Eine aus der Anreiz-Beitrags-Theorie von March und Simon abgeleitete Systematik der Aufgaben ist in Abb. B.V.01 angegeben (vgl. *Kupsch/Marr, Personalwirtschaft 1985, S. 674*).

Beitragsbezogene Aufgaben	Arbeitsbezogene Aufgaben
1. Persoonalbedarfsermittlung	1. Entgeldplanung
2. Personalauswahl, -einsatz und -freistellung	2. Ausbildungs- und Aufstiegsplanung
3. Arbeitstrukturierung	3. Gestaltung des offiziellen Führungskonzeptes, Führungskräfteschulung

Abb. B.V.01: Aufgabenbereiche der Personalwirtschaft nach March und Simon

Unter Beiträgen werden die vom Arbeitnehmer an den Industriebetrieb abgegebenen Leistungen verstanden, die dafür von der Organisation mit materiellen und immateriellen Anreizen entgolten werden. Von W. Mülder (vgl. *Mülder, Implementierung von Personalinformationssystemen 1984, S. 65 f.*) wurde ein 49 Punkte umfassender Aufgabenkatalog der Personalwirtschaft entwickelt. Administrative Aufgabengruppen sind z. B.:

- Lohn- und Gehaltsabrechnung, Erstellen interner Personalstatistiken, Bearbeiten von Meldungen und Auskünften an verschiedene Adressaten, Personaldatenverwaltung, soziale Einrichtungen und Dienste und Terminüberwachung/Kontrollaufgaben.

Dispositive Funktionen sind:

- Auskünfte über Mitarbeiter bzw. Arbeitsplätze einholen, Erstellen von speziellen, nicht periodischen Berichten und Statistiken, Personaleinsatz und Arbeitsplatzbewertung, Personalbeschaffung und Personalentwicklung sowie die mittel-und langfristige Personalplanung.

Die betriebswirtschaftliche Personalwirtschaft befaßt sich hauptsächlich mit planerisch dispositiven Tätigkeiten.
Der praktische Einsatz der Informationstechnologie ist dagegen bisher hauptsächlich auf administrative Aufgaben und hierbei insbesondere auf die Verwaltung von Personaldaten und die regelmäßige Lohn- und Gehaltsrechnung bezogen. Diese Aufgaben kommen bezeichnenderweise sowohl in den oben zitierten Aufgabenstellungen als auch in dem aus dem Anreiz-Beitrags-Konzept abgeleiteten Aufgabenprofil nicht ausdrücklich vor.
Für einen Industriebetrieb ist aber die Verwaltung der Massendaten im Personalbereich sowie die regelmäßige Lohn- und Gehaltsabrechnung von erheblicher Wichtigkeit. Zudem werden in diesen Funktionen Daten erzeugt, die auch für die planerischen Funktionen genutzt werden.
Aus diesem Grunde wird im folgenden zwischen der Personalabrechnung, die vornehmlich administrative Aufgaben enthält und der Personalplanung (Personal-Informationssystem), in der die dispositiven und planerischen Funktionen zusammengefaßt werden, unterschieden.
Die Verwaltung der Grunddaten über Mitarbeiter bildet aufgrund ihrer Komplexität und des Datenumfanges ein eigenständiges Bearbeitungsgebiet. Da die Grunddaten sowohl für administrative als auch für dispositive Funktionen genutzt werden, werden sie vorangestellt.

B.V.1 Grunddatenverwaltung

B.V.1.1 Entwurf der Datenstruktur

Im Zentrum der Grunddaten steht die Verwaltung der Mitarbeiterdaten. Mit ihnen können Einstellungen, Entlassungen und Umbesetzungen erfaßt und gepflegt werden. Allein aufgrund von gesetzlichen Vorschriften müssen bereits rund 50 Individualdaten pro Mitarbeiter verwaltet werden. Je nach Komfort des Personalinformationssystems können bis zu 400 Attributwerte erfaßt werden (vgl. *Mülder, Implementierung von Personalinformationssystemen 1984, S. 68*).
Eng verbunden mit den Personaldaten sind die Arbeitsstellen, die sich aufgrund der aufbauorganisatorischen Strukturierung eines Unternehmens ergeben.
Sowohl Mitarbeiter als auch Stellen können aus unterschiedlicher Sicht zu größeren Einheiten strukturiert werden.
Die Datenstruktur ist in Abb. B.V.02 zusammenfassend dargestellt und wird im folgenden entwickelt.

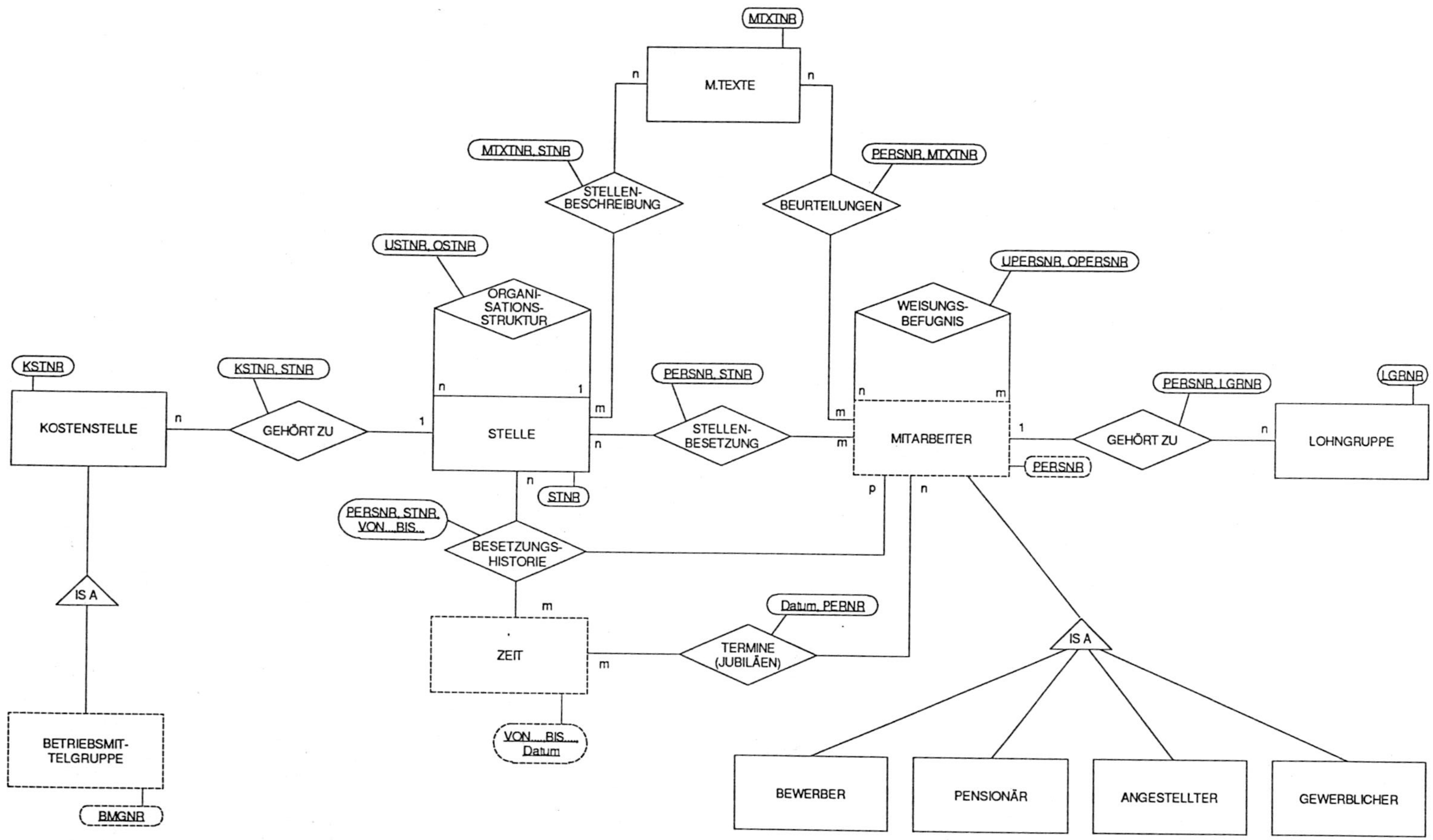

Abb. B.V.02: ERM zum Personalwesen

B.V.1.1.1 Mitarbeiter

Mitarbeiter, unabhängig von ihrer hierarchischen Stellung, werden in dem Entitytyp MITARBEITER erfaßt. Ein Mitarbeiter wird durch die Personalnummer PERSNR identifiziert. Einen Eindruck der möglichen Attribute gibt folgende Aufstellung:

Identifizierende Daten:
Personalnummer
Name, Anschrift
Geburtsort
Geschlecht

Persönliche Daten:
Familienstand
Vorname des Ehepartners
Zahl der Kinder
Religion

Daten zur Einstellung:
Datum
Firma der letzten Beschäftigung

Qualifikationsdaten:
Schul- und Berufsausbildung
Titel
Sprachkenntnisse
Betriebliche Vollmachten

Einsatzdaten:
Innegehabte Positionen mit Zeitdauer
Abteilung

Beurteilungen:
Datum der letzten Beurteilung
Wert der Beurteilung
Datum der nächsten Beurteilung
Leistungswerte

Lohn- und Gehaltsdaten:
Tariflohn
Zulagen
Überstundenvergütung
Kilometergeldsatz
Lohnsteuergruppe
Steuerfreibetrag
Aufgelaufener Steuerbetrag
Zuständiges Finanzamt
Sozialversicherungsangaben
Urlaubsanspruch

Bankverbindung:
Kontonummer
Bank.

Ausführliche Darstellungen mit unterschiedlichen Gliederungskriterien der Datengruppen sind aufgeführt in: *Mertens/Griese, Industrielle Datenverarbeitung II 1984; Domsch, Systemgestützte Personalarbeit 1990, S. 39ff.; SAP, System RP 1985, S. 47 ff.*
Falls bestimmte Datengruppen (z. B. Qualifikations- bzw. Fähigkeitsdaten) im Rahmen der Personalplanung mit anderen Datengruppen logisch verknüpft werden, z. B. im Rahmen einer Profilanalyse mit dem Anforderungsprofil einer Stelle, so können diese aus dem MITARBEITER-Entitytyp verselbständigt werden. Hierauf wird bei der Entwicklung der Datenstruktur für die Personalplanung bzw. für das Personalinformationssystem weiter eingegangen. Die abgebildete Übersicht soll deshalb zunächst einen ersten Eindruck der Datenvielfalt geben.
Die Menge der Mitarbeiter kann in Teilmengen zerlegt werden, nach denen sich bestimmte Abrechnungsfunktionen und damit auch Datenstrukturverbindungen unterscheiden.
In Abb. B.V.02 werden deshalb Spezialisierungen der Mitarbeitergruppen BEWERBER, PENSIONÄR, ANGESTELLTER und GEWERBLICHER gebildet. Auch auf die früher eingeführten Spezialisierungen EINKÄUFER, VERTRETER usw. wird hingewiesen. Aus Übersichtlichkeitsgründen wird aber die genaue Zuordnung von Strukturbeziehungen zu Kombinationen dieser Teilmengen nicht immer dargestellt. Vielmehr wird als genereller Bezugspunkt der MITARBEITER-Entitytyp gewählt.
Entsprechend den tarifvertraglichen Vereinbarungen bestehen unterschiedliche Lohngruppen (z. B. für Leichtarbeiten, Auszubildende, usw.). Jeder Mitarbeiter ist einer Lohngruppe eindeutig zugeordnet (1:n-Beziehung).
Textinformationen, die pro Mitarbeiter (z. B. bei Beurteilungen) geführt werden, werden als Entitytyp M.TEXTE geführt und mit dem MITARBEITER über eine n:m-Beziehung BEURTEILUNGEN verbunden.
Auf die Beziehung WEISUNGSBEFUGNIS wird nach Darstellung der Stelleninformationen eingegangen.

B.V.1.1.2 Stellen

Die Arbeitsplätze des Unternehmens bilden den Entitytyp STELLE, der durch die Stellennummer STNR identifiziert wird.
Aus den Stellen wird die Organisationsstruktur der Unternehmung gebildet, wie sie in Form eines Organigramms in Abb. B.V.03 dargestellt ist.
Dieses Organigramm kann gleichzeitig als Stellenplan, also Zusammenstellung aller im Unternehmen eingerichteten Stellen, interpretiert werden. Ein Organigramm bildet im allgemeinen einen Baum, d. h., einer Stelle sind mehrere Stellen direkt untergeordnet, aber nur eine Stelle übergeordnet. Dieses ist durch den Beziehungstyp ORGANISATIONSSTRUKTUR als 1:n-Beziehung dargestellt mit dem Schlüssel untergeordnete und übergeordnete Stellennummer (USTNR, OSTNR).

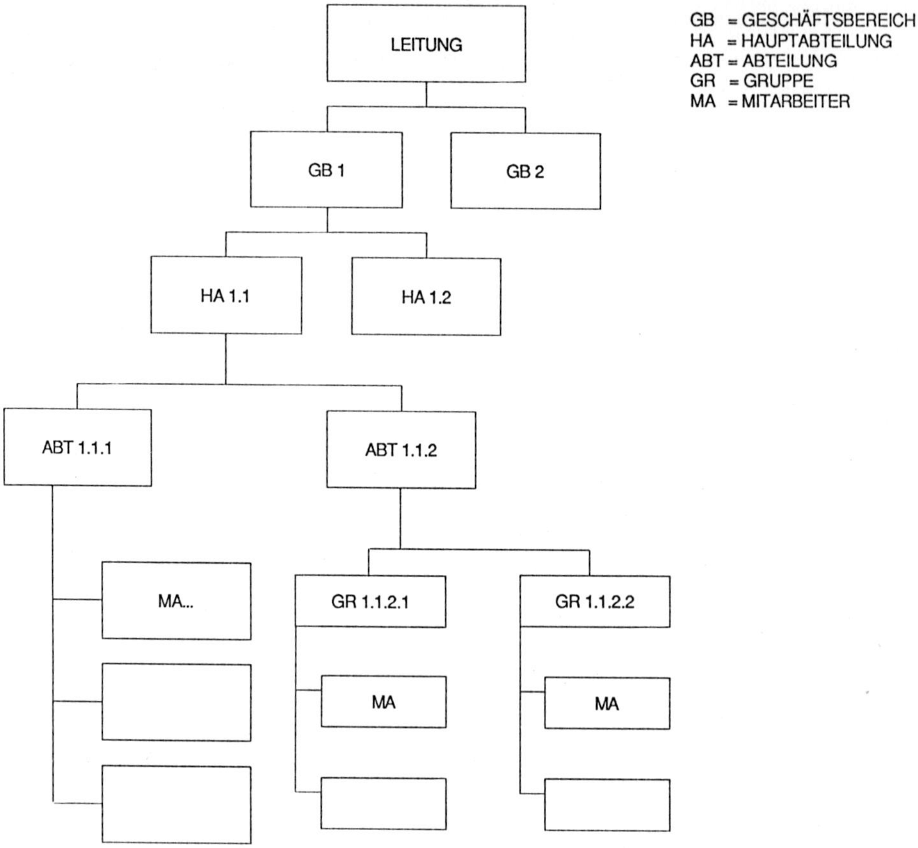

Abb. B.V.03: Organigramm/Stellenplan

Mehrere Stellen können zu einer Kostenstelle zusammengefaßt werden. Diese kann im Fertigungsbereich mit dem Entitytyp BETRIEBSMITTELGRUPPE identisch sein. Dieser Zusammenhang wird durch eine "is-a"-Beziehung angedeutet.

Auch einer Stelle können Texte, z. B. in Form einer Stellenbeschreibung, zugeordnet sein. Die Textbausteine werden wieder dem Entitytyp M.TEXTE zugeordnet und mit dem STELLE-Entitytyp über die Beziehung STELLENBESCHREIBUNG verbunden.

B.V.1.1.3 Strukturbeziehungen

Die Besetzung einer Stelle durch Mitarbeiter wird durch die Beziehung STELLENBESETZUNG dargestellt, die durch die Attributkombination Personalnummer (PERSNR) und Stellennummer (STNR) identifiziert wird. Der Beziehungstyp bildet eine n:m-Beziehung, da eine Stelle durch mehrere Mitarbeiter (z. B. bei Teilzeitbeschäftigung) besetzt werden kann und andererseits ein Mitarbeiter mehrere Stellen einnehmen kann, vgl. dazu Abb. B.V.04.

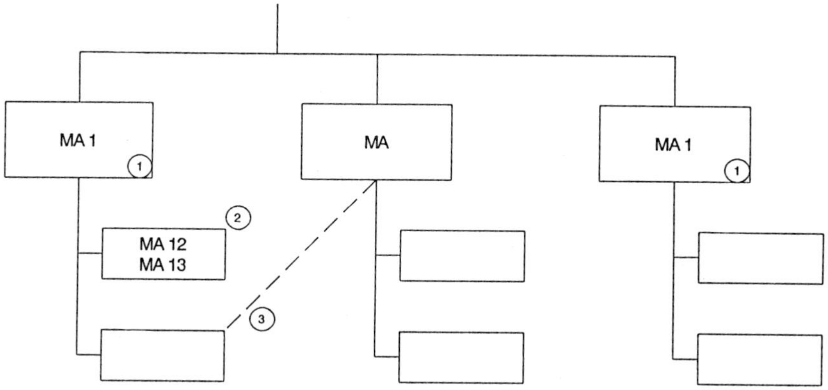

— — — ABWEICHENDE FACHLICHE UNTERSTELLUNG

(1) EIN MITARBEITER (MA 1) KANN ZWEI STELLEN EINNEHMEN

(2) EINE STELLE KANN VON MEHREREN MITARBEITERN BESETZT SEIN (TEILZEITARBEIT)

(3) ABWEICHENDE FACHLICHE UND ORGANISATORISCHE UNTERSTELLUNG (MEHRLINIENSYSTEM - FUNKTIONS-MEISTERSYSTEM)

Abb. B.V.04: Beziehung zwischen Mitarbeitern und Stellen

Häufig werden beispielsweise zwei Abteilungen dem gleichen Mitarbeiter unterstellt, ohne daß sie aufbauorganisatorisch vereinigt werden.

Die Organisationsstruktur legt im allgemeinen auch die Weisungsbefugnis unter den Mitarbeitern fest. Allerdings ist teilweise eine disziplinarische und fachliche Trennung gegeben, indem aufbauorganisatorisch ein Mitarbeiter einer bestimmten Abteilung zugeordnet ist, fachlich aber einer anderen Abteilung unterstellt wird. Dieses führt zu einer sogenannten Mehrlinienorganisation, wie sie durch das Funktionsmeistersystem von Taylor in extremer Form charakterisiert ist. Bezüglich der Datenstruktur bedeutet dieses (vgl. Abb. B.V.02), daß Abweichungen der durch die Organisationsstruktur ausgedrückten Unterstellung über einen speziellen Beziehungstyp WEISUNGSBEFUGNIS ausgedrückt werden. Dieser ist vom Typ n:m, da ein Mitarbeiter mehrere Untergebene, andererseits ein Untergebener auch mehrere Vorgesetzte besitzen kann. Eine Weisungsbefugnis wird jeweils durch die Kombination der untergeordneten Personalnummer (UPERSNR) und übergeordnete Personalnummer (OPERSNR) angegeben.

Die Historie einer Stellenbesetzung wird durch den Beziehungstyp BESETZUNGSHISTORIE ausgedrückt. Durch ihn kann verfolgt werden, welche Stellen ein bestimmter Mitarbeiter im Zeitablauf innehatte und welche unterschiedlichen Mitarbeiter eine Stelle während des Zeitablaufs besetzt hatten. Eine Besetzungssequenz wird dabei durch die Kombination Personalnummer (PERSNR), Stellennummer (STNR) und Zeitspanne, ausgedrückt durch den Start- und Endezeitpunkt der Besetzung (VON ... BIS ...), identifiziert. Im Gegensatz zu der zu einem Zeitpunkt gültigen Stellenbesetzung, die eine Vielzahl von Vereinbarungsinformationen enthalten kann, werden in der Besetzungshistorie lediglich für Zeitauswertungen benötigte Attribute erfaßt.

B.V.1.2 Datenmodell

Die Datenstruktur der Abb. B.V.02 wird in Abb. B.V.05 in die Notation des Relationenmodells umgeformt.

R. BETRIEBSMITTELGRUPPE (BMGNR, ...)
R. ZEIT (Datum, VON ... BIS ...)
R. KOSTENSTELLE (KSTNR, Bezeichnung, ...)

R. STELLE (STNR, KSTNR, Bezeichnung, ...)
R. ORGANISATIONSSTRUKTUR (USTNR, OSTNR)
R. M.TEXTE (MTXTNR, ...)
R. STELLENBESCHREIBUNG (MTXTNR, STNR)
R. BEURTEILUNGEN (PERSNR, MTXTNR)
R. MITARBEITER (PERSNR, LGRNR, Name, Mitarbeitergruppe, ...)
R. LOHNGRUPPE (LGRNR, ...)
R. WEISUNGSBEFUGNIS (UPERSNR, OPERSNR)
R. TERMINE (JUBILÄEN) (Datum, PERSNR, Art)
R. STELLENBESETZUNG (PERSNR, STNR)
R. BESETZUNGSHISTORIE (PERSNR, STNR, VON... BIS...)

Abb. B.V.05: Relationenmodell: Personalwesen

B.V.2 Personalabrechnung

Die Personalabrechnung stellt wegen ihres hohen Mengenvolumens, ihrer durch häufige Gesetzes- und Verordnungsänderungen ausgelöste Berechnungsanpassung und ihrer Sensitivität bezüglich sachlicher und zeitlicher Richtigkeit eine zentrale Anwendungsfunktion der EDV-gestützten Personalwirtschaft dar. Sie ist von nicht zu unterschätzender Komplexität, da sowohl unterschiedliche Erfassungsformen als auch Abrechnungsvorschriften zu beachten sind.
Sie wird in eine Bruttolohnerfassung und eine Nettolohnberechnung unterteilt. Aufgabe der Bruttolohnerfassung ist es, den Bruttolohn aufgrund leistungs- oder zeitbezogener Kriterien zu ermitteln. Hier kommen vielfältige tarif- und unternehmensbezogene Eigenheiten zum Tragen. Sie ist deswegen z. B. auch für den Einsatz von Standardsoftware in der Regel weniger geeignet.
Aufgabe der Nettolohnberechnung ist es dann, aus dem Bruttolohn unter Beachtung von gesetzlichen und freiwillig festgelegten Abgaben den an den Mitarbeiter zu zahlenden Betrag zu ermitteln.
Im Rahmen des Datenaustausches müssen an unterschiedliche öffentliche Stellen (Arbeitsämter, Sozialversicherungen) Daten übermittelt werden. Gleichzeitig kann auch der Zahlungsverkehr über den Datenträgeraustausch abgewickelt werden.

Auf der rechten Seite der Abb. B.V.06 ist die Datenstruktur der Bruttolohnermittlung dargestellt und auf der linken Seite die der Nettolohnberechnung. Sie wird im folgenden nach den aufgezeigten Teilgebieten entwickelt.

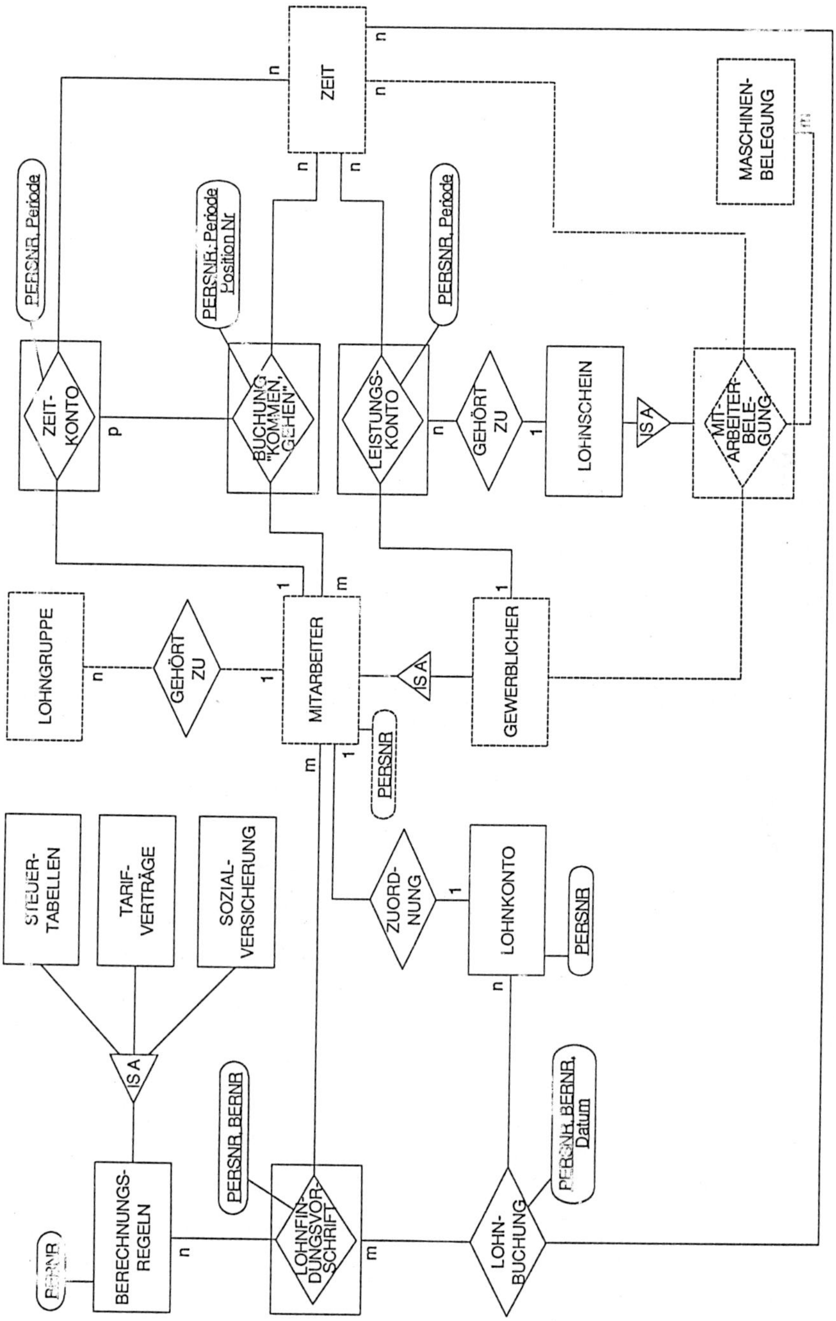

Abb. B.V.06: ERM zur Personalabrechnung

B.V.2.1.1 Bruttolohnberechnung

Die Bruttolohnberechnung kann je nach Lohnart auf der Anwesenheitszeit (Zeitlohn) oder auf Leistungsdaten (Leistungslohn) aufbauen. Dabei wird die Anwesenheitszeit auch zur Kontrolle von Urlaubszeiten sowie zur Plausibilitätsüberprüfung von Leistungsdaten verwendet. Für jede Periode und jeden Mitarbeiter wird deshalb ein Zeitkonto eingerichtet, auf dem entsprechend dem Kalender sowie betriebsbezogener Ausnahmeregelungen (z. B. Betriebsversammlung) die Sollzeiten eingetragen werden. Die Istzeiten werden durch Buchung von "Kommen"- und "Gehen"-Ereignissen gegengebucht (vgl. Abb. B.V.07).

Ist		Zeitkonto	Soll
Tag			
1	8. 15 : 17. 05		8 - 17
2	8. 00 : 16. 59		8 - 17
3			frei
4			8 - 17
5			8 - 17

Abb. B.V.07: Beispiel für ein Zeitkonto

Wenn die Sollvorgaben für bestimmte Personengruppen gleich sind, brauchen sie nicht auf jedem mitarbeiterbezogenen Zeitkonto eingetragen zu werden. Vielmehr können dann pro Mitarbeitergruppe entsprechende Schichtpläne gebildet werden, die als Sollvorgaben dienen (vgl. dazu z. B. *SAP, System RP 1990, S. 51* ff.).

Die Erfassung dieser Informationen kann im Angestelltenbereich mit einem gesonderten Zeiterfassungssystem, z. B. über Ausweise mit Magnetcode, erfolgen oder im Rahmen eines integrierten Betriebsdatenerfassungssystems bei gewerblich tätigen Mitarbeitern. Bei einem dezentralen Erfassungssystem können dann Stammdaten (Personalnummer und gegebenenfalls Name) als Grundlage von Plausibilitätsprüfungen aus der zentralen Mitarbeiter-Datenbasis in das dezentrale System verlagert werden.

Für gewerbliche Mitarbeiter, die in der Datenstruktur als "is-a"-Beziehung zum MITARBEITER-Entitytyp gesondert dargestellt sind, wird zusätzlich ein Leistungskonto geführt. Diesem Konto werden fortlaufend die aus Lohnscheinen resultierenden Leistungsdaten gutgeschrieben.

Pro ausgeführten Arbeitsgang eines Mitarbeiters wird ein "Lohnschein" ausgestellt, der die produzierten Mengen nach Güteklassen enthält. Aus ihm wird dann nach der Formel

Lohn = Anzahl Stücke * Vorgabezeit * Tariflohn pro Zeiteinheit

der Lohnwert des Arbeitsganges errechnet. Bei einer papierorientierten Auftragssteuerung können die Lohnscheine als Bestandteil der Auftragspapiere erstellt werden. Nach Eintragen der effektiven

Leistungswerte und Prüfung durch den verantwortlichen Vorarbeiter oder Meister werden dann die Daten erfaßt.

Bei einer integrierten Lösung wird die Lohndatenerfassung mit der auftragsbezogenen Datenerfassung durchgeführt. Dieses bedeutet, daß nach Abschluß eines Arbeitsganges automatisch pro beteiligten Mitarbeiter (aufgrund der oben eingeführten MITARBEITERBELEGUNGsinformation) die Leistungsdaten bei den entsprechenden Mitarbeitern gebucht werden (vgl. Abb. B.V.08).

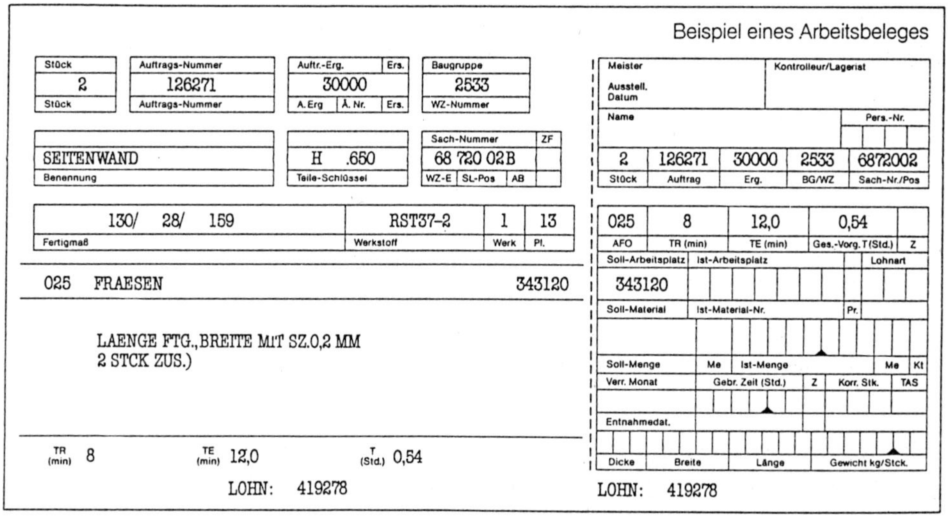

Beispiel eines Arbeitsbeleges

Stück: 2 — Auftrags-Nummer: 126271 — Auftr.-Erg.: 30000 — Ers. — Baugruppe: 2533
Stück — Auftrags-Nummer — A.Erg — Ä.Nr. — Ers. — WZ-Nummer

SEITENWAND — Benennung
H .650 — Teile-Schlüssel
Sach-Nummer: 68 720 02B — ZF — WZ-E — SL-Pos — AB

130/ 28/ 159 — Fertigmaß
RST37-2 — Werkstoff
1 — Werk
13 — Pl.

025 FRAESEN 343120

LAENGE FTG.,BREITE MIT SZ.0,2 MM
2 STCK ZUS.)

TR (min) 8 TE (min) 12,0 T (Std.) 0,54

LOHN: 419278

Meister — Kontrolleur/Lagerist
Ausstell. Datum
Name — Pers.-Nr.

2	126271	30000	2533	6872002
Stück	Auftrag	Erg.	BG/WZ	Sach-Nr./Pos

025	8	12,0	0,54	
AFO	TR (min)	TE (min)	Ges.-Vorg. T (Std.)	Z

Soll-Arbeitsplatz: 343120 — Ist-Arbeitsplatz — Lohnart
Soll-Material — Ist-Material-Nr. — Pr.
Soll-Menge — Me — Ist-Menge — Me — Kt
Verr. Monat — Gebr. Zeit (Std.) — Z — Korr. Stk. — TAS
Entnahmedat.
Dicke — Breite — Länge — Gewicht kg/Stck.

LOHN: 419278

Abb. B.V.08: Arbeitsbeleg

In diesem Fall ist der Lohnschein kein eigenständiger Datenträger, sondern lediglich als logische Unterscheidung von den auftragsbezogenen Daten zu interpretieren. In der Datenstruktur ist dieses durch eine "is-a"-Beziehung zwischen MITARBEITERBELEGUNG und LOHNSCHEIN dargestellt.

Da ein Lohnschein ein Anrecht des Arbeitnehmers auf Lohn ist, kann er über dessen Einreichung den Zahlungstermin nach seinem Belieben steuern. So wird beobachtet, daß beispielsweise für größere Anschaffungen oder Urlaubsreisen Lohnscheine gesammelt werden, um damit Spareffekte auszulösen. Dieses Ansparen von Lohnscheinen wird in der Praxis auch als "Vorderwasser" bezeichnet. Wird ein Lohnschein deshalb als Rückmeldung auftragsbezogener Daten verwendet, muß diesem Effekt Rechnung getragen werden. Es muß verhindert werden, daß aufgrund dieses Sammeleffektes Rückmeldeinformationen nicht sofort weitergegeben werden und damit die Aktualität einer mitlaufenden Kalkulation und die Datenbasis für Steuerungsmaßnahmen gefährden. Durch das Eingeben einer vom Mitarbeiter gewünschten Abrechnungsperiode, die unabhängig von dem tatsächlichen Anfall der Leistungsdaten ist, kann diese Schwierigkeit umgangen werden.

Die Daten der Bruttolohnerfassung werden nicht nur der Nettolohnberechnung überstellt, sondern

dienen auch der Kostenrechnung zur kostenstellen- und kostenträgerbezogenen Lohnkostenerfassung. Wird auf dem Lohnschein der Kostenträger mitgeführt (bzw. über die Beziehung MITARBEITERBELEGUNG zu den Auftrags- und Bedarfsinformationen erreicht), so können die Lohnkosten direkt dem Kostenträger zugerechnet werden.
Wird die Kostenstelle auf dem Lohnschein erfaßt, so kann im Rahmen des Betriebsabrechnungsbogens eine konkrete Aufteilung der Lohnkosten auf Kostenstellen vorgenommen werden. Bei einer nur nach Kostenarten differenzierten Erfassung müssen die üblichen Verfahren der Kostenverteilung nach Bezugsgrößen angewendet werden.
Die Werte des Zeit- und des Leistungskontos werden im Rahmen der Nettolohnberechnung, zusammen mit weiteren Daten des Mitarbeiters sowie Berechnungsvorschriften, verarbeitet.

B.V.2.1.2 Nettolohnberechnung

Die Nettolohnberechnung ist aufgrund ihrer stark vom Gesetzgeber festgelegten Vorgehensweise ein geeignetes Einsatzgebiet von Standardsoftware. Da die gesetzlichen Änderungen außerordentlich häufig sind, besteht bei den Programmen ein erheblicher Pflegeaufwand.
Der Nettolohn wurde bisher in der Regel periodisch (am Ende des Monats) berechnet. Die Datenpflege sowie die Bruttolohnerfassung werden aber in der Regel fortlaufend durchgeführt. Auch kann es sinnvoll sein, die Nettolohnberechnung fortlaufend aktuell zu halten, um jederzeit auskunftsbereit über den bereits erzielten Verdienst zu sein.
Bei der Berechnung selbst werden die Berechnungsregeln aus Steuertabellen, Tarifverträgen, Sozialversicherung usw. in dem Entitytyp BERECHNUNGSREGELN erfaßt. Die für einen Mitarbeiter geltende LOHNFINDUNGSVORSCHRIFT ordnet den Regeln Daten des Mitarbeiters über seine sozialen Bedingungen (Kinderzahl, Familienstand usw.) sowie persönliche Abtretungen, Pfändungen, regelmäßige Zahlungsverpflichtungen an Bausparkassen usw. zu. Über die Verbindung zu den mitarbeiterbezogenen Daten werden Prämien, Überstundenzuschläge, Akkorddaten usw. erfaßt. Über die Beziehung der LOHNFINDUNGSVORSCHRIFT zu MITARBEITER sind auch alle Daten der Zeit- und Leistungskonten erreichbar.
Das anhand der Lohnfindungsvorschrift errechnete Nettogehalt wird in einem Buchungssatz dem Lohnkonto des Mitarbeiters gutgeschrieben. Der Entitytyp LOHNFINDUNGSVORSCHRIFT dokumentiert die Gehaltsabrechnung, die jedem Mitarbeiter zur Kontrolle in Papierform ausgehändigt wird oder durch Zugriff (bei entsprechenden Datensicherungsvorkehrungen) auf sein Lohnkonto im Dialogbetrieb zur Verfügung steht.
Ein Beispiel eines Lohnkontos mit den Lohnbuchungen ist in Abb. B.V.09 aus dem System IPAS (vgl. *ADV-ORGA, IPAS 1984*) dargestellt.

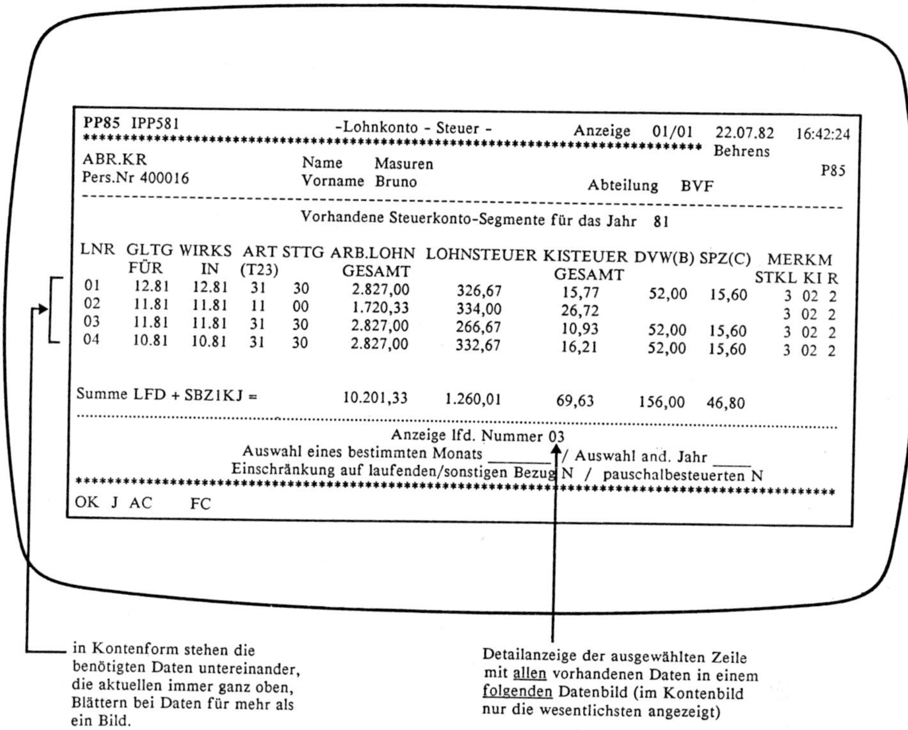

Abb. B.V.09: Beispiel für ein Lohnkonto

Die Verbindung zu den auftragsbezogenen Leistungsdaten des Fertigungsbereichs stellt die Information zu den Kostenträgern (Fertigungsaufträge, Kundenaufträge) sowie zu für die Abrechnung von Leistungslöhnen erforderlichen Informationen her. So kann z. B. für Gruppenakkord die Anzahl der beteiligten Personen ermittelt werden. Gleichzeitig wird eine Auszahlungsinformation erstellt und nach Abschluß der Lohn- und Gehaltsrechnung ein Sammelbuchungssatz für die Finanzbuchführung erzeugt.

B.V.2.1.3 Datenaustausch

Der Lohnbereich ist durch Bundes- und Landesgesetze sowie Verordnungen stark reglementiert. So bestehen mehr als hundert Gesetze und Verordnungen, die den Arbeitgeber verpflichten, personenbezogene Daten zu dokumentieren und an externe Stellen weiterzugeben (vgl. *Mülder, Implementierung von Personalinformationssystemen 1984, S. 64*). Von besonderer Bedeutung ist hierbei die zweite Datenerfassungsverordnung (2. DEVO) sowie die 2. Datenübermittlungsverordnung (2. DÜVO), nach der die an die Sozialversicherungsträger zu übermittelnden Daten vereinheitlicht sind, so daß sie per Datenträgeraustausch (Magnetband, Disketten) abgewickelt werden können. Sie werden an die AOK als zentrale Sammelstelle übermittelt. Diese verteilt die Daten anschlie-

ßend an das Statistische Bundesamt, Krankenkassen, Rentenversicherungsanstalten und Arbeitslosenversicherung. Alle Standardprogrammsysteme sehen solche Datenverbindungen vor.
Auch die Zahlungen an die Mitarbeiter werden zunehmend über den Datenträgeraustausch mit Banken abgewickelt.
Die für den Datenaustausch benötigten Informationen sind im MITARBEITER-Entitytyp als Attribute erfaßt oder ergeben sich bei der Nettolohnerrechnung. Die für den Übertragungsvorgang temporär zu bildenden Datenstrukturen werden deshalb in Abb. B.V.06 nicht aufgeführt.

B.V.2.2 Datenmodell

Die Datenstruktur aus Abb. B.V.06 wird in Abb. B.V.10 in die Notation des Relationenmodells überführt.

R. BERECHNUNGSREGELN (BERNR, Gebiet, Regel, ...)
R. LOHNFINDUNSVORSCHRIFT (PERSNR, BERNR)
R. ZEITKONTO (PERSNR, Periode, Bestand, ...)
R. BUCHUNG "KOMMEN/GEHEN" (PERSNR, Periode, PositionNR, Art, Zeit, ...)
R. LEISTUNGSKONTO (PERSNR, Periode, Bestand, ...)
R. LOHNKONTO (PERSNR, Bestand, ...)
R. LOHNBUCHUNG (PERSNR, BERNR, Datum, S/H-Kennung, Betrag)
R. LOHNSCHEIN (PERSNR, TNR, Datum, APLNR, VNR, BMGNG, BMNR, SNR, MVON ..., MBIS..., PVON ..., PBIS ...)
R. MITARBEITER/GEWERBLICHER (PERSNR)

Abb. B.V.10: Relationenmodell: Personalabrechnung

B.V.3 Personalplanung/Personalinformationssystem

Über die Verwaltungs- und Abrechnungsaufgaben hinaus stellen sich in der Personalwirtschaft planungsorientierte Aufgaben der Personalbeschaffung, -steuerung und -förderung. Neben dem Einsatz von Planungsmodellen für strukturierte Aufgaben sind auch Unterstützungen für ad-hoc-Entscheidungen und unstrukturierte Fragestellungen zu liefern. Dieses ist Aufgabe eines Personal-Informationssystems. Es besteht aus Daten-, Modell- und Methodenbank. Für den Begriff "Personal-Informationssystem" sind Abkürzungen wie PESIS, PDI (Personaldaten-Informationssystem), PDATIS (Personaldaten-Informationssystem) oder PERSIS gebräuchlich. Auf die naheliegende Abkürzung PIS wird dagegen aus leicht einsehbaren Gründen verzichtet.

B.V.3.1 Entwurf der Datenstruktur

Im folgenden steht wieder die Konstruktion der Datenstrukturen im Vordergrund. Sie werden aus den einzelnen Aufgaben der Personalplanung abgeleitet. Die wesentlichen Aufgaben der Personalplanung sind:

- Planung des Personalbedarfs,
- Beschaffung des Personals,
- Einsatz des Personals und
- Entwicklung des Personals.

Im Rahmen der Personalbedarfsplanung wird ermittelt, wieviele Mitarbeiter mit welchen Qualifikationen in welchen Stellen in den folgenden Planperioden benötigt werden. Ergebnis ist damit der Stellenbesetzungsplan.
Die Personalbeschaffung zeigt auf, wie geeignete Bewerber angesprochen werden sollen und verwaltet die eingegangenen Bewerbungen.
Bei der Personaleinsatzplanung wird versucht, jeden Arbeitsplatz so zu besetzen, daß die für die Tätigkeit benötigten Merkmale (Anforderungsprofil) erfüllt werden. Gleichzeitig wird angestrebt, jeden Mitarbeiter so einzusetzen, daß seine Merkmale (Fähigkeitsprofil) von den Anforderungen des Arbeitsplatzes weder überschritten noch wesentlich unterschritten werden.
Die Personalentwicklungsplanung vermittelt fehlende Fähigkeiten und Kenntnisse der Mitarbeiter durch entsprechende Schulungen und bereitet geeignete Mitarbeiter auf verantwortungsvollere Stellen vor.
Die entwickelte Datenstruktur ist in Abb. B.V.11 dargestellt. Sie wird im folgenden in ihrer Entwicklung erläutert.

B.V.3.1.1 Personalbedarfsplanung

Die in einem Unternehmen benötigten Tätigkeitsarten werden in dem Entitytyp TÄTIGKEIT erfaßt. Jede Ausprägung beschreibt ein bestimmtes Berufsbild wie:

- Sekretärin, Schreibkraft, Schlosser, kaufmännischer Sachbearbeiter, Konstrukteur usw.

Jede Stelle wird einer solchen Tätigkeit zugeordnet, wobei in der Regel an mehreren Stellen die gleiche Tätigkeit ausgeführt wird.
Um den Personalbedarf zu ermitteln, wird zunächst der Bruttobedarf pro Tätigkeit festgestellt. Nach Abzug der pro Tätigkeitsart vorhandenen Mitarbeiter (über die Beziehung STELLENBESETZUNG) sowie der bereits feststehenden Zugänge und abzüglich der erwarteten Abgänge ergibt sich der Nettobedarf pro Tätigkeitsart. Da der Bedarf nach der Einstellungsperiode auch zeitlich festgelegt wird, ist der PERSONALBEDARF eine n:m-Beziehung zwischen TÄTIGKEIT und dem ZEIT-Entitytyp.

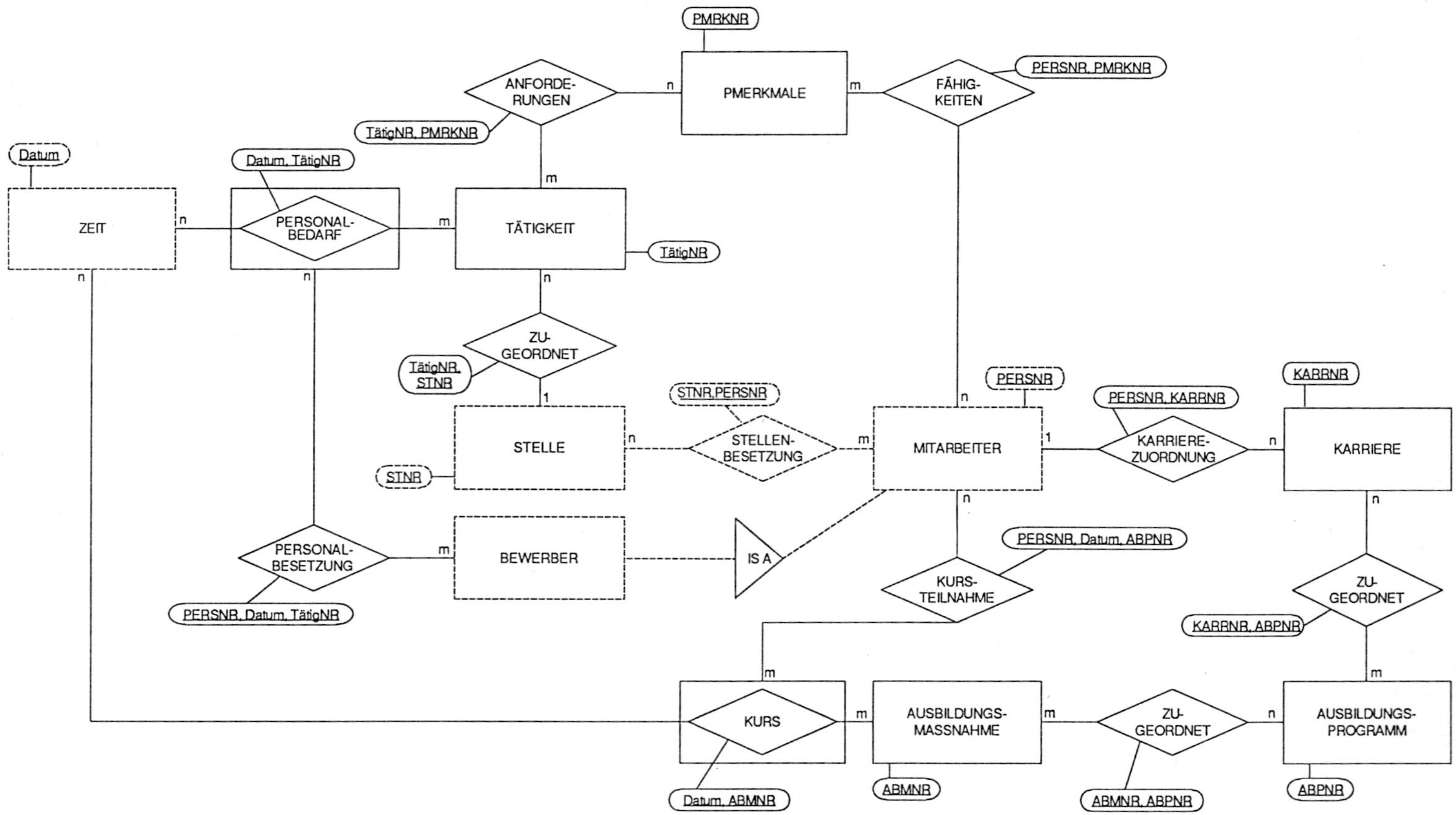

Abb. B.V.11: ERM zur Personalplanung

Zur Ermittlung des Bruttobedarfes können statistische Verfahren sowie Bedarfsmeldungen der Fachabteilungen herangezogen werden.

B.V.3.1.2 Personalbeschaffungsplanung

Für die ermittelten Personalbedarfe wird eine Beschaffungsplanung durchgeführt. Hierzu können die bekannten Mittel der Anzeigenwerbung, Vergabe an Personalberatungsinstitutionen usw. eingesetzt werden. Eingehende Bewerbungen werden den entsprechenden Bedarfen zugeordnet. Gleichzeitig werden die Bewerber in der Mitarbeiterdatei (als Teilmenge über eine Spezialisierungs-Beziehung verbunden) aufgenommen. Dabei ist es möglich, daß ein Bewerber für unterschiedliche Tätigkeiten in Frage kommt und andererseits für einen Bedarf mehrere Bewerbungen bestehen. Dieses führt zu einer n:m-Beziehung PERSONALBESETZUNG zwischen PERSONALBEDARF und BEWERBER.
Wird die Zuordnung eines Bewerbers zu einer Stelle während des Auswahlprozesses vorgenommen, so wird dieses durch die bereits bestehende Beziehung STELLENBESETZUNG ausgedrückt.
Beim Auswahlprozeß können aus Tests und Bewerbungsunterlagen Kenntnisse und Fähigkeiten des Bewerbers erfaßt werden. Die Anforderungen der Tätigkeit werden dann den Fähigkeiten des Bewerbers gegenübergestellt. Diese Fragestellung ist auch für die Personaleinsatzplanung grundlegend.

B.V.3.1.3 Personaleinsatzplanung

Um bei der Auswahl eines geeigneten Bewerbers für eine Tätigkeit bzw. bei der generellen Einplanung von Mitarbeitern auf Arbeitsplätze geeignete Entscheidungskriterien zu besitzen, müssen sowohl die Tätigkeiten als auch die Mitarbeiter näher beschrieben werden. Dazu können Merkmalkataloge dienen, die in vielfältiger Form von der Arbeitswissenschaft oder zur Erarbeitung von Entlohnungskriterien entwickelt worden sind. Vgl. z. B. das sogenannte Genfer-Schema (vgl. *Kupsch/Marr, Personalwirtschaft 1985, S. 712*).
Typische Merkmale für Angestellte sind z. B.

- Fachkenntnisse oder körperliche Geschicklichkeit,
- Verantwortung für
    - Arbeitsausführung, Sicherheit und Gesundheit anderer,
    - Arbeitsablauf,
- Muskelarbeit,
- Nachdenken,
- Aufmerksamkeit,

- Umgangs- und Ausdrucksgewandtheit,
- Disponieren,
- aufsichtsführende Tätigkeit,
- Umgebungseinflüsse.

Daneben können auch Kenntnisse und Fähigkeiten als Merkmale erfaßt werden wie
- Schul- und Fachausbildung,
- Berufserfahrung,
- Fort- und Weiterbildung

oder psychische Merkmale wie
- Auffassungsgabe,
- praktische Anstelligkeit,
- Merkfähigkeit,
- Reaktionsvermögen,
- Fähigkeit zur Einzelarbeit usw.

Ein ausführlicher Merkmalskatalog ist z. B. vom Forschungsinstitut für Rationalisierung an der RWTH Aachen entwickelt worden (vgl. *FIR (Hrsg.), Vergleich von Arbeitsplatzanforderungen und Personalfähigkeitsdaten 1975*).

Die unterschiedlichen Merkmale werden zu dem Entitytyp PMERKMALE zusammengefaßt. Die für eine bestimmte Tätigkeit erforderliche Ausprägung eines Merkmals wird in einem Beziehungstyp ANFORDERUNGEN (als n:m-Beziehung zwischen PMERKMAL und TÄTIGKEIT) definiert.

Die Ausprägungen eines Mitarbeiters für ein bestimmtes Merkmal werden in dem Beziehungstyp FÄHIGKEITEN erfaßt.

Für Personalentscheidungen können nun Profilvergleiche angestellt werden, wie sie in Abb. B.V.12 abgebildet sind (vgl. *Zülch, Profilmethode bei der Personaleinsatzplanung 1976, S. 227*).

Es werden die Anforderungen des Arbeitsplatzes und die Fähigkeiten des Mitarbeiters für jeweils identische und möglichst gut bewertbare Merkmale einander gegenübergestellt. Da eine vollständige Deckung kaum möglich ist, sind Bandbreiten zu definieren, die bei einer Unter- oder Überdeckung toleriert werden.

Für das bekannte Personalzuordnungsproblem, das ebenfalls Anforderungs- und Fähigkeitskennzahlen von Mitarbeitern für Arbeitsplätze benötigt, ist eine Vielzahl von mathematisch orientierten Modellansätzen entwickelt worden (vgl. *Daegling/Hermsen, Planung des Personaleinsatzes 1973; Domsch, Simultane Personal- und Investitionsplanung 1970*).

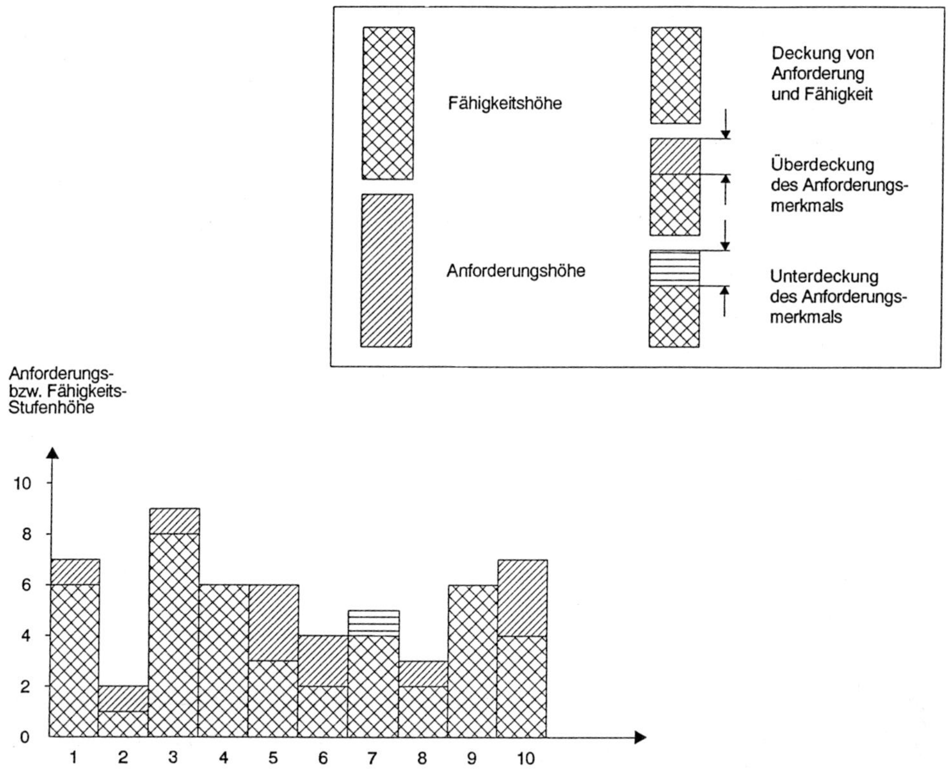

Abb. B.V.12: Grafischer Profilvergleich von Anforderungs- und Fähigkeitsprofilen

B.V.3.1.4 Personalentwicklungsplanung

Die Personalentwicklungsplanung als Karriereplanung umfaßt Beförderungsmaßnahmen und damit Festlegung von Beförderungskriterien sowie die betriebliche Aus- und Weiterbildung. Die möglichen Karrieren (z. B. die Folge: Marketing-Assistent, Product-Manager, Product-Gruppenleiter, Marketing-Leiter) werden in dem Entitytyp KARRIERE erfaßt.

Einer Karriere sind bestimmte Ausbildungsprogramme, die ein Bewerber absolvieren muß, zugeordnet. Die einzelnen Ausbildungsprogramme enthalten wiederum einzelne Ausbildungsmaßnahmen, z. B. konkrete Kurse, Praktika, Job-Rotations usw. Die Zuordnungen zwischen den Entitytypen KARRIERE und AUSBILDUNGSPROGRAMM sowie zwischen AUSBILDUNGSPROGRAMM und AUSBILDUNGSMASSNAHME sind jeweils vom Typ n:m.

Ein KURS ist eine n:m-Beziehung zwischen der ZEIT und der betreffenden AUSBILDUNGSMASSNAHME. Die zugeordneten Teilnehmer werden durch die Beziehung KURSTEILNEHMER zu dem Entityp MITARBEITER erfaßt. Da ein Mitarbeiter an mehreren Kursen im Zeitablauf teilnehmen kann, andererseits an einem Kurs mehrere Mitarbeiter teilnehmen, besteht eine n:m-Beziehung.

Die Zuordnung von Mitarbeitern zu bestimmten Karrieren wird laufend über Beurteilungsmaßnahmen aktualisiert. Über die Beziehung KARRIEREZUORDNUNG sind dann Hilfestellungen bei der Vorauswahl von geeigneten Ausbildungsbewerbern für die Personalabteilung gegeben. Im allgemeinen wird ein Mitarbeiter einer Karrieregruppe zugeordnet, einer Karriere können aber mehrere Mitarbeiter zugeordnet werden.

B.V.3.2 Datenmodell

Die Abb. B.V.11 wird wieder in der Abb. B.V.13 in die Notation des Relationenmodells überführt.

R. PMERKMALE (PMRKNR, ...)
R. FÄHIGKEITEN (PERSNR, PMRKNR, Ausprägung)
R. TÄTIGKEIT (TätigNR, Beschreibung)
R. ANFORDERUNGEN (TätigNR, PMRKNR, Ausprägung)
R. PERSONALBEDARF (Datum, TätigNR, Anzahl, ...)
R. PERSONALBESETZUNG (PERSNR, Datum, TätigNR, ...)
R. KARRIERE (KARRNR, Art, ...)
R. KARRIEREZUORDNUNG (KARRNR, PERSNR, ...)
R. AUSBILDUNGSPROGRAMM (ABPNR, ...)
R. STELLENBESETZUNG (PERSNR, STNR, ...)
R. AUSBILDUNG/KARRIERE-ZUORDNUNG (KARRNR, ABPNR)
R. AUSBILDUNGSMASSNAHME (ABMNR, ...)
R. MASSNAHME/PROGRAMM-ZUORDNUNG (ABMNR, ABPNR)
R. KURS (Datum, ABMNR, Beschreibung)
R. KURSTEILNAHME (PERSNR, Datum, ABMNR)

Abb. B.V.13: Relationenmodell: Personalplanung

B.V.4 Verarbeitungsform der Personalwirtschaft

Die Grunddatenverwaltungsfunktionen werden vor allen Dingen aus Gründen der Aktualität und Plausibilitätskontrolle als dialoggeeignet betrachtet (vgl. Abb. B.V.14).
Die Zeit- und Leistungserfassungen sind ebenfalls wegen der Plausibilitätskontrolle als Dialogfunktionen geeignet, wobei hierfür entweder eigenständige Erfassungssysteme oder in generelle Betriebsdatenerfassungssysteme integrierte Lösungen möglich sind. Die Lohnberechnungen sowie der Datenträgeraustausch sind in der Regel typische periodenbezogene Massenverarbeitungsvorgänge, die im Batch-Betrieb abgewickelt werden. Bei einem aktuell geführten Lohnkonto ist allerdings auch eine Dialoglösung sinnvoll.

Aufgabe	Teilfunktion	Dialogursache				Batch
		Aktualität	Plausibilität	Iterative Abwandlung	Interaktiver Entscheidungsprozeß	
Grunddatenverwaltung	Einstellungen / Entlassungen	x	x			
	Umsetzungen	x				
	Terminverfolgung	x				
Personalabrechnung	Zeiterfassung	x	x			
	Leistungserfassung		x			
	Bruttolohn	(x)	(x)			x
	Nettolohn	(x)				x
	Datenaustausch					x
Personalplanung	Bedarf					x
	Beschaffung	x				
	Einsatz					
	- Profilvergleich				x	
	- Zuordnung				x	(x)
	Entwicklung					
	- Kursplanung		x			
	- Karriereplanung			x		

Abb. B.V.14: Dialogursachen von Funktionen des Personalwesens

Bei den Personalplanungsfunktionen können der Profilvergleich und die Lösung des Personalzuordnungsproblems interaktive Entscheidungsprozesse bilden. Bei einem komplizierten Zuordnungsproblem können allerdings aufgrund des hohen Rechenvolumens auch Batch-Lösungen eingesetzt werden. Im Rahmen der Personalentwicklung kann die Gestaltung von Kursprogrammen und auch die Förderungsplanung im Dialog durchgeführt werden. Bei der Karriereplanung kann dabei sogar ein mehrstufiger Dialog sinnvoll sein.

Die Personalwirtschaft erhält zwar Daten aus anderen Bereichen (z. B. Leistungs- und Zeiterfassungsdaten aus dem Bereich der Produktion), diese Daten erfordern aber nicht unmittelbar eine sofortige Einbindung in administrative Funktionen.

B.V.5 Ablaufsteuerung der Personalwirtschaft

B.V.5.1. Funktionsebenenmodell: Dezentralisierung

Als Dezentralisierungskriterien, nach denen Teillösungen der Personalwirtschaft auf Workstations verlagert werden, gelten einmal organisatorische Einheiten wie Betriebsteile, zum anderen aber auch bestimmte Segmente der Mitarbeiter. In Abb. B.V.15 zeigen die Planungsfunktionen eine hohe Eignung zur Verlagerung auf Workstations, wenn entsprechende Segmentierungen durchgeführt werden, die eine hinreichend übersichtliche Problemstruktur zulassen.

Aufgabe	Teilfunktion	Dezentralisierungs-kriterium	E = Ergänzung I = Integriert	PC-Eignung			Nutzung von PC-Eigenschaften					
				Daten-bedarf	lokale Dialog-intensität	PC-Eignung	Hardware	System-software	Anwen-dungs-software	Benutzer-sicht	Organi-sation	Priorität des PC-Einsatzes
Grund-daten-verwaltung	Einstellung / Ent-lassung	Betriebsteil	I	Z	m	g	-	-	-	-	-	-
	Umsetzung	"	I	Z	m	g	-	-	-	-	-	-
	Terminverfolgung	"	I	Z	g	g	-	-	-	-	-	-
Personal-abrech-nung	Zeiterfassung	Betriebsteil	E	Z / D	m	m	m	m	m	m	H	m
	Leistungserfassung	"	E	Z / D	g	m	m	m	m	m	H	m
	Bruttolohn	"	E	Z / D	m	m	m	-	-	-	g	g
	Nettolohn	-	I	Z	g	-	-	-	-	-	-	-
	Datenaustausch	-	I	Z	g	-	-	-	-	-	-	-
Personal-planung	Bedarf	Betriebsteil	E	Z / D	m	m	g	-	m	m	m	m
	Beschaffung	-	E	Z	m	g	-	-	-	-	-	-
	Einsatz											
	- Profilvergleich	Personalgruppe	E	Z / D	H	H	g	-	H	H	m	H
	- Zuordnung	Betriebsteil	E	Z / D	H	H	g	-	m	H	m	H
	Entwicklung											
	- Kursplanung	Personalgruppe	E	Z / D	m	m	g	m	H	H	m	m
	- Karriereplanung	"	E	Z / D	m	m	g	m	H	H	m	m

Abb. B.V.15: Bewertung der Auslagerung von Funktionen der Personalwirtschaft auf Workstations

Dabei kommen von den Eigenschaften der Workstations die Anwendungssoftware (z. B. Grafikunterstützung) sowie die Benutzerfreundlichkeit zum Tragen.

Ähnlich, wenn auch nicht ganz so ausgeprägt, ergeben sich die Bewertungen für die Funktion der Personalentwicklungsplanung. Die Grunddatenverwaltung ist wegen ihres Bedarfs an zentralen Personaldateien und ihrer relativ geringen Dialogintensität kaum für den Einsatz für Workstations geeignet. Dieses gilt auch dann, wenn Segmentierungen möglich sind.

Im Rahmen der Personalabrechnung sind durchaus Workstation-Lösungen vorstellbar. Beispielsweise können im Rahmen der Fertigungsdezentralisierung Betriebsdatenerfassungssysteme auf Basis von Workstations gebildet werden.

Die eigentlichen Abrechnungsfunktionen der Brutto-, Nettolohnberechnung und der anschließende Datenträgeraustausch sind typische zentralorientierte Funktionen.

B.V.5.2 Ereignissteuerung

Die Personalwirtschaft ist mit anderen betrieblichen Bereichen nur lose gekoppelt. Insbesondere ist sie nicht in Ablaufketten des Leistungsprozesses eingebunden, so daß ihre Aufgaben nicht über Aktionen anderer Teilbereiche angestoßen werden. Die kurzfristige Personaleinsatzplanung wird dabei der Fertigungssteuerung zugerechnet. In Abb. B.V.16 sind deshalb als Ereignisse lediglich Termine von einer Terminverfolgungsfunktion eingetragen, die z. B. Jubiläen, Ausscheidungen, terminierte Umbesetzungen usw. enthalten.

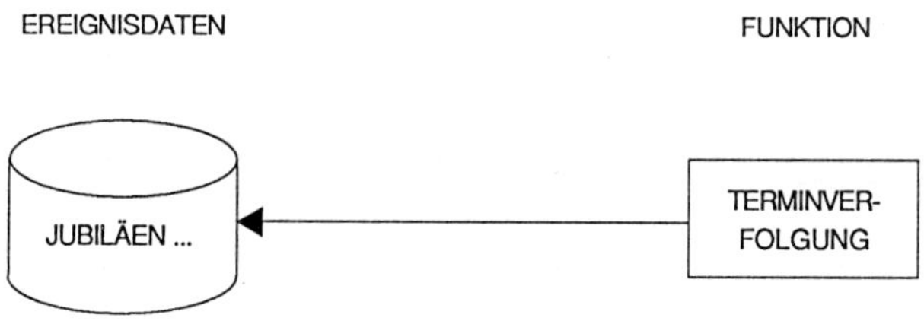

Abb. B.V.16: Ereignissteuerung der Personalwirtschaft

B.VI Rechnungswesen

Das Rechnungswesen gliedert sich in Finanzbuchführung, Kostenrechnung und Betriebsstatistik und dient zur Dokumentation der Geschäftsvorfälle, der Kontrolle der Geld- und Leistungsströme sowie zur Informationsbereitstellung für Entscheidungen in allen betrieblichen Bereichen. Es ist damit wie die Personalwirtschaft eine die güterwirtschaftlichen Funktionen übergreifende Anwendung. Gleichzeitig ist das Rechnungswesen aber eng mit den güterwirtschaftlichen Prozessen verbunden, da es diese in einer Wertebene begleitet.
Besonders die Finanzbuchführung ist wegen der großen Anzahl zu bearbeitender Geschäftsvorfälle und ihrer durch gesetzliche Vorschriften des Handels- und Steuerrechts sowie der Abgabenordnung festgelegten Struktur ein traditionell intensives Anwendungsgebiet der EDV.
Die Ausnutzung der Datenintegration führt zu einer Verlagerung der Erfassungsfunktionen aus dem organisatorischen Bereich der Finanzbuchführung in die sogenannten vorgelagerten Bereiche: Die Geschäftsvorfälle werden nicht noch einmal in der Finanzbuchführung erfaßt, sondern die bei der operativen Bearbeitung eines Geschäftsvorfalls erhobenen Daten werden automatisch der Finanzbuchführung übergeben.
Während der organisatorische Ablauf der Finanzbuchführung durch den Einsatz der EDV stark verändert worden ist, blieb für ihre inhaltliche Umgestaltung wegen ihrer starken Normung nur wenig Spielraum. Dieser Spielraum ist zwar bei der Kostenrechnung gegeben, da sie sich stärker an der betriebswirtschaftlichen Zweckbestimmung einer Entscheidungsunterstützung orientieren kann, aber auch hier wurden weitgehend die bestehenden "klassischen", d. h. an manuellen Abläufen orientierten Verfahren übernommen (vgl. zu dieser Kritik *Mertens/Hansen/Rackelmann, Selektionsentscheidungen im Rechnungswesen 1977, S. 77*). Inzwischen sind aber Erweiterungen, z. B. in Richtung der Entwicklung von Informationssystemen des Rechnungswesens zu erkennen. Gerade durch den Einsatz von Datenbanksystemen, die die Verwaltung unverdichteter Kosteninformationen erlaubt, sind neue Ansätze erkennbar, die auch den in der betriebswirtschaftlichen Literatur geführten Methodenstreit auflösen können. Dieses Ziel kann durch die Entwicklung einer "Grundrechnung", d. h. eine Datenbasis für die Kostenrechnung, auf der unterschiedliche periodische Routineauswertungen und ad-hoc-Sonderrechnungen aufsetzen, erreicht werden (vgl. z. B. *Sinzig, Rechnungswesen 1989*).
Die Finanzbuchführung erfaßt vorwiegend Geschäftsvorfälle zwischen der Unternehmung und der Außenwelt, also den Beschaffungs-, Absatz- und Kapitalmärkten sowie dem Staat. Dagegen behandelt die Kostenrechnung vorwiegend Geschäftsvorfälle, die im Zusammenhang mit dem betrieblichen Kombinationsprozeß innerhalb der Unternehmung anfallen. Trotzdem bestehen Zusammenhänge zwischen beiden Bereichen, die vor allem daraus resultieren, daß bestimmte Geschäftsvorfälle (z. B. Lohnzahlung) sowohl als Aufwand in der Finanzbuchhaltung als auch als Kosten in der Kostenrechnung behandelt werden müssen. Weiterhin übernimmt die Finanzbuchführung Ergebnisse von Bewertungsvorgängen der Kostenrechnung, z. B. bei der Bewertung von Halbfabrikaten.

Die gemeinsame Datennutzung sowie die gegenseitige Weiterverwendung von Teilergebnissen bilden somit die Klammer über die Teilgebiete des Rechnungswesens.

B.VI.1 Externes Rechnungswesen (Finanzbuchführung)

Aufgabe der Finanzbuchführung ist es, die Beziehungen der Unternehmung mit der Außenwelt darzustellen und sämtliche Geschäftsvorfälle aufzuzeichnen. Sie gliedert sich in eine Hauptbuchführung und Nebenbuchführungen für organisatorisch verselbständigte Teilgebiete.
Die Nebenbuchführungen bearbeiten die Einzelfälle und speichern sie detailliert ab. An die Hauptbuchführung werden dann lediglich verdichtete Sammelbuchungen weitergeleitet. Die in den Nebenbuchhaltungen differenziert geführten Personenkonten der Kreditoren und Debitoren werden z. B. in der Hauptbuchführung zu den Sammelkonten "Forderungen" und "Verbindlichkeiten" verdichtet. In der Hauptbuchführung werden weiter die nicht in den Nebenbuchführungen bereits bearbeiteten Vorgänge behandelt und Abschlußrechnungen erstellt.
Da die Logik der Finanzbuchführung unabhängig von ihren Unterteilungen in Haupt- und Nebenbuchhaltungen weitgehend einheitlich ist, wird die Datenstruktur zunächst allgemein entwickelt. Anschließend werden Besonderheiten, die sich aus den unterschiedlichen Abrechnungsgebieten der Nebenbuchführungen ergeben, ergänzend dargestellt.

B.VI.1.1 Grundsätzlicher Aufbau der Buchführung

B.VI.1.1.1 Entwurf der Datenstruktur

Die durch Konto und Buchungssatz festgelegte Struktur der Finanzbuchführung ist bereits früh von Vertretern datenorientierter Entwurfsverfahren aufgegriffen und in Demonstrationsbeispielen verwendet worden (vgl. *Wedekind/Ortner, Datenbank für die Kostenrechnung 1977*).
Eine umfassende Darstellung der Datenstruktur der Finanzbuchführung fehlt aber bisher. Für amerikanische Verhältnisse ist dagegen von W. E. McCarthy (vgl. *McCarthy, Accounting Models 1979*) ein ausführlicher ERM-Ansatz entwickelt worden.
Bei der Datenstruktur werden zunächst die Stammdaten der Konten mit ihren Beziehungen dargestellt und anschließend die Bewegungsdaten der Buchungsvorgänge konstruiert.

B.VI.1.1.1.1 Konten

Der 1971 vom betriebswirtschaftlichen Ausschuß des Bundesverbandes der Deutschen Industrie veröffentlichte Industriekontenrahmen (IKR) enthält folgende Kontenklassen:

0 Sachanlagen
1 Finanzanlagen und Geldkonten
2 Vorräte, Forderungen und aktive Rechnungsabgrenzungsposten
3 Eigenkapital, Wertberichtigungen und Rückstellungen
4 Verbindlichkeiten und passive Rechnungsabgrenzungsposten
5 Erträge
6 Material- und Personalaufwendungen, Abschreibungen und Wertberichtigungen
7 Zinsen, Steuern und sonstige Aufwendungen
8 Eröffnungsbilanz, Abschluß der Gewinn- und Verlustrechnung und Schlußbilanz
9 frei für Kosten- und Leistungsrechnung.

Der IKR folgt dem Abschlußgliederungsprinzip. Die Klassen 0 bis 4 ergeben die Bilanz und die Klassen 5 bis 7 die Gewinn- und Verlustrechnung.
Um den Anforderungen nach einer differenzierten Informationsquelle Rechnung zu tragen, werden pro Kontenklasse bis zu 10 Kontengruppen und pro Kontengruppe bis zu 10 Kontenarten eingerichtet, so daß sich die in Abb. B.VI.01 dargestellte Kontenhierarchie ergibt.

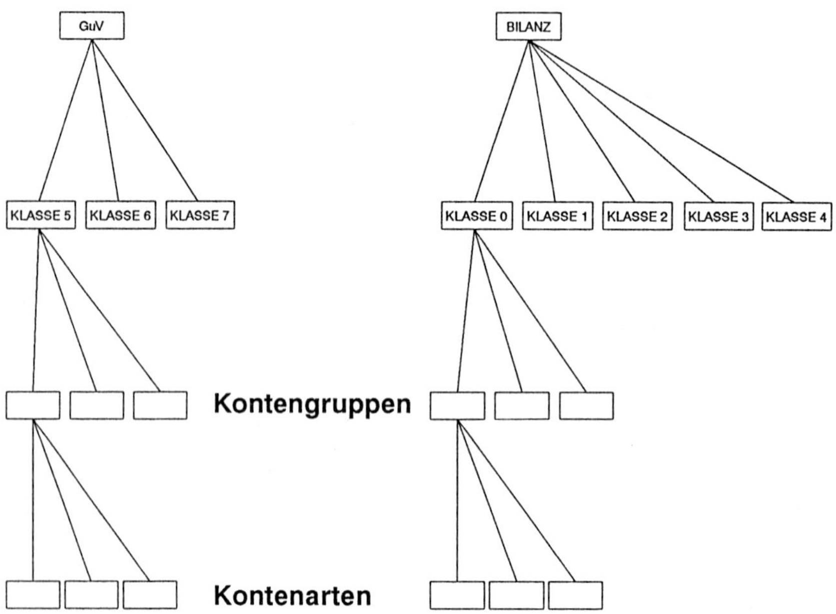

Abb. B.VI.01: Kontenhierarchie innerhalb des Industriekontenrahmens

Die Salden untergeordneter Konten werden jeweils auf die übergeordneten Konten übertragen, so daß eine fortlaufende Verdichtung stattfindet. Die Abbildung zeigt deshalb eine 1:n-Beziehung innerhalb des Entitytyps KONTO.

Diese Struktur kann aber auch weitergeführt und durch andere Gliederungsprinzipien überlagert werden. Beispielsweise können unterschiedliche Bilanzen und G+V-Rechnungen für aktienrechtliche Gliederungen, Konzernrichtlinien für Töchter ausländischer Unternehmungen oder bei Konsolidierungen unterschiedlicher Buchungskreise erstellt werden. In diesem Fall kann ein Konto in mehrere übergeordnete Konten eingehen, so daß eine n:m-Beziehung innerhalb des Entitytyps KONTO besteht.

In Abb. B.VI.02 sind der Entitytyp KONTO mit dem Schlüssel Kontonummer (KTONR) und der Beziehungstyp KSTRUKTUR mit dem komplexen Schlüssel OKTONR und UKTONR eingeführt.

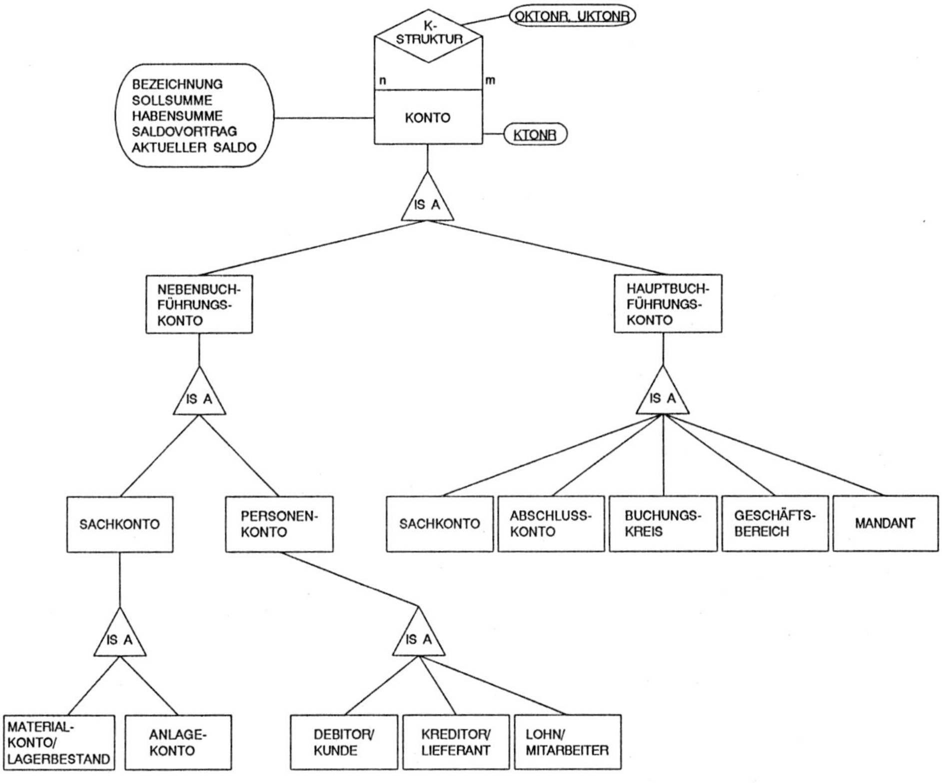

Abb. B.VI.02: ERM zur Kontenstruktur

Typische Attribute von KONTO sind die Bezeichnung, der Saldo vor der letzten Buchung (Saldovortrag), die Soll- und Habensumme und der aktuelle Saldo.

Die Summen- und Saldendaten können dabei in ein Periodenraster (z. B. 24-Monats-Werte) eingetragen werden, die für Zeitvergleiche zur Verfügung stehen.

Die einzelnen Summen- und Saldenbeträge können für unterschiedliche Monatswerte abgerufen werden, wie es das Beispiel für das Sachkonto "Debitorenforderungen Inland" aus dem System RF zeigt (vgl. Abb. B.VI.03, aus: *SAP, System RF 1983, S. 2.13-2*).

Benutzer Johann BS BS28 CONV 0001 04/01/83 11:50:57 TS21 DYN078

Sachkonten-Verkehrszahlen		SAP GmbH		4.01.83
00140000	01 83 Debitorenforderungen Inland			
Mon	Soll	Haben	MSaldo	PSaldo
SV				
Jan	6.737,00	1.582,00	5.155,00	11.111,00
Fbr	0,00	0,00	0,00	16.266,00
.	.	.	.	16.266,00
.	.	.	.	.
.	.	.	.	.
Dec	0,00	.	.	.
	6.737,00	1.582,00	5.155,00	16.266,00
Konto _				
OK J				1-02-078

Abb. B.VI.03: Beispiel für das Sachkonto "Debitorenforderungen Inland"

Die Strukturbeziehungen werden durch Angabe der übergeordneten und untergeordneten Kontonummern (OKTONR, UKTONR) definiert.

Da eine Aufgabe der Finanzbuchführung die Dokumentation der Geschäftsvorfälle ist (wenn auch vornehmlich aus wertmäßiger Sicht), besteht eine natürliche enge Beziehung zu den Datenstrukturen der operativen Systeme, die diese Geschäftsvorfälle erzeugen. So sind die Lieferanten innerhalb des Beschaffungssystems die Kreditoren der Finanzbuchführung, und die Kunden innerhalb des Vertriebsabwicklungssystems sind die Debitoren der Finanzbuchführung. Die Material-Entities innerhalb der Materialwirtschaft entsprechen den Materialkonten.

Für solche Entitygruppen brauchen deshalb keine neuen Kontentypen definiert zu werden, sondern die finanzwirtschaftlichen Daten (Kontobezeichnung, Kontosummen) können als Attributgruppe innerhalb der bereits eingeführten Entities geführt werden. Da aber auch kompliziertere Beziehungen bestehen können, z. B. daß ein Debitorenkonto für mehrere Debitoren (z. B. innerhalb eines Konzerns) zuständig ist, und aus didaktischen Gründen, wird KONTO als eigener Entitytyp beibehalten und durch Zuordnungsbeziehungen mit den Begriffen der operativen Ebene verbunden. Diese Überschneidung wird bei den sogenannten Nebenbuchhaltungen, die ohnehin eine engere Beziehung zu den operativen Prozessen besitzen, besonders sichtbar. Die Zuordnungsbeziehungen verdeutlichen deshalb auch, daß keine redundanten Attribute angelegt werden, sondern operative Ebene und Wertebene eng verzahnt gesehen werden.

Anhand der Kontostammdaten können bereits zahlreiche Auswertungsfunktionen durchgeführt werden, auf die im Rahmen der Nebenbuchführungen noch weiter eingegangen wird.

Die Konten unterscheiden sich sowohl nach Kontentypen als auch nach ihrer Stellung innerhalb der Kontenhierarchie. Dieses ist in Abb. B.VI.02 durch die Spezialisierung der Konten dargestellt. Zunächst wird zwischen Nebenbuchführungen und der Hauptbuchführung unterschieden. Weiter

wird zwischen den Personenkonten (Debitoren, Kreditoren, Personal) und Sachkonten unterschieden. Entsprechend den unterschiedlichen Abschlüssen (G+V, Bilanz) werden Abschlußkonten definiert.
Die Gliederung kann weitergeführt werden, indem innerhalb eines EDV-gestützten Finanzbuchführungssystems unterschiedliche Mandanten geführt werden. Mandanten sind voneinander unabhängige Firmen mit getrennten Kontenplänen. Sie werden nur EDV-technisch mit dem gleichen Programmsystem bearbeitet.
Buchungskreise sind getrennt bilanzierende Einheiten innerhalb eines Konzerns mit mindestens zum Teil gemeinsamem Kontenrahmen. Hierbei können einige Konten über die Buchungskreise hinweg integriert verarbeitet werden, so z. B. bei Kreditkontrollen von Kunden, die von mehreren Buchungskreisen beliefert werden. Auch eine weitere Untergliederung der Buchungskreise in Geschäftsbereiche für betriebswirtschaftliche Auswertungen ist vorstellbar.
Die Strukturierung nach Buchungskreisen und Geschäftsbereichen kann innerhalb der Datenstruktur, wie sie zwischen KONTO und KSTRUKTUR angegeben wurde, realisiert werden. Ähnlich wie bei der Stücklistenbeziehung, bei der mehrere logische Stücklistenarten quasi "übereinandergelegt" werden (z. B. Konstruktionsstückliste, Fertigungsstückliste, Verkaufsstückliste), können auch unterschiedliche Gliederungsprinzipien mit der allgemeinen n:m-Beziehung innerhalb des Entitytyps KONTO dargestellt werden. Ein Buchungskreis-Entity ist dann z. B. selbst ein Konto, von dem Strukturbeziehungen zu den dem Buchungskreis angehörenden Konten ausgehen. Dieses ist in Abb. B.VI.04 dargestellt, indem die zwei Buchungskreise mit BK1 und BK2 bezeichnet werden.

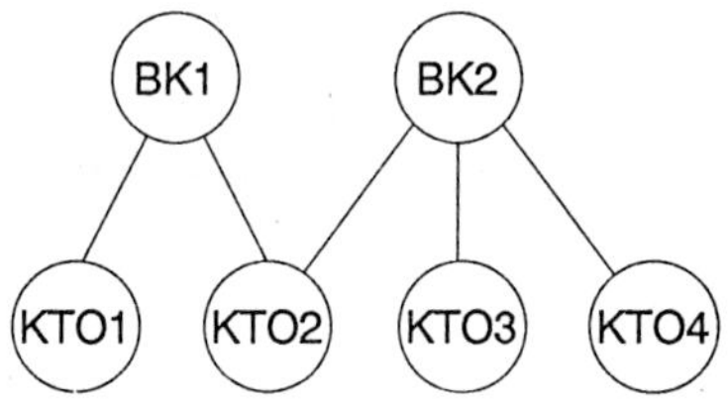

Abb. B.VI.04: Strukturbeziehungen von Buchungskreisen

Abb. B.VI.05 (aus: *SAP, System RF 1983, S. 2.4-1*) zeigt die Bildschirmmaske des Ausschnitts eines Sachkontos.
Im Kopf sind zunächst die Kontenstrukturen durch Angabe der Kontennummer, des Buchungskreises, der Kontogruppe, des Kontotyps "Sachkonto" sowie der verantwortliche Sachbearbeiter ersichtlich. Die Kontobezeichnung lautet "Umsatzerlös".
Im zweiten Abschnitt sind Schlüssel zur Eingliederung des Kontos in Finanzplanungsanwendungen und Ergebnisrechnungen angegeben. Der dritte Abschnitt enthält Attribute des Kontos, wobei in der letzten Zeile Angaben der letzten Buchung (Belegnummer, Datum der letzten Bewegung) angegeben werden.

```
Benutzer Johann  BS  BS28  CONV  0001  04/01/83   11:50:57 TS21 DYN078

Anzeigen Sachkonten-Stamm            SAP GmbH                    4.01.83

Konto-Nr. 00900000  BUKRS 01  KTOGR  SAKO  eröffnet durch Voss am 7.12.82
Kontobez.  Umsatz Erlös

FINANZPLANSCHLÜSSEL  501
Erg3-Soll        000000   Erg3-Haben      0000000   Erg3-VD-SL        00
Erg4-Soll        000000   Erg4-Haben      0000000   Erg4-VD-SL        00

Segm-Steu             9   Währung              DM   Konto-Klassifikation   G
Sort-KZ             000   Geschber-KZ           J
MWST-Kennz.           +   Zins-Kennz.               Bank-Kreditlimit...... 0,00
Zusatztext
LTZ-BelNr.  00000000      LTZ-AUSGLZ          000   Datum LTZ-Bewegung  0

Bildauswahl         1...5...10...5...20...5...30   Berecht.  0....5....10....15
Sach-Kont.          -.----------------------------  Gruppe  000000000000

Sperr-KZ

Konto _
OK J                                                              1-02-071
```

Abb. B.VI.05: Bildschirmmaske für einen Sachkontoausschnitt

Im fünften Abschnitt sind Angaben zur Benutzerberechtigung und zur weiteren Steuerung enthalten. Im Feld "Konto" des letzten Bereichs kann das jeweils nächste anzuzeigende Konto eingetragen werden.

Mit der entwickelten Datenstruktur der Konten lassen sich vielfältige Unterteilungen und Überlappungen der Kontenbeziehungen darstellen. Für die sogenannten Nebenbuchführungen kann es sinnvoll sein, Ausschnitte der Kontenstruktur zu verselbständigen. Diese organisatorische oder auch physische Unterteilung des Datenvolumens ändert aber nichts an dem eingeführten logischen Zusammenhang.

B.VI.1.1.1.2. Buchungen

Jeder Geschäftsvorfall wird durch einen Buchungssatz erfaßt. Er besteht zunächst aus einem Kopfteil, der den Geschäftsvorfall näher beschreibt sowie den eigentlichen Buchungen. Da es die Aufgabe der Finanzbuchführung ist, die Geschäftsvorfälle abzubilden, besitzt der Buchungssatz somit den Charakter eines den Geschäftsvorfall charakterisierenden Beleges. Er ist Abbild des realen Vorgangs. In Abb. B.VI.06 ist der Entitytyp BELEGKOPF angelegt, der durch die Belegnummer identifiziert wird.

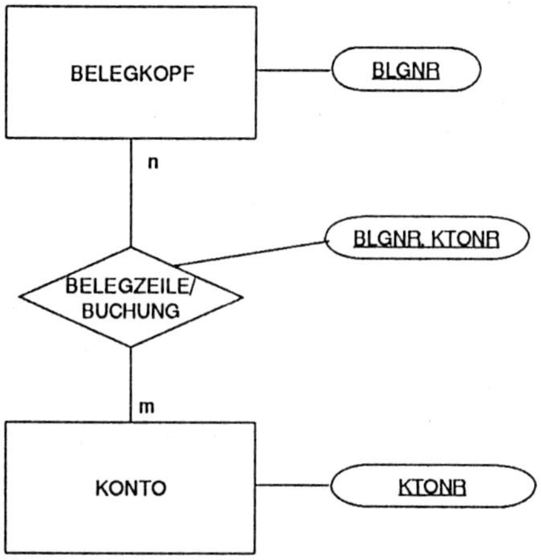

Abb. B.VI.06: ERM zum Buchungssatz

Die einzelnen Buchungen bilden dann eine n:m-Beziehung zwischen den Entitytypen BELEGKOPF und KONTO. Typische Attribute des Belegkopfes sind:

- die Belegart (z. B. für einen Lieferschein, für einen Zahlungseingang, Rechnungseingang, Taxiquittung, Spesenbeleg usw.),
- das Belegdatum,
- Zahlungsregelungen, die für einen späteren Zahlungsausgleich verwendet werden.

Typische Attribute der Belegzeile sind:

- die Zeilennummer innerhalb des Buchungssatzes,
- die Soll-Haben-Kennung für die Zuordnung der Kontenseite,
- die Kennung der Mehrwertsteuer (Höhe, Vor- bzw. Nachsteuer),
- der zu verbuchende Betrag.

Die n:m-Datenstruktur wird an einem einfachen Beispiel erläutert (vgl. Abb. B.VI.07). Es wird unterstellt, daß der Vorfall vollständig neu erfaßt wird; auf die automatische Datenübernahme aus den operativen Systemen wird später eingegangen. An einen Kunden wird eine Ware zu DM 1.000,-- zuzüglich 14 % MWSt verkauft. In Abb. B.VI.07 sind der entsprechende Belegkopf und zwei Belegzeilen (die die eigentlichen Buchungen wiedergeben) dargestellt.
Die entsprechenden Kontenbuchungen sind in Abb. B.VI.08 eingetragen.
Bei der Habenbuchung wird durch Angabe der Mehrwertsteuerkennung A1 automatisch der Betrag von 1.140,-- DM in Umsatzerlös und Mehrwertsteuerbetrag aufgesplittet. Über die Kennung ist auch automatisch das Mehrwertsteuerkonto mit der Nummer 175.000 identifiziert.

Belegkopf	BLGNR	=	23000594
	Belegart	=	Debitorenbeleg
	Belegdatum	=	01.01.83
	Zahlungsregelung	=	10/3,0 30/
Belegzeilen	BLGNR, KTONR	=	23000594,900000005
	Zeilennummer	=	1
	S-H-Kennung	=	S
	Mehrwertsteuerkennung	=	**
	Betrag	=	1.140
	BLGNR, KTONR	=	23000594,800000
	Zeilennummer	=	2
	S-H-Kennung	=	H
	Mehrwertsteuerkennung	=	A1
	Betrag	=	1.140

Abb. B.VI.07: Beispiel für die in Abb. B.VI.06 dargestellte Datenstruktur

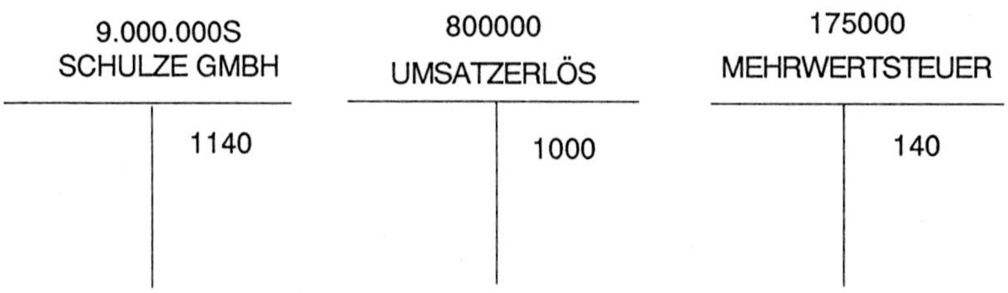

Abb. B.VI.08: Kontobuchungen zu Abb. B.VI.07

Die Darstellung der T-Konten dient hier nur zur stärkeren Verdeutlichung. In der Datenstruktur wird der Buchungsvorgang durch den Aufbau der Beziehung BELEGZEILE/BUCHUNG erfaßt. Sofern im Konto Summenwerte geführt werden, werden diese mit jedem Buchungsvorgang aktualisiert. Die einzelnen Buchungen sind einschließlich der Beschreibungsdaten des Belegkopfsatzes von jedem zugehörenden Konto aus erreichbar. Damit sind alle Kontenabschlüsse, auch zeitlich zurückliegend, in beliebiger Form jederzeit möglich und stellen reine Auswertungsfunktionen dar.
Zu diesen Auswertungen zählen auch die Belegjournale, die aufgrund der unverdichteten Erfassung für beliebige Zeiträume, auch rückwärts, generiert werden können.
Das dargestellte Beispiel ist in den Abb. B.VI.09,a-c (aus: *SAP, System RF 1983, S. 3.1-1 f.*) in der Version des Systems RF dargestellt.

Benutzer Johann BS BS28 CONV 0006 13/09/90 13:35:54 TB01 DYN157

Buchen Beleg DA Debitorenbeleg Allg. 01 SAP GmbH
0 01 U Rechnung 01 Materialsystem 001

D 900000005-01-90 Schulze GmbH
H 140000 6909 Heidelberg

Betrag... 1140 DM Finanzplan 810
MWS-KENNZ **
Zuordnung __

SKT-Basis SKT-Abzug __
ZFB-Datum 4.01.90 Zahl-Kond. ZB01
Zahl-KZ... Zahl.-Bed. 10/3,0 30 /__ __
Mahn-KZ

Text......... _

BS 50 Konto 800000 SubNr. 1 UMSKZ __
OK A 1-05-157

Benutzer Johann BS BS28 CONV 0006 13/09/90 13:36:34 TB01 DYN156

Buchen Beleg DA Debitorenbeleg Allg. 01 SAP GmbH
0 01 U Rechnung 01 Materialsystem 001

S 00800000-01-90 Umsatz-Erlös

Betrag..... 1140 DM Finanzplan 501
MWS-Betr. * DM MWS-KENNZ A1

Text......... _

BS BU Konto __ SubNr.__ UMSKZ__

OK A 1-05-156

Benutzer Johann BS BS28 CONV 0006 13/09/90 13:37:53 TB01 DYN151

Buchen Beleg DA Debitorenbeleg Allg. 01 SAP GmbH

Buchungsdatum 1.01.90 Referenz-Nr.__ Währung DM __
Belegdatum 1.01.90
Buchungs-Per. 1.90

Belegkopftext __________

BS 01 Konto__
1001 Beleg gebucht unter der Nummer = 23000594
ok j 1-05-151

Abb. B.VI.09,a-c: Durchführung der Buchungen des Beispiels aus Abb. B.VI.07 mit dem System RF

In der ersten Bildschirmeingabemaske wird der Kunde namentlich sowie das Belegdatum und die Zahlungsregelung als Belegkopfinformation erfaßt. Gleichzeitig wird in der Maske auch die Sollbuchung - also die erste Belegzeile - erfaßt. Zum Abschluß wird die Kontonummer der Gegenbuchung eingegeben. In Abb. B.VI.1.09,b wird dann die Gegenbuchung, also die zweite Belegzeile eingetragen. Durch Angabe des Mehrwertsteuerkennzeichens wird auch hier automatisch eine zweite Buchung auf dem Mehrwertsteuerkonto ausgelöst.

Durch Erzeugung einer Belegnummer (Belegkopf), unter der diese Daten anschließend wieder aufgerufen werden können, wird in Abb. B.VI.09,c der Vorgang quittiert. In Abb. B.VI.10 (aus: *SAP, System RF 1983, S. 3.3-1*) ist dann der gesamte Beleg, bestehend aus Belegkopf sowie drei Belegzeilen, wie er durch eine Anfrage erzeugt werden kann, dargestellt.

Benutzer Johann BS BS28 CONV 0001 04/01/83 11:50:57 TS21 DYN078

Ändern Beleg DA Debitorenbeleg Allg. 01 SAP GmbH

Buchungsdatum 1.01.90 Beleg-Nr....23000594
Belegdatum...... 1.01.90 Referenz-Nr. Währung DM
Buchungsper....... 1.90 B-Kopf-Text.
Eingbetag ...... 4.01.90 Johann Seite 1/01

ZNR	BS	GB	Konto	Bezeichnung	Soll/Haben		MWST	
001	01U	01	900000005	Schulze GmbH	1.140,00		A1	
002	50	01	008000000	Umsatz-Erlös	1.000,00	140	A1	
003	50		001750000	Mehrwertsteuer	140,00			>

BS VR ZNR 1

OK A 1-05-180

Abb. B.VI.10: Vollständiger Beleg der in Abb. B.VI.09 dargestellten Buchungen

Das vom System automatisch mit dem Kalendertag vorgeschlagene Buchungsdatum wurde durch Eingabe des gewünschten Buchungsdatums überschrieben.

Bei der Konstruktion der Belegdatenstruktur wurde BELEGKOPF als unabhängiger Entitytyp eingeführt. Eine andere Konstruktion, die von bereits gespeicherten Daten ausgeht und zu den Problemen der Nebenbuchführungen überleitet, wird anhand Abb. B.VI.11 dargestellt.

Ausgangspunkt der finanzwirtschaftlichen Erfassung ist in der Regel ein bereits existierendes Papierformular oder ein elektronisch gespeicherter Vorgang als Rechnung, Lieferschein, Warenentnahmeschein, Scheck, Quittung usw. Zur Unterscheidung von dem bereits eingeführten Begriff BELEGKOPF wird dieser als URBELEG/GESCHÄFTSVORFALL bezeichnet. Auch dieser Urbeleg kann in einen Kopfteil und in hierarchisch abhängige Urbelegzeilen gegliedert werden.

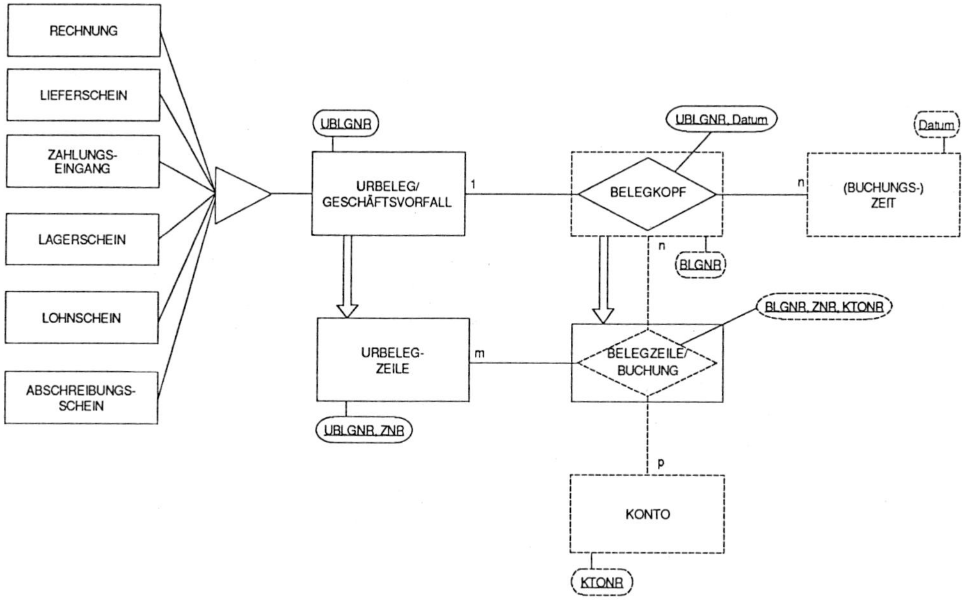

Abb. B.VI.11: ERM zur Belegdatenstruktur

Der nun in der Finanzbuchführung definierte BELEGKOPF ist eine Beziehung zwischen dem Entitytyp URBELEG und (BUCHUNGS-)ZEIT. In der Regel erzeugt ein Urbeleg genau ein BELEGKOPF-Entity.

Durch Umdefinition des Beziehungstyps in den Entitytyp BELEGKOPF und Vergabe einer eindeutigen Belegnummer BLGNR als Schlüssel wird die Beziehung zu der vorher abgeleiteten Datenstruktur (Abb. B.VI.06) hergestellt.

Die Entitytypen URBELEG und URBELEGZEILE sind Generalisierungen der Begriffe RECHNUNG und RECHNUNGSPOSITION, LIEFERSCHEIN und LIEFERSCHEINPOSITION usw. Der Schlüssel Urbelegnummer UBLGNR wird als Stellvertreter für die jeweiligen komplexen Schlüssel von RECHNUNG usw. angesehen. Durch die 1:1-Beziehung ist er mit dem Schlüssel BLGNR von BELEGKOPF quasi identisch. Da in den komplexen Schlüsseln jeweils die Zeit (Datum) enthalten ist, wird die Beziehung zwischen BELEGKOPF und ZEIT (BUCHUNGSZEIT) ausdrücklich hergestellt.

Auch der Begriff BELEGKOPF kann als Stellvertreter für die Urbelege angesehen werden. So ist es im Prinzip nicht notwendig, ihm eigene Attribute zuzuordnen, sondern direkt auf die Ursprungsdaten der Geschäftsvorfälle zu verweisen. Da aber nur ein Ausschnitt der Ursprungsdaten für das Rechnungswesen interessant ist und dieses eine formale Eigenständigkeit besitzt (z. B. auch aufgrund rechtlicher Vorschriften), wird mit den Begriffen BELEGKOPF und BELEGZEILE der Übergang in die Sphäre des Rechnungswesens verdeutlicht.

Die einzelnen Buchungen (= Belegzeilen) werden aus den Urbelegzeilen abgeleitet. Dabei kann eine Urbelegzeile (z. B. eine Rechnungsposition) mehrere Buchungszeilen erzeugen, indem z. B. eine Rechnungsposition zu Buchungen in der Kreditorenbuchführung und zu Ausgleichsbuchungen innerhalb der Sachkonten der Materialwirtschaft führt.
Analog zur hierarchischen Beziehung URBELEG zu URBELEGZEILE wird diese auch zwischen BELEGKOPF und BELEGZEILE angesetzt.
Sind die hier als Urbelege bezeichneten Vorgänge bereits gespeicherte Datenstrukturen, so können die Belege weitgehend automatisch erzeugt werden. Dieser Grundgedanke bestimmt die Integration der Nebenbuchhaltungen mit deren operativen Systemen.

B.VI.1.1.2 Datenmodell

Die entwickelte Datenstruktur für Konten und für Buchungen wird in den Abb. B.VI.12 in die Notation des Relationenmodells überführt.

R. (BUCHUNGS-)ZEIT (<u>Datum</u>, ...)

R. KONTO (<u>KTONR</u>, Sollsumme, Habensumme, Saldo, Vortrag, Aktueller Saldo, ...)
R. KSTRUKTUR (<u>OKTONR</u>, <u>UKTONR</u>, Abschlußort, ...)
R. URBELEG/GESCHÄFTSVORFALL (<u>UBLGNR</u>, Typ, ...)
R. URBELEGZEILE (<u>UBLGNR</u>, <u>ZNR</u>, Menge, Wert, ...)
R. BELEGKOPF (<u>BLGNR</u>, (<u>UBLGNR</u>, <u>Datum</u>), Typ, ...)
R. BELEGZEILE/BUCHUNG (<u>BLGNR</u>, <u>ZNR</u>, <u>KTONR</u>, S/H-Kennung, Wert, ...)

Abb. B.VI.12: Relationenmodell: Konten und Buchungen

B.VI.1.2 Nebenbuchführungen

Die Finanzbuchführung kann grundsätzlich **einheitlich** nach dem gezeigten Prinzip organisiert werden. Es ist aber üblich, besonders aufwendige Teile in Nebenbuchführungen organisatorisch zu verselbständigen und dort die Massenvorgänge abzuwickeln und nur noch Summenbuchungen in die Hauptbuchhaltung zu übernehmen. Während z. B. in den Nebenbuchführungen pro Mitarbeiter, Kunde, Lieferant, Material usw. ein Konto geführt wird, besteht in der Hauptbuchführung jeweils nur für den Entitytyp (also für Forderungen, Verbindlichkeiten, Lohnaufwand, Materialaufwand) ein Konto.
Die Kreditoren- und Debitorenbuchführung, insbesondere in der Form der sogenannten "Offenen Posten-Buchführung", werden aus Gründen des hohen Mengenanfalls ausgegliedert und als Personenbuchführungen bezeichnet. Gleichzeitig werden neben der Datenlieferung an die

Hauptbuchführung auch eigene Funktionen wie Mahnwesen und Zahlungsausgleich abgewickelt.
Auch in den anderen Nebenbuchführungen werden nicht nur Buchführungsfunktionen im engeren Sinn, sondern eigenständige betriebswirtschaftliche Aufgaben abgewickelt.
Die Anlagenbuchführung ermittelt z. B. kalkulatorische Abschreibungen für die Kostenrechnung. Darüber hinaus bestehen enge Verbindungen zur Instandhaltungsplanung und zum Produktionsplanungs- und -steuerungssystem.
In der Lohn- und Gehaltsbuchführung wird die Lohnabrechnung als eine wesentliche selbständige Aufgabe durchgeführt.
In der Materialbuchführung wird der wertmäßige Materialverbrauch für die Kostenrechnung bestimmt und es besteht ein enger Bezug zur Materialdisposition.
In Abb. B.VI.13 (aus: *Scheer, EDV-orientierte Betriebswirtschaftslehre 1990, S. 245*) wird der Integrationsgedanke zwischen Neben- und Hauptbuchführung angedeutet.

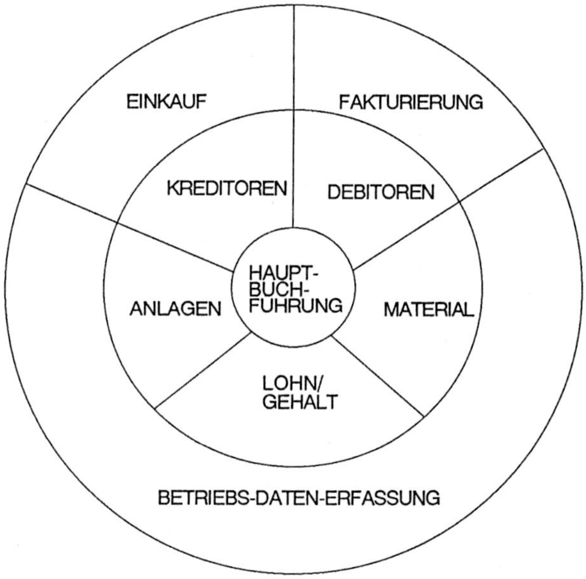

Abb. B.VI.13: Finanzbuchführung und vorgelagerte Bereiche

Die Tendenz zur Verlagerung der Datenerfassung in vorgelagerte Bereiche wird fortgeführt. Dieses bedeutet, daß nicht nur Daten der Nebenbuchführungen automatisch an die Hauptbuchführung übergeben werden, sondern die Nebenbuchführungen erhalten ebenfalls automatisch Daten aus den operativen Prozessen überstellt. So werden beispielsweise von einem Betriebsdatenerfassungssystem Laufzeiten der Anlagen, Leistungsdaten des Personals und Materialverbräuche aktuell erfaßt. Diese Daten werden automatisch an die Anlagenbuchführung, Bruttolohnberechnung und zur Erfassung des mengenmäßigen Verbrauchs in der Materialbuchführung weitergeleitet. Bei der Diskussion der operativen Systeme Produktionsplanung und -steuerung, Beschaffung, Vertrieb und Personal wurde auf diese Schnittstellen zur Finanzbuchführung bei der Entwicklung der Datenstrukturen hingewiesen. Sie werden im folgenden aus der Sicht der entsprechenden Nebenbuchführungen weiter ausgeführt.

B.VI.1.2.1 Entwurf der Datenstrukturen

B.VI.1.2.1.1 Kreditorenbuchführung

Die Kreditorenbuchführung wurde bereits im Zusammenhang mit den Bestellfunktionen angesprochen und anhand eines typischen Buchungsablaufs bei Bestellung, Wareneingang und Rechnungseingang demonstriert. Die Weitergabe der Rechnungsdaten an die Sach- und Kreditorenkonten wurde ebenfalls behandelt. Diese Schnittstelle wird aufgegriffen. Der Standardbuchungssatz eines Rechnungseingangs der Kreditorenbuchführung ohne Berücksichtigung der Mehrwertsteuer lautet:

Wareneingang an Kreditorenkonto.

Ein Kreditorenkonto ist auf einen einzelnen Lieferanten bezogen. Die Kontenfelder können deshalb auch als Attributmenge innerhalb des Entitytyps LIEFERANT betrachtet werden. Allerdings ist auch eine n:m-Beziehung zwischen dem KREDITORENKONTO-Entitytyp und dem LIEFERANT-Entitytyp denkbar, wenn z. B. ein Lieferant mehrere Konten besitzt bzw. ein Konto innerhalb eines Konzernverbundes für mehrere Teile des Konzerns, mit dem Lieferbeziehungen unterhalten werden, eingerichtet ist. Dann werden Kreditorenkonto und Lieferant über Beziehungen miteinander verbunden. Die Attributwerte werden aber nur einmal geführt.
In Abb. B.VI.14 (aus: *SAP, System RM/Einkauf 1986, S. 62*) ist die Bildschirmmaske für eine Rechnung dargestellt.

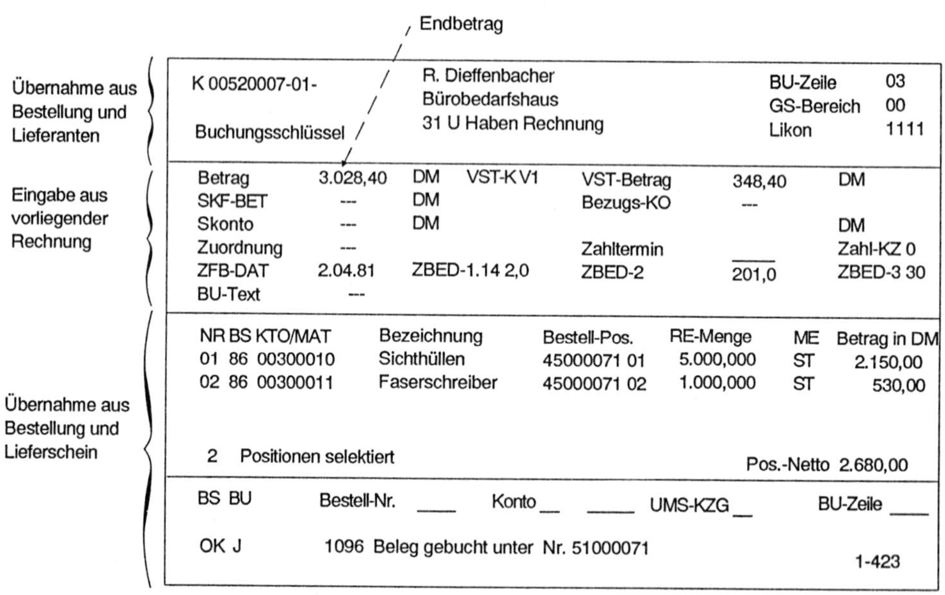

Abb. B.VI.14: Bildschirmmaske für die Erfassung von Rechnungsdaten

An dem Beispiel wird der Datenfluß über die verschiedenen Stufen der Bestellabwicklung demonstriert. Die Kopfinformationen wie Lieferantennummer, Lieferantenname, Lieferkonditionen werden durch Zugriff auf Bestell- und Lieferantendaten angezeigt.
Im zweiten Abschnitt werden die Rechnungsdaten, insbesondere der Rechnungsbetrag (hier in Höhe von 3.028,40 DM) eingegeben. Hier ist also bei Rechnungseingang eine originäre Dateneingabe erforderlich.
Im dritten Teil werden die vom System erwarteten Rechnungspositionen automatisch aus der Bestellung übernommen. Bei Übereinstimmung von erwartetem und tatsächlichem Rechnungsbetrag wird die Rechnung zur Verbuchung und Zahlung freigegeben.
In Abb. B.VI.15 ist die Urbeleg-Datenstruktur L.RECHNUNG und L.RECHNUNGSZEILE als hierarchische Beziehung dargestellt.
Aus ihr werden nun die für die Finanzbuchführung erforderlichen Datenstrukturen abgeleitet. Dieses ist wiederum an dem Beispiel durch den Übergang auf Abb. B.VI.16 (aus: *SAP, System RM/Einkauf 1986, S. 62 f.*) zu verfolgen.
Zunächst wird aus der L.RECHNUNG der Entitytyp L.BELEG-RECHNUNGSKOPF erzeugt. Diese ist als 1:1-Beziehung in der Datenstruktur angegeben. Dem Rechnungskopf werden die einzelnen Beleg-Rechnungszeilen, die den auszuführenden Buchungsvorgängen entsprechen, zugeordnet. In dem Beispiel werden vier Buchungen erzeugt, davon berühren zwei das Wareneingangs-Rechnungseingangs-Verrechnungskonto und die anderen das Vorsteuerkonto und das Kreditorenkonto. Es zeigt sich somit, daß die zwei Positionen der Rechnung zu vier Zeilen führen, so daß eine 1:n-Beziehung zwischen L.RECHNUNGSZEILE und den Belegzeilen besteht. Die Beziehung zu dem Entitytyp KONTO wird ebenfalls aus dem Beispiel ersichtlich.
Die oben entwickelte Datenstruktur zwischen dem Belegkonzept der Finanzbuchführung und den zugrundeliegenden Vorgängen ist damit exemplarisch für die Kreditorenbuchführung noch einmal dargestellt (zur Vollständigkeit ist allerdings darauf hinzuweisen, daß strenggenommen nur die letzten beiden Buchungen aus Abb. B.VI.16 Gegenstand der Kreditorenbuchführung sind, die ersten beiden Buchungen betreffen die Sachbuchführung).
Neben der Verbuchung der Rechnungseingänge ist auch die Auslösung und Verbuchung der Zahlungsausgänge eine wesentliche Funktion der Kreditorenbuchführung. Hierzu werden vom System die offenen Rechnungen (in Form einer "Offenen Posten"-Buchführung) verfolgt und auf die Fälligkeit hin überprüft. Hierbei werden auch die Skontovereinbarungen beachtet. Es wird eine Zahlungsvorschlagsliste erzeugt, die vom Sachbearbeiter im Dialog bearbeitet werden kann. Die zur Zahlung angewiesenen Beträge werden dann entsprechend den unter den Lieferkonditionen vereinbarten Zahlungsbedingungen abgewickelt.
Der grundsätzliche Buchungssatz des Zahlungsausgangs lautet:

Kreditorenkonto an Zahlungskonto (z. B. Bank, Kasse usw.).

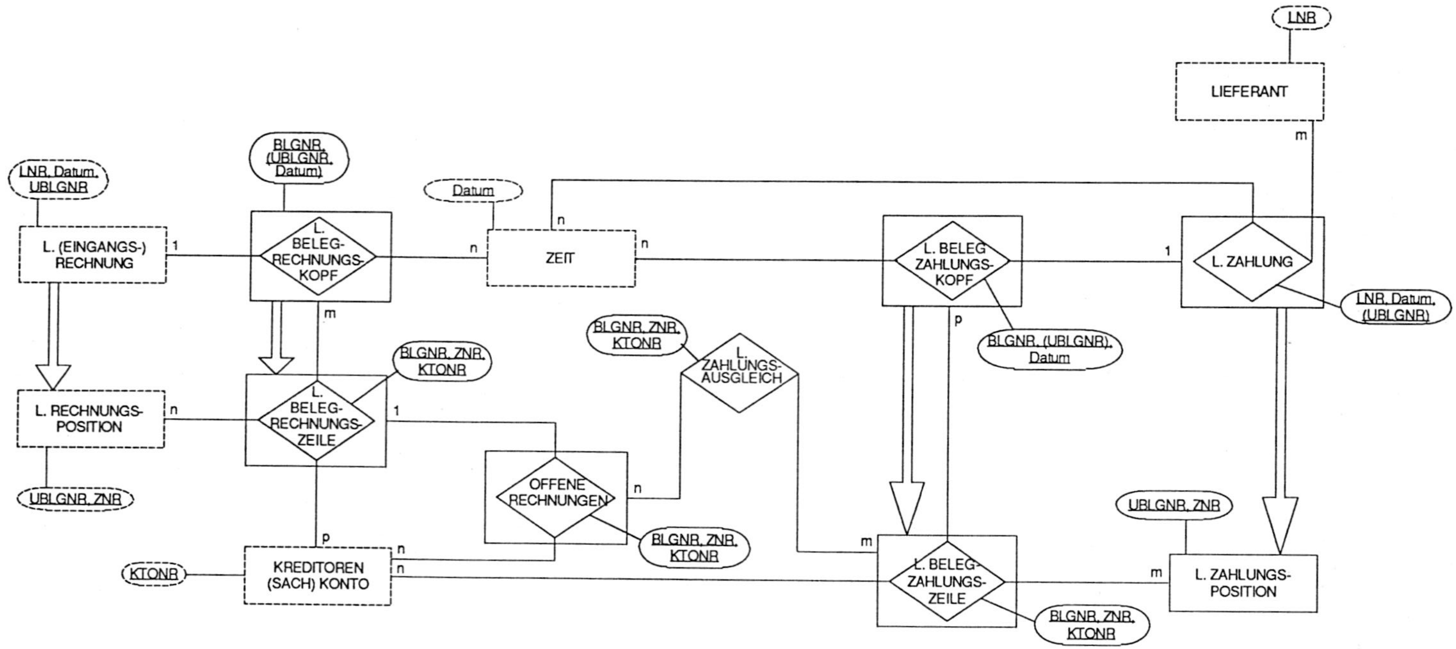

Abb. B.VI.15: ERM zur Kreditorenbuchführung

Anzeigen Beleg | RE Rechnungsbeleg | 01 SEV GmbH

Buchungsdatum...... 2.04.90 | Beleg-Nr. 51000071
Belegdatum.... 2.04.90 | Referenz-Nr.... 5421 | Währung DM
Buchungsper..... 4.90 | B-Kopf-Text.
Eingabebetrag....... 2.04.90 | Pflicht | Seite 1/01

aus 2 Rechnungszeilen werden 4 Belegzeilen

NR	BS Konto	Bezeichnung	Soll	Haben	MWST
001	86N00191100	WE/RE Verrechnungsk	2.150,00		348,40 V1
002	86N00191100	WE/RE Verrechnungsk	530,00		0,00 V1
003	40N00154000	Vorsteuer (BRD)	348,40		<
004	31U00520007	R. Dieffenbacher		3.028,40	V1

BS___ S/Z___ Konto___ SUBNR___ UMSKZ___ MC______

OK J

1-180

Abb. B.VI.16: Abgeleiteter Rechnungsbeleg für die Buchführung

Hierbei können automatisch Datenträger erzeugt werden, die im Rahmen des beleglosen Zahlungsverkehrs an Kreditinstitute weitergegeben werden.
Zur Interpretation der Datenstruktur zum Zahlungsausgang vgl. die Ausführungen zum Zahlungseingang der Debitorenbuchführung.

B.VI.1.2.1.2 Debitorenbuchführung

Die Struktur der Debitorenbuchführung verläuft spiegelbildlich zur Kreditorenbuchführung. Mit der teilweisen oder vollständigen Auslieferung eines Kundenauftrages wird nach Erstellung des Lieferscheines die Rechnung geschrieben. Dabei wird auf die Lieferkonditionen zurückgegriffen.
Aus dem Urbeleg der Ausgangsrechnung wird der für die Buchführung relevante Beleg analog der Vorgehensweise der Kreditorenbuchführung ermittelt. Die Ausgangssumme der Rechnung führt dann zu dem Standardbuchungssatz:

Debitorenkonto des Kunden an Warenverkauf

(Die Verbuchung von Mehrwertsteuer wird hier nicht weiter verfolgt).
Bei der Kreditorenbuchführung kann entweder das Debitorenkonto als Bestandteil des KUNDE-Entitytyps interpretiert werden oder ein gesonderter Entitytyp eingeführt werden.
Wesentliche Geschäftsvorfälle der Debitorenbuchführung sind der Rechnungsausgang, Gutschriften, Storno, Korrekturen und Zahlungseingänge.
Der Zahlungseingang wird wegen seiner Bedeutung etwas näher erläutert. Zunächst ist in Abb. B.VI.17 die Datenstruktur für den Übergang der Ausgangsrechnung in die Debitorenbuchführung dargestellt, wie sie bei der Kreditorenbuchführung bereits entsprechend behandelt wurde.

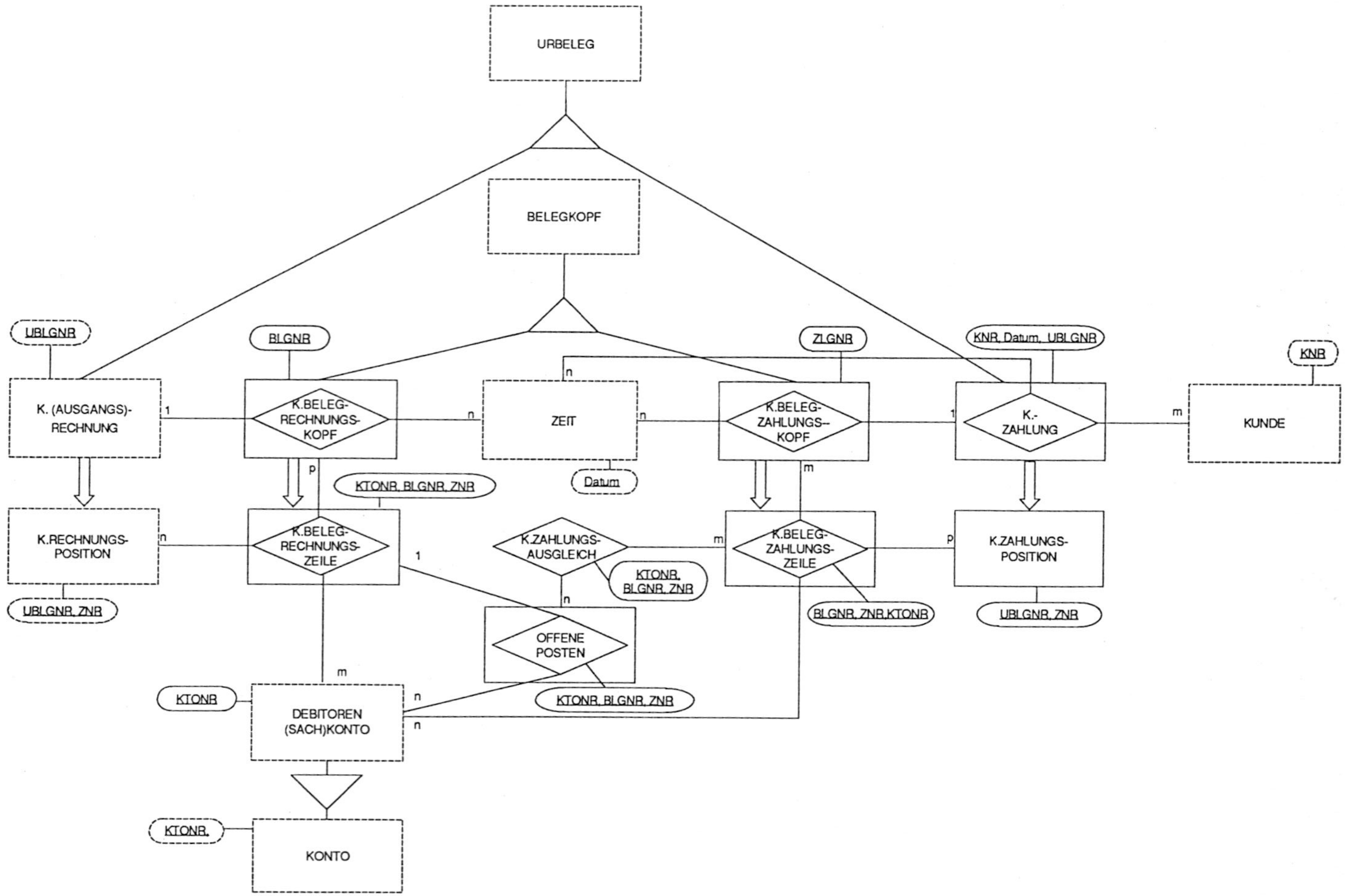

Abb. B.VI.17: ERM zur Debitorenbuchführung

Im Rahmen einer Offenen Posten-Buchführung müssen die von einem Kunden noch nicht bezahlten Beträge identifizierbar sein. Dieses bedeutet, daß von einem Debitorenkonto (DEBITORENKONTO), das aus dem generellen Entitytyp KONTO ausgegliedert ist, eine Beziehung zu den noch offenen Forderungen an den Kunden hergestellt wird. Dieses ist eine 1:n-Beziehung aus Sicht des DEBITORENKONTOs zu BELEGRECHNUNGSZEILE.

In Abb. B.VI.18 ist die Entwicklung der Datenstruktur an einem Beispiel dargestellt.

Das Debitorenkonto des Kunden 4747 enthält vier Sollbuchungen, wovon eine bereits durch eine Bankzahlung ausgeglichen ist. Da jeweils nur eine Rechnungsposition pro Rechnung auftritt, ist die Zeilennummer ZNR gleich 1.

Kunde 4747

BLGNR	ZNR	Betrag	BLGNR	ZNR	Betrag
5	1	426.-	112.1.	1	374.-
10	1	374.-	120.1.	1	1200.-
15	1	628.-			
17	1	268.-			

Bank

BLGNR	ZNR	Betrag
112	1	374.-
120	1	1200.-

Offene Posten

KTONR	BLGNR	ZNR
4747	5	1
4747	15	1
4747	17	1

Zahlung

KTONR	BLGNR	ZNR	BETRAG	H/S
BANK	120	1	1200	S
4747	120	1	1200	H

Zahlungsausgleich

KTONR	BLGNR	ZNR	BLGNR	ZNR	BETRAG
aus: Offene Posten			aus: Zahlung		
4747	5	1	120	1	426
4747	15	1	120	1	628
4747	17	1	120	1	146

Offene Posten

KTONR	BLGNR	ZNR
4747	17	1

Kunde 4747

BLGNR	ZNR	Betrag	BLGNR	ZNR	Betrag
5	1	426.-	112.1.	1	374.-
10	1	374.-	120.1.	1	1200.-
15	1	628.-			
17	1	268.-			
17	1	122			

Abb. B.VI.18: Beispiel zur Debitorenbuchführung

Die Datenstruktur "Offene Posten" (hier tabellarisch analog einer relationalen Darstellung aufgeführt) enthält somit drei Zeilen, die jeweils die Schlüsselattribute der offenen Belegpositionen enthalten.

Auf der rechten Seite der Datenstruktur in Abb. B.VI.17 wird die Datenstruktur des Zahlungseingangs entwickelt. Der Urbeleg K.ZAHLUNG mit den Positionen K.ZAHLUNGZEILE soll eine

Banküberweisung sein. Dem K.BELEG-ZAHLUNGSKOPF werden wieder die einzelnen Buchungen (K.BELEG-ZAHLUNGSZEILE) zugeordnet. K.BELEG-ZAHLUNGSZEILE ist eine Beziehung zwischen den Entitytypen KONTO (DEBITORENKONTO), K.BELEG-ZAHLUNGSKOPF und K.ZAHLUNGSZEILE. In dem Zahlenbeispiel wird eine Bankzahlung von 1.200,-- DM angesetzt. Diese führt zu einer Sollbuchung auf dem Bankkonto und einer Habenbuchung auf dem Kunden-/Debitorenkonto.

Für die Aktualisierung der offenen Posten ist nun eine Zuordnung der Kontozahlung zu den offenen Beträgen erforderlich. Dieses bedeutet für die Datenstruktur, daß die entsprechende K.BELEG-ZAHLUNGSZEILE mit K.BELEG-RECHNUNGSZEILE durch die Beziehung ZAHLUNGSAUSGLEICH verbunden wird.

Zur Identifizierung dienen die Schlüssel beider Entitytypen (in Abb. B.VI.17 sind die Schlüssel aus Gründen der Übersichtlichkeit nicht vollständig angegeben).

Im Beispiel werden den 1.200,-- DM die noch offen stehenden Zahlungen in chronologischer Reihenfolge zugeordnet. Damit sind die Zahlungen mit den Kennungen 5.1 und 15.1 ausgeglichen, und es verbleibt eine Forderung für die Kennung 17.1 in Höhe von 122,--DM.

Die Offene Posten-Beziehung wird auf ein Entity reduziert.

Da sowohl K.BELEG-RECHNUNGSZEILE als auch K.BELEG-ZAHLUNGSZEILE dem gleichen Typ BELEGZEILE angehören, bedeutet dieses, daß die Beziehung ZAHLUNGSAUSGLEICH eine Beziehung innerhalb des Entitytyps BELEGZEILE darstellt.

Die entwickelte Datenstruktur hat für den Anwendungsfall nur virtuelle Bedeutung, da die Zuordnung direkt am Terminal vollzogen wird und die entsprechenden Ausbuchungen aus der Offenen Posten-Beziehung durch Vergabe von Kennungen durchgeführt werden können. Die Datenstruktur wird deshalb auch bei der Umsetzung in Datenmodelle nicht weiter ausgeführt.

Die Entscheidungsproblematik beim Zahlungsausgleich kann (durch Prioritätsregeln gesteuert) nahezu automatisch durchgeführt werden. Bei größeren Zahlungen empfiehlt sich aber eine manuelle Sachbearbeitung am Terminal, um z. B. Skontoüberprüfungen usw. vorzunehmen. Es ist aber vorstellbar, daß entscheidungsunterstützende Hilfen bis hin zu Expertensystemen den Ablauf weiter automatisieren lassen.

B.VI.1.2.1.3. Lagerbuchführung

Zur Lagerbuchführung wurden bereits Schnittstellen im Rahmen der Betriebsdatenerfassung durch die Erfassung von Zu- und Abgängen sowie bei der Beschaffung von Materialien behandelt. Pro Materialart wird innerhalb der Lagerbuchführung ein Konto angelegt. Auf diesem wird der wertmäßige Zugang und Abgang verbucht. Dabei können unterschiedliche Wertansätze (LIFO, HIFO, gleitende Durchschnittspreise, Planpreise mit Differenzenerfassung) entsprechend den bilanziellen Vorschriften sowie dem eingesetzten Kostenrechnungsverfahren zum Tragen kommen. Wenn die mengenmäßigen Zugänge anhand des Wareneingangsscheins erfaßt werden, die wertmäßigen Zu-

gänge aber erst nach Erhalt der Rechnung exakt bekannt sind, muß mit Preisdifferenzen gearbeitet werden, wie es oben in dem Beispiel innerhalb des Beschaffungsbereiches durchgeführt wurde.
Die Lagerbuchführung stellt den Aufwand für Materialien fest und liefert der Kostenrechnung Bewertungsgrundlagen für die Halb- und Fertigfabrikate. Die bewerteten Bestände werden dann in der Finanzbuchführung wiederum zur Erstellung von Abschlüssen eingesetzt.
Die Datenstruktur entspricht der generell entwickelten Struktur in Abb. B.VI.11, wobei "Urbelege" Wareneingangs- bzw. Lagerentnahmescheine (zum Teil identisch mit dem Beziehungstyp LAGERDECKUNG im Bereich der Datenstruktur zur Produktionsplanung und -steuerung) und Wareneingangsrechnungen sind.
Als Konten werden im wesentlichen die Kontenarten Material, Rechnungseingangs-/Wareneingangsverrechnung und Preisdifferenzenkonto berührt.

B.VI.1.2.1.4 Lohn- und Gehaltsbuchführung

Die Lohn- und Gehaltsbuchführung wurde bereits im Bereich der Personalwirtschaft angesprochen. Pro Mitarbeiter wird ein Lohnkonto geführt. Nach Abschluß der Lohn- und Gehaltsrechnung wird für jeden Mitarbeiter ein Buchungssatz der Art

Lohn-/Gehaltskonto des Mitarbeiters an Bank, Steuer usw.

ausgeführt. Innerhalb der generellen Datenstruktur der Abb. B.VI.11 ist somit der Urbeleg der von der Lohn- und Gehaltsabrechnung erzeugte Brutto- und Nettolohn, der zu einem Beleg in der Lohn- und Gehaltsbuchführung und damit zu den entsprechenden Buchungen transformiert wird.

B.VI.1.2.1.5 Anlagenbuchführung

Die Anlagenbuchführung stellt einmal Bestandswerte für die Bestandskonten der Kontenklasse 0 der Bilanz, zum anderen Abschreibungs- und Instandhaltungsaufwand für Konten der Klasse 3 und 6 bereit. Pro Betriebsmittel wird in der Anlagenbuchführung ein Konto angelegt. Dieses wird wieder mit dem Entitytyp BETRIEBSMITTEL der Produktionsplanung und -steuerung verbunden bzw. ist mit ihm identisch.
In der Anlagenbuchführung werden die Aufwendungen für Instandhaltung sowie die Abschreibungen ermittelt und pro Betriebsmittel erfaßt. Die hierbei auftretenden betriebswirtschaftlichen Fragen einer genauen Abschreibungsverfolgung sollen nicht weiter untersucht werden. Im Rahmen der Betriebsdatenerfassung stehen aber genaue Aufzeichnungen über Laufzeiten und weitere Belastungen zur Verfügung, so daß eine weitgehend exakte verbrauchsbedingte Abschreibungspolitik unterstützt wird.

Der "Urbeleg" der Abb. B.VI.11 ist ein betriebswirtschaftliches Abschreibungsformular oder ein Erfassungsformular über Instandhaltungsaufwendungen.
Bei einer EDV-gestützten Instandhaltungsplanung werden die Instandhaltungsaufträge bereits elektronisch geführt, so daß die rückgemeldeten Daten automatisch in die Belege der Instandhaltungsbuchführung überstellt werden.

B.VI.1.2.2. Datenmodell

Die grundsätzliche Datenstruktur der Buchführungen ist bereits als Relationenmodell dargestellt worden. Auf die weitgehend redundante Erörterung der einzelnen Nebenbuchführungen wird verzichtet, da sich lediglich die Belegnamen der entsprechenden Relationen ändern würden oder aber sehr spezielle Fragen ergeben, die leicht aus den ERM-Ansätzen abgeleitet werden können.

B.VI.1.3 Verarbeitungsform der Finanzbuchführung

Der Anstoß für Aktionen der Finanzbuchführung kommt aus vorgelagerten Anwendungen wie Rechnungsprüfung, Lieferscheinerstellung, Wareneingang oder wird durch Ereignisse wie Zahlungseingänge ausgelöst.
Dabei werden häufig gleichartige Geschäftsvorfälle in gebündelter Form an die Unternehmung herangetragen, z. B. wenn alle Zahlungseingänge bei einem Bankinstitut als Bündel der Zahlungseingangsbelege weiterverarbeitet werden. Der Vorteil dieser einheitlichen Bearbeitung liegt darin, daß bestimmte Daten, z. B. die Kontonummer des Bankkontos, bei allen Einzelbuchungen festgehalten werden können und somit nicht jedesmal neu eingegeben werden müssen.
Derartige gebündelte Vorfälle können auch automatisch aus vorgelagerten EDV-Prozessen überstellt werden.
Es liegt nahe, insbesondere bei automatisch übergebenen Buchungsbündeln, diese in Form eines Batchlaufes zu verarbeiten. Falls dabei Unstimmigkeiten auftreten (z. B. Ungleichheit von Soll- und Habensumme), so werden die Vorfälle ausgesondert und einer Einzelbearbeitung im Dialog überstellt.
Obwohl die Finanzbuchführung durch Massenvorgänge bestimmt ist, die zudem häufig noch in gebündelter Form auftreten, ist sie in hohem Grade dialogorientiert. Grund dafür ist der hohe Integrationseffekt am Arbeitsplatz, der bei einer einheitlichen Bearbeitung erzielt werden kann. Vorgänge wie Kontieren, Erfassen, Prüfen und Abwicklung der Buchung, die bei batchorientierten Lösungen in arbeitsteiliger Form durchgeführt werden müssen und damit zu langwierigen Abstimmungsprozessen führen, können bei einer einheitlichen Verarbeitungsform auf wenige Schritte reduziert werden. In Abb. B.VI.19 (aus: *Reblin, Stapel- oder Dialogverarbeitung 1980, S. 43 ff.*) ist dieses an einem Beispiel gezeigt, indem die bei einer batchorientierten Lösung erforderlichen 19 Vorgänge auf 5 Vorgänge im Rahmen einer Dialoglösung zusammenschmelzen.

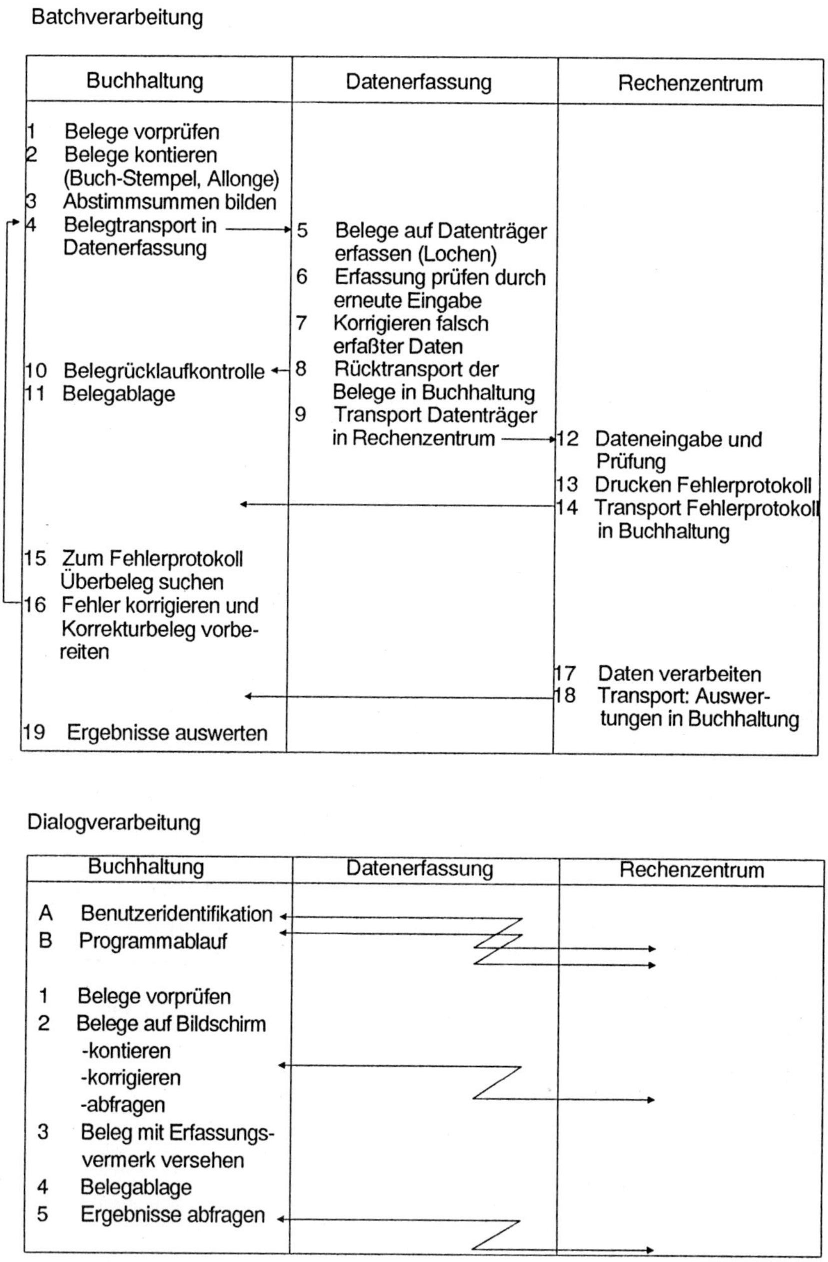

Abb. B.VI.19: Funktionsintegration beim Übergang von Batch- zu Dialogverarbeitung

Die einzelnen Aufgaben und Teilfunktionen der Finanzbuchführung sind in Abb. B.VI.20 hinsichtlich ihrer Dialogursachen bewertet.

Aufgabe	Teilfunktion	Dialogursache: Aktualität	Dialogursache: Plausibilität	Dialogursache: Iterative Abwandlung	Dialogursache: Interaktiver Entscheidungsprozeß	Batch
Grunddatenverwaltung	Kostenpflege		x			
	Auswertungen	x		(x)		(x)
Datenübernahme - Buchungsmappen			(x)			x
- Einzelfälle		x				
Auswahlvorgänge	Zahlungsanweisung				x	
Zuordnungen	Zahlungsausgleich				x	
Buchung	Kontieren		x			
	Erfassen		x			
	Prüfung		x			
	Buchung	x				
Auswertungen	Journal	(x)				(x)
	Abschlüsse		(x)	(x)		(x)
	Sonderauswertungen			x		

Abb. B.VI.20: Dialogursachen von Funktionen der Finanzbuchführung

Die Grunddatenverwaltung der Kontenpflege sowie die Erstellung von Auswertungen (z. B. Forderungsübersichten, Verbindlichkeitsübersichten, Kreditoren-/Debitorenanalyse) können aus Gründen der Aktualität, aber auch bei gezielten Analyseprozessen im Rahmen einer iterativen Abwandlung erstellt werden. Falls große Datenbestände durchsucht werden müssen, kann hierbei auch ein Batchprozeß angestoßen werden.

Daten aus vorgelagerten Bereichen werden im Batch übernommen, wobei die Daten dann in entsprechende Briefkastendateien eingestellt werden. Bei sofortiger Plausibilitätskontrolle können Sonderfälle an den Sachbearbeiter ausgesteuert werden.

Die Übernahme von Einzelfällen kann aus Gründen der Aktualität notwendig sein, indem z. B. ein größerer Zahlungseingang oder ein Rechnungsausgang die Dispositionen bezüglich Kreditfähigkeit oder Liquidität beeinflussen.

Auswahl und Zuordnungsvorgänge, die in den Nebenbuchführungen auftreten, können zu interaktiven Entscheidungsprozessen führen, indem z. B. aus einer Zahlungsvorschlagsliste Zahlungen zur Freigabe ausgesondert werden oder eingehende Kontozahlungen Offenen Posten zugeordnet werden müssen.

Der eigentliche Buchungsablauf mit Kontierung, Datenerfassung, Datenprüfung und Verbuchung wird wegen der direkten Plausibilitätskontrolle und Aktualität im Dialog durchgeführt. Auch hierbei wird dem Prinzip der Ausnahmeregelung gefolgt, indem unproblematische Massenvorgänge im Batch verarbeitet werden und lediglich Sonder- und Einzelfälle im Dialog bearbeitet werden.

Regelmäßige Auswertungen wie Journale und Abschlüsse können wegen ihres hohen Verarbeitungsaufwandes als Batchprozesse verarbeitet werden. Diese können aber aus Gründen der Aktualität im Dialog angestoßen werden. Abschlüsse können aber auch im Rahmen einer iterativen

Abwicklung erstellt werden, indem Plausibilitätsüberlegungen und z. B. bilanzpolitische Zielsetzungen im Rahmen von Bewertungsfreiräumen iterativ in ihren Auswirkungen untersucht werden.

In gleicher Weise können zahlreiche Sonderauswertungen in einen Iterationsprozeß eingebunden werden.

Eine Übersicht über die Vielfalt der möglichen Transaktionen gibt Abb. B.VI.21 (aus: *SAP, System RF 1983, S. 2-1-1 und 3-1-1*).

2	Stammdatenpflege
2.1	TS01 - Anzeigen Kreditorenstamm
2.2	TS02 - Verändern Kreditorenstammsatz mit V-Code
2.3	TS03.- Hinzufügen Kreditorenstammsatz
2.4	TS04 - Anzeigen Sachkontenstammsatz
2.5	TS05 - Verändern Sachkontenstammsatz mit V-Code
2.6	TS06 - Hinzufügen Sachkontenstammsatz
2.7	TS07 - Anzeigen Debitorenstammsatz
2.8	TS08 - Ändern Debitorenstammsatz mit V-Code
2.9	TS09 - Hinzufügen Debitorenstammsatz
2.10	TS10 - Ändern Kreditorenstammsatz ohne V-Code
2.11	TS11 - Ändern Sachkontenstammsatz ohne V-Code
2.12	TS12 - Ändern Debitorenstammsatz ohne V-Code
2.13	TS20 - Anzeigen Kreditorenumsätze
2.14	TS21 - Anzeigen Sachkontenumsätze
2.15	TS22 - Anzeigen Debitorenumsätze
2.16	TS30 - Anzeigen Kreditkontrolle
2.17	TS31 - Saldenbilanz
2.18	TS40 - Anzeigen Kreditorenstamm-Änderungen
2.19	TS41 - Anzeigen Sachkontenstamm-Änderungen
2.20	TS42 - Anzeigen Debitorenstamm-Änderungen
3	Bewegungstransaktionen
3.1	TB01 - Buchen Beleg ohne Kontenpflege
3.2	TB02 - Verändern Beleg
3.3	TB03 - Anzeigen Beleg
3.4	TB04 - Kontenpflege
3.5	TB05 - Buchen mit Ausziffern
3.6	TB06 - Hinzufügen Dauerbeleg
3.7	TB07 - Ändern Dauerbeleg
3.8	TB08 - Ändern Kreditorenzeile/Debitorenzeile
3.9	TB09 - Belegerfassung
3.10	TB10 - Anzeigen Einzelposten Kreditoren
3.11	TB11 - Ändern Einzelposten Kreditoren
3.12	TB12 - Anzeigen Einzelposten Sachkonten
3.13	TB13 - Ändern Einzelposten Sachkonten
3.14	TB14 - Anzeigen Einzelposten Debitoren
3.15	TB15 - Ändern Einzelposten Debitoren
3.16	TB16 - Summenanzeige
3.17	TB21 - Kontrollsummen
3.18	TB30 - Buchen Wechselzahlung
3.19	TB31 - Buchen Wechseldiskont
3.20	TB32 - Pflegen Sonderumsätze
3.21	TB33 - Statistische Buchung
3.22	TM19 - Datenbank-Listanzeige
3.23	TM20 - Datenbank-Listanzeige

Abb. B.VI.21: Transaktionen zur Stammdatenpflege und Bewegungsdatenmanipulation

In ihr sind Transaktionen zur Stammdatenverwaltung und zur Bewegungsdatenmanipulation aufgeführt. Zu diesen fest installierten Transaktionen kommen noch frei formulierbare Auswertungen, die z. B. mit einem Report-Generator erstellt werden können.

B.VI.1.4 Ablaufsteuerung der Finanzbuchführung

B.VI.1.4.1 Funktionsebenenmodell: Dezentralisierung

Die Finanzbuchführung ist durch die Definition der Nebenbuchführungen bereits dezentralisiert. Dieses Dezentralisierungskriterium ist allerdings noch zu grob, um bereits für die Auslagerung dieser Funktionen auf Workstations geeignet zu sein. Außerdem sind enge Datenbeziehungen zu den im wesentlichen zentral gehaltenen Daten der operativen Systeme, z. B. im Bereich der Debitoren- und Kreditorenbuchführung zu Kunden, Lieferanten und Artikel, gegeben. Trotzdem ist die Untersuchung des Einsatzes von Workstations auch bei dieser grundsätzlich zentralorientierten Funktion sinnvoll. So besteht bei einer zentralen Dialoglösung innerhalb eines örtlich verzweigten Unternehmens ein außerordentlich hoher Datenverkehr, der zu hohen Kosten und Antwortzeiten führt. Von daher ist die Entlastung des Hosts bzw. des Netzes eine ökonomisch durchgreifende Motivation zum Einsatz von Workstations.

In Abb. B.VI.22 sind die einzelnen Aufgaben und Teilfunktionen bezüglich des Einsatzes von Workstations bewertet.

Im Rahmen der Grunddatenverwaltung ist die Kontenpflege eine auf zentrale Datenbestände ausgerichtete Funktion. Eine Verlagerung von Datenausschnitten nach Sachgebieten (entsprechend den Nebenbuchführungen oder Teilen der Nebenbuchführungen nach Debitorengruppen, Kreditorengruppen usw.) ist nur in geringem Umfang sinnvoll. Die Aktualisierung der Konten-Stammdaten kann dann dezentral vom Arbeitsplatz aus vorgenommen werden. Die wesentliche Eigenschaft von Workstations, die hierbei zum Tragen kommt, ist die Benutzernähe und die Unterstützung tiefgliedriger Organisationsformen.

Auswertungsfunktionen können wiederum unter Nutzung von Anwendungssoftware wie Spreadsheet unter Einfluß von "what-if-Analysen" oder Grafik erstellt werden. Beispielsweise ermöglicht die grafische Darstellung der Passiv- und Aktivpositionen eines Kontos eine instruktive Analyse.

Die Datenübernahme aus vorgelagerten Anwendungssystemen erfordert einen zentralorientierten Koordinationsmechanismus, der die Daten aus den zentralen Dateien auf die Workstations verteilt. Einzelfälle, die direkt in das Buchführungssystem eingegeben werden, sind ebenfalls über das vorhandene zentralorientierte Erfassungssystem abzuwickeln. Die entscheidungsbezogenen Auswahl- und Zuordnungsfragen können dann, wenn erhebliche interaktive Vorgänge bestehen, auf Workstations ausgelagert werden. In diesem Fall findet eine Entlastung des Host-Rechners einschließlich des Netzes statt. Besondere Vorteile ergeben sich durch kürzere Antwortzeiten des dedizierten Systems.

Aufgabe	Teilfunktion	Dezentralisierungs-kriterium	E = Ergänzung I = Integriert	PC-Eignung			Nutzung von PC-Eigenschaften					
				Daten-bedarf	lokale Dialog-intensität	PC-Eignung	Hardware	System-software	Anwen-dungs-software	Benutzer-sicht	Organi-sation	Priorität des PC-Einsatzes
Grunddaten-verwaltung	Kostenpflege Auswertungen	Sachgebiete "	I E	Z/D Z/D	m m	m m	m g-m	- m	- m	g m	m m	m H
Datenüber-nahme - Buchungs-mappen - Einzelfälle		Sachgebiete "	I I	Z Z	g g	g g	- -	- -	- -	- -	- -	- -
Auswahlvorgänge	Zahlungsanweisung	Kundengruppen	I/E	Z/D	H	m	m	-	g	m	m	m
Zuordnungen	Zahlungsausgleich	Lieferantengruppen	I/E	Z/D	H	m	m	-	g	m	m	m
Buchung	Kontieren Erfassen Prüfung Buchung	Sachgebiete " " "	I I I I	D/Z D/Z D/Z D/Z	m m m g	m m m m	m m m m	- - - -	g g g g	m m m m	m m m m	m m m m
Auswertungen	Journal Abschlüsse Sonderaus-wertungen	Sachgebiete " "	I I/E I/E	D/Z Z D/Z	g m H	m m m	m m g-m	- - m	m m m	m m m	m m m	m m H

Abb. B.VI.22: Bewertung der Auslagerung von Funktionen der Finanzbuchführung auf Workstations

Die eigentlichen Buchungsvorgänge können bei einer streng nach Sachgebieten organisierten Verarbeitung dezentralisiert werden. Voraussetzung hierfür ist, daß auch die für Plausibilitätsprüfungen benötigten Daten in dieser Form dezentralisiert werden können.
Falls dieses nicht in vollem Umfang gelingt, wird die Buchung als eine Art "Vorbuchung" verstanden, die den Host entlastet, aber trotzdem zur endgültigen Buchung an das zentrale System in Form eines Batchlaufes weitergegeben wird. Wesentliche Kriterien für die Nutzung von Workstations sind hier wieder die benutzerbezogenen Aspekte.
Im Rahmen der Auswertungen können dann Journale und Abschlüsse nach den dezentralisierten Teilgebieten erstellt werden.
Bei zentral ausgerichteten Journalen und Abschlüssen ist dagegen der Einsatz der HOST-Funktionen unerläßlich.
In ähnlicher Form verhält es sich bezüglich Sonderauswertungen, die einmal auf dezentralisierte Sachgebiete bezogen, zum anderen aber auch auf den gesamten Buchungsumfang ausgerichtet sein können.

B.VI.1.4.2 Ereignissteuerung

Ohne auf alle Fragen der Nebenbuchführungen einzugehen, werden zwei Ereignissteuerungen aus dem Bereich der Kreditoren- und Debitorenbuchführung genannt.
Die Verwaltung der Offenen Posten innerhalb der Kreditorenbuchführung erzeugt elektronische Zahlungsvorschlagslisten, bei denen die vereinbarten Zahlungsbedingungen und Skontoregelungen entsprechend der von der Unternehmung verfolgten Zielsetzung (maximale Skontoausnutzung, maximale Liquiditäthaltung) zusammengestellt werden. Die Zahlungsvorschläge werden vom

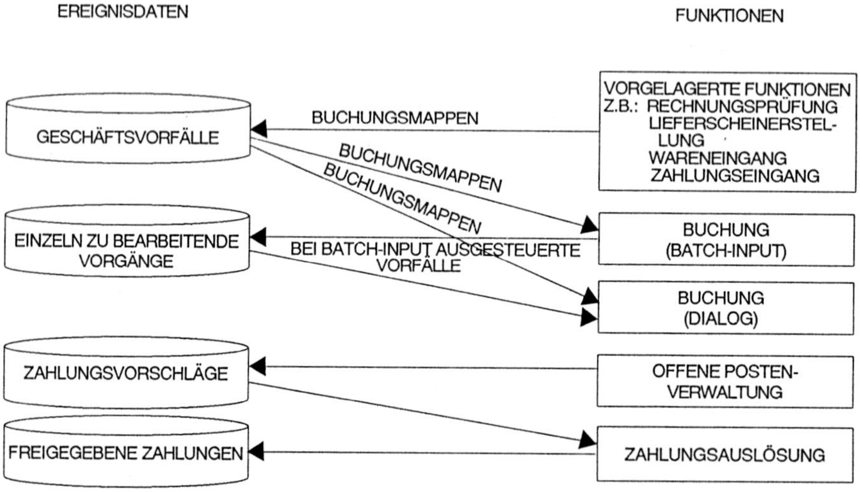

Abb. B.VI.23,a: Ereignissteuerung der Finanzbuchführung

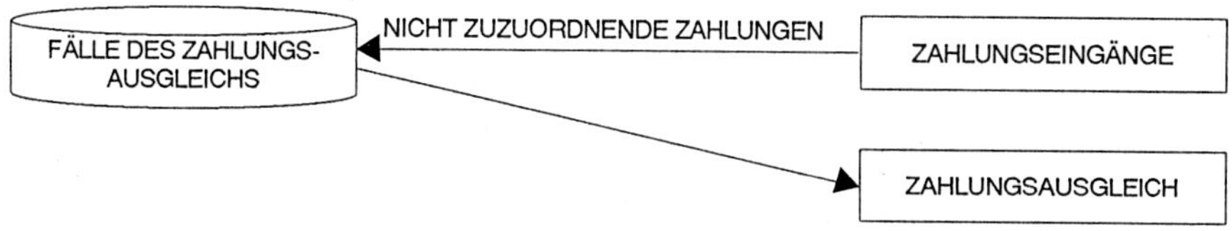

Abb. B.VI.23,b: Ereignissteuerung des Zahlungsausgleichs

Disponenten im Dialog überprüft und anschließend zur Zahlung freigegeben. Dabei werden automatisch Zahlungsanweisungen, deren Auswahl den vereinbarten Konditionen entnommen wird, ausgelöst.

Im Rahmen der Debitorenbuchführung werden Zahlungseingänge, die nicht zuordenbar sind, ausgesteuert und im Rahmen einer dispositiven Tätigkeit des Zahlungsausgleichs zugeordnet.

B.VI.2 Internes Rechnungswesen (Kostenrechnung)

Die Kostenrechnung besteht aus einer Vielzahl von Standardverfahren und Sonderrechnungen.

In einer **Ist-Kostenrechnung** werden nur die effektiv angefallenen Kosten erfaßt und verrechnet. Eine alleinige Ist-Kostenrechnung ist für Kontrollzwecke nicht geeignet, da Vergleichskosten fehlen. Deshalb werden in modernen Kostenrechnungssystemen neben den Ist-Kosten auch Plan- und Soll-Kosten ermittelt.

Bei der **Normalkostenrechnung** werden die im Zeitablauf schwankenden Ist-Kostensätze durch konstante Normalkostensätze (häufig Mittelwerte) ersetzt.

Bei der **Plankostenrechnung** werden unabhängig von den Ist-Kosten vergangener Perioden detailliert geplante Kosten ermittelt. Für die Kostenstellen werden Bezugsgrößen wie Maschinenstunden, Quadratmeter usw. gebildet, die eine Planung der Kosten nach dem Verursachungsprinzip ermöglichen. Werden in die geplanten Kalkulationssätze der Bezugsgrößen neben den proportionalen auch die fixen Kosten einbezogen, so wird von einer auf Vollkosten basierenden Plankostenrechnung gesprochen. Gehen nur die proportionalen Kosten in die Kalkulationssätze ein, so liegt eine Grenzplankostenrechnung vor.

Die Kostenrechnung gliedert sich in die Teilgebiete Kostenarten-, Kostenstellen- und Kostenträgerrechnung sowie die Kostenkontrolle, die kurzfristige Erfolgsrechnung und die Bereitstellung von Daten für betriebliche Planungs- und Entscheidungsprobleme.

Die **Kostenartenrechnung** erfaßt die Gesamtkosten bestimmter Abrechnungsperioden (Monate) und gliedert sie in Kostenarten. Dabei wird auch unterschieden zwischen Einzelkosten, die direkt auf betriebliche Leistungseinheiten verrechnet werden und Gemeinkosten, die in der **Kostenstellenrechnung** zunächst betrieblichen Teilbereichen zugeordnet und dann über Kalkulationssätze den betrieblichen Leistungseinheiten zugerechnet werden.

In der **Kostenstellenrechnung** werden auch die Kosten innerbetrieblicher Leistungen ermittelt und auf die Hauptkostenstellen weiterverrechnet.

In der **Kostenträgerrechnung** werden die Herstell- und Selbstkosten der Auftrags- und Produkteinheiten erfaßt.

Die **kurzfristige Erfolgsrechnung** (Betriebsergebnisrechnung) ermittelt den monatlichen Periodenerfolg einer Unternehmung und weist die Erfolgsbeiträge einzelner Produktarten und -gruppen aus.

Im folgenden werden die Datenstrukturen für die Kostenrechnung entwickelt, wobei den einzelnen Teilgebieten (Grunddatenverwaltung, Kostenartenrechnung, Kostenstellenrechnung und Kostenträgerrechnung) gefolgt wird. Die Darstellung einzelner kostenrechnerischer Verfahren wird so kurz wie möglich gehalten. Hier wird auf die breite Auswahl betriebswirtschaftlicher Literatur verwiesen (vgl. *Kilger, Einführung in die Kostenrechnung 1987; ders., Plankostenrechnung 1988; Haberstock, Kostenrechnung I 1987; ders., Kostenrechnung II 1986; Jacob, Industriebetriebslehre 1986; Vormbaum, Grundlagen des Rechnungswesens 1977*).

Bei der Gestaltung der Datenbasis stellt sich das grundsätzliche Problem, sie entweder individuell auf ein einzelnes, von der Unternehmung favorisiertes Kostenrechnungsverfahren auszurichten oder aber die Datenbasis so aufzubauen, daß relevante Kosteninformationen für vielfältige Verfahren und Zwecke bereitgestellt werden können. Es entspricht der Konzeption dieses Buches, der zweiten Ausrichtung zu folgen. Dieses bedeutet, daß die Daten, also sowohl das Mengen- als auch das Wertgerüst der Kosten, möglichst unverdichtet gespeichert werden. Erforderliche Verdichtungen werden dann von den auf die Datenbasis aufsetzenden kostenrechnerischen Verfahren temporär vorgenommen.

Der auf Schmalenbach zurückgeführte Begriff der "Grundrechnung" kann, wenn auch nur bedingt, in diese Richtung interpretiert werden. Hieran ist in den letzten Jahren eine fruchtbare Diskussion zur Gestaltung datenbankorientierter Kostenrechnungssysteme entwickelt worden (vgl. *Horvath/Kleiner/Mayer, Kosteninformationen in der flexiblen Montage 1986; ders., Kostenerfassung in der flexiblen Montage 1987; Mertens/Puhl, Computereinsatz im Rechnungswesen 1981; Riebel, Einzelkosten- und Deckungsbeitragsrechnung 1985; Sinzig, Rechnungswesen 1989; Wedekind/Ortner, Datenbank für die Kostenrechnung 1977*).

Bevor die konkreten Datenstrukturen konstruiert werden, wird auf die datenorientierte Sicht der Kostenrechnung noch näher eingegangen.

B.VI.2.1 Datenorientierte Sicht der Kostenrechnung

In der Kostenrechnung werden die Kosten der güter- und geldwirtschaftlichen Prozesse geplant, durch Erfassungsvorgänge begleitet und kontrolliert. Aus diesem Grunde ist von vornherein eine enge Verbindung zu den Prozessen gegeben.

Die Entwicklung eigenständiger Kostenrechnungsverfahren sowie die betriebswirtschaftliche und organisatorische Verselbständigung der Kostenrechnung haben dagegen zu einer Verselbständigung dieses Gebietes auch hinsichtlich der Datenorganisation geführt. Dieses bedeutet konkret, daß die Kostenrechnung als sogenannte nachgelagerte Funktion auf Informationen aus den Prozessen angewiesen ist, diese Informationen häufig aber in eigener Regie erhebt und verwaltet. In Abb. B.VI.24 ist dieser Ablauf schematisch dargestellt.

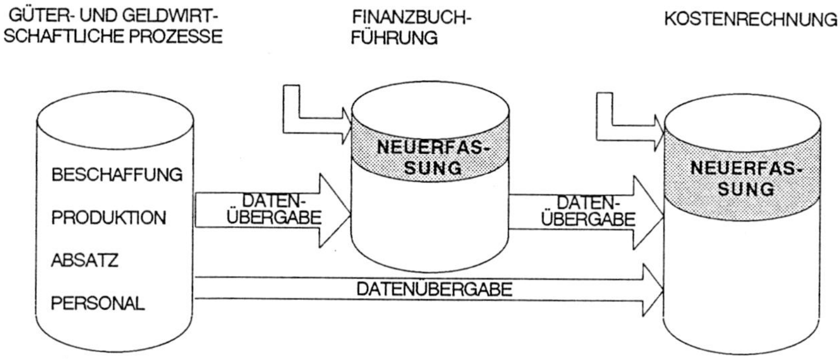

Abb. B.VI.24: Schematischer Ablauf der Datenerfassung im Rechnungswesen

Die Kostenrechnung empfängt Daten aus der Finanzbuchführung und direkt aus den güter- und geldwirtschaftlichen Prozessen. Die Daten der Finanzbuchführung sind dabei selbst wiederum aus den Prozessen abgeleitet oder aber, da keine prozeßbedingten Vorgänge zugrundelagen, in der Finanzbuchführung eigenständig erfaßt. Auch in der Kostenrechnung können Daten ohne Bezug zur Finanzbuchführung (z. B. bei kalkulatorischen Kosten) erfaßt werden.

Das mehrfache Übergeben von Daten führt zwangsläufig zu mehrfacher Datenredundanz, auf die bereits im Rahmen der Finanzbuchführung hingewiesen wurde. Diese Datenredundanz wird um so störender, je mehr die Kostenrechnung sich als Entscheidungsunterstützungssystem versteht, das auf vielfältige ad hoc-Fragen antworten soll und deshalb eine aktuelle Datenbasis benötigt. Darüber hinaus erfordert auch die weitgehend anwendungsunabhängige Datenorganisation einer "Grundrechnung" einen niedrigen Verdichtungsgrad der Daten. Diese Forderungen sind aber bei einer selbständigen (redundanten) Datenverwaltung der Kostenrechnung aufgrund des hohen Datenvolumens nicht erfüllbar.

Wie auch die Datenerfassungsfunktionen der Finanzbuchführung zunehmend in die vorgelagerten operativen Prozesse dringt, so daß die eigentlichen Anwendungen lediglich noch Auswertungen dieser Datenbasis darstellen, verschmilzt deshalb auch die Datenbasis der Kostenrechnung mit den vorgelagerten Systemen. Dieses bedeutet konkret, daß die operativen Systeme, die für die Kostenrechnung relevanten Daten erheben (z. B. ein Betriebsdatenerfassungssystem die Lohndaten, Materialentnahmen und Fertigungszeiten als Ist-Informationen), sofort mit den entsprechenden Kontierungen der Finanzbuchführung (falls dafür relevant) und der Kostenrechnung versehen werden, also Angaben über Kostenart, Kostenstelle, Kostenträger usw.). Die in Abb. B.VI.25 ausgedrückte Entwicklung ist deshalb so zu verstehen, daß die Finanzbuchführung Daten der betrieblichen Prozesse übernimmt, darüber hinaus allerdings auch weiterhin spezielle Datenbestände der Finanzbuchführung eingerichtet sind, und auch die Kostenrechnung Daten der Prozesse sowie der Finanzbuchführung umfaßt und um ihre eigenen Datenbestände ergänzt. Der in Abb. B.VI.25 für die Kostenrechnung relevante Kreis stellt somit die Grundrechnung dar. Auf sie setzen die unterschiedlichen Kostenrechnungsverfahren als Auswertungen auf.

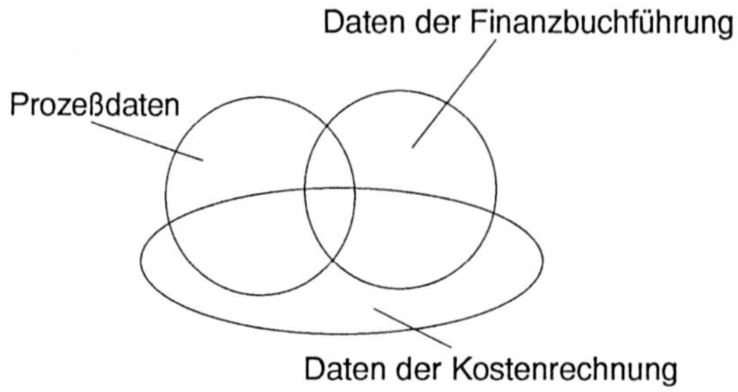

Abb. B.VI.25: Herkunft der Daten der Kostenrechnung

Die redundanzfreie Datenverwaltung hat zur Konsequenz, daß Erfassungsvorgänge an den Anfang von Vorgangsketten wandern und dort jeweils Daten erhoben werden, deren Auswertungsnutzen der erfassenden organisatorischen Einheit nicht unmittelbar erkennbar ist.
Aus Performance-Gründen kann es sinnvoll sein, die Grundrechnung hierarchisch zu gestalten. Dieses bedeutet, daß die Daten urbelegnah, wie sie aus der Finanzbuchführung oder aus den betriebswirtschaftlichen Prozessen resultieren, sowie in einer ersten Verdichtungsstufe erfaßt werden. Hierzu kann nach einer für viele Anwendungen kleinsten relevanten Verdichtungsstufe z. B. auf die Periodeneinheit "Woche" aggregiert werden. Im Bedarfsfall ist aber von einer Auswertung aus der Durchgriff von den vorverdichteten Daten auf die detaillierten Daten möglich; auch können Auswertungen von vornherein auf die urbelegorientierte Grundrechnung zugreifen (vgl. Abb. B.VI.26).

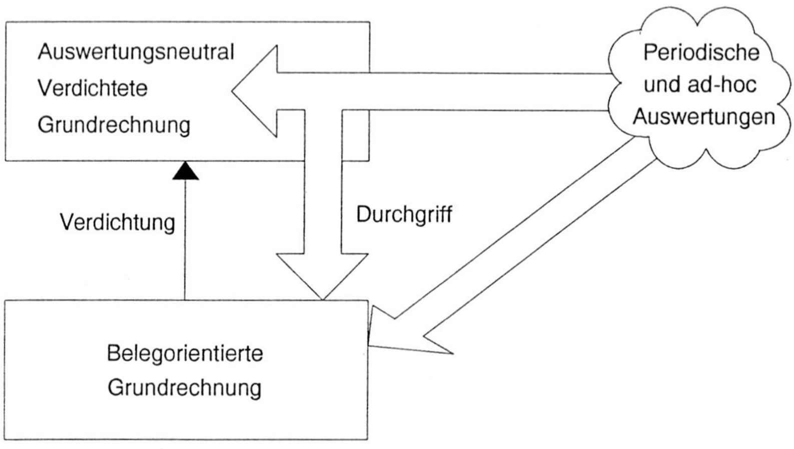

Abb. B.VI.26: Durchgriffsmöglichkeiten für periodische und ad-hoc-Anwendungen

Eine erste Annäherung an eine datenintegrierte Kostenrechnungsphilosophie gibt das System RK des Softwarehauses SAP (vgl. Abb. B.VI.27, aus: *SAP, System RK 1986, S. 3 - 4*).

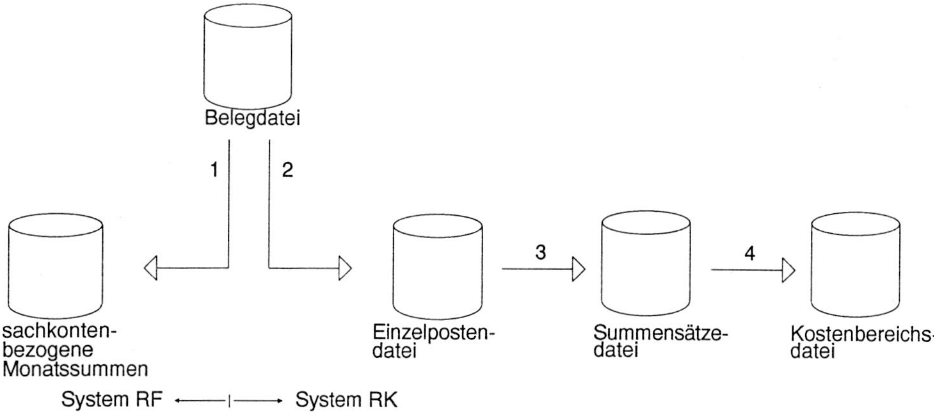

Legende:
1 Belegposition → sachkontenbezogene Monatssummen, realtime
2 Belegposition → Einzelposten, realtime
3 Einzelposten → kostenstellenbezogene, realtime
4 weitere sachliche und zeitliche Verdichtungen
(z.B. Kostenstellenbereiche, Quartalssummen), benutzergesteuert

Abb. B.VI.27: Physische Verdichtungsstufen im System RK

Das Kostenrechnungssystem RK ist hier mit dem Finanzbuchführungssystem RF sowie dem von dem Softwarehaus angebotenen Materialwirtschaftssystem RM und der Anlagenbuchführung RA so integriert, daß die in den Vorsystemen erfaßten Kontierungen als Belegdatei an die Einzelpostendatei der Kostenrechnung weitergegeben wird. Hierbei besteht zwar eine Redundanz, die sich auf den ersten Blick nicht von dem Bild der Abb. B.VI.24 unterscheidet. Der Unterschied liegt aber darin, daß bei der Datenerfassung bereits die für die Kostenrechnung relevante Kontierung durchgeführt wird, so daß auf Transaktionsebene die Dateien der Finanzbuchführung und der Kostenrechnung im Gleichschritt aktualisiert werden. Aus der Einzelpostendatei (die annäherungsweise als urbelegorientierte Grundrechnung interpretiert werden kann) wird dann die Summensätzedatei gebildet, die eine erste, noch weitgehend anwendungsneutrale Verdichtung der Grundrechnung darstellt.

Es erscheint prinzipiell möglich, auf die Einzelpostendatei zu verzichten und damit die vorgelagerten Datenbasen ohne weitere Redundanzen zu nutzen. Der Grund für den Umweg liegt in der Schaffung einer definierten Schnittstelle, um auch Vorsysteme anderer Anbieter mit dem Kostenrechnungssystem (wenn auch dann nicht mit dem gleichen Aktualitätsniveau) anschließen zu können.

B.VI.2.2 Grunddaten

B.VI.2.2.1 Entwurf

Grunddaten der Kostenrechnung sind die Kosten- und Erlösarten, Kostenstellen sowie Bezugsgrößen als Indikatoren der Leistung von Kostenstellen und Kostenträgern. An diesen Begriffen richten sich die Verfahren der Kostenrechnung aus. Da die Kostenrechnung aber keine eigenen betrieblichen Prozesse "erzeugt", sondern diese lediglich rechnerisch nachvollzieht, stimmen die Begriffe zum Teil mit bereits eingeführten Entitytypen überein, so daß lediglich eine kostenrechnerische "Sicht" auf bestehende Datenstrukturen erfolgt.
Strenggenommen könnte deshalb auf die Einführung der kostenrechnerischen Begriffe verzichtet und direkt auf die Entitytypen vorgelagerter operativer Bereiche verwiesen werden. Da die Begriffe aber grundlegende Bedeutung für die Verfahren der Kostenrechnung besitzen, werden sie auch im folgenden als Entitytypen verwendet. Sie haben dabei zum Teil aber lediglich stellvertretende oder ergänzende Funktion. Das gleiche gilt für verwendete Schlüsselattribute. Bei der Konstruktion der Datenstruktur wird auf die Entsprechung zu bereits eingeführten Entity- und Beziehungstypen jeweils hingewiesen.

B.VI.2.2.1.1 Entitytypen und ihre Entsprechung in anderen Bereichen

B.VI.2.2.1.1.1. Kosten- und Erlösarten

Kosten (als der zur Leistungserstellung erforderliche bewertete Einsatz von Produktionsfaktoren) lassen sich nach der Art der verbrauchten oder eingesetzten Produktionsfaktoren in Kostenarten gliedern. Die genaue Einteilung der Kostenarten ist hierbei betriebs- und branchenabhängig. In Abb. B.VI.28 ist ein Ausschnitt einer ausführlichen Darstellung (aus: *Kilger, Einführung in die Kostenrechnung 1987, S. 71 f.*) angegeben. In Abb. B.VI.29 wird die Datenstruktur konstruiert.

41 Material
4101 Einsatzmaterial A
4102 Einsatzmaterial B
.
.
.
4153 Hilfsstoffe

42 Brennstoffe und Energie
4201 Feste Brenn- und Treibstoffe
4202 Flüssige Brenn- und Treibstoffe
.
.
.
4221 Fremdbezogenes Wasser

43 Löhne und Gehälter
4301 Fertigungslöhne
4302 Löhne für innerbetr. Leistungen
.
.
.
4320 Hilfslöhne für Vorarbeiter
4321 Hilfslöhne für Transport und Lager
.
.
.
4350 Gehälter
4351 Gehaltszulagen

44 Personalnebenleistungen
4401 Gesetzl. Sozialabgaben für Arbeiter
.
.
.
4409 Freiwillige Sozialabgaben

45 Reparaturen, Instandhaltung, sonstige technische Leistungen
4501 für Gebäude
4502 für Maschinen und Anlagen
.
.
4595 Ausschuß und Nacharbeit

46 Kostensteuern, Gebühren, Beiträge
4601 Grundsteuer
4602 Kfz-Steuer
.
.
.
4631 Kfz-Versicherungsbeiträge
.
.
.

47 Mieten-, Verkehrs-, Büro, Werbekosten und dergleichen
4701 Raummieten
4702 Mieten für Maschinen und Anlagen
.
.
.
4781 Werbemittel A
4782 Werbemittel B
.
.
.
4791 Vertreterkosten (Provisionen)

48 Kalkulatorische Kosten
4801 Kalkulatorische Abschreibungen
4802 Kalkulatorische Zinsen auf Anlagen
.
.
.

49 Kosten der innerbetrieblichen Leistungsverrechnung
4901 Raumkosten
.
.
.
4910 Dampfkosten
.
.
.
4971 Kosten der Transportstellen

Abb. B.VI.28: Einteilung der Kostenarten

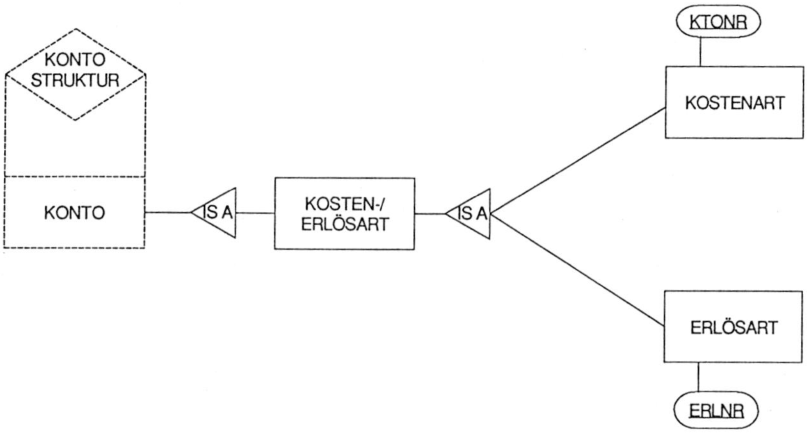

Abb. B.VI.29: ERM zu Kosten-/Erlösarten

Der Entitytyp KOSTENART wird über die Kostenartennummer KOANR identifiziert. Beschreibende Attribute sind z. B.:

Bezeichnung:	Name
Leistungsabhängigkeit:	variabel, fix, gemischt
Art der Leistungsabhängigkeit:	gemäß Erzeugniszahl, Fertigungszeit, Losgröße, Verfahren, Intensität usw.
Disponierbarkeit:	beliebig, monatlich, halbjährlich, ...
Liquiditätswirkung:	in der Abrechnungsperiode zahlungswirksam, in der Abrechnungsperiode nicht zahlungswirksam
Erfassungsweise:	als Einzelkosten, unechte Gemeinkosten, Gemeinkosten
Qualität des Datenmaterials:	gemessen, errechnet, geschätzt
Bedeutung für Kostenkontrolle:	relevant, weniger relevant

Auf die aus den Verfahren der Kostenrechnung resultierenden Mengen- und Wertfelder wie Ist-Kosten-, Soll-Kosten-, Plan-Kosten-Abweichungen wird weiter unten eingegangen.
Wie aus der Aufstellung der Kostenarten in Abb. B.VI.28 bereits deutlich wird, sind sie bereits in der Finanzbuchführung einschließlich ihrer Sonderbuchführungen als Konten oder in den güterwirtschaftlichen Prozessen als Planungseinheiten definiert worden.
So werden in der Materialbuchführung Konten für Einsatzmaterialien sowie Brennstoffe geführt, in der Lohnbuchführung die Lohn- und Gehaltskonten, in der Anlagenbuchführung Konten für die Reparaturen und Instandhaltungen usw.
Bei einer abgestimmten Definition zwischen Finanzbuchführung und Kostenrechnung kann jeder Kostenart eine Kontenbezeichnung zugeordnet werden. Bei solchen Kosten, denen keine Geschäftsvorfälle mit externen Partnern zugeordnet werden können, so daß ihre Erfassung in der Finanzbuchführung entfällt, können zusätzliche "Dummy"-Konten angelegt werden. Dieses gilt z. B. für kalkulatorische Kosten oder Kosten der innerbetrieblichen Leistungsverrechnung. Bei Verfolgung dieses Prinzips ist der Entitytyp KOSTENART mit dem Entitytyp KONTO über eine Spezialisierungs-Beziehung zu verbinden.
Analog der Definition von Kostenarten werden auch Erlösarten definiert, die für die Kostenträgerzeitrechnung (kurzfristige Erfolgsrechnung) benötigt werden. Derartige Erlösarten können z. B. nach Produktgruppen gegliedert sein. Auch hierfür können bereits in der Finanzbuchführung entsprechende Konten gebildet werden, so daß ebenfalls eine "is-a"-Beziehung zu ERLÖSART eingeführt wird (vgl. Abb. B.VI.29).
Die Schlüsselattribute KOANR und ERLNR sind mit dem Schlüssel KTONR identisch. Über die "is-a"-Beziehungen von KOSTENART und ERLÖSART sind über die Kontostruktur auch Strukturierungen der Kosten- und Erlösarten eingeführt. So können Kostenarten zu Kostenartengruppen verdichtet werden, wobei die Kostenartengruppe dann ein Entity aus KOSTENART ist.
Bei einer solchen datenintegrierten Lösung wird der Entitytyp KONTO um die Attribute der Entitytypen KOSTENART und ERLÖSART ergänzt.

B.VI.2.2.1.1.2 Kostenstellen

Kostenstellen sind betriebliche Teilbereiche, für die die anfallenden Kosten gesondert erfaßt werden, um sie zu kontrollieren und Kalkulationssätze zu bilden.
Hilfskostenstellen geben ihre Leistungen an andere Kostenstellen ab. Sie können zu Hilfskostenstellenbereichen verdichtet werden. Die Kosten der Hauptkostenstelle, auf die die Kosten der Hilfskostenstellen übertragen werden, werden unmittelbar auf die Erzeugnisse weiterverrechnet. Die Hauptkostenstellen können wiederum zu Hauptkostenstellenbereichen verdichtet werden (vgl. Abb. B.VI.30).

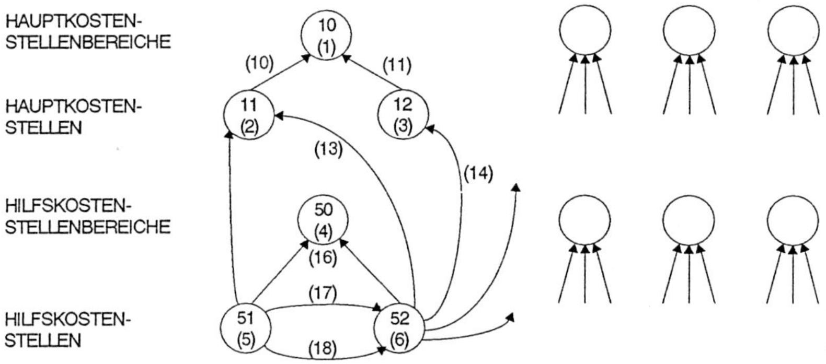

Abb. B.VI.30: Verdichtung von Kostenstellen

Bei der Einteilung einer Unternehmung in Kostenstellen sind folgende Grundsätze zu beachten (vgl. *Kilger, Einführung in die Kostenrechnung 1987, S. 154*):

- Kostenstellen sind selbständige Verantwortungsbereiche, für die ein Kostenstellenleiter, in der Regel ein Meister oder Abteilungsleiter, verantwortlich ist.
- Es müssen sich Maßgrößen für die Kostenverursachung definieren lassen (Bezugsgrößen).
- Die Kostenartenbelege müssen ohne Kontierungsschwierigkeiten den verursachenden Kostenstellen zugeordnet werden können.

Für die Kostenstellen wird der Entitytyp KOSTENSTELLE eingeführt, der durch Kostenstellennummer KSTNR identifiziert wird (vgl. Abb. B.VI.31).
Insbesondere durch die Forderung der eindeutigen Verantwortlichkeit ist eine enge Verbindung der Kostenstelleneinteilung zur generellen Unternehmensstruktur, wie sie oben in der Personalwirtschaft durch die Bildung von Organisationseinheiten eingeführt wurde, gegeben. Dieses wird durch die Beziehung der KOSTENSTELLE zur Organisationseinheit STELLE ausgedrückt. Hierdurch kann auch die Stellenhierarchie für Verdichtungsrechnungen (Bildung von Hauptkostenstellenbereichen aus Hauptkostenstellen; Bildung von Hilfskostenstellenbereichen aus Hilfskostenstellen) übernommen werden. Das Schlüsselattribut der Kostenstelle (KSTNR) ist somit mit dem Schlüsselattribut der Stelle (STNR) identisch. Auch die Kostenstellenverantwortung ist durch die Bezie-

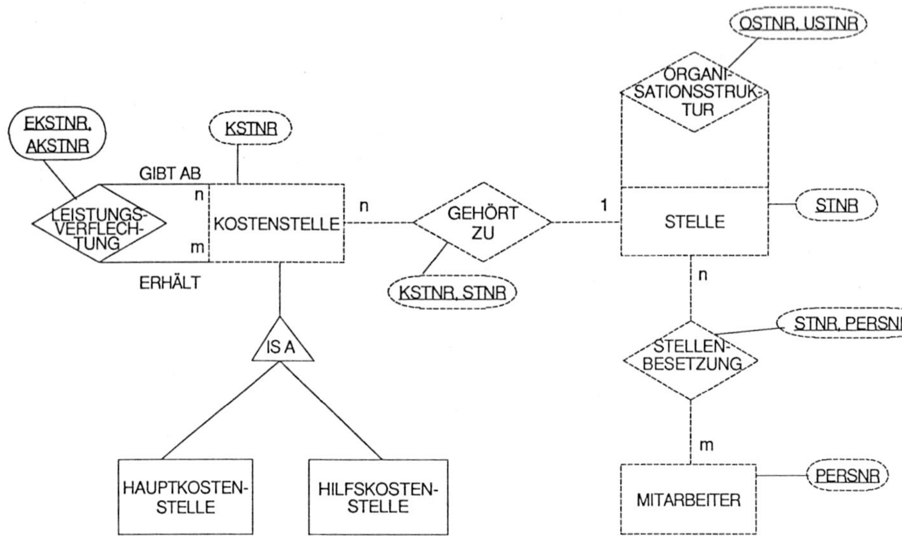

Abb. B.VI.31: ERM zu Kostenstellen

hung STELLENBESETZUNG zwischen MITARBEITER und STELLE definiert. So wird innerhalb des Organisationsplans einer Abteilung der verantwortliche Abteilungsleiter zugeordnet, der dann auch für die Kosten verantwortlich ist.
Eine besondere Strukturbeziehung zwischen den Kostenstellen wird durch die innerbetriebliche Leistungsverrechnung gebildet. Sofern die Verrechnungsrichtung von Hilfskosten- auf Hauptkostenstellen der hierarchischen Unternehmensorganisation entspricht, ist eine zusätzliche Beziehung nicht erforderlich. Im allgemeinen ist es aber notwendig, den Leistungsaustausch in einer weiteren Strukturbeziehung zu erfassen. Dieses ist in der Abbildung durch die n:m-Beziehung LEISTUNGSVERFLECHTUNG innerhalb des Entitytyps KOSTENSTELLE ausgedrückt. Sie gibt die Abrechnungsbeziehungen, insbesondere zwischen Hilfskostenstellen, wie sie in Abb. B.VI.30 angedeutet wurde, wieder.

B.VI.2.2.1.1.3 Bezugsgrößen

Eine wesentliche Einflußgröße der Kosten ist die Beschäftigung. Die Beschäftigung läßt sich im Ein-Produkt-Unternehmen durch die Anzahl der hergestellten Erzeugnisse festlegen. Werden mehrere Produkte produziert, müssen Indikatoren für die Beschäftigung gebildet werden, um die variablen Kosten verursachungsgemäß zuteilen zu können. Als Bezugsgrößen werden z. B. Fertigungszeiten, Rüstzeiten, Durchsatzgewichte, bearbeitete Flächen, Quadratmeter-Raumfläche, Energieverbräuche oder direkt meßbare Kosten wie Lohn- oder Materialkosten gebildet. Da die Bezugsgrößen die Beschäftigung und damit den Output einer Kostenstelle beschreiben, werden sie auch als Leistungsgrößen bezeichnet. Der Entitytyp BEZUGSGRÖSSE wird durch die Bezugsgrößennummer BZGRNR identifiziert (vgl. Abb. B.VI.32).

Abb. B.VI.32: Bezugsgröße

Wesentliche beschreibende Attribute sind:

- Bezeichnung,
- Dimension, in der eine Bezugsgröße gemessen wird,
- Erhebungsart.

Typische Maßdimensionen sind Kilogramm pro Mengeneinheit, Meter pro Mengeneinheit, Quadratmeter pro Mengeneinheit.

B.VI.2.2.1.1.4 Kostenträger

Kostenträger sind Einheiten, die Gegenstand von Entscheidungsüberlegungen sind und für die deshalb die von ihnen verursachten Kosten errechnet werden. Die Kosten können dabei pro Einheit oder für einen bestimmten Zeitraum ermittelt werden. Der bekannteste Kostenträger ist das Endprodukt, für das im Rahmen der Erzeugniskalkulation die Kosten pro Mengeneinheit sowie im Rahmen der kurzfristigen Erfolgsrechnung die Kosten pro Zeit ermittelt werden.
Neben dem Endprodukt können auch alle Zwischenerzeugnisse (Baugruppen) Kostenträger sein. Aber auch andere Kategorien wie Absatzgebiete, einzelne Kunden oder Kundengruppen, einzelne Aufträge oder Auftragsgruppen haben die Funktion von Kostenträgern, wenn bei betriebswirtschaftlichen Entscheidungen (z. B. Aufgabe eines Absatzgebietes, Ermittlung der Priorität eines Kunden) die Kosten den Erlösen der Kategorie gegenübergestellt werden. Auch Kostenstellen können Kostenträger sein, wenn sie den Charakter eines Profitcenters besitzen.
In Abb. B.VI.33 ist dieser Zusammenhang dargestellt.

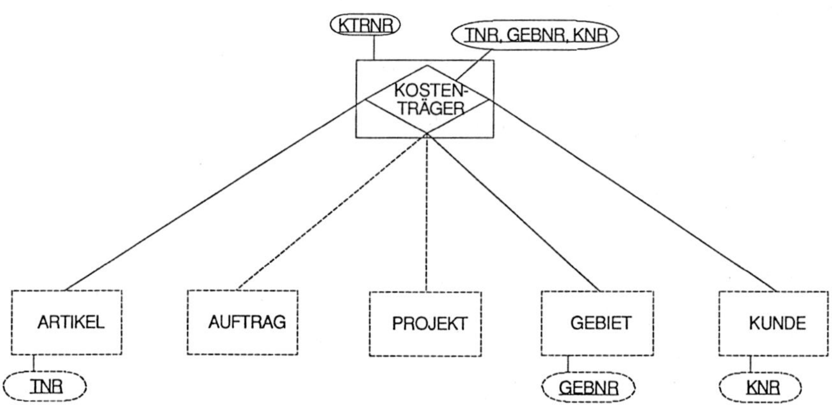

Abb. B.VI.33: ERM zu Kostenträgern

Ein Kostenträger kann dabei mit einer der in früheren Kapiteln eingeführten Kategorien wie Artikel, Gebiet, Kunde identisch sein oder aber auch aus einer Kombination bestehen. In diesem Fall bildet KOSTENTRÄGER eine Beziehung zwischen diesen Kategorien. Dieses ist in der Abbildung zum Ausdruck gebracht worden.
Bei der Bildung einer Kombination können die Datenstrukturen, wie sie in den entsprechenden Teilgebieten behandelt wurden, genutzt werden. In Abb. B.VI.33 kommt der virtuelle Charakter des Kostenträgers zum Ausdruck, indem er lediglich aus einer Teilmenge der Kategorien gebildet wird. Für ad-hoc Rechnungen werden erst während des Dialogs aus der Kombination unterschiedlicher Entitytypen Kostenträger definiert.
Für die weitere Betrachtung wird der hier zunächst als Beziehungstyp eingeführte KOSTENTRÄGER als Entitytyp weiterverwendet und durch den Schlüssel Kostenträgernummer (KTRNR) identifiziert. Gedanklich kann er zur Vereinfachung mit den Endprodukten gleichgesetzt werden. In diesem Fall wäre das Schlüsselattribut KTRNR mit der Teilenummer TNR identisch.

B.VI.2.2.1.2 Beziehungstypen

Nachdem die Stammdaten-Entitytypen einschließlich ihrer Strukturbeziehungen und der Verbindungen zu anderen Bereichen entwickelt wurden, werden nun weitere Beziehungstypen herausgearbeitet. Sie stellen ebenfalls Stammdaten dar. Zum besseren Verständnis wird bereits auf die Darstellung des Betriebsabrechnungsbogens (BAB) Bezug genommen, obwohl er erst bei der Kostenstellenrechnung detaillierter behandelt wird.
Die Bezugsgrößen können aus zwei Sichten betrachtet werden, die auch in Abb. B.VI.40 des BAB zum Ausdruck kommen.
Einmal dienen sie dazu, die Kostenarten verursachungsgerecht auf die Kostenstellen zu verteilen. Sie sind damit Indikatoren für die Kosteneinflußgröße Beschäftigung. Andererseits sind sie auch Basis der Bildung von Verrechnungssätzen. Hier haben sie dann den Charakter der Messung unterschiedlicher Leistungsarten. Diese Unterscheidung kommt auch im BAB zum Ausdruck, indem für die Kostenverrechnung eine auf die Kosten**arten** bezogene **Spalte** definiert ist, während für die Verrechnungs- und Kalkulationssätze eine auf die Kosten**stellen** bezogene **Zeile** vorgesehen sind.
In der Datenstruktur der Abb. B.VI.34 werden diese Sichten durch die Beziehungstypen VERURSACHUNG und LEISTUNGSMESSUNG ausgedrückt.
Die Verursachungsbeziehung gibt an, welche Bezugsgröße für welche Kostenart grundsätzlich zur verursachungsgerechten Verteilung in Frage kommt. Dabei können pro Kostenart mehrere Bezugsgrößen angesetzt werden, wie es in Abb. B.VI.35 beispielartig aufgeführt ist.
Bei den zwei angeführten Kostenarten Nr. 432 und Nr. 562 tritt jeweils die Bezugsgröße Maschinenstunden auf; andererseits werden die Kosten nach mehreren Bezugsgrößen verrechnet. Damit ist der Beziehungstyp VERURSACHUNG vom Typ n:m.

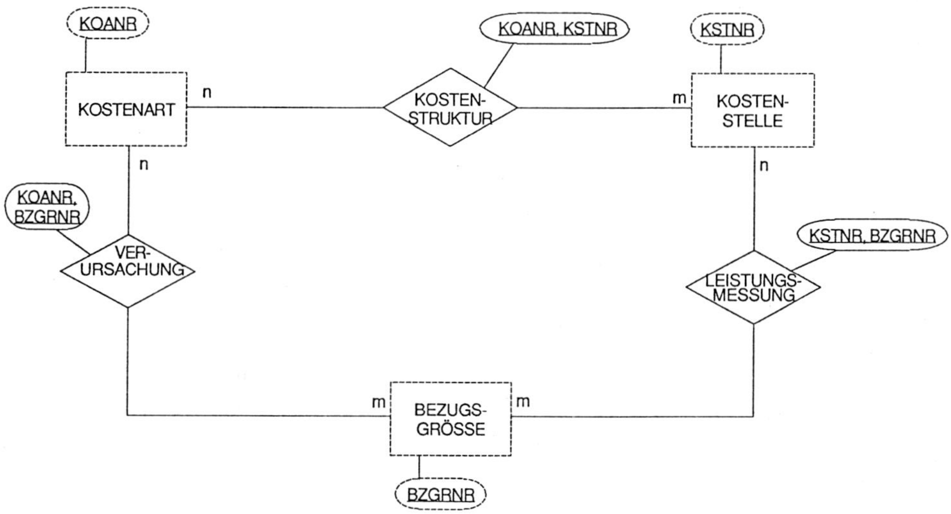

Abb. B.VI.34: ERM zu Bezugsgrößensichten

Beziehungstyp "VERURSACHUNG"

Kostenart 432

Verteilung 66,6 % nach Bezugsgröße Maschinenstunden
33,3 % nach Bezugsgröße Raumgröße

Kostenart 562

Verteilung 50 % nach Bezugsgröße Fertigungsstunden
25 % nach Bezugsgröße Maschinenstunden
25 % nach Bezugsgröße Lohnkosten

Abb. B.VI.35: Beispiel für die Verteilung von Kostenarten

Auch der Beziehungstyp LEISTUNGSMESSUNG ist vom Typ n:m. Eine Kostenstelle kann mehrere Leistungsarten abgeben, für die auch Verrechnungspreise bzw. bei Hauptkostenstellen Kalkulationssätze ermittelt werden. In Abb. B.VI.36 ist dieses wiederum an einem einfachen Beispiel dargestellt.

Die Reparaturwerkstatt gibt Leistungen in Form von Mechanikerstunden ab (die der Bezugsgröße Fertigungsstunde entspricht) sowie die Nutzung von Maschinen und damit Maschinenstunden als Bezugsgröße.

Die Kostenstelle Energie gibt Leistungen in Form der erzeugten Energiearten Dampf und Strom ab; weiterhin wird angenommen, daß Wartungsarbeiten oder von der Energiestelle ausgeführte Spezialreparaturen als gesonderte Leistung verrechnet werden.

Beziehungstyp "LEISTUNGSMESSUNG"

Kostenstelle Reparaturwerkstatt

Leistungsart:	Mechanikerstunde, Verrechnungspreis, ...
(Bezugsgröße)	(Fertigungsstunde)
	Maschinenstunde, Verrechnungspreis, ...
	(Maschinenstunde)

Kostenstelle Energie

Leistungsart:	Dampf, Verrechnungspreis, ...
	Strom, Verrechnungspreis, ...
	Maschinenstunde, Verrechnungspreis, ...

Abb. B.VI.36: Beispiel für die Leistungsarten von Kostenstellen

Wesentliche Attribute von LEISTUNGSMESSUNG sind:
- Leistungswert,
- Art der Leistung,
- Datum der letzten Messung,
- Verrechnungspreis (Kalkulationssatz).

Die eingeführten n:m-Beziehungen zwischen BEZUGSGRÖSSE und KOSTENART bzw. KOSTENSTELLE ermöglichen differenzierte Verrechnungs- und Kalkulationsvorgänge.
Die Detaillierung der Leistungsarten ist nicht nur für die Verrechnung der Kosten auf andere Kostenstellen bzw. zur Bildung von Kalkulationssätzen erforderlich, sondern vor allen Dingen für eine detaillierte Kostenplanung mit anschließender Kostenkontrolle sowie zur Bildung differenzierter Kennzahlen. Die für Verrechnungsvorgänge nicht relevanten Bezugsgrößen können entsprechend gekennzeichnet werden. Beispielsweise kann die für Verrechnungsvorgänge hinreichend genaue Bezugsgröße Fertigungszeit für andere betriebswirtschaftliche Auswertungen in die detaillierteren Bestandteile Produktions-, Rüst-und Wartungszeit differenziert werden.
Die grundsätzliche Zuordnung, welche Kostenart für welche Kostenstelle relevant ist, wird durch den Beziehungstyp KOSTENSTRUKTUR ausgedrückt. Jedes Beziehungsentity wird durch Kostenartennummer (KOANR) und Kostenstellennummer (KSTNR) identifiziert. Die Beziehung gibt an, welche Felder des Betriebsabrechnungsbogens relevant sind. Hierbei werden die Kostenartenzeilen durch den KOSTENART-Entitytyp definiert. Die n:m-Beziehung zwischen Kostenarten und Kostenstellen wurde bereits von dem System M 11 (Plaut Software AG) in einer Datenbankform realisiert (vgl. *Plaut/Müller/Medicke, Grenzplankostenrechnung und Datenverarbeitung 1973*).

(Die durch Ansatz mehrerer Bezugsgrößen pro Kostenart auftretenden Unterzeilen einer Kostenart, wie sie soeben in dem Beispiel zur Ableitung des Beziehungstyps VERURSACHUNG entwickelt wurden, werden von dem Beziehungstyp KOSTENSTRUKTUR nicht erfaßt. Die einzelnen verrechneten Kostenpositionen werden deshalb später in dem Abschnitt Kostenstellenrechnung von dem Beziehungstyp KOSTENVERRECHNUNG, der aus den umdefinierten Entitytypen KOSTENSTRUKTUR und VERURSACHUNG gebildet wird, erfaßt (vgl. hierzu Abb. B.VI.41 unter dem Abschnitt Kostenstellenrechnung).)

B.VI.2.2.2 Datenmodell

Die entwickelte Struktur der Grunddaten wird in Abb. B.VI.37 wieder in die Notation des Relationenmodells überführt.

R. STELLE (<u>STNR</u>, Bezeichnung, ...)
R. KONTO (<u>KTONR</u>, ...)
R. (KONTO-)STRUKTUR (<u>OKTONR</u>, <u>UKTONR</u>, ...)
R. KOSTENSTELLE (<u>KSTNR</u>, Bezeichnung, Art der Kostenstelle, ...)

R. KOSTENART (<u>KOANR</u>, Bezeichnung, Summe, ...)
R. ERLÖSART (<u>ERLNR</u>, Bezeichnung)
R. LEISTUNGSVERFLECHTUNG (<u>EKSTNR</u>, <u>AKSTNR</u>, Menge, Preis, Wert, ...)
R. BEZUGSGRÖSSE (<u>BZGRNR</u>, Bezeichnung, ...)
R. KOSTENTRÄGER (<u>KTRNR</u>, TNR, GEBNR, ...)
R. KOSTENSTRUKTUR (<u>KOANR</u>, <u>KSTNR</u>, Betrag, ...)
R. (KOSTEN-)VERURSACHUNG (<u>KOANR</u>, <u>BZGRNR</u>,...)
R. LEISTUNGSMESSUNG (<u>KSTNR</u>, <u>BZGRNR</u>, Leistungsart, Leistungswert, Datum der letzten Messung, Verrechnungspreis, ...)

Abb. B.VI.37: Relationenmodell: Grunddaten der Kostenrechnung

B.VI.2.3 Kosten- und Erlösartenrechnung

In der Kostenartenrechnung werden die während einer Abrechnungsperiode angefallenen Kosten erfaßt und in bestimmte Kategorien (Kostenarten) eingeteilt. Die Daten liefern dabei einmal die Nebenbuchhaltungen Lohn-, Material- und Anlagenbuchhaltung (die deshalb auch als Betriebsbuchhaltung bezeichnet werden) und die Hauptbuchführung der Finanzbuchführung. Bestimmte kalkulatorische Kosten werden aber auch innerhalb der Kostenartenrechnung selbst festgesetzt.

Gleichzeitig werden auch die Erlöse nach Erlösarten eingeteilt, so daß Kosten- und Erlösartenrechnung zusammen behandelt werden.
Neben den wertmäßigen Daten werden auch Mengendaten zur Erfassung der Leistung ermittelt und den Bezugsgrößen zugeordnet.

B.VI.2.3.1 Entwurf der Datenstruktur

In Abb. B.VI.38 wird die Datenstruktur der Kostenartenrechnung entwickelt.
Durch "is-a"-Beziehungen wird wieder die Verbindung zu den vorgelagerten Systemen der Finanzbuchführung sowie den Urbelegen aus den güter- und geldwirtschaftlichen Prozessen aufgezeigt.
Bei einer integrierten Datenorganisation ist einer Kosten- und Erlösart ein Konto der Sachbuchführung zugeordnet. Damit ist auch bei jeder Buchung die Kostenart bzw. Erlösart bekannt.
Für Kostenarten, die nicht Gegenstand der Finanzbuchführung sind (z. B. kalkulatorische Kosten, Kosten aus innerbetrieblichen Aufträgen) werden gesonderte Konten gebildet, um die Abrechnung einheitlich vorzunehmen. Durch die Zuordnung von Kosten-/Erlösart zu Konto entfällt eine weitere Zuordnung zwischen den einzelnen Buchungen und der Kosten-/Erlösart.
Kosten, die direkt den Kostenträgern zugerechnet werden können, werden als Einzelkosten, die übrigen als Gemeinkosten bezeichnet. Die wichtigsten Einzelkostenarten sind Material- und Fertigungslohnkosten. Die Aufteilung dieser Kostentypen wird über "is-a"-Beziehungen grafisch ausgedrückt.
Gemeinkosten können weiterhin in variable und fixe Kosten unterteilt werden. Die Unterteilung kann dabei pro Kostenart, also buchhalterisch, durchgeführt werden oder aber mit Hilfe von mathematischen Verfahren der Kostenauflösung.
Während die Zuordnung nach Kostenarten über die Kontendefinition eindeutig geregelt ist und alle Einzelpositionen auf der Ebene der Geschäftsvorfälle über die Beziehungen zu den Belegzeilen, den Buchungen und darüber hinaus zu den Urbelegzeilen aus Lohnschein, Materialentnahmeschein, Gehaltsliste usw. gegeben ist, müssen Zuordnungen zu den anderen Kategorien der Kostenrechnung wie Kostenträger, Kostenstelle und Bezugsgröße bei der Erfassung vorgenommen werden.
Bereits bei der Erfassung können Materialentnahmen oder Fertigungszeiten, sofern sie zu Einzelkosten führen, Kostenträgern zugeordnet werden. Dieses ist in Abb. B.VI.38 durch eine Zuordnungsbeziehung zwischen KOSTENTRÄGER und der zu einem Entitytyp umformulierten BELEGZEILE ausgedrückt (ZUORDNUNG KT). Gleichzeitig wird der Einzelkostencharakter durch die Verbindung zum Entitytyp EINZELKOSTEN deutlich gemacht. Diese Verbindung ist allerdings redundant, da der Begriff EINZELKOSTEN eine Spezialisierung von KONTO ist und deshalb bereits eine Kostenartenzuordnung besteht.
Durch die Verbindung zu BELEGZEILE ist auch eine direkte Übernahme von Mengendaten, bevor sie in der Finanzbuchführung bewertet werden, möglich.

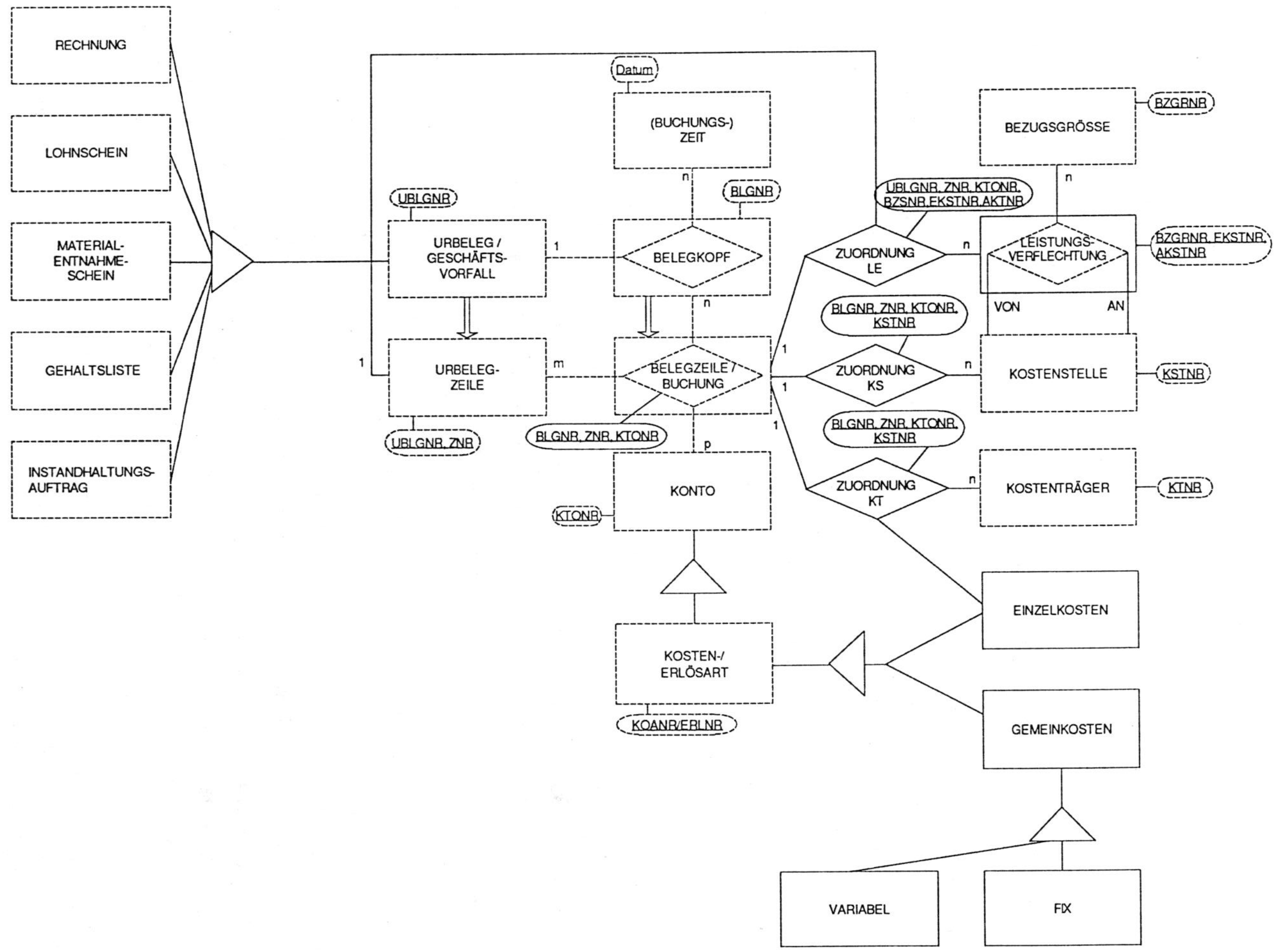

Abb. B.VI.38: ERM zur Kosten- und Erlösartenrechnung

Die Kostenartenrechnung bildet auch bei einer Datenintegration mit den vorgelagerten Bereichen eigene betriebswirtschaftliche Probleme. So sind Periodenabgrenzungen vorzunehmen, Plausibilitätsprüfungen durchzuführen, Wertansätze gegenüber der Finanzbuchführung zu korrigieren (bei kalkulatorischen Anderskosten), zusätzliche Kosten zu erfassen (kalkulatorische Zusatzkosten) und weitere vorbereitende Arbeiten für die nachfolgenden Schritte der Kostenrechnung durchzuführen. Auch die Kontierung pro Kostenstelle wird bei Anlage der Belegzeilen durchgeführt. Dazu wird die n:1-ZUORDNUNG KS eingeführt.

Die Erfassung der Bezugsgrößen (Leistungen) ist dagegen wegen ihrer Vielfalt an Arten und Dimensionen nur zum Teil über die BELEGZEILE möglich. Vielmehr müssen bei Mengendaten und Zeitdaten die Urbelegzeilen direkt zur Verfügung stehen. Da bei der in der Finanzbuchführung angelegten Beziehung zwischen BELEGZEILE und URBELEGZEILE lediglich finanzbuchführungsrelevante Tatbestände verbunden werden, ist dieser Weg für die Erfassung der Bezugsgrößen nicht ausreichend. Aus diesem Grunde wird bei der ZUORDNUNG LE sowohl eine Verbindung zu dem Entitytyp BELEGZEILE als auch zu URBELEGZEILE, die stellvertretend für vielfältige Datenquellen steht, hergestellt. Gleichzeitig wird den Belegen bei Leistungen zwischen Kostenstellen die Leistungsart, -menge sowie abgegebene und empfangene Kostenstelle entnommen, so daß die Zuordnung zur Bezugsgröße und Leistungserfassung hergestellt werden kann.

Auf die Behandlung unterschiedlicher Wertansätze, wie sie für die einzelnen Verfahren der Kostenrechnung (Ist-Kostenrechnung, Plankostenrechnung) erforderlich sind, wird hier nicht weiter eingegangen. Die benötigten Daten über Durchschnittspreise, effektive Ist-Preise usw. sind über die entwickelte Datenstruktur in beliebiger Differenziertheit erreichbar.

B.VI.2.3.2 Datenmodell

Die Datenstruktur der Kostenartenrechnung wird in Abb. B.VI.39 in die Notation des Relationenmodells überführt.

Es ist zu beachten, daß im Relationenmodell für die 1:n-Beziehungen keine neuen Relationen gebildet werden, sondern die Beziehungen durch Aufnahme der Schlüsselattribute ausgedrückt werden.

B.VI.2.4 Kostenstellenrechnung

Ergebnis der Kostenartenrechnung ist, daß die urbelegorientierten Kosten-, Erlös- und Leistungsinformationen - soweit es geht - den Kostenarten, Erlösarten, Kostenstellen und Leistungsarten (Bezugsgrößen) zugeordnet und die Einzelkosten mit den Kostenträgern verbunden sind.

Im Rahmen der Kostenstellenrechnung werden alle Gemeinkosten, also auch diejenigen, die noch nicht zugeordnet werden konnten, denjenigen Kostenstellen, in denen sie angefallen sind, nach dem

R. URBELEG/GESCHÄFTSVORFALL (UBLGNR, ...)
R. URBELEGZEILE (UBLGNR, ZNR, ...)
R. BUCHUNGSZEIT (Datum, ...)
R. BELEGKOPF (BLGNR, ...)
R. BELEGZEILE/BUCHUNG (BLGNR, ZNR, KTONR, ...)
R. KONTO (KTONR, ...)
R. BEZUGSGRÖßE (BZGRNR, ...)
R. KOSTENSTELLE (KSTNR, ...)
R. LEISTUNGSVERFLECHTUNG (BZGRNR, EKSTNR, AKSTNR, ...)
R. KOSTENTRÄGER (KTRNR, ...)

R. ZUORDNUNG LE (BLGNR, ZNR, KTONR, BZGRNR, EKSTNR, AKSTNR, ...)
R. ZUORDNUNG KS (BLGNR, ZNR, KTONR, KSTNR, ...)
R. ZUORDNUNG KT (BLGNR, ZNR, KTONR, KTNR, ...)

Abb. B.VI.39: Relationenmodell: Kosten- und Erlösartenrechnung

Verursachungsprinzip zugeordnet. Die Einzelkosten werden dabei lediglich "unter dem Strich" aufgeführt, da sie Grundlage der Berechnung von Gemeinkostenzuschlagssätzen sind.

Allerdings können die Fertigungslohnkosten auch in die Kostenstellenrechnung einbezogen werden, falls sie dort entsprechend den tatsächlich in den Fertigungsstellen erhobenen Fertigungsstunden verteilt werden und die Lohnsätze nicht stark voneinander abweichen. In diesem Falle wird auch bei dem Umweg über die Kostenstellenrechnung die Genauigkeit der Zurechnung auf die Kostenträger kaum beeinträchtigt. Der Vorteil dieses Verfahrens liegt in der Ermittlung eines einheitlichen Maschinenstundensatzes, der sowohl die Lohnkosten als auch die Fertigungsgemeinkosten enthält (vgl. *Kilger, Einführung in die Kostenrechnung 1987, S. 268*).

Zunächst wird für die Verrechnung der Gemeinkosten auf die Kostenstellen die Datenstruktur entwickelt. Hierbei wird nicht nach der Art des Kostenrechnungsverfahrens (Ist-Kostenrechnung oder Plan-Kostenrechnung) unterschieden. Diese Unterscheidung würde sich lediglich in einer stärkeren Auffächerung der Attribute nach Ist-Werten, Plan-Werten, Soll-Werten und Abweichungen äußern und hätte auf die grundsätzliche Datenstruktur kaum Einfluß. Die bei der Entwicklung der Datenstruktur verwendeten Beispiele und Sachinhalte beziehen sich allerdings mehr auf die Ist-Kostenrechnung.

In einem zweiten Abschnitt werden dann die Datenstrukturen für die Kosten- und Leistungsplanung sowie die Kostenstellenanalyse dargestellt.

B.VI.2.4.1 Entwurf der Datenstruktur

Wichtigstes formales Hilfsmittel der Kostenstellenrechnung ist der Betriebsabrechnungsbogen (BAB), dessen Aufbau in Abb. B.VI.40 dargestellt ist.

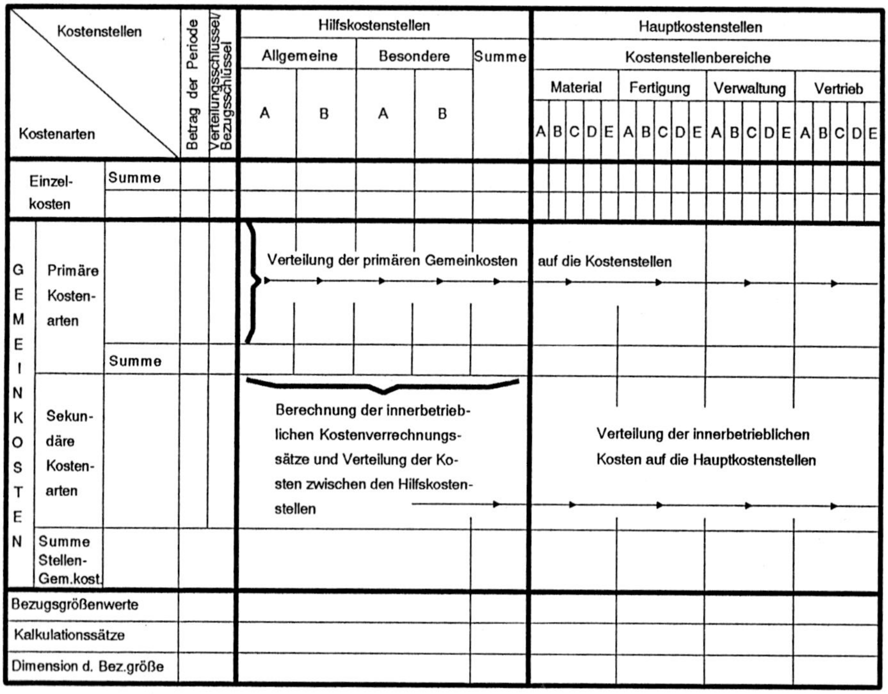

Abb. B.VI.40: Betriebsabrechnungsbogen

Die Einzelkosten werden oberhalb der eigentlichen Kostenstellenrechnung aufgeführt. Sie werden als Bezugsgrößen für die Ermittlung der Material- bzw. Fertigungsgemeinkostensätze herangezogen.

Die Hauptkostenstellen betreffen im allgemeinen den Einkaufs- und Materialbereich, den Fertigungsbereich, den Verwaltungsbereich und den Vertriebsbereich.

Typische Hilfskostenstellen sind die Bereiche Energie, Transport und Hilfsbetriebe wie Instandhaltung, Schlosserei, Schreinerei. Jeder dieser Bereiche wird in einzelne Stellen gegliedert, wobei die Kostensummen zu den Kostenstellenbereichen verdichtet werden. Die Gemeinkosten können in primäre und sekundäre Kostenarten unterteilt werden. Primäre Kosten sind Kosten, die "von außen" bezogen werden, für die also Rechnungen an das Unternehmen gestellt werden. Sekundäre Kosten betreffen Leistungen, die von Stellen innerhalb des Betriebes bezogen werden.

B.VI.2.4.1.1 Kostenverrechnung

In der Datenstruktur der Abb. B.VI.41 wird wiederum der Bezug zu den bereits entwickelten Datenstrukturen der Stammdaten und der Kostenartenrechnung deutlich.

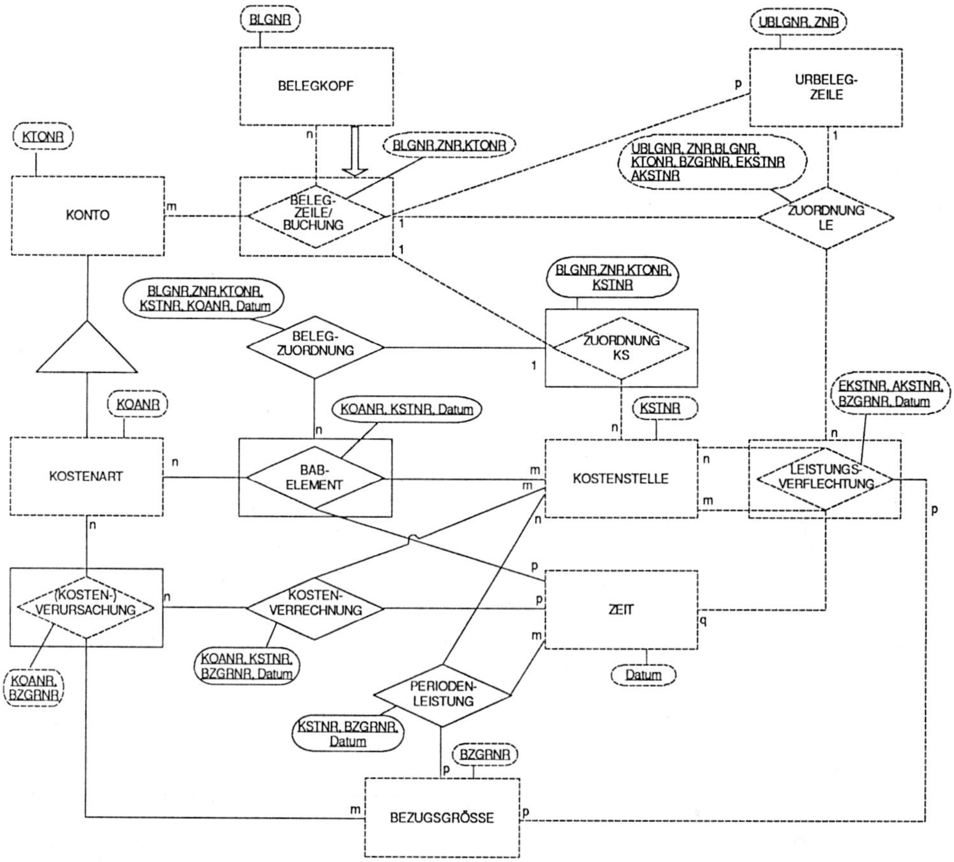

Abb. B.VI.41: ERM zur Kostenstellenrechnung

Die Datenüberschneidung resultiert daraus, daß die Kostenstellenrechnung auf der Kostenartenrechnung aufbaut.

Der Entitytyp ZEIT kennzeichnet, daß die Rechnung für unterschiedliche Perioden (z. B. Monate) durchgeführt werden kann.

Im Zentrum der Datenstruktur steht das BAB-Element als n:m:p-Beziehung zwischen KOSTENART, KOSTENSTELLE und ZEIT. Ihm werden auf die betrachtete Periode **verdichtete** Kostenattribute zugeordnet:

- bei der Belegerfassung bereits mit Kostenarten- **und** Kostenstellennummer erfaßte und damit durchgebuchte Kosten,
- verteilte Primärkosten,
- umgelegte Sekundärkosten.

Diese Unterscheidung wird während der Kostenstellenrechnung aufrechterhalten, wobei auch die Einzelwerte auf Belegebene über Strukturbeziehungen zur Verfügung stehen. Die Differenzierung der Kosten nach durchgebucht, verteilte Primärkosten und umgelegte Sekundärkosten erleichtert eine genauere Kostenkontrolle und Abweichungsanalyse.
Im folgenden werden die benötigten Datenstrukturen nach diesen drei Kostenattributen entwickelt. Der Anschluß zu den belegorientierten Buchungen wird durch die übernommene BELEGZEILE (BUCHUNG) und die damit zusammenhängende Zuordnung zur Kostenstelle (ZUORDNUNG KS) und Kostenart (über KONTO) ausgedrückt.
Die sowohl mit Kostenart- **und** Kostenstellennummer versehenen Buchungen werden in dem Beziehungstyp BELEGZUORDNUNG dem einzelnen BAB-ELEMENT zugeordnet. Diese durchgebuchten Einzelposten werden auf die benötigte Periodenrasterung verdichtet und als Attribut in das BAB-Element übernommen.
Die lediglich nach Kostenart erfaßten (primären) Gemeinkosten werden über Bezugsgrößen auf die Kostenstellen verteilt. Die dazu benötigten, für die Periode gültigen Werte der Bezugsgrößen sind über die bereits eingeführte Struktur von KOSTENSTELLE über LEISTUNGSVERFLECHTUNG, BEZUGSGRÖSSE, (KOSTEN)VERURSACHUNG, KOSTENART, KONTO zu den BELEGEN und URBELEGEN verfügbar. Der für eine Kostenstelle in einer Periode pro Bezugsgröße angefallene Wert ergibt sich durch die Verdichtung der Einzelposition der Belege und wird in der Beziehung PERIODENLEISTUNG erfaßt.
Nunmehr können die (primären) Gemeinkosten, die über KOSTENART und KONTO-Beziehungen erreichbar sind, über die Bezugsgrößenwerte auf die Kostenstellen verursachungsgerecht verteilt und im BAB-ELEMENT als Attribut erfaßt werden.
Die algorithmisch aufwendigste Rechnung betrifft die Ermittlung der Sekundärkosten. Sie ergeben sich, indem die Kosten der Hilfskostenstellen auf die Hauptkostenstellen weiterverrechnet werden. Sofern eine hierarchische Struktur der Leistungsbeziehungen zwischen den Hilfskostenstellen vorliegt, kann eine relativ einfache Rechenvorschrift, z. B. das Stufenleiterverfahren, angewandt werden. Bei gegenseitiger Leistungsverflechtung der Hilfskostenstellen ergibt sich aber ein lineares Gleichungssystem, das mit aufwendigeren Verfahren, z. B. mit dem bekannten Iterationsverfahren, gelöst werden muß.
Die grundsätzliche Struktur der Leistungsverflechtung zwischen leistungsempfangenden und leistungsabgebenden Kostenstellen wurde ebenfalls bereits eingeführt. Der Beziehungstyp LEISTUNGSVERFLECHTUNG bildet die Verbindung zwischen abgebenden und empfangenden Kostenstellen ab und differenziert nach den Leistungsarten (BEZUGSGRÖSSE). Gegenüber der Datenstruktur der Kostenartenrechnung wird der Beziehungstyp mit der Bezeichnung "Verflechtung" versehen, da er die Ergebnisse der innerbetrieblichen Leistungsverrechnung aufnimmt. Die Strukturbeziehung wird über die Verbindung mit dem Entitytyp ZEIT auf die betrachtete Abrechnungsperiode ausgerichtet.
Ein Element der LEISTUNGSVERFLECHTUNG wird somit durch die Schlüsselattribute empfangene Kostenstellennummer (EKSTNR), abgebende Kostenstellennummer (AKSTNR),

Bezugsgrößennummer (BZGRNR) und Zeit (Datum) identifiziert. Der Ausprägung wird zunächst die Leistung in Form von Leistungsmengen, Gewichten, Energieeinheiten usw. zugeordnet. Diese Mengen ergeben sich durch Zugriff zu den vorgelagerten Leistungsbereichen über die im Rahmen der Kostenartenrechnung bereits eingeführte Zuordnungsbeziehung LE-ZUORDNUNG zu den Urbelegzeilen. Derartige Urbelegzeilen können z. B. Rückmeldungen aus dem Fertigungsbereich über geleistete Stunden, Maschinenlaufzeiten sowie gemessene Energieverbrauchswerte sein.

Aus den wertmäßig bereits vorliegenden Primärkosten der Kostenstellen und den Leistungsbeziehungen werden dann über die bekannten Verfahren der innerbetrieblichen Leistungsabrechnung die Preise der Leistungen ermittelt. Anschließend werden die für eine Kostenstelle empfangenen Leistungen bewertet und dem entsprechenden BAB-Element als sekundäre Kosten zugeordnet.

Nachdem die Kosten der Hilfskostenstellen den Hauptkostenstellen zugerechnet worden sind, werden Kalkulationssätze gebildet, indem die Gesamtkosten der Kostenstelle durch den Wert der Bezugsgröße der Kostenstelle dividiert werden. Je nach Kostenrechnungsverfahren (Vollkostenrechnung, Teilkostenrechnung) wird dieses für die Gesamtkosten oder lediglich für variable Kosten der Stelle berechnet.

Die Kalkulationssätze werden, wenn sie nicht weiter nach einzelnen Bezugsgrößen (Leistungsarten) differenziert sind, als Attributwert den Kostenstellen zugeordnet oder bei einer auf mehrere Bezugsgrößen bezogenen Kalkulation dem Beziehungstyp PERIODENLEISTUNG. Die Kalkulationssätze werden bei der Kostenträgerrechnung benötigt.

B.VI.2.4.1.2 Kostenplanung und -analyse

Eine reine Ist-Kostenstellenrechnung ist für Kontrollzwecke ungeeignet, da keine Vorgabekosten als Vergleichsmaßstab bestehen.

In modernen Kostenrechnungssystemen werden deshalb für die Kostenstellen pro Kostenart zunächst Plankosten ermittelt, die auf einer spezifizierten Leistungsplanung aufbauen, für die dann nach Ablauf der Planperiode (z. B. Monat) aufgrund der tatsächlichen Leistung Soll-Kosten ermittelt werden und den Ist-Kosten gegenübergestellt werden. Die sich ergebenden Abweichungen werden analysiert und in Abweichungsursachen aufgespalten.

Bei einer Grenzplankostenrechnung, von der im folgenden ausgegangen wird, können auf den Kostenstellen lediglich Verbrauchsabweichungen auftreten. Beschäftigungsabweichungen sind durch den Übergang von der Plan- auf die Ist-Leistung ausgeschaltet; Preisabweichungen treten nicht auf, weil sowohl die Ist-Kosten als auch die Soll-Kosten mit den gleichen Preissätzen für Material, Lohn usw. arbeiten.

Da die entwickelte Datenstruktur weitgehend unabhängig von dem Kostenverfahren ist, kann Abb. B.VI.41 weiterhin Grundlage der Betrachtung bleiben.

Lediglich die Attributgruppen der Entity- und Beziehungstypen werden entsprechend dem Kostenrechnungsverfahren unterschiedlich gestaltet. Bei einer Grenzplankostenrechnung wird z. B. für jede Kostenart pro Kostenstelle die Wertegruppe:

- variable Plankosten,
- fixe Plankosten,
- variable Sollkosten,
- fixe Sollkosten,
- Ist-Kosten,
- Verbrauchsabweichung

erfaßt.

Um diese Attributgruppe muß dann der Beziehungs- bzw. Entitytyp BAB-ELEMENT erweitert werden.
Die Kostenplanung und -analyse ist somit eine Auswertungsfunktion, die auf der entwickelten Datenstruktur einer Grundrechnung aufbaut.
Der grundsätzliche Ablauf soll deswegen auch anhand dreier typischer auswertungsorientierter Bildschirmmasken erläutert werden.
Im ersten Schritt wird eine Leistungsrechnung pro Kostenstelle durchgeführt. Ausgangs-punkt dafür ist der Produktionsplan, aus dem die Beschäftigung, gemessen in unterschiedlichen Bezugsgrößen, abgeleitet wird (vgl. den Abschnitt "Planung des Absatz- und Produktionsprogramms").
Die Datenstruktur wurde in Abb. B.IV.19 entwickelt. Aus den Kapazitätsprofilen ergeben sich auch die Belastungen in Maschinenstunden der Planbetriebsmittelgruppen und Betriebsmittelgruppen. Diese Planwerte können entweder direkt für die Kostenplanung übernommen werden oder aber über entsprechende Verrechnungsfaktoren in andere Bezugsgrößen transformiert werden. Die Datenbeziehung ist in Abb. B.VI.42 durch Verbindung des Kostenstellen-Entitytyps zu den im Rahmen der Planungsüberlegungen verwendeten Begriffen "Betriebsmittelgruppe" und "Planbetriebsmittelgruppe" hergestellt.

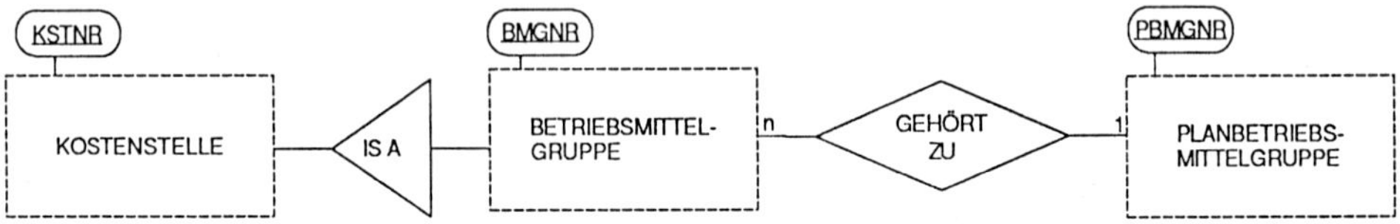

Abb. B.VI.42: ERM zur Leistungsrechnung pro Kostenstelle

Über den Entitytyp PLANBETRIEBSMITTELGRUPPE sind die für die Planung angelegten Entitytypen PRODUKTIONSPLAN usw. erreichbar.
In Abb. B.VI.43 (aus: *SAP, System RK 1986, S. 5.2.2.2.1-2*) ist die Bildschirmmaske der Leistungsplanung einer Kostenstelle angegeben.

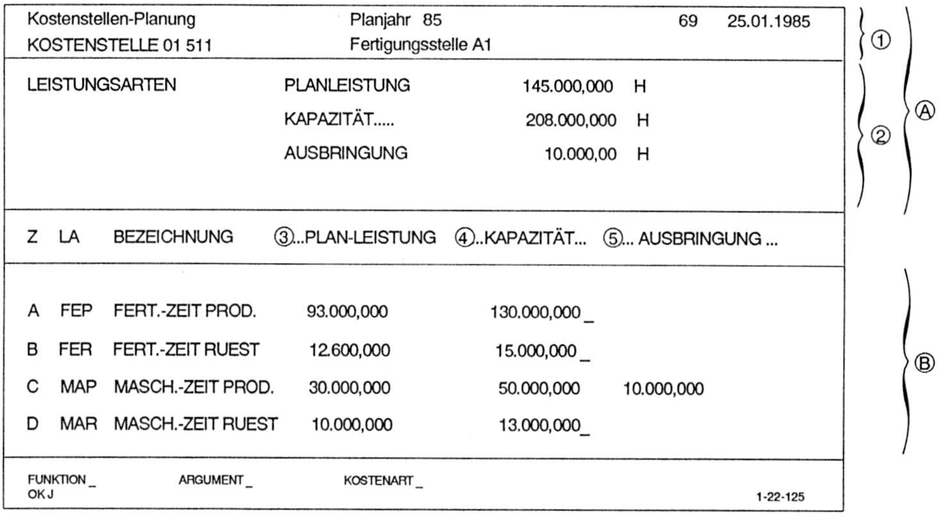

Kostenstellen-Planung | Planjahr 85 | 69 | 25.01.1985
KOSTENSTELLE 01 511 | Fertigungsstelle A1

LEISTUNGSARTEN			
	PLANLEISTUNG	145.000,000	H
	KAPAZITÄT.....	208.000,000	H
	AUSBRINGUNG	10.000,00	H

Z	LA	BEZEICHNUNG	③...PLAN-LEISTUNG	④..KAPAZITÄT...	⑤... AUSBRINGUNG ...
A	FEP	FERT.-ZEIT PROD.	93.000,000	130.000,000_	
B	FER	FERT.-ZEIT RUEST	12.600,000	15.000,000_	
C	MAP	MASCH.-ZEIT PROD.	30.000,000	50.000,000	10.000,000
D	MAR	MASCH.-ZEIT RUEST	10.000,000	13.000,000_	

FUNKTION _ ARGUMENT _ KOSTENART _
OK J 1-22-125

Legende:

A Kopf
1 Identifizierende Merkmale
2 Kostenstellenbezogene Plandaten, die sich aus der Gesamtheit der Leistungsarten ergeben

B Positionen: Beschreibung der Plandaten pro Leistungsart
3 Planleistung in der im Leistungsartenstammsatz festgelegten Dimension
4 für die Leistungsart geplante Kapazität in der im Leistungsartenstammsatz festgelegten Dimension
5 Beschreibung der Planleistung in einer alternativen Dimension; z.B. Std. --> Stk.

Abb. B.VI.43: Bildschirmmaske für die Leistungsplanung einer Kostenstelle

Unter Verwendung von Plankostensätzen werden für die einzelnen Kostenarten der Kostenstelle, getrennt nach fixen und variablen Kosten, die Kosten geplant. In Abb. B.VI.44 (aus: *SAP, System RK 1986, S. 5.2.2.2.2-2*) ist dieses wiederum als Bildschirmmaske angegeben.

Die Planung vollzieht sich ähnlich der für die Ist-Kosten gezeigten Kostenverrechnung, d. h., zunächst werden die Primärkosten der Kostenstellen geplant. In einem zweiten Schritt werden die innerbetrieblichen Leistungen verrechnet, wobei das Rechenverfahren analog der Ist-Kostenverrechnung ist. So ergeben sich für die Kostenstellen pro Leistungsart Planverrechnungssätze gegenüber den Ist-Verrechnungssätzen der oben gezeigten innerbetrieblichen Leistungsverrechnung. Die sekundären Plankosten können pro Kostenstelle getrennt ausgewiesen werden.

Nach Ablauf der Planperiode werden die Ist-Leistungen erhoben. Sie bilden die Basis für die Errechnung der Soll-Kosten, indem sie mit den Verrechnungspreisen (Plan-Preise) bewertet werden.

Da parallel auch die Ist-Kosten erhoben werden, können in Kostenstellenberichten Soll-Ist-Abweichungen analysiert werden. Hierbei können getrennte Analysen für fixe und variable Kosten sowie je nach Kostenrechnungsverfahren nach unterschiedlichen Abweichungsursachen (Preis, Verfahren, Verbrauch, Beschäftigung) aufgespalten werden. Ein Kostenstellenbericht wird in Abb. B.VI.45 (aus: *SAP, System RK 1986, S. 5.4.2.1-3*) angegeben.

Kostenstellen-Planung | Planjahr 85 | 64 25.01.1985 ①
KOSTENSTELLE 01 511 | Fertigungsstelle A1

LEISTUNGSBEZOGENE KOSTEN | PLANLEISTUNG 93.000,000 H
LEISTUNGSART... FERT.-ZEIT PROD. | KAPAZITÄT..... 0,000 H ② Ⓐ
SCHLÜSSEL............ FEP | AUSBRINGUNG 0,00 H

Z	BAB	KOSTENART	BEZEICHNUNG	..PLANKOSTEN FIX.	..PLANKOSTEN VAR.		E
A	010	420000	Fertigungslöhne	936.000,00	324.000,00		V
B		421000	Hilfslöhne	18.900,00	12.420,00		F
C	030	434000	tarifl. Urlaubsgeld	95.490,00	33.642,00		F
D		435000	tarifl. Jahresleistung	286.470,00	100.926,00		F
E	210	400000	Rohstoffe	132.000,00	336.000,00		V
F	220	403000	Hilfsstoffe	4.650,00	4.650,00		V
G		404000	Betriebsstoffe	0,00	4.185,00	A	V
H	250	452000	inst. Masch. + Geräte	3.240,00	8.400,00		F

Ⓑ

FUNKTION _ ARGUMENT _ _
OK J
1-22-125

Legende:

A Kopf
1 Kostenstellenbezogene Daten
2 Kostenstellen- und leistungsbezogene Daten

B Positionen

Abb. B.VI.44: Bildschirmmaske für die Kostenplanung einer Kostenstelle

Kostenstellen Soll /Ist-Vergleich | in DM (10**0) | Datum: 31.01.90
85 01 00511 N | | Zeile 16/080
Fertigungsstelle A1

Z	BAB	KA/LA	Bezeichnung	Soll 2 2	Ist 2 2	ABW (ABS)	ABW (%)
A	010	*	Löhne	104.748	116.645	11.897	11
B	020	*	Gehälter	8.333	12.450	4.117	49
C	030	*	Sonstige Perskost.	45.233	51.638	6.405	14
D	050	**	Personalkosten	158.314	180.733	22.419	14
E	210	*	Rohstoffe	30.401	47.684	17.283	57
F	220	*	Hilfs-/Betriebsstoffe	2.431	3.239	807	33
G	230	**	Materialkosten	32.833	50.923	18.090	55
H	240	*	Energie				
I	250	*	Instandhaltung	1.123	395	728 -	65 -
J	255	*	Sonst. Maschinenk.	2.273		2.273 -	
K	258	**	Maschinenkosten	3.396	395	3.001 -	88 -
L	260	*	Kalk. Abschreibung	5.243	5.243		
M	265	*	Kalk. Zinsen	653	653		
N	266	**	Kalk. Abschr./Zinsen	5.895	5.895		
O	268	*	Sonst. Kalk. Kosten				
P	280	*	Sonst. Fremdleist.		256	256	

OK J
2-21-201

Abb. B.VI.45: Beispiel für einen Kostenstellenbericht

Kostenberichte können nicht nur pro Kostenstelle, sondern auch pro Kostenart über alle Stellen hinweg aufgestellt werden.
Bei der Verfolgung von Abweichungen können zunächst innerhalb eines Kostenstellenberichtes die einzelnen Kostenarten untersucht werden, dann die Kostenarten nach ihrer Herkunft (Primärkosten, Sekundärkosten), nach der Art ihrer Beschäftigungsabhängigkeit sowie bei noch verfeinerter Betrachtung hinsichtlich der Datenquellen bis zu den Einzelbelegen.

B.VI.2.4.2 Datenmodell

Die konstruierte Datenstruktur der Kostenstellenrechnung wird in Abb. B.VI.46 in die Notation des Relationenmodells übernommen.

R. ZEIT (<u>Datum</u>, ...)
R. KOSTENSTELLE (<u>KSTNR</u>, ...)
R. KOSTENART (<u>KOANR</u>, ...)
R. KOSTENVERURSACHUNG (<u>KOANR</u>, <u>BZGRNR</u>, ...)
R. BEZUGSGRÖSSE (<u>BZGRNR</u>, ...)
R. LEISTUNGSVERFLECHTUNG (<u>EKSTNR</u>, <u>AKSTNR</u>, <u>BZGRNR</u>, <u>Datum</u>, ...)
R. KONTO (<u>KTONR</u>,...)
R. BELEGKOPF (<u>BLGNR</u>, ...)
R. BELEGZEILE/BUCHUNG (<u>BLGNR</u>, <u>ZNR</u>, <u>KTONR</u>, ...)
R. URBELEGZEILE (<u>UBLGNR</u>, <u>ZNR</u>, ...)
R. ZUORDNUNG LE (<u>UBLGNR</u>, <u>ZNR</u>, <u>BLGNR</u>, <u>KTONR</u>, <u>BZGRNR</u>, <u>EKSTNR</u>, <u>AKSTNR</u>, ...)
R. ZUORDNUNG KS (<u>BLGNR</u>, <u>ZNR</u>, <u>KTONR</u>, <u>KSTNR</u>, ...)

R. BAB-ELEMENT (<u>KOANR</u>, <u>KSTNR</u>, <u>Datum</u>, Planwert, Sollwert, Istwert, ...)
R. KOSTENVERRECHNUNG (<u>KOANR</u>, <u>KSTNR</u>, <u>BZGRNR</u>, <u>Datum</u>, Betrag, ...)
R. BELEGZUORDNUNG (<u>BLGNR</u>, <u>ZNR</u>, <u>KTONR</u>, <u>KSTNR</u>, <u>KOANR</u>, <u>Datum</u>, ...)
R. PERIODENLEISTUNG (<u>KSTNR</u>, <u>BZGRNR</u>, <u>Datum</u>, ...)

Abb. B.VI.46: Relationenmodell: Kostenstellenrechnung

B.VI.2.5 Kostenträgerrechnung

Im Rahmen der Kostenträgerrechnung werden die Kosten der Kostenträger bestimmt. Werden sie pro Einheit errechnet, so wird dieses als Kostenträgerstückrechnung bezeichnet, werden die Kosten eines Kostenträgers für eine bestimmte Periode errechnet, so wird dieses als Kostenträgerzeitrechnung bezeichnet. Die Ermittlung der Kosten dient unter anderem zur Berechnung von

Deckungsbeiträgen, indem von Erlösen die errechneten variablen Selbstkosten abgezogen werden. Obwohl als Kostenträger vielfältige Bezugsgrößen wie Kundengruppen, Vertreter, Gebiete usw. genannt wurden, steht die Betrachtung des Erzeugnisses selbst weiterhin im Vordergrund. Aus diesem Grunde werden auch die verbalen Entwicklungen an einem Beispiel der Kostenträgerrechnung für ein Erzeugnis angestellt.

B.VI.2.5.1 Entwurf der Datenstruktur

Da die Kostenträgerrechnung eine Ergänzung der bisherigen Kostenrechnungsarten ist, ergibt sich keine wesentliche Erweiterung der bereits entwickelten Kosten-Datenstruktur. Vielmehr werden zusätzlich Datenstrukturen aus anderen Bereichen (Fertigung, Vertrieb) benötigt, so daß auf diese Datenstrukturen stärker eingegangen wird.
Die Überlegungen werden für die Kostenträgerstückrechnung etwas ausführlicher und für die Kostenträgerzeitrechnung lediglich pauschal dargestellt.

B.VI.2.5.1.1 Kostenträgerstückrechnung

Die Kostenträgerstückrechnung oder Kalkulation besitzt eine lange betriebswirtschaftliche Tradition, die nicht nur aus der für betriebswirtschaftliche Entscheidungen notwendigen Selbstkostenrechnung resultiert, sondern auch aus bei den staatlichen Aufträgen vorgeschriebenen Selbstkostenermittlungen.
Nach den Anlässen kann zwischen einer Vor-, Plan- und Nachkalkulation unterschieden werden. Eine Vorkalkulation bezieht sich jeweils auf einen konkreten Kundenauftrag, der noch nicht bis ins einzelne spezifiziert ist, so daß bereits kalkuliert werden muß, ohne daß konkrete Arbeitspläne und Stücklisten bestehen. Aus diesem Grunde werden hier auch recht pauschale Verfahren angesetzt, die sich z. B. an Kenngrößen wie DM pro geschätztes Gewicht des zu fertigenden Teils orientieren. Wie im Rahmen des Abschnittes über CAD gezeigt wurde und in dem Kapitel über CIM weiter ausgeführt wird, wird die Konstruktion und Entwicklung immer mehr zum Entscheidungszentrum auch betriebswirtschaftlich relevanter Tatbestände. Aus diesem Grunde ist es auch erforderlich, bereits im frühen Stadium einer Produktentwicklung Kosteninformationen zu erhalten, um daraufhin mögliche konstruktive Änderungen des Erzeugnisses auszurichten. Dieses bedeutet, daß die Vorkalkulation zunehmend an Gewicht gewinnt. Dieses gilt nicht nur für Einzelfertiger, sondern auch für die Entwurfsphase von Serienerzeugnissen. Aus diesem Grunde werden im Rahmen von CIM auch Möglichkeiten einer konstruktionsbegleitenden Kalkulation diskutiert (vgl. *Scheer, Vorkalkulationen in CAD-Systemen 1985; Ehrlenspiel, Kostengünstig Konstruieren 1985*).
Die Plankalkulation ist nur anwendbar bei Serienerzeugnissen, für die bereits die fertigungstechnischen Grunddaten wie Stücklisten und Arbeitspläne bekannt sind. Ferner setzt sie, da

sie von Planwerten- und Planmengengerüsten ausgeht, eine differenzierte Plankostenrechnung, wie sie oben für die Kostenarten- und Kostenstellenrechnung angedeutet wurde, voraus. Bei einer Nachkalkulation werden für eine abgelaufene Periode die Selbstkosten pro Mengeneinheit kalkuliert.

Im folgenden wird eine Plankalkulation anhand eines Beispiels für ein mehrteiliges Serienerzeugnis demonstriert. Es werden lediglich variable Kosten einbezogen, um bei einer Gegenüberstellung mit dem Preis Deckungsbeiträge zu errechnen. In Abb. B.VI.47 ist die Produktstruktur des Beispiels dargestellt.

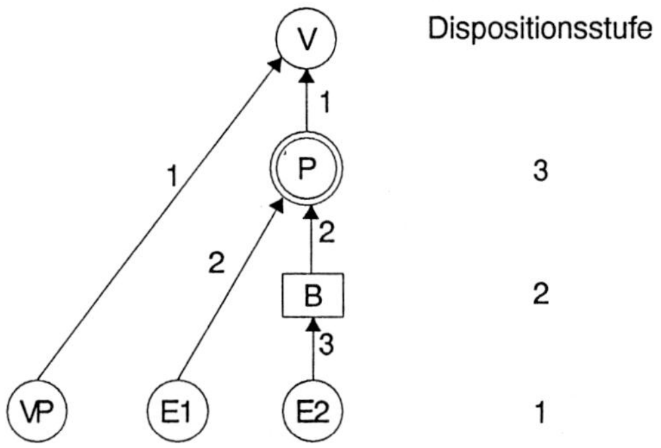

Abb. B.VI.47: Produktstruktur (Beispiel)

Das Erzeugnis P besteht aus einer Baugruppe und dem fremdbezogenen Teil E1 (Material). Die Baugruppe B wird aus dem Material E2 hergestellt. Das Enderzeugnis wird durch einen Verpackungsvorgang zu dem verkaufsfähigen Produkt V veredelt. Das Verpackungsmaterial ist als fremdbezogenes Material VP angegeben.

Der Kalkulationsvorgang vollzieht sich in zwei grundsätzlichen Schritten. Im ersten Schritt werden die Herstellkosten eines Teils, bezogen auf einen bestimmten Arbeitsplan, ermittelt, indem differenziert die einzelnen Arbeitsgänge in den Kostenstellen verfolgt werden. Daraus werden die Fertigungskosten berechnet. Gleichzeitig werden die direkt in das betrachtete Teil eingehenden Materialien ermittelt. Bei diesem Kalkulationsschritt pro Fertigungsteil sind die fertigungstechnischen Grunddaten der Stücklisten und Arbeitspläne sowie der Kostensätze pro Betriebsmittelgruppe (Kostenstelle) erforderlich. Diese Datenstruktur wurde bereits oben im Rahmen der Produktionsplanung und -steuerung sehr detailliert abgeleitet. Der hier benötigte Ausschnitt ist in Abb. B.VI.48 dargestellt.

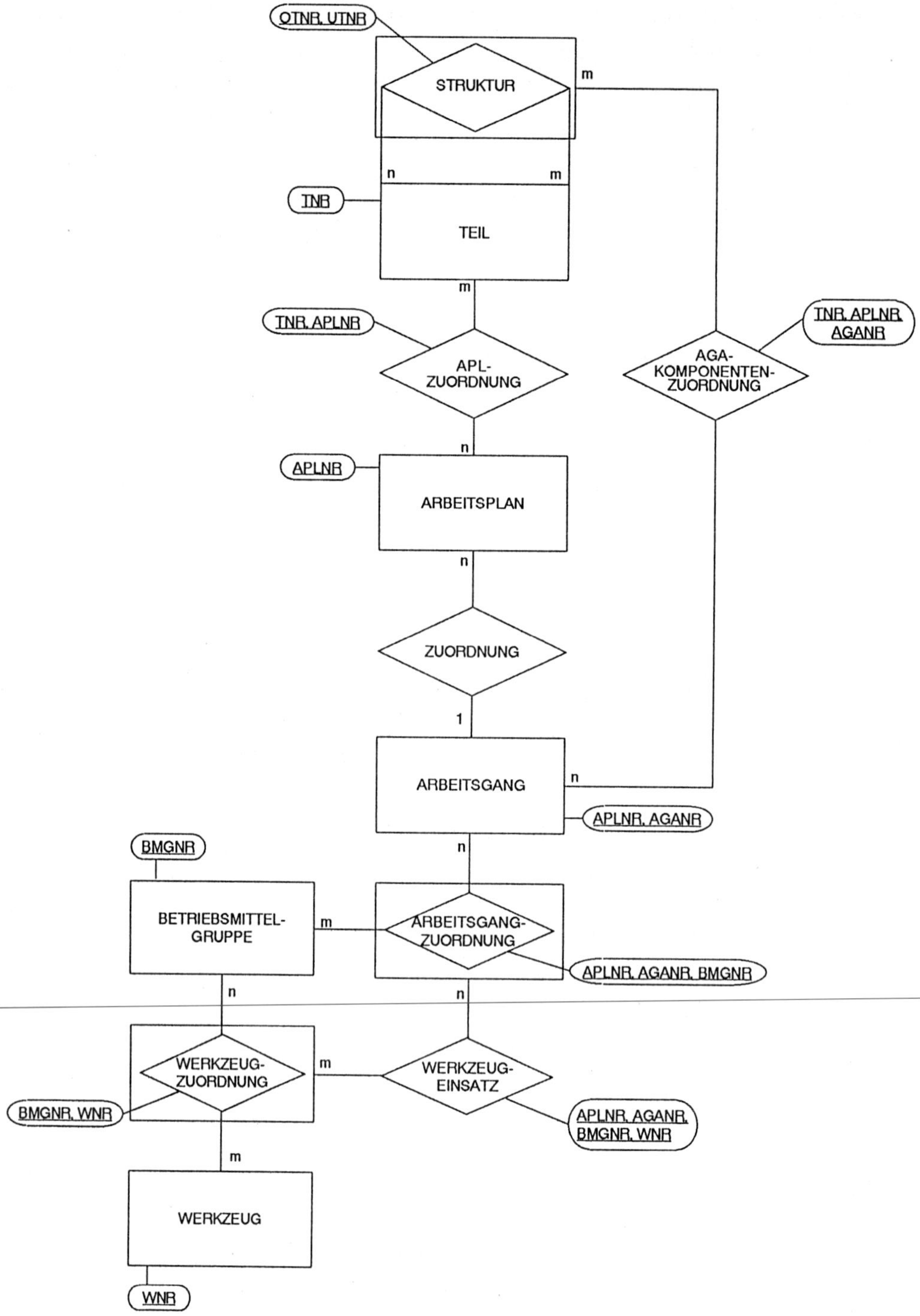

Abb. B.VI.48: ERM zur Kostenträgerstückrechnung

In Abb. B.VI.49 ist das Kalkulationsschema der Herstellkosten für den Arbeitsplan der Baugruppe B des Beispiels exemplarisch dargestellt.

Kalkulationsschema Fertigungskosten								
	Arbeits-gang Nr.	Kosten-stelle (BMG)	Bezugsgröße				Teil B	
			Nr.	Bezeichnung	Dimension	Kostensatz	Wert der Bezugsgröße pro ME	Kosten pro ME
1	1	BMG 5	1	Maschinen-minuten	DM/Min.	4,00	30	120,00
2	1	BMG 5	2	Rüst-minuten	DM/Min.	1,00	2	2,00
3	2	BMG 7	1	Fertigungs-minuten	DM/Min.	3,00	20	60,00
4	2	BMG 7	2	Maschinen-minuten	DM/Min.	5,00	12	60,00
5	2	BMG 7	3	Rüst-minuten	DM/Min.	1,50	8	12,00
6	Fertigungskosten (1-5)							254,00
7	Einzelmaterialkosten				ME/ME	80,00	3	240,00
8	Materialgemeinkosten				%	50,00		120,00
9	Materialkosten (7+8)							360,00
10	Herstellkosten (6+9)							614,00

Arbeitsplan APL 1 für Teil B					
		Vorgabewerte (Planwerte)			
Arbeitsgang Nr.	Arbeitsgangzuordnung	Rüsten	Fertigung	Maschinen	Losgröße
1	BMG 5	20	-	30	10
2	BMG 7	80	20	12	10

Quelle: Entitytyp KOSTENSTELLE/BETRIEBSMITTELGRUPPE

Kostenstelle/	Kostensätze pro Bezugsgröße		
Betriebsmittelgruppe	Rüstzeit	Fertigungszeit	Maschinenzeit
BMG 5	1,00	-	4,00
BMG 7	1,50	3,00	5,00

Abb. B.VI.49: Kalkulationsschema der Herstellkosten eines Arbeitsplans

Die obere Tabelle zeigt das Kalkulationsschema, die mittlere Tabelle die Daten des Arbeitsplans, wobei eine Zeile die hier benötigten Attribute der Arbeitsgänge wiedergibt. Da pro Arbeitsgang lediglich **eine** Arbeitsgangzuordnung unterstellt wird, werden ARBEITSPLAN, ARBEITSGANG und ARBEITSGANGZUORDNUNG quasi als eine Tabelle behandelt. In der Struktur der Grunddaten ist dagegen eine variablere Datenzuordnung dargestellt.

Pro Arbeitsgangzuordnung werden für die einzelnen Bezugsgrößen Vorgabewerte (Planwerte) angegeben. Als Bezugsgrößen werden Rüst-, Fertigungs- und Maschinenzeiten vorgesehen. Hier können auch weitere Indikatoren wie Energieverbrauch eingesetzt werden. Weiterhin ist im Arbeitsgang die Losgröße angegeben, auf die sich die Daten beziehen (streng genommen ist die Losgröße ein Attribut, das dem Arbeitsplan zugeordnet ist, weil sie für die Arbeitsgänge jeweils konstant ist).

Die variablen Kostensätze pro Bezugsgröße werden pro Betriebsmittelgruppe bzw. Kostenstelle geführt. Sie werden im Rahmen der Kostenstellenrechnung in dieser Differenziertheit ermittelt und sind über die Zuordnung von Kostenstellen zu Betriebsmittelgruppen aus dem Entitytyp KOSTENSTELLE oder PERIODENLEISTUNG verfügbar. Die Kostensätze enthalten die variablen Kosten, also sowohl Einzelkosten als auch variable Gemeinkosten.

Da durch die höhere Automatisierung die Fertigungszeiten, die im wesentlichen aus Arbeitszeiten bestehen, an Gewicht verlieren, werden zunehmend Maschinenzeiten als wesentliche Bezugsgröße der Kalkulation in Fertigungsbetrieben angesetzt.

Aus den tabellarisch aufgeführten Daten, die in der Grunddatenstruktur der Arbeitspläne und Betriebsmittelgruppen erfaßt sind, können nun für den Arbeitsplan des Teils B die einzelnen Kostenteile differenziert errechnet werden. Pro Arbeitsgang werden die einzelnen Bezugsgrößenwerte mit den Kostensätzen, wie sie für die Bezugsgröße der Betriebsmittelgruppe gelten, multipliziert. Die Addition der Kostenelemente führt zu den Fertigungskosten des Teils B anhand des Arbeitsplans.

Da in das Teil auch direkte Materialien (Einzelmaterial E2) mit drei Mengeneinheiten zu einem Preis von 80,-- DM eingehen, ergeben sich 240,-- DM direkte Einzelmaterialkosten. Bei einem Materialgemeinkostensatz von 50 % führt dieses zu Materialkosten in Höhe von 360,-- DM. Die Herstellkosten betragen somit 614,-- DM.

Damit ist der erste Kalkulationsschritt, die prinzipielle Berechnung der Herstellkosten eines einzelnen Arbeitsplanes dargestellt. Bestehen mehrere Arbeitspläne für ein Teil, so können für diese die Herstellkosten analog errechnet werden.

Die Ergebnisse werden den ARBEITSPLAN-Entities als Attributwerte zugewiesen. Für ein Teil sind dann pro möglichem Arbeitplan die isolierten Herstellkosten verfügbar.

Im zweiten Kalkulationsschritt wird nun die mehrteilige Stücklistenstruktur aufgelöst (vgl. Abb. B.VI.50). Hierbei wird den Dispositionsstufen gefolgt, wobei mit den fremdbezogenen Einzelteilen (Materialien) der Dispositionsstufe 1 begonnen wird und die Kosten einmal isoliert pro Teil aufgeführt werden, wie sie soeben an dem Beispiel entwickelt wurden, und als kumulierte Kosten, die alle Kosten des Teils aus seinen Vorprodukten einschließlich der eigenen isolierten Kosten enthalten.

Hierbei können nun keine alternativen Arbeitspläne mehr berücksichtigt werden, vielmehr wird einem Teil ein Arbeitsplan, in der Regel der günstigste, fest zugeordnet. Die errechneten Selbstkosten stellen dann die Untergrenze dar.

Zeile	Dispositionsstufe	Teile Nr.	Arbeitsplan Nr.	Isolierte Kosten Materialkosten	Isolierte Kosten Fertigungskosten	Kumulierte Kosten Übertrag TNR	Kumulierte Kosten Übertrag Prod.-Koeff.	Kumulierte Kosten Materialkosten	Kumulierte Kosten Fertigungskosten
0	1	VP	-	30,00	-	VP	1	30,00	-
1	1	E1	-	60,00	-	E1	1	60,00	-
2	1	E2	-	120,00	-	E2	1	120,00	-
3	2	B	APL 1	360,00	254,00	B	1	360,00	254,00
4	3	P	APL 1	120,00	328,00	B	2	720,00	508,00
5						P	1	120,00	328,00
6								840,00	836,00
7	Herstellkosten							1.676,00	
8	Verwaltungsgemeinkosten 10% auf 7							167,60	
9	Vertriebsgemeinkosten 10% auf 7							167,60	
10	Verpackungsmaterialkosten					VP	1	30,00	
11	Provision 5% von 13							150,00	
12	Selbstkosten (7-11)							2.190,60	
13	Verkaufspreis							3.000,00	
14	Deckungsbeitrag							809,40	

Abb. B.VI.50: Auflösung einer mehrteiligen Stücklistenstruktur

Für Sonderrechnungen können aber auch Berechnungen mit unterschiedlichen Arbeitsplänen durchgeführt werden.

In den Zeilen 0 bis 2 werden die Materialkosten erfaßt. Da die Materialien fremdbezogen sind, entstehen keine Fertigungskosten.

In Zeile 3 wird die Baugruppe B betrachtet. In die Baugruppe B geht das Material E2 direkt ein, so daß es als isolierte Kosten mit einem Betrag von 360,-- DM erfaßt wird. Die Fertigungskosten des Arbeitsplans wurden mit einem Betrag von 254,-- DM ermittelt (vgl. dazu Abb. B.VI.49).

Durch die differenzierte Kumulation der Kosten nach Material- und Fertigungskosten bleiben bis zum Endprodukt die Material- und Fertigungskosten getrennt sichtbar. Hierbei können auch weitere Differenzierungen angebracht werden. Komfortable Standard-EDV-Systeme sehen z. B. Kostenaufteilungen in bis zu 20 unterschiedliche Kostenpositionen vor, die über die gesamte Kalkulationshierarchie hinweg erhalten bleiben.

In Zeile 4 werden für das Endprodukt die direkt in das Endprodukt P eingehenden Materialien E1 in Höhe von 120,-- DM erfaßt. Die Fertigungskosten werden mit 328,-- DM angesetzt.

Anschließend werden die Kosten der in das Produkt P eingehenden Baugruppe B übertragen. Dabei wird der Produktionskoeffizient in Höhe von 2 berücksichtigt. Die Addition der übertragenen Kosten mit den isolierten Kosten des Teils P führt zu Materialkosten in Höhe von 840,-- DM und Fertigungskosten in Höhe von 836,-- DM.

In Zeile 7 wird das Kalkulationsschema weitergeführt, indem aus Material- und Fertigungskosten die Herstellkosten errechnet werden. Die Zeilen 8 und 9 zeigen die Verwaltungs- und Vertriebskosten, die lediglich für Endprodukte anfallen.
In Zeile 10 sind die Verpackungsmaterialkosten als Einzelkosten erfaßt. Sie ergeben sich durch Übertragung der in Zeile 0 angeführten Materialkosten von 30,-- DM pro Verpackungsmaterialeinheit.
Wenn von dem Verkaufspreis der Zeile 13 die in Zeile 12 errechneten Selbstkosten abgezogen werden, so ergibt sich der Deckungsbeitrag der Zeile 14.
Für die Kalkulation wurde somit die gesamte Datenstruktur der Grunddaten, wie sie für ein Produktionsplanungs- und -steuerungssystem erforderlich sind, benötigt. Dieses zeigt noch einmal die enge Verbindung der Kostenrechnung zu anderen Planungs- und Dispositionsbereichen. Die enge Datenverbindung hat z. B. dazu geführt, daß in vielen EDV-Systemen zur Produktionsplanung und -steuerung einfache Kalkulationsalgorithmen implementiert sind, die insbesondere bei einer Online-Kalkulation eingesetzt werden. Da aber auch Wertgrößen wie die differenzierten Kalkulationssätze pro Kostenstelle und Bezugsgrößen benötigt werden, sind die Grunddaten des Fertigungsbereichs für eine aussagefähige Kalkulation allein noch nicht ausreichend. Vielmehr müssen sowohl die Datenbasis der Kostenrechnung und des PPS mit gleicher betriebswirtschaftlicher Qualität eingerichtet werden, um den Kalkulationsprozeß wirksam unterstützen zu können.
Bei batchorientierten Kalkulationsläufen ist es üblich, die Grunddaten des Fertigungsbereichs vor der Durchführung einer gesamten Plankalkulation des Teilespektrums in die Datenstruktur des Kostenrechnungssystems zu überführen. Diese Möglichkeit wird aber dann nahezu unbewältigbar, wenn komplizierte Teilestrukturen auftreten, wie sie z. B. in der Automobilindustrie oder in der Maschinenbauindustrie üblich sind.
Die entstehende Redundanz der außerordentlich mächtigen Datenbanken drängt dazu, die Kalkulation auf einer kostenrechnerisch und fertigungstechnisch integrierten Datenbasis aufzusetzen. Dies ist eine zwingende Voraussetzung für eine dialogorientierte Kalkulation, um z. B. bei veränderten Materialpreisen oder konstruktiven Änderungen von Teilen sofort die Kostenwirkungen zu ermitteln.

B.VI.2.5.1.2 Kostenträgerzeitrechnung (Kurzfristige Erfolgsrechnung)

Die Kostenträgerzeitrechnung (auch als Betriebsergebnis- oder Kurzfristige Erfolgsrechnung bezeichnet) setzt die Kostenträgerstückrechnung als wesentlichen Datenlieferanten voraus. Sie erscheint in vielfältigen Ausprägungsformen. So wird zwischen dem Gesamtkostenverfahren und dem Umsatzkostenverfahren unterschieden und weiter nach Ist-, Plan- und Normalkosten.
Die Kostenträgerzeitrechnung dient zur Erfolgsplanung und zur Erfolgskontrolle. Dabei kann sie sich auf unterschiedliche Kostenträger wie Einzelartikel, Artikelgruppen, einzelne Kunden, Kundengruppen, Absatzgebiete, Vertreter usw. beziehen. Es ist damit ausgeschlossen, alle möglichen

Berichte als Standardauswertungen vorzusehen. Vielmehr muß eine Datenbasis zur Verfügung stehen, aus der für unterschiedliche Verdichtungsformen Auswertungen möglichst im Dialog generiert werden können. Eine komfortable Kostenträgerzeitrechnung bildet somit den Übergang zu einem Kosteninformationssystem, das neben der Datenbasis auch eine Methoden- und Modellbank enthält.

Für Abweichungsanalysen innerhalb der Kontrollfunktion der Kostenträgerzeitrechnung muß ein Zugriff auf Daten bis zur Urbelegebene möglich sein. Dieses bedeutet, daß eine hohe Datenintegration auch zu den benachbarten Gebieten der Fakturierung (Vertriebsbereich), Lagerbestandsführung und Bestand an angearbeiteten innerbetrieblichen Aufträgen (Produktionsplanungs- und -steuerungssystem) besteht.

Da diesem Gedanken bereits bei der Konstruktion der integrierten Datenstruktur für das Rechnungswesen gefolgt wurde, braucht die Datenstruktur für die Kostenträgerzeitrechnung nicht mehr ergänzt zu werden. Sie stellt eine reine Auswertungsfunktion dar.

Ohne auf die Besonderheiten der einzelnen Verfahren ausführlich einzugehen (vgl. hierzu die einschlägige Literatur zur Kostenrechnung) sollen die wesentlichen Datenquellen, die für die Rechnung benötigt werden, aufgezeigt werden.

Dazu werden die typischen Formeln für die Berechnung des Gewinnes betrachtet und es wird auf die Datenherkunft der einzelnen Terme hingewiesen. Bei der kurzfristigen Erfolgsrechnung auf **Vollkostenbasis** (vgl. Formel (1) der Abb. B.VI.51) ergibt sich der Gewinn, indem zu dem Periodenerlös die bewerteten Bestandsveränderungen an Halb- und Fertigfabrikaten addiert werden und davon die Gesamtkosten subtrahiert werden. Der Erlös ergibt sich durch Summation der artikelbezogenen Produkte aus Preis mal Absatzmenge. Diese Daten können den Rechnungen der Fakturierung entnommen werden.

Die Bestandsveränderung ergibt sich, indem die Differenzen aus produzierter und abgesetzter Menge mit den Herstellkosten multipliziert und über alle Produkte aufaddiert werden.

Die Herstellkosten werden der Kostenträgerstückrechnung entnommen; Produktionsmengen ergeben sich aus dem Rückmeldesystem eines PPS-Systems (BDE) und die abgesetzten Mengen werden wiederum der Fakturierung entnommen.

Die Gesamtkosten ergeben sich durch Addition der nach Kostenarten gegliederten Gesamtkosten der Kostenartenrechnung.

Während die ersten beiden Terme nach Artikel gegliedert sind, sind die Kosten nach Kostenarten differenziert. Damit können artikelbezogenen Erlösen keine artikelbezogenen Kosten gegenübergestellt werden. Der Aussagekraft der Kostenträgerzeitrechnung auf Vollkostenbasis sind damit enge Grenzen gesetzt. Trotz ihrer Einfachheit (sie kann weitgehend aus der Finanzbuchführung versorgt werden und setzt kein ausgefeiltes Kostenrechnungssystem voraus) wird sie deshalb kaum eingesetzt.

Beim **Umsatzkostenverfahren** beziehen sich Erlös und Kosten auf die abgesetzten Mengen in einer Periode. Dabei werden Erlöse und Kosten pro Kostenträger differenziert erhoben und einander gegenübergestellt. Beim Umsatzkostenverfahren wird zwischen der Basis Vollkosten und

$$(1)\quad G = \underbrace{\sum_{z=1}^{Z} \overbrace{P_z * XA_z}^{\text{Fakturierung}}}_{\text{Erlös}} + \underbrace{\sum_{z=1}^{Z} \overbrace{KH_z}^{\text{Kalkulation}} * (\overbrace{XP_z}^{\text{PPS}} - \overbrace{XA_z}^{\text{Fakturierung}})}_{\text{Bestandsveränderung}} - \underbrace{\sum_{i=1}^{I} \overbrace{K_i}^{\text{Kostenartenrechnung}}}_{\text{Gesamtkosten}}$$

$$(2)\quad G = \sum_{z=1}^{Z} (\overbrace{P_z}^{\text{Fakturierung}} - \overbrace{K_z}^{\text{Kalkulation}}) * \overbrace{XA_z}^{\text{Fakturierung}}$$

$$(3)\quad G = \sum_{z=1}^{Z} \underbrace{(\overbrace{P_z}^{\text{Fakturierung}} - \overbrace{kv_z}^{\text{Kalkulation}})}_{\text{Deckungsbeitrag}} * \overbrace{XA_z}^{\text{Fakturierung}} - \underbrace{\sum_{i=1}^{I} \overbrace{KF_i}^{\text{Kostenartenrechnung}}}_{\text{fixe Kosten}}$$

Indizes:

z = Artikelindex

i = Kostenartenindex

Daten:

P_z = Preis

XA_z = abgesetzte Menge

KH_z = Herstellkosten

XP_z = produzierte Menge

K_i = Gesamtkosten einer Kostenart

K_z = Selbstkosten auf Vollkostenbasis

kv_z = variable Stückkosten

KF_i = fixe Kosten der Kostenart i

Abb. B.VI.51: Formeln zur kurzfristigen Erfolgsrechnung

Grenzkosten unterschieden. Im ersten Fall (vgl. Formel (2) der Abb. B.VI.51) werden deshalb in dem Klammerausdruck von dem Erzeugnispreis die Selbstkosten abgezogen. Die Verkaufspreise und abgesetzten Mengen ergeben sich wieder aus der Fakturierung; die Selbstkosten werden im Rahmen der Kalkulation ermittelt.

Während bei dem Gesamtkostenverfahren die Bestandsveränderungen an Halb- und Fertigfabrikaten erfaßt werden müssen, ist dieses beim Umsatzkostenverfahren prinzipiell nicht erforderlich. Um Abstimmungen zwischen der kurzfristigen Erfolgsrechnung und anderen Bereichen durchführen zu können sowie genauere Soll-Ist-Vergleiche zu ermöglichen, wird auch beim Umsatzkostenverfahren eine Bestandsführung vorgeschlagen. Diese wird dann als geschlossene Kostenträgerzeitrechnung bezeichnet (vgl. *Kilger, Einführung in die Kostenrechnung 1987, S. 431*).

Bei dem Umsatzkostenverfahren auf Basis von Grenzkosten (Deckungsbeitragsrechnung) werden von dem Verkaufspreis lediglich die variablen Stückkosten abgezogen (vgl. Formel (3) der Abb. B.VI.51). Die Bereitstellung der variablen Stückkosten setzt eine entsprechend ausgestaltete Kostenrechnung innerhalb der Kalkulation voraus. Die fixen Kosten werden nach Kostenarten erfaßt und global abgezogen.

Die Formeln der Abb. B.VI.51 haben lediglich exemplarischen Charakter. Für konkrete Auswertungen können die unterschiedlichsten Marktsegmente für eine vorausschauende Erfolgsrechnung oder für Kontrollen herangezogen werden.

In Abb. B.VI.52 (aus: *SAP, System RK 1986, S. 7.4-3*) ist ein Beispiel der Kostenträgerzeitrechnung aus dem System RK angegeben.

Ergebnisbericht SPART WASPA
Datum 28.01.86 ARTGR ARGRA
Zeile 1/036 ARTKL ARTKLA01

Z	BEZ	Stufe	Bezeichnung	IST 1 12	Plan 1 12	ABW 1 12	%ABW ** **
A	010	*	Bruttoerlös	9.610.000	9.439.000	171.000 -	2
B	020	*	Erlösschmäl.		3.000	3.000	
C	022	*	Sek Vertrieb	951.200	1.002.800	51.600	5 -
				-------------	-------------	-------------	-------------
E	030	**	Nettoerlös	8.658.800	8.433.200	225.600 -	3
F	040	*	Material Prop	115.200	142.000	26.800	19 -
G	042	*	Fertigung Prop	5.546.800	4.000.000	1.546.800 -	39
				-------------	-------------	-------------	-------------
I	050	**	Deck.Beitr. I	2.996.800	4.291.200	1.294.400	30 -
J	060	*	HK FIX	1.533.200	1.505.000	28.200 -	2
K	062	*	Verw.+Vertr.	1.406.800	1.200.000	206.800 -	17
				-------------	-------------	-------------	-------------
M	070	*	Deck.Beitr. II	56.800	1.586.200	1.529.400	96 -
O	110	*	Umsatzmenge	40.000	43.000	3.000	7 -
P	120	**	Erlös je ME	279.523	263.536	15.987 -	6

OK J 1-82-320

Abb. B.VI.52: Beispiel zur Kostenträgerzeitrechnung

B.VI.2.5.2 Datenmodell

Da die Kostenträgerrechnung im wesentlichen auf bereits eingeführte Datenstrukturen zurückgreift und diese lediglich um Attribute erweitert werden, wird auf eine Übertragung in das Relationenmodell verzichtet.

B.VI.2.6 Kosteninformationssystem

Durch die stärkere Betonung der Entscheidungsunterstützung und aktueller Kontrollen verändert sich die Kostenrechnung in Richtung zu einem Kosteninformationssystem. Diesem Gedankengang wurde bereits bei der Entwicklung der Datenbasis Rechnung getragen, indem eine möglichst verfahrensneutrale Darstellung der Strukturbeziehungen, wie sie durch den Begriff der Grundrechnung charakterisiert wird, gewählt wurde. Neben der Datenbasis müssen von einem Kosteninformationssystem auch Modell- und Methodenbanken bereitgestellt werden. Als wesentliche methodische Unterstützungen kommen einmal Regressionsanalysen bei der Aufteilung von fixen und variablen Bestandteilen einer Kostenart durch Zeitreihenvergleiche in Betracht, Matrizenrechnungsverfahren zur innerbetrieblichen Leistungsberechnung sowie bei einer breit gefaßten Definition des Rechnungswesens, die auch Planungs- und Optimierungsüberlegungen mit einschließt, das gesamte Verfahrensspektrum von Operations Research Modellen (bezüglich eines Prototyps vgl. *Mertens/Haun, Daten- und methodenbankgestütztes Rechnungswesen 1986*). Eine wesentliche Bedeutung im Rahmen eines Kosteninformationssystems besitzt auch die grafische Aufbereitung von Daten. Beispielsweise können Soll-Ist-Vergleiche anhand von Stäbchendiagrammen anschaulich dargestellt werden.

Da sich die methodischen Probleme nicht wesentlich von den Informationssystemen in anderen Bereichen unterscheiden und z. B. beim Aufbau von Marketinginformationssystemen bereits behandelt wurden, soll auf Implementierungsprobleme von Modell- und Methodenbanken eines Kosteninformationssystems nicht weiter eingegangen werden.

B.VI.2.7 Verarbeitungsform der Kostenrechnung

Aufgrund der strengen Strukturierung der Kostenrechnungsverfahren sowie der bei manueller Bearbeitung einzig möglichen periodenbezogenen Abrechnung wurden die ersten daraus abgeleiteten EDV-Systeme als zeitraumbezogene Batch-Systeme konzipiert.

Bei Aufkommen der Dialogverarbeitung hat sich eine zähe Diskussion über die Vorteilhaftigkeit dieser Einsatzform entzündet. Der Verlauf dieser Diskussion ist anschaulich an den veröffentlichten Tagungsvorträgen der Saarbrücker Arbeitstagungen "Kostenrechnung und EDV" (vgl. *Kilger/Scheer, 1. - 7. Saarbrücker Arbeitstagung 1980 - 1986; Scheer, 8. - 10. Saarbrücker Arbeitstagung 1987 - 1989*) zu entnehmen.

Inzwischen ist aber bei neueren Entwicklungen der Dialogeinsatz positiv aufgenommen worden.
Bei der Betrachtung der Dialogursachen für eine interaktive Steuerung der einzelnen Verarbeitungsfunktionen in Abb. B.VI.53 werden die "Massenvorgänge" wie Ist-Kostenübernahme aus vorgelagerten Bereichen, die innerbetriebliche Kosten- und Leistungsverrechnung, die Plankalkulation des gesamten Produktionsprogramms, die Nachkalkulation für einen Vorrat aufgelaufener abgeschlossener Aufträge und die periodenbezogene Ergebnisrechnung als Batchfunktionen beibehalten.

Aufgabe	Teilfunktion	Dialogursache				Batch
		Aktualität	Plausibilität	Iterative Abwandlung	Interaktiver Entscheidungsprozeß	
Stammdatenpflege	Kostenarten	x	x			
	Kostenstellen	x	x			
	Bezugsgrößen	x	x			
Kostenartenrechnung	Kostenplanung		x	x		
	Preisplanung		x	x		
	Mengenplanung		x	x		
	Planänderung			x		
	Istkostenübernahme		(x)			x
	Istkostenerfassung		x			
	Kalkul. Kosten		x			
	Periodenabgrenzung		x			
	Kostenartenbestimmung		x			
Kostenstellenrechnung	Planung Bezugsgrößen			x		
	Kostenverrechnung			(x)		x
	Soll-Ist-Vergleich		(x)	x		
Kostenträgerstückrechnung	Pflege Kalkulationsschema	x				
	Plankalkulation					x
	Vorkalkulation	x		(x)		
	Nachkalkulation	x				x
	Soll-Ist-Vergleich		(x)	x		
Kostenträgerzeitrechnung	Ergebnisrechnung	x				(x)

Abb. B.VI.53: Dialogursachen von Funktionen der Kostenrechnung

Je mehr sich aber die Kostenrechnung zu einem Entscheidungsunterstützungssystem entwickelt, werden die periodenbezogenen Routineauswertungen durch ad-hoc auftretende Auswertungsfunktionen ergänzt oder sogar abgelöst. In diesem Fall werden auch zunächst als Batch-Lösungen empfundene Verarbeitungsfunktionen zunehmend im Dialog abgewickelt, um z. B. durch iterative Abwandlung eines ersten Ergebnisses simulativ die richtige Entscheidung zu finden.
Die Stammdatenpflege (Kostenarten, Kostenstellen, Bezugsgrößen) ist wie in anderen Anwendungen aufgrund der geforderten Aktualität und Plausibilitätsprüfungen dialoggeeignet.
Die Planungsfunktionen ermöglichen bei einer Dialoglösung ebenfalls eine Unterstützung von Plausibilitätsüberlegungen. Gleichzeitig können aber auch Alternativen berechnet werden, um z. B. bei Planänderungen interaktiv-simulativ Lösungen zu erarbeiten.

Generell bleibt festzuhalten, daß der Einsatz von Dialogsystemen im Rahmen der Kostenrechnung durchaus sinnvoll ist.

B.VI.2.8 Ablaufsteuerung der Kostenrechnung

B.VI.2.8.1 Funktionsebenenmodell: Dezentralisierung

In Abb. B.VI.54 sind die Funktionen der Kostenrechnung auf ihre Eignung zum Einsatz von Workstations analysiert.
Die Stammdatenpflege ist wegen des Bedarfs an zentralen Datenbeständen für die Auslagerung auf Workstations nicht geeignet. Das gleiche gilt für die batchorientierten Massenverarbeitungen, wenn sie eine Datenverbindung zu anderen Bereichen besitzen, die über zentrale Datenbasen integriert sind. Hierzu zählen die Ist-Kostenübernahme, die Kostenartenabstimmung zwischen Kostenrechnung und den vorgelagerten Bereichen sowie die Plankalkulation für das gesamte Teilespektrum.
Planungsfunktionen und ad-hoc-Abrechnungen können dagegen durchaus auf Workstations verlagert werden. Hierbei ergeben sich entsprechend den unterschiedlichen Gebieten der Kostenrechnung die Dezentralisierungskriterien Kostenstelle, Kostenart und Kostenträger.
Beispielsweise kann für ein bestimmtes Marktsegment eine Ergebnisanalyse durchgeführt werden, indem zunächst aus den zentralen Datenbasen entsprechende Daten extrahiert werden, diese auf eine Workstation ausgelagert werden, um anschließend unter Einsatz von Spreadsheet-Programmen zu tabellenorientierten Auswertungen aufbereitet zu werden. Hierbei können im Rahmen von Planungen "what-if"-Analysen durchgeführt werden und unterschiedliche grafische Darstellungsmöglichkeiten der Workstations genutzt werden (vgl. auch *Scheer, Personalcomputer im Rechnungswesen 1984*).
Bei einer auf Workstations ausgelagerten Kostenplanung können von den einzelnen Kostenstellen (Abteilungen) zur Planungsunterstützung verwendete persönliche Notizen, Tabellen, Umrechnungsformeln usw. dezentral gespeichert werden.
Der Einsatz von Spreadsheet-Programmen eignet sich auch für die innerbetriebliche Leistungsverrechnung, da in ihnen zum Teil Iterationsverfahren für die Auflösung gegenseitiger Leistungsverflechtungen enthalten sind. Hier können allerdings bei größeren Problemen Mengenrestriktionen wirksam werden. Durch die Dekomposition des Gesamtproblems auf wichtige untereinander verflochtene Bereiche können aber Vorlösungen dezentral analysiert werden, die dann die endgültige Gesamtplanung unterstützen.
In Abb. B.VI.55 ist eine aus der Bewertung des Workstationeinsatzes abgeleitete schematische Aufteilung der Kostenrechnungsfunktionen auf Host-Rechner und Workstations angegeben. Dabei wird zwischen dem Einsatz in der Kostenrechnungsabteilung und den Fachabteilungen unterschieden. Durch die Entwicklung der Kostenrechnung zu einem DSS und die damit verbundene Auslagerung von Verarbeitungsfunktionen durch Dialog- und Workstation-Einsatz in die Fachab-

Aufgabe	Teilfunktion	Dezentralisierungskriterium	E = Ergänzung I = Integriert	PC-Eignung: Datenbedarf	PC-Eignung: lokale Dialogintensität	PC-Eignung: PC-Eignung	Nutzung von PC-Eigenschaften: Hardware	Nutzung von PC-Eigenschaften: Systemsoftware	Nutzung von PC-Eigenschaften: Anwendungssoftware	Nutzung von PC-Eigenschaften: Benutzersicht	Nutzung von PC-Eigenschaften: Organisation	Nutzung von PC-Eigenschaften: Priorität des PC-Einsatzes
Stammdatenpflege			I	Z	g	–						
Kostenarten-Rechnung	Kostenplanung Preisplanung Mengenplanung Planänderung Istkostenübernahme aus vorgelagerten Anwendungen Istkostenerfassung Istkostenaufbereitung Ermittlung kalkul. Kosten Periodenabgrenzung Kostenartenabstimmung	Kostenstelle " " " Kostenart " " " " "	E E I I I I I	Z/D Z/D D Z Z/D Z/D Z/D Z	m m H g m H m H	H H H – m H m —	(H) (H) H g g	g g	m m H m H H	H H H m H H	H H H m m	H H H -- m H m --
Kostenstellenrechnung	Kostenplanung Planung Bezugsgrößen Gemeinkosten Innerbetr. Leistungsabr. Soll-Ist-Vergleich	Kostenstelle " " " "			m H m	m H m	(H) m m		m m m	m H H	H	m m m
Kostenträgerstückrechnung	Pflege Kalk.schema Plankalkulation Vorkalkulation Nachkalkulation Herstellkosten-Soll-Ist-Vergleich	Kostenträger " " " "	I I I I I	Z/D Z Z/D Z/D Z	m g H m g	m – H m g	m H m g	m	H H m m	m H m m	m - H m m	m-H - H m g
Kostenträgerzeitrechnung		Kostenträger			m	g	m	g	m	H	m	m

Abb. B.VI.54: Bewertung der Auslagerung von Funktionen der Kostenrechnung auf Workstations

teilungen, verschiebt sich das Aufgabenfeld des Kostenrechnungsbereichs. Die Kostenrechnungsabteilung wird zunehmend zu einem Zentrum der Entwicklung, Einführung und Beratung von Kostenrechnungsverfahren, während die eigentliche Durchführung Aufgabe der Fachabteilungen wird.

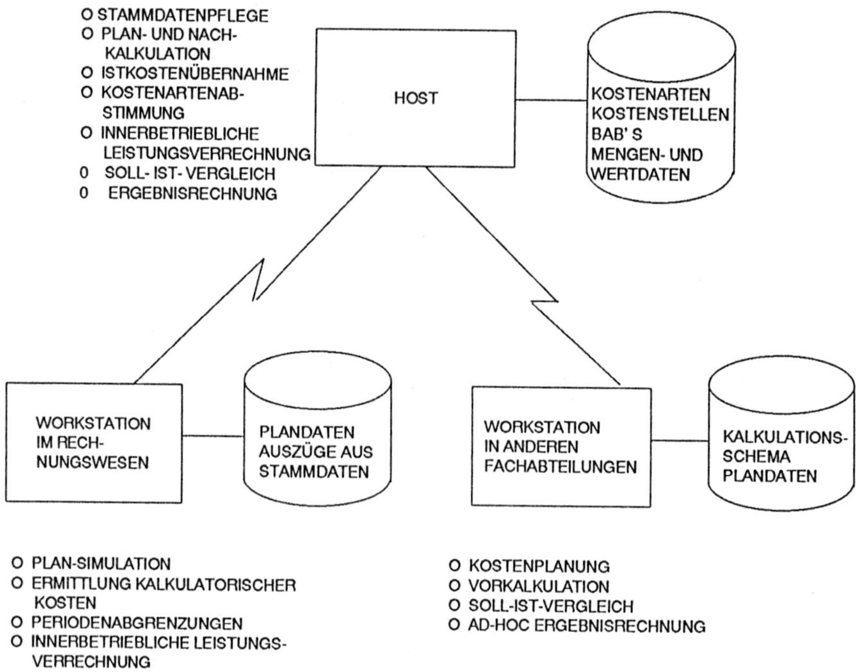

Abb. B.VI.55: Aufteilung der Kostenrechnungsfunktionen auf Host-Rechner und Workstations

B.VI.2.8.2 Ereignissteuerung

Eine ereignisbezogene Bearbeitung tritt bei der Behandlung von Änderungen, Analysen von in einem Batch-Lauf erkannten signifikaten Soll-Ist-Abweichungen sowie bei ad-hoc auszuführenden Kalkulationen auf, die durch Ereignisse wie Abschluß eines Auftrages, Änderungen in der Produktstruktur oder Änderungen wesentlicher Kosteneinflußgrößen (Preise) ausgelöst werden.
In Abb. B.VI.56 sind derartige Fälle exemplarisch dargestellt.
Es ist ersichtlich, daß einmal Verarbeitungsfunktionen anderer Bereiche wie Vertriebsplanung, Produktionsplanung oder Auftragsabwicklung Aktionen auslösen können, zum anderen aber auch Funktionen innerhalb der Kostenrechnung (Soll-Ist-Vergleich) Aktionen zu einer tieferen Verfolgung von Einzelfällen verursachen.

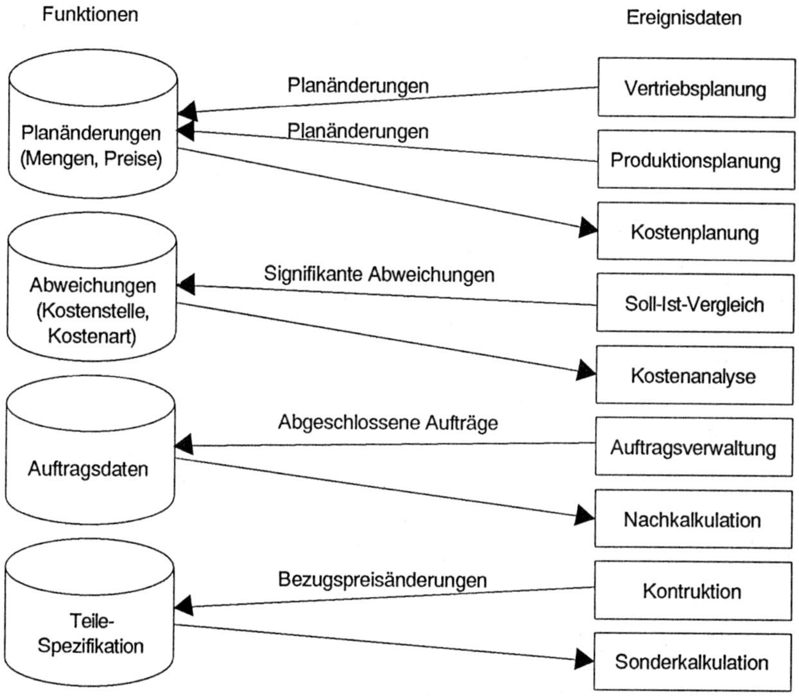

Abb. B.VI.56: Ereignissteuerung der Kostenrechnung

B.VII Verwaltung (Büroautomation)

Die bisher betrachteten Funktionen in einem Industriebetrieb waren jeweils durch eine bestimmte betriebswirtschaftliche Aufgabenstellung gekennzeichnet. Dieses Gliederungsprinzip wird aufgegeben, wenn nun Fragen der EDV-Unterstützung im Verwaltungsbereich behandelt werden. Verwaltungs- bzw. Bürotätigkeiten werden häufig gleichgesetzt mit Managementfunktionen, d. h. der Koordination und Abstimmung arbeitsteiliger Prozesse. In einem Industriebetrieb werden viele Aufgaben in Büros bearbeitet: Einkäufer, Auftragsbearbeiter, Disponenten, Konstrukteure, Arbeitsplaner, Arbeitsvorbereiter, Kostenrechner usw. üben Bürotätigkeiten aus. Aus diesem Grunde wurden auch bereits bei den bisher behandelten betriebswirtschaftlichen Funktionen Bürotätigkeiten angesprochen. Bei der bisherigen Diskussion standen aber die betriebswirtschaftlich inhaltlichen Fragestellungen, ihre Formalisierbarkeit und damit ihre Übertragung in EDV-Systeme im Vordergrund. Damit wurden automatisch vorwiegend solche Vorgänge behandelt, die einer EDV-gerechten und damit im weitesten Sinne programmierbaren Strukturierung zugänglich sind. Bei der Büroautomation werden darüber hinaus auch Tätigkeiten, die weniger strukturierbar sind, auf ihre Unterstützung durch die Informations- und Kommunikationstechnik untersucht.

B.VII.1. Merkmale von Bürotätigkeiten

Abb. B.VII.01 (aus: *Picot/Reichwald, Bürokommunikation 1987, S. 30*) zeigt eine häufig zitierte Aufgliederung der Bürotätigkeiten, die anhand von deutschen und amerikanischen empirischen Untersuchungen erarbeitet worden ist.

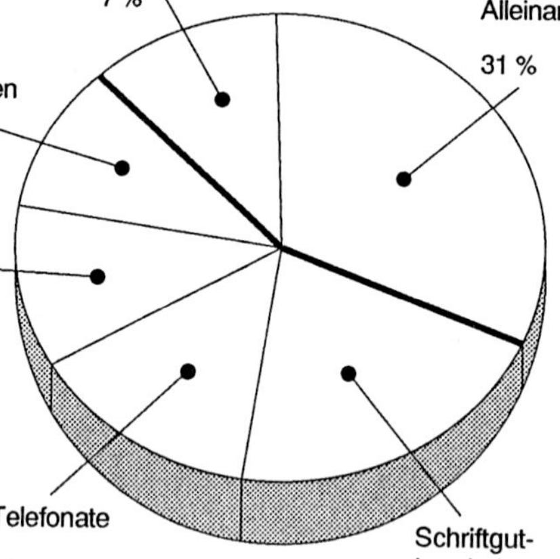

Abb. B.VII.01: Tätigkeitsstruktur in der Büroarbeit (mittleres und höheres Management)

Der Abbildung ist zu entnehmen, daß lediglich 31 % der Tätigkeiten in Alleinarbeit durchgeführt werden und 7 % enge Verwaltungstätigkeiten sind. Rund 2/3 der Tätigkeiten sind dagegen mit Kommunikation verbunden. Aus diesem Grund richtet sich der Einsatz von unterstützenden Techniken vor allen Dingen auch auf diesen Bereich aus. Der Begriff "Bürokommunikation", der häufig generell den Einsatz der EDV im Bürobereich charakterisieren soll, unterstreicht diese Ausrichtung. Die Abb. B.VII.01 bezieht sich auf Bürotätigkeiten des höheren und mittleren Managements. Für diese Gruppe ist auch typisch, daß sie häufiger Einzelfälle und schlecht strukturierte Probleme bearbeiten muß als die Sacharbeiterebene. Aus diesem Grunde ist neben der Unterstützung von Kommunikation auch die Unterstützung einzelfallbezogener schlecht strukturierter Aufgaben ein Problemfeld der Büroautomation.

Es bleibt aber festzuhalten, daß gegenüber den bisherigen funktionsorientierten betriebswirtschaftlichen Betrachtungen kein spezielles betriebswirtschaftliches Aufgabengebiet im Vordergrund steht, sondern die Unterstützung bestimmter **Tätigkeitsarten**. Diese Ausrichtung des Office-Automation ist nicht unproblematisch. In Unternehmungen gibt es keinen Büroarbeitsplatz "an sich", sondern er ist jeweils in eine bestimmte betriebswirtschaftliche Aufgabenstellung eingebun-

den. Da diese Aufgabenstellung im Rahmen von Anwendungssystemen EDV-technisch unterstützt wird, ergeben sich Abgrenzungsprobleme zur Büroautomation, da die im Rahmen der Büroautomation betrachteten Techniken auch direkt in betriebswirtschaftlichen Anwendungssystemen eingesetzt werden können. Sobald die inhaltlichen Aufgaben eines Büros, z. B. also eine Auftragsbearbeitung, bezüglich der Datenstruktur formalisiert wird, ergeben sich kaum Unterschiede zu der in den Funktionsbetrachtungen entwickelten Vorgehensweise (vgl. dazu z. B. auch *Gibbs, Office Information Systems 1985*). Deshalb muß gefordert werden, daß Anwendungssysteme und Techniken der Büroautomation nicht nebeneinander betrachtet werden, sondern in ihrem Zusammenwirken diskutiert werden. Aus diesem Grunde wird auch das Gebiet Office-Automation hier behandelt, obwohl es die mehr betriebswirtschaftlich-inhaltlich orientierte Gliederung stört.
Als wesentliche Techniken der Bürokommunikation werden genannt (vgl. z. B. *Picot/Reichwald, Bürokommunikation 1987, S. 19*):

- Teletex,
- Telefax,
- Bildschirmtext,
- Electronic Mail,
- Computerkonferenz,
- Fernsprechkonferenz,
- Bildkonferenz.

Bei Einbeziehung der für den Bürobereich typischen Funktionen zur direkten Aufgabenerledigung von Sekretariat, Sachbearbeiter und Management gehören weiterhin hinzu:

- Textverarbeitung,
- Textbearbeitung,
- Grafikerstellung,
- Bildverarbeitung,
- Verwaltung persönlicher Ressourcen (z. B. Terminkalender),
- Verwaltung und Archivierung von Dokumenten.

Diese Liste kann leicht um weitere Funktionen ergänzt werden. Teilweise wird auch die Nutzung der "klassischen" EDV und damit die funktionsorientierten Anwendungssysteme als Teil der EDV-Unterstützung im Bürobereich angesehen. In diesem Fall wird die Problematik der Abgrenzung besonders deutlich.
Wesentliches Instrument zur Unterstützung der vielfältigen Kommunikations- und Verarbeitungsformen ist das multifunktionale Arbeitsplatzsystem, von dem aus die verschiedenen Dienste angesprochen werden können. In Abb. B.VII.02 (aus: *Siemens, ISDN im Büro 1985, S. 20*) ist das Prinzip anschaulich dargestellt. Abb. B.VII.03 (aus: *Hörig, Arbeitsplatzsysteme 1985, S. 128*) gibt eine detaillierte Zusammenstellung der Bürofunktionen.

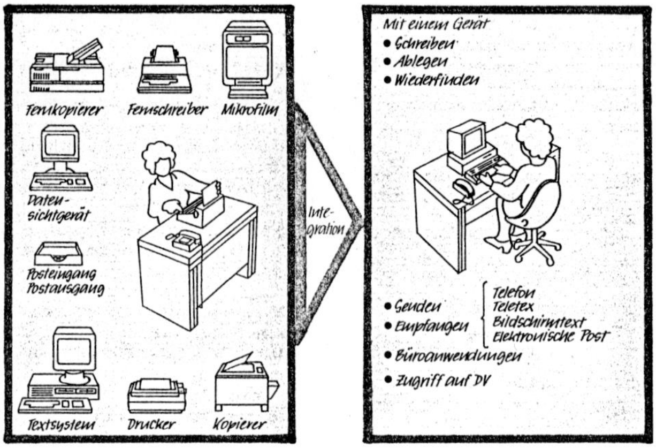

Abb. B.VII.02: Multifunktionales Arbeitsplatzsystem

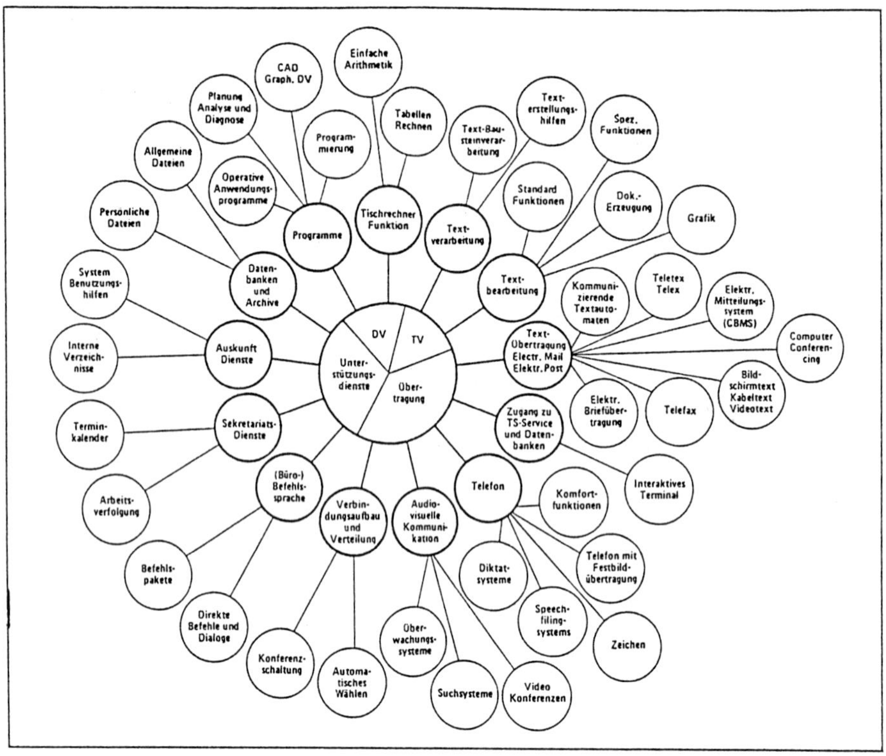

Abb. B.VII.03: Bürofunktionen der EDV

Im folgenden werden als typisches Beispiel der Kommunikationstätigkeiten das Electronic Mail und als typisches Beispiel für die Bearbeitung unstrukturierter Aufgaben die Verwaltung persönlicher Ressourcen behandelt. Hierdurch werden Überschneidungen zu den vorher behandelten Gebieten weitgehend vermieden.

B.VII.2 Datenstruktur

B.VII.2.1 Entwurf

B.VII.2.1.1 Nachrichtenaustausch

Elektronisch unterstützte Systeme zum Nachrichtenaustausch werden als **Electronic Message Systems** oder **Electronic Mail** bezeichnet. Die Partner können dabei sowohl Personen als auch Anwendungssysteme sein. Damit besteht eine große Ähnlichkeit zu den Ereignisdatenbankkonzepten. Insofern stellt die in Abb. B.VII.04 entwickelte Datenstruktur eine Verfeinerung der bereits eingeführten Datenstruktur für Trigger- und Aktionsnachrichten dar (vgl. oben den Gliederungspunkt A.II.4.3.2; vgl. *Gabriel/Lamersdorf, Elektronisches Mail-Box-System 1986*).

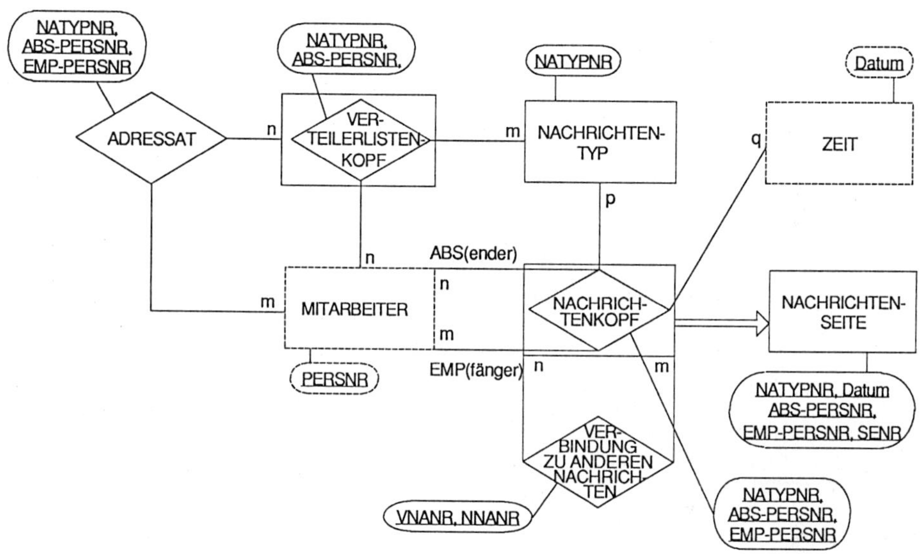

Abb. B.VII.04: ERM zu Electronic Mail

In Abb. B.VII.04 wird der Nachrichtenaustausch zwischen Mitarbeitern, die durch eine Personalnummer identifiziert werden, dargestellt. Der Begriff Mitarbeiter ist sehr allgemein zu verstehen, da sich die Datenstruktur bei Partnern, die nicht der gleichen Organisation angehören, für die aber die gleichen technischen Voraussetzungen gegeben sind, nicht unterscheidet.

Es werden verschiedene Nachrichtentypen, z. B. Briefe, Zeichnungen, Textausarbeitungen usw. unterschieden, die jeweils durch eine Nachrichtentypnummer NATYPNR identifiziert werden. Eine Nachricht wird durch Angabe der Nachrichtentypnummer, Datum sowie Absender und Empfänger identifiziert. Dieser Nachrichtenkopf enthält noch keine inhaltlichen Informationen. Diese werden in den Nachrichtenseiten, die zusätzlich eine Seitenfolgenummer SENR erhalten, gespeichert. Hierbei kann eine weitere Hiercharchisierung gebildet werden, indem z. B. die Seiten in Blöcke untergliedert werden.

Bei der Formatisierung ist zu beachten, daß Nachrichten häufig kein festes Format aufweisen, sondern sowohl bei Text als auch bei grafischen Darstellungen eine offene Formatierung erforderlich ist.
Die Nachrichtenseiten sind hierarchisch mit dem Nachrichtenkopf verbunden.
Zwischen Nachrichten können Beziehungen bestehen; beispielsweise kann eine Nachricht eine Antwort auf einen vorhergehenden Brief sein. Aber auch inhaltliche Beziehungen, z. B. der Briefwechsel zu einem bestimmten Gegenstand zwischen verschiedenen Partnern, kann durch den Beziehungstyp VERBINDUNG ZU ANDEREN NACHRICHTEN dargestellt werden. Zur Abkürzung wird der komplexe Schlüssel für Nachrichtenkopf zu einem einfachen Schlüsselattribut NANR zusammengefaßt. Damit wird ein Verbindungsentity jeweils durch zwei Schlüsselattribute von Sender und Empfänger (hier bezeichnet als VNANR und NNANR) angegeben.
Steht für bestimmte Nachrichtentypen von vornherein der Verteilerkreis fest, so kann dieses in Verteilerlisten dargestellt werden. Eine Verteilerliste ist als Kopfinformation ein Beziehungstyp zwischen dem Nachrichtentyp und dem Absender. Beispielsweise kann der Ersteller eines Monatsberichtes über Vertriebsergebnissse den regelmäßigen Empfängerkreis dieses Berichtes definieren und dafür eine Verteilerliste anlegen, die durch die Nachrichtentypnummer und seine Personalnummer identifiziert wird. Die einzelnen Adressaten bilden dann Positionen des Verteilerlistenkopfes. Sie werden entsprechend durch das Tripel Nachrichtentypnummer, Absendernummer und Empfängernummer identifiziert.
Der Austausch von Nachrichten zwischen verschiedenen EDV-Systemen setzt entsprechende Standards voraus. Ein genereller Standard zum Datenaustausch zwischen verschiedenen EDV-Syste-

x - Absender
  - Verantwortlicher für die Mitteilung
x - Primäre Empfänger
  - Erweiterte Empfängerklasse
  - Empfänger einer Kopie der Mitteilung
  - Betreff
  - Nachricht als Antwort auf
  - Bitte um Antwort
  - Adreßkette des Formulars, der Nachricht
x - Verbindung zu anderen Mitteilungen (Nr.)
x - Wichtiges Kennzeichen
  - Gültigkeitsdauer der Nachricht
  - Abzulösende oder ungültig werdende Mitteilung
  - Schutzbedürftigkeit der Nachricht
  - Text verschlüsselt
x - Mehrteiliger Text

Abb. B.VII.05: Felder des Nachrichtenkopfes nach X.400-Protokoll

men wird durch das ISO/OSI Protokollsystem gesetzt. Dieses ist aber lediglich für die unteren Schichten ausformuliert, während für die anwendungsnahen Schichten, insbesondere der sogenannte Layer 7, noch Standards für die einzelnen Anwendungen zu entwickeln sind. Im Jahr 1984 wurde von der Organisation CCITT die Empfehlung X.400 ff verabschiedet (vgl. *Racke/Effelsberg, X.400-Empfehlungen 1986*). Die acht Empfehlungen bilden einen Standard der Anwendungsschicht Nummer 7 des ISO-Referenzmodells zur Realisierung von elektronischer Post in heterogenen Rechnernetzen. Ohne auf die technischen Details einzugehen (vgl. dazu die angeführte Literaturstelle mit den dort zu findenden weiteren Literaturhinweisen) sind in Abb B.VII.05 die Felder des Nachrichtenkopfes, wie sie beim X.400-Protokoll definiert sind, aufgeführt (vgl. auch *Schumann, Bürokommunikationssysteme 1987, S. 97*). Die angekreuzten Positionen sind in der Datenstruktur der Abb. B.VII.04 explizit enthalten. Die anderen Felder können leicht als Ergänzungen oder Verdichtungen eingeführt werden.
In Abb. B.VI.06 (aus: *Schumann, Bürokommunikationssysteme 1987, S. 108*) sind weitere Standardisierungsbemühungen zusammengestellt.
Auf der linken Seite sind die Protokolldefinitionen des Herstellers IBM zum Bereich Office-Automation angegeben. Sie setzen auf dem SNA-Netzwerkkonzept auf, das teilweise mit dem ISO/OSI-Protokoll kompatibel ist. Die Standards zum Dokumentenaustausch werden in den Office Information Architectures (OIA) beschrieben. Das OIA-Protokoll beschreibt den generellen Aufbau einer Nachricht aus den Teilen Präfix, Command-Sequence, Data-Unit, Document-Unit und Suffix, wobei die eigentliche Dokumenteninformation in dem "Document-Unit" festgehalten ist. Die Standards zum Dokumenteninhalt, z. B. die Standardisierung der Texterscheinung durch Attribute (Farbe, Helligkeit, grafische Zeichensätze) usw. werden in dem DCA-Protokoll beschrieben.
Die Protokolle, die direkt auf dem ISO/OSI-Standard aufbauen, werden zum Dokumentenaustausch von der Vereinigung europäischer Computerhersteller ECMA und der bereits genannten CCITT definiert. Neben diesen anwendungsunabhängigen Protokollen existieren auch differenzierte Protokolle, die auf bestimmte betriebswirtschaftliche Anwendungen ausgerichtet sind. Dieses gilt z. B. für den Austausch von Auftragsdaten durch die Empfehlung von ANSI-X.12 mit dem EDI-Standard.
Auch die aufgeführten Protokolle aus der CIM-Diskussion enthalten Ansatzpunkte zur Bürokommunikation. Das Protokoll TOP (Technical Office Protokoll) ist eine Ergänzung zu MAP, wobei in den unteren Schichten eine weitgehende Übereinstimmung gegeben ist. Hierdurch soll sichergestellt werden, daß die zur Fertigung erforderlichen auftragsbezogenen Daten mit den Produktbeschreibungsdaten, wie sie z. B. durch ein Steuerungsprogramm für CNC-Systeme definiert sind, vereinbar sind.

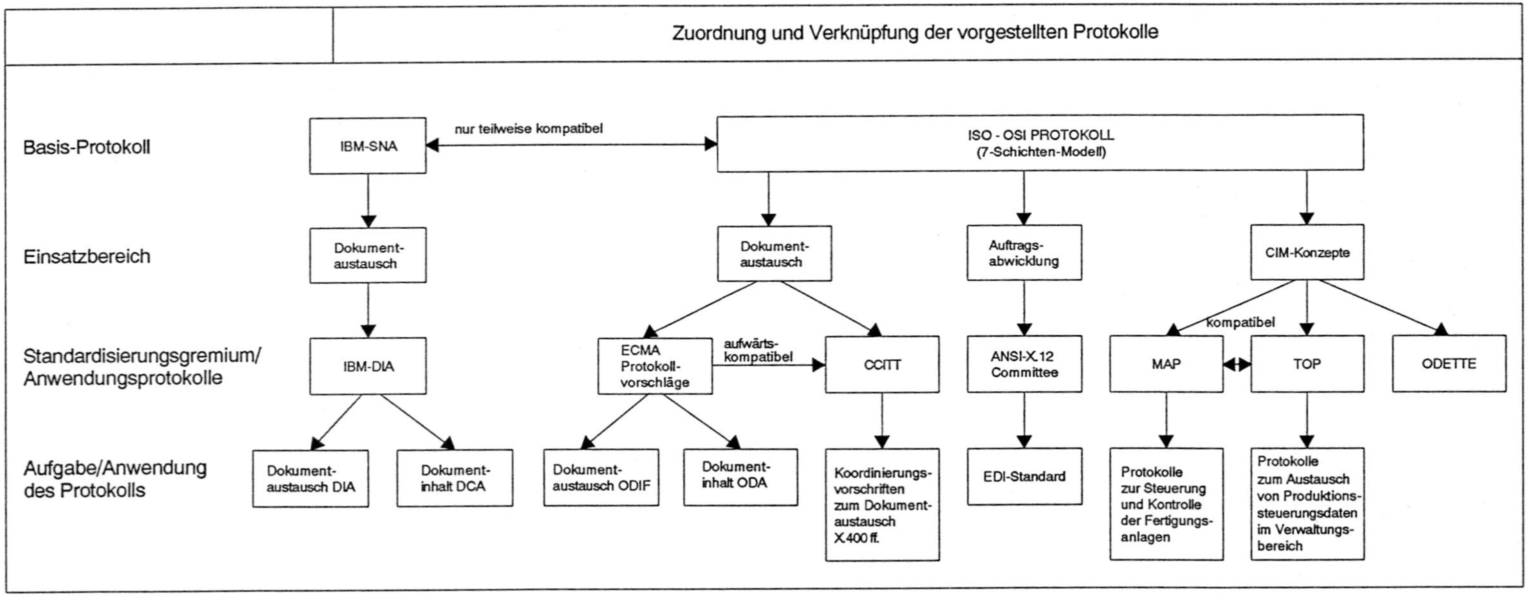

Abb. B.VI.06: Standardisierungsbemühungen zum Nachrichtenaustausch

B.VII.2.1.2 Verwaltung persönlicher Ressourcen

Neben der Kommunikation ist die Verwaltung persönlicher Ressourcen eine wichtige Büroanwendung. Hierunter wird einmal die Verwaltung von Terminkalendern verstanden, zum anderen aber auch die Verwaltung von persönlichen Notizen, die zur Bearbeitung einzelfallbezogener Tätigkeiten angelegt werden oder hierzu herangezogen werden.
Die Datenstruktur ist in B.VII.07 dargestellt. Für die Informationseinheiten wird der Begriff "Dokument" eingeführt. Dieser Begriff ist sehr weit zu verstehen. Ein Dokument kann ein Terminkalender sein, eine Grafik, ein Text, eine Skizze usw. Ein Dokumententyp wird durch die Dokumententypnummer DOKTYPNR identifiziert. Ein spezielles Dokument besteht aus einem Kopf und einzelnen Positionen, hier als Dokumentenseiten bezeichnet. Der Dokumentenkopf ist dann eine Beziehung zwischen dem Mitarbeiter, der das Dokument anlegt, dem Dokumententyp und der Zeit.

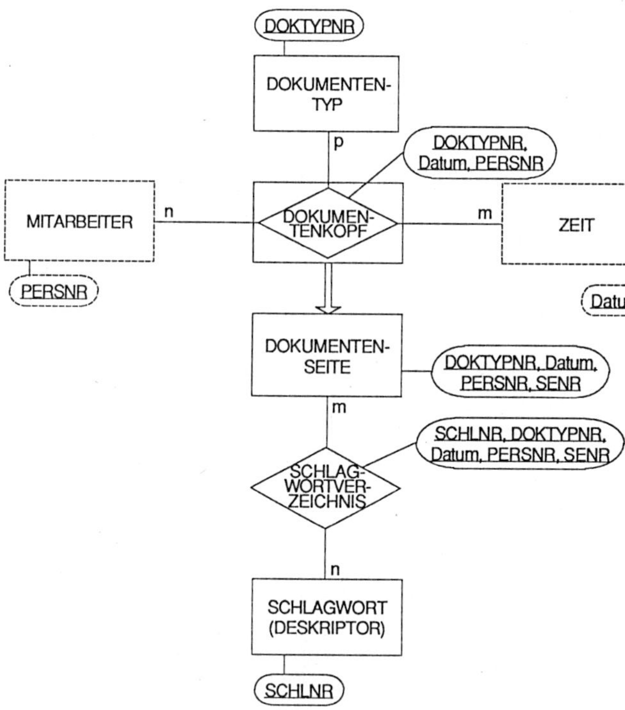

Abb. B.VII.07: ERM zur Verwaltung persönlicher Ressourcen

Um Suchvorgänge innerhalb der Dokumente zu erleichtern, wird ein Schlagwortverzeichnis angelegt. Die Schlagwörter oder Deskriptoren werden durch den Entitytyp SCHLAGWORT dargestellt, wobei ein Schlagwort durch die Schlagwortnummer SCHLNR identifiziert wird. Das Schlagwortverzeichnis ist eine Zuordnung zwischen den Dokumentenseiten und den Schlagwörtern. Eine Ausprägung gibt jeweils an, welches Schlagwort in welcher Dokumentenseite enthalten ist, wobei

eine n:m-Beziehung der Regelfall ist. Die hier nur angedeutete Suchunterstützung kann durch komfortable Retrieval-Systeme mit automatischer Textanalyse und Aufbau der Schlagwortverzeichnisse unterstützt werden. Hierdurch wird erreicht, daß ein Benutzer zu einem bestimmten Schlagwort die von ihm angelegten Dokumente leicht wiederfindet.
Durch Zugriff auf Entitytyp ZEIT sind auch terminlich definierte Dokumente erreichbar.
Spezielle Auswertungsoperatoren (Trigger) können automatische Mahnungen erzeugen, wenn ein angegebener Termin erreicht ist.

B.VII.2.2 Datenmodell

Die Umsetzung der Datenstrukturen in das Relationenmodell zeigt Abb. B.VII.08,a - b.

R. MITARBEITER (PERSNR, ...)
R. ZEIT (Datum, ...)

R. NACHRICHTENTYP (NATYPNR, Bezeichnung, ...)
R. NACHRICHTENKOPF (NATYPNR, Datum, ABS-PERSNR, EMP-PERSNR, ...)

NANR

R. NACHRICHTENSEITE (NANR, SENR, Text, ...)
R. NACHRICHTENVERBINDUNG (VNANR, NNANR, Bezug, ...)
R. VERTEILERLISTENKOPF (NATYPNR, ABSPERSNR, Bezeichnung, ...)
R. ADRESSAT (NATYPNR, ABSPERSNR, EMPPERSNR, Adresse, ...)

Abb. B.VII.08,a: Relationenmodell: Electronic Mail

R. MITARBEITER (PERSNR, ...)
R. ZEIT (Datum, ...)

R. DOKUMENTENTYP (DOKTYPNR, ...)
R. DOKUMENTENKOPF (DOKTYPNR, Datum, PERSNR, Bezeichnung, ...)
R. DOKUMENTENSEITE (DOKTYPNR, Datum, PERSNR, SENR, Text, ...)
R. SCHLAGWORT (SCHLNR, Bezeichnung, ...)
R. SCHLAGWORTVERZEICHNIS (SCHLNR, DOKTYPNR, Datum, PERSNR, SENR)

Abb. B.VII.08,b: Relationenmodell: Verwaltung persönlicher Ressourcen

B.VII.3 Verarbeitungsform der Büroautomation

Da die Büroautomation von vornherein auf den im Büro arbeitenden Menschen ausgerichtet ist und weniger auf die Bewältigung einer Sachaufgabe, wird auf die Gestaltung der Benutzerschnittstelle höherer Wert gelegt als bei der "klassischen" Datenverarbeitung. Aus diesem Grunde ist der Einsatz von Dialogsystemen von vornherein die "natürliche" Verarbeitungsform. Für Kommunikationsfunktionen ist hierbei die Aktualität das ausschlaggebende Argument und bei sachbezogenen Aufgaben die interaktive Problemlösung.
Während zunächst bei der Büroautomation einfache Aufgaben im Vordergrund standen, z. B. Textverarbeitungsfunktionen, bezieht sie sich zunehmend auch auf qualifiziertere Bürotätigkeiten. Hierzu werden auch Expertensysteme entwickelt (vgl. *Bolc/Jarke, Cooperative Interfaces 1986; Schumann, Bürokommunikationssysteme 1987; Tsichritzis, Office Automation 1985*).

B.VII.4 Ablaufsteuerung der Büroautomation

B.VII.4.1 Funktionsebenenmodell: Dezentralisierung

Eine auch für die Gestaltung praktischer Bürosysteme wichtige Fragestellung ist die Aufteilung von Bürofunktionen zwischen Host und Workstations. In Abb. B.VII.09 ist die Bewertung typischer Büroaufgaben hinsichtlich ihrer Auslagerung auf multifunktionale Arbeitsplätze (aus Gründen der Einheitlichkeit wird weiterhin die Bezeichnung Personal Computer in der Tabelle verwendet) vorgenommen. Da die Kommunikation der Bürotätigkeit immanent ist, wird unterstellt, daß die Workstations untereinander oder mit einem Host-System vernetzt sind.
Anfragen an große Datenbestände bleiben weiterhin auf Host-Anwendungen konzentriert, da diese in der Regel die großen Datenbanken der operativen Anwendungen verwalten. Lediglich für dezentral geführte Datenbestände besteht eine mittlere Eignung für lokale Workstation-Anwendungen. Hier können auch benutzerfreundliche relationale Datenbanksysteme als systemnahe Software mit entsprechenden Anwendungsschnittstellen eingesetzt werden.
Bei Auswertungen wird zwischen datenintensiven, methodenintensiven und ausgabeintensiven (ausgedrückt durch die Grafikaufbereitung) Anwendungen unterschieden. Bei daten- und methodenintensiven Auswertungen zeigen sich weiterhin die Vorteile der Host-Systeme durch mächtige Datenbankverwaltungen und hohe Rechnerleistung. Bei ausgabeintensiven Auswertungen kommt aber die Spezialhardware wie Grafikterminals und Plotter mit günstigem Preis-Leistungsverhältnis auf der Workstationebene zum Tragen.
Bei den Kommunikationsfunktionen werden vorbereitende Tätigkeiten, die die Erstellung der Nachricht zum Inhalt haben, dezentral mit Hilfe einer Workstation ausgeführt. Die eigentliche Kommunikation setzt dann eine Vernetzung voraus. Gerade die Konzeption von Mikrocomputern als offene Systeme ermöglicht es hier, Schnittstellen zu unterschiedlichen herstellerbezogenen und

Aufgabe	Teilfunktion	Dezentralisierungs-kriterium	E = Ergänzung I = Integriert	PC-Eignung			Nutzung von PC-Eigenschaften					
				Daten-bedarf	lokale Dialog-intensität	PC-Eignung	Hardware	System-software	Anwen-dungs-software	Benutzer-sicht	Organi-sation	Priorität des PC-Einsatzes
Anfragen			E	Z/D	g	g	-	m	m	m	m	m
Auswertungen	Datenintensiv		E	Z	g	-	-	-	-	-	-	-
	Methodenintensiv		E	Z/D	g	-	-	-	m	-	-	g
	Ausgabeintensiv (Graphik)	Fachgebiet	E	D	m	H	H	H	H	H	m	H
Kommunikation	Electronic Mail	Arbeitsplatz	E	D/Z	m	m	H	H	m	H	H	H
	Electronic Conferencing	Arbeitsplatz	E	D/Z	H	H	H	H	m	H	H	H
Textver-/ bearbeitung		Fachgebiet	E	D	H	H	H	H	H	H	H	H
Remote office work		Fachgebiet	E	D/Z	H	H	H	H	H	H	H	H
Verwaltung persönlicher Ressourcen		Arbeitsplatz	E	D	H	H	H	H	H	H	H	H

Abb. B.VII.09: Bewertung der Auslagerung von Funktionen der Büroautomation auf Workstations

öffentlichen Netzen bereitzustellen, so daß der Einsatz von Personal Computern Voraussetzung für die Kommunikation in heterogenen Netzen sein kann.

Bezüglich der Textverarbeitung werden auf Mikrocomputern inzwischen mächtige Systeme angeboten, die den früheren hostorientierten Großsystemen mindestens gleichwertig sind. Darüber hinaus können preisgünstige Drucker und andere periphere Anschlußgeräte genutzt werden.

Für das **Remote-Office-Work**, eine neue Form der Heimarbeit, öffnet auch der Personal Computer wichtige Arbeitsmöglichkeiten (vgl. hierzu auch *Scheer, Personal Computing 1984, S. 19 f.; Kreifelts, Anforderungen an ein Bürokommunikationssystem 1982*).

Die Verwaltung persönlicher Ressourcen in der Form von Notizen usw. sowie einem Terminkalender ist einmal eine dezentrale Funktion, kann aber auch übergreifend genutzt werden, wenn beispielsweise Termine zwischen verschiedenen Personen über den Vergleich der elektronisch geführten Terminkalender abgestimmt werden sollen. Auch hier ist wiederum der Einsatz entsprechender Vernetzungsmöglichkeiten Voraussetzung.

Aufgrund der hohen Kommunikationsintensität der Bürotätigkeiten können sich Vorteile einer hostorientierten Bearbeitung ergeben, wenn der Host sozusagen eine Clearing- und Vermittlungsfunktion für ein Electronic-Mail-System sowie über gemeinsam benötigte Datenbestände besitzt.

Eine ähnliche Transparenz mit Workstations herbeizuführen, setzt den Einsatz von Local-Area-Networks voraus. Die Diskussion der Gestaltung geeigneter LANs bildet deshalb auch einen Schwerpunkt der wissenschaftlichen und technischen Entwicklung von Bürosystemen (vgl. *Krallmann, Lokale und öffentliche Netze 1984*).

Wie aus Abb. B.VII.09 hervorgeht, bleiben aber auch bei der Voraussetzung vernetzter PC's Bürotätigkeiten bestehen, die eine wirksame Host-Unterstützung verlangen. Aus diesem Grunde ist eine Host-Workstation-Vernetzung ebenfalls Voraussetzung eines wirksamen Bürosystems.

Mit ISDN (Integrated Services Digital Network) wird ein internationaler Standard entwickelt, auf dessen Grundlage Sprache, Text, Bild und Daten in einem Netz, auf einem Leitungsmedium und unter einer Adresse (Rufnummer) integriert werden. ISDN ist auch Basis des künftigen öffentlichen Netzes der Deutschen Bundespost. Einige Hersteller haben bereits für Inhouse-Anwendungen Geräte und Systeme auf Basis von ISDN entwickelt (z. B. Siemens mit HICOM, Philips mit SOPHOMATION). Einen instruktiven Eindruck der Funktionen und des Einführungsweges gibt Abb. B.VII.10 (aus: *Siemens, ISDN im Büro 1985, S. 11*).

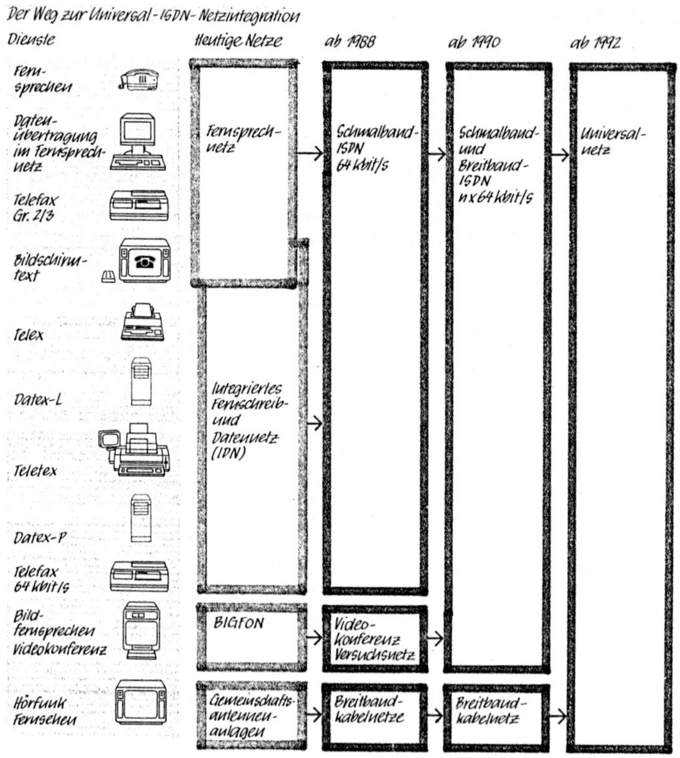

Abb. B.VII.10: Entwicklungsschritte vom analogen Fernsprechnetz zum dienstintegrierenden Universalnetz

B.VII.4.2 Ereignissteuerung

Für die Aufteilung von Aufgaben auf einzelne Büroarbeitsplätze sind Ereignisdatenbanken mit Postkorbeigenschaften das adäquate Instrument. Da diese Aufteilung aber aus sachgebietsbezogenen Anwendungssystemen erfolgt, ist diese Fragestellung bereits in den vorangegangenen Kapiteln behandelt worden. Für spontane, fallbezogene oder vorbereitende Tätigkeiten, die noch nicht in ein formalisiertes Anwendungssystem passen, werden Electronic-Mail-Systeme eingesetzt.

Teil C: Das unternehmensweite Informationssystem

Im Zuge der MIS-Diskussion von Mitte der 60er bis Anfang der 70er Jahre wurde mit dem Kölner Integrationsmodell (KIM) bereits der Versuch unternommen, ein Beschreibungsmodell der integrierten Datenverarbeitung einer Unternehmung zu entwerfen (vgl. *Grochla u. a., Gesamtmodelle der Datenverarbeitung 1974*).

Dieses Modell erfaßt unter Vernachlässigung von unternehmensspezifischen Besonderheiten die wichtigsten, mit Hilfe der Datenverarbeitung lösbaren Aufgaben und die zwischen ihnen fließenden Informationsströme. Die Beschreibungssprache ist damit weitgehend funktionsorientiert.

Die Beziehungen zwischen den einzelnen Datenverarbeitungsaufgaben werden im KIM durch eine Input-Output-Analyse ermittelt. Für jede Aufgabe werden die für die Erfüllung dieser Aufgabe erforderlichen Eingabedaten ermittelt und die Prozesse bestimmt, die diese Daten erzeugen. Gleiches gilt für die Ausgabedaten bzw. die sie empfangenden Prozesse. In Abb. C.01 ist ein Teilausschnitt des KIM wiedergegeben. Es handelt sich dabei um ein Beispiel aus dem Fertigungsbereich.

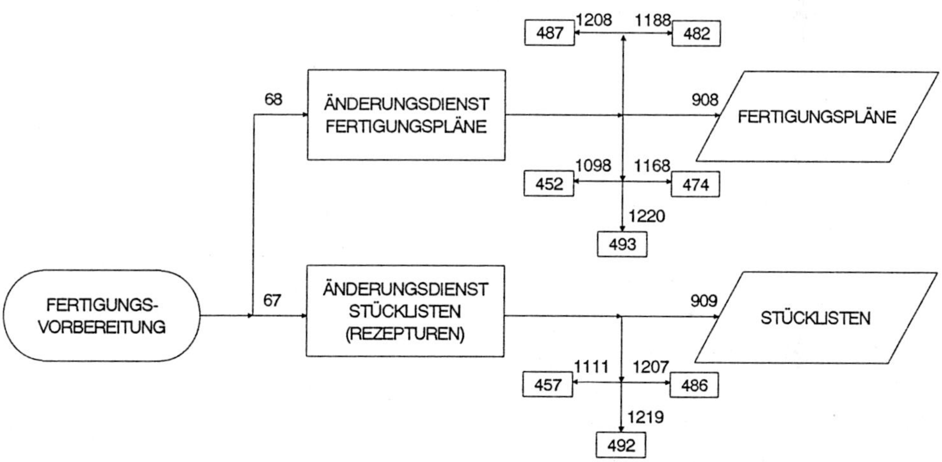

Abb. C.01: Teilausschnitt des KIM (Kölner Integrationsmodell)

Datenverarbeitungsaufgaben werden durch Rechtecke dargestellt. Wird beispielsweise von der "Fertigungsvorbereitung" (Eingang in das Modell) aufgrund der konstruktiven Änderung eines Produktes der zugehörige Fertigungsplan geändert, so ist die Funktion "Änderungsdienst Fertigungspläne" anzustoßen. Die Verbindung zwischen "Fertigungsvorbereitung" und "Änderungsdienst Fertigungspläne" wird durch den Pfeil mit der Nummer 68 hergestellt. In der Terminologie des KIM werden Pfeile auch als Kanäle und ihre inhaltliche Bedeutung als Kanalinhalt bezeichnet. Pfeil 68 (Kanal 68) hat als Inhalt (vgl. *Grochla u. a. , Gesamtmodelle der Daten-*

verarbeitung 1974, S. 259): "Änderungsmeldungen bezüglich bestehender Stücklisten bzw. neue Stücklisten". Kanal 908 gibt die Änderungen an die Datei "Fertigungspläne" weiter, die sich dann wieder auf einem aktuellen Stand befindet. Diese Änderungsmeldungen gehen auch in andere Bereiche und Funktionen ein.

Würden alle diese Beziehungen vollständig für alle implementierten Datenverarbeitungsaufgaben in das Gesamtdiagramm eingetragen, würde es sehr unübersichtlich werden. Deshalb sind nur die wichtigsten Verbindungen direkt eingezeichnet. Die anderen Verbindungen werden über Konnektoren hergestellt. Dabei geben die in die Konnektoren eingetragenen Nummern die Zielpunkte der betreffenden Kanäle an. Der Konnektor an Kanal 1168 hat die Nummer 474. In der Konnektorliste des KIM kann nachgeschlagen werden, daß die neuen Informationen an die Datenverarbeitungsaufgabe "Auswertung Optimale Losgröße" weitergegeben werden.

Im Kölner Integrationsmodell sind etwa 350 Datenverarbeitungsaufgaben erfaßt, die durch mehr als 1.500 Kanäle verbunden sind (vgl. *Schareck/Schmitz, Dokumentationsverfahren betrieblicher Informationssysteme 1975, S. 21*). Aus Gründen einer besseren Übersichtlichkeit ist die grafische Abbildung des Gesamtmodells in 14 Einzeldarstellungen aufgespalten. Diese werden durch Aufgabenbeschreibungs-, Kanalbeschreibungs- und Konnektorenlisten ergänzt.

Die hohen Erwartungen an KIM, Grundlage konkreter Systementwicklungen zu werden, haben sich nicht erfüllt. Ein Grund mag darin liegen, daß sich KIM einerseits noch zu sehr an übernommenen betriebswirtschaftlichen Erkenntnissen orientierte und andererseits zu hohe Anforderungen an die technischen EDV-Möglichkeiten stellte, die zu der damaligen Zeit noch nicht vorhanden waren. Beispielsweise war die Entwicklung von Datenbanksystemen noch am Anfang. Auch der Versuch, das Modell durch die Ausrichtung auf einzelne Branchenmerkmale weiter zu verfeinern (z. B. mit Hilfe des Projektes MIDAM = Modell der integrierten Datenverarbeitung im Maschinenbau) muß heute als gescheitert betrachtet werden (vgl. auch *Poths, Integrierte Gesamtmodelle 1978*).

Trotzdem ist der Ansatz von KIM ein wichtiger Beitrag zur Diskussion integrierter betriebswirtschaftlicher Anwendungssysteme und auch heute noch eine interessante Ergänzung für die hier entwickelte Sicht der Informationsmodellierung.

Mit der Informationsmodellierung wird ein methodisch stärker abgesichertes Verfahren gewählt. Gegenüber dem KIM-Ansatz, der seine eigene Methodik entwickelt hat, können damit bereits bewährte Darstellungsmittel genutzt werden. Die Trennung in die verschiedenen Sichten einer Architektur für Informationssysteme gibt eine klarere Darstellung. Die Konzentration auf Datenmodelle trägt der hohen Bedeutung dieser Sicht Rechnung, die zudem leicht in die implementierungsnäheren Ebenen transformiert werden kann. Die hohe Akzeptanz des Integrationsgedankens und damit einer unternehmensweiten Betrachtung von Informationssystemen erhöht zudem die Akzeptanz beim Anwender gegenüber der Situation bei der Veröffentlichung des KIM.

In Teil B dieses Buches wurden für Funktionsbereiche eines Industriebetriebes Informationsmodelle konstruiert. Hierbei wurden die informationellen Verflechtungen zwischen den Funktionsbereichen berücksichtigt. Diese Verflechtungen werden aber besonders sichtbar, wenn die Datenstrukturen der Funktionalbereiche zu einem unternehmensweiten Datenmodell zusammengesetzt werden.

C.I Das Unternehmensdatenmodell UDM

Die Zusammenfassung von Teilmodellen zu einem Gesamtmodell ist nicht ohne Probleme. Die in den Teilmodellen von unterschiedlichen Bearbeitern entwickelten Datenstrukturen müssen bezüglich ihrer begrifflichen Übereinstimmung analysiert werden. Dies bedeutet konkret, daß Synonyme (verschiedene Benennungen für den gleichen Sachverhalt) und Homonyme (Gleichbenennung unterschiedlicher Sachverhalte) erkannt werden müssen. Dieses bezieht sich sowohl auf Entity- und Beziehungstypen als auch auf Attribute.

Diese Probleme sind allerdings hier nicht von hoher Bedeutung, da bereits bei der Entwicklung der funktionsbezogenen Informationsmodelle auf die Integrationszusammenhänge geachtet wurde und gleiche Bezeichnungen sowie die Verbindungen zu benachbarten Funktionen von vornherein einbezogen wurden. Das daraus entstehende Unternehmensdatenmodell ist als Faltblatt (Abb. C.I.01) beigefügt. Es besteht aus rund 300 Entity- und Beziehungstypen. Das Modell wurde bereits mehrfach bei der praktischen Aufstellung von unternehmensweiten Datenmodellen als Referenzmodell eingesetzt.

Das Unternehmensdatenmodell liegt inzwischen auch in toolunterstützter Form vor, d. h., es ist in die Werkzeuge IEW (Information Engineering Workbench), MSP-EASY und GRAPES (Siemens) eingestellt und als Produkt verfügbar. Die Toolunterstützung kommt dabei der Verwendung als Ausgangsmodell (Referenzmodell) für eine konkrete unternehmensindividuelle Datenmodellierung sehr entgegen.

C.I.1 Erläuterungen zum Faltblatt

In der detaillierten Datenstruktur der Falttafel C.I.01 wird die grobe Anordnung der Funktionsbereiche beibehalten. Sie enthält die in den funktionsbezogenen Kapiteln entwickelten Datenstrukturen und spiegelt den dort verwendeten Detaillierungsgrad wider. Die Datenstrukturen werden weitgehend in der gleichen Anordnung übernommen, wie sie oben konstruiert wurden, so daß der Leser bereits erarbeitete Darstellungen leicht wiederfindet.

Die Datenstruktur der Abb. C.I.01 macht die Komplexität der informationellen Verflechtungen in einem Industriebetrieb sichtbar. Ihr Verständnis ist eine hilfreiche Basis, um durchgehende Ablaufketten, wie sie als Ziel der integrierten Datenverarbeitung bestehen, entwickeln und systemtechnisch realisieren zu können. Gleichzeitig wird auch der Zusammenhang zwischen operativen Systemen und den auf ihnen aufbauenden Auswertungs- und Analysesystemen deutlich.

Die nach Funktionsbereichen geordnete Datenstruktur der Falttafel ist entsprechend der Abb. C.I.02 aufgeteilt. Den Entity- und Beziehungstypen werden jeweils Nummern zugeordnet. Die Nummernkreise sind in Abb. C.I.02 mit der eingeklammerten Anzahl der enthaltenen Entity- und Beziehungstypen pro Nummernkreis eingetragen.

Den Funktionskreisen sind jeweils Großbuchstaben zugeordnet.

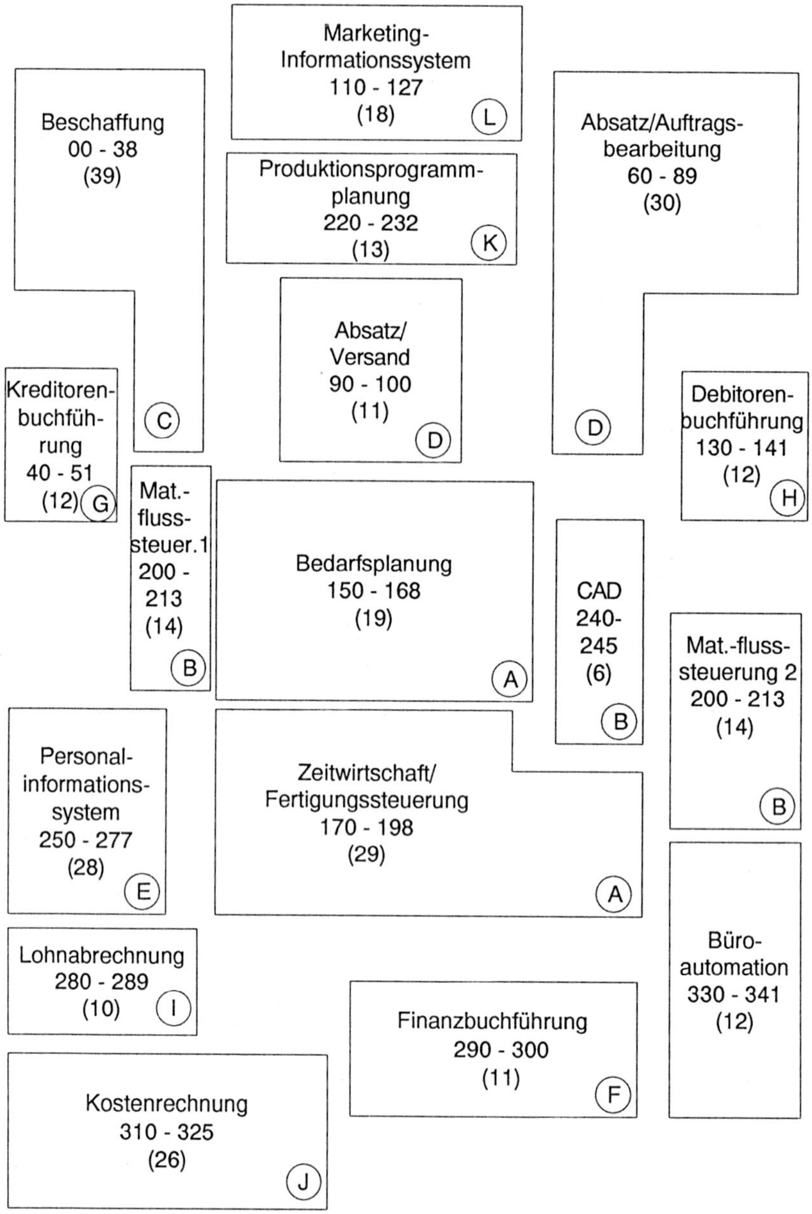

Abb. C.I.02: Erläuterungen zur Falttafel

In Abb. C.I.03 sind nach der gleichen Gliederung die Entity- und Beziehungstypen tabellarisch aufgeführt. Die Nummern und die Funktionszuordnung erleichtern das Auffinden eines Entity- bzw. Beziehungstyps sowohl in dem Faltblatt als auch in der Tabelle.

Bei der grafischen Anordnung der Datenstruktur wird die Symmetrie des Beschaffungsbereichs mit dem Absatzbereich und entsprechend die Kreditorenbuchführung mit der Debitorenbuchführung deutlich gemacht.

Im Mittelpunkt der Datenstruktur steht der TEIL-Entitytyp, der die eingesetzten und erzeugten Leistungen eines Industriebetriebes charakterisiert. Durch Spezialisierung in Artikel, fremdbezogene Teile und eigengefertigte Teile werden die Funktionsbereiche Absatz, Beschaffung und Produktion herausgetrennt.

Der Entitytyp ZEIT besitzt ebenfalls eine besondere Funktion, da durch Verbindungen mit ihm alle zeitabhängigen Vorgänge, die in der Regel jeweils Bewegungsdaten sind, definiert werden. Allerdings können auch Stammdaten einen Zeitbezug besitzen, wenn z. B. eine Periodenrasterung eingeführt wird, die keinen Bezug zur Kalenderzeit besitzt, sondern sich auf einen festen Bezugszeitpunkt bezieht. Aus grafischen Gründen wird der ZEIT-Entitytyp mehrfach aufgeführt. Diese abgeleiteten Entitytypen besitzen lediglich die Funktion von Konnektoren.

Die Materialflußsteuerung wird in die Lagerwirtschaft (parallel zur Bedarfsplanung) und in die Transportsteuerung (parallel zur Zeitwirtschaft) aufgespalten.

Die Datenstruktur unterscheidet nicht zwischen unterschiedlichen hierarchischen Untergliederungen eines Industriebetriebes. Sie kann aber durch entsprechende Zuordnungen auf die Bereiche Unternehmung, Produktbereich, Betrieb, Betriebsbereich, Anlagengruppe usw. aufgespalten werden. Auf die grundsätzliche informationelle Verflechtung, die hier dargestellt werden soll, besitzt diese Aufteilung keinen Einfluß.

Bei der Finanzbuchführung sind die Nebenbuchführungen Kreditorenbuchführung und Debitorenbuchführung wegen ihrer Nähe zum Beschaffungs- bzw. Absatzbereich herausgetrennt worden. Die Materialbuchführung ist nicht gesondert dargestellt. Es wird die mengenmäßige Lagerbuchführung mit der wertmäßigen als Einheit betrachtet.

Die Anlagenbuchführung ist wegen den Abschreibungen grafisch in die Nähe der Zeitwirtschaft gerückt; der Nummernkreis wird aber der Finanzbuchführung eingegliedert.

Der Bezug der Finanzbuchführung zu den vorgelagerten operativen Systemen wird durch die Angabe der generellen Datenstrukturen für URBELEG und BELEG angedeutet. Die Spezialisierungen dieser Begriffe sind nicht durch Linien miteinander verbunden, um die Übersichtlichkeit der Datenstruktur zu erhalten. In der Tabelle C.I.03 sind deshalb in der Spalte 9 solche Entity- und Beziehungstypen gekennzeichnet, die Urbelegs- bzw. Belegscharakter für die Finanzbuchführung besitzen.

Auch die Kostenrechnung verwendet Daten aus anderen operativen Bereichen. Beispielsweise gilt dieses für den Begriff Kostenträger, der eine Verallgemeinerung vielfältiger Begriffe aus den operativen Systemen ist. In dem Faltblatt ist deswegen wiederum nur ein genereller Hinweis auf die

Spalte	1	2	3	4	5	6	7	8	9
	Nr.	Bezeichnung	Schlüsselattribute	Typ E B B/E	B= Zeitab- hängig ST= Stamm	SP= Speziali- sierung G= Generali- sierung	V= ver- dichtet	A= Attributs- träger ZUO= Zuord- nung	Spezial. KT= Kosten- träger UB_Z=Urbeleg BL_Z=Beleg
	0	Zeit	Datum/von ... bis/Starttermin	E	ST				
	1	Lieferant	LNR	E	ST	SP	.	-	KT
	2	Material	TNR	E	ST	SP	.	-	KT
	3	L.Angebot	LNR, Datum	B/E	B	.	.	A	
	4	L.Angebotsposition	TNR, LNR, Datum	B/E	B	.	.	A	
	5	Lieferant-Konditionen	LNR, TNR	B/E	ST	.	.	A	
	6	L.Informationsquelle	TNR, LNR, Datum	B	ST	.	.	ZUO	
	7	L.Texte	LTXTNR	E	ST	.	.	-	
	8	Lieferant-L.Textzuordnung	LTXTNR, LNR	B	ST	.	.	ZUO	
	9	Material-L.Textzuordnung	LTXTNR, TNR	B	ST	.	.	ZUO	
	10	B.Auftragstyp	BAUFTYNR	E	ST	.	.	-	
	11	Lieferant-B.Auftragstypzuordnung	LNR, BAUFTYNR	B	ST	.	.	ZUO	
	12	Material-B.Auftragstyp-zuordnung	TNR, BAUFTYNR	B	ST	.	.	ZUO	
	13	Bestellauftrag	LNR, Datum, BAUFTYNR	B/E	B	.	.	A	KT
	14	Bestellposition	TNR, LNR, Datum, BAUFTYNR	B/E	B	.	.	A	
	15	Wareneingang	LNR, Datum	B/E	B	.	.	A	
	16	Wareneingangsposition	LNR, TNR, Datum	B/E	B	.	.	A	
	17	Teil-/Sammellieferung	BTNR, BDatum, BAUFTYNR, LNR, TNR, Datum	B	B	.	.	ZUO	
	18	Lieferplan	LNR, TNR	E	ST	SP	.	-	KT
	19	Lieferplanposition	LNR, TNR, Datum	B/E	B	SP	.	A	
	20	Teillieferung	LNR, TNR, Datum, LNR, TNR, Datum	B	B	.	.	ZUO	
	21	Lieferantenmerkmale	LMERKNR	E	ST	.	.	-	
	22	Einkaufsgruppen	LMERKNR, LNR	B	ST	.	.	ZUO	
	23	Einkäufer	PERSNR	E	ST	SP	.	-	KT
	24	Lieferanten-Einkäufer-Zuordnung	LNR, PERSNR	B	ST	.	.	ZUO	
	25	Prüfverfahren	PVNR	E	ST	.	.	-	
	26	Prüfplan	LNR, TNR	E	ST	SP	.	A	
	27	Prüfvorschrift	PVNR, LNR, TNR	B	ST	.	.	A	
	28	Prüfergebnis WE	LNR, TNR, Datum	B	B	.	.	A	
	29	Bestellzuordnung	LNR, Datum, TNR, Datum, BAUFTYNR	B	B	.	.	ZUO	
	30	Wareneingangszuordnung	LNR, Datum, TNR, Datum	B	B	.	.	ZUO	
	31	Anforderung/Bedarf	TNR, Datum	E	B	SP	.	-	
	32	Beauftragung	KSTNR, TNR, Datum	B	B	.	.	ZUO	
	33	L.Konditionenzuordnung	LNR, TNR, Datum, BAUFTYNR	B	B	.	.	ZUO	
	34	Prüfplan-Teilzuordnung	LNR, TNR	B	ST	.	.	ZUO	
	35	Verteilung	LNR, TNR, Datum, LARNR, LAONR	B	B	.	.	ZUO	
	36	L.Konditionen-L.Textzuordnung	LNR, TNR, LTXTNR	B	ST	.	.	ZUO	
	37	Bedarfsdeckung	LNR, TNR, Datum, BAUFTYNR	B	B	.	.	ZUO	
	38	Bedarf-Lagerortzuordnung	TNR, Datum, LARNR, LAONR	B	B	.	.	ZUO	

Kreditorenbuchführung

Spalte	1	2	3	4	5	6	7	8	9
	Nr.	Bezeichnung	Schlüsselattribute	Typ E B B/E	B= Zeitab- hängig ST= Stamm	SP= Speziali- sierung G= Generali- sierung	V= ver- dichtet	A= Attributs- träger ZUO= Zuord- nung	Spezial. KT= Kosten- träger UB_Z=Urbeleg BL_Z=Beleg
	40	L.Rechnung	LNR, Datum, (UBLGNR)	B/E	B	.	.	A/ZUO	UB
	41	L.Rechungsposition	UBLGNR, ZNR (LNR, Datum, TNR)	B/E	B	.	.	A/ZUO	UB
	42	L.Belegrechnungskopf	BLGNR, (UBLGNR, Datum)	B/E	B	.	.	A/ZUO	BL
	43	L.Belegrechnungszeile	BLGNR, ZNR, KTONR	B/E	B	.	.	A/ZUO	BL
	44	Kreditoren-/Sachkonto	KTONR	E	ST	.	SP	-	
	45	Lieferant-Kreditorenzuordnung	LNR, KTONR	B	ST	.	.	ZUO	
	46	Offene Rechnungen	KTONR, BLGNR, ZNR	B/E	B	.	.	ZUO	
	47	L.Zahlung	LNR, Datum, (UBLGNR)	B/E	B	.	.	A	UB
	48	Zahlungsposition	UBLGNR, ZNR	E	B	.	.	A	UB
	49	Beleg L.Zahlung	BLGNR, (UBLGNR, Datum)	B/E	B	.	.	A/ZUO	BL
	50	Beleg L.Zahlungsposition	KTONR, BLGNR, ZNR	B/E	B	.	.	A/ZUO	BL
	51	L.Zahlungsausgleich	KTONR, BLGNR, ZNR	B	B	.	.	ZUO	

Spalte	1	2	3	4	5	6	7	8	9
	Nr.	Bezeichnung	Schlüsselattribute	Typ E B B/E	B= Zeitab- hängig ST= Stamm	SP= Speziali- sierung G= Generali- sierung	V= ver- dichtet	A= Attributs- träger ZUO= Zuord- nung	Spezial. KT= Kosten- träger UB_Z=Urbeleg BL_Z=Beleg
	60	Marktpartner	KNR, (LNR)	E	ST	G	.	-	KT
	61	Kunde	KNR	E	ST	SP	.	-	KT
	62	Artikel	TNR	E	ST	SP	.	-	KT
	63	K.Angebot	KNR, Datum	B/E	B	.	.	A	
	64	K.Angebotsposition	KNR, TNR, Datum	B/E	B	.	.	A	
	65	Kunden-Konditionen	KNR, TNR	B/E	ST	.	.	A	
	66	K.Informationsquelle	TNR, KNR, Datum	B	ST	.	.	ZUO	
	67	K.Texte	KTXTNR	E	ST	.	.	-	
	68	Kunden-Textzuordnung	KNR, KTXTNR	B	ST	.	.	ZUO	
	69	Artikel-Textzuordnung	TNR, KTXTNR	B	ST	.	.	ZUO	
	70	K.Auftragstyp	KAUFTYNR	E	ST	.	.	-	
	71	Artikel-K.Auftragstypzuordnung	TNR, KAUFTYNR	B	ST	.	.	ZUO	
	72	Kunden-K.Auftragstypzuordnung	KNR, KAUFTYNR	B	ST	.	.	ZUO	
	73	Kundenauftrag	KNR, Datum, KAUFTYNR	B/E	B		.	A	KT
	74	Kundenauftragsposition	KNR, TNR, Datum, KAUFTYNR	B/E	B	SP	.	A	
	75	Lieferschein	KNR, Datum	B/E	B	.	.	A	
	76	Lieferscheinposition	KNR, Datum, TNR	B/E	B	.	.	A	
	77	Teil-/Sammellieferung	KA-Datum, KA-TNR, KNR, L-Datum, LTNR, KAUFTYNR	B	B	.	.	ZUO	
	78	K.Konditionszuordnung	KNR, TNR, Datum, KAUFTYNR	B	B	.	.	ZUO	
	79	Abgeschl.K.Auftrag	KNR, Datum, KAUFTYNR	B/E	B	.	.	A	
	80	Abgeschl.K.Auftragsposition	KNR, TNR, Datum, KAUFTYNR	B/E	B	.	.	A	
	81	Kundenmerkmale	KMERKNR	E	ST	G	.	-	
	82	Verkaufsgruppen	KMERKNR, KNR	B	ST	.	.	ZUO	
	83	Vertriebsbeauftragter	PERSNR	E	ST	SP	.	-	
	84	Kundenbetreuung	KNR, PERSNR, GEBNR	B	ST	.	.	ZUO	
	85	Folgeauftrag/Ähnlichkeit	KNR, Datum, KAUFTYNR, TNR	B	B	.	.	ZUO	
	-86	Auftragspositionszuordnung	KNR, TNR, Datum, KAUFTYNR, UBLGNR, ZNR	B	B	.	.	ZUO	
	87	Lieferscheinpositionszuordnung	KNR, TNR, Datum, UBLGNR, ZNR	B	B	.	.	ZUO	
	88	Lagerentnahme	KNR, TNR, Datum, LARNR, LONR, TNR	B	B	.	.	ZUO	
	89	K.Konditionen-K.Textzuordnung nung	LNR, TNR, KTXTNR	B	ST	.	.	ZUO	

Spalte	1	2	3	4	5	6	7	8	9
	Nr.	Bezeichnung	Schlüsselattribute	Typ E B B/E	B= Zeitab- hängig ST= Stamm	SP= Speziali- sierung G= Generali- sierung	V= ver- dichtet	A= Attributs- träger ZUO= Zuord- nung	Spezial. KT= Kosten- träger UB_Z=Urbeleg BL_Z=Beleg
	90	Tour	TOURNR	E	ST	.	.	-	KT
	91	Teilstrecke	(TOURNR), VON ... NACH	E	ST	.	.	-	
	92	Tourzuordnung	(TOURNR), KNR, VON ... NACH	B	ST	.	.	ZUO	
	93	Transporteinheit	TRANR	E	ST	.	.	-	
	94	Transportmittel	TRANR, TMNR	E	ST	.	.	-	
	95	Packungsart	PANR	E	ST	.	.	-	
	96	Packungsartzuordnung	TRANR, TMNR, PANR	B	ST	.	.	ZUO	
	97	Transportzuordnung	TOURNR, TRANR	B/E	B	.	.	ZUO	
	98	Ladeliste	TOURNR, TRANR, Datum	B/E	B	.	.	A	
	99	Ladeposition	KNR, TOURNR, TRANR, Datum	B/E	B	.	.	A	
	100	Packung	KNR, TNR, Datum, PANR, TRANR, TMNR	B/E	B	.	.	A	

Spalte 1	2	3	4	5	6	7	8	9
Nr.	Bezeichnung	Schlüsselattribute	Typ E B B/E	B= Zeitab- hängig ST= Stamm	SP= Speziali- sierung G= Generali- sierung	V= ver- dichtet	A= Attributs- träger ZUO= Zuord- nung	Spezial. KT= Kosten- träger UB_Z=Urbeleg BL_Z=Beleg
110	Merkmal	MERKNR	E	ST				
111	Ortsgröße	ORTGNR	E	ST				
112	Gebiet	GEBNR	E	ST				KT
113	Betriebstyp	BTYPNR	E	ST	SP			
114	Soziale Merkmale	HHGRNR	E	ST	SP			
115	Organisationsform	OFNR	E	ST	SP			
116	Einkaufsstätte	EKSTNR	E	ST				
117	EK-Klassifizierung	EKSTNR, OFNR	B	ST	.	.	ZUO	
118	Standort	EKSTNR, BTYPNR	B	ST	.	.	ZUO	
119	Geb.Klassifizierung	EKSTNR, GEBNR	B	ST	.	.	ZUO	
120	Ortsgröße Klassifizierung	EKSTNR, ORTGNR	B	ST	.	.	ZUO	
121	Marktsituation	EKSTNR, TNR, MERKNR, Datum	B	B	.	.	A	
122	Haushalt	HHNR	E	ST	.	.	-	
123	HH-Klassifizierung	HHNR, HHGRNR	B	ST	.	.	ZUO	
124	HH-Geb-Standort	HHNR, GEBNR	B	ST	.	.	ZUO	
125	HH-Ort-Standort	HHNR, ORTGNR	B	ST	.	.	ZUO	
126	Einkaufsposition	HHNR, TNR, MERKNR, Datum	B	B	.	.	A	
127	Zeitreihe	MERKNR, TNR, KNR, GEBNR, Datum	B	B	.	V	A	

Debitorenbuchführung

Spalte	1	2	3	4	5	6	7	8	9
	Nr.	Bezeichnung	Schlüsselattribute	Typ E B B/E	B= Zeitab- hängig ST= Stamm	SP= Speziali- sierung G= Generali- sierung	V= ver- dichtet	A= Attributs- träger ZUO= Zuord- nung	Spezial. KT= Kosten- träger UB_Z=Urbeleg BL_Z=Beleg
	130	K.Rechnung	KNR, Datum (UBLGNR)	B/E	B	.	.	A/ZUO	UB
	131	K.Rechnungsposition	UBLGNR, ZNR	B/E	B	.	.	A/ZUO	UB
	132	K.Beleg-Rechnungskopf	BLGNR (UBLGNR, Datum)	B/E	B	.	.	A/ZUO	BL
	133	K.Beleg-Rechnungsposition	BLGNR, ZNR, KTONR	B/E	B	.	.	A/ZUO	BL
	134	Sachkonto	KTONR	E	ST	SP	.	-	KT
	135	Kunde-Debitorenzuordnung	KNR, KTONR	B	ST	.	.	ZUO	
	136	Offene Posten	KTONR, BLGNR, ZNR	B/E	B	.	.	ZUO	
	137	K.Zahlung	KNR, Datum (UBLGNR)	B/E	B	.	.	A	UB
	138	K.Zahlungsposition	UBLGNR, ZNR	B/E	B	.	.	A	UB
	139	K.Beleg-Zahlungskopf	BLGNR (UBLGNR, Datum)	B/E	B	.	.	A/ZUO	BL
	140	K.Beleg-Zahlungsposition	BLGNR, ZNR, KTONR	B/E	B	.	.	A/ZUO	BL
	141	K.Zahlungsausgleich	KTONR, BLGNR, ZNR	B	B	.	.	ZUO	

Spalte	1	2	3	4	5	6	7	8	9
	Nr.	Bezeichnung	Schlüsselattribute	Typ E B B/E	B= Zeitab- hängig ST= Stamm	SP= Speziali- sierung G= Generali- sierung	V= ver- dichtet	A= Attributs- träger ZUO= Zuord- nung	Spezial. KT= Kosten- träger UB_Z=Urbeleg BL_Z=Beleg
	150	Teil	TNR	E	ST	G			KT
	151	Struktur	OTNR, UTNR	B/E	ST	.	.	A	
	152	Eigenteil	TNR	E	ST	SP			KT
	153	Teilemerkmale	MERKNR	E	ST				
	154	Teileklassifizierung	MERKNR, TNR	B	ST	.	.	A	
	155	Dispositionsstufe	DSTNR	E	ST				
	156	Bedarf	TNR, Datum	B/E	B	G	.	A	
	157	Auftrag	TNR, Datum	B/E	B	G	.	A	KT
	158	Bedarfsableitung	(A)TNR, (A)Datum, (B)TNR, (B)Datum, KNR, (K)TNR, (K)Datum	B	B	.	.	A	
	159	Bedarfsdeckung	(B)TNR, (B)Datum, (ATNR), (A)Datum, KNR, (K)TNR, (K)Datum	B	B	.	.	A	
	160	Lagerdeckung	(B)TNR, (B)Datum, (LTNR), LNR	B	B	.	.	A	
	161	Lagerbestand	(L)TNR, LNR	B/E	ST	.	.	A	
	162	Reservierung	(L)TNR, LNR, (A)TNR, Datum	B/E	B	.	.	A	
	163	Fertigungsauftrag	(A)TNR, (A)Datum	E	B	SP			
	164	Maschinenteil	MATNR	E	ST				
	165	Ersatzteilzuordnung	BMGNR, BMNR, MATNR	B	ST	.	.	A	
	166	Maschinenstruktur	OMATNR, UMATNR	B	ST	.	.	A	
	167	Instandhaltungsauftrag	MATNR, Datum	B	B	.	.	A	
	168	Auftragsverbindung	OATNR, OADatum, UATNR, UADatum	B	B	.	.	ZUO	

Spalte	1	2	3	4	5	6	7	8	9
	Nr.	Bezeichnung	Schlüsselattribute	Typ E B B/E	B= Zeitab- hängig ST= Stamm	SP= Speziali- sierung G= Generali- sierung	V= ver- dichtet	A= Attributs- träger ZUO= Zuord- nung	Spezial. KT= Kosten- träger UB_Z=Urbeleg BL_Z=Beleg
	170	Arbeitsplan	APLNR	E	ST				KT
	171	Arbeitsplanzuordnung	APLNR, TNR	B	ST	.	.	ZUO	
	172	Technisches Verfahren	VNR	E	ST				
	173	Arbeitsgang	APLNR, VNR	B/E	ST	.	.	ZUO	
	174	Betriebsmittelgruppe	BMGNR	E	ST				
	175	Arbeitsgangzuordnung	APLNR, VNR, BMGNR	B/E	ST	.	.	A	
	176	Betriebsmittel	BMGNR, BMNR	E	ST				
	177	Werkzeug	WNR	E	ST				
	178	Werkzeugeinsatz	WNR, BMGNR	B/E	ST	.	.	A	
	179	Werkzeugzuordnung	WNR, BMGNR, APLNR, VNR	B	ST	.	.	ZUO	
	180	Mitarbeiter (gewerblich)	PERSNR	E	ST	SP			
	181	Mitarbeiterzuordnung	BMGNR, PERSNR	B	ST	.	.	ZUO	
	182	Arbeitsgang-Komponenten-zuordnung	APLNR, VNR, OTNR, UTNR	B	ST	.	.	ZUO	
	183	Auftragsarbeitsplan	TNR, Datum, APLNR	B/E	B	.	.	ZUO	
	184	Auftragsarbeitsgang	TNR, Datum, APLNR, VNR	B/E	B	.	.	ZUO	
	185	Auftragsarbeitsgang-zuordnung	TNR, Datum, APLNR, VNR, BMGNR	B/E	B	.	.	A/ZUO	
	186	Belastung	(BP)BMGNR, (P)Datum, TNR, Datum, APLNR, VNR	B	B	.	V	A	
	187	Vergabezeitelemente	VNR, BMGNR	B	ST	.	.	A	
	188	NC-Programm	ZEICHNR, KÖRPNR, APLNR, VNR, BMGNR	B/E	ST				
	189	NC-Programmeinsatz	ZEICHNR, KÖRPNR, SNR, TNR, Datum, APLNR, VNR, BMGNR, BMNR, VON...BIS..., VON...BIS...	B	B	.	.	ZUO	
	190	Maschinenbelegung	BMGNR, SNR, TNR, Datum, APLNR, VNR, BMNR, VON...BIS...	B/E	B	.	.	A	
	191	Mitarbeiterbelegung	PERSNR, (P)VON...BIS..., BMGNR, SNR, TNR, Datum, APLNR, VNR, BMNR, (M)VON...BIS...	B/E	B	.	.	A	
	192	Sequenz	SNRB	E	.	.	V		
	193	Werkzeugbelegung	WNR, (W)VON...(W)BIS...,BMGNR, SNR, TNR, Datum, APLNR, VNR, BMNR, VON...BIS...	B	B	.	.	A	
	194	Störungsart	STÖRNR	E	ST				
	195	Störung	STÖRNR, (S)VON...(S)BIS..., BMGNR, SNR, TNR, Datum, APLNR, VNR, BMNR, VON...BIS...	B	B	.	.	A	
	196	Prüfungsergebnis Prod.	BMGNR, SNR, TNR, Datum, APLNR, VNR, BMNR, VON...BIS..., LNR, TNR	B	B	.	.	A	
	197	Leistungskonto	PERSNR, Datum	B/E	B			A	
	198	Leistungskonto-Lohnschein-zuordnung	PERSNR, Datum, (P)VON...BIS..., BMGNR, SNR, TNR, Datum, APLNR, VNR, BMNR, (M)VON...BIS...	B	B	.	.	ZUO	

Spalte	1	2	3	4	5	6	7	8	9
	Nr.	Bezeichnung	Schlüsselattribute	Typ E B B/E	B= Zeitab- hängig ST= Stamm	SP= Speziali- sierung G= Generali- sierung	V= ver- dichtet	A= Attributs- träger ZUO= Zuord- nung	Spezial. KT= Kosten- träger UB_Z=Urbeleg BL_Z=Beleg
	200	Lagerraum	LARNR	E	ST				
	201	LAGERORT	LARNR, LONR	E	ST				
	202	Palettentyp	PALTNR	E	ST				
	203	Palettenzuordnung	PALTNR, LARNR, LONR, TNR	B	ST	.	.	ZUO	
	204	Palettenverfolgung	PALTNR, LARNR, LONR, TNR	B	ST	.	.	ZUO	
	205	Standort Sequenz	SNR, LARNR, LONR, (L)TNR	B	ST	.	.	ZUO	
	206	Station	STANR	E	ST				
	207	BMG-Stationszuordnung	BMG, STANR	B	ST	.	.	ZUO	
	208	Lager-Stationszuordnung	LARNR, STANR	B	ST	.	.	ZUO	
	209	Transport	VSTANR, NSTANR, Startzeit	B/E	B	.	.	A	
	210	Transportfahrplan	TFPNR	E	B	.	.	A	
	211	Teilladung	VSTANR, NSTANR, SNR	B	B	.	.	A	
	212	Lagerspiel	(L)Datum, (A)TNR, LARNR, LONR, TNR, (FPNR)	B/E	B	.	.	A	
	213	Lagerfahrplan	FPNR	E	B	.	.	-	

Produktionsprogrammplanung

Spalte	1	2	3	4	5	6	7	8	9
	Nr.	Bezeichnung	Schlüsselattribute	Typ E B B/E	B= Zeitab- hängig ST= Stamm	SP= Speziali- sierung G= Generali- sierung	V= ver- dichtet	A= Attributs- träger ZUO= Zuord- nung	Spezial. KT= Kosten- träger UB_Z=Urbeleg BL_Z=Beleg
	220	Produktionsplan	PLNR, PEGNR	E	ST	.	V		
	221	Planerzeugnisgruppe	PEGNR	E	ST	.	V		KT
	222	Artikel-Plangruppen-zuordnung	PEGNR, TNR	B	ST	.	.	ZUO	
	223	Plangruppenzuordnung	PLNR, PEGNR	B	ST	.	.	ZUO	
	224	Produktionsplanposition	PLNR, PEGNR, Datum	B/E	B	SP			
	225	Plan-Kapazitätsprofil	PLNR, PEGNR, PBMGNR, Datum	B	B	.	V	A	
	226	Plan-Materialgruppe	PMGNR	E	ST	.	V		KT
	227	Plan-Materialprofil	PLNR, PEGNR, PMGNR, Datum	B	B	.	V	A	
	228	Plan-Materialgruppierung	PMGNR, TNR	B	ST	.	.	ZUO	
	229	Materialprofil pro Teil	TNR, PMGNR, Datum	B	B	.	V	A	
	230	Plan-Betriebsmittelgruppe	PBMGNR	E	B	.	V		
	231	Kapazitätsprofil pro Teil	TNR, PBMGNR, Datum	E	B	.	V		
	232	Plan-BMG-Zuordnung	PBMGNR, BMGNR	B	ST	.	.	ZUO	

Spalte	1	2	3	4	5	6	7	8	9
	Nr.	Bezeichnung	Schlüsselattribute	Typ E B B/E	B= Zeitab- hängig ST= Stamm	SP= Speziali- sierung G= Generali- sierung	V= ver- dichtet	A= Attributs- träger ZUO= Zuord- nung	Spezial. KT= Kosten- träger UB_Z=Urbeleg BL_Z=Beleg
	240	Zeichnung	ZEICHNR	E	ST				KT
	241	Zeichnungszuordnung	ZEICHNR, TNR	B	ST	.	.	ZUO	
	242	Körper	KÖRPNR	E	ST				
	243	Körperzuordnung	KÖRPNR, ZEICHNR	B	ST	.	.	ZUO	
	244	Körperstruktur	OKÖRPNR, UKÖRPNR, OPERNR	B	ST	.	.	A	
	245	Boolesche Operation	OPERNR	E	ST				

Spalte	1	2	3	4	5	6	7	8	9
	Nr.	Bezeichnung	Schlüsselattribute	Typ E B B/E	B= Zeitab- hängig ST= Stamm	SP= Speziali- sierung G= Generali- sierung	V= ver- dichtet	A= Attributs- träger ZUO= Zuord- nung	Spezial. KT= Kosten- träger UB_Z=Urbeleg BL_Z=Beleg
	250	Mitarbeiter	PERSNR	E	ST	G			
	251	Weisungsbefugnis	UPERSNR, OPERSNR	B	ST	.	.	ZUO	
	252	Termine/Jubiläen	Datum, PERSNR	B	B	.	.	A	
	253	Stelle	STNR	E	ST				
	254	Organisationsstruktur	USTNR, OSTNR	B	ST	.	.	A	
	255	Besetzungshistorie	PERSNR, STNR, VON...BIS...	B	ST	.	.	A	
	256	Stellenbesetzung	PERSNR, STNR	B	ST	.	.	ZUO	
	257	M.Texte	MTXTNR	E	ST				
	258	Stellenbeschreibung	MTXTNR, STNR	B	ST	.	.	A	
	259	Beurteilung	PERSNR, MTXTNR	B	ST	.	.	A	
	260	Personalmerkmale	PMRKNR	E	ST				
	261	Tätigkeiten	TätigNR	E	ST				
	262	Fähigkeiten	PERSNR, PMRKNR	B	ST	.	.	ZUO/A	
	263	Anforderungen	TätigNR, PMRKNR	B	ST	.	.	ZUO/A	
	264	Tätigkeit/Stellenzuordnung	TätigNR, STNR	B	ST	.	.	ZUO/A	
	265	Bewerber	PERSNR	E	ST	SP			
	266	Personalbesetzung	PERSNR, Datum, TätigNR	B	B	.	.	ZUO	
	267	Personalbedarf	Datum, TätigNR	B/E	B	.	.	A	
	268	Ausbildungsprogramm	ABPNR	E	ST				
	269	Karriere	KARRNR	E	ST				
	270	Ausbildungsprogramm-Karriere-zuordnung	ABPNR, KARRNR	B	ST	.	.	ZUO	
	271	Ausbildungsmaßnahme	ABMNR	E	ST				
	272	Ausbildungs-Programm-zuordnung	ABMNR, ABPNR	B	ST	.	.	ZUO	
	273	Kurs	Datum, ABMNR	B/E	B				
	274	Kursteilnahme	Datum, ABMNR, PERSNR	B	B	.	.	ZUO	
	275	Karrierezuordnung	PERSNR, KARRNR	B	ST	.	.	ZUO	
	276	Lohngruppe	LGNR	E	ST	.	.	A	
	277	Mitarbeiter-Lohngruppe	PERSNR, LGNR	B	ST	.	.	ZUO	

Spalte	1	2	3	4	5	6	7	8	9
	Nr.	Bezeichnung	Schlüsselattribute	Typ E B B/E	B= Zeitab- hängig ST= Stamm	SP= Speziali- sierung G= Generali- sierung	V= ver- dichtet	A= Attributs- träger ZUO= Zuord- nung	Spezial. KT= Kosten- träger UB_Z=Urbeleg BL_Z=Beleg
	280	Zeitkonto	PERSNR, Periode	B/E	B	.	.	A	UB
	281	Buchung: Kommen/Gehen	PERSNR, Periode, PositionsNr.	B	B	.	.	A	UB
	282	Lohnkonto	KTONR/PERSNR	E	ST	SP	.	-	
	283	Mitarbeiter/Lohnkontozuordnung	PERSNR, KTONR	B	ST	.	.	ZUO	
	284	Lohnbuchung	PERSNR, BERNR, Datum	B	B	.	.	A	BL
	285	Berechnungsregeln	BERNR	E	ST	G			
	286	Lohnfindungsvorschrift	PERSNR, BERNR	B	ST	.	.	ZUO	
	287	Steuertabelle	BERNR	E	ST	SP			
	288	Tarifverträge	BERNR	E	ST	SP			
	289	Sozialversicherung	BERNR	E	ST	SP			

Spalte	1	2	3	4	5	6	7	8	9
	Nr.	Bezeichnung	Schlüsselattribute	Typ E B B/E	B= Zeitab- hängig ST= Stamm	SP= Speziali- sierung G= Generali- sierung	V= ver- dichtet	A= Attributs- träger ZUO= Zuord- nung	Spezial. KT= Kosten- träger UB_Z=Urbeleg BL_Z=Beleg
	290	Konto	KTONR	E	ST	G			
	291	Nebenbuchführungskonto	KTONR	E	ST	SP/G			
	292	Hauptbuchführungskonto	KTONR	E	ST	SP			
	293	Konto-Struktur	OKTONR, UKTONR	B	ST	.	.	ZUO	
	294	Urbeleg	UBLGNR	E	B	G			
	295	Urbelegposition	UBLGNR, ZNR	E	B	G			
	296	Belegkopf	BLGNR	B/E	B	G			
	297	Belegzeile/Buchung	BLGNR, ZNR, KTONR	B/E	B	G			
	298	Anlagekonto	KTONR	E	ST	SP			
	299	Anlagekontozuordnung	KTONR, BMNR	B	ST	.	.	ZUO	
	300	Abschreibungsbuchung	KTONR, Datum	B	B	.	.	A	

Spalte 1	2	3	4	5	6	7	8	9
Nr.	Bezeichnung	Schlüsselattribute	Typ E B B/E	B= Zeitabhängig ST= Stamm	SP= Spezialisierung G= Generalisierung	V= verdichtet	A= Attributsträger ZUO= Zuordnung	Spezial. KT= Kostenträger UB_Z=Urbeleg BL_Z=Beleg
310	Kostenstelle	KSTNR	E	ST	G			
311	Leistungsverflechtung	EKSTNR, AKSTNR	B/E	ST	.	.	ZUO	
312	LE-Zuordnung	EKSTNR, AKSTNR, UBLGNR, BNR, BLGNR, ZNR, KTONR	B	ST	.	.	ZUO	
313	Kosten-Erlösart	KTONR, (KOANR, ERLNR)	E	ST	SP			
314	Bezugsgröße	BZGRNR	E	ST				
315	Kostenstellenzuordnung	KSTNR, BLGNR, ZNR	B	ST	.	.	ZUO	
316	Kostenträger	KTRNR	E	ST	G			
317	Kostenträgerzuordnung	KTRNR, BLGNR, ZNR, KTONR	B	B	.	.	ZUO	
318	Kostenverursachung	BZGRNR, KOANR	B	ST	.	.	ZUO	
319	Leistungsmessung	KSTNR, BZGNR	B	ST	.	.	ZUO	
320	Kostenverrechnung	KOANR, KSTNR, BZGRNR, Datum	B	B	.	.	A	
321	BAB-Element	KOANR, KSTNR, Datum	B/E	B	.	.	A	
322	Kostenstruktur	KOANR, KSTNR	B	ST	.	.	ZUO	
323	Periodenleistung	KSTNR, BZGNR, Datum	B	B	.	.	ZUO	
324	KS-Zuordnung	KSTNR, BLGNR, ZNR, KTONR	B/E	B	.	.	ZUO	
325	Belegzuordnung	KSTNR, BLGNR, ZNR, KTONR, KOANR, KSTNR, BZGRNR, Datum	B	B	.	.	ZUO	

Spalte	1	2	3	4	5	6	7	8	9
	Nr.	Bezeichnung	Schlüsselattribute	Typ E B B/E	B= Zeitab- hängig ST= Stamm	SP= Speziali- sierung G= Generali- sierung	V= ver- dichtet	A= Attributs- träger ZUO= Zuord- nung	Spezial. KT= Kosten- träger UB_Z=Urbeleg BL_Z=Beleg
	330	Nachrichtentyp	NATYPNR	E	ST				
	331	Nachrichtenkopf	NATYPNR, Datum, ABS-PERSNR, EMP-PERSNR	B/E	B				
	332	Nachrichtenseite	NATYPNR, Datum, ABS-PERSNR, EMP-PERSNR, SENR	E	B				
	333	Verbindung Nachrichten	VNANR, NNANR	B	B				
	334	Verteilerlistenkopf	NATYPNR, ABS-PERSNR	B/E	ST				
	335	Adressat	NATYPNR, ABS-PERSNR, EMP-PERSNR	B	ST				
	336	Dokumententyp	DOKTYPNR	E	ST				
	337	Dokumentenkopf	DOKTYPNR, Datum, PERSNR	B/E	B				
	338	Dokumentenseite	DOKTYPNR, Datum, PERSNR, SENR	E	B				
	339	Schlagwort	SCHLNR	E	ST				
	340	Schlagwortverzeichnis	SCHLNR, DOKTYPNR, Datum, PERSNR, SENR	B	ST				
	341	Büro-Mitarbeiter	PERSNR	E	ST	SP			

Abb. C.I.03: Tabellarische Darstellung der Entity- und Beziehungstypen der Falttafel

Verallgemeinerungsoperation gegeben; in Tabelle C.I.03 sind in der Spalte 9 solche Begriffe, die häufig Kostenträgerfunktionen besitzen, gekennzeichnet.
Neben den bereits genannten Hinweisen enthält die Tabelle C.I.03 in Spalte 3 die Schlüsselattribute der aufgeführten Entity- und Beziehungstypen. In Spalte 4 ist der jeweilige Typ (Entitytyp = E; Beziehungstyp = B und uminterpretierter Beziehungstyp = B/E) eingetragen.
Die Zeitabhängigkeit zur Unterscheidung von Bewegungs- und Stammdaten ist in Spalte 5 gekennzeichnet. Einige Ungenauigkeiten treten bei Bestandsdaten auf, die zwar keinen direkten Zeitbezug besitzen, aber andererseits auch keinen Stammdatencharakter aufweisen. Im Zweifel sind sie den Stammdaten zugeordnet.
In Spalte 6 ist gekennzeichnet, ob der Entitytyp Ergebnis eines Spezialisierungs- oder Generalisierungsprozesses ist. Hierdurch werden insbesondere auch Redundanzen sichtbar, die durch eine Umbenennung von Begriffen in bestimmten Funktionen entstehen. Solche Spezialisierungen, die lediglich Rollen als Kostenträger oder als Urbeleg bzw. Beleg besitzen, sind in dieser Spalte nicht noch einmal gesondert aufgeführt, sondern lediglich darüber hinausgehende Spezialisierungs- bzw. Generalisierungsoperationen. Die Rolleninterpretation in der Wertesphäre ist der bereits genannten Spalte 9 zu entnehmen.
In Spalte 7 ist angegeben, ob Daten als Ursprungsdaten oder als verdichtete Daten auftreten. Verdichtete Daten sind insbesondere bei den Datenbasen für Planungsüberlegungen gegeben, indem dort Einzeldaten auf ein höheres zeitliches Aggregationsniveau angehoben werden.
In Spalte 8 ist angegeben, ob Beziehungstypen primär Attributträger sind oder lediglich Zuordnungsfunktionen zwischen verschiedenen Entitytypen besitzen. Beziehungstypen mit Zuordnungscharakter besitzen die besondere Bedeutung, daß sie Redundanzen in den Datenstrukturen verringern helfen. Durch Zuordnungen von Entitytypen unterschiedlicher Bereiche können Attributwerte gemeinsam genutzt werden. Diese Tatbestände werden insbesondere im Datenfluß von Beschaffung und Absatz zwischen den Begriffen Angebot, Auftrag, Wareneingang, Rechnung und Zahlung sichtbar. In dieser Kette, die sich in der Regel über einen längeren Zeitraum erstreckt, werden häufig die gleichen Daten verwendet. Durch die Bildung von Zuordnungen wird hier deutlich gemacht, daß die Dateneingabe lediglich am Anfang erfolgt; sie stehen dann für die weiteren Abläufe, in denen neue Begriffe gebildet werden, durch Zugriff auf die bereits vorhandenen Attributwerte zur Verfügung.

C.I.2 Einordnung des Datenmodells in die Informationspyramide eines Management-Informationssystems (MIS)

Die Informationspyramide eines MIS beschreibt ein System aufeinanderaufbauender Informationssysteme von der operativen Ebene bis zu Entscheidungs- und Planungsunterstützungssystemen.

Die Gliederung der Datenstruktur in Abb. C.I.02 zeigt, daß in dem hier entwickelten konzeptionellen Datenbankschema unterschiedliche Informationsebenen enthalten sind.
Bei der Festlegung des Beschreibungsgegenstandes dieses Buches wurde in Abb. A.I.05 der Integrationsgedanke aus zwei Sichten interpretiert:

- bei einer horizontalen Integration werden Informationsverflechtungen zwischen Funktionsbereichen erkannt, um eine redundanzfreie Datenstrukturierung zu ermöglichen
- bei vertikaler Integration dienen Datenstrukturen "unterer" Ebenen eines Informationssystems zur Versorgung der verdichteten Datenbasen darüberliegender Systeme.

Beiden Gedanken wurde bei der **Konstruktion** des Datenbankschemas gerecht zu werden versucht. Die hierarchische Schichtung der Datenstrukturen nach den Ebenen eines Management-Informationssystems kommen aber in der Gesamt-Darstellung nicht zum Ausdruck. Als hierarchische Stufen eines MIS werden, der Literatur weitgehend folgend (vgl. z. B. *Grochla/Szyperski, Management-Informationssysteme 1971; Kirsch/Klein, Management-Informationssysteme 1977; Mertens/Griese, Industrielle Datenverarbeitung 1988*), folgende Ebenen unterschieden:

1. mengenorientierte operative Systeme (Dispositions- und Administrationssysteme),
2. wertorientierte Abrechnungssysteme,
3. Berichts- und Kontrollsysteme,
4. Analyse- und Informationssysteme,
5. Planungs- und Entscheidungssysteme.

In Abb. C.I.04 ist für einen Ausschnitt des Datenbankschemas die Weiterverwendung der Datenstrukturen angegeben. Sie zeigt an, wie aus dem mengenorientierten System der operativen Ebene (Auftrags- und Bestellwesen) die Daten von der Finanzbuchführung übernommen werden und von dort an die Deckungsbeitragsrechnung auf der Ebene des Controllings weitergereicht werden. Dort sind die Daten auch für Marketing-Informationssysteme und für den Einsatz zur Unternehmensplanung verfügbar.
In Abb. C.I.05 ist der Aufbau der Informationspyramide mit den in dieser Arbeit verwendeten Begriffen ausgefüllt. Die höheren Ebenen verwenden in der Regel verdichtetere Daten als die unteren Ebenen. Gleichzeitig ist das eingesetzte betriebswirtschaftliche Instrumentarium, wie es in der Modell- und Methodenbank niedergelegt ist, "höherwertiger". Da die Datenbasis der operativen Systeme aber die Grundlage der Pyramide ist, wurde auf ihre Konstruktion besonderer Wert gelegt.
In Abb. C.I.05 sind durch die Verweise der Großbuchstaben die Datenstrukturen der Abb. C.I.02 eingeordnet. In Abb. C.I.05 ist weiterhin eine grobe Gewichtung angegeben, mit welcher Intensität die einzelnen Teilgebiete und damit die in ihnen entwickelten Datenstrukturen bearbeitet wurden.
Die Berichts- und Kontrollsysteme sind nicht nach Funktionen differenziert. Hier wird generell das innerbetriebliche Rechnungswesen angesiedelt. Funktionsbezogene Controllingsysteme (z. B. Vertriebscontrolling oder Produktionscontrolling) sind entweder dem allgemeinen Begriff untergeordnet oder können sich - wegen der teilweise schwierigen Abgrenzung - mit den Analyse- und Informationssystemen überschneiden.

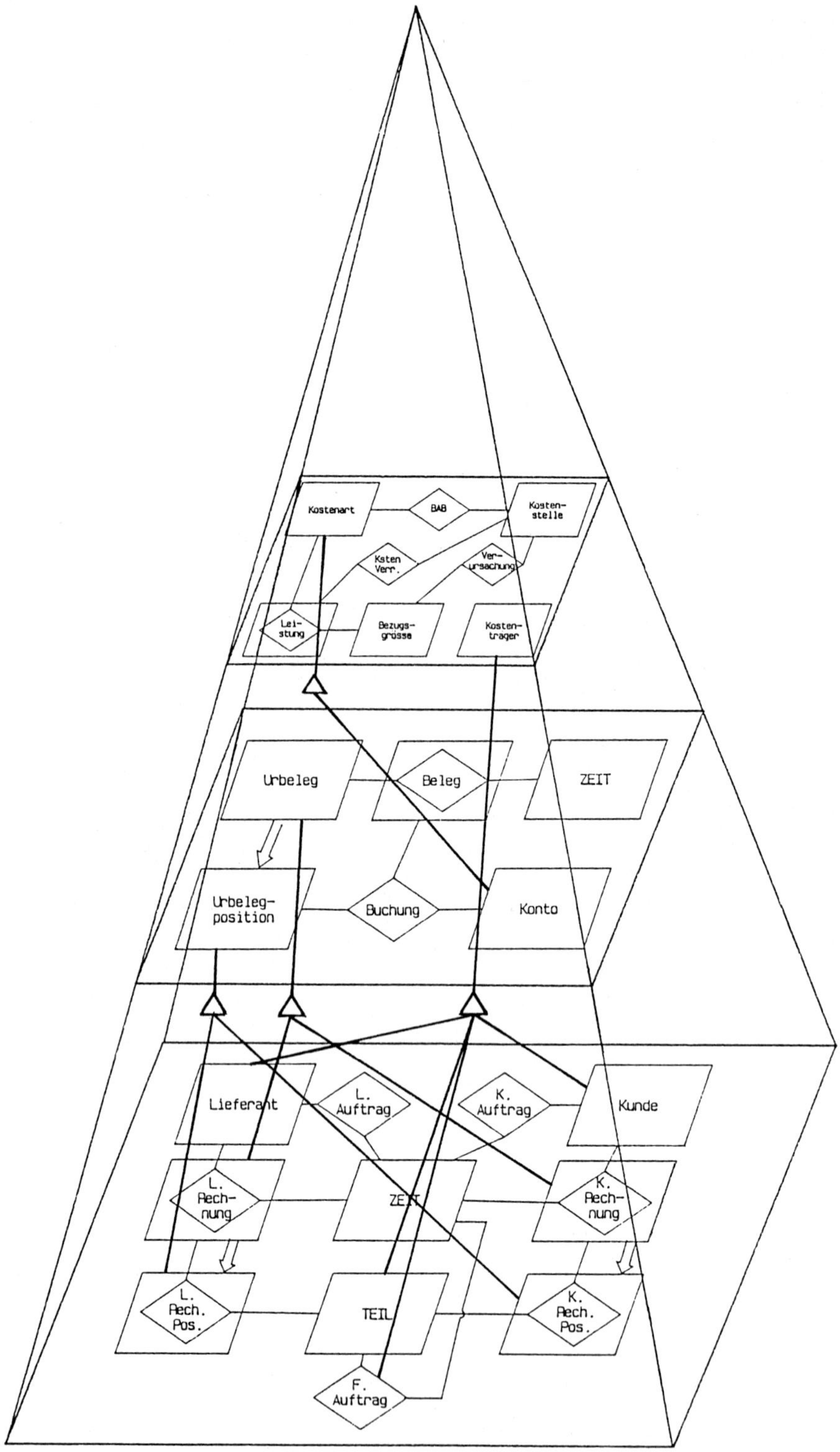

Abb. C.I.04: Beispiel für die Weiterverwendung von Datenstrukturen der operativen Ebene

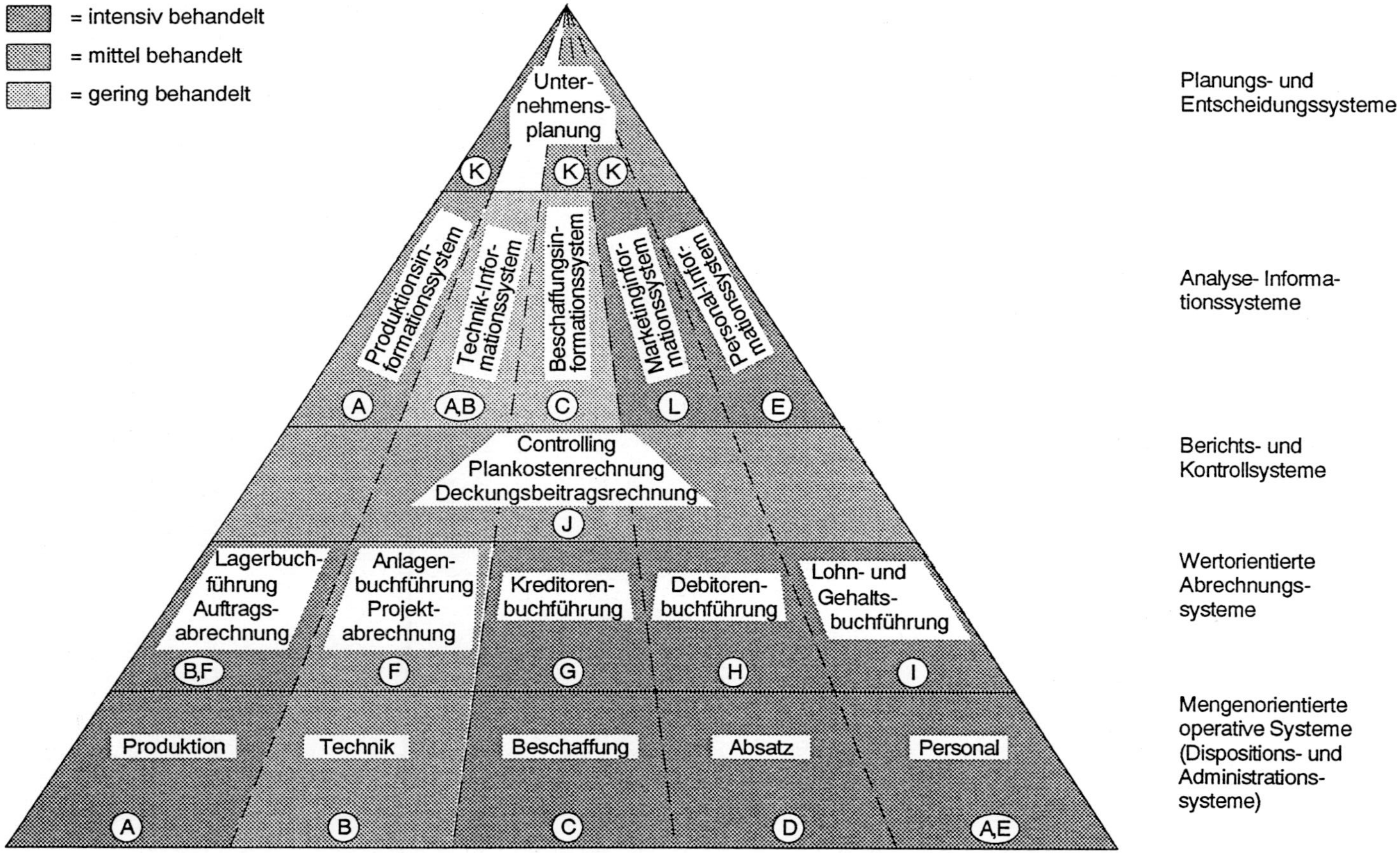

Abb. C.I.05: Aufbau der Informationspyramide

Die angegebene Gewichtung zeigt, daß in dieser Arbeit Modelle der Gesamtunternehmensplanung und Beschaffungs-Informationssysteme lediglich ansatzweise bearbeitet wurden. Die darunterliegenden Datenstrukturen sind aber so vollständig ausgearbeitet, daß sie ausreichen, mit Hilfe von Verdichtungsoperatoren auch die Datenbasis für weitergehende Arbeiten auf diesen Gebieten bereitzustellen.

C.II Entwicklung von Unternehmensdatenmodellen

C.II.1 Vorgehensweisen

Als grundsätzliche Vorgehensweisen kann einmal dem Top-down-Ansatz, bei dem eine vorliegende Datenstruktur schrittweise verfeinert wird, oder dem Bottom-up-Ansatz, bei dem von vorliegenden realen Datenstrukturen aus schrittweise Verdichtungen und Generalisierungen durchgeführt werden, gefolgt werden. Beiden Vorgehensweisen ist gemeinsam, daß während des Entwicklungsweges Datenmodelle auf unterschiedlichen Verdichtungsstufen und damit in unterschiedlichen Größenordnungen entstehen.

Bei der Konstruktion der Datenstrukturen wurde in dieser Arbeit sowohl bottom-up als auch top-down vorgegangen. Die beiden Vorgehensarten werden insbesondere durch die Generalisierungs-/Spezialisierungs-Operation deutlich. Bei der Generalisierung werden zunächst auf einer detaillierten Ebene eingeführte Begriffe verallgemeinert. Die Generalisierung wird deshalb häufig eingesetzt, wenn die Datenstrukturen innerhalb der Informationspyramide verdichtet werden. Beispielsweise wurden die auf der operativen Ebene eingeführten Begriffe KUNDE, ARTIKEL, AUFTRAG usw. auf der Ebene der wertbezogenen Berichts- und Kontrollsysteme innerhalb der Kostenrechnung zu dem Begriff KOSTENTRÄGER generalisiert. Das gleiche gilt für die in den Nebenbuchführungen eingeführten speziellen Kontobezeichnungen wie DEBITOREN, KREDITOREN, LAGERBESTAND usw. bei Übergang zur generellen Betrachtung der Finanzbuchführung, in der lediglich der Begriff KONTO verwendet wurde.

Bei der Top-down-Betrachtung werden generelle Begriffe durch den umgekehrten Vorgang der Spezialisierung in feinere Begriffe aufgespalten. Ein Beispiel hierfür ist die Zerlegung des Begriffes TEIL in ARTIKEL, FREMDTEIL und EIGENFERTIGUNGSTEIL.

Um die prinzipielle Struktur einer Unternehmens-Datenbank deutlich zu machen, ist in den Abb. C.II.01 - C.II.03 der Prozeß einer fortlaufenden Spezialisierung angegeben.

In Abb. C.II.01 werden lediglich die vier Entitytypen MARKTPARTNER, LEISTUNGEN, RESSOURCEN und ZEIT aufgeführt. Zwischen ihnen bestehen zeitabhängige Beziehungen in Form von "EXTERNE AUFTRÄGE" und "INTERNE AUFTRÄGE". Externe Aufträge beziehen sich auf Leistungen, die an Marktpartner abgegeben werden oder von Marktpartnern bezogen werden. Interne Aufträge bilden eine Beziehung zwischen den selbst erstellten Leistungen und den Ressourcen, die zur Leistungserstellung erforderlich sind.

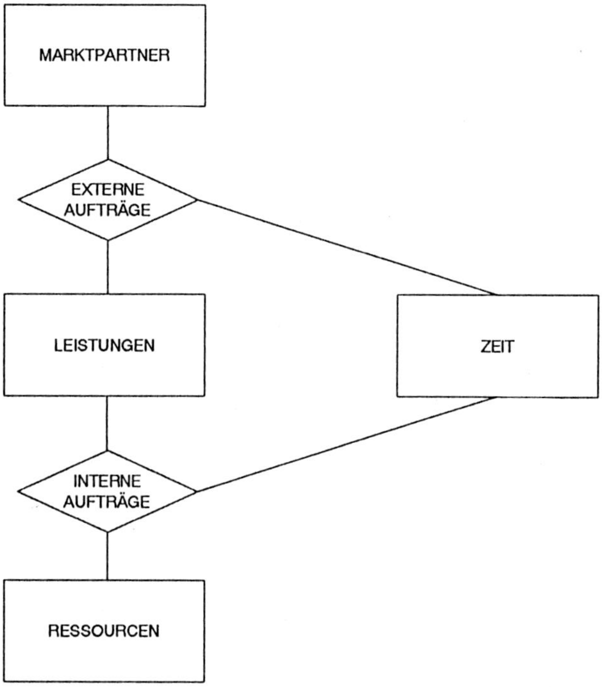

Abb. C.II.01: Elementare Entitytypen und ihre zeitabhängigen Beziehungen

In Abb. C.II.02 wird die Darstellung ergänzt, indem neben den zeitbezogenen Beziehungen auch zeitunabhängige Beziehungen eingeführt werden.
Die Verflechtung der Leistungen, wie sie durch die Stückliste beschrieben werden, wird durch den Beziehungstyp STRUKTUR dargestellt. Zusammenhänge zwischen den LEISTUNGEN und MARKTPARTNERN mit Stammdatencharakter werden in dem Beziehungstyp KONDITION erfaßt. Die Erstellung einer Leistung durch Einsatz der Produktionsfaktoren wird durch den Beziehungstyp FERTIGUNGSBESCHREIBUNG beschrieben.
Die Darstellungen der Abb. C.II.01 und C.II.02 befinden sich auf einem hohen Abstraktionsniveau. Durch Anwendung der Operation "Spezialisierung" wird in Abb. C.II.03 die Datenstruktur aufgebrochen. Der Entitytyp MARKTPARTNER wird in LIEFERANT und KUNDE zerlegt. Der Entitytyp LEISTUNGEN (TEIL) wird in fremdbezogene Leistungen (FREMDTEIL, einschließlich Material), absetzbare Leistungen (ARTIKEL) und eigenerstellte Leistungen (EIGENTEIL) zerlegt. Die RESSOURCEN werden in BETRIEBSMITTEL, WERKZEUGE und MITARBEITER aufgespalten.
Mit dieser Aufspaltung der Entitytypen differenzieren sich auch die Beziehungen zwischen ihnen. So wird die KONDITION-Beziehung in eine auf LIEFERANT und FREMDTEIL sowie in eine auf KUNDE und ARTIKEL bezogene Beziehung aufgespalten. Die externen Aufträge werden analog in Beschaffungs- und Kundenaufträge differenziert.

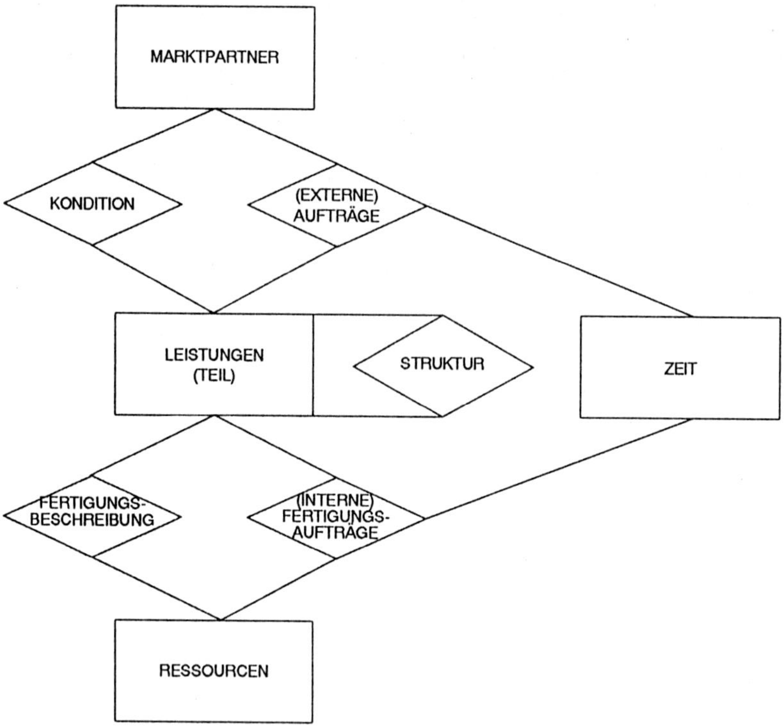

Abb. C.II.02: Ergänzung der Abb. C.II.01 um zeitunabhängige Beziehungen

Die FERTIGUNGSBESCHREIBUNG wird auf die unterschiedlichen RESSOURCEN bezogen. Vom generell betrachteten Fertigungsauftrag gehen Ressourcenbelegungen mit einer differenzierteren Zeitbeziehung für die drei Ressourcenarten aus.

Die Datenstruktur der Abb. C.II.03 befindet sich weiterhin noch auf einem hohen Aggregationsniveau. Trotzdem werden bereits wichtige informationelle Zusammenhänge sichtbar. Dieses gilt z. B. für die Parallelität der Datenstrukturen im Beschaffungs- und Absatzbereich, die durch Spezialisierung der MARKTPARTNER und des TEIL-Entitytyps entsteht.

Bei der Bottom-up-Vorgehensweise werden vorliegende Dokumentationen wie Formulare, Datenbeschreibungen (in und außerhalb von Programmen) auf enthaltene Entitytypen, Beziehungstypen und Attribute analysiert. Weiterhin können Zusammenhänge, die nicht dokumentiert sind, mit Hilfe der Interview-Technik von den beteiligten Fachabteilungen erfragt werden. Die Zusammenhänge werden dann mit Hilfe grafisch orientierter Verfahren (z. B. dem Entity-Relationship-Modell) dargestellt und mit den Beteiligten diskutiert, um Interpretationsunstimmigkeiten zu erkennen.

Ein Beispiel zeigt hierfür die Abbildung C.II.04.

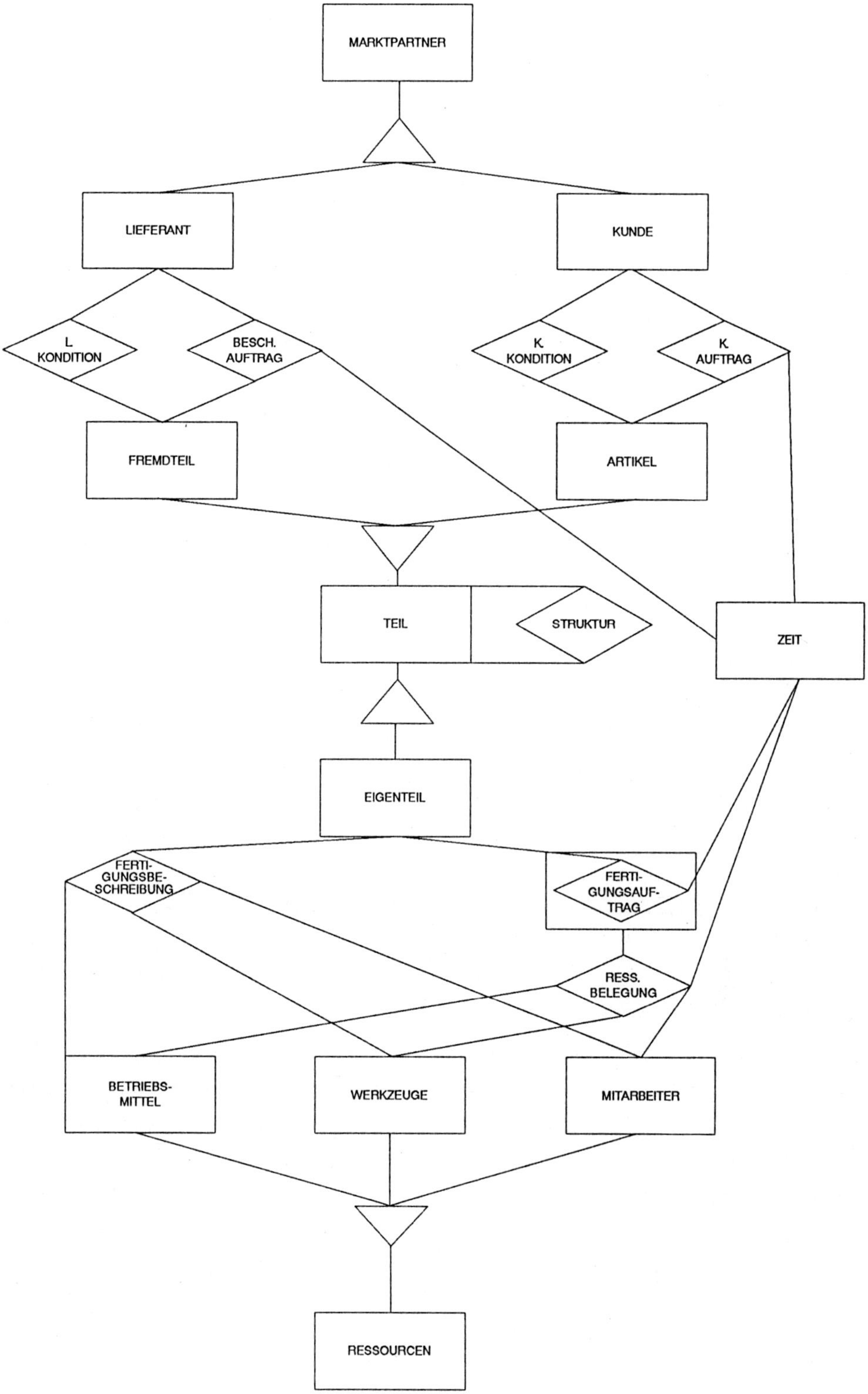

Abb. C.II.03: Anwendung der Operation "Spezialisierung" zur Differenzierung der Datenstruktur aus Abb. C.II.02

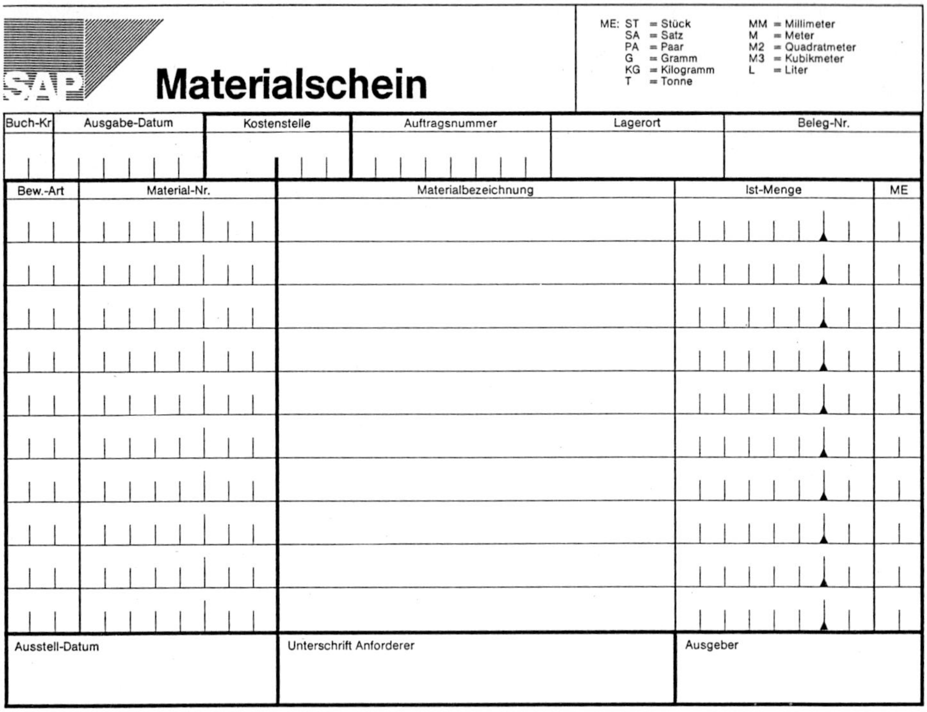

SAP **Materialschein**

ME: ST = Stück, SA = Satz, PA = Paar, G = Gramm, KG = Kilogramm, T = Tonne, MM = Millimeter, M = Meter, M2 = Quadratmeter, M3 = Kubikmeter, L = Liter

Buch-Kr	Ausgabe-Datum	Kostenstelle	Auftragsnummer	Lagerort	Beleg-Nr.

Bew.-Art	Material-Nr.	Materialbezeichnung	Ist-Menge	ME

Ausstell-Datum	Unterschrift Anforderer	Ausgeber

Abb. C.II.04,a: Formular eines Materialscheines

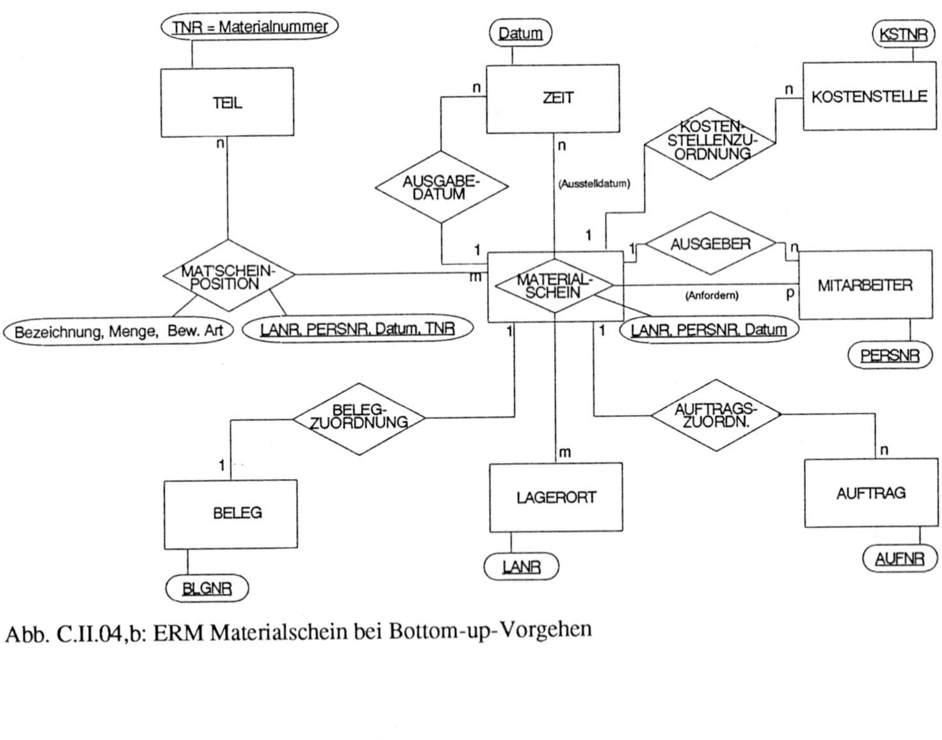

Abb. C.II.04,b: ERM Materialschein bei Bottom-up-Vorgehen

Ausgangspunkt ist das Formular eines Materialscheins, das neben Kopfinformationen für die einzelnen auszufassenden Materialarten die entsprechenden Bezeichnungen und Mengeninformationen enthält.
Es ist auffällig, daß eine Vielzahl von Primärschlüsselattributen anderer Entitytypen aufgeführt ist. Bei einer ersten Analyse wird der MATERIALSCHEIN als Beziehungstyp zwischen LAGERORT, anforderndem MITARBEITER und der ZEIT über das Ausstelldatum des Materialscheines identifiziert. Die MATERIALSCHEINPOSITION wird dann über eine Beziehung zur Materialnummer (entspricht der Teilenummer als Primärschlüssel für den Entitytyp TEIL) eingeführt.
Die Aufnahme von Primärschlüsseln anderer Entitytypen haben für den Materialschein den Charakter von Fremdschlüsseln. Dieses bedeutet gleichzeitig, daß jeweils aus Sicht des uminterpretierten Entitytypen MATERIALSCHEIN eine Kardinalität von 1 bestehen muß. Bei einer späteren Umsetzung dieser Datenstruktur in das Relationenmodell bedeutet dieses, daß die 1:n-Beziehungen keine eigenen Relationen bilden, sondern die Primärschlüssel der Entitytypen als Fremdschlüssel in den Beziehungstyp MATERIALSCHEIN übernommen werden.
Das Beispiel soll auch zeigen, daß unterschiedliche Ansätze zur Identifizierung der Entity- und Beziehungstypen bestehen können. Beispielsweise hätte der Materialschein auch als Entitytyp mit dem Primärschlüssel Belegnummer eingeführt werden können. In diesem Fall hätten alle Verbindungen und weiteren Attribute als Beziehungstypen zu anderen Entitytypen hergestellt werden müssen. Da die Belegnummer aber in der Regel nicht von dem Aussteller vergeben wird, wird die Konstruktion hier nach dem Entstehungsprinzip vorgenommen.
Bei der Umsetzung der Ausgangsdaten müssen Unschärfen wie Homonyme und Synonyme erkannt und beseitigt werden. Auch hierzu sind Hilfsmittel, wie z. B. die KWIC-Liste (Keyword in context) hilfreich. Hierbei werden zusammengesetzte Begriffe (z. B. Lagerort) in ihre Morpheme (Lager und Ort) aufgeteilt und zusammengestellt. Alle Begriffe, in denen Ort oder Lager vorkommen, stehen dann zusammen und können auf ihre Widersprüchlichkeit oder Überdeckung geprüft werden (vgl. z. B. *Mayr/Dittrich/Lockemann, Datenbankentwurf 1987, S. 512 ff.*).

C.II.2 Umfang des Datenmodells

Nach ihrem Umfang beziehungsweise ihrem Verdichtungsgrad können Datenmodelle unterschiedlicher Ebenen definiert werden. In einem strategischen Datenmodell werden die wichtigsten Entity- und Beziehungstypen zusammengestellt. In ihnen kommen nur grundsätzliche Branchenunterschiede zum Ausdruck.
In Abb. C.II.05 (aus: *Biethan, Rohrig, Datenmanagement 1990, S.743*) ist das Datenmodell für ein Versicherungsunternehmen dargestellt. Die Abbildung folgt grafisch einem an Bachman (vgl. *Bachman, A CASE for Reverse Engineering 1988*) orientierten Entity-Relationship-Modell. Die Kardinalität der Beziehungstypen wird durch die Anzahl der Pfeilspitzen ausgedrückt. Eine Pfeilspitze bedeutet eine Kardinalität von 1, zwei Pfeile eine Kardinalität von N. Beispielsweise kann

eine Police mehrere Verträge (Unfall- oder Sachversicherungen) enthalten, ein Vertrag bezieht sich aber jeweils auf eine Police. Ein solches strategisches Datenmodell umfaßt in der Regel rund 20 bis 30 Entity- und Beziehungstypen.

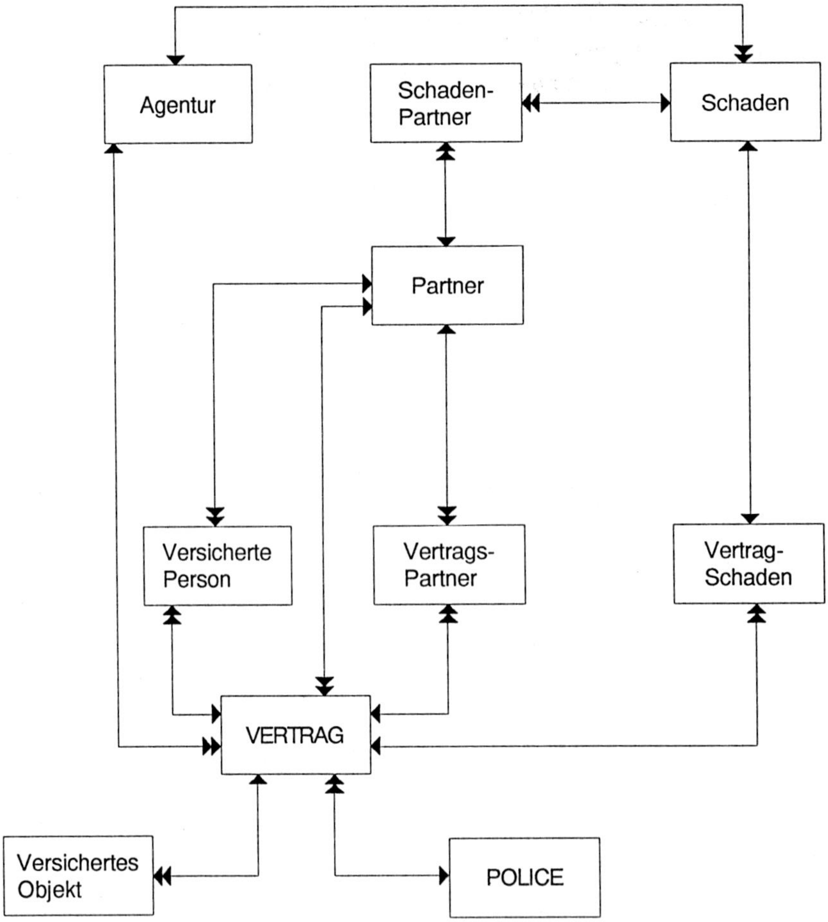

Abb. C.II.05: Datenmodell aus einem Versicherungsunternehmen

Auf der nächsten Detaillierungsstufe können bereits unterschiedliche Strukturen innerhalb einer Branche erfaßt werden. Beispielsweise können bezüglich Industrieunternehmen differenziertere Produktionsstrukturen (Einzelfertigung, Serienfertigung) berücksichtigt werden. Ein solches Detailmodell umfaßt in der Regel 200 bis 500 Entity- und Beziehungstypen. Das in diesem Buch entwickelte Unternehmensdatenmodell für Industriebetriebe kann auf dieser Ebene angesiedelt werden. Es ist damit Referenzmodell, das bei einer unternehmensindividuellen Analyse noch ergänzt werden muß.

Unternehmensindividuelle Regelungen bestehen in einer stärkeren Spezialisierung von Begriffen. Beispielsweise wurde bei der Einführung des Begriffs BESTELLPOSITION lediglich die Diffe-

renzierung nach Materialnummern, auf die sich die Position bezieht, vorgenommen. Es ist vorstellbar, daß eine Bestellposition zu unterschiedlichen Lieferzeiten geliefert werden kann beziehungsweise auf unterschiedliche Lagerorte differenziert werden muß. Damit ergibt sich eine sogenannte Unterposition. Durch eine Verbindung zu dem Begriff LAGERORT oder zu den unterschiedlichen Lieferdaten kann diese Verfeinerung leicht eingeführt werden.
Ein solches unternehmensindividuelles Unternehmensdatenmodell kann einen Umfang von 300 bis 1.500 Entity- und Beziehungstypen annehmen.

C.II.3 Projektorganisation und Entwicklungsschritte

In Abb. C.II.06 ist ein Vorschlag für die Projektorganisation eines Unternehmensdatenmodells dargestellt. In einer ersten Informationsveranstaltung werden der Unternehmensleitung, den Leitern wichtiger Fachabteilungen sowie dem Informationsmanager Nutzen, Methodik und Erfahrungen der Aufstellung eines Unternehmensdatenmodells vorgestellt. Anschließend legt in einer Entscheidungssitzung die Unternehmensleitung den Aufwand und die prinzipielle weitere Vorgehensweise fest. Die Einbeziehung der Unternehmensleitung in dieser Projektphase ist außerordentlich wichtig. Bei der Aufstellung eines Unternehmensdatenmodells sind bereichsübergreifende Abstimmungen erforderlich. Diese gelingen in der Regel nur, wenn von der Unternehmensleitung eine hohe Priorität des Projektes dokumentiert wird. Die Festlegung eines Rahmenaufwandes ist wichtig, um eine zügige Erstellung des Datenmodells zu sichern und sich nicht in der Diskussion von Einzelfragen zu verlieren. Gleichzeitig wird dadurch indirekt auch der Detaillierungsgrad weiter konkretisiert.
Im nächsten Schritt wird die weitere Vorgehensweise der Projektorganisation festgelegt. So kann z. B. zunächst ein grobes Rahmenmodell erstellt werden, das Ausgangspunkt der weiteren detaillierteren Teilbereichsmodelle ist. Dazu müssen die entsprechenden Arbeitsgruppen definiert werden. Neben den Arbeitsgruppen für die Erarbeitung von Teilmodellen muß ein Koordinationsgremium gebildet werden, das den Zusammenhang zwischen den Teilmodellen von vornherein im Auge behält. Diesem Koordinationsgremium sollte auch ein Vertreter der Unternehmensleitung angehören, der die Funktion eines Machtpromoters wahrnimmt. In den Arbeitsgruppen zur Festlegung der Teilmodelle überwiegen dagegen die Vertreter aus den beteiligten Fachbereichen.
Im nächsten Schritt müssen nach der Festlegung der beteiligten Mitarbeiter Ausbildungsmaßnahmen durchgeführt werden. So müssen die anzuwendende Beschreibungssprache, z. B. nach dem Entity-Relationship-Modell, vermittelt werden, sowie grundsätzliche Fragen des Datenmanagements, z. B. das relationale Datenmodell, und die Bedeutung von Data Dictionaries sowie die bei der Modellierung einzusetzenden Werkzeuge. An diesen Ausbildungsmaßnahmen nehmen vor allem die direkt mit der Erarbeitung der Datenmodelle beteiligten Mitarbeiter teil.
Im fünften Schritt werden die Teilmodelle von den Projektgruppen erarbeitet, miteinander abgestimmt und zu einem Gesamtdatenmodell integriert.

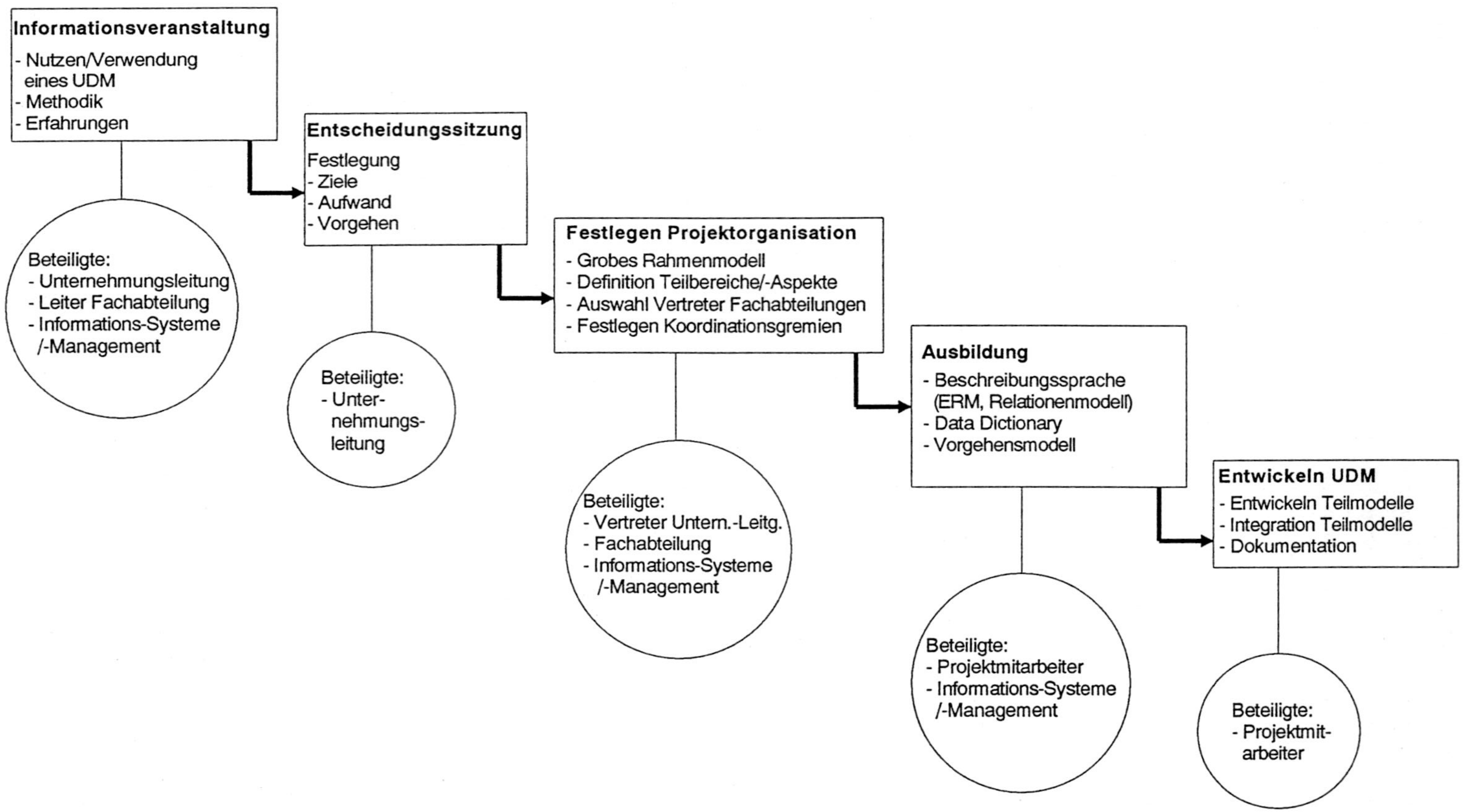

Abb. C.II.06: Projektorganisation für die Entwicklung eines Unternehmensdatenmodells

Besonders wichtig ist auch die Dokumentation der einzelnen Arbeitsschritte. Hier ist eine EDV-Unterstützung besonders sinnvoll.

Die Entwicklung des Unternehmensdatenmodells vollzieht sich dabei selbst in einzelnen Entwicklungsschritten. Entsprechend der ausgewählten Vorgehensweise (bottom-up, top-down oder eine Mischform) werden zunächst die Entity- und Beziehungstypen sowie ihre Schlüsselattribute identifiziert.

Im nächsten Schritt werden weitere beschreibende Attribute hinzugefügt. Je detaillierter der Entwurf ist, um so weniger beschreibende Attribute gilt es dabei allerdings noch zu identifizieren. Dieses wurde auch oben an dem Beispiel der Bottom-up-Konstruktion des Materialscheins deutlich. Nahezu alle beschreibenden Attribute des Materialscheins oder der Materialscheinposition sind Fremdschlüssel (also Primärschlüssel anderer Entitytypen), die über Beziehungstypen zugeordnet werden. Lediglich bei einem gröberen Entwurf, bei dem die Entitytypen noch komplexe Objekte darstellen, die in sich verschachtelte Sub-Entitytypen repräsentieren, bestehen vielfältige beschreibende Attribute.

Im dritten Schritt werden nach Identifizierung der Informationsobjekte und der beschreibenden Attribute inhaltliche Integritätsbedingungen definiert. Diese können sich auf die Informationsobjekte (z. B. Festlegung existentieller Abhängigkeiten), die referentielle Integrität bei Löschvorgängen, die Zuordnung von Attributen zu Domänen sowie Kardinalitätsabhängigkeiten beziehen. Kardinalitätsabhängigkeiten bedeuten, daß festgelegt wird, daß in Abhängigkeit der Anzahl Ausprägungen eines Beziehungstyps bestimmte inhaltliche Bedingungen bestehen müssen. So kann festgelegt werden, daß für Kunden, die im Jahr mindestens fünf Vertragsabschlüsse eingehen, eine feste Tourenzuordnung bei Auslieferungen bestehen muß, während dieses bei gelegentlichen Kunden nicht der Fall sein darf.

Nach der Aufstellung eines Datenmodells können Verifikations- und Validierungsprüfungen vorgenommen werden.

Ein aufgestelltes Unternehmensdatenmodell muß auf Korrektheit, Vollständigkeit und Widerspruchsfreiheit überprüft werden (vgl. *Lockemann/Radermacher, Konzepte, Methoden und Modelle zur Datenmodellierung 1990, S. 12*). Zu dieser Verifikation stehen aber nur begrenzte formale Hilfsmittel zur Verfügung. Insbesondere sind bei Angabe detaillierter Komplexitätsgrade (min, max-Notation) für Beziehungstypen leicht Widersprüche möglich (vgl. *Knolmayer/Myrach, Anforderungen an Tools 1990, S. 100*). Auch können semantisch überflüssige Beziehungen bestehen.

Mit Hilfe von Prototypen, die auf dem Datenmodell Auswertungen zulassen, kann es validiert werden, d. h. auf seine Übereinstimmung mit den Absichten seines Konstrukteurs überprüft werden.

Die Projektdauer und damit der Projektaufwand zur Erstellung eines Unternehmensdatenmodells richtet sich vor allen Dingen nach dem geforderten Detaillierungsgrad. Die Aufstellung eines strategischen Unternehmensdatenmodells kann im Prinzip in wenigen Tagen erfolgen. Dagegen erfordert die Erstellung eines detaillierten Datenmodells (Stufe 2) einen Aufwand von mehreren Mann-Monaten bis Mann-Jahren. Der Aufwand wird insbesondere für die Identifizierung der Informationsobjekte sowie die klare Definition von Bezeichnungen für Informationsobjekte und Attribute benötigt. Hier sind aufwendige Klärungs- und Abstimmungsphasen mit den verschiedenen beteiligten Abteilungen zu durchlaufen.

C.II.4 Toolunterstützung bei der Informationsmodellierung

Mittlerweile findet sich am Markt eine große Zahl von Werkzeugen zur Unterstützung der Informationsmodellierung (vgl. hierzu z. B. *Balzert, CASE 1990*). Dabei kann man unterscheiden zwischen Systemen, die nur ausgewählte Methoden im Rahmen der Entwicklung eines Informationssystems unterstützen und solchen, die den gesamten Lebenszyklus eines komplexen Systems durch ihre formalen Beschreibungsmittel begleiten. Da an dieser Stelle das Augenmerk auf den Entwurf von Datenstrukturen gerichtet ist, werden als Stellvertreter der ersten Gruppe lediglich Tools zur Datenmodellierung betrachtet.

Dedizierte Werkzeuge zur Unterstützung einer einzelnen Methode sehen sich grundsätzlich mit dem Problem der Schnittstellen konfrontiert. Dies trifft zum einen für die Übergänge zu vor- und nachgelagerten Stufen der Entwicklung zu, zum anderen auf die Beziehungen zu den weiteren Aspekten der Systembeschreibung. Ein dediziertes Tool zur Datenmodellierung muß sich sowohl mit der Frage des Übergangs zum Datenbankdesign als auch mit den Beziehungen zu einem Funktions- und Organisationsmodell auseinandersetzen. Allein aus diesem Grund schon ist der Einsatz im Rahmen eines Entwicklungsvorhabens fragwürdig. Die Nachteile des Systembruches können auch durch überragende Qualitäten bei der Unterstützung der Methode nicht aufgehoben werden. Nur eine klare Beschreibung der Schnittstellen sowie die Fähigkeit, flexibel Daten in Standardformaten aufnehmen und in Standardformaten weitergeben zu können, rechtfertigen die Existenz eines dedizierten Tool.

Die auch als integrierte Softwareproduktionsumgebungen bezeichneten **CASE-Tools** besitzen gegenüber den dedizierten Werkzeugen den entscheidenden Vorteil der Durchgängigkeit über alle Stufen der Systementwicklung. Dies wird jedoch oft durch eine stark unausgewogene Unterstützung einzelner Aspekte erkauft. Ein optimales Tool, das alle Phasen der Systementwicklung gleichermaßen unterstützt, ist zur Zeit noch nicht verfügbar. Allerdings lassen die Entwicklungsbestrebungen der Tool-Hersteller erkennen, daß in nächster Zeit wesentliche Verbesserungen der existierenden Werkzeuge zu erwarten sind.

Erheblichen Einfluß im Rahmen der Konzeption solcher Werkzeuge haben dabei Standardisierungsbestrebungen, wie sie sich z. B. in Vorhaben wie **CIM-OSA** im Rahmen des **ESPRIT**-Programms der Europäischen Gemeinschaft äußern, wo ein allgemeines Architekturmodell für die formalisierte Beschreibung von Unternehmen erarbeitet wird (vgl. *ESPRIT Consortium Amice (Hrsg.), Open System Architecture 1989*). Gleichzeitig erfolgt dort die Entwicklung eines integrierten Tool zur Unterstützung dieser Beschreibungsformen.

C.II.4.1 Überblick des Unterstützungsumfangs

Die Unterstützung des Entwurfs von Informationsmodellen durch computerisierte Werkzeuge kann einen entscheidenden Beitrag zu Effektivität und Effizienz des Vorgehens leisten. Dabei lassen sich die Vorteile der Computerunterstützung insbesondere in folgenden Bereichen einbringen:

- Alle relevanten Informationen werden in strukurierter, auswertbarer Form erfaßt. Dadurch ist eine einheitliche und durchgängige Dokumentation gewährleistet. Durch die Einbindung einer benutzerfreundlichen grafischen Oberfläche besteht die Möglichkeit, auf komfortable Weise die erforderlichen Diagramme zu erstellen und zu modifizieren. Veränderungen an einer Stelle der Dokumentation werden an anderen Stellen automatisch nachgezogen und brauchen somit nur einmal ausgeführt zu werden.

- Durch eine Speicherung des Entwurfs in Abhängigkeit vom Datum der Erstellung ist grundsätzlich eine bequeme Verwaltung unterschiedlicher Versionen möglich. Versionen werden nur dann überschrieben, wenn dies der Anwender ausdrücklich wünscht, ansonsten wird jede Modifikation als eigenständige Version vorgehalten.

- Obwohl keine technische Einschränkung besteht, semantisch mächtige Modellierungstechniken umzusetzen, muß festgestellt werden, daß verfügbare Systeme oftmals nur Bachman-Diagramme als Entity- oder Entity-Relationship-Diagramme unterstützen. Erweiterte ERM-Diagramm werden zur Zeit in keinem Tool konsequent unterstützt.

- Der Einsatz eines Tool erleichtert es, einem festen Vorgehensmodell zu folgen. Über Konsistenzprüfungen ist es möglich, Modellierungsaktivitäten erst dann zuzulassen, wenn die vorangehende Stufe vollständig bearbeitet worden ist.

- Die interne Konsistenz des Modellentwurfs kann bereits durch den Einsatz regelbasierter Systeme überprüft werden. Die Sicherung der externen Konsistenz erfordert, daß auch die allgemeinen Systemanforderungen bereits im Rahmen des Tooleinsatzes erhoben werden. Dies setzt ein mächtiges Tool, das den gesamten Lebenszyklus in strukturierter Form unterstützt, voraus.

- Zumindest ansatzweise kann die Normalisierung des Datenmodells im Hinblick auf die spätere Umsetzung ebenfalls durch ein Tool unterstützt werden. Hier stellt sich allerdings das grundlegende Problem, daß die Normalisierung auch Optimierungen umfaßt (z. B. zur Performance-Verbesserung), wohingegen ein Tool in erster Linie nur eine formale, syntaktische

Struktur erfassen kann. Die Unterstützung der Normalisierung richtet sich also auf die strukturierte Erfassung inhaltlicher Aspekte des Datenmodells.

- Durch umgekehrte Anwendung der Prozeduren eines Tool können auch aus bereits existierenden Datenbankstrukturen grafische Darstellungen abgeleitet werden. Ebenso ist über die grafische Oberfläche eines Tool eine inhaltlich sinnvolle Gruppierung der Informationsobjekte möglich. Da der Anspruch der anwendungsorientierten Datenstrukturierung jedoch wiederum auf inhaltliche Gesichtspunkte abhebt, ist hier eine weitergehende Unterstützung durch ein Tool nur schwer realisierbar. Insbesondere die Neugruppierung von elementaren Informationseinheiten wie Attributen zu aus fachlicher Sicht sinnvollen Informationsobjekten kommt einem Neuentwurf des Modells gleich.

C.II.4.2 Beispiele

Eine bedeutende normative Wirkung geht mittlerweile von der Unterstützung bestimmter Toolkonzeptionen durch namhafte EDV-Hersteller aus. So hat die **IBM** durch die Aufnahme in ihr Konzept **AD/Cycle** zur toolunterstützten Systementwicklung eine Reihe existierender Produkte zu Quasi-Standards erhoben (vgl. *IBM (Hrsg.), AD/Cycle 1990).*

Von den dort empfohlenen Werkzeugen ist **IDEF0/1** besonders in den USA verbreitet. **IDEF** stützt sich auf **SADT** als Methode. Kernstück von **SADT** ist die unmittelbare Verbindung von Daten und Funktionen im Rahmen der Modellierung. Erfahrungen haben jedoch gezeigt, daß die Komplexität, die durch diese direkte Verbindung erzeugt wird, insbesondere bei großen Modellen zu ernsthaften Problemen führen kann. Darüber hinaus erfordert **SADT** als systematischen Bestandteil den Aufbau und die Verwaltung einer Hierarchie von Informationsobjekten. Für die Abgrenzung der einzelnen Hierarchieebenen existieren jedoch keine klaren Kriterien, so daß ein einmal erstelltes Modell nur schwer konsensfähig ist.

Ein weiteres Tool ist **Information Engineering Workbench (IEW)** von KnowledgeWare (vgl. auch *Martin, Information Engineering 1989*). *IEW* hat die Unterstützung des gesamten Lebenszyklus eines Systems zum Ziel. Im folgenden werden die Möglichkeiten dieses Werkzeugs zur Datenmodellierung näher betrachtet.

Obwohl im Rahmen von **IEW** alle Phasen der Systementwicklung methodisch begleitet werden, ist es möglich, einzelne Aspekte im Sinne eines dedizierten Werkzeugs zu nutzen. Dies beeinträchtigt nicht die nachträgliche Einbeziehung weiterer Funktionalitäten. Somit schreibt die Verwendung von *IEW* nicht gleichzeitig ein festes Vorgehensmodell vor. Im Sinne der Durchgängigkeit der Systementwicklung ist dies eher als Nachteil zu interpretieren. Andererseits besteht dadurch die

Möglichkeit, auch bei bereits angelaufenen Projekten nachträglich noch das Tool einzusetzen sowie die nicht optimal erscheinenden Aspekte des Systems durch andere Werkzeuge oder manuelle Behandlung zu ersetzen. Grundsätzlich ist jedoch vor einem solchen Vorgehen zu warnen, da es all die Risiken eines unorganisierten Systementwurfs sowie den möglichen Informationsverlust durch die Systembrüche beinhaltet.

Die isolierende Betrachtung der Datenmodellierung an dieser Stelle rechtfertigt sich aus methodischen Gesichtspunkten. Nach Auffassung des Verfassers steht insbesondere der Entwurf eines Unternehmensdatenmodells systematisch vor der Erhebung konkreter Anforderungen an ein spezifisches Anwendungssystem, was der methodischen Reihenfolge von **IEW** zuwiderläuft. Andererseits ist aber auch diese Phase bereits durch ein geeignetes Tool zu unterstützen. Die Abweichung von der eigentlich vorgesehenen Abfolge und damit die Untersuchung von **IEW** unter dem vorrangigen Aspekt der Datenmodellierung läßt sich somit rechtfertigen.
Laut Herstelleraussage wird von **IEW** der Entity-Relationship-Ansatz unterstützt. Eine genauere Betrachtung ergibt jedoch, daß es sich bei der angebotenen Modellierungstechnik vielmehr um eine modifizierte Form von Bachman-Diagrammen handelt. Zwar ist die Mehrzahl der ERM-Konstrukte darstellbar, jedoch lassen sich einige Feinheiten wie z. B. Uminterpretation von Beziehungstypen oder Generalisierung nicht oder nur unzureichend abbilden. Die beiden grundlegenden Beschreibungsebenen sind das Entity-Diagramm sowie die Entitytyp-Beschreibung.

Die **Entity-Diagramme**, die mit Hilfe einer komfortablen grafischen Benutzeroberfläche erstellt werden können, stellen mehrere Varianten von Objekttypen als eigenständige Informationsobjekte dar. Der fundamentale Entitytyp entspricht dabei dem eigentlichen Objekttyp nach Bachman bzw. Entitytyp nach Chen. Sogenannte attributive Entitytypen lassen sich zur Wiedergabe der Generalisierung nach Chen verwenden. Ein solcher Entitytyp übernimmt automatisch den Primärschlüssel des übergeordneten Entitytyps als Fremdschlüssel. Im Diagramm wird die Unterscheidung zwischen fundamentalen und attributiven Entitytypen jedoch nicht sichtbar.
Weiterhin können sogenannte assoziative Entitytypen eingefügt werden. Diese werden durch eine vom einem Kästchen umschlossene Raute dargestellt. Wie die Symbolik bereits nahelegt, lassen sie sich behelfsweise zur Darstellung informationstragender Beziehungstypen und uminterpretierter Beziehungstypen im Sinne Chen's verwenden. Wird im Fall der Verwendung als informationstragende Beziehungstypen noch die Übernahme der Bestandteile des Primärschlüssels von den übergeordneten Entitytypen gewährleistet, so ist im Fall der Uminterpretation keine eindeutige Schlüsselbestimmung durch das Tool möglich. Vielmehr müssen hier die entsprechenden Schlüssel manuell festgelegt werden. Immerhin assoziiert das Aussehen des Symbols einen uminterpretierten Beziehungstyp und kann durch einen Benutzer, der mit dem jeweiligen Modell vertraut ist, entsprechend gedeutet werden.

Beziehungen werden, wie in Bachman-Diagrammen üblich, als Kanten zwischen den Objekttypen dargestellt. Zur Darstellung unterschiedlicher Beziehungsgrade stehen wahlweise mehrere Symbole zur Verfügung.

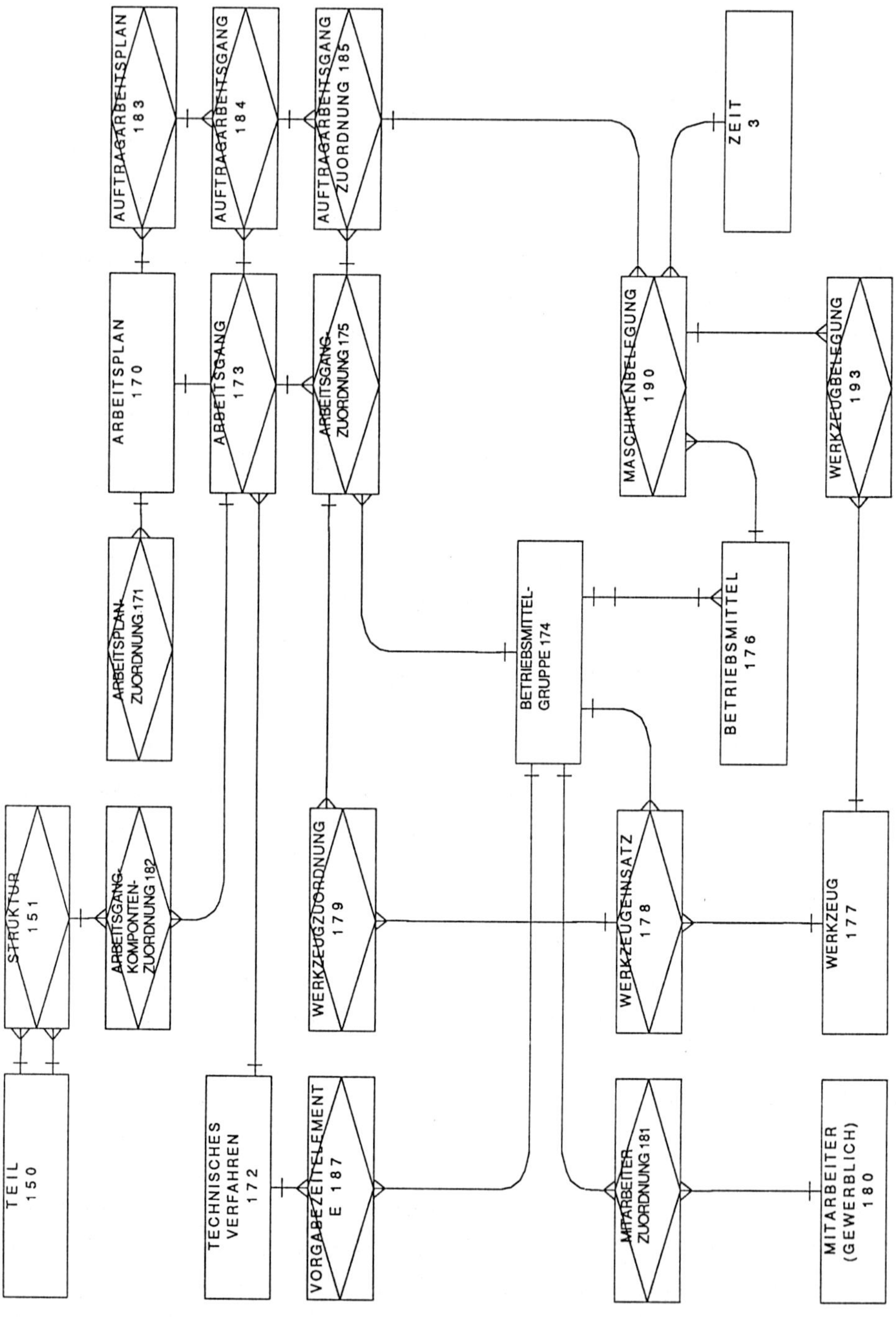

Abb. C.II.07: Datenstruktur zur Fertigung als IEW-Diagramm

Durch das Entity-Diagramm wird der grafische Entwurf des Modells auf der Objektebene wirksam unterstützt. Somit entspricht der Entwurf eines Entity-Diagramms der ersten Stufe im Vorgehensmodell, der Entwicklung eines Grobdatenmodells.

Die Stufe der Feindatenmodellierung umfaßt die Bearbeitung der **Entitytyp-Beschreibungen**. Hier werden wiederum mittels einer grafischen Oberfläche die identifizierenden und beschreibenden Attribute der einzelnen Objekttypen festgelegt. Zur Festlegung der Formate der Attribute kann auf vorab vereinbarte Standarddatentypen zurückgegriffen werden, so daß eine nachträgliche übergreifende Formatänderung (z. B. alle Werte von numerisch siebenstellig auf numerisch neunstellig) bequem durch die Veränderung des entsprechenden Standarddatentyps durchgeführt werden kann. Zudem kann auch auf dieser Ebene der Zuordnung von Attributen zu Objekttypen die Anzahl der Ausprägungen angegeben werden, mit denen das Attribut bei dem Objekt auftritt. Diese den Beziehungsgraden entsprechende Information wird später zur Unterstützung der Normalisierung verwendet.

Neben der Entitytyp-Beschreibung gibt es noch ein weiteres Standardformular zur verbalen Definition des Objekttyps gemäß einem Data Dictionary.

Somit werden durch **IEW** die wesentlichen Anforderungen an ein Werkzeug zur Datenmodellierung erfüllt. Mit dem Schwerpunkt auf der Bachman-Darstellung sind jedoch nicht alle semantischen Feinheiten, die bei der Konstruktion logischer Datenstrukturen von Bedeutung sind, abbildbar. Dennoch erweist sich insbesondere die gute grafische Unterstützung sowie das tolerierbare Laufzeitverhalten bei steigender Diagrammkomplexität als entscheidender Vorteil gegenüber der Mehrzahl der anderen Werkzeuge.

Neben den technischen Aspekten ist die **Unterstützung eines methodischen Vorgehens** von entscheidender Bedeutung für die Eignung eines Werkzeugs. **IEW** bietet die Möglichkeit, einem solchen Vorgehensmodell zu folgen.

Ein erster Ansatzpunkt zur Strukturierung des Vorgehens besteht in der Zuordnung eines Entity-Diagramms zu einer weiteren Komponente der Systembeschreibung. Neben der Möglichkeit, ein Diagramm als unabhängig zu vereinbaren, können Diagramme z. B. auch **Prozessen** zugeordnet werden. Dies gibt die methodische Sichtweise von **IEW** wieder, die die Funktions- und Prozeßmodellierung vor der Datenmodellierung ansiedelt. Durch diese Zuordnung wird das Entity-Diagramm in einen übergreifenden Prozeß der Systementwicklung eingebunden.

Inhaltlich zusammengehörige Teilbereiche eines Datenmodells können zur vereinfachten Bearbeitung als **Sichten** definiert werden. Innerhalb dieser Sichten ist eine weitere Detaillierung des Modells möglich, wobei alle Modifikationen direkt an die zugrundeliegende durchgängige Datenbasis weitergegeben werden. Diese Datenbasis wird als **Enzyklopädie** bezeichnet und übernimmt Funktionen eines Data Dictionary. Die Änderung in einer der Sichten spiegelt sich somit im übergeordneten Gesamtmodell wider, wie Änderungen im Gesamtmodell sich auch in den Sichten niederschlagen. Insbesondere die Konsistenzprüfung bezieht auch innerhalb einer einzelnen Sicht die Informationen des Gesamtmodells mit ein.

Ein wesentlicher Aspekt einer Methode zur Konstruktion logischer Datenstrukturen ist ihre **Teamfähigkeit**. Die Modellierung eines komplexen Systems kann nicht von einer Person allein bewerkstelligt werden. Vielmehr ist es sinnvoll, inhaltlich abgeschlossene Teilbereiche zur individuellen Bearbeitung auszugliedern. Dabei muß die Methode die systematische Zusammenführung der getrennt erarbeiteten Strukturen gewährleisten. Im Rahmen von **IEW** geschieht dies durch die Operation der **Konsolidierung**. Mit ihr können unterschiedliche Sichten und Versionen eines Modells gegeneinander abgeglichen werden. Durch Angabe der Konsolidierungsrichtung wird dabei die führende Sicht bzw. Version bestimmt, deren Änderungen sich im Gesamtmodell durchsetzen.

Eine weitere wichtige Anforderung an ein Modellierungstool liegt in der Unterstützung der Konsistenz des Modellentwurfs. In **IEW** erfolgt eine **Konsistenzprüfung** immer aus dem Gesamtzusammenhang der zugrundeliegenden Methode. Dabei stützt sich diese Prüfung auf ein regelbasiertes System, das die z. T. heuristischen Prinzipien der Methode in strukturierter Form abbildet. Während des grafischen Entwurfs werden die entworfenen Strukturen auf interne Konsistenz abgeprüft. Bei einem Verstoß gegen das Regelwerk wird vor Durchführung der Aktion eine Warnmeldung ausgegeben, die den Entwickler auf die Regelwidrigkeit aufmerksam macht. Nur nach ausdrücklicher Bestätigung der Aktion wird der Entwurf in das Modell aufgenommen. Somit ist bereits beim Entwurf sichergestellt, daß keine groben Inkonsistenzen im Modell abgebildet werden.

Ein weiterer Schritt zur Konsistenzprüfung umfaßt die Erstellung von Ausnahmeberichten, die einen Modellentwurf vor dem Hintergrund der gesamten Systembeschreibung untersuchen. Dabei wird insbesondere auf Stimmigkeit mit der zugrundeliegenden Methode geachtet, was bei der Verwendung als dediziertes Tool jedoch nicht sinnvoll erscheint. Bei einem isolierten Entity-Diagramm werden z. B. fehlende Beziehungen zu Prozessen und Datenflüssen angemahnt, ebenso wird ein Grobdatenmodell ohne Attribute für jeden einzelnen Entitytyp als unvollständig ausgewiesen. Insbesondere bei der Verwendung als dediziertes Werkzeug wäre eine benutzergesteuerte Abstufung der Konsistenzprüfungen sicherlich sinnvoll, zumal da die Erstellung eines kompletten Ausnahmeberichts bei einem hinreichend komplexen Modell viele Stunden benötigt.

Eine Unterstützung der **Normalisierung** wird von **IEW** im Rahmen der formalen Möglichkeiten eines Werkzeugs geleistet. So wird bei Auftreten mehrfacher Ausprägungen zu einem Attribut die Ausgliederung des Attributs zu einem eigenen Entitytyp vorgeschlagen. Insgesamt sind jedoch die Mittel zur Unterstützung der Normalisierung, die auf rein syntaktischer Grundlage basieren, sehr beschränkt, so daß man an dieser Stelle von einem Werkzeug keine überragenden Leistungen erwarten sollte.

Ein wichtiger Aspekt im Rahmen einer durchgängigen Systementwicklung liegt in der **Unterstützung der nachfolgenden Stufen** des Systementwurfs. Idealerweise wird aus den logischen Strukturen des Entity-Diagramms schließlich die Datenbankbeschreibung für ein konkretes Zielsystem erzeugt. **IEW** ermöglicht dieses Vorgehen, indem aus den Strukturen von Entity-Diagramm und Entitytyp-Beschreibung zunächst ein Relationenmodell erstellt wird. In diesem Modell können zusätzliche Vereinbarungen bezüglich der Gestaltung von Indizes usw. getroffen werden. Die solchermaßen optimierte Struktur wird in einem folgenden Schritt in die Datenbankbeschreibungssprache eines konkreten Zielsystems, z. B. DB/2, überführt. Allerdings kann es durchaus ratsam sein, diesen Code einer nochmaligen Bearbeitung zu unterziehen. Im Sinne klar definierter Schnittstellen wird dieser Code als Standard-ASCII-Datei abgelegt und ist somit durch beliebige weitere Systeme bearbeitbar.

Angesichts dieser Möglichkeiten leistet **IEW** einen wichtigen Beitrag zur Unterstützung der Datenmodellierung. Dabei sind die technischen Aspekte der Methode durchaus noch verbesserungsfähig. Dies gilt insbesondere für eine Erweiterung im Hinblick zur Unterstützung erweiterter ERM-Diagramme. Aus Sicht eines Vorgehensmodells ist die Offenheit von **IEW**, die einen Einstieg in den Modellierungsprozeß auf beliebigen Stufen erlaubt, zu begrüßen. Diese Offenheit setzt jedoch einen erfahrenen Umgang mit entsprechenden Vorgehensweisen voraus, um das gewünschte Ergebnis nicht zu gefährden. Gerade die Integritäts- und Konsistenzprüfungen würden durch eine feinere, benutzerbestimmte Abstufung wesentlich an Wert gewinnen.

Als ein weiteres Beispiel für ein CASE-Tool zur Datenmodellierung sollen die MANAGER-Produkte von **MANAGER SOFTWARE PRODUCTS** dienen. Sie sind einer Gruppe von CASE-Tools zuzurechnen, die sich aus einem anderen Umfeld als dem der traditionellen CASE-Tools entwickelt haben. Während traditionelle CASE-Tools von Anfang an die Zielsetzung verfolgten, den Prozeß der Erstellung von Software durchgehend zu unterstützen, waren die MANAGER-Produkte vornehmlich zur Unterstützung von Funktionen der Datenverwaltung ausgelegt und sind nach und nach um Funktionen, die Computer Aided Software Engineering ermöglichen, erweitert worden. Diese Gruppe von Tools, zu der z. B. auch PREDICT CASE von der Software AG gehört, beruht auf einem Data Dictionary, das ein zentrales, meist passives Verzeichnis aller in einem Unternehmen existierenden und in EDV-Systemen verwendeten Datenelemente enthält. Es unterstützt den Datenadministrator und erlaubt die Dokumentation und die Verwaltung aller Datenstrukturen innerhalb eines Unternehmens. Darüber hinaus unterstützt es die Versionsverwaltung von Datenstrukturen und ermöglicht die automatische Erzeugung der Datenbankdefinitionssyntax bestimmter Datenbanksysteme sowie die automatische Erzeugung von Copy-Strecken, mit denen die Datendefinitionsbereiche von z. B. COBOL-Programmen erstellt werden können. Ein solches

Dictionary hat sich als zentraler Ansatzpunkt von Integrationsbemühungen für innerbetriebliche Informationssysteme herausgestellt.

Die Vorläufer dieser Tools reichen weiter in die Vergangenheit zurück, als die traditionellen CASE-Tools, denn Funktionen zur Unterstützung der Datenadministration waren bereits Ende der 70er Jahre in den großen Host-Umgebungen ein brennendes Thema. Vorteile dieser Entwickung liegen in der Modularität und dem großen Umfang der Funktionen sowie in der Bewährung in der Praxis. Aus dieser Vergangenheit ergeben sich aber auch eine Reihe von Altlasten, mit denen diese CASE-Tools heute zu kämpfen haben. Dies wird besonders deutlich bei der Benutzeroberfläche, die auf eine Großrechnerumgebung ausgerichtet war, da ursprünglich an eine grafische Benutzeroberfläche, wie sie traditionelle CASE-Tools auszeichnet, nicht zu denken war. Nachträglich sind aber alle diese Tools um Personal Computer oder Workstation Front-Ends erweitert worden, die eine grafische Eingabe ermöglichen.

Bei den MANAGER-Produkten wird das grafische Front End als ManagerVIEW bezeichnet. Es ist auf jedem PC lauffähig, erwartet jedoch eine Verbindung zu einem Host, auf dem die anderen MANAGER-Anwendungen installiert sind. Eine Stand-alone-Anwendung wird, obwohl im selben Umfang wie bei traditionellen CASE-Tools möglich, als Behelfslösung angesehen. Dies ist kein Nachteil. Es entspricht vielmehr den Erfordernissen von integrierten Informationssystemen, daß die betrieblichen Aktivitäten der Softwareentwicklung und -wartung aufeinander abgestimmt durchgeführt werden. Dafür ist die Existenz einer zentralen Instanz (der MANAGER-Hostanwendungen sowie des Dictionary) eine günstige Basis, die das Auftreten von Inkonsistenzen vermeiden kann. Die ganzheitliche Ausrichtung dieser Systeme ist deshalb ein Vorteil gegenüber den eher projektorientiert und damit isoliert ausgerichteten traditionellen CASE-Tools.

ManagerVIEW verfügt über eine grafische Oberfläche unter WINDOWS. Die Eingaben erfolgen weitgehend mausgestützt. Die Diagramme, die mit ManagerVIEW angelegt werden, sind individuell konfigurierbar. ManagerVIEW unterstützt jede Art von Diagrammen, die auf eine Netzstruktur bestehend aus Objekttypen und Konnektoren zwischen Objekten zurückgeführt werden können. Der Benutzer kann mit Hilfe einer Zeichenfunktion Formen für Objekte und Konnektoren seiner Wahl erstellen und diese einem von ihm definierten Diagrammtyp zuordnen. Auf diese Weise lassen sich Blasendiagramme, Entity-Relationship-Diagramme, Petri-Netz-Diagramme, Hierarchiebäume etc. komfortabel definieren. Ein Beispiel für ein Entity Relationship Diagramm enthält Abb. C.II.08.
Voraussetzung für die Nutzung solcher Diagramme ist die Definition entsprechender Objekt- und Verbindungstypen innerhalb des Dictionaries. Auch hier gilt, daß die MANAGER-Produkte weitgehend konfigurierbar sind, so daß sie sich auf die speziellen Wünsche eines jeden Benutzers zuschneiden lassen. Dies geschieht über ein separates "Administration Dictionary", das die Strukturen des eigentlichen Dictionaries festlegt. Innerhalb von ManagerVIEW kann dann mit einer eigenen

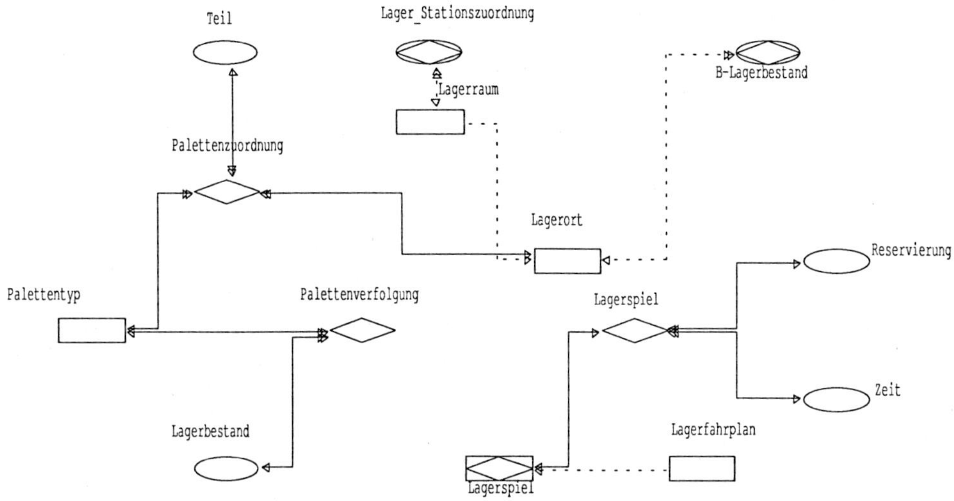

Abb. C.II.08: Entity-Relationship-Diagramm unter ManagerVIEW

Syntax festgelegt werden, welchen Eintrag das grafische Anlegen eines Objektes oder eines Konnektors in dem eigentlichen Dictionary bewirkt.

Während im Stand-alone-Betrieb die Eintragungen nur in ein lokales Dictionary erfolgen, ist bei einer Verbindung zum Host die direkte Veränderung des Host-Dictionary möglich. Voraussetzung ist die Berechtigung des Eintragenden. Arbeitet eine Person an einem bestimmten Bereich des Dictionaries so sind anderen Personen schreibende Zugriffe darauf verwehrt. Grundsätzlich werden die Eintragungen auf Konsistenz mit den bereits bestehenden Eintragungen geprüft. Dadurch wird die Integrität des Dictionaries zu allen Zeitpunkten gewährleistet.

ManagerVIEW stellt dem Benutzer ein virtuelles Blatt zur Verfügung, auf dem Diagramme erstellt werden können. Dadurch ist die Anzahl der Objekte, die gleichzeitig dargestellt werden können, beschränkt. Bei sehr großen Diagrammen ist deshalb eine Aufteilung der Diagramme in kleinere Diagramme unvermeidlich. Den damit verbundenen Nachteilen steht eine leistungsfähige Funktion gegenüber, die das Wechseln zwischen verschiedenen Diagrammen ermöglicht. So ist es möglich, von einem in einem Entity-Relationship-Diagramm enthaltenen Entitytyp automatisch in einen zweiten Diagrammtyp zu wechseln, das den entsprechenden Entitytypen mit seinen Attributen darstellt. Gleiches gilt für das Wechseln zwischen Bereichsdiagrammen und Entity-Relationship-Diagrammen.

Parallel zu der grafischen Eingabe der Objekte und Konnektoren erfolgt die Eingabe ihrer Beschreibung. Dies geschieht in der Regel in einem Fenster, durch das ManagerVIEW mit dem Host verbunden ist. Dadurch verfügt der Bearbeiter eines Diagrammes über den vollen Funktionsumfang

des Hosts an seinem PC. Die Eingabe von Datenmodellen kann auch schrittweise erfolgen. Es ist möglich, nicht vollständig definierte Objekte aufzunehmen. Dies erleichtert den Prozeß der Erstellung von Informationsmodellen. Die MANAGER-Produkte versehen alle Modelle und Informationsobjekte mit entsprechenden Statusinformationen und erhalten so die Übersicht über den jeweiligen Stand der verschiedenen Modelle.
Obwohl die MANAGER-Produkte frei konfigurierbar sind, liegt es nicht immer im Interesse des Anwenders, seine eigene Vorgehensweise zu definieren. Neben der Voraussetzung hoher Sachkenntnis wäre damit ein hoher Aufwand für die Konfigurierung verbunden. Zudem wäre eine solche Vorgehensweise mit dem Risiko verbunden, eine zwar neue aber dafür ungeprüfte Methode anzuwenden. Deshalb stellt MANAGER SOFTWARE PRODUCTS (MSP) den Anwendern ein vordefiniertes, umfassendes Vorgehensmodell zur Verfügung. Die Grundlage dieses als "MSP-EASY" bezeichneten Vorgehensmodells bildet die Definition einer umfangreichen Dictionary Struktur, die Konstrukte für Daten und Funktionen sowohl auf der konzeptionellen wie auf der Implementierungsebene bereitstellt. Darüber hinaus wird der Entwurfsablauf durch ManagerVIEW und entsprechende Menütechnik unterstützt. Darüber hinaus verfügt MSP-EASY über ein Phasenkonzept für die Software-Erstellung und unterstützt die Funktionen des Projektmanagements. Bei der Mehrzahl der Anwender wird dadurch Einführung und Einsatz der MANAGER-Produkte erheblich erleichtert.

Die Palette der MANAGER-Produkte umfaßt eine Vielzahl modularer Funktionen. Der DESIGNMANAGER unterstützt den Aufbau relationaler Datenbanken. Aus einem konzeptionellen Entity-Relationship-Schema, das jedoch weder mehrwertige noch informationstragende aggregierte Beziehungen unterstützt, erzeugt er ein normalisiertes relationales Schema. Die automatische Normalisierung ist auch hier nur deshalb möglich, weil die Abhängigkeiten zwischen den Datenelementen bereits bei der Eingabe manuell spezifiziert werden. In zwei Stufen ist auch der DESIGNMANAGER in der Lage, die Datenbankbeschreibung für verschiedene relationale Datenbanken automatisch zu generieren. Dabei sind Eingriffe des Benutzers zur Optimierung der DDL (Data Description Language, Datenbeschreibungssprache) möglich. Neben dem DESIGNMANAGER gibt es eine Vielzahl weiterer Produkte zur Unterstützung des Datenmanagements.

Die MANAGER-Produkte bieten deshalb umfangreiche Unterstützung bei der Informationsmodellierung. Im Bereich des PC-basierten grafischen Front End ManagerVIEW sind zwar in der Benutzerfreundlichkeit noch einige Verbesserungen möglich. Durch das Konzept des zentralen Dictionary und durch ihre freie Konfigurierbarkeit bilden sie jedoch ein solides Fundament für Informationsmodellierung und Datenmanagement.

C.III Nutzen eines Unternehmensdatenmodells

Dem hohen Aufwand bei der Erstellung eines Unternehmensdatenmodells müssen entsprechende Nutzenfaktoren gegenüberstehen. Ein erster Nutzenfaktor besteht generell in der Dokumentation der Unternehmensressource Daten. Da Daten immer mehr als zentraler Baustein eines Informationssystems erkannt werden, deren logische Sicht darüber hinaus eine hohe Stabilität besitzt, ist die Dokumentation dieser Ressource bereits ein eigenständiges Nutzenargument. Fehlende Datenmodelle führen sonst dazu, daß immer neue Datenbasen aufgebaut werden, die sich mit den vorhandenen überschneiden oder ihnen sogar widersprechen.
Ein Unternehmensdatenmodell ist wegen seiner komprimierten Darstellungsform eine gute Grundlage zur Schulung und Einarbeitung neuer Mitarbeiter. Es gibt kaum eine andere Beschreibungsform, um Zusammenhänge in einem Unternehmen so komprimiert und dabei aufgrund der grafischen Darstellungsweise benutzerfreundlich darzustellen.
Dieses wird bereits an dem vorliegenden Buch deutlich, da das Faltblatt (Abb. C.I.01) in komprimierter Form den Inhalt von quasi 400 - 500 Textseiten wiedergibt.
Die Erstellung eines Unternehmensdatenmodells ist die elementare Grundlage für den Entwurf neuer Informationssysteme. Es hat sich gezeigt, daß nur durch die sorgfältige Konstruktion eines Unternehmensdatenmodells alle Integrationsanforderungen eines umfassenden Informationssystems richtig beachtet werden können.
In vielen Unternehmen sind die vorhandenen Informationssysteme schlecht oder überhaupt nicht dokumentiert. Dieses bedeutet, daß die Systeme außerordentlich schwierig mit neu eingeführten Systemen verbunden werden können, da die Schnittstellen zu den neuen Systemen nicht bekannt sind. Umfangreiche vorhandene Systeme vollständig nachzudokumentieren, d. h. neben Daten auch Funktionen und Benutzersichten, erfordert einen erheblichen Aufwand, der zum Teil höher sein kann als eine Neuentwicklung. Aus diesem Grunde ist die Dokumentation lediglich der Datensicht in Form eines Unternehmensdatenmodells ein außerordentlich guter Ausweg. Der Aufwand ist überschaubar und gleichzeitig bildet das Datenmodell die wichtigste Basis zur Integration mit Neusystemen. Die Dokumentation vorhandener Altsysteme wird auch als Reverse Engineering bezeichnet.
Gegen die Aufstellung eines unternehmensindividuellen Datenmodells kann eingewendet werden, daß ein solches Modell ohnehin nicht realisiert werden kann, wenn sich das Unternehmen hinterher für den Einsatz von Standardsoftware entschließt. In Standardsoftware sind die Datenstrukturen bereits vorgegeben und müssen somit von dem Käufer in der vordefinierten Form übernommen werden. Der Auswahlprozeß von Standardsoftware vollzieht sich heute weitgehend an funktionalen Anforderungen. Es zeigt sich aber, daß diese immer mehr in den Hintergrund rücken. Auch Standardsoftware bietet zunehmend Möglichkeiten an, funktionale Erweiterungen durch Einsatz von Hochsprachen (4. Generationssprachen), vorzunehmen. Dieses ist aber nur dann möglich, wenn dem Benutzer die zur Verfügung stehenden Datenstrukturen bekannt sind. Aus diesem Grunde wird sich in den nächsten Jahren der Auswahlprozeß an Standardsoftware auch und zunehmend an

den Datenstrukturen, also an dem semantischen Datenmodell der Standardsoftware, orientieren. Dieses bedeutet einmal, daß die Hersteller von Standardsoftware ihre Datenmodelle veröffentlichen müssen und zum anderen, daß der Anwender seine Anforderungen an das Datenmodell kennt. Aus diesem Grunde, um die unternehmensindividuellen Anforderungen an Datenstrukturen zu ermitteln, muß ein Datenmodell des Unternehmens aufgestellt werden.

In vielen Unternehmungen wird parallel an Teilprojekten zur Erstellung eines globalen Informationssystems gearbeitet. Um Überschneidungen und Schnittstellen sichtbar zu machen, kann ein Unternehmensdatenmodell zur Einordnung derartiger Teilprojekte dienen. Dieses kann beispielsweise grafisch vorgenommen werden, indem in dem Unternehmensdatenmodell, das entsprechend dem Faltblatt dargestellt ist, die den einzelnen Teilprojekten zugeordneten Datenstrukturen farbig hinterlegt werden. Damit werden abzustimmende Datenstrukturen in einer einfachen Form sichtbar gemacht.

Dem Management von Unternehmungen wird es aufgrund der Komplexität der Informationsverarbeitung immer schwerer möglich, Fortschritte von Projekten zu beurteilen. Hier bietet wiederum die Einordnung von Projekten in ein Datenmodell dem Management eine visuell erleichterte Darstellungsmöglichkeit.

Datenmodelle sollen nicht nur Datenanforderungen von übernommenen Unternehmensabläufen sichtbar machen, sondern gleichzeitig auch zur Optimierung der Abläufe beitragen. So resultiert die Komplexität von Datenstrukturen teilweise aus einer unreflektierten Komplexität von Abläufen.

C.IV Ausblick

Neben dem unternehmensweiten Datenmodell müssen auch die Funktions- und Organisationsmodelle sowie deren Verknüpfung erarbeitet werden. Sie bilden zusammen das Informationsmodell der Unternehmung. Die Verwaltung dieser Modelle wird von einem Repository, einem übergeordneten Data Dictionary, übernommen. Die Anwendungen greifen dann über die jeweiligen Modelle auf die unteren implementierungsnäheren Ebenen von Programmen und physischen Daten zu. Das Informationsmodell ist somit direkt mit der physischen Ausführungsebene verbunden. Derartige Konzeptionen sind nicht nur von theoretischem Interesse, sondern bilden bereits die Architektur von praktischen Entwicklungsstrategien. Abb. C.IV.01 (aus: *IBM (Hrsg.), CIM-Unternehmen 1990, S. 42*) zeigt die Architektur der CIM-Konzeption der IBM, in der die eben beschriebene Vorgehensweise als Richtschnur für ihre zukünftige Entwicklung von Anwendungssystemen deutlich wird. Die Daten sind dabei in einen zentralen Datenspeicher und den einzelnen Funktionen zugeteilten Dateien aufgeteilt. Der Zugriff der Anwendungen erfolgt dann über die Modelldefinitionen im Repository und von dort weiter zu den zentral oder dezentral gespeicherten Daten.

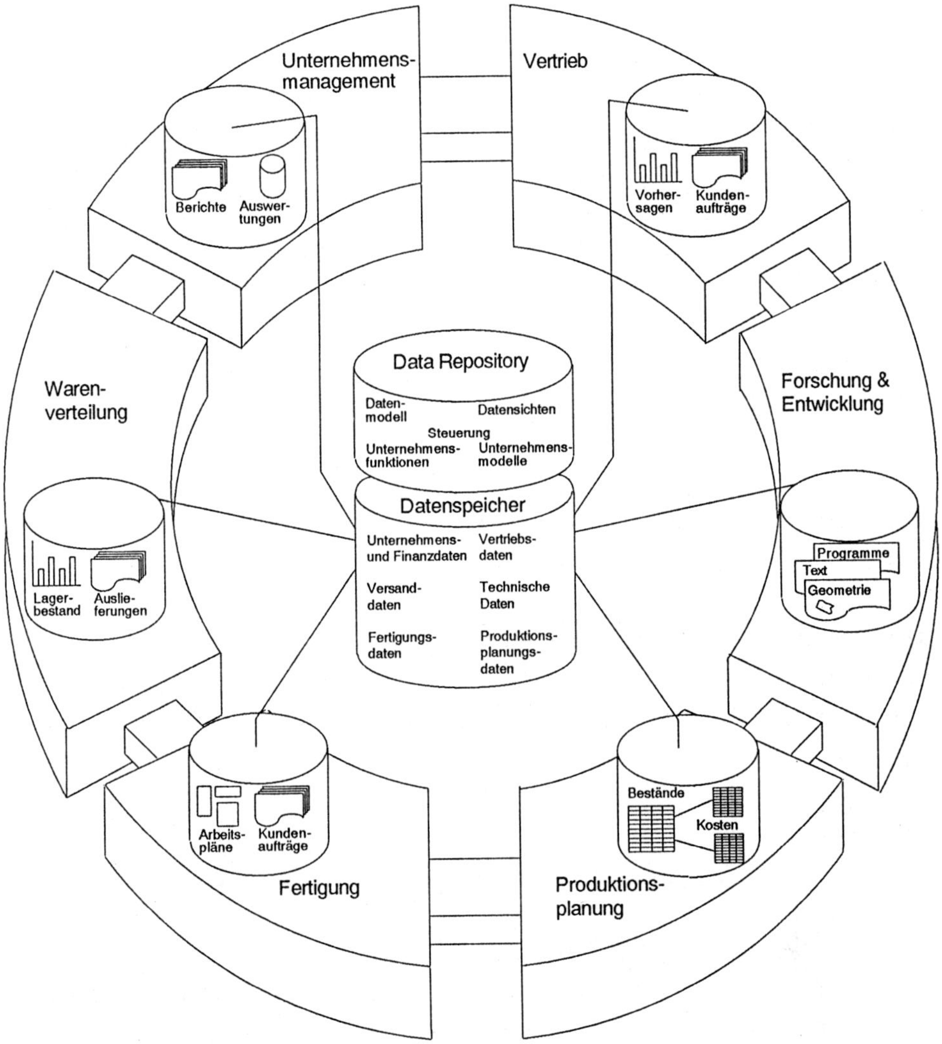

Abb. C.IV.01: Datenmanagement in einer CIM-Umgebung

Da die Informationsverarbeitung in Unternehmungen immer größere Bedeutung gewinnt, wird sie mehr und mehr auch Gegenstand von Untersuchungen. Das heißt, sie wird aus einer übergeordneten Sicht in gleicher Form als "Anwendungsgebiet" betrachtet, wie sie selbst die betrieblichen Anwendungsfunktionen Vertrieb oder Produktion als Gegenstand ihrer Analysen betrachtet. Damit wird das Informationssystem also selbst Gegenstand der Analyse. Diese Sichtweise wurde bereits eingangs mit der Ableitung einer Architektur für Informationssysteme eingeführt.

Die Beschreibungsverfahren für Informationssysteme und die zu beschreibenden Dokumente müssen nun ebenfalls innerhalb eines Informationssystems abgelegt werden, wie es für die Abläufe und Informationsobjekte der Anwendungsgebiete vorgenommen wurde. Hierzu eignet sich ebenfalls das Entity-Relationship-Modell. Dieses ist nicht verwunderlich, wenn dem Gedanken gefolgt wird, daß die Informationsverarbeitung ein Anwendungsgebiet ist wie andere Funktionsbereiche eines Unternehmens. Abb. C.IV.02 zeigt ein Entity-Relationship-Modell für das Informationsmodell der

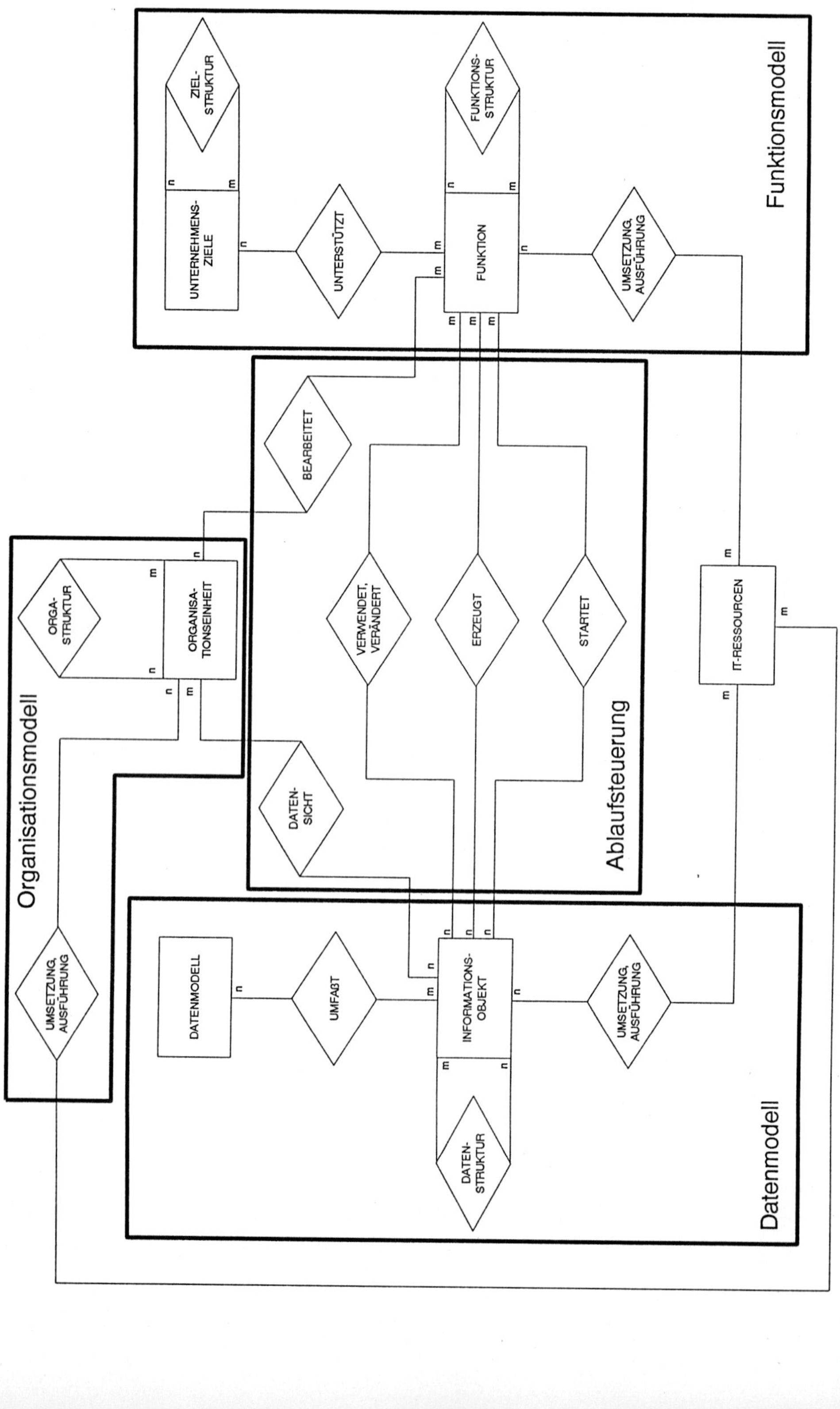

Abb. C.IV.02: Metainformationsmodell

eingangs beschriebenen Archtitektur, also die Aufteilung in Daten-, Funktions- und Organisationsmodell sowie die verbindende Ablaufsteuerung.
Ausgangspunkt für das Funktionsmodell sind die Unternehmensziele, die mit den Unternehmensprozessen angestrebt werden. Unternehmensziele sind in der Regel hierarchisch gegliedert. Aus globalen Zielen wie "Gewinnmaximierung", "Erzielung eines bestimmten Marktanteils" werden Unterziele wie "Erreichung eines bestimmten Umsatzes", "Senkung der Kosten um einen bestimmten Betrag" abgeleitet. Damit bildet der Begriff UNTERNEHMENSZIELE die n:m-Beziehung ZIELSTRUKTUR.
Zur Erreichung der Ziele müssen bestimmte Funktionen durchgeführt werden. Die Verknüpfung von Funktionen untereinander sowie der Unterstützungscharakter von Funktion zu Zielen ist ebenfalls durch die Datenstruktur abgebildet. Er führt zu der n:m-Beziehung innerhalb des Entitytyps FUNKTION sowie einer n:m-Beziehung zwischen FUNKTION und UNTERNEHMENSZIELE.
Auf der linken Seite ist das Datenmodell abgebildet. Der Begriff INFORMATIONSOBJEKT bezeichnet Ereignisse und Zustände, die durch Daten repräsentiert werden. Informationsobjekte sind untereinander verknüpft. Informationsobjekte können zu Datenmodellen zusammengefaßt werden. Dabei können Teilmodelle und Gesamtmodelle bestehen.
Das Organisationsmodell besitzt als zentralen Begriff die ORGANISATIONSEINHEIT. Die strukturellen Beziehungen zwischen den Organisationseinheiten führen zu einer n:m-Beziehung.
Die Informationstechnik wird durch den Entitytyp IT-RESSOURCEN repräsentiert. Durch die Beziehung der einzelnen Sichten zu den IT-Ressourcen können die unterschiedlichen Abstufungen (logische Ebene, EDV-Konzept-Ebene und Implementierungsebene) abgelegt werden.
Die Beziehungen der drei Komponenten untereinander werden durch die Ablaufsteuerung berücksichtigt.
Funktionen können als Transformation von Eingangs- zu Ausgangsdaten interpretiert werden. Ereignisse starten Funktionen und sind Ergebnis von Funktionen. Diese drei Zusammenhänge sind als Beziehungen zwischen INFORMATIONSOBJEKT und FUNKTION dargestellt.
Der Zusammenhang zwischen Organisationseinheit und Funktion wird durch die BEARBEITUNGSZUORDNUNG (BEARBEITET) ausgedrückt. Organisationseinheiten können bestimmte Sichten auf Daten (Informationsobjekte) zugeordnet werden, die durch den Beziehungstyp DATENSICHT repräsentiert werden.
Diese Struktur eines Informationsmodells muß für praktische Realisierungen entsprechend detailliert werden. Insoweit entspricht das beschriebene Modell einem strategischen Informationsmodells des Informationssystems. In *Scheer, Modellierung betriebswirtschaftlicher Informationssysteme 1990* ist diese Konzeption weiter detailliert worden.

Literaturverzeichnis

Adam, D.: *Produktionsplanung bei Sortenfertigung 1971*

Produktionsplanung bei Sortenfertigung, Wiesbaden 1971.

Adam, D.: *Fertigungssteuerung 1987*

Ansätze zu einem integrierten Konzept der Fertigungssteuerung bei Werkstattfertigung, in: Adam, D. (Hrsg.), Neuere Entwicklungen in der Produktions- und Investitionspolitik, Wiesbaden 1987.

Adam, D. (Hrsg.): *Produktions- und Investitionspolitik 1987*

Neuere Entwicklungen in der Produktions- und Investitionspolitik, Wiesbaden 1987.

Adam, D.: *Produktionspolitik 1988*

Produktionspolitik, 5. Aufl., Wiesbaden 1988.

ADV-ORGA (Hrsg.): *IPAS 1984*

Funktionsbeschreibung IPAS (Informatives Personalabrechnungssystem), Wilhelmshaven 1984.

Alpar, P.: *Interaktive Methodenauswahl 1980*

Computergestützte interaktive Methodenauswahl, Frankfurt/Main 1980.

Alpar, P.: *Expert Systems 1986*

Expert Systems in Marketing, Arbeitspapier am Department of Information and Decision Sciences, University of Illinois at Chicago 1986.

Anselstetter, R.: *Nutzeffekte der Datenverarbeitung 1986*

Betriebswirtschaftliche Nutzeffekte der Datenverarbeitung, 2. Aufl., Berlin-Heidelberg-New York-Tokyo 1986.

Bachman, C.: *A CASE for Reverse Engineering 1988*

A CASE for Reverse Engineering, in: Datamation, 34 (1988), Nr. 13, S. 49 - 56.

Balzert, H.: *Die Entwicklung von Software-Systemen 1982*

Die Entwicklung von Software-Systemen (Prinzipien, Methoden, Sprachen, Werkzeuge), Mannheim-Wien-Zürich 1982.

Balzert, H. (Hrsg.): *CASE 1990*

CASE: Systeme und Werkzeuge, 2. Aufl., Mannheim-Wien-Zürich 1990.

Bechte, W.: *Belastungsorientierte Auftragsfreigabe 1980*

Steuerung der Durchlaufzeit durch belastungsorientierte Auftragsfreigabe bei Werkstattfertigung, Diss. Universität Hannover 1980.

Becker, J.: *Materialflußsteuerung 1987*

Architektur eines EDV-Systems zur Materialflußsteuerung, Berlin-Heidelberg 1987.

Berthold, H. J.: *Aktionsdatenbanken 1983*

Aktionsdatenbanken in einem kommunikationsorientierten EDV-System, in: Informatik-Spektrum, 6 (1983), Heft 6, S. 20 - 26.

Biethahn, J.; Rohrig, N.: *Datenmanagement 1990*

Datenmanagement, in: Kurbel, K., Strunz, H. (Hrsg.), Handbuch Wirtschaftsinformatik, Stuttgart 1990, S. 737 - 755.

Bolc, L.; Jarke, M. (Hrsg.): *Cooperative Interfaces 1986*

Cooperative Interfaces to Information Systems, Berlin-Heidelberg-New York-Tokyo 1986.

Brankamp, K.: *Terminplanungssystem 1973*

Ein Terminplanungssystem für Unternehmen der Einzel- und Kleinserienfertigung - Voraussetzungen, Gesamtkonzeption und Durchführung mit EDV, 2. Aufl., Würzburg-Wien 1973.

Brodie, M. L.: *Database Abstraction 1981*

Association: A Database Abstraction for Semantic Modelling, in: Proceedings 2nd International Entity-Relationship-Conference, Washington, D.C. 1981.

Brodie, M. L.; Ridjanovic, D.: *Data Base Transactions 1984*

On the Design and Specification of Data Base Transactions, in: Brodie, M. L., u. a. (Hrsg.), On Conceptual Modelling, New York 1984, S. 277 - 306.

Brombacher, R.: *Marketing-Management-Entscheidungsunterstützungssystem 1987*
Entscheidungsunterstützungssysteme für das Marketing-Management - Gestaltungs- und Implementierungsansatz für die Konsumgüterindustrie, Berlin-Heidelberg-New York-Tokyo 1987.

Brombacher, R.; Scheer, A.-W.: *Marketinginformationssysteme 1985*
Marketinginformationssysteme in der Konsumgüterindustrie, in: Thexis, 2 (1985), Heft 3, S. 3 - 11.

Budde, R.; Schnupp, P.; Schwald, A.: *Software-Produktion 1983*
Untersuchung über Maßnahmen zur Verbesserung der Software-Produktion, Teil 1 (Theoretische Ansätze auf dem Gebiet der Software-Produktion), 2. Aufl., München-Wien 1983.

Bullinger, H.-J.; Warnecke, H. J.; Lentes, H.-P.: *Factory of the Future 1985*
Toward the Factory of the Future, Opening Adress, in: Bullinger, H.-J., Warnecke, H. J. (Hrsg.), Kornwachs K. (Assistant Hrsg.), Toward the Factory of the Future, S. XXIX - LIV, Berlin-Heidelberg-New York-Tokyo 1985.

Bussmann, K.-R.; Mertens, P. (Hrsg.): *Instandhaltungsplanung 1968*
Operations Research und Datenverarbeitung bei der Instandhaltungsplanung, Stuttgart 1968.

Chen, P. P.: *Entity-Relationship Model 1976*
The Entity-Relationship Model: Towards a Unified View of Data, in: ACM Transactions on Database-Systems, Vol. 1 (1976), No. 1, S. 9 - 36.

Chen, P. P. (Hrsg.): *Entity-Relationship Approach 1981*
Entity-Relationship Approach to Information Modelling and Analysis, Proceedings of the 2nd International Conference on Entity-Relationship Approach (1981), Amsterdam-New York-Oxford 1983.

Codd, E. F.: *Relational Model 1970*
A Relational Model for Large Shared Data Banks, in: Communications of the ACM, Vol. 13 (1970), No. 6, S. 377 - 387.

Codd, E. F.: *Extending a Database Relational Model 1979*
Extending a Database Relational Model to Capture More Meaning, in: ACM Transactions on Database Systems, Vol. 4 (1979), No. 4, S. 397 - 434.

Crowston, W. B.; Wagner, M.; Williams, J. F.: *Lot Size Determination 1973*

Economic Lot Size Determination in Multi-Stage-Assembly Systems, in: Management Science, Vol. 19 (1973), S. 517 ff.

Date, C. J.: *Data Base Systems 1983*

An Introduction to Data Base Systems, Vol. 2, Reading Mass. 1983.

Davis, C. G.; Jajodia, S.; Ng, P. A.; Yeh, R. T. (Hrsg.): *Entity-Relationship Approach 1983*

Entity-Relationship Approach to Software Engineering, Proceedings of the 3rd International Conference on Entity-Relationship Approach (1983), Amsterdam-New York-Oxford 1983.

DeMatteis, J. J.: *Lot-sizing Technique 1968*

An Economic Lot-sizing Technique, The Part-Period Algorithm, in: IBM Systems Journal, Vol. 7 (1968), S. 30 - 38.

Diedenhoven, H.: *Informationsgehalt von CAD-Daten 1985*

Für die NC-Fertigung nutzbarer Informationsgehalt von CAD-Daten, in: CAE-Journal, Heft 5 (1985), S. 58 - 65.

Dinkelbach, W.: *Entscheidungsmodelle 1982*

Entscheidungsmodelle, Berlin-New York 1982.

Dittmann, E.-L.: *Datenunabhängigkeit 1977*

Datenunabhängigkeit beim Entwurf von Datenbanksystemen, Darmstadt 1977.

Dittrich, K. R.; u. a.: *Datenbankunterstützung für den ingenieurwissenschaftlichen Entwurf 1985*

Datenbankunterstützung für den ingenieurwissenschaftlichen Entwurf, in: Informatik Spektrum, 8 (1985), Heft 3, S. 113 - 125.

Dogac A.; Chen, P. P.: *Entity-Relationship Model 1983*

Entity-Relationship Model in the ANSI/SPARC Framework, in: Chen, P. P. (Hrsg.), Entity-Relationship Approach to Information Modelling and Analysis, Proceedings of the 2nd International Conference on Entity-Relationship Approach (1981), Amsterdam-New York-Oxford 1983, S. 357 - 374.

Domsch, M.: *Simultane Personal- und Investitionsplanung 1970*

Simultane Personal- und Investitionsplanung im Produktionsbereich, Bielefeld 1970.

Domsch, M.: *Systemgestützte Personalarbeit 1980*

Systemgestützte Personalarbeit, Wiesbaden 1980.

Dworatschek, S.: *Management-Informationssysteme 1971*

Management-Informationssysteme, Berlin-New York 1971.

Dworatschek, S.: *Datenverarbeitung 1989*

Grundlagen der Datenverarbeitung, 8. Aufl., Berlin 1989.

Eberlein, W.: *CAD Datenbanksysteme 1984*

CAD-Datenbanksysteme: Architektur technischer Datenbanken für integrierte Ingenieursysteme, Berlin-Heidelberg-New York-Tokyo 1984.

Ehrlenspiel, K.: *Kostengünstig Konstruieren 1985*

Kostengünstig Konstruieren, Berlin-Heidelberg-New York-Tokyo 1985.

Encarnação, J.; u. a. (Hrsg.): *CAD-Handbuch 1984*

CAD-Handbuch, Auswahl und Einführung von CAD-Systemen, Berlin-Heidelberg-New York-Tokyo 1984.

ESPRIT Consortium AMICE (Hrsg.): *Open System Architecture 1989*

Open System Architecture for CIM, in: Research Reports ESPRIT, Project 688, AMICE, Vol. 1, Berlin-Heidelberg-New York-London-Paris-Tokyo-Hong Kong 1989.

FIR - Forschungsinstitut für Rationalisierung an der TH Aachen (Hrsg.): *Vergleich von Arbeitsplatzanforderungen und Personalfähigkeitsdaten 1975*

Ein Analyseinstrument zur Erfassung und zum Vergleich von Arbeitsplatzanforderungen und Personalfähigkeitsdaten, Aachen 1975.

Fischer, W.: *Datenbank-Management in CAD/CAM-Systemen, o. J.*

Datenbank-Management in CAD/CAM-Systemen: Anforderungen an CAD/CAM Datenbanken - Derzeitiges Marktangebot - Empfehlungen für effizientes DB-Management - Entwicklungstendenzen, Messerschmitt-Bölkow-Blohm GmbH, Ottobrunn o. J.

Fox, E.: *OPT 1983*

OPT vs. MRP - Thoughtware vs. Software, in: inventories & production, Vol. 3 (1983), No. 6.

Freihalter, R.; Ullrich, M.: *Integrierte Verkaufs-, Produktions- und Investitionsplanung 1974*

Integrierte Verkaufs-, Produktions- und Investitionsplanung, in: Zeitschrift für Operations Research, 18 (1974), S. B11 ff.

Gabriel, R.; Lamersdorf, W.: *Elektronisches Mailbox-System 1986*

Anforderungsanalyse und Design eines elektronischen Mailbox-Systems, in: Angewandte Informatik, 28 (1986), Heft 9, S. 363 - 370.

Gesellschaft für Fertigungssteuerung und Materialwirtschaft e. V.: *MRPS 1987*

MRPS - Ein neues System für das Produktmanagement, Lottenau 1987.

Gewald, K.; Kasper, K.; Schelle, H.: *Netzplantechnik 1972*

Netzplantechnik, Bd. 2: Kapazitätsoptimierung, München-Wien 1972.

Gibbs, S. J.: *Office Information Systems 1985*

Conceptual Modelling and Office Information Systems, in: Tsichritzis, D. C. (Hrsg.), Office Automation, Berlin-Heidelberg-New York-Tokyo 1985, S. 193 - 225.

Goldratt, E. M.; Cox, J.: *The Goal 1984*

The Goal, Excellence in Manufacturing, New York 1984.

Gora, W.: *MAP 1986*

MAP, in: Informatik-Spektrum, (9) 1986, Heft 1, S. 40 - 42.

Grabowski, H.; Glatz, R.: *Schnittstellen 1986*

Schnittstellen zum Austausch produktdefinierender Daten - Auf dem Weg zum internationalen Standard STEP, in: VDI-Z 128 (1986), S. 333 - 343.

Gray, J. N.: *Decentralized Computersystems 1986*

An Approach to Decentralized Computersystems, in: IEEE Transactions on Software Engineering, Vol. SE-12 (1986), No. 6, S. 684 - 692.

Grochla, E.: *Materialwirtschaft 1986*

Grundlagen der Materialwirtschaft, 3. Aufl., Wiesbaden 1986.

Grochla, E.; Szyperski, N.: *Management-Informationssysteme 1971*

Management-Informationssysteme, Wiesbaden 1971.

Grochla, E.; u. a.: *Gesamtmodelle der Datenverarbeitung 1974*

Integrierte Gesamtmodelle der Datenverarbeitung, München-Wien 1974.

Gröner, L., Roth, L.: *Konzeption eines CIM-Managers 1986*

Konzeption eines CIM-Managers, in: Logistik Heute, 10 (Oktober 1986), S. II - VI.

Große-Oetringhaus, W. F.: *Fertigungstypologie 1974*

Fertigungstypologie unter dem Gesichtspunkt der Fertigungsablaufplanung, Berlin 1974.

Grossenbacher, J. M.: *Verteilung der EDV 1985*

Verteilung der EDV, 3. Aufl., Zürich 1985.

Grupp, B.: *Elektronische Stücklistenorganisation 1976*

Elektronische Stücklistenorganisation in der Praxis, Stuttgart-Wiesbaden 1976.

Grupp, B.: *Stücklisten- und Arbeitsplanorganisation 1985*

Elektronische Stücklisten- und Arbeitsplanorganisation, 3. Aufl., Stuttgart 1985.

Gunn, T. G.: *Konstruktion und Fertigung 1982*

Konstruktion und Fertigung, in: Spektrum der Wissenschaft, November 1982, S. 77 - 98.

Gutenberg, E.: *Die Produktion 1983*

Grundlagen der Betriebswirtschaftslehre, Bd. 1: Die Produktion, 24. Aufl., Berlin-Heidelberg-New York 1983.

Haberstock, L.: *Kostenrechnung II 1986*

Kostenrechnung II, (Grenz-) Plankostenrechnung, 7. Aufl., Hamburg 1986.

Haberstock, L.: *Kostenrechnung I 1987*

Kostenrechnung I, Einführung, 8. Aufl., Hamburg 1987.

Hackstein, R.: *PPS 1989*

Produktionsplanung und -steuerung (PPS): Ein Handbuch für die Betriebspraxis, 2. Aufl., Düsseldorf 1989.

Härder, T.: *Grenzen und Erweiterungsmöglichkeiten relationaler Datenbanksysteme 1989*
Grenzen und Erweiterungsmöglichkeiten relationaler Datenbanksysteme für Nicht-Standard-Anwendungen, in: Scheer, A.-W. (Hrsg.), Praxis relationaler Datenbanken, Saarbrücken 1989, S. 1 - 25.

Hahn, D.; Lassmann, G.: *Produktionswirtschaft 1986*
Produktionswirtschaft - Controlling industrieller Produktion, Bd. 1 und 2, Heidelberg 1986.

Hammer, M.; McLeod, D.: *Database Description 1981*
Database Description with SDM: A Semantic Database Model, in: ACM Transactions on Database Systems, Vol. 6 (1981), No. 3, S. 351.

Hansen, H. R.(Hrsg.): *Informationssysteme im Produktionsbereich 1975*
Informationssysteme im Produktionsbereich, Beiträge zum 3. Wirtschaftsinformatik-Symposium der IBM Deutschland, München-Wien 1975.

Hansen, H. R.: *Wirtschaftsinformatik I 1986*
Wirtschaftsinformatik I (Einführung in die betriebliche Datenverarbeitung), 5. Aufl., Stuttgart 1986.

Hansmann, K.-W.: *Industriebetriebslehre 1987*
Industriebetriebslehre, 2. Aufl., München 1987.

Hansmann, K.-W.: *Produktionssteuerung 1987*
PC-gestützte Produktionssteuerung bei Gruppen- oder Gemischtfertigung, in: Adam, D., Neuere Entwicklungen in der Produktions- und Investitionspolitik, Wiesbaden 1987, S. 79 - 95.

Hartmann, H.: *Materialwirtschaft - Organisation, Planung, Durchführung, Kontrolle 1988*
Materialwirtschaft - Organisation, Planung, Durchführung, Kontrolle, 4. Aufl., Gernsbach 1988.

Hedrich, P.; u. a.: *Flexibilität in der Fertigungstechnik 1983*
Flexibilität in der Fertigungstechnik durch Computereinsatz, München 1983.

Heilmann, H. (Hrsg.): *Jahrbuch der EDV 1981*
10. Jahrbuch der EDV, Stuttgart-Wiesbaden 1981.

Heinen, E.: *Industriebetriebslehre 1985*

Industriebetriebslehre, 8. Aufl., Wiesbaden 1985.

Heinrich, L. J.; Pils, M.: *Betriebsinformatik im Personalbereich 1979*

Betriebsinformatik im Personalbereich, in: Heinrich, L. J., Baugut, G. (Hrsg.), Methoden der Planung und Lenkung von Informationssystemen, Bd. 4, Würzburg-Wien 1979.

Heinrich, L. J.; Burgholzer, P.: *Systemplanung I 1987*

Systemplanung - Die Planung von Informations- und Kommunikationssystemen, Bd. 1, Der Prozeß der Systemplanung, der Vorstudie und der Feinstudie, 3. Aufl., München-Wien 1987.

Heinrich, L. J.; Burgholzer, P.: *Systemplanung II 1988*

Systemplanung - Die Planung von Informations- und Kommunikationssystemen, Bd. 2, Der Prozeß der Grobprojektierung, der Feinprojektierung und der Implementierung, 3. Aufl., München-Wien 1988.

Heinrich, L. J.; Burgholzer, P.: *Informationsmanagement 1988*

Informationsmanagement, 2. Aufl., München-Wien 1988.

Heinzelbecker, K.: *Marketing-Informationssysteme 1977*

Partielle Marketing-Informationssysteme, Frankfurt a.M.-Zürich 1977.

Heinzelbecker, K.: *Marketing-Informationssysteme 1981*

Marketinginformationssysteme in der Investitionsgüterindustrie, in: Thome, R. (Hrsg.), Datenverarbeitung im Marketing, Berlin-Heidelberg-New York 1981, S. 169-199.

Heinzelbecker, K.: *Marketing-Informationssysteme 1985*

Marketing-Informationssysteme, Stuttgart-Berlin-Köln-Mainz 1985.

Hentschel, B.: *Personaldatenbank 1976*

Anforderungen an eine Personaldatenbank, in: AWV-Papier 11, Frankfurt 1976.

Hörig, K.: *Arbeitsplatzsysteme 1985*

Multifunktionale und multimediale Arbeitsplatzsysteme - weit mehr als "intelligente" Endgeräte, in: Schafenberg, H. (Hrsg.), Jahrbuch der Bürokommunikation 1985, Baden-Baden 1985, S. 127 - 128.

Hoitsch, H.-J.: *Produktionswirtschaft 1985*

Produktionswirtschaft: Grundlagen einer industriellen Betriebswirtschaftslehre, München 1985.

Holdhof, J.: *Terminplanungssysteme 1986*

Terminplanungssysteme für Werkstätten mit heterogenen Produktionsbedingungen, Düsseldorf 1986.

Horvath, P.; Kleiner, F.; Mayer, R.: *Kosteninformationen in der flexiblen Montage 1986*

Differenzierte Kosteninformationen zur Entscheidungsunterstützung in der flexiblen Montage, in: Kostenrechnungspraxis (krp), 30 (1986), Heft 4, S. 133 -139.

Horvath, P.; Kleiner, F.; Mayer, R.: *Kostenerfassung in der flexiblen Montage 1987*

Zweckneutrale Kostenerfassung in der flexiblen Montage mit Hilfe von Datenbanken, in: Kostenrechnungspraxis (krp), 31 (1987), Heft 3, S. 93 - 104.

Horwitt, E.: *Exploning Expert Systems 1985*

Exploning Expert Systems, in: Business Computer Systems 1985.

Howe, D. R.: *Data Base Design 1983*

Data Analysis for Data Base Design, London 1983.

Hübel, C.: *Datenbankorientierter 3-D-Bauteilmodellierer 1985*

Ein datenbankorientierter 3-D-Bauteilmodellierer als Anwendung eines Nicht-Standard-Datenbanksystems - Ansätze zur quantitativen Systemanalyse, Technischer Bericht Fachbereich Informatik, Universität Kaiserslautern 1985.

IBM (Hrsg.): *COPICS - Produktdatenverwaltung 1983*

COPICS - Produktdatenverwaltung, Referenzbroschüre, IBM-Form SR 12-1674-0, o. O. 1983.

IBM (Hrsg.): *CORMES - Allgemeiner Überblick 1984*

Communication Oriented Message System (CORMES), Allgemeiner Überblick, IBM-Form GH 12-5127-12, o. O. 1984.

IBM (Hrsg.): *CORMES - Benutzerhandbuch 1984*

Communication Oriented Message System (CORMES), Benutzerhandbuch, IBM-Form SH 12-1423-1, o. O. 1984.

IBM (Hrsg.): *COPICS/MPSP 1985*

COPICS/MPSP - Produktionsplanung für Enderzeugnisse, IBM-Form GT 12-3253-1, o. O. 1985.

IBM (Hrsg.): *COPICS - Produktdatenverwaltung 1986*

COPICS - Produktdatenverwaltung, Lerntext und Referenzbroschüre, IBM-Form R 12-1674, o. O. 1986.

IBM (Hrsg.): *CLASS*

CLASS (Capacity Loading and Sequencing System), IBM-Form 80 713-0.

IBM (Hrsg.): *AD/Cycle 1990*

AD/Cycle, Stuttgart 1990.

IBM (Hrsg.): *CIM-Unternehmen 1990*

Das CIM-Unternehmen, Stuttgart 1990.

IFA (Hrsg.): *Fertigungssteuerung 1984*

Statistisch orientierte Fertigungssteuerung, Hannover 1984.

Isermann, H.: *Generierung von Stapelplänen 1984*

Stapelung von rechteckigen Versandgebinden auf Paletten - Generierung von Stapelplänen im Dialog mit einem PC, in: Ohse, D., u. a. (Hrsg.), Operations Research, Proceedings 1984, Berlin-Heidelberg-New York-Tokyo 1985, S. 354 ff.

Jacob, H.: *Produktionsplanung 1962*

Produktionsplanung und Kostentheorie, in: Koch, H. (Hrsg.), Zur Theorie der Unternehmung, Festschrift zum 65. Geburtstag von E. Gutenberg, Wiesbaden 1962.

Jacob, H. (Hrsg.): *Produktionsplanung 1986*

Die Planung des Produktions- und Absatzprogramms, in: Jacob, H. (Hrsg.), Industriebetriebelehre, 3. Aufl., Wiesbaden 1986.

Jacob, H.: *Industriebetriebslehre 1986*

Industriebetriebslehre, 3. Aufl., Wiesbaden 1986.

Jajodia, S.; Ng, P. A.; Springsteel, F. N.: *Entity-Relationship Diagrams 1983*

The Problem of Equivalence for Entity-Relationship Diagrams, in: IEEE Transactions on Software Engineering, Vol. SE-9 (1983), No. 5, S. 617 - 630.

Kazmaier, E.: *Berücksichtigung der Belastungssituation eines neuen PPS-Systems 1984*
Berücksichtigung der Belastungssituation im Rahmen eines neuen PPS-Systems auf der Basis einer dialogorientierten Ablaufplanung, in: IFA (Institut für Fabrikanlagen der Universität Hannover) (Hrsg.), Fachseminar Statistisch orientierte Fertigungssteuerung, Hannover 1984.

Keen, P. G. W.; Morton, M. S. S.: *Decision Support Systems 1978;*
Decision Support Systems - An Organizational Perspective, Reading-Menlo Park-London-Amsterdam-Don Mills-Sydney 1978.

Kernler, H.: *PPS im PC-Verbund 1985*
PPS im PC-Verbund 1985, in: Handbuch der modernen Datenverarbeitung, Heft 122, 22 (1985), S. 107 - 116.

Kettner, H.; Bechte, W.: *Belastungsorientierte Auftragsfreigabe 1981*
Neue Wege der Fertigungssteuerung durch belastungsorientierte Auftragsfreigabe, in: VDI-Z 132, 11 (1981), S. 459 - 465.

Kilger, W.: *Optimale Produktions- und Absatzplanung 1973*
Optimale Produktions- und Absatzplanung (Entscheidungsmodelle für die Produktions- und Absatzbereiche industrieller Betriebe), Opladen 1973.

Kilger, W.: *Industriebetriebslehre 1986*
Industriebetriebslehre, Bd. 1, Wiesbaden 1986.

Kilger, W.: *Einführung in die Kostenrechnung 1987*
Einführung in die Kostenrechnung, 3. Aufl., Wiesbaden 1987.

Kilger, W.: *Plankostenrechnung 1988*
Flexible Plankostenrechnung und Deckungsbeitragsrechnung, 9. Aufl., Wiesbaden 1988.

Kilger, W.; Scheer, A.-W. (Hrsg.): *1. - 7. Saarbrücker Arbeitstagung 1980 - 1986*
Proceedings zur Saarbrücker Arbeitstagung "Rechnungswesen und EDV", Bd. 1 - 7, Würzburg-Wien 1980 - 1985, Heidelberg 1986.

Kinzer, D.: *Kapazitätsabgleich 1971*
Ein Verfahren zum mittelfristigen Kapazitätsabgleich bei Werkstattfertigung, Diss. Aachen 1971.

Kistner, K.-R.: *Betriebsstörungen 1978*

Elemente einer Theorie der Betriebsstörungen, Diskussionsarbeiten der Fakultät für Wirtschaftswissenschaften der Universität Bielefeld, Nr. 50, Bielefeld 1978.

Kirsch, W.; Klein, H. K.: *Management-Informationssysteme 1977*

Management-Informationssysteme, Stuttgart-Berlin-Köln-Mainz 1977.

Kittel, T.: *PPS im Klein- und Mittelbetrieb 1982*

Produktionsplanung und -steuerung im Klein- und Mittelbetrieb - Chancen und Risiken des EDV-Einsatzes, Grafenau 1982.

Kittel, T.: *PPS-Systeme 1982*

Übersicht über angebotene PPS-Systeme, in: VDI-Bericht 452, "Seminar zur Fertigungssteuerung", Düsseldorf 1982.

Kloock, J.: *Input-Output-Analyse 1969*

Betriebswirtschaftliche Input-Output-Analyse - Ein Beitrag zur Produktionstheorie, Wiesbaden 1969.

Knolmayer, G.; Myrach, T.: *Anforderungen an Tools 1990*

Anforderungen an Tools zur Darstellung und Analyse von Datenmodellen, in: Theorie und Praxis der Wirtschaftsinformatik, 27 (1990), Heft 152, S. 90 - 102.

Köhler, R.: *Strategische Marketingplanung 1981*

Grundproblem der strategischen Marketingplanung, in: Geist, M. N.; Köhler, R. (Hrsg.), Die Führung des Betriebes, Stuttgart 1981.

Köhler, R.; Heinzelbecker, K.: *Informationssysteme 1977*

Informationssysteme für die Unternehmensführung, in: Die Betriebswirtschaft, 37 (1977), S. 267 - 282.

König, W.; Behrendt, R.; Wolf, S.: *Expertensystem 1987*

Prototypisches Expertensystem für betriebliche Planungs- und Dispositionsprobleme, in: State of the Art 3, München 1987, S. 67 - 72.

Krallmann, H. (Hrsg.): *Lokale und öffentliche Netze 1984*

Lokale und öffentliche Netze, Interdependenzen, Erfahrungsberichte, Wirtschaftlichkeit und Entwicklungstendenzen, Berlin-Heidelberg-New York-Tokyo 1984.

Krallmann, H.: *Expertensysteme für CIM 1986*

Expertensysteme für die computerintegrierte Fertigung, in: Warnecke, H. J., Bullinger H. J. (Hrsg.), 18. Arbeitstagung des IPA (Institut für Produktionstechnik und Automatisierung), Berlin-Heidelberg 1986.

Krcmar, H.: *Strategische Informationssysteme 1987*

Innovation durch strategische Informationssysteme, in: Dichtl, E.; Gerke, W.; Kieser, A. (Hrsg.), Innovation und Wettbewerbsfähigkeit, Wiesbaden 1987, S. 227 - 246.

Kreifelts, T.: *Anforderungen an ein Bürokommunikationssystem 1982*

Anwenderanforderungen an ein Bürokommunikationssystem, München 1982.

Kupsch, P. U.; Marr, R.: *Personalwirtschaft 1985*

Personalwirtschaft, in: Heinen, E. (Hrsg.), Industriebetriebslehre, 8. Aufl., Wiesbaden 1985, S. 623 - 767.

Kurbel, K.: *Software Engineering 1983*

Software Engineering im Produktionsbereich, Wiesbaden 1983.

Lockemann, P. C.; Mayr, H. C.: *Informationssysteme 1978*

Rechnergestützte Informationssysteme, Berlin-Heidelberg 1978.

Lockemann, P. C.; Radermacher, K.: *Konzepte, Methoden und Modelle zur Datenmodellierung 1990*

Konzepte, Methoden und Modelle zur Datenmodellierung, in: Theorie und Praxis der Wirtschaftsinformatik, 27 (1990), Heft 152, S. 3 - 16.

Lorenz, W.: *Warteschlangenmodell 1984*

Entwicklung eines arbeitsstundenorientierten Warteschlangenmodells zur Prozeßabbildung der Werkstattfertigung, Düsseldorf 1984.

Männel, W.: *Anlagenerhaltung 1968*

Wirtschaftlichkeitsfragen der Anlagenerhaltung, Wiesbaden 1968.

Martin, J.: *Information Engineering 1989*

Information Engineering, Book I: Introduction, Englewood Cliffs 1989.

Mayr, H. C.; Dittrich, K. R.; Lockemann, P. C.: *Datenbankentwurf 1987*
Datenbankentwurf, in: Lockemann, P. C., Schmidt, J. W. (Hrsg.), Datenbank-Handbuch, Berlin-Heidelberg-New York-London-Paris-Tokyo 1987, S. 486 - 552.

McCarthy, W. E.: *Accounting Models 1979*
An Entity-Relationship View of Accounting Models, in: The Accounting Review, No. 4 (1979), Vol. LIV, S. 667 - 686.

McDermott, J.: *XSEL 1982*
XSEL: A computer salesperson's assistant, in: Hayes, J.E.; Michie, D.; Pao, Y.-H. (Hrsg.), Machine Intelligence 10, New York 1982, S. 325 - 328.

Mertens, P. (Hrsg.): *Prognoserechnung 1981*
Prognoserechnung, 4. Aufl., Würzburg-Wien 1981.

Mertens, P.: *Zwischenbetriebliche Integration 1985*
Zwischenbetriebliche Integration der EDV, in: Informatik-Spektrum, 8 (1985), Heft 2, S. 81 - 90.

Mertens, P.; Hansen, K., Rackelmann, G.: *Selektionsentscheidungen im Rechnungswesen 1977*
Selektionsentscheidungen im Rechnungswesen - Überlegungen zu computergestützten Kosteninformationssystemen, in: Die Betriebswirtschaft 37 (1977), Heft 1, S. 77 - 88.

Mertens, P.; Bodendorf, F.: *Methodenbanken 1979*
Interaktiv nutzbare Methodenbanken, Entwurfkriterien und Stand der Verwirklichung, in: Angewandte Informatik, 21 (1979), S. 533 - 541.

Mertens, P.; Puhl, W.: *Computereinsatz im Rechnungswesen 1981*
Computereinsatz im betrieblichen Rechnungswesen: Konzeption eines daten- und methodenbankorientierten Kostenrechnungssystems, in: Journal für Betriebswirtschaft, 31 (1981), Heft 1, S. 53 - 64.

Mertens, P.; Hoffmann, I.: *Aktionsorientierte Datenverarbeitung 1983*
Aktionsorientierte Datenverarbeitung, in: Informatik-Spektrum, 9 (1983), Heft 6, S. 323 - 333.

Mertens, P.; Haun, P.: *Daten- und methodenbankgestütztes Rechnungswesen 1986*
Erfahrungen mit einem Prototyp des daten- und methodenbankgestützten Rechnungswesens, in: Kilger, W., Scheer, A.-W. (Hrsg.), Rechnungswesen und EDV, 7. Saarbrücker Arbeitstagung 1986, Heidelberg 1986, S. 93 - 111.

Mertens, P.; Griese, J.: *Industrielle Datenverarbeitung 1988*
Industrielle Datenverarbeitung, Bd. 1: Administrations- und Dispositionssysteme, 7. Aufl., Wiesbaden 1988.

Mertens, P.; Griese, J.: *Industrielle Datenverarbeitung II 1988*
Industrielle Datenverarbeitung, Bd. 2: Informations- und Planungssysteme, 5. Aufl., Wiesbaden 1988.

Meyer, B. E.: *Informationssysteme 1987*
Logistische Ansätze für Informationssysteme in der Automobilindustrie, Vortrag auf der GI-Tagung "CIM-Realisierungen", 11. Juni, Frankfurt 1987.

Mülder, W.: *Implementierung von Personalinformationssystemen 1984*
Organisatorische Implementierung von computergestützten Personalinformationssystemen, Berlin-Heidelberg-New York-Tokyo 1984.

Müller, E.: *Simultane Lagerdisposition und Fertigungsablaufplanung 1972*
Simultane Lagerdisposition und Fertigungsablaufplanung bei mehrstufiger Mehrproduktfertigung, Berlin-New York 1972.

Müller-Merbach, H.: *Optimale Losgrößen 1965*
Optimale Losgrößen bei mehrstufiger Fertigung, in: Zeitschrift für wirtschaftliche Fertigung, 60 (1965), S. 113 - 118.

Nassi, I.; Shneiderman B.: *Flowchart Techniques 1973*
Flowchart Techniques for Structured Programming, in: ACM-SIGPLAN Notices, Vol. 8 (1973), S. 12 - 26.

Niedereichholz, J.: *Datenbanksysteme 1983*
Datenbanksysteme - Aufbau und Einsatz, 3. Aufl., Heidelberg 1983.

Niemeyer, G.: *Elektronische Datenverarbeitung 1981*
Einführung in die Elekronische Datenverarbeitung, 3. Aufl., München 1981.

Nixdorf Computer (Hrsg.): *FEROS*

FEROS, Programmbeschreibung, Paderborn o. J.

Oeldorf, G.; Olfert, K.: *Materialwirtschaft 1987*

Materialwirtschaft, 5. Aufl., Ludwigshafen 1987.

Österle, H.: *Informationssysteme 1981*

Entwurf betrieblicher Informationssysteme, München-Wien 1981.

Ohse, D.: *Lagerhaltungsmodelle 1969*

Lagerhaltungsmodelle für deterministisch schwankenden Absatz, in: Ablauf- und Planungsforschung, 10 (1969), S. 309 - 322.

Opitz, H.: *Klassifizierungssystem 1966*

Werkstückbeschreibendes Klassifizierungssystem, Essen 1966.

Ordelheide, D.: *Instandhaltungsplanung 1973*

Instandhaltungsplanung, Simulationsmodelle für Instandhaltungsentscheidungen, Wiesbaden 1973.

Ortner, E.: *Semantische Modellierung 1985*

Semantische Modellierung - Datenbank auf der Ebene der Benutzer, in: Informatik Spektrum, 8 (1985), S. 23 ff.

Picot, A.; Reichwald, R.: *Bürokommunikation 1987*

Bürokommunikation: Leitsätze für den Anwender, München 1987.

Plattner, H.: *Controlling 1987*

Konzeption des Controlling aus betriebswirtschaftlicher Sicht, in: Scheer, A.-W. (Hrsg.), Rechnungswesen und EDV, 8. Saarbrücker Arbeitstagung, Heidelberg 1987.

Plaut, H. G.; Müller, H.; Medicke, W.: *Grenzplankostenrechnung u. Datenverarbeitung 1973*

Grenzplankostenrechnung und Datenverarbeitung, 3. Aufl., München 1973.

Ploetzeneder, H. D. (Hrsg.): *Unternehmensplanung 1977*

Computerunterstützte Unternehmensplanung, Wirtschaftsinformatik Symposium 1976 IBM Deutschland, Stuttgart 1977.

Polzer: *CAS 1986*

Systembeschreibung CAS, Weinstadt 1986.

Poths, W.: *Integrierte Gesamtmodelle 1978*

Erfahrungen der Praxis mit Beschreibungsmodellen (Integrierte Gesamtmodelle), in: Angewandte Informatik, 20 (1978), S. 293 - 298.

Pressmar, D. B.: *Betriebliche Kostenrechnung 1976*

Das Strukturmodell des maschinellen Datenverarbeitungsprozesses einer betrieblichen Kostenrechnung, in: Jacob, H. (Hrsg.), Schriften zur Unternehmensführung, Wiesbaden 1976, Bd. 22, S. 67 - 92, Bd. 23, S. 93 - 114.

PSI (Hrsg.): *PIUSS-Bedienerhandbuch 1987*

PIUSS Produktionsplanungs- und -steuerungssystem - Bedienerhandbuch, Berlin 1987.

Puppe, F.: *Expertensysteme 1986*

Expertensysteme, in: Informatik Spektrum, 9 (1986), S. 1 - 13.

Racke, W.; Effelsberg, W.: *X.400-Empfehlungen 1986*

Die X.400-Empfehlungen für Nachrichtenübermittlungssysteme, in: Informatik Spektrum, (9) 1986, Heft 1, S. 42 - 43.

Rausch, W.; de Marne, K.-D.: *VDA-Flächenschnittstelle 1985*

Datenaustausch über die VDA-Flächenschnittstelle mit CAD/CAM-System STRIM 100, in: CAD/CAM, Heft 6 (1985), S. 54 - 61, und CAD/CAM, Heft 1 (1986), S. 95 - 102.

Reblin, E.: *Stapel- oder Dialogverarbeitung 1980*

Stapel- oder Dialogverarbeitung im Rechnungswesen, in: Stahlknecht, P. (Hrsg.), Online-Systeme im Finanz- und Rechnungswesen, Berlin-Heidelberg-New York 1980, S. 43 - 55.

Reblin, E.: *Interaktive Dialogverarbeitung 1983*

Von der Stapelverarbeitung zum interaktiven Dialogsystem im Rechnungswesen, in: Kilger, W., Scheer, A.-W. (Hrsg.), Rechnungswesen und EDV, 4. Saarbrücker Arbeitstagung, Würzburg-Wien 1983, S. 70 - 88.

Reinermann, H.: *Verwaltungsinformatik 1976*

Verwaltungsinformatik, in: ÖVD, 6 (1976), S. 318 - 325.

Reitzle, W.: *Industrieroboter 1984*

Industrieroboter, München 1984.

Reuter, A.: *Fehlerbehandlung 1982*

Fehlerbehandlung in Datenbanksystemen, München-Wien 1982.

Riebel, P.: *Industrielle Erzeugnisverfahren 1963*

Industrielle Erzeugnisverfahren in betriebswirtschaftlicher Sicht, Wiesbaden 1963.

Riebel, P.: *Einzelkosten- und Deckungsbeitragsrechnung 1985*

Einzelkosten- und Deckungsbeitragsrechnung, 5. Aufl., Wiesbaden 1985.

Rosenberg, O.: *Fertigungssteuerungssysteme 1987*

Zur Flexibilität dezentraler Fertigungssteuerungssysteme, in: Zeitschrift für Betriebswirtschaft, 57 (1987), Heft 12.

Röske, W.; Gansera, H.: *Strategisches Marketing 1981*

Strategisches Marketing 1981, in: Thome, R. (Hrsg.), Datenverarbeitung im Marketing, Berlin-Heidelberg-New York 1981, S. 25 - 97.

SAP (Hrsg.): *System RF 1983*

Funktionsbeschreibung des Systems RF, Finanzbuchhaltung - Debitoren - Kreditoren - Sachkonten, Walldorf/Baden 1983.

SAP (Hrsg.): *System RV 1986*

Funktionsbeschreibung System RV, Verkauf - Vertrieb - Versand - Lager - Fakturierung, Walldorf/Baden 1986.

SAP (Hrsg.): *System RK 1986*

Funktionsbeschreibung System RK, Kostenrechnung - Grundlagen - Kostenstellenrechnung - Aufträge, Walldorf/Baden 1986.

SAP (Hrsg.): *System RM/Einkauf 1986*

Funktionsbeschreibung System RM, Einkauf - Disposition - Lager - Rechnungsprüfung, Walldorf/Baden 1986.

SAP (Hrsg.): *System RP 1990*

Funktionsbeschreibung System RP, Personalverwaltung - Lohn- und Gehaltsabrechnung - Zeitermittlung/Zeitauswertung - Personalplanung - Reisekosten, Walldorf/Baden 1990.

SAP (Hrsg.): *System RM/PPS 1990*

Funktionsbeschreibung System RM, Produktionsplanung und -steuerung - Einkauf - Materialwirtschaft - Rechnungsprüfung - Instandhaltung, Walldorf/Baden 1990.

Schäfer, E.: *Der Industriebetrieb 1969*

Betriebswirtschaftslehre der Industrie auf typologischer Grundlage, Bd. 1, Köln 1969.

Schäfer, H.: *Technische Grundlagen der lokalen Netze 1986*

Technische Grundlagen der lokalen Netze, in: Neumeier, H. (Hrsg.), State of the Art: Lokale Netze, 2/86, München 1986, S. 14 - 23.

Scharek, B.; Schmitz, H.: *Dokumentationsverfahren betrieblicher Informationssysteme 1975*

Manuelle und computergestützte Dokumentationsverfahren betrieblicher Informationssysteme, Köln 1975.

Scheer, A.-W.: *Instandhaltungspolitik 1974*

Instandhaltungspolitik, Wiesbaden 1974.

Scheer, A.-W.: *Produktionsplanung 1976*

Produktionsplanung auf der Grundlage einer Datenbank des Fertigungsbereichs, München-Wien 1976.

Scheer, A.-W.: *Projektsteuerung 1978*

Projektsteuerung, Wiesbaden 1978.

Scheer, A.-W.: *Absatzprognosen 1983*

Absatzprognosen, Berlin-Heidelberg-New York-Tokyo 1983.

Scheer, A.-W.: *Computergestützte Produktionsplanung und -steuerung 1983*

Stand und Trends der computergestützten Produktionsplanung und -steuerung (PPS) in der Bundesrepublik Deutschland, in: Zeitschrift für Betriebswirtschaft, 53 (1983), S. 138 - 155.

Scheer, A.-W.: *Interaktive Methodenbanken 1984*

Interaktive Methodenbanken: Benutzerfreundliche Datenanalyse in der Marktforschung, in: Zentis, J. (Hrsg.), Neue Informations- und Kommunikationstechnologien in der Marktforschung, Berlin-Heidelberg-New York-Tokyo 1984, S. 105 ff.

Scheer, A.-W.: *Personalcomputer im Rechnungswesen 1984*

Personal Computer: Zusätzliches Auswertungsinstrument oder integraler Bestandteil eines EDV-gesteuerten Rechnungswesens?, in: Kilger, W., Scheer, A.-W. (Hrsg.), Rechnungswesen und EDV, 5. Saarbrücker Arbeitstagung, Würzburg-Wien 1984, S. 45 - 79.

Scheer, A.-W.: *Konstruktionsbegleitende Kalkulation in CIM 1985*

Konstruktionsbegleitende Kalkulation in CIM-Systemen, in: Scheer, A.-W. (Hrsg.), Veröffentlichungen des Instituts für Wirtschaftsinformatik, Heft 50, Saarbrücken 1985.

Scheer, A.-W.: *Vorkalkulationen in CAD-Systemen 1985*

Einführung von Vorkalkulationen in CAD-Systemen, in: Kilger, W., Scheer, A.-W. (Hrsg.), Rechnungswesen und EDV, 6. Saarbrücker Arbeitstagung, Würzburg-Wien 1985, S. 241 - 273.

Scheer, A.-W.: *Neue PPS-Architekturen 1986*

Neue Architektur für EDV-Systeme zur Produktionsplanung und -steuerung, in: Scheer, A.-W. (Hrsg.), Veröffentlichungen des Instituts für Wirtschaftsinformatik, Heft 53, Saarbrücken 1986.

Scheer, A.-W.: *EDV-orientierte Betriebswirtschaftslehre 1990*

EDV-orientierte Betriebswirtschaftslehre, 4. Aufl., Berlin-Heidelberg-New York-London-Paris-Tokyo-Hong Kong 1990.

Scheer, A.-W.: *CIM 1990*

CIM (Computer Integrated Manufacturing) - Der computergesteuerte Industriebetrieb, 4. Aufl., Berlin-Heidelberg-New York-London-Paris-Tokyo-Hong Kong 1990.

Scheer, A.-W.: *Modellierung betriebswirtschaftlicher Informationssysteme 1990*

Modellierung betriebswirtschaftlicher Informationssysteme, Teil 1: Logisches Informationsmodell, in: Scheer, A.-W. (Hrsg.), Veröffentlichungen des Instituts für Wirtschaftsinformatik, Heft 67, Saarbrücken 1990.

Scheer, A.-W.; Seibt, H.: *Statistische Qualitätskontrolle 1973*

Aufbau eines integrierten Systems der statistischen Qualitätskontrolle in einem Industriebetrieb, in: Jacob, H. (Hrsg.), Unternehmungskontrolle, Schriften zur Unternehmensführung, Bd. 17, Wiesbaden 1973, S. 97 - 122.

Scheer, A.-W.; unter Mitarbeit von Bolmerg, L., Demmer, H., Helber, C.: *Wirtschaftsinformatik 1978*

Wirtschafts- und Betriebsinformatik, München 1978.

Scheer, A.-W.; u. a.: *Personal Computing 1984*

Personal Computing - EDV-Einsatz in Fachabteilungen, München 1984.

Scheer, A.-W.; u. a.: *Verteilte PPS-Systeme 1987*

Zwischenbericht zum DFG-Forschungsprojekt "Verteilte Produktionsplanungs- und -steuerungssysteme unter Einsatz von Mikrocomputern", Saarbrücken 1987.

Scheer, A.-W. (Hrsg.): *8. - 10. Saarbrücker Arbeitstagung 1987 - 1989*

Proceedings zur Saarbrücker Arbeitstagung "Rechnungswesen und EDV", Bd. 8 - 10, Heidelberg 1987 - 1989.

Schlageter, G.; Stucky, W.: *Datenbanksysteme 1983*

Datenbanksysteme: Konzepte und Modelle, 2. Aufl., Stuttgart 1983.

Schmidt, R.; Janowski, W.: *Computergestützte Planungssysteme 1977*

Zur Gestaltung computergestützter Planungssysteme, in: Zeitschrift für Betriebswirtschaft, 47 (1977), S. 418 - 435.

Schmitz, P. (Hrsg.): *Programmiersprachen 1975*

Die Wirksamkeit von Programmiersprachen, Wiesbaden 1975.

Schneeweiss, C.: *Lagerhaltungssysteme 1981*

Modellierung industrieller Lagerhaltungssysteme - Einführung und Fallstudien, Berlin-Heidelberg-New York 1981.

Schönsleben, P.: *Flexible Produktionsplanung und -steuerung 1985*

Flexible Produktionsplanung und -steuerung mit dem Computer, München 1985.

Schumann, M.: *Bürokommunikationssysteme 1987*

Eingangspostbearbeitung in Bürokommunikationssystemen, Expertensystemansatz und Standardisierung, Berlin-Heidelberg-New York-Tokyo 1987.

Schwindt, P.: *CAD-Datenaustausch 1986*

CAD-Datenaustausch aus der Sicht eines mittelständischen Automobilzulieferers, in: Stuttgarter Messe- und Kongreß-GmbH (Hrsg.), CAT'86 (Computer Aided Technologies in Manufacturing), Leinfelden-Echterdingen 1986, S. 38 - 40.

Seelbach, H.; u. a.: *Ablaufplanung 1975*

Ablaufplanung, Würzburg-Wien 1975.

Seibt, D.: *Software-Systeme 1972*

Organisation von Software-Systemen, Wiesbaden 1972.

Seibt, D.; Mülder, W.: *Personalplanung 1986*

Methoden- und computergestützte Personalplanung, Köln 1986.

Siemens (Hrsg.): *UDS Entwerfen und Definieren 1982*

UDS Entwerfen und Definieren, Benutzerhandbuch V 3.2, Best.-Nr. U929-J-Z55-1, o. O. 1982.

Siemens (Hrsg.): *ISDN im Büro 1985*

ISDN im Büro, Sonderausgabe telcom report und Siemens-Magazin COM, Berlin-München 1985.

Simon, T.: *Kommunikation in der automatisierten Fertigung 1986*

Kommunikation in der automatisierten Fertigung, in: Computer Magazin, Heft 6, 15 (1986), S. 38 - 42.

Simon, H.; Kucher, E.; Sebastian, K.-H.: *Scanner-Daten 1982*

Scanner-Daten in Marktforschung und Marketingentscheidung, in: Zeitschrift für Betriebswirtschaft, 52 (1982), Heft 6, S. 555 - 579.

Sinz, E. J.: *SER-Modell 1988*

Das strukturierte Entity-Relationship-Modell (SER-Modell), in: Angewandte Informatik, 30 (1988), Heft 5, S. 191 - 202.

Sinz, E. J..: *Das Entity-Relationship-Modell 1990*

Das Entity-Relationship-Modell (ERM) und seine Erweiterungen, in: Theorie und Praxis der Wirtschaftsinformatik, 27 (1990), Heft 152, S. 17 - 29.

Sinzig, W.: *Rechnungswesen 1989*
Datenbankorientiertes Rechnungswesen, 3. Aufl., Berlin-Heidelberg-New York-Tokyo 1989.

Smith, J. M.; Smith, D. C.: *Databases Abstractions 1977a*
Databases Abstractions: Aggregation, in: Communications of the ACM, Vol. 2 (1977), No. 6, S. 405 - 413.

Smith, J. M.; Smith, D. C.: *Databases Abstractions 1977b*
Databases Abstractions: Aggregation and Generalization, in: ACM Transactions on Database Systems, Vol. 2 (1977), No. 2, S. 105 - 133.

Smith, G.: *Einsatz der OPT-Software 1985*
Einsatz der OPT-Software bei Firma LUCAS BRYCE Ltd. Großbritannien, in: GF + M (Hrsg.), Proceedings der Jahrestagung 1985 der Gesellschaft für Fertigungssteuerung und Materialwirtschaft e.V., Heidelberg 1985.

Sorgatz, U.; Hochfeld, H.-J.: *Austausch produktdefinierender Daten 1985*
Austausch produktdefinierender Daten im Anwendungsgebiet der Karosseriekonstruktion, in: Informatik Spektrum, 8 (1985), Heft 6, S. 305 - 311.

Spiegler, I.: *Automating Database Construction 1983*
Automating Database Construction, in: Data Base, Vol. 14 (1983), No. 2.

Spragne, R. H.; Carlson, E. D.: *Effective Decision Support Systems 1982*
Building Effective Decision Support Systems, Englewood Cliffs-New York 1982.

Spur, G.; Krause F.-L.: *CAD-Technik 1984*
CAD-Technik, München-Wien 1984.

Stahlknecht, P.: *Wirtschaftsinformatik 1989*
Einführung in die Wirtschaftsinformatik, 4. Aufl., Berlin-Heidelberg-New York-London-Paris-Tokyo-Hong Kong 1989.

Steinecke V.; Seifert, O.; Ohse, D.: *Lineare Planungsmodelle 1973*
Lineare Planungsmodelle im praktischen Einsatz - Auswertung einer Erhebung, in: DGOR-Schrift Nr. 6, Köln 1973.

Stender, J.: *Expertensysteme im Marketing 1986*

Expertensysteme im Marketing - Anwendungsmöglichkeiten und Perspektiven, in: Handbuch der modernen Datenverarbeitung (HMD), 23 (1986), Heft 128, S. 99 - 107.

Strunz, H.: *Entscheidungstabellen 1970*

Entscheidungstabellen und ihre Anwendung bei Systemplanung, -implementierung und -dokumentation, in: Elektronische Datenverarbeitung, 11 (1970), S. 56 - 65.

Suppan-Borowka, J.: *Anforderungen an MAP 1986*

MAP unter der Lupe - Anforderungen an MAP, in: Technische Rundschau, 78. Jahrgang, 27. Mai 1986, S. 170 - 175.

Suppan-Borowka, J.: *Das große Warten auf die neue Norm 1987*

Das große Warten auf die neue Norm, in: Die Computer Zeitung, 10.06.1987.

Suppan-Borowka, J., Simon T.: *MAP in der automatisierten Fertigung 1986*

MAP Datenkommunikation in der automatisierten Fertigung, Pulheim 1986.

Szyperski, N.: *Realisierung von Informationssystemen 1978*

Realisierung von Informationssystemen in deutschen Unternehmungen, in: Müller-Merbach, H. (Hrsg.), Quantitative Ansätze in der Betriebswirtschaftslehre, München 1978, S. 67 - 86.

Teichroew, D.; u. a.: *Application of the Entity-Relationship Approach 1980*

Application of the Entity-Relationship Approach to Information Processing Systems Modelling, in: Chen, P. P. (Hrsg.), Entity-Relationship Approach to Systems Analysis and Design, Amsterdam-New York-Oxford 1980, S. 15 - 38.

Thome, R.: *Datennetze 1973*

Datennetze für die Fernverarbeitung, München 1973.

Thome, R.: *Datenverarbeitung im Marketing 1981*

Datenverarbeitung im Marketing, Berlin-Heidelberg-New York 1981.

Todd, S. J. P.: *Peterlee Relational Test Vehicle 1976*

The Peterlee Relational Test Vehicle - a System Overview, in: IBM Systems Journal, Vol. 15 (1976), S. 285 - 308.

Tsichritzis, D. C.; Lochovsky, F. H.: *Data-Base Management 1976*

Hierarchical Data-Base Management: A Survey, in: ACM Computing Surveys, Vol. 8 (1976), S. 105 - 123.

Tsichritzis, D. C. (Hrsg.): *Office Automation 1985*

Office Automation, Berlin-Heidelberg-New York-Tokyo 1985.

Vazsonyi, A.: *Planungsrechnung 1962*

Die Planungsrechnung in Wirtschaft und Industrie, Wien-München 1962.

VDI (Hrsg.): *Produktionsplanung 1974*

Elektronische Datenverarbeitung bei der Produktionsplanung und -steuerung, 2. Aufl., Düsseldorf 1974.

VDI (Hrsg.): *Produktionsplanung II 1974*

Elektronische Datenverarbeitung bei der Produktionsplanung und -steuerung II, 2. Aufl., Düsseldorf 1974.

Vetter, M.: *Betriebliche Informationssysteme 1989*

Aufbau betrieblicher Informationssysteme mittels konzeptioneller Datenmodellierung, 5. Aufl., Stuttgart 1989.

Vetter, M.; Maddison, R. N.: *Database Design 1981*

Database Design Methodology, London 1981.

Vormbaum, H.: *Grundlagen des Rechnungswesens 1977*

Grundlagen des betrieblichen Rechnungswesens, Stuttgart-Berlin-Köln-Mainz 1977.

Wagner, H. M.; Whitin, T. M.: *Economic Lot Size Model 1958*

Dynamic Version of the Economic Lot Size Modell, in: Management Science, Vol. 5 (1958), S. 89 - 96.

Webre, N. W.: *An Extended Entity-Relationship Model 1983*

An Extended Entity-Relationship Model and Its Use on a Defense Project, in: Chen P. P. (Hrsg.), Entity-Relationship Approach to Information Modelling and Analysis, Proceedings of the 2nd International Conference on Entity-Relationship Approach (1981), Amsterdam-New York-Oxford 1983, S. 173 - 193.

Wedekind, H.: *Datenbanksysteme I 1981*

Datenbanksysteme I (Eine konstruktive Einführung in die Datenverarbeitung in Wirtschaft und Verwaltung), 2. Aufl., Mannheim-Wien-Zürich 1981.

Wedekind, H.; Ortner, E.: *Datenbank für die Kostenrechnung 1977*

Der Aufbau einer Datenbank für die Kostenrechnung, in: Die Betriebswirtschaft 37 (1977), Heft 4, S. 533 - 542.

Wedekind, H.; Müller, T.: *Stücklistenorganisation 1981*

Stücklistenorganisation bei einer großen Variantenzahl, in: Angewandte Informatik, 23 (1981), Heft 9, S. 377 - 382.

Wendt, K.-G.: *Kennzeichen und Richtwerte 1956*

Möglichkeiten und Grenzen der Ermittlung von fertigungstechnischen Kennzahlen und Richtwerten erörtert am Beispiel der Zahnradherstellung, Diss. TH Aachen 1956.

Wiborny, W.: *Datenmodell "Betriebswirtschaftiches Vorschlagswesen" 1990*

Datenmodell "Betriebswirtschaftliches Vorschlagswesen" der BMW AG, in: Theorie und Praxis der Wirtschaftsinformatik, 27 (1990), Heft 152, S. 76 - 89.

Wiendahl, H.-P.: *Technische Unterlagen 1971*

Erstellung u. Archivierung technischer Unterlagen mit EDV, in: Zeitschrift für Datenverarbeitung, 9 (1971), Nr. 1.

Wiendahl, H.-P.: *Verfahren der Fertigungssteuerung 1984*

Grundlagen neuer Verfahren der Fertigungssteuerung, in: Institut für Fabrikanlagen der Universität Hannover (IFA) (Hrsg.), Statistisch orientierte Fertigungssteuerung, Hannover 1984, S. 1 - 19.

Wiendahl, H.-P.: *Betriebsorganisation 1986*

Betriebsorganisation für Ingenieure, 2. Aufl., München 1986.

Wiendahl, H.-P.: *Belastungsorientierte Fertigungssteuerung 1987*

Belastungsorientierte Fertigungssteuerung, München 1987.

Wievelhove, W.: *Arbeitsplanerstellung für Varianten 1976*

Automatische Detaillierung, Zeichnungs- und Arbeitsplanerstellung für Varianten, Diss. TH Aachen 1976.

Wilkes, W.: *Versionsunterstützung in Datenbanken 1989*

Versionsunterstützung in Datenbanken, in: Informatik Spektrum, 12 (1989), Heft 3, S. 166 - 169.

Wildemann, H.; u. a.: *Werkstattsteuerung 1984*

Flexible Werkstattsteuerung durch Integration von KANBAN-Prinzipien, in: Wildemann, H. (Hrsg.), Computergestütztes Produktions-Management, Bd. 2, München 1984.

Wöhe, G.: *Allgemeine Betriebswirtschaftslehre 1986*

Einführung in die Allgemeine Betriebswirtschaftslehre, 16. Aufl., München 1986.

Zäpfel, G.: *Produktionswirtschaft 1982*

Produktionswirtschaft - Operatives Produktions-Management, Berlin-New York 1982.

Zahn, E.: *Industrielle Unternehmungen 1971*

Das Wachstum industrieller Unternehmungen, Wiesbaden 1971.

Zentes, J. (Hrsg.): *Warenwirtschaftssysteme 1985*

Moderne Warenwirtschaftssysteme im Handel, Berlin-Heidelberg-New York-Tokyo 1985.

Zimmermann, W. L.: *Datenverarbeitung 1984*

Datenverarbeitung, 2. Aufl., Wiesbaden 1984.

Zülch, G.: *Profilmethode bei der Personaleinsatzplanung 1976*

Anwendung der Profilmethode bei der qualitativen Personaleinsatzplanung, in: Zeitschrift für Arbeitswissenschaften, 30 (1976), S. 226 - 233.

Sachverzeichnis